2017

登记作物品种发展报告

农业农村部种业管理司
全国农业技术推广服务中心　编

中国农业出版社
北　京

图书在版编目（CIP）数据

登记作物品种发展报告.2017／农业农村部种业管理司，全国农业技术推广服务中心编．—北京：中国农业出版社，2018.12
ISBN 978-7-109-26828-9

Ⅰ．①登… Ⅱ.①农… ②全… Ⅲ.①作物-品种-产业发展-研究报告-中国-2017 Ⅳ．①S329.2

中国版本图书馆CIP数据核字(2020)第078995号

中国农业出版社出版

地址：北京市朝阳区麦子店街18号楼

邮编：100125

责任编辑：刁乾超 王 凯 文字编辑：张凌云 黄璟冰

版式设计：李 文 责任校对：沙凯霖

印刷：中国农业出版社印刷厂

版次：2018年12月第1版

印次：2018年12月北京第1次印刷

发行：新华书店北京发行所

开本：889mm×1194mm 1/16

印张：38.25

字数：1115千字

定价：188.00元

编 辑 委 员 会

执 行 编 委 会

主　编：刘　信
副主编：陈应志　孙海艳　史梦雅　李荣德
编　委（按姓氏笔画排序）：

　　当前，全球种业格局正发生重大变化，我国种业国际化进程明显加快，种业发展面临一系列重大新要求、新挑战。建设种业强国，提升民族种业国际竞争力，迫切需要增强我国种业自主创新能力，推进创新型种业发展。为激励育种创新，保护育种者的利益，由农业部审议通过的《非主要农作物品种登记办法》已于2017年5月1日正式实施，充分体现了国家补齐非主要农作物种业短板的决心和信心。

　　乡村振兴，种业必须振兴；种业振兴，品种必须强起来。在推进农业供给侧结构性改革和农业绿色高质量发展的新使命中，列入登记目录的29种登记作物品种，涵盖粮、油、糖、果、菜、茶等重要作物，是各地农业结构调整、产业开发、农民致富的重要支撑，是解决非主要农作物种业市场不规范、竞争力不强、行业集中度不高的关键所在。

　　为反映登记作物国内外种业发展现状，加快绿色优质品种推广应用，发挥品种在带动产业兴旺、乡村振兴中"优良基因"的作用，发挥品种在提升种业竞争力、强大市场主体中的核心作用，我们组织有关专家编写了第一本《登记作物品种发展报告2017》。由于是第一年编写，对部分作物的产业发展历程进行了简要回顾，重点落脚2017年发展情况。内容包括产业发展、科技创新、品种推广、国际现状、问题及建议等5部分，为种业各方了解发展情况、洞察发展变化、研判发展趋势、谋划发展策略提供参考。

　　本报告主要采取调查研究、查阅资料等方式，获取各作物产业发展及品种研发情况。由于情况调查和数据收集还不系统、不完整、不全面，加之我们的能力和时间有限，无法对收集到的数据逐一考证，一些数据也是基于情况推算，文中数据和分析难免有偏颇之处，敬请读者在引用时加以判断，错误之处也请批评指正。

本报告的编辑出版，得到了有关科研单位、种子企业及各省（自治区、直辖市）种子管理部门的大力支持，在此表示衷心的感谢！

编　者

2018年12月

Contents **目 录**

第2篇　油料作物

第3篇　糖料

第4篇　蔬菜

第5篇　果树

第6篇　茶树

第7篇　热带作物

2017

第 1 篇

粮食作物

登记作物品种发展报告

第1章 马铃薯

概　述

马铃薯原产于秘鲁和玻利维亚等国的安第斯山脉高原地区，现在是世界上第三大粮食作物。我国马铃薯栽培历史起始于16世纪下半叶，到20世纪30年代，已形成了沿海城市及西南、西北、华北地区等比较集中的马铃薯产区。

由于马铃薯适应性广、产量高、用途广，新中国成立后发展迅速，种植面积、总产量和平均单产水平稳步提升，但经历了不同的发展阶段（表1-1）。

表1-1　我国不同历史阶段马铃薯生产情况

年份	面积（万亩）	总产量（万吨）	单产（千克／亩）
1936	540	203	376
1950	2 338	877	375
1966	3 002	1 802	600
1976	3 006	2 264	753
1987	3 885	2 669	687
1993	4 630	4 604	933
1996	5 604	5 300	946
2000	7 084	6 628	933
2006	6 316	6 449	1 020
2010	7 808	8 154	1 046
2016	8 439	9 738	1 154

数据来源：《中国农业统计资料》。

第一阶段，全国播种面积从1950年的2 338万亩*稳定增加到1987年的3 885万亩，1966—1987年，平均亩产一直在600 ~ 750千克范围内徘徊。第二阶段，从1987年到2000年的快速发展期。随着多种经营的发展和种植业结构的调整，1988年种植面积为4 120万亩，1993年成为世界第一生产大国，

---

*　亩为非法定计量单位，1公顷＝15亩。

2000年种植面积达到7 084万亩，总产量达6 628万吨，平均亩产在1992年后稳定在900千克左右。第三阶段，从2001年到2006年。马铃薯种植面积经历了调整期，稳定在7 000万亩左右，但平均亩产在2002年突破了1 000千克。第四阶段，从2006年到2016年。马铃薯生产进入了稳定高速发展期，种植面积增加到8 439万亩，总产量达9 738万吨，平均亩产1 154千克。

马铃薯在我国分布区域广、栽培模式多、可周年生产、经济效益好，已成为我国的第五大粮食作物，是种植业调整和产业扶贫的主要作物，也是重要的蔬菜和加工原料作物，对于保障我国食物安全、增加农民收入、推进扶贫攻坚、促进健康消费和农业绿色发展具有重要意义，但也存在主产区生产条件差、规模化经营少、自然灾害频发且防控能力差、加工能力弱和产品质量差的限制因素。

我国马铃薯从20世纪30年代的国外品种和资源引进开始，育种研究经历了国外引种鉴定到品种间和种间杂交、生物技术育种的过程，审定或登记了622个新品种（含国外引进品种），其中自主育成品种近600个。在生产上推广应用后，截至2010年已经完成了4次品种轮换，目前正处于第五次品种轮换的过程。

2017年，我国马铃薯种植面积、总产、平均单产分别较2016年增加0.76%、5.02%、4.23%左右，均达到历史新高，但由于生产成本的攀升和市场价格的波动，种植户和加工企业效益均下滑。随着极端气候和病虫害的频发以及农业绿色发展战略的实施，培育抗病、耐逆的绿色品种需求迫切。

一、我国马铃薯产业发展

（一）马铃薯生产发展状况

1. 全国马铃薯生产概述

（1）播种面积变化

据各省份农业部门及专家调查，2017年全国马铃薯种植面积基本稳定，较上年增加0.8%。其中，南方冬作区种植面积减少6%，中原二作区面积增加7%，北方一作区和西南混作区面积基本稳定。种植面积1 000万亩以上的省份有四川、甘肃、贵州，900万亩以上的有云南和内蒙古，陕西和重庆均为500万～600万亩，黑龙江、湖北、河北、山西、山东、宁夏、吉林的种植面积均为200万～500万亩；云南、贵州低海拔地区种植面积和单产都有所增长。

（2）总产量变化状况

2017年全国马铃薯总产量达到历史最高水平，较2016年增加了5.0%。其中，南方冬作区增加10.0%左右，中原二作区增加14.0%，北方一作区增加6.0%，西南混作区基本稳定。

（3）单产变化情况

2017年马铃薯单产达到历史最高水平，全国平均亩产较2016年增加4.2%。各地生产水平差异较大，平均亩产超过2 000千克的省份有吉林、山东、新疆、河南、河北，其中山东省平均亩产达2 500千克以上，低于1 000千克的省份只有陕西，贵州、甘肃、四川、云南、陕西、重庆、山西、宁夏等主产省份单产水平低于全国平均水平。

（4）脱毒种薯生产情况

据调查，全国24个省份规模以上马铃薯脱毒企业209家，年原原种设计生产能力48.7亿粒，2017年实际生产量30.7亿粒，二级种薯以内脱毒薯覆盖率41%左右。与2016年相比，原原种设计生产能力、实际生产量和脱毒种薯应用率都趋于稳定。

（5）栽培方式演变

马铃薯在我国各地均有种植，全国范围内可全年种植和收获。根据自然资源、气候和农业生态条件，分为北方一作区、中原二作区、南方冬作区和西南混作区四大区域。

北方一作区：地域开阔，地势平坦，人均耕地多，天然降水少。1990年前多采用畜力耕种方式，平作栽培，为耕作粗放、管理简单的旱作农业。20世纪70年代推广了土豆抱窝栽培法、高产栽培技术、催芽晒种技术、丰产坑栽培法等一系列单项技术。90年代，中、小型牵引拖拉机的大力发展促进了马铃薯机耕快速发展，小型播种机开始应用，提高了马铃薯生产效率。2000年年初，由于国外加工企业对原料的需求迫切，我国引进了国外全程机械化作业的规模化种植技术，种植大户和大型喷灌种植面积陡增，化肥用量也显著提高。2010年以来，东北和华北一作区基本实现了全程机械化生产，马铃薯亩产量显著增加。近年来，国家推行农业绿色发展，贫水区过量开采地下水受到限制，西北、华北地区正在大力推广地膜覆盖旱作栽培、膜下滴灌以及水肥一体化节水栽培，并推广由新品种、优质种薯、种薯处理、平衡施肥和病虫害综合防治等集成的综合高产栽培技术，使马铃薯种植具有广阔的发展前景。

中原二作区：为早熟菜用马铃薯生产区，灌溉农田多，复种指数高，精耕细作。20世纪70年代以前，以春作生产商品薯和秋作留种为主，多为露地种植；80年代推广了马铃薯和玉米间套复种；进入90年代，推广了早熟、极早熟马铃薯品种与粮、棉、瓜、菜、果等作物间套种技术，达到一年三收，显著增产增效。近年来，为了达到早上市、高效益的目标，推广应用了早春地膜覆盖、小拱棚和大棚栽培等技术，提早了上市时间，显著提高了经济效益。

南方冬作区：种植历史悠久，田间管理精耕细作。20世纪90年代以前，采取小低垄一厢三垄、四垄栽培方式，薯块小、商品率低，田间郁闭，病害发生严重。90年代以来，推广了高垄稻草覆盖免耕技术，俗称"摆一摆，盖一盖，捡一捡"的轻简化栽培技术，改善了薯块外观品质，增强了市场竞争力和经济效益。2010年以来，小型机械开沟、作厢和黑色地膜覆盖免耕栽培技术的应用，在提高马铃薯产量的同时也减少了劳动力成本。

西南混作区：立体气候，地形复杂，气候各异，种植季节、耕作方式和栽培措施也不尽相同，地块小，种植分散，间套复种，是西南混作区的典型特征。低海拔地区应用早熟品种、高海拔地区采用中晚熟品种，基本实现周年生产和供应。既可平作又可垄作，既有净作也有套作，较大的地块畜力耕作，小地块人力耕作。春天苗期干旱是低产主要因素之一。为保证出苗多，采取整薯播种，以满天星式种植方式为主，即行距、株距相同，亩种植密度2 500株左右。每年6月份进入雨季，马铃薯快速生长，但晚疫病开始发生。2000年以来，开始推行平播后起垄、大垄双行栽培技术，部分较平坦的地区也开始推行地膜覆盖栽培技术。

2. 区域马铃薯生产基本情况

(1) 全国马铃薯优势区域布局规划

依据自然资源条件、种植规模、产业化基础和比较优势等基本条件，将我国马铃薯主产区规划为五大优势区，即：①东北种用、淀粉加工用和鲜食用优势区，包括黑龙江和吉林2省份及内蒙古东部、辽宁北部和西部；②华北种用、加工用和鲜食用优势区，包括内蒙古中西部、河北北部、山西中北部和山东西南部；③西北鲜食用、加工用和种用马铃薯区，包括甘肃、宁夏、陕西西北部、青海东部；④西南鲜食用、加工用和种用优势区，包括云南、贵州、四川、重庆4省份和湖北、湖南2省份的西部山区、陕西的安康地区；⑤南方优势区，包括广东、广西、福建3省份及云南德宏和西双版纳、江西南部、湖北、湖南中东部地区。

(2) 自然资源及耕作制度情况

北方一作区：气候凉爽、日照充足、昼夜温差大，无霜期90～130天，雨热同季，适于马铃薯生长。东北地区多为黑土地，土壤肥沃，一般年份降水量充沛，晚疫病是制约产量提高的主要因素。一般4月中下旬播种，9月份收获，马铃薯与大豆、玉米等轮作。西北、华北地区均属于半干旱和干旱地区，全年降水量300～400毫米，蒸发量1 800～2 100毫米，干旱是限制马铃薯产量提高的主要因素。

西北地区以黄土和黄绵土为主，华北以粟钙土为主，热量资源能满足中晚熟和晚熟品种生长。4—5月播种，9—10月收获，一般马铃薯、玉米或者马铃薯、燕麦、豆类轮作。

中原二作区：无霜期较长，为180～300天。由于本区域夏季炎热，马铃薯分春、秋两季种植，春季于1月下旬至3月中旬播种，4月下旬至6月中旬收获，主要生产商品薯；秋季以春作收获的块茎作种薯，一般催芽后在8月份播种，11月份收获。种植品种为极早熟和早熟。本区域由北向南为两年三熟至一年两熟，多为马铃薯和玉米，马铃薯和蔬菜，马铃薯和瓜、果轮作。

南方冬作区：本区域大部分为亚热带气候，夏长、冬暖，无霜期230～330天，四季不分明，日照短，冬季降雨少。北回归线以南地区利用水稻收获后的冬闲田栽培马铃薯，一年三作，水稻是主要作物，利用晚稻与早稻之间冬闲田水旱轮作种植马铃薯。通常于10—11月份播种，次年1—4月份收获。

西南混作区：多为山地和高原，区域广阔、地势复杂，海拔高度变化很大，气候垂直变化显著。在高寒山区，气温低、无霜期短、四季分明、夏季凉爽、云雾较多、雨量充沛，多为春种秋收一年一季；在低山河谷或盆地，气温高、无霜期长、春早、夏长、冬暖、雨量多、湿度大，一般为二季栽培。由于海拔高度、地形地貌、气候土壤等各种条件的复杂多变，栽培模式也有相应差异。低海拔地区1—2月份播种，5—6月收获；高海拔地区多为马铃薯、玉米间套作种植，1—3月份播种，8—10月份收获。

（3）种植面积与产量及占比

北方一作区种植面积占全国种植面积的45%，总产量占全国的44%；中原二作区种植面积占全国的7%，总产量占全国的8%；西南混作区种植面积占全国的43%，总产量占全国的42%；南方冬作区种植面积占全国种植面积的5%，总产量占全国的6%。

从近10年种植面积的变化分析，西南混作区、中原二作区和南方冬作区种植面积比重逐年增加，而北方一作区逐年下降。

（4）区域比较优势指数变化

综合比较优势指数（AAC）计算公式为：

$$AAC_{ij} = \sqrt{SAC_{ij} \times EAC_{ij}}$$

其中，SAC为生产规模优势指数，EAC为生产效率优势指数。如果$AAC_{ij} > 1$，则表示该地区与全国平均水平相比具有综合比较优势，并且取值越大，比较优势越强。

在我国有马铃薯生产统计的26个省份中，AAC平均值大于1的省份共计11个，依次是青海、甘肃、贵州、重庆、内蒙古、宁夏、云南、四川、陕西、山西、吉林，其中排在前三位的青海、甘肃、贵州AAC分别为2.09、1.85、1.68。有些省份尽管在生产效率上不占比较优势，但是其生产规模优势相对较大，因此带动综合指数排名靠前。分区域来看，北方一作区在11个生产综合优势指数平均值大于1的省份中占据7席，剩下的4省份则均位于西南混作区，主要是由于这两大主产区在生产规模上占据压倒性的优势。从AAC波动规律上来看，1990—2016年该指数具有明显增加趋势的省份主要有浙江，由1990年的0.67上升到2016年的1.06；福建、四川、甘肃、青海4省份该指数也有小幅增加；受SAC和EAC均降低的影响，山西AAC呈现明显的减少，黑龙江、内蒙古、吉林、湖北、云南等省份也有不同程度的降低；其他省份该指数变化相对较小（表1-2）。

表1-2　我国马铃薯区域生产综合比较优势变化

省份	1990年	1995年	2000年	2005年	2010年	2015年	2016年	平均
河北	0.72	0.68	0.55	0.56	0.64	0.69	0.69	0.65
山西	1.78	1.24	1.33	1.03	0.67	0.75	0.88	1.10
内蒙古	1.66	1.41	1.77	1.45	1.38	1.18	1.21	1.44
辽宁	0.71	0.91	1.06	0.82	0.83	0.76	0.86	0.85

（续）

省份	1990年	1995年	2000年	2005年	2010年	2015年	2016年	平均
吉林	1.21	1.05	1.00	1.13	1.06	0.84	0.78	1.01
黑龙江	1.40	1.13	0.94	0.86	0.90	0.76	0.75	0.96
浙江	0.67	0.67	0.77	0.69	0.77	0.89	1.06	0.79
安徽		0.21	0.18	0.17	0.22	0.12	0.12	0.17
福建	0.82	0.96	1.02	1.02	0.97	1.01	1.01	0.97
江西				0.19		0.30	0.32	0.27
山东		0.58	0.83	0.86	0.79	0.83	0.83	0.79
湖北	1.17	1.01	0.96	0.90	0.79	0.83	0.82	0.93
湖南	0.50	0.59	0.62	0.65	0.60	0.58	0.52	0.58
广东	0.64	0.64	0.65	0.59	0.62	0.59	0.57	0.61
广西					0.36	0.59	0.54	0.50
海南						0.00		0.00
重庆	/	/	1.53	1.61	1.64	1.56	1.58	1.58
四川	1.41	1.50	0.98	1.15	1.41	1.51	1.52	1.36
贵州	1.75	1.74	1.64	1.64	1.52	1.75	1.71	1.68
云南	1.57	1.35	1.37	1.51	1.38	1.30	1.30	1.40
西藏	0.45	0.44	0.21	0.47	0.37	0.43	0.40	0.40
陕西	1.34	1.17	1.26	0.78	1.08	1.11	1.10	1.12
甘肃	1.84	1.49	1.68	2.11	1.93	1.95	1.93	1.85
青海	2.08	1.91	1.65	2.43	2.32	2.11	2.13	2.09
宁夏	1.41	1.14	1.32	1.48	1.65	1.45	1.39	1.41
新疆	0.50		0.58	0.44	0.57	0.48	0.45	0.50

从四大主产区来看，北方一作区和西南混作区由于生产规模的压倒性优势而具有相对较高的综合优势；浙江综合优势指数增加相对较多，山西受SAC和EAC均降低的影响则表现为明显减少。综合而言，我国马铃薯生产综合优势产区全部集中在北方一作区和西南混作区的马铃薯种植大省，虽然这两大主产区的大部分省份在生产效率上处于相对劣势，但是其播种面积的绝对优势弥补其劣势，而山东、吉林等我国马铃薯生产效率优势产区大多在生产规模上不具有比较优势。

（5）资源限制因素

水资源：我国马铃薯主产区大部分位于干旱半干旱地区，不同程度地受到水资源短缺的影响，而马铃薯又是需水量较大的作物之一。我国马铃薯80%以上分布于北方一作区和西南混作区，在北方一作区中，华北产区和西北产区基本是十年九旱，西南产区的马铃薯生产多数年份也会遭受春旱的困扰，受缺水影响较小的只有东北产区。

土地资源：近年我国各马铃薯主产区土传病害危害日益严重，给我国马铃薯生产造成严重影响，现代农业生产中过分追求高产、优质和高效，而改变传统的种植制度导致的土壤中微生物生态失衡是当前土传病害发生加剧的主要原因，加之各地间种薯的频繁调运，使得土传病原在脆弱的土壤环境中能迅速扩张，从而适合马铃薯生产，尤其是种薯生产的土地逐渐减少。

劳动力资源：受我国马铃薯消费主要用于鲜食因素的限制，马铃薯机械化程度较低，尤其是在收获环节。随着我国人口红利的逐渐减弱和城镇化的快速推进，农村劳动力供给逐渐出现短缺，导致劳动力成本快速上升。马铃薯生产成本中劳动力投入所占比例已经将近一半，成为制约马铃薯产品竞争力的最重要因素。

（6）生产上的主要问题

一是品种管理混乱，品种结构有待优化。2017年销售价格整体下滑，但品种间价格差异较大，市场对品相好的优质品种需求增加，但企业基本上没有品种选育能力，还停留在盲目引种、茎尖脱毒后编号的阶段。科企合作机制尚未有效建立，科研单位成果转化慢，整体新品种应用速度慢。一些种薯生产企业和种植大户由于利益驱动肆意编造品种，导致一个品种多个名字和多个品种一个名字的乱象出现，由于品种登记缺乏品种真实性鉴定和科学试验评价，可能会导致登记品种造假和侵权现象，造成种植户的损失。

二是脱毒种薯质量良莠不齐，成本高。全国规模以上脱毒原原种生产企业有200多家，加上小型生产企业和个体户共有上千家。生产条件和管理水平不同造成脱毒薯质量良莠不齐，因种薯质量出现的经济纠纷越来越多。脱毒种薯生产繁育技术体系能耗高、劳动力成本高，导致种薯价高质次。脱毒种薯应用地区间差距也越来越大，山东脱毒种薯应用率已达90%以上，广东、青海等省份也达85%以上，而四川脱毒薯覆盖率低，病毒病仍是造成四川马铃薯低产的主要因素之一。

三是土传病害仍未得到有效控制。内蒙古中西部和河北坝上地区马铃薯土传病害枯萎病、黑痣病、疮痂病和粉痂病日趋严重，受南种北调、区域间调种缺乏有效监管和连作影响，黑痣病、疮痂病等土传病害危害出现全国范围的加重趋势，粉痂病和帚顶病毒病危害范围扩大，化学药剂防治效果甚微，缺少有效的综合防控技术。

四是机械化程度低，农机化服务能力弱。北方土地平整开阔，人均耕地多，机械化程度较高，西南、西北、中原和南方冬作区山地多、地块小、人多地少，机械化程度低。近几年农村劳动力不断向城市转移，农村劳动力呈现结构性短缺，劳动成本不断上涨。但目前适合中、小地块使用的优良小型机械，尤其是目前市场上销售的小型收获机械效果差，农机、农艺不配套，成为限制我国马铃薯生产机械化水平提高的瓶颈。

五是盲目扩大种植规模，投入大，成本高，"薯贱伤农"依然存在。受政策和宣传、经济形势、蔬菜供应和价格上涨的预估等多种原因的影响，规模化种植和中原二作区、南方冬作区盲目扩大种植规模，造成4月以后全国整体销售价格下滑。河南部分地区6—7月产地价格跌到收入不抵收获所需人工费用的程度，有的地方的马铃薯甚至烂在地里，中原二作区也开始库存。北方库存占到50%～60%，持续影响下年冬、春马铃薯市场销售，造成恶性循环和薯贱伤农。

人工、肥料费用增长较快。南方冬作区、中原二作区和北方一作区的规模化生产人工和肥料成本占总成本中的比重已经超过50%并还将继续上涨。但这些产区的种植大户为追求高产，过量施肥、灌溉，据统计，每亩生产成本普遍超过了3 000元，化肥施用量一般都在150千克以上，高的超过了200千克，造成高生产成本的同时，也增加了环境压力。

六是加工附加值低、环境压力大：盲目引进和建设加工厂，淀粉、全粉的加工设计能力长期以来远远超过实际生产量。大量淀粉加工厂因环保问题停产整顿，原料薯需求减少，市场销售雪上加霜。主食加工企业面临困境，新上主食加工产品不符合马铃薯的特点，增加了能源消耗和营养损失，消费者对马铃薯主食化产品认可度不够。

3. 生产成本与效益

2017年农户马铃薯每亩生产成本为1 871.67元，比2016年增加12.89%；亩净收益为1 140.84元，比2016年减少16.71%；亩产2 077.59千克，比2016年增加13.91%。2017年市场总体行情不如2016年，产地田间价格平均每千克1.27元，较2016年下降20%，而且后期市场销售压力较大。

（1）生产成本增加的原因分析

人工费用尤其是雇工费用的增加是主要原因。从构成上来看，人工成本、种薯和化肥是马铃薯种植的主要生产成本，占马铃薯总成本的80%以上。与2016年相比，亩均人工成本增加21.56%，亩均种薯费用增加4.44%，亩均肥料费用增加26.02%。

（2）薯农收益略降

2017年马铃薯亩均产量增长明显，生产成本有所增加，但由于马铃薯平均售价下降，导致2017年薯农亩净收益较2016年减少220元，下降16.71%，但比2015年增加16.29%，说明主要是恢复性增加。2017年全国薯农每亩平均收益为1 144.05元，较2015年的981.00元增加163.05元。

（3）价格整体偏低，走货速度缓慢

产地市场：2017年全国各地区马铃薯田间平均价格整体低于2016年（图1-1），2017年平均田间价格为1.27元/千克，较2016年下降20.52%。从各主产区来看，除南方冬作区外，其他产区价格较2016年同期都有不同程度的下滑。在南方冬作区，1—4月份冬作马铃薯价格与2016年同期基本持平，其中1—2月份比2016年同期价格高出12.79%，3—4月份逐步下滑，较2016年同期下滑11.70%。在中原二作区，5—6月份河南马铃薯田间平均价格为0.98元/千克，比2016年同期下滑66.21%。在北方一作区，9—11月份甘肃马铃薯田间价格约为1.11元/千克，较2016年同期下滑17.78%。在西南混作区，1—12月份云南丽江马铃薯田间平均价格1.72元/千克，较2016年同期下滑7.53%。

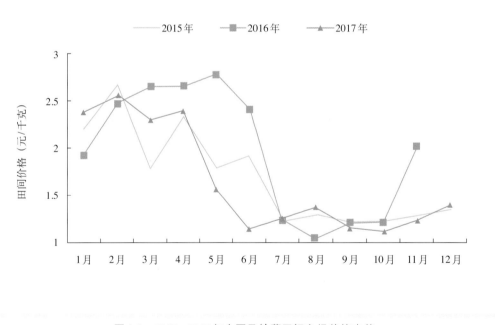

图1-1　2015—2017年全国马铃薯田间市场价格走势

受市场供求关系的影响，各地区普遍反应2017年马铃薯走货速度不如往年，截至2017年3月上旬，南方冬作区的广东和福建走货量只有往年的一半；山东、河南受2017年南方马铃薯相对增产以及南方部分省份同期上市新薯价格与中原地区相差不大的影响，部分客商转向离销售市场距离更近、运费更便宜的南方产区，所以南方客商较往年有所减少；北方产区走货速度缓慢，大多数薯农的货直接入库贮存。

终端市场：2017年全国马铃薯批发市场平均价格为2.16元/千克，较2016年下降0.26元（图1-2），其中3—7月份为2.23元/千克，较2016年同期降低22.03%左右；8—12月份批发市场价格缓慢回升，较2016年同期减少4.90%。2017年全国马铃薯批发市场价格在2月份即呈现下滑趋势，5—6月份下滑趋势更加显著，到6—7月份就已经跌到谷底，此后价格缓慢回升，但直到12月份仍无太大起色。

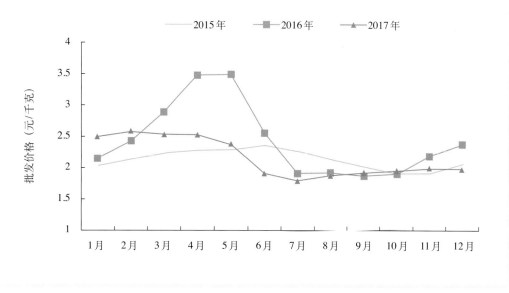

图1-2　2015—2017年全国马铃薯批发市场价格走势

（二）马铃薯市场与消费状况

1. 国内市场对马铃薯产品的年度需求变化

根据世界粮农组织（FAO）发布数据和国家马铃薯产业技术体系统计，2017年我国马铃薯消耗总量为9 869万吨，比2010年增加1 644万吨，增幅为19.99%，年均增长2.64%，消费市场供给能力不断提升（图1-3）。

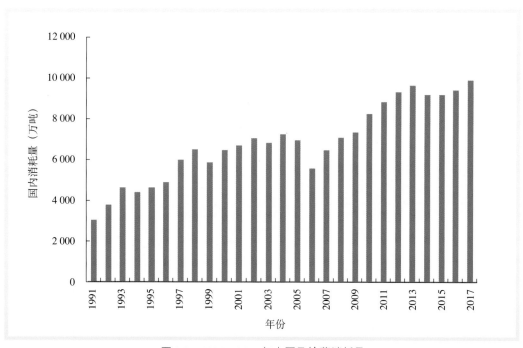

图1-3　1991—2017年中国马铃薯消耗量

　　马铃薯消耗利用方式有鲜食、饲料、加工、种用、出口等，由于原料供给、加工设备、流通渠道、生活理念和饮食习惯等因素的差异，使我国马铃薯利用结构与世界上发达国家间差异较大。在西欧，50%以上的马铃薯用于加工产品生产，加工业发展比较成熟。欧盟、美国、日本等国家和地区直接以马铃薯为原料加工的各类食品有300多种，制成淀粉、各种类型的变性淀粉及淀粉深加工产品有1 000多种。美国马铃薯加工量占马铃薯总产量的76%，马铃薯各类食品多达90余种，约有近百家薯条（片）加工厂，每人每年平均消费马铃薯加工产品40千克。加拿大马铃薯加工率达到55%。

　　我国马铃薯消费主要以鲜食为主，占马铃薯消费总量的60%～70%，其中大多数地区作为蔬菜鲜食，少数地区作为主食食用。此外，传统利用方式上，饲料消费也是一个主要的利用方式，约占消费总量的20%，加工量一直比较小，长期在10%以下。近些年我国马铃薯利用结构出现一些变化，体现在鲜食和饲料消费比例下降，而加工比例有所上升。据国家马铃薯产业技术体系相关专家估计，2017年我国马铃薯鲜食比例约占60%，达到6 000万吨左右；饲料消费比例由几年前的20%下降到目前的15%，为1 400万吨左右；加工比例上升到15%左右，达到接近1 500万吨的水平；种用比例一直稳定在10%左右，接近1 000万吨。马铃薯在利用过程中还有一定的损失，尤其是在鲜食和饲料的消费过程中损失率较高，综合估计全国马铃薯损失率在10%以上。据此测算，2017年全国马铃薯人均消费量为71千克，人均鲜食消费量46千克，分别比2010年增加9.7千克和10千克，增幅分别为15.7%和27.8%（图1-4）。

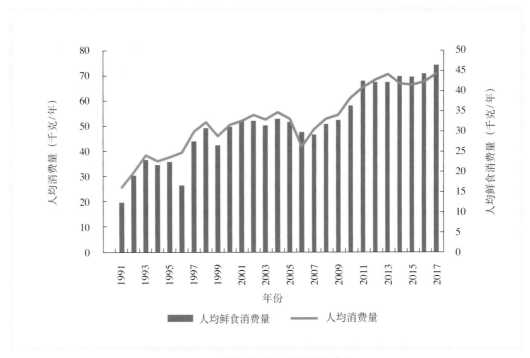

图1-4　我国马铃薯人均消费量变化

注：1991—2013年数据来自FAO统计；2014—2017年数据源自体系和有关专家估计。

2. 预估市场发展趋势

　　当前，马铃薯在我国仍处于副食、配菜、杂粮地位，除去少数地区，消费量十分有限。2017年我国居民人均马铃薯年消费量仅71千克，平均每天不足200克，与欧盟、美国等马铃薯高消费量地区仍有较大差距。若2020年我国人均马铃薯年消费量提升到80千克，那么马铃薯消费仍将有1 250万吨的增长潜力。

(1) 马铃薯营养价值逐渐被社会认可

长期以来，我国居民对马铃薯的营养价值缺少科学、系统的认识。近年来，马铃薯营养丰富、全面、均衡，脂肪含量低，蛋白质品质高，所含热量低等优点，随着舆论宣传和权威媒体的报道，使大众对马铃薯营养价值的认识逐步深化，消费需求将进一步扩大。

(2) 消费结构转型升级拉动加工品消费

随着国民收入的增加，人们对加工品的需求逐步增加。收入高的群体更加注重饮食的健康和营养的均衡，将会更多地选择高营养价值的马铃薯加工品，进而增加马铃薯市场需求。

随着我国经济快速发展，未来马铃薯消费中加工产品在我国居民马铃薯消费中的比重将进一步增加。因此，应该开发更多适合中国人饮食习惯的马铃薯主食化产品，生产更多的方便快捷的加工成品和半成品，扩大高附加值的马铃薯休闲食品市场。

（三）种薯市场供应与需求状况

1. 全国种薯供应总体情况

在国家补贴的促进下，我国种薯供应能力得到了迅速提高。据专家调查，2017年我国微型薯年设计生产能力47.7亿粒，实际生产29.9亿粒，主要集中在甘肃、内蒙古、河北。原种生产面积约34.4万亩，年产量74.5万吨；一级种生产面积约84.5万亩，年产量174.3万吨；二级种生产面积约86.2万亩，年产量153万吨，二级种薯以内脱毒薯覆盖率41%左右。北方一作区（华北、西北、东北地区）是我国种薯的主要生产区，不仅供应本地的马铃薯生产需要，也是种薯主要的输出源。从收集到的数据上看，原种到一级种的繁殖效率很低，不到理论值的一半，除部分一级种没有统计到外，还有很大一部分原种直接用于了商品薯的生产。

2. 区域种薯供应情况

2017年，北方一作区的微型薯年生产量约26.4亿粒，其中甘肃超过10亿粒，河北、内蒙古和宁夏超过1亿粒。山西和陕西年生产量超过5 000万粒，黑龙江、吉林和青海超过1 000万粒。北方一作区原种生产面积29.7万亩，年产量约67.4万吨；其他种薯年生产量分别为一级种150.2万吨，二级种82.4万吨。北方一作区生产的种薯除满足当地生产需要外，还有部分高质量种薯调运到其他耕作区，供应中原二作区和南方冬作区的生产。除合格种薯外，当地小农户还大量使用自留种，也有少量商品薯被当成种薯调运到其他耕作区。

西南地区微型薯年生产量约3.2亿粒，其中贵州超过1亿粒，四川和云南超过5 000万粒，重庆和湖北超过1 000万粒。原种生产面积4.7万亩，年生产量约7.1万吨；其他种薯年生产量分别为一级种24.2万吨，二级种70.6万吨。主要满足本地的市场需求，不足部分主要通过农户自留种解决，也有少部分从北方调入。

南方冬作区和中原二作区由于自然条件的原因均不适宜就地留种，因而每年需从北方适宜留种区调入大量种薯用于生产，仅有部分单位借助隔离、控温等设施和人工基质生产微型薯。据不完全统计，2017年这些地区微型薯生产量约13 600万粒，其中山东超过1亿粒。当地其他级别的种薯，除极少部分农户自留种外，主要从北方一作区调入。

3. 种薯市场需求情况

我国常年保有8 500万亩的马铃薯栽培面积，每年需要种薯量1 200万吨，按每千克2元计算，总产值达240亿元。2017年实际供应量约410万吨，缺口800多万吨，主要原因是脱毒种薯价格高，质量差，种植户使用意愿不强，部分农户自己留种自己消费，对产量和品质的要求不高。在400余万吨的脱毒种薯中，由于缺乏质量认证机制，质量也参差不齐。

4. 市场销售情况

2017年我国马铃薯市场行情低迷，种薯生产和销售也受到很大影响。据调研估算，全国种薯销售量大致有5% ~ 10%的下降，总销售量约400万吨。种薯销售价格逐渐下降，平均有20%的降幅。虽然降价促进了优质种薯的应用，但仍不能弥补因商品市场低迷而引起的种薯需求的缩减。小的种薯生产企业受到的冲击更大，行业的市场集中度略有提升。

二、马铃薯产业科技创新

（一）马铃薯遗传育种

评价了引进资源和中国主要品种的抗旱性、耐寒性、早疫病田间抗性、块茎品质和遗传多样性等（魏亮等，段绍光等，娄树宝等，赵光磊等，李建武等，胡军等）；开发了熟性分子标记（李兴翠等）；定位了雾培马铃薯块茎建成相关QTL（张海光等）；发现了*StPIP 1*基因可提高马铃薯耐旱性（Wang et al.）；研究了块茎休眠与发芽调控的分子基础（司怀军等）；建立了耐盐评价方法（李青等）；分析了不同品种淀粉及蒸食品质和块茎矿质营养品质的差异（黄越等），马铃薯地上部苦涩组织中的糖苷生物碱合成调控（郭海霞等）；提出了以耐弱光系数和耐弱光指数为主要结合形态、生理和产量等指标综合评价不同品种的耐弱光性（李彩斌等），综述了马铃薯遗传育种研究、现状与展望（徐建飞等）。

基因组学研究上，同源4倍体品种合作88最终组装总长2.87G，达到预计基因组（~ 3G）的95%，为马铃薯4倍体基因组的最终完成奠定了坚实一步。基于简化基因组测序，找出了主栽品种和优良亲本"米拉"及其24个不同世代子代间的高频遗传区段，初步揭示了"米拉"作为优秀品种的遗传本质。

（二）马铃薯育种技术及育种动向

马铃薯的育种方法主要包括4倍体水平即品种间杂交传统育种程序，倍性育种即种间远缘杂交和2n配子利用，遗传工程即体细胞变异、细胞融合和基因工程，以及物理化学因素诱变等。中国育成的品种大多数是通过品种间杂交选育而成的，目前也仍然以传统育种技术为主，辅以倍性育种技术和标记辅助育种技术，基因编辑技术作为技术储备开始进行特定性状的定向改良，随着基因组测序成本的降低，基因组选择技术呈现出广泛的应用前景。

（三）马铃薯育成新品种

马铃薯品种主要有以下几类：耐贮运鲜薯食用和鲜薯出口品种，抗病炸片、炸条专用品种，全粉、淀粉加工用品种等。专用型品种对块茎品质的要求严格，根据不同的专用性而要求不同：鲜薯食用品种中等干物质含量（15% ~ 17%），高维生素C含量（每100克鲜薯含量>15毫克），粗蛋白质含量在1.5%以上，炒食和蒸煮风味、口感好，耐贮运；淀粉加工用品种淀粉含量在18%以上；炸片炸条品种的还原糖含量低于0.25%，耐低温贮藏，比重为1.085 ~ 1.100。不同的专用型品种对同样块茎的形状和外表的要求也有不同，如：浅芽眼，炸片要求圆形、白皮白肉；炸条要求长椭圆形和长圆形、白皮白肉；鲜薯食用和出口要求椭圆形、黄皮或红皮黄肉、表皮光滑、商品率高。

2017年共登记10个马铃薯品种，全部为往年育成的已审定品种，分别为中薯18、希森3号、希森

8号、希森5号、希森6号、吉仓1号、郑薯8号、兴佳2号和克新23；鉴定1个马铃薯新品种华渝马铃薯5号（渝品审鉴2017020）。

三、马铃薯品种推广

（一）马铃薯品种登记情况

由于2017年为我国马铃薯品种登记实施第一年，登记品种相对较少，全国共完成10个品种登记，其中北京1个（中薯18，中国农业科学院蔬菜花卉研究所），山东4个（希森3号、希森5号、希森6号、希森8号，乐陵希森马铃薯产业集团有限公司），河南2个（郑薯5号、郑薯8号，郑州郑研蔬菜有限公司申请，郑州市蔬菜研究所选育），黑龙江2个（兴佳2号，黑龙江省大兴安岭地区农业林业科学研究院；克新23，黑龙江省农业科学院克山分院），甘肃1个（吉仓1号，榆中吉仓农产品产销专业合作社）。登记品种的品种保护情况为3个已授权，3个申请并受理，4个未申请。选育方式上以自主选育为主，仅有1个为其他选育方式。品种类型上鲜食6个，淀粉1个，鲜食、炸片、炸条兼用型2个，鲜食、淀粉、全粉、炸片、炸条兼用型1个。

中薯18：中晚熟鲜食品种，登记编号"GPD马铃薯（2017）110001"，已审定品种。育种者：中国农业科学院蔬菜花卉研究所。

希森3号：早熟鲜食品种，登记编号"GPD马铃薯（2017）370002"，已审定品种。育种者：乐陵希森马铃薯产业集团有限公司。

希森5号：中熟淀粉及炸片加工类型，登记编号"GPD马铃薯（2017）370004"，已审定品种。育种者：乐陵希森马铃薯产业集团有限公司。

希森6号：中熟薯条加工及鲜食品种，登记编号"GPD马铃薯（2017）370005"，已审定品种。育种者：乐陵希森马铃薯产业集团有限公司。

吉仓1号：晚熟淀粉加工品种，登记编号"GPD马铃薯（2017）620006"，地方品种。申请者：榆中吉仓农产品产销专业合作社。

郑薯8号：早熟鲜食品种，登记编号"GPD马铃薯（2017）410007"，已审定品种。育种者：郑州市蔬菜研究所。

郑薯5号：早熟鲜食品种，登记编号"GPD马铃薯（2017）410008"，已审定品种。育种者：郑州市蔬菜研究所。

兴佳2号：中熟鲜食马铃薯品种，登记编号"GPD马铃薯（2017）230009"，已审定品种。育种者：黑龙江省大兴安岭地区农业林业科学研究院。

克新23：早熟鲜食品种，登记编号"GPD马铃薯（2017）230010"，已审定品种。育种者：黑龙江省农业科学院克山分院。

（二）马铃薯主要品种推广应用情况

1. 全国主要品种推广面积变化分析

我国马铃薯育种历史较短，但进展较快。1936—1947年，我国从国外引进的材料和杂交组合后代中鉴定筛选出胜利、卡它丁等6个品种并选育出巫峡、多子白等品种，曾在生产上发挥了很大作用。20世纪50年代，开展了全国马铃薯育种协作，从苏联和东欧引进的材料中筛选出了主栽品种米拉、白头翁、疫不加等；1983年以前，我国马铃薯以抗病育种为主，育成了克新系列、高原系列、坝薯系列品种及其他品种共93个；20世纪80年代初，开始了全国的马铃薯鲜食高产攻关，但这一时期为育种低迷期，审定品种仅为31个；1990年以后开始专用品种选育，将国外引进的各类专用型品种资源应用于育种中，育成了中薯、晋薯、鄂薯、春薯、郑薯、陇薯、青薯等系列品种共67个；2001年以后，马铃薯育种迅速发展，育成了适合淀粉加工、炸片、炸条、鲜食出口等一大批适应市场需求的品种，审定品种的数量增加迅速，达300多个，占目前全国育成品种总数的一半左右；同时引进的早熟鲜食品种费乌瑞它以及加工用品种大西洋和夏坡蒂等，随着早熟品种种植效益的提高和加工业的发展，面积增加迅速。

通过对2013—2017年种植面积前10名品种（全国农技推广服务中心统计）的分析表明，传统鲜食品种克新1号的种植面积逐渐下降，早熟优质品种费乌瑞它和晚熟鲜食品种青薯9号的种植面积逐渐上升。在前10名的品种中，晚疫病抗性较好的品种占的比重较大，如青薯9号、米拉、鄂马铃薯5号、会-2、合作88和威芋3号等，抗旱高产品种陇薯3号种植面积比较稳定。

2. 主栽品种整体情况表现

（1）主要品种群

根据全国农技推广中心不完全统计（结果仅供参考），推广面积100万亩以上的品种有：费乌瑞它、克新1号、青薯9号、米拉、冀张薯8号、鄂马铃薯5号、陇薯3号、会-2、合作88、威芋3号、庄薯3号、陇薯7号、早大白、大西洋、冀张薯12、威芋5号、宣薯2号。

推广面积在50万~100万亩的品种有：陇薯10号、中薯3号、夏坡蒂、东农303、达薯1号、中薯5号、鄂马铃薯10号、鄂马铃薯3号、荷兰7号、青薯168、陇薯6号、川芋56、丽薯6号。

推广面积在10万~50万亩的品种有：晋薯16、宣薯2号、川芋802、秦芋30、川芋10号、兴佳2号、克新4号、秦芋31、粤引85-38、丽薯10号、青薯2号、川芋12、新大坪、川芋117、薯引1号、川芋5号、鄂马铃薯7号、凉薯17、克新2号、渝马铃薯1号、马尔科、丽薯7号、川凉薯6号、克新6号、鄂马铃薯8号、闽薯1号、乐薯1号、中甸红、渝马铃薯3号、延薯4号、湘马铃薯1号、川芋19、川凉薯9号、鄂马铃薯1号、川凉薯5号、鄂马铃薯11、克新3号、鄂马铃薯6号、紫花851、民薯2号、岷薯4号、安薯56、尤金、川凉薯10号、川芋16、陇薯8号、鄂薯5号、川凉芋11、下寨65、泉云4号、克新19。

（2）主栽品种的特点

费乌瑞它：原名为Favorita，荷兰引进早熟鲜食品种，亲本组合ZPC50-35×ZPC55-37，生育期60~70天，植株直立，生长势强。花冠蓝紫色。块茎长椭圆形，大而整齐；皮色淡黄，肉色深黄，表皮光滑，芽眼少而浅；结薯集中，一般单产2 000千克/亩，高产可达3 000千克/亩。品质好，适宜鲜食和出口。植株对A病毒和癌肿病免疫，抗Y病毒和卷叶病毒，易感晚疫病，不抗环腐病和青枯病。适宜性较广，黑龙江、辽宁、内蒙古、河北、北京、山东、江苏和广东等地均有种植。

克新1号：黑龙江省农业科学院原克山马铃薯研究所育成，亲本组合374-128×Epoka，中熟鲜食品种，生育日数90天左右（由出苗到茎叶枯黄）。株型直立，花淡紫色。块茎椭圆形，大而整齐；白皮白肉，表皮光滑，芽眼中等深。耐贮性中等，结薯集中。高抗环腐病，抗PVY和PLRV。较抗晚疫病，较耐涝，适应性广，适于黑龙江、吉林、辽宁、河北、内蒙古、山西、陕西、甘肃等地种植。

青薯9号：青海省农林科学院生物技术研究所和国际马铃薯中心合作育成，晚熟鲜食品种，亲本组合3875213×Aphrodite，生育期115天左右。生长势强，花冠紫色。结薯集中，块茎长圆形，红皮黄肉，成熟后表皮有网纹、沿维管束有红纹，芽眼少而浅。植株中抗马铃薯X病毒，抗马铃薯Y病毒，抗晚疫病。适宜在青海东南部、宁夏南部、甘肃中部一作区作为晚熟鲜食品种种植。

米拉：德国引进中晚熟鲜食品种，亲本组合卡皮拉×B.R.A.9089，生育期105~115天。株型开展，生长势较强。花冠白色；块茎长筒形，大小中等；皮黄肉黄，表皮较光滑，但顶部较粗糙；芽眼较多，深度中等；结薯较分散，休眠期长，耐贮藏。抗晚疫病、高抗癌肿病，不抗粉痂病，轻感卷叶病和花叶病。适于无霜期较长、雨多湿度大、晚疫病易流行的西南一作区山区种植。

鄂马铃薯5号：湖北恩施中国南方马铃薯研究中心育成，中晚熟鲜食品种，亲本组合393143-12×NS51-5，生育期94天左右。生长势较强，花冠白色。结薯集中，块茎长扁形，表皮光滑，黄皮、白肉，芽眼浅。植株高抗马铃薯X病毒病、抗马铃薯Y病毒病，抗晚疫病。适宜在湖北、云南、贵州、四川、重庆、陕西南部的西南马铃薯产区种植。

会-2：云南曲靖会泽县农业技术推广中心育成，中晚熟鲜食品种，亲本组合印西克-12×谓会2号，生育期为120天左右。株型直立，花冠为浅紫色；结薯集中，薯块椭圆，皮、肉均为白色，芽眼浅；休眠时间长，抗晚疫病和癌肿病，丰产性好。蒸煮的薯块略微有香味，适口性适中。适宜西南地区种植。

宣薯2号：云南曲靖宣威市农业技术推广中心育成，中晚熟鲜食品种，亲本组合ECSort×CFK69.1，生育期90天左右。生长势强，白色花冠。块茎圆形，整齐；黄皮黄肉，薯皮光滑，芽眼浅，匍匐茎短；食味佳。适宜贵州800米以上中、高海拔地区种植。

中薯5号：中国农业科学院蔬菜花卉研究所育成，早熟鲜食品种，由中薯3号天然结实种子系统选育而成，生育期60天左右。株型直立，生长势较强，分枝数少；花冠白色；块茎圆形、长圆形，大而整齐；淡黄皮淡黄肉，表皮光滑，芽眼极浅，结薯集中。炒食口感和风味好，炸片色泽浅。植株田间较抗晚疫病、PLRV和PVY病毒病。适宜在河北、山东等二作区种植，也适宜内蒙古、黑龙江、吉林、河北坝上等一作区及浙江、江苏、贵州等冬作区作为早熟鲜薯食用品种种植。

（3）品种在2017年生产中出现的缺陷

抗病抗逆性差。在2017年马铃薯生产中，晚疫病、病毒病、疮痂病、黑胫病是影响马铃薯生产的主要病害，其中晚疫病危害依然最大，生产上应用的抗性品种依然以传统的米拉、合作88、鄂马铃薯5号为主，新育成的品种整体上晚疫病抗性较弱。生产上还未发现对疮痂病和黑胫病抗性明显的品种。2017年干旱和霜冻频发，传统栽培品种克新1号和陇薯3号抗旱性较强，中薯18和中薯19耐寒性较强，而其他主栽品种整体上抗旱耐寒性较弱。加强晚疫病和土传病害抗性以及抗旱耐寒性资源筛选和新品种选育需求迫切。

早熟品种缺乏。目前生产上应用面积最大的早熟品种依然是费乌瑞它，国内品种仅有中薯3号和中薯5号面积较大。由于早熟育种资源缺乏和育种进程中易感染病毒退化等限制因素，早熟品种选育进展缓慢。加强早熟种质资源创制和育种技术创新是早熟马铃薯品种选育的必然要求。

加工专用品种少。目前生产上应用的加工品种以国外引进品种大西洋和夏坡蒂为主，国内自主选育的加工专用品种较少且推广面积较小。大西洋为炸片专用品种，夏波蒂为炸条专用品种，淀粉加工品种较为缺乏，多以鲜食品种作为原材料，淀粉出产率低。加强加工专用品种选育，是推进马铃薯产业提质增效的必然要求。

（4）主要种类品种推广情况

据各省（自治区、直辖市）农业部门及专家调查，2017年有统计面积的品种226个，以晚熟鲜食品种为主，其中种植面积超过100万亩的品种14个；其次是早熟鲜食品种，其中超过50万亩的有5个；加工专用品种较少，主要以国外引进品种为主，其中超过50万亩的有大西洋和夏波蒂。

（三）马铃薯产业风险预警

1. 与市场需求相比存在的差距

早熟品种难以满足市场需求：早熟品种种植效益好，市场需求强，但目前早熟品种以费乌瑞它、中薯3号、中薯5号和早大白等少数几个品种为主，而且国外引进品种费乌瑞它由于抗病耐逆性差，生产上抵御自然灾害的能力和适合绿色生产的潜力较弱。

加工品种以国外引进品种为主：市场上炸片、炸条品种需求较大，但目前国内种植的专用品种难以满足市场需求，尤其是每年国内冷冻薯条进口需求量巨大，而且国内基本没有自主知识产权的炸片、炸条品种；国外引进品种大西洋和夏坡蒂抗病耐逆性差，水肥需求高，不利于马铃薯产业环境友好及可持续发展。

适合绿色生产的品种少：随着绿色农业比重的提升，急需抗病、耐逆性强、水肥利用效率高的资源节约型品种。当前主栽品种总体上抗病、耐逆能力差，晚疫病、干旱和霜冻造成的生产损失和投入成本逐年增加，急需在生产上可以减少资源消耗和化肥农药使用以及适合绿色栽培技术的品种。

2. 国外品种市场占有情况

我国马铃薯育种开始于品种引进，在20世纪50—60年代，生产上应用的都是引进品种，从60年代开始育成具有自主知识产权的国内品种，70年代后大面积推广了国内育成品种。

国外品种以费乌瑞它、米拉、大西洋、夏坡蒂、马尔科、荷兰十四、抗疫白等为主，国外引进品种的种植面积占我国总种植面积18%左右；国外引进早熟品种费乌瑞它占早熟品种总种植面积的50%以上；国外引进晚熟鲜食品种米拉、马尔科等占晚熟鲜食品种总种植面积5%左右；国外引进炸片和炸条专用品种大西洋、夏坡蒂、布尔班克等占炸片和炸条专用品种种植面积的90%以上。

近年来，国外引进品种费乌瑞它由于抗病耐逆性较差，种植面积逐渐下降；虽然晚疫病抗性较强，但由于综合性状较差，晚熟鲜食品种米拉、马尔科等品种的种植面积呈逐步下降的趋势；由于国内炸片和炸条专用品种缺乏，国外引进品种大西洋和夏波蒂种植面积比较稳定。总体上，由于国内育成品种整体抗病耐逆性和综合品质的提升，国外引进品种种植面积呈缓慢下降的趋势。

3. 病虫害等灾害对品种提出的挑战

(1) 抗病虫性

近年来，晚疫病依然是造成马铃薯生产重大损失的第一大病害，晚疫病菌小种的快速进化，导致传统抗性品种逐渐丧失，另外，随着种薯的大范围调运，疮痂病、粉痂病和黑痣病等土传病害危害范围和造成的损失程度越来越大，迫切需要进行具有新晚疫病和土传病害的抗性种质资源的筛选和育种材料的创制，进而培育抗性品种。我国西北和东北地区临近边境的区域已经出现了马铃薯甲虫的报道，尽快进行虫情摸底调查并制定相关防控方案是当前的紧急任务；茎线虫、帚顶病毒病等有日益严重的趋势。

(2) 品种潜在风险性

抗病虫差的品种，因其投入的农药量较大，不仅增加了生产成本，而且污染了环境；随着极端气候频发，干旱和霜冻对马铃薯生产造成的危害越来越大，耐逆性差的品种易受干旱和霜冻影响的可能性增强；低氮素利用率品种，因其不耐瘠薄，肥料投入量大，不仅增加了成本，而且造成土壤板结和地下水污染。

4. 绿色发展和特色产业发展对品种提出的要求

(1) 绿色发展对品种提出的要求

良好的抗病性，以抗晚疫病和病毒病为主，具有一定的土传病害（疮痂病、粉痂病和黑痣病等）抗性；良好的抗逆性，以抗旱和耐寒为主，节约地下水的开采；高氮素利用率，减少氮肥的施用和地下水污染；植株前期生长迅速，快速封垄以压制杂草。

(2) 特色产业发展对品种提出的要求

特色营养品种要求高花青素、高维生素C和高矿质元素等；半成品加工品种要求抗褐变，鲜切品质好，适合作为半成品加工原料；观赏性品种要求花色鲜艳、繁茂，花期长，适合进行特色农业展示。

四、国际马铃薯产业发展现状

（一）国际马铃薯产业发展概况

1. 国际马铃薯生产情况

2017年，全球马铃薯种植面积2.85亿亩，平均亩产1 346千克，总产量为3.84亿吨。种植面积呈缓慢下降趋势，总体趋于稳定（图1-5），2017年同比略减1.21%，比2000年减4.43%。平均亩产总体上呈波动提高的态势，分别较2016年和2000年增长3.11%和24.45%。总产量总体呈增长趋势，2017年同比增1.86%，比2000年增长18.92%。世界马铃薯总产量前10的国家分别是中国、印度、俄罗斯、乌克兰、美国、德国、孟加拉国、波兰、法国、荷兰；单产排名前10的国家分别是美国、新西兰、德国、丹麦、荷兰、澳大利亚、约旦、爱尔兰、法国、英国，每公顷产量均在35吨/公顷以上；发展中国家生产水平不断提高，2000—2017年，世界单产平均提高了24.45%。

从20世纪60年代始，全球马铃薯生产重心由西向东转移。在60年代初期，欧洲的马铃薯种植面积和产量均占全球的80%以上，到2016年减少到不足35%。亚洲是马铃薯生产蓬勃发展的地区，种植面积所占份额从1961年的10.60%跃升至2016年的52.94%。非洲马铃薯生产也发展较为迅速，1961—2016年，马铃薯种植面积增加了6.88倍，所占份额提升至9.19%；在其他地区生产份额几乎没有变化。1961—2016年，发达国家马铃薯种植面积平均每年减少1.18%，从1 853.35万公顷降到了627.08万公顷；发展中国家则以平均每年4.69%的速度增加，从1961年的354.91万公顷增加到2016年的1 682.92万公顷，在全球马铃薯种植面积中的份额从16.02%增加至66.87%，而且这种两极化的变化趋势仍在持续（图1-5）。

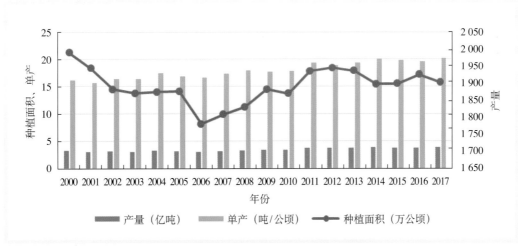

图1-5 2000—2017年世界马铃薯生产情况

2. 国际马铃薯贸易发展情况

（1）世界马铃薯贸易概况

2000年以来，世界马铃薯及其加工制品进出口贸易一直保持稳定增长的态势。据联合国商贸数据库统计（图1-6），2017年世界马铃薯产品进出口贸易总额为284.94亿美元，较2000年的94.60亿美元增长186.5%，其中世界马铃薯出口贸易额为145.11亿美元，较2000年增加219.3%；进口贸易额为140.83亿美元，较2000年增加186.5%。

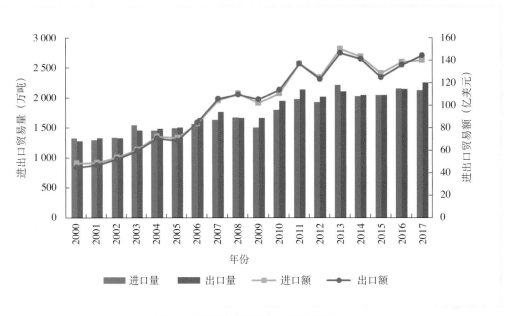

图1-6　世界马铃薯进出口贸易状况

注：①世界马铃薯贸易数据来源于世界商贸数据库，下同；
　　②由于数据库更新时效性，2017年的世界贸易数据仅指2018年11月前上报的国家和地区。

（2）贸易品种结构

世界马铃薯贸易以冷冻产品为主，贸易额约占世界马铃薯及其制品贸易总额的40％以上（图1-7）。其中，非用醋制作的冷冻马铃薯贸易所占比重最大，2017年非用醋制作的冷冻马铃薯世界出口贸易额为70.03亿美元，占世界马铃薯产品出口贸易总额的48.26％；其次是鲜马铃薯和非用醋制作的未冷冻马铃薯，出口贸易额分别为31.54亿美元和22.84亿美元，占世界出口贸易总额的21.73％和15.74％；其他马铃薯产品所占份额较小，如种用马铃薯（9.07亿美元，6.25％）、马铃薯团粒（5.22亿美元，3.59％）、马铃薯淀粉（3.81亿美元，2.62％）、冷冻马铃薯（1.74亿美元，1.20％）、马铃薯细粉（0.87亿美元，0.60％）。

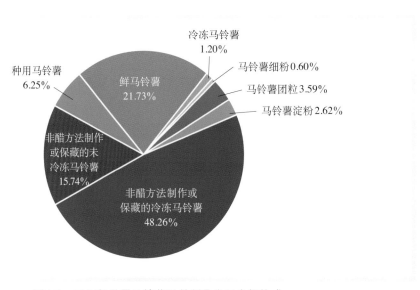

图1-7　2017年世界马铃薯及其制品出口金额构成

（二）世界主要国家马铃薯研发现状

马铃薯综合研发能力位居全球前列的国家是美国、荷兰、德国等。国际马铃薯研发主要集中在种质资源利用和重要性状基因克隆、遗传育种、栽培管理、病虫害防控等。通过对野生种、地方品种和栽培种重测序研究，确定了马铃薯驯化和遗传变异中的2 622个受选择基因，揭示了野生种在适应长日照的4倍体马铃薯遗传多样性的作用。在墨西哥品种中的7号染色体上发现一个新的单显性晚疫病抗性基因 *Rpi2*，定位了休眠相关和内热坏死相关QTL，挖掘出数百个控制薯块产量和淀粉含量的基因，过表达或抑制 *StSP6A*、*StBEL5 RNA*、*miR172* 和 *GAS* 可改善马铃薯块茎形成过程；基因编辑敲除 *GBSS* 基因改变了马铃薯淀粉品质。在栽培管理方面，开发了水分管理决策系统FAO-Cropwat 4，显著提高块茎产量。在病虫害方面，主要热点集中在晚疫病病原菌生物学、群体遗传、致病机理和防御机制、*R* 基因的开发利用和新药剂的开发与综合防控等方面。在马铃薯机械方面，美国研制了播深一致性自动调控、超声波种箱料位控制和GPS控制的液压驱动等系统，提高株距的精度和零速精确投种功能，将气动装置应用在马铃薯联合收获机上，利用现有的液压系统驱动，节省了一套动力及传动系统，料斗装载重量可达9吨。在马铃薯加工方面，美国研究者进行了油炸薯片的微观结构研究并分析了其对水分吸收的影响研究。意大利研究者报道了微量元素肥料对鲜薯和轻度加工薯及抗褐变剂对轻度加工薯整体质量的影响。加拿大研究者分析了用香草酸处理过的淀粉理化性质和体外消化的特点。日本研究者将薯表皮的漫反射特征技术用于块茎外观缺陷的筛选。丹麦研究者报道了加工汁水两步色谱法分离回收蛋白的技术。

（三）世界主要国家马铃薯竞争力分析

1.各大洲马铃薯产业竞争力分析

从各大洲的马铃薯产品出口额及市场占有率来看，世界马铃薯出口国家或地区主要集中在欧洲和美洲，2017年其马铃薯产品国际市场占有率达到89.50%，其中又集中在西欧和北美洲，出口金额分别为78.11亿美元和31.45亿美元，共占世界马铃薯产品出口总额的75.50%；而生产上具有较大优势的亚洲地区国际市场竞争力却很低，马铃薯产品国际市场占有率仅有6.32%；非洲和大洋洲的出口份额占有率还不到5%（表1-3）。

表1-3　2017年世界各区域马铃薯产品出口额及市场占有率

地区	出口额（百万美元）	出口市场占有率（%）
非洲	481.5	3.32
东非	18.5	0.13
中非	0.0	0.00
北非	356.9	2.46
南非	106.0	0.73
西非	0.2	0.00
美洲	3 465.1	23.88
加勒比海地区	10.2	0.07
中美洲	103.0	0.71
南美洲	206.5	1.42
北美洲	3 145.3	21.68
亚洲	916.9	6.32
中亚	42.1	0.29
东亚	368.5	2.54
南亚	174.3	1.20

（续）

地区	出口额（百万美元）	出口市场占有率（%）
东南亚	71.3	0.49
西亚	260.7	1.80
欧洲	9 521.8	65.62
东欧	618.5	4.26
北欧	643.2	4.43
南欧	448.9	3.09
西欧	7 811.2	53.83
大洋洲	126.0	0.87
世界	14 511.3	100.00

注：区域马铃薯产品出口额是指区域内的国家或地区马铃薯产品出口金额总额，包括区域内马铃薯产品交易额。

2. 前10个主要马铃薯贸易国家竞争力分析

从市场占有率来看，荷兰、比利时和美国在2017年世界马铃薯产品出口市场中占比最高，分别为21.4%、16.3%和12.5%；其次是加拿大、德国和法国，分别占出口市场的9.2%、8.4%和7.1%；再次是英国、波兰、埃及和中国，出口市场占有率均在2%以上（图1-8）。

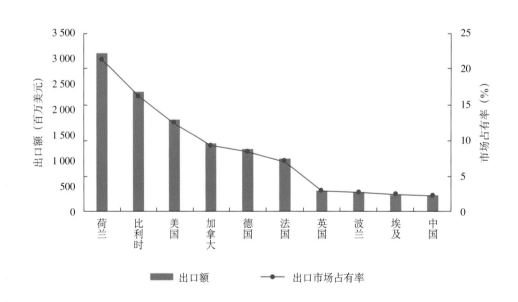

图1-8　2017年主要马铃薯贸易国家出口额及市场占有率

从贸易价格来看，在18个主要马铃薯贸易国家中，俄罗斯、加拿大、比利时、墨西哥和法国在种用马铃薯市场具有较强竞争力，出口平均单价均在0.52美元/千克以下，其中俄罗斯种用马铃薯出口平均单价仅0.18美元/千克（表1-4）。在鲜薯出口市场方面，俄罗斯、德国和波兰出口价格最具竞争力，均在0.2美元/千克以下。在冷冻马铃薯出口市场方面，德国、意大利出口平均单价不到0.5美元/千克，远低于0.68美元/千克的世界平均水平。在非醋方法制作或保藏的冷冻马铃薯方面，比利时、波兰、埃及及德国出口单价最低，均不到0.9美元/千克。

表1-4　2017年世界主要马铃薯贸易国家马铃薯产品出口平均价格　　单位：美元/千克

地区	种用马铃薯	鲜马铃薯	冷冻马铃薯	马铃薯细粉	马铃薯团粒	马铃薯淀粉	非醋方法制作或保藏的冷冻马铃薯	非醋方法制作或保藏的未冷冻马铃薯
荷兰	0.54	0.32	0.73	1.11	1.01	0.73	0.91	1.26
美国	0.53	0.43	1.03	1.34	1.28	1.02	1.15	2.99
比利时	0.43	0.20	0.62	1.30	1.20	0.60	0.77	1.46
法国	0.48	0.27	0.60	1.21	0.50	—	1.04	2.34
德国	0.55	0.18	0.37	1.56	1.25	0.72	0.84	2.23
加拿大	0.38	0.46	1.31	1.25	1.11	0.33	0.94	3.12
英国	0.59	0.39	0.68	1.11	2.86	1.21	1.21	3.66
意大利	0.57	0.48	0.48	0.91	2.38	1.29	2.17	4.16
西班牙	0.83	0.34	0.55	3.09	1.67	0.79	1.32	1.67
日本	—	—	4.65	3.22	—	2.44	4.44	13.53
俄罗斯	0.18	0.12	1.04	2.68	0.97	0.76	1.19	2.83
波兰	0.61	0.19	0.51	1.03	1.19	0.61	0.79	2.37
墨西哥	0.46	0.57	—	0.08	1.95	—	3.21	2.90
埃及	0.56	0.40	0.80	1.12	1.18	0.63	0.84	3.50
中国	5.54*	0.55	1.04	1.30	1.31	1.14	1.53	2.20
丹麦	0.52	0.27	1.36	3.79	1.00	—	0.99	3.19
巴西	8.45*	0.25	0.83	5.74	1.34	6.48	2.04	4.58
葡萄牙	0.79	0.30	1.22	1.87	2.71	1.63	1.02	2.94
世界	0.52	0.29	0.68	1.10	1.19	0.69	0.91	2.13

注：＊为微型薯（原原种）价格。

五、问题及建议

1.登记品种的真实性

随着马铃薯品种取消审定和进行登记程序政策的实施，如何通过技术手段对品种的真实性进行鉴定并进行备案，对于保护育种者知识产权和种植者合法权益具有重要意义。

2.登记品种的适应性

登记品种的相关特性、说明，由申请登记的单位自行填报，但登记品种的实际适应范围，种植者没有具体的参考资料，如何明确品种的适应性和种植区域并以适当方式发布，是保障种植者权益和指导生产的迫切需求。

3.建议

（1）尽快制订马铃薯登记品种真实性鉴定技术标准和建立登记品种指纹图谱数据库，进行登记品种真实性鉴定。

（2）登记品种的适应性评价与全国品种试验相结合，指导登记品种生产应用。

（3）增加财政经费投入，加强对马铃薯种质资源评价和创新、重要性状遗传、新品种选育和优质高效脱毒种薯生产新技术的研发。

（编写人员：金黎平　罗其友　徐建飞　庞万福　李广存　卞春松　高明杰　段绍光　简银巧　等）

第2章 甘薯

概 述

我国一直是世界上最大的甘薯生产国，甘薯生产一直在中国国民经济中占有重要的位置，其独具的高产特性和广泛的适应性曾为解决新中国成立之初人口激增带来的温饱问题作出了重要贡献，许多国民曾有"一年甘薯半年粮"的记忆，"红薯汤、红薯馍，离了红薯不能活"是甘薯作为主粮时期的真实写照，甘薯产业对应急救灾和保障国家粮食安全的作用不容低估。

根据FAO和《中国农业年鉴》资料分析，改革开放前，我国甘薯年最高种植面积可达1.5亿亩。我国实施经济政策改革以来，甘薯种植面积下降较快，近两年种植面积占世界甘薯种植面积的比例已下降到40.0%左右。根据相关省份统计部门和国家甘薯产业技术体系调研资料综合分析，2017年我国甘薯种植面积为6 022.9万亩，表现为稳定或略增，单产水平略有增加。近年来优质食用型品种种植面积进一步扩大，集约化种植模式不断扩大，甘薯价格高位稳定，种植效益明显提高。但是受粮食作物种子和种植补贴政策的影响，种植面积存在着人为压低甘薯等非补贴作物面积、抬高补贴作物面积的现象，使国家粮食作物统计面积失实，也降低了甘薯产业规模的显示度。

甘薯用途广泛，丰富的原料为加工业的发展提供了基础。甘薯保健功能也是其他作物所不能比拟的，世界卫生组织（WHO）、美国公共利益科学中心（CSPI）等研究表明，甘薯含有丰富的食用纤维、糖、维生素、矿物质等人体必需的重要营养成分，可称为最佳食品。随着现代农业的发展，甘薯消费结构继续向饲料比例减少，鲜食、加工比例增加的趋势发展。另外，茎尖叶菜用甘薯面积也在逐年上升，观赏用甘薯已成为部分城市的规模化绿化美化植物。

甘薯具有超高产特性，薯干产量可超过1.5吨／亩，高于谷物类作物所创造的高产纪录。甘薯具有广泛的适应性和节水特性，在丘陵旱薄地区严重干旱、谷类作物颗粒无收的田块，甘薯亩产仍可达到1 500千克。甘薯已成为农业产业结构调整中高产、高效作物，在推进农业产业供给侧结构性改革和绿色发展中起到了重要作用，许多山区贫困地区将甘薯列为精准扶贫开发的首选作物。适度发展甘薯产业特别符合我国"十三五"规划建议中提出的"储粮于地，储粮于技"的粮食生产方针以及农业部提出由二元结构向三元结构调整规划，有利于保障国家粮食安全，提高人民健康水平。

一、我国甘薯产业发展

(一) 甘薯生产发展状况

1. 全国甘薯生产概述

(1) 播种面积变化

FAO统计资料表明，21世纪初（2000—2005年），我国甘薯种植面积维持在460万公顷以上。我国甘薯种植面积受种植业结构调整和国家粮食直补政策的影响，农户在上报种植面积时存在着人为压低甘薯等非补贴作物面积、抬高补贴作物面积的现象，致使甘薯统计面积急剧下降，2006年种植面积仅为366.3万公顷，比2005年（462.3万公顷）下降26.7%。2006—2016年，甘薯种植面积总体维持在328万公顷以上，小幅波动，呈现缓慢下降趋势（表2-1）。我国甘薯种植面积由2000年占世界种植面积的59.36%下降到2016年的38.05%，其中2006年占比下降明显。2000—2016年，我国甘薯种植面积平均为408.9公顷，占世界种植面积的47.24%。

2006年以前，世界甘薯种植面积随着中国种植面积的变化而变化。但2006年以后，中国甘薯种植面积呈现缓慢下降趋势，而世界甘薯种植面积由于非洲种植面积的不断增加而呈现逐步上升趋势，由2006年的810.2万公顷小幅上升到2016年的862.4万公顷，因此我国甘薯种植面积占比也逐渐下降。

《中国农村统计年鉴》（简称《统计年鉴》）资料与FAO资料相比，个别年份有小的出入，但整体趋势完全一致（表2-1）。而据国家甘薯产业技术体系调查，2015年我国甘薯种植面积在427万公顷，比FAO和《统计年鉴》资料高出近85万公顷。

表2-1 2000年以来我国甘薯种植面积变化 单位：万公顷

年份	2000	2001	2002	2003	2004	2005	2006	2007	2008
FAO资料	581.5	549.8	521.4	518.0	486.0	462.2	366.3	365.2	376.3
占世界比值（%）	59.36	56.85	55.40	55.94	52.15	51.33	45.21	44.86	48.31
《统计年鉴》资料	581.5	549.8	534.7	517.9	486.0	462.3	366.6	365.2	376.3
年份	2009	2010	2011	2012	2013	2014	2015	2016	平均
FAO资料	355.0	354.5	348.2	335.4	334.9	336.1	332.1	328.2	408.9
占世界比值（%）	43.56	42.62	41.74	41.35	40.02	40.12	39.81	38.05	47.24
《统计年鉴》资料	355.5	354.5	348.2	335.5	334.7	336.7	332.1	331.5	409.9

(2) 产量变化状况

2000年以来，我国甘薯总产由于受到种植面积的影响，出现大幅度下滑，鲜薯从2000年的1.18亿吨，下降到2016年的0.706亿吨（FAO统计资料）。明显下降出现在2006年，首次跌破1亿吨，只有0.81亿吨（表2-2），这是由于2006年种植面积急剧下降造成的。我国甘薯总产也由2000年占世界总产的84.45%下降到2016年的67.09%。2000年以来，我国甘薯总产量平均为0.87亿吨，平均占世界总产量的75.96%。

2000—2012年，世界甘薯总产量也随着我国产量的下降而下降，但中国甘薯产量的占比明显下降。2013年以来，世界甘薯总产量有小幅的上升，这得益于世界甘薯种植面积的小幅升高。

《统计年鉴》资料与FAO统计资料基本一致。2012年以来，甘薯鲜薯总产基本稳定在0.7亿吨以上（表2-2）。而据国家甘薯产业技术体系调查，2015年我国甘薯鲜薯总产依然超过1亿吨，比统计资料高出3000万吨左右，政策折粮600万吨左右，实际折粮990万吨左右。

表2-2 2000年以来我国甘薯总产量变化
单位：亿吨

年份	2000	2001	2002	2003	2004	2005	2006	2007	2008
FAO资料	1.180	1.136	1.131	1.076	1.057	1.025	0.810	0.756	0.782
占世界比值（%）	84.45	83.45	82.73	82.16	80.78	80.20	75.95	74.65	75.76
《统计年鉴》资料	1.180	1.136	1.173	1.076	1.057	1.026	0.706	0.756	0.782
年份	2009	2010	2011	2012	2013	2014	2015	2016	平均
FAO资料	0.765	0.742	0.754	0.712	0.705	0.713	0.711	0.706	0.868
占世界比值（%）	74.21	72.41	71.50	69.93	68.21	68.19	68.47	67.09	75.96
《统计年鉴》资料	0.765	0.742	0.754	0.719	0.705	0.713	0.714	0.704	0.865

（3）单产变化情况

2000年以来，我国甘薯总产量占比远高于种植面积占比，这得益于我国甘薯单产水平较高，均在20吨/公顷以上，最低的是2000年的20.29吨/公顷，最高的是2005年22.18吨/公顷，平均产量21.24吨/公顷，是世界平均产量的1.61倍。由2000年1.42倍，提高到2016年的1.76倍，呈现小幅升高趋势（表2-3）。分析原因，一是2006年产业结构调整，紫甘薯种植面积开始逐渐增加，由于早期种植紫甘薯产量水平比常规品种低，导致2006年以来单产水平略有下降；二是近年来非洲种植面积呈现增长趋势，但非洲甘薯产量水平较低，导致世界甘薯平均产量水平稳中略有下降，因此尽管我国甘薯单产水平徘徊，但与世界平均水平相比，比值呈现升高的趋势。

《统计年鉴》资料与FAO统计资料呈现相同的趋势。而据国家甘薯产业技术体系调查，2015年我国甘薯单产达到24.48吨/公顷，比FAO统计资料高14.3%。

表2-3 2000年以来我国甘薯单产变化
单位：吨/公顷

年份	2000	2001	2002	2003	2004	2005	2006	2007	2008
FAO资料	20.29	20.66	21.69	20.76	21.74	22.18	22.12	20.70	20.79
与世界平均值比	1.42	1.47	1.49	1.47	1.55	1.56	1.68	1.66	1.57
《统计年鉴》资料	20.29	20.66	21.69	20.77	21.74	22.18	19.25	20.70	20.79
年份	2009	2010	2011	2012	2013	2014	2015	2016	平均
FAO资料	21.56	20.93	21.64	21.23	21.06	21.22	21.42	21.51	21.24
与世界平均值比	1.70	1.70	1.71	1.69	1.70	1.70	1.72	1.76	1.61
《统计年鉴》资料	21.53	20.92	21.64	21.43	21.06	21.18	21.51	21.25	21.10

（4）栽培方式演变

随着农村劳动力的不断转移，土地流转速度明显加快，一大批有知识、懂技术、会经营的新型专业农场主不断涌现，甘薯集约化种植将占据主流。生产规模的扩大，促使甘薯机械化生产程度逐步提高，逐渐将甘薯栽培从传统的劳动力密集型产业转向机械化，既降低了劳动强度，又降低了生产成本。除个别环节还未实现机械化，在起垄、中耕除草、切蔓、收获等环节，均不同程度地实现了机械化，特别是在平原地区，一些中、大型机械得到较好的应用。

据调查，不同类型农户在整地做垄方式上均以小型机械为主，其次是大型机械，再次是人工。采用小型机械、大型机械、人工、牲畜、多种方式综合等不同作垄方式的比重分别为41.04%、25.54%、15.94%、2.80%、14.68%。在收获方式中，大型机械、小型机械、牲畜、人工、多种方式综合等所占比重分别为1.91%、21.06%、1.91%、66.81%、8.31%，其中采用人工收获方式所占比例最高。

2.区域生产基本情况

（1）各优势产区的范围

除西藏、甘肃、青海、宁夏等少数寒冷地区不适于甘薯生长之外，我国大部分省份都有甘薯栽培，

《统计年鉴》中也有种植面积统计，但主要为西南山区、黄淮平原、长江流域和东南沿海等地区。综合考虑气候条件、甘薯生态型、行政区划、栽培面积、甘薯用途等因素，我国甘薯优势产区可分为北方淀粉用和鲜食用甘薯优势区、长江中下游食品加工用和鲜食用甘薯优势区、西南加工用和鲜食用甘薯优势区、南方鲜食用和食品加工用甘薯优势区四大甘薯种植区。

北方淀粉用和鲜食用甘薯优势区包括淮河以北的江苏北部地区、安徽北部地区、山东、河南、河北、山西、陕西等甘薯集中种植区，以及北京、天津、内蒙古、辽宁、吉林、黑龙江、新疆等甘薯零星种植区；长江中下游食品加工用和鲜食用甘薯优势区包括湖北、湖南、江西、安徽淮河以南、江苏淮河以南、上海、浙江等甘薯种植区；西南加工用和鲜食用甘薯优势区包括重庆、四川、贵州、云南等甘薯种植区；南方鲜食用和食品加工用甘薯优势区包括广东、广西、福建、海南等甘薯种植区（台湾未统计在内）。

（2）自然资源及耕作制度情况

北方甘薯优势区：该区主要包括淮河以北适宜甘薯种植区域，属季风性气候，年平均气温8～15℃，无霜期150～250天，日照百分率为45%～70%，年降水量450～1 100毫米，土壤为潮土或棕壤，土层较厚，适合机械化耕作。该优势区以种植春薯和夏薯为主，其中淮河以北、黄河以南地区以种植夏薯为主，黄河以北地区以种植春薯为主。夏薯种植区以小麦—甘薯轮作为主，春薯区主要是甘薯多年连作。

长江中下游甘薯优势区：该区属季风副热带北部的湿润气候，全年无霜期225～310天（平均260天），年平均气温16.6℃，雨量较充沛。该区以夏薯为主，主要以小麦—甘薯，油菜—甘薯，早稻—甘薯等轮作方式为主。

西南甘薯优势区：该区同属季风副热带北部的湿润气候，全年无霜期290～350天（平均310天），年平均气温20℃。地势复杂、海拔高度变化很大，气候的区域差异和垂直变化十分明显，云雾天较多，蒸发量较大，总辐射量、日照时数较南、北方各薯区低。该区种植夏、秋薯，主要是以玉米—甘薯，大豆—甘薯间套作为主。

南方甘薯优势区：该区包括闽、粤、桂、琼甘薯种植区，该区属热带季风湿润气候，年平均气温18～25℃（平均24℃），无霜期325～365天（平均356天），热季8～10个月，甘薯四季均可生长。

（3）种植面积与产量及占比

2000—2016年，我国甘薯种植面积下降明显，全国年平均单产22.1吨/公顷，其中2006年单产最低，为19.25吨/公顷。近年来甘薯种植区域多向丘陵山区集中，种植环境相对较差，单产保持稳定，主要得益于品种改良和栽培技术改进。

北方甘薯优势区：2000年以来，该区甘薯种植面积从2000年的174.2万公顷下降到2016年的84.4万公顷，年均种植面积111.8万公顷，其中2002年占比最高，达31.25%，2006年占比最低，占24.43%，年均占比27.27%。该区是我国甘薯种植的高产区域，2000年以来，年平均单产24.85吨/公顷，远高于全国平均水平；其中2011年平均单产高达28.56吨/公顷，2003年平均单产最低，也达22.40吨/公顷。

长江中下游甘薯优势区：该区甘薯种植面积从2000年的110.0万公顷下降到2016年的51.6万公顷，年均种植面积68.3万公顷，其中2005年占比最高，达19.36%，2008年占比最低，占13.75%，年均占比16.67%。该区是我国甘薯种植的中高产区域，年平均单产22.73吨/公顷，略高于22.1吨/公顷的全国平均水平；该区域甘薯单产水平波动较小，均维持在21吨/公顷以上。

西南甘薯优势区：该区是我国甘薯种植的最大区域，种植面积最高时为178.4万公顷（2000年），最低时也有120万公顷，年均种植面积145.3万公顷。2000年该区种植面积占全国种植面积的30.68%，随后占比逐年增加，2006—2008年连续3年占比超过41%，近年来占比有所下降，也维持在35%以上，平均占比35.45%。尽管种植面积占比高，但该区为我国甘薯种植的中低产区域，2000年以来平均单产17.96吨/公顷，远低于全国平均水平，其中2006年单产低至13.39吨/公顷。

南方甘薯优势区：该区也是我国甘薯集中种植区，2000年时，种植面积达118.9万公顷，目前种植面积维持在73万公顷左右，年均种植面积84.5万公顷，占比呈现轻微上升趋势，平均占比20.61%。该区产量水平比较稳定，平均单产20.25吨/公顷，低于全国平均水平。

(4) 区域比较优势指数变化

北方淀粉用和鲜食用甘薯优势区：该区甘薯生产主要优势为土地相对集中，适合机械化、规模化、集约化种植。淀粉用甘薯种植和加工集中度高，淀粉用甘薯生产主要集中在山东丘陵和淮河以北的平原旱地或缓坡丘陵。山东主要集中在中部、沂蒙山区和胶东丘陵地区，河北主要种植在燕山南麓，河南主要集中在南部和西部的丘陵山区，安徽主要集中在黄淮平原最南段的淮河两岸，山西主要集中在山岭旱塬地带，陕西主要位于关中东部山地。该区为淀粉用甘薯种植比较优势最高的区域。鲜食用甘薯生产区位优势强，种植主要发挥其区位优势，或处于大城市郊区，或位于交通要道沿线。北京大兴区位于北京市区南部，山东的长清区和平阴县位于济南城郊，陕西临潼区靠近西安市区，安徽明光市靠近南京、上海，河南甘薯主产区位于陇海铁路和焦柳铁路沿线，山西的洪洞县和闻喜县有同蒲铁路通过，均显示鲜食用甘薯主产区的区位和交通优势明显。该区在甘薯产业发展中已有种植面积大和产量水平高的优势转变为产量水平高、产业化程度高的优势。

长江中下游食品加工用和鲜食用甘薯优势区：该区的主要特点即经济较为发达，交通便利，大、中城市较为集中，平缓岗地和丘陵山区较多，连片种植规模小于北方薯区，食品加工具有传统优势。该区饲用比例大幅减少，休闲食品用比例快速增长，鲜食、菜用比例逐渐增加。产品加工方面，淀粉类等传统加工产业稳定，规模型企业主要以全粉、休闲食品为主，并开始占据主导地位，产品多样化趋势日益明显。栽培方式上，单作、间套作、轮作均有种植，薯—薯连作，薯—玉米套作，林—薯间套作等多种方式并存，既有适宜大型机械的平缓岗地，也有只适宜小型机械的山丘地。该区在休闲食品多样化开发、鲜薯贮存保鲜扩大供应半径、强化薯渣等副产品利用及延伸产业链、增加附加值方面有突出的优势。

西南加工用和鲜食用甘薯优势区：该区土地资源丰富、适合种植甘薯的荒山坡地面积较大，是我国甘薯主要种植区，但栽培管理普遍粗放，单产水平较低，种薯种苗交换频率较低，甘薯病毒病相对较轻，种薯种苗企业数量少、规模小。该区的中、小型淀粉与粉条加工企业数量多，其中，四川和重庆的大型淀粉与快餐粉丝加工企业以及甘薯全粉加工企业的技术水平与产值在全国名列行业前茅。该区甘薯产业发展正逐步向加工专用和优质、高产、高效的方向发展，形成以规模化种植、安全性贮藏、深层次加工和市场化营销的生产经营体系，以及以加工企业为龙头的产业发展优势。

南方鲜食用和食品加工用甘薯优势区：甘薯在南方薯区具有非常重要的地位，多年来种植面积相对稳定，种植效益突出，从福建的闽南到广东的粤东、粤西，广西的防城港、北海以及海南岛等沿海地区是鲜食甘薯产业的集中优势带。闽西北以及广西和广东的丘陵山区是副食品加工优势区域；广东和福建的种植面积更是仅次于水稻之后排在第二位的作物。该区是甘薯鲜食为主、副食品加工为辅的优势区域，鲜食销售市场需求旺盛，除供应本区食用外，还有相当部分产品调运到华东地区，还有较大比例的产品运至香港、澳门及东南亚、北美洲等地区。"连城地瓜干"是区内传统优势产品，在国内和国际上均有较大的影响力。

(5) 生产主要问题

一是甘薯病虫害有加重趋势，甘薯健康种薯种苗繁育体系还不完善。甘薯产业因受地域和产业底蕴的影响，发展不平衡，部分甘薯主产区种植年份长，各种甘薯病虫害发生普遍比较严重，特别是甘薯引种不规范导致了各类病虫害的蔓延，病虫害有逐步加重的趋势。据调查，2013年新发现的病虫害就达9种之多，蔓割病等南病北移、根腐病等北病南下的局面还没有完全得到控制，甘薯病毒病害（SPVD）危害有蔓延的趋势，在某些地区已成为甘薯生产上的制约因素。受贮藏和销售条件的限制，甘薯种薯种苗的供应很难通过大型种子企业统一操作，良种繁育推广仍处在放任自流的阶段，导致种薯、种苗供应较为混乱，亟须完善甘薯健康种薯种苗繁育体系。

二是甘薯种植机械化程度低。我国甘薯50%以上集中在丘陵山区和坡地等，这些地区甘薯生产的各个环节仍以人工或半机械化作业为主。随着劳动力的转移，农村劳动力已严重缺乏，生产成本居高不下；由于缺少甘薯生产上急需的轻便配套机械，以及农机农艺结合的高效轻简化实用技术，致使甘薯生产机械化程度较低，已成为甘薯产业发展的重要限制因素。

三是甘薯专用品种不能完全满足产业发展的需求。甘薯产业的转型升级，对品种指标提出了更高的要求，高产、优质、专用与适应性广的品种仍比较少，特别是淀粉产量高、综合性状好的淀粉专用品种以及食味好、花青素含量高的鲜食专用品种仍然缺乏，不能满足市场和生产企业的需求，影响了甘薯产业的持续健康发展。

四是高效轻简栽培技术没有得到广泛推广。近10年来我国甘薯产业在国家甘薯产业技术体系的支撑下，甘薯产业正在向优质高效发展，通过开展培育壮苗、覆膜栽培、高剪苗、土壤培肥、水肥一体化、化控配方、标准化栽插、病虫害综合防控等关键技术研发，形成了地膜覆盖高产栽培技术、全程化控栽培技术、水肥一体机械化配套栽培技术、盐碱地高产栽培技术、平原地机械化配套栽培技术、健康种苗栽培技术等单项技术，但这些技术还停留在小面积示范上，没有在生产上广泛推广应用。

3. 生产成本与效益分析

据调查分析，近年来甘薯生产成本有所增加，产品销售高位稳定，比较效益较高，农民种植积极性增加。2017年甘薯产业商品薯销售价格差异较大，淀粉型一般在0.75 ~ 0.95元/千克，总体价格稳定，部分地区小幅上升；鲜薯销售价格稳中有升，地头价格一般为1.2 ~ 2.4元/千克；外观商品性好、食用品质好的甘薯价格大幅上升，价格可相差十到十几倍。

据产业技术体系2009年以来调查资料统计分析，我国甘薯的生产投入主要包括种薯种苗、化肥、机械、人工、农药、除草剂、薄膜等费用，这些费用近3年来均有不同程度的增长，其中人工费用上升最快，机械费用平稳增加，种薯种苗、除草剂和农药从2010年起有所增加，其余变化不大，甘薯种植成本连年增加，年均增加11%左右。其中劳动力成本连年增加，年均增长11.6%左右。2017年将土地成本加入，调查显示2017年甘薯平均单产为2 085千克/亩，田边销售单价平均为1.38元/千克，折合每亩毛收入2 877.76元。扣除生产成本，平均每亩甘薯净收益1 751.90元。调查结果因样本不同而有所差异。

（二）甘薯市场需求状况

1. 全国消费量及变化情况

我国是世界上最大的甘薯消费国。19世纪50—60年代主要以鲜食饱腹为主，所占比例在50%以上，加工比例为10%左右，饲用比例在30%左右。90年代初期，鲜食、饲用和加工比例各占1/3左右，此后以饱腹为目的的鲜食消费逐渐递减，加工比例上升。近年来以健康为目的的鲜食消费比例逐年增加，饲用比例逐年减少，加工比例平稳。据2016年调查显示，鲜薯直接消费的比例接近30%。加工产品呈现多样化发展趋势，休闲食品如薯枣、薯条、薯脯和薯片等销量增加，淀粉及其加工制品相对稳定，小型淀粉加工企业受到更加严厉的环境污染执法控制，几乎丧失了生存空间。菜用甘薯因可同时解决初春低温和夏季伏天炎热叶菜缺乏问题而得到较快发展，茎尖售价较高。对观赏甘薯或菜、观两用甘薯的科研已经起步。与此同时，随着物流业的发展和贮藏技术水平的提高，甘薯销售基本实现了全年供应（图2-1）。

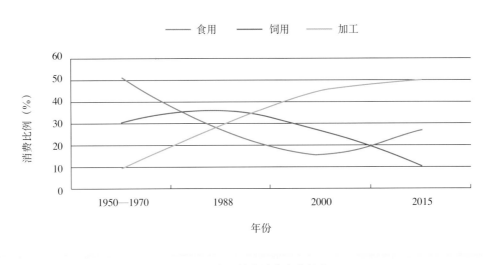

图2-1　中国甘薯消费变化趋势

2. 预估市场发展趋势

我国现常年鲜薯总产量在1亿吨左右，可以满足市场需求，预计我国甘薯市场需求向高端化发展，饲用比例继续下降，鲜食用总量和比例继续增加，淀粉加工用原料保持稳定或小幅下降，食品加工用甘薯略有增加，重点表现在产品多样化、功能化、高端化。特色作物应走特色发展的模式，即种植面积保持稳定或略有缩减，品种结构优化调整，加工产品转型升级，遏制盲目发展给产业带来的负效应。

（三）甘薯市场种薯种苗供应状况

1. 全国种薯种苗市场供应总体情况

（1）供应总体情况

甘薯是无性繁殖作物，对贮藏、育苗及繁苗技术要求相对较高。甘薯产业在我国改革开放前虽然种植规模较大，但未像其他主要作物一样建有国家投资的良种繁育基地，基本上是自繁自育，生产单位自我调剂，种苗很难进入市场。20世纪80年代始，国家重视作物良种的繁育，主要农作物种子以官方垄断经营为主。由于甘薯种薯种苗经营风险较大，官方未采取垄断经营的方式，优良品种的推广仅依靠政府农业部门组织的种薯串换；家庭式小型种薯种苗繁育公司开始建立，但规模较小，市场比较混乱，同种异名和品种侵权现象较多。21世纪始，甘薯种薯种苗股份公司崛起，总体规模仍然偏小，抵御市场风险能力较差。近年来，由于甘薯病毒病的扩散，生产上因种薯种苗销售引起的纠纷时有发生，甘薯种业面临着市场重新洗牌，大公司优越性逐渐彰显，但是规模企业仍然不多，能够达到育繁推一体化要求的企业数量极其有限。由于国家扶植力度太小，甘薯良种繁育体系不健全，原原种和健康种薯种苗生产能力远远不能满足生产需求。

（2）区域供应情况

甘薯种薯种苗企业规模相对较小，企业分布以北方居多，由北向南数量渐少。近年来北方种薯种苗公司利用南方光热条件繁殖薯苗向北调运数量逐年增加，成为北方薯区病虫害扩散的重要隐患。南方部分地区以苗繁苗，田间剪蔓头苗直接栽入大田，加重了病虫害（病毒）的感染概率和品种种性退化。

2. 区域种薯种苗市场供应情况

（1）产业发展思路

政府扶植、市场化运作，建设一批甘薯脱毒培养及快繁中心；建成规范的脱毒甘薯原原种、原种及优质良种繁育和供应体系，以及种薯质量控制体系；建设一批标准化的优质良种繁育基地，提高甘薯种薯种苗质量，满足生产需要。

（2）产业发展具体方案

脱毒甘薯培养及快繁体系建设：分别在北方、长江中下游、西南以及南方四大甘薯优势产区建设一批甘薯脱毒培养及快繁中心，形成更加合理、高效的脱毒种薯（苗）繁育和供应体系。每个薯区至少建成一个同时具有脱毒培养和病毒检测能力的脱毒快繁中心，负责区域内主栽甘薯品种脱毒试管苗的培育。建成若干个快繁中心（建议以种植面积50万亩为单元，设置快繁中心），负责区域内主栽品种脱毒原原种、原种的繁育，保证脱毒原原种、原种满足生产需求。同时，引入市场机制，鼓励和支持种薯种苗企业参与脱毒甘薯快繁体系建设。

甘薯种薯质量控制体系建设：建设部级甘薯种薯质量检测检验中心，加强脱毒甘薯病毒检测及种薯质量标准体系建设，实行各级种薯生产专业化和标准化。加强种薯产地病虫害检疫和生产基地管理，建立种薯生产资格认证、种薯生产者登记制度，推行种薯标志制度，加强种薯市场监管。

优质良种繁育基地建设：在四大甘薯优势产区，整合各类资金，引入市场机制，引导企业投入，建设标准化的优质良种繁育基地。到2020年，力争形成若干个有实力的种薯种苗龙头企业和布局合理的繁种基地，基本满足生产对甘薯优质种薯的需求。

甘薯新品种和良种繁育新技术展示基地建设：分别在北方、长江中下游、西南、南方甘薯优势产区，依托甘薯产业技术体系综合试验站，在重点示范县建设甘薯新品种和良种繁育新技术展示基地，对区域适用新品种、新技术进行集中展示，为新品种、新技术的示范推广提供依据。在四大薯区建设新品种、新技术展示基地30个，每个展示基地面积50～100亩。

（3）市场需求（规模）

甘薯健康种苗是获得优质高产的重要基础，市场需求旺盛，缺口较大，据甘薯产业技术体系产业经济研究室报告，在甘薯种植成本构成中，种薯种苗267.97元/亩，占种植总成本的23.8%，此数据一是说明了种植者对种薯种苗的重视，二是说明种薯种苗市场份额巨大。

另据不完全统计，全国甘薯脱毒薯苗使用面积不足15%，健康种苗的市场需求和缺口都非常大。

3. 市场销售情况

（1）主要经营企业

根据国家甘薯产业技术体系和相关省份农业部门推荐，甘薯加工企业排在前三名的为：山东泗水利丰食品有限公司、河南天豫薯业股份有限公司及四川光友薯业有限公司。山东泗水利丰食品有限公司和河南天豫薯业股份有限公司均建有种薯种苗繁育公司，且规模较大，除满足本企业原料基地使用外，还对外经营种薯种苗业务。规模较大的种薯种苗公司还有河北邯郸禾下土科技有限公司、山东金海种业公司、湖北农谷巨海薯业公司、天津慧谷、河南清丰等种薯种苗公司。

(2) 经营量与经营额

山东泗水利丰食品有限公司、河南天豫薯业股份有限公司、四川光友薯业有限公司均为规模性企业，特别是山东泗水利丰食品有限公司与国家甘薯产业技术体系合作，建立国家甘薯高科技产业示范园，在体系的支持下，公司已由单一淀粉、粉条加工发展成鲜薯储运、种薯种苗繁育、精制淀粉、粉条、粉皮、全粉、薯泥、高档甘薯糕点以及膳食纤维、甘薯蛋白、多糖加工等覆盖全产业链的企业，2015年实现销售收入6.35亿元，产品畅销20多个国家和地区。

据国家甘薯良种攻关联合体统计，今年加入联合体的企业繁育健康种苗6.35亿株，建立脱毒种薯种苗生产基地近3 000亩，生产基地5.5万亩。其中河南天豫薯业繁育脱毒甘薯原种2 000吨，提供2亿株健康种苗。山东泗水利丰公司培育脱毒原原种苗2万棵，提供健康种苗1.65亿株，建立标准化紫薯种植基地1万亩，加工型标准化甘薯种植基地4.5万亩。河北邯郸禾下土公司建立标准化脱毒甘薯种薯生产基地1 600亩，生产脱毒种薯2 500吨，建立标准化脱毒甘薯种苗繁育基地500亩，脱毒种苗2.5亿株。湖北农谷巨海薯业生产脱毒种薯1 000吨、脱毒种苗2 000万株。

二、甘薯产业科技创新

（一）甘薯种质资源

我国现保存甘薯种质资源2 000余份，采取田间圃和试管苗库双圃制，分别在广州、徐州设立田间圃，徐州设立试管苗保存库。资源鉴定仍停留在小范围评价、表型评价阶段，资源精细鉴定刚刚起步，基因型评价不系统，野生种和地方品种直接利用难度大，难以满足品种选育对优异新种质和特异基因的需求。

近几年国内开展了甘薯种质资源遗传多样性和近缘野生种的利用研究，以包含甘薯近缘野生种、地方品种和育成品种为供试材料，采用SRAP分子标记对其进行遗传多样性分析，同时用MEGA软件结合DPS软件绘制甘薯及其近缘种进化树。对甘薯栽培种高系14、*I.triloba*及其体细胞杂种KT1三者进行了PEG干旱胁迫转录组测序，阐明了*I.triloba*抗旱分子基础以及*I.triloba*相较于甘薯栽培种在自然条件下更易开花结实的特性。以徐薯18（$2n = 6x = 90$）及其近缘野生种*I.lacunosa*（K61，$2n = 2x = 30$）的种间体细胞杂种XL1为材料，利用形态学与细胞学分析、酯酶同工酶、重金属离子胁迫的离体鉴定、扩增片段长度多态性（AFLP）、甲基化敏感扩增多态性（MSAP）等技术对XL1的特性和遗传组成进行了分析，表明XL1对铝和铬的耐受性显著高于徐薯18，胁迫条件下，XL1的超氧化物歧化酶（SOD）和过氧化氢酶（CAT）活性显著高于徐薯18，而丙二醛（MDA）含量显著低于徐薯18。使用简化基因组技术对甘薯栽培种、野生种进行测序，开发SNP标记，表明SLAF-seq技术可以很好地应用于甘薯研究。

（二）甘薯种质基础研究

1.组学研究

近年来甘薯基因组学研究进展迅速。*Nature Plants*报道了6倍体甘薯的基因组有30条染色体来源于其2倍体祖先种，另外60条染色体来源于其4倍体祖先种，揭示了甘薯的起源，并绘制了甘薯基因组图谱，为甘薯基因组学和遗传学的研究打下了良好的基础。通过分析盐处理的甘薯根系，转录组发现茉莉酸途径对甘薯的耐盐性具有重要意义；通过比较，转录组揭示了蔗糖代谢相关的酶类在甘薯贮藏根的淀粉积累中具有关键作用；通过对不同品种比较研究，发现类胡萝卜素和萜类物质生物合成途径关键基因；通过高通量深度测序，揭示了甘薯中microRNA在低温贮藏期间的重要作用；通过利用Illumina-HiSeq技术发掘出甘薯中一系列参与尖孢镰刀菌防御反应的基因；使用iTRAQ技术对甘薯苗期根系全蛋白组差异蛋白进行了分析，克隆了一个与胁迫密切相关的*MADS-box*基因，基于SLAF测序对甘薯核心种质资源进行群体结构和遗传多样性全基因组评估。

基因结构及功能研究进展顺利，挖掘了一系列甘薯耐逆、品质相关的优异基因。采用生物信息学相关软件对甘薯等10种作物中参与抗病抗逆的NAC1转录因子蛋白的氨基酸序列及其理化性质、磷酸化位点、疏水性或亲水性、二级结构和三级结构、跨膜结构域、信号肽、亚细胞定位以及保守结构域等进行了预测和分析。采用tetra-primer ARMS-PCR等技术开发甘薯SNP标记。

2. 甘薯基因工程

研究表明，过表达*IbZDS*基因提高了甘薯β-胡萝卜素和叶黄素含量，增强了转基因甘薯的耐盐性；*IbSWEET10*基因提高甘薯对尖孢镰刀菌的抗性，*IbSSI*基因改变转基因甘薯的淀粉含量、组成、粒度和结构。过表达*IbVP1*和*IbOr*基因提高了转基因甘薯的铁利用率以及叶绿素和类胡萝卜素含量，耐盐性增强。过表达*IbLc*提高了甘薯植株的花青素含量，花青素的组成也有显著的变化。

（三）甘薯育种技术及育种方向

国内学者创新优化了甘薯育种和种薯种苗繁育、实生种子快速育苗和种薯种苗脱毒快繁的方法；围绕甘薯自交亲和性、发芽率、干物质含量测定、快速育种等方面展开研究，取得了较大进展。探索食用型甘薯品种评价方法，采用灰色系统理论中的品种灰色关联度多维综合评估分析法，对12个品种的11个主要性状指标进行综合分析和评价。

使用SSR标记、农艺、品质性状分析中国西南地区主要甘薯育种亲本遗传多样性，表明这些材料遗传差异不明显，品质性状与农艺性状间呈负相关。利用γ射线辐照可获得耐盐性和蔓割病抗性显著提高的材料。

农业农村部启动特色作物联合攻关计划，通过甘薯分子标记开发、主效QTL精细定位、基因组测序等育种技术和理论研发，初步建立新品种选育及育种技术平台，并通过整合优势科技资源，初步建立了资源创制与鉴定平台、抗性鉴定平台、营养品质分析鉴定平台和加工品质鉴定平台，提高了特色品种选育效率。

（四）甘薯新育成品种

我国甘薯品种国家级审定工作始于1984年，止于《种子法》修订后的2002年（对《种子法》颁布时已完成程序的品种给予审定），共审定通过39个甘薯品种；全国农业技术推广服务中心2001年始组建全国甘薯品种鉴定委员会，2003年开始对通过国家甘薯区域试验、生产试验的品种进行鉴定，共鉴定甘薯品种172个。2017年5月实行非主要农作物品种登记后，截至2018年9月共有109个甘薯品种提出登记申请，农业部已公告的登记品种46个。

2016年作为品种鉴定与登记制度的衔接，全国农业技术推广服务中心继续组织了国家甘薯品种鉴定，通过鉴定的甘薯品种有32个，淀粉型品种6个，兼用型品种2个，食用型品种1个，高胡萝卜素型品种1个，高花青素型品种3个，食用型紫薯品种14个，叶菜型品种5个。2016年通过省级审（鉴）定甘薯新品种28个（不完全统计），其中四川审定5个、北京鉴定2个、重庆鉴定5个、广东审定6个、福建审定1个、陕西登记1个、广西审定8个。

2017年我国有广薯87、苏薯24、黔薯1号等18个甘薯品种获得新品种保护权，徐薯32、万薯9号、漯薯10号等6个品种申请新品种保护权，万薯9号、南紫薯018、彭苏3号等10个甘薯品种通过省级审（鉴）定。

三、甘薯品种推广

（一）甘薯品种登记情况

我国自开展非主要农作物品种登记以来，共有109个甘薯品种提出登记申请，其中农业部已公告的登记品种46个，另有26个品种已收到标准样品（包括6个合格入库）。

已完成登记的46个甘薯品种主要为鲜食型、淀粉型、特用型和菜用型。鲜食品种有23个，如徐薯32、福薯24、冀薯4号、湛薯271等。其中，徐紫薯8号、冀紫薯1号、维多丽等也可作高花青素或高胡萝卜素等兼用品种；淀粉型品种有17个，包括万薯5号、商薯9号、冀薯98等。菜用型品种如薯绿1号、福菜薯18、福薯7-6等；特用类型有高花青素型，即万紫薯56、冀紫薯2号等和高胡萝卜素型徐渝薯34等品种。

各省份甘薯品种登记申请情况：福建申请品种29个，江苏17个，河北12个，山东10个，湖北和四川各9个，重庆7个，辽宁和河南各6个。所有品种均为已审定或已销售品种，暂未有新品种申请登记。绝大多数申请单位和育种单位为科研院所，高校只有福建农林大学申请3个品种，企业仅有四川的遂宁市安居永丰绿色五二四红苕专业合作社申请1个品种遂薯524，该品种为地方农家种。

（二）甘薯主要品种推广应用情况

1.面积

（1）全国主要品种推广面积变化分析

根据全国农业技术推广服务中心统计资料和体系调研资料分析，20世纪七八十年代育成品种仍占相当大的比例，21世纪初以来育成品种的种植面积稳步增加。全国主要品种之一徐薯18的全国推广面积在1982年为1598万亩，1983年达到2124万亩，1988年达到2510万亩，占全国种植面积的56.3%，此后多年一直稳定在2000万亩左右。2017年统计数据仍在100万亩以上，在全国有着较大的推广面积。南薯88是1988年选育的，在1995年左右推广面积为1000万亩左右，以后一直稳定在200万亩左右，2017年调查在100万亩左右。据不完全统计，目前种植集中、推广面积最大的品种是淀粉型品种商薯19和早熟鲜食品种龙薯9号。

根据2017年全国25个省份442个固定调查点资料分析，目前我国种植的甘薯品种繁多，共205个，按照用途大致分为鲜食型甘薯、淀粉型甘薯、紫薯型甘薯三大类，其中鲜食型甘薯种类最为丰富，数量达到116个，占比56.6%；淀粉型56个，占比27.3%；紫薯型33个，占比16.1%。

从种植面积方面看，目前我国甘薯种植以鲜食型和淀粉型为主，紫薯型占比不高。全国30 750亩甘薯种植的抽样结果显示，鲜食型和淀粉型的种植面积分别占47.69%和45.76%，紫薯型面积占比为6.55%。

各薯区种植结构方面，北方薯区淀粉型和鲜食型种植面积基本相当，紫薯型占比最低。长江中下游薯区淀粉型比重略高于鲜食型。南方薯区特征最为明显，鲜食型比重很高，紫薯型比重在三大薯区中也高于其他两个薯区，用于制作加工食品的淀粉型甘薯种植面积占比仅为其他薯区的一半左右。

主要品种方面，尽管甘薯品种种类丰富，但是实际种植生产中主流品种十分集中。排名前5位的品种分别是商薯19、广薯87、苏薯8号、湘辐1号、普薯32，品种的集中度达到45.67%。商薯19优势十分突出，种植面积占样本总面积的比重达到了27.53%。

（2）各省份主要品种的推广面积占比分析

据不完全统计，2017年河南主要品种有商薯19（推广面积400万亩，占比66%）、豫薯8号（推广面积13万亩，占比2%）、苏薯8号（推广面积10.4万亩，占比1.7%）。四川主栽品种徐薯18、南薯88，推广面积分别约占30%、15%。湖北的甘薯品种随新品种的推广，徐薯18种植面积有所下降，但仍占总面积的25%左右，主要集中在传统薯区；新品种鄂薯6号约占20%、徐薯22占20%、商薯19占20%，新品种占据主导地位。河北主栽品种中龙薯9号约占40%，烟薯25占10%，北京553约占17%，普薯32占8%，济薯26约占5%。重庆主栽品种潮薯1号约占30%，宿芋1号约占30%，徐薯18约占10%。

2. 区域表现

(1) 主要品种群

经不完全统计，在全国15个省份种植面积在10万亩以上的甘薯品种共有41个。其中，100万亩以上的品种有商薯19、徐薯18、潮薯1号、广薯87、南薯88、龙薯9号6个品种，种植面积覆盖率达57.37%。其中，面积最大的为商薯19，面积634.69万亩，占调查面积的20.3%。徐薯18、南薯88、潮薯1号均为20世纪七八十年代的老品种，这3个品种主要在西部地区仍然占有较大面积，表现出强大的生命力。

种植面积在50万~100万亩的品种主要有：徐薯22、宿芋1号、黔薯1号、绵紫薯9号、黔薯6号、桂紫薇薯1号、黔薯2号、胜利百号、广紫薯2号等。其中，大多数为21世纪以来育成品种，如徐薯22、黔薯1号等。胜利百号为20世纪40年代从日本引入，历史很久。目前主要在四川、重庆地区种植，食饲兼用。

种植面积在10万~50万亩的品种较多，有26个。这类品种大多是从20世纪八九十年代以来育成的品种，类型包括淀粉型、食用型和兼用型等，同时也有一些少量的紫薯型品种，如绵紫薯9号、广紫薯2号、南紫薯008、广紫薯8号等。

(2) 主栽品种（代表性品种）的特点

徐薯18：江苏徐淮地区徐州农业科学研究所从新大紫×华北52-45的回交实生后代中选育而成。是食用、工业和饲料兼用的优良品种，萌芽性好，出苗早而多，长势长相好，前期茎叶生长快，中期稳定，后期不早衰。结薯早，且集中整齐。薯块长纺锤形，紫红色皮，白肉，部分带紫晕。亩产2 500~3 500千克，薯块烘干率28.1%。诱导易开花，自交结实率高，用作杂交亲本，其配合力高，杂交优势强。适应性广，耐旱、耐湿性均强，综合性状好。高抗根腐病，较抗茎线虫病和茎腐病，感黑斑病。

南薯88：四川南充市农业科学研究所选育，1988年四川省农作物品种审定委员会审定，1992年全国农作物品种审定委员会审定。是晋专七号×美国红的杂交后代中选育。是食品加工及食用、饲用的兼用品种，高产，适应性强。薯块纺锤形，无裂沟，薯皮淡红色，薯肉黄带红色，薯块萌芽性中等，株型松散，长势旺，无早衰现象。烘干率28.03%~31.54%，出粉率15.71%~18.10%。较抗薯瘟病，耐贮性差。一般鲜薯亩产2 000千克左右，薯干亩产600千克左右，淀粉亩产380千克左右。在全国广泛种植。

商薯19：河南商丘市农林科学研究所选育，2003年通过国家鉴定。以SL-01作母本，豫薯7号作父本，进行有性杂交选育而成。淀粉加工型品种，薯皮紫红，肉色白，产量高，淀粉含量高，食味中等。鲜薯干物率32.80%，淀粉率71.40%（干基）。高抗根腐病，抗茎线虫病，高感黑斑病。耐肥、耐湿、耐旱性均较强。在全国广泛种植。

龙薯9号：福建龙岩市农业科学研究所培育，2004年通过福建省农作物品种审定委员会审定。以岩薯5号为母本，金山57为父本，通过有性杂交选育而成。属短蔓高产优质品种，短蔓，茎粗中等，分枝性强，株型半直立，茎叶生长势较旺盛。单株结薯数5块左右，大中薯率高，结薯集中，薯块大小较均匀整齐，薯块纺锤形，一般亩产4 000千克左右，栽后100天亩产可达2 000千克，丰产性好，其结薯特早的性能，比同期栽培的甘薯可提前15天以上。薯块红皮橘红肉，整齐光滑，大块率高，口味甜糯，是烘烤食用的上等品种。薯块耐贮藏性中等，晒干率22%左右，出粉率10%左右。高抗蔓割病，高抗甘薯瘟病Ⅰ群。

广薯87：广东省农业科学院作物研究所选育，2006通过国家鉴定、广东省审定。是广薯69集团杂交后代中选育而成。广薯87属淀粉型兼优质食用型甘薯新品种。株型半直立，中短蔓，分枝数中等，顶叶绿色，叶形深复，叶脉浅紫色，茎为绿色。萌芽性好，苗期长势旺。结薯集中，单株结薯数多。薯皮红色，薯肉橙黄色，薯身光滑、美观，薯块均匀，耐贮性好。干物率28.5%，淀粉率19.75%。蒸熟食味粉香、薯香味浓，口感好。亩产量2 500千克左右，食用品质好。中抗薯瘟病，抗蔓割病，抗逆性好，适应性较广。

（3）2017年生产中出现的品种缺陷

现在还没有品种抗甘薯复合病毒（SPVD）；在山东主推品种中，一旦感染卷叶病毒将是毁灭性的；鲜食品种普薯32不抗根腐病。

（三）甘薯产业风险预警

1. 与种薯种苗市场和农产品市场需求相比存在的差距

目前甘薯育苗产业的生产主体仍然以小户为主；新型农业经营主体中家庭农场和合作社发展较快，通常购买原种种苗进行繁育；龙头企业则拥有自己的脱毒实验室育苗，但发展时间较短，病毒检测、严格隔离繁殖等措施还不规范或配套。甘薯育苗新型农业经营主体面临着包括育苗质量参差不齐、脱毒育苗成本较高、技术水平不高、人才匮乏、销售渠道不稳定以及社会化服务水平低等问题。

2. 国外品种市场占有情况

我国甘薯种植方面95%以上为自育品种，国外品种在国内市场占比相对较小，多为鲜食薯种。主要分为两种类型：一是国外生产，国内销售，如越南小紫薯等；二是国外品种国内生产销售，如海南种植的日本品种高系14，全国零散种植的日本品种凌紫等。

3. 病虫害等灾害对品种提出的挑战

（1）病害发展情况

2017年早春低温，栽插后干旱、冰雹等极端灾害天气出现，因此需要能耐逆的品种和灾害天气过后能迅速繁苗的品种。南病北移、北病南移现象明显，南方甘薯蚁象出现在北方薯区和长江流域薯区。SPVD等病毒病向南扩散。

（2）可能带来种植损失品种类型分析

第一类是淀粉型甘薯，如果没有废水处理设备或环保不达标，可能会给加工厂家带来较大风险，这样就会造成这些品种收购量或价格降低，给种植薯农造成损失。

第二类是优质鲜食型甘薯，如果感病，尤其是苗期SPVD和根腐病侵染，会造成这类品种大面积减产甚至没有产量，如果防范不当，还会造成薯农种质损失。

4. 特色产业发展对品种提出的要求

（1）绿色产业发展对品种提出的要求

促进农业绿色发展，需要从良种上进一步挖掘内在潜力。虽然我国甘薯高产育种不断突破，但节肥节水节药及适应机械化、轻简化的品种缺乏，与绿色发展要求不相适应。推动农业绿色发展，重点依靠良种培育。一是在抗病抗逆性方面，生产上亟待解决的甘薯病毒病、蚁象等重大病、虫和抗旱节水等问题，都要从品种上求突破；二是从长远看，实现"一控两减三基本"目标，必须在优良品种上下工夫。

(2) 特色产业发展对品种提出的要求

近几年三大谷物价格连续下降，而甘薯价格保持高位稳定，许多地区把甘薯作为产业结构调整和地方特色产业重点来发展。然而，在这个工程中，品种的选择十分重要。一是适合特色产业化开发的品种要具有与当地气候环境条件相适应的特性，能充分展现出来优质、高产和高效；二是这些品种要抗病虫害、适于轻简化栽培和耐贮运，适合绿色生产和较长的货架期要求。

四、国际甘薯产业发展现状

（一）国际甘薯产业发展概况

1. 国际甘薯生产情况

据FAO统计数据表明，2016年全球甘薯种植面积为862.4万公顷，总产量为1.05亿吨。2016年非洲种植面积为418.78万公顷，超过亚洲成为最大的甘薯种植洲，这与国际马铃薯中心在非洲推广应用橘色薯肉高淀粉品种有关。但非洲甘薯种植单产量仍然较低，每公顷仅5吨，总产量为2 131.68万吨。亚洲面积为391.37万公顷，总产量为7 859.55万吨，单产水平高，是非洲的4倍。

2. 国际贸易发展情况

据FAO和联合国与世界贸易组织下属机构国际贸易中心（International Trade Center，ITC）官方网站公布的历史数据，可以把世界和中国甘薯贸易大致区分为以下几个阶段。

第一阶段，中国主导阶段。这一阶段主要指有统计数据以来的1986—1994年。这一阶段中国甘薯出口在世界甘薯贸易中占据十分重要的地位，中国甘薯贸易额占世界贸易额的比例长期维持在90%以上。

第二阶段，整体低迷阶段。这一阶段指1995—2003年。1994年开始，随着世界农业结构的转变，甘薯的贸易总额骤然下降。1995年世界甘薯贸易总额由上一年的8 476.7万美元降至3 076.7万美元；同一时期的中国甘薯贸易总额则由5 040.8万美元骤降至686.6万美元，仅为上一年度的13.6%。这种急剧的下跌趋势在1996年仍在持续，当年世界甘薯出口贸易额仅为1 864.5万美元，较上一年度下降约50%，当年中国甘薯出口贸易额下跌情况更为严重，直接降至224.6万美元，同比跌幅达到67.3%。此后的几年中一直保持低迷的状态。

第三阶段，中国脱轨阶段。这一阶段从2004年开始，一直延续到当前。中国与世界甘薯贸易对比的情况显示，2004年以来，世界甘薯贸易逐步得到提升，保持相对较为稳定的增长水平，并且在2007年超过了之前的峰值，之后仍然保持快速的增长趋势。但此阶段中国甘薯贸易一直持续低迷，基本维持在1 000万美元上下波动。

2016年我国甘薯（HS编码：071420）出口贸易量2.02万吨，贸易额为2 280.9万美元，分别占当年世界甘薯贸易总量和总额的3.76%和5.15%。主要出口国家和地区包括中国香港、日本、德国等。产品结构方面，近年来中国甘薯出口的产品结构调整迅速，主要出口品种由干甘薯转变为其他非种用鲜甘薯。2016年其他非种用鲜甘薯的比例在70%以上。出口单价方面，中国甘薯出口单价低于世界平均水平。进口方面，2016年中国进口甘薯量仅为31吨，进口额8.7万美元，进口均价折合2.8美元/千克。主要进口产品为冷或冻甘薯，主要进口国家或地区为美国、中国台湾和加拿大。

（二）国际甘薯研发现状

1. 生物技术

甘薯基因功能鉴定方面研究较多，包括淀粉、生育酚、类胡萝卜素、抗逆等方面取得很多进展。基因组学研究是近年来的热门领域，Shekhar等对两种不同生态型甘薯进行蛋白质组和代谢组比较分析；Hoshino等测定了*I.nil*基因组序列，为甘薯相关植物研究提供便利；Nozoye等利用转基因技术，表明*IbOr*、*IbCBF3*等以及外源基因可提高甘薯的耐低温、耐高温、耐旱性以及缺铁胁迫；Prentice和Kang针对不同基因的RNAi可提高转基因甘薯的β-胡萝卜素的含量、对非生物胁迫的抗性以及非洲甘薯象甲的抗虫性；Hernandez-Martínez P明确了苏云金芽孢杆菌Cry3Aa和Cry3Ca蛋白与Cylas puncticollis的刷状缘膜囊泡显示出不同的结合位点；Ma L测定了甘薯麦蛾的线粒体基因组全序列，并对基因组进行生物信息学分析；Raza A等采用RNAi干扰技术研究表明，与调节渗透压相关的下调基因很有可能在控制害虫方面起着关键作用；Wang Y采用新一代高通量测序技术，对浅黄恩蚜小蜂寄生的烟粉虱若虫进行了测序并进行生物信息学分析；Shirasawa利用分子标记技术，构建整套同源连锁群的甘薯高密度SNP和EST-SSR标记遗传图谱；Yada等鉴定出与甘薯蚁象和病毒抗性相关的SSR标记；Glato等使用12个微卫星标记评估了132个西非甘薯栽培种的多样性。

2. 资源与育种

Ngailo等利用SSR标记对坦桑尼亚甘薯品种进行遗传多样性分析，认为来自Kisarawe地区的甘薯资源遗传距离最大，可以用作育种材料；Furtado证实野生资源*I. asarifolia*叶片多酚成分有消炎作用；Ono使用分光光度和化学方法确定了*I. muricata*的糖基树胶的化学结构；Ponniah等对甘薯及其野生祖先*I. trifida*的根部进行转录组比较分析；Monden等综述了甘薯中连锁分析的研究进展，描述了未来甘薯遗传分析和分子标记辅助育种的研究方向。

日本NARO作物科学所Kuranouchi等利用杂交方法成功培育出新的直立高产品系；Baafi等人通过杂交来改良甘薯微营养成分，加快非洲橘黄肉甘薯的推广；Moyo等对南非的甘薯高质量种薯的生产程序的规范性进行了报道。国际马铃薯中心在高淀粉橘色薯肉甘薯品种的选育与推广方面作出了突出成绩，获得2016年度世界粮食奖。

3. 栽培生理与营养施肥

国外在甘薯栽培生理与施肥技术方面研究较少。Negesse等认为，甘薯间作体系下作物植株干物质量和产量提高；Idoko认为甘薯大豆间作造成结薯数、薯重及产量降低。Khairi等认为，施用堆肥可在提高产量的同时有效改善土壤地力；Doss等研究表明，配施磷钾肥条件下，喷施海藻提取物叶面肥，可提高甘薯分枝数、叶片数、单株结薯数、薯重等指标；Liza等认为，阿司匹林提高叶片生理活性，但对块根产量无显著提高；Ghasemzadeh等研究发现，喷施茉莉酮酸甲酯、阿司匹林和ABA等调节剂后，块根类黄酮、花青素及β-胡萝卜素含量显著提高；Taranet研究发现适量施氮可提升产量，但施高氮降低产量；Yooyongwech研究认为干旱胁迫降低单株薯数和块根鲜重，降低叶面积和叶片干重，同时叶片光系统II和光合作用受抑制。

美国、加拿大、英国、日本等国甘薯机械化生产技术较为成熟，已实现自动化技术、信息技术与传统生产机械相嫁接，如日本的GZA系列联合收获技术和薯蔓机械采割收集技术。大型机械以美国农场应用的较为先进，小型机械以日本为代表，发展中国家的机械化普及率低，机械化生产技术未见实质性进展。

4.病虫害防控

Scruggs等探索通过二氧化氯熏蒸等综合防控甘薯软腐病取得了较好的效果；Scruggs等对美国发生的甘薯根腐病的病原及流行病学条件进行了研究；Kandolo等首次报道南非发现甘薯链格孢病，并对25个甘薯品系对该病的耐受性进行了评估，筛选出了抗病品种199062-1和感病品种W119；Ye等首次报道了甘薯间座壳菌（Diaporthe batatas）引起的甘薯干腐病在韩国发生；Martino等首次报道了甘薯乔治亚曲叶病菌（SPLCGV）在阿根廷甘薯上的危害；Karuri研究表明49份甘薯品种材料被鉴定为高抗根结线虫，并可被应用于甘薯抗性育种。

Obear等研究了杀菌剂对日本丽金龟卵孵化、幼虫存活和解毒酶活性的影响；Samantaray研究发现甘薯Kishan品种的挥发物对甘薯蚁象雌虫有较高的吸引力，葎草烯、桧烯、反式石竹烯等化合物对甘薯蚁象雌雄趋避不同；Anyanga和Dotaona等研究发现薯块表皮羟基肉桂酸是产生甘薯蚁象抗性的主要物质，甘薯蚁象对生防菌、绿僵菌会做出躲避反应；Zafar利用白僵菌对烟粉虱进行生物防治，取得了较好的防效；Su等研究B型和Q型烟粉虱共生细菌群体、寄主植物与番茄黄化曲叶病毒（TYLCV）之间的相互作用；Nakasu等从烟粉虱中分离到两种新病毒，认为烟粉虱对碳化二亚胺和4个烟碱类农药抗性显著增加。

Mohammed等首先证实了甘薯卷叶病毒（Sweet potato leaf curl virus，SPLCV）在非洲及肯尼亚部分地区的存在；南非和韩国开展了甘薯病毒发生和种类调查；Godfrey等研究认为，适当的高温、广泛的双亲杂交及新型剥尖技术有助于病毒防控；Mekonen等筛选到4个高抗SPVD的甘薯品种。

5.营养与贮藏加工

国外甘薯加工技术领域的研究主要涉及甘薯淀粉、甘薯色素、甘薯果胶、甘薯食品加工等方面。研究了酶、高压、保存温度等处理对甘薯淀粉结构特性、可消化性等的影响，研制了复合淀粉并考察其凝胶稳定性；研究了紫甘薯花青素和胡萝卜素工业化提取技术，利用花青素等制备高灵敏度的pH试纸；探讨了果胶对癌细胞的抑制作用和甘薯果胶生产技术；研制了新型无麸质甘薯淀粉面条，克服了甘薯淀粉面条的低营养价值。

甘薯营养评价和甘薯质量安全方面，Ghasemzadeh等研究了外源激素茉莉酮酸甲酯、水杨酸、脱落酸对甘薯品质的影响，并分析其相关性；Magwaza等利用建立的近红外光谱测定甘薯蛋白的模型；Amoah等发现乙烯处理可以加速甘薯呼吸、提高糖代谢、抑制保藏期出芽并增加酚类物质的积累；Habila等建立了甘薯、马铃薯、萝卜等植物中重金属铅、镉、锌的检测方法，实现了灵敏、高通量的重金属检测。

近年来国外开发出许多甘薯新产品，如无添加剂的干燥甘薯条、红心甘薯面包、添加甘薯胡萝卜素的饼干、中药—紫甘薯的发酵乳制品以及紫薯发酵酒精饮品等产品。国外在加工工艺对甘薯制品的影响方面研究较多，比如：研究表明热水、退火处理以及高流体静压对甘薯淀粉理化特性有影响；超声预处理影响油炸甘薯品质特征；热和超高压对甘薯粉及面包制品等品质特性、物化性质和发酵特性均有影响，明确峰值黏度是评价甘薯粉最具鉴别性的特性指标；研究了热空气炸锅加工对甘薯条品质的影响，并与油浴油炸进行比较；重金属氧化物的工程纳米颗粒对甘薯产量和食品安全有一定的影响。在功能保健方面，评价报道了甘薯及其提取物保护血管、调节脂代谢、抗癌的作用。

（三）主要国家甘薯产业竞争力分析

我国甘薯育种水平已经处于世界领先水平，近年来在高花青素品种选育上取得突破性进展，但在营养品质育种方面尚有一定差距，特别是在许多营养指标测定上。

同日本、美国等发达国家相比，尽管我国甘薯育种新技术的研究起步较晚，但在甘薯遗传转化技术、分子标记技术、体细胞杂交技术、细胞诱变技术等方面在世界上处于优势地位。野生资源的开发和利用、重要基因克隆、核心育种材料的创制等方面与国际马铃薯中心、日本等比较，还有较大差距；加工技术方面还落后于欧、美及日本等发达地区。

甘薯在发达国家主要作为蔬菜、鲜食以及休闲食品和糖果食用。美国在产品开发方面比较先进，特别强调其保健功能和优质鲜食用途，主要用于婴儿食品、汤、饮料、无麸质煎饼和功能食品。高淀粉品种也被用于生产生物燃料，但使用甘薯作燃料的经济可行性仍然不明朗。美国在观赏型品种培育方面走在了世界前列。

日本是甘薯产业化发展最好的国家，甘薯产业发展模式值得我们借鉴。日本是率先选育出高花青素品种的国家，在专用型品种选育与加工技术衔接方面一直处在领先地位；其薯苗供应商业化，大多采用地膜覆盖来提高产量和品质。同时，甘薯生产效率及机械化程度较高，消费形式多样化，以食用、酿酒和食品加工为主，加工产品系列化、高档化，尤其是紫甘薯加工产品。

五、问题及建议

1. 存在的主要问题

(1) 政府扶植力度与产业规模和重要性不匹配

我国是世界上最大的甘薯生产国，年种植面积6 000万亩以上，总产量1.0亿吨以上，其独特的高产高效特性、特殊的保健功能使之成为在乡村振兴和精准扶贫中最具优势的作物之一，但政府对甘薯产业，特别是种薯种苗产业的扶植力度远远低于相类似的作物。

(2) 种薯种苗繁育体系基本缺失，种业产业化程度低

缺乏大型种薯种苗供应企业，种薯种苗供应良莠不齐，来源混杂，市场混乱、供应不足，盲目、长途调运种薯种苗，导致病虫害危害风险增加，南北方病害混发，为甘薯产业可持续发展带来很大的隐患。

(3) 加工业和种植业均存在着环保压力

淀粉加工及食品加工业环保压力有增无减，小型淀粉加工企业被迫关停并转；部分地区单纯追求外观品质和产量，采取短期租地经营等掠夺式生产经营方式，存在着滥用杀虫杀菌剂、除草剂和生长调节剂，投入薄膜不回收，带来土地薄膜污染和农产品安全隐患。

(4) 盲目扩大种植面积

由于甘薯综合效益较高，造成政府规划强调扩大面积，种植户跟风种植，一些种植大户盲目扩大面积，没有很好解决种薯种苗繁育、机械化作业、贮藏等技术和销售渠道，造成种植成本高，区域性市场价格波动，企业运营困难等问题。

(5) 流通、营销体系不健全

缺乏流通营销技术研发，农超对接和周年供应的矛盾处理不恰当，造成终端产品价格高、薯农无效益的局面。

2. 甘薯产业发展政策建议

(1) 建立薯类联合发展管理机制

薯农和产业界人士最大的愿望是农业管理部门将甘薯和马铃薯作为薯类统一抓起来，制定统一的产业扶植政策，两薯联合可提高学术界和产业界的话语权。政府出台政策扶持的轻重缓急顺序建议为：甘薯良种繁育体系建设、农产品初加工产地贮藏和加工技术研发、农业机械的研发和购机补贴、病虫害的统防统治、甘薯产品和流通交易平台建设、新品种的推广、土地集约化经营等。

（2）加快优质、抗病、耐逆甘薯特色新品种选育

在农业供给侧结构性改革和绿色农业发展中，品种仍然是农业产业化提质增效的最重要、最直接的技术成果，质优、抗逆、抗病、高产品种可减少化肥、农药等栽培成本以及劳力消耗的管理成本和加工成本，并可丰富加工产品的市场供应。加快甘薯等特色作物资源的收集和利用，利用测序及大数据分析技术尽快完成大规模基因资源发掘工作，为优异基因的利用提供系统的理论与技术基础。加快优质、抗病、耐逆新品种选育，并注重适合工厂化栽培的农业新品种规模化繁育技术研究。

（3）保持甘薯产业平稳发展

因地制宜发展甘薯种植，稳定面积，提高单产，特别是提高效益，防止叶菜用和紫色薯肉甘薯面积盲目扩大，避免一哄而上。严格控制短期租地掠夺式的经营方式。

（4）扶持中小型企业发展壮大

甘薯加工企业多为小微企业，资金链运行状况较差，建议设立专项资金，采用贴息贷款、财政补贴等方式，扶持中小型企业发展壮大。

（编写人员：马代夫　李　强　曹清河　王　欣　等）

第3章 谷子

概 述

谷子，学名为 *Setaria italica* （L.） Beauv，属禾本科狗尾草属。谷子起源于我国，是世界上最古老的栽培作物，已有 8 700 年以上的种植历史。在历史上谷子有禾、粱、稷、粟等很多名称，至今有些地区还称之为粟谷、小米或狗尾粟。谷子抗旱耐瘠、水分利用效率高、适应性广，不仅在目前旱作生态农业中有重要作用，而且针对日益严重的水资源短缺，还是重要的战略储备作物。谷子所含营养成分丰富且各种成分均衡，是具有营养保健作用的粮食作物，对人体有重要作用的食用粗纤维是大米的5倍，是近年来兴起的世界性杂粮热的主要作物。同时谷子秸秆粗蛋白含量在8%左右，饲草谷子秸秆粗蛋白含量在12%以上，是禾本科中最优质的饲草，在畜牧业发展中有重要作用。

谷子属于自花授粉作物，以有性繁殖方式繁衍后代。其花器结构有利于自花授粉，但也有少量的异交，平均异交率在0.69%，最高可达5.6%。谷子生产主要分布在中国和印度，其中中国占80%，印度占10%左右，韩国、朝鲜、俄罗斯、尼泊尔、澳大利亚、巴基斯坦、日本、法国、美国等也有少量种植。谷子在中国和印度被作为粮食作物栽培，兼作饲草，其他国家多作饲料。

谷子在我国分布比较广泛，北自黑龙江，南至海南岛，西起新疆、西藏，东至台湾均有种植。据农业部统计，2016年全国谷子种植面积1 285.97万亩，总产228.83万吨，单产177.94千克/亩。种植面积较大的12个省份依次是山西、内蒙古、河北、辽宁、陕西、吉林、河南、山东、甘肃、贵州、宁夏和黑龙江（表3-1）。

表3-1 2016年中国谷子分布与生产情况

省份	面积（万亩）	产量（万吨）	亩产（千克）
全国	1 285.97	228.83	177.94
山西	326.12	42.72	131
内蒙古	315.72	48.85	154.73
河北	223.95	52.76	235.59
辽宁	96.6	22.77	235.71
陕西	88.73	10.12	114.06
吉林	77.81	24.6	316.18
河南	61.02	10.39	170.27

（续）

省份	面积（万亩）	产量（万吨）	亩产（千克）
山东	26.93	5.71	212.07
甘肃	18.77	2.27	120.97
贵州	13.67	1.75	128.06
宁夏	13.17	1.58	119.97
黑龙江	10.82	2.86	264.45
新疆	3.69	0.85	230.35
广西	3.39	0.53	156.34
北京	2.22	0.37	166.67

在消费形式上，约60%以原粮形式消费，35%用作饲料（主要是碎米和谷糠），5%用于食品加工，包括小米锅巴、小米煎饼、小米鲊、小米馒头、小米醋、小米酒等。谷子的消费呈现很强的地域性，全国年人均小米消费量仅1.5千克，虽然全国各地的大型超市几乎都有小米销售，但食用仍以北方人群为主。据国家谷子高粱产业技术体系产业经济课题组对河北省石家庄市进行的小米消费调研显示，513名样本居民中，经常食用小米的有408人（79.53%），偶尔食用的有88人（17.15%），基本不食用的有17人（3.32%），样本居民年均消费小米26.03千克。在小米原粮消费中，优质精包装的品牌小米比例呈逐年上升趋势，对谷子品种的商品品质、食味品质和蒸煮品质的要求越来越高。2017年，全国谷子面积较2016年上升30%左右，成百上千亩的规模化生产比例明显扩大，市场对优质抗除草剂中矮秆适合机械化生产的谷子品种的需求十分强烈。由于种植面积增长过多，导致秋季谷子价格显著降低。

一、我国谷子产业发展

（一）谷子生产发展状况

1.全国生产概述

（1）播种面积变化

1938年，全国谷子种植面积1.5亿亩，占粮食作物种植面积的17%；1952年谷子种植面积仍达1.48亿亩，仅次于水稻、小麦、玉米，居第四位。从20世纪70年代开始，由于水稻和玉米育种上的进步，单产增幅显著；同时由于交通和军事现代化的发展，使马的作用减弱，谷草的市场需求随之大幅度减少，从而导致谷子的种植面积迅速下降，到1985年全国谷子播种面积减至5 000万亩。1985—2000年，谷子的播种面积再次快速下降，1990年减至不足3 500万亩，2000年减至不足2 000万亩。面积下滑主要有3个方面的原因，一是改革开放后经济快速发展，玉米、小麦、棉花等作物面积增加显著；二是青壮劳动力务工经商，农村劳动力紧缺，谷子不抗除草剂又缺乏生产机械，管理费工耗时，被逐步放弃；三是随着人们生活水平的提高，小米的消费也逐渐由原来的主食和粥食变成以粥食为主的方式，消费量显著减少。21世纪以来，谷子种植面积趋于稳定，但年际间仍有较大起伏，在1 100万～2 000万亩之间。谷子是种小作物，种植比较分散，目前的国家统计数据与实际情况有一定的差异。根据国家谷子高粱产业技术体系产业经济课题组对全国主产县谷子生产和主要小米集散地调研结果显示，全国谷子生产实际面积较国家统计数据要多20%左右，单产水平要高25%左右。

据国家谷子高粱产业技术体系产业经济课题组对全国100个主产县调研，2017年全国谷子成百上千亩的规模化生产比例明显扩大，总面积估计较2016年增加30%左右。谷子生产面积起伏较大的原因是，谷子是完全市场化的作物，生产面积和价格交互影响，当年价格高，次年面积增加，反之亦然。2005年谷子价格为1.5元/千克，略高于玉米，到2009年涨至3.6元/千克，是玉米的2倍以上；2010—2011年谷子价格基本稳定在3.2~3.6元/千克，是玉米的1.6~1.8倍；2011年玉米价格大幅上扬，导致2012年谷子面积缩减，加上谷子主产区受旱灾影响，秋季谷子价格涨至4.0元/千克，2014年谷子价格爆涨至6.0元/千克，最高时达到9.6元/千克。2015年谷子种植面积显著上升，秋季谷子价格回落至3.2元/千克；2016年谷子种植面积减少，秋季谷子价格回升至4.5元/千克，2017年谷子生产面积大幅增加，秋季价格又降至3.0元/千克，最低时仅2.5元/千克。总结多年的数据发现，谷子生产面积增减与其他作物的比较效益有关，当谷子价格是玉米价格的2~2.5倍时，谷子生产面积比较平稳，其市场价格也不会大起大落。

(2) 单产变化情况

谷子主要种植在旱薄地上，很少灌溉，基本靠雨养，因此产量低而不稳。1949—1965年，我国谷子亩产不足80千克，最低是1962年，仅55.02千克，最高是1952年，为78.15千克，此阶段17年平均亩产66.03千克。1966年谷子亩产首次超过100千克，但1990年之前一直在亩产90千克左右徘徊，1972年最低，仅为68.82千克，1984年最高，为123.33千克，此阶段24年平均亩产100.3千克。1990年亩产首次超过130千克，1996年首次超过150千克，但2011年之前单产起伏较大，亩产为103.65~157.26千克，2009年最低，1996年最高，1990—2011年的22年间平均亩产127.22千克。2012年亩产首次超过160千克，此后比较稳定，2012—2016年的5年平均亩产163.14千克。2017年，内蒙古、吉林、辽宁谷子主产区受干旱影响较大，播种推迟，苗期发育缓慢，单产显著降低，使全国平均单产较2016年约降10%。

(3) 产量变化状况

1985年之前，谷子产量起伏较大，多数年份在600万~900万吨，最高的年份是1952年，达1 153万吨，最低是1961年，仅522.5万吨；1986—1998年，年产量基本在300万~450万吨；1999年以来在122.51万~231.67万吨，1997年最低，1999年最高，其中2013年以来年产量都在200万吨以上。据国家谷子高粱产业技术体系产业经济课题组对全国100个主产县调研，2017年谷子总产量较2016年增加20%左右。

(4) 栽培方式演变

1970年之前，夏谷很少，水利的改善和冬小麦的发展，冀鲁豫高积温区逐渐发展夏谷，但一直受倒伏病害困扰，产量不高。河南早熟抗倒抗病的日本60日的引进与利用显著促进了夏谷发展，1976年之后在省内外先后育成推广了一批日本60日血缘的新品种，大幅度提高了夏谷的产量、抗性。1985年前后，全国夏谷发展到1 500万亩以上，占全国谷子面积的30%，主要分布在冀鲁豫平原麦区及陕西南部，其中河北600多万亩，占全省种植面积的2/3。目前，冀鲁豫平原麦区夏谷播种面积约150万亩，但随着种植结构调整，平原旱区玉米种植面积的压减，夏谷将有逐步扩大的趋势。

由于谷子对除草剂敏感，1998年之前，谷田一直采用人工除草。1998年，南开大学国家农药中心研制出以单嘧磺隆为主要成分的谷田专用除草剂谷友，开启了谷田化学除草的新局面。但是该除草剂属于苗前除草剂，在苗期干旱情况下除草效果受到严重影响，苗期多雨情况下谷苗又容易产生药害，因此，应用面积一直不大。

2008年之前，谷子生产缺乏相应的生产机械，多数采用播种楼、点葫芦等简易播种机械，或者采用小麦播种机播种，播种量多数在1~1.5千克/亩，需人工间苗；90%以上采用人工收割、畜力碾压脱粒的收获方式，生产效率很低，基本上是一家一户小面积分散生产，单户百亩以上规模化生产不足1%。

1993年，河北省农林科学院谷子研究所引进了加拿大、法国的抗除草剂的狗尾草突变体，与中国谷子进行远缘杂交，创制出抗拿捕净等3种类型除草剂的谷子新种质，开启了谷子抗除草剂育种的新阶段。此后该所又提出了通过培育抗、感除草剂同型姊妹系形成多系品种，利用除草剂间苗、除草的新技术，并获得了发明专利。2006年，河北省农林科学院谷子研究所首次育成并大面积示范推广了能用除草剂间苗除草的冀谷25等抗除草剂谷子品种，2008年之后张家口市农业科学院陆续推广了抗除草剂杂交种。此后，全国陆续育成了50多个抗除草剂谷子品种（杂交种），并开展了谷子配套生产机械研发。到2010年，抗除草剂谷子品种（杂交种）推广面积达250万亩，2016年增加到329万亩，2017年达399万亩，占良种统计总面积的39%，其中在推广面积居前30位的品种中，抗除草剂品种（杂交种）占53%。随着抗除草剂品种和配套农机的推广应用，全国谷子机械化规模化生产比例逐年提高。2017年对国家谷子高粱产业体系信息平台信息员填报的区域农机使用率进行统计，发现2017年的机耕、机播、联合收割机使用率比2016年明显增加，2017年谷子的亩播种量平均为0.51千克/亩，较2016年降低5个百分点，联合收割机增加10.32个百分点。

2.区域生产基本情况

(1) 华北夏谷生态类型区

区域范围：河北省长城以南、山东、河南、北京、天津、辽宁锦州以南、山西运城盆地、陕西渭北旱塬和关中平原、新疆南疆及昌吉回族自治州。

区域自然资源及耕作制度：该区地处中纬度、低海拔的沿渤海地带，海拔3～1 000米，气候温和，雨热同季，温、光、热条件优越，年降水量550毫米左右，无霜期180天以上，夏季高温多雨，5—9月平均气温21℃，7—9月日照703小时。是全国谷子高产稳产区，此区的小米易煮；耕作制度以两熟制为主，麦茬夏播生育期90天左右，部分区域一年一熟，生育期100～120天。

全国种植占比情况：该区域常年播种面积270万亩左右，约占全国的21.3%，年总产约51.4万吨，约占全国的26%，平均亩产192千克。

区域比较优势指数变化：抗除草剂品种覆盖率进一步提高，地下水限采区谷子种植面积进一步扩大。

资源限制因素：谷子生育期短，小米籽粒小，色泽浅，商品性需要提高。

生产主要问题：夏季高温多雨，杂草危害严重，秋季阴雨寡照，病害、倒伏较重。

(2) 西北春谷早熟区

区域范围：河北张家口坝下，山西大同盆地及东西两山高海拔县，内蒙古中部黄河沿线两侧，宁夏六盘山区，陇中和河西走廊，新疆北部。

自然资源及耕作制度：海拔537～2 025米，4—9月降水340毫米左右，5—9月平均气温17.6℃，7—9月日照728小时。耕作制度一年一熟，谷子生育期110～128天。

全国种植占比情况：该区域常年播种面积390万亩左右，约占全国的31%，年总产57.6万吨，约占全国的29.3%，平均亩产147千克。

区域比较优势指数变化：商品谷子输出量大，对全国谷子价格影响力提升。

资源限制因素：干旱、瘠薄。

生产主要问题：谷子黑穗病、谷瘟病和白发病较重。

(3) 西北春谷中晚熟区

区域范围：山西太原盆地、上党盆地、吕梁山南段，陇东泾渭上游丘陵及陇南少数县，陕西延安，辽宁铁岭、朝阳，河北承德。

自然资源及耕作制度：本区海拔15～1 242米，降雨量中等，蒸发量较小，4—9月降水420～600毫米，夏不炎热，冬不酷寒，5—9月平均气温19.1℃，7—9月日照632小时。生育期110～135天。

全国种植占比情况：常年播种面积460万亩左右，约占全国的36.5%，年总产56万吨，约占全国的28.5%，平均亩产121千克，是全国面积最大的区域，也是单产水平最低的区域。

区域比较优势指数变化：小米商品性较好，但规模化生产程度低，竞争优势降低。

资源限制因素：干旱，产量低而不稳。

生产主要问题：病害较重，品种更新较慢，缺乏抗除草剂品种，机械化程度低。

（4）东北春谷区

区域范围：黑龙江、吉林、辽宁朝阳以北、内蒙古东北部兴安盟和通辽市。

自然资源及耕作制度：本区东西两翼为丘陵山区，中部是广阔的松辽平原。海拔135～600米，4—9月降水400～700毫米，气候温和，昼夜温差大；5—9月平均气温19.2℃，日照时间长；7—9月日照765小时。东部多雨，西部干旱，东部、中部土壤肥力较高，西部肥力差且不保水。一年一熟，一般生育期115～125天，黑龙江第三积温带和内蒙古兴安盟等高寒区要求生育期100天左右。

全国种植占比情况：常年播种面积120万亩左右，约占全国的9.5%，年总产28.5万吨，约占全国14.5%，平均亩产241千克，是全国面积最小但单产水平最高的区域。

区域比较优势指数变化：集约化生产比例提升，在全国谷子种业市场影响力提升。

资源限制因素：春旱年份播期推迟导致减产。

生产主要问题：谷瘟病和白发病较重，成熟期风灾容易导致谷穗严重落粒，植株高大机械化收获困难。

（5）南方特用谷子产区

区域范围：包括贵州、广西、江西、云南、广东等地。

自然资源及耕作制度：雨水充沛，积温充足，谷子春、夏播均可。

全国种植占比情况：常年播种面积20万亩左右，占全国的1.5%左右，年总产3.0万吨左右，占全国的1.5%，平均亩产150千克左右，其中贵州年种植面积13万亩，其余省份零星种植。

区域比较优势指数变化：糯质品种为主，主要用于小米鲊、糯小米酒等特色食品加工。部分粳性品种小米用于熬粥，对全国谷子产业影响力很小。

资源限制因素：降水量大，谷子湿涝灾害时有发生。

生产主要问题：草害严重，品种类型单一，农家品种为主，产量潜力不足。

3. 生产成本与效益

据国家谷子高粱产业技术体系产业经济课题组调研，2010—2017年的生产成本、经济效益具有以下特点：①总成本呈现一个上涨趋势，2017年比2010年增长231元/亩，增长58.3%；②经济效益和产值先增长后降低趋势，主要因为2014年的谷子价格突破历史高度，高时接近9～10元/千克，抛开2014年看，各年度经济效益基本在400～600元/亩，产值基本在850～1 200元/亩；③抗除草剂品种结合机械化生产，较传统生产模式平均每亩节约生产成本395元（表3-2～表3-4）。

表3-2　2010—2017年谷子生产成本效益情况

年度	资本投入（元／亩）	人工成本（元／亩）	总成本（元／亩）	价格（元／千克）	产值（元／亩）	经济效益（元／亩）
2010	224	172	396	3.5	898	502
2011	219	350	569	3.3	856	287
2012	293	224	517	3.8	939	422
2013	279	220	499	4.5	1 209	710
2014	262	261	523	6.0	1 586	1 063
2015	237	268	505	3.5	967	462
2016	273	346	619	4.5	1 169	550
2017	344	283	627	3.5	1 020	393

表3-3　2017年各主产区谷子生产成本效益情况

区域及品种	产值（元／亩）	总成本（元／亩）	经济效益（元／亩）
华北夏谷区	1 112.2	550.6	561.6
西北中晚熟区	1 257.9	908.7	349.2
西北早熟区	1 244.6	902.8	341.8
东北春谷区	1 038.5	545.1	493.4
平均	1 163.3	726.8	436.5
抗除草剂品种	1 163.3	554.9	608.4
不抗除草剂品种	1 236.7	762.4	474.3

表3-4　抗除草剂品种结合机械化生产节约生产成本情况

调查地点	技术模式	种植面积（亩）	每亩增加种子和除草剂费用（元）	每亩机械费增加（元）	每亩节约人工成本（元）	每亩节约生产成本（元）
河北藁城	抗除草剂品种+播种机+联合收割机	100	60	170	680	450
河北景县	抗除草剂品种+播种机+联合收割机	200	60	160	600	380
河北晋州	抗除草剂品种+播种机+联合收割机	200	60	130	560	370
河北冀州	抗除草剂品种+播种机+联合收割机	1 000	60	165	640	415
山西偏关	张杂谷+机播+联合收割机	100	100	100	560	360
平均			68	145	608	395

（二）谷子市场需求状况

1. 全国谷子消费量及变化情况

近年来，我国谷子消费量稳中有升，基本消费人群稳定，喜食小米的人群中，2/3的人不因价格变化影响消费量。2010年以来，谷子生产供应量和价格起伏跌宕的原因，一是农民的种植意愿与玉米等其他作物比较效益成正比，比较效益不高时，谷子生产面积减少，当谷子价格是玉米的2～2.5倍时谷子生产比较平稳；二是谷子主要种植在旱薄地上，基本靠雨养，降水量多寡直接影响产量高低；三是产业链短，主要用于煮粥，不能成为主食，加工产品也很少。

2. 消费差异及特征变化

（1）区域消费差异

总体而言，北方人是小米消费的主要人群，长江以南地区消费量较低。小米消费以煮粥为主，但不同区域存在差异。山东人喜食小米煎饼，西北地区的人少量用于蒸小米干饭、炒饭、焖饭；南方人以小米加工食品为主，例如云、贵地区的小米鲊和广东、广西、江苏、浙江地区部分人消费小米营养粉。经常食用小米的人群中，从超市购买的占65%左右，电商平台购买的次之，占15%左右，亲朋馈赠等其他渠道获得的占20%左右。

（2）家庭人口结构的消费差异

家庭中有16岁以下孩子或60岁以上老人的消费意愿较强。

（3）特殊保健需求

家庭中有孕妇、产妇、病人的小米消费量增加。

（4）日常保健需求

无论哪个区域，了解小米历史文化或营养价值的消费意愿增加。

（5）年轻上班族的消费习惯与意愿

据国家谷子高粱生产技术体系产业经济课题组调研，当前年轻人生活节奏快、时间较紧张，34.34%的年轻人等不及熬粥的时间，12.31%未形成食用小米的生活习惯，10.83%认为购买不方便，9.58%觉得小米不适口，9.36%觉得小米比大米、面粉等价格要高，经济负担较大。

（6）消费市场发展趋势

农村、城郊和城市低收入人群以低价位的散装小米、5～10斤装的大包装小米消费为主；城市中、高收入人群以品牌优质的小米消费为主。61.61%消费者对小米的加工产品兴趣较大，但目前小米加工产品较少，除小米锅巴市场销量较大外，其他产品如小米方便粥、小米煎饼、小米营养粉、小米烧饼、小米馒头、小米面条、小米酒、小米醋、小米鲊等市场上很少见到，有些属于地方性产品，如小米煎饼、小米鲊、小米烧饼等。因此，小米食品加工亟须加强，相应地，要加强加工专用品种选育工作。

（三）谷子种子市场供应状况

1. 全国种子市场供应总体情况

（1）供应总体情况

谷子是小粒自花授粉作物，千粒重3.0克左右，每亩有效用种量仅250克左右，繁殖系数高达1 000倍左右。谷种供应量充足。

（2）区域供应情况

谷子对光温反应敏感，品种区域性强，生产比较分散。

2. 区域种子市场供应情况

（1）产业定位及发展思路

谷种产业的特殊性，决定了谷种经销企业必须走以销定产、实行"谷种＋技术服务"精品发展之路。在杂交种和抗除草剂品种出现之前，谷种产业主要服务于3～5亩小规模生产农户，目前主要服务于50亩以上规模化生产种植大户。对品种的关注点除了产量水平和种子质量外，还有许多方面，如，品质要好，产后不仅能卖得出还要卖个好价钱；管理要省事，能用除草剂除草、中矮秆抗倒伏能适应机械化收获；抗病性要过关，不能发生毁灭性病害等等。因此，经销商不仅有谷种出售，而且要有配套的除草剂，要对配套农机、主要病虫害防控知识和配套药剂非常熟悉，要为产后销售搭桥，即提供从种到收的一整套技术服务。

（2）市场需求

2008年以来，抗除草剂杂交种和抗除草剂常规品种的推广应用，显著带动了谷子种业发展。2017年抗除草剂杂交种和抗除草剂常规品种一般农户自己不留种，良种统计面积为399万亩，按每亩0.35千克有效用种量计算，需要140万千克谷种；其他不抗除草剂品种，农民自留种现象很普遍，约有50%的种植户为了避免品种混杂退化，2～3年购买一次谷种，也就是说，按常年谷子种植1 500万亩、去除抗除草剂品种，一般品种年销售种子量仅100万千克左右，加上抗除草剂品种，全年谷种销售量250万千克左右（表3-5）。

表3-5　全国各主产区生产和种子市场规模及特点

区域	面积（万亩）	谷种需求量（万千克）	种子产业特点
全国	1 285.97	250.0	
山西	326.12	50.0	生产相对分散，品种区域性强，种子市场相对封闭，北部以张杂谷为主，中南部对小米品质要求高，以优质的晋谷21、晋谷29为主
内蒙古	315.72	75.0	谷子生产主要集中在赤峰和通辽，品种区域性强，种子市场相对封闭，以传统优质早熟农家种黄金苗为主，谷种经销企业较多，一品种多名现象普遍
河北	223.95	50.0	中南部为夏谷区，与河南、山东品种通用，谷种经销企业较多，市场乱象明显，但以冀谷系列抗除草剂品种为主；北部市场相对封闭，以张杂谷和优质品种8311为主
辽宁	96.6	15.0	邻近内蒙古的区域谷子相对集中，以传统优质早熟农家种黄金苗和山西红谷为主；其他区域谷子生产相对分散，缺乏主导品种
陕西	88.73	5.0	区域内育种能力不足，以山西品种为主，种植相对分散，农民自留种比例较大
吉林	77.81	25.0	谷子生产主要集中在白城和松原，大户种植较多，要求中矮秆、优质、抗除草剂，域外品种较多，市场竞争激烈
河南	61.02	15.0	集中在洛阳、安阳，与河北、山东品种通用，豫谷、冀谷系列品种为主，一品种多名现象普遍
山东	26.93	5.0	种植比较分散，与河北、河南品种通用，谷种产业潜力有限
甘肃	18.77	1.5	种植分散，品种区域性强，种子市场相对封闭，农民自留种比例较大
贵州	13.67	0.5	种植分散，品种区域性强，糯质为主，种子市场相对封闭，农民自留种比例较大
宁夏	13.17	1.5	区域内育种能力不足，以山西、河北品种为主，种植相对分散，农民自留种比例较大
黑龙江	10.82	5.0	品种区域性强，大户种植为主，种子市场相对封闭，以优质的龙谷25、早熟的张杂谷13为主
广西	3.39	0.0	糯质农家种为主，种植分散，自留种为主
新疆	3.69	1.2	大户种植为主，河南、河北、北京品种为主
北京	2.22	0.3	种植分散，北京、河北品种为主

3.市场销售情况

目前谷种企业以小微企业为主，主要集中在河北、内蒙古，吉林虽然谷种企业不少，但多数以二级代销为主。其他省份谷种经营缺乏骨干企业，多数是小规模代销和近年来成立的企业，也有一部分大型种子企业近年也加入谷种经营行列，例如山西长治市潞玉种业有限责任公司等，具体数量和经营规模还有待进一步调研。初步统计，全国从事谷种经营的企业有200～300家，其中在国内影响较大，年销售谷种10万千克以上的谷种经营企业只有5家。

（1）河北巡天农业科技有限公司

河北巡天农业科技有限公司在原宣化巡天种业新技术有限责任公司基础上，经股权重组，于2012年12月成立。2017年被隆平高科并购。主营业务覆盖谷子、玉米、水稻、小麦和马铃薯五大农作物种子生产经营。近几年主要经营张杂谷系列谷子杂交种，随谷子生产面积变化年经营量在50万～100万千克之间，平均75万千克左右，平均年经营额7 500万元左右，谷种销售涉及几乎所有主产省份。目前国内推广的谷子杂交种基本上只有张杂谷，因此，该公司的谷种在杂交种方面市场占有率几乎100%，在全国所有谷种市场份额中占有率30%左右。

（2）内蒙古蒙龙种业科技有限公司

内蒙古蒙龙种业科技有限公司在原赤峰市农业科学研究所种子公司基础上改制，于2016年成立，由北京金色农华种业科技股份有限公司、内蒙古农牧科学研究院和相关育种家共同出资，是科研、生产、经营为一体的种子企业。主营玉米、谷子、高粱、黍子、向日葵、绿豆、荞麦等作物种子。谷种年经销量30万～45万千克，谷种年经营额450万～700万元，以赤谷系列品种和黄金苗为主，谷种销售主要面向内蒙古，在全国谷种市场份额中占有率15%左右。

（3）河北东昌种业有限公司

河北东昌种业有限公司成立于2001年10月，是集科研、生产、经营为一体的民营种子企业。主营谷子、玉米、小麦种子。谷种经营以冀谷系列抗除草剂品种和自育谷子品种为主，随谷子生产面积变化年经营量在20万～30万千克，平均年经营额2 000万元。谷种销售以河北为主，辐射几乎所有主产省份，在全国谷种市场份额中占有率10%左右。

（4）敖汉旗九亿农业有限公司

敖汉旗九亿农业有限公司成立于2014年，主营玉米、水稻、小麦、高粱、大豆、向日葵、瓜类、蔬菜、杂粮、杂豆。谷种年经营量在15万千克左右，年经营额150万元左右。谷种销售主要面向内蒙古，在全国谷种市场份额中占有率6%左右。

（5）内蒙古禾为贵种业

内蒙古禾为贵种业注册于2012年，主营玉米、谷子、高粱、绿豆等。谷种经营主营品种为金枪、敖红谷等，谷种年经营量在10万千克左右，年经营额100万元左右。谷种销售主要面向内蒙古，在全国谷种市场份额中占4%左右。

二、谷子产业科技创新

（一）谷子种质资源

目前，国家种质资源库已经入库编目的谷子资源有2 800多份，其中粳质材料占90%；糯质材料占10%，国外材料占1.5%左右。

1.种质资源鉴定评价

通过鉴定评价，鉴定出一批优异种质资源。

蛋白质含量：≥16%，79份；≥20%，5份。最高20.82%。

脂肪含量：≥5%，203份；≥6%，4份。最高6.93%。

赖氨酸含量：≥0.35%，15份；≥0.4%，1份。最高0.44%。

耐旱性：2级以上，465份；1级，231份。

抗谷瘟病：R级以上，640份；HR级137份。

抗谷锈病：MR级以上，40份；R级5份。

抗黑穗病：R级以上，86份；HR级23份。

抗白发病：R级以上，713份；HR级286份。

抗线虫病：≤1%，5份；≤5%，57份；≤10%，178份。

抗玉米螟：MR级以上，42份；R级，4份。

高油酸：油酸≥35%，4份。

其中，对2种以上病害抗性达R级以上的材料123份；对2种以上病害抗性达HR级的材料8份；对3种以上病害抗性达R级以上的材料3份；1级耐旱且对2种以上病害抗性达R级以上的材料14份；蛋白质含量≥16%，且对2种以上病害抗性达R级以上的材料3份。

2.核心种质

中国农业科学院作物科学研究所构建了谷子应用核心种质，包括了499份中国的农家品种、331份中国的育成品种和111份国外品种。

3.谷子野生资源的研究利用

已有的谷子野生种质的成功利用案例，主要有从青狗尾草中转移抗除草剂的基因等。在法国、美国和加拿大农场中发现了多起青狗尾草和法氏狗尾草等发生的抗除草剂突变，河北省农林科学院谷子研究所王天宇（1993）、程汝宏（2006）采用杂交、回交方法，将青狗尾草抗除草剂突变基因转入栽培谷子中，创制出抗拿捕净、阿特拉津、氟乐灵、咪唑啉酮、烟嘧磺隆5种类型抗除草剂的谷子育种材料，并培育出系列谷子抗除草剂品种。

（二）谷子种质基础研究

2012年，美国和中国深圳华大基因研究院先后完成了谷子全基因组测序。此后，中国农业科学院作物科学研究所等对所构建的谷子应用核心种质品种进行了重测序，各类分子标记开发和标记图谱构建相继开展，这为谷子遗传研究和生物技术育种提供了新的机会。2014年3月，首届国际谷子遗传学会议在北京召开，成立了国际谷子研究联合会，并致力于将谷子发展成水稻以外的禾本科另一个功能基因组研究的模式作物。

谷子和其野生种青狗尾草均是2倍体，基因组大小约490Mb，与水稻大小类似，在禾本科中属较小的基因组，且重复序列少；谷子和青狗尾草生育期短，生育期短的品种50～70天可完成一个生长繁殖周期，且每个植株可收获数百、数千粒种子；2017年，中国农业科学院作物科学研究所对通过960个核心种质持续6年的基因型筛选，建立了谷子易转化的胚性愈伤组织诱导和高效遗传转化体系。谷子的上述特点使之具备了成为禾本科模式作物的特征。

在谷种功能基因研究方面，中国农业科学院作物科学研究所、河北省农林科学院谷子研究所等单位利用全基因组关联分析，定位了花药色泽、幼苗叶鞘色、叶枕色、刚毛色、谷粒色、谷锈病、抗除草剂等多个质量性状控制的基因。中国农业科学院作物科学研究所对株高、穗长、穗重、穗粒重、抽穗期、穗茎长、叶长、叶宽等数十个数量、性状进行了QTL分析，发掘出512个统计学显著的QTL位点，为开发相应分子标记、标记辅助育种及克隆相关基因奠定了基础。

（三）谷子育种技术及育种动向

1.育种技术

从选育方式看，谷子育成品种常规品种占91.4%，两系杂交种占8.6%。常规品种中采用品种间杂交方法选育的占73.6%，系统选育占25%，其他方式（理化诱变等）选育的占1.4%。

目前，随着功能基因挖掘，分子标记辅助选择技术已经在谷子抗除草剂育种、抗病育种、高油酸育种中得到应用，并开展了基因编辑技术育种研究。

2.育种动向

（1）针对性地培育加工专用品种

借鉴培育高油酸花生延长保质期的经验，针对谷子亚油酸含量太高（平均含脂肪4.2%，是大米的4倍，亚油酸、油酸比值为6左右，是大米的5倍），加工食品货架期短，导致小米深加工食品很少，产业链短。因此确定了培育低脂肪（3.0%以下）、高油酸（亚油酸、油酸比值低于1.5）的加工专用品种的目标，为小米加工增值提供技术支撑。目前，河北省农林科学院谷子研究所利用中国农业科学院作物科学研究所挖掘出4份亚油酸、油酸比值低于1.5的半野生高油酸资源，与冀谷39等优质高产品种杂交建立了分离群体，挖掘了相关基因，鉴定出苗头材料，并将在2年内育成高油酸谷子新品种。

(2) 适应种植结构调整的早熟品种

河北省农林科学院谷子研究所开展了抗除草剂优质早熟品种选育，目标是适应旱区、地下水限采区、高海拔冷凉区旱作雨养栽培。在中南与油葵、马铃薯接茬，7月20日播种正常成熟；冀东两年三熟区与小麦、马铃薯、豌豆接茬，7月5日前播种，一年两熟；山西、陕西、内蒙古高海拔有效积温2 500℃冷凉区春播正常成熟，中等肥力雨养条件下亩产250千克以上，小米商品性好，综合品质二级以上。目前已经育成冀早谷1号、冀早谷2号，实现了育种目标，正在进行多点适应性鉴定，预期2019年登记。

(3) 春、夏播皆宜的广适性两系杂交种

中国农业科学院作物科学研究所利用春谷类型不育系与夏谷类型恢复系组配出春、夏播皆宜的广适性两系杂交种两优中谷5，该品种不同于以往张杂谷的高秆、大穗、松穗类型，而是中秆、中大穗、穗松紧适中，长相类似常规品种，抗拿捕净除草剂，适合机械化生产。经春、夏播多点适应性鉴定，表现出广泛的区域适应性。在华北夏谷区、西北春谷早熟区、西北春谷中晚熟区、东北春谷区均能成熟，且表现出良好的丰产性、抗倒性、抗旱性和抗病性。2017年，东北核心主产区联合鉴定平均亩产为380.9千克，较对照大九谷11增产11.58%。2017年，赤峰宁城县孙希洋合作社种植8亩，平均亩产516.22千克，较黄金苗增产19.44%，较红谷子增产31.37%。春播生育期115天，株高120.3厘米，穗长26.5厘米；夏播生育期85天，株高118厘米，穗长22厘米。山西省农业科学院经济作物研究所也育成了类似常规品种类型的苗头两系杂交种。该类型杂交种的育成，代表了今后谷子杂交种的育种方向。

（四）谷子新育成品种

2017年，新育成并参加全国谷子品种区域适应性联合鉴定试验的48个谷子品种中，有24个品种为抗除草剂品种/杂交种，占50%，说明抗除草剂育种取得了显著进展。在新育成品种中，豫谷31、豫谷32、冀谷42、朝1459、1751-6表现突出。此外还育成了第一个兼抗拿捕净、咪唑啉酮和烟嘧磺隆除草剂的新品种冀谷43。

豫谷31、豫谷32为广适抗拿捕净除草剂品种，由河南安阳市农业科学院育成，2017年不仅在华北夏谷区表现良好，而且在西北、东北春谷区也表现增产，显示出良好的区域适应性，在2016—2017年东北组试验中，两个品种产量分别比对照九谷11增产10.33%和8.74%，分别居第一和第二位。2016—2017年，在西北中晚熟组试验中，豫谷32较对照长农35增产8.76%，居2016—2017年参试品种第一位，豫谷31较对照长农35增产2.19%，居2016—2017年参试品种第四位。豫谷32在2016—2017年西北早熟组试验中，较对照大同29号增产2.20%，居2年参试品种第二位。2017年，在全国第十二届优质米评选中，豫谷32还被评为一级优质米。

冀谷42是河北省农林科学院谷子研究所选育的抗拿捕净除草剂谷子品种。米色鲜黄，煮粥黏、香，适口性、商品性兼优，2017年在全国第十二届优质米评选中评为一级优质米；低脂肪、高淀粉、高油酸，适合食品加工，其脂肪含量2.03%，含淀粉64.38%，亚油酸与油酸比值3.7，比一般品种降低32.7%，保质期长，适合食品加工。2017年全国谷子品种区域适应性联合鉴定试验，华北夏谷组试验平均亩产380.2千克，较对照豫谷18增产0.74%，居2017年参试品种第二位。株高122.59厘米，抗倒性1级，谷锈病抗性2级，适合机械化收获。

朝1459由辽宁省水土保持研究所育成，1751-6由赤峰市农牧科学研究院育成，2个品种共同特点是，改变了春谷高秆、大穗、不适合机械化收获的局面，株高都在130厘米以下，而且表现高产、抗倒伏、抗病。朝1459在西北春谷中晚熟组试验中，平均亩产379.9千克，较对照长农35号增产11.55%，居参试品种第一位。8个试点7点增产，株高129.2厘米，熟相好，抗倒1级，谷锈病1级，谷瘟病2级。1751-6在东北组平均亩产381.9千克，较对照九谷11增产10.89%，居参试品种第三位，10个试点中8点增产，株高119.70厘米，熟相好，抗倒性、抗旱性及抗谷锈病、纹枯病、谷瘟病和褐条病均为1级。

冀谷43是河北省农林科学院谷子研究所育成的国内外第一个兼抗拿捕净、咪唑啉酮和烟嘧磺隆除草剂的新品种，也是第一个具有烟嘧磺隆抗性的谷子新品种。近年来，东北等冷凉区的玉米长期超量使用烟嘧磺隆，大豆田长期超量使用咪唑啉酮类除草剂，导致土壤中除草剂残留严重，后茬种植谷子、油葵等作物出现严重药害。冀谷43的育成可望在大量使用烟嘧磺隆、咪唑啉酮的除草剂重残留地种植谷子，减轻除草剂残留对谷子的药害，同时能采用基本没有残留的拿捕净除草剂进行除草，为种植结构调整提供技术支撑。该品种不仅兼抗3种除草剂，而且具有优质、广适的优势，可在华北夏谷区和辽宁、吉林部分春谷区种植。

三、谷子品种推广

（一）谷子品种登记情况

2017年5月，我国实施谷子品种登记以来，共有100多个谷子品种申请登记，但在2017年12月底之前完成登记所有程序并颁发登记证的品种有34个，按省份分，河北3个，山西10个，内蒙古13个，辽宁6个，吉林2个；按单位类型分，企业为第一申请单位与育种单位的19个（表3-6）。

表3-6 2017年完成登记的谷子品种

序号	品种登记号	品种名称	登记单位	省份
1	GPD谷子（2017）130032	冀谷19	河北省农林科学院谷子研究所	
2	GPD谷子（2017）130033	冀谷31	河北省农林科学院谷子研究所	河北
3	GPD谷子（2017）130034	冀谷37	河北省农林科学院谷子研究所	
4	GPD谷子（2017）140008	晋谷29	山西省农业科学院经济作物研究所	
5	GPD谷子（2017）140009	晋谷21	山西省农业科学院经济作物研究所	
6	GPD谷子（2017）140010	晋谷40	山西省农业科学院经济作物研究所	
7	GPD谷子（2017）140011	晋谷57	山西省农业科学院经济作物研究所	
8	GPD谷子（2017）140012	晋谷60	山西省农业科学院作物科学研究所	
9	GPD谷子（2017）140013	晋谷52	山西省农业科学院作物科学研究所	山西
10	GPD谷子（2017）140014	晋谷59	山西省农业科学院作物科学研究所	
11	GPD谷子（2017）140015	晋谷55	山西省农业科学院作物科学研究所	
12	GPD谷子（2017）140016	晋谷51	山西省农业科学院作物科学研究所	
13	GPD谷子（2017）140017	晋谷41	山西省农业科学院作物科学研究所	
14	GPD谷子（2017）150001	敖红谷	内蒙古禾为贵种业有限公司	
15	GPD谷子（2017）150002	金枪	内蒙古禾为贵种业有限公司	
16	GPD谷子（2017）150003	小粟粮	内蒙古禾为贵种业有限公司	
17	GPD谷子（2017）150006	墩谷	内蒙古禾为贵种业有限公司	
18	GPD谷子（2017）150007	敖谷金苗	内蒙古禾为贵种业有限公司	
19	GPD谷子（2017）150024	毛毛粮	敖汉旗九亿农业有限公司	
20	GPD谷子（2017）150025	蒙香红谷	敖汉旗九亿农业有限公司	内蒙古
21	GPD谷子（2017）150026	千金谷	敖汉旗九亿农业有限公司	
22	GPD谷子（2017）150027	敖金谷	敖汉旗九亿农业有限公司	
23	GPD谷子（2017）150028	红苗红谷	敖汉旗九亿农业有限公司	
24	GPD谷子（2017）150029	敖金苗	敖汉旗九亿农业有限公司	
25	GPD谷子（2017）150030	敖谷6	内蒙古禾为贵种业有限公司	
26	GPD谷子（2017）150031	敖谷8	内蒙古禾为贵种业有限公司	

(续)

序号	品种登记号	品种名称	登记单位	省份
27	GPD谷子（2017）210018	朝鑫谷6号	朝阳市泰华农资有限责任公司	
28	GPD谷子（2017）210019	朝鑫谷2号	朝阳市泰华农资有限责任公司	
29	GPD谷子（2017）210020	朝鑫谷3号	朝阳市泰华农资有限责任公司	辽宁
30	GPD谷子（2017）210021	朝鑫谷4号	朝阳市泰华农资有限责任公司	
31	GPD谷子（2017）210022	朝鑫谷5号	朝阳市泰华农资有限责任公司	
32	GPD谷子（2017）210023	朝鑫谷1号	朝阳市泰华农资有限责任公司	
33	GPD谷子（2017）220004	金谷2号	乾安县天丰米业有限公司	吉林
34	GPD谷子（2017）220005	九谷19	吉林市农业科学院	

（二）主要谷子品种推广应用情况

1. 我国谷子育种发展简史与品种更新换代情况

1949年新中国成立以来，我国已采用多种手段育成谷子品种600多个，使我国的谷子单产提高到新中国成立初期的3倍以上，小面积单产突破800千克/亩。总结我国的谷子发展史，新中国成立后谷子品种更新大致可分为3个阶段。

第一阶段（1950—1965年）：该阶段以农家品种筛选提纯复壮和系统选育为主。新中国成立初期开展了大规模的地方品种整理评选工作，经系统提纯选育并推广了一批优良品种，到20世纪50年代末60年代初，自然变异选育的谷子品种已在生产上占主导地位，代表品种有晋谷1号、花脸1号、安谷18、磨里谷、新农724等。

第二阶段（1966—1980年）：此阶段为系统选育品种和杂交方法选育品种并行阶段。代表品种有内蒙古昭乌达盟农业科学研究所1971年从地方品种双挂印中多次单株选择而成的高产早熟品种昭谷1号，在全国北方6个省份推广应用，1980年获内蒙古科技成果二等奖。1975年黑龙江省农业科学院作物研究所采用杂交方法育成的高产抗谷瘟病品种龙谷23号，累计推广600多万亩；1979年河北沧州地区农业科学研究所采用杂交方法育成的冀谷6号，累计推广1 000多万亩。

第三阶段（1981—2001年）：此阶段是杂交育种为主诱变育种为辅和谷子杂交种起步阶段。代表品种有1981年河南安阳市农业科学研究所采用杂交方法育成的具有重大突破意义的夏谷新品种豫谷1号，实现了高产优质多抗广适，显著促进了夏谷发展，累计推广2 000多万亩，1988年荣获国家技术发明二等奖。1986年黑龙江省农业科学院作物研究所采用杂交方法育成的优质早熟高产品种龙谷25，至今仍是黑龙江省主栽品种。1991年山西省农业科学院经济作物研究所采用诱变方法育成的晋谷21，实现了品质的突破，至今还是全国推广面积最大的品种，已累计推广3 000多万亩，1996获得国家科技进步三等奖。此期间，河北省农林科学院谷子研究所育成的高产多抗新品种冀谷14，河南安阳农业科学研究所育成的豫谷2号，山东省农业科学院育成鲁谷10号等品种，都成为主栽品种。张家口地区坝下农业科学研究所组配出强优势组合蒜系28×张农15和黄系4×1007，并应用于生产；河北省农业科学院谷子研究所1997年育成全国第一个通过审定谷子杂交种冀谷16。

第四阶段（2002—2017年）：2002年以来，我国谷子育种目标已由高产向优质、广适、抗除草剂方面转变，并大面积推广应用了杂交种。优质品种在产量、抗性、适应性方面均实现了突破。例如，2004年河北省农林科学院谷子研究所育成的优质高产新品种冀谷19，2004年山西省农业科学院谷子所育成的长农35，2012年河南省安阳市农业科学院育成的豫谷18，2015年中国农业科学院作物科学研究所育成的中谷2等，在区域试验中均较高产对照增产10%以上，打破了优质与高产的矛盾，使优质育种上了新台阶。其中冀谷19具有口感绵软、鸟害轻、高抗倒伏等优良性状，以该品种为亲本衍生出20多个谷子新品种；豫谷18突破了谷子对光温反应敏感的局限，具有广泛的适应性，在东北、西北、华北地区均可种植，并成为当前谷子育种的骨干亲本。

此阶段谷子抗除草剂育种实现了突破，2005年河北省农林科学院谷子研究所育成的冀谷25实现了大面积应用，成为我国谷子抗除草剂育种的标志性品种；2009年育成的优质抗除草剂品种冀谷31成为夏谷区骨干品种，进一步带动了全国的谷子抗除草剂育种，此后全国先后育成了30多个抗不同除草剂的谷子品种，显著促进了全国谷子生产轻简化。

2004年，河北张家口市农业科学院育成第一个抗除草剂两系杂交种张杂谷1号。2005年育成的早熟高产抗除草剂杂交种张杂谷3号至今仍在大面积应用，已累计推广600多万亩，成为谷子杂交种大面积应用的标志性品种。

2017年抗除草剂谷子品种和杂交种年推广面积达408万亩，占全国谷子良种面积的38.7%，其中年种植面积10万亩以上的27个品种中16个为抗除草剂品种和杂交种。

2.2017年主要品种推广应用情况

2017年，我国谷子推广面积1万亩以上的谷子品种有126个，合计总面积1 013万亩，较2016年的915万亩增加10.7%。品种数量较2016年的112个增加12.5%。年种植面积5万亩以上的品种58个，10万亩以上的27个，30万亩以上的8个，50万亩以上的2个，100万亩以上的1个。

从各地谷子良种推广情况看，河北省良种面积最大，其次是山西、辽宁、内蒙古和河南。从良种面积在全国占比情况看，各地变化不大。谷子种植面积，河北、山西、辽宁、吉林、河南、山东、宁夏良种覆盖率较高，内蒙古和甘肃良种覆盖率较低。

从推广品种数量看，年种植面积1万亩以上的品种数，河北42个，辽宁31个，山西25个，其余省份均少于15个，最少的只有3个。其中种植面积10万亩以上品种数的河北14个、山西6个、吉林3个，其余省份只有1～2个（表3-7）。

表3-7　2017年谷子良种推广情况

省份	1万亩以上品种（个）	5万亩以上品种（个）	10万亩以上品种（个）	30万亩以上品种（个）	50万亩以上品种（个）	100万亩以上品种（个）	1万亩以上品种（万亩）	良种面积全国占比（%）
全国	126	58	27	8	2	1	1 013	
河北	42	20	14	2	0	0	330	32.6
山西	25	9	6	3	1	1	289	28.5
内蒙古	8	7	2	1	0	0	79	7.8
辽宁	31	12	1	0	0	0	120	11.8
吉林	13	7	3	0	0	0	67	6.6
河南	13	6	2	0	0	0	76	7.5
山东	10	2	0	0	0	0	28	2.8
宁夏	3	1	1	0	0	0	30	3.0
甘肃	6	0	0	0	0	0	8	0.8

3.主栽品种表现

（1）主要品种群

2017年，推广面积10万亩以上的主要品种共27个，占品种总数的21.4%，合计推广面积689万亩，占良种推广总面积的68%，其中河北省培育的品种16个，品种数占59.3%，推广面积373万亩，占689万亩的54.1%。27个品种中，在2个省份以上应用的有11个，其中8个为河北育成；抗除草剂品种（杂交种）14个，全部为河北育成。上述数据表明，河北育种实力最强，育成的品种不仅数量多，而且具有抗除草剂、适应性广等优势。单一品种过100万亩的只有山西的晋谷21，而且该品种已经推广应用近30年，说明该品种是非常过硬的（表3-8）。

表3-8　2017年推广10万亩以上的主要品种群

序号	品种	面积（万亩）	序号	品种	面积（万亩）
1	晋谷21	106	15	九谷19	15
2	张杂谷3号	75	16	吨谷1号	15
3	赤谷5	37	17	冀谷36	15
4	冀谷34	37	18	冀谷41	15
5	8311	35	19	冀谷37	14
6	晋谷29	35	20	九谷21	14
7	冀谷38	32	21	金谷2号	14
8	冀谷39	30	22	衡谷13	13
9	张杂谷5号	27	23	张杂谷8号	12
10	豫谷18	27	24	山西红谷	11
11	小黄谷	24	25	豫谷17	11
12	晋谷40	21	26	冀谷35	11
13	张杂谷6号	17	27	张杂谷16	10
14	冀谷42	16		面积合计	689

（2）主栽品种（代表性品种）的特点

晋谷21：由山西省农业科学院经济作物研究所用钴60辐射晋汾52干种子选育而成的谷子品种。1991年山西省审定，2017年登记，登记编号为GPD谷子（2017）140009。该品种第一生长周期亩产300千克，比对照晋谷10号增产7.3%；第二生长周期亩产358.1千克，比对照晋谷10号增产5.7%。突出优点是在品质和产量上都超过了历史名米沁州黄，米色金黄发亮，粳性，细柔光滑，米饭喷香。抗谷瘟病，高抗谷锈病。该品种1991年大面积推广后，已累计推广3 000多万亩。不足之处是感白发病，植株较高，抗倒性差。

张杂谷3号：由河北张家口坝下农业科学研究所、中国农业科学院品种资源研究所育成，组合为A2×148-5。2005年全国谷子品种鉴定委员会鉴定通过（国鉴谷2005007），2011年内蒙古认定，认定编号为蒙认谷2011004号。2017年8月申请登记，登记编号为GPD谷子（2018）130081。2003—2004年国家谷子品种试验（西北春谷早熟组），两年区域试验平均亩产366.6千克，比统一对照大同14增产6.97%，其中2003年区域试验平均亩产356.3千克，平均比统一对照大同14号增产5.05%；2004年平均亩产376.9千克，比统一对照增产8.87%。2004年生产试验平均亩产297.0千克，比统一对照大同14增产19.13%。2009年参加内蒙古自治区谷子区域试验，平均亩产348.0千克，比对照赤谷8号增产24.7%。2010年内蒙古自治区谷子区域试验，平均亩产436.2千克，比对照赤谷8号增产10.5%。2010年内蒙古自治区谷子生产试验，平均亩产499.3千克，比对照赤谷8号增产20.5%。该品种生育期126天，株高114.2厘米，穗长23.1厘米，黄谷、黄米。抗逆性较强，抗谷锈病、谷瘟病、白发病，1级耐旱，熟相较好。不足之处是小米品质略差。

赤谷5：内蒙古赤峰市农业科学研究所育成，品种来源于昭谷1号×7506，1987年通过内蒙古自治区农作物品种审定委员会审定，2017年申请登记，登记编号为GPD谷子（2018）150048。第一生长周期亩产246.9千克，比对照独秆紧增产17%；第二生长周期亩产219.3千克，比对照独秆紧增产12.2%。株高134.4厘米，比较适中；抗谷瘟病，抗谷锈病，抗白发病。审定以来，已累计推广300多万亩。不足之处是小米品质略差。

冀谷39：河北省农林科学院谷子研究所育成，品种来源于"安09-8525×[安4585×（冀谷24×2010-M1445）]"，2017年申请登记，登记编号GPD谷子（2018）130025。第一生长周期亩产392.9千克，比对照冀谷31增产9.1%；第二生长周期亩产381.2千克，比对照冀谷31增产9.6%。兼抗拿捕净和咪唑啉酮除草剂，可在喷施咪唑啉酮类的豆类后茬种植。该品种克服了夏谷米色浅的不足，商品性、适口性均突出，2017年在全国第十二届优质米评选中评为一级优质米。生育期弹性强，适应性广，可在华北、西北、东北9省份春、夏播，最高亩产600千克；在冀东地区和北京，麦茬夏播实现了麦谷一年两熟，亩产250～300千克，填补了冀东地区和北京一年两熟粮食作物种植模式的空白。冀谷39还是低脂肪、高淀粉、适合食品加工的品种，籽粒脂肪含量2.9%，淀粉含量67.13%，符合国家谷子高粱产业技术体系规定的籽粒淀粉低于3.5%、淀粉含量高于65%的适合主食加工的指标要求。株高121厘米，抗倒性1级，谷锈病抗性2级，适合机械化收获。该品种2016年首次大面积推广，以其优质、广适、双抗除草剂，得到广泛认可，推广潜力较大。

豫谷18：河南省安阳市农业科学院育成，来源于豫谷1号×保282，2017年申请登记，登记编号为GPD谷子（2018）410076。2010年第一生长周期亩产371.32千克，比对照冀谷19增产13%；2011年第二生长周期亩产348.5千克，比对照冀谷19增产16.95%。该品种突出特点优质高产广适，尤其是广适性为近年来谷子的突破。2012年以来，分别通过全国谷子品种鉴定委员会华北夏谷区、西北春谷中晚熟组、西北春谷区早熟组、东北春谷区鉴定，可在全国10个省份春、夏种植，生育期88～132天，株高106.9～125厘米，一级优质，适合机械化收获。不足之处是感谷瘟病，对谷锈病、白发病抗性中等。

（3）品种在2017年生产中出现的缺陷

2017年，全国性谷子白发病、谷瘟病严重发生，春谷区旱情严重。在逆境环境下，一些品种因为抗病性、耐旱性以及生育期较长导致严重减产。此外，由于许多品种不抗除草剂，导致草荒严重，吉林、内蒙古多地出现农民乱用除草剂，导致药害严重，特别是喷施二四滴丁酯除草剂的地块，导致谷子烂根等严重药害。

（4）主要品种推广情况

2017年推广10万亩以上的27个主要谷子品种合计推广面积689万亩，其中常规品种22个，占品种数的81.5%，推广面积占79.5%；抗除草剂品种14个，占品种数的58.6%，推广面积占46.7%；优质类型品种18个，占品种数的62.1%，推广面积占64.9%；中矮秆适合机械化收获类型品种17个，占品种数的63.0%，推广面积占59.2%。在各生态类型区中，华北夏谷区内推广10万亩以上的品种数最多。

（三）谷子产业风险预警

1. 谷子品种与谷种市场和小米市场需求相比存在的差距

目前谷子品种的现状主要是缺乏优质、高产、广适、抗除草剂、中矮秆适合机械化收获的品种。谷子产量的60%以原粮小米形式消费，从种植户的角度看，品质差的品种不仅价格低，而且销售困难；产量低的品种效益不高，同时抗除草剂、中矮秆适合机械化收获的品种是实现规模化生产和降低生产成本的关键。从谷种经销商的角度看，在优质、高产、抗除草剂、中矮秆适合机械化收获的基础上，广适性品种尤其是杂交种不仅销售潜力大，而且利润高。但是，当前年种植面积10万亩以上的27

个品种中，绝大多数品种只能满足5项要求中的1～3项，能满足全部要求的品种不超过3个，而且均为近年刚刚推向市场的新品种。

2.病虫草害、倒伏等灾害对品种提出的挑战

当前谷子生产面临的主要自然灾害是病害、草害、倒伏。普发而且危害严重的病害是谷瘟病和白发病，区域性病害主要是谷锈病、病毒病、线虫病、褐条病；草害主要是在生育前期阴雨天气较多的年份，特别是夏谷区和东北春谷区容易发生并导致严重减产；倒伏主要是植株过高。根据气象部门预测，2018年拉尼娜现象会导致我国北方夏季气温偏高、降水量偏多。高温高湿容易导致谷子苗期草荒严重、中后期病害和倒伏较重发生，同时黏虫也会偏重发生。因此，不抗除草剂品种、不抗谷瘟病和白发病品种、高秆品种及防虫不及时的地块有可能减产较多。

3.绿色发展或特色产业发展对品种提出的要求等

(1) 绿色发展对品种提出的要求

我国农业绿色发展对谷子品种的要求主要集中在3个方面，一是镰刀湾地区、华北地下水超采区种植结构调整对优质早熟抗除草剂谷子品种的需求增大；二是雨养和化肥减施栽培对谷子品种的耐旱性、耐瘠薄性提出更高的要求；三是安全生产和农药减施对品种抗病性的要求提高。

(2) 特色产业发展对品种提出的要求

谷子产业发展的关键是产业链的延伸，而谷子产业链的延伸主要是两个方向，一是食品加工，二是饲料饲草。谷子食品加工的瓶颈是脂肪和亚油酸含量偏高导致的食品保质期短，以及小米淀粉回生变硬导致的口感欠佳。因此，今后的谷子育种应加强低脂肪（3.0%以下）、低亚油酸（亚油酸/油酸比值低于1.5）、淀粉不易回生变硬（直链淀粉15%以下）的加工专用品种的选育。在饲草饲料品种选育方面，应注重高蛋白（灌浆初期全株蛋白质含量12%以上、成熟期籽粒含蛋白13%以上、谷草含蛋白7%以上）、高生物产量（鲜草产量4 000千克/亩）的饲用品种选育，为产业链延伸提供技术支撑。

四、国际谷子产业发展现状

1.国际谷子产业生产概况

谷子主要分布在中国、印度、巴基斯坦、朝鲜等发展中国家，在法国、德国、美国、日本、澳大利亚等发达国家也有少量种植。中国是最大的谷子生产国，年种植面积1 200万亩左右，占全世界80%；印度年种植面积150万亩，是第二大谷子主产国。在印度，谷子主要集中在印度南部的安德拉邦（Andhra Pradesh）、泰米尔纳杜邦（Tamil Madm）等5个邦，均为干旱地区和高山丘陵地区，其中安德拉邦最多，占80%。印度谷子育种机构主要在安德拉邦Mandyal中心，在班加罗尔大学和国际半干旱热带作物研究所保存有3 000多份谷子资源。但是印度谷子育种水平较低，仍主要采用系统育种方法，谷子单产水平只有中国的50%左右。近几年印度谷子处于增长态势，这要归功于良好的市场价格，谷子作为营养食品和有机产品在超市销售。目前，印度南部主要发展适宜水稻收获后的旱季种植的夏播谷子，正在培育生育期70～90天的短生育期品种。日本、韩国、新加坡等国素有谷子消费习惯，但由于谷子生产需要人工间苗、人工除草，难以集约化生产而基本放弃了谷子生产，主要从中国进口。法国、德国、美国、澳大利亚等主要用谷子做饲料作物，基本不进行食用型谷子育种研究。

2.国际谷子贸易发展情况

在国际谷子贸易方面，中国是唯一的出口国，2000年出口量为17 300吨，到2003年增加至

42 000吨，主要出口到35个国家和地区，其中日本最多，达5 000吨以上，其次是印度尼西亚、泰国、韩国、意大利、荷兰、德国、英国等。2003年之后出口量呈下降趋势，出口目的地也在减少。2011年出口量为15 311.5吨，出口额为866.1万美元；2012年出口量为15 120吨，出口额为799.1万美元；2013年出口量为13 323.2吨，出口额为874.1万美元；2014年出口量为6 938.5吨，出口额为728.7万美元；2015年出口量为4 807.5吨，出口额为614.4万美元；2016年出口量为5 433.4吨，出口额为555.6万美元；2017年出口量为5 541.7吨，出口额为486.7万美元，平均出口单价0.878美元/千克。出口到25个国家和地区，按出口量排序，主要国家依次是韩国（28%）、印度尼西亚（21%）、巴西（9%）、日本（8.4%）、德国（8.1%）、荷兰（6.9%）、英国（4.5%）、越南（3.9%），这8个国家占90%（表3-9）。

表3-9　2011—2017年中国谷子出口情况

年度	出口量		出口额	
	出口量（吨）	较上年增长率（%）	出口额（万美元）	较上年增长率（%）
2011	15 311.5		866.1	
2012	15 119.5	−1.25	799.1	−7.74
2013	13 323.2	−11.88	874.1	9.39
2014	6 938.5	−47.92	728.7	−16.63
2015	4 807.5	−30.71	614.4	−15.69
2016	5 433.4	13.02	555.6	−9.57
2017	5 541.7	1.99	486.7	−12.40

五、问题及建议

1. 登记品种的造假问题

目前的谷子品种登记，主管部门只是负责形式审查，无法对登记品种的真伪作出判断，而有的登记品种提供的是虚假资料，假冒伪劣品种堂而皇之地进行登记，登记完成后披上了合法的外衣，侵权和假冒伪劣现象严重。

建议今后对登记品种应要求提供育种档案、试验资料、区域试验各点试验资料，并进行DNA指纹检测，确保真实性、纯度一致性，这有利于对登记后品种推广抽查时品种一致性和真实性的检测，也可避免登记后品种偷梁换柱的现象。

2. 监督执法不严，执法力度不足问题

目前农作物种子市场监管力度欠缺，主要表现在3点。一是缺乏主动监管，目前基本上是民不告官不究；二是存在着隐性的官商勾结，特别是县、乡这一级，有些执法人员在种业企业参股或者有的直接办企业，也有熟人熟脸不好监管的问题；三是维权很难，不仅假冒侵权难以维权，农民利益更难维护，因为谷子用种量小、利润有限，1万千克谷种可种植4万亩地，种子出事后往往种业公司赔不起，最终受损的是农民。管理的缺位，不仅扰乱了市场，还打击了正规科研单位和科技人员的成果转化和积极性。此外，假冒伪劣侵权现象的大量出现，不举报会助长不良风气，维权人又往往遭到恶意报复，

使正常的科研和市场秩序出现混乱，这不利于种业正常发展和社会风气净化。

建议开展异地交换执法，对执法人员加强责任追究，建立举报、执法人员奖励制度，建立企业诚信管理机制等，逐步加强市场监管。

3. 品种权意识比较薄弱

登记谷子品种中，多数品种未申请品种权。品种抗性和适宜区域与实际表现存在差异，有潜在风险。

4. 登记品种应加强生产转化

2017年登记的谷子品种中，虽然都是按已应用品种登记的，但许多品种应用面积不足1万亩，有的甚至基本没有应用。因此，在加强登记品种转化应用的同时，管理部门应加强登记品种管理，确实不符合市场需要的品种应限期退出登记。

（编写人员：程汝宏　刁现民　张　婷　王根平　等）

第4章 高粱

概　述

高粱是世界第五大谷类作物，抗旱、耐盐碱、耐瘠薄，具有在不良环境下生长的能力，被视为干旱和盐碱土壤农业区农业可持续发展的主要作物。高粱在我国有5 000年的栽培历史，以用途多样著称，具有酿酒、食用、饲用、能源、青贮用等多种用途。随着我国社会的发展和人民生活水平的提高，高粱逐渐退出主食市场，而在酿酒和饲料产业中的作用越来越突出。2017年高粱产业发展趋势及特点分析如下。

第一，种植面积稳定，订单生产不断扩大

受农业供给侧结构性改革、镰刀弯种植结构调整拉动，2017年在春旱严重的情况下，高粱种植面积仍保持基本稳定，仍以酒用高粱种植为主，规模化、基地化订单生产面积进一步增加。

第二，主产区春旱严重影响播种面积

2017年，内蒙古赤峰、通辽，辽宁锦州、葫芦岛、阜新、朝阳、沈阳等地区春旱严重，有些地区直到6月下旬才能播种，对晚熟高粱生产影响很大，播种面积低于预期。

第三，高粱价格上涨

2017年，国内高粱价格较2016年有所上涨，平均上涨0.1～0.2元/千克，粳高粱价格2.0～2.2元/千克，北方地区杂交糯高粱2.4～2.6元/千克，西南地区杂交糯高粱3.6～4.2元/千克，常规糯高粱3.5～5.6元/千克，但总走势比较平稳。

第四，高粱进口减少，但仍远高于国内总产量

2017年，我国进口高粱505.7万吨，较2016年减少23.9%，但仍占我国谷物进口量的19.8%，是国内总产量的1.6倍以上。

一、我国高粱产业发展

（一）高粱生产发展状况

1. 全国生产概述

自2000年以来，高粱播种面积波动较大，总体呈现先降后升的变化趋势。2008年，播种面积最少，为734.7万亩，之后又逐渐恢复到900万亩以上，但与2000年相比，仍有较大差距。总产量也随播种面积起伏，在2002年达到最高值332.9万吨，其后迅速下降；至2009年，年产量167.7万吨，仅为2002年的50.4%，7年时间，总产量下降了近一半。总产量下降主要归因于两方面，一是总播种面积下降，与2002年相比，2009年播种面积下降了33.7%；二是由于种植区域向干旱、盐碱、瘠薄地区转移，气象灾害频发，单产水平下降较多，与2002年相比，2009年单产水平下降24.1%。2009年之后，总产量逐渐回升，至2017年，稳定在300万吨左右的水平（表4-1）。

表4-1　2000—2017年全国高粱生产情况

年份	面积（万亩）	变化量（%）（与2008年比较）	产量（万吨）	变化量（%）（与2009年比较）	亩产（千克）	变化量（%）（与2008年比较）
2000	1 334.3	81.6	258.2	54.0	193.5	−22.6
2001	1 174.2	59.8	269.6	60.8	229.6	−8.2
2002	1 265.1	72.2	332.9	98.5	263.1	5.2
2003	1 083.6	47.5	286.5	70.8	264.4	5.7
2004	851.3	15.9	232.8	38.8	273.5	9.4
2005	855.0	16.4	254.6	51.8	297.8	19.1
2006	1 099.5	49.7	218.1	30.1	198.4	−20.7
2007	750.6	2.2	192.0	14.5	255.8	2.3
2008	734.7	0.0	183.7	9.5	250.0	0.0
2009	839.1	14.2	167.7	0.0	199.8	−20.1
2010	821.6	11.8	245.6	46.5	299.0	19.6
2011	750.3	2.1	205.1	22.3	273.3	9.3
2012	934.7	27.2	255.6	52.4	273.4	9.3
2013	873.5	18.9	289.2	72.5	331.0	32.4
2014	928.8	26.4	288.5	72.0	310.6	24.2
2015	861.0	17.2	275.2	64.1	319.6	27.8
2016	937.8	27.6	298.5	78.0	318.3	27.3
2017	951.2	29.5	295.4	76.1	310.6	24.2

2. 区域生产基本情况

"十二五"以来，国内高粱生产的总体格局保持稳定，形成以北方高粱生产主产区及西南高粱生产优势区为主导，华北、西北高粱生产区为补充的高粱生产格局。北方高粱生产区主要涵盖吉林、内蒙古、辽宁和黑龙江，占全国生产面积的50%以上；西南高粱主产区包括四川、贵州和重庆，占全国生产面积的30%左右。山西、河北、甘肃、陕西、新疆和山东占全国生产面积的15%～20%。

（1）北方高粱主产区

根据气候生态条件差异北方高粱主产区可分为北方春播早熟区和北方春播晚熟区两个亚区。

北方春播早熟区：包括黑龙江、吉林、内蒙古等省份全部，辽宁朝阳的北票、建平的北部地区，以及昌图、开原、西丰、清原、铁岭诸县的大部分及法库、康平两县的全部。位于北纬34°30′～50°5′，是我国高粱的主要种植区，占全国高粱种植的比重较大，常年维持在45%左右。年平均气温2.5～7℃，日平均气温≥10℃的有效积温2 000～3 000℃，年降水量一般为100～700毫米，自东往西递减。大部雨量集中在7—8月。全区属寒温或温带季风气候，带有明显的大陆性气候特征，属旱作农业区，主要有黑钙土、黑土、棕黄土等，大部分土壤有机质含量丰富，熟化程度不高。全年无霜期115～150天。由于生育期较短，栽培制度为一年一熟，栽培形式为垄作清种。除易受春旱威胁外，还常遭受低温冷害的影响。

北方春播晚熟区：包括辽宁沈阳以南至辽东半岛及锦州的全部，丹东、本溪、抚顺、朝阳的局部地区。该地区高粱种植面积20万亩左右，年产量在10万吨上下，占全国高粱生产的比重在5%左右。位于北纬38°40′～42°，年平均气温8～10℃，日平均气温≥10℃的有效积温3 000～3 500℃。年降水量600～1 000毫米，约有一半降水集中于7—9月。全年无霜期160～210天。除本区西部、西北部常受春旱和春寒影响外，大部地区温湿适宜，属温带半湿润气候。

（2）西南高粱主产区

西南高粱主产区主要分布于四川、贵州、重庆。位于北纬31°10′～32°30′，年平均温度14～17.3℃，日平均气温≥10℃的有效积温4 800～5 000℃；年降水量充沛，可达1 000～1 400毫米；属于亚热带湿润气候，全年无霜期227～300天。

该区的土壤以黄褐土为主，其次为水稻土。高粱在本区历来都是搭配作物。种植面积比较集中地区有四川的江津、泸州、宜宾、万县、绵阳、西昌等地，贵州的遵义和毕节等地，重庆的大部地区。常年种植面积290万亩左右，占全国种植面积的30%左右；年产量75万吨左右，占全国总产量的25%左右。该区高粱生产多分布于山地丘陵地区，不适宜大规模机械化种植，处于传统精耕细作模式，高粱单产较低。

（3）西北高粱主产区

该主产区包括山西的晋南、晋东南、晋中、晋西、晋东地区全部，晋北、晋西北的大部；陕西的丘陵沟壑区和渭北平原区、关中平原区，秦岭山区，汉中盆地，巴山山区；甘肃的陇东黄土高原区与陇南山区的全部；宁夏银川南北的黄灌区。该区高粱种植面积100万亩左右，占全国高粱种植面积的10%左右。位于北纬32°～39°20′，年平均温度7～15℃，日平均气温≥10℃的有效积温2 300～3 700℃。全年无霜期160～220天。云量少，日照充足，但缺乏降雨。年降水量为200～500毫米，冬春尤为干燥。属暖温带半干旱气候。该区农耕历史悠久，但生态平衡遭到破坏，水土流失严重，故产生众多的塬、梁、沟、壑。农业土壤为黄土和黑垆土，基本为一年一熟制，在无霜期较长又有精耕细作传统的地区，实行二年三熟或一年二熟制。干旱是该区生产的最大威胁。

（4）华北高粱主产区

该主产区包括河北、天津、河南及山东全部地区。高粱种植面积在50万亩左右，占全国总种植面积的5%左右。位于北纬31°25′～41°，年平均气温12～16℃，日平均气温≥10℃的有效积温4 000～5 000℃。年降水量500～1 000毫米，属温带湿润、半湿润气候。全年无霜期180～250天。该区多为冲积平原，土壤以褐土、棕黄土为主。北部地区主要是一年一熟为主，中部和南部地区以一年二熟或二年三熟为主，既可春播又可夏播。春播高粱多在低洼易涝、土质瘠薄和沙碱地区种植。夏播高粱多与冬小麦轮作，分布于平肥地上。基本的耕作方式为平作。近年，高粱逐渐向沿海、沿河低洼盐碱地区发展。

3. 生产成本与效益

（1）生产成本与成本结构

高粱种植成本主要包括种子、化肥、农药、机械作业费、人工费用以及地租等费用。由于各地发展水平、栽培品种不同，种植成本差异较大，例如高粱种子，普通粳高粱品种种子价格较低，30～50元/亩，糯高粱品种成本较高，50～70元/亩。根据化肥投入量差异，化肥成本在150～200元/亩之间变化；机械化作业费为30～200元/亩。由于机械化水平高低不等，人工费用变化较大，在机械化水平较高地区人工费用较少，仅为50元/亩，机械化水平较低地区，人工费用成本较高，最高可达240元/亩；地租费用为400～600元/亩。因此，如果是自有土地，机械化程度低时，生产成本为660～750元/亩，机械化程度高时，生产成本为480～570元/亩；如果是租赁土地，成本则会增加400～600元/亩。

从高粱生产发展趋势上看，逐渐从零散化向集约化、规模化、机械化方向发展。对于自有土地高粱生产而言，机械使用费的比重最大，其次为人工费，二者均超过总成本的3成；其次为复合肥，占17%；农药、尿素和种子的费用较低，均在8%以下（图4-1）。对于规模化高粱生产而言，地租成本在总成本中所占比重最大，超过50%，为53%；其次是机械化作业费、化肥均为18%；人工费用、种子、农药费用较少，均在5%以下（图4-2）。

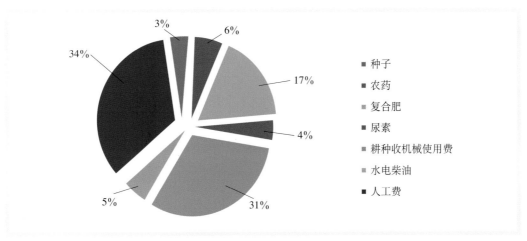

图4-1　自有土地高粱生产成本结构图

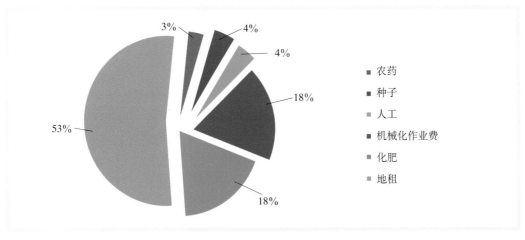

图4-2　规模化生产高粱成本结构图

（2）国内价格

2013年上半年，国内高粱价格达到近年高点，粳高粱3.1元/千克，杂交糯高粱4.5元/千克，常规糯高粱6元/千克左右。2013年下半年，由于高粱进口量增加及新高粱上市，粳高粱价格逐渐回落至3元/千克左右，杂交糯高粱回落至4元/千克，常规糯高粱仍维持6元/千克。2014年、2015年高粱进口量剧增，高端酒价格下调；尤其是2015年，进口高粱是国内高粱生产量的3.9倍，严重冲击了国内高粱市场，高粱价格迅速下降；当年，粳高粱价格基本在1.7元/千克，较最高价下降了45%；杂交糯高粱2.5元/千克，下降了44%；常规糯高粱3.5元/千克（茅台原料订单生产除外），下降了42%。2016年，由于进口高粱数量下降，高粱价格有所回升，粳高粱价格1.9元/千克，杂交糯高粱2.2～3.0元/千克，常规糯高粱4.0元/千克，部分订单生产糯高粱可达7.0元/千克（图4-3）。2017年，国内高粱价格较2016年略有上涨，平均上涨0.10～0.12元/千克，但总走势比较平稳。

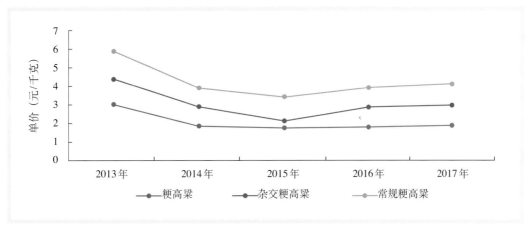

图4-3　近年国内高粱价格

（3）产值和效益

不论是自有土地还是租赁土地，产值和收益均在2013年达到最高点。2013年后，由于受到进口高粱冲击，国内高粱价格下降带来高粱产值的迅速下降，2016年、2017年收益有所增加。自有土地高粱生产利润也表现出迅速下降再小幅回升的变化趋势，2013年的利润最高，其后迅速下降，2016年和2017年缓慢回升。至2017年，自有土地高粱生产利润虽有回升，也仅有2013年的47.8%。对于租赁土地的高粱生产者而言，2013年之后利润出现负增长，直至2017年才实现盈利（图4-4）。

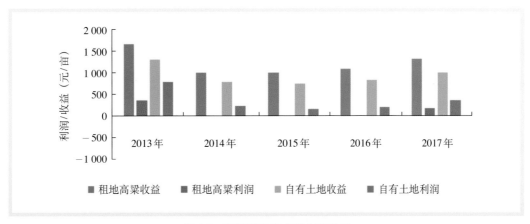

图4-4　近年高粱生产利润和收益

（二）高粱市场需求状况

1. 全国消费量及变化情况

（1）国内市场对高粱产品的年度需求变化

2011年，国内高粱市场需求量仅为211.9万吨，其后国内市场对高粱的需求量迅速增加；2012年，需求量268.0万吨，增加了26.5%；2013年，需求量398.7万吨，与2011年相比增加了88.2%；2014年，需求量867.3万吨，与2011年相比增加了309.3%；2015年达到最高值，需求量1 343.8万吨，与2011年相比增加了534.2%。到2016年，全国高粱总需求有所下降，仅为2015年的71.9%，下降了28.1%，但仍比2011年增加了355.7%（图4-5）。

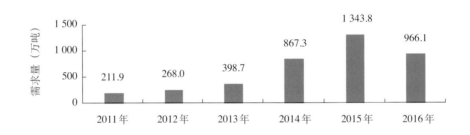

图4-5　国内高粱需求量的年度变化

（2）预估市场发展趋势

高粱市场的发展是向好的。一是国内酿造和饲用业对高粱需求增加；二是国家镰刀弯地区的种植结构和政策调整，使非玉米种植优势区的玉米大量调减，增加了高粱等杂粮、杂豆的种植面积，形成了我国高粱生产的新兴产区；三是在高粱新兴产区，全部采用集约化、规模化、机械化生产，使高粱生产成本明显降低；四是高粱价格高于玉米，具有价格优势；五是高粱抗旱、耐涝、耐盐碱、耐瘠薄，有助于农业绿色发展。

2. 区域消费差异及特征变化

（1）区域消费差异

我国不同高粱产区消费方向不同。20世纪80年代以前，我国高粱种植面积很大，主要用于食用，其次是饲用和酿造用。随着生活水平的提高，人们的饮食结构发生了巨大的变化，高粱渐渐退出了主食市场，养殖业越来越多地使用配方饲料，高粱直接饲喂动物的量也在不断减少，而在酿造业上的应用则有所增加。

黑龙江的高粱几乎全部是酿造高粱，主要是为酒厂提供酿酒原料；吉林的高粱主要用于酿造，还有部分帚用高粱生产；辽宁酿造高粱生产占70%，食用高粱生产占20%，饲用高粱生产占10%；内蒙古以酿造高粱生产为主，以帚用和食用高粱生产为辅，并有少量能源用。东北地区高粱除一部分自用外，大部分销往全国各地作为酒业和醋业生产原料。

除东北地区外，其他地区的高粱主要用于酿造，其中西南地区和华中地区以糯高粱为主，其他地区主要是粳高粱生产。

(2) 区域消费特征

山西的高粱主要用于酿酒和酿醋：山西全省有白酒生产企业239家，近年来白酒年产量10万～12万吨，需要高粱20万～25万吨。汾酒厂股份有限公司及汾酒集团是以白酒生产销售为主的国家大型企业，以生产经营中国名酒——汾酒、竹叶青酒为主营业务，年产销白酒7.5万吨，占全省白酒产量的70%左右，是高粱消费的第一大户。山西老陈醋是我国名牌产品和地理标志保护产品，以高粱麸皮为主要原料，以稻壳和谷壳为辅料，以大麦、豌豆为原料制作的大曲作为糖化发酵剂，经酒精发酵后采用固态醋酸发酵，再经熏醅、陈酿等工艺酿造而成，以其酸、香、甜、绵、鲜的特有品质名列我国四大名醋之首。全省共有食醋生产企业125家，全年产量60万吨，主要集中在水塔、东湖、紫林、宁化府等生产企业。2017年全省消耗高粱40万～50万吨，其中白酒酿造使用高粱20万～25万吨，老陈醋酿造消耗高粱20万～25万吨，50%以上的高粱需要外调。

黑龙江对高粱需求呈递增趋势：主要是固态酿酒呈现逐年上升趋势，因此对高粱原料需求不断增加。龙江家园酒业公司拥有2000个固态酿酒发酵池，是东北地区最大的固态酿酒企业，每年需要3万吨高粱，目前已建立了自己的原料粮生产基地。北大仓酒厂、富裕老窖酿酒厂、军川酒厂、京旗源酒业等一批知名企业也纷纷建立了自己的原料粮生产基地，从而带动了高粱生产的发展，促进了高粱需求的增长。

湖北的高粱主要用于酿酒：湖北全省有生产许可证的白酒企业160多家，其中有影响力的品牌有稻花香、枝江、白云边、劲牌、黄鹤楼、石化霸王醉等，年产值2000万元以上的规模型企业63家。目前全省白酒年产量87万吨，占全国的6.7%，列全国第五位，仅次于四川、山东、河南、江苏；销售收入761.6亿元，仅次于四川。多数酒厂的原料是从北方调入的粳高粱。

河北不是高粱种植大省，却是高粱贸易大省：每年高粱交易量在50万吨左右，相当于100万亩高粱的种植面积。河北高粱主要销往贵州、四川等地区，其中贵州是河北高粱的主要销售地区。

四川2017年白酒产量372.39万吨，位居全国第一，需酿酒高粱200万吨以上，自产仅40万吨，缺口很大。

贵州高粱主要用途为酿酒，自产自销，2017年茅台集团高粱订单面积为70万亩。

(3) 消费量及市场发展趋势

目前，我国高粱年消费量在800万吨以上，其中约300万吨国产高粱用于酿造业，而进口高粱则一部分进入酿造业，一部分进入饲料业和食用业。未来我国高粱消费的第一市场是酿造业，需求量在1000万吨左右。其次是饲料业，高粱籽粒饲料对畜禽防病效果明显，可增加育肥猪、牛等的瘦肉率，有利于防病治病，有利于有机食品生产，有利于人民健康；甜高粱做青贮饲料，草高粱做青饲料。第三是发展食用和深加工食品，吃高粱有利于健康，减少疾病，对抑制"三高"、减肥都有明显效果。所以，高粱产业发展的潜力大，有待开发。

（三）高粱种子市场供应状况

1. 全国种子市场供应总体情况

(1) 供应总体情况

我国高粱种子供应数量基本可以满足市场需要，但品种的供应和需求存在错位现象，种子的质量也参差不齐，影响了高粱产业的发展。例如，东北地区生产需要优质、多抗、适应性广的糯高粱品种，但农民买不到，只好退而求其次，选择粳高粱品种；生产高粱的种子公司大多规模比较小，生产量有限，种子的标准化生产和加工能力欠缺，致使种子质量优劣不一。另外，种子销售者对品种的适宜区域界定不明确，跨区域推广时有发生，造成生产损失。

(2) 区域供应情况

近几年看，黑龙江第一、第二积温带的晚熟区高粱种子供应充足，第三、第四积温带的早熟区高粱种子供应基本充足，个别品种出现紧缺。

2007—2017年，内蒙古高粱种子市场供应基本上是供给大于需求。因内蒙古地区的商品高粱主要在山地种植，基本是靠自然降雨确定播种面积，在干旱的年份高粱的种植面积就会减少些，而种子的生产量却是前一年已经固定，所以高粱种子的销售会出现大小年现象。从2016年开始，内蒙古中部地区（赤峰、通辽）逐渐引入糯高粱，到2018年，糯高粱的种植面积已经达到一定比例，影响了普通高粱种子的销售量。

吉林种子供应充足，种子在满足本省需要的同时，还销往内蒙古和辽宁。山西种子除自用外，也销往陕西、甘肃、河南等地。辽宁种子生产主要用于本省消费，少量销往外省份。四川生产的种子主要用于西南和华中地区，以糯高粱为主。贵州主要是订单高粱生产，以红缨子为主，种子供应充足。

2. 区域种子市场供应情况

（1）产业定位及发展思路

国内高粱生产主要是用于酿酒和酿醋，其次是饲用和食用。因此，需要种子企业提供优质、高产、抗逆、专用的高粱品种。我国高粱种业急需进行整合重组，扩大生产能力，提高自身水平，打造优质品牌。同时，种业需要与科研单位密切合作，提高研发能力，以市场需求为导向，以绿色生产为引领，为市场提供适销对路的优良种子。

（2）市场需求（规模）

2017年吉林高粱统计面积约200万亩，再加上未统计注册的面积，估计吉林高粱种植面积大致为250万亩。依据这个数据，按照当前生产中应用的品种、生产形势、生产水平以及地域差异，正常土地机械播种量每亩0.40千克，西部盐碱地播种量稍高0.6～0.8千克/亩，种子需要量平均每亩0.5千克，所以吉林高粱需种量在125万千克左右。近几年高粱种子生产过剩，供大于求。随着吉林高粱种植面积的增加，种子需求量也会增加；随着高粱品种的更新，高粱耐密品种增加，用种量也会增加。

内蒙古酿造高粱的品质提升和稳定供应是保证传统酿造业持续、快速发展的基础。从长远发展来看，内蒙古地区要稳步提升酿造质量，努力打造出具有地方特色的名酒、名醋。目前，当地高粱种子的生产已超出市场需求，而与高品位名酒配套的高粱品种却极少。为了做大、做强内蒙古地区酿造高粱产业，不断增加农民收入，增强内蒙古酿造业在国内外市场的竞争力，就要有地方品牌名酒并且与之配套的高粱品种，打造龙头企业旗舰，加快专业合作社建设，实施名优品牌战略，全面提升高粱竞争力。

从目前市场需求来看，一些容重高、壳色好的高粱种子更受欢迎。因为颗粒大（容重高）、壳色好（黄壳）的高粱在市场上收购价格更高些，所以更受百姓的青睐。

西南地区种植面积150万亩，年需种量40万千克左右。

3. 市场销售情况

（1）主要经营企业

黑龙江主要经营高粱种子的企业有大庆市肇源县庆江种业、龙江县丰吉种业、齐齐哈尔市嘉丰农业科技有限公司、嫩江县宏粮种业、依安县德邦农业发展有限公司。

吉林主要经营高粱的企业有吉林红粮科技有限公司，是国内第一家以高粱为主的国企公司，其他都是民营企业，如吉林省壮亿种业有限公司和吉林省瑞丹种业有限公司，以及宏泽种业、德丰种业、金源种业、军源种业、军丰种业、九穗禾种业、鸿翔种业。近年民营企业发展比较快，生产经营高粱种子企业还在增加，所以不利于整合。

内蒙古的种子市场多元化，以大型合作社、旗（县）及乡（镇）的种子经销商为主。截至2017

年年底，内蒙古经营高粱种子企业有70家左右，各种类型的股份制民营企业占大多数，已经成为种子市场的主力军。

山西经营高粱的种子企业有20余家，但有自主产权品种或已购买品种经营权的企业只有6家，即山西晋中龙生种业有限公司、山西晋沃科技有限公司、山西冠丰高粱科技有限公司、山西田泽杂粮种子有限公司、山西大丰种业有限公司、山西强盛种业有限公司。

(2) 经营量与经营额

黑龙江按照常年经营量来看，大庆市肇源县庆江种业每年经营高粱种子10万～15万千克，营业额在300万～450万元；龙江县丰吉种业主要经营绥杂7号，每年经营高粱种子15万～20万千克，营业额在900万元左右；齐齐哈尔市嘉丰农业科技有限公司主要经营齐杂722，每年经营高粱种子5万～10万千克，营业额在400万元左右；嫩江县宏粮种业主要经营龙杂17，每年经营高粱种子10万～15万千克，营业额在1 000万元左右；依安县德邦农业发展有限公司主要经营龙杂18，每年经营高粱种子5万～10万千克，营业额在400万元左右。

吉林红粮科技有限公司过去每年经营量在150万千克以上，近年来逐年下降，经营量不足25万千克，2018年春季下降至30万千克。种子批发价格19.6元/千克，极早熟或者紧缺品种25.6元/千克。

山西高粱种子市场从2011年开始走低，2015年回升，2017—2018年山西高粱种子市场基本回升到2011年前的水平，年销售高粱种子100多万千克，经营额3 000万元左右。

内蒙古大型合作社的经营量占全区的1/3，旗县及乡（镇）的种子经销商占全区的2/3。

四川重庆常年经营量在15万千克左右。

贵州年均种植100万亩红缨子高粱种子。

(3) 市场占有率

黑龙江高粱主营公司供应的高粱种子约占全省市场份额的70%以上。

吉林红粮种业在吉林的市场占有率由过去的90%以上下降至不足20%，显示民营企业经营量和经营额逐年上升。

内蒙古当地品种市场占有率为1/3，外地品种市场占有率为2/3。

贵州泸州金土地种业有限公司市场占有率为贵州省的90%，四川众望种业有限公司占四川全省市场的10%。

二、高粱产业科技创新

（一）高粱种质资源

自2009年国家高粱体系成立以来，系统地开展了对国内外高粱的种质资源收集整理、鉴定筛选、资源创新等工作，种质资源的利用更为规范、高效，为高粱育种工作提供了强有力的保障。

1. 种质收集与鉴定筛选

共征集国内外各种类型种质资源4 148份，并完成了主要性状数据采集。利用抗旱棚和盐碱土盆栽的方法对3 768份材料进行苗期抗旱、耐盐碱筛选鉴定工作；对3 832份资源进行了全生育期田间抗旱鉴定；完成了500份育种材料的抗丝黑穗病、耐盐碱鉴定，以及100份高粱主干系的抗旱、耐瘠鉴定筛选工作。

2. 抗性材料鉴选

全生育期鉴定筛选出极强（HR）抗旱材料64份，达到强（R）抗旱性33份；萌发期耐盐性鉴定筛选出1级耐盐性的材料有299份；苗期耐盐性鉴定筛选出1级（很强）耐盐性的材料1份，3级（强）耐盐性的材料34份；筛选出对丝黑穗病免疫的材料19份。

3. 鉴定标准修订

制定出高粱萌发期耐盐性鉴定方法和评价标准、高粱苗期耐盐碱鉴定方法和评价标准、高粱种质资源全生育期田间种植抗旱鉴定方法和评价标准。

4. 种质资源创新

开展了多抗育种材料创制工作，加强了抗性材料鉴定筛选，开展了抗丝黑穗病、抗旱、耐瘠、耐盐碱等创新工作，创制出SX44A、10-1035B、SX2783A、R10133等含有2种以上抗性的多抗性育种材料40余份；开展了抗除草剂、抗虫突变体筛选和转基因工作。完成了抗除草剂草胺磷转基因植株的除草剂抗性验证，以及乙酰乳酸合成酶（ALS）双突变基因和氰化物合成基因 *CYP79A1* 转化。获得抗草胺磷4个转基因株系；筛选到抗除草剂农达Btx623EMS突变体1株，但是否阳性植株有待进一步验证。

5. 资源共享

创制的种质资源和育种材料在体系号召、自愿交流、产权尊重、协同创新的基础上实现了各育种单位的共享。

（二）高粱产业基础研究

随着国家谷子高粱产业技术体系工作的深入开展，我国高粱在基础性研究方面取得全面进展。

1. 新品种选育

继续加强机械化品种的选育，育成一些适宜机械化栽培的矮秆亲本系，籽粒饲料高粱、饲草高粱、甜高粱品种的选育也取得了较大进展，如辽宁省农业科学院育成抗倒、锤度高的甜高粱亲本系，山西省农业科学院育成PS饲草高粱恢复系。登记了一批已经审定的具有较好市场潜力的品种，也登记了一批新品种。

育种目标正在逐渐转变，不单纯看产量性状，品质育种成为育种家的重点。白春明等利用重组自交系基因定位群体，开展高粱籽粒单宁和粒色基因定位研究，筛选出 118 个 SSR 和 8 个 INDEL 标记用于定位群体株系的基因型检测，共检测到 3 个与单宁含量相关和 6 个与粒色相关的 QTL 位点。李欧静等研究了甜高粱茎秆相关性状遗传分析，研究表明：忻粱 52×W452 组合中糖锤度和出汁率均表现为2对主基因＋多基因遗传，主基因和多基因分别服从加性—显性效应，显性效应大于加性效应，茎叶鲜重百分比的遗传模式为2对主基因＋多基因遗传，控制茎叶鲜重百分比的加性效应大于显性效应。

2. 分子育种研究

朱振兴等利用从玉米中克隆的 2 个乙酰乳酸合成酶（ALS）基因，进行生物信息学分析高粱、玉米、水稻和拟南芥的 ALS 基因进化关系、保守结构域以及保守序列，然后进行单、双人工点突变处理 ALS 基因，最后构建单双点突变超表达载体转化高粱，为进一步培育抗除草剂高粱育种新材料奠定了良好的基础。无需组培的基因转化技术获得成功。目前很多基因转化方法都是基于组织培养，周期长，而且很多作物受限于基因型再生效率和转化效率极低。中国农业科学院报道了新的磁转法，利用磁性纳米粒子比花粉孔小的特点，将质粒吸附到磁性纳米粒子表面，将质粒导入花粉，再给植株授粉获得转基因植株，这将为遗传转化带来巨大突破，从而将解决高粱转基因品种培育的技术难题。植物基因组编辑技术持续创新。目前国内有学者利用CRISPR技术从事高粱基因功能研究，尚未有利用该技术创制新材料的报道。辽宁省农业科学院正在利用该技术编辑高粱*EPSPS*和*Wx*基因，拟创制高粱抗除草剂和糯质新材料。

3. 栽培技术研究与应用

朱凯等研究认为，适宜机械化品种产量构成因素中，单位面积穗数的变化最为活跃，穗粒质量次之，而千粒质量受种植密度影响较小。黄瑞冬等认为适当提高种植密度是促进矮秆高粱籽粒产量提升的关键，但增加种植密度对冠层中下部叶片光合特性和物质生产可产生负面影响，通过高粱株型改良和肥水密度等栽培技术的调节，协调矮秆高粱群体和个体之间的关系，实现群体结构和个体功能的协同增益将是提高矮秆高粱产量的重要途径。

2017年，主要高粱产区继续开展了机械化生产酿造高粱栽培技术研究与示范，包括品种选用、种植方式、播种与种植密度、田间管理及收获等。示范品种28个，示范面积2.41万亩，亩产500～650千克，平均增产10.0%以上，每亩节约生产成本90元左右，增加效益120元以上；依据籽粒饲料高粱全生育期的需肥、需水规律，针对性地研究了饲料专用高粱的播种、耕作、灌水、收获等的时期及方式，及其与产量和品质的关系。2017年共完成相关试验12个，涉及品种30个，示范面积5 260亩，亩产450～600千克，增产8.0%～15.0%，每亩增加经济效益150元以上；盐碱地高粱栽培技术研究与试验示范，2017年共完成试验项目8个，示范品种30个，示范面积5 175亩，粒用高粱亩产400～600千克，平均增产8.0%以上，每亩节约生产成本70～100元，增加效益100元以上；青饲高粱平均亩产5 000千克以上，每亩增加效益200元以上。

4. 营养与土肥研究

养分管理及高粱对养分胁迫的响应仍为研究的重点。在贵州，氮肥显著影响产量和支链淀粉比例，磷肥仅影响产量，而钾肥和氮、磷、钾交互，对产量和支链淀粉比例没有影响；不同养分胁迫对高粱根系生长和养分吸收表现不同，与氮、磷、钾交互相比，长期不施氮肥，高粱总根长增加18.29%，总根体积降低26.52%，且根系主要分布在0～10厘米土层，直径小于0.5毫米的细根所占比例显著增加。不施磷肥显著抑制了高粱根系生长，总根长、总根表面积和总根体积分别降低24.03%、27.48%和41.29%。不施钾肥对细根生长有明显抑制作用。不施氮、磷、钾均降低高粱对相应养分的吸收和累积。不施氮促进了营养器官中氮和钾向籽粒转运，不施磷或钾肥抑制了氮、磷、钾的转运。高粱对养分的吸收、积累和转运与根系形态有关，不同养分积累与运转与根系形态关系表现不尽相同：氮、钾积累和转运与根系形态具有较好的相关性，氮的积累和转运与植株生物量和产量的相关性大于磷和钾。有机肥替代化肥在高粱种植上也有研究，施用有机肥能够提高种植高粱土壤中微生物的群落功能多样性指数及其利用碳源的能力。小麦—高粱一年两作种植体系中一半的小麦秸秆还田显著影响了夏高粱的株高、叶面积指数及产量构成因素；与不还田处理比较，一半小麦秸秆还田夏高粱的株高和叶面积指数分别增加了16.82%和11.45%，穗长、穗数和穗粒数等性状增加了5.13%、11.01%和2.86%，增产8.44%。利用边际土壤种植高粱的相关技术研究也在不断深入，醋糟和粉煤灰以1∶1比例施用后能够改良盐碱土壤和促进高粱生长。

5. 病虫草害防治研究

化学除草剂安全性评价技术研究结果表明莠去津和氯吡嘧磺隆对高粱株高及鲜重的抑制率不大，在使用剂量以内对高粱安全，可以在大田上推广使用；提出了高粱主要土传、种传病害防治技术，完成辽宁地方标准《高粱主要土传、种传病害防治技术规程》审定；制定了辽宁地方标准《高粱抗炭疽病鉴定技术规程》和《高粱抗黑束病鉴定技术规程》；通过田间调查，掌握高粱顶腐病田间发病症状特点，采集发病植株与健康植株进行微生物多样性分析，明确了高粱患病植株与健康植株体内真菌和细菌种类、数量及丰度。

由于国家政策对玉米种植面积的调整，高粱种植面积有所增加，但高粱对许多长残效期的除草剂易出现药害。国外常用解草安、解草胺腈等保护高粱免受精异丙甲草胺等除草剂的药害，因此我国研究者（郭瑞峰等；吴仁海等）也开展了安全剂相关的研究，解草酮种子处理，环丙磺酰胺和奈安喷施均可以缓解药害症状，降低药害风险。此外，高杰等针对贵阳地区夏播高粱苗期主要受芒蝇危害，提出适时早播有助于避开芒蝇发生的盛期。另外赵艳琴等在内蒙古发现一种由Alternaria alternata引起的高粱新病害，张宇等在美国进口的高粱籽粒中发现致病菌Didymella glomerate。

（三）高粱生物技术及育种动向

1.组培转化技术实现突破

农杆菌介导的单子叶植物的转化效率受到基因型的制约非常严重，而转化效率高的基因型通常在农艺性状上表现较差，育种人员不得不在后期进行大量的回交改良工作。2017年杜邦先锋联合巴斯夫和陶氏益农公司发表了新的研究成果，研究人员在玉米中发现了两个对转化效率影响极大的基因（*Bbm*和*Wus2*），将其表达后可以使那些转化效率低的基因型品种转化效率从不到2%提高到25%～50%。更妙的是，研究人员在*Bbm*和*Wus2*两侧设了LoxP重组位点，使得转化完成后*Bbm*和*Wus2*能够被删除，从而避免对产品开发的影响。该系统不仅在大规模玉米自交系中测试良好，在高粱和甘蔗等难转化的作物中同样表现优异。这将为遗传转化技术带来巨大突破。

2.第三代测序技术

随着测序技术的发展，二代高通量测序技术已经广泛地应用于各项研究领域中，但第二代测序技术存在读长短、后续序列拼接困难、技术依赖于PCR等不足，这些缺点一定程度上制约了第二代测序技术的应用，因此第三代测序技术应运而生，在基因组测序、甲基化、突变鉴定、RNA测序和重复序列测序方面得到广泛应用。利用第三代测序发现了高粱11 000多个不同的基因剪切方式和2 100多个新基因，丰富了高粱基因组的注释。

3.植物基因组编辑技术大收获

基因组编辑技术不会因基因插入或缺失而造成其他变异，保证了基因编辑技术的大规模应用。防褐变的蘑菇、抗白粉病的小麦、抗黄花曲叶病的番茄等，都是靠CRISPR-Cas基因编辑技术得到的。我国的科研人员将水稻中的内源*EPSPS*基因通过定点的基因替换方法实现了水稻对草甘膦的抗性，高粱体系分子岗位也在开展相关工作，而且编辑技术还在不断创新，该技术具有巨大的应用前景。

三、高粱品种推广

（一）高粱品种登记情况

为贯彻国家乡村振兴战略，促进农业供给侧结构性改革，落实好绿色兴农、质量兴农、效益优先的发展要求，我国对非主要农作物实施了品种登记制度。《非主要农作物品种登记办法》的实施是贯彻落实我国《种子法》的重要措施之一，标志着我国农作物品种管理向市场化方向迈出重要一步。

1. 现阶段高粱品种登记情况

高粱品种登记实施一年来，截至2018年4月30日，已公告192个品种。在这192个品种中，如果按登记申请者划分，科研单位登记97个品种，种子公司登记95个品种，各约占50%，种子公司登记品种的速度与科研单位育种的速度持平。从申请类型来看，科研单位登记的品种大部分是已进行过省级审定、认定和国家鉴定的品种，而种子公司登记的品种30%没参加过各级试验，只是在市场上有一定的销售量。从选育方式看，自主选育181个，合作选育6个，其他1个，境外引进4个，全部是从美国耐斯达普公司（NexSteppe Inc.）引进。从品种类型看，杂交种174个，常规品种18个。从品种用途看，酿造用140个，能源用8个，粮用22个，青饲用7个，青贮用8个，帚用7个。从品种保护情况看，已授权16个，申请并受理16个，未申请160个。具体见表4-2。

表4-2 登记品种分类情况

分类依据	分类情况	品种数量（个）	占比（%）
登记申请者	科研单位	97	50.5
	种子公司	95	49.5
选育方式	自主选育	181	94.3
	合作选育	6	3.1
	境外引进	4	2.1
	其他	1	0.5
申请类型	已审定	60	31.2
	已销售	66	34.4
	新选育	66	34.4
品种类型	杂交种	174	90.6
	常规品种	18	9.4
品种用途	酿造用	140	72.9
	能源用	8	4.2
	粮用	22	11.5
	青饲用	7	3.6
	青贮用	8	4.2
	帚用	7	3.6
品种保护	已授权	16	8.3
	申请并受理	16	8.3
	未申请	160	83.3

2. 高粱品种登记的特点

品种登记的实施是落实国家《种子法》的重要步骤，是贯彻国家放管服新理念的重要举措，带来许多积极的变化，有效支撑了产业的发展、符合市场的需求。

①品种获得推广许可，可用于生产的程序更加简单，速度加快。

②品种登记不设指标限制，为更多的品种进入市场提供了机会。

③49.5%的登记高粱品种来源于企业、公司，说明登记制度提高了公司、企业的育种积极性，使他们积极投入到高粱育种创新中来。

④登记品种绝大多数为自主选育，占94.3%，说明我国高粱品种的自主创新能力能够满足产业

需要。

⑤登记品种用途多样，几乎涵盖了市场所需要的各种类型，从而促进了品种数量的增加和用途的多样化，优化了品种结构。登记品种中以酿造用为主，占总登记品种的72.9%。

⑥之前的高粱品种审鉴定制度，需要经过区域试验，对于那些只适宜特定地区、适宜区域窄或者特殊类型的品种，因没有相应的区域试验组别，可能无法进行审定鉴定，而登记制度的实施，为这些品种提供了机会。

⑦登记品种绝大多数为杂交种，占90.6%，说明我国生产上需求的主要是杂交种。

⑧由于高粱品种登记制度只执行了一年，因此，目前登记的品种大多为之前审定、鉴定或者认定的，占65.6%。随着时间的推移，新育成品种所占比例将越来越大。

⑨品种保护比例占比小，83.3%的品种未申请品种保护。

（二）主要高粱品种推广应用情况

1. 面积

（1）全国主要品种推广面积变化分析

2013—2017年，高粱种植面积波动较大，从国家统计数字看，2013年高粱种植面积仅873万亩左右，2014年高粱种植面积有所增加，达到929万亩；至2015年，受进口冲击，高粱种植面积明显下降，仅为860万亩左右，为2013—2017年来最低点。2016—2017年，虽然大量进口高粱使得农民种植效益和积极性受到严重影响，但受国家调减镰刀弯地区玉米面积以及玉米价格调整等因素影响，高粱种植面积仍然稳步增加。由于存在各种因素影响，实际高粱播种面积要比统计数据高。虽然高粱播种面积变化，但其在粮食作物种植结构中所占的比重比较稳定，一直在0.35%左右徘徊。全国高粱平均单产稳中有升，由273千克/亩提高到331千克/亩（图4-6）。

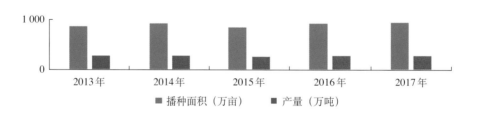

图4-6　2013—2017年全国高粱总产量和播种面积

2013—2017年，国内高粱生产的总体格局有一定变化，但仍以北方高粱生产主产区及西南高粱生产优势区为主导。北方高粱生产区主要涵盖吉林、内蒙古、辽宁和黑龙江；2013—2015年，由于西南高粱种植比重增加，北方高粱生产面积占全国生产面积的比重有所下降，由2013年的58%下降至2015年的52%，主要是由于内蒙古高粱种植面积比重下降所致；吉林高粱种植面积基本稳定；辽宁高粱生产面积比重变化不大，稳定在8%；黑龙江高粱种植面积比重变化较大，至2015年占全国生产面积的5%，2016年和2017年继续增加，主要是黑龙江高粱种植区域向齐齐哈尔北部、黑河南部、绥化北部、佳木斯等地的原大豆产区扩展所致。至2015年，西南高粱主要生产省份的四川和贵州占全国生产面积的26%；华北、西北地区的山西、河北、甘肃、陕西、新疆和山东占总面积的10%～15%。

2016年，随着国家调减玉米种植面积，玉米临储政策调整，高粱种植面积增加明显，尤其是东北地区高粱种植面积显著增加，占全国种植面积的比重有所回升，恢复到55.5%的水平。西南地区由于酒业调整，高粱种植面积反而有所下降，占全国生产面积的比重仅为19.3%。2017年农民种植高粱积极性高涨，西南地区小幅回升，高粱种植比重达到29%左右。

（2）各省份主要品种的推广面积占比分析

吉林高粱种植面积主要集中在吉林西部，以松原和白城地区最多，四平的双辽和长春的农安、榆树也有一定面积，其他区域属零星种植。主栽品种以凤杂4号、吉杂124、吉杂127、吉杂210为代表。2017年高粱种植面积195.7万亩，预计2018年将超过200万亩。

内蒙古高粱主要分布在赤峰、通辽、兴安盟等内蒙古中东部地区，其中赤峰常年种植面积75万亩左右、通辽40万亩左右、兴安盟40万亩以上；赤峰高粱种植主要分布在敖汉旗、宁城县、巴林左旗、阿鲁科尔沁旗、喀喇沁旗、松山区、翁牛特旗等旗（县、区）。通辽地区高粱种植主要分布在东北部和西南部的科左中旗、扎鲁特旗以及库伦旗、奈曼旗和科左后旗的山沙两区。兴安盟高粱种植主要分布在突泉县、科右中旗、科右前旗、乌兰浩特市等地区。2017年内蒙古高粱种植面积171万亩，占全国高粱种植面积的18.9%。据不完全统计，内蒙古高粱品种年种植面积大概情况见表4-3。

表4-3　内蒙古高粱品种和种植面积

品种	年种植面积（万亩）
凤杂4号	25
吉杂210	20
敖杂1号	15
冀杂5号	10
吉杂127	10
新杂2号	5
吉杂130	5
赤杂24	5
通杂108	4
赤杂16	3
赤杂28	2

辽宁高粱种植主要集中在锦州、朝阳、铁岭等地，主栽品种以辽杂系列（辽杂10、辽杂11、辽杂18、辽杂19、辽杂22、辽杂35、辽杂37）、辽粘3号，锦杂100、锦杂106，辽甜1号、辽甜3号为主，面积大约150万亩。

黑龙江晚熟区高粱种植主要集中在大庆的肇源县、杜蒙县和齐齐哈尔的泰来县，主栽品种以凤杂4和吉杂127为主，每个品种每年有10万亩左右的种植面积。早熟区品种以绥杂2、齐杂722、龙杂17、龙杂18等为主，每个品种每年约有10万～20万亩的种植面积，这些品种基本占据了早熟区90%的市场份额。

山西高粱种植面积主要集中在晋中、汾阳、大同、文水、祁县、太原等地，主要推广种植面积最大的品种是晋杂22，年推广面积50万亩左右，其次是晋杂12，年推广面积34万亩左右（不包括外省生产种子），晋杂15、晋中405、晋杂18等年推广面积有15万～20万亩。近5年累计推广10万亩以上的品种有晋中405、晋杂12、晋杂15、晋杂18、晋杂22、晋杂23、晋杂28、晋杂34、晋杂101、晋杂102、晋杂103、晋糯3号等12个品种（图4-7）。

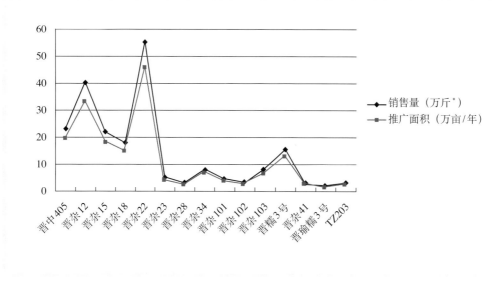

图4-7　山西主要高粱品种推广面积
（注：推广面积以每亩0.6千克种子计算）

四川及重庆2017年主要推广品种有：泸州红1号，82.5万亩，占55%；红缨子，22.5万亩，占15%；青壳洋高粱，15万亩，占10%；泸糯8号，7.5万亩，占5%；泸糯12，7.5万亩，占5%；金糯粱1号，10.5万亩，占7%；晋渝糯粱3号，4.5万亩，占3%。

贵州主要推广品种为红缨子，2017年种植面积80万亩，占全省的90%。

2. 表现（分区域）

（1）主要品种群（2013—2017年累计推广10万亩以上的品种）

黑龙江主要推广品种：绥杂7、齐杂722、龙杂17、龙杂18。

吉林主要推广品种：凤杂4号、吉杂124、吉杂127、龙609（吉品106）、四杂25、吉杂210、吉杂123、吉杂99、凤杂9号、瑞5号、白杂8号、德杂8号。

内蒙古主要推广品种：凤杂4号、吉杂210、敖杂1号、冀杂5号、吉杂127、新杂2号、吉杂130、赤杂24、通杂108、赤杂16、赤杂28等品种。

辽宁主要推广品种：辽杂19、辽杂37、辽粘3号、锦杂106、沈杂5。

四川主要推广品种：泸州红1、红缨子、泸糯8、泸糯12。

贵州主要推广品种：红缨子。

（2）主栽品种（代表性品种）的特点

凤杂4号：酿造用高粱杂交种。吉林省壮亿种业有限公司选育，母本3148A（314B/871300B），父本南133。生育期120天左右，需≥10℃积温2 500℃左右。幼苗绿色，株高160～170厘米，18片叶，穗茎直立，圆筒形中紧穗，穗长24.9厘米，穗粒重85～90克，千粒重30.2克，红壳红粒，籽粒椭圆形，着壳率5%左右。籽粒蛋白质含量9.99%，淀粉含量74.61%，脂肪含量2.73%。一般亩产570千克。抗丝黑穗病，植株较矮，但是抗倒伏性一般，籽粒较好，稳产性较好。

吉杂124：酿造用高粱杂交种。吉林省农业科学院选育，母本吉2055A（314B/871300B），父本吉R107。生育期120天，需≥10℃积温2 400～2 500℃，幼苗和芽鞘绿色，根系发达，株高165厘米左右，18片叶，茎秆较粗壮。穗长29.2厘米，中紧穗、长纺锤形，籽粒椭圆形，红色，千粒重28.8克。

* 斤为非法定计量单位，1斤＝0.5千克。

穗粒重91.6克。籽粒粗蛋白含量10.12%，粗淀粉含量74.38%，单宁含量0.90%，赖氨酸含量0.32%。一般亩产608千克。抗丝黑穗病，抗叶病，抗旱性强。

吉杂127：酿造用高粱杂交种。吉林省农业科学院选育，母本吉2055A（314B/871300B），父本吉R117是从LR9198中选择天然杂交株，从后代中选择矮秆早熟材料，经5代选育而成。生育期125天左右，需≥10℃积温2450～2550℃，属中熟杂交种。叶片绿色，叶鞘绿色，株高164厘米，19片叶，中紧穗、纺锤形，穗长26.9厘米，穗粒重86.3克，椭圆形籽粒，红壳红粒，千粒重28.9克，着壳率6.4%。籽粒粗蛋白含量8.76%，粗淀粉含量76.52%，单宁含量0.81%，赖氨酸含量0.18%。一般亩产665千克。抗丝黑穗病，抗叶病。

吉杂210：酿造用高粱杂交种。吉林省农业科学院选育，母本吉2055A（314B/871300B），父本南133。生育期120天左右，需≥10℃积温2400～2550℃，属中熟杂交种。叶片绿色，芽鞘绿色，株高169厘米，18～19片叶，中紧穗、圆筒形，穗粒重86.2克，穗长24.7厘米。籽粒椭圆形，红壳红粒，千粒重28.8克，着壳率4.9%。籽粒粗蛋白含量10.14%，粗淀粉含量73.54%，赖氨酸含量0.32%，单宁含量1.22%。一般亩产550千克。高抗丝黑穗病，抗叶病。

辽粘3号：酿造用高粱杂交种。辽宁省农业科学院选育，母本辽粘A-2，父本辽粘R-2。生育期116天，株高169.5厘米，穗长31.8厘米，穗粒重69.6克，千粒重24.1克，褐壳，红粒，中紧穗、纺锤形，叶病轻，倒伏率20%；籽粒粗蛋白含量8.14%，粗淀粉含量78.09%，单宁含量1.47%，赖氨酸含量0.14%。一般亩产620千克。抗丝黑穗病，抗蚜虫，较抗倒伏。

辽粘6号：酿造用高粱杂交种。辽宁省农业科学院选育，母本辽LA-34，父本0-01选。生育期115天，株高150.9厘米，穗长27.8厘米，穗粒重63.4克，千粒重27.0克，籽粒粗蛋白含量11.67%，粗淀粉含量75.05%，单宁含量0.98%，赖氨酸含量0.24%。一般亩产580千克。抗叶病，抗蚜虫，植株较矮，适于机械化收割，抗倒伏。

辽糯11：酿造用高粱杂交种。辽宁省农业科学院选育，母本辽LA-34，父本NK1。生育期116天，株高167.1厘米，穗长31.9厘米，穗粒重64.1克，千粒重26.8克，褐壳红粒，育性89.7%。叶病轻，倾斜率0.65%，倒折率0。籽粒粗淀粉含量76.26%，单宁含量1.17%，粗脂肪含量3.28%，支链淀粉含量93.7%。一般亩产582.7千克，最高亩产820千克。高抗蚜虫，成熟期青枝绿叶，活秆成熟，无叶病。株高较矮，抗风、抗倒伏，适于全程机械化栽培；柄伸适中，叶片上冲，适于机械化收获，试验示范显示该品种在华北地区表现较好，生育期适中，中散穗型防止了穗部病害的发生，是最具有发展潜力的酿造用机械化高粱品种。

辽杂37：酿造用高粱杂交种。辽宁省农业科学院选育，母本P03A，父本220。生育期114天，褐壳红粒，株高174.2厘米，穗长27.4厘米，穗粒重87.6克，千粒重28.1克，着壳率9.5%。籽粒粗蛋白含量10.61%，总淀粉含量75.38%，支链淀粉含量58.90%，粗脂肪含量3.88%，单宁含量0.90%、赖氨酸含量0.29%。一般亩产648.0千克，最高亩产900千克。抗叶病，高抗丝黑穗病，抗倒伏，适于全程机械化。

辽杂19：酿造用高粱杂交种。辽宁省农业科学院选育，母本LA-16，父本0-01。生育期118天，夏播100天，紫黑壳，红粒，株高170厘米，穗长33.0厘米，穗粒重80.9克，千粒重29.5克。籽粒粗蛋白含量9.7%，赖氨酸含量0.20%，总淀粉含量73.81%，单宁含量1.27%。一般亩产650～700千克，最高亩产750千克。抗蚜，高抗丝黑穗病，抗叶病，综合抗性好。

晋杂22：酿造用高粱杂交种。山西省农业科学院高粱研究所育成，A2细胞质不育系，V4改良系，印度材料血缘，恢复系中国高粱血缘。产量比晋杂12增加6%以上，稳产性和适应性特别好，从内蒙古、吉林到江苏、浙江的广大区域都表现出优越的生产性能。该品种抗旱性好，对丝黑穗病免疫，最具优势的是酿酒品质好，汾酒集团把该品种定为汾酒酿造专用品种，命名为汾酒1号。宁城老窖、伊力特曲、洋河等酒厂都开始选用该品种，是酿酒高粱明星品种。山西省农业厅推荐推广品种。

晋杂12：酿造用高粱杂交种。山西省农业科学院高粱研究所1992年育成，A2细胞质不育系，印度材料血缘，恢复系中国高粱血缘。是我国第一个商品化生产的A2杂交种，具有很好的抗旱和丰产性能。我国西北部地区的王牌品种，推广种植20多年以来仍然是陕西、甘肃等省份的主推品种。该品种制种产量高，大大降低了种子生产成本，成为一些没有自主品种公司的重要营销品种，低价倾销（早年10元/千克）也影响了新品种的推广。

晋杂34：酿造用高粱杂交种。山西省农业科学院高粱研究所2013年育成，不育系是非洲高粱复式杂交改良系，恢复系加了美国高粱"三矮"基因，是我国第一批适宜机械化生产高粱杂交种。该品种株高130厘米，综合性状好，适宜机械化生产，是山西省农业厅推荐推广品种，有广阔的推广前景。

晋糯3号：酿造用高粱杂交种。山西省农业科学院高粱研究所2013年育成，不育系是泸45改良系，恢复系是糯高粱，大粒型糯高粱杂交种。丰产性好，籽粒适宜浓香型白酒酿造，近年市场火爆，面积上升较快。是山西省农业厅推荐推广品种。

此外，晋杂101、晋杂102、晋杂103、晋杂104、晋杂23、晋糯5号等品种都由种子企业经营，有较大的推广前景。

龙杂17：酿造用高粱杂交种。黑龙江省农业科学院作物育种研究所选育。母本KS35A，父本哈恢686。生育期100天左右，需≥10℃积温2080℃左右。幼苗拱土能力较强，分蘖力较强；植株生长健壮，整齐；叶片相对窄小，叶色深绿色；株高108厘米，穗长22厘米，筒形穗，穗型上散下中紧；籽粒暗红壳椭圆形红褐色粒。籽粒淀粉含量74.19%，单宁含量1.48%。丝黑穗病接种发病率为18.5%。丝黑穗病田间自然发病率为0%。一般亩产560千克。

龙杂18：酿造用高粱杂交种。黑龙江省农业科学院作物育种研究所选育。母本KS35A，父本HR732。生育期97天左右，需≥10℃积温2060℃左右。幼苗拱土能力较强，分蘖力较强；植株生长健壮，整齐；叶片相对窄小，叶色深绿色；株高87厘米，穗长20厘米，纺锤形中紧穗；籽粒深红壳，椭圆形，红褐色粒。籽粒淀粉含量71.2%，单宁含量1.25%。丝黑穗病接种发病率为13%，丝黑穗病田间自然发病率为1%。一般亩产520千克。

绥杂7：酿造用高粱杂交种。黑龙江省农业科学院绥化分院选育而成。母本绥30A，父本绥恢25。生育期100天（绥化），需≥10℃积温2200～2250℃。株高110厘米，穗长26厘米，穗型中紧穗，叶片集中于中下部，适合于机械收获，籽粒褐色，千粒重25克，粗蛋白含量12.46%，粗脂肪含量3.03%，粗淀粉含量71.71%，单宁含量1.42%。一般亩产608千克。

齐杂722：酿造用高粱杂交种。齐齐哈尔市嘉丰农业科技有限公司选育。母本314A×沈农447杂交种选育而成，父本是以5933×忻粱52杂交选育而成。生育期107天，株高170厘米，叶脉白色，果穗纺锤形，中紧穗，穗长24.5厘米。籽粒圆形，红壳褐粒，千粒重27.8克。粗蛋白含量8.44%，粗淀粉含量68.01%，粗脂肪含量3.65%，单宁含量1.30%。一般亩产580.4千克。

敖杂1号：酿造用高粱杂交种。赤峰市敖汉旗良种场选育。母本314A是3197B×黑龙11B作父本回交转育而成，父本5933是5093与三尺三杂交选育而成。生育期110天左右。幼苗绿色、芽鞘浅紫色，株高150厘米左右，穗中紧、圆筒形，穗长24.8厘米，红壳、黄粒，千粒重26.4克，穗粒重95克。生育后期遇高温干旱，有早衰现象。一般亩产475.9千克。

赤杂24：酿造用高粱杂交种。赤峰市农牧科学研究院选育。母本0253A是以314A为母本，以繁6B×ICL59B为父本杂交，经过7个世代的选育而成；父本恢复系0282是以7788为母本，以晋混39为父本，人工单花去雄，有性杂交，经历8个世代选育而成。生育期114天，幼苗绿色，芽鞘绿色，株高199.1厘米，穗长25.0厘米，中紧穗，圆筒穗形，红壳，红粒，穗粒重79.1克，千粒重27.1克，着壳率10.6%。籽粒粗蛋白含量9.45%，粗淀粉含量76.78%，单宁含量1.34%，赖氨酸含量0.31%。一般亩产510.1千克。注意防治丝黑穗病。

通杂108：酿造用高粱杂交种。通辽市农业科学研究院高粱研究所选育。母本哲18A是通辽市农业科学院于1999年通过人工有性杂交2001B×404B后转育而成；父本哲恢58是通辽市农业科学院通过南心红×9701R人工有性杂交后自交选育而成。生育期128天左右，全生育期需要≥10℃积温2 900℃左右，属中熟高粱杂交种。幼苗绿色，芽鞘绿色，株高158厘米，茎粗1.9厘米，叶片数20片，籽粒椭圆形，褐色，黑壳。平均单穗粒重120克，千粒重32克。籽粒粗淀粉含量74.9%，单宁含量1.75%，赖氨酸含量0.17%。一般亩产600千克左右，高产地块可达到750千克，抗叶病，高抗倒伏，抗旱性强。

赤杂16：酿造用高粱杂交种。赤峰市农牧科学研究院选育。母本不育系繁8A是1981年以黑30A为母本，以（197B×大同B）/314B为父本杂交，经过7个世代的选育而成；父本恢复系7654是1971年以"5903"为母本，以山西农家品种三尺三为父本，人工杂交，经历6个世代选育而成。生育期118天，幼苗绿色，芽鞘紫色，株高167厘米，穗长25.2厘米，茎粗1.69厘米，白色叶脉，总叶片数19片，中紧穗，圆筒穗形，籽粒卵圆形，黑壳、红粒，单穗粒重78克，千粒重26克。籽粒粗蛋白含量10.45%，粗淀粉含量74%，单宁含量1.22%，赖氨酸含量0.24%。一般亩产558.4千克。高抗高粱丝黑穗病。

赤杂28：酿造用高粱杂交种。赤峰市农牧科学研究院选育。母本不育系赤A7是以013A为母本，以繁8B×ICL59B为父本杂交，经过7个世代的选育而成；父本恢复系7654是以5903为母本，以三尺三为父本，人工杂交，经历6个世代选育而成。生育期119天，与对照敖杂1号同期。幼苗绿色，芽鞘紫色，株高174厘米，总叶片数19片，白色叶脉，穗长24.27厘米，中散穗型，圆筒形穗，籽粒圆形，黑壳，红粒，千粒重24.07克。籽粒粗蛋白含量8.39%，粗脂肪含量3.57%，粗淀粉含量74.27%，单宁含量1.83%，赖氨酸含量0.22%。一般亩产546.27千克。

冀杂5号：酿造用高粱杂交种。河北省承德市农业科学研究所，母本承3A，父本7501。生育期125天，株高180厘米，21片叶，长筒形穗，白粒，米质好，适口性强。一般亩产600千克，高肥水管理亩产750千克以上。

新杂2号：酿造用高粱杂交种。敖汉鹏程农业科技发展有限公司选育。母本不育系3144A是以44B为母本，以330B为父本去雄杂交，经过几代自交选择育成3144B，再以黑30A为不育源以3144B为轮回亲本回交，回交7代育成；父本恢复系1101是以黄11为母本，以三尺三为父本杂交，经过6个世代选育而成。生育期115.8天，比对照内杂5号早0.7天。幼苗绿色，芽鞘绿色，株高170厘米，茎粗1.7厘米，穗长24.1厘米，穗粒重95.5克，中紧穗型，纺锤形穗，籽粒圆形，红壳，黄粒，千粒重30.45克。籽粒粗蛋白含量7.44%，粗淀粉含量67.60%，单宁含量1.66%，粗脂肪含量3.72%。一般亩产711.3千克。

吉杂130：食用高粱杂交种。吉林省农业科学院作物研究所选育。母本吉2055A是1992年以314B为母本，以871300B为父本，人工杂交，在后代中选矮秆早熟株，用核置换法转育而成；父本0-30是1995年从沈阳农业科学院引进，经多年种植，已适应当地生产条件，同时从后代中选拔优良株系。该恢复系对A1和A2型胞质均恢复，且配合力高。生育期121天左右，需≥10℃积温2 450～2 550℃，属中熟杂交种。幼苗和芽鞘绿色，株高178厘米左右，19片叶，穗长25.9厘米，中紧穗型，纺锤形，穗粒重87.0克，籽粒椭圆形，红壳，橙红粒，千粒重30.6克，着壳率5.3%。籽粒粗蛋白含量10.06%，粗淀粉含量76.14%，单宁含量0.15%，赖氨酸含量0.28%。一般亩产585.6千克。

泸州红1：酿造用高粱杂交种。四川省农业科学院水稻高粱研究所选育，用地方青壳洋与牛尾砣杂交选育而成，株高260厘米，散穗，小粒，糯质，亩产300千克左右，酿酒品质好，植株偏高。

红缨子：酿造用高粱杂交种。贵州红缨子农业科技有限发展公司选育，用地方品种小红缨子与地方特矮高粱杂交选育而成，株高250厘米，散穗，小粒，糯质，亩产300千克左右，植株偏高，酿酒品质好。

泸糯8号：酿造用高粱杂交种。四川省农业科学院水稻高粱研究所用不育系45A与恢复系35R杂交选育而成，株高200厘米，中散穗，中粒，糯质，亩产400千克，酿酒品质好。

泸糯12：酿造用高粱杂交种。四川农业科学院水稻高粱研究所用不育系46A与恢复系LZ2R杂交选育而成，株高200厘米，中散穗，中粒，糯质，亩产420千克，酿酒品质好。

（3）品种在2017年生产中出现的缺陷

黑龙江种植品种总体表现都不错，没有明显缺陷。从个别区域看，绥杂7、龙杂18产量稍低，齐杂722熟期晚脱水慢，龙杂17综合性状较好。

吉林品种的耐密性较差，一般不能超过12万株/公顷，当前农民种地喜欢密植，不抗倒伏的品种易发生倒伏，因此应加强耐密抗倒品种选育；高粱对除草剂敏感，由于除草剂造成的损失年年发生，是值得研究的事情；高粱不抗不耐玉米螟，造成损失较严重，也是值得重视的问题；2016年和2017年在籽粒灌浆后期发现高粱穗有棉铃虫危害，应引起注意。

根据内蒙古高粱市场需求，应逐步缩小黑壳高粱品种种植面积；引进糯性高粱，减少粳性高粱的种植。逐步淘汰不抗倒伏、不适应机械化收获的品种。

（4）主要种类品种推广情况

山西、黑龙江种植的高粱几乎都是酿造类型高粱。

吉林主要种植粒用高粱，占90%以上；其次是帚用高粱，每年在吉林西部种植面积为10万亩，当地都有加工厂；其他种类很少。

内蒙古种植高粱品种以酿造高粱为主，个别地区种植其他用途品种。如赤峰市宁城县以种植白粒高粱为主，巴林左旗除了种植粒用高粱外，帚用高粱播种面积较大，常年播种面积在30万亩左右。通辽市扎鲁特旗、库伦旗以及开鲁县、科尔沁区有部分种植户种植青贮高粱，种植相对集中，科尔沁区、奈曼旗、科左中旗个别村（镇）以及合作社少量种植食用高粱。内蒙古高粱主要种植在旱地或瘠薄的坡地，大部分靠天生长，针对这些情况，有条件的地区推广覆膜栽培技术和膜下滴灌技术，通过这些技术，提高了高粱种植效益，节水的同时保证出苗，为增产丰产奠定基础，也在很大程度上促进增收。内蒙古各地秋季通风干燥，加上交通便利，生产的高粱在收获后基本都及时地调运出区，发往各大酒企等加工企业。

晋杂22，汾酒高粱基地专用品种，属于抗旱节水品种，酿造品质好，产量高，优质优价，农民种植效益高，酿酒优质酒出酒率高，企业利润高，效益高。

另外，晋杂34适宜机械化栽培。在黑龙江，80%的高粱种植采用了全程机械化栽培。

（三）高粱产业风险预警

近几年，高粱市场需求受白酒利好的拉动，表现强劲。但是当前品种的增产潜力有限，不能满足市场日益增加的对高粱的需求，高粱品种的更新换代刻不容缓。目前，具有正规高粱育种资质的研究机构相比玉米、水稻等大作物来说较少，并且大多都是科研院所，育种和市场推广脱节严重，限制了高粱品种的更新换代。近年，一些资质不足的小公司看到高粱市场的潜力，纷纷进军高粱种子市场。这些小公司针对农民的心理，夸大品种产量表现，借订单农业的幌子，盲目推广一些非正规审定、登记的品种，给农民带来许多不必要的损失。此类现象有愈演愈烈的趋势，应该提高警惕，加强监管，避免给农民带来不可挽回的损失。

厄尔尼诺现象和拉尼娜现象交替，引起全球气候异常。据报道，2014年至2017年上半年为"厄尔尼诺现象"年，主要气候表现是暖冬及出现极度干旱气候；2018年初拉尼娜现象已经形成并逐渐增强，根据历史数据分析，拉尼娜影响年景整体偏差，汛期极端天气灾害事件可能多发频发，防汛抗旱防台风形势不容乐观，沈阳、长春和哈尔滨等东北地区夏季气温会偏高，华北地区汛期降水量容易偏多。

全国农业技术推广服务中心综合分析作物病虫害发生基数、作物布局、种植制度和气候趋势等因素，预测2018年我国农作物重大病虫害总体发生将重于常年。

依据以上气象和测报信息及多年病虫害发生情况信息汇总可知，东北和华北地区玉米螟、黏虫、地下害虫、靶斑病、苗枯病、炭疽病、顶腐病为害最重；黄淮地区玉米螟、棉铃虫、黑束病、顶腐病、穗腐病发生突出；西北和西南地区棉铃虫、蚜虫、叶螨、黏虫、炭疽病、穗腐病发生普遍。

玉米螟发生范围广、为害程度重，在东北和西北北部等地为害加重，一代玉米螟东北北部、新疆伊犁地区偏重发生，东北南部和西南地区中等发生；二代玉米螟东北地区和西南局部地区偏重发生；三代玉米螟华北地区和江南局部偏重发生，黄淮海大部地区中等发生。黏虫在北方局部会出现高密度集中为害，东北、华北、西北地区和黄淮局部地区可达偏重发生，部分地区会出现高密度集中为害区域。棉铃虫上升为害态势明显，为害区域扩大，重发风险高，二代至四代在北方多种作物田偏重发生，在西北和华北部分区域加重为害态势明显，部分地区可能出现高密度集中为害。高粱上为害的蚜虫主要是高粱蚜，其次还有麦二叉蚜、麦长管蚜、玉米蚜、禾谷缢管蚜等，若持续两旬平均气温在22℃以上，降雨均在25毫米以下（高温多湿）、高粱蚜即可能大发生。蚜虫总体偏重发生，其中山东、河北、山西大发生，黄淮、华北、西北地区及四川和辽西偏重发生，长江中下游、西南、西北地区中等发生。地下害虫在西北、东北大部地区中等发生。双斑萤叶甲在华北、东北、西北地区大部偏重发生。叶螨在西北大部地区偏重发生。飞蝗总体发生平稳，但局地可能出现高密度点片，东亚飞蝗总体中等发生，沿黄滩区、环渤海湾、华北湖库的局部蝗区可能会出现高密度蝗蝻点片；西藏飞蝗在四川、西藏大部常发区中等发生，金沙江、雅砻江、雅鲁藏布江等河谷地区局部偏重发生；亚洲飞蝗在新疆北部和西南部偏轻发生，吉林北部、黑龙江西南部苇塘湿地可能发生高密度群居型蝗蝻点片。

丝黑穗病、顶腐病等在东北地区部分零星发生，靶斑病在东北地区发生，苗枯病、黑束病在华北地区中等发生，炭疽病在西南地区重度发生，穗腐病在东北、华北、西南地区部分中度发生。煤纹病、粗斑病、豹纹斑病等新见叶部病害在北方部分地区会造成一定危害。

四、国际高粱产业发展现状

（一）国际高粱产业发展概况

1.国际高粱生产概况

2017年，世界范围内高粱播种总面积大约为4 160万公顷，总产量5 916万吨，平均每公顷产量1.42吨。2017年世界高粱播种面积较2016年有所减少，减少面积为41万公顷，单产比2016年减少0.08吨/公顷，总产量减少405万吨，减少幅度为6.4%。

苏丹、尼日利亚、印度、尼日尔和美国是世界上高粱种植面积前5位的国家，与2016年比较，生产总体格局没有明显变化，美国的高粱播种面积有所降低（减少了45万公顷），苏丹连续4年生产面积居世界第一。播种面积前5位的国家累计播种面积2 409万公顷，约占世界总种植面积的57.9%，比重较上年减少1.3%。

从高粱的生产总量来看，美国总产量仍居世界第一，为903万吨，其次为尼日利亚，总产为655万吨。产量超过百万吨的国家共有14个。中国高粱总产量为385万吨，总产量在世界排位第六。

从单位面积的产量来看，欧盟地区是高粱单位面积产量最高的国家，单产为5.63吨/公顷，但是其播种面积相对较小，播种面积仅为12万公顷。就总产量超过200万吨的几个国家来说，中国成为单产水平最高的国家，每公顷4.94吨，其次是阿根廷、美国和墨西哥，单产分别为4.61吨/公顷、4.42吨/公顷和3.24吨/公顷。

2. 国际高粱贸易概况

2017年美国、澳大利亚和阿根廷高粱出口量仍居世界前3位，3个国家高粱贸易总额占世界的94.6%，3个国家的出口量分别为670万吨、60万吨和60万吨，分别比上年增加10.0%、9.1%和31.3%。进口方面，中国、日本和墨西哥是高粱的主要进口国家，进口量分别为454万吨，55万吨和20万吨。中国依然为全球第一大高粱进口国。

（二）主要国家高粱产业研发现状

1. 美国研究现状

（1）生物技术

高粱参考基因组序列对于高粱基因组学和重要农艺性状基因挖掘等研究具有重要意义。2017年美国Texas A&M University又重新对高粱*BTx623*参考基因序列进行了组装和注释，发表了高粱参考基因组序列的3号版本。与1号版本相比，参考基因组大小由原来的625.6 Mbp变成655.2 Mbp，注释基因数由27 604变成34 211个，原来组装到第六染色体的片断被重新组装到第七染色体，同时也鉴定了7.4M SNPs和1.8M indels标记。完成了高粱在幼苗期、营养生长和生殖生长阶段不同的器官的基因表达谱，包括根、叶、茎、穗和种子。这些都为高粱分子研究和品种改良提供了新资源。

（2）新品种选育

美国高粱的主要用途为饲料及生物能源。2017年高粱育种依然是以饲料为主，对高粱饲喂效果的研究较多，同时抗旱育种和耐药育种方面的研究也有报道，尤其在抗除草剂育种方面的研究走在全球前列。

抗逆性研究方面，Parra-Londono S等对高粱早期耐寒性进行了遗传分析，得出在染色体SBI-06的一个QTL可以在低温条件下提高出苗率。Chen J等在高粱营养生长阶段，对叶子的耐热性进行了全基因组关联分析。Maulana F等收集了世界较冷地区的高粱地方品种，展现出了巨大的遗传差异和早期的耐寒性。Chopra R等在热胁迫下，对不同高粱种质的幼苗性状进行全基因组关联分析。Perazzo AF等在半干旱条件下对青贮高粱杂交种进行农艺评估。高粱育种资源多样性研究方面，Cuevas HE等研究了美国农业部收集的埃塞俄比亚高粱种质的基因组特征，对作物改良的种质保存、评估和利用具有重要意义。

（3）病虫害防治研究

高粱蚜虫在美国传播的速度迅速，其为害引起广泛关注。麦二叉蚜和甘蔗黄蚜是两种寄主范围广的禾本科蚜虫，在高粱和柳枝稷均有发生，并且危害较重，因此弄清蚜虫靶标植物特性，是防治蚜虫、提质增效的有效手段。Wang等利用深层测序法揭示麦二叉蚜和甘蔗黄蚜与植物源*miRNAs*互作，分别检测到72（包括新的14个）和56（包括新的8个）个*miRNA*候选基因（包括新的14个和8个），45个通常在两种蚜虫物种中表达。明确了*miRNAs*在调控这两种蚜虫基因表达网络中的作用，以及*miRNAs*在介导植物—昆虫相互作用中的潜在作用。Rooney等开展了饲草高粱对高粱蚜虫抗性的研究，明确确定了32个高粱品种对甘蔗蚜的耐性、抗生性和抗异种性。在所有参试品种中，高粱保持系B11055和恢复系R13219表现出最高的抗性，具有较大的育种潜力。

2. 澳大利亚研究现状

高粱在澳大利亚主要用作饲料，高粱育种也一直以饲料高粱育种为主，对高粱产量、品质以及适应性研究较多，尤其是在高粱持绿性研究上起步较早，并且一直处于领先水平。

澳大利亚高粱育种家最早发现高粱持绿性和高粱产量正相关，持绿性好的高粱品种对干旱的耐性更强。在干旱条件下，持绿性好的高粱品种产量表现显著优于持绿性差的高粱品种。Borrell 等研究认为，持绿性好的高粱品种在干旱条件下，不仅能够更好地协调高粱植株的水分吸收和利用的平衡关系，同时高粱植株的氮素吸收和利用也能够处于协调状态。从分子机制上看，持绿性可能与生长素转运载体 PIN 蛋白有关。

（三）主要国家高粱产业竞争力分析

1. 美国竞争力分析

2013 年，由美国农业部牵头，堪萨斯州立大学、德州农工大学、普渡大学等高粱相关研究机构共同成立了高粱研究协作网，致力于高粱研究的前沿领域，以期提高或改善高粱在亚洲和非洲等半干旱地区的适应性。

2. 澳大利亚竞争力分析

2017 年 2 月，来自澳大利亚出口谷物创新中心（AEGIC）、昆士兰大学和昆士兰政府共同支持的研究机构"昆士兰农业与食品创新联盟"、查尔斯·斯托特大学的功能谷物中心的研究人员，正在努力确定最适合中国市场的高粱品种和品质。这项研究由 AEGIC 和谷物研究与开发公司资助，将集中更好地了解白酒生产中的高粱和最适合中国消费者口味的高粱品质。未来几年澳大利亚将会针对中国市场开发专用酿造高粱品种，值得中国育种专业人员关注。

五、问题及建议

1. 问题

（1）合作共赢问题

按目前我国的政策，科研单位不能进行种子经营，目前的新品种推广就遇到较大问题，示范推广面积小引不起相关方面重视，面积大可能会触及国家《种子法》有关规范。近年来，杂交高粱生产经营企业不断增加，制种量多，供大于求，各个企业怕产品积压，采取降价销售，缺乏道德意识的行为，导致市场较为混乱，无序竞争。必须采取措施整顿市场秩序，规范市场行为，扭转市场混乱的局面，大力规范种子生产经营秩序。一定要改变供大于求的局面，平衡发展。以合作促共赢。

（2）种子问题

①种子质量不合格。

种子企业对种子质量问题重视不够，导致杂交种质量不合格，达不到国家质量标准。种子不合格主要是芽率和纯度不合格。芽率低主要是收获时期和晾晒不达标所致。纯度不合格的主要原因：一是亲本纯度不合格，二是种子制种基地隔离未达到要求，三是去杂不及时彻底，四是机械混杂。所以，杂交制种必须进行安全的隔离，防止生物学混杂，在收获、晾晒、运输等过程中防止机械混杂。

②企业套牌经营多。

目前，社会上套牌制造销售现象已具规模，导致种子品种多乱杂。部分经营户诚信意识和守法意识淡薄，主观能动性差，存在侥幸心理。其危害主要是影响品牌销售量和利润。近年来，因为种子问题而导致减产现象时有发生，这种坑农、害农问题必须杜绝。

（3）创新能力后劲不足

创新能力不够是杂交高粱种业存在的主要问题。创新能力是一个企业能否做大、做强的关键，种业要发展,创新是最重要的。由种质创新到品种创新,有了好的种质才能有好的品种,还要有好的经营管理之道,这样的种业必然发展。

当前形势下,各个科研单位和企业创新能力不强,特别是企业缺乏创新能力,私营企业多数没有专门研发机构和科研人员,仅有少数种子企业进行科研育种;企业对科研重视不够,投入的人力物力少。科研人员少,投入经费少,科研经费不到销售收入的2%。企业主要是与科研单位合作或者购买品种经营权,或者直接套用科研单位的品种。

(4)地力保养和重茬问题

整个种植业都不重视养地,制种地也是如此,只注重化肥,不施有机肥,培肥地力意识差。老的制种户不能轮作倒茬,导致地力下降、病虫害增加,蓠生高粱多,不利于制种基地的持续健康发展。

(5)成规模的高标准制种基地少

基地不稳,制种面积也不稳定。从制种技术和管理要求看,不仅要制种规模大、集中连片,而且要基地基础设施条件好。当前多数种子企业没有制种基地,而且制种面积比较分散,规模小。只有制种田集中连片、规模大容易管理,才有利于提高授粉结实率,提高产量,降低成本。

(6)制种机械化生产程度不高

采用机械化制种技术,可有效地解决制种劳动强度问题,提高劳动效率、降低生产成本。目前只在整地播种、覆膜、喷药等方面采用机械化或半机械化。没有高粱专用收割机,主要原因是农业机械研究主要针对的是其他作物生产,没有针对杂交高粱收获的机械,更没有专门的高粱制种机械。另外,当前生产中应用的品种也不太适宜机收。

(7)种子成本问题

由于杂交制种环节多,投入人力物力多,劳动力价格又不断上涨,使用的农资价格也不断上涨,导致制种成本越来越高。

杂交制种产量主要取决于地力和不育系自身产量潜力、种植密度、授粉结实率和后期籽粒灌浆饱满度。但是受气候和技术环节的制约,在制种过程中会出现产量不理想、种子质量不合格的问题,所以在操作过程中应注意各个细节,生产出高产、高质量的合格种子。因此,提高制种产量是降低成本的最有效措施。

(8)应重视新品种推广,建立品牌意识,加大品种推广力度

以前基本是科研单位利用自己的品种垄断市场,随着形势发生变化,私营企业加入到种子行业,新品种推广更应该引起重视。新品种推广可以带动种子销售。

当前良种营销推广缺乏品牌意识和服务理念,售后服务做得不好,指导农民生产提高产量做得不够,营销乏力。企业不仅要销售良种,还要配套良法。服务好,产量高,农民增收,品种销量自然就好。因此,要高度重视市场开发工作,积极推动优势品种推广。

(9)高粱用途单一,市场回旋余地小,价格波动大

例如内蒙古的酿造、饲料、食用等高粱优势产业极不发达,高粱的销售只能依靠外省份的酒厂和醋厂,由于中间环节较多,降低了高粱收购价格,挫伤了农民种植高粱的积极性,种植减少导致高粱紧缺,酿造企业又高价收购,受价格驱动,农民大量种植;高粱多了又造成高粱积压,酿造企业又低价收购。

2.建议

(1)提高种子质量,降低制种成本

制种生产的标准化、基地规模化是未来种业公司的发展方向。在种子生产过程中要严格按照种子生产规程进行操作,各个环节严格把关,以确保种子质量;同时发展规模化种植,如成立合作社,种植大户规模化订单生产,减少人工投入,提高产量,以增加农民种植效益。

（2）建立高效的市场竞争情报收集分析及反馈系统

高粱种子每年的销售季节仅持续3～5个月，一旦生产的种子有剩余，亏损和库存积压会增加次年的销售压力。建立高效的市场竞争情报收集分析及反馈系统、快速而有效的决策系统、弹性化生产应变体系，是综合管理的主要内容，综合管理水平的提升可以降低经营风险，获得持续竞争优势。

（3）加强品种保护力度，严打假冒伪劣及套包种子的销售行为

进一步加强农民法律意识，不参与繁制、买卖散种子，从源头杜绝私、繁、乱制的违法行为。同时，农业、工商、公安等部门要采取高压严打态势，对假冒伪劣种子做到"发现一起、处理一起"，公开曝光违法违规企业，灭活处理假冒伪劣种子，打击"套牌"品种，保护品种权，保护农业关键领域的技术创新，保障种子市场稳步发展。

（4）实现订单农业，加快专用高粱基地建设，建立覆盖全省的高粱生产网络

以酿造企业为中心，实行"科研单位＋农民种植专业合作社"联合一体的形式，实现专用高粱的订单种植，建立专用高粱生产基地，以省为单位，建立生产网络，整体统筹，实现高粱生产的规模化、集约化、标准化，以增加高粱的种植面积。

（编写人员：邹剑秋　王艳秋　柯福来　张福耀　焦少杰　高士杰　杜瑞恒　杨艳斌　成慧娟

彭　秋　丁国祥　孙志强　等）

第5章　大麦（青稞）

一、我国大麦（青稞）产业发展状况

（一）大麦（青稞）生产发展状况

1.全国大麦（青稞）生产概况

大麦根据籽粒是否带皮分为皮大麦和裸大麦两种类型。裸大麦在我国南方地区又称元麦，在北方地区也称米大麦、仁大麦，在青藏高原叫做青稞。大麦在我国主要用作啤酒原料、饲料和粮食，距今已有5 000多年的栽培历史。1914—1918年我国大麦年均种植面积曾高达803.7万公顷，之后逐渐较少，1936年下降为654万公顷，1950年为367.3万公顷，1961年降至352.6万公顷；平均单产由1 125千克/公顷降至939千克/公顷，总产从904.5万吨减少到345万吨。1975—1977年种植面积恢复到650万公顷，平均单产提高到1 522千克/公顷，总产达到990万吨。1980年种植面积再次下降到333万公顷，平均单产提高到2 100千克/公顷，总产减少至700万吨。1990年种植面积继续下降至200万公顷，单产进一步提高到3 230千克/公顷，总产降至645万吨。21世纪以来，我国大麦生产水平有了很大提高，耕、种、收、脱等主要生产环节基本实现了机械化。2001—2014年期间，除2008年因受市场高价刺激，我国大麦种植面积达到167万公顷之外，年均基本维持在130万公顷左右，平均单产提高到4 000千克/公顷，较1980年提高近一倍，总产约520万吨。2015—2017年，由于国外进口翻倍增长和生产比较效益降低，大麦种植面积连年减少，但单产水平继续保持小幅提高。2017年我国大麦种植面积108万公顷，较21世纪初减少20多万公顷，平均单产4 150 千克/公顷，每公顷增长150千克，总产447.3万吨，减少73万吨。需要指出的是，近年来随着畜牧业的快速发展和大麦饲料及饲草消费的不断增长，加之人们对大麦营养价值认识的提高，我国饲料、饲草大麦和青稞种植反而有所增加，所减少的大麦种植面积主要是啤酒大麦。青稞作为青藏高原的主要农作物，占当地农作物种植面积的60%以上。2017年种植面积38.9万公顷，总产135.9万吨。

2.大麦（青稞）区域生产概况

我国的大麦生产分布较广。根据气候、耕作制度和生产特点，分为三大产区12个生态区。随着各地生产的发展和种植结构的调整，大麦的生产分布在不断发生着变化。

(1) 裸大麦（青稞）区

青藏高原裸大麦区：包括西藏、青海及甘肃的甘南、四川的阿坝和甘孜、云南的迪庆4省份的藏区。海拔2 000 ~ 4 750米，无霜期4 ~ 6个月，高海拔地区无绝对无霜期，≥0℃以上积温1 200 ~ 1 500℃，降水量200 ~ 400毫米，日照时数800小时左右，光照强、温差大。一年一熟，连作种植，除藏东南有少量冬青稞栽培之外，大部为春播生产，粮、草兼用，品种以六棱春青稞为主，春播生育期120 ~ 160天，秋播生育期长达330天。主要病害有黄矮病、条纹病、网斑病和锈病等。2017年青稞种植规模39万公顷，占我国大麦总生产面积的36%，单产低于全国平均水平，为3 486千克/公顷，总产135.9万吨，占国内大麦总产的30.4%。

(2) 春大麦区

东北平原春大麦区：包括黑龙江、吉林、辽宁除辽南以外全部、内蒙古东部。海拔40 ~ 1 000米，≥0℃积温约1 500℃，大麦生长期降水量200毫米，日照时数1 400小时。春播生产，一年一熟，轮作生产，大麦生育期80 ~ 90天，主要病害有根腐病、条纹病和网斑病。该区原为我国啤酒大麦三大主产区之一，现主要集中在内蒙古东部的海拉尔和黑龙江部分地区。该区大麦种植变化较大，2008年曾成为我国最大的大麦生产区，种植规模达到35.3万公顷。2017年生产面积约4.5万公顷，平均单产3 600千克/公顷，总产16.2万吨，面积和总产分别占全国当年大麦的4.2%和3.6%。

晋冀北部春大麦区：包括河北石德线以北、山西北部到长城以南、辽宁南部沿海区。海拔5 ~ 1 260米，无霜期4 ~ 6个月，≥0℃积温1 600 ~ 1 800℃，大麦生长期降水50 ~ 100毫米，日照时数950 ~ 1 000小时。一年二作，既有春播也有秋播，春播生育期90 ~ 100天，秋播生育期230 ~ 240天。主要病害有黄矮病、条纹病、网斑病。20世纪80年代前，该区曾为我国大麦主产区之一，现在几乎无种植。

内蒙古高原春大麦区：包括内蒙古中西部和河北张家口坝上地区。海拔1 000 ~ 2 400米，无霜期3 ~ 5个月，≥0℃积温1 400 ~ 1 600℃，降水量150 ~ 300毫米，日照时数800 ~ 900小时。一年一熟或两熟，主要为春播饲料和饲草大麦，现生产规模较小，2017年种植面积不足1万公顷，主要病害有黄矮病、条纹病、网斑病和散黑穗病。

西北春大麦区：包括宁夏、陕西北部、甘肃大部分地区。属黄土高原丘陵沟壑区，海拔800 ~ 2 240米，≥0℃积温1 500℃左右，大麦生长期降水量不足100毫米，日照时数800 ~ 1 000小时，日照强度高，昼夜温差大。大麦春季播种，一年一熟，灌溉农业，生育期120 ~ 130天，我国三大啤酒大麦主产区之一。主要病害为条纹病、网斑病和黄矮病。现该区大麦生产主要集中在甘肃北部，2017年啤酒大麦种植面积3万公顷，仅占全国总面积的0.2%，平均单产较高，达5 700千克/公顷，总产17.1万吨，占全国总产量的3.8%。

新疆干旱荒漠春大麦区：包括新疆、甘肃酒泉地区。海拔200 ~ 1 000米，≥0℃积温1 500℃左右，降水量约100毫米，日照时数800小时左右，昼夜温差大，日照强度高。大麦生育期90 ~ 110天，春季播种，一年一熟，灌溉农业，同属我国西北啤酒大麦主产区，主要病害与西北春大麦区相同。2017年大麦种植面积2.5万公顷，包括啤酒大麦2万公顷、裸大麦0.5万公顷，总产约12万吨。

(3) 冬大麦区

黄淮冬大麦区：包括山东，江苏，安徽的淮河以北，河北石德线以南，河南除信阳地区外全部，山西临汾以南，陕西安塞以南和关中地区，甘肃的陇东、陇南地区。地势西高东低，西部海拔500 ~ 1 300米，东部不足100米。大麦生育期，≥0℃积温1 600 ~ 2 000℃，降水量100 ~ 200毫米，总日照时数1 000 ~ 1 400小时。一年两熟，大麦秋季播种，生育期210 ~ 230天，主要病害有条纹病、网斑病、黄矮病、赤霉病和散黑穗病等，品种要求冬性或半冬性，我国啤酒大麦三大主产区之一。现主要集中在江苏和安徽北部、河南南部地区，以啤酒大麦和饲料大麦生产为主，少量为食用裸大麦。2017年大麦种植面积16.2万公顷，包括啤酒大麦10.2万公顷、饲料大麦5.8万公顷，平均单产较高，为5 957千克/公顷，总产96.1万吨，面积和总产分别占全国的15.0%和21.5%。

秦巴山地冬大麦区：包括陕西南部、四川、甘肃的部分地区。海拔500～2 000米，大麦生育期≥0℃积温1 600～1 800℃，降水量200～300毫米，日照时数不足1 000小时。一年一熟或两年三熟，主要病害有赤霉病、白粉病等。现在该区仅有零星大麦种植。

长江中下游冬大麦区：包括江苏和安徽的淮南地区，上海，湖北，浙江温州以外，江西赣南地区以外和湖南湘西以外的全部地区。平原海拔不足100米，丘陵山地海拔300～700米，大麦生育期≥0℃积温1 600～1 800℃，南部降水量400～600毫米，北部降水量200毫米左右，日照时数自南向北递增，最少500小时，最多1 350小时。一年二熟或三熟，大麦秋季播种，生育期180～200天，半冬性或春性。主要病害包括黄花叶病、白粉病、赤霉病、条纹病和网斑病等。我国饲料大麦主产区之一，现主要在江苏、安徽、湖北、浙江、上海种植，2017年生产面积13.5公顷，平均单产4 763千克/公顷，总产64.3万吨，面积和总产分别占全国的12.6%和14.4%。

四川盆地冬大麦区：包括四川除广元、南江、阿坝、甘孜、凉山以外的全部盆地区域。平原海拔在500米以下，盆地海拔500～1 000米，大麦生育期≥0℃积温1 900℃，降水量400毫米左右，日照时数约500小时。一年二熟，大麦秋播生育期160～180天，半冬性或春性，主要病害有白粉病、赤霉病、条锈病、网斑病和条纹病等。是历史上的大麦主产区之一，现种植规模较小，以饲料和饲草大麦为主。2017年生产面积4.7万公顷，平均单产4 532千克/公顷，总产21.3万吨，面积和总产分别约占全国的4.7%和4.8%。

西南高原冬大麦区：包括贵州、云南除迪庆以外的全部区域，以及四川凉山和湖南湘西。本区海拔1 000～2 000米，云南大麦生育期≥0℃积温1 800℃，降水量130～150毫米，日照时数1 200小时。贵州比云南积温略少，降水量多一倍，日照时数仅500小时左右。一年二熟为主，大麦秋季播种，生育期130～200天。主要病害包括白粉、赤霉病、条锈病、条纹病和网斑病等。2006年以来该区大麦种植规模不断扩大，是我国目前最大的皮大麦优势产区。湖南和贵州较少，主要集中在云南和四川凉山，以饲料、饲草大麦生产为主，兼有啤酒大麦。2017年种植面积25.7万公顷，平均单产3 630千克/公顷，总产93.4万吨，面积和总产分别占全国的23.9%和20.9%。

华南冬大麦区：包括福建、广东、广西、海南、台湾，浙江的温州和江西的赣州地区。平原海拔100米以下，丘陵山地海拔200～1 000米。大麦生育期≥0℃积温2 000℃左右，降水量150～400毫米，日照时数400～600小时。一年两熟或三熟，大麦秋季播种生育期120～150天，春性。主要病害包括白粉病、赤霉病、条纹病和网斑病等。目前，此区除福建尚有少量饲草大麦种植外，其他省份几乎无大麦种植。

整体上，目前我国大麦1/3的生产种植面积和2/5的产量分布在经济比较发达的农区，2/3的面积和3/5的产量分布在地理和生态环境恶劣、经济贫穷落后的农牧结合区，生产重心已经转移至高纬度和高海拔的高寒山区。

近10年来大麦的市场销售价格不仅没有增长，反而从2008年的2.4元/千克，逐年下降到2017年的1.8元/千克，价格降低25%，而生产成本却上涨了近50%，导致种植收益越来越低。在黄淮和长江中下游地区，大麦与小麦和油菜同季生长。大麦虽产量略低，但耐瘠薄、抗逆性强、生育期短、省肥节水，生产成本低。每公顷种子、化肥、农药、灌溉等投入成本3 000元，耕、种、收等服务成本1 500元，人工1 500元，共计生产成本6 000元。2017年两个地区大麦平均单产5 346.5千克/公顷，市场售价1.8元/千克。每公顷实际产值9 623.7元，纯收益3 623.7元/公顷，较小麦低20%，比油菜低10%左右。因此，在这两个地区大麦主要在盐碱滩涂、低洼水涝和坡旱地种植，或为提高水稻产量和品质，给水稻留有足够的生长期，通常与水稻接茬种植。

在东北和西北春大麦区，大麦生产平均纯收益分别为4 260元/公顷和2 180元/公顷，低于当地同季种植玉米和大豆等作物的收益。这也正是两地大麦面积整体不断缩小，只保留在无霜期短、热量不足的高纬度高海拔高寒地带生产种植的主要原因。

在青藏高原地区，由于海拔高、气温低，不适合其他作物生长，青稞成为当地的主要作物。地方政府虽然实行了最低保护价，表面上单位面积生产效益较高，达到6 458元/公顷，但因实际加工消费有限，多数农民增产不增收。

在西南高原冬大麦区，如大麦种植面积最大的云南，冬季温暖，传统上以种植玉米和小麦为主，但由于气候变化，近年来冬春干旱成为常态，农民为确保稳产，改种抗旱性较强的饲料大麦，生产纯收益平均为4 512元/公顷。另外，曲靖、保山、楚雄、玉溪等地为保证烟草产量和品质，给烟草留足生长期，通常大麦与烟草接茬轮种。

需要指出的是，在青藏地区及西南高原地区，农民种植大麦除籽粒生产之外，另一个重要目的是用于家庭养殖的饲草生产。

（二）大麦（青稞）市场需求状况

1. 全国大麦（青稞）消费及变化情况

（1）国内大麦（青稞）市场需求的年度变化

大麦作为食品、饲料和啤酒生产的原料，国内市场需求和消费量逐年增加（表5-1）。据统计，我国大麦总消费量从2013年的773万吨增长至2017年的1 335.4万吨，增长72.8%。其中，饲料大麦增长最多，年消费量从238万吨增长至809.7万吨，增长240.2%。青稞消费从110万吨增至135.7万吨，增幅23.4%；而啤酒大麦消费随着我国啤酒产量的下降而有所减少，从2013年的425万吨减少至2017年的390万吨，降幅8.2%。与我国饲料大麦消费需求快速增长形成鲜明对比的是，由于种植大麦的比较效益下降，农民种植大麦的积极性不高，国产大麦总量不足，造成全国大麦消费缺口加大。例如，在2017年我国消费的1 335.4万吨大麦中，啤酒大麦390万吨、饲料大麦809.7万吨、青稞135.7万吨，分别占29.2%、60.6%和10.16%，而市场总缺口高达886.4万吨，占大麦总消费需求的66.48%。其中，啤酒大麦缺口260万吨、饲料大麦缺口626.4万吨，分别占本类消费总量的66.7%和77.4%。

表5-1　2013—2017年全国大麦（青稞）消费情况　　　　　　　单位：万吨

年份	啤酒大麦		饲料大麦		食用大麦（青稞）		总消费量	总缺口量
	消费量	缺口量	消费量	缺口量	消费量	缺口量		
2013	425.0	234.0	238.0	0.0	110.0	0.0	773.0	234.0
2014	414.0	240.0	524.0	298.0	120.0	0.0	1 058.0	538.0
2015	405.0	248.0	1 092.0	826.0	123.0	0.0	1 620.0	1 074.0
2016	393.0	254.0	438.0	251.0	136.0	0.0	967.0	505.0
2017	390.0	260.0	809.7	626.4	135.7	0.0	1 335.4	886.4

国内啤酒和饲料加工生产对大麦的巨大消费需求缺口，使得企业不得不大量使用国外大麦原料，因此最近几年来我国大麦进口大幅度增长。表5-1中的总缺口量实际上就是我国每年的国外大麦进口量。当然，促使企业大量进口和使用国外大麦的另一个重要原因，是国外大麦的价格较低。

（2）国内大麦（青稞）市场发展趋势

总体上讲，随着我国居民生活水平和健康意识的不断提高，对肉、蛋、奶等畜牧产品和健康食品的消费日益增加，大麦作为优质的饲料和健康食品的生产原料，消费量将会不断增加。

从麦芽和啤酒生产需求方面来看，我国啤酒工业经过近40年连续高速增长之后，目前已进入产品质量升级和产量稳定阶段，年产量将基本维持在$4×10^6$万~$4.5×10^6$万升。大麦作为啤酒工业不可替代的主体原料，年需求量为350万~400万吨，货源供应将继续依靠国内和国外两个市场，并且随着精酿啤酒产量对较高蛋白质含量的麦芽需求增加，预计未来国产啤酒大麦的市场份额会有所恢复。

从饲料、饲草生产需求来看，近年来我国畜牧业发展迅速，年需饲料超过2亿吨，大麦作为优质饲料，不仅蛋白质含量高于玉米2~3个百分点，而且可以改善动物的饲喂效果，显著提升畜禽和水产品的肉品质量，如降低发病率和增加瘦肉率等，预计未来的饲料生产需求将会继续增加。特别是国家实行的调减耗粮型畜禽在畜牧业生产结构中的比重和大力支持发展农区草食畜牧业的产业政策，还将为青饲青贮和干草大麦生产带来较大的市场发展空间。

在食品加工需求方面，裸大麦（也就是青稞），与小麦一样，籽粒不带皮，因此较皮大麦容易进行食品加工。裸大麦虽然面筋含量较低，食用口感逊于小麦，但富含β-葡聚糖，长期食用具有调低血糖、血脂和胆固醇的功能。随着藏区旅游业的迅速发展，糌粑和青稞酒等传统的青稞食饮品消费正在由藏区内向全国乃至周边国家扩展，尤其是进入21世纪以来，伴随着肥胖症、心血管病和糖尿病的高发，青稞的营养保健价值得到确认，可以肯定，青稞的食品加工消费市场将会进一步扩大。

2. 大麦（青稞）区域消费差异及变化特征

（1）区域消费差异

我国的大麦（青稞）生产主要分为啤用、饲用、食用三大消费类型，不同的消费主体对营养、加工等商品质量的要求不同，在加工消费主体和消费方式等方面存在明显的区域性差异。国内大型的麦芽、啤酒和饲料等龙头加工企业主要分布在东部地区。在啤酒大麦消费方面，不论国产还是国外进口，通过企业订单生产或经销商，全部进入麦芽生产和啤酒酿造企业。主要由东部、中部和西南地区的麦芽和啤酒厂家加工消费，而且以国外进口大麦为主，国产大麦作为原料搭配，只有西北地区的麦芽和啤酒企业主要加工国产大麦。在饲料大麦消费方面，国外进口的饲料大麦全部进入东、中部地区的大型饲料生产企业进行加工，而国产饲料大麦则是由中、西部地区的农民自家生产自家消费，用来饲喂家畜和鱼虾。青稞消费也是以农户自家食用为主，企业食品加工消费仅占青稞总产的28%。

（2）区域消费特征

我国大麦（青稞）的区域消费特征明显。东部、中部地区以皮大麦的籽粒加工消费为主，大宗加工产品为啤酒麦芽和饲料；北方和中、西部地区，特别是内蒙古、甘肃、新疆等省份的农牧交错地区，主要是皮大麦的籽粒和青饲、干草消费；青藏高原地区，包括西藏和甘肃、青海、四川、云南的藏区，主要为裸大麦（即青稞）的籽粒和干草消费，属典型的粮、草双用，大宗加工产品为青稞大众食品和青稞酒。

（3）消费量及市场发展趋势

我国大麦（青稞）的区域消费量存在很大的差异。2017年东部沿海地区共消费大麦594万吨，占全国大麦总消费量的44.5%；中部地区消费346万吨，占25.9%；东北地区78万吨，占5.8%；西北地区29万吨，占2.2%；西南地区155万吨，占11.6%；青藏高原地区133万吨，占10%。就大麦区域市场发展趋势而言，随着我国畜牧业的快速发展和人们食物健康意识的日益增强，大麦饲料、饲草和健康食品加工的刚性消费需求大幅度增加，近年来大麦除以籽粒为主的啤用、饲用和食用等传统消费之外，逐步向籽粒和绿植并用的青贮、青饲、干草以及健康食品和医药等多元消费发展。可以预见，各个区域的大麦饲料和饲草消费将进一步扩大，青藏高原地区的青稞市场将有所发展，并且企业加工、消费的比例将会不断提高。在精酿啤酒个性化消费的带动之下，近年来西北地区啤酒大麦消费逐渐萎缩的趋势将会得到遏制或有所减缓。

（三）大麦（青稞）种子市场供应状况

1. 全国种子市场供应总体情况

（1）种子供应总体情况

我国大麦（青稞）种子市场总体发展较差，而且很不平衡，因地区和品种的商业加工用途的不同存在很大的差别。从地区来看，东部、中部地区的种子市场化率高于西部地区；从品种的商业用途来看，啤酒大麦种子的市场化率高于饲料和食用大麦（青稞）。西部地区大麦新品种推广初期，种子全部由国有科研单位通过承担的农业推广项目，或由政府出资组织科研和农技推广单位专业繁种后，免费向农民提供，以后则由农民自行留种，因此品种的更新速度取决于国家和地方政府对于农业科研的支持力度。我国每年大麦生产用种需求22万～23万吨，总体解决方式是农民自留与市场供应相结合，通过市场供应的种子量估计5.6万～5.8万吨，占全国年度总用种量的25.3%。

（2）种子市场需求

我国大麦（青稞）生产年种植面积110万～105万公顷，总的生产用种量22万～23万吨，潜在市场销售价值5.95亿～6.22亿元。其中，啤酒大麦生产用种5.0万～5.6万吨，市场价值1.20亿～1.34亿元；饲料、饲草大麦用种8.2万～8.6万吨，市场价值1.97亿～2.06亿元；青稞用种约8.8万吨，市场价值2.82亿元。每年实际需要通过市场供应的种子量估计在5.6万～5.8万吨，占全国总用种量的25.3%，实际销售价值1.51亿～1.57亿元。

（3）种子市场销售情况

大麦（青稞）为自花授粉作物，种子繁殖生产比较简单，品种的种性一定时间内容易得到保存，农民连年购买种子的积极性不高，实际市场规模较小。从事大麦种子经营的种业公司多数为国内小型私人企业，年销售量100吨以下，经营额25万元以内，国内大型股份制种业公司较少，年销售量几百至数千吨，经营额100万～500万元，尚未有国外专业公司在我国从事大麦种子销售。各地区从事大麦种子经营业务的代表性种业公司有：黑龙江北大荒种业集团有限公司、内蒙古呼伦贝尔市红海种业科技有限公司、河南驻研种业有限公司、江苏场景种业有限公司、盐城市种业有限公司、江苏农垦集团的大华种业、甘肃省武威市瑞风种业有限公司、云南省腾丰种业有限公司、青海省昆仑种业集团、西藏自治区种子公司等。但目前没有一家种子公司能够进行大麦新品种的育、繁、推一体化经营。

2. 种子区域供应情况

我国东北地区和中、东部地区约需啤酒大麦种子3.2万吨，全部由市场供应，其中80%由国有农场统一繁种内部销售，种子公司社会化经营占20%。该地区饲料大麦种子需求量2.8万吨，80%为农民自留种，20%由种子市场供应。西北地区主要为啤酒大麦，种子需求量约1.8万吨，60%通过市场供应，40%为农民自留种。西南地区大麦生产需种量约5.4万吨，85%为农民自留种，市场供应占15%。青藏高原需青稞种子约8.8万吨，90%为农民自留种，10%由科研单位和政府免费供应。

3. 产业定位及发展思路

国以农为本，农以种为先。种业是大麦（青稞）产业发展的基础。世界上农业发达国家都把加强种子科技创新，推动种业发展，列为促进现代农业发展的重要举措。我国大麦（青稞）种子产业基础仍然非常薄弱。首先种子产业的每个环节都不强，其次是各个环节未能形成合力发展和良性循环。种子研发主要集中在国有科研单位及涉农大专院校，绝大多数种子企业很少进行品种选育，只是通过购买品种权进行种子生产和销售。国家对承担大麦（青稞）育种的农业科研院所投入的经费有限，育种专用仪器设备、田间基础设施较差，育种技术手段落后、创新能力不足。大麦（青稞）种子市场需求不足、规模小、效益低，企业从事新品种研发的积极性不高。

应当借鉴国外发达国家的先进模式，鼓励经济基础较好和具有科研实力的种业公司，根据商业加工需求独立或与科研单位及加工企业开展合作，通过产、学、研联合进行新品种培育，逐步实现大麦（青稞）育种与市场的紧密结合。需要注意的是，大麦（青稞）种植主要分布在农业生产水平相对落后，自然资源相对恶劣的高海拔、高纬度的边疆贫困山区，现阶段大麦（青稞）种子生产和供应的市场化应当分区域推进和差别化发展。在中、东部经济较发达地区，应加强品种的知识产权保护，建立新品种培育、品种权转让、种子繁育生产、种子销售等完整的种子专业市场，全面实行种子的市场化供应，并引导和鼓励种子企业在种子市场经营中，逐步创立自己的大麦（青稞）种子品牌。而在边疆贫困地区，大麦（青稞）作为主要农作物对于当地农牧民的生产生活至关重要，为了提高当地农牧民的收入和生活水平，帮助当地农牧民脱贫致富，促进边疆地区的社会稳定和进步，国家和地方政府应该继续通过公益性科研单位或购买企业服务的方式，免费向产区农牧民提供大麦（青稞）新品种的种子。不断加大在大麦（青稞）种质资源研究和新品种选育方面的投资力度，提高我国大麦（青稞）种业的自主创新能力与国际核心竞争力。

二、大麦（青稞）种子产业科技创新

（一）大麦（青稞）种质资源研究

1. 收集保存与鉴定评价

目前我国共收集和编目入库保存大麦种质24 140份，其中包括国内栽培大麦10 220份，国外栽培大麦10 427份，国内野生大麦3 368份，国外野生大麦125份。进行了植物学形态和农艺性状、营养、麦芽加工与啤酒酿造品质、抗病性、抗旱性、耐湿性和耐盐性等表型鉴定。明确了大麦质量性状的各种变异类型和数量性状的变异幅度。如芒形包括长芒、等穗芒、短芒、微芒、无芒、长颈钩芒、短颈钩芒、无颈钩芒等；穗和芒有黄、紫、褐、黑等颜色；籽粒颜色分黄、紫、蓝、褐、黑等；小穗密度分为稀、密和极密3种类型。完成了大麦变种分类，发现40多个中国特有变种。鉴定出成熟期较当地一般品种提早10天或以上的特早熟大麦种质130多份，株高70厘米以下的矮秆资源650多份，千粒重55克以上的大粒种质60多份，穗粒数37粒以上的二棱和90粒以上的六棱大麦多粒种质50多份。筛选出籽粒淀粉含量超过65%的优质种质61份，蛋白质含量超过20%的种质133份，赖氨酸含量超过0.6%的种质55份，浸出率超过80%的种质63份，糖化力大于500kW的种质44份。鉴定发现抗赤霉病种质9份，抗黄花叶病种质260份，抗黄矮病种质38份、抗条纹病种质94份，抗旱种质135份，耐湿种质15份，耐盐种质45份。对我国大麦地方品种进行了籽粒糯性和脂肪氧化酶活性鉴定，鉴定出糯性大麦种质和脂肪氧化酶活性缺失突变种质。利用分子标记技术，开展了大麦种质资源的 α-淀粉酶活性、冬春性和穗部形态性状的基因型鉴定和遗传多样性分析等。

2. 育种材料和种质创新

在对国内外的大麦种质资源进行广泛鉴定和综合评价的基础上，以已有的育种材料为骨干，利用鉴定出的优异资源，连续进行滚动式聚合杂交，通过自然发病和人工接种、盐池胁迫鉴定及生化分析等，对高代材料进行多点鉴定，将分散在不同种质中、尚未被广泛利用的、多个重要的目标性状基因聚合到优良的遗传背景中去，研发出了易于遗传操纵，符合啤酒、饲料和食用等专用大麦育种亲本要求的各类优异种质，包括专用大麦育种共需的高产、早熟、抗倒伏、抗病、抗逆和肥料高效等种质，饲料和食用大麦育种需要的高蛋白质、高赖氨酸种质，食用大麦育种特用的高 β-葡聚糖含量材料，啤酒大麦育种特需的低蛋白质、低 β-葡聚糖含量和高淀粉和高浸出率种质等500多份。研发的大穗超高产种质小穗粒数5～10粒，穗粒数150～200粒，千粒重30克以上，单穗粒重超过5克，突破了大麦三联小穗最多只结3粒种子的自然常规，打破了大、小麦的植物学分类界限。筛选出脂肪氧化酶（LOX-1）缺失种质，打破了国外大公司垄断。

（二）大麦（青稞）种质基础研究

完成了青稞的基因组测序分析，精细定位大麦籽粒颜色和穗型等基因，发现早熟、条纹和赤霉病抗性、麦芽浸出率、糖化力、蛋白质、淀粉和 γ-氨基丁酸（GABA）含量等主效QTL。确定了多节矮秆茎分枝、耐旱性和啤酒混浊蛋白候等性状的选基因，克隆出半矮秆、粒重、高分子量的麦谷蛋白、质膜转运蛋白（HvHKT）和青稞查尔酮合成酶等基因。发现导致脂肪氧化酶活性缺失的基因突变位点和 α-淀粉酶活性增效位点。建立了春化（*HvVRN1*）和矮秆（*sdw1/denso*）等功能基因的分子标记，完成中国大麦的春化、光周期、脆穗性、菱型等性状基因的单倍型分析，明确了各个基因存在的不同单倍型及其在大麦不同生态区和不同种质类型中的分布规律。发现酒精混浊敏感蛋白（BTI-CMb和BTI-CMd）与大麦酒精冷混浊QTL存在相同的遗传位点，确定候选编码基因（*qACHD*）。进行了西藏野生大麦的低氮胁迫响应表达谱分析，鉴定到695个耐低氮、31个耐低磷和61种耐低钾相关差异表达基因，主要参与功能代谢、信号传导、细胞生长和分化、逆境防卫等。进行了盐胁迫条件下大麦质膜转运蛋白（HvHKT）1；1的调控分析。发现AtHKT1；1功能缺失导致植株Na^+积累显著上升，编码基因的超表达显著降低地上部Na^+含量，植株耐盐性增强。发现大麦单倍体细胞与植株水平的胁迫反应存在显著相关性，为通过大麦小孢子培养进行抗逆性筛选鉴定奠定了实验基础。开展了大麦品质改良的microRNA和大麦自噬调控研究。筛选了参与籽粒发育和萌发过程调控的miR393，并进行了转基因验证。发现miR393通过靶基因抑制，调控大麦籽粒大小、重量和萌发特性，miR393过量表达，可以降低大麦的铝积累，提高耐酸铝性。为大麦的抗酸性改良及食品安全生产提供了新的思路。

（三）大麦（青稞）育种技术及育种动向

育种技术方面，随着现代分子生物学的发展和育种后代鉴定方法的增多，历史上曾起到过重要作用的系统选育与直接引种利用已经逐渐退出，辐射与航天诱变、组织培养、分子标记等在大麦育种实践中的应用日益增多，但常规杂交技术目前仍然是我国大麦青稞育种中应用最广泛、最主要的方法。育种目标上，随着大麦消费从粮食、啤酒和饲料向健康食品和饲草加工利用的拓展，大麦生产由传统的以籽粒生产为主，转变为籽粒+饲草、青饲、青贮和青干草等专用生产，为满足企业的多元化个性加工消费需求，育种家在以往啤酒、饲用和食用大麦育种的基础上，增加了青饲、青贮和青干草以及绿苗健康食品加工等专用大麦品种的选育。

1. 常规杂交育种

常规杂交技术是将两个或多个亲本的基因，通过单交、回交和复合杂交等方式，结合到同一个杂交后代中，实现多个目标性状的改良，但整个育种过程历时较长。自20世纪70年代以来，常规杂交育种技术在我国大麦育种中发挥了重要作用，大麦生产上的主导品种大多是采用这一方法育成。

2. 单倍体育种

单倍体育种技术的实质在于单倍体的染色体加倍，通过单倍体的染色体加倍，只需一个世代即可使杂交后代性状纯和，因此比常规杂交育种节省3～4个世代，具有明显的优势。随着单倍体育种技术的不断改进、完善，在大麦青稞育种中得到了越来越广泛的应用。20世纪80年代中期，中国科学院遗传研究所开始啤酒大麦花药培养单倍体育种的研究，90年代初成功培育出优良品系单二，经过品种比较和生产试验，1997年通过江苏省品种审定，成为我国第一个利用单倍体育种技术培育的大麦品种。该品种在江苏省啤酒大麦生产中发挥了重要作用。上海市农业科学院于20世纪90年代初开展大麦小孢子培养单倍体育种，1994年成功培育出优良品系花94-30，1999年和2001年分别通过上海市和浙江省品种认定，定名"花30"。1998年培育出花98-11，2003年通过上海市品种认定，定名"花11"。进入21世纪以来，我国的大麦单倍体育种得到进一步改良，花药和小孢子培养出愈率和愈伤出苗率显著提高。特别是得益于国家大麦青稞产业技术体系建设，以上海市农业科学院生物技术研究所为依托，建立了大麦青稞单倍体育种技术平台，面向全国开展技术培训和技术服务。很多大麦青稞育种单位通过该平台，将单倍体育种技术用于各自的育种实践，单倍体育种技术得到了推广普及。

3. 诱变育种技术的应用

诱变育种是人为利用物理、化学手段以及太空诱变因子，诱发大麦产生突变，通过突变体选择和培育品种或育种材料。20世纪60年北京农业大学首先应用这一技术，创制出了1965D、1966D等矮秆突变体；70年代初至80年代中期，该技术在全国大麦育种中得到广泛利用，并取得了很好的效果。例如，江苏沿海地区的农业科学研究所以早熟3号为亲本，通过^{60}Co-γ射线辐照，培育出矮秆品种盐辐矮早三；山东农业大学和河南省驻马店农业科学研究所用同样的方法和材料，分别培育出鲁大麦1号和豫大麦1号。盐辐矮早三1983年通过江苏省品种审定后，不仅在江苏省大面积种植，还先后引种到福建、陕西和吉林等省份生产推广，成为我国历史上推广面积最大、分布地区最广的大麦诱变育成品种。20世纪90年代初到21世纪以来，虽然化学和高能射线诱变技术在大麦育种中的运用有所减少，但上海市农业科学院等几家单位通过卫星搭载，将太空诱变与常规杂交和小孢子培养技术相结合，2011年培育出了我国首个"太空大麦"品种空诱啤麦1号。

4. 分子育种技术

(1) 分子标记辅助选择技术

以DNA多态性与表型性状间的紧密连锁关系为基础的遗传标记，可以有效提高育种后代的选择效率。我国已经发表了大量涉及大麦品质、产量、抗病、抗逆等性状相关的分子标记，但将分子标记辅助选择应用于大麦育种实践尚处于研究起步阶段，目前主要集中在标记定位研究和实验验证方面。

(2) 转基因育种技术

将目的基因通过载体转移至受体生物的现代生物技术，不受物种限制。大麦是遗传转化最为困难的作物之一，目前世界上转基因大麦只集中在少数个别基因型。我国对大麦转基因研究起步较晚，目前还处在建立转基因体系的研究阶段，涉及的报告基因或标记基因较多，目的基因较少。2005年，国家小麦工程技术研究中心利用基因枪法将trxs基因导入大麦幼胚，获得了转基因大麦，提高了大麦籽粒α-淀粉酶和β-淀粉酶的活性。同年，山东农业大学利用农杆菌介导法，将反义磷脂酶基因导入了大麦中，获得了一批可耐0.7% NaCl的转基因大麦植株。目前，华中农业大学、中国农业科学院作物科学研究所、浙江省农业科学院、浙江大学等单位均相继建立了大麦转基因技术平台，以成熟胚、幼胚或种芽等为转基因受体，采用农杆菌介导和基因枪法，尝试导入品质和抗性相关的基因。

(3) 基因编辑技术

基因编辑技术是指通过对目标基因的特定DNA片段进行定向敲除、插入等，实现表型性状的可遗传改变。CRISPR/Cas9技术自问世以来，经不断改进能够在活细胞中有效、便捷地"编辑"任何基因。目前，在水稻和小麦等农作物的遗传改良中，研究人员成功利用CRISPR/Cas9技术，创制出如抗病性等目标性状的基因编辑遗传变异，但该技术在大麦遗传改良中尚处在初步试验研究阶段。

5. 高通量表型鉴定

在大麦育种中，特别是啤酒大麦品种选育，大量的品质性状无法直观选择。为了提高选择效率，研究人员研究发明了许多相应的鉴定方法和分析仪器设备。例如，自动化微量制麦仪的发明为育种家提供了重要选择工具，近红外分析仪的发明和普及，使育种家能够对品质性状进行早代无破损鉴定与选择。诸如叶片、籽粒等形态性状的鉴定，也研制发明了相应的表型数据自动采集仪器。尤其是随着生物传感和大数据处理技术在育种中的应用，将逐步实现抗病性和抗逆性的实时鉴定和自动选择。

（四）大麦（青稞）新育成品种

据不完全统计，1996—2017年我国培育出经过国家和地方种子管理部门审（认）定的大麦品种201个，其中，16个为国家鉴定，其余为省级审（认）定，41个获得国家植物品种保护，涉及大麦产区26家大学和科研育种单位；包括107个啤酒大麦、53个饲料大麦、41个青稞品种，分别占53.2%、26.4%和20.4%。啤酒大麦品种主要以黑龙江省农垦总局红兴隆科研所育成的垦啤麦系列（垦啤麦2～9号），江苏盐城地区农业科学研究所和江苏扬州大学育成的苏啤系列（苏啤3～8号）、扬农啤系列（扬农啤2号至扬农啤12），甘肃省农业科学院培育的甘啤系列（甘啤1～7号），云南省农业科学院育成的云啤系列（云啤2号～18）为代表。饲料大麦品种以华中农业大学育成和河南省驻马店农业科学研究所育成的华大麦系列（华大麦1～9号）、驻大麦系列（驻大麦3～7号），浙江省农业科学院和江苏扬州大麦育成的浙皮系列（浙皮1～9号）、扬饲麦系列（扬饲麦1～5号），云南省农业科学院育成的云饲麦系列（云饲麦1～9号），云南大理州农业技术推广研究院育成的凤大麦系列（凤大麦6号至凤大麦17）和云南省保山地区农业科学研究所育成的保大麦系列（保大麦6号至保大麦19）为代表。青稞品种主要以四川省甘孜州农业科学研究所培育的甘青系列（甘青3～7号），青海省农林科学院和海北州农业科学研究所育成的昆仑系列（昆仑8号至昆仑17）和北青系列（北青3～8号），西藏农牧科学院育成的藏青系列（藏青25、藏青311、藏青320、藏青2000、冬青11等），西藏日喀则地区农业科学研究所育成的喜马拉系列（喜玛拉19、喜玛拉22等）。这些品种的育成和生产应用为提高我国啤酒、饲料和食用大麦的产量和品质发挥了关键作用。2017年我国新育成啤酒、饲料、饲草和食用（青稞）等各类专用大麦新品种11个，包括3个啤酒大麦、5个位饲料大麦和3个青稞品种。

三、大麦（青稞）品种推广

（一）大麦（青稞）品种登记情况

2017年我国只有5个省份参加申请大麦新品种登记，共有39个大麦品种通过农业部非主要农作物品种登记。其中，33个品种是科研育种单位第一申请，6个为企业申请，包括14个啤酒大麦，15个饲料大麦，7个食用裸大麦（青稞）。江苏申请的登记品种最多为17个，包括12个啤酒、4个饲料和1个食用裸大麦（青稞）品种，5个品种由2家企业申请，12个由2家科研教学单位申请。云南共申请登记10个品种，由1家科研育种单位申请，全部为饲料大麦品种。青海6个品种，由2家科研育种单位申请，全部为青稞品种。甘肃2个啤酒大麦品种，1家企业申请登记。浙江1个饲料大麦品种，1家科研育种单位申请登记。2017年通过非主要农作物品种登记的39个大麦品种，只有3个为新育成，其余36个是经过审定正在生产应用的品种，属于重新登记。在2017年我国育成的11个大麦品种中，只有3个申请通过农业部非主要农作物品种登记，其余8个经由地方种子管理部门认定。

（二）主要大麦（青稞）品种推广应用情况

1. 生产应用品种

20世纪50年代中期之前，我国大麦生产种植的全是农家品种。20世纪50年代后期至60年代前期，生产使用的主要是通过农家品种评选、鉴定出来的地方农家大麦品种。其中的代表性品种有四川的黑四棱和黑六棱，陕西的符平老大麦，湖南的四棱谷麦，湖北的江陵三月黄，河南的汝南长芒大麦，山东的泰安农种，河北的塔大麦，江苏的尺八大麦、阜宁莳大麦和长六棱，浙江的嵊县无芒二棱和萧山刺芒二棱，上海的白六棱，青海的白浪散，西藏的长黑青稞、拉萨紫青稞，云南的罗次红芒等。20世纪60年代后期至70年前期，主要为农家品种的系统选育后代，代表性品种包括：裸麦757、立新2号、海麦1号、木选1号、藏青336、喜玛拉1号、白朗蓝、甘孜809等。70年代后期至80年代中期，先以系统选育品种为主，后以杂交育成和国外引进品种为主。其中，生产种植面积较大的杂交育成品种有米麦114、苏2-14、村农元麦、沪麦4号、昆仑1号、藏青1号、喜玛拉6号以及辐射诱变品种盐辐矮早三；国外引进品种有日本品种早熟3号和瑞典裸大麦品种矮秆齐等。80年代后期至90年代前期，历经"七五"和"八五"两个五年计划，我国大麦杂交育种取得了长足进展，生产主导品种以杂交育成为主，国外引进品种为辅，特别是为满足啤酒工业发展的原料需求，自主培育和从国外引进了新的啤酒大麦品种。由此，我国大麦育种和生产开始从饲用和食用进一步拓展为啤用、饲用、食用三大类型。啤酒和饲料大麦生产使用的杂交育成品种有浙江的浙农大和浙皮，上海的沪麦，湖南的湘麦，湖北的鄂麦，福建的莆大麦，山东的鲁大麦，河南的豫大麦等，国外引进的啤酒大麦品种有中国农业科学院品种资源研究所的模特44和蒙克尔、江苏的苏啤1号和苏引麦2号、吉林的吉啤1号、内蒙古的付8号、甘肃的法瓦维特等。食用大麦生产使用的青稞杂交育成品种有四川的川裸2号、青海的昆仑10号、西藏的藏青320和喜玛拉19等。20世纪90年代后期至21世纪最初5年，即"九五"和"十五"时期，我国大麦全面进入专用生产消费阶段，生产使用品种主要为国内杂交育成品种。其中，啤酒大麦生产主导品种有西北地区的甘啤2～3号，江浙地区的苏啤3～4号和单二以及浙皮4号等，东北地区的垦啤麦1～4号；饲料大麦主导品种有中部地区的驻大麦4号、鄂大麦6～8号和华大麦1～3号，江浙地区的盐麦2～3号和扬饲麦1～2号及浙原8号，西南地区的嘉陵4号和黔中饲1号等；青稞主导品种有四川的康青3号和6号，青海的北青3号和6号、西藏的藏青25、藏青148、藏青311和藏青690等。2006—2017年，经历"十一五"和"十二五"，我国大麦生产主导品种第六次实现全面更新换代，良种的生产应用率超过98%，基本上全部以国内新育成的专用品种为主，品种的产量潜力、抗性水平、加工和食用品质均有显著提升。啤酒大麦主导品种有东北地区的垦啤麦9号和10号、龙啤麦2号和3号，蒙啤麦1～4号，西北地区的甘啤5～7号、垦啤6号等，东南地区的苏啤4～6号、浙皮8号、浙啤33和花30等，西南地区的云啤2号至云啤17、凤大麦6～10号。饲料大麦主导品种有中部地区的驻大麦5～8号、华大麦4～9号和皖饲麦2号，西南地区的云饲麦1～8号、凤大麦11～17、保大麦6号至保大麦18、西大麦1号和2号。青稞主导品种有康青4～7号、黄青1号和2号、昆仑12～15、北青7号和8号、藏青3号、藏青2000、冬青18和喜玛拉22。

2006—2017年，我国大麦的总种植面积有所下降，并且各省份的种植面积也发生了很大变化，出现了明显的产业转移。东南和西北地区的啤酒大麦种植快速减少。东北地区的啤酒大麦生产由黑龙江转移至内蒙古东部，在经历2006—2008年连续3年的爆发式增长，种植面积达到28.7万公顷，一度成为我国规模最大的大麦产区之后，开始不断萎缩。西南地区的饲料大麦面积大幅度增长，特别是云南的种植面积从2006年13万公顷，增长至2017年的25.8万公顷，成为目前我国最大的饲料大麦产区。青藏高原地区的青稞种植面积有所增加，其他如新疆和河南、黑龙江等省份也开始种植青稞。与此同时，不同类型大麦的生产消费比例也发生了较大变化。2017年啤酒大麦品种的生产应用面积26.5万公顷，较2010年减少25.2万公顷，占比从2010年的43.1%下降至24.6%。饲料大麦品种的应用面积41.7万公顷，较2010年增加5.3万公顷，占比从30.4%上升至38.7%。青稞品种的种植面积38.9万公顷，较2010年增加7.7万公顷，占比从26.2%上升至36.1%。随着大麦的青饲、青贮和干青草生产利用，山东、河北开始恢复中断20多年的大麦种植。

2. 品种生产表现

（1）主要品种群

我国大麦生产分布范围广、生态跨度大，主要栽培品种具有鲜明的区域特点，每个主产区都相继形成了自身独特的主栽品种群。啤酒大麦主栽品种群：东北地区以垦啤麦系列为代表，2017年种植面积超过2万公顷，此外还有蒙啤麦系列和龙啤麦系列品种；黄淮地区主要为苏啤号和扬农啤系列品种，2017年二者种植面积近10万公顷；西北地区以甘啤系列为代表，2017年种植面积约4万公顷，此外还有垦啤和新啤系列品种；西南地区主要是云啤、保大麦和风大麦系列品种，2017年种植面积16万公顷。饲料大麦主栽品种群：东南地区以扬饲麦系列、浙皮系列和皖饲麦品种为主，2017年种植面积4.7万公顷；中部地区主要为华大麦、鄂大麦和驻大麦系列品种，2017年种植面积14.3万公顷；西南地区主要是云饲麦、保大麦和风大麦系列品种，2017年生产应用面积19.7万公顷，此外还有西大麦系列品种。青稞主栽品种群分别为：青海的昆仑和北青系列，2017年种植面积9.5万公顷；西藏的藏青、冬青和喜玛拉系列，2017年生产种植19.3万公顷；甘肃的甘青系列品种，2017年生产应用3.5万公顷；四川的康青号系列和云南的迪青号品种，2017年种植面积分别为5万公顷和1.3万公顷。

（2）主栽品种特点

我国东北地区啤酒大麦生产主栽品种，垦啤麦系列由黑龙江省农垦总局红兴隆农业科学研究所育成，龙啤麦系列品种由黑龙江省农业科学院育成，蒙啤麦系列为内蒙古农牧科学院育成。大多具有北美洲啤酒大麦品种Robust、Morex和Bowman以及欧洲大麦的血缘，属春性大麦，产量潜力5～6吨/公顷，抗旱性较强，抗条纹、根腐和黄矮病，光周期反应强、生育期短、早熟，麦芽和啤酒酿造品质与国外同类品种相当。西北啤酒大麦主栽品种甘啤号系列由甘肃农业科学院育成，垦啤系列品种为甘肃农垦研究院育成，新啤系列品种由新疆农业科学院培育，多具有欧洲大麦品种Favorit的血缘，春性大麦，生育期较长，产量潜力7～9吨/公顷，个别接近10吨/公顷，抗旱性强，抗条纹、网斑和黄矮病，麦芽和啤酒酿造品质达到国际标准。黄淮地区啤酒大麦主栽品种，苏啤系列由江苏沿海地区农业科学研究所育成，扬农啤系列为扬州大学培育，大都具有日本品种如美里黄金和甘木二条等血缘，属冬性或半冬性大麦，生长期较长，产量潜力6～8吨/公顷，耐寒性性强，抗旱性较弱，抗条纹病、黄花叶病、黑穗病、白粉病和赤霉病等病害，麦芽和啤酒加工品质与国外同类品种相当。西南地区主栽的云啤、风大麦和保大麦等系列啤酒大麦品种，分别由云南农业科学院、云南大理州农业技术推广研究院和云南保山地区所育成。大多为澳大利亚Schooner和北美洲啤酒大麦高代品系的杂交后代，属秋播春性大麦，生育期较短，产量潜力6～7吨/公顷，耐旱性较强，抗白粉病、锈病病、条纹病、黑穗病等病害，麦芽和啤酒加工品质优良。东南地区的饲料主栽大麦品种，浙皮、扬饲麦和皖饲麦系列分别由浙江农业科学院、扬州大学和安徽农业科学院育成。大多具有日本品种早熟3号、冈2等和欧洲品种Hiproly的血缘，属半冬性大麦，全生育期较短，产量潜力5～7吨/公顷，抗条纹病、黄花叶病、黑穗病、白粉病和赤霉病等病害，耐湿性强、耐迟播。中部地区饲料大麦主栽品种，华大麦、鄂大麦和驻大麦系列分别由华中农业大学、湖北农业科学院和河南驻马店市农业科学研究所培育，多具有墨西哥大麦高代品系85V24血缘，属冬性或半冬性大麦，全生育期较长，抗条纹病、黑穗病、白粉病和赤霉病等病害。西南地区饲料大麦品种，云饲麦、保大麦和凤大麦等系列大麦品种分别是由云南农业科学院、云南大理州农业技术推广研究院和云南保山地区育成，西大麦系列大麦品种由四川农业大学西昌学院选育，以当地大麦品种与墨西哥大麦85V24和V43的杂交后代居多。属春性或半冬性大麦，全生育期较短，产量潜力6～7吨/公顷，个别品种在高产创建中，超过10吨/公顷，耐旱性较强，抗条纹病、白粉病、黑穗病和赤霉病等病害。青稞主栽品种群中，昆仑和北青系列分别为青海省农业科学院和青海省海北州农业科学研究所育成，藏青、冬青和喜玛拉系列分别为西藏农牧科学院和西藏日喀则地区农业科学研究所育成，甘青系列青稞品种由甘肃省甘南藏族自治州农业科学研究所育成，康青和迪青系列青稞品种分别由四川甘孜州农业科学研究所和云南迪庆藏族自治州农业科学研究所培育，多具有甘肃农家青稞品种肚里黄和民和白六棱的血缘。其中，除冬青号为冬性之外，其余全部是春性裸大麦。全生育期较长，产量潜力4～6吨/公顷，抗锈病、黑穗病和条纹病，植株较高、粮草双用，抗倒伏性较弱。

（3）2017年大麦生产中出现的品种缺陷

随着气候变暖，各个大麦主产区的气象灾害和病虫害表现出较大的年度间变化，从而客观地反映出一些现有生产推广品种存在的缺陷。例如，2017年4月初全国大范围低温天气，黄淮和长江中下游地区生产种植的耐寒性较差的大麦品种，分别表现出小穗和小花、发育不良、授粉差和灌浆不足、结实率降低、穗粒数减少。江淮地区大麦赤霉病普遍发生，东北地区的根腐病、西北地区的条纹病比较严重，西南地区的白粉病和条纹病、青藏高原的白粉病、锈病、黑穗病和黄矮病危害较重，反映了多数生产推广的大麦品种存在一种或几种抗病性缺陷。2017年大麦成熟收获期间，从南到北均经历了较长时间的高温潮湿天气，许多生产品种出现穗发芽问题，特别是北方地区，抗穗发芽过去并不是大麦育种的目标性状，今后需要给予一定重视。以粮、草双丰收为目的的青稞生产受倒伏影响很大，现有的多数青稞品种抗倒伏能力较差，实际生产中倒伏发生较重，不利于机械化收割。在麦芽和啤酒加工利用方面，有些啤酒大麦品种所生产的原料存在β-葡聚糖含量偏高和麦汁过滤速度慢的缺点。此外，由于大麦青饲、青贮生产专用品种比较缺乏，生产中使用的有些是啤酒大麦品种。

（4）主要种类品种推广情况

目前我国专用大麦生产形成了明显的地区特点。啤酒大麦生产主要分布在东北地区（以内蒙古东北部为主）、西北地区（甘肃西部和新疆北部）和江淮地区（以江苏北部为主）。主要生产推广品种分别为：东北地区——新育成的垦啤麦、蒙啤麦和龙啤麦系列，垦啤麦系列占优势；西北地区——甘啤、垦啤和新啤，以甘啤系列为主；江淮地区——苏啤和扬农啤，苏啤系列面积较大。饲料大麦生产主要分布在中部地区（湖北及河南中南部）、西南地区（云南及四川中西部）和东南地区（包括江苏、安徽、浙江和上海）。生产推广品种有：中部地区——驻大麦、华大麦、鄂大麦系列；西南地区——云饲麦、保大麦、凤大麦、云大麦和西大麦系列；东南地区——扬饲麦、皖饲麦、浙皮系列和花培大麦等。青稞（裸大麦）生产主要分布在青藏高原，包括西藏和青海及甘肃甘南、四川甘孜和云南迪庆，主栽品种西藏为喜玛拉22和藏青2000，青海主要是昆仑和北青系列，甘肃为甘青系列，四川是康青系列，云南为迪庆系列青稞品种。由于自然条件和耕作制度的不同，青藏高原青稞生产品种具有适应缺氧、强光照和生长期气温波动大的优点；南方地区生产种植的大麦品种耐湿、耐迟播，适应稻茬免耕撒播轻简栽培；北方大麦品种抗干旱、节水，适应大面积全程机械化生产。

（三）大麦（青稞）产业风险预警

1. 种子市场发展存在较大地区间差距

虽然我国大麦（青稞）生产每年具有22万～23万吨种子的市场需求，但从事大麦（青稞）种子生产和经营，首先应当注意到我国的大麦（青稞）种子市场发展，不仅存在巨大的地区间差异，而且不同用途的加工消费品种也存在差异。东、中部地区市场比较成熟，西部地区较差；啤酒大麦种子市场化率很高，但饲料大麦和青稞种子的市场化率很低。大部分新品种选育和推广主要靠公益性科研单位，由国家和地方政府投资。其次，大麦（青稞）属自花授粉植物，农民得到新品种的种子之后，几年内往往会自繁自留，缺乏从市场购买种子的欲望，特别是在经济欠发达的边远贫困地区。

2. 未来国外品种的市场竞争

目前，我国生产种植的大麦（青稞）品种，绝大多数为国内培育，具有自主知识产权。尚无国外独资或合资种子公司从事大麦（青稞）种子进口和经销，但是有个别大型跨国啤酒集团公司在国内从事啤酒大麦品种的引种试验。由于这些公司具有巨大的原料消费需求，一旦试种成功可能会与独资或合资种子机构合作，通过啤酒原料的供种订购生产，迅速占领国内啤酒大麦种子市场。

3. 病虫害和气候变化对品种提出的挑战

我国大麦生产分布区域广，病害种类多，既有全国性也有地区性主要病害，既有真菌和细菌也有病毒病害。如全国流行的条纹病、南方地区的赤霉病和白粉病、北方地区的黄矮病、东南地区的黄花叶病、东北的根腐病、青藏高原的锈病和黄矮病等。但是没有一个大麦（青稞）品种对当地所有的主要病害完全免疫或达到高抗水平，有些本来抗白粉病和锈病的品种还会因病原菌的变异而丧失抗性。而且，随着气候变暖，一些南方地区的病害如赤霉病等和气象生理灾害如穗发芽等，逐渐扩散到中部地区，甚至有的年份北方地区也有发生。除了病害，蚜虫等虫害也是影响大麦（青稞）生产的生物因素，但目前育成品种中鲜有抗虫品种。尤其是受气候变化的影响，各种极端性气象灾害频发。大麦（青稞）为保证稳产，对品种的抗旱、抗寒、耐湿、耐盐碱和抗倒伏等抗逆性要求更高，如在青稞生产中要求粮、草双高，品种的抗倒性至关重要，需要注意的是，并不是所有的青稞育成品种都抗倒伏。

4. 绿色和特色产业发展对品种的要求

(1) 绿色产业发展对品种的要求
随着农业生态环境保护和大麦（青稞）产业的绿色发展，以往以牺牲环境为代价的高投入、高产出、高污染的生产方式，正在逐渐被环境友好、绿色高效的生产方式所取代。因此，要求大麦（青稞）生产品种除了高产之外，必须具有养分高效利用和抗病、抗逆性强等突出的环境适应特点，能够减少化肥、农药、灌水等生产投入，为农民带来最大的经济效益。

(2) 特色产业发展对品种的要求
为满足社会日益增长的个性化消费需求，大麦（青稞）的啤酒、饲料、饲草（青饲、青贮、干青草）、食用（传统食品、新型健康食品）、医药等多元特色加工将会不断升级。因此推广生产的大麦（青稞）品种必须具备加工专用性，分别在麦芽和啤酒酿造、食品健康、饲料饲草营养等品质方面，能够满足不同加工企业的商业化生产要求，为企业带来好的经济效益。

5. 可能带来种植损失的品种

首先，目前的大麦（青稞）品种基本是针对啤酒、饲料和食用三大用途而培育的。不同的加工用途，要求大麦（青稞）的籽粒成分具有很大差别。对于啤酒、饲料和食品等任何一种专用加工品种来说，品质较差或者不能满足企业专用加工要求的大麦（青稞）品种，都将给种植者带来损失。其次，病虫害、高温干旱、低温霜冻、强风暴雨和盐碱、渍涝等都会给大麦（青稞）生产造成损失。品种的抗病性、抗虫性和抗逆性差，不仅不能高产、稳产，还会降低大麦（青稞）原料的生产质量，自然也带来种植损失。例如，用于青饲和青干草生产的大麦（青稞）品种，要求高度抗叶部病害（条纹病、网斑病、黄矮病、黄花叶病、白粉病、锈病、叶斑病等），如果种植品种的抗病性不强，自然不能生产出高质量的饲草。此外，赤霉病会引起大麦（青稞）籽粒霉变，产生呕吐毒素，人和动物吃后会发生中毒。

四、国际大麦（青稞）产业发展现状

（一）国际大麦（青稞）生产概况

2017年全球大麦收获面积约为4 766万公顷，平均单产2.98吨/公顷，总产1.42亿吨。世界主要大麦生产国家和地区为欧盟、俄罗斯、加拿大、乌克兰、澳大利亚。2017年，欧盟28国大麦种植面积1 234万公顷，平均单产4.76吨/公顷，总产5 868万吨，占世界大麦总产的41.4%；俄罗斯大麦面积790万公顷，单产2.58吨/公顷，总产为2 050万吨，占世界总产的14.5%；加拿大大麦种植面积210万公顷，单产3.76吨/公顷，总产790万吨，占世界总产的5.6%；乌克兰大麦面积265万公顷，单产3.28吨/公顷，总产870万吨，占世界总产的6.1%；澳大利亚面积390万公顷，单产2.05吨/公顷，总产800万吨，占世界总产的5.6%。在欧盟28国中，德国大麦总产1 076万吨，占世界年总产的7.8%；法国大麦年均产量为1 068万吨，占世界年总产量的7.7%。

（二）国际大麦（青稞）贸易状况

2017年全球大麦需求量约1.47亿吨，比2016年减少约180万吨。2017年全球大麦贸易量大约2 584万吨，比2016年减少145万吨；期末库存估计为1 883万吨，比2016年减少555万吨。全球大麦出口2017排名前五位的国家或地区依次为：欧盟（620万吨）、澳大利亚（580万吨）、俄罗斯（480万吨）、乌克兰（470万吨）和阿根廷（170万吨）。主要进口国家依次是：中国（886万吨）、沙特阿拉伯（850万吨）、伊朗（130万吨）、利比亚（130万吨）和日本（110万吨）。2017年大麦国际市场价格价格持续平稳上行。根据谷鸽久久网提供的法国鲁昂港口饲料大麦FOB价格数据，2017年大麦均价为264美元/吨，每吨比2016年增长102美元，增幅为63.90%。

（三）主要国家大麦（青稞）种质研发现状

1.大麦基因组研究与分子标记技术

大麦为2倍体作物，基因组大小为5.1Gb。国际大麦基因组测序联盟（IBSC）于2012首次进行了大麦全基因组测序，通过对大麦8个生长阶段的转录组进行深度RNA测序（RNA-seq），基本明确了所有32 000个基因的排列和结构，并将15 719个高可信度基因定位到物理图谱上。综合利用多种分子标记技术，进行了大麦连锁遗传图的绘制，如Wenzl等利用DArT、SSR、RFLP和STS等分子标记，构建了一张高密度的大麦遗传连锁图，定位了2 085个DArT位点和850个其他类型的位点。利用Illumina Golden Gate Bead Array技术，进行了欧洲西北部主要大麦品种的主要农艺性状与1 524个全基因组SNP标记之间的管理分析。采用限制性酶消化基因组，然后进行多重测序的GBS方法，建立了大麦SynOP DH群体包括20 000个SNPs和367 000个标签的*denovo*遗传图谱。在基因表达水平上，建立了具有21 439个基因的基因表达图谱。分析了10个大麦品种的6个麦芽品质参数与1 400个基因的cDNA表达谱间的关系，筛选到6个麦芽参数的候选基因。

2.大麦功能基因组、蛋白组学与生物信息学

为确定大麦育种目标性与功能基因之间的关系，开展了大麦全基因组反向遗传学研究。主要采用两种插入突变方法：一种是通过在有益基因中插入转座成分，创建功能丧失突变；另一种是使用激活

标签(基因组随机插入启动子或增强子序列)以产生功能增强的显性突变。功能基因组研究可以在新的层面解析大麦对非生物逆境的反应机制,包括基因转录过程中检测信号传导和防御应答,以及胁迫环境条件下组织蛋白质和代谢物合成变化等。目前,大麦的蛋白组学研究划分为以加工性状为目标的工业导向蛋白组学和以自身植物学性状为目标的生物导向蛋白组学。大麦工业导向的蛋白组学主要包括种子萌发和成熟的蛋白组学、啤酒酿造蛋白组学和麦芽制造蛋白质组学等;大麦生物导向的蛋白组学主要研究大麦非生物胁迫的适应性和大麦细胞器的功能。在麦芽制造过程中,需要了解大麦种子萌发和成熟过程中各种酶的作用,如在各个品种中淀粉酶影响淀粉向可发酵糖的转化。Finnie等运用双向凝胶电泳、基质辅助激光解吸电离飞行时间质谱法和纳米电喷雾串联质谱法,研究了大麦种子发育的最后阶段即种子灌浆和成熟过程中的蛋白质组,运用双向凝胶电泳发现大约1 000个蛋白质点。一些蛋白质贯穿整个种子发育过程,有些只在特定阶段表达。Hynek采用色谱法研究发芽大麦胚胎的质膜蛋白质组,发现浓缩的疏水膜蛋白质可能在大麦发芽过程中发挥关键作用,并通过双向凝胶电泳建立了多个不同代表性品种及其麦芽类型的啤酒蛋白质组图谱,为啤酒酿造过程中质量控制和鉴定发现具有商品价值的新型蛋白质提供了参考。研究还涉及了啤酒酿造中其他众多与颜色、口感、热稳定性和非酶糖化相关的蛋白质。ArrayExpress是芯片公共数据库,可以从互联网站获取芯片数据和相关文献资料,进行芯片数据分析,目前,ArrayExpress数据库中包含107个与大麦相关的研究结果。BarleyBase/PLEXdb是植物大规模基因表达数据库,存储了大量物种的芯片数据,大麦数据也在其中。GrainGenes 2.0里存储有大麦、小麦、黑麦等物种的遗传标记、遗传图谱、等位基因、基因、表型数据和实验方案等文献资源。HarvEST可用于大麦基因功能注释、芯片设计和定位研究。GeneNetwork是一个很好的大麦遗传数据分析工具,可用于表现型与基因型间的关联及其他一些分析。Barley Genetic Stocks AceDB Database中储存有《大麦遗传通讯》和大部分遗传库信息。

3. 品种的品质性状研究与分析

国外发达国家具有比较先进的谷物分析的仪器设备,在大麦营养和加工研究方面开展较早,在育种过程中比较注重各种营养成分和加工品质的分析测定。

(1)蛋白质含量和组成

大麦品种选育的重要指标之一便是蛋白质的含量和组成。啤酒大麦的籽粒蛋白质含量要求在9%~12%,蛋白质含量过高会导致麦芽浸出率过低,影响出酒率及啤酒品质,如啤酒口味粗重和容易形成混浊等,含量过低则引起啤酒的泡沫减少、适口性变劣。而食用大麦和饲料大麦品种则要求较高的蛋白质含量。大麦蛋白质含量测定主要采用近红外光谱(NIR)测定,不用对样品预处理,不用粉碎麦粒即可分析。

根据溶解性差异,大麦籽粒中的蛋白质分为水溶性清蛋白、盐溶性球蛋白、醇溶性醇溶蛋白和碱溶性谷蛋白。大麦籽粒各部位的蛋白质和氨基酸含量并不相同,糊粉层和胚中含较多的必需氨基酸,而胚乳中含有较多的非必需氨基酸。增施氮肥在一定条件下增加大麦籽粒的总蛋白质含量,但主要是醇溶性蛋白增加。醇溶性蛋白在生物体内不能提供足量的赖氨酸、甲硫氨酸、苏氨酸和色氨酸等人类必需的氨基酸。

(2)β-淀粉酶和α-淀粉酶与糖化力

此类指标主要影响大麦的麦芽和啤酒酿造品质。栽培大麦中β-淀粉酶以两种形式存在于大麦成熟粒中,即游离态(Sd1)和束缚态(Sd2)。束缚态β-淀粉酶占75%,与籽粒中醇溶性蛋白和其他一些蛋白结合,在种子萌发时由糊粉层分泌的蛋白激酶激活。在野生大麦中发现第三种形式(Sd3),具有较高热稳定性。β-淀粉酶测定主要采用美国谷物化学学会推荐底物酶解法。在pH8.0的缓冲溶液中提取样品酶,加入AZO-底物反应,按水解底物程度计算酶活性。大麦α-淀粉酶的分子量约为5000D,具有水溶性。存在两组同工酶:α-淀粉酶I(AMYI)和α-淀粉酶II(AMYII),具有80%的同源序列，表现不同的理化性质。测定 α-淀粉酶活性的方法目前主要是底物酶解法。在啤酒生产的制麦和淀粉糖化过程中，淀粉降解为 β-麦芽糖和低聚糖需要 α-淀粉酶、β-淀粉酶、限制性糊精酶和 α-葡糖苷酶的协同作用，这些酶的总活性常以糖化力（DP）表示，作为衡量啤酒大麦品质的一个重要指标。

（3）β-葡聚糖酶和 β-葡聚糖含量

β-葡聚糖酶是在大麦发芽过程中由糊粉层和盾片中合成，主要是水解 β-葡聚糖。现已发现两种同工酶：EI（Glbl）和EII（Glb2），在糊粉层中EI和EII都可合成，但在盾片中只合成EI。研究发现EII的合成受GA调控。麦芽中高 β-葡聚糖酶活性可以减少麦汁中 β-葡聚糖，降低麦汁黏度，提高麦汁的过滤速度，减少胶状沉淀物，改善啤酒的混浊度。此外，β-葡聚糖在畜禽的消化道内容易产生一种黏稠的胶状物，抑制营养消化和吸收，在饲料大麦育种中需要降低，但是，β-葡聚糖可以稳定人类餐后血糖，对于肥胖症和心血管病具有预防作用，是食用大麦育种的重要目标性状。目前，β-葡聚糖测定主要采用美国谷物化学师协会（AACC）推荐的标准酶解方法，使用特定 β-葡聚糖糖苷酶将寡糖水解为葡萄糖，通过葡萄糖氧化酶/过氧化酶显色来测定葡萄糖含量，该方法简单，用样量少。

（4）游离氨基氮和总可溶性氮与麦芽总氮的比值（库尔巴哈值）

这是反映麦芽蛋白质溶解程度的一项重要指标，用于判断啤酒大麦的重要品质参数。游离氨基氮少和库尔巴哈值偏低，麦芽溶解度较差，酶活力偏低，麦汁混浊、过滤困难，成品酒容易出现早期混浊。库尔巴哈值偏高，会破坏蛋白质组分的正常比例，造成酵母衰老、啤酒口味淡薄、泡沫性能较差。

（5）维生素和生育酚

大麦籽粒中不含维生素C以及脂溶性的维生素A、维生素D、维生素K，但维生素E含量很高。大麦生育酚含量品种间存在很大差异，平均含量高于其他谷物。大麦的酿酒废料可以用作提取生育酚的来源。

4. 大麦抗病性研究

（1）锈病

大麦叶锈病是由大麦叶锈菌（*Puccinia hordei* Otth）引起的真菌病害。在世界许多国家的大麦主产区均有不同程度的发生，是影响大麦生产的重要因子。具有小种专化抗病基因*Rph*的大麦抗叶锈病品种容易被新的病原菌侵入而丧失抗病性。大麦叶锈病抗性按照生长发育阶段划分为苗期抗性、成株抗性及全生育期抗性。苗期抗性一般由单个基因控制，表现为小种专化抗性，即宿主的抗性基因只对病原生理小种的一个无毒基因产生特异性的相互作用。这种小种专化抗性属于单基因抗性，常常由于病原菌小种变异而导致抗病品种丧失原有的抗性。另一种是小种非专化抗性，一般在成株期表现又被称作成株抗性或慢锈性。成株抗性一般受多基因控制，表现为数量性状，没有明显的生理小种专化性。这种由多基因控制的成株叶锈病抗性大多表现为不完全免疫，对多个生理小种都有一定的抗性。具有成株抗病性的品种，在生理上表现出侵染率低、产孢量少等持久抗病的特点，并在大麦（青稞）中均被认为是一种重要的持久抗原。同时，部分基因在苗期和成株期都表现为全生育期抗性。已经在大麦5HS染色体上定位到1个抗叶锈病主效QTL，与PCR标记相距1.6cM，为大麦抗病分子标志辅助选择提供了新的材料和方法。大麦秆锈病由禾柄锈菌（*Puccinia graminis tritici*）引起，曾在加拿大和美国北部平原大爆发过，其抗性基因为*Rpg1*，除此之外*rpg4/Rpg5*也对新的锈病小种QCCI和TTKSK具有一定的抗性。Brueg geman 分析了大麦抗秆锈基因*Rpg1*的结构，发现*Rpg1*基因编码了一个受体激酶蛋白，是一个新的抗病基因。Kleinhofs通过基因对病害的调控机制，发现*Rpg1*基因编码一个特殊的蛋白激酶和两个激酶结构域，都能对病菌产生抗性；*Rpg5*编码一个典型的基因结构域，*rpg4*基因编码一个解聚因子来产生抗性。*Rpg1*是北美栽培大麦对秆锈病菌的主要抗性基因，该基因经过多年的研究且已被克隆。

（2）白粉病

白粉病是由布氏白粉菌大麦专化型（*Blumeria graminis Hordei L，Bgh*）引起的真菌病害。大麦对白粉病的抗性主要由小种特异性抗病基因控制，目前已鉴定出100多个小种特异性抗病基因。白粉病原菌与寄主之间存在着"基因对基因"的关系，可利用含有不同抗性基因的寄主将病原菌区分为不同的致病型。在大麦品种Morex中鉴定出1个261kb的BAC重叠群完整序列覆盖了白粉病*Mla*抗性基因位点。在该重叠群32个预测基因中，15个与植物防卫反应有关，有6个与对白粉病的防御反应有关。*Mla*基因区域由3个富集基因岛组成，被2个嵌套的转座因子复合体和1个45 kb的基因贫乏区所隔开。*Mla*基因是通过无数次区域复制、转换和转座子插入，经过超过七百万年的进化形成的。通过对22 792个大麦寄主基因mRNA的丰度分析，证明寄主的特异性抗性是从识别和抑制病原菌入侵的基础防御进化而来。进行白粉病抗性基因的序列结构和表达分析，发现MLA蛋白的侵染反应是由抗性蛋白的活性区域表达来决定的。

（3）赤霉病

由禾谷镰刀菌（*Fusarium graminearum*）引起，是世界温暖潮湿和半潮湿大麦生产区的主要病害之一，在大麦开花及灌浆早期感染和发生。大麦赤霉病不仅导致产量大幅度下降，更严重的是，由于病原菌产生的DON、NIV、ZEN等毒素积累于病麦粒中，可直接影响籽粒的加工和营养品质。大麦从抽穗至成熟的各阶段都可感染赤霉病，以开花灌浆期最易感染，发病严重度受温度和湿度的影响极大，空气湿润，气温在25℃左右时发病较重。最近在大麦2H染色体上定位了一些与赤霉病抗性相关的QTL。栽培大麦对赤霉病的抗性普遍较低。赤霉病感染后的变化、DON毒素含量积累和转录本变化过程分析表明，病原菌侵染分3个阶段，大麦因病原菌侵染诱导热激基因编码应答蛋白和酶的变化而产生抗性。大麦2H染色体上3个不同区段与赤霉病抗性有关，其中2个区段还与DON毒素抗性有关。大麦赤霉病病原菌单端胞霉烯族毒素（Trichothecenes）和伏马菌素（Fumonisins）的基因抗性位点遗传与作用机制研究，发现Trichothecenes的积累能够增强Fumonisins致病性，为大麦抗病遗传育种提供了参考。

5.大麦耐逆性研究

（1）耐酸铝

由于工业生产造成环境污染引起的酸雨使土壤pH下降，增加了土壤中游离态铝含量对植物的毒害。大麦对铝毒敏感，故受害最为严重。常利用铝胁迫条件下根的生长变化作为大麦耐铝性的指标。短期铝处理根毛伸长受抑，长期铝毒害抑制根尖细胞分裂和伸长，根部生长发育受阻，根尖和侧根变粗，细侧根和根毛明显减少，根尖变褐甚至死亡，根长和单株根重下降，地上部干鲜重、株高和产量下降。大麦的耐铝性主要表现有两种方式：一种是外部排铝，通过改变生长环境，保护根尖免受铝的毒害或限制铝的根部吸收；另一种是内部耐铝，一些外部排铝效率不高的品种，根部吸收后通过生化反应使铝失活或将铝送到如液泡等不敏感组织，或以主动受体方式将铝输送至细胞质外。大麦的铝胁迫抗性基因经过趋同进化而形成，碱基突变引起了铝胁迫反应的产生。采用温室水培法实验，分析了大麦苗期H_2S和Al毒的关系。结果表明，H_2S能够减少Al离子的吸收和增加丙二醛（MDA）含量从而缓解Al毒胁迫，且能够提高大麦对P、Ca、Mg和Fe的吸收，提高ATPase活性和光合作用。大麦耐铝性主要由单基因*HvAACT1*编码的柠檬酸盐转座子调控，抗铝基因*Alp*定位在4HL染色体上，与2个SSR标记HVM68和Bmag353的遗传距离分别为5.3cM和3.1cM。

（2）抗旱性

在干旱环境中，具有抗旱基因*Hsdr4*的大麦品种与敏感基因型相比，具有较高的表达水平。*Hsdr4*定位在大麦染色体3H长臂上，位于SSR分子标记EBmac541和EBmag705之间。用以色列野生二棱大麦为材料，研究大麦对于干旱胁迫的抗性，发现18个QTL位点控制幼苗枯萎时间、叶片相对伸长率、恢复速率和相对水分含量等性状。干旱诱导分析表明位于大麦1HL染色体上抗旱基因 *HvPKDM7-1*，编码1个H3K4的亚家族脱甲基同系物。干旱处理6～10小时后，分离cDNA建立大麦cDNA文库，通过芯片杂交分析发现，该文库中很多cDNA与干旱胁迫相关联。

（3）耐盐性

大麦最常见的耐盐机制是限制钠离子在茎叶中的积累。澳大利亚科学家在大麦品种Barque-73和野生大麦CPI-71284的杂交中，发现来自野生大麦7H染色体的排钠基因 *HvNax3*，使盐培苗茎叶鲜重增加13%～21%，决定着叶片中10%～25%的钠离子含量变异。*HvNax3* 与液胞膜焦磷酸酶（V-PPase）的编码基因 *HVP10* 共分离。测序分析揭示，尽管作图亲本编码相同的 *HVP10* 蛋白，但CPI-71284茎叶和根系中 *HVP10* 基因的盐诱导mRNA表达高于Barque-73。作图比较发现，位于 *HvNax3* 位点的几个预测基因的表达在两个亲本之间表现一致。证明V-PPase的编码位点 *HVP10* 是大麦钠排除基因 *HvNx3* 的主要候选基因。研究解释了V-PPase在离子转移和耐盐性方面的作用，认为在盐胁迫条件下，*HVP10* 的转录水平是 *HvNax3* 位点控制大麦茎叶中钠离子积累和生物量差异的基础。

（四）主要国家大麦（青稞）产业竞争力分析

1. 美国和加拿大

美国和加拿大政府都重视大麦种业研发。加拿大政府设立的科研机构和高等院校开展大麦育种研究，如加拿大农业与粮食部设有西部谷物育种项目，其下属谷物研究中心（Cereal Research Centre）为加拿大草原地区培育大麦新品种；加拿大萨斯喀彻温大学生物科学系设有农作物发展中心（Crop Development Centre），专门从事大麦等农作物的基因改良研究。美国很早建立了以州立农业大学为依托，农业部管理和协调的农业科研、教育、推广体系。美国和加拿大的大麦育种仪器设备先进，试验示范设施完善，不仅在大麦农艺、抗病、抗逆和专用加工品质等性状遗传与功能基因研究方面处于国际先进水平，而且与欧洲合作首次完成了大麦基因组测序，掌握先进的大麦分子标记和分子标记辅助育种技术。近年来美国弗吉尼亚理工大学正在进行专门用于生物燃料生产的裸大麦（青稞）新品种选育。威斯康星大学开展了高β-葡聚糖健康食品生产的大麦品种研发。美国和加拿大的大麦育种技术水平很高，培育的主要为啤酒和饲料大麦品种，且以大麦为主，产量潜力相对较低，为5～7吨/公顷。在其本土育成大麦品种多数在我国西北地区比较适应，有的可以在东北地区种植，但产量低于我国现有的生产品种。

2. 欧洲

以德国和法国为代表。法国在大麦品种选育、良种推广、收购贮运、质量监控等各个方面实现了产业化系统经营。特别是啤酒大麦选种，由啤酒麦芽大麦委员会（CBMO）牵头，组织麦芽厂、啤酒厂、育种公司、阿尔瓦里斯植物研究院等，分工负责农艺、麦芽和啤酒酿造特性鉴定，甄选符合市场需要的优良品种。德国大麦科学技术研究分四个层次：一是高等院校，主要从事大麦科学基础研究，为应用技术研究提供有效支撑，经费以科学基金为主；二是联邦政府及州立公益性农业科研院所和德国农业部下属的联邦作物研究中心，从事大麦优质高产品种研究；三是企业，主要通过市场进行新品种的种子生产和推广销售；四是农民出资建立的专业种植协会，向农户提供新品种信息和推广技术服务与咨询。德国和法国在大麦育种基础理论研究、育种技术、仪器设备和试验设施等各个方面都处于国际领先地位，信息化和自动化水平全球最高。育成的啤酒和饲料大麦，特别是啤酒大麦品种的酿造品质最好，产量潜力最高，一般在7～8吨/公顷，有的甚至超过10吨/公顷。法国以冬大麦，德国以春大麦育种见长，尤其德国的春性啤酒大麦品种在产量和品质上优势明显，如其啤酒大麦品种Scarlett在欧洲春播啤酒大麦生产中占据首要地位。欧洲本土育成的大麦品种，多数春性品种在我国西北地区比较适应，对当地啤酒大麦品种具有一定的竞争力。如20世纪后期至21世纪初期，在我国西北地区生产应用长达20年之久的啤酒大麦品种匈84就是引自欧洲。而欧洲的冬大麦品种并不适合在我国的大麦秋播区种植。

3. 澳大利亚

澳大利亚的大麦生产接近80%是为了出口，政府十分重视大麦科研和技术推广，每年用于大麦等农作物研究上的资金投入约6亿澳元。为突出大麦研究和开发的公益性，联邦政府建立了19个研究和开发公司，通过改进大麦等农产品的生产、加工、贮藏、运输或营销，提高农民和农业组织的经济收入和社会环境效益，实现自然资源的持续利用。另外澳大利亚全国有32所大学从事大麦等粮食作物的育种研究。澳大利亚的大麦育种遗传基础理论研究低于美国和德国，育种技术、仪器设备和实验设施总体与美国相当，但在大麦分子标记辅助选择育种和啤酒大麦品质育种方面，领先美国低于德国。澳大利亚本土育成的大麦品种以弱冬性居多，产量潜力较低，一般在3～4吨/公顷，啤酒大麦品种的酿造加工品质优良，饲料大麦品种的蛋白质含量偏低。虽然个别品种在我国西南地区具有一定的适应性，但对当地大麦品种不具有竞争力。

五、问题及建议

我国大麦（青稞）育种作为社会公益性事业，长期以来由于政府的资金投入太少，育种基础研究和技术开发比较薄弱。为提高我国大麦（青稞）的育种水平，使新品种在边疆地区脱贫攻坚中发挥更大作用，提出以下建议。

1. 加强大麦（青稞）育种科研投入

根据实际生产分布，突出地区重点，组建由中央农业科研单位牵头，以地区优势育种单位和种子企业为骨干的大麦（青稞）良种科研攻关联合体，搭建共同参与、共享服务、协同创新的大麦（青稞）新品种选育工作平台，形成政府、科研、企业三方联合，信息融通、多方投入、资源共用、优势互补、利益分享的联合攻关机制。针对大麦的啤酒、饲料、饲草（青饲、青贮、青干草）和大众与健康食品等多元化生产加工消费需求，开展专用大麦（青稞）育种，围绕优质、丰产、抗病、抗逆、资源高效、健康功能营养等育种目标，进行特异种质资源鉴定和优异功能基因挖掘与育种材料创制，开发快速高效的表型和基因型鉴定技术与新型分子育种技术。

2. 组建专用品种鉴定工作组

为保证大麦（青稞）生产应用品种的产量和加工品质，在大麦（青稞）良种公关联合体内，组建由育种家、生产者和加工企业组成的专用品种鉴定工作组，开展登记品种的生产示范、加工实验和专用品质鉴定，定期向生产者和加工企业推荐合格的专用生产加工品种。

（编写人员：张 京 郭刚刚 等）

第6章　蚕豆

概　述

蚕豆是重要的食用豆类作物之一，具有养人、养畜、养地等多重功能，在粮食、饲草（料）、蔬菜、食品（包括休闲食品、调味、蛋白、粉丝）、绿肥等领域均有广泛应用。据FAO统计，世界蚕豆种植面积约240万公顷（3 600万亩），总产在400万吨左右，中国是世界上蚕豆栽培面积最大、产量最多，单产水平居中的国家。干蚕豆生产面积2016年为80.7万公顷（1 210万亩），2017年约为82.0万公顷（1 230万亩），单产1 900～2 000千克/公顷，蚕豆年总产量160万吨左右。我国蚕豆主要分布在西南地区、长江流域及西北地区。我国蚕豆生产分为秋播区和春播区，西南地区及长江流域为秋播区，蚕豆种植面积占全国的90%，产量占85%。西北地区等地为春播区，蚕豆种植面积占全国的10%，产量占15%。西北地区以干蚕豆利用为主；南方地区以鲜食为主，干粒为辅，部分蚕豆秸秆作为饲料和绿肥为主。蚕豆作为水稻、小麦和玉米等作物的友好前茬，在轮作或间套作中占有重要地位，特别在稻田土壤培肥和病虫防控方面有着重要作用。

一、我国蚕豆产业发展

（一）蚕豆生产发展状况

1. 全国生产概述

（1）播种面积变化

我国蚕豆种植面积从2010年的87.00万公顷降至2014年的70.16万公顷，下降了19.36%；以后又略有增长，至2017年增长到88.80万公顷，增长了26.57%；其中2016年较2017年增长了约8.1万公顷（121.5万亩），增长率10.04%。受进出口贸易影响，前期蚕豆种植面积下降使近年出口量下降至1.0万吨左右；而蚕豆种植成本较高，机械化水平低和生产效率较低是影响蚕豆生产的另一重要因素。2014年以后蚕豆种植面积增加，主要是秋播区鲜食蚕豆种植的效益较高，同时，华东地区、西南地区蚕豆秸秆的饲用化和绿肥利用，带动了蚕豆生产，有效扩大了蚕豆种植（图6-1）。

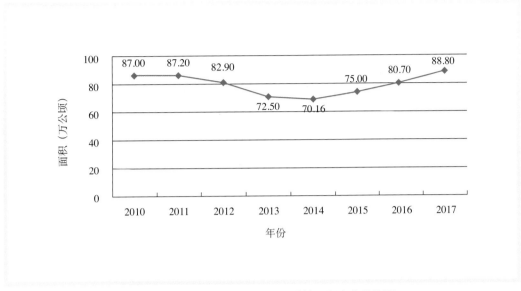

图6-1 2010—2017年我国蚕豆种植面积变化趋势图

(2) 产量变化

我国蚕豆总产量从2011年的173.40万吨降至2014年的142.87万吨，下降了17.61%，以后又略增长，至2017年增长到172.30万吨，较2014年增长了20.6%，其中2017年较2016年增长了约11.41万吨，增长率7.09%（图6-2）。

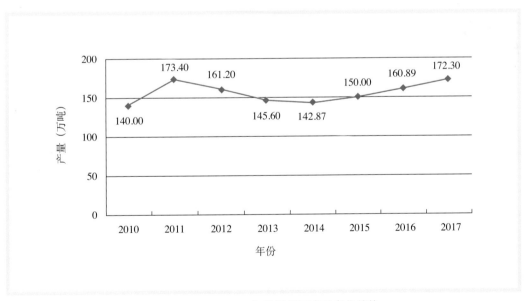

图6-2 2010—2017年我国蚕豆产量变化趋势

(3) 单产变化

我国蚕豆的单产水平年际间差异较大，春蚕豆和秋蚕豆平均单产水平差异也较大，同一生态区不同省份的平均单产也有一定的差异。据FAO数据，2010—2016年我国平均单产为1 732.1 ~ 1 964.3千克/公顷，2016年为1 994.0千克/公顷；2017年约1 872.8千克/公顷，较2016年下降121.2千克/公顷，减少6.08%（图6-3）。

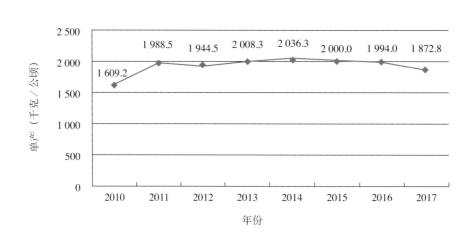

图6-3　2010—2017年我国蚕豆单产变化趋势图

（4）栽培方式演变

我国春蚕豆以单作为主，一年一熟制，人工种植为主。近几年，春播区蚕豆逐步由单一露地种植向露地种植与地膜覆盖相结合，并与麦类、薯类以及燕麦等饲草作物轮作或混播种植，同时，在机械化覆膜播种和联合收割技术，以及化学调控技术的辅助下，生产方式不断转变，逐步降低劳动成本，提高生产效率。秋蚕豆以干籽粒生产与鲜食生产相结合逐步转变，尤其以江苏、上海为代表的华东地区以鲜食产业为主，以云南为代表的西南地区近两年鲜食蚕豆产业发展迅速，主要栽培方式是与水稻、玉米以及烟草轮作或间作为主。华东地区如江苏南通、上海等地进行小拱棚冬季种植，提高鲜食蚕豆的种植效益。以云南为代表的西南地区稻茬免耕的栽培方式，由稀播变为高密种植。

（5）产品用途的变化

蚕豆富含蛋白质、钙、铁和赖氨酸，以及膳食纤维、复合碳水化合物、维生素及矿物质，低脂肪。过去蚕豆干籽粒生产主要用于人类食物和动物饲料。我国蚕豆除自产自销外，在对外贸易中占有重要地位，年出口量30万～40万吨；在怪味胡豆、玉带豆、兰花豆等休闲食品、郫县豆瓣等调味品及粉丝等的加工领域广泛应用。现在，在保持着传统优势产业的同时，各省份加工企业不断丰富蚕豆产品，开发出了蟹黄蚕豆、蛋白产品、糕点产品、蚕豆罐头等新产品；近几年，鲜食蚕豆产业发展迅速，发展区域由华东地区向西南、西北地区蔓延，产品包括鲜荚、鲜粒速冻以及芽豆。各蚕豆产区把蚕豆作为改良培肥土壤的减肥增效的优势作物，与其他作物构建轮作体系。云南鲜食区、青海农牧交错区的蚕豆应用于高蛋白饲草利用以及青贮利用。上海和江苏鲜食区部分以秸秆为饲料，部分地区以鲜秸秆粉碎后翻在土中作绿肥。

（6）种植区域变化

我国蚕豆的生态区域布局没有太大变化。秋播区分西南山地丘陵区、长江中下游区、南方丘陵区3个产区，种植面积占全国蚕豆总面积的90%。西南山地丘陵产区主要包括四川、贵州、云南和陕西的汉中地区，种植面积约占全国总面积的42%；长江中下游产区主要包括上海、江苏、浙江、安徽、江西、湖北、湖南等省份，种植面积约占全国总面积37%；南方丘陵产区主要包括福建、广东和广西等省份。春播区蚕豆主要分布在西北和华北地区，包括河北、山西、内蒙古、西藏、陕西、甘肃、青海、宁夏和新疆等省份，播种面积占全国蚕豆总面积的10%。

以甘肃、青海为代表的蚕豆由灌溉农业区向旱作农业区转移，由低海拔区域向高海拔区域延伸。

（7）品种需求变化

甘肃、青海、河北、新疆等春播区蚕豆以粒用为主，鲜食产业为辅。青海和甘肃的主要品种为百粒重180克以上，生育期在100～120天之间的中晚熟大粒蚕豆品种，代表品种有青海12、青蚕14、临蚕6号、临蚕8号等。也有部分地区推广早熟中粒蚕豆如青海13、马牙、临蚕5号以及崇礼蚕豆等，此类品种为无限生长型，结荚分散，成熟不一致，籽粒的均匀度较差，难以适于机械化生产和新型经营主体适度规模化种植。随着新型经营主体的增多，对适于机械化生产、早熟的大中粒蚕豆品种需求较多；同时，北方蚕豆产业结构也在发生着重要变革，鲜食产业和饲草产业在逐步兴起，以蚕豆作为复种绿肥也在示范应用；因此，对适于鲜食以及青贮或青干草的蚕豆品种有一定需求。

华东地区主要以鲜食蚕豆为主，主要品种有通蚕鲜6号、通蚕鲜8号、日本大白皮、陵西一寸、慈溪大白蚕豆、海南大青皮等，主要需求的是高产及高抗赤斑病和锈病、适于鲜食的品种。

云南等西南地区鲜食与干粒并重的主要品种有云豆324、云豆690、云豆147等云豆系列蚕豆，凤豆6号、凤豆9号、凤豆12等凤豆系列蚕豆，成胡14、成胡19等成胡系列蚕豆，对适于不同生态区的、具有不同生育表现的高产、高抗赤斑病和锈病的蚕豆品种需求较多。

2.区域生产基本情况

（1）各优势产区的范围

春蚕豆的优势区域主要集中在甘肃、青海、宁夏、河北，以干粒生产为主。西北地区是大粒蚕豆生产优势区域；河北则以中小粒蚕豆生产为主。

秋蚕豆的优势区域为西南地区（云南、四川、重庆），以干粒和鲜食并重；华东地区（江苏、浙江、福建、上海）为我国重要的鲜食蚕豆生产区。

（2）自然资源及耕作制度

西南、华东等地区降水较多，日照不足；一年两熟或多熟制；西南地区蚕豆作为水稻、玉米、烟草等作物的优势轮作物；华东地区蚕豆与玉米、西瓜等作物间作或套种。这些区域蚕豆全生育期间多处在低温、高湿度的环境中，属于蚕豆病害高发的区域。

甘肃、青海优质大粒蚕豆产区蚕豆种植多分布于半干旱区域，以雨养及灌溉型农业生态系统为主，蚕豆生育期间的有效积温及光照适宜，一年一熟制，主要问题是蚕豆生育期干旱少雨。高海拔地区蚕豆赤斑病时有发生。

（3）种植面积与产量及占比

春播蚕豆主要分布在我北方地区（甘肃、青海、河北、内蒙古），种植面积占全国的10%，产量达15%；秋播蚕豆主要分布在我国南方地区（云南、四川、湖北、江苏），种植面积占全国的90%，产量占85%。其中，云南是我国蚕豆栽培面积最大的省份，常年播种面积27万公顷，产量居全国之首，有50多万吨。云南、四川、重庆等省份蚕豆种植面积占我国蚕豆种植面积的60%以上，产量占60%左右；蚕豆鲜食产业优势区为江苏、浙江、福建、上海，占我国蚕豆种植面积的20%左右，产量占25%左右。

（4）区域比较优势指数变化

华东地区为沿海发达城市，市民均有喜食蚕豆的习惯，蚕豆产业以发展鲜食为主，与其他区域优势大宗作物或蔬菜、瓜果等间作套种，实现一年多熟制，种植效益较好。不同生长季节差异较大，亩产值5 000 ～ 10 000元，纯收益在5 000元以上，反季节时，蚕豆鲜荚价格达20元/千克，种植效益为20 000 元/亩左右，种植效益优势较为明显。

西南地区蚕豆作为水稻、玉米的轮作优势作物，一年两熟制轮作，在种植业结构中占有重要地位。近几年，蚕豆鲜食产业在西南地区发展迅速，产品销往上海、北京等大城市，市场前景较好；尤其是云南大理充分发挥地理区位优势，实现一年四季均可种植蚕豆，成为我国周年供应鲜食蚕豆的重要生产基地，具有较强的竞争优势，鲜食蚕豆的种植效益为3 000 ～ 5 000元/亩。

北方春蚕豆生产区因地理位置偏远，对蚕豆的消费习惯单一，干豆与鲜豆均有消费，但需求量也较少。均以原粮销售为主，因生态环境优势，干蚕豆的商品性较好，曾是我国蚕豆重要的出口商品生产基地，市场价格较稳定，一般种植收入为1 000 ～ 2 000元/亩。近年来，此区因劳动力成本不断增加，生产效率较低，种植效益较低，蚕豆种植不再具有优势。

（5）资源限制因素

北方春播区蚕豆种植一年一熟制，受大宗作物的挤压影响，主要分布在雨养型农业区或山地，有时受水资源限制较多，有时受积温限制，影响正常成熟。另外，因蚕豆自身的特性和小田块的问题，极大地限制了机械化生产技术推广应用，劳动力投入较多，生产成本增加，生产效率不高。

南方秋播区蚕豆产业以鲜食为主，鲜食采摘均需大量的劳动力，主要受制因素也是劳动力资源。

（6）生产主要问题

春蚕豆生产主要问题是生产方式的问题，就是蚕豆生产的重要环节投入的劳动力较多，一般需要5 ～ 6个工，劳动强度较大，生产效率较低。

秋播区蚕豆生产中主要存在的问题是病害问题和生产方式问题，主要体现在蚕豆对赤斑病、锈病等主要病害的抗性问题；生产方式是指蚕豆播种、收获、脱粒和青荚采摘的机械化问题以及田间杂草的化学控制问题。

3. 生产成本与效益

北方地区春蚕豆种子成本约200元/亩，化肥30元/亩。田间管理包括播种、中耕除草、灌溉防病虫害、收获打碾等，农事成本分别是80元/亩、100元/亩、150元/亩、200元/亩，合计成本为760元/亩。蚕豆平均价格为4元/千克，平均亩产220千克/亩，亩总产值为1 000元/亩，总收益为240元/亩。

鲜食蚕豆种子成本约180元/亩。田间管理包括播种、中耕除草、病虫害防控、收获等，农事成本分别是80元/亩、100元/亩、120元/亩、1 000元/亩，合计成本为1 480元/亩。蚕豆平均价格为4元/千克，平均亩产1 000千克/亩，亩总产值为4 000元/亩，总收益为2 520元/亩。

4. 食用豆在产业结构调整及科技扶贫中的应用

（1）应用情况

六盘山区土壤贫瘠，土地产出率低，食用蚕豆是该区域农民增收的重要作物，食用蚕豆产业体系已选育和筛选出适于六盘山地区种植的蚕豆品种9个，分别是青海13、青蚕14和青蚕15、临蚕8号、临蚕9号、临蚕12等。并在甘肃、青海、宁夏等省份位于六盘山区的重点县示范推广面积在100万亩以上。为该区域土地用养结合，提升土壤耕地质量的规划，适度增加农民的收入起到了积极作用。

（2）种类分布

蚕豆是云南、四川、重庆等省份稻作区的重要优势轮作物，也是山区贫困地区农民增加收入的重要作物，近几年，"以干改鲜"模式的应用，使蚕豆的种植效益达3 000元/亩以上，成为当地贫困山区致富的重要作物。鲜食蚕豆是华东地区市民比较喜欢的蔬菜品种之一，也是当地菜篮子重要的品种，特别是反季节蚕豆生产产值高，对于增加农民收入或专业企业赢利具有重要的支撑作用。在甘肃、青海、宁夏等西北春蚕豆区作物种类少的情况下，蚕豆是重要作物之一，也是大宗作物的优势轮作物。蚕豆的种植效益在1 000元/亩以上。对于干旱山区农民来说，蚕豆的种植效益也是比较高的，在区域农民的增收中占有一定的份额。饲草用蚕豆可以使饲草的蛋白质含量提高10%左右，较传统饲草品种和种植模式提高近1倍，对于青海饲草产业高质量发展具有重要作用。蚕豆也逐步成为新疆生产建设兵团种植业结构调整的重要选择。

（3）耕作制度及栽培模式

云南稻茬免耕技术推动了蚕豆与水稻有效轮作，如蚕豆—西瓜间春玉米—晚稻三熟模式，南通的大棚蚕豆+西瓜一年两熟模式，鲜食蚕豆/春玉米—夏秋大豆/秋玉米一年四熟种植模式；鲜食蚕豆/春玉米+大豆—秋玉米/秋大豆一年五熟高效种植模式，以及西北旱作农业区的蚕豆地膜覆盖种植模式，均为区域种植业结构调整和科技扶贫提供了重要支撑。

（二）蚕豆市场需求状况

1. 全国消费量及变化情况

（1）国内市场对食用豆产品的年度需求变化

国内蚕豆价格主要由本年度市场供给情况来决定，若供不应求会带来价格偏高，农民受此引导来年就会增加蚕豆种植，第二年蚕豆的供给量很有可能超过需求量，从而带来蚕豆价格的下跌，农民就又会采取减少蚕豆种植的行为。

（2）预估市场发展趋势

2017年蚕豆生产受极端天气的影响，产量有所下降，后期蚕豆价格有所上升。受上年价格升高的影响，2018年蚕豆种植面积较上年会有所增加，产量有所增长，在需求稳定的情况下，蚕豆价格会有所降低。

2. 区域消费差异及特征变化

（1）区域消费差异

秋播区蚕豆种植面积约1 000万亩左右，以鲜食和休闲类食品消费较多，鲜食蚕豆的年消费量约600万吨（折合干豆100万吨左右），占总消费量的60%以上，干粒利用包括种子占40%左右。春播区以干炒类食品消费较多，占90%以上。西部地区蚕豆秸秆作为优质饲草，亩产秸秆100千克左右，华东地区蚕豆秸秆多作为绿肥。

（2）区域消费特征

华东地区（包括上海、江苏、浙江、福建）以大粒绿皮为特征的通蚕鲜系列产品以及陵西一寸等为主要鲜食消费品种，除本地消费外，出口日本、智利等国，青秸秆粉碎做绿肥。云南以云豆系列和凤豆系列为主导品种，鲜食与粒用兼用，鲜食除本地消费外，部分销往北京、上海等地；干粒除当地作为休闲食品消费外，部分销售到武汉、天津、四川；干秸秆作为饲草。四川和重庆也是鲜食和粒用兼用，鲜食以当地消费为主，干粒以怪味胡豆和郫县豆瓣酱等为主。西北地区（包括甘肃、青海、宁夏等）除当地休闲食品外，多外销武汉、天津、上海、四川等地。

（3）消费量及市场发展趋势

国内干蚕豆年消费量在150万吨左右，市场需求较为稳定，市场价格稳定在4.0元/千克左右，有的高达6.5元/千克；鲜食蚕豆消费量600万吨以上，市场价格1 000～20 000元/吨不等，主要受季节限制，错季节上市价格差别特别显著。近几年，鲜食蚕豆产业发展迅速，优势产区从华东延伸到西南地区。2017年云南、重庆、四川等地的鲜食蚕豆种植面积达500万亩以上，西北春蚕豆区的鲜食产业迅速发展，当年种植面积约30万亩。

（三）蚕豆种子市场供应状况

1. 全国种子市场供应总体情况

（1）总体供应情况

蚕豆在不同区域用途不同，种植方式也不同，蚕豆生产的用种需求也不同。总体上，华东鲜食蚕豆的种植密度为1 600 ~ 2 000株/亩，其他地区的蚕豆种植密度在1.0万株/亩以上，亩播种量3.0 ~ 30.0千克/亩。种子年需求量26.0万吨，蚕豆品种的适应性较差，具有区域性特点，蚕豆繁殖系数只有10左右，繁殖系数较低，蚕豆种子的统供能力较低，不足20%。

（2）区域供应情况

甘肃、青海优质大粒蚕豆产区的蚕豆种子主要由甘肃地区种子经营公司和青海省昆仑种业集团有限公司等提供，供应该区域5%的用种量。

华东地区蚕豆种子主要由南通东方种业、江苏南通如东蚕豆种子有限公司等提供，年供应种子500吨左右。种业公司供种能力在50%左右，农民自留种50%左右。

西南地区蚕豆种主要由云南种业集团有限责任公司等提供。年供应种子1 000吨左右，专业企业供种能力不足20%，多以农民自留种为主。

2. 区域种子市场供应情况

蚕豆产业以区域优势产业为主，发展多元化产业模式，充分发挥粮、菜、饲、肥等功能，围绕"绿色、安全、生态、高效"的现代农业发展理念，以市场和绿色农业为双重导向，以效率和效益为目标，以提升价值链为重点，以与大宗粮、经、饲作物构建轮作体系为主要发展模式，稳步推进蚕豆产业升级和转型，不断将蚕豆产业融合到区域现代农业生态系统中，为区域粮袋子、菜篮子和优质饲草和绿肥产品提供种子保障。全国蚕豆种子需求量26.0万吨左右。

3. 市场销售情况

（1）主要经营企业及加工产品

我国目前主要经营企业及加工产品有：重庆绥云食品有限公司的主要产品"莲花"怪味胡豆，苏州口水娃食品有限公司的主要产品"口水娃"兰花豆，上海喜事来食品有限公司的主要产品"月亮街"兰花豆，上海老街土特产有限公司的主要产品"老街"奶油五香豆，江西甘源食品有限公司的主要产品"甘源"蟹黄蚕豆，四川省吴府记食品有限公司的主要产品"蜀道香"怪味胡豆，宁夏厚生记食品有限公司的主要产品"厚生记"蚕豆；四川丹丹郫县豆瓣人集团有限公司与四川省郫县豆瓣股份有限公司的主要产品豆瓣酱等；江苏中宝食品有限公司的速冻蚕豆等。

（2）经营量与经营额

2017年全国蚕豆贸易量8 486吨，出口额953.3万美元。鲜食蚕豆销售量500 ~ 600吨，销售额40亿 ~ 50亿元；休闲食品销售量15万 ~ 20万吨，销售额20亿 ~ 30亿元；种子量15万吨左右，企业统一供种率约20%，销售额3亿 ~ 5亿元。饲料用量10万吨左右，销售额2亿 ~ 3亿元。

（3）市场占有率

近几年，我国市场蚕豆贸易量为0.8万 ~ 2.0万吨，占总产量的0.4% ~ 0.6%。种子量占10%左右，饲料用量占10%左右，鲜食占50%以上，休闲食品加工占10%左右，郫县豆瓣酱占20%左右。

二、蚕豆产业科技创新

（一）蚕豆种质资源

全世界37个国家共收集蚕豆种质资源38 360份，目前最大的收集单位是国际干旱地区农业研究中心(ICARDA)，保存有9 016份；其次为中国5 229份。保存蚕豆种质资源较多的国家还有澳大利亚2 445份，德国1 920份，法国1 900份，俄罗斯1 881份，意大利1 876份，摩洛哥1 715份，西班牙1 622份，波兰1 218份，埃塞俄比亚1 118份。欧洲收集的18 076份蚕豆种质资源中有50%来自世界其他国家，另一半为欧洲本土资源。这些种质资源多保存于−20～−18℃的长期库中和5℃左右的中期库中。

郎莉娟对浙江收集到的23份地方品种进行鉴定评价，鉴定出12个优异品种资源。王丽萍等研究得出云南蚕豆种质资源多样性较为丰富，其中绿子叶蚕豆资源是云南独有的地方品种资源。唐代艳从湖北收集到的192份蚕豆资源中分别鉴定出综合表现优异、高蛋白、高淀粉、抗病、抗盐资源，并总结出湖北蚕豆品种资源以中熟、小粒、白皮型为主，但抗病虫性较差，耐盐性不强。水蓉等从甘肃内收集到的93份蚕豆资源中鉴定出12份品质优异资源。陈海玲等对福建13个蚕豆外引品种生态适应性进行综合评价，结果表明，川9122-2、闽选35、启豆2号、川9301-1等品种综合表现较佳。

王小波等对四川23个市(县)125份蚕豆种质资源进行考察与鉴定，筛选出2份大粒种质和6份具有较高产量潜力的种质。杨武云等在四川鉴定出3份低异交率结实特性蚕豆。王佩芝等对青海、河北的108份蚕豆优异资源进行综合评价，鉴定出31份大粒、11份多荚、14份多粒、11份长荚、22份矮生、5份多分枝及9份高蛋白的单项优异资源及一批复合优异资源。刘志政对青海63份蚕豆品种资源进行鉴定评价，将青海地方蚕豆资源分为温暖灌区马牙蚕豆型、干旱丘陵佘大豆型、高寒山区仙米豆型。马镜娣等对江苏331份蚕豆种质进行鉴定和评价，鉴定出启豆2号等7个优异品种。

（二）蚕豆种质基础研究

我国对蚕豆抗锈病资源做了大量的工作，如引自ICARDA的85-213.85-246等表现抗性，中抗的有江苏泰县青皮（H317W）、启豆4号（H4059），湖北的小粒茶蚕豆（H3869）和云南的绿皮豆。鉴定出一些中抗蚕豆褐斑病的蚕豆品种或资源，主要来自长江中下游的蚕豆种植区，如小粒豆（HH14915）、青皮豆（HH0151）、青皮大脚板（H0152）、小粒蚕豆（H3209）和胡豆（H3312）等。

张红岩等利用99对SSR荧光标记对102份国内蚕豆育成品种(品系)和优异种质资源进行遗传多样性分析。结果表明，99对SSR标记共检测出937个等位变异，每对标记平均检测出4～19个等位变异，平均为9.46个；多态性信息量(PIC)变化范围为0.38～0.88，平均为0.63；有效等位变异(Ne)变化范围为1.79～9.22，平均为3.41；Shannon信息指数变化范围为0.79～2.44，平均为1.45。基于邻接法(NJ)的聚类分析将102份国内育成蚕豆品种(品系)及优异种质划分成春播和秋播两大生态类型；优异蚕豆资源的遗传多样性最高，其次为青海品种(品系)和云南品种，江苏品种遗传多样性相对较低。群体遗传结构和主成分分析将供试蚕豆材料分为三大类，第一大类主要以云南育成品种为主，第二大类全部为青海育成品种(品系)，第三大类主要为大部分优异种质资源以及全部江苏育成品种；供试材料具有生态适应性狭窄和极强的地域生态特点。

李萍等应用双向电泳技术结合质谱鉴定的蛋白质组学技术为手段探究干旱胁迫下蚕豆品种青海13叶片蛋白水平的响应，获得了8个上调表达蛋白点，其主要参与代谢和能量、胁迫防御、调节蛋白等功能途径，初步推断其表达量的上调是造成青海13蚕豆具有较强抗旱性的重要原因。同时，利用电子克隆技术得到8个上调表达蛋白点的氨基酸序列和核酸序列。

（三）蚕豆育种技术及育种动向

我国蚕豆育种技术仍然是传统的杂交育种和选择育种技术、个别单位开展辐射育种和化学诱变育种，但效果不明显。生物技术在作物育种中得到越来越广泛的应用，常能起到常规技术起不到的作用，细胞工程技术、DNA分子标记技术、基因工程技术等生物技术的发展和应用对蚕豆的发展起到促进作用。分子标记技术仅限于蚕豆相关性状的标记筛选。

目前，SSR、SNP等分子标记技术在蚕豆种质资源研究、重要农艺性状研究、蚕豆起源研究等方面应用较多，完成蚕豆基因组测序，对关键性状进行精确定位，将分子标记辅助育种技术应用于蚕豆定向育种中，实现分子设计育种。

（四）现阶段蚕豆的育种目标

我国蚕豆分布比较广，各地区的气候特点、生态类型、耕作方式差异显著，虽然育种目标各有侧重，但总体目标是根据不同生态区的生产、生态条件及现有的种质资源，结合不同时期经济发展水平和市场需求，培育多类型、多用途的高产稳产、优质高效、适应性广的蚕豆新品种。

蚕豆分为秋蚕豆与春蚕豆。随着现代农业的深入推进和农业功能的不断拓展，无论在秋播区还是春播区，蚕豆的多元化功能逐步得以实现和发展，蚕豆的育种目标在注重产量的前提下，也应注重多元化和多方向性，但总的目标是围绕干籽粒、鲜食、饲草、绿肥等发展需求，分别选育高产、高抗优质品种，同时，选育的品种要适于机械化。

（五）蚕豆新育成品种

近10年，我国选育的蚕豆品种包括云豆系列、凤豆系列、成胡系列、通鲜蚕豆系列、青海（青蚕）系列和临蚕系列等20多个，均是围绕当地蚕豆产业发展的需求选育的高产优质高抗蚕豆品种，新品种基本符合生产需求和市场需求，但从轻简化栽培要求考虑，蚕豆对于机械化要求还不是完全适应的，难以实现规模化生产；从绿色发展考虑，选育品种不具有对主要害虫的抗性。育成的品种适应性仅限于特定区域。

（六）蚕豆品种选育中存在的问题分析

蚕豆品种选育的主要问题是育种目标定位不准，目标单一，选育品种的同质性严重；对于品种权保护受到一定限制，品种数量多，主导品种不集中、不突出。其次是育种新技术应用少和单一的育种目标导致创制的新材料较多，蚕豆遗传基础变得越来越狭窄，在选育的品种中具有突破性的品种较少。第三，品种选育多，但种子繁育的单位较少，新品种推广普及较慢。

三、蚕豆品种推广

（一）蚕豆品种登记情况

自2017年6月以来，我国蚕豆登记品种共17个，主要来自青海、江苏、云南、甘肃、四川、湖北、浙江等省份，登记的品种数分别6、5、2、1、1、1、1。有当地的地方特色品种，如青海马牙蚕豆、海门大青皮；有育成的当地蚕豆生产中的主导品种，如青海12、青海13，成胡17、保绿1号；也有引进系选品种如陵西一寸、日本大白皮、双绿5号等（表6-1）。

表6-1 2017—2018年我国蚕豆登记品种情况

登记编号	作物种类	品种名称	申请者	育种者	品种来源
GPD蚕豆(2017)630001	蚕豆	马牙	湟源县种子站湟源县农业技术推广中心	林琰、伊国清、颜生寿、宋文彪、付晓萍、祁有存、卢秀珍、韩永胜	从农家品种选育而成
GPD蚕豆(2017)330002	蚕豆	双绿5号	浙江勿忘农种业股份有限公司	勿忘农集团有限公司、杭州富惠现代农业有限公司	国外引进品种变异株选育而成
GPD蚕豆(2017)630003	蚕豆	陵西一寸	青海省农林科学院	刘洋、车晋叶、刘玉皎、熊国富、袁名宜	日本引种
GPD蚕豆(2017)630004	蚕豆	青蚕14	青海省农林科学院青海鑫农科技有限公司、青海昆仑种业集团有限公司	刘玉皎、侯万伟、张小田、白迎春、郭兴莲、刘洋、杨启发、韩晓明、马俊义、耿贵工、杨希娟	72-45×日本寸蚕
GPD蚕豆(2017)630005	蚕豆	青海12	青海省农林科学院	刘玉皎、刘洋、熊国富、吴昆仑、席梅、贺晨邦、周青、杨有来、张启方、席翠梅、袁名宜	(青海3号/马牙)×(72-45/英国176)
GPD蚕豆(2017)630006	蚕豆	青蚕15	青海省农林科学院、青海鑫科技有限公司	刘玉皎、侯万伟、严清彪、李萍、郭兴莲、俊义、车永萍、丁玉军、马占青、光辉、张永春、马	湟中落角×96-49
GPD蚕豆(2017)630007	蚕豆	青海13	青海省农林科学院、青海鑫科技有限公司	刘玉皎、张小田、马俊义、侯万伟、车永萍、耿贵工、刘洋、相文德、梁超鹏、郭兴莲、白迎春、辛元凤、韩有福	马牙×戴韦
GPD蚕豆(2018)320003	蚕豆	通蚕鲜6号	江苏沿江地区农业科学研究所	江苏沿江地区农业科学研究所	紫皮蚕豆×日本大白皮
GPD蚕豆(2018)320004	蚕豆	通蚕鲜7号	江苏沿江地区农业科学研究所	江苏沿江地区农业科学研究所	(9309/9702IF2)×97021
GPD蚕豆(2018)320005	蚕豆	海门大青皮	江苏沿江地区农业科学研究所、海门市种子管理站	海门市种子管理站	江苏地方品种
GPD蚕豆(2018)320006	蚕豆	通蚕鲜8号	江苏沿江地区农业科学研究所	江苏沿江地区农业科学研究所	97035×1a-7
GPD蚕豆(2018)620014	蚕豆	金蚕三号	酒泉市大金裸种业有限责任公司	酒泉市大金裸种业有限责任公司	酒泉大蚕豆
GPD蚕豆(2018)510015	蚕豆	成胡17	四川省农业科学院作物研究所、重庆誉田种业有限公司	四川省农业科学院作物研究所、重庆誉田	ZHVS1×ILB1814
GPD蚕豆(2018)420016	蚕豆	长蚕1号	长江大学、武汉佳禾生物科技有限责任公司	沙爱华、卢碧林、周元坤	监利地方品种小蚕豆变异单株
GPD蚕豆(2018)530007	蚕豆	益农1号	云南楚雄益农农业科技开发有限公司、楚雄市彩稼农业科技开发研究所	刘益、刘行洲、周孝梅、刘庆玲	天府豆2号×白花早蚕豆
GPD蚕豆(2018)530001	蚕豆	保绿豆1号	云南保山市农业科学研究所	杨家贵、杨和团、吴建丽、赵毕昆、许金波、牛文武、杜新雄	保山透心绿品种老蚕豆系选
GPD蚕豆(2018)320002	蚕豆	日本大白皮	江苏沿江地区农业科学研究所	江苏沿江地区农业科学研究所	从日本引进的特大粒蚕豆系选

（二）主要蚕豆品种推广应用情况

1. 推广面积

（1）全国主要品种推广面积变化分析

华东地区鲜食蚕豆以慈溪大白蚕、海门大青皮、上海大白皮等地方名特优品种为主，随着新品种选育及推广应用，现在以通蚕鲜6号、通蚕鲜7号、通蚕鲜8号以及陵西一寸等品种的种植面积较大，年种植面积约100万亩。2016年江苏和上海等省份主要以日本大白皮、通蚕鲜6号、通蚕鲜7号、通蚕鲜8号、启豆2号、海门大青皮为主，浙江、福建等省份鲜食蚕豆以慈溪大白蚕、双绿5号、陵西一寸等蚕豆为主。

西北地区蚕豆生产以青海系列和临蚕系列为主，青海9号、青海11、临蚕5号、临蚕6号推广面积曾占区域蚕豆种植面积的70%以上，单个品种种植面积当年在20万亩以上。2016年和2017年种植的主要品种有青海12、青海13、青蚕14、临蚕8号、临蚕9号、临蚕10号，各品种的种植面积均在5万亩以上，2017年青海12种植面积有所下降，被青蚕14替代种植。

西南地区蚕豆以云豆系列、成胡系列和凤豆系列为主，2016年和2017年主要种植的蚕豆品种有云豆早7号、云豆147、云豆315、凤豆6号、凤豆9号、成胡10号、成胡14、成胡15等，种植面积达500万亩，重庆种植面积较大的蚕豆品种是成胡10号，但通蚕鲜8号种植面积逐步扩大，主要是该品种对赤斑病的抗性较好。

（2）各主产区主要品种的推广面积占比分析

以我国蚕豆主产区的主导品种在各主产区的推广面积和占比为例：南方秋播区蚕豆推广面积较大的品种有云豆早7号、成胡10号、成胡14、成胡15、通蚕鲜7号、通蚕鲜8号、凤豆6号；2017年在本主产区的种植面积分别为75.0万亩、73.0万亩、57.0万亩、82.0万亩、36.0万亩、35.0万亩、23.0万亩，占本主产区当年蚕豆种植面积的比例分别为15.06%、41.95%、28.5%、41.0%、28.37%、28.57%、4.62%。北方春播区蚕豆推广面积较大的品种有青蚕14、临蚕8号、临蚕9号、青海12；2017年本主产区的推广面积和种植比例分别是18.0万亩和51.0%、15.0万亩和17.24%、16.0万亩和18.39%、8.0万亩和23.0%（表6-2）。

同时，除各品种在本主产区推广外，成胡系列蚕豆在重庆、湖北等省份大面积推广，青海系列蚕豆在宁夏、甘肃、新疆、内蒙古以及山西、四川阿坝地区推广应用。

表6-2　2017年主要省份蚕豆主要品种种植面积及占比分析

省份	品种	面积（万亩）	占比（%）
云南	云豆早7号	75.0	15.06
	云豆147	26.0	5.22
	云豆690	12.0	2.41
	凤豆6号	23.0	4.62
	凤豆13	5.7	1.14
四川	成胡14	57.0	28.50
	成胡15	82.0	41.00
重庆	通蚕鲜8号	5.0	2.87
	成胡10号	73.0	41.95

（续）

省份	品种	面积（万亩）	占比（%）
江苏	通蚕鲜6号	12.0	9.46
	通蚕鲜7号	36.0	28.37
	通蚕鲜8号	35.0	27.58
	海门大青皮	10.0	7.88
甘肃	临蚕8号	15.0	17.24
	临蚕9号	16.0	18.39
	临蚕10号	12.0	13.79
河北	张蚕1号	20.0	0.88
青海	青海12	8.0	0.23
	青海13	5.3	0.15
	青蚕14	18.0	0.51
	马牙	2.4	0.07
合计		548.4	0.41

2. 主要推广品种表现

（1）主要品种群

我国蚕豆在不同生态区的用途不同，按行政区划分，各具特色和优势，形成了蚕豆特色产业优势区、华东地区鲜食产业、西南地区中小粒优势区域（近年鲜食产业发展迅速）、西北地区的大粒蚕豆生产区。不同区域的主要推广品种类型差异较大，华东地区以通鲜蚕系列、陵西一寸、日本大白皮等品种为主；西北地区以青蚕系列和临蚕系列为主；西南地区以成胡系列、云豆系列和凤豆系列为主。还有部分地区的地方特色品种青海马牙蚕豆、张家口崇礼蚕豆、保山透心绿、海南大青皮等。

（2）主栽品种的特点

通鲜蚕7号：江苏沿江地区农业科学研究所利用（93009/97021F2）×97021杂交选育而成。秋播鲜食大籽粒型蚕豆品种，全生育期220天左右（鲜食青荚生育期平均209.4天），中熟。苗期生长势旺，中后期根系活力较强，耐肥，秸青籽熟，不裂荚，熟相好。株高中等，株高96.7厘米左右，叶片较大，茎秆粗壮，结荚高度中等。花色浅紫花，单株平均分枝4.6个，单株平均结荚15.2个，单株产量263.8克，每荚平均粒数2.27粒，其中1粒荚占19.5%，2粒以上荚占80.5%；鲜荚长11.81厘米、宽2.55厘米；常年百荚鲜重4 000克左右，鲜籽长3.01厘米、宽2.18厘米；常年鲜籽百粒重410～450克，鲜籽粒绿色，煮食香甜柔糯，口味好。干籽粒种皮白色（刚收获时略显浅绿的白色过渡色），黑脐，籽粒较大，干籽百粒重205克左右。品质优良，蛋白质（干基）含量30.5%，淀粉（干基）含量53.8%，单宁含量0.47%，脂肪含量0.9%。抗赤斑病，中抗锈病，耐白粉病，对病毒病有一定忍耐性，不抗根腐病。抗倒性较好，收获时秆青籽熟，熟相好。耐冷性强。第一生长周期亩产1 306.7千克，比对照日本大白皮增产6.44%；第二生长周期亩产1 063.7千克，比对照日本大白皮增产8.96%。

通蚕鲜8号：江苏沿江地区农业科学研究所利用97035×Ja-7杂交选育的鲜食蚕豆品种。秋播大粒蚕豆，中熟，全生育期约220天（鲜食青荚生育期平均208.6天）。苗期生长势旺，中后期根系活力较强，耐肥，秸青籽熟，不裂荚，熟相好。株高中等，株高约94.5厘米，叶片较大，茎秆粗壮，结荚高度中等。花紫色，单株平均分枝5.15个，单株平均结荚14.7个，单株鲜荚产量249.5克，每荚平均粒数2.13粒，其中1粒荚占23.5%，2粒及2粒以上荚占76.5%；鲜荚长11.26厘米、宽2.49厘米；百荚鲜重约3 800克，鲜籽长2.83厘米、宽2.06厘米；鲜籽百粒重410～440克，鲜籽粒绿色，煮食香甜柔糯，口味好。干籽粒种皮白色，黑脐，籽粒较大，干籽百粒重约195克。粗蛋白含量27.9%，粗淀粉含量48.6%，脂肪含量1.2%，单宁含量0.474%。中抗赤斑病、锈病，较耐白粉病，对病毒病有一定忍耐性，不抗根腐病。耐冷性中，抗倒性较好，收获时秆青籽熟，熟相好。第一生长周期亩产1 270.9千克，比对照日本大白皮增产3.53%；第二生长周期亩产1 052.4千克，比对照日本大白皮增产7.54%。

成胡10号：四川省农业科学院利用建德青皮与平阳青杂交选育而成。中熟品种，生育期185～200天，株高100～120厘米；百粒重80～90克，种皮浅绿色；平均亩产288.6千克，较当地品种增产41.2%，较成胡9号增产8.9%。中抗赤斑病。

成胡14：四川省农业科学院以广安红作母本，以[（上皂早×广安红）×（成胡1号×反帝1号）]的单系为父本杂交选育而成。全生育期192天，株高110～130厘米，植株生长势旺，分枝多；花紫色，荚长，每荚平均粒数在2粒，单株平均结荚11.8个，单株粒数在20粒以上；种皮乳白色，粒大，百粒重92.1克，较对照重10克左右，品质好，干种子粗蛋白含量30.6%（普通蚕豆品种蛋白质含量为26%～28%），抗病性好，产量高，亩产在200千克以上。该品种成株植株较高，在肥土种植时注意防止倒伏危害。

云豆早7号：云南省农业科学院粮食作物研究所通过"K0064"系统选育育成。属秋播型早熟大粒型品种。全生育期160～188天，无限开花习性，幼苗分枝直立，株高80.0厘米；幼茎绿色，成熟茎褐黄色，分枝力强，平均分枝数4.85枝/株，株型松散度中等，小叶，叶形长圆，叶色绿，花色浅紫，荚质硬，荚形扁圆桶形，鲜荚绿黄色，成熟荚浅褐色，种皮白色，种脐白色，子叶黄白色，粒形阔厚，单株平均结荚10.2个，每荚平均粒数1.49粒，百粒重130.6克，单株粒重16.2克，干籽粒淀粉含量41.67%，粗蛋白含量26.8%；多点区域试验平均干籽粒产量4 226.7千克/公顷，比对照种云豆324增产6.1%。大田生产试验干籽粒产量4 200～6 600千克/公顷；平均单产4 400千克/公顷，增产率0.3%～72.9%，最高鲜荚产量32 100千克/公顷。对锈病、潜叶蝇有较好的避病、避虫性。

云豆147：云南省农业科学院选育，云南省农业科学院粮食作物研究所利用K0285/8047杂交育成，原品系代号89-147。属秋播型中熟大粒型品种。全生育期190天，无限开花习性，幼苗分枝葡匐，株高79.08厘米，株型紧凑；分枝力强，平均分枝数3.64枝/株，幼茎绿，成熟茎红绿色。叶色深绿，小叶，叶形长圆，花色白，荚质硬，荚形扁桶形，鲜荚绿黄色，成熟荚为浅褐色，种皮白色，种脐黑色，子叶黄白色，粒形阔厚；单株平均结荚11.4个，每荚平均粒数1.93粒，百粒重127.38克，单株粒重23.68克；干籽粒淀粉含量47.69%，粗蛋白含量26.21%；耐冻力强，耐旱中等。云南区域试验平均产量3 475.5千克/公顷，比对照品种8010增产21.7%。大田生产试验产量3 028.0～4 812.5千克/公顷，平均单产3 920千克/公顷，增产率11.2%～41.5%。

凤豆6号：云南省大理白族自治州农业科学推广研究院利用凤豆一号与82-2杂交育成的蚕豆新品种。全生育期178～180天，属早中熟品种。株型紧凑，株高110～120厘米，单株实粒数15～18粒，花色紫红，粒中厚型，种皮白色)腰部黑斑明显，种脐白色，籽粒饱满，百粒重110～120克；种子粗蛋白含量26.7%，粗脂肪含量0.71%，总淀粉含量41.99%。抗倒、抗寒、耐渍性较，中抗锈病，轻感赤斑病，适宜于中上等肥力田上种植。

青蚕14：青海省农林科学院、青海鑫农科技有限公司、青海昆仑种业集团有限公司以72-45×日本寸蚕为亲本组合杂交选育而成。属干籽粒型，中熟品种，生育期110～125天。幼苗直立，幼茎浅绿色、主茎绿色、方形、叶姿上举、株型紧凑。总状花序，花白色，旗瓣白色，脉纹浅褐色，翼瓣白色，中央有一黑色圆斑，龙骨瓣白绿色。成熟荚黑色。种皮有光泽、半透明，脐黑色。粒乳白色、中厚形。干籽粒粗蛋白含量27.23%，粗淀粉含量41.19%。中抗赤斑病，耐冷性中等，耐旱性中等。第一生长周期亩产379.28千克，比对照青海11增产11.84%；第二生长周期亩产356.48千克，比对照青海11增产5.4%。

青海12：青海省农林科学院以（青海3号/马牙）×（72-45/英国176）为杂交组合选育而成。干籽粒型。春性，中熟，生育期110～125天。幼苗直立，幼茎浅紫色。主茎浅紫色、方形。株高104.4～145.3厘米。初生叶卵圆形、绿色；托叶浅绿色。复叶长椭圆形，旗瓣白色，脉纹浅褐色，翼瓣白色，中央有一黑色圆斑，龙骨瓣白绿色。单株有效荚14～15个。荚果着生状态半直立型。荚长10.0～12.0厘米，荚宽2.0～2.4厘米。每荚粒数平均2.2粒，成熟荚黑色。种皮有光泽、半透明，脐黑色。粒乳白色、中厚形。百粒重195～200克。籽粒粗蛋白含量26.50%，淀粉含量47.58%，脂肪含量1.47%，粗纤维含量7.37%。中抗褐斑病、轮纹病、赤斑病，耐旱性中等。第一生长周期亩产271.03千克，比对照青海10号增产2.98%；第二生长周期亩产299.78千克，比对照青海10号增产7.46%。

青海13：青海省农林科学院、青海鑫农科技有限公司以马牙×戴韦杂交选育而成。干籽粒型，春性，早熟。植株高度1.0～1.2米。花白色，基部粉红色。结荚低，单株双（多）荚数多，荚粒数多，每荚粒数3～4粒。成熟荚硬荚，适于机械收获或脱粒。种皮有光泽、半透明，脐白色，粒乳白色、中厚形。百粒重90克左右。粗蛋白含量30.19%，粗淀粉含量46.49%。中抗褐斑病、轮纹病、赤斑病，耐旱性中等。第一生长周期亩产287.35千克，比对照马牙增产11.08%；第二生长周期亩产296.35千克，比对照马牙增产10%。

临蚕8号：甘肃省临夏州农业科学研究所选育的优质、高产、抗病春蚕豆新品种。生育期120天左右，株高125厘米，花淡紫色，百粒重180克左右，蛋白质含量31.28%，赖氨酸含量1.89%，脂肪含量1.32%，淀粉含量43.73%。区域试验产量为333.4千克/亩，较对照临蚕5号平均增产9.51%，生产试验平均产量为298.0千克/亩，较对照临蚕5号平均增产10.73%。中抗根腐病，耐旱性强。

临蚕9号：甘肃省临夏州农业科学研究所用临夏大蚕豆作母本、慈溪大白蚕作父本，其F_1作母本、土耳其22-3作父本，经复合杂交选育而成的春蚕豆新品种。生育期125天，株高125厘米，花淡紫色，百粒重180克左右，蛋白质含量30.61%，赖氨酸含量1.15%，脂肪含量1.168%，淀粉含量54.66%。区域试验产量为348.1千克/亩，较对照临蚕5号平均增产11.73%，生产试验平均产量为401.7千克/亩，较对照临蚕5号平均增产11.75%。中抗根腐病，耐旱性强。

临蚕10号：甘肃省临夏州农业科学研究所用临夏大蚕豆作母本、曲农白皮蚕和加拿大321-2作父本，经复合杂交选育而成的春蚕豆新品种。生育期120天，株高125厘米，花淡紫色，百粒重180克左右，蛋白质含量31.76%，赖氨酸含量1.01%，脂肪含量0.86%，淀粉含量54.66%。区域试验产量为370.4千克/亩，较对照临蚕5号平均增产11.5%，生产试验平均产量为398.8千克/亩，较对照临蚕5号平均增产12.5%。中抗根腐病。

(3) 品种在2017年生产中出现的缺陷

2017年品种在生产中出现的缺陷主要是云南云豆系列、凤豆系列出现一定程度的锈病，发病率为20%～30%，部分区域出现倒伏情况；青海海拔2600～2900米的中高海拔地区早熟蚕豆如马牙、青海13号不同程度发生了赤斑病，但因发生晚基本不影响产量和商品性；青海部分地区也发生豆螟，已引起相关部门的重视，采取了限制种植和保护区域划分。各地区的蚕豆品种不适应机械化生产。

（三）蚕豆产业风险预警及建议

1. 与种子市场和农产品市场需求相比存在的差距

我国蚕豆生产以满足国内需求为主，年需求量在160万吨左右，年出口量1.0万～2.0万吨，仅占

0.7%~0.8%。种子以农民自繁自用或串换为主。据调查，鲜食蚕豆种子统供率在50%左右，北方春蚕豆年种子统一供应量在2 000吨左右，但种子需求在2.4万吨以上，统供率不足10%。

2. 国外品种市场占有情况

我国蚕豆生产分干籽粒生产和鲜食生产两种用途。华东地区的鲜食蚕豆生产中有陵西一寸、日本大白皮等为日本蚕豆品种，种植面积5万亩左右。西南地区蚕豆生产均以云豆系列和凤豆系列为主，部分地区为浙江人租地种植，主种陵西一寸。北方干粒生产以本国育成品种青蚕系列和临蚕系列以及当地地方品种为主。

3. 病虫害等灾害对品种提出的挑战

(1) 病虫害及气象因素

西南地区、华东地区蚕豆生产中锈病、赤斑病、豆象等主要病虫害是重要的生物胁迫因素，对蚕豆产量和商品性存在一定的潜在风险。西南地区的干旱和霜冻天气是重要的非生物胁迫因素，对蚕豆生产也会构成一定的威胁。西北地区主要存在高海拔地区的中早熟蚕豆品种的赤斑病危害和后期的早霜危害。甘肃地区的根腐病也会一定程度上影响蚕豆产量，但影响不大。

(2) 可能会带来种植损失的品种

云南的云147、云早6、云早7易感锈病和霜冻；云豆2883、凤豆13、凤豆14等品种因株高较高，易倒伏，易感锈病；凤豆6易发生赤斑病。甘肃的地方品种"羊眼豆"易感根腐病；青海13蚕豆在高海拔冷凉地区易发生赤病斑。这些品种易遭受生物或非生物胁迫的危害，种植时注意采取有效的预防措施。

4. 绿色发展、特色产业发展及产业结构调整对品种提出的要求

(1) 绿色发展对品种提出的要求

提高蚕豆品种的抗病性是农业绿色发展对蚕豆品种优化的新要求，分析目前品种抗病性状况对蚕豆产业的影响具有一定的指导意义。

南方秋播区：蚕豆的赤斑病和锈病是影响蚕豆生产的重要病害，蚕豆象是重要的仓储害虫，对蚕豆商品影响较大，但对鲜食蚕豆影响不大，蚜虫是蚕豆生产重要的田间害虫，对蚕豆生产影响较大，且可传播病毒，影响产量。抗赤斑病和抗锈病品种是生产急需的品种，同时，对抗豆象品种和抗蚜虫品种有一定需求。

北方春播区：对抗赤斑病和抗蚜虫品种的需求比较高。

(2) 特色产业发展对品种的要求

蚕豆产业在保障区域"绿色、高效、安全、生态"农业发展中具有重要作用，不同区域蚕豆"干改鲜"以及多元化产业发展成为一种新的趋势和蚕豆产业的新业态。多元化产业发展对菜用、饲草（料）用、绿肥用以及兼观赏的多功用蚕豆专用品种有一定的需求。

(3) 产业结构调整对品种提出的要求

随着生态安全绿色农业的不断推进，农业生产的轮作体系不断完善，土地用养结合成为当今农业发展的必然选择。适于与当地优势作物轮作的蚕豆品种中，高产高抗或适于机械化生产的品种将成为首选。适于绿肥利用的蚕豆品种的需求将会增加。

青海随着生态立省战略实施以及生态保护工程的实施，农业产业结构发生了重要变化，生态畜牧业发展中对高蛋白饲草需求迫切，青贮蚕豆以及高蛋白蚕豆饲草品种的应用已迫在眉睫。降低青贮蚕豆和饲草生产的成本、提高产业效率成为制约蚕豆饲用化利用的关键因素。

5.产业发展方向及建议

(1) 蚕豆与其他优势产业融合发展

蚕豆具有养人、养畜和养地的三养功能，要充分发挥蚕豆本身的优势特点，将蚕豆有效地整合到我国农业生产系统中，在轮作体系中占有一定比例，包括绿肥种植；与蔬菜产业融合，向优质营养保健型蔬菜方向发展；与饲草产业融合，向生产优质饲草（料）发展。

(2) 一、二、三产业深度融合

蚕豆具有先天的休闲食品加工优势，要纵向进一步延长产业链，横向拓展其应用领域，完善多元化产业体系，不断提升其价值。

(3) 向轻简化方向发展

蚕豆生产中劳动力投入相对较多，要不断转变生产方式，选育适于机械化品种和研制适于蚕豆不同生产用途的机械设备，促进农机农艺深度融合，提高机械化生产水平，提高生产效率，降低生产成本。

(4) 产业发展建议

在顶层设计时，在制定蚕豆产业发展政策时，要充分认识蚕豆在国民经济中的重要地位，认识蚕豆在培肥地力、改良土壤以及保障区域食品加工、蔬菜、优质饲草等有效供给中具有的重要作用。

在发展大宗作物的同时，要兼顾小作物的发展，更要重视用养结合，适当增加蚕豆等养地作物的种植比例，建立合理轮作的长效机制；要有明确的、科学合理的作物布局规划，明确土地长期用、养结合和持续改良的政策措施。

四、国际蚕豆产业发展现状

(一) 国际蚕豆产业发展概况

1.国际蚕豆产业发展情况

(1) 世界蚕豆种植面积与分布

蚕豆是世界上重要的食用作物之一，据FAO统计，种植面积逐年下降。20世纪60年代以前世界蚕豆种植面积为476.8×10^4公顷/年，种植面积较大的国家有中国、意大利、埃塞俄比亚、埃及、巴西、摩洛哥、西班牙、葡萄牙、德国、墨西哥；1970—1979年世界蚕豆种植面积为370.7×10^4公顷/年，蚕豆种植面积下降了22.25%，种植面积较大的国家有中国、埃塞俄比亚、意大利、摩洛哥、巴西、埃及、西班牙、突尼斯、葡萄牙、土耳其；1980—1989年种植面积为293.7×10^4公顷/年，较上10年下降了20.77%，种植面积较大的国家有中国、埃塞俄比亚、摩洛哥、意大利、埃及、巴西、阿尔及利亚、西班牙、突尼斯、法国；1990—1999年种植面积为233.9×10^4公顷/年，较上10年又下降了20.36%，种植面积较大的国家有中国、埃塞俄比亚、摩洛哥、埃及、澳大利亚、意大利、巴西、突尼斯、英国；2000—2010年世界蚕豆种植面积为252.5×10^4公顷/年，较上10年又增加了7.95%，种植面积较大的国家有中国、埃塞俄比亚、澳大利亚、摩洛哥、埃及、法国、苏丹、突尼斯、意大利、秘鲁。以后又逐年下降，2015年开始缓慢增长，2016年世界蚕豆种植面积为240.4×10^4公顷，种植面积较大的国家有中国、埃塞俄比亚、澳大利亚、摩洛哥、法国、英国、突尼斯、意大利、西班牙、德国、埃及。各国蚕豆种植面积年际间变化较大，有增有降（图6-4）。

从世界各大洲看，亚洲、非洲、欧洲、美洲、大洋洲分别占35%、30%、13%、7%、15%（图6-5）。

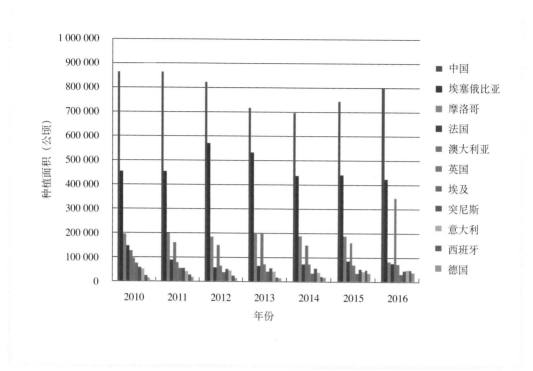

图6-4 世界蚕豆主要生产国年际间蚕豆种植面积变化

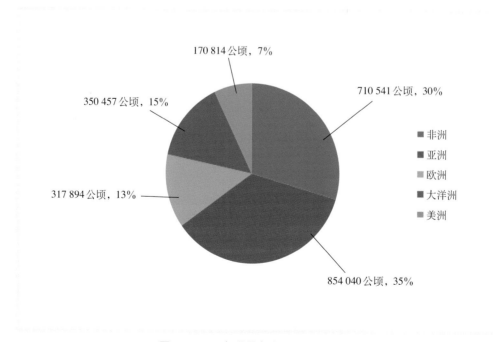

图6-5 2016年世界各大洲蚕豆种植面积比例

（2）世界蚕豆产量与分布

世界蚕豆年均总产量基本稳定在400万吨左右，但总体上是下降的（表6-3、图6-6）。20世纪60年代以前世界蚕豆年均总产量在495.4×10⁴吨/年，年均总产量较大的国家有中国、意大利、埃及、埃塞俄比亚、摩洛哥、德国、法国、秘鲁、突尼斯、苏丹；1970—1979年世界蚕豆年均总产量在423.6×10⁴吨/年，较上10年下降了14.49%，年均总产量较大的国家有中国、埃塞俄比亚、意大利、埃及、摩洛哥、英国、德国、法国、突尼斯、苏丹；1980—1989年世界蚕豆年均总产量在415.3×10⁴吨/年，较上10年下降了2.0%，年均总产量较大的国家有中国、埃塞俄比亚、埃及、意大利、摩洛哥、法国、德国、英国、苏丹、澳大利亚；1990—1999年世界蚕豆年均总产量在342.3×10⁴吨/年，较上10年下降了17.58%，年均总产量较大的国家有中国、埃及、埃塞俄比亚、澳大利亚、英国、意大利、摩洛哥、德国、苏丹、法国；2000—2010年世界蚕豆年均总产量在407.3×10⁴吨/年，较上10年增长了18.99%，年均总产量较大的国家有中国、埃塞俄比亚、埃及、法国、澳大利亚、苏丹、英国、摩洛哥、意大利、德国。进入21世纪后蚕豆产量有所增加，2011年达到447.4×10⁴吨，增长了9.85%。2016年世界蚕豆年均总产量为445.97×10⁴吨，年总产量较大的国家有中国、埃塞俄比亚、澳大利亚、英国、法国、德国、埃及、意大利、西班牙、突尼斯、摩洛哥，分别占世界的36.08%、19.69%、9.50%、6.78%、4.45%、3.45%、2.67%、2.24%、1.60%、1.50%、0.6%，累计占世界蚕豆年均总产量的88.56%（图6-7、图6-8）。

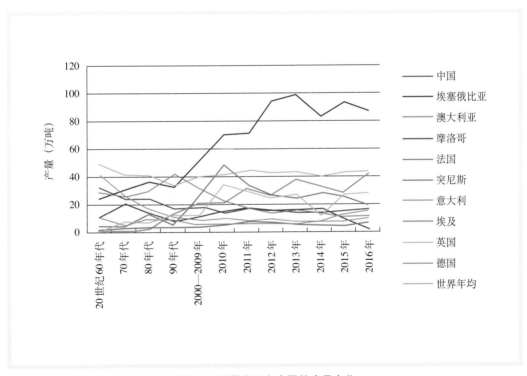

图6-6 世界蚕豆生产国的产量变化

表6-3 世界蚕豆主要生产国产量变化

单位：吨

国别	20世纪60年代	70年代	80年代	90年代	2000—2009年	2010年	2011年	2012年	2013年	2014年	2015年	2016年
中国	3 253 888.9	2 520 000.0	2 382 500.0	1 721 700.0	1 858 600.0	1 400 000.0	1 734 000.0	1 612 000.0	1 456 000.0	1 428 700.0	1 500 000.0	1 608 903.0
埃塞俄比亚	250 555.6	310 560.0	372 012.9	327 370.1	526 946.5	697 798.0	714 796.0	943 964.0	991 700.0	838 944.0	935 481.0	878 010.0
澳大利亚	222.0	2 525.0	34 614.6	129 041.7	217 881.3	217 300.0	324 400.0	268 100.0	377 200.0	327 700.0	283 800.0	423 527.0
摩洛哥	120 055.6	207 935.8	144 099.0	96 813.0	100 073.0	149 380.0	170 552.0	147 993.0	156 670.0	166 680.0	90 279.0	26 564.0
法国	43 185.6	44 221.4	136 581.2	51 564.7	283 973.1	483 302.0	344 840.0	273 539.0	245 001.0	278 545.0	253 017.0	198 246.0
突尼斯	17 788.9	36 290.0	32 806.0	33 313.0	44 577.0	47 830.0	72 600.0	71 800.0	68 840.0	53 764.0	41 908.0	67 000.0
意大利	410 222.2	267 390.0	171 200.0	101 255.0	81 777.3	104 241.0	83 897.0	95 996.0	77 948.0	74 736.0	79 972.0	100 013.0
埃及	290 664.7	263 297.5	297 515.6	423 515.8	323 696.0	233 523.0	174 631.0	140 713.0	157 639.0	134 175.0	119 849.0	119 104.0
英国	2 000.0	68 625.0	77 100.0	120 800.0	126 950.0	350 000.0	300 000.0	250 000.0	270 000.0	125 400.0	270 848.0	288 955.0
德国	109 671.3	62 623.6	97 042.7	89 516.4	57 063.0	56 200.0	61 400.0	61 300.0	59 700.0	87 600.0	133 200.0	153 700.0
世界年均	4 953 579.3	4 235 806.8	4 153 121.8	3 423 292.4	4 072 543.1	4 226 869.0	4 474 337.0	4 352 503.0	4 365 760.0	4 034 988.0	4 299 451.0	4 459 655.0

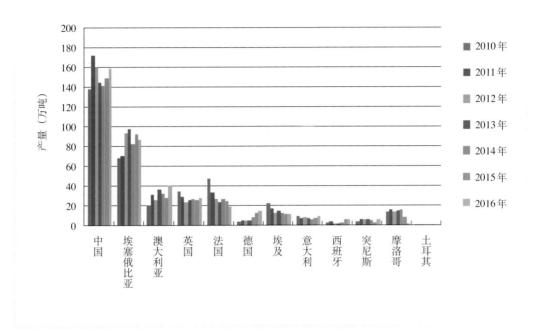

图6-7　2016年世界主要国家蚕豆产量年际间变化差异

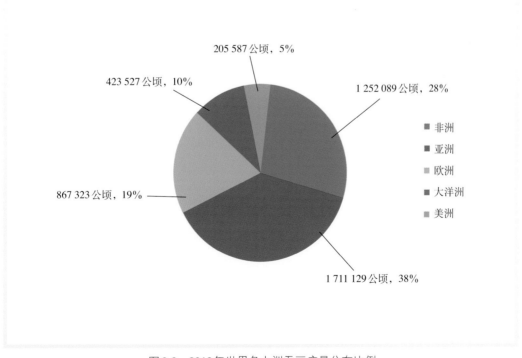

图6-8　2016年世界各大洲蚕豆产量分布比例

2. 国际蚕豆贸易发展情况

(1) 出口情况

近10年，主要蚕豆出口国是澳大利亚、法国、英国、埃塞俄比亚、中国等，年出口量70万～80万吨，出口额3.0亿～4.0亿美元。中国曾是世界蚕豆第一大出口国，1992年和1994年的出口量分别为36.76万吨、42.71万吨，出口额为分别为7.42亿美元和7.02亿元。近十几年来，澳大利亚逐渐成长为世界蚕豆出口第一大国，其出口额占世界总额的比例达到了44.7%，远高于其他主要出口国。除澳大利亚外，法国、英国、中国曾经一直是世界蚕豆出口大国。1992年和1994年澳大利亚的出口量和出口额分别为6.8万吨、1.74亿美元和8.39万吨、1.56亿美元。2012年和2013年出口量分别达30.16万吨和30.94万吨，占世界出口量的37.59%和41.94%。法国的蚕豆出口量在21世纪增长迅速，成为世界第二大蚕豆出口国，2012年和2013年出口量分别为27.34万吨和17.22万吨，出口额分别为1.14亿美元和0.89亿美元（表6-4）。

表6-4　2009—2013年世界蚕豆主要出口国出口量　　　　　　　　　　单位：吨

国别	2009年	2010年	2011年	2012年	2013年
澳大利亚	112 641	186 486	258 103	301 583	309 376
中国	22 867	20 181	16 619	13 783	13 275
法国	252 704	295 199	262 593	273 444	172 223
英国	179 806	158 964	187 050	131 881	137 887
埃及	20 516	11 202	4 433	15 459	16 956
埃塞俄比亚	48 853	54 744	39 643	33 454	44 444
世界	672 939	754 330	798 800	802 900	737 682
世界总出口额（亿美元）	2.65	2.86	3.94	4.21	4.24

(2) 进口情况

近10年，世界蚕豆总进口量为50万～80万吨，进口额为3.0亿～5.0亿美元。2010年最高，进口量为77.38万吨，进口额为3.26亿美元，2013年进口量为56.33万吨，进口额为4.82亿美元。世界蚕豆的主要进口国是埃及、苏丹、沙特阿拉伯、意大利、印度尼西亚、也门等。2013年进口量分别28.12万吨、5.58万吨、3.64万吨、2.08万吨、1.26万吨、1.01万吨；进口额分别为2.79亿美元、0.36亿美元、0.23亿美元、0.14亿美元、0.093亿美元、0.065亿美元（表6-5）。

表6-5　2009—2013年世界蚕豆主要进口国进口量　　　　　　　　　　单位：吨

国别	2009年	2010年	2011年	2012年	2013年
埃及	226 655	455 831	297 333	270 251	281 197
意大利	181 377	46 507	31 207	14 411	20 787
印度尼西亚	1 762	9 818	12 372	12 378	12 624
也门	0	8 390	6 779	8 030	10 148
日本	9 149	6 744	5 660	5 936	4 928
苏丹				33 851	55 841
西班牙	66 190	18 011	13 185	9 539	4 835
沙特阿拉伯	26 000	37 556	39 036	39 271	36 419
世界	47 871	773 829	588 129	518 281	563 252
世界总进口额（亿美元）	3.16	3.26	4.67	4.64	4.82

（二）主要蚕豆育种国家研发现状

从事蚕豆育种工作的主要国家有澳大利亚、法国、西班牙、中国、摩洛哥、埃及、意大利、英国等。各国的育种目标也有一定的差异，当然，产量是第一大育种目标，澳大利亚和法国除基本育种目标外，还有适于机械化生产和抗赤斑病、褐斑病、病毒病、锈病等主要病害的要求，此外，澳大利亚还注重耐冷性选择，对品种的广适性和稳定性非常重视，澳大利亚在全国主导品种只有4个。法国蚕豆作为优质饲料，重视高蛋白低抗营养因子的饲用品种选育。日本的鲜食蚕豆在国际上也很有名气，在中国的华东地区有种植日本蚕豆或日本蚕豆后代作为鲜食蚕豆品种。我国根据蚕豆优势产区的特点和产业优势，育种目标也比较多，从基本的粒用向鲜食菜用以及加工专用、饲用、肥用等方面全面覆盖，在生产中占有主导地位的品种也非常多，选育的品种生产寿命往往较短，而地方名特品种的生产寿命较长。

西班牙完善了蚕豆抗赤斑病资源筛选方法。埃及的研究也表明钾肥能够改善蚕豆的农艺性状和提高赤斑病抗性。Carmen等利用候选基因法获得了第一个与蚕豆生长习性相关的分子标记，然而此标记在不同的资源和群体中应用时却与其表现型不相符，故不能被广泛应用。Avila等又通过对不同蚕豆材料Ti基因序列的比较研究发现，以前的酶切扩增多态性序列（CAPS）标记以非编码区的单核苷酸多态性（SNP）位点为基础，SNP的基础上开发出衍生酶切扩增多态性序列(dCAPS)标记，这种标记广泛应用于确定欧洲种植的所有栽培蚕豆品种的生长习性，并且有100%的准确率，这对于分子选择育种有着重要的指导意义。冬性蚕豆至少有200年的历史，由于其早在秋天就开始播种，所以开花和成熟期均较春性蚕豆早，冬性蚕豆具有2个或2个以上的分蘖，高于春性蚕豆，并在蛋白质含量和产量上均优于春性蚕豆。蚕豆耐寒性资源相对较少，筛选耐寒蚕豆品种不但能为获得高产、优质的蚕豆新品种奠定基础，而且能够为蚕豆开辟新市场，扩大其种植面积。欧洲的冬性蚕豆品种CotedOr和Hicerna能够耐 -16 ~ -15℃的低温。Picard等研究发现CotedOr品种中61%的单株能在 -25℃的无雪环境中存活。Ar-baoui等以2个耐霜冻品种CotedOr1(来源于法国地方耐寒品种)和BPL4628(来自ICARDA收集的中国绿皮种)杂交获得了101个重组自交系，对其耐霜冻和叶片脂肪酸含量进行QTL、分析，结果发现5个与耐霜冻相关的QTL，与脂肪酸含量有关的QTL共有3个，联合表型变异率62.9%(交叉验证后为40.6%)，其脂肪酸含量与耐霜冻密切相关。

（三）我国蚕豆生产国际竞争力分析

虽然，近年来，我国蚕豆出口量仅占我国蚕豆产量的0.6% ~ 0.7%，但我国是蚕豆净出口国，在蚕豆生产中多用我国的自主品种，在鲜食蚕豆产业领域有一定的外国品种，这些品种从国外引进的原种价格较高。目前，世界各国对我国蚕豆生产或产业发展没有形成太大的竞争。加快适于机械化生产的蚕豆品种选育，转变生产方式，提高生产效率，降低生产成本才是我国蚕豆生产的基本选择和出路。

五、问题及建议

1. 问题

一是蚕豆作为小宗作物，在我国的种业发展没有具体的规划。没有规划，蚕豆产业发展由当地政府或者说是农民根据市场和自己的意愿发展，随意性强，优质种源难以保障。

二是北方蚕豆下种量大，制种成本和农民的用种成本高。国家没有制定蚕豆种业发展的相关扶持政策，就没有蚕豆种子繁育的补助措施。因而种子企业不愿意发展蚕豆种子产业，导致蚕豆优良品种的统供率较低。

三是各省份没有稳定的蚕豆种子基地。蚕豆为常异交作物，原始群体自然变异高，蚕豆新品种种性退化快。目前我国还没有相对隔离且稳定的蚕豆种子基地，品种自然退化快，纯度不高。

2. 建议

国家把蚕豆作为重要的养地轮作物，在种业发展上给予一定的扶持政策；利用青海生态优势和全国现有的蚕豆种业基础，把青海建成国家级蚕豆种子繁育基地。

（编写人员：刘玉皎　程须珍　等）

第7章 豌豆

概　　述

豌豆属于冷季豆类，是世界上第四大食用豆类作物。据FAO统计资料，2014年全世界有97个国家生产干豌豆，81个国家生产青豌豆。亚洲食用豆类作物亚洲豆类作物（不含大豆）总产占到全世界的45.4%，是排第二位的美洲总产（19.2%）的2.36倍，全世界豆类总产前五位的国家3个分布在亚洲，其中印度的食用豆类总产占到54%，而中国仅占到13%。按豆类总产由大到小的排列顺序分别是：印度、中国、加拿大、巴西和缅甸。随着消费结构的变化，鲜食豌豆的面积和产量逐年增加。目前全世界青豌豆的栽培面积和总产量分别为224.1万公顷和1 698万吨，干豌豆的栽培面积和总产量分别为621.4万公顷和956万吨；世界上豌豆主产国和种质资源研究先进的国家主要有加拿大、法国、澳大利亚、美国、俄罗斯、中国等。

目前中国在世界上干豌豆栽培面积居第二位、产量居第三位，鲜食豌豆收获面积及产量均居第一位，鲜豌豆产量是印度的3倍多，中国是鲜食栽培和产量最大的国家。但中国的豌豆单产水平与世界水平还有一定的差距。

一、我国豌豆产业发展

（一）豌豆生产发展状况

1. 全国生产概述

（1）播种面积变化

2013—2017年，我国豌豆常年平均生产面积超过1 322.6万亩，按种植季节分为秋播豌豆和春播豌豆，按照收获的产品类型分为干籽粒用和鲜食菜用。2017年我国干籽粒用豌豆种植面积约512.8万亩，干豌豆面积较上年度小幅下降1%。鲜食菜用豌豆生产面积约737.9万亩，较上年度增加3%。云南、四川、甘肃、内蒙古、青海等省份是我国传统的干籽粒用豌豆主产区，受国内市场需求拉动，鲜食豌豆面积处于较快增长趋势，目前青豌豆主产区位于全国主要大、中城市附近，我国云南、贵州、四川为鲜食豌豆主产区，其他区域有广东、福建、浙江、江苏、山东、河北、辽宁等沿海地区。我国鲜食豌豆主产区云南的豌豆种植面积增加幅度较大，增加量约为20万亩，主要是鲜食品种种植面积增加。

（2）产量变化状况

2013—2017年，我国干豌豆平均产量127.1万吨，干豌豆总产呈逐年下降。2017年，干籽粒总产为119.4万吨，较上年减少7.3万吨，较2013年以前下降6%；鲜食豌豆近5年平均总产量为687.2万吨，总产量以1%的速度逐年增加，2017年，鲜食豌豆总产量750.8万吨，较2013年以前增加104.7万吨，增幅达16%。总体表现为干豌豆总产小幅下降，鲜食豌豆总产大幅增加。

（3）单产变化情况

干豌豆单产小幅下降，鲜食豌豆单产稳中有增。

2013—2017年，我国干豌豆平均单产为96.3千克/亩，干籽粒豌豆的单产呈现逐年下降趋势，较2013年以前单产降低百分率为0.9%，为95.4千克/亩，单产最高年度为2012年，达到103.2千克/亩。干籽粒豌豆单产小幅降低的主要原因是，近年来单位面积鲜食豌豆收获数量增加，导致单位面积干籽粒收获总量的减小；鲜食豌豆比之干籽粒豌豆产量单产较为稳定，2013—2017年以来，鲜食豌豆平均单产为536.7千克/亩，与2013年以前保持一致，2017年我国鲜食豌豆单产为534.3千克/亩。

（4）栽培方式的演变

豌豆作物一直以旱地种植为主，净作和套作是豌豆传统的栽培方式。豌豆栽培方式的演变主要是由粗放栽培方式向精耕细作变化，规范化种植成常态。

栽培方式发生较为明显变化的主要是鲜食豌豆的栽培种植，以高产、优质、高效栽培为主线发生的演变。

首先是播种方式的演变，由粗狂撒播演变为精细点播或者免耕直播，该演变有效降低豌豆用种量达50%并降低土地耕作成本。

其次是种植模式的演变与创新，以套作模式为基础，充分利用烟草、玉米、棉花收获后残留的秸秆作为豌豆生长的攀附物，以促进豌豆的直立生长、提升鲜食豌豆品质和产量、有效延长豌豆生育期，达到多次采收效果。

再次是栽培季节的多样化演变，西南地区鲜食豌豆主产区在传统的正常季节栽培基础上逐渐发展出反季、早秋季节、一年多季等栽培方式，有效提高单位土地面积的产出率。

（5）产品用途的变化

目前豌豆产品的用途有干籽粒用（包括食品加工约占80%、工业原料占10%、饲用占5%、其他占5%）和鲜食菜用（包括鲜食籽粒、鲜荚、茎叶）。

豌豆产品的用途在过去10年内发生了明显的变化，主要是干籽粒用转变为鲜食菜用，尤其是我国南方传统干豌豆生产区域的云南、四川、贵州、重庆、湖南、湖北、安徽、江苏等省份发生较大的变化，由干豌豆主产区转变为鲜食豌豆主产区。上述区域2008年以前豌豆产品以干籽粒为主，干籽粒生产占比超过80%，目前豌豆作物的产品则以鲜食为主，占比超过85%。与上年度进行比较，豌豆产品的用途变化不明显。

（6）种植区域的变化

豌豆种植区域的数量逐年增加，传统优势主产区域种植情况变化小。

我国豌豆主要种植区域为云南、四川、贵州、甘肃、内蒙古、青海等省份，其中云南和四川是种植面积最大的省份，以秋播为主，甘肃、内蒙古、青海以春播为主。上述区域目前依然是我国传统的豌豆产区。此外，随着鲜食豌豆市场经济效益的不断提升（鲜食豌豆的效益是干籽粒生产的5～10倍，亩产值3 000～12 000元），农户种植豌豆的积极性不断提高，尤其是全国主要大、中城市附近鲜食豌豆的种植数量和规模在逐渐增加，鲜食豌豆的种植面积以3%的速度在增加。目前除云南、贵州、四川为鲜食豌豆主产区，其他如广东、福建、浙江、江苏、山东等沿海地区，河北以及东北地区逐渐形成鲜食豌豆种植区域。

（7）品种需求的变化

豌豆品种需求变化主要是需求类型的变化，由干籽粒品种类型的需求转变为鲜食品种类型，以及由该变化带来的品种抗性、品质的变化需求。

但是仅作为粒用品种类型的需求变化不明显，主要是干籽粒生产效益低、面积逐年下降导致对新品种需求欲望低。干豌豆主产区以地方品种为主，该类品种为普通叶型，对白粉病表现出一定抗性。随着半无叶类型品种的逐渐推广使用，现在干籽粒生产品种中半无叶类型逐年增加；地方品种的品质需求因品种的单一和固定未发生明显的变化，但是豌豆品种的选育则是以高蛋白和高淀粉含量为目标进行选育。

鲜食豌豆品种类型需求变化明显。鲜食豌豆品种类型以育成品种为主，需要抗病（逆性）突出（如抗褐斑病、根腐病，耐冻）的专用品种，且对生育期熟性、籽粒（荚壳）内含物品质、外观品质上有需求。对鲜籽粒品种类型，要求具有早熟特性，鲜籽粒具有高可溶性糖分含量、高蛋白质（≥26%）。对鲜荚为主的豌豆品种则需要高产、软荚、荚壳可溶性糖分和蛋白质含量高。

2.区域生产基本情况

（1）各优势产区的范围

干豌豆生产优势区域：西藏、青海、甘肃、宁夏、河北北部、陕西北部、内蒙古、辽宁、山西、北京东北部、山东等北方春播豌豆区，该区域是传统的干豌豆产区。

鲜食豌豆生产优势区域：主要集中于西南山地丘陵区的云南、四川、重庆，以及广西、湖南、湖北、安徽区域。云南、贵州、四川、重庆等山区不利于机械化大面积作业，同时又是我国传统的豌豆产区和鲜食豌豆主产区。其他如广东、福建、浙江、江苏等沿海地区，河北以及东北地区逐渐形成鲜食豌豆种植区域。该区域是传统的豌豆秋播区域，鲜食豌豆生产季节限制性低。

（2）自然资源及耕作制度情况

北方春播干豌豆产区：北方春播豌豆区域以温带季风气候为主，冬季寒冷干燥，夏季高温多雨，年降水量400～800毫米，主要集中在7—8月。光热条件好，有效积温高，利于豌豆的生长。大部分区域以一年一熟制为主，少部分区域两熟制。该区域豌豆以净作为主，土壤耕作条件好，适宜开展豌豆干籽粒机械化生产。

南方鲜食豌豆产区：南方秋播收获鲜豌豆产区光照充足，前期土壤水分墒情好，热量丰富，适宜豌豆生长。种植地块为山区坡地和坝区旱地，一年两熟制为主，豌豆生产种植模式、生产季节丰富多样。此区豌豆生产以家庭为单位，土地集约受条件限制不适宜大型机械化运作，以精简型小型农机具、间套作生产模式、精耕细作为主。

（3）种植面积与产量及占比

北方春播干豌豆产区：常年干豌豆播种面积291.8万亩，干籽粒单产约168.9千克，总产66.2万吨，面积和总产分别占同期全国的53.6%和55.4%以上。

南方鲜食豌豆产区：南方秋播豌豆主产区的常年鲜豌豆播种面积约532.2万亩、鲜荚单产550～1 200千克、总产29.3万～63.9万吨，面积和总产分别占同期全国的69.3%和52.4%以上。

（4）区域比较优势指数变化

西南、华中地区及华东沿海发达城市具有食用鲜食豌豆的传统习惯，近年来随着产业结构、饮食结构的变化，豌豆产业以发展鲜食为主，与优势大宗作物或蔬菜、瓜果等间作套种，实现一年多熟制，种植效益较好。不同生长季节差异较大，亩产值在3 200～12 000元，纯收益3 200元/亩以上。西南地区是适宜夏季生产鲜食豌豆的区域，如云南省曲靖市，因错季上市，鲜食豌豆（食用鲜荚、鲜籽粒）价格达22～25元/千克，亩种植效益超过15 000元，种植效益优势较为明显。

近年来，随着鲜食豌豆经济优势的凸显，尤其是西南地区充分发挥套作、轮作优势，豌豆成为与烤烟、玉米轮作的优势作物，区域性优势度高。该区域一年两熟制轮作，在种植业结构中占有重要地位。近几年，鲜食豌豆产业在西南地区发展迅速，产品销往华中地区及上海、北京等大城市，市场前景较好。尤其是云南的曲靖、玉溪充分发挥地理区位优势，实现一年四季均可种植鲜食豌豆，成为我国周年供应鲜食豌豆的重要生产基地，具有较强的竞争优势，鲜食蚕豆的种植效益超过3 000元/亩。

北方春播豌豆生产区因地理位置偏远，历史上对豌豆的消费习惯单一，虽然干籽粒与鲜食豌豆均有消费，但主要以干籽粒豌豆需求为主，即均以原粮销售为主。近年来，随着鲜食豌豆经济效益的凸显，再加之该类生产区域适宜进行机械化生产作业，生产成本低，成为目前除云南、贵州、四川、江苏、重庆为鲜食豌豆主产区外的新兴区域，区域优势度高，如辽宁、黑龙江、吉林、新疆、河北、青海逐渐形成鲜食豌豆种植区域。此外，因我国豌豆主产区的云南、四川、贵州等干籽粒豌豆生产日益萎缩，干籽粒豌豆区域优势度较低，反观华北、东北地区适宜机械化生产的区域，随着豌豆机械化生产的日益普及增强，逐渐成为干籽粒豌豆（籽种）生产优势度高的区域，支撑我国豌豆产业的发展。

（5）资源限制因素

北方春播干豌豆产区：主要是气候因素，因春季土壤温度较低，出苗缓慢，苗期至花期干旱少雨不利于豌豆营养生长，花期温度较高导致花粉败育，收获期间受降雨影响，干籽粒品质和产量易受影响。

南方鲜食豌豆产区：此区冬、春季节干旱少雨，豌豆花期易遭遇霜冻和干旱双重胁迫；山区丘陵比重大，种植田块以旱地为主，土壤肥力差；农田无便利排灌设施，生产成本较高；品种单一，品质及商品性差。

（6）生产主要问题

北方春播干豌豆产区：此区对干籽粒生产积极性低，面积逐年下降，国内干籽粒市场萎缩严重；而干豌豆进口量逐年增加，也不利于产业的发展。另外，育成品种中半无叶高产类型推广力度弱，推广区域狭窄，适宜大面积低成本生产运作种植的东北地区的冷凉区域无干豌豆生产种植。

南方鲜食豌豆产区：此区品种单一化情况突出，目前用于鲜食的豌豆品种在南方鲜食产区为同一个品种类型，导致病害的普遍流行，尤其是褐斑病的大面积流行严重制约产业的绿色可持续发展，同时带来食品安全隐患；豌豆产业化不良发展势头明显，主要是在种子生产、种子销售、产品收购方面有垄断态势，尤其是种子的销售和产品的收购"捆绑式"进行，不利于市场的自然运作；种植农业机械化水平低，缺乏轻简型农机具生产成本高，劳力成本高，缺乏青壮劳力。

3. 生产成本与效益

豌豆的生产成本主要包括种子、农药化肥、人工及生产用辅助物资投入。相对鲜食生产，干籽粒生产的成本投入比较低，每亩农产品的总产和效益都远低于鲜食生产，此外，干豌豆生产从种植到田间管理，方式较粗犷，基本没有农药化肥的投入。

干豌豆生产的成本、产品价格及效益分析如下：

干豌豆生产的成本主要是种子和种子成本中用于干籽粒生产使用的种子成本要低于鲜食豌豆种子成本。一是豌豆种子繁殖门槛低，干籽粒生产种植的种子可自行留用，成本价格在4.2 ~ 5.1元/千克（以各地区市场干豌豆价格估算），干豌豆生产用种量不同区域间存在较大差异，一般为10 ~ 20千克/亩，种子成本为42 ~ 120元/亩。按照我国干豌豆生产面积512.8万亩计算，全国干豌豆种子成本在1.98亿元以上；干豌豆产品的销售价格与种子购买价格基本相同，约5.1元/千克，按照平均亩产95.4千克计算，每亩获得的总产值是486.5元，纯收益低于366.5元/亩，人工投入计算在内则低于266.5元/亩。

鲜食豌豆生产的成本、产品价格及效益分析如下：

鲜食豌豆的主要成本是人工、生产用辅助物资、农药化肥和种子。鲜食豌豆的人工成本主要是上市期间需要多次采摘，成熟季节需额外投入人工200元/亩；生产辅助物资主要是豌豆生长过程中用于引导豌豆直立生长所需的辅助材料，如尼龙网、线材等，约150元/亩；农药化肥在鲜食豌豆种投入200元/亩左右，主要是尿素、叶面肥和杀菌剂为主；鲜食豌豆生产使用的种子成本单价15～25元/千克不等，按照亩用种量5～8千克计算，种子成本为75～200元/亩，种子成本是干籽粒生产的2倍。

鲜食豌豆产品的销售价格因上市季节的不同存在巨大差距，4.5～12.0元/千克不等，2017年鲜食豌豆主产区鲜食豌豆的平均价格4.7元/千克，按照鲜食豌豆的平均单产534.6千克/亩进行计算，鲜食豌豆的亩产值约为2 512.6元，扣除上述所有生产成本750元/亩，每亩能够获得的纯收益最低为1 762.6元。

4. 食用豌豆在产业结构调整及科技扶贫中的应用

(1) 18个"三区"的应用情况

豌豆的优势产区同时也是我国"三区"所在的主要区域，在680个特困连片区域的县份中，豌豆主产区包含有231个县份，充分表明豌豆作物在上述区域的生产生活中无论是从最初作为人、畜优质蛋白来源，还是目前与具有较高经济效益的农作物轮作倒茬发挥了重要作用。尤其是近年育成的成豌、定豌、垄豌、苏豌、科豌、草原、云豌系列豌豆以及集成的配套技术在乌蒙山区（云豌、成豌），在滇、黔、桂石漠化区（云豌、成豌），六盘山区（定豌、陇豌、草原），大别山区（青豌、苏豌），秦巴山区（成豌、定豌、陇豌），武陵山区（成豌、云豌）及4个省份藏区（云豌、成豌、草原）区域的快速转型与发展，有力地带动了山区农户的经济收益。

(2) 按种类分

豌豆是我国的传统农作物，最初作为人和牲畜重要的植物蛋白质来源以及其根瘤固氮培育土壤进行种植，以地方品种为主生产干籽粒，自给自足，但经济效益低下。豌豆作物具有多用途，包括粮食、蔬菜、绿肥、饲料等。目前随着农业产业的调整和转型，豌豆作物在农业生产种植中的定位发生了显著的变化。因地制宜在贫困区域大力发展鲜食豌豆产业，目前豌豆新品种和新技术在乌蒙山区，秦巴山区，滇、黔、桂石漠化区，六盘山区等7个区域的快速转型与发展的带动下山区农户的经济收益发展有力，尤其是与烟草、玉米等作物采用间套作，林下种植的山地豌豆、早秋豌豆，反季豌豆等有力地带动了西南乌蒙山区、秦巴山区、滇黔桂石漠化区、滇西边境山区的人口快速脱贫。上述区域豌豆产业转型迅速，目前鲜食豌豆每亩纯经济效益超过1 500元，最高可达8 000元，现已逐渐成为农业开发的优势作物。

(3) 按耕作制度及栽培模式分

北方豌豆主产区：北方地区传统上以干豌豆生产为主，春季播种，大部分区域以一年一熟制为主，少部分区域两熟制。该区域豌豆净作为主，少量与玉米、谷子、棉花、高粱进行套作。在北方干豌豆主要种植区域进行的产业结构调整主要是豌豆产品用途，即开展鲜食豌豆的生产，如采用大棚种植提早播期和上市时间；北方干豌豆主产区栽培模式上积极引导种植者采取降低生产成本的栽培模式，如在玉米收获后保持地膜的完整，于下一年的3月中下旬免耕直播（小型农机具播种），有效地降低土壤耕作成本，达到节水保湿、增加土壤温度、促进豌豆生长的目的。该模式主要在六盘山区、大别山区、秦巴山区部分区域推广使用。

南方豌豆产区：南方地区的豌豆产区光照充足，豌豆种植地块为山区坡地和坝区旱地，一年多熟制为主。豌豆的生产种植模式、生产季节丰富多样，目前以采取与早秋豌豆—烟草、豌豆—玉米套作，或者豌豆—果木林下种植，种植季节以早秋为主，即每年8月中下旬种植，产品在翌年2月初以前收获完毕。这些种植模式因地制宜，早秋与玉米、烟草套作充分利用土壤水分与肥力，同时节约种子成本、土地耕作成本，有效地避免劳力的过分投入。豌豆与其他前茬作物的间套作新途径，明显减少农药和化肥使用量，减低生产成本，提高综合效益。

（二）豌豆市场需求状况

1. 全国消费量及变化情况

（1）国内市场对食用豆产品的年度需求变化

干籽粒市场：按照相关数据进行分析，2013—2017年我国每年干豌豆的实际需求量为219.8万吨左右。2017年干籽粒总产为119.4万吨，进口量为100.3万吨，实际消费量219.7万吨。将我国每年干豌豆减少的数量对比我国干豌豆的进口量（近5年我国进口的干豌豆量平均以20万吨的量逐渐增加，2017年进口量100.3万吨）可以发现，国内干豌豆减少的产量远低于进口量，2017年干籽粒产量减少7.3万吨，实际缺口为93万吨，说明全国对干豌豆的消费（各行业使用）量在逐年增加，增加的量与进口量具有一致性。

鲜食产品市场：我国作为世界鲜食豌豆的主产国，2013—2017年以来鲜食豌豆年产量超过650万吨，超过99.9%的鲜食产品用于国内自身消费。从鲜食豌豆产量以1%的幅度增加情况看，我国鲜食豌豆每年消费量在逐渐增加，其中2015年增幅最大，达到66.9万吨，2017年度增幅为38.9万吨。

（2）预估市场发展趋势

干豌豆市场：我国干豌豆种植面积和生产产量在不断缩减，我国每年干豌豆的实际需求量为219.8万吨左右，目前年缺口在90万吨以上。此外，鲜食豌豆的种植面积逐渐增加会导致我国干豌豆产量的持续降低，进口依赖问题愈发突出。

鲜食豌豆市场：鲜食豌豆目前以国内消费为主，有少量出口，鲜食豌豆市场在2015年突破66.9万吨的年需求增长量后，2017年下降至38.9万吨，按照这一数据进行分析，预估我国鲜食豌豆的市场还未达到饱和点。

2. 区域消费差异及特征变化

（1）区域消费差异

干豌豆：干豌豆的消费以加工后的产品进行。目前干豌豆以工业加工（如粉丝、豌豆粉、休闲小食品）和饲用（低于5%）为主要用途。干豌豆就消费上在我国区域消费中差异不明显。河北、山东、甘肃加工业发达，干豌豆传统上主要用于加工粉丝、豌豆粉、油炸休闲食品、罐头。青海、内蒙古区域畜牧业发达，干豌豆主要用于牲畜饲料。西南地区豌豆主产区传统上以豌豆原料生产出口、初加工（如膨化炒货为主）、饲料为主要用途。

近年来，豌豆作为原粮出口、饲料使用的消费领域较少，主要以工业加工为主，加工基地位于河北以及南方沿海地区，其形成的产品流通于全国，干豌豆的区域消费差异日益趋同。

鲜食豌豆：鲜食豌豆的区域消费差异较为明显。北方地区春播豌豆主产区传统上以干豌豆生产为主，用于原粮生产较多，鲜食利用较少，人群基本没有消费习惯。南方地区秋播豌豆主产区传统上有消费鲜豌豆的习惯。此外，随着沿海地区以及经济发达区域城市人群膳食结构的变化，促进了鲜食豌豆的消费。

（2）区域消费特征

干豌豆：北方地区以干豌豆生产和加工的产品进行消费；西南地区豌豆主产区传统上以休闲食品、炒货进行消费，少量进行加工（如粉丝、豌豆粉）、饲料为主要用途。

鲜食豌豆：沿海地区以及经济发达区域因人群膳食结构的变化，促进了鲜食豌豆的消费。

（3）消费量及市场发展趋势

干豌豆市场：相关数据分析表明，我国每年干豌豆的实际消费量为219.8万吨左右，该消费市场为习惯性消费。目前我国豌豆产业欠发达，干豌豆生产成本高，导致我国干豌豆种植面积和产量在不断缩减。除非我国干豌豆产业的发展在政策导向支撑和技术发展上发生重大变化，否则干豌豆消费市场所需的原料依然将严重依赖进口。

鲜食豌豆市场：鲜食豌豆目前我国的消费量超过600万吨，依然以年30万吨的消费量增加，需求旺盛。随着更多区域膳食结构、国外鲜食市场的需求增加，我国鲜食豌豆市场将保持稳定增长状态。

（三）豌豆种子市场供应状况

1. 全国种子市场供应总体情况

（1）供应总体情况

目前豌豆种子市场的供应，品种类型上以鲜食品种类型为主，比例超过95%。可分为3种类型，一是用于鲜食籽粒生产用品种，该品种类型的种子遍布我国所有鲜食豌豆产区的种子供应市场；二是用于食鲜荚生产的类型，主要在西南地区豌豆主产区的豌豆种子市场销售供应；三是鲜食茎叶类型，该类型主要集中于西南地区豌豆主产区有种源需求的区域。豌豆种子市场上种子品种名称、包装丰富，但实际类型相似；其次因种子繁殖技术门槛低，缺乏监管，豌豆种子价格差异大（10～50元/千克），品质良莠不齐。种子供应市场缺乏干籽粒生产类型，干籽粒销售的品种以中豌4号、中豌6号为主。目前无论是秋播或是春播区域的种子市场，均严重缺乏专用干豌豆种子的供应（中豌4号和中豌6号依然以鲜食用途为主要销售方式）；干豌豆种子无正常供应市场，种子销售以商品豌豆的形式存在，无品名、无质量保证及具体生产商。

（2）区域供应情况

干豌豆种子区域供应情况：目前我国尚无正常渠道的种子市场，以本区域地方品种为主，非严格意义上的种子，均为商品豌豆，种子价格4.5～5.2元/千克。

鲜食豌豆种子区域供应：种子供应区域主要为我国鲜食豌豆主产区的云南、四川、重庆，以及广西、湖南、湖北、安徽。种子供应商家较多（云南晨农公司为主要供应商，此外云南种业集团下属各个种业均有供应），严重饱和，区域供应面宽，遍布全国所有生产鲜食豌豆的区域。种子销售市场渠道正常，因包装、种子生产渠道不一，使价格差异较大，20～50元/千克不等。

2. 区域种子市场供应情况

（1）产业定位及发展思路

区域豌豆种子市场供应的产业定位较单一，因为市场缺乏用于干籽粒生产用的专用品种，目前种子供应的产业定位以鲜食市场为主。就目前豌豆生产市场的发展分析，未来的发展趋势将以鲜食种子的供应为发展方向。鲜食豌豆种子产业的发展路线目前已经基本形成，种子生产集中于河北、新疆及东北地区等生产成本较低区域，之后销售至全国范围内，以西南地区为主要销售区域。

（2）市场需求

按照我国目前豌豆年鲜食生产面积750万亩估算，市场总需求为3.8万～7.5万吨。西南地区的云南、四川、重庆、贵州是鲜食豌豆种子的主要需求市场，市场规模2.5万～4.5万吨/年。

干籽粒市场的规模为4万～5万亩/年，实际市场需求规模远低于此。

3. 市场销售情况

（1）主要经营企业及加工产品

干籽粒：市场可见的品种以中豌4号、中豌6号为主。

鲜食：销售企业以河北、甘肃、宁夏和东北地区的企业为主，主要进行籽种的扩繁与销售，籽种调配至国内其他区域。云南省以晨农种业为主，主要进行鲜食豌豆品种如长寿仁、奇珍76、台中系列生产。

(2) 经营量与经营额

晨农种业：100 ~ 120吨/年；销售单价25 ~ 35元/千克（根据包装规格及品质），经营额在250万元/年以上。

(3) 市场占有率

我国鲜食豌豆的种植面积约2 300万亩，实际需要籽种量为23.0万吨。干籽粒生产面积约1 500万亩，籽种需求量15.7万吨。上述企业仅为我国豌豆主产区云南省的籽种企业，在全国的市场占有率低于1%，在云南省籽种销售的占有率低于2%，仅靠企业完全无法满足产业发展需求。目前我国豌豆产业籽种企业的现状，一是没有豌豆籽种专门销售企业，且豌豆籽种销售企业以中、小型为主，分布面广，该类企业籽种的销售占全部用种量的50%~ 60%；二是由于豌豆作物长期以来种业发展较为落后，没有规范化的籽种繁育、销售渠道，籽种的繁育以个人或者家庭居多，该类籽种没有生产地、生产商、质量保证等。长期以来该类籽种实行散装销售，商品豌豆作为籽种销售的情况较为突出，该类籽种销售占比较大，超过50%以上。

二、豌豆产业科技创新

（一）豌豆种质资源

1.种质资源收集、鉴定、保存和利用

(1) 资源收集

世界豌豆资源较丰富，据国际植物遗传资源委员会统计，世界各国共保存豌豆资源3.4万份，野生资源123份。我国目前收集保存有6 200余份豌豆资源，其中80%为国内地方资源、育成品种（系），20%为引入的国外资源。在资源的收集过程中，我国以科研和生产实际需求出发，从美国农业部农业研究服务中心、ICARDA、法国农业科学研究院、加拿大、俄罗斯等21个国家及机构引入了全球范围内67个国家和地区的2 756份豌豆资源，其中包括了来自于亚洲西部、地中海和埃塞俄比亚、小亚细亚等豌豆起源中心的种质资源以及豌豆属的野生豌豆种质资源707份。

(2) 资源鉴定和利用

经过近20年的国家农作物种质资源科技攻关研究，我国已对国家种质库中保存的所有种质资源进行了农艺性状鉴定，对部分资源进行了抗病性、抗逆性和品质性状鉴定，并从中初步筛选出了部分优异种质用于种质资源改良和直接推广利用。国内豌豆种质的研究以世界范围内的豌豆种质为材料成功地进行了种质的创新和新品种的选育，并在分子生物学层面进行了深入阐释，选育出了系列优异的豌豆新品种，促进了豌豆产业的可持续发展，并满足了当前市场对豌豆的实际需求。通过以资源的收集、引入，提升了我国豌豆种质资源遗传多样性水平，同时弥补了豌豆资源类型丰富度水平较低的问题，为新品种的选育提供丰富的材料基础。对收集的豌豆资源开展形态学鉴定和纯化研究互相结合的手段进行种质创新与利用，成功选育出系列供生产应用的专用型豌豆新品种，包括获得植物新品种权、通过国家鉴定的抗白粉病半无叶型豌豆品种的豌豆新品种云豌1号、云豌21、成豌4号、定豌4号、垄豌6号等系列品种，提升了豌豆品种的专用特性，成功地提高了豌豆作物的产量和抗病性水平。开展豌豆白粉病抗性资源的种质创新、抗性核心种质库构建和抗性基因的发掘利用，先后对来自于全球30个国家和地区的1 956份豌豆种质资源进行白粉病抗性筛选，最终获得127份（其中54份材料对白粉病表现免疫）在白粉病抗性上表现优异的核心种质资源，通过系统选

育育种技术选择并创制了大量的新种质资源，以该类种质为基础选育获得了抗白粉病豌豆品种。进行豌豆种质资源芽期耐旱性评价及耐旱种质筛选研究，来自我国18个不同省份的87份豌豆种质资源进行耐旱性鉴定，试验中测定种子相对发芽势、相对发芽率、萌发耐旱指数及萌发胁迫指数等13个指标，主成分分析确定了相对发芽势、相对发芽率等7项指标作为耐旱综合评价因子。利用隶属函数法，筛选出1份高抗种质（G0002457），来自降水较少的新疆莎车；7份抗旱种质（G0002293、G0005403、G0002418、G0002083、G0000799、G0002017和G0002082），多来自降水较少的西北部春播区。本研究可为耐旱种质的选择提供科学指导。以来自五大洲57个国家和地区的271份豌豆资源为材料，利用主成分分析和聚类分析的方法，评价其2个质量性状和7个数量性状的遗传变异水平，结果表明，参试资源的农艺性状具有丰富的遗传多样性。其中遗传多样性指数最高的是始荚节位（2.0590），其次是主茎节数（2.0421）；性状变异系数最大的是小区产量（64.874%），其次是百粒重（61.870%）。采用SPSS 22.0软件对参试资源7个数量性状的主成分分析结果表明，前3个主成分因子累计贡献率达66.021%，Ward法聚类将参试的271份豌豆资源划分为4大类群，其中第Ⅱ类群属于高秆、大粒、高产种质，具有很高的丰产潜力，为我国杂交育种亲本提供了材料支撑。

（二）豌豆种质基础研究

Sun Suli, He YuHua等研究发现，中国云南选育的3个豌豆品种中存在与白粉病抗性的两大*er1*基因。由白粉菌属引起的白粉病是豌豆的一种重要病害。利用在*er1*基因位点上携带抗白粉病基因的品种，是防治该病最有效、最经济的方法。研究的目的是筛选对白粉病有抗性的中国优秀豌豆品种，并确定*er1*基因位点的作用基因。在供试的37个豌豆品种中，3个（云豌8号、云豌21和云豌23）品种在表型评价中抗白粉病。分析了3个抗性品种和对照株的*er1*候选基因*psmlo1*的全长cdna序列。通过10个无性系cdna序列比较揭示了抗白粉病品种、感病品种和野生品种间的差异。观察到云豌8号的抗性是由于*psmlo1*位置的一个点突变（c->g）引入终止密码子，导致蛋白质合成提前终止。鉴定的抗病基因为*er1-1*。云豌21和云豌23白粉病抗性是由*psmlo1*中相同的插入或缺失引起的。在云豌21和云豌23中观察到3个不同的*psmlo1*转录本。这些转录体分别为129bp处缺失和155bp、220bp处插入。鉴定的抗性等位基因为*er1-2*。对云南育成的3个抗白粉病豌豆品种进行了两个重要的*er1*等位基因分析。这些品种代表了抗白粉病豌豆品种的重要遗传资源。

宗绪晓等利用SSR标记方法进行种质创新，构建了栽培豌豆核心种质库。该研究内容以构建核心种质库缩减资源群体量为基本出发点，选择了来自于全球具有代表性的731份豌豆种质资源，从111对备选SSR引物中筛选能扩增出清晰稳定单一带的多态性引物21对，利用21对引物对豌豆栽培种质（*Pisum sativum* L.）的遗传多样性水平进行分析研究，研究结果首先揭示了我国国内豌豆资源各省份遗传多样性水平差异显著，以内蒙古资源群最高，云南、甘肃、四川和西藏等地的资源群其次，辽宁资源群最低，通过PCA三维空间聚类图的方法探明了我国豌豆地方品种资源基因库的分化类型，即我国地方豌豆资源的构成来源于3个基因库，基因库主要由春播区的内蒙古、陕西资源构成，具有较好的耐旱性。

Yang Tao发现MAS在豌豆育种应用上落后于其他作物。大量的新的和可靠的简单重复序列（SSR）或微卫星标记开发，将有助于这些作物基因组学研究基础和应用。利用Illumina HiSeq 2500系统揭示了含有序列的8 899个SSR，并设计了非冗余引物来扩增这些SSR。在用随机选择的1 644个SSR验证来自不同地方的24个豌豆栽培种和野生近缘种基因型，其中有841个存在明显的多态性。该数据集表明，每个位点的等位基因数为2～10，多态性信息含量（PIC）为0.08～0.82，平均为0.38。此外，用这1 644个新SSR标记对g0003973和g0005527基因多态性进行了检测，最后在g0003973×g0005527杂交的F_2群体遗传连锁图上锚定了33个多态性SSR标记。

（三）豌豆育种技术及育种动向

1. 育种技术

目前国内外豌豆育种较为普遍的方法有杂交选育、系统选育、诱变育种、穿梭育种以及分子标记辅助育种等。上述方法中较为常用的豌豆育种方法是系统选育和杂交选育，穿梭育种、诱变育种和分子标记辅助育种是上述育种方法的辅助技术手段。我国目前登记的豌豆品种中，系统选育品种占47.9%，杂交选育占51.9%。

（1）杂交选育

豌豆作物花器结构适宜通过人工有性杂交转育目标性状。因此，以人工有性杂交创制目标品系的方法在豌豆育种中是主要的育种手段之一。在确定合适的育种目标基础上，如生育期熟性、白粉病抗性、叶型、株型结构、荚质、花色等性状，通过利用具有上述育种目标稳定优异特性的豌豆父本和母本进行有性杂交，后经过选种圃筛选试验、株系试验、预备试验、品比试验、生产力评价（适应性、丰产性等）试验，不断筛选鉴定，选出符合育种条件的豌豆品种的方法。一般情况下是将具有目标性状的纯合材料作为父本使用。

如鲜食籽粒类型中秦1号成功改良了品质和生育期特性，鲜食茎叶类型云豌1号、滇豌1号成功改良了株高和叶型特性。此外，我国各研究机构通过杂交育种方法成功改良了株型、抗性、产量水平特性，选育出系列半无叶型豌豆苏豌3号、坝豌1号、陇豌1号等，普通株型豌豆品种科豌4号、中豌6号、草原12、定豌2号、成豌6号、青豌29等。

（2）系统选育

因豌豆是自花授粉作物，依靠种子进行繁殖，自交后代种性衰退现象不突出。纯系豌豆品种在栽培过程中发生新的变异后获得的性状较容易长时间保持。因此系统选育方法是豌豆作物改良研究的又一主要方法。该方法主要在发现目标变异性状后，通过单株筛选，构建差异群体，不断进行自交纯合，形成性状稳定的高代纯合品系（品种）。因系统选育需要变源做基础，仅靠自然栽培发生变异几率和变异水平较低，因此，一般通过诱变育种方法辅助进行，或者从国外引进资源、从引进的高代品系中选择变异株。该方法多用于从混杂群体、性状不整齐群体中选育。

系统选育特点是历时时间长。先选择优异变异株进行筛选鉴定，然后参加选种圃初选、株系试验、预备试验、品比试验、区域试验、生产力评价试验等，整个过程对其生育期、物候、农艺性状、经济性状、形态学性状、抗病性状等进行综合评价。

例如半无叶型豌豆科豌1号、科豌2号、草原23、云豌10号、草原24、秦选早、秦选绿；普通株型豌豆科豌5号、草原20、宁豌2号、云豌4号；鲜籽粒型豌豆云豌18和鲜荚型豌豆云豌26等。

（3）其他选育方法

混合选育法：即用有性杂交和系统选育法等共同选育的方法。例如由青海省农林科学院作物育种栽培研究所选育的普通株型豌豆阿极克斯，由山西省农业科学院右玉试验站选育的晋豌豆4号。

诱变育种：豌豆诱变育种有物理诱变和化学诱变2种方法。物理诱变应用较多的是辐射诱变，一是通过将种子送入太空，在低重力、高辐射的真空环境中接受太空中各种射线的辐射获得变异；二是用钴60进行辐射。我国在1987—2011年由中国农业科学院作物研究所组织，多次将包括豌豆在内的农作物种子搭载农业育种卫星运送至太空，诱变效率较高。豌豆作物的化学诱变主要采用EMS(甲基磺酸乙酯)溶液对种子进行浸泡处理获得变源，该技术的关键点是EMS的诱导浓度和时间。如青岛农业科学院通过EMS对中豌6号进行了诱导处理，获得2 687个存活单株，并鉴定获得在株型、叶色和花器结构等较亲本变异明显的突变体。

分子标记辅助育种：是豌豆育种系统工程，分别针对本国主要的病害、逆境、蛋白质组分及品质、株型及高产潜力，着重目标基因挖掘、标记、定位、转育，利用分子生物学技术进行基因标记辅助资源改良，以缩短研究和育种年限，创造集多种抗病基因于一身的优异材料，旨在育成抗病、抗逆且高产的品种。目前国际上豌豆作物分子标记辅助育种研究较为先进的国家如法国、加拿大、澳大利亚，已经成功地定位了与豌豆白粉病抗性紧密关联的 *er1*、*er2* 基因，并开发了系列 SNP 标记，成功选育出在生产上应用的抗白粉病豌豆品种，如 Kaspa，Wharton 等品种，含有 *er1* 抗性基因，白粉病抗性好。中国农业科学院作物研究所和云南省农业科学院粮食作物研究所对世界范围内收集的豌豆种质资源进行白粉病抗性鉴定，对含有 *er1* 基因的豌豆资源和育成品种 55 份 / 个开发了功能性标记。经过分析测序了 *er1* 的等位基因，发掘出 *er1-8* 和 *er1-9* 两个新的等位基因。云豌4号含有 *er1-1* 抗性基因，云豌18、云豌35和外引种质 L2157 含有 *er1-2* 白粉病抗性基因。

穿梭育种技术：穿梭育种方法的根本目标是提升育种效率，即在单位时间内快速地使豌豆纯合。国际上豌豆穿梭育种较为成熟的国家是澳大利亚，通过各学科的综合利用、各研究机构的协同工作，1年内将豌豆作物纯合 3 ~ 4 代。豌豆穿梭育种是近年来我国豌豆育种的新模式，由中国农业科学院作物研究所和云南省农业科学院粮食作物研究所共同研究开展，在南、北方不同生态环境和播种条件下开展豌豆作物穿梭育种工作。通过在南、北方对相同资源开展形态学性状的初步鉴定，选择出在南、北方表现出广适应性的优异种质材料，利用该类材料作为亲本，共同构建和独立构建 F_1 后代群体后，再提供进行南、北方异地育种选择试验。这项研究为加速我国豌豆新品种选育效率和选育广适性新品种提供了技术和材料支撑，将育种效率提升 2 倍。

2. 育种动向

(1) 以专用类型为基本目标的育种

豌豆于2017年被列为国家实施登记的29种非主要农作物之一。通过对登记的品种进行分析发现，目前我国豌豆品种以专用型为基本出发点，目前选育的品种按用途可以分为鲜食籽粒、鲜食豆荚、鲜食茎叶（苗芽型）、干籽粒类型、兼用型5种。

我国豌豆产品的用途在过去10年（2007—2017年）内发生了明显的变化，目前主要是干籽粒的粒用转变为鲜食菜用，尤其是我国传统干豌豆生产区域的云南、四川、贵州、重庆、湖南、湖北、安徽、江苏等省份发生较大的变化，由干豌豆主产区转变为鲜食豌豆主产区。上述区域2008年以前豌豆产品以干籽粒为主，干籽粒生产超过80%以上，因此很长时间以来我国豌豆的育种目标以干籽粒为主。随着豌豆生产用途的变化，目前豌豆作物的产品以鲜食为主，占比超过60%。

目前我国登记的豌豆品种中以鲜食类型为主，占比达64.4%，鲜食类型中又以鲜食籽粒类型为主，达30个，鲜食荚类型（软荚豌豆）6个，干籽粒粒用豌豆17个，鲜食茎叶类型2个，兼用型豌豆4个。生产上主推或有推广前景的登记品种主要是鲜食籽粒和鲜食荚壳类型品种，包括云豌18、成豌8号、无须豆尖1号、定豌6号、陇豌5号、奇珍系列豌豆等。

由此可见，我国豌豆的育种目标较偏向鲜食菜用品种类型。

(2) 以抗性和品质为首要目标的育种

豌豆的主要病害是白粉病和锈病，白粉病在豌豆主产区普遍发生，因此白粉病和锈病抗性成为主要目标的育种。分析我国通过国家登记的豌豆品种发现，白粉病和锈病抗性是我国目前阶段较为注重的病害抗性。登记品种中白粉病抗性表现突出，高抗、抗病品种为主，极少品种对白粉病表现感病，高抗和抗的品种占比72.9%，中抗品种有11个。

豌豆锈病是我国西南豌豆主产区，尤其是云南省豌豆生产中的主要病害之一。锈病抗性品种选育存在的难度较大，目前登记品种中锈病抗性不一。虽然我国豌豆育种中高抗和抗的品种占比为89.8%，但因为锈病生理小种的分离与培养是世界性的难题，上述品种具有的抗性较为单一，无法满足多样化的生产种植环境需求。因此，在未来很长一段时间内豌豆锈病抗性育种是我国豌豆抗性育种需要攻克的难题。

（3）不同用途类型豌豆的育种目标

①干籽粒豌豆育种目标：首先以高产、多抗、适宜机械化生产用品种的选育为目标，基本指标是以半无叶类型豌豆为主，兼顾子叶颜色（黄子叶、绿子叶）、粒型（圆粒豌豆）、粒色（白皮和绿皮）。其次兼顾品质需求，高蛋白（≥25%）或高淀粉（≥43%）。我国干豌豆生产面积及产量逐渐缩小的主要原因是干籽粒生产成本居高不下，主要是由于干豌豆生产的品种以地方品种为主，产量水平低下，其次是机械化水平低下（与品种类型有关系，缺乏适宜机械化生产的品种类型）。半无叶型豌豆所有羽状复叶全部突变成卷须，卷须在株间能够相互缠绕，形成棚架结构，抗倒伏性能极好，在豌豆抗倒伏育种及农业生产中具有重要的利用价值。世界上发达的豌豆主产国如加拿大、美国、澳大利亚因其产品以干籽粒为主，同时为适应期机械化生产需求，豌豆新品种的选育多以半无叶半蔓生类型豌豆品种为主。

②鲜食豌豆育种目标：选育适宜高效绿色生产使用的新品种，具体指标首先是选育具有良好抗病性（白粉病、褐斑病、根腐病）的品种，其次是优质（高可溶性糖分含量、低单宁含量），再次兼顾株型改良，即选育具有一定抗倒伏特性的类型（具有半无叶叶型，株高75～120厘米）。此外，鲜食豌豆的主产区在西南山区，以旱地为主进行种植，近年种植模式发生变化，早秋、反季种植面积逐年增加，因此除抗病性外，具有良好抗逆境能力的新品种选育也是重要的育种指标，如耐冻、耐旱的新品种选育。

（四）豌豆新育成品种

（1）云豌18

2017年度申请国家登记品种，同时也是云南省非主要农作物品种审定委员会登记品种。半蔓类型，生长直立。复叶叶形普通，叶缘全缘，花色白，单花花序。荚质硬，鲜荚绿色，成熟荚浅黄色。籽粒皱，种皮粉绿色，子叶绿色。株高80～90厘米，干籽粒百粒重23.3克，鲜籽粒百粒重55克，淀粉含量28.03%、蛋白质含量28.6%。生产应用中较适宜在秋播区域作为鲜籽粒生产，白粉病抗性较同类型其他品种表现优异，在我国鲜食豌豆生产应用中种植户对其品质、抗性、产量水平较为认可，农药施用量少，生产成本低。缺点是江苏和北方区域鲜食生产中生育期较长，需要调整播期来保证最佳上市时期。

（2）云豌21

来自澳大利亚外引材料L1335系统选育而成。2018年申请国家登记品种，通过国家鉴定的高抗白粉病。半无叶软荚类型豌豆品种。株高72.3厘米，白花，单花花序。干籽粒种皮白色，百粒重20克，淀粉含量46.69%，蛋白质含量17.0%。生产中适应作为食鲜荚生产。在秋播区域进行鲜食豌豆荚生产，种植户对其品质、抗性较为认可，半无叶型有利于植株的直立生长，生产投入成本相对较低。缺点是鲜荚产区传统上的品种以普通叶型为主，半无叶型接受程度低，因卷须互相缠绕攀附，不利于采摘。

（3）成豌8号

高蛋白质粮菜兼用型豌豆品种。四川省农作物品种审定委员会审定品种。株高70～80厘米，白花，双荚率10%～15%。成熟干籽粒种皮粉绿色，圆形。蛋白质含量29.7%。抗白粉病。成豌8号属高蛋白质豌豆品种，适宜干籽粒加工使用，干籽粒产量高。缺点是后期易感白粉病。

（4）陇豌5号

我国选育的首个半无叶型甜脆豆，也是目前我国唯一高抗白粉病的豌豆品种，2015年通过甘肃省品种认定委员会认定（甘认豆2015003），原系代号X9002。以新西兰双花101为母本，宝峰3号为父本杂交选育而成。该品种农艺性状优良，直立生长，抗倒伏，生长势较强，鲜荚肥厚、甜脆可口，成熟时无贪青现象，整齐一致，可粮菜兼用；最大的优点是种植管理简便、节本增效，较传统的甜脆豆品种省去了人工搭架、吊线的工序，人工投入低。缺点是花期较短，采摘时间短，花荚期易受干热风的影响。

（5）陇豌6号

属广适、矮秆、高产、抗倒伏干豌豆品种，是目前甘肃唯一通过国家认定的豌豆品种，2015年认定（国鉴杂2015035），品种原代号1702。以加拿大引进豌豆品种Mp1807为母本、Graf为父本杂交选育而成。2012—2014年在全国春播区13个试点和冬播区8个试点进行适应性和丰产性试验。结果表明：该品种可秋播也可春播，广适性很好；耐根腐病，中抗白粉病，产量高，稳产性能好；株型紧凑，矮秆，直立生长，株蔓粗壮，抗倒伏。春播组试验平均产量2 855.25千克/公顷，较对照增产18.39%，最高产量5 564.2千克/公顷；冬播组试验产量2 349.90千克/公顷，增产12.75%。可在春播区的甘肃兰州、卓尼，内蒙古达拉特，宁夏隆德，青海西宁，西藏拉萨，以及冬播区的江苏如皋、四川成都、重庆永川、江苏南京、陕西安康等地推广种植，特别适宜在西北灌溉农业区和年降水量在350 ～ 500毫米的雨养农业区种植。

（6）定豌7号

属高淀粉豌豆品种，以天山白豌豆作母本，8707-15作父本杂交选育而成，原代号9431-1。2010年通过甘肃省品种审定委员会认定（甘认豆2010003），2013年获定西市科技进步一等奖。该品种抗旱，耐根腐病，丰产、稳产性好。春播生育期91天左右，株高61厘米，单株有效荚数平均3.2个，百粒重21.2克，单荚粒数平均3.7个，种皮麻色，粒形扁圆。干籽粒粗蛋白含量22.6%，赖氨酸含量1.26%，粗脂肪含量1.12 %，粗淀粉含量64.2%。一般平均产量1 903.5千克/公顷，高产可达3 000千克/公顷。适宜在年降水350毫米以上、海拔2 500米以下的半干旱山坡地、梯田地和川旱地种植，二阴地种植产量更高，但在生长后期应注意防治白粉病。在甘肃定西及同类地区大部分地方可作为主栽品种推广应用。

（7）定豌8号

属旱地豌豆新品种，以A909为母本，7345为父本，采用有性杂交和系谱选育法培育而成。在2007—2009年多点试验中，15点次折合平均产量1 908.75千克/公顷，较对照品种定豌4号增产18.64%，产量表现稳定高产。定豌8号平均株高65厘米，主茎节数12节，单株荚数平均4.38个，单荚粒数4粒，百粒重21.3克，经济性状优良。生育期90天左右。干籽粒粗蛋白含量26.93%，赖氨酸含量1.38%，粗脂肪含量0.902%，粗淀粉含量57.52%。抗旱，耐根腐病，丰产稳产性好，适宜在甘肃中部干旱、半干旱地区以及同类地区推广种植。

（8）草原30

2017年国家登记品种，外引品种系统选育而成，选育者为个人。适宜在春播区域进行干籽粒生产使用，半无叶型。株高96.4厘米，花柄着生1 ～ 2朵花，花白色，去壳荚直形，有硬皮层，嫩荚绿色，成熟荚黄色，田间不裂荚。干籽粒皱，皮绿色。生产种植中抗白粉病、锈病、根腐病，耐冷性较强，芽期耐盐性较弱，抗旱、抗倒伏性较强，适宜在青海高位水地及中位山旱地春播种植。缺点是不耐水肥，水肥条件好易发生倒伏。

（9）广盛303

2017年登记豌豆品种，育种者为兴农种苗股份有限公司。亲本为台中11×美国124-3。普通叶、软荚蔓生型品种。粉红花，粗蛋白含量22.1%，粗淀粉含量6.62%，适宜生产鲜荚使用，抗白粉病，耐冻，适宜在广东地区秋、冬季种植。缺点是易感锈病，不适宜西南豌豆锈病高发地区生产使用。

（10）晋豌3号、晋豌4号

2018年登记品种，育种者为山西省农业科学院右玉农业试验站。晋豌3号适宜生产干籽粒。生育期90天左右，株高90 ～ 110厘米，粗蛋白含量23.34%，粗淀粉含量49.98%。抗白粉病、锈病，耐寒性强，适宜在山西豌豆产区种植。缺点是用种量大，生产成本高。晋豌4号适宜干籽粒生产使用。株高85 ～ 110厘米。干籽粒百粒重24克，粗蛋白含量23.76%，粗淀粉含量54.04%。抗白粉病、锈病，耐寒性强。适宜在山西豌豆产区种植。缺点是百粒重高，用种量大，生产成本增加。

（11）益农长寿豆688

2018年登记品种，云南楚雄益农农业科技开发有限公司、楚雄市彩稼农业科技开发研究所选育。亲本为奇珍长寿自交系，适宜鲜籽粒生产使用。株高96～116厘米，花白色。粗蛋白含量33.98%，粗淀粉含量51.19%。抗白粉病、锈病。适宜在云南海拔800～2 000米地区春、秋季种植。缺点是易感褐斑病，土壤水分含量高的区域易发根腐病。

（12）盖丰长寿豌

云南盖丰农业科技有限公司选育，亲本为奇珍长寿豌豆仁变异株。适宜鲜籽粒生产使用。株高102～118厘米，单花花序，花白色。干籽粒百粒重26.1克，粗蛋白质含量24.66%，粗淀粉含量50.28%。高抗白粉病，抗褐斑病，适宜在云南昆明、玉溪、楚雄、大理、红河、普洱海拔800～2 200米地区秋、冬季种植。土壤水分含量高的区域易发根腐病。

（13）浙豌2号

2018年登记品种，育种者为浙江省农业科学院，品种来源为中豌6号×0015。鲜籽粒型中早熟品种，半蔓生型。株高60厘米左右，白花，硬质荚，耐储运。鲜籽粒粗蛋白含量25.3%，鲜籽粒淀粉含量38.6%。抗白粉病、锈病，幼苗中等耐低温，耐盐能力强。缺点是因早熟特性，易受冻害。适宜在浙江、四川、云南、福建、广西、安徽、江苏、山东、湖南、湖北种植。

（14）保丰1号

2018年登记品种，申请者为保山市农业科学研究所。亲本来源：台湾长寿仁×昊豌7号。甜脆豌豆。蔓生型，白花，硬荚，单花单荚，也有少量双花双荚。株高80～110厘米，干籽粒百粒重27.5克。干籽粒粗蛋白含量27.6%，粗淀粉含量48.2%；抗白粉病、锈病，耐旱，适宜在云南保山海拔800～1 950米豌豆产区种植。缺点是花荚期易受冻害。

（15）圣瑞宝

2018年登记品种，申请者为甘肃锦圣源农业科技有限公司。亲本JW-03×JW-12。适宜春播区进行鲜籽粒生产。生育期105天，株高75厘米左右，直立生长，花白色，双荚率75%以上。干籽粒柱型、皱粒、黄皮、黄子叶，百粒重22克。粗蛋白含量30.7%，粗淀粉含量1.54%。抗白粉病、锈病；耐寒性强、抗倒伏。适宜在甘肃春播种植。缺点是易发根腐病。

（16）金品636

广东和利农种业股份有限公司选育。品种来源：A31×DW1120-1。早中熟。植株矮健，株型紧凑，生长繁茂。白花，双荚，耐旱性、耐寒性、耐涝性好，耐热性一般。适宜在广东秋、冬季种植。缺点是易感白粉病和根腐病。

（17）中华豆

2018年登记品种，育种者为嘉峪关百谷农业开发有限责任公司。品种来源：XLSH-101×BF-3。鲜籽粒型，早熟品种。株高100厘米左右，干籽粒球形，褶皱。干籽粒粗蛋白含量28.62%，粗淀粉含量13.05%；中抗白粉病，抗锈病。适宜在甘肃河西灌区、中部有灌溉条件的地区及周边高寒阴冷地区春播。

（18）酒豌六号

2018年登记品种，育种者为酒泉市大金稞种业有限责任公司。品种来源为固原8号。干籽粒型，株高48厘米。干籽粒百粒重25克左右，种皮为浅绿色。粗蛋白含量22.5%，粗淀粉含量58%。中抗白粉病、锈病。适宜在甘肃海拔1 800米以下的区域4月25日至5月10日种植。

（19）龙豆6号

2018年登记品种，申请者为酒泉鑫龙农业开发有限公司。品种来源为BE101，荷兰豆，蔓生，白花，硬荚。生育期春播地区65～70天，生长势强，耐旱。粗蛋白含量26.15%，粗淀粉含量36.5%。中抗白粉病，耐枯萎病；耐寒性一般，耐旱性强。

（20）中豌 18

2018年登记品种，申请者为青岛义天晟种业有限公司。品种来源：中豌6号变异株。干籽粒型。株高45～55厘米，较中豌6号植株壮枝叶繁茂，白花，硬荚。干豌豆浅绿色，百粒重27克左右。干籽粒粗蛋白含量24.5%，粗淀粉含量44.63%，糖含量13.53%，脂肪含量2.30%，粗纤维含量8.36%。抗白粉病，中抗锈病、根腐病、霜霉病。适宜在山东、河北、河南、安徽、云南、四川、贵州、湖北地区种植。北方春播地区早春土壤化冻后即可播种；南方冬播区一般在11—12月播种。

（21）中豌 11

2018年登记品种，申请者为青岛义天晟种业有限公司，品种来源为中豌6号变异株。干籽粒型。株高45～50厘米，茎叶深绿色，白花，硬荚。干籽粒浅绿色，百粒重26克左右。粗蛋白含量24.3%，粗淀粉含量42.53%，糖含量13.53%，脂肪含量2.30%，粗纤维含量8.36%。抗白粉病，中抗锈病、根腐病、霜霉病；适宜在山东、河北、河南、安徽、云南、四川、贵州、湖北播种。

（22）秋豌 1 号

2018年登记品种，申请者为云南秋庆种业有限公司 玉溪市种子管理站，品种来源为青青豌豆仁的变异株。甜脆豌豆，食粒型大荚甜脆豌豆品种，株高约110厘米。干籽粒皱缩，适合鲜食或加工，适宜在云南海拔800～2 200米的温室大棚、露地9—10月栽培，不耐热。

（23）滇宝 3 号

2018年登记品种，申请者为云南世大种业有限公司，品种来源：TWCSR×SD001。鲜籽粒型。粗蛋白含量22%，粗淀粉含量48%，脂肪含量低于2%。抗白粉病，中抗锈病，耐雨水。适宜在云南海拔为1 000～2 100米中等肥力田块的区域秋播。缺点是抗逆境能力弱。

（24）青豌 3 号

申请者为张掖市瑞真种业有限公司。品种来源：G012-4。鲜籽粒型，生育期70～90天，植株高90～120厘米，双花序，花色白色。干籽粒圆形光滑，粗蛋白含量24.3%，粗淀粉含量49.65%。抗白粉病、锈病。适宜在甘肃种植，不耐高温、霜冻。

（25）浙豌 1 号

申请者为浙江省农业科学院。品种来源：国外引进的GW10经系统选育而成。鲜籽粒型，植株蔓生，播种至鲜荚采收135～140天。耐储运，适宜鲜食和速冻。粗蛋白含量26.7%，粗淀粉含量39.1%。抗白粉病、锈病，幼苗耐低温能力强。适宜在浙江、四川、云南、福建、广西、安徽、江苏、山东、湖南、湖北种植。

（五）豌豆品种选育中存在的问题分析

2017年以前，豌豆新品种在不同区域采取审定、登记、鉴定形式进行。品种的选育者多以公益性科研院所为主，新品种类型比较丰富，区域色彩特征明显，北方春播区域以干籽粒型品种为主，南方秋播区域以鲜食型为主。因白粉病是全球性流行病害，因此选育的品种抗病性以抗白粉病为基本条件。除此之外，育种机构根据区域特性的易发流行病害独立进行研究并选育抗性品种，如锈病、赤斑病、枯萎病、褐斑病等。该阶段的品种选育和品种的抗性、品质、产量等指标进行细致深入的研究。北方地区以草原、陇豌、定豌、中豌、科豌等系列为主，均为科研院所选育而成，类型以干籽粒型为主；南方地区豌豆主产区主要集中于西南地区，品种以云豌、成豌、苏豌等系列为主，也都为科研院所选育而成，类型多样，鲜食型和干籽粒型基本保持一致，对白粉病抗性指标要求较高，此外耐冻性也是主要指标之一。

2017年国家开始进行豌豆作物登记，按照目前登记的豌豆类型分析，就用途上以鲜食型为主，比例在80%以上，其中又以鲜籽粒型为主，干籽粒型比例不到20%。叶型上以普通叶型为主，比例85%以上，半无叶型主要以北方春播区的甘肃为主。对于抗病性的要求，登记品种的白粉病抗性均达到抗或者以上水平。此外，根据区域易发病害、逆境也针对性进行研究并选育新品种。

三、豌豆品种推广

（一）豌豆品种登记情况

2017—2018年豌豆作物进行登记的品种共计16个（不包含已经受理），总共7个省份的2个科研机构和10个公司企业进行了登记。其中企业登记品种有11个，甘肃企业登记4个、云南企业登记3个、山东青岛企业登记2个，广东、青海企业各登记1个，其余为科研机构登记，共计5个。没有企业作为第一申请单位与育种单位的登记品种情况出现。

（二）主要豌豆品种推广应用情况

1. 面积

（1）全国主要品种推广面积变化分析

干豌豆产区：主推品种为中豌4号、中豌6号，全国范围内均有种植，主栽区为北方干籽粒产区；草原24、草原12主栽区为青海、甘肃、宁夏区域，陇豌4号、陇豌6号、定豌2号、定豌4号、定豌7号、宁豌3号、宁豌4号、宁豌5号主栽区为甘肃境内，成豌7号、成豌8号、成豌9号，云豌4号、云豌17主栽区为西南山区。

草原24、草原12的主栽区域为青海，是青海近5年（2013—2017年）的主栽品种，2017年青海豌豆总种植面积约22万亩，较上年干籽粒种植面积缩减约2.2万亩，较2013年前缩减5万～10万亩。

陇豌系列和定豌系列主栽区为甘肃，2017年甘肃干豌豆种植面积为89.5万亩，较上年度种植面积缩减约7.8万亩，上述品种中定豌系列面积缩减4万～5万亩，陇豌系列缩减3万～4万亩。

成豌7号、成豌8号、成豌9号近年累计推广面积约100万亩，其中用于干籽粒生产约40万亩。2017年度四川干籽粒面积105万亩，较上年度缩减约10万亩。

云豌4号、云豌17、云豌8号等品种主栽区域为云南境内，上述品种2017年度面积缩减5万亩。

中豌4号、中豌6号在我国豌豆主产区均有生产应用，育成时间较早，品种混杂、种性退化严重。此外，我国干籽粒总面积逐年下降，2017年较2016年两个品种面积减少约1万亩。

鲜食豌豆主推品种目前市场上以长寿仁、奇珍、台中外引品种和国内育成品种如科豌5号、科豌6号、中豌6号、成豌7号、成豌8号、成豌9号、食荚大菜碗、无须豆尖3号、朱砂豌、云豌1号、云豌18、云豌17、云豌21为主栽培品种，上述品种中以长寿仁系列所占面积最大。该类型占全国鲜食豌豆种植面积的30%左右。

科豌系列主要在北方地区进行鲜食生产，2017年度种植面积较上年度增加约10万亩；中豌6号主要在南方地区进行鲜籽粒生产，所占面积较大，但是因品种退化、混杂严重，近年面积程下急速下降趋势，约10万亩/年；成豌系列鲜食种植面积增加量与干豌豆种植面积减少量相同，增加面积10万～15万亩/年；云豌系列豌豆品种中云豌18种植较多，国内主要鲜食区域均有不同面积种植，增加面积10万～20万亩/年。

（2）各省份主要品种的推广面积占比分析

草原系列豌豆品种占青海推广面积的70%，达14万亩；以干籽粒豌豆生产为主。

科豌系列豌豆占东北地区、河北推广面积的10%，约5万亩；以鲜食豌豆生产为主，因该区域历史上种植鲜食豌豆较少，科豌系列在辽宁、河北、山东部分区域进行推广种植，面积呈逐年上升趋势。

定豌和陇豌系列占甘肃推广面积的50%，约45万亩；以干籽粒生产为主，定豌和陇豌是甘肃及周边区域的主栽品种，抗性、产量突出。

成豌系列占四川区域推广面积的40%～50%，40万～75万亩；四川是我国豌豆主栽区域，随着干籽粒豌豆（传统地方品种）面积的缩减，育成品种借助区域优势育成的豌豆品种在该区域推广面积的占比逐年上升。

云豌系列占云南区域推广面积的40%～50%，80万～100万亩；云南是我国豌豆种植面积最大区域，鲜食豌豆面积增加速度较快，干籽粒豌豆（传统地方品种为主）面积大幅缩减，育成品种结合区域特点推广鲜食品种，如鲜食籽粒品种云豌18和鲜食茎叶型品种云豌1号，借助区域优势育成的豌豆品种在该区域推广面积的占比逐年上升。

2.表现

（1）主要品种群

主要品种群及推广面积如下：

草原系列占青海推广面积的70%，14万亩；

科豌系列占东北、河北推广总面积的10%，约5万亩；

定豌和陇豌系列占甘肃推广面积的50%，约45万亩；

成豌系列占四川推广面积的40%～50%，40万～75万亩；

云豌系列占云南推广面积的40%～50%，80万～100万亩。

（2）主栽品种的特点

我国主栽豌豆品种的特点，见表7-1。

表7-1 主栽豌豆品种的特点

品种名称	选育单位	亲本来源	株型及叶型	产量（千克／公顷）	用途／特性
陇豌6号	甘肃农业科学院	系统选育	半无叶型	干籽粒3 000～4 500	干籽粒生产使用
陇豌1号	甘肃农业科学院	外引材料"Afila"	矮生、半无叶型	干籽粒3 000～4 500	干籽粒生产使用
手拉手	甘肃农业科学院	美国引进	矮生、半无叶型	干籽粒2 257	干籽粒生产使用
定豌2号	甘肃定西地区旱农中心	杂交选育	矮生、普通叶型	干籽粒2 166	干籽粒生产使用
定豌4号	甘肃定西地区旱农中心	杂交选育	矮生、普通叶型	干籽粒2 550	干籽粒生产使用
苏豌2号	江苏沿江地区农业科学研究所	杂交选育	矮生、半无叶型	干籽粒2 092～2 839、鲜荚11 910	粮菜兼用
苏豌3号	江苏沿江地区农业科学研究所	杂交选育	矮生、半无叶型	干籽粒2 775～3 975、鲜荚11 250～14 301	粮菜兼用
草原24	青海农林科学院作物育种栽培研究所	德国资源、系统选育	半蔓、半无叶型	干籽粒4 150～5 650	干籽粒生产使用
青荷1号	青海农林科学院作物育种栽培研究所	杂交选育	普通半蔓	软荚青荚15 428	鲜食嫩荚
草原12	青海农林科学院作物育种栽培研究所	杂交选育	普通蔓生	干籽粒2 250～3 000	干籽粒生产使用
无须豌171	青海农林科学院作物育种栽培研究所	杂交选育	普通蔓生	干籽粒3 691、豆尖嫩梢19 120	粮菜兼用
晋豌3号	山西农业科学院右玉试验站	杂交选育	半蔓生、普通叶型	干籽粒1 973	高抗豌豆食心虫
晋豌豆4号	山西农业科学院右玉试验站	杂交选育	普通蔓生	干籽粒1 725	
成豌8号	四川农业科学院作物研究所	杂交选育	矮生、普通叶型	干籽粒2 329	抗白粉病、耐菌核病

（续）

品种名称	选育单位	亲本来源	株型及叶型	产量（千克／公顷）	用途／特性
成豌9号	四川农业科学院作物研究所	杂交选育	矮生、无须型	干籽粒2 136	抗白粉病、耐菌核病
云豌8号	云南农业科学院粮食作物研究所	法国资源	矮生、半无叶型	干籽粒4 288	干籽粒生产使用
云豌21	云南农业科学院粮食作物研究所	澳大利亚抗白粉病单株	矮生、半无叶型	鲜荚10 000～12 000	鲜食嫩荚
云豌18	云南农业科学院粮食作物研究所	澳大利亚材料系统选育	普通半蔓	鲜荚10 000～12 000	鲜食籽粒
云豌1号	云南农业科学院粮食作物研究所	杂交选育	矮生、无须型	干籽粒3 020	鲜食茎叶
坝豌1号	河北张家口市农业科学院	杂交选育	矮生、半无叶型	干籽粒3 720	干籽粒生产使用
中豌4号	中国农业科学院畜牧研究所	杂交选育	矮生、普通叶型	干籽粒2 250～3 000、鲜荚9 000～12 000	鲜食籽粒
中豌6号	中国农业科学院畜牧研究所	杂交选育	矮生、普通叶型	干籽粒2 250～3 000、鲜荚9 000～12 000	鲜食籽粒
品协豌1号	中国农业科学院作物科学研究所	国外资源：Ce-leste	矮生、半无叶型	干籽粒2 951	干籽粒生产使用
科豌1号	中国农业科学院作物科学研究所、辽宁经济作物研究所	法国资源系统选育	矮生、半无叶型	干籽粒3 751	干籽粒生产使用
科豌5号	中国农业科学院作物科学研究所、辽宁经济作物研究所	国家种质库：G866	半蔓、普通叶型	干籽粒13 500	鲜荚生产

（3）品种在2017年生产中出现的缺陷

上述品种在生产中病害抗性，尤其是白粉病抗性表现较为优异。但各个类型的品种对自然逆境胁迫，如冻害、干旱抵御能力差。此外，干籽粒型品种产量达不到稳产水平，丰产性欠缺。

（三）豌豆产业风险预警及建议

1. 与种子市场和农产品市场需求相比存在的差距

干籽粒型豌豆：目前干籽粒型豌豆的产品每年的缺口为100万吨，该差距与种源和种子市场不存在差距。

鲜食豌豆：种子市场趋于饱和，主要是种子繁殖门槛低，导致种源丰富。农产品市场依然需求旺盛，总体来说鲜食豌豆的种子市场较农产品市场的需求基本平衡。

2. 国外品种市场占有情况

国内以地方品种和育成新品种为主，国外引入的品种数量不足5%，引入的品种主要在干籽粒豌豆主产区生产使用，生产应用面积较大的有手拉手和品协豌1号，手拉手在甘肃和宁夏用于干籽粒生产使用，推广面积累计达40万亩。

3. 病虫害等灾害对品种提出的挑战

可结合对2018年病虫害、气象等的预报，分析哪些品种可能会带来种植损失，以便及时应对。

4. 绿色发展或特色产业发展对品种提出的要求等

（1）绿色发展对品种提出的要求

北方干籽粒豌豆产区：豌豆白粉病是全球性病害，尤其是干籽粒生产区域因生育期较长，后期易感白粉病，绿色发展的品种需要对白粉病表现优异抗性。为达到绿色可持续发展，还需要能抗倒伏的品种，便于机械化生产和提高产量及品质。

南方鲜食豌豆产区：鲜食豌豆要达到绿色发展的目标，对病害抗性要求更为严格。首先是褐斑病，目前褐斑病是鲜食豌豆产区的首要病害，除对鲜食豌豆的产量和品质带来损失外，用于控制病害的化学药剂的施用量会增加，无法达到绿色发展需要。因此，鲜食豌豆需要对褐斑病具有良好抗性、具有良好抗倒伏性，以保证产品优异。

(2) 特色产业发展对品种提出的要求

目前我国是全球鲜食豌豆最大生产和消费国，鲜食豌豆在主产区是具有地方特色的作物。目前用于鲜食的品种同质化严重，在不同区域的不同生态环境中用同一品种进行生产种植，建议根据地方特色选育并使用专用品种，一是避免区域间的恶性竞争，二是丰富鲜食市场。

(3) 产业结构调整对品种提出的要求

南方山区，尤其是西南豌豆产区需要适宜旱地种植的抗逆、耐瘠的鲜食豌豆品种。北方借助玉米面积缩减的产业结构调整政策下，大力发展高产、抗病、适宜机械化生产的半无叶型豌豆品种。

5. 产业发展方向及建议

第一，国际上豌豆种植面积在逐年增加，尤其是加拿大、澳大利亚、美国等发达国家把发展豌豆产业作为农业可持续发展中不可或缺的一部分，我国要充分发挥豌豆产业在轮作倒茬中的优势特点，将豌豆产业有效地整合到农业生产体系中，促进农业的可持续发展。

第二，建立并发展豌豆优势生产区，细化产区功能。在华北、东北平原区域发展粒用型（饲用、加工型）干豌豆生产基地，通过高效机械化的生产运作，将大幅提高干豌豆质量，降低商品干豌豆产品的生产成本，最终有效缓解并摆脱我国对欧美国家干豌豆进口的依赖性。

第三，加大山区豌豆种植用轻简型农机具开发力度，引导种植者转变生产方式，提高生产效率并降低劳动力输出，降低生产成本。

建议：决策层真正认识到食用豆类作物在农业生产体系中的重要作用，借鉴发达国家食用豆产业发展的成功经验，兼顾各类作物的平衡发展，农业生产充分体现区域特性与特色，在一定时期的背景条件下给予政策上的扶持。

四、国际豌豆产业发展现状

（一）国际豌豆产业发展概况

1. 国际食用豆产业生产

豌豆是目前世界上三大重要的冷季食用豆类（芸豆、豌豆、鹰嘴豆）作物之一，世界干豌豆的生产历史在收获面积和产量上发生多次波动，总体呈现稳中有降趋势。其中有2次变化幅度较为明显，对世界豌豆的生产产生了较大影响。1963年和1964年是历史上干豌豆收获面积的最高点，分别达到1 338.2万公顷和1 319.7万公顷，产量分别为1 154.5万吨和1 319.7万吨，转折点发生在1965年，该年因整个欧洲的豌豆收获面积出现了巨大幅度的下滑（面积减少311.4万公顷），收获面积下降26.1%，为989.8万公顷。之后世界干豌豆收获面积总体呈现稳中有降趋势，该历史时期豌豆年收获面积维持在700万～800万公顷。直至20世纪80年代初，豌豆收获面积逐渐增加，转折点发生在1986—1989年，豌豆年收获面积突破900万公顷，面积分别为940.1万公顷、974.2万公顷、981.3万公顷和924.7万公顷，产量分别为912.2万吨、846.3万吨、879.8万吨和926.5万吨（图7-1）。该时期以后，全球的豌豆收获面积及总产发生明显下降，至2016年，全球豌豆的年收获面积未突破800万公顷，收获面积最大年份为762.6万公顷。

FAO最新的数据，2016年全世界干豌豆收获面积762.6万公顷，比2013年的639.6万公顷提高19.2个百分点；总产为1 436.3万吨，比2013年的1 121.9万公顷提高28个百分点。从2006—2016年10余年间全球干豌豆的收获面积数据变化来看，全球豌豆的年收获面积变化幅度较小，但整体呈上升趋势，与2006年的收获面积634.5万公顷比较，2016年度收获面积增加近20.2%。综合来看，在20世纪80年代以前全球豌豆收获面积减幅较大，1989年以后豌豆收获面积也出现降低情况，但变化幅度较小，而从2013年以来收获面积和产量均呈稳步上升趋势。

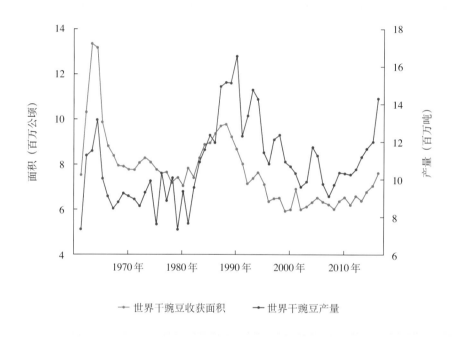

图7-1　1961—2016年世界干豌豆收获面积及产量变化

豌豆在世界上分布广泛，目前有162个国家和地区进行豌豆的种植生产。历史上，自1963年以来欧洲就是全球干豌豆的主产区，尤其是20世纪70—90年代，整个欧洲的总产量占全球的40%以上。90年代以后，欧洲豌豆种植面积下降较快，2005年以后豌豆年收获面积减少至190.7万公顷，年收获面积较亚洲收获总面积小，产量占全球总产量的26.4%。欧洲豌豆种植面积的大幅缩减是全球豌豆总面积和产量减少的主要原因。但2016年，欧洲豌豆种植面积又超过亚洲，产量接近亚洲的2.2倍，未来各大洲干豌豆生产发展趋势未知，但以近4年（2014—2017年）世界干豌豆生产发展来看，面积和产量都在逐年增加，发展趋势总体良好。

世界豌豆的生产种植可分为亚洲、美洲、欧洲、非洲、大洋洲5个主产区域。近50年以来，亚洲和欧洲一直是干豌豆主产区，美洲自1995年之后面积和产量都大幅增加，2016年干豌豆收获面积已接近欧洲，其产量超过欧洲水平（表7-2）。据FAO数据显示，2014年世界干豌豆收获总面积为693.2万公顷，2016年增加10%。以2016年为例，上述5个主产区域的收获面积占全球总面积的28%、29.5%、29.8%、8.9%和3.6%。按照国家进行划分，加拿大是目前世界干豌豆收获面积和产量最大的国家，年收获面积和产量分别为146.7万公顷和344.5万吨，面积和产量占全球的比重为21.2%和

30.8%。除加拿大外，干豌豆年收获面积40万公顷以上的国家有中国（95万公顷）、俄罗斯（89.7万公顷）、印度（73.0万公顷）、伊朗（47.5万公顷），面积分别占全球的13.7%、12.1%、10.5%和6.8%，产量分别为135万吨、150.1万吨、60.0万吨、20万吨，分别占全球总产量的12.1%、13.4%、5%和1%。

表7-2　1965—2016年世界各洲干豌豆收获面积及产量

地区	1965年		1975年		1985年		1995年		2005年		2015年		2016年	
	面积（万公顷）	产量（万吨）	面积（万公顷）	产量（万吨）	面积（万公顷）	产量（万吨）	面积（万公顷）	产量（万吨）	面积（万公顷）	产量（万吨）	面积（万公顷）	产量（万吨）	面积（万公顷）	产量（万吨）
非洲	37.0	26.7	44.7	27.8	42.6	25.0	41.2	26.8	55.7	38.1	71.4	66.8	68.1	63.8
美洲	26.1	34.3	27.3	32.0	27.9	40.7	94.4	179.7	169.9	377.1	205.9	421.8	225.1	558.5
亚洲	410.8	442.9	276.6	272.9	194.1	213.2	170.0	186.1	199.5	212.9	215.9	253.7	214.2	246.3
欧洲	512.7	499.1	425.7	422.5	610.8	927.5	367.2	695.8	190.7	438.5	188.8	430.6	227.4	534.5
大洋洲	3.2	3.7	4.0	6.6	23.0	31.6	40.0	58.6	37.6	61.4	24.4	31.5	27.8	33.2
世界	989.8	1 006.8	778.2	761.8	898.3	1 238.1	712.9	1 147.0	653.3	1 127.9	706.4	1 204.3	762.6	1 436.3

2. 国际食用豆贸易发展情况

随着人类饮食结构的变化，豌豆作物产品的用途发生明显变化，目前全球豌豆的贸易以干豌豆和鲜豌豆2种形式进行。据FAO数据，共有170个国家进口干豌豆，94个国家和地区出口干豌豆，127个国家进口鲜食豌豆，83个国家出口鲜食豌豆。干豌豆进口交易额为266 398.1万美元，出口交易额为211 253.6万美元，进出口交易额共477 651.7万美元。鲜食豌豆进口额42 225.2万美元，出口交易额为41 141.3万美元，进出口交易额共83 366.5万美元。

干豌豆进口量排名前十的国家分别是印度、中国、孟加拉国、巴基斯坦、美国、比利时、德国、意大利、挪威和英国。近几年我国干豌豆种植面积有所下降，主要原因就是进口豌豆数量较大（2017年进口量为100.3万吨），导致我国种植面积下降。我国近5年（2013—2017年）以来豌豆进口量以20万吨/年的数量在增加，占世界豌豆进口总量的10%。干豌豆出口量排名前十的国家依次是加拿大（53%）、美国（14%）、法国（7%）、澳大利亚（4%）、坦桑尼亚、乌克兰、阿根廷、土耳其和英国。中国在曾经在2013年出口干豌豆1 431吨，排名第36位，数量较少。

鲜豌豆进口量排名前十的国家是比利时、美国、荷兰、加拿大、印度、英国、法国、泰国、中国、德国；鲜豌豆出口量排名前十的国家依次是法国、加拿大、危地马拉、荷兰、摩洛哥、墨西哥、中国、美国、德国和埃及。

（二）主要豌豆生产国研发现状

1. 豌豆种质资源与创新利用现状

世界豌豆资源研究：世界豌豆资源较丰富，据国际植物遗传资源委员会统计，世界各国共保存豌豆资源3.4万份，野生资源123份。其中美国约7 000份，意大利4 600份，英国3 700份，设在叙利亚的国际干旱地区农业研究中心（ICARDA）约有3 300份。保存条件较好的国家有23个，其中21个国家有豌豆资源的长期库。多数资源已经或正在进行评价鉴定，并进行编目工作，多数国家还建立了豌豆资源的数据库。世界上生产豌豆的主要国家，如加拿大、印度、澳大利亚等，十分重视豌豆种质资源的收集和保存。我国20世纪末开始此项工作，现保存6 200余份豌豆资源。

创新利用：各国对豌豆资源的研究，主要集中在植物学形态和农艺性状，法国、意大利、荷兰、英国、美国等国家对部分豌豆资源的品质、抗病、抗逆、耐寒、遗传和细胞学等方面进行评价鉴定和研究。豌豆种质资源创新主要是采用常规杂交、远缘杂交、诱变、航天育种及基因克隆转育等手段，培育携带多种突出优异性状的新种质。随着人们生活水平的提高和膳食结构的变化，国内外市场对豌豆的需求量增多，但是中国豌豆品种退化严重，在国内外市场面临着严峻的考验。在新品种选育方面，中国豌豆优良亲本有限，不足以满足育种需要，急需引进国外资源，以促进国内豌豆产业发展。

2. 育种技术创新与新基因挖掘

目前世界各国在豌豆作物上进行了育种技术创新和新基因的挖掘工作。新基因的挖掘主要是白粉病抗性基因。

利用抗病品种是控制豌豆白粉病最经济、有效的方法。迄今，国外已经在豌豆资源中鉴定了2个隐性独立遗传的抗白粉病基因*er1*和*er2*。*er1*表现高抗或免疫，已在欧洲、北美洲及澳大利亚的豌豆育种中广泛应用。*er2*只在叶片上表现抗性，且抗性受温度、叶龄等条件的影响很大，限制了其在育种中的应用。最近在豌豆野生种*Pisurn fulvurn*中鉴定了一个新的显性抗白粉病基因*Er3*，但还没有应用到商业品种中。抗病基因*er1*已经被定位到豌豆遗传图谱的第Ⅵ连锁群（LG Ⅵ），*er2*被定位到第Ⅲ连锁群（LG Ⅲ），而*Er3*在豌豆遗传图谱上的位置还不确定。

Reddy，D. C. L等研究发现，在花豌豆中由白粉病菌属引起的白粉病为一种主要病害。已经发现*er1*和*er2*纯合隐性等位基因和显性等位基因*Er3*有助于豌豆白粉病抗性。使用12个序列特征性扩增区域（SCAR）标记和5个SSR标记用于印度豌豆育种的9种亲本基因型筛选。用这些SCAR标记在先前报道的特定位点扩增，但仍不能区分出抗病和感病基因型。SSR标记a5明确区分了纯合的抗性和感病亲本，以及来自'Arka Priya'×'IP-3'、'Arka Pramod'×'IP-3'和'Arka Ajit'×'Azad-Pea'3个杂交的F_2后代。卡方分析显示，a5的SSR标记基因型1：3的表型分离模式和1：2：1的基因分离比例。由于SSR a5是一个显性的标记，它区分了F_2代水平的*er1*显性纯合（*er1er1*）和杂合（*er1er1*）等位基因条件。因此，SSR标记a5可以用于豌豆中白粉病抗性的标记辅助育种。

Singh，A. K等报道豌豆锈病成为豌豆的一种毁灭性病害，特别是在世界亚热带和在病害发展过程中受到环境条件影响的地区。与豌豆锈病相关的分子标记将有助于分子标记辅助选择（MAS）。利用4个SSR标记（aa446和aa505侧翼主效QTL Qruf；AD146和AA416微效QTL Qruf1），对30个不同基因型豌豆对锈病抗性相关的分子标记效用进行评价。除了pant p31外，QTL、qruf侧翼位点标记能够识别所有抗性基因型，同时用于SSR标记ad146和aa416侧翼小QTL能够鉴定除AD146的HUDP-11和AA416的Pant P 31外的所有用于识别的豌豆抗性基因型。同样，标记aa446和aa505能够识别除了IPFD 99-13、HFP 9415和S-143SSR的所有感病豌豆基因型。SSR标记ad146和aa416能共同鉴定用于验证的除了KPMR 526，KPMR 632和IPFD 99-13的所有豌豆感病基因型。在标记等位基因分析的基础上，可以得出SSR标记（aa446、aa505、ad146和aa416）可用于豌豆锈病抗性的标记辅助选择。

3. 高产多抗适宜机械化生产新品种选育

加拿大是世界最大的豌豆种植国家，曼尼托巴、萨斯喀彻温和阿尔伯塔是主要种植区域。豌豆新品种的选育类型以黄子叶圆粒豌豆和绿皮绿子叶圆粒豌豆为主，该类豌豆多为半无叶类型，主要用于干籽粒生产。此外也有选育出部分麻豌豆、皱粒豌豆进行种植，主要用于鲜食豌豆生产应用。

澳大利亚也是世界豌豆主产国，以干籽粒豌豆生产为主。因地广人稀，豌豆品种的选育首先是适应其机械化播种和收获所需。澳大利亚强化育种公司（PBA）是澳大利亚主要的豌豆育种机构，自

2006年以来育成的豌豆品种种植面积超过全澳大利亚的15%。其豌豆育种的目标是改良豌豆品种的适应性，提高产量，抗褐斑病和细菌性疫病，抗逆境改良（如耐盐碱、耐硼、耐热以及耐冻）。按照粒型划分，目前澳大利亚进行4种粒型的品种选育，分别是kaspa类型（植株直立种皮棕灰色）、褐色（种皮黄褐色，子叶黄色）、白色（种皮白色，子叶黄色）和蓝色（绿子叶，种皮灰蓝色），其中kaspa类型占63%，如Alma、Dundale、Morgan、PBA Wharton、PBA Twilight等。叶型上以半无叶为主，半无叶品种（Bundi、Excell、Kaspa、Maki、Morgan、PBA Oura、PBA Pearl）占全部品种的63%，以中等和高株高品种为主，花色以白花居多，也有自花和粉红花品种。上述选育的品种，其植株在幼苗期就能够表现出较强的生长势，再加之其半无叶的株型结构在抗倒伏特性上表现较强的优势，非常利于机械化的收获。澳大利亚选育的豌豆品种从选育至最终在生产上应用过程较为缓慢，2015—2016年均没有新品种在生产上使用，PBA育成的豌豆品种Wharton在2013年开始应用，其产量较高，耐硼，对病毒病抗性较好，同时也比较早熟，目前在澳大利亚的许多地方在大面积种植。该品种百粒重约20克，半无叶半蔓生型，粉红花，感白粉病和霜霉病。

（三）主要豌豆生产国竞争力分析

全球豌豆主产国有中国、印度、加拿大、澳大利亚等。种植面积具有优势的国家分别是加拿大、中国、俄罗斯、印度、伊朗、美国、澳大利亚、坦桑尼亚、埃塞俄比亚和乌克兰，其中加拿大干豌豆种植面积和产量均位列全球第一，产量达到344.48万吨，产量是排名第二的俄罗斯的2倍多。同时加拿大也是全球豌豆出口最大的国家，其机械化、规模化水平较高，豌豆生产成本低，在豌豆的生产和贸易中处于主导地位。干豌豆进口量排名前十的国家分别是印度、中国、孟加拉国、巴基斯坦、美国、比利时、德国、意大利、挪威和英国。发达国家以豌豆干籽粒出口为主，兼顾国内干豌豆需求，发展处于可持续阶段，在国际豌豆生产和贸易中竞争力强。

中国的干豌豆和鲜豌豆生产量虽然居世界的第三位和第一位，然而从进口数量及鲜豌豆出口量仅占全球的5.5%，由于我国人口基数众多以及对豌豆产品的消费有传统习惯，因此在我国干豌豆生产成本较高以及鲜食豌豆产量逐年提高的情况下，对豌豆尤其是干豌豆有着较大的进口依赖。在解决我国豌豆生产成本较高、劳动力投入量大的问题之前，我国在国际豌豆生产和贸易中竞争力基本处于劣势。

五、问题及建议

第一，我国是全球豌豆主产国，然而豌豆作物在全国种植面积较水稻、玉米、麦类作物小，也不是主要粮食作物，长期以来国家政策无所倾向，豌豆产业的发展处于"自然"状态，豌豆种子产业发展较为随意，种源质量难以保证。

第二，豌豆种子繁殖门槛低，再加之对常规品种缺乏有效的知识产权保护手段，导致生产用种名目繁多，同种不同名，质量参差不齐。

第三，豌豆产业区域功能混乱，职能不明确，没有稳定种业基地。

建议决策层明了豌豆作为轮作、稻茬的重要作物，能够保持农业的可持续发展。在豌豆种业研究、发展、知识产权保护方面给予政策扶持。在政策的扶持下，可以在华北平原、东北地区适宜进行机械化作业、规模化生产的区域建立籽粒用豌豆主产区和种业基地。

（编写人员：何玉华 于海天 程须珍 等）

2017

第 2 篇

油料作物

登记作物品种发展报告

第8章 油菜

一、我国油菜产业发展

（一）油菜生产发展状况

1.全国生产概述

（1）播种面积变化

近10年（2008—2017年）来，我国油菜年均种植面积基本在1.1亿亩左右徘徊。2017年我国油菜种植面积10 800.0万亩，较2016年（10 996.6万亩）减少196.6万亩，减少1.8%。占世界总面积的20.1%，居世界第二位；世界油菜种植面积第一位的为加拿大，面积为13 890.0万亩，占世界的25.9%（表8-1）。

表8-1 2009—2017年我国油菜生产基本情况

	2009年	2010年	2011年	2012年	2013年	2014年	2015年	2016年	2017年
面积(万亩)	10 916.6	11 054.6	11 021.1	11 147.8	11 296.5	11 381.9	11 301.5	10 996.6	10 800.0
产量(万吨)	1 365.7	1 308.2	1 342.6	1 400.7	1 445.8	1 477.2	1 493.1	1 454.6	1 440.0
单产(千克/亩)	125.1	118.3	121.8	125.7	128.0	139.8	132.1	132.3	133.3

数据来源：农业农村部种植业管理司农作物数据库。

（2）产量变化状况

近10年来，我国油菜总产量稍有波动，年均达到1 400万吨以上，总体呈稳中略升趋势。2017年我国油菜总产1 440.0万吨，较2016年（1 454.6万吨）下降14.6万吨，下降1.0%。占世界总产量的19.4%，居世界第三位。欧盟和加拿大2017年产量分别为2 217.0万吨、2 150.0万吨，分别占世界总产量的29.8%、28.9%，居世界第一、第二位。

（3）单产变化情况

近年我国油菜单产总体呈上升趋势。2017年我国油菜单产为133.3千克/亩，较2016年（132.3千克/亩增产1千克/亩，增0.76%，较世界平均单产（138.7千克/亩）低6.4千克/亩，较世界单产最高国家智利（276千克/亩）低143.7千克/亩。

（4）栽培方式演变

由于茬口原因，长江流域油菜主产区三熟制地区油菜多采用育苗移栽。油菜育苗移栽属于精耕细作型栽培技术，是油菜获得高产的重要途径，所以在一年两熟制地区也广泛采用。四川、湖北、安徽、湖南、江西、江苏等省份的一些地区，从节省劳力和降低生产成本的角度推行油菜直播。在一些三熟制地区，也有部分直播油菜。黄河、淮河流域以北地区是二年三熟制，陕西关中地区一般一年两熟或二年三熟制，这些地区均有足够时间整地播种，多采用直播（条播）油菜。油菜直播栽培方式不育苗、不移栽、省工省力；直播油菜主根系发达，比育苗移栽油菜抗倒伏。近年来在一些经济较发达地区直播油菜面积正在迅速扩大。

近年来，随着我国农村劳动力呈现结构性紧缺，劳动力、生产资料价格大幅上涨。油菜生产由于机械化程度低、劳动力投入多、比较效益偏低，传统的劳动力密集型的生产方式已经不能适应生产需求。为此，我国在科研和推广方面加强了油菜机械化生产的研发与示范，油菜生产开始出现由手工向机械化生产方式转型。近3年来，随着成功研制出油菜精量播种机、油菜收获机、种植密度调节、化学除草、缓控肥、"一促四防"等机械化生产装备及配套技术，实现了农民快乐种田，油菜生产效率和效益显著提高，我国油菜总产、单产持续增长。

2. 区域生产基本情况

（1）各优势产区的范围

我国油菜栽培历史悠久，产区分布较广。根据我国油菜生产潜力、资源条件等情况，将我国油菜生产分为长江流域油菜优势区和北方油菜优势区。

长江流域油菜优势产区包括沪、浙、苏、皖、赣、鄂、湘、川、黔、滇、渝、桂等省份和河南信阳地区，是世界最大的油菜带之一。根据资源状况、生产水平和耕作制度，将长江流域油菜优势产区进一步划分为上、中、下游3个区，并在其中选择优先发展地区或县（市）。长江上游优势区包括四川、贵州、云南、重庆及陕西的安康、汉中；长江中游优势区包括湖北、湖南、江西、安徽及河南信阳地区，长江下游优势区包括江苏、浙江两省。

北方油菜优势区主要包括青海、内蒙古、甘肃、新疆。

（2）自然资源及耕作制度

长江上游优势区气候温和湿润，相对湿度大，云雾和阴雨日多，冬季无严寒，温、光、水、热条件优越，利于秋播油菜生长。其中，四川油菜生产水平较高，耕作制度以两熟制为主。

长江中游优势区属亚热带季风气候，光照充足，热量丰富，雨水充沛，适宜油菜生长，农田水利设施条件较好，油菜生产比较稳定。主要耕作制度上，湖北、安徽、河南信阳以两熟制为主；湖南和江西以三熟制为主。

长江下游优势区属亚热带气候，受海洋气候影响较大，雨水充沛，日照丰富，光、温、水资源非常适合油菜生长，耕作制度以两熟制为主。

春油菜区冬季严寒，生长季节短，降水量少，日照长且强度大，昼夜温差大，对油菜生长有利；1月份平均温度为 − 10 ～ − 20℃或更低。为一年一熟制，实行春种(或夏种)秋收。

（3）种植面积与产量及占比

长江上游优势区2016年油菜种植面积3 469.7万亩，产量481.7万吨，面积、产量分别占全国油菜面积、产量的31.6%和33.1%。长江中游优势区2016年油菜种植面积5 724.8万亩，产量722.5万吨，面积、产量分别占全国的52.1%和49.7%，是长江流域油菜面积最大、分布最为集中的产区，也是近40年油菜生产发展最为迅速的地区。长江下游优势区2016年油菜种植面积177.8万亩，产量116.5万吨，面积、产量分别占全国的1.6%和8.0%，是长江流域油菜籽单产水平最高的地区。

北方油菜优势区2016年油菜播种面积910万亩，总产105.3万吨，面积和总产分别占全国的8.3%和7.2%。

(4) 区域比较优势指数变化

根据各地油菜生产的效率比较优势、规模比较优势及综合比较优势则发现：大部分油菜主产省份长期以来具有十分稳定的效率比。2003年以来，中国油菜主产省份虽然变化不大，但部分省份在主产省份中的位次发生了一定的变动，例如安徽、江苏、江西、浙江、青海、新疆等省份的位次有所下降；而湖南、河南、云南、内蒙古等省份的位次有所上升；陕西、甘肃等省份在油菜主产省份中的位次则一直处于波动变化之中。从油菜生产规模指数变化情况来看，中国油菜生产布局总体呈现"东减、北移、西扩"的特征。北方地区生产规模指数变化相对稳定；东部地区油菜生产规模指数下降明显，中部地区油菜生产规模指数变化趋势相对稳定，西部地区生产规模指数则明显上升；东北、华东、华南地区的油菜生产规模指数明显下降，而华北、华中、西南地区的油菜生产规模指数上升明显；西北地区的生产规模指数变化较小。中国油菜产地集中度正在走向更高的水平，油菜产地越来越集中，长江流域、北方春油菜区等传统油菜生产区域始终具备稳定的比较优势。

科技创新、产业扶持政策和机械化水平是油菜生产区域变化的三大推动力。在长江流域，油菜科研力量一直处于较高的水平，油菜科研机构和人才占全国的80%以上，加上2003年以来国家推行的油菜产业扶持政策（包括良种补贴、农业保险、最低保护价收购、优势区规划）等较多地倾向于长江流域，使得长江流域9个省份的油菜种植规模不断扩大；2009年，农业部印发《油菜优势区域布局规划(2008—2015年)》，在长江流域优势区的基础上，新增北方油菜优势区(包括青海、甘肃、内蒙古、新疆)，并将黄淮流域的陕西也一并列入长江流域优势区，有力地促进了这些地区油菜种植规模的增长。此外，油菜生产环节的机械化水平也是影响油菜生产布局的重要因素。从全国来看，受油菜栽培方式、收获时间、气候及收获方式等因素影响，北方地区的油菜收获机械化水平高于南方地区，成为北方地区油菜生产规模指数上升的重要原因之一。

(5) 资源限制因素

长江上游优势区不利因素主要是阴雨寡照，山区丘陵比重大，农田排灌设施差，冬水田利用效率低；长江中游优势区不利因素主要是油菜与早稻等作物存在竞争关系，播种期易遇秋旱，直播油菜难以保证"一播全苗"；长江下游优势区地处长江三角洲，地下水位较高，易造成渍害，土地劳力资源紧张，生产成本较高。北方油菜优势区不利因素主要是干旱、霜冻严重，对农田水利灌溉条件的要求与对品种的生育期要求高。

(6) 生产中的主要问题

长江上游优势区"双低"品种普及率较低，油菜籽含油量偏低，生产成本较高；长江中游优势区油菜与早稻等作物存在季节矛盾，缺乏适合三熟制生产的特早熟高产"双低"品种，季节性秋旱、春涝和菌核病容易发生；长江下游优势区油菜与小麦作物竞争矛盾，劳动力成本高，农民种植积极性较低。北方油菜优势区缺乏极短生育期的高产甘蓝型油菜品种，苗期跳甲、茎象甲等虫害危害严重。

3. 生产成本与效益

我国油菜单位经营者种植规模小、手段传统、机械化程度不高，生产成本高，生产效益较低。目前，除内蒙古、新疆和其他省份的部分农场外，生产基本以手工为主，劳动力成本占生产成本60%以上；机械直播不足20%，机械收获不足10%。随着油菜主产区劳动力大规模向城市转移，劳动力价格快速增加，加上油菜生产机械化发展慢，劳动力成本迅速上升。同时化肥、农药、农用柴油等农业生产资料价格上涨，农民种油菜成本大幅增加，种植效益下降，农民生产积极性严重受挫。

（二）菜籽油市场需求状况

1.全国消费量及变化情况

（1）国内市场对菜籽油的年度需求变化

自1993年国家取消食用油定量供应、放开销售价格和销售市场后，国内菜籽油消费不断增长，特别是近5年（2013—2017年）来消费总量迅速增长，人均消费水平不断提高。2013—2014年度我国菜籽油消费总量为740.0万吨，2017—2018年度增长到850.0万吨。菜籽粕的消费也呈增长趋势，由2013—2014年度的1 128.7万吨增长到2017—2018年度的1 214.4万吨（表8-2）。

表8-2　国内市场菜籽油年度需求状况　　　　　　　　　　　　单位：万吨

消费类别	2013—2014年	2014—2015年	2015—2016年	2016—2017年	2017—2018年
菜籽	740.0	780.0	860.0	870.0	850.0
菜籽粕	1 128.7	1 103.2	1 131.4	1 163.4	1 214.4

数据来源：美国农业部。

（2）预估市场发展趋势

随着人们生活品质的提升，消费要求逐步提高，以及国家严格执行食用植物油质量标准，菜籽油的消费比重将逐年增加。

2.区域消费差异及特征变化

（1）区域消费差异

我国传统的菜籽油消费区域也正是油菜籽的主产区域，但各地菜籽油消费量因人口数量和消费习惯的差异有所不同，湖南、湖北是我国油菜生产大省，但菜籽油消费量最大的省份却是四川。

（2）区域消费特征

我国菜籽油消费相对集中，主要集中于长江流域的浙江、江苏、上海、安徽、江西、湖南、湖北、重庆和河南南部地区；西南地区的四川、云南和贵州；西北地区的青海、甘肃、陕西、内蒙古以及新疆的部分地区。从我国菜籽油主要消费区域来看，传统的菜籽油消费区大部分是油菜籽主产区。

（3）消费量及市场发展趋势

由于我国大量进口大豆和棕榈油，豆油、棕榈油供给量的扩大和进口产品的低成本，导致国内菜籽油价格与豆油和棕榈油的价格相比不占优势，因此菜籽油在传统的主要消费区域的市场份额被挤压。近几年来我国长江下游地区的江苏、上海、浙江及长江中游地区的菜籽油消费量呈现下降的趋势。主要原因是长江下游地区大豆压榨企业较为集中，豆油产量和进口量不断增加，加上交通方便，大量价格较为便宜的豆油不断冲击菜籽油市场。与此同时，近几年西南和西北地区菜籽油消费量呈现增加的趋势。一方面，这些地区是传统的菜籽油消费区，人们更喜欢吃菜籽油，例如湖南中南部，基本是就地消费，尤其是西南地区的餐饮业，对菜籽油需求持续增加，因此在刚性需求和消费惯性的影响下，菜籽油消费缩减程度有限；另一方面，随着人民生活水平的不断提高，这些地区的食用油消费量快速增加，当地供给不足的矛盾更加突出，这些省份距离沿海地区较远，豆油运至这些地区的成本较高，客观上限制了产品的流通，而沿海地区当地菜籽油与豆油的价差小于长江中下游地区，客观上阻滞了菜籽油消费量的下降。

（三）油菜种子市场供应状况

1. 全国种子市场供应总体情况

（1）供应总体情况

2017年全国油菜种子供种总量约2 270万千克，其中春油菜区产种量600万千克，冬油菜区产种量1 670万千克。杂交冬油菜繁种收获面积9.87万亩，新产杂交油菜种子770万千克；常规冬油菜繁种收获面积6.56万亩，产种量900万千克。油菜种子总体上供应充足。

（2）市场需求情况

2017年，全国油菜种子市场需种量约2 000万千克，其中湖北、湖南和四川的需种量分别达300万千克；安徽、江苏、贵州的需种量在100万千克以上。冬油菜区的河南、江西、云南、重庆、陕西以及春油菜区的内蒙古、甘肃、青海等地需种量在50万千克以上。

（3）区域供应情况

长江上游区云南、贵州、四川、重庆等省份的油菜种子基本在当地生产，供种量充足。长江中游区湖北、湖南、江西等省份的油菜种子除在当地生产外，还在甘肃春油菜区生产和调运一部分。长江下游区安徽、江苏、浙江、上海等省份的油菜种子基本在当地生产，供需基本平衡；陕西省种子生产量较多，主要是因为有外省企业委托生产种子，黄淮地区河南省种子生产量较少，需从外省调运一部分。

春油菜区甘肃、青海、内蒙古、新疆等省份的油菜种子生产基地主要集中在甘肃民乐、青海互助等县（市），种子生产量大，除了供给春油菜区生产使用外，还可生产200万千克冬油菜种子。

2. 油菜种子销售情况

据不完全统计，我国油菜主产省份参与油菜经营的企业约200家，经营规模较大的种业企业有40余家。2017年油菜种子年销售额在1 000万元以上的有10家，年销售额在2 000万元以上的有4家，年销售额在3 000万元以上的有2家。主要油菜种子企业市场销售情况见表8-3。

表8-3　2017年我国主要油菜种子企业销售情况

单位名称	经营量（万千克）	经营额（万元）	市场占有率（%）
青海互丰农业科技集团有限公司	100	3 500	5.00
陕西荣华农业科技有限公司	80	3 200	4.00
武汉中油科技新产业有限公司	75	2 800	3.75
仲衍种业股份有限公司	50	2 500	2.50
武汉联农种业科技有限责任公司	40	1 600	2.00
湖北国科高新技术有限公司	35	1 400	1.75
青海昆仑种业集团有限公司	35	1 050	1.75
贵州禾睦福种子有限公司	31	1 200	1.55
袁隆平农业高科技股份有限公司	30	1 200	1.50
成都大美种业有限责任公司	30	1 500	1.50
武汉武大天源生物科技股份有限公司	22	880	1.10
安徽国盛农业科技有限责任公司	20	800	1.00
武汉市文鼎农业生物技术有限公司	15	600	0.75
合肥丰乐种业股份有限公司	10	400	0.50
南京红太阳种业有限公司	10	400	0.50

（续）

单位名称	经营量 （万千克）	经营额 （万元）	市场占有率 （%）
安徽国豪种业股份有限公司	10	400	0.50
安徽荃银高科种业股份有限公司	10	400	0.50
湖北省种子集团有限公司	10	400	0.50

3. 产业定位及发展思路

油菜是我国第一大油料作物，常年种植面积在1亿亩以上。近年来随着劳动力成本的提高，油菜种植效益低下，农民种植积极性不高。我国食用油60%以上依赖于进口，严重威胁着国家食用植物油供给安全。在我国主要油料作物中，油菜单位面积产油量高，为冬季作物，不与粮食争地，长江流域还有7 000多万亩冬闲田可以用来进行油菜生产，发展潜力巨大，因此，保障我国食用植物油供给安全的首要作物是油菜。基于我国国情，国内油菜产业需要通过"三高五化""南扩北进""粮油兼丰""优质生态"的战略途径得到长足发展。所谓"三高五化"，即高产、高抗、高效，机械化、轻简化、规模化、集成化、产业化；"南扩北进"，指开发南方冬闲田，推广北方冬油菜；"粮油兼丰"，是指稻油、稻稻油、麦油轮作，对粮食作物具增产作用；"优质生态"，即低芥酸、高油酸菜油的保健功能，油菜轮作、油菜花、绿色覆盖的生态功能。只有通过这些措施，才能提高油菜籽产油量，增强国内油菜产业的市场竞争力。

就油菜种业而言，则应以确保种业持续健康发展和降低我国食用油供给对国外的依存度为目标，充分利用现有种业资源，推动产学研一体化，培育一批育繁推一体化的现代油菜种业企业，根据我国的自然生态条件，科学合理规划油菜种子优势生产区域布局，依托种子企业开展标准化、规模化、机械化油菜种子生产，逐步建立起以品种创新为核心、良种供应有保障、市场竞争有序的现代油菜种业体系，实现种子产业的"数量充足、质量优良、经济合理"，提高农业生产效益和促进农民增收。

二、油菜种业科技创新

（一）油菜种质资源概况

1. 年度新引进和收集国内外种质资源数量可观

2017年引进和收集国内外种质资源1 176份，其中引进国外种质资源226份，收集国内种质资源950份，使我国油菜种质资源库中收集保存种质资源总量提升至9 650份，为实现油菜种质资源总量突破10 000份大关的目标奠定了坚实基础。筛选创制了一大批优质育种资源，包括创制出具有抗裂角、株型紧凑等适合机械化生产性状的亲本系；创制出早熟、理想株型、高收获指数质不育系材料2份；筛选出20多份油酸含量在80%以上的育种材料，个别材料油酸含量超过90%；全国多家单位创制出不同花色油菜新材料，为培育观光旅游型油菜新品种奠定了基础。

定位了一批控制重要性状位点，包括2个控制根系发育和氮、钾吸收的主效QTL位点，3个控制角果长度的主效QTL位点，克隆了多个与油菜产量、株高、含油量等重要性状相关的候选基因。开发出23个与苯磺隆除草剂、油酸、根肿病、开花期等重要性状连锁的分子标记，2个A9染色体上抗裂角位点的共显性分子标记，根据前人鉴定获得的基因发展了波里马恢复基因的分子标记并开发出与抗除草剂性状紧密连锁的分子标记。

抗根肿病资源筛选方面，在安徽黄山根肿病病区筛选获得抗根肿病资源6份，其中包括1份芥菜型油菜、2份甘蓝型油菜、1份大白菜、2份甘蓝。通过田间抗病鉴定，获得10多份抗根肿病资源。这些抗病材料的获得，为油菜根肿病抗病育种提供了重要资源储备。

2. 开展了油菜种质资源规模化精准鉴定

筛选并繁殖1 650份用于表型精准鉴定优异种质，在全国6个生态试验点开展规模化表型精准鉴定，筛选具有不同重要性状的优异种质27份，包括高含油量2份、抗根肿病3份、高耐寒5份、紧凑株型3份、秆硬抗倒2份、低积累重金属镉3份、耐旱5份、大粒4份；利用野生甘蓝等携带重要优异基因的野生近缘种资源，创制远缘杂交中间材料28份，利用创制的远缘杂交中间材料与代表性优良推广品种杂交，创制回交导入系或NAM群体，目前从NAM群体中筛选到高抗根肿病、菌核病的材料5份。

3. 研究了甘蓝型油菜在全基因组水平上的变异规律

通过选择418份来自全球各地的油用、蔬用、饲用和人工合成甘蓝型油菜，通过DNA重测序等技术，研究了甘蓝型油菜在全基因组水平上的变异规律，揭示了中国半冬性甘蓝型油菜形成的遗传基础。

4. 建立了油菜基因组编辑技术平台

获得了一批目标位点突变的植株，并成功地应用于油菜的遗传改良过程中，为后续基因定位之后的功能分析奠定了基础。

（二）油菜种质资源基础研究

1. 开展了油菜粒重、根系、抗病等重要性状的遗传基础和调控机制解析

利用图位克隆技术分离到油菜A6染色体控制每角粒数的主效QTL（qSN.A6）、油菜A9染色体控制粒重的主效QTL（qSWSL.A9-2），并明确其调控机制。完成了油菜多环境多性状GWAS联合分析。解析了油菜多角果和少角果材料变异的生理、细胞和分子机制，并定位了少角果突变体基因；对油菜每角粒数主要由母体和胚基因型共同控制的遗传基础和细胞学机制进行了解析；阐明了油菜角果皮光合作用面积对粒重调控的新机制；建立了稳定的油菜基因组编辑平台。

2. 研究获得了一批含油量、光合作用和株型相关基因

选择两个油菜含油量主效QTL高油位点与低油材料回交构建近等基因系群体；筛选关联群体含油量性状关联位点区间候选基因并进行验证，获得2个可影响含油量性状的基因。利用体外胚胎培养方法，在培养基中添加NO释放剂和抑制剂，发现NO调控油菜胚胎油脂含量，目前正进一步筛选被NO亚硝基化的油脂合成调控相关基因。针对亲本印迹基因对油脂合成代谢的研究，目前已鉴定出251个胚乳印迹基因并对其部分做了验证及甲基化分析。开展了油菜光合作用和株型研究，克隆获得一批相关的候选基因，为油菜理想株型的选育提供了重要参考。

3. 构建了油菜种质资源基因组多态性图谱

收集了1 000余份世界油菜种质资源的全基因组重测序数据，共鉴定获得5 312 012个高质量的*SNPs*和509 714个*InDels*，构建了基于重测序的甘蓝型油菜的基因组高密度变异图谱，为油菜的遗传育种研究提供了丰富的基因组数据。

4. 开展了复杂性状形成机制研究

利用 GWAS 群体、RIL 群体、EMS 突变体等材料，挖掘油菜主要农艺性状、品质性状和生育期等性状的相关位点和基因。目前已完成 23 个表型的 QTL 初定位，正在对主效 QTL 进行精细定位。

5. 初步阐明了多倍体植物油菜基因组分子进化机制

通过油菜大规模种质资源多组学大数据、比较基因组学和生物信息分析，初步阐明了多倍体植物油菜基因组分子进化机制，即在已发表的研究成果基础上，进一步在群体基因组水平阐述了基因组遗传多样性、染色体重组、性状形成和选择的不对称性进化。

6. 完成了半冬性油菜中双11的全基因组测序

研究成果发表在国际著名学术期刊 *Plant Journal*。油菜基因组分析显示出油菜内部的同源基因组交叉互换（HE）在不同生态型油菜中存在不同的保留，这有可能与人为的驯化有关，这些交叉互换的区域会跟某些影响重要农艺性状的基因联系在一起。油菜基因组拼接的完成，对探索油菜生态型的多样性和重要农艺性状的遗传信息提供了重要的基础。

（三）油菜育种技术及育种动向

1. 油菜高效育种技术及在广适性新品种选育中的应用

育成了一批双低、广适性油菜杂交种（品种），包括适合长江下游生态区的双低、广适、抗病、适合机械化冬油菜新品种宁油26、宁杂559、瑞油501，具备抗倒伏、抗裂角、抗菌核病等特性，完成品种登记；选育了产油量比对照增产 10% 以上的油菜杂交种 3 个，其中中油杂 28 产量突破亩产 200 千克，且产油量比对照增产 17%，含油量在 47% 以上。

2. 油菜抗菌核病和根肿病新品种选育及综合防控技术研究示范

选育油菜抗菌核病新品种 3 个；在江陵示范区、沅江示范区、开江县示范区开展菌核病无人机喷药防控现场会 3 次，防病效果 70% 以上，与人工喷药相比减施农药 20%，节约成本超过 20%；进行了盾壳霉土壤处理防控菌核病的田间试验；初步建立了油菜菌核病监测数据标准和数据规范，建立油菜菌核病长期定位观测监测站点 1 个。

建立了油菜根肿病资源创新、抗性鉴定、分子标记辅助筛选的技术平台，选育油菜抗根肿病新品系华双5R和华油杂62R，对 4 号生理小种具有免疫抗性，对保证油菜安全生产具有重要意义；筛选出能有效防控根肿病的化学药剂和生防菌；建立了根肿菌生理小种精准鉴定技术，开发出根肿病生理小种特异性分子标记 3 个。

（四）油菜新育成品种

据不完全统计，2017 年完成登记油菜新品种 13 个。目前所培育的适合机械化生产的新品种所占的比重越来越高，从而促进了油菜机械化生产水平不断提高，为我国油菜产业最终全面实现机械化奠定了重要基础。此外，油菜品种的功能不断得到拓展，油菜多功能利用研究在我国异军突起，在国际上处于引领地位。饲料油菜、绿肥油菜、适合观光（不同花色、花期较长）及油、蔬两用类型油菜品种已在生产上大规模得以利用，特别是药用油菜品种、耐高盐、碱油菜等各类新资源的发掘，为我国油菜产业健康高效发展提供了重要途径。

1. 发掘油菜多功能潜力，培育油菜新品种，提升油菜综合效益

针对油菜多功能、多用途、适应性广的特性，通过实施体系重点任务和跨体系任务，开展了油菜用于机械化、绿肥、饲料、蔬菜、蜜源以及旅游观光等品种培育和多功能利用技术的开发研究。2017年筛选出华油杂62、饲油2号、15目P7、崇1、金油158等耐盐、高产饲料油菜品种，亩产3.6～5.7吨。2017年，肥用油菜新品种油肥2号已通过新品种登记，开始示范推广；菜用油菜品种"狮山油菜薹"通过成果鉴定；开展了油菜花期延长技术研究。通过开展油菜蜜蜂授粉技术研究，为"花蜜共生"技术的研发打下了基础。选育出适合机收的油菜新品种大地69、希望152、大地78、希望129、希望122，全部完成国家或省级品种试验，达到品种登记要求。其中大地69、希望129单产比对照产量增产5%以上，品质达到国家双低标准，具有抗裂角、株型紧凑等适合机械化生产性状。育成短生育期、高产、优质、抗病油菜新品种中油杂24，全生育期为176.1天，平均亩产为133.33千克，比对照青杂10号增产32.88%；平均产油量为54.82千克/亩，比对照青杂10号增产33.93%，实现了早熟油菜品种产油量的大幅度提高。

2. 顺应产业发展新需求，育成国内首批抗根肿病油菜新品种

针对近年来根肿病在我国油菜主产区迅速扩散蔓延、生产上急需抗根肿病品种这一产业新需求，体系未雨绸缪、积极应对，在前期工作的基础上，成功建立了油菜根肿病资源创新、抗性鉴定、分子标记辅助筛选的技术平台。通过开展抗根肿病资源筛选和分子改良，育成了国内首批具有应有价值的抗根肿病油菜品种华双5R和华油杂62R。并组织开展田间现场鉴定，专家组一致认为，该研究在培育抗根肿病油菜品种方面处于国内领先水平。通过油菜新品种培育和多功能利用技术的开发应用，有效提升了油菜综合效益，提高了农民种植油菜的积极性。

三、油菜品种推广

（一）油菜品种登记情况

我国新的《种子法》公布以来，各育种单位和种子公司就对已审定并还在生产上使用的品种和新育成品种提出了品种登记申请。2017年已完成登记的品种情况见表8-4。

表8-4 2017年已完成登记的油菜品种数

省份	登记品种数
湖北	98
安徽	55
湖南	49
四川	46
贵州	26
青海	15
云南	15
甘肃	11
陕西	10
上海	9
山西	5
浙江	5

（续）

省份	登记品种数
广东	3
河南	2
新疆	2
江西	2
重庆	2

目前已登记品种355个，前三位的是湖北、安徽、湖南，登记品种数分别为98、55、49种，占登记品种总数的56.9%；四川、贵州登记的品种也较多，分别为46、26个；前5名的省份登记品种总数达274个，占全国油菜登记品种总数的77%以上。油菜登记品种中，由科研单位育成品种达243个，有企业公司参与育成的品种37个，企业公司为第一申请单位登记的品种75个。

（二）主要油菜品种推广应用情况

1. 面积

（1）全国主要品种推广面积变化分析

2007—2010年，我国油菜主要品种推广面积逐年上升，2010年达到9 296.5万亩。到2011年开始出现明显下滑，翌年有所回升，但整体较2010年相比，呈下降趋势，近5年（2012—2016年）统计油菜主要品种推广面积呈下降趋势，这应该与新的审定或登记品种增多、分占了更多的份额而未能统计有关。冬油菜主要品种推广面积变化趋势与全国总面积变化趋势整体相同，春油菜主要品种推广面积波动幅度较大。2013年我国冬油菜主要品种推广面积下降较大，而春油菜主要品种推广面积则有大幅度的提升（表8-5）。

表8-5　2007—2016年我国油菜主要品种推广面积　　　　单位：万亩

年份	总面积	冬油菜	春油菜
2007	8 047.13		
2008	9 023.48	8 346.00	677.48
2009	9 167.01	8 660.79	506.22
2010	9 296.54	8 651.48	645.06
2011	8 640.87	8 168.07	472.80
2012	8 874.85	8 291.82	583.03
2013	8 764.26	7 532.83	1 231.43
2014	8 186.38	7 583.00	603.38
2015	7 957.70	7 441.84	515.86
2016	7 603.78	7 073.06	530.72

（2）各省份主要品种推广面积占比分析

统计数据显示，近10年来冬油菜主要品种推广面积最高的依次是湖北、湖南、四川，近10年主要品种推广面积均超过1 000万亩（表8-6）。其中，湖北主要品种推广面积近10年一直稳定在1 500万亩以上，累计达到16 400万亩，湖南和四川近10年主要品种推广面积稳中有升，其中湖南2016年主要品种推广面积达到1 671万亩，首次超过湖北位居第一，累计推广面积14 190万亩。四川2016年推广面积达1 351万亩，累计12 846万亩。在全国的比重呈上升趋势，尤其是湖南近5年上升趋势明显加快，这与近年来中国农业科学院油料作物研究所和华中农业大学审定、登记品种增多有关，相当部分品种因为面积小而未纳入统计。由表8-6可知，除了湖南、湖北、四川，其他各省份推广面积比重基本呈现下降趋势，其中以安徽和贵州下降最快，安徽2016年较2007年下降将近7个百分点，贵州下降将近5个百分点。由此可见，我国油菜主要品种推广趋向于集中化，主要位于长江流域的湖北、湖南、四川省。

表8-6　2007—2016年我国各地冬油菜主要品种推广面积　　　　　　单位：万亩

年份	安徽	福建	贵州	上海	河南	湖北	湖南	江苏	江西	陕西	四川	云南	浙江	重庆	甘肃	广西
2007	1 016.42		615.20		266.84	1 592.63	1 092.88	601.20	259.80	181.40	1 150.44	141.40	274.24	242.30	227.82	
2008	1 154.00	6.00	719.00	21.00	317.00	1 637.00	1 245.00	637.00	359.00	273.00	1 185.00	143.00	293.00	228.00	129.00	
2009	987.68	9.32	674.50	14.40	410.66	1 727.00	1 365.80	658.10	436.86	283.02	1 326.05	62.56	321.20	296.79	86.85	
2010	886.05	9.80	689.50	10.70	442.80	1 827.10	1 406.66	614.21	347.60	206.50	1 332.42	198.59	305.29	242.94	131.32	
2011	771.95	12.72	698.13	9.40	408.21	1 714.80	1 210.20	570.40	336.92	235.10	1 345.09	182.36	298.40	237.90	135.31	
2012	714.69	12.77	682.98	7.90	401.10	1 684.60	1 492.10	539.05	343.10	189.58	1 379.71	203.18	284.00	265.37	90.70	
2013	653.10	9.95	422.65	6.50		1 545.00	1 567.16	501.39	354.08	152.70	1 069.50	186.95	240.01	288.20	134.25	42.20
2014	565.80	12.43	386.23	6.80	218.20	1 604.40	1 546.50	551.70	339.33	213.50	1 421.89	182.04	175.99	288.01	117.88	42.30
2015	466.20	12.97	167.20	4.40	206.70	1 632.90	1 592.80	436.40	410.94	224.40	1 285.20	228.46	260.74	352.19	106.35	54.00
2016	390.54	13.94	217.50	4.40	164.40	1 434.50	1 671.10	367.60	411.40	133.94	1 351.12	202.21	225.03	327.60	106.74	51.00

春油菜品种推广主要集中在甘肃、内蒙古、青海及新疆，其中内蒙古占比呈上升趋势（除2011年青海和甘肃的占比有明显提高），近5年，基本达到全国一半以上水平，成为我国春油菜主要品种推广地区（表8-7）。

表8-7　2007—2016年油菜种植省份春油菜主要品种推广面积　　　　　　单位：万亩

年份	甘肃	内蒙古	青海	新疆	新疆建设兵团	河北	宁夏	四川	山西
2007		153.8	184.4	33.4	7.3	5.6			
2008	131.3	229.1	229.1	53.6	27.3	7.1			
2009	67.4	154.4	217.9	58.3		5.6		2.7	
2010	114.0	257.5	222.6	46.1			2.3		2.5
2011	116.4	123.6	200.7	28.7				3.4	
2012	56.2	263.1	212.6	45.7	2.0			3.4	
2013	63.2	277.3	250.0	19.8			5.4		
2014	51.2	334.0	202.7	15.5					
2015	57.7	261.4	190.8	6.0					
2016	60.7	291.8	164.6	9.1			4.6		

2. 表现

我国冬油菜主要的品种发展越来越多元化，品种的推广趋向于多样化。随着时间的推移，一些品种已慢慢退出，如中油杂2号，由最高年种植的200万亩下降到100万亩、直至10万亩以下，渐被新的品种取代。而一些新育成的品种开始逐渐占领市场，如中双9号、中双10号、中油杂11、华油杂9号、华油杂62、浙油50、沣油737、沣油730。沣油737已经由2011年的年种植45万亩发展到2016年的305万亩。其中一些适应性广、丰产稳产的品种在市场推广比较稳定，持续占有较高的推广面积，例如秦优7号、中双9号、华油杂9号、油研10号、中油杂11等，这些主要品种近10年（2007—2016年）累计推广面积达到了2亿亩，华油杂9号、中双9号、秦优7号近10年累计推广面积均达到了2 000万亩；华油杂62、绵油11、油研10号、中油杂11、中双10号、德油8号、华油杂12、沣油737累积推广面积也都达到了1 000万亩（表8-8）。

表8-8 2007—2016年我国油菜主要品种推广面积 单位：万亩

品种	2007年	2008年	2009年	2010年	2011年	2012年	2013年	2014年	2015年	2016年
秦优7号	420.9	410.0	320.1	291.0	209.9	189.4	194.3	123.3	86.0	53.0
绵油11	331.5	168.0	154.2	130.0	107.4	113.7	91.0	68.0	42.0	39.0
中双9号	201.8	302.0	276.2	254.8	196.1	190.7	182.5	139.9	167.5	137.1
华油杂62	156.3	233.0	165.3	133.1	108.7	30.0	69.0	125.5	128.3	139.0
油研10号	146.3	127.0	183.2	191.6	181.0	210.3	249.2	169.5	138.1	99.9
中油杂11	112.0	187.0	208.4	158.0	206.1	153.9	143.3	114.5	94.2	103.0
华油杂9号	98.0	149.0	254.2	271.2	242.6	248.8	263.7	198.8	177.5	165.8
中双10号	103.0	145.0	151.0	146.3	147.1	139.6	117.3	85.0	86.0	65.0
德油8号	99.0	124.0	203.5	136.6	135.9	131.2	90.0	135.3	88.0	76.1
华油杂12	56.0	91.0	117.4	131.0	100.0	91.0	124.0	116.2	118.7	95.1
华油杂13	8.0	21.0	35.0	50.0	52.0	112.2	110.9	124.4	102.0	91.0
中油杂2号	207.4	248.0	179.0	149.7	121.7	10.0	9.0			
浙油50				12.0	42.0	92.0	100.4	135.2	137.3	112.5
沣油737					45.0	74.0	85.0	220.5	289.4	305.0
丰油730						77.0	106.3	144.2	156.9	157.6
青杂5号	105.2	178.7	182.3	174.0	176.0	188.0	221.0	246.0	273.5	264.0

春油菜品种相对较少，主要品种是以青杂5号、青杂7号为代表的青杂系列，杂交油菜和白菜型油菜浩油11，青杂5号近10年累计推广2 000万亩以上，且目前年推广面积超过220万亩；青杂7号是早熟品种的标杆品种，该品种推广后比中晚熟白菜型油菜青油241产量提高35%～40%的同时，品质得到根本改善；一些新的品种也慢慢扩大推广面积，超越以前老品种，比如青杂9号、青杂12等在生产上应用后表现出较强的抗倒伏、耐菌核病和含油率高等优点。

综上所述，随着我国油菜育种科研的进步，推广品种处在稳定的更新换代中，但是经过生产和市场考验的一批好品种依然占有较大的生产面积。

在我国油菜生产中占主导地位的、推广面积最大、影响最大的是中国农业科学院油料作物研究所育成的中油系（包括中油杂系列、中双系列、阳光系列、大地系列）、华中农业大学育成的华油系

（华油杂系列、圣光系列、华双系列）。其中中油系近10年累计推广面积达到9 740万亩；华油系达到8 367万亩。位于前五位的品种群分别还有湖南农业科学院的沣油系，累计推广面积7 991万亩；陕西杂交油菜中心的秦油系，累计推广面积超过了5 000万亩；贵州油菜研究所的油研系等。作为种植面积与主要品种推广面积位列前三的四川省，其选育的川油系、德油系、绵油系、蓉油系均超过了千万亩，累推广面积达到9 930万亩。而江西的赣油系，安徽的皖油系、浙江的浙油系及云南的花油系，近10年累计推广面积也均达到了千万亩的基数（表8-9）。

表8-9　2007—2016年我国油菜主要品种系推广面积　　　　　单位：万亩

品种系	2007年	2008年	2009年	2010年	2011年	2012年	2013年	2014年	2015年	2016年	总计
中油系	1 224.59	1 534.72	1 109.00	981.00	1 076.58	992.94	816.25	731.14	635.51	639.03	9 740.76
华油系	681.21	839.71	1 058.00	1 049.00	769.11	960.86	1 006.51	959.26	912.00	131.65	8 367.32
湘油系	761.24	730.71	803.00	1 116.00	912.76	886.53	783.14	603.63	722.88	671.76	7 991.66
赣油系	55.00	78.50	125.00	156.00	92.90	106.50	101.80	68.16	197.76	189.20	1 170.82
川油	96.06	67.15	48.00	63.00	64.58	112.88	77.56	175.76	187.59	180.99	1 073.56
德油	456.14	117.10	423.00	412.00	424.57	378.51	322.04	402.18	240.23	130.95	3 306.72
绵油	606.29	406.91	396.00	374.00	328.20	373.74	291.96	321.79	272.33	218.13	3 589.35
蓉油	306.96	236.10	251.00	216.00	214.00	201.65	139.08	134.93	114.29	147.08	1 961.08
黔油	84.68	103.47	121.00	115.00	107.85	118.24	111.97	81.79	55.44	41.74	941.17
油研系	420.76	412.55	424.00	396.00	408.06	466.14	506.88	453.56	365.35	41.60	3 894.92
渝油系	135.67	33.76	76.00	60.00	62.40	91.52	84.43	68.57	73.33	55.97	741.65
花油系	130.80	106.96	19.00	122.00	138.46	115.32	125.81	157.74	176.99	119.09	1 212.17
浙油系	196.94	206.47	243.00	289.00	326.91	352.89	300.02	266.40	319.93	291.99	2 793.54
宁油系	31.00	44.50	60.00	57.00	41.43	47.07	56.78	93.80	60.50	49.87	541.94
皖油系	208.01	253.93	170.00	184.00	141.88	107.14	99.08	77.00	74.25	72.41	1 387.70
沪油系	53.64	93.68	115.00	102.00	68.98	67.37	39.05	32.33	37.85	35.66	645.55
秦油系	611.16	733.42	760.00	770.00	684.49	584.82	553.19	496.33	366.11	233.49	5 793.01
青杂系	232.40	246.10	256.70	247.30	249.20	266.70	305.50	384.20	403.80	426.00	3 017.90

　　各主要品种在我国油菜主要产区的长江流域及黄淮区域的推广面积存在较大差异。近10年长江中游区推广面积最大，主要品种推广面积达到了2.7亿亩，紧随其后的是长江上游区，主要品种推广面积也达到了1.7亿亩，而长江下游区及黄淮区域主要油菜品种推广面积均达到5 000万亩（表8-10）。

表8-10　2007—2016年我国油菜主要品种在各种植区域推广面积　　　　　单位：万亩

种植区域	2007年	2008年	2009年	2010年	2011年	2012年	2013年	2014年	2015年	2016年	总计
长江中游	2722.04	3183.64	3095.00	3302.00	2851.35	2946.84	2707.70	2362.19	2468.15	1631.64	27 270.55
长江上游	2291.05	1832.96	1823.00	1820.00	1852.07	1892.17	1757.84	1841.21	1584.03	994.62	17 688.94
长江下游	479.59	568.58	578.00	612.00	559.19	554.46	474.93	459.53	472.53	429.93	5 188.73
黄淮区域	669.16	758.42	782.00	770.00	684.49	584.82	573.19	501.33	366.11	233.49	5 923.01

（三）油菜主栽品种（代表性品种）的特点

1. 冬油菜主栽代表品种（含长江流域、黄淮流域、云贵高原）

（1）中双9号

审定编号：国审油2005014

选育单位：中国农业科学院油料作物研究所

品种来源：中油821/双低油菜品系84004//中双4号变异株系

特征特性：属半冬性甘蓝型常规油菜品种，全生育期220天左右，比对照中油杂2号早1天。幼苗半匍匐，叶色深绿，长柄叶，叶片厚，大顶叶。越冬习性为半直立，叶片裂片为缺刻型，叶缘波状；花瓣颜色淡黄色。株高155厘米左右，分枝部位30厘米左右，一次有效分枝数9个左右，主花序长度65厘米左右，单株有效角果数331个左右，角果着生角度为斜生，每角粒数20粒左右，千粒重约3.63克，种皮颜色深褐色。菌核病平均发病率6.83%、病情指数3.14，病毒病平均发病率0.4%、病情指数0.13。低抗菌核病，低抗病毒病。抗倒性强。平均芥酸含量0.22%，饼粕平均硫苷含量17.05微摩尔/克，平均含油量为42.58%。

产量表现：2003—2004年度参加长江中游区油菜品种区域试验，平均亩产172.74千克，比对照中油821增产7.29%；2004—2005年度续试，平均亩产145.27千克，比对照中油杂2号减产9.96%。2004—2005年参加生产试验，平均亩产156.72千克，比对照中油杂2号减产0.96%。

栽培技术要点：于初花期后1周喷施菌核净，用100克兑水50千克喷施，生产上注意施用硼肥。

适宜种植区域：适宜在湖南、湖北、江西的油菜主产区种植。

（2）中油杂11

审定编号：国审油2005007

选育单位：中国农业科学院油料作物研究所

品种来源：6098A × R6

特征特性：属甘蓝型半冬性细胞质雄性不育三系杂交种，长江上游及中游全生育期222天左右，长江下游231天左右。子叶长、宽度中等；苗期半直立，叶色深暗绿，顶裂叶片中等大，裂叶4对以上，叶片边缘波状；花瓣黄色，花瓣长度中等，宽度较宽，呈侧叠状。株高175厘米左右，分枝部位45厘米左右，分枝11个左右。单株有效角果数340个左右，每角粒数20粒左右，千粒重3.6克左右。长江上游菌核病发病率2.27%、病情指数0.99，病毒病发病率0.7%、病情指数0.24；长江中游菌核病发病率6.57%、病情指数2.83，病毒病发病率0.83%、病情指数0.35；长江下游菌核病发病率26.04%、病情指数16.01，病毒病发病率20.43%、病情指数9.46。中感菌核病，中抗病毒病。抗倒性中等。平均芥酸含量0.27%，饼粕平均硫苷含量18.68微摩尔/克，平均含油量44.88%。

产量表现：2003—2005年度参加长江上游区油菜品种区域试验，2年区试平均亩产160.39千克，比对照油研7号增产11.53%。2003—2005年度参加长江中游区油菜品种区域试验，2年区试平均亩产179.82千克，比对照中油821增产13.07%。2003—2005年度参加长江下游区油菜品种区域试验，2年区试平均亩产184.68千克，比对照皖油14增产14.88%。2004—2005年度参加油菜生产试验，长江上游区平均亩产141.8千克，比对照油研7号增产7.79%；长江中游区平均亩产168.08千克，比对照中油杂2号增产6.23%；长江下游区平均亩产203.28千克，比对照皖油14增产10.89%。

适宜种植区域：适宜在四川、贵州、云南、重庆、湖南、湖北、江西、浙江、上海及安徽和江苏两省的淮河以南地区，陕西汉中地区的冬油菜主产区种植。

注意事项：生产上注意施用硼肥，注意防治菌核病。

(3) 秦优 7 号

审定编号：国审油 2004014

选育单位：陕西省杂交油菜研究中心

品种来源：陕 3A×K407

特征特性：甘蓝型弱冬性细胞质雄性不育三系杂交种，黄淮地区全生育期平均245天，长江下游平均226天，长江中游平均218天。幼苗半直立，子叶肾脏形，幼茎紫红色，心叶黄绿紫缘，深裂叶，叶缘钝锯齿状，顶裂叶圆大，叶色深绿；花色黄，花瓣大而侧叠；匀生分枝，与主茎夹角较小，角果浅紫色、直生、中长较粗而粒多。株高164.2～182.7厘米，一次有效分枝8～9个，单株有效角果288～342个，每角粒数23～25粒，千粒重3.0克。低感菌核病，中抗病毒病，抗倒性较强。芥酸含量0.26%～0.56%，硫苷含量25.11～29.59微摩尔/克，含油量40.69%～43.22%。

产量表现：1999—2001年度参加黄淮海组油菜品种区域试验，2年区域试验平均亩产207.18千克，比对照秦油2号增产0.08%；生产试验平均亩产189.09千克，比对照秦油2号减产0.71%。2001—2003年度参加长江下游组油菜品种区域试验，2年区域平均亩产139.11千克，比对照中油821平均亩产125.56增产10.79%；生产试验平均亩产136.77千克，比对照中油821增产11.65%。

栽培技术要点：①早播培苗。9月10～20日播种，亩播量0.5～0.5千克，3叶期用15%多唑效50克兑水50千克喷雾。②小苗早栽。苗龄25～35天移栽，10月底前移栽结束。大小行移栽，大行0.5米，小行0.3米，株距0.2～0.25米，亩栽0.7万～0.8万株。③肥料运筹。亩产200kg施纯氮17.5千克，磷、钾减半。磷、钾肥全部底施，硼肥底施1千克，氮肥50%做基肥，30%～40%作蕾薹肥。④注意病虫草害的防治。

适宜种植区域：适宜在黄淮、长江中下游地区的陕西、河南、江苏、安徽、浙江、上海、湖北、湖南、江西等省份的冬油菜主产区种植。

(4) 华油杂 9 号

审定编号：国审油 2004008

选育单位：华中农业大学

品种来源：986A×7-5

特征特性：甘蓝型半冬性细胞质雄性不育三系杂交种，全生育期平均233天。子叶肾脏形，苗期叶为圆叶型，叶绿色，顶叶中等，有裂叶2～3对，茎绿色；黄色花，花瓣相互重叠；种子黑褐色，近圆形。株型为扇形紧凑，平均株高175～190厘米，一次有效分枝8个，2次有效分枝10个，主花序长85厘米，单株有效角果数380～480个，每角粒数21～23粒，千粒重2.98～3.05克。冬前、春后均长势强；抗寒中等。菌核病发病率28.5%、病情指数13.24，病毒病发病率25.25%、病情指数11.72，低感菌核和病毒病，抗倒性强。芥酸含量0.47%，硫苷含量23.05微摩尔/克，含油量41.09%。

产量表现：2002—2003年度参加长江下游组油菜品种区域试验，平均亩产150.16千克，比对照中油821增产28.2%；2003—2004年度续试，平均亩产191.52千克，比对照中油821增产21.87%；2年区域试验平均亩产170.84千克，比对照中油821增产24.57%。生产试验平均亩产165.29千克，比对照中油821增产15.28%。

适宜种植区域：适宜在长江下游地区的浙江、上海及江苏、安徽两省的淮河以南地区的冬油菜主产区种植。

注意事项：注意适当晚播，播种过早会出现早花早薹现象，注意防治菌核病，增施硼肥。

(5) 中双 10 号

审定编号：国审油 2005002

选育单位：中国农业科学院油料作物研究所

品种来源：9126A/中油 119//中油 220/3/9248/4/9246/5/9245[1]

特征特性：属半冬性甘蓝型常规油菜品种，全生育期216天左右，比对照中油821晚1天。幼苗直立，叶色深绿，侧裂叶3对，锯齿状叶缘，有蜡粉。花瓣较大，黄色，侧叠。株高170厘米左右，匀生分枝，一次有效分枝数8个左右，分枝部位25厘米左右。主花序长、结荚密，单株角果数361个左右，每角粒数16粒左右，千粒重3.81克左右，种皮黑色。菌核病平均发病率1.22%、病情指数0.73，病毒病较轻。抗倒性中等。品质检测结果：平均芥酸含量0.21%，饼粕平均硫苷含量20.46微摩尔/克，平均含油量40.24%。

产量表现：2002—2003年度参加长江中游区油菜品种区域试验，平均亩产132.30千克，比对照中油821增产1.27%；2003—2004年度续试，平均亩产158.66千克，比对照中油821增产0.94%；2年区试平均亩产145.48千克，比对照中油821增产1.08%。生产试验，平均亩产165.11千克，比对照中油杂2号增产4.35%。

适宜种植区域：适宜在长江中游的湖北、湖南油菜主产区种植。

注意事项：注意施用硼肥，不宜过早播种，防治早薹早花；注意防治菌核病。

（6）华油杂12

审定编号：国审油2006005

选育单位：华中农业大学

品种来源：195A×7-5

特征特性：该品种属半冬性甘蓝型温敏型波里马质不育两系杂交种，长江中游全生育期218天左右，长江上游223天左右。幼苗半直立，子叶肾脏形，苗期叶为圆叶型，有蜡粉，叶深绿色，顶叶中等，有裂叶2～3对，茎绿色，花黄色，花瓣相互重叠。株高长江中游173厘米左右，长江上游195厘米左右，株型为扇形紧凑，匀生分枝类型，一次有效分枝9个左右，主花序长80厘米左右。长江中游平均单株有效角果数356.0个，长江上游476.0个；长江中游主花序角果长8.5厘米，长江上游5.5厘米；长江中游每角粒数21.0粒，长江上游18.0粒；长江中游千粒重3.28克，长江上游3.08克。种子黑褐色，近圆形。长江中游区域试验抗倒伏能力强。低抗菌核病、病毒病。芥酸含量0.45%，硫苷含量20.53微摩尔/克，含油量41.68%。

产量表现：2003—2004年度参加长江中游区油菜品种区域试验，平均亩产182.58千克，比对照中油821增产13.41%；2004—2005年度续试，平均亩产161.2千克，比对照中油杂2号减产0.08%；生产试验，平均亩产175.79千克，比对照中油杂2号增产11.09%。2004—2005年度参加长江上游区油菜品种区域试验，平均亩产167.71千克，比对照油研7号增产9.29%；2005—2006年度续试，平均亩产168.07千克，比对照油研10号增产7.18%；2005—2006年度生产试验，平均亩产155.07千克，比对照油研10号增产1.64%。

适宜种植区域：适宜在长江中游的湖北、湖南、江西及长江上游的云南、贵州、四川、重庆和陕西汉中地区的冬油菜主产区种植。

注意事项：生产上不宜早播，防止早薹早花，注意防治菌核病，注意施用硼肥。应夏播制种。

（7）中油杂24

登记编号：GPD油菜(2017)420076

育　种　者：中国农业科学院油料作物研究所

品种来源：P44A×P3132

特征特性：甘蓝型杂交种。国家早熟区试中，平均生育期176.1天。子叶肾脏形，苗期为半直立，叶片形状为缺刻型，叶绿色，有裂叶，主茎蜡粉少，花瓣黄色，角果姿态上举。国家区试中株高169.87厘米，分枝部位78.77厘米，一次有效分枝数5.82个，单株有效角果数200.36个，每角粒数21.98粒，千粒重3.78克。菌核病田间发病率3.83%，病情指数2.41，病毒病发病率0%，病情指数0，菌核病病圃诱发鉴定结果为低抗菌核病，抗病毒病。区试中耐旱、渍性两年均表现为强，植株直立，抗倒性强。籽粒含油量41.12%，芥酸含量0，饼粕硫苷含量18.47微摩尔/克。第一生长周期亩产147.85千克，比对照青杂10号增产34.57%；第二生长周期亩产118.82千克，比对照青杂10号增产30.83%。

栽培技术要点：①适时播种。在福建浦城、广西桂林、湖南永州、湖南衡阳、江西等地区10月中下旬播种。②合理密植。直播种植密度每亩2.5万株左右，晚播及肥力差田块可适当密植。③科学施肥。重施底肥，亩施复合肥50千克；追施苗肥，于苗期亩施尿素10～15千克。底肥施硼砂每亩1千克。④防治病虫害。在重病区注意防治菌核病。于初花期后1周喷施菌核净，用量为每亩100克菌核净兑水50千克。注意防鸟害。

适宜种植区域及季节：适宜在江西南部、湖南南部、广西北部、福建北部作早熟品种种植，秋播。

注意事项：该品种为波里马雄性不育三系双低杂交油菜品种，最好集中连片种植，否则可能导致品质下降，鸟害严重。杂交种需肥量较大，种植注意施足硼肥和底肥。

(8) 阳光198

登记编号：GPD油菜(2018)420034

选育单位：中国农业科学院油料作物研究所

品种来源：2005/中双7号。

特性特征：属甘蓝型半冬性常规种。苗期半直立，顶叶近圆形，叶色中绿，蜡粉少，叶片长度中等，裂叶深，叶脉明显，叶缘有小齿，波状。花瓣黄色，花瓣长度中等，较宽，呈侧叠状。种子黑褐色。全生育期225天，与对照油研10号相当。株高198.0厘米，一次有效分枝数8.8个，匀生分枝，单株有效角果数497个，每角粒数18.2粒，千粒重3.61克。菌核病发病率13.79%，病情指数8.06；病毒病发病率1.58%，病情指数0.57。抗病鉴定综合评价为低抗菌核病；病毒病田间自然发病鉴定为中抗。抗倒性强。平均芥酸含量0.20%，饼粕硫苷含量23.8微摩尔/克，含油量44.35%。该品种丰产性好，适应性强，产油量高，抗倒性强，抗病性好，熟期适中。

产量表现：2009—2010年度参加长江上游区油菜品种区域试验，平均亩产171.8千克，比对照油研10号增产3.4%；2010—2011年度续试，平均亩产189.6千克，比对照品种减产0.3%；2年平均亩产180.7千克，比对照品种增产1.5%。

栽培技术要点：①适时早播。长江上游地区育苗移栽9月中旬播种，苗床与大田比例为1：4，培育大壮苗，苗龄控制在30天左右，10月中旬移栽；直播9月下旬至10月上旬播种，每亩用种量0.2～0.4千克。②合理密植。中等肥力水平条件下，育苗移栽每亩8 000～9 000株，直播每亩15 000～20 000株。③重施底肥。每亩施复合肥50千克、硼砂1.5千克左右，注意氮、磷、钾肥配比施用，追施苗肥，1月底根据苗势每亩施尿素5千克，注意必施硼肥，如果底肥没施硼肥，应在薹期喷施0.2%硼肥。④防治病害。初花期1周内防治菌核病。

适宜种植区域及季节：适宜四川、重庆、贵州、云南、陕西汉中及安康油菜主产区秋播种植。

注意事项：阳光198需要平衡施肥，不能偏氮肥，增施硼肥可进一步发挥其高产潜力。

(9) 阳光2009

审定编号：国审油2011009

选育单位：中国农业科学院油料作物研究所

品种来源：中双6号/X22

特征特性：甘蓝型半冬性常规种。苗期半直立，顶裂叶中等，叶色较绿，蜡粉少，叶片长度中等，侧叠叶3～4对，裂叶深，叶脉明显，叶缘有小齿，波状。花瓣黄色，花瓣长度中等，较宽，呈侧叠状。种子黑色。全生育期217天，与对照中油杂2号相当。株高178.0厘米，一次有效分枝数8个，匀生分枝类型，单株有效角果数275个，每角粒数19粒，千粒重3.79克。菌核病发病率10.03%，病情指数6.71；病毒病发病率1.00%，病情指数0.60。抗病鉴定综合评价为低抗菌核病。抗倒性强。平均芥酸含量0.25%，饼粕硫苷含量18.39微摩尔/克，含油量43.98%。

产量表现：2009—2010年度参加长江中游区油菜品种区域试验，平均亩产164.7千克，比对照中油杂2号增产3.6%；2010—2011年度续试，平均亩产191.1千克，比对照品种增产4.1%；2年平均亩产177.9千克，比对照品种增产3.8%。

栽培技术要点：①适时早播。长江中游地区育苗移栽9月中旬播种，苗床与大田比例为1∶4，苗龄控制在30天左右，培育大壮苗，10月中旬移栽；直播9月下旬至10月上旬播种，每亩用种量0.2～0.4千克。②合理密植。中等肥力水平条件下，育苗移栽每亩8 000～9 000株，直播每亩15 000～20 000株。③重施底肥。每亩施复合肥50千克、硼砂1 500克左右，注意氮、磷、钾肥配比施用；追施苗肥，1月底根据苗势每亩施尿素5千克，注意必施硼肥，如果底肥没施硼肥，应在薹期喷施0.2%硼肥。④防治病虫害。初花期1周内防治菌核病。

适宜栽培区域及季节：适宜在湖北、湖南、江西冬油菜主产区种植。

(10) 中油杂7819

登记编号：GPD油菜(2018)420028

育　种　者：中国农业科学院油料作物研究所

品种来源：A4×23008

特征特性：甘蓝型半冬性波里马细胞质雄性不育三系杂交种。叶色深绿，株型紧凑。全生育期平均218.5天，与对照中油杂2号相当。平均株高168厘米，一次有效分枝数8.4个，单株有效角果数330.4个，每角粒数18.4粒，千粒重3.68克。芥酸含量0，饼粕硫苷含量18.3微摩尔/克，含油量42.79%。菌核病发病率8.96%，病情指数5.39；病毒病发病率1.81%，病情指数1.34。综合评价低感菌核病。抗寒性强，抗裂荚性中等，抗倒性较强。第一生长周期亩产163.4千克，比对照中油杂2号增产3.2%；第二生长周期亩产168.0千克，比对照中油杂2号增产7.8%。

栽培技术要点：①适时早播。长江中游地区直播9月下旬至10月下旬播种。②合理密植。在中等肥力水平条件下，育苗移栽的合理密度为每亩8 000～9 000株；直播每亩2.5万株左右。③科学施肥。氮、磷、钾肥按7∶2∶1施用，重施底肥，每亩施复合肥35千克左右，硼砂1.5千克左右，注意必施硼肥。如果底肥没有施硼，应在薹期喷施硼肥（浓度为0.2%）。④防治病害。油菜苗期应及时防治菜青虫。

适宜栽培区域及季节：适宜在湖北、湖南、江西冬油菜产区秋播种植。

注意事项：对硼敏感，注意增施硼肥。

(11) 中油杂898

登记编号：GPD油菜(2018)420030

选育单位：中国农业科学院油料作物研究所

品种来源：A4×Y16

特性特征：甘蓝型半冬性细胞质雄性不育三系杂交种。幼苗半直立，子叶肾脏形，苗期叶色深绿，生长势强，长柄叶2～3对缺刻，蜡粉少，叶片无刺毛。花瓣鲜黄色、覆瓦状。种子褐色。区试结果：全生育期平均233天，与对照秦优7号相当；平均株高147.4厘米，匀生分枝类型，一次有效分枝数8.3个，单株有效角果数434个，每角粒数21.5粒，千粒重3.86克。低感菌核病。抗倒性较强。芥酸含量0，饼粕硫苷含量25.09微摩尔/克，含油量43.21%。

产量表现：2008—2009年度参加长江下游区油菜品种区域试验，平均亩产174.7千克，比对照秦优7号增产11.6%；2009—2010年度续试，平均亩产162.7千克，比对照品种增产3.3%。2年平均亩产168.7千克，比对照品种增产7.4%。

栽培技术要点：①适时早播。长江下游地区育苗宜在9月中旬播种，苗床与大田比例为1∶4，培育大壮苗，严格控制苗龄在30天左右，10月中旬移栽；直播宜在9月下旬至10月上旬播种，每亩用种0.2～0.4千克。②合理密植。在中等肥力水平条件下，育苗移栽每亩5 000～6 000株；直播每亩15 000～25 000株。③科学施肥。重施底肥，每亩施复合肥35千克左右，普钙50千克左右，氯化钾15千克左右，硼砂1.5千克左右；早施追肥，在12月底根据苗势每亩施尿素5千克；在蕾薹期可再喷施一次速效硼肥。④防治病虫害。苗期注意防治霜霉病、菜青虫和蚜虫，开花后7天防治菌核病，角果成熟期注意防治蚜虫和预防鸟害。

适宜种植区域及季节：适宜在上海、浙江及安徽、江苏的淮河以南冬油菜主产区秋播种植。

注意事项：该品种为波里马不育系配出杂交油菜F_1代，需注意温度对种子纯度的影响；另外需施用硼肥。

(12) 大地55

登记编号：GPD油菜(2017)420230

育　种　者：中国农业科学院油料作物研究所

品种来源：1055A×R6

特征特性：甘蓝型半冬性波里马细胞质雄性不育三系杂交种。幼苗半直立，顶裂叶中等大小，叶色浅绿，无蜡粉，叶片长度中等，侧叠叶4对，裂叶深，叶缘有小齿，波状。花瓣黄色，长度中等，较宽，呈侧叠状。种子黑褐色。全生育期平均232.5天，比对照秦优7号早熟1天。平均株高159厘米，上生分枝类型，一次有效分枝数9个，单株有效角果数436个，每角粒数22.4粒，千粒重4.0克。低感菌核病，抗病毒病，抗寒性较好，抗倒性较强。平均芥酸含量0，饼粕硫苷含量19.49微摩尔/克，含油量44.28%。第一生长周期亩产193.49千克，比对照秦优7号增产12.6%；第二生长周期亩产171.88千克，比对照秦优7号增产15.0%。

栽培技术要点：①适时早播。湖北和长江下游地区宜在9月中、下旬育苗，苗床与大田比例为1∶4，培育大壮苗，严格控制苗龄（30天左右），10月中、下旬移栽；直播9月下旬至10月中旬播种，每亩用种300克左右。②合理密植。在中等肥力水平条件下，育苗移栽的合理密度为每亩9 000株左右；直播每亩1.8万～2.2万株。③科学施肥。氮、磷、钾肥按7∶2∶1施用，重施底肥，早追苗肥，轻施薹肥。每亩底施尿素35千克左右，硼砂1.5千克左右，并注意氮、磷、钾合理配比。④防治病害。油菜初花期1周内喷施灰核宁，用量每亩100克灰核宁兑水50千克。

适宜种植区域及季节：适宜在湖北、上海、浙江及安徽、江苏的淮河以南冬油菜区种植，秋播。

注意事项：在缺硼土壤中种植有可能产生花而不实的现象，因此应每亩施硼肥1 000克左右预防生长中缺硼。

(13) 大地39

登记编号：GPD油菜(2017)420227

育　种　者：中国农业科学院油料作物研究所　武汉中油科技新产业有限公司　武汉中油大地希望种业有限公司

品种来源：6019A×R9

特征特性：属半冬性甘蓝型杂交油菜品种。在长江上游地区平均生育期为203.1天。苗期植株生长习性半直立；叶片颜色中等绿色，叶缘缺刻程度中等；叶片无刺毛，叶卷曲程度弱。开花期早；主茎花青苷显色弱；花瓣相对位置侧叠，花瓣颜色中等黄色；角果姿态上举。在长江上游地区株高为186.03厘米，分枝部位94.31厘米，有效分枝数7.01个，单株有效角果数332.36个，每角粒数16.87粒，千粒重3.57克。中感菌核病，抗病毒病。抗寒性较好，抗倒性中等，耐旱、耐渍性强。芥酸0%，饼粕硫苷21.79微摩尔/克，含油量42.76%。第一生长周期亩产187.80千克，比对照南油12增产9.7%；第二生长周期亩产183.11千克，比对照南油12增产18.9%。

栽培技术要点：①适时早播。长江上游地区育苗应在9月中、下旬播种，苗床与大田比例为1∶4，培育大壮苗，严格控制苗龄（30天），10月中、下旬移栽；直播宜在9月下旬至10月上旬播种。

②合理密植。在中等肥力水平条件下，育苗移栽的合理密度为9 000株/亩左右；肥力较高时，每亩移栽8 000株左右；直播可适当密植（2万～2.5万株/亩）。③科学施肥。重施底肥，每亩施复合肥50千克左右，硼肥1千克左右；追施苗肥，移栽成活后，适时追施提苗肥，根据苗势每亩施尿素15千克左右；腊肥春用，在1月底根据苗势每亩施尿素10千克，注意必施硼肥。④防治病害。每亩可采用25%咪鲜胺乳油40～50毫升，或者40%菌核净可湿性粉剂100～150克，兑水40～50千克喷施，防治菌核病。

适宜种植区域及季节：适宜在四川、重庆、云南、贵州、陕西汉中和安康等油菜产区秋播种植。

注意事项：对肥水需求量较大；在缺硼土壤中种植有可能产生花而不实的现象，因此应每亩施硼肥1千克左右，预防生长中缺硼；如果底肥没有施硼，应在薹期喷施浓度为0.2%的硼肥。本品种为双低油菜，适口性好，在山区小面积种植时，应注意防范鸟害。

（14）圣光128

审定编号：国审油2014002

选育单位：华中农业大学 武汉联农种业科技有限责任公司

品种来源：616A×621R

特征特性：属半冬性甘蓝型温度敏感型细胞质雄性不育两系杂交品种，全生育期210天左右。幼苗半直立，叶绿色，顶叶长圆形，叶缘浅锯齿，裂叶2～3对，有缺刻，叶面有少量蜡粉，无刺毛；花瓣长度中等，宽中等，呈侧叠状。株高172厘米，中部分枝类型，一次有效分枝数6.5个，单株有效角果数222个，每角粒数19.4粒，千粒重3.77克。菌核病病谱诱发鉴定结果为低感。无病毒病发生。抗倒性较强。长江上、中、下游籽粒含油量分别为40.04%、43.91%、44.50%，芥酸含量均为0，饼粕硫苷含量分别为26.20微摩尔/克、27.71微摩尔/克、24.37微摩尔/克。圣光128主要优点为丰产性好、稳产性好、抗倒性较强、品质优良，主要缺点为菌核病抗性为低感，花期注意防治菌核病。

产量表现：2012—2014年度参加长江上游油菜品种区域试验，2年平均亩产201.66千克，比平均对照增产7.65%，增产极显著。平均亩产油量80.74千克，比平均对照增产6.04%。生产试验，平均亩产195.31千克，比对照南油12增产10.18%，亩产油量83.44千克，比对照南油12增产19.8%；2014—2016年度参加国家长江中游区域试验，2年平均亩产185.47千克，比对照增产6.63%。2015—2017年在长江下游区域试验中，2年平均亩产237.9千克，比对照秦优10号增产7.57%。

栽培技术要点：①适时播种。9月15—25日播种，10月中下旬移栽；直播9月20日至10月10日播种。②合理密植。移栽6 000～8 000株、直播20 000株以上。③科学施肥。有机肥作底肥，亩施纯氮15千克以上；氮、磷、钾肥按1：0.5：0.9比例配合施用，追肥注意苗肥重、薹肥轻，花期看苗根外补肥；特别注意施用硼肥，亩用硼砂1千克作基肥，或者用0.3%硼砂水溶液在苗期、薹期、花期根外追施。④注意防治菌核病等病虫害。

适宜种植区域：适宜长江上游的四川、重庆、云南、贵州和陕西汉中、安康，长江中游的湖北、湖南、江西，长江下游的安徽、江苏、浙江、上海冬油菜区种植。

（15）华油杂50

选育单位：华中农业大学/武汉联农种业科技有限责任公司

品种来源：RG430A×J6-57R

特征特性：半冬性甘蓝型细胞核雄性不育三系杂交品种，全生育期216天，比对照华油杂12迟2.2天。幼苗半直立，叶绿色，顶叶长圆形，叶缘浅锯齿，裂叶2～3对，有缺刻，叶面有少量蜡粉，无刺毛；花瓣长度中等，宽中等，呈侧叠状。株高191厘米，中部分枝类型，一次有效分枝数6个，单株有效角果数183个，每角粒数24粒，千粒重4.6克。菌核病接种鉴定结果为低感菌核病。抗倒性强。籽粒含油量49.56%，芥酸含量0，饼粕硫苷含量21.32微摩尔/克。华油杂50主要优点为含油量高、丰产性好、稳产性好、抗倒性较强、耐菌核病、品质优良，主要缺点为生育期中长，株高偏高。

产量表现：2015—2016年度参加武汉联农种业科技有限责任公司组织的长江中游油菜品种比较试验中，平均亩产211.9千克，比对照华油杂12增产0.67%，含油量49.55%，比对照华油杂12高7.51个百分点，亩产油量105千克，亩产油量比华油杂12增产18.66%。2年平均亩产油量198.3千克，比华油杂12增产3.63%，2年平均亩产油量98.58千克，比华油杂12增产23.39%。 2015—2016年度参加武汉联农种业科技有限责任公司组织的长江下游油菜品种比较试验中，平均亩产226.7千克，比对照秦优10号增产1.29%，含油量50.16%，比对照秦优10号高6.12个百分点，亩产油量113.71千克，亩产油量比秦优10号增产15.37%；2年平均亩产227.3千克，比秦优10号增产2.78%，2年平均亩产油量112.73千克，比秦优10号增产15.09%。

栽培技术要点：①适时播种。育苗移栽9月10—25日播种，10月中下旬移栽；直播9月20日至10月10日播种。②合理密植。移栽6 000～8 000株、直播20 000株以上。③科学施肥。有机肥作底肥，亩施纯氮15千克以上；氮、磷、钾肥按1∶0.5∶0.9比例配合施用，追肥注意苗肥重、薹肥轻，花期看苗根外补肥；特别注意施用硼肥，亩用硼砂1千克作基肥，或者用0.3%硼砂水溶液在苗期、薹期、花期根外追施。④注意防治菌核病等病虫害。

适宜种植区域：长江中、下游的湖北、湖南、江西，安徽与江苏淮河以南地区，上海、浙江冬油菜主产区。

(16) 沣油737

审定与登记编号：国审油2009018、国审油2011015、甘审油2016009、陕审油2010006，GPD油菜(2017)430090

选育单位：湖南省农业科学作物所

品种来源：湘5A×6150R

特征特性：甘蓝型半冬性细胞质雄性不育三系杂交种。幼苗半直立，子叶肾形，叶色浓绿，叶柄短。花瓣深黄色。种子黑褐色，圆形。长江中游区试，全生育期平均217天，比对照中油杂2号早熟1天。株高154.2厘米，一次有效分枝数7.5个，单株有效角果数282.5个，每角粒数19.3粒；千粒重3.64克。菌核病发病率7.95%，病情指数4.31，病毒病发病率0.92%，病情指数0.54，菌核病综合评定为低感，抗倒性强。平均芥酸含量0.05%，饼粕硫苷含量37.22微摩尔/克，含油量41.59%。

产量表现：2007—2009年长江下游区试，两年平均亩产177.7千克，比对照增产10.56%。2008—2009年生产试验，平均亩产174.7千克，比对照增产9.5%。2008—2010年度长江中游区试，两年平均亩产177.3千克，比对照增产11.7%，2010—2011年度生产试验，平均亩产163.1千克，比对照品种增产6.0%。2012—2014年甘肃春油菜区试验，平均亩产225.81千克，比对照增产3.99%。

栽培技术要点：①适时播种，合理密度。长江中下游区，育苗移栽9月上中旬播种，苗床每亩播种量0.4～0.5千克，每亩移栽密度6 000～8 000株；直播10月中旬播种，每亩播种量0.2～0.25千克，留苗密度15 000～25 000株/亩。②科学施肥。播前施足底肥，播后施好追肥，氮、磷、钾肥搭配比例为1∶2∶1，每亩底施硼肥1千克。③防治病虫害。重点做好菌核病的防治。

(17) 丰油730

审定与登记编号：湘审油2008001，GPD油菜(2017)430084

选育单位：湖南省农业科学院作物所

品种来源：20A×325R

特征特性：甘蓝型半冬性细胞质雄性不育三系杂交油菜，全生育期约216天，比对照早熟1.8天。苗期发育早，冬前长势快，植株整齐，花期一致，植株矮壮，分枝性强。平均株高171.6厘米，有效分枝8个，单株有效荚果数321.5个，荚粒数22.1粒，千粒重3.47克。田间表现菌核病、病毒病发病较轻。饼粕硫苷含量17.74微摩尔/克，芥酸未检出，粗脂肪含量44.26%。

栽培技术要点：①适时播种，密度合理。湘北、湘西9月上中旬，湘中、湘南9月中下旬播种，苗龄30～35天移栽，移栽密度8 000～10 000株/亩，直播密度15 000～20 000株/亩。②科学施肥，防治病虫害。施肥以基肥为主，基肥中配施1.5～2.0千克硼肥，在管理上，注意早施苗肥，轻施腊肥，及时中耕除草，苗期注意防治蚜虫和菜青虫，春后注意清沟排水和菌核病防治。

主要种植区域：全国应用范围广的早熟油菜品种，湖南、江西、广西三熟制地区主推品种。

(18) 沣油520

审定与登记编号：国审油2009009，GPD油菜(2017)430092

育 种 者：湖南省农业科学院作物所

品种来源：20A×C3R

特征特性：甘蓝型细胞质雄性不育三系杂交种。苗期叶色深绿，叶柄中长，薹茎绿色。花色深黄。种子黑褐色，近圆形。区试结果：全生育期平均217.5天，比对照中油杂2号早熟1天。平均株高167.6厘米，中生分枝类型，单株有效角果334.7个，每角粒数19.4粒，千粒重3.38克。菌核病发病率8.2%，病情指数5.62；病毒病发病率2.0%，病情指数1.29；抗病鉴定综合评价低抗菌核病。抗倒性强。平均芥酸含量0.15%，饼粕硫苷含量24.63微摩尔/克，含油量41.91%。

产量表现：2007—2008年参加长江中游区油菜品种区域试验，平均亩产170.6千克，比对照增产7.7%；2008—2009年度续试，平均亩产164.8千克，比对照增产5.6%；2年区试19个试点，16个点增产，3个点减产，平均亩产167.7千克，比对照增产6.7%。2008—2009年度生产试验，平均亩产162.1千克，比对照增产15.0%。

栽培技术要点：①适时播种，合理密植。育苗移栽9月上、中旬播种为宜；直播9月下旬至10月初为宜。种植密度每亩0.8万～1.0万株，直播每亩2.0万～2.5万株。②科学施肥，防治病虫害。施足底肥，早施苗肥，必施硼肥；苗期防治猿叶虫、蚜虫、菜青虫；花期防治菌核病。

(19) 湘杂油631

登记编号：GPD油菜(2018)430083

育 种 者：湖南农业大学

品种来源：631HA×PW

特征特性：杂交种。属甘蓝型半冬性核不育黄籽杂交组合，全生育期220天左右。子叶较大，幼苗半直立，叶片较大，叶色深绿，繁茂性中等，叶较圆，叶缘缺刻，裂叶少，叶柄长度较短，茎秆坚硬，抗倒性强。株高188.6厘米，一次有效分枝数8.8个，单株有效角果数349.7个，每角粒数24.2粒，千粒重4.02克，黄籽率90%以上。芥酸含量0.16%，硫苷含量82.76微摩尔/克，含油量45.26%。低抗菌核病，抗病毒病，抗寒性强，抗倒性强，抗裂荚性为易裂。第一生长周期亩产143.54千克，比对照湘油13增产8.66%；第二生长周期亩产185.58千克，比对照湘油13增产19.01%。

栽培技术要点：①适时播种，合理密植。育苗移栽宜在9月中下旬；直播9月下旬至10月上旬。育苗移栽苗床亩用种量0.4千克左右，苗龄30天左右，移栽密度8 000株/亩左右。直播播种量0.2～0.3千克/亩，密度25 000株/亩左右。②科学施肥。施足底肥，必须施用硼肥。③田间管理。苗期注意防治猿叶虫、蚜虫和菜青虫，春后注意清沟排水，除菌核病。④适时收获。当中部果籽粒变黑时可割晒，干后脱粒，机械收割则应采取过熟收割方式，以减少损失。该品种的硫苷含量偏高，现已降至30微摩尔/克以下。

适宜种植区域及季节：适宜在湖南秋播种植。

注意事项：注意苗期、花蕾期和成熟期防鸟害。

(20) 禾盛油555

登记编号：GPD油菜(2018)420045

育 种 者：湖北省种子集团有限公司

品种来源：78A×617R

特征特性：甘蓝型半冬性波里马细胞质雄性不育三系杂交种。幼苗半直立，叶片椭圆形，叶深绿色，叶片较大，有裂叶2～3对。茎深绿色，花瓣黄色、花瓣相互重叠，种子黑褐色。全生育期218天，与对照中油杂2号相当。株高170.6厘米，一次有效分枝数6.6个，单株有效角果数254.0个，每角粒数21.5粒，千粒重3.32克。平均芥酸含量0.35%，饼粕硫苷含量25.77微摩尔/克，含油量42.61%。田间调查菌核病发病率5.22%，病情指数2.66；病毒病发病率0.13%，病情指数0.13。综合评价为低抗菌核病。抗寒性中等、抗倒性较强。第一生长周期亩产185.9千克，比对照中油杂2号增产11%；第二生长周期亩产187.1千克，比对照中油杂2号增产4.1%。

栽培技术要点：①适时播种，合理密植。长江中游育苗移栽9月上中旬播种，10月中下旬移栽，苗期控制在30～35天，中等肥力地块每亩8 000株左右，瘦地、迟茬地10 000株左右；直播9月下旬至10月上旬播种，每亩用种0.2～0.4千克，每亩密度18 000～22 000株。②科学施肥。中等以上肥力水平地块，肥料运筹上以底肥为主、追肥为辅，每亩施复合肥70千克、硼砂1.5千克左右；注意氮、磷、钾肥配比施用；追施苗肥，1月底根据苗势每亩施尿素5千克，注意必施硼肥。③防治病虫害。苗期注意防治蚜虫，初花期1周内防治菌核病。

适宜种植区域及季节：适宜在湖北、湖南、江西冬油菜产区种植。

注意事项：对肥水需求量较大，在缺硼田块种植容易出现"花而不实"的现象，因此应每亩施硼肥1千克左右。在栽培种植期间应注意抗旱排渍，防止低温冻害和灾害性天气导致倒伏，及时防治油菜菌核病、根肿病、蚜虫等病虫害。

（21）川油41

审定编号：川审油2010001

选育单位：四川省农业科学院作物研究所

品种来源：JA1/JR10（三系杂交种）

特征特性：株高216.6厘米，单株有效角果626个、每果13.5粒、千粒重3.84克。种子芥酸含量低于0.05%，商品菜籽饼粕硫苷含量19.65微摩尔/克、含油率42.85%。经四川省农业科学院植物保护研究所鉴定，与对照相比，表现为抗菌核病。主序不实果率7.6%。花期倒伏面积1.9%。全生育日数217天，比川油21早熟1天。

产量表现：2008、2009两年省区试17点次试验，增产点16个，平均亩产185.34千克，比对照川油21增产17.88%。在2010年的生产试验中，该组合6点试验点点增产，平均亩产179.0千克，比对照德油6号增产8.36%。

栽培技术要点：①适时播种。育苗移栽宜在9月15—20日播种，10月中下旬移栽。②合理密度。育苗移栽亩植6 000～8 000株。③科学施肥。参照当地甘蓝型油菜高产栽培管理。④适时防治病虫害。

（22）绵油11

审定与登记编号：2000年通过四川省审定，2002年通过全国（长江上游）审定

选育单位：绵阳市农业科学研究所

品种来源：甘蓝型隐性核不育两用系绵9AB-1/绵恢6号

特征特性：绵油11苗期半直立，叶片绿色。花黄色粉充足。抽薹期茎秆微紫色。在四川平坝区移栽亩植7 000～8 000株的情况下，株高190厘米，单株角果490个，每角21.1粒，千粒重3.15克，含油率42.82%，熟期平均比CK中油821早2.75天。在甘肃春油菜区平均株高115.2厘米，一次分枝5.9个，二次分枝4.3个，单株角果194.7个，每角21.3粒，千粒重3.06克，全生育期110天。抗倒性和耐菌核病能力较强。植株矮，花序短，结角密是其独特的形态特征。

产量表现：1998—1999年在四川省油菜区试17点次平均亩产为143.6千克，表现一致增产，平均比CK中油821增产36.71%，居该试验第一位。2000—2001年在全国长江上游区试23点次平均亩产170.4千克，比CK中油821增产25.93%，居该试验第一位。2001—2002年参加甘肃省春油菜区试16点

次平均亩产280.8千克，比CK陇油2号增产17.9%，居试验第一位。

栽培技术要点：①适时早播，培育壮苗。绵油11属甘蓝型中熟偏早两系杂交油菜新品种，适当早播有利于发挥其增产潜力。在绵阳的最佳育苗期为9月12—20日，苗龄35天左右，直播在9月底至10月初，偏北偏西适当提早，偏东偏南适当推迟。②因地制宜，合理密植。移栽密度为每亩0.8万～0.9万株，直播每亩留苗1.0万～1.2万株，甘肃春播可留苗3.0万～5.0万株。各地依据田土肥力和施肥管理水平作适当调整。③合理施肥，增施磷、钾、硼肥。绵油11前期长势中等，蕾薹期长势较旺，一般亩施纯氮11～13千克，氮、磷、钾比例为1∶0.5∶0.5，亩用硼砂1千克。重施底肥，早施苗肥，看苗施蕾薹肥，冬油菜区12月底后不再施肥。④加强田管，防治病虫害。移栽或直播本田，冬油菜区要提前开沟排水，苗床地移栽前注意治虫。春油菜要注意保证灌溉条件。初花至盛花及时施药防病。

推广应用情况：2000年通过四川省品种审定，2002年通过国家审定，被列为四川省主推品种。其主要特点是丰产性突出；植株矮，结果密，株型好，稳产性好；适应性特广。绵油11不仅广泛适应于冬油菜区的四川、湖北、安徽、湖南等地种植，在甘肃、青海、内蒙古等春油菜种植区也能获得高产。

（23）川油36

审定编号：国审油2008005、国审油2009019、国审油2010002

选育单位：四川省农业科学院作物研究所

品种来源：JA40×JR9

特征特性：甘蓝型半冬性细胞质雄性不育三系杂交种。幼苗半直立，叶色深绿，顶片大而圆，裂叶1～2对，叶缘波状，茎秆绿色，茎叶均无刺毛而具蜡粉。花瓣较大、黄色、侧叠。种子黑褐色。区试结果：全生育期平均219天，与对照中油杂2号相当。平均株高163厘米，匀生分枝类型。一次有效分枝数8个，单株有效角果数327.7个，每角粒数18.1粒，千粒重4.01克。菌核病发病率9.61%，病情指数5.72；病毒病发病率1.13%，病情指数0.63。抗病鉴定综合评价为低感菌核病，抗倒性较强。平均芥酸含量0.05%，饼粕硫苷含量27.86微摩尔/克，含油量43.25%。

产量表现：2008—2009年度参加长江中游区油菜品种区域试验，平均亩产170.2千克，比对照中油杂2号增产8.2%；平均亩产油量71.1千克，比对照品种增产9.7%。2009—2010年度续试，平均亩产157.0千克，比对照品种减产1.3%；平均亩产油量70.3千克，比对照品种增产5.7%。两年平均亩产163.6千克，比对照品种增产3.5%；平均亩产油量70.7千克，比对照品种增产7.7%。

栽培技术要点：①适期播种，培育壮苗。育苗移栽9月15—20日播种，10月中下旬移栽；直播10月15—20日播种。②施足底肥，合理密植。一般亩施纯氮10～15千克，过磷酸钙30～40千克，氯化钾8～10千克，硼砂0.5千克，育苗移栽每亩6 000～8 000株，直播每亩8 000～10 000株，高肥水田，可适当稀植。③及时管理，防治病虫害。苗期注意防治霜霉病、菜青虫和蚜虫，开花后7天防治菌核病，及时中耕除草，角果成熟期注意防治蚜虫和预防鸟害。

适宜种植区域：适宜在湖北、湖南、江西、云南、贵州、四川、重庆、陕西汉中和安康、上海、浙江，以及安徽和江苏的淮河以南冬油菜主产区种植。

（24）德油6号

审定编号：川审油2003003

选育单位：德阳市科乐油菜研究开发有限公司

品种来源：508A/川18-1

特性特征：隐性细胞核不育两系双低中熟杂交种。株高200厘米左右，一次分枝9～11个，分枝部位65厘米左右，匀生分枝型，主花序长约75厘米，单株有效角果平均476.9个，每角果粒数13.7粒，全生育期215天，种子黑褐色、圆形，千粒重3.21克，含油量39.04%。芥酸含量0.15%，饼粕硫苷含量27.29微摩尔/克。抗（耐）核病和病毒病能力、抗寒力和抗倒力均较强。

产量表现：2002—2003两年省区试中熟A组试验，平均亩产152.2千克，比对照"蜀杂六号"增产9.73%，增产显著。2003年生产试验，平均亩产157.8千克，比对照"蜀杂六号"增产16.1%。

栽培技术要点：①适时播种。川西、川北地区育苗移栽9月15日左右（川东南地区9月20—25日），中苗移栽苗龄25～30天，直播适宜9月下旬。②合理密植。平坝、肥力较高田块亩栽6 500～7 000株，丘陵区亩栽7 500～8 000株，直播12 000～15 000株。③科学施肥。一般亩施纯氮8～11千克，磷肥40～50千克，钾肥10千克，硼肥1千克，重施底肥，早施追肥。

适宜种植区域：四川大部分平原、丘陵区。

（25）绵油12

审定编号：国审油2003016

选育单位：四川省绵阳市农业科学研究所，四川省农业科学院作物所

品种来源：品93-496×绵7MA-1

特征特性：甘蓝型弱冬性隐性核不育三系杂交品种。全生育期育苗移栽220天，直播200天，比对照中油821早熟1～3天。苗期生长较旺，半直立，叶缘微波状，叶色深绿，有蜡粉，无刺毛。花黄色，粉充足。株高190厘米，匀生分枝。一次有效分枝9.5个，主花序60厘米，单株角果405.5个，每角粒数19粒。千粒重3.36克。抗病性优于对照中油821。含油量39.24%，芥酸含量1.54%，硫苷含量55.27微摩尔／克。

产量表现：1999—2000年度参加长江上游组油菜品种区域试验，平均亩产142.5千克，比对照中油821增产19.81%；2年区试平均亩产155.9千克，比对照中油821增产15.4%。生产试验，平均亩产161.1千克，比对照中油821增产6.19%。2000—2001年度参加长江中游组油菜品种区域试验，平均亩产156.1千克，比对照中油821增产7.14%；2001—2002年度续试，平均亩产120.0千克，比对照中油821增产11.42%。生产试验，平均亩产142.7千克，比对照中油821增产10.62%。

栽培技术要点：①适时早播，培育壮苗。在四川绵阳于9月11—18日育苗。10月上旬直播为宜，偏北偏西适当提早，偏东偏南适当推迟。②因地制宜，适当密植。移栽田密度0.7万～0.9万株/亩，直播密度0.93万～1.2万株/亩。③施足底肥，早施提苗肥。氮、磷、钾、硼肥合理搭配。每亩施纯氮10～12千克，氮、磷、钾比例为＝1：0.5：0.5，硼肥1千克为宜。注意农家肥的施用，以栽后第一次追肥为主，12月底后不宜再施氮素化肥。无灌溉条件的干旱地区，在初花期必须进行根外喷硼，防止"花而不实"。④防治病虫害。苗床期、苗期和末花期施药治虫；初花至盛花期施药治病。

适宜种植区域：适宜在长江上、中游地区的四川、重庆、贵州、云南、湖南、湖北、江西等省份冬油菜主产区种植。

（26）蓉油18（2013、2014）

审定编号：川审油2011008

选育单位：成都市农林科学院作物所

品种来源：蓉A 0068/蓉C2970（三系杂交种）

特征特性：株高218.9厘米，单株有效角果612.3个，每果14.3粒，千粒重3.56克。种子芥酸含量0.08%，商品菜籽饼粕硫苷含量20.38微摩尔／克，含油率44.14%。经四川省农业科学院植物保护研究所鉴定，抗（耐）菌核病能力与对照相当。主序不实果率6.6%。花期未发生倒伏。全生育日数221天，比对照德油6号晚熟1天。

产量表现：2009年、2010年2年省区试16点次试验，增产点11个，平均亩产174.74千克，比对照川油21增产10.85%，比对照德油6号增产4.79%。在2011年的生产试验中，该组合6点试验5点增产，平均亩产170.35千克，比对照德油6号增产4.79%。

栽培技术要点：①适时播种。育苗移栽宜在9月15日前后播种、直播9月下旬至10月上旬为宜。②合理密植。育苗移栽亩植6 500株左右；直播密度10 000～12 000株。③科学施肥。参照当地甘蓝型油菜高产栽培管理。④适时防治病虫害。

适应种植区域：四川平原、丘陵地区。

(27) 科乐油 1 号

登记编号：GPD油菜(2018)510143

申　请　者：四川科乐油菜研究开发有限公司

品种来源：0268A×0575R

特征特性：甘蓝型杂交种。幼苗半直立，叶色深绿色，顶片椭圆形，叶缘波状，茎、叶多蜡粉。成熟期平均株高219.9厘米，一次分枝9个左右，二次分枝12个左右，平均单株有效角果544.3个，每角果粒数16.7粒，千粒重3.37克。浅黄色花瓣，雄蕊发育正常，角果上举，种子圆形，种皮黑褐色。全生育期222天，比德油6号晚熟1天。食用油芥酸含量0.1%，硫苷含量19.83微摩尔/克，含油量40.9%。低感菌核病，感病毒病，耐寒力和抗倒力均强于对照。第一生长周期亩产161.32千克，比对照川油21增产7.28%；第二生长周期亩产197.91千克，比对照德油6号增产6.19%。

栽培技术要点：①适时播种。育苗移栽的适宜播种期为9月中下旬，中苗移栽，苗龄25～30天；直播种植的适宜播种期为9月下旬至10月上旬。②合理密植。平坝地区和土壤肥力较高的田块亩栽4 500～6 000株，丘陵亩栽6 000～8 000株，直播田20 000株/亩以上。③科学施肥。一般亩施纯氮12～15千克，五氧化二磷6～7.5千克，氧化钾9～11千克，硼肥1千克；在施肥方法上要重施底肥，早施追肥，化肥促苗，后期增施农家肥。④防治病虫害。双低品种苗期要特别重视防治蚜虫，最好进行种子包衣。菌核病的防治，采取轮作，减少病原，初花期喷施农药等措施。青荚期要注意防治蚜虫。

适宜种植区域及季节：适宜在四川、贵州、重庆、陕西南部、河南南部、安徽、江苏、湖北、湖南、江西冬油菜地区种植。

(28) 浙油 50

审定编号：国审油2011013

选育单位：浙江省农业科学院作物与核技术利用研究所

品种来源：沪油15/浙双6号

特征特性：甘蓝型半冬性常规种。幼苗半直立，叶片较大，顶裂叶圆形，叶色深绿，裂叶2对，叶缘全缘，光滑较厚，叶缘波状，皱褶较薄，叶被蜡粉，无刺毛；花瓣黄色，侧叠、复瓦状排列；种子黑色圆形。全生育期220天，比对照中油杂2号晚熟1天。株高165.5厘米，一次有效分枝数7.8个，单株有效角果数248.5个，每角粒数19.0粒，千粒重3.91g。菌核病发病率2.26%，病情指数1.25，病毒病发病率1.17%，病情指数0.78，菌核病鉴定结果为低抗，抗倒性强。平均芥酸含量0.25%，饼粕硫苷含量20.78微摩尔/克，含油量46.53%。

产量表现：2009—2010年度参加长江中游区油菜品种区域试验，平均亩产160.9千克，比对照中油杂2号减产3.2%，平均亩产油量72.76千克，比对照增产4.1%。2010—2011年度续试，平均亩产184.1千克，比对照增产2.5%，平均亩产油量88.08千克，比对照增产11.7%。2年平均亩产172.5千克，比对照减产0.3%；平均亩产油量80.42千克，比对照增产8.1%。2010—2011年度生产试验，平均亩产154.0千克，比对照增产1.5%。

栽培技术要点：①适时播种，合理密植。长江中游区9月中旬播种育苗，苗床每亩用种量0.5千克，苗床与大田比例为1：5～1：6，苗龄30～35天，培育壮苗，每亩种植密度7 000～8 000株，宽行窄株种植。②科学施肥，大田每亩底施农家肥2 000千克、尿素10千克、过磷酸钙50千克、氯化钾10千克、硼砂1千克；栽后当天施定根肥水，栽后20天第一次追肥，12月上旬重施"开盘肥"。③防治病虫、鸟害。苗期注意防治猝倒病、菜青虫和蚜虫，开花后7天防治菌核病，角果成熟期注意防治蚜虫和预防鸟害。

适宜种植区域：适宜在湖北、江西的冬油菜主产区种植。根据农业部第1505号公告，该品种还适宜在浙江及江苏和安徽的淮河以南冬油菜主产区种植。

(29) 油研50

登记编号：GPD油菜(2017)520014

选育单位：贵州省油菜研究所

品种来源：7274A×6215R

特征特性：甘蓝型半冬性中熟隐性核不育两系杂交种。苗期半直立，子叶肾形，深裂叶，顶裂片宽大呈椭圆形，裂叶3～4对；叶色较深，有蜡粉，叶缘锯齿明显。花黄色。种子黑色，有少数黄籽。全生育期219天，与对照中油杂2号相当，平均株高168.8厘米，匀生分枝类型，一次有效分枝数8.1个，单株有效角果数279.6个，每角粒数19.2粒，千粒重4.23克。芥酸含量0.2%，硫苷含量23.23微摩尔/克，含油量42.34%。低感菌核病，中抗病毒病，抗寒性强，抗裂角指数为0.47，抗倒性强。第一生长周期亩产185.6千克，比对照油研10号增产13.83%；第二生长周期亩产163.24千克，比对照中油杂2号增产3.37%。

栽培技术要点：①适时播种。9月上中旬育苗，10月中下旬移栽；直播在10月上中下旬均可播种。②合理密植。亩植6 000～8 000株，如直播应留苗10 000～15 000株/亩。机播或撒播，亩播种量可掌握在0.25～0.5千克种子左右，不匀苗。③科学合理施肥。单产150～200千克/亩，需施纯氮15千克/亩以上，氮、磷、钾按1：0.5：0.9配合施用。注意施用有机肥作底肥，追肥应注意苗重、薹轻，花期看苗根外补施，追肥方式以尿素兑清粪水浇施为最好。特别注意强调施用硼肥。用硼砂0.5～0.8千克/亩作基肥沟施或兑水(结合追肥)作追肥，亦可用0.3%硼砂水溶液在苗、薹花期作根外追肥，常年结实差的缺硼土壤，更应强调补施根外追肥。④中耕、除草。中耕除草要早，中耕要先浅后深，一般中耕1～2次，消灭杂草，松土促进根系生长。在杂草严重时也可喷施除草剂，防除杂草方法有：一是早施苗肥，促幼苗生长，以苗压草；二是化学除草，选用合适的药剂进行防治。⑤清沟排渍。从移栽至整个大田生长期，如遇连续降雨天或降水量较大，应及时检查水沟的通畅情况，及时清沟排渍，防止湿害、涝害。⑥防治病虫害。苗期主要防治菜青虫、跳甲和蚜虫，选用合适的药剂防治；春后主要防治菌核病、霜霉病和蚜虫，其重点是防治菌核病。⑦收割脱粒。在80%(机收90%)以上的角果变黄，种子已呈成熟至该品种固有色泽时，应及时收割，过迟角易炸裂损失造成减产。脱粒约在收割后5天以上，应及时检查掌握合适脱粒期，抓住有利天气即时脱粒，避免因阴雨天菜籽在角内发芽霉烂，造成减产损失。

(30) 油研57

登记编号：GPD油菜(2017)520006

选育单位：贵州省油菜研究所

品种来源：YD0848A×YD57R

特征特性：甘蓝型半冬性隐性核不育两系杂交品种。全生育期218天，比对照南油12晚熟2天。幼苗半直立，叶绿色，顶叶长圆形，叶缘锯齿状，裂叶3～4对，有缺刻，叶面有少量蜡粉，无刺毛。花瓣黄色、复瓦状重叠排列。籽粒黄褐色。株高193.3厘米，上生分枝类型，一次有效分枝数7.71个，单株有效角果数347.9个，每角粒数19.9粒，千粒重3.51克。芥酸含量0.05%，硫苷含量19.61微摩尔/克，含油量46.05%。低抗菌核病，高抗病毒病，抗倒性较强，抗寒性较好；产量高，含油量、出油率高，硫苷、芥酸含量低，单株有效角果多。第一生长周期亩产油量81.56千克，比对照油研10号增产10.44%；第二生长周期亩产油量97.78千克，比对照油研10号增产15.04%。

栽培技术要点：①适时播种。育苗移栽9月18日播种，10月中下旬移栽；直播10月上中旬播种。②合理密植。亩种植密度，移栽6 000～8 000株、直播20 000株以上。③科学施肥。有机肥作底肥，亩施纯氮15千克以上；氮、磷、钾肥按1：0.5：0.9比例配合施用，追肥注意苗肥重、薹肥轻，花期看苗根外补肥；特别注意施用硼肥，亩用硼砂0.5～0.8千克作基肥沟施，或者用0.3%硼砂水溶液在苗期、薹期、花期根外追施。④注意防治菌核病等病虫害。

(31) 渝油27

审定编号：渝审油2012002

选育单位：西南大学

品种来源：WSLA×W2R

特征特性：该品种为甘蓝型隐性雄性不育三系双低杂交油菜。全生育期206～236天，平均221.7天，比对照油研10号早熟3.4天。单株有效角果数563.4个，每果粒数17.1粒，千粒重3.30克。株高212.8厘米，最低分枝部位76.7厘米，一次有效分枝8.9个。含油量40.12%，芥酸含量0%，硫苷含量21.05微摩尔／克。达到国家双低油菜标准。中抗菌核病，抗病毒病。

产量表现：2年区试，12个试验点次增产，1个点次减产，增产点率92.3%，产量变幅125.6～196.0千克，平均亩产150.65千克，比对照油研10号增产9.97%。生产试验平均亩产169.35千克，比对照油研10号增产13.33%。

栽培技术要点：①适时播种。丘陵平坝区育苗播种期在9月20日左右；武陵山区和高海拔区在9月10日左右；免耕直播推迟10天左右。②合理密植。育苗移栽种植密度每亩6 000～8 000株为宜，土壤肥力较差的田块每亩10 000～12 000株为宜。③科学施肥。氮、磷、钾、硼合理配合使用，早施苗肥，适时追施开盘肥和蕾薹肥。及时中耕除草，培土壅蔸。④防治病虫害。初花期加强防治菌核病，结合喷施硼肥。

适宜种植区域：适宜在重庆市种植。

(32) 渝油28

审定编号：国审油2013004

选育单位：西南大学

品种来源：T72×L546

特征特性：甘蓝型半冬性化学杀雄两系杂交品种。全生育期219天，比对照南油12晚熟2天。幼苗半直立，叶片较大，叶深绿色，裂叶1～2对，顶裂片近圆形，叶缘浅锯齿，无缺刻，蜡粉较厚，叶片无刺毛；花黄色，花瓣较大，覆瓦状排列，籽粒黄褐色。株高189.4厘米，匀生分枝类型，一次有效分枝数7.25个，单株有效角果数339.4个，每角粒数19.3粒，千粒重3.75克。菌核病发病率2.37%，病情指数0.76，病毒病发病率0.67%，病情指数0.22，低感菌核病；抗倒性较强。籽粒含油量43.35%，芥酸含量0，饼粕硫苷含量21.54微摩尔/克。

产量表现：2011—2012年度参加长江上游油菜品种区域试验，平均亩产油量72.05千克，比对照南油12增产10.3%；2012—2013年度续试，平均亩产油量83.42千克，比对照增产6.8%；两年平均亩产油量77.73千克，比对照增产8.5%。

栽培技术要点：①适时播种。育苗移栽9月上中旬播种，苗龄30～35天，壮苗移栽；直播9月下旬至10月上旬播种，亩播种量0.2～0.3千克。②合理密植。中等肥力水平条件下，移栽6 000～8 000株、直播20 000～25 000株。③科学施肥。多施有机肥，底肥亩施硼砂0.5千克、五氧化二磷7千克、氯化钾8千克，中等肥力地块亩施纯氮12.5千克。④防治病虫害。注意防治蚜虫、菜青虫、菌核病等病虫害。

适宜种植区域：适宜四川、重庆、云南、贵州和陕西汉中、安康冬油菜区种植。

(33) 宁杂1818

审定编号：国审油2013016

选育单位：江苏省农业科学院经济作物研究所

品种来源：宁油18号×088018

特征特性：甘蓝型半冬性化学诱导雄性不育两系杂交品种。全生育期229天，比对照秦优10号晚熟2天。子叶肾形，叶片淡绿色，蜡粉少，叶缘波状，裂片3～4对，裂刻较深；花瓣黄色、重叠；籽粒黑褐色。株高178.7厘米，中生分枝类型，一次有效分枝数6.48个，单株有效角果数257.6个，每角粒数22.1粒，千粒重4.09克。菌核病发病率18.82%，病情指数7.43，病毒病发病率0.81%，病情指数0.45，低感菌核病；抗倒性较强。籽粒含油量45.54%，芥酸含量0.50%，饼粕硫苷含量23.44微摩尔/克。

产量表现：2011—2012年度参加长江下游油菜品种区域试验，平均亩产油量91.16千克，比对照秦优10号增产10.1%；2012—2013年度续试，平均亩产油量97.68千克，比对照增产4.5%；两年平均亩产油量94.42千克，比对照增产7.3%。

栽培技术要点：①适时播种。育苗移栽9月上旬播种，亩用种量0.15千克；直播9月下旬播种，亩用种量0.25千克。②合理密植。移栽7 000～8 000株/亩，直播20 000株/亩。③科学施肥。一般亩施纯氮16～20千克、五氧化二磷8～10千克、氧化钾15千克，氮肥用于基肥、腊肥、薹肥比例为5：3：2；磷、钾肥全部作基肥；基肥和腊肥以复合肥或油菜专用肥为主，薹肥以速效氮肥为主；亩用硼砂1千克作苗肥或基肥，初花期可喷施速效硼。④防治菌核病等病虫害。

适宜种植区域：适宜上海、浙江以及江苏和安徽的淮河以南冬油菜区种植。

（34）赣油杂6号

审定编号：国审油2012016

选育单位：江西省农业科学院作物研究所

品种来源：G5034AB×浙油5002

特征特性：甘蓝型半冬性隐性核不育两系杂交种。全生育期217天，比对照中油杂2号晚熟1天。苗期半直立，叶深绿色，有蜡粉，叶片长度中等，裂叶深，叶脉明显，叶缘波状。花瓣黄色，侧叠状，籽粒棕黄色。平均株高168厘米，上生分枝类型，一次有效分枝数7.9个，单株有效角果数255.5个，每角粒数20.2粒，千粒重3.64克。菌核病发病率8.90%，病情指数6.36，病毒病发病率0.84%，病情指数0.67，低感菌核病。抗倒性较强。芥酸含量0.1%，饼粕硫苷含量17.56微摩尔/克，含油量45.72%。

产量表现：2009—2010年度参加长江中游区油菜品种区域试验，平均亩产油量74.59千克，比对照中油杂2号增产12.2%。2010—2011年度续试，平均亩产油量82.32千克，比中油杂2号增产9.4%，两年区试平均亩产油量78.41千克，比对照增产10.7%，

栽培技术要点：①适时早播。长江中游地区育苗移栽9月上中旬播种，培育壮苗，苗龄30天左右，10月中下旬移栽；直播9月下旬至10月下旬播种，亩用种量0.2～0.4千克。②合理密植。中等肥力水平条件下，育苗移栽8 000～10 000株/亩、直播15 000～20 000株/亩。③科学施肥。重施底肥，亩施复合肥30～35千克、磷肥25千克、硼砂1千克，注意氮、磷、钾配比施肥，亩追施尿素4千克；底施或薹期喷施0.2%硼肥。④防治菌核病等病虫害。

适宜种植区域：适宜湖北、湖南、江西油菜区种植。

（35）秦油88

审定编号：国审油2013022

选育单位：陕西省杂交油菜研究中心

品种来源：YD2013A×CY1168

特征特性：甘蓝型半冬性化学杀雄不育两系杂交品种。全生育期243天，与对照秦优7号熟期相当。幼苗半直立，幼茎和心叶微紫色，叶绿色、裂叶型，叶缘浅锯齿状，花瓣黄色；籽粒黄褐色。株高174.8厘米，一次有效分枝数7.76个，单株有效角果数253.8个，每角粒数23.1粒，千粒重3.68克。菌核病发病率9.61%，病情指数8.1；病毒病发病率1.19%，病情指数2.1；低感菌核病；抗倒性较强。籽粒含油量46.37%，芥酸含量0.05%，饼粕硫苷含量18.65微摩尔/克。

产量表现：2011—2012年度参加黄淮区油菜品种区域试验，平均亩产油量101.8千克，比对照秦优7号增产11.7%；2012—2013年度续试，平均亩产油量106.2千克，比对照增产12.5%；两年平均亩产油量104.0千克，比对照增产12.1%。

栽培技术要点：①适时播种。黄淮区9月中下旬播种，亩播种量，育苗移栽0.1千克、直播0.2～0.25千克。②合理密植。亩种植密度水肥地10 000～12 000株，旱地13 000～15 000株。③科学施肥。施足底肥，增施磷钾肥，施好硼肥；注意防冻保苗，5～6叶期喷施多效唑，11月中下旬结合中耕。培土壅根。④防治菌核病、蟋蟀、茎象甲等病虫害。

适宜种植区域：适宜江苏和安徽的淮河以北及河南、陕西关中、山西运城、甘肃陇南的冬油菜区种植。

（36）丰油10号

审定编号：国审油2005017

选育单位：河南省农业科学院棉花油料作物研究所

品种来源：22A×P287

特征特性：属半冬性甘蓝型细胞质雄性不育三系杂交种，全生育期240天左右，比对照秦油2号早熟1～2天。幼苗直立，色绿，子叶肾脏形；苗期发苗快，缩茎段粗壮，长势强，长相稳健，茎、叶深绿色；叶厚有蜡粉，叶片有缺刻，琴状裂叶，底部叶片4～5对裂叶，顶裂大而椭圆，叶缘锯齿状，叶柄扁圆；花瓣黄色；匀生分枝，茎秆粗壮；株高157.8厘米左右，分枝数10个左右，单株有效角果数325个左右，每角粒数22个左右，千粒重3.24克左右，籽粒黑褐色。菌核病平均发病率18.77%、病情指数11.55、受冻率87.58%、冻害指数44.02，抗倒伏性中等。平均芥酸含量3.22%，饼粕硫苷含量24.79微摩尔/克，平均含油量39.78%。

产量表现：2002—2003年度参加黄淮区油菜品种区域试验，平均亩产175.67千克，比对照秦油2号增产1.4%；2003—2004年度续试，平均亩产185.59千克，比对照秦油2号减产3.37%；2年区试平均亩产180.63千克，比对照秦油2号减产1.11%。2004—2005年参加生产试验，平均亩产179.3千克，比对照秦优7号增产2.35%。

适宜种植区域：适宜在河南省南部、安徽和江苏的淮河以北地区油菜主产区种植。

注意事项：注意防治菌核病、病毒病及防冻抗寒，注意施用硼肥。生产上应加强种子质量监督管理。

2.春油菜主栽代表品种

（1）青杂5号（305）

审定与登记编号：国审油2006001，GPD油菜（2017）6301831

选育单位：青海省农林科学院春油菜研究所

品种来源：105A×1831R

特征特性：该品种为甘蓝型春性细胞质不育三系杂交种。海拔2 600米左右区域全生育期142天左右。幼苗半直立，叶色深绿，有裂叶2～3对，叶缘波状，蜡粉少，无刺毛。花瓣黄色，花冠椭圆形，花瓣侧叠。株高171厘米左右，分枝部位62厘米左右，匀生分枝。平均单株有效角果数221.2个，每角粒数25.7粒，千粒重3.9克。区域试验中田间调查病害结果：菌核病平均发病率15.05%，病情指数6.47%，抗性优于青杂1号和青油14。两年平均芥酸含量0.25%，硫苷含量18.56微摩尔/克，含油量45.23%。

产量表现：2003年参加春油菜品种区域试验，平均亩产252.75千克，比对照青杂1号增产4.92%，比对照青油14增产18.46%；2004年续试，平均亩产252.45千克，比对照青杂1号增产12.25%，比对照青油14增产23.48%；2年区试平均亩产252.6千克，比对照青杂1号增产8.46%，比对照青油14增产20.91%。2005年生产试验，平均亩产218.77千克，比对照青油14增产22.17%。

栽培技术要点：①适时播种。适宜播期为3月下旬至4月下旬，条播，每亩播种量0.35～0.50千克。②合理密植。播种深度3～4厘米，株距25～30厘米，每亩保苗1.5万～2.5万株。③田间管理，科学施肥。每亩底施磷酸二铵20千克、尿素4～5千克。及时间苗、定苗；苗期（4～5叶期）追施尿素每亩6～8千克。④防虫治虫。苗期注意防治跳甲和茎象甲，角果期注意防治蚜虫。

适宜种植区域：内蒙古、新疆及甘肃、青海的低海拔地区春油菜主栽品种。

（2）青杂7号（249）

审定与登记编号：国审油2011030，GPD（2017）6301821

选育单位：青海省农林科学院春油菜研究所油菜

品种来源：144A×1244R

特征特性：甘蓝型春性细胞质雄性不育三系杂交种，青海海拔2 800米左右区域全生育期约128天。幼苗半直立，缩茎叶为浅裂、绿色，叶脉白色，叶柄长，叶缘锯齿状，蜡粉少，薹茎叶绿色、披针形、半抱茎，叶片无刺毛。花黄色。种子深褐色。株高136.5厘米，一次有效分枝数4.1个，单株有效角果数为139.1个，每角粒数为28.3粒，千粒重为3.81克。菌核病发病率13.07%、病情指数3.13%，平均芥酸含量0.4%，饼粕硫苷含量19.25微摩尔/克，含油量48.18%。

产量表现：2009年参加春油菜高海拔、高纬度地区早熟组区域试验，平均亩产186.9千克，比对照青杂3号增产9.0%；2010年续试，平均亩产220.3千克，比对照增产9.4%。两年平均亩产203.6千克，比对照增产9.2%，2010年生产试验，平均亩产217.5千克，比对照增产8.9%。

栽培技术要点：①适时播种。4月初至5月上旬播种，条播为宜，播种深度3～4厘米，每亩播种量0.4～0.5千克，每亩保苗30 000～35 000株。②科学施肥，定苗。底肥每亩施磷酸二铵20千克、尿素3～5千克，4～5叶苗期每亩追施尿素3～5千克；及时间苗、定苗和浇水。③防治病虫害。苗期注意防治跳甲和茎象甲，花角期注意防治小菜蛾、蚜虫、角野螟等害虫和菌核病危害。

适宜种植区域：青海、甘肃、内蒙古、新疆的高海拔、高纬度春油菜主产区早熟品种主栽品种。

（3）中油杂26

选育单位：中国农业科学院油料作物研究所

品种来源：P44A×2m134

特征特性：甘蓝型杂交种。全生育期92天，苗期生长势较强，幼苗半直立，叶绿色，叶缘波状，有裂叶，叶面少蜡粉，无刺毛；花瓣黄色，株高140.09厘米，一次有效分枝数6个左右，单株有效角果数113.2个，每角粒数24.17粒，千粒重3.91克。2015年度区试中，菌核病田间发病率7.95%，病情指数6.97；霜霉病发病率16.4%，病情指数9.32；低抗菌核病，抗病毒病，抗倒性强。芥酸含量0.5%，硫苷含量27.24微摩尔/克，含油量41.96%。第一生长周期亩产207.68千克，比对照青杂5号增产12.76%；第二生长周期亩产202.15千克，比对照青杂5号增产12.9%。

适宜种植区域及季节：适合内蒙古春油菜区种植，春播。

（4）浩油11

选育单位：青海省浩门农场

品种来源：门源小油菜群体中，选优良单株，经定向选择育成

特征特性：白菜型油菜，春性，早熟。耐寒性较强，抗旱性中等，抗倒伏性较强；中抗菌核病、霜霉病。子叶心脏形，叶色淡绿，心叶黄绿，无刺毛，幼苗半直立；裂叶，叶脉白，叶柄短，叶缘浅圆，蜡粉无，薹茎淡紫、蜡粉无、无刺毛。植株整齐，株型紧凑，帚形，匀生分枝，株高82.67厘米，茎粗0.50厘米，有效分枝部位12.5厘米，一次有效分枝数2.0个，单株分枝数3.20个。无限花序，花色淡黄，花冠椭圆形，平展、侧叠。成熟角果黄绿色、斜生，角果长4.98厘米，每角粒数12.28粒，单株角果数40.93个，主花序有效角果数20.40个。种子颜色多为深褐色和少量的淡黄色、圆形。单株产量2.64克，千粒重2.90克；容重630.00克/升；经济系数0.24。籽粒含油量45.98%，油品芥酸含量

29.18%，饼粕硫苷含量70.95微摩尔/克。

栽培技术要点：①适期播种。4月下旬至5月上中旬适期播种，忌连作，秋后深翻20～25厘米。②合理密植。采用机械条播，行距15～20厘米，播深2～3厘米。③科学施肥。播前施腐熟有机肥1 500～2 000千克/亩，纯氮1.93～2.72千克/亩，五氧化二磷3.45～4.60千克/亩，播种量1.50～2.00千克/亩，高位山旱地保苗17万～20万株/亩，中位山旱地保苗15万～18万株/亩。田间早追肥，苗期结合降雨或中耕除草追施纯氮1～2千克/亩，中耕除草1～3次，有灌溉条件的可在苗期、蕾薹期浇水1～2次。

生产能力及适宜地区：浩油11主要分布在海拔高于3 000米、纬度高于北纬50°的内蒙古自治区、新疆维吾尔自治区及甘肃、青海两省年均温1℃以上的高位山旱地春油菜主产区种植，是白菜型油菜主栽品种。一般水肥条件下产量90～100千克／亩；高水肥条件下产量100～140千克／亩。适宜在青海省海拔2 900米以上且年均温0.5℃以上的海北州、海南藏族自治州等地种植。

（5）阳光85

审定编号：GPD油菜(2018)420035

育　种　者：中国农业科学院油料作物研究所

品种来源：细胞质不育系A4/P143

特性特征：甘蓝型春性不育三系杂交种。幼苗半直立，根系粗壮，叶色深绿，叶片宽大。花瓣黄色，花冠椭圆形，花瓣侧叠。匀生分枝，生育期116天，比对照陇油5号早2天。株高128厘米，分枝高度44厘米，全株有效分枝数6个，主花序有效长度50厘米，主花序有效角果数44个，单株有效角果数185.2个，每角果粒数25个，籽粒黑褐色，饱满，千粒重3.5克，单株产量12.4克。中感菌核病，中抗病毒病；耐寒，抗倒伏。该组合品质优良，芥酸含量0.1%，饼粕硫苷含量28.13微摩尔/克，含油量45.28%。

产量表现：2009年亩产222.89千克，较对照增产14.39%。株高为127.34厘米，分枝部位较低，38.98厘米，一次分枝数为5.18个，单株有效角果数为173.89个，角粒数28.07个，千粒重3.51克。6个参试点中5个点增产达显著水平。在临夏、秦王川表现较好，生育期平均116天，生长势较强。2010年亩产206.57千克，较对照增产8.74%。株高为129.9厘米，分枝部位为49.4厘米，一次分枝数为6.8个，单株有效角果数为196.5个，角粒数22.24个，千粒重3.4克。5个参试点中4个增产。2年区试结果，2009—2010年11点次平均折合亩产214.73千克，较对照陇油5号增产11.59%，亩增产油籽24.88千克，11点次试验中有9个点增产，增产点次达到80%以上。

栽培技术要点：①土地准备。阳光85为优质丰产性春油菜品种，应选择土层深厚疏松地块。②施足基肥。播前结合整地亩施优质农家肥、纯氮和纯磷作为基肥，同时伴以杀虫药。③精细播种。以日平均气温稳定在3℃以上播种，一般在3月下旬和4月上旬。亩密度维持在3万～4万株。④及时间苗、定苗。2～3片真叶时间苗，4～5片真叶时及时定苗。⑤病虫害防治。适时灌水追肥和收获。

适宜栽培区域及季节：适宜在甘肃省天祝、临夏、渭源等地油菜主产区春播种植。

注意事项：该品种为波里马不育系配出杂交油菜F_1代，需注意温度对种子纯度的影响；注意增施硼肥，并在花蕾期防治鸟害。

3. 主要油菜品种推广情况

我国油菜市场上主要推广类型还是传统的高产、高油、早熟、稳产、综抗、广适性品种。同时，随着机械化程度的提高，适应机播机收、轻简化栽培的油菜品种也开始得到较广泛应用，并受到生产者的青睐。

（1）高产、高油、机收品种：中油杂19

审定与登记编号：国审油2013013，GPD油菜(2017)420053

选育单位：中国农业科学院油料作物研究所

品种来源：中双11号×zy293。

特征特性：甘蓝型半冬性化学诱导雄性不育两系杂交品种。全生育期230天。幼苗半直立，裂叶，叶缘无锯齿，叶片绿色，花瓣黄色，籽粒黑褐色。株高162.7厘米，一次有效分枝数6.57个，单株有效角果数277.7个，每角粒数22.3粒，千粒重4.09克。菌核病发病率28.5%，病情指数16.15，病毒病发病率5.09%，病情指数2.83，低抗菌核病；抗倒性强。籽粒含油量49.95%，芥酸含量0.15%，饼粕硫苷含量21.05微摩尔/克。

产量表现：2011—2012年度参加长江下游油菜品种区域试验，平均亩产油量95.63千克，比对照秦优10号增产15.5%；2012—2013年度续试，平均亩产油量99.51千克，比对照增产9.9%；两年平均亩产油量97.57千克，比对照增产12.7%。

栽培技术要点：①适时播种。育苗移栽以9月下旬播种为宜，10月下旬移栽；直播在10月上中旬播种。②合理密植。在中等肥力水平下，育苗移栽合理密度为1.0万株/亩左右，直播2.0万～2.5万株/亩。③科学施肥。重施底肥，亩施复合肥50千克；追施苗肥，于苗期亩施尿素10～15千克。该组合为双低高油杂交种，硼需求量大，底肥施硼砂每亩1～1.5千克/亩，初花期喷施浓度为0.2%的硼砂溶液。④防治病害及鸟害：在重病区注意防治菌核病；于初花期后1周喷施菌核净，用量为每亩100克菌核净兑水50千克。注意防鸟害。

适宜种植区域：上海、浙江、江苏和安徽的淮河以南，湖北、湖南、江西、四川、云南、贵州、重庆、陕西汉中和安康的冬油菜区种植。秋播。

注意事项：本品种为高油双低品种，最好连片种植，保证优异品质和防鸟害。

（2）高产、高油、优质、高效、适宜轻简化栽培与机收品种：中双11

审定编号：国审油2008030

选育单位：中国农业科学院油料作物研究所

品种来源：（中双9号/2F10）//26102

特征特性：半冬性甘蓝型常规种。全生育期平均233.5天，与对照秦优7号熟期相当。子叶肾脏形，苗期为半直立，叶片形状为缺刻型，叶柄较长，叶肉较厚，叶色深绿，叶缘无锯齿，有蜡粉，无刺毛，裂叶3对。花瓣较大，黄色，侧叠。匀生型分枝类型，平均株高153.4厘米，一次有效分枝平均8.0个。抗裂荚性较好，平均单株有效角果数357.60个，每角粒数20.20粒，千粒重4.66克。种子黑色，圆形。抗菌核病、抗病毒病。茎秆坚硬，抗倒性较强。芥酸含量0.0%，饼粕硫苷含量18.84微摩尔/克，含油量49.04%。高含油量、高产油量、强抗裂角、高抗倒伏、抗菌核病和病毒病、双低品质优异、千粒重大、角果长、适合于机械化收获。高抗裂角、抗病、高抗倒伏、株高中等偏矮、成熟一致性好。

栽培技术要点：①适时早播。长江下游地区育苗适宜播种期为9月中下旬，10月中下旬移栽；直播在9月下旬到10月初播种。②合理密植。在中等肥力水平下，育苗移栽合理密度为1.2万～1.5万株/亩，肥力较高水平时，密度为1.0万～1.2万株/亩。直播可适当密植。③科学施肥。重施底肥，亩施复合肥50千克；追施苗肥，于5～8片真叶时亩施尿素10～15千克；必施硼肥，底施硼砂每亩1～1.5千克，薹期喷施（浓度为0.2%）硼砂溶液。④防治病害。在重病区注意防治菌核病；于初花期后1周喷施菌核净，用量为每亩100克菌核净兑水50千克。

适宜种植区域：该品种适宜在长江上游、中游、下游冬油菜区种植。

（3）高产、优质、早熟、机收品种：阳光131

登记编号：GPD油菜（2017）420119

选育单位：中国农业科学院油料作物研究所

品种来源：波里马细胞质雄性不育系5A与恢复系C18配制的三系杂交组合（5A×C18）。

特性特征：甘蓝型半冬性中早熟杂交种。苗期半直立，顶裂叶中等，叶色中等绿色，蜡粉少，叶片长度短，侧叠叶3～4对，裂叶深，叶脉明显，叶缘有小齿，波状。花瓣中等黄色，花瓣长度中等，较宽，呈侧叠状。种子黑褐色。全生育期173.2天，与对照青杂10号相当。株高172.98厘米，一次有效分枝数6.92个，匀生分枝类型，单株有效角果数246.42个，每角粒数21.13粒，千粒重3.51克。低抗菌核病。抗倒性强。芥酸含量0.1%，饼粕硫苷含量19.09微摩尔/克，含油量40.09%。

产量表现：2013—2014年度国家油菜品种早熟A组区域试验中，平均亩产134.95千克，居试验第一位，5个试验点全部增产，比青杂10号增产31.24%，比平均对照对照增产20.31%，达极显著水平。2年试验结果，平均亩产145.56千克，10个试验点全部增产，比对照增产21.3%，达极显著水平。2015—2016年度早熟B组生产试验中，平均亩产147.73千克，居试验第一位，在江西、湖南、广西、福建等试验点全部增产，比对照增产45.1%，达极显著水平。

栽培技术要点：①适时播种，培育壮苗。适宜播种期为10月中下旬，稀播匀播，出苗后及时间苗，密度在2万～2.5万株/亩，及时防治蚜虫和菜青虫。②配方施肥，必施硼肥。底肥要重，肥料要全，一般亩施土杂肥4 000～5 000千克，复合肥50千克，硼砂1.5千克；苗肥要早，抽薹至初花期根外喷施硼砂和磷酸二氢钾1～2次。③加强田间管理，及时防治病虫害。及时中耕除草或喷施除草剂，疏通四沟，抗旱排渍。年前重点防治蚜虫，兼治菜青虫，年后重点防治菌核病，在花期进行药剂防治，一般在初花期和终花期用菌核净防治2次。

适宜种植区域及季节：适宜湖南和江西的南部及广西、广东和福建的北部冬油菜主产区秋播种植。

注意事项：该品种为波里马不育系配出杂交油菜F_1代，需注意温度对种子纯度的影响；另外需施用硼肥，并在花蕾期防治鸟害。

(4) 高产、高油、机收品种：中油杂200

选育单位：中国农业科学院油料作物研究所

品种来源：86A × P028

特征特性：甘蓝型杂交种。全生育期226.8天，比对照浙双72短2.2天，属中熟甘蓝型半冬性油菜。株高159.2厘米，有效分枝位37.6厘米，一次有效分枝数9.1个，二次有效分枝数6.9个，主花序长度65.4厘米，主花序有效角果数87.7个，单株有效角果数488.2个，每角粒数22.4粒，千粒重4.8克。芥酸含量0.1%，饼粕硫苷含量20.9微摩尔/克，含油量48.4%。低抗菌核病，抗病毒病，抗倒性强，抗裂荚。

产量表现：在浙江区试中平均亩产212.2千克，比对照增产7.0%，平均亩产油量102.9千克，比对照增产21.6%，2年均居参试品种第一位，是长江流域首个区试亩产油量超过100千克的油菜品种。含油量48.45%，比对照高5.85个百分点，芥酸含量0.1%，饼粕硫苷含量20.87微摩尔/克，株高中等，株型紧凑，抗病、抗倒性好，适宜机收。

(5) 高产、机收品种：中油36

选育单位：中国农业科学院油料作物研究所

品种来源：36A × P7047

特征特性：半冬性中早熟甘蓝型细胞质雄性不育三系杂交种。全生育期218天左右，比对照中油杂2号早熟1天。越冬习性为半直立，叶片形状为缺刻型，叶缘锯齿状，叶片绿色，株高平均171.6厘米，一次有效分枝平均7.9个，单株有效角果数293.9个，每角粒数20.0粒，千粒重3.6克。种子颜色为黑色。低感菌核病。抗病毒病。芥酸含量0.05%，硫苷含量22.51微摩尔/克，含油量45.75%。

产量表现：2008—2010年度参加国家（长江中游区）冬油菜品种区域试验，2年平均亩产153.7千克，平均亩产油量70.3千克，比对照品种增产5.6%。平均芥酸含量0.05%，饼粕硫苷含量22.51微摩尔/克，含油量45.75%。抗病、抗倒性强，适宜机收。

适宜种植区域：湖北、湖南、江西冬油菜主产种植。

(6) 油、饲、冬、春兼用广适性品种：华油杂62

审定编号：鄂审油2009003、国审油2010030（春油菜）、国审油2011021（冬油菜）

选育单位：华中农业大学

品种来源：2063A×05-P71-2

特征特性：甘蓝型油菜半冬性波里马细胞质雄性不育系杂交种。苗期长势中等，半直立，叶片缺刻较深，叶色浓绿，叶缘浅锯齿，无缺刻，蜡粉较厚，叶片无刺毛。花瓣大、黄色、侧叠。春油菜：全生育期140.5天，与青杂2号相当；株高157.11厘米，分枝数5.17个，单株有效角果数231.16个，每果粒数25.53粒，千粒重4.11g。菌核病发病率17.75%，病指8.52，为低抗。抗倒性强。2年区试测定芥酸均未检出，饼粕硫苷含量分别为29.49微摩尔/克和29.79微摩尔/克，含油量平均为43.46%。冬油菜：全生育期230.3天，与秦油7号相当；株高147.8厘米，分枝数7.75个，单株有效角果数333.1个，每果粒数22.73粒，千粒重3.62克。菌核病发病率20.59%，病情指数9.35，为低抗；病毒病发病率4.86%，病情指数1.74。抗倒性强。2年区试测定芥酸含量分别为0.6%和0.3%，硫苷含量分别为29.45微摩尔/克和29.91微摩尔/克，平均含油量41.46%。

油用产量表现：2009年、2010年参加春油菜区晚熟组区试，2年平均亩产254.74千克，比CK（青杂2号）增产5.31%，平均产油量110.71千克，比CK增产0.66%。2009年参加全国（春油菜区）油菜新品种晚熟组9个点生产试验，平均亩产207.82千克，比对照（青杂2号）增产3.01%。2009—2010年度参加长江下游区油菜品种区域试验，平均亩产171.3千克，比对照秦油7号增产12.54%，居试验组第一位；平均亩产油量71.38千克，比对照品种增产5.94%。2年平均亩产172.9千克，比对照品种增产8.61%；平均亩产油量71.14千克，比对照品种增产3.18%。生产试验平均亩产180.3千克，比对照品种增产6.91%，达极显著水平。

饲用产量表现：近年来，华杂62号作为饲料油菜在西北、东北地区大面积推广，华杂62耐盐碱能力强，石河子大学2017年在盐碱荒地（盐碱浓度0.6%，pH10.2~11.2）播种华杂62，2017年7月15日播种340亩，9月18日田间测产，平均亩产鲜饲料3 200~4 500千克/亩。

春油菜区栽培技术要点：①适时播种。适宜播期为4月初至5月上旬，条播或撒播，播种深度3~4厘米，播种量为0.40~0.50千克/亩。②合理密植。每亩保苗1.5万~2.0万株。③科学施肥及田间管理。底肥每亩施磷酸二铵20千克、尿素3~5千克，苗期（4~5叶）追施尿素3~5千克/亩。及时间苗、定苗和浇水，苗期注意防治跳甲和茎象甲，花角期注意防治小菜蛾、蚜虫、角野螟等害虫。

冬油菜区栽培技术要点：①适期播种。育苗移栽油菜宜在9月中下旬播种，及时间苗、定苗，力争10月下旬移栽；直播油菜宜在9月下旬至10月上中旬播种，要求一播全苗。②合理密植。育苗移栽田块每亩0.8万~1.0万株；直播田块每亩1.5万~2.0万株。如播栽期推迟或氮肥用量不足，则应适当增加密度。③科学施肥。氮、磷、钾、硼配合施用。每亩施用纯氮12~15千克，其中60%~70%基施；五氧化二磷4~5千克，全部基施；氧化钾5~7千克，其中60%基施；硼肥1.0千克，全部基施。④田间管理。及时早追苗肥，力争"冬至"前单株绿叶数达到10~12片。对迟栽、土质差或底肥少的弱苗田块要配合中耕松土，适当增加苗肥施用量，促早生快发；适当施用腊肥和薹肥。⑤病虫害防治。苗期防治蚜虫和菜青虫，初花期综合防治菌核病。⑥清沟排湿。本区冬、春雨雪较多，油菜渍害发生频繁，应及早清理"三沟"，提升沟厢质量。

(7) 绿肥专用油菜品种：油肥1号

登记编号：XPD013-2015

选育单位：湖南省农业科学院作物研究所

品种来源：（丰油730×早薹1号）后代系选的常规种

特征特性：9月底至10月初直播，全生育期约180天。种植密度2万株/亩左右，成熟期植株高度约1.5米，分枝数5～6个，单株角果数100～120个，每角粒数20～22粒，千粒重3.9克。经检测该品种的成熟籽粒芥酸未检出，硫苷含量为19.27微摩尔／克，含油量为38.7%。品种抗倒性好，冬、春翻压期田间调查未见菌核病发生。多点产量测定终花期生物量2 309.7～2 311.9千克/亩，全氮含量2.18%～4.17%，全磷含量0.35%～0.54%，全钾含量2.24%～3.18%。

栽培技术要点：①适时播种，合理施肥。播前准备播种前5天，用灭杀性除草剂除草。撒施10千克复合肥；播种期和播种量秋播（9—11月）播种量0.4～1.0千克/亩，春播（2月初）播种量1～1.5千克/亩，种子与5千克尿素拌匀撒播。②田间管理。播种后机械或人工及时开好"三沟"，做到雨停田间不积水。适时翻压根据后季作物农时需要进行翻压，秋播90天、春播70天可进行压青，在不耽误农时的前提下，最好选择在终花期以后翻压。

(8) 绿肥专用油菜品种：油肥2号

登记编号：GPD油菜(2018)430132

选育单位：湖南省农业科学院作物所

品种来源：(053R×ZH1) 后代系选的常规种

特征特性：半冬性甘蓝型常规油菜。幼苗叶色中等绿色、半直立生长，抗冻能力强。在9月下旬播种，密度2.5万～3.0万株的生长条件下，成熟期植株高度约0.9米，下生分枝，分枝起点约15厘米左右，分枝数4～6个，单株角果数100左右，每角粒数16～18粒，千粒重约3.5克。芥酸含量0，硫苷含量23.0微摩尔／克，含油量38.09%。中感菌核病，中抗病毒病，抗倒能力强，抗寒性强。

栽培技术要点：播种前清除前茬，杀灭老草，播后1～2天内进行封闭除草。一季稻区9月下旬、双季稻区10月下旬至11月上旬播种，春播1月底左右。10月上旬至中旬播种，用种量4.0～5.5千克／公顷，随着播期推迟播种量适量增加。10月下旬至11月上旬播种，用种量6.0～7.5千克/公顷，春播用种量12.0～15.0千克/公顷。播种时，按种子与尿素1：10的比例混匀撒播，以保障播种均匀。播种前或出苗后每公顷配施150～300千克复合肥，满足菜苗前期生长需求，以小肥换大肥。确保田间排灌通畅，苗期防治病虫草害。根据后茬作物农时合理安排，最好选择盛花期翻压。

适宜种植区域：适宜在湖南绿肥种植。

（四）油菜品种风险预警

1. 与种子市场和农产品市场需求相比存在的差距

油菜被定为非主要农作物以后，作为登记品种，试验过程及品种真实性鉴定、抗性鉴定等没有得到有效执行，市场管理缺乏有效手段，套牌种子扰乱市场现象时有发生，已严重挫伤种子企业研发的积极性，企业研发热情与能力迅速下滑，这些都必须引起警惕。品种宣传上数据来源不统一，没有政府主导品种，使得种植户在品种选择上无所适从。部分优势区域双低品种覆盖率有下降的趋势，因此品种市场亟须更多的适应全程机械化操作的、抗倒、抗病（抗根肿病）的品种。

2. 国外油菜品种市场占有情况

我国油菜育种科研处于世界前列，国内市场正在研发启动中，尽管国外品种暂未对我国种子市场构成威胁，然而，拜耳已率先开始在中国做油菜引种试验；先锋公司等在长江流域设立了油菜育种站；不少跨国种业集团广泛收集我国各生态区的品种资源，以优厚的待遇和良好的工作条件吸引、招慕育种人才。目前种种现象看来，不远的将来，这些跨国种业集团将全面进入我国的油菜种业，将对我国的油菜种业形成强烈的冲击。

3. 绿色发展和特色产业发展对品种提出的要求

(1) 绿色发展对品种提出的要求

当前，我国农业进入新的历史发展阶段，主要矛盾由总量不足转变为结构性矛盾，农业发展由过度依赖资源消耗、主要满足量的需求，向绿色生态可持续、更加注重满足质的需求转变。满足农业供给侧结构性改革、绿色发展和农业现代化对品种提出新要求，品种审定登记工作要按照"提质增效转方式，稳粮增收可持续"的总体思路，在保障粮油安全的基础上，围绕市场需求变化，以种性安全为核心，以绿色发展为引领，以提高品质为方向，以鼓励创新为根本，把绿色优质、专用特用指标放在更加突出位置，引导品种选育方向，加快选育能够满足新形势需要的新品种，加快新一轮品种更新换代。

满足农业供给侧结构性改革和市场多元化需求对品种多样化的要求。绿色优质品种要求油菜品种具有抵御非生物逆境（干旱、盐碱、重金属污染、异常气候等）、生物侵害（病虫害等）、水分养分高效利用和品质优良等性状，大幅度节约水肥资源，减少化肥、农药的施用，适宜机械化作业或轻简化栽培，实现"资源节约型、环境友好型"农业可持续发展和现代农业发展。突出绿色发展，根据节水、节肥、节药、优质、适宜机械作业、满足资源高效利用、农业可持续发展对品种的要求，发展加工专用型、具有特殊用途及有市场需求的特殊类型品种。

(2) 绿色油菜品种指标体系

菌核病抗性指标：按照国家油菜菌核病鉴定技术标准进行抗性鉴定，抗性定级为中抗以上。

根肿病抗性指标：室内接种鉴定抗病株率在95%以上。

病毒病抗性指标：病毒病鉴定结果为高抗。

优质品种

高油品种：含油量≥48%的品种（基于种子含水量8%，利用索氏抽提法测定）。符合双低条件，芥酸含量≤2%，饼粕硫苷含量≤40微摩尔／克。

高油酸品种：油酸含量为75%的品种（气相色谱测定）。符合双低条件，芥酸含量≤2%，饼粕硫苷含量≤40微摩尔／克。

高芥酸品种：种子每年芥酸含量≥50%（气相色谱测定）；商品籽每年饼粕硫苷含量≤40微摩尔／克。

绿肥品种：植物生长量大，整体干物质生产量高，适宜压青的品种。

饲料品种：植株生长茂盛，干物质积累量大，适宜作青贮饲料的品种。

花用品种：开花期长、颜色鲜艳的品种。

资源高效利用品种

硼高效利用品种：在缺硼土壤中生长能够正常结实的品种。

适应机收品种

抗裂角品种：利用随机碰撞法鉴定结果为中抗以上的品种。

强抗倒品种：适应机播机收全程机械化操作的品种。

菌核病、根肿病、病毒病抗性检测、硼利用效率、抗裂角性由中国农业科学院油料作物研究所承担，产业体系指定检测机构；含油量、油酸、芥酸、硫苷含量由农业农村部油料及制品质量检测中心检测。

四、国际油菜产业发展现状

（一）国际油菜产业发展概况

1. 国际油菜产业生产

世界油菜籽的生产主要集中在亚洲的中国、印度，欧洲的德国、法国、英国、波兰、乌克兰，北美洲的加拿大、美国，以及大洋洲的澳大利亚。其中中国、加拿大和印度是油菜籽产量最多的国家，约占世界总产量的60%。在20世纪60年代，印度是世界最大的油菜籽生产国，然而它在油菜籽生产上基本呈现出一路走跌的趋势，从1960年占世界油菜籽产量的近40%一路下跌至2011年的13%。1981—2000年，除了2008年以外，中国一直是世界油菜籽产量最高的国家。加拿大自1961年以来油菜籽产量占世界的比重起伏较大，但总体呈上升趋势，2011年开始超过中国，成为世界油菜籽总产量最高的国家。目前我国是世界上仅次于加拿大的第二大油菜生产国，油菜籽总产占世界总产的20%左右。

2017—2018年度加拿大、欧盟和乌克兰油菜籽产量增长，使全球油菜籽产量增长近6%，达到创纪录的7 280万吨。

在加拿大，油菜籽供应一直很紧张，而小麦和大麦库存大幅增加。2017年加拿大的油菜籽种植面积2 280万英亩（约1.38亿亩），同比增加12.1%，油菜籽种植面积有史以来首次超过小麦。美国农业部预计，2017—2018年度加拿大油菜籽产量预计增加14%，达到创纪录的2 100万吨。

2017—2018年度欧盟油菜籽播种面积增加约1%，达到660万公顷，尤其是波兰（增加11%）和罗马尼亚（增加25%）。相比之下，2016年秋季法国土壤干燥，制约油菜籽播种，而英国油菜籽播种受到病虫害的制约。播种面积增加，加上单产从上年偏低的水平上恢复，2017—2018年度欧盟油菜籽产量将增长4%，达到2 130万吨。

2017—2018年度乌克兰油菜籽播种面积预计大幅增加，因为2016年秋季播种条件改善。加上冬小麦播种面积下滑，2017—2018年度乌克兰油菜籽播种总面积可能增加89%，达到85万公顷。美国农业部预计2017—2018年度乌克兰油菜籽产量将达到210万吨，比上年增加超过1倍。

全球大麦和小麦供应过剩，促使澳大利亚农户提高油菜籽播种面积。虽然油菜籽收获面积将增加22%，但是产量可能减少。2018年单产将恢复到长期趋势，2017—2018年度油菜籽产量从上一年度的410万吨降至370万吨。

在我国，农户种植油菜籽的积极性依然不高。2017年华中地区天气条件一直有利于油菜生长，不过由于收获面积下降，总产预计在2016年1 454.56万吨的基础上将会有所下滑。

2. 国际油菜贸易发展情况

北美洲的加拿大，欧洲的法国、乌克兰和大洋洲的澳大利亚是世界上最重要的油菜籽出口国，2010年这4个国家油菜籽的出口量之和占世界油菜籽出口总量的66.9%。其中，加拿大是最大的油菜籽出口国，它一直占据着世界油菜籽第一出口大国的位置，并且出口量呈现出稳步增长的趋势，近几年每年油菜籽出口量在1 000万吨左右。加拿大的主要贸易伙伴在亚洲，主要是日本、中国、巴基斯坦和阿联酋等。法国和乌克兰的主要贸易伙伴在欧洲，德国是法国最大的出口目的地。澳大利亚在亚洲的出口市场主要是巴基斯坦和日本，在欧洲的出口市场主要是比利时和荷兰。

日本和德国是油菜籽进口量最大的国家，2010年两个国家油菜籽的进口量占世界进口总量的1/4强。加拿大是日本油菜籽进口的最大来源地，其次是澳大利亚，但与加拿大相比，澳大利亚所占份额很少。2010 年日本进口油菜籽中 91%来自加拿大，仅有 8.5%来自澳大利亚。德国的油菜籽进口主要来自法国和波兰，2010 年来自上述两国的油菜籽占 44%，与日本相比，德国的油菜籽进口相对分散，2010 年，德国从 28 个国家进口了油菜籽。

亚洲的中国、巴基斯坦、阿联酋，欧洲的法国、比利时、荷兰，北美洲的美国、墨西哥都是油菜籽进口量较大的国家。与欧洲国家相比，亚洲和北美洲的油菜籽进口国普遍具有一个突出特点，那就是进口来源地非常集中，主要来自加拿大；而欧洲油菜籽进口国的进口来源地则相对分散。

2016年我国油菜籽进口量为380万吨，较2015年的447万吨大幅减少，减幅15%。2016年我国菜籽进口量下降主要原因：一是由于和加拿大在进口菜籽杂质率标准方面存在分歧，影响了企业进口油菜籽的积极性；二是2016年我国进行了两轮临储菜籽油的拍卖，临储菜籽油的大量供应，直接挤占了进口油菜籽的市场空间，减少了我国对进口油菜籽的需求。不过，由于国内菜籽粕存在需求刚性，在我国油菜籽产量和油菜籽进口量双双下降的情况下，2016年我国菜籽粕进口量增加。

2016年在杭州召开G20会议期间，中、加两国友好解决争议后，我国进口加拿大油菜籽也开始恢复正常化，由此使得2017年全年我国油菜籽进口市场出现恢复性的大幅提升，2017年全年我国累计进口油菜籽较因中加贸易纠纷而受影响的2016年大幅增加33.2%。除主要从加拿大进口外，我国还从澳大利亚、蒙古和俄罗斯进口了少量油菜籽。不过，由于2017年我国油菜粕价格总体处于振荡下行通道，导致国内相关压榨企业面临长时间亏损，因而2017年474.71万吨的总量距2014年超过500万吨的历史高峰仍有一定的距离。

由于进口菜油价格低廉，国内菜油市场的"主力军"主要为进口加工菜油和进口菜油，国产菜油市场继续萎缩。2017年，随着江苏与广东新建油厂顺利投产，我国的进口油菜籽压榨产能增加了164万吨。就进口依赖度来看，2016年油菜籽进口量占国内油菜籽总量的44%，而2017年占比上升至55%，总体来看，我国油菜籽进口依赖程度呈现上升态势。国家粮油信息中心预计，2017—2018年度我国油菜籽新增供给量为1 860万吨，较上年度（2016年）增加12万吨，其中国内油菜籽产量预计为1 430万吨，油菜籽进口量预计为430万吨。

（二）主要国家油菜育种研发现状

北美洲和欧洲利用得天独厚的科技优势，将近10年来发展起来的生物学技术应用于油菜育种。生物技术在油菜育种中应用越来越多，加拿大、德国、法国和其他发达国家在油菜的遗传改良中广泛采用生物技术，如小孢子培养双单倍体技术在杂交油菜育种中广泛应用，加速育种亲本纯合；MAS技术，可在室内对优良性状进行筛选聚合，如先锋种业公司开展的Ogura杂交育种，恢复基因的标记跟踪筛选和油菜抗菌核病的分子标记跟踪聚合育种；加拿大和欧盟等发达国家，开发了更高通量的SNP芯片，可有效用于资源鉴定和亲本选配，加快油菜遗传改良和品种选育进程；转基因技术的应用促进了抗除草剂育种、特用品质油菜品种改良。此外，人工模拟自然环境的植物生长室，结合春化处理，一年可在室内完成2～3个世代材料的生长鉴定；异地、异季（夏、秋）产量鉴定试验、繁种技术缩短了育种周期。

近年来，国外随着油菜育种技术的发展，育成品种的农艺性状和品质性状更趋完善。加拿大、欧盟等发达国家，利用生物信息技术、分子标记和转基因等高新技术，培育开发出大批优质、高产、抗病、抗除草剂等性状的杂交油菜新品种，单产、抗性不断提高。目前，加拿大等国以转基因油菜为主，欧洲则是萝卜质雄性不育杂交种为主。北美洲油菜育种目标为高产（高种子产量、高含油量）、双低、抗病（主要是黑胫病、根肿病和菌核病）、抗干旱和苗期抗低温等，抗除草剂育种（转基因、非转基因）依然是北美洲油菜最重要的育种目标。

先正达（加拿大）与加拿大油菜品种供应商和育种者通力合作，筛选种质和性状，采用先进的技术，使之具有强大产量潜力和优化的杂草抗性以满足用户需求。加拿大双低油菜理事会最近提出了2025年油菜育种目标：产量从2013年的240亩增加到312亩，高油酸和特殊用途油菜面积的比例从2013年的15.5%增加到1/3。此外，通过提高蛋白质含量等方法减少菜籽饼粕和菜籽油之间的价值差距。

油菜生产大国加拿大的杂交油菜种植面积已占80%以上。国际种业巨头中，德国拜耳公司的转基因杂交品种在加拿大等国市场占有率达50%。先锋种业公司培育获得含有更短的萝卜片段的萝卜不育胞质的恢复系，大大提高了杂交种的产量。德国NPZ种业公司主要应用三隐性核不育系培育杂交种。欧洲杂交油菜种植面积也在不断扩大，已占油菜总面积的50%左右。杂种比常规品种要增产10%以上，同时含油量、抗倒、抗病等方面优于常规品种。印度在杂交油菜品种选育方面也取得了良好进展。国外油菜杂种优势利用的途径有MSL、SeedLink®（即PGS转基因系统）、萝卜细胞质不育等。

（三）主要国家油菜产业竞争力分析

在商品油菜籽方面，加拿大、澳大利亚等油菜出口国采用集约化、规模化生产模式，劳动力成本低，因此生产出来的商品油菜籽价格低，到岸价仍低于国内油菜籽价格，加上其双低品质和含油量均较高，因此受到油脂加工企业的青睐，对我国国产油菜籽形成冲击。但在西南地区、湖南、江西等小型压榨厂较多，其所榨浓香型菜籽油备受欢迎的地区，这些国产油菜籽均为非基因菜籽，自产、自榨、自销，有一定的竞争优势。

拜尔、孟山都等跨国公司种业的核心是生产目标导向的商业化育种模式，有效将常规育种与分子育种相结合，构建了遍布全球的品种测试体系，育种工作实现了由"经验"向"科学"的转变。欧美等发达国家的优势和发展趋势为：油菜生产的机械化集约化水平高；育种以种质资源的收集、鉴定、创新研究作为新品种选育的核心；将基础研究作为育种研究的保障；基因操作作为突破性品种选育的关键；同时，庞大的资金支持较好地保障了其育种工作顺利开展；种子生产、加工和良好的经营模式又为新品种迅速推广提供了有力支持；优质菜籽的精细加工也使其产业链得以延续。

跨国公司对我国农作物种业安全的潜在威胁一直存在。我国国内大型种业企业一般不重视油菜种子产业，而跨国公司则十分关注我们国内油菜种业。从全球来看，涉及油菜种业的拜尔、孟山都、杜邦等种业跨国公司通过大力推广抗除草剂等转基因油菜杂交品种，已经占据了加拿大90%以上种子市场。目前，美国的孟山都、杜邦先锋，瑞士的先正达，德国的KWS、拜耳等世界前20强种业企业已全部进入我国。通过外资在我国投资设立持有有效种子经营许可证的农作物种子企业共有近30家。近年来，这些跨国公司通过并购等途径进入我国种业企业后，以其雄厚的资金实力建立了研发、繁育、销售一体化的大型国际跨国种业集团，通过源头垄断特异种质资源、优异基因产权、新品种权及关键技术专利等，间接控制整个农业生产的全部环节，这是跨国种业集团具有强大国际竞争力的原因所在。

在油菜育种方面，拜耳已在国内开始做引种试验，先锋公司等跨国公司在我国蔬菜、玉米种业等领域取得成功后，近年来开始在长江流域与国内油菜育种科研机构合作设立油菜育种站。目前多数跨国种业集团主要是多渠道了解中国油菜育种现状、种子市场规模与特点、生产需求和发展目标等情况，广泛收集我国各生态区的品种资源，吸引、招募育种人才，蓄势待发。预计5～10年后，这些跨国种业集团将全面进入我国的油菜种业，将对我国的油菜种业造成强烈的冲击。

有竞争力的品种是种业生存和发展的关键，目前急需从总体上协调全国的油菜育种力量，尽快形成分工明确的育种创新平台，根据不同生态区对品种特性的要求，创制一批具有重大应用前景和自主知识产权的突破性油菜新品种，从而把握油菜种业发展的主动权，推进我国油菜产业及现代农业的持续健康发展。

五、问题及建议

种业是农业产业链的源头，是国家战略性、基础性核心产业，在保障国家粮食安全和农业产业安全上发挥着不可替代的作用。目前我国种业发展还面临很多问题，亟须引起重视，采取有力措施，促进我国种业健康持续快速发展。油菜种业在实施登记制以后，出现了很多不容忽视的问题，需要引起重视。

1. 我国油菜种业发展的主要问题

(1) 产业分散，研发能力弱

随着油菜品种实行登记制，油菜种业企业进入市场的门槛降低，油菜产业更加分散，小、散、多、乱现象尤为突出。企业研发能力下降，创新人才流失，研发投入偏低，近年来随着种子企业步入寒冬，这种情况更甚。跨国种业公司研发投入力度很大，一般占其销售额的10%～30%。相比之下，我国大型企业研发投入极低，仅占销售额的1%以下。而这些投入，有相当一部分仍是依靠国家科研项目的资助。部分中、小企业研发能力更弱，有些种业公司，甚至没有研发人员，完全没有研发能力。

(2) 失去监管，套牌严重

实行登记品种制以后，没有了统一的省级、国家级区域试验对试验品种、登记品种统一实施的强制性品种DNA真实性检测，市场失去监管手段和平台，套牌侵权现象日趋严重，导致多数企业研发热情与能力下降，有些甚至直接套取他人的品种。

(3) 传统育种模式效率极低

我国大多数企业尚处于传统育种阶段，传统封闭式小规模育种必然带来低效率问题。育种团队之间缺乏合作和交流。有竞争力品种不多，效率很低。国内外成功经验表明，高效率的育种模式应该是大规模、分工协作的现代化育种模式。

(4) 制种基地软硬件建设不足

①软件：制种基层技术人员流失，熟悉制种技术的年轻农民工人少；②硬件：制种基地分散、规模很小，种子生产单位多以家庭为主；机械化；规模化、集约化、标准化程度很低。种子质量低、成本高，在生产过程中，难以达到严格隔离和单品种成片种植要求。在播种、收获、脱粒、运输、晾晒、储藏等各个环节均可能发生机械混杂。③制种基地管理混乱：一些不法商人直接从农民手中套收套卖，导致委托制种企业难以按合同收到种子。

(5) 品种多、乱、杂现象突出

新品种推广完全被基础经销商把控，而基层经销商对品种的宣传热情又完全由利润决定，不法商人的低成本种子成为基层经销商口中的主推品种。农民素质低，面对市场上数目众多的品种，无所适从。市场品种推出虽多，但综合性状优良的好品种、特色品种却不足，且难以选择（如适应特别区域的特高抗、特早熟优质的品种），而现在的品种审定制度，导致同质化程度高，而不利于有特色小品种通过市场审定。

(6) 知识产权保护不够，缺乏应有的手段

在把油菜作为非主要农作物实行登记制以来，这种现象更为严重，很多中小企业基本依靠套牌。这极大损害了育种者应有的权益，不利于研发创新。

(7) 销售服务缺失

销售服务特别是具有销售服务能力的当地人才缺失。现有经销商是以利润导向服务，农民没有根据自家土壤状况、栽培密度、品种特性、种植方法选种，实际生产中难以发挥品种作用。

(8) 销售服务的信息化、机械化建设不足

农村劳动力持续流失，施肥、喷药等人工成本高，导致好品种与栽培方法无法配套。

2. 对策建议

一是建议国家统一管理，加强协作攻关。依托中国农业科学院油料作物研究所、华中农业大学等单位，根据当前产业发展趋势，针对当前和今后的育种目标，组织适应机械化、抗菌核病、根肿病的协作攻关，提高我国油菜育种和种业发展的整体实力。

二是进一步加强市场监管。登记品种的试验纳入国家统一管理，对油菜登记品种的DNA真实性进行常态检测，严控套牌、假冒伪劣种子流入市场。保护和提高企业育种积极性，提升和保护种业油菜育种科研创新能力。

三是大力建设适应商业化制种模式的生产基地。我国家庭为单位的制种模式已不能适应商业化制种的需要，必须建立起一批标准化、规模化、机械化、集约化、适度规模的制种基地，解决家庭式制种问题。建议国家主管部门加强管理，加大制种基地的机械化，信息化建设；加大支持力度，切实把补贴落实到种子生产基地的土地流转、土地整治、水电路等基础设施建设上；加大财政支持力度，推动土地整理和适度规模经营，建设后备制种基地。

四是建议国家对制种基地的技术人员、农民工给予社保及经济补助，加大对农业销售服务人才的培训与扶持。

（编写人员：张学昆　郭瑞星　梅德圣　殷　艳　张洁夫　李　莓　李先蓉 等）

第9章 花生

概　述

花生，又名长生果，也称落花生，历史上曾有落地松、万寿果、千岁子等名称的记载。我国是世界花生生产大国，近年来，种植面积稳定在450万公顷以上，约占全球的20%，居世界第二位（仅次于印度）；总产量1600万吨以上，占全球的40%以上，居世界第一位；单产3600千克/公顷以上，是世界花生平均单产水平的2倍左右。

在19世纪80年代前，我国花生生产经历了十分缓慢的发展过程，这之前基本上没有形成生产规模。直到19世纪末，我国花生种植面积才不断扩大，并向规模化和商品化发展。20世纪20年代，我国花生种植面积在40万公顷以上，30年代种植面积为53万公顷左右，到1947年，我国花生种植面积达到133.94万公顷。

新中国成立后的50余年，我国花生生产经历了恢复、发展、徘徊、大发展和稳定、持续发展4个时期。1949—1956年是花生生产的恢复和发展时期。这一时期，花生科技和推广工作得到了重视和加强，花生主产区开展了花生科学研究和技术推广工作，对全国花生生产的恢复和发展起到了积极的作用。1957—1977年是花生生产的徘徊时期。20世纪60年代，由于严重的自然灾害及其他因素的影响，我国花生生产出现了大幅度的滑坡和徘徊不前的局面。种植面积急剧减少，单产降低到了新中国成立后的最低点，花生生产跌入最低谷。严重自然灾害之后的1963—1966年，全国实行农业调整后，花生生产又出现了一个小的发展时期，生产得到了恢复和发展，连续四年获得较好收成，面积有所增加。在此期间，全国花生科技水平有了较大提高，广大花生科技工作者响应国家号召，深入生产第一线调查研究示范推广。在北方产区推广了以农家品种伏花生为代表的良种和清棵蹲苗栽培技术，在南方产区大力推广了狮头企花生良种。在防治病虫害方面也获得了重大突破，为花生生产的发展创造了良好的条件。1967—1977年花生生产步入缓慢调整阶段，花生面积、单产、总产量年际间变幅不大。1978—1990年为花生生产的大发展时期。随着各项农业政策措施的落实，我国农业形势发生了深刻变化，花生生产进入了新的恢复和发展时期，全国各地的花生科研工作得以快速发展。20世纪90年代以来，我国花生生产进入了稳定持续发展时期。在国家宏观政策指导和农业产业结构调整下，花生科学技术研究不断深入，重大科技成果得到广泛和快速的推广利用，科技的进步提高了花生综合生产能力，奠定了花生在国内和国际上的重要地位。据统计，2015年我国花生年产值已超过1000亿元，成为我国年产值超千亿元的第四大农作物。2016年花生年产值1194.5亿元（表9-1）。

表9-1 2016年全国主要农作物面积及产值

作物	面积（万亩）	亩产值（元）	年总产值（亿元）
稻谷	45 267.36	1 343.7	6 082.6
玉米	55 151.54	765.89	4 224.0
小麦	36 280.27	930.36	3 375.4
花生	7 091.24	1 684.48	1 194.5
油菜籽	10 996.58	590.22	649.0
棉花	5 017.11	1 818.31	912.3
大豆	10 803.43	468.63	506.3

一、我国花生产业发展

（一）花生生产发展状况

1. 全国花生生产概述

（1）播种面积变化

由于玉米价格低迷，加上镰刀湾地区结构调整政策的实施，不少地区将调减的玉米面积部分用于种植花生，所以2017年花生种植面积有较大幅度增长。国家花生产业体系各试验站的调查以及相关数据库资料显示，2017年全国花生种植面积达到7 370.5万亩，增长明显（图9-1）。面积增加最多的5个省份分别为河南、吉林、广西、广东和贵州，对全国花生面积增长的贡献率总和达到80.9%。

图9-1 1980—2017年全国及主要省份花生种植面积变化

（2）单产变化情况

2017年花生播种季节，我国北方地区降水稀少，东北地区、华北地区北部、山东半岛等地出现不同程度的气象干旱，辽宁、内蒙古东北部等地部分地区的干旱程度甚至达到了特旱级别。辽宁干旱地区主要集中在辽宁西部及阜新、锦州等地，其中锦州多数地区地势平坦，可进行灌溉，仅义县、黑山等部分地区旱情相对严重。而阜新地区是整个辽宁地区干旱最为严重的地方，2017年开春以来，阜新持续干旱，无有效降雨，春耕进度严重受阻，有相当大面积的花生推迟了播种。河南花生整体长势不错，局部地区花生坐果率下降，主要原因是河南部分地区在花生下针期遭遇干旱天气；部分地区在花生收获季节降雨频繁，影响了花生的正常收获。江西受5月份降雨频繁及7月份偏旱的影响，花生坐果率略有下滑，果实饱满度不理想，果粒偏小。此外，东北地区提前进入冬季，对晚播的花生产量造成了影响。

总体来看，本年度花生生长季节的不利天气因素仅出现在局部地区，未造成大范围的影响。相较于往年，花生单产有小幅增加，达到246.14千克/亩。 收获期河南南部连续阴雨对花生造成了一定影响。

（3）总产量变化状况

由于面积增加明显，单产维持稳定，2017年花生总产量进一步增加。根据各省份农业部门上报情况统计，全国花生总产量达到1 814.2万吨。河南、山东、河北、广东、安徽、辽宁、湖北、吉林、广西、四川等10个省份的贡献较大，产量总和占全国总产量的87.5%。

（4）栽培模式演变

我国花生栽培模式的发展大体经历了春播高产栽培模式、间作复种栽培模式、优质绿色栽培模式和机械化栽培模式4个阶段。春播高产栽培模式是花生高产的前提，在总结推广群众传统增产经验的基础上，增加科技投入，根据花生高产生育规律与高产途径提出了有助于产量增加的各种栽培技术。间作复种栽培模式能充分利用土地和气候资源，解决粮油、棉油争地的矛盾，增加粮、棉、油产量，但不适合机械化操作。优质绿色栽培技术是农业可持续发展的需要，选育多抗、优质花生品种，研究制订绿色生产栽培技术成为新时期花生生产的主要方式。机械化栽培模式是农业现代化的中心环节，能够大幅度提高农业劳动生产率，促进花生生产的全面发展。近年机械化发展较快，但大规模机械化生产模式和专用机械的研究与推广还与国际先进水平有一定差距。

2.区域花生生产基本情况

（1）各优势产区的范围

根据各地花生生产发展及变化情况、地理位置、地形地貌特征、气候条件、品种生态分布，以及耕作栽培制度的特点，可将我国的花生产区划分为四个优势产区，即黄淮海花生区、长江流域花生区、东南沿海花生区和东北花生区，以及西北花生产区和云贵高原花生产区（各区域包含的行政单位如表9-2所示）。目前，我国31个省份均有花生种植。2017年种植面积最大的省份依次为河南、山东、广东、河北、辽宁、四川、广西、湖北、吉林和安徽。

表9-2　中国花生主产区

花生种植区划	所属省份
黄淮海花生区	山东、河南、河北、安徽（淮北）、江苏（苏北）、北京、天津、陕西、山西、
长江流域花生区	湖北、湖南、江西、安徽（淮南）、江苏（苏中）、上海、浙江、四川、重庆、
东南沿海花生区	广东、广西、福建、海南、台湾
东北花生区	辽宁、吉林、黑龙江、河北、内蒙古
西北花生区	新疆、甘肃、宁夏
云贵高原花生区	云南、贵州、西藏

（2）自然资源及耕作制度情况

黄淮海花生区的气候条件和土壤条件比较优越，花生生育期间≥10℃积温在3 500℃以上，日照时数一般在1 300～1 550小时，降水量在450～800毫米，种植花生的土壤多为丘陵沙土和河流洪积冲积平原沙土。耕作制度过去多为一年一熟和二年三熟制，近年来一年两熟制发展迅速。

长江流域花生区自然资源条件好，有利于花生生长发育，花生生育期间的 ≥10℃ 积温为 3 500 ～ 5 000℃，日照时数一般为 1 000 ～ 1 400 小时，降水量一般在 1 000 毫米左右。种植花生的土壤多为酸性土壤、黄壤、紫色土、沙土和沙砾土。适宜耕作制度包括一年一熟制、一年二熟制、二年三熟制等。

东南沿海花生区花生生育期 ≥10℃ 积温为 5 000 ～ 8 000℃，日照时数一般在 1 300 ～ 2 500 小时，降水量为 1 200 ～ 1 800 毫米。种植花生的土壤多为丘陵红、黄壤和海河流域冲积沙土。耕作制度以一年二熟、三熟和二年五熟的春秋花生为主。

东北花生区多为海拔 200 米以下的丘陵沙地和风沙地。花生生育期 ≥10℃ 积温为 2 300 ～ 3 300℃，日照时数一般在 900 ～ 1 450 小时，降水量为 330 ～ 600 毫米。耕作制度多为一年一熟或二年三熟制。

（3）种植面积与产量及占比

据统计，2017 年种植面积最大的 10 个省份的花生种植面积累计占全国总面积的 83.34%，其中河南的种植面积最大，占全国面积的 25.03%，山东次之，占全国总面积的 15.30%。2017 年种植面积最大的 10 个省份的花生产量累计占全国花生总产量的 87.50%，其中河南、山东分列第一、第二位，分别占全国总产量的 30.95% 和 18.33%。花生种植的集中度进一步提升，花生种植向优势区倾斜。

（4）区域比较优势

从各省份花生种植成本、收益情况看，花生主要种植省份的产值和净利润相对较高，花生种植有规模效益（表9-3）。

表9-3　2016年部分省份花生每亩种植成本、收益情况

项目	单位	平均	河北	辽宁	安徽	福建	山东	河南	广东	广西
主产品产量	千克	259.0	264.9	237.5	247.2	194.3	296.3	306.7	182.2	179.0
产值合计	元	1 684.5	1 644.8	1 365.7	1 465.3	2 074.2	1 782.8	1 804.1	1 640.5	1 577.1
主产品产值	元	1 665.4	1 631.2	1 337.0	1 453.8	2 060.3	1 758.6	1 778.9	1 635.8	1 559.6
副产品产值	元	19.1	13.6	28.8	11.4	13.9	24.2	25.1	4.7	17.5
总成本	元	1 414.0	1 566.4	1 064.6	1 330.5	1 759.4	1 560.0	1 368.9	1 381.9	1 487.1
生产成本	元	1 158.7	1 306.4	734.4	1 008.5	1 549.6	1 346.6	1 017.3	1 209.5	1 329.1
物质与服务费用	元	463.6	487.8	395.6	441.7	470.6	536.6	467.2	445.8	474.1
人工成本	元	695.1	818.6	338.9	566.9	1 079.0	809.9	550.0	763.8	855.0
家庭用工折价	元	678.1	762.1	289.1	566.9	1 060.7	776.9	550.0	763.8	855.0
雇工费用	元	17.0	56.5	49.8	0.0	18.3	33.0	0.0	0.0	0.0
土地成本	元	255.3	260.1	330.2	322.0	209.8	213.4	351.8	172.4	157.9
流转地租金	元	25.3	10.0	23.7	55.8	51.7	2.4	54.1	16.8	0.0
自营地折租	元	230.1	250.1	306.5	266.2	158.0	211.0	297.7	155.6	157.9
净利润	元	270.4	78.4	301.2	134.8	314.8	222.8	435.2	258.6	90.0
现金成本	元	505.9	554.2	469.0	497.5	540.6	572.1	521.2	462.6	474.1
现金收益	元	1 178.6	1 090.6	896.7	967.8	1 533.6	1 210.7	1 282.9	1 177.9	1 103.0
成本利润率	%	19.1	5.0	28.3	10.1	17.9	14.3	31.8	18.7	6.1

（5）资源限制因素

制约中国花生产业发展的经济因素主要表现为重视程度不够，投入水平偏低，从而导致花生生产的比较效益偏低。长期以来，花生在我国一直被视为次要的经济作物，相对于粮食作物和油菜等油料作物，花生生产和产业发展没有得到各级政府和社会应有的重视，许多地方将花生作为一种可有可无

的小宗特产作物。

花生生产过程中劳动力投入高也是制约其发展的一个重要因素。表9-4显示了2016年我国主要农作物的平均每亩用工量。从全国平均来看，花生的平均每亩用工量为8.53个工日，是主要农作物中用工量最高的。从各花生主产省份的情况来看，花生的用工量也基本上是最高的。

表9-4 2016年主要农作物平均每亩用工量

单位：工日

作物	平均	河北	辽宁	安徽	山东	河南	广东	广西	四川
花生	8.53	10.09	4.01	6.96	9.95	6.76	9.38	10.50	10.58
早籼稻	5.55			4.07			6.58	7.35	
中籼稻	7.17			4.49		4.24			8.91
晚籼稻	5.53			5.25			6.74	7.03	
粳稻	4.99	8.31	5.52	4.97	7.24	9.85			
小麦	4.54	4.79		2.88	4.64	4.19			8.84
玉米	5.57	5.38	4.19	3.79	4.86	4.12		8.43	
大豆	2.60	5.67	3.07	2.98	5.34	3.28			
油菜	7.10			5.09		3.46			9.86

注：根据《全国农作物成本收益资料汇编》数据计算；每亩用工量为家庭用工量和雇工量之和。

（6）生产主要问题

我国花生生产上的主要问题表现在：一是优质多抗花生品种仍不能完全满足生产需求，尤其是高油酸、高产品种的种子供应不能满足需要，缺乏抗烂果病、抗白绢病品种，这些病害通过化学手段不能得到很好的控制，给生产造成了损失；二是花生机械化程度仍然较低，特别是花生单粒精播技术、花生机械化收获技术、花生烘干技术不能满足生产需求，不利于花生高产稳产、丰产丰收；三是花生施肥技术及农药施用技术仍相对落后，过量施肥、不当用药现象普遍存在；四是花生灌溉技术落后，在一些花生主产区，大水漫灌仍是主要灌溉方式，不利于花生高产的实现；五是花生加工技术相对滞后，产业化、规模化、标准化生产程度低，不能满足群众对花生高产高效的需求。

3.花生生产成本与效益

（1）生产成本

花生产业体系调研数据显示，近年来花生生产总成本逐年增加，2012—2016年年均增长率为4%。花生生产要素投入中增长最快的为土地租赁费，年均增长率达23%。土地租赁费用占花生生产总成本的比重也越来越大。花生种子费、农药费用和用工量的投入整体呈下降趋势，但雇工费用却持续上涨，2016年全国雇工费用为48.35元/亩。5年间样本户种植花生的化肥投入量呈直线上升趋势；农药费用基本处在一个稳定状态，没有大幅度的增加或减少；种子和农膜的投入波动较大，但在近两年均有上升趋势；机械投入总体呈上升趋势，到2016年机械作业费上升到90.63元/亩。

（2）花生价格

从2016年开始，全国花生市场主要经历了两个波动周期。第一个周期是2016年1—10月，期间经历了一个由涨到跌的过程，花生价格从1月份的7 366元/吨上涨到最高点为5月份的8 681元/吨，涨幅达17.85%。花生价格持续高位近3个月后，于2016年8月开始下跌，最低点跌到10月份的7 712元/吨。第二个周期是2016年11月至2017年12月，期间花生价格上升至最高点2017年2月的8 090元/吨后，一直处于下跌趋势中，12月份花生价格为6 643元/吨，下降了1 447元/吨，降幅达到17.89%。

（3）经济效益

近年来，由于粮食产量连续增加，导致国内粮食价格在低位徘徊，再加上农业生产资料价格上涨较快，农户种植粮食的经济效益明显下降。相反，花生种植的经济效益则开始突显。2016年，农户种植花生的成本利润率是19.13%，在主要农作物中位列第二，略低于粳稻（20.94%）。而小麦、玉米、大豆和油菜籽的成本利润率甚至为负数（表9-5）。

表9-5　2016年主要农作物平均成本利润率　　　　单位：%

花生	早籼稻	中籼稻	晚籼稻	粳稻	小麦	玉米	大豆	油菜籽
19.13	0.18	15.03	8.6	20.94	−8.11	−8.13	−30.93	−35.93

资料来源：《全国农作物成本收益资料汇编》。

（二）花生市场需求状况

1. 国内市场对花生产品的年度需求变化

2016—2017年度，全国花生总消费量为1 690万吨，比上一年度增加40万吨，增幅为2.42%；其中，花生油用消费量约905万吨，较上年度增加25万吨，增幅为2.84%；花生食用消费量约为685万吨，较上年度增加15万吨，增幅为2.24%，主要消费形式为煮炒炸花生、花生酱、花生饮品等。

2016—2017年度，全国花生油总消费量为300万吨，比上一年度增加8万吨，增幅为2.74%；全国花生粕总消费量为374.3万吨，比上一年度增加22.1万吨，增幅为6.27%。

2. 预估市场发展趋势

2017—2018年度，全国花生总消费量预计为1 750万吨，比上一年度增加60万吨，增幅为3.55%；其中，花生油用消费量约940万吨，较上年度增加35万吨，增幅为3.87%；花生食用消费量约为700万吨，较上年度增加15万吨，增幅为2.19%。

2017—2018年度，全国花生油总消费量预计为313万吨，比上一年度增加13万吨，增幅为4.33%；全国花生粕总消费量为386万吨，比上一年度增加11.5万吨，增幅为3.07%。

（三）花生种子市场供应状况

1. 全国种子市场供应总体情况

花生种子市场供应量是用花生良种推广面积乘以平均每亩种子用量，再按20%的商品化率计算得来的。具体测算公式如下：

供种量＝良种推广面积×每亩种子用量×20%

按照上述公式计算各地区的花生供种量，计算结果见表9-6。分地区来看，河南的花生供种量最多，为5.03万吨，其次是山东3.99万吨。供种量超过1万吨的还有河北（1.55万吨）和四川（1.08万吨）。

表9-6　2016年全国及部分省份花生供种量

地区	良种推广面积（万亩）	每亩种子用量（千克/亩）	供种量（万吨）
全国	4 929	15.18	14.96
河南	1 355	18.56	5.03
山东	1 340	14.87	3.99
河北	447	17.30	1.55

（续）

地区	良种推广面积（万亩）	每亩种子用量（千克／亩）	供种量（万吨）
四川	297	18.10	1.08
广东	456	10.16	0.93
辽宁	289	11.93	0.69
安徽	191	14.82	0.57
江苏	151	15.18	0.46
江西	142	15.18	0.43
吉林	117	15.18	0.36
福建	139	11.83	0.33

注：花生主要品种推广面积数据来自农业农村部；每亩种子用量来自《全国农作物成本收益资料汇编》；由于花生自留种较为普遍，因此按20%的比例计算供种量。

2. 区域种子市场供应情况

（1）产业定位及发展思路

目前花生育种企业的定位是谋求生存，寻找机会发展。由于花生种子繁育系数低，用种量大，花生种子与商品差价较大，这就造成种子企业繁育风险大、成本高。过去有花生良种繁育补贴时，企业从事花生良种繁育的积极性较高，花生良种繁育面积较大。但在花生良种繁育补贴取消后，花生育种企业发展思路开始改变，转向多元化经营，增加其他作物品种的繁育数量。

（2）市场需求（规模）

花生种子市场需求量是用花生总的播种面积乘以平均每亩种子用量，考虑到生产和运输过程中的损耗，还需要再乘以损耗系数计算得来。具体测算公式如下：

用种量＝播种面积 × 每亩种子用量 × 损耗系数[*]

按照上述公式计算出全国及部分省份的花生用种量见表9-7。从全国来看，2017年花生总用种量约为123.1万吨，占花生总产量的6.79%。从区域来看，用种量最大的省份是河南，用种37.7万吨；其次是山东，用种量18.4万吨；河北的用种量为10.5万吨，排在第三。

表9-7　2017年全国及部分省份花生用种量

地区	播种面积（万亩）	每亩种子用量（千克／亩）	用种量（万吨）
全国	7 370.5	15.18	123.1
河南	1 844.6	18.56	37.7
山东	1 127.4	14.87	18.4
河北	550.0	17.30	10.5
四川	390.0	18.10	7.8
广东	556.5	10.16	6.2
辽宁	415.0	11.93	5.4
安徽	280.0	14.82	4.6
广西	338.5	8.26	3.1
福建	150.0	11.83	2.0

注：播种面积来自农业农村部；每亩种子用量来自《全国农作物成本收益资料汇编》；计算用种量时增加了10%的损耗。

---

[*]　损耗系数为1.1。

3.市场销售情况

(1) 主要经营企业

目前国内花生种子市场中的主要经营企业有河南豫研种子科技有限公司、山东卧龙种业有限责任公司、山东圣丰种业科技有限公司。2017年，这3家企业花生种子的经营量如下：

河南豫研种子科技有限公司500万千克，山东卧龙种业有限责任公司500万千克；山东圣丰种业科技有限公司1 100万千克。

(2) 市场占有率

2017年全国花生播种面积为7 370.5万亩，按平均每亩种子用量15千克计，则全部种子用量为110 557.5万千克，再按20%的商品化率计算，则全国商品种子用量约为22 111.5万千克。由此可以得出上述三家企业按种子经营量计算的市场占有率合计为9.5%。

二、花生产业科技创新

(一) 花生种质资源

2017年，我国花生种质资源共创制高油酸种质107份，抗青枯病材料17份；筛选到适宜盐碱地种植的品种（系）16个，与脱壳机械相适应的品种（系）19个，与机械化收获相适应的品种（系）7个；筛选到适宜与小麦、棉花、玉米、水稻等轮作的花生品种（系）15个；筛选到氮高效利用品种5个。这些种质的获得，将会极大地提高优质、抗逆花生品种的选育效率，推进花生全程机械化生产发展进程，促进花生最优轮作模式创建以及助力花生减肥增效、绿色生产。

(二) 花生种质基础研究

2017年世界花生科研取得重大进展，12月下旬，国内外分别宣布完成了花生栽培种基因组测序。Peanut Base网站已提供栽培种基因组完整信息，可供下载。花生栽培种基因组序列信息的公布将极大地促进花生重要目标性状相关分子标记开发、基因定位和品种改良研究。

(三) 花生育种技术及育种动向

培育花生新品种常用的方法有引种、系选、杂交育种、诱变育种、分子育种（分子标记辅助选择和转基因）。花生高油酸分子标记辅助育种技术已经成熟，国内多家单位已采用该技术进行高油酸品种选育，极大提高了高油酸花生育种效率。

高油酸花生具有提高花生及其制品耐贮藏性、延长货架期、预防心血管疾病等方面的优势，我国高油酸花生育种研究取得了突破性进展，产业化势头迅猛。截至2017年年底，全国已审定高油酸花生品种43个，累计推广面积600万亩左右。

三、花生品种推广

(一) 花生品种登记情况

2017年，我国新培育品种15个，2017年之前品种125个。目前，从各省份的登记情况来看，登记品种超过10个的有4个省份，分别为河南、河北、山东、广西，登记品种数分别为45个、26个、26个、13个，累计占登记品种总数的78.57%。从品种登记申请单位来看，科研院所为第一申请单位的品种有78个，占登记品种总数的55.71%；大学为第一申请单位的品种有6个，占登记品种总数的4.29%；企业为第一申请单位的品种有56个，占登记品种总数的40%。与审定品种相比，企业登记品种数量明显增加。

（二）主要花生品种推广应用情况

1. 主要品种推广面积

（1）全国主要品种推广面积变化分析

据全国农业技术推广服务中心统计，2014年我国花生主产省份推广品种172个，其中面积超过10万亩的品种104个。

2017年我国花生主要产区推广花生品种398个，其中超过10万亩的花生品种147个。

由表9-8看出，我国花生主产省份花生品种选育及推广速度不断提升，新品种应用面积不断增加。河南种植面积1万亩以上的花生品种数由2014年的31个增加到了2017年的83个，增加幅度达167%，超过10万亩的花生品种数由2014年的21个增加到2017年的38个，增加幅度达到81%；山东省种植面积1万亩以上的花生品种数由2014年的23个增加到了2017年的48个，增加幅度达109%。多数主产花生品种应用个数都有所增加，说明农民对新品种更加重视，品种的更新速度明显加快。

表9-8　花生主产省份2014年和2017年品种推广应用比较

省份	2014年超1万亩品种个数	2017年超1万亩品种个数	2014年超10万亩品种个数	2017年超10万亩品种个数
河南	31	83	21	38
山东	23	48	12	18
广东	27	47	18	16
河北	28	43	15	19
辽宁	21	31	11	14
广西	24	38	4	9
吉林	11	11	6	5
四川	20	33	11	11
湖北	10	18	6	9
江苏	21	44	4	2
福建	10	37	3	2
安徽	21	29	6	5

（2）相关省份主要花生品种的推广面积

由2014年和2017年相关省份花生品种分布面积情况看，我国花生品种区域性较强，除老品种白沙1016、鲁花11、四粒红等个别品种外，各省份种植的花生品种基本为本省份选育。2017年种植面积超过100万亩的品种有山花9号、远杂9102、花育25、山花7号、远杂9307、宛花2号、花育22、豫花9326、花育36、商花5号、白沙1016 11个品种，这11个品种除白沙1016为老品种外，其余均来自河南和山东，品种的分布也主要在河南和山东（表9-9、表9-10）。

表9-9　2014年主要花生种植省份部分花生品种分布面积　　　　　　　　　　　单位：万亩

河南	白沙016	远杂9102	豫花15	开农49	远杂9307	豫花9326	开农53	豫花9331	商研9658
	150	192	140	132	124	68	64	53	43
山东	山花9号	花育22	山花7号	花育25	花育33	潍花8号	鲁花11	丰花1号	山花8号
	387	172	165	137	98	54	41	29	29

（续）

省份								
河北	冀花4号	鲁花11	花育22	邢花6号	唐8252	冀花6号	冀花8号	冀油4号	冀花5号
	188	31	19	32	18	19	18	17	16
湖北	鄂花6号	中花8号	远杂9102	中花16	中花6号	中花10号	中花5号		
	49	44	22	22	21	17	15		
辽宁	白沙1016	花育20	花育23	阜花12	唐油4号	中花16	唐2151		
	101	51	49	40	28	22	15		
吉林	四粒红	鲁花11	白沙1016						
	32	16	19						
安徽	白沙1016	鲁花8号	花育16						
	31	31	14						
广东	仲恺花1号	粤油7号	粤油13	汕油188	湛油75	仲恺花10号	汕油199	汕油71	粤油79
	61	51	34	33	31	31	24	22	18
福建	泉花7号	泉花6号	泉花7号						
	42	26	18						
广西	桂花17	桂花22	桂花30	桂花26					
	56	32	25	24					
四川	天府23	天府24	天府13	天府22	天府25				
	26	26	20	20	20				

表9-10　　2017年主要花生种植省份部分花生品种分布面积　　　　　　单位：万亩

省份											
安徽	鲁花8号	白沙1016	小白沙	鲁花10号	花育16						
	59	41	13	10	10						
福建	泉花551	泉花7号									
	27	13									
广东	仲恺花1号	粤油7号	粤油13	汕油188	粤油45	湛油75	粤油40	湛油62	粤油79	航花2号	汕油71
	67	44	44	35	23	21	17	16	15	12	12
广西	桂花17	桂花22	桂花836	桂花1026	桂花771	桂花32	桂花26	桂花36	桂花37		
	37	34	33	31	25	21	10	10	10		
河北	冀花4号	冀花6号	鲁花11	冀花5号	花育22	冀农花1号	冀花9号	花育19	冀农花2号	冀花10	邢花7号
	49	38	28	25	21	20	16	16	15	15	15
河南	远杂9102	远杂9307	宛花2号	豫花9326	商花5号	豫花23	豫花15	豫花22	白沙1016	远杂6号	开农61
	211	144	126	109	103	92	85	72	68	62	50
湖北	中花8号	中花16	鄂花6号	远杂9102	中花6号	中花10号	中花5号	天府14			
	38	36	27	25	22	18	12	10			
湖南	湘花生1号										
	10										

（续）

省份											
吉林	四粒红	花育20	大白沙	科富花一号	白沙1016						
	93	26	15	15	13						
江苏	花育16	丰花1号									
	18	17									
江西	仲恺花1号	虔油1号	赣花8号	粤油7号	粤油13						
	21	15	13	11	10						
辽宁	唐油4号	花育23	花小宝	花育20	阜花12	四粒红	改良白沙1016	唐科8252	唐3023	白沙1016	阜花11
	71	59	48	37	36	25	22	20	20	20	17
山东	山花9号	花育25	山花7号	花育22	花育36	潍花8号	山花8号	总计	鲁花11	花育33	丰花1号
	379	154	153	113	105	52	45	97	32	32	26
四川	天府18	天府22	天府28	天府20	天府24	云花1号	天府26	天府27	天府21	天府23	天府15
	53	40	30	25	23	15	14	13	12	12	11

2. 花生品种的特点

由统计情况看，我国花生品种应用区域性强，但面积大的品种主要还是因为具有高产、早熟、优质等性状。近两年，高油、高油酸花生品种得到市场青睐，农民对具有不同特点的花生品种需求不断增加，这也是导致品种数快速增加的原因。

现有花生品种按生育期分为春播高产型、麦套中熟型、夏直播早熟型；按用途分为优质油用型、优质食用型，食用型又可分为煮食型、油榨型、糖果型、烘烤型等。

我国花生现在仍以油用型为主，高油花生品种在生产上比例较高。近几年高油酸花生品种不断涌现，带动了食用花生的发展。高油酸花生成为目前生产主推品种。同时彩色花生、高含糖量花生、适宜烤果用花生品种也受到了一些地区农民的欢迎。不同的市场需求，促进了品种选育的多样化。

我国花生主产省份均有花生育种单位，目前实力相对较强的花生育种单位有河南省农业科学院、中国农业科学院油料作物研究所、山东省花生研究所、河北省农业科学院、河南开封市农业科学院、广东省农业科学院、广西农业科学院等。不同单位育成品种均有自己的骨干亲本；近年来种质资源的交流不断加强，加速了育种进程。

（三）花生产业风险预警

1. 与种子市场和农产品市场需求相比存在的差距

花生种子繁育系数低，繁育成本高，导致花生换种率低。我国花生种子生产基本能满足生产需要，但需建立高标准种子繁育基地，提高种子质量，只有高质量的种子，才能促进花生产量的进一步提高。由于近年高油酸花生的快速发展，高油酸种子繁育与市场需求有一定的缺口。

我国花生产销基本平衡，但优质花生特别是高油酸花生不能满足加工需要，需加大推广力度，促进品种升级换代。

2. 国外品种市场占有情况

我国花生高产育种处于国际领先水平，且我国花生生产方式与国外有较大不同。目前我国花生品种全部来自国内，国外花生品种近期内占领国内市场的可能性较小。

3. 病虫害等灾害对品种提出的挑战

2017年以来，我国小麦花生一年两熟区，花生白绢病、烂果病发生呈上升趋势，这两种病害目前尚无好的防治方法，且目前为止没有找到抗病种质，这对我国花生生产提出了挑战。应加大两种病害的研究力度，力争尽快选育出抗病品种，解决生产上的危害。

4. 绿色发展或特色产业发展对品种提出的要求

随着绿色发展的深入，对花生品种也提出了新的要求。未来花生品种要更加抗病、耐旱、抗倒、适宜机械化，还要耐瘠、节肥、不旺长，满足花生绿色生产的需要。

四、问题及建议

1. 种子产业存在的问题

国家取消花生良种补贴后，省级花生良种补贴随之取消（如山东省原来花生良种补贴的力度比国家的要大），订购良种也取消了。

取消花生良种补贴政策不利于新品种推广，企业没有了良种补贴，制种成本提高，良种推广成本高。

花生种植户因换种成本高，不愿意到市场上购买新品种，而选择自留种或相邻农户之间换种，导致花生良种推广缓慢，一些农户自留的老花生品种的种植面积将会扩大。

2. 推进花生良种发展政策的措施建议

建议有关部门通过新的农业支持保护补贴政策，给予农业农村部认定的花生种子"育、繁、推"一体化企业补贴，从"育、繁、推"3个环节同时推动整个花生产业转型升级，使花生种子市场化。

（编写人员：张新友 周曙东 董文召 代小冬 等）

第10章 亚麻（胡麻）

概　　述

亚麻，为亚麻科亚麻属一年生草本植物，按用途可分为纤维用、油用和油纤兼用3种类型，油用和油纤兼用类型称为胡麻。我国胡麻主要分布在西北地区和华北地区北部的干旱、半干旱高寒地区，其中甘肃、内蒙古、山西、宁夏、河北、新疆是我国六大胡麻主产区。胡麻耐寒、耐旱，耐瘠薄，是西北和华北地区的主要油料作物，在农业生产中具有不可替代的地位。胡麻油中人体必需脂肪酸α-亚麻酸含量为40%～62%，是大豆油的5倍、菜籽油的6倍、鱼油的2.5倍，是α-亚麻酸的最大植物资源。木酚素含量为其他66种作物的75～800倍，胡麻油、α-亚麻酸、木酚素、亚麻胶等功能成分在食品、保健行业、临床医学、化妆品行业以及工业中具有广泛的应用前景。近年来，受气候以及比较效益总体偏低影响，我国胡麻种植面积持续下滑，2016年胡麻种植面积下滑至28.2万公顷，2017年略有增加。与此相反，国内对胡麻产品消费需求总体稳步增加。2013—2017年，我国胡麻油籽类产品消费总量维持在75万吨左右；由于国产供给不足40万吨，油籽类消费对国际市场依赖程度接近50%。

我国亚麻种植面积4万多公顷，主要分布在新疆、黑龙江，在吉林、内蒙古、甘肃等省份有零星种植。亚麻纤维具有良好的物理性状，可纺高支纱，强力比棉织物大2倍，纤维吸湿性强、膨胀力大，有天然防雨作用和吸水少、水分散发快等特点，适于织造苫布、消防服、军用织品和高支纱等纺织物，二粗麻制作地毯和高级卷烟纸等。目前，我国是亚麻加工和消费大国，亚麻纱线、亚麻胚布及亚麻制品贸易量已占全球贸易总量的60%以上。

近年来，随着经济稳步增长和居民收入水平不断提高，居民消费结构升级趋势明显，对我国农业发展以及产业结构调整优化提出了新的要求。胡麻、亚麻作为特色作物在农业生产结构调整中将发挥重要作用。加快科研创新，不断选育满足社会需求和适应生产需要的新品种，促进新品种的生产应用，是保障生产持续、稳定发展的重要措施。本章基于我国亚麻（胡麻）产业发展现状、科研创新、新品种推广应用及未来产业发展趋势等方面进行分析，在总结产业发展取得的成绩基础上，剖析影响产业发展的突出问题，提出相应的发展对策和建议，以期能够为新品种的研发、新品种推广应用提供决策支持，促进产业良好发展。

一、我国亚麻（胡麻）产业发展

（一）亚麻（胡麻）生产发展状况

1. 胡麻（油用亚麻）

（1）全国胡麻生产概述

①播种面积变化。近年来，受气候以及比较效益总体偏低影响，我国胡麻种植面积总体持续下滑，2017年略有增加。统计数据显示，2005年全国胡麻种植面积高达39.76万公顷，2016年胡麻种植面积下滑至28.24万公顷，相比2005年下降了29.0%。2017年，根据对全国特色油料产业技术体系监测示范县的问卷调查显示，全国监测县胡麻种植面积比上年增加1.9%。

②产量变化状况。近10余年来，我国胡麻产量呈波动增长态势。2005年全国胡麻产量36.20万吨，2010年为35.28万吨，此后几年逐渐增长，2012年起胡麻年产量稳定在38万吨以上，2016年突破40万吨。2017年，根据对全国特色油料产业技术体系监测示范县的问卷调查显示，受干旱天气影响，全国监测县胡麻总产同比减少2.6%。

③单产变化情况。受益于良种研发及技术进步，我国胡麻籽单产提升显著。2010年以来胡麻籽单产水平已经连续7年增加，2016年达到历史高位1 426千克/公顷。2017年，根据对全国特色油料产业技术体系监测示范县的问卷调查显示，受干旱天气影响，胡麻籽平均单产同比减少4.4%。

④栽培方式。近年来，在良种覆盖率大幅度提高的同时，胡麻田化学除草技术和机械化种、收技术得到了较好应用，促进了种植规模化的发展。一批新的栽培技术研发成功并得到了应用。旱地胡麻减量施肥稳产增效技术在减施20%氮肥的条件下，单产和水分利用效率分别较对照提高10.70%和9.35%；微垄+地膜覆盖栽培技术、地膜玉米旧膜重复利用技术、胡麻免耕穴播技术等新的栽培技术的利用，显著减少了化肥施用量，减少田间管理成本20%以上，单产提高20%以上；与玉米、向日葵等作物间作套种有效地利用了土地和光热资源，显著提高了胡麻种植效益。

（2）区域胡麻生产基本情况

①各优势产区的范围。胡麻具有较强的耐旱、耐寒、耐瘠薄能力。从区域分布来看，我国胡麻主要分布在西北地区和华北地区北部的干旱、半干旱高寒地区，其中甘肃、内蒙古、山西、宁夏、河北、新疆是我国六大胡麻主产区。这6个省份的胡麻种植面积占到了全国总面积的97%以上，对我国胡麻产业的发展有着重要影响。按照产区的生态类型及品种特征，一般可以划分为三大主要区域。

西北区

区域范围：甘肃、新疆、宁夏。

市场功能及产业定位：胡麻耐旱耐瘠，与当地生产条件相适应。另外，胡麻油也是当地主要食用油，因此胡麻在当地农业生产和人民生活中具有重要的地位。目前以胡麻为主，当地已形成集生产、加工、仓储、销售于一体的产业集群。

区域基本情况：该区属大陆性气候，地域辽阔，光热资源丰富。胡麻生产区以山旱地为主，土地瘠薄，生产条件较差，机械化程度低。与玉米、小麦、马铃薯等形成了较好的轮作体系。

种植面积：本区域胡麻年栽培面积240万亩左右，产量在22万吨左右。

存在的不利气候因素和生产问题：干旱频繁，土地瘠薄，机械化程度低，种植规模小，加工企业规模较小。

华北区

区域范围：内蒙古阴山以南、山西北部。

市场功能及产业定位：胡麻油是当地的主要油料作物，以胡麻为主，当地已形成集生产、加工、仓储、销售于一体的产业集群，加工业比较发达。

区域基本情况：海拔1 000 ~ 2 000米，气候垂直地带性明显，生育期热量适中，水分状况前干后湿，日照中等，土壤瘠薄。

种植面积：胡麻年栽培面积180万亩，产量13万吨。

存在的不利气候因素和生产问题：干旱缺水，加工企业规模较小。

阴山北部高原区

区域范围：河北坝上、内蒙古阴山以北。

市场功能及产业定位：胡麻油是当地的主要油料作物，胡麻含油率高，亚麻酸含量丰富，以胡麻为主，当地已形成集生产、加工、仓储、销售于一体的产业集群，加工业比较发达。

区域基本情况：蒙古高原为主的华北北部高寒地带，包括河北坝上，内蒙古阴山以北，分布在北纬41°以上，海拔1 500米左右，生育期热量不足，水分状况较差，日照充足，土壤肥力较高，属于阴山北部草原生态区型。

种植面积：栽培面积100万亩，产量7万吨。

存在的不利气候因素和生产问题：生育期热量不足，干旱缺水。加工企业规模较小。

（3）资源限制因素

由于胡麻主产区多位于高寒、干旱、土壤贫瘠的山旱地，干旱少雨等气候条件，对胡麻的播种、出苗及正常生长发育影响较大，极易导致产量低、不稳。同时胡麻主产区也是生态建设的主战场，退耕还林等政策的实施挤压了胡麻等小宗油料作物的种植面积。

（4）生产面临的问题

当前胡麻和纤维用亚麻生产面临的问题较为相似，主要表现在两个方面。一是原料单产水平总体偏低。胡麻品种一致性较低且品种更新慢，影响单产水平的持续提升。不同地区品种选择差异较大，即使在同一地区，主栽的胡麻品种也不尽相同。多数胡麻种植户常年采用单一品种，品种老化，杂株率高，整齐度和千粒重下降，限制了单产水平的提升。纤维用亚麻由于种植规模小，单产低，与发达国家相比原茎产量低20%左右。二是机械化程度不高，生产成本总体较高。在播种环节，大部分农户以散播为主，机械耕犁为辅，不利于田间管理，造成灌水和排水困难。在收获环节，中小规模胡麻种植户仍采用手工收获方式，收割机械推广总体较为缓慢，机械利用程度低，由此导致高昂的人工成本，造成生产比较效益总体偏低。

2. 亚麻（纤维用亚麻）

（1）全国生产情况

FAO统计数据显示，2016年我国亚麻种植面积为1 240公顷，单产为5 714千克/公顷，总产量为7 085吨。近10年发展显示，中国亚麻纤维生产持续萎缩。与2005年相比，单产提高34.3%，但种植面积和总产量均仅占2005年的1%左右。

（2）栽培方式演变

中国纤维用亚麻种植主要分布在新疆、黑龙江，在吉林、内蒙古、甘肃等地有零星种植。其中，黑龙江亚麻种植主要分布在黑河、嫩江、克山、牡丹江等地，采用牵引式拔麻机收获，每天可收获7公顷，雨露沤麻。

（3）产区基本情况

区域范围：黑龙江、吉林、新疆等省份。

市场功能及产业定位：以纤维用亚麻生产为主，形成了亚麻纤维生产、加工的完整产业链。

区域基本情况：该区地势平坦、土壤肥沃、光水资源优越，唯热量条件略显不足。耕作制度以一熟制为主。

全国种植占比情况：常年播种面积4万亩，面积和总产分别占同期全国的95%和95%左右。

存在的不利气候因素和生产问题：冬季漫长严寒，温度低。

（4）生产成本与效益

不计土地成本，亚麻每亩生产成本在450元/亩左右，产出为1 800元左右，利润在1 350元/亩左右，种植效益较好（表10-1）。

表10-1 黑龙江亚麻生产成本和收入数据

类型	指标	数据
成本	种植成本（种子水药肥人工）成本（元/亩）	125
	收获成本（元/亩）	120
	纤维提取成本（元/亩）	200
产出	纤维产量（千克/亩）	100
	纤维价格（元/吨）	1.6万～1.8万（长纤维） 0.6万～0.7万（二粗）
	亚麻屑产量（千克/亩）	210
	亚麻屑价格（元/千克）	0.3
	种子产量（千克/亩）	30～40
	种子价格（元/千克）	6

（二）亚麻（胡麻）市场需求状况

1. 全国胡麻消费量及变化情况

（1）胡麻油用消费量稳步增加

近年来，随着中国经济稳步增长、人口总量增加以及人均收入水平不断提升，国内对胡麻产品消费需求总体稳步增加。2013—2017年，我国胡麻油籽类产品消费总量维持在75万吨左右，由于国产量不足40万吨，油籽类消费对国际市场依赖程度接近50%。

（2）亚麻纤维需求量增长显著

中国加入WTO后的15年，也是亚麻工业发展最快的15年。目前我国已成为世界亚麻加工和贸易大国，由于资源配置市场全球化，生产成本转移加快，西方亚麻工业基本转移到中国、印度等亚洲国家。从国内亚麻工业布局来看，主要呈现北麻南移，以上海为中心的长三角地区和珠三角地区已经成为全球最主要的亚麻生产中心。近5年（2012—2017年）来，中国每年进口欧洲打成麻量均在11万吨左右，80%左右的欧洲打成麻和二粗销往中国。中国亚麻纱线、亚麻胚布及亚麻制品贸易量已占全球贸易总量的60%以上，已经成为亚麻加工大国。

（3）消费趋势展望

未来10年，中国经济继续延续稳步增长格局，随着人口总量继续增加和人均购买能力进一步提升，消费者对亚麻籽及纤维产品需求量将有望保持增长趋势。特别是在消费结构升级背景下，消费者对多元化、优质化和高端产品的需求更加偏好，亚麻籽产品以及亚麻纤维类产品将迎来更广阔的消费市场。

2. 胡麻消费区域差异及特征变化

胡麻产品消费区域性特征较为明显。主要表现为产地消费偏好更加突出，油用和食用消费主要集中在甘肃、山西、内蒙古等地。近年来，随着消费者对健康消费理念的认知度不断提高，同时电商等新型业态快速发展，胡麻油用和食用产品得到越来越多的消费者认同和接受，除传统生产地区以外的其他地区，产品消费也不断增加。与胡麻籽油用和食用相比，亚麻纤维消费区域特征相对弱化，呈现分布广泛的主要特征。

（三）亚麻（胡麻）种子市场供应状况

1. 市场供应情况

我国胡麻主要育成品种有陇亚、天亚、定亚、内亚、晋（同）亚、坝亚、伊亚等系列；纤维用亚麻主要育成品种有黑亚、吉亚、中亚、伊亚、云亚、双亚等系列。国内油用和纤维用品种生产基本上是我国自育品种。近年来，受进口油料和胡麻籽的冲击，我国胡麻种植面积与20世纪90年代相比，种植面积有较大幅度下降。据统计，目前胡麻年种植面积保持在35万亩左右，年需要种子2 000多万千克。

2. 市场销售情况

近年来，随着农户对农业技术以及对胡麻生产重视程度的提高，农户更新更换良种的意识不断增强，胡麻种子的商品化程度有所提高，种子市场需求量不断增大，新品种推广从以前科研或推广部门组织为主逐步转变为商业化推广。但目前我国胡麻种子繁育、加工、营销的企业总体较少，且规模小。甘肃是我国胡麻种植面积最大的省份，国家特色油料产业技术体系对甘肃省的胡麻种子经营及企业情况调研发现，在甘肃省胡麻主产县（区）均有胡麻种子经营，但是大多以兼营为主，企业规模较小，平均每户经营在4万千克左右。仅有几家较大规模的公司具有经营资质生产和经营胡麻种子，如兰州金桥种业有限责任公司、兰州福利种业有限责任公司、甘肃农垦良种有限责任公司等，每年经营量在20万千克左右，年营业额260万元。这些企业销售的种子基本上都有正规包装，以50千克装为主。宁夏、山西、内蒙古也有为数不多的几个小公司经营。与胡麻相类似，我国亚麻种子市场也缺少产、供、销的生产经营单位。

二、亚麻（胡麻）科技创新

（一）亚麻（胡麻）种质资源

胡麻在我国栽培历史悠久，品种资源丰富，种质资源的研究开始于20世纪50年代，品种资源的收集、整理工作开始于60年代。1976年，由中国农业科学院甜菜研究所负责组织有关省份的农业科学院和有关地区开展了胡麻资源收集、考察、鉴定、编目入库工作。1978年编写了第一本《中国胡麻品种资源目录》，入编材料570份。通过广泛的国内考察和国外引种，据不完全统计，目前我国胡麻资源总数已近1万份，整理编入《中国主要麻类作物品种资源目录》的胡麻资源（含油用）3 344份，占麻类资源总数的33.4%，胡麻野生资源200多份，其中收集垂果胡麻6个种。

2017年我国共收集胡麻种质资源1 260份，其中野生种3份；开展了野生胡麻愈伤组织诱导及其对NaCl胁迫的生理响应研究，筛选出最佳野生胡麻愈伤组织诱导培养基；建立了胡麻抗旱、抗逆等重要性状鉴定与评价技术体系。完成了496份资源的鉴定和评价，筛选出含油量超过42%的资源6份，α-

亚麻酸含量超过54%的资源7份，低亚麻酸材料（10%以下）2份，高木酚素含量材料1份。通过杂交、诱变等技术，创制雄性不育、抗旱、抗病、抗逆、高亚麻酸等资源和种质材料12份。其中雄性不育系资源3份。

（二）亚麻（胡麻）种质基础研究

1. 基因克隆及表达分析

黑龙江省农业科学院于莹对亚麻类萌发素蛋白基因 *LuGLP1-13* 进行了克隆及表达分析。分析表明，该蛋白具有典型的GLPs家族特征，与蓖麻、毛果杨及胡杨的GLPs家族蛋白亲缘关系相对最近，在盐碱胁迫下被显著诱导表达(尤其在碱性盐胁迫下)，推测该基因可能参与亚麻应答盐碱胁迫的过程。新疆大学江海霞等人研究了亚麻快速生长期细胞壁形成相关基因的表达，研究了亚麻快速生长期 *LuBGALs* 和 *LuCESAs* 等细胞壁形成相关的基因在亚麻韧皮纤维不同阶段的表达特点，结果表明，亚麻中6个CESA（*LuCESA1*、*LuCESA3*、*LuCESA7*、*LuCESA8*、*LuCESA9* 和 *LuCESA10*）主要促进亚麻韧皮纤维细胞的伸长。*LuSuSy* 在幼茎韧皮纤维细胞中表达量高，表明亚麻茎伸长和加粗需要大量能量。*LuXTH4* 在亚麻细胞壁发育过程中发挥作用。*LuBGAL3*、*LuBGAL5*、*LuBGAL6*、*LuBGAL9*、*LuCESA1*、*LuCESA3*、*LuCESA9* 和 *LuCESA10* 在亚麻细胞壁细胞伸长过程中起作用；*LuBGAL1* 主要促进亚麻细胞壁加厚过程；*LuSuSy* 和 *LuXTH4* 在亚麻细胞壁发育中发挥作用。中国农业科学院麻类研究所郭媛等研究了亚麻茎纤维韧皮部组织中基因的表达情况，通过差异表达基因分析，有975个基因被确定为参与韧皮部中多糖和细胞壁代谢过程的基因，其中708个（73%）基因编码蛋白。分析表明，大量参与代谢过程、催化活性和结合类别有关的基因在茎皮中显著表达，韧皮部中富集的基因主要涉及111个生物途径。

2. 遗传图谱构建

内蒙古农业大学高凤云等人研究了基于SLAF-seq技术构建亚麻高密度遗传图谱。该研究通过杂交构建F_2群体，采用SLAF-seq技术，对两个亲本和F_2群体100个个体进行高通量测序、SNP标记的开发及亚麻高密度遗传图谱的构建。共构建15个连锁群，总图距为2 632.94厘摩尔根，标记间的平均距离为0.92厘摩尔根。这是在亚麻中首次应用SNP标记构建的高密度遗传图谱，为亚麻的遗传研究和分子标记辅助育种奠定了基础。

3. 载体构建及遗传转化

黑龙江省农业科学院刘岩进行了亚麻 *AtCesA1* 基因过表达载体的构建。河北化工医药职业技术学院李雪研究了亚麻愈伤组织诱导和遗传转化体系的建立，亚麻愈伤组织转化的方式为浸泡材料15分钟后抽真空5分钟较好，遗传转化率为3.1%。经PCR分析验证，证明阿朴脂蛋白米兰突变体外源基因已经整合至亚麻抗性愈伤组织基因组中。

（三）亚麻（胡麻）育种技术及育种动向

利用杂种优势是提高农作物产量与品质的一个极为有效的途径，也是各类农作物育种共同的发展趋势。近年来，甘肃省农业科学院的胡麻两系法杂种优势利用研究不断深入，2017年新筛选优良胡麻不育材料120份，筛选强优势的2个强优势组合 *HJ1711*、*HJ1708* 折合亩产在180千克以上，较对照品种陇亚10号分别增产27.98%和26.62%；进一步完善了胡麻温敏型雄性不育系繁殖技术研究，降低了不育基因的遗传漂变，保证了不育系的育性的稳定性和良种繁殖产量，制定的胡麻杂交制种技术规程通过了甘肃省质量技术监督局审定发布。

（四）亚麻（胡麻）新育成品种

通过产业技术体系等途径对我国主要育种单位了解结果，2017年有一批新的优良材料完成育种程序，由于制度的变化，尚未完成登记。甘肃省农业科学院选育的胡麻新品种陇亚15，2017年度完成生产试验，折合亩产150.62千克，较对照品种增产31.57%，目前正在申请国家非主要农作物品种登记。张家口农业科学院选育的冀张亚1号完成品种鉴定和区域试验，平均亩产90.6千克，较对照品种增产9.2%，含油率40.3%，一级抗旱。内蒙古农牧科学院选育的3个新品系完成了生产试验，达到登记标准。

三、亚麻（胡麻）品种推广

（一）亚麻（胡麻）品种登记情况

2017年是实行非主要农作物品种登记制度的第一年，按照有关管理办法，有18个已经审定的品种完成了重新登记（表10-2），登记品种均为科研单位育成。该项工作为适应新的品种管理制度和保障生产用种提供了良好的基础。

表10-2 2017年完成登记的亚麻（胡麻）品种

序号	品种名称	申请类型	申请者	育种者	品种来源	品种保护	选育方式
1	陇亚10号	已审定	甘肃省农业科学院作物研究所	甘肃省农业科学院作物研究所	(81A350×Redwood65)×陇亚9号	已授权	自主选育
2	陇亚11	已审定	甘肃省农业科学院作物研究所	甘肃省农业科学院作物研究所	115选-1-1×陇亚7号	未申请	自主选育
3	陇亚12	已销售	甘肃省农业科学院作物研究所	甘肃省农业科学院作物研究所	晋亚8号×尚义大桃	未申请	自主选育
4	陇亚13	已审定	甘肃省农业科学院作物研究所	甘肃省农业科学院作物研究所	CI3131×天亚2号	未申请	自主选育
5	陇亚14	已审定	甘肃省农业科学院作物研究所	甘肃省农业科学院作物研究所	1S×89259	未申请	自主选育
6	陇亚杂1号	已审定	甘肃省农业科学院作物研究所	甘肃省农业科学院作物研究所	1S×873	已授权	自主选育
7	陇亚杂2号	已审定	甘肃省农业科学院作物研究所	甘肃省农业科学院作物研究所	1S×陇亚10号	已授权	自主选育
8	陇亚杂3号	已审定	甘肃省农业科学院作物研究所	甘肃省农业科学院作物研究所	1S×定亚23	已授权	自主选育
9	陇亚杂4号	已审定	甘肃省农业科学院作物研究所	甘肃省农业科学院作物研究所	113×陇亚10号	未申请	自主选育
10	宁亚19	已审定	宁夏农林科学院固原分院	宁夏农林科学院固原分院	宁亚11/宁亚15	未申请	自主选育
11	宁亚21	已审定	宁夏农林科学院固原分院	宁夏农林科学院固原分院	定亚19/抗38//宁亚10号	未申请	自主选育
12	宁亚22	已审定	宁夏农林科学院固原分院	宁夏农林科学院固原分院	8796/宁亚10号	未申请	自主选育
13	宁亚20	已审定	宁夏农林科学院固原分院	宁夏农林科学院固原分院	8659/张亚1号//宁亚10号	未申请	自主选育
14	宁亚15	已审定	宁夏农林科学院固原分院	宁夏农林科学院固原分院	引进材料中系选	未申请	自主选育
15	宁亚17	已审定	宁夏农林科学院固原分院	宁夏农林科学院固原分院	6793-1/红木	未申请	自主选育
16	陇亚8号	已审定	甘肃省农业科学院作物研究所	甘肃省农业科学院作物研究所	匈牙利5号×63-98	未申请	自主选育
17	黑亚24	已审定	黑龙江省农业科学院经济作物研究所	黑龙江省农业科学院经济作物研究所	Argos×88016-18	未申请	自主选育
18	黑亚25	已审定	黑龙江省农业科学院经济作物研究所	黑龙江省农业科学院经济作物研究所	9702×Ariane	未申请	自主选育

（二）亚麻（胡麻）主要品种推广应用情况

我国胡麻新品种选育工作先后经历了由地方品种到引进品种，由引进品种到育成品种两个重要阶段。其中从新中国成立到改革开放前经历了两次较大范围的换种，即20世纪50年代中后期到60年代初期，主要用雁农1号等引进良种，更换了部分农家品种，60年代中后期到70年代中期，主要用雁杂10号等自育品种，更换了引进品种。

改革开放以后，农业科技得到各级政府广泛重视，我国胡麻新品种选育又经历了5次较大范围的换种。第一次是20世纪80年代初期，主要用晋亚2号、天亚2号等新育品种，更换了雁杂10号等品种，使胡麻产量和良种推广面积都提高到一个新的水平；第二次是80年代末期，筛选出的高抗枯萎病、丰产性好的陇亚7号、天亚5号、定亚17、坝亚六号、坝亚七号等替代了天亚2号、内亚2号、晋亚2号、坝亚3号、新亚1号等抗病性差的品种；第三次是90年代，筛选出的高抗枯萎病、丰产性强的新品种陇亚8号、陇亚9号、天亚6号、坝亚七号、坝亚九号、坝亚十一、宁亚14、宁亚15、宁亚16、宁亚17等替代了陇亚7号、天亚5号等品种。第四次是21世纪前10年，以丰产优质专用为主，并兼顾抗病性，育成了陇亚10号、陇亚11、内亚五号、轮选1号、轮选2号、晋亚10号等丰产优质多抗胡麻新品种得到大面积应用，成为了不同产区新的主栽品种。2010年以来，我国新育成的一批品种例如内亚9号、坝选3号，陇亚11、陇亚13、陇亚14、和陇亚杂系列等不断通过产业技术体系组织的品种筛选、示范展示，推广应用面积不断扩大，成为了新的一批主栽品种。

目前我国亚麻研究机构有7家，分别是黑龙江省农业科学院经济作物研究所、吉林省农业科学院经济作物研究所、云南省农业科学院经济作物研究所、黑龙江省科学院大庆分院、新疆伊犁地区农业科学研究所、大理白族自治州农业科学研究所、中国农业科学院麻类研究所。目前培育的黑亚系列品种28个，双亚系列13个，吉林培育了吉亚系列5个，新疆培育了2个。黑龙江具有得天独厚的气候条件，是亚麻的最适宜种植区，亚麻种植面积占全国的85%以上。纤维用亚麻种植品种上，黑龙江在20世纪50—60年代，主要推广华光5号和苏联的1120等品种，从东欧等国家也引进一些品种，但面积不大。在60年代末到90年代初，黑龙江的科研单位育成的黑亚系列品种和双亚系列品种大面积推广，取代了我国自主培育的老品种以及从苏联和东欧引进的品种。90年代中期开始引进西欧品种阿利亚娜，该品种农艺性状和工艺性状均好于当地主栽品种。进入21世纪后，黑龙江在推广黑亚和双亚系列新品种基础上，又引进法国品种戴安娜，比利时依若，荷兰的阿卡塔、美若灵等品种，生产上有一定种植面积。

2017年，国家特色油料产业技术体系对目标生产主推品种和一些苗头品种进行了调查，国内主要推广品种及应用情况见表10-3。可以看出，不同省份都有与其生产条件相适应的主推品种。

表10-3　我国胡麻品种应用现状调研表

育成品种类别	目前生产上主推品种情况					苗头新品种			
	品种名称	产量潜力（千克／亩）	品质突出特点	种植面积全国占比（%）	主推地区	品种名称	产量潜力（千克／亩）	品质特点	主推地区
杂交种	陇亚杂1号	175	含油率较高	1	甘肃	陇亚杂3号	180	含油率较高	甘肃
	陇亚杂2号	180	含油率较高	1	甘肃				
常规种	陇亚10号	160	亚麻酸含量较高	16	甘肃	陇亚13	175	含油率较高	甘肃
	内亚9号	170	含油率高	10	内蒙古	伊亚5号	178	含油率较高	新疆
	坝选3号	165	含油率高	5	河北	同亚12	170	含油率较高	山西
	晋亚10号	170	含油率较高	8	山西				
	宁亚17	160	木酚素含量高	6	宁夏				

（三）亚麻（胡麻）产业风险预警

1. 与种子市场和农产品市场需求相比存在的差距

（1）与农产品市场需求相比存在的差距

我国是全世界的胡麻加工大国，但胡麻加工的产业化发展程度较低。油用胡麻产业发展与市场需求存在的问题表现为：一是胡麻加工以生产胡麻油为主，产品单一且同质化严重，难以满足市场对胡麻产品的多样化需求；二是我国胡麻品种和加工需求不对接，胡麻品种多、乱、杂，导致加工产品一致性不高；三是胡麻加工技术落后，资源利用率低，加工成本高。胡麻油脂含量高，占种子总重的37%～42%，有的甚至可达45%。但我国多数胡麻加工都是小型作坊，以直接榨油技术进行提取，提取油脂的能力仅为85%～90%，最终压榨出油率不足40%，多数情况下为33%～35%，并且难以剔除胡麻油的特殊味道，产品适口性不高。

纤维用胡麻产业发展与市场需求存在的问题表现为：加工业发展滞后，亚麻产品仍以初加工为主，产品主要集中于纺纱和织布环节，附加值低，多用途开发利用不足。纺织、整染技术装备相对落后，特别是在染色、后整理技术方面较为薄弱。亚麻产品标准化程度和质量都相对偏低，产品竞争力不强。

（2）与种子市场需求相比存在的差距

新品种推广存在的主要问题：一是胡麻种子生产企业规模普遍偏小，兼业经营主体较多，良种的产业化水平低，供种能力弱，导致新品种推广总体较为缓慢；二是尽管目前已经有一批新育成优良品种应用和储备，但提高新品种的抗逆性、稳产性和丰产性依然是育种要解决的突出问题；三是胡麻的专用品种、高亚麻酸品种、高木酚素品种依然十分缺乏，难以满足市场对品种特色化和多元化的需求。

2. 国外品种市场占有情况

目前国内生产使用品种均为国内自主选育，尚无国外品种在国内进行商业化推广的现象出现。各育种单位开展的引种试验表明，我国自主育成的胡麻品种产量潜力好于世界主产国，但品质、抗倒性、机械化种植适应性弱于国外品种。因此国内育种需要更加重视品质、抗倒伏、适宜机械化种植等性状的选择。

3. 病虫害对品种提出的挑战

胡麻生产上主要病害有枯萎病、立枯病、派斯莫病、白粉病、锈病等。目前来看，枯萎病和立枯病是最主要的危害性病害，在连作重茬地危害严重，20世纪90年代以来，国内审定的品种均要求具有高抗水平，因此在正常生产情况下，可以有效防治病害的发生。枯萎病在连作重茬地危害依然十分严重，因此今后对新登记品种依然需要提出对枯萎病抗性的要求。白粉病年度间和地域间发病有较大差异，危害差异较大，在热量条件好的灌区近年来发病有加重趋势，产业体系对国内大部分育成品种进行了抗病性鉴定发现，只有个别品种对白粉病具有较高抗性，因此在育种中需要加强抗白粉品种的选育。派斯莫病和锈病在国内生产上发病轻，危害比较小，但也需要有所关注。

生产上危害胡麻的地上害虫主要有黏虫、胡麻蚜虫、胡麻短纹卷蛾（漏油虫）、苜蓿夜蛾、灰条夜蛾、苜蓿盲蝽、牧草盲蝽、蓟马、草地螟、潜叶蝇、双斑长跗莹叶甲（双斑莹叶甲）；地下害虫主要有金龟子、小地老虎、蛴螬、蝼蛄、金针虫等。2017年监测，这些害虫在不同地区都有不同程度发生，甘肃主要以盲蝽、蓟马、黑绒金龟甲危害较多；宁夏以蚜虫、蓟马、苜蓿盲蝽、小地老虎危害较多；内蒙古以盲蝽、夜蛾科幼虫、草地螟、蓟马危害较多；山西以草地螟、苜蓿盲蝽、双斑长跗莹叶甲（双斑莹叶甲）危害较多；河北以草地螟、蚜虫、蓟马危害较多；新疆以胡麻蚜虫、草地螟危害较多。目前尚无抗虫胡麻品种的研究和报道，因此虫害防治仍需要以化学防治为主进行。

4. 绿色发展或特色产业发展对品种提出的要求

2016年农业部印发了《全国种植业结构调整规划（2016—2020年）》，强调了"优化品种结构"，发展"风味独特的小宗油料"等特色农产品，为我国胡麻产业的发展带来了新的机遇。2018年，乡村振兴战略对质量兴农、绿色兴农、品牌强农有了新的部署和要求。未来我国胡麻产业发展需要优化品种结构，增加高产高抗、专用品种研发和推广，提高水肥的综合利用率，提高品种种植的一致性，同时提高产品加工技术，增加产品出油率，提高产品质量和综合开发。

目前我国亚麻主要用于纺纱、织布和一些基础的生活用品，服装等高附加值的产业以及高端产品的研发还落后于世界发达国家。亚麻在多用途开发利用方面，从世界范围看，主要有亚麻油、亚麻系列食品及相关的功能性保健食品，以及亚麻屑生产的建筑材料、农业材料、汽车内饰、牲畜垫圈材料、碳粉等。未来国内亚麻产业发展需要加大产品研发力度，提高高品质、多元化的产品供给。

四、国际亚麻（胡麻）产业发展现状

（一）国际亚麻（胡麻）产业发展概述

1. 国际亚麻（胡麻）生产情况

（1）胡麻

自20世纪60年代以来，世界油用胡麻种植规模呈现波动缩减趋势，在单产水平提高带动下，近10年产量呈现恢复性增长趋势。1961—2016年，世界胡麻收获面积由750.5万公顷降至276.4万公顷，规模缩减了63.2%；世界胡麻单产由26.8千克/亩增长到年70.5千克/亩，增幅达到163.06%。2016年世界胡麻总产量为292.5万吨。世界胡麻种植主要集中在欧洲、亚洲和美洲区域，近年来亚麻籽生产重心逐渐从美洲地区向亚洲、欧洲地区转移，区域结构总体稳定。2016年，俄罗斯成为世界第一大胡麻产出国，产量达到67.3万吨。胡麻十大主产国中，俄罗斯、中国、印度、哈萨克斯坦胡麻产量合计占比达59.1%；阿根廷、加拿大、美国3个传统主产国产量占比下降至27.9%。

（2）纤维用亚麻

2016—2017年，世界纤维用亚麻的种植面积稳定在22万公顷。亚麻种植主要分布在法国、白俄罗斯、俄罗斯、比利时、英国、埃及等国。其中法国面积占全球总面积近40%。从产量来看，2016年，世界总的亚麻纤维产量为79.4万吨，法国是第一大主产国，产量为58.7万吨，占全球总产比重为73.9%；比利时是第二大主产国，但产量远低于法国，仅为8.7万吨；其他主要生产国如白俄罗斯、俄罗斯的亚麻纤维产量均低于5万吨。

2. 国际亚麻（胡麻）贸易发展情况

（1）胡麻籽贸易

世界胡麻籽贸易规模呈现波动增加趋势。2001—2015年，全球胡麻籽进口总量从94.04万吨增至154.75万吨，增幅达到64.6%。全球胡麻籽进口国主要有比利时、德国、荷兰、日本、美国等国家；近几年中国进口显著增加，在全球贸易中占比逐渐提高。比利时是全球第一大胡麻籽进口国，2015年进口量57.6万吨，占全球胡麻籽进口总量的37.2%。2015年中国进口量36万吨，占全球胡麻籽进口总量的23.3%，成为第二大胡麻籽进口国；由于中国进口需求的高涨，全球胡麻籽贸易重心也逐渐从欧洲向亚洲地区转移。

全球胡麻籽出口国主要有加拿大、俄罗斯、哈萨克斯坦、比利时等。2015年加拿大胡麻籽出口量64.1万吨，占全球胡麻籽出口总量的39.2%；俄罗斯出口量32.2万吨，占全球胡麻籽出口总量的19.7%。近年来出口由美洲为主的格局转变为欧洲、美洲、亚洲三足鼎立，俄罗斯、哈萨克斯坦等国出口量明显增加。

（2）亚麻纤维贸易

中国是世界第一大亚麻纤维进口贸易国。2016年，中国进口的规模高达16.5万吨，占全球进口总量比重达到45.6%。比利时是第二大进口国，进口占比为25%。此外，法国和荷兰也少量进口胡麻。亚麻纤维出口国主要集中在法国、比利时、白俄罗斯等主要产出国。其中，法国是第一大出口国，2016年纤维出口为24.3万吨，占全球出口总量比重高达51.7%；比利时为第二大出口国，2016年出口量为14.7万吨，出口占比为31.4%。中国也少量出口胡麻纤维，但总量不足0.5万吨。

（二）主要国家亚麻（胡麻）竞争力分析

从胡麻籽出口价格来看，主要出口国加拿大、俄罗斯、哈萨克斯坦、比利时、乌克兰2016年胡麻籽出口价格分别为472.3美元/吨、336.0美元/吨、337.73美元/吨、503.97美元/吨和347.0美元/吨。基于绝对值比较显示，俄罗斯、哈萨克斯坦、乌克兰胡麻籽出口价格更具竞争力；尽管加拿大出口价格相对较高，但与我国胡麻籽价格相比，加拿大胡麻籽出口价格仍具有明显的优势。

从亚麻纤维的出口价格来看，世界平均出口价格为1 484美元/吨，主要出口国法国、比利时的出口价格相对都较高，分别达到1 620美元/吨和1 356美元/吨，但由于亚麻品质较高，出口市场和出口规模均较大。白俄罗斯和加拿大亚麻出口价格相对较低，2016年分别为977美元/吨和658美元/吨，在出口市场中也具备一定的竞争力。

（三）主要国家亚麻（胡麻）研发现状

胡麻主要研发国家有加拿大、美国、印度等。为满足工业、食品和饲料等广泛利用的多种需求，美国和加拿大在育种目标上始终关注满足特殊商业化和消费市场需求对品质的需要，例如由于黄籽被认为在健康食品上应用较好，加拿大低镉的胡麻品种也是近几年选育品种的目标。此外，非转基因抗除草剂品种选育近年来也受到加拿大重视。2016年起，加拿大和美国开展胡麻基因编辑技术研究，目前已成功研发出了抗草甘膦的胡麻品种，显示出巨大的应用潜力。欧洲亚麻品种的研究和培育具有先进的水平。欧洲拥有亚麻育种机构5个，每个机构均培育10个以上的品种。比如法国的泰若德林、荷兰的范比特公司等。

2017年，胡麻基础研究取得了重要成果。在胡麻品质研究方面，印度科学家Urla克隆了亚麻脂肪酸去饱和酶基因并在水稻中进行功能鉴定，相对于未转化品种的对照，纯合转基因水稻在叶片和种子中表现出高水平的亚麻酸含量。加拿大科学家Fofana研究了UGT74S1基因诱变产生改变亚麻木酚素（SDG）的稳定的新品系，这些突变系中没有检测到其他可能参与木脂素生物合成相关基因的有害突变。

在亚麻纤维研究方面，意大利科学家Gavazzi研究了β-微管蛋白基因在亚麻生长发育过程中的进化表征和表达谱，该研究报道了完整的亚麻β-微管蛋白基因家族的克隆和特性：外显子内含子组成、重复基因比较、系统发育分析和该基因在茎、下胚轴伸长和花发育过程中的表达模式。印度科学家Shivaraj等研究了亚麻水通道蛋白基因家族鉴定及表达分析，在bienne、grandiflorum和leonii 3个亚麻近缘物种中分别鉴定出49个、39个和19个亚麻水通道蛋白基因。俄罗斯科学家Gorshkov研究了富含纤维素的亚麻纤维中专业化细胞的转录组图谱。该研究比较了亚麻茎中的纤维及其他部分的转录组，结合纤维的代谢特性，阐明植物细胞专业化高级阶段的概况，揭示可能参与纤维代谢调控与细胞壁形成的新的参与者。俄罗斯科学家Gorshkov等在转录水平研究了韧皮纤维可作为亚麻向地性行为的电极。该研究进行了大规模转录组研究向地弯曲的和正常的亚麻韧皮纤维。许多离子通道、转录因子和调控元件的基因转录表达丰度发生显著变化。上调基因的数量最多属于细胞壁范畴，其中许多基因在茎侧纤维中特异性表达。

在胁迫研究方面，俄罗斯科学家Dmitriev研究了亚麻铝胁迫应答小RNA。共鉴定出18个保守家族中的97个小RNA。*miR319*、*miR390*和*miR393*的表达与亚麻受铝胁迫相关。此外，*miR390*和*miR393*在铝敏感亚麻和耐铝亚麻中的表达是不同的。对*miR319*和*miR390*的表达水平进行qPCR定量分析。亚麻中，*miR319*靶基因为TCPs，*mir390*靶基因为TAS3和GRF5，*mir393*靶基因为AFB2结合转录本。TCPs、TAS3、GRF5和AFB2参与植物生长发育的调控。韩国科学家Eom研究了亚麻响应刺激的多胺氧化酶基因的表达与识别。基于全基因组的分析，该研究鉴定了含有氨基氧化酶和FAD结合功能域的5个亚麻PAO基因（*LuPAO1 ~ LuPAO5*）。

在分子标记研究方面，印度科学家Choudhary利用22个SSR标记（15 gSSRs和7 EST-SSRs）和11个表型特征分析了130份亚麻资源的群体结构。根据植株高度、分枝模式、种子大小，印度/外国血统划分为6个亚群，即外来纤维型、本地纤维型、外来中间型、本地中间型、外来油用型和本地油用型。这项研究评估了不同的多样性指数、分子方差分析（AMOVA）、群体结构，包括基于不同标记系统的主坐标分析。俄罗斯科学家Yurkevich从物理、遗传、细胞图谱等方面研究了亚麻纤维素合酶基因。该研究首次利用荧光原位杂交技术（FISH）对地方亚麻品种、纤用亚麻品种、油用亚麻品种的CesA保守片段、5S rRNA、26S rRNA进行了染色体定位。揭示了在 kf011584.1 和5S的DNA位点的染色体分布的种内多态性，并构建了广义染色体图。利用BLAST分析及物理、遗传图谱和全基因组测序的亚麻数据，将kf011584.1、45S和5S rRNA序列定位在了基因组scaffolds上并锚定在遗传图谱上。结合FISH和BLAST的结果，kf011584.1 片段显示3号染色体可以锚定连锁群（LG）11。对45S和*5S rDNA*通用LG没有被发现可能是由于*5S rDNA*基因在1号染色体上的多态性位点。

五、问题及建议

未来10年，中国经济将继续延续稳步增长格局，随着人口总量继续增加和人均购买能力进一步提升，消费者对亚麻籽及纤维产品需求量有望保持增长趋势。特别是在消费结构升级背景下，消费者对多元化、优质化和高端产品的需求更加偏好，胡麻籽产品以及亚麻纤维类产品将迎来更广阔的消费市场。虽然胡麻籽和亚麻纤维对进口的依赖程度不断提高，但是考虑到气候、消费习惯、产业结构调整等因素，国内生产还将保持基本的规模，因此依然需要不断选育满足市场化需求的、新的品种支撑产业的持续稳定发展。通过以上对胡麻品种的现状、科技创新、品种推广、国际分析以及发展趋势的分析表明，我国亚麻（胡麻）的自育品种基本能够满足生产需要，种质资源、科研创新方面也成效突出，但是也存在一些突出问题。

1. 存在的主要问题

（1）胡麻品种的抗逆、抗病性有待加强

目前干旱是导致胡麻产量低而不稳的主要因素，抗旱性强的品种生产需求迫切，目前生产应用品种的抗旱性需要进一步的提高。在灌溉条件下，胡麻能够取得较高产量，但是目前大部分品种在生长后期遇到风雨易于倒伏，造成胡麻严重减产，因此高产抗倒伏的品种需求迫切。近年来白粉病有加重趋势，抗白粉病品种缺乏也是急需解决的问题之一。

（2）胡麻专用品种比较缺乏

亚麻油（高 α 亚麻酸、高不饱和脂肪酸含量）、高含量亚麻胶、高含量木酚素、高品质亚麻纤维、亚麻饼粕高蛋白等，特别是具有保健作用的亚麻油，目前已经被广大群众所认识，精深加工及高附加

值产业化技术发展迅速，但是针对加工和功能性产品开发的专用品种比较缺乏，难以满足产业发展的需要。

（3）纤维用亚麻品种

纤维用亚麻品种问题一直是困扰产业发展的长期问题。国内亚麻品种在长麻率、抗倒伏方面不如国外品种，而国外引进的品种虽然长麻率高，但是抗病及抗旱性差，只能在河套和有灌溉条件的地区种植。不同的自然条件，品种差异明显。所以育种目标必须是高产、高纤、抗旱、抗病、抗倒伏、可纺性好，培育具有广泛适应性的品种。

（4）科研相对落后，科研成果转化慢

近几年我国亚麻（胡麻）育种取得了一定的成绩，育种手段已经上升为分子水平。但与国外相比起步较晚，基础研究薄弱、在种质资源创新、品质育种以及育种新技术应用方面落后于发达国家。种子企业规模小，种子商品化程度低，生产用种依然以相互串换为主，新品种推广速度慢，生产用种还存在杂、乱的突出问题。

（5）新品种登记制度后有关品种鉴定和管理需要加强

2．对策及建议

（1）加强对育种资源的研究和创新

不断引进国外资源，拓宽我国亚麻（胡麻）资源的遗传多样性，扩大遗传背景，加强对种质资源库的人力和经费投入，扩大资源的收集、鉴定，原始创新与集成创新结合，以期突破产量、含油量、抗性、纤维品质的育种瓶颈。

（2）加强育种技术的提升

加强分子辅助选择、基因编辑等新技术研究和育种应用，增强亚麻（胡麻）育种的国际竞争力。强化对杂种优势利用技术研究的支持，促进杂交种的应用，对于提高胡麻产量具有重要作用。

（3）加快新品种的选育

兼顾产量和品质的基础上，加快亚麻（胡麻）抗旱、抗倒伏、抗白粉病品种的选育。加快高亚麻酸、高木酚素、高含油率种质资源鉴定及创制，选育一批优质专用新品种，满足开发高附加值产品的需要。在纤维用方面，以高产、高纤、抗旱、抗病、抗倒伏、可纺性好为目标，培育具有广泛适应性的品种。

（4）种业和产品加工业相结合，优化布局，加大种子生产基地建设

科学合理规划产业优势生产区域布局，布局良种繁育体系和供应体系，形成良种繁育、示范展示和推广相结合的种子保障体系，生产基地+企业的产品研发体系。

（5）建立适宜亚麻（胡麻）种子经营的企业管理制度

建立适宜促进亚麻（胡麻）种子经营企业发展的制度，通过授权等方式，授予小企业的生产经营权，通过政策支持，项目扶持等措施，提高企业经营积极性，促进亚麻（胡麻）种业的快速发展。

（6）建立登记品种的鉴定及管理体系

品种审（认）定制度，管理部门在品种鉴定、市场许可、市场管理方面处于主导地位。实行品种登记制度后，建议管理部门建立新的运行体制，做好品种的登记、鉴定、种子经营管理。

（编写人员：张建平　吴广文　张雯丽　张海洋　谢亚萍　等）

第11章 向日葵

概　述

向日葵起源于北美洲大陆，又名葵花，古称丈菊、西番菊、迎阳花，最初作为观赏植物向世界传播。向日葵传入中国约在16世纪末或17世纪初。1903年《抚郡农产考略》首次提到向日葵"籽可榨油"。1933年《车里》记载云南的一些县用向日葵籽榨油，称为"西番莲油"。《抚郡农产考略》记载向日葵"墙边田畔，随地可种"，反映我国向日葵作为观赏植物和小油料作物一向都是零星种植。1930年黑龙江《呼兰县志》，"葵花，子可食。有论亩种之者。"中华人民共和国成立后，向日葵开始在国内快速发展。目前，我国有栽培向日葵统计资料的省份24个（农业部，2012）。

向日葵用途广泛，其籽可烤焙或卤制作为干果食用；籽仁可做糕点、菜品等食品的辅料；向日葵油是优质食用油。向日葵油中亚油酸含量可达70%，亚油酸能抑制血栓的形成，其中含有的磷脂、β-谷甾醇等有预防脂血症和高胆固醇血症的作用。向日葵油已经成为北美洲、俄罗斯及其他东欧国家的主要食用油，东南亚国家的市场需求量也很大。向日葵籽在炒货和籽仁市场中的消费量很大，小粒向日葵籽在西方国家还用于鸟食和小宠物饲料。

一、我国向日葵产业发展

（一）向日葵生产发展状况

1. 全国向日葵生产概述

向日葵传入我国后，在相当长的时间内，作为观赏植物或干果食用植物在我国零星种植，直到1958年从苏联、匈牙利等国引进油用型向日葵（如派列多维克，匈牙利4号等），开始大面积种植。20世纪70年代从国外引入了雄性不育源后，实现了"三系"配套，80年代开始推广"三系"杂交种，向日葵生产得到迅速发展。进入21世纪以来，油用型向日葵杂交种在产量、含油率、抗逆性等方面均有所提高和改善，食用型向日葵杂交种也开始在生产上推广。在炒货市场的强力拉动下，食葵种植面积迅速扩大，产量大幅度提高，向日葵主产区也从东北地区迅速向华北和西北地区发展。

按照地域将向日葵种植划分为5个区。

东北春播区：包括黑龙江、辽宁、吉林和内蒙古东部的赤峰市、通辽市、兴安盟、呼伦贝尔盟。一般在5月10日到6月10日播种，9月初至9月下旬收获。东北向日葵栽培区，在向日葵开花期雨量集中，空气湿度比较大，因此病害较重。

西北春播区：包括内蒙古西部（赤峰、通辽、呼伦贝尔、兴安盟除外）、山西、陕西、宁夏、甘肃、青海、新疆。这一区域的播种期差异较大，甘肃、青海、新疆多在4月份播种，而内蒙古西部、山西、陕西、宁夏则多数在5月份播种。

华北春播区：包括河北、河南、山东、北京、天津。这一区域向日葵的播种面积不大。主要种植食葵，一般在5月份播种。

北方夏播区：这一区域包括晋南、辽南、河南北部等地，主要采用复播和套种的栽培方式。种植油葵和早熟食葵。一般6月底7月初播种，8月中下旬开花，9月底10月上旬收获。

南方夏秋播区：包括广西、云南和贵州。该区域向日葵一般作为填闲作物，可以在夏季播，也可在秋季播种。

近10年来，每年向日葵的种植面积约在100万公顷左右，单产水平超过2 500千克/公顷，高于世界平均水平。种植区域主要集中在北方12省份，种植面积最大的是内蒙古，其次是新疆。

（1）播种面积变化

近10年我国向日葵种植面积变化不大。2010年以后，随着食用向日葵需求量不断增加，食葵种植面积也随之扩大，油葵种植面积下降，油葵和食葵种植面积比为3∶7，特别是最近3年，油葵种植面积下降，食葵种植面积增加较快，2016年达到1 729.7万亩，2017年种植面积1 650万亩，总产量285万吨（特油体系，2017）。主要集中在内蒙古、新疆、甘肃等西部地区。

由于食葵总产量增加，供大于求，农民种植效益明显下降，甚至出现亏损现象，严重挫伤了农民种植食葵的积极性，近2年食葵种植面积呈下降趋势。油葵种植面积下降的主要原因是，进口油葵籽及向日葵油的价格比国内价格低20%～30%，严重冲击了国内油葵市场，农民种植油葵效益低。

（2）产量变化状况

近10年全国向日葵的总产量和单产水平总体呈现增加和提高的趋势。

2017年向日葵总产量为285万吨，单产每亩172.7千克（表11-1）。

表11-1　全国向日葵播种面积、总产量、单产水平不同年份间变化情况

项目	2008年	2009年	2010年	2011年	2012年	2013年	2014年	2015年	2016年	2017年
面积（公顷）	964 267	959 067	984 000	940 267	888 533	929 933	948 533	1 036 333	1 153 133	1 100 000
单产（千克/公顷）	1 859	2 039	2 336	2 460	2 615	2 607	2 627	2 604	2 540	2 591
总产量（吨）	1 797 200	1 955 600	2 298 000	2 312 800	2 322 700	2 424 000	2 492 000	2 698 100	2 989 700	2 850 000

数据来源：历年《中国农业统计资料》《新中国农业60年统计资料》，2017年为体系调研数据推测。

（3）栽培方式的演变

长期以来，我国向日葵种植主要采用平作畦灌、平作沟灌、地膜覆盖、沟播垄面覆膜集雨、避旱保苗、晚播躲病、麦田向日葵间作、麦后复种以及各种模式的套种、地膜二次利用免耕栽培等种植技术，提高了向日葵的产量和品质。近几年随着滴灌技术的应用，配方施肥，随水滴施肥料，提高了水肥利用效率，降低了劳动强度和成本，这将是向日葵集约化种植的发展趋势。

2. 区域生产基本情况

（1）各优势产区的范围

我国向日葵的种植主要集中在东北春播区和西北春播区，包括内蒙古、新疆、吉林、黑龙江。

内蒙古种植区域主要集中在巴彦淖尔地区、乌兰察布及赤峰、兴安盟、通辽。

新疆主要种植区域为阿勒泰地区、伊犁、博州温泉县、昌吉的东3县。

吉林省向日葵主产区集中在西部白城市各县（市）、松原市的长岭县和乾安县，其中白城市的种植面积最大，向日葵是白城地区的主要经济作物，发展向日葵生产是该地区的一大优势。

黑龙江向日葵种植区域相对集中的是松嫩平原的中西部地区，集中了全省80%以上的向日葵种植面积和90%以上的商品量。主要包括兰西、青冈、龙江、甘南、泰来、富裕、肇东、肇州、肇源、安达、大庆、杜尔伯特、依安、拜泉、克山等市（县）。

（2）种植面积与产量

内蒙古是我国向日葵第一大产区，常年种植向日葵650万亩以上，占我国向日葵种植面积46%左右，主要以食葵种植为主，平均亩产约200千克。2017年内蒙古向日葵种植面积为844.67万亩，占全国种植面积的51.19%；总产量147.65万吨，占全国总产量的51.81%；单产174.8千克/亩，较上年增加22.57千克/亩（贾利欣，2017）。

新疆是我国向日葵第二大主产区，最近每年向日葵种植面积220万亩，占我国种植面积的16%左右，平均亩产210千克。2016年种植面积258.6万亩，总产量53.63万吨；2017年种植面积为178万亩，占全国总播种面积的10.79%，总产量38万吨，占全国总产量的13.33%（刘胜利，2017）。

吉林在20世纪90年代初期向日葵播种面积为200万亩，占全国向日葵总播种面积的20%，产量占全国向日葵总产量的25%。90年代中期种植面积和总产量有所下降。随着种植业结构调整，种植面积有所增加，向日葵的播种面积曾达到300万亩。近年来，由于菌核病等病害严重发生、产品价格波动及旱田改水田等原因，白城地区向日葵生产受到很大影响，种植面积锐减。2017年白城区域向日葵播种面积已经降低到30万亩，占全国总播种面积的1.81%（孙敏，2017）。

黑龙江省2017年向日葵播种面积约105万亩，占全国总播种面积的6.36%。种植面积骤然增加的主要原因，是种植业结构调整和优惠补贴政策（黄绪堂，2017）。

其他种植面积较大的区域有甘肃、辽宁、宁夏、河北、山西、陕西等省份，其中甘肃、新疆也是我国向日葵杂交种制种的主要区域。向日葵主产省份种植面积、总产、单产情况见表11-2。

表11-2　2015—2016年我国向日葵主产省份种植面积、总产、单产情况

省份	2015年			2016年		
	种植面积（万亩）	总产量（万吨）	单产（千克／亩）	种植面积（万亩）	总产量（万吨）	单产（千克／亩）
内蒙古	777.3	141.77	182.4	959.9	166.16	173.1
新疆	221.0	49.33	209.6	258.6	53.63	207.3
吉林	127.2	16.95	133.2	123.5	13.53	109.6
黑龙江	100.2	10.53	105.0	25.8	3.98	154.5
河北	89.0	16.72	188.1	100.5	19.37	192.7
甘肃	66.3	16.22	244.8	82.4	18.49	224.7
山西	42.8	4.12	96.3	49.1	5.41	110.3
宁夏	38.9	6.77	173.8	31.4	6.02	191.7
陕西	25.7	3.07	119.7	27.9	3.59	128.3
全国	1 554.5	269.81	173.6	1 729.7	298.97	172.9

资料来源：中国种植业信息网，2016。

（3）内蒙古向日葵生产状况

东部赤峰、通辽、兴安盟主产区。该区域主栽品种SH363、3638C，种植面积占内蒙古总面积的

27%，产量降中有升，总产量基本平稳。产品价格5～8元/千克，比去年同期下降0.3元/千克，农民纯收入500～700元/亩。

中部阴山北麓主产区。该区域主栽品种3638C、SH363、JK601，种植面积占内蒙古总面积的20%，作物生长期遇到了低温、干旱、高温等不良气候条件，对向日葵的结实率、产量及商品性均造成了很大影响；产品价格6～8元/千克，比去年同期上涨1.4元/千克，农民纯收入200～350元/亩。

西部沿黄灌区。该区域主栽品种SH363、SH361、JK601、3939，种植面积占内蒙古总面积的53%，播种面积减少，单产增加，总产稳定。产品价格5～7元/千克，比去年同期上涨0.4元/千克，农民纯收入400～500元/亩。总的来看，向日葵价格平稳有升，以质论价，价格优劣差距较大。

2017年内蒙古向日葵的种植面积减少，总产量下降。主要原因是南方大型炒货厂由于环保问题关停，出口量减少，小型炒货场进料有限，出货迟缓零散。经济效益上东部区领先，中部区最差，西部区稳中有升（贾利欣，2017）。

（4）新疆向日葵生产状况

1976年新疆油用向日葵引种成功，种植面积迅速扩大；1981年向日葵种植面积猛增到135万亩，1985年达到165万亩。新疆油品自给自足以后，油料作物种植基本饱和，向日葵种植面积趋于稳定，受棉花、甜菜等作物及市场需求的影响，面积稍有波动。1995年上升到210万亩，1996年下降为123万亩，2000年、2008年、2009年种植面积较大，达到240万亩。随着新品种、新技术的应用，平均单产稳步增加，2009年平均单产达到177千克/亩，2008年最高达到42.87万吨，正常年份一般稳定在20万吨左右。

2017年新疆葵花种植面积明显减少，种植品种以SH363、JK601、SH361、先瑞10号为主。以昌吉地区葵花种植面积统计数据为例：昌吉市食葵种植面积减少70%，改种棉花居多；阜康市种植面积减少70%，改种玉米、棉花居多；玛纳斯县种植面积减少90%左右，改种棉花居多；呼图壁县种植面积减少90%左右，大多改种棉花；吉木萨尔县种植面积减少80%，改种麦子、棉花居多；奇台县种植面积减少40%以上；木垒哈萨克自治县食葵种植面积减少30%。新疆博乐的向日葵种植面积增长显著，主要集中在小营盘镇，2017年种植面积较2016年增长（刘胜利，2017）。

（5）吉林向日葵生产状况

白城市的土壤和气候条件，适合种植向日葵。因此，向日葵是白城地区的优势经济作物。当地农民种植向日葵积累了丰富经验，发展向日葵生产是本地区的一大优势。白城市向日葵播种面积常年在200万亩左右，占全省总播种面积的70%以上，单产水平徘徊在100.0～133.3千克/亩。近年来，由于菌核病等病害严重发生、产品价格波动及旱田改水田等原因，白城地区向日葵生产受到很大影响，种植面积锐减。

2017年白城地区向日葵播种面积30万亩，2018年白城地区向日葵种植面积预计40.6万亩。通过产业发展状况调研发现，白城地区向日葵种植面积骤减，其主要的原因包括以下3个方面：

第一，以菌核病为代表的向日葵病害严重发生，使向日葵产量和品质受到严重影响，经济效益不好，挫伤了种植户的生产积极性。

第二，近两年向日葵菌核病发生严重，向日葵不仅产量降低，商品品相也差，向日葵商品的收购价格过低，种植户经济效益很差，严重挫伤了种植户的生产积极性，导致向日葵种植面积骤减，取而代之的是水稻，或者高粱、谷子、绿豆等杂粮杂豆。

第三，白城地区实施"引嫩入白"水利工程，大力搞水田开发，灌区许多地块进行"旱改水"，原来一些适合种植向日葵的旱地改为水田，水稻面积大幅度增加，而向日葵等其他作物面积相应减少。

（6）黑龙江向日葵生产状况

2017年黑龙江省向日葵生产的总体特点是面积、总产、单产都有所增加，种植面积比2016年增加

79.2万亩。市场价格总体平稳，与2016年相比变化不大，农民的销售价和去年持平或略高，其中食葵价格5～10元/千克，油葵价格3.8～5.6元/千克，因净度和质量不同价格差别很大。

黑龙江省松嫩平原的中西部，是十旱盐碱地区，既属适宜区，又是黑龙江向日葵生产的最佳经济区，这些地区种植向日葵效益较高，尤其是在严重伏旱的年份，其产量和收益明显高于大豆。

2017年黑龙江省向日葵种植面积骤然增加，增加的主要原因是种植业结构调整。一方面，随着玉米市场的放开和国家关于镰刀湾地区玉米政策的调整，这些地区玉米种植面积下降，向日葵等经济作物面积有所增加。另一方面，部分市（县）制定了发展向日葵生产的优惠补贴政策。如甘南县，每种植1亩向日葵，县财政给农民补贴200元。由于面积增加和单产提高，总产量比上一年有所增加。黑龙江省向日葵平均单产为130千克/亩，最高产量可达到200千克/亩，产量波动的主要原因是，杂交新品种种植面积不断增加和综合配套高产技术的应用。

3. 向日葵生产上存在的主要问题

(1) 病虫害严重发生

种植区域过于集中，轮作条件差，长期重茬和迎茬，导致病虫害严重发生，造成产量下降和品质降低。

(2) 食葵杂交种多、乱、杂

食葵杂交种品种数量多，质量良莠不齐，使产量、质量无法保证。食葵杂交种阶段性、结构性供不应求以及高额的利润，使企业和个人纷纷套包种子的现象相当普遍，虚假宣传，造成种子市场混乱，种子质量事故频发。农民受市场诱导及种业、收购企业的诱惑，经常出现盲目跟风种植现象，造成商品价格大起大落，产业整体效益不良。

(3) 生产方式粗放，产业化水平低

在政府部门的推动和消费市场的刺激下，我国向日葵产业的发展获得了显著成效。但要进一步做大做强向日葵产业，需要解决生产方式落后、产业化水平低的问题。当前我国向日葵以家庭作坊式的粗放型生产模式为主，种植户的生产条件和管理能力参差不齐，多采用传统的技术手段。粗放式的生产方式决定了向日葵种植户承受自然风险的能力弱，面对市场价格的波动很难平稳过渡，取得预期的经济效益。这也是导致近年来我国向日葵播种面积不断波动的主要原因。

(4) 科研与生产脱节，科技成果转化率低

虽然我国向日葵种植历史悠久，但新品种、新技术推广缓慢，科技成果转化率低，向日葵产业处于初级发展阶段。更为重要的是，向日葵科研单位与加工企业的联合不密切，在面对国际市场上多样、优质的产品，表现出竞争力不足。与此同时，向日葵产业的服务体系不健全，技术推广队伍不足，种植户得不到专业、有效的培训。即使有先进科技，也很难把科技成果转化成切实的经济效益，使我国向日葵产业的发展受到很大阻碍。

(5) 政策导向与国际市场问题

由于片面强调粮食安全问题，种植玉米、大豆等主要粮食作物享受各种政策补贴，而向日葵等经济作物没有任何补贴。在目前的市场经济条件下，向日葵的生产比较效益相对低于大田作物，再加上生产成本总体上比国外生产成本高，这样就使向日葵生产在国内没有比较优势，产品在国际市场上也没有竞争优势，导致向日葵种植面积萎缩。

4. 生产成本与效益分析

食葵种植在一定范围内，其产值是有一定优势的，种植效益每亩可达800～1 000元，但受市场波动影响较大。每年种植面积超过700万亩，市场将会出现供过于求，单价低于6元/千克，种植向日葵没有效益。油葵受国外进口原料及食用油的影响，国内种植油葵比较效益低下，没有市场竞争力，面

积明显下滑。食葵的生产成本及效益受市场的影响较大，成本主要受种子、农资、人工的影响较大，新疆主要采用滴灌栽培，一般每亩成本800～1 000元。油葵种植机械化程度高，生产成本较低，一般每亩成本300～400元。

（二）向日葵市场情况

1. 葵花籽贸易概况

2017年葵花籽年度贸易总量53.16万吨，同比增加42.4%。其中，进口葵花籽12.2万吨，同比增长57.9%；从哈萨克斯坦进口量占99%。年度出口葵花籽40.96万吨，同比增加38.4%；主要出口到伊朗、埃及、伊拉克等国家，分别占出口总量的26.9%、18.2%、13.0%。

目前，国内油用向日葵价格普遍在3 800～4 300元/吨（全国市场调查数据），进口葵花籽平均价格比国内油葵价格低28%～37%。随着我国产业结构的调整，以及低廉的进口葵花籽价格，已经对我国向日葵种植产业产生很大冲击，农民种植积极性降低（张雯丽，2017）。

2. 市场需求状况

（1）全国消费量及变化情况

我国近几年向日葵种植面积逐年扩大，特别是2015年、2016年为种植高峰年，2017年下降幅度较大。近几年主要是食葵种植面积的扩大，与国内需求和食葵的出口量增加有关。2016年我国向日葵总产290万吨左右，其中食葵200万吨左右，出口30万吨，国内食葵消费120万吨左右，库存50万吨左右，国内生产油葵籽90万吨左右，进口7.7万吨，主要用于榨油用。2017年向日葵总产285万吨左右，其中出口食葵40.96万吨。油葵进口12.16万吨。

①国内市场对向日葵产品的年度需求变化。我国是食葵最大的种植国和消费国，随着食葵加工企业的急剧增加及原料需求的增加，食葵种植面积在800万～1 000万亩，年需求量100万～150万吨，主要用于嗑食。

②预估市场发展趋势。受2016年、2017年连续2年的种植效益比较、市场需求、价格波动，及消费升级和气候环境影响，2018年我国向日葵种植面积会进一步下降，预计种植面积降至1 000万亩左右，下降面积主要是食葵面积，预计种植食葵650万～700万亩，生产葵花籽135万吨，国内需求100万吨左右，出口40万吨（体系调研数据，2017）。

（2）区域消费差异及特征变化

①区域消费差异。我国向日葵消费主要是体现在两个方面：一是油用型向日葵主要用于榨油，在向日葵主产区及北方区域，向日葵油比较受欢迎。目前加工能力上万吨的加工企业为鲁花集团及益海嘉里，我国以小型加工企业居多，消费群体主要集中在北方地区。二是食用型向日葵主要用于加工休闲食品。食葵加工企业以安徽洽洽食品股份有限公司为龙头企业，年采购食葵原料15万左右，安徽真心食品、三只松鼠股份、浙江大好大、四川徽记、宁波恒康食品等原料需求不足5万吨，其他年加工2 000～5 000吨的企业居多，主要加工各式休闲食品，全国各地均有消费，但以江、浙及云、贵、川消费较多。三是中间型向日葵主要用于剥仁，用作食品辅料，大部分出口国外。例如，吉林省大安市亿龙农产品有限公司每年生产加工向日葵籽仁8 000吨，其中20%出口，其余的在国内销售；而位于新疆的亿龙分公司每年生产加工6 000吨向日葵籽仁，几乎全部出口到德国、英国、荷兰等欧美国家（体系调研数据，2017）。

②区域消费特征。我国的向日葵加工和消费处于初级加工阶段，食用油的价格主要受大豆、油菜等大宗油料需求的影响，而向日葵油在价格和市场方面没有体现出其保健功能的优势。食葵主要以加工嗑食的休闲食品为主，由于受其他坚果食品及可替代食品（如爆米花、膨化食品）的影响，加之公

共场所限制带壳食品消费，限制了食葵消费量的增加。内蒙古巴彦淖尔是全国最大的向日葵生产地和西部地区最大的葵花籽集散地，有炒货加工企业120家，年加工能力80万吨，年交易量140万吨，有出口企业56家，年出口葵花籽仁18万吨，销往中东和欧美市场（体系调研数据，2017）。

③消费量及市场发展趋势。各大加工企业要积极适应消费市场的升级需要，在葵花籽的药用、美容、营养价值、保健等领域创新开发亮点产品，向日葵需求量会有所增加。另外，随着国外需求量的增加，出口量会逐年增加，也是今后一个时期向日葵产业发展的趋势。

3. 种子市场供应状况

（1）全国种子市场供应总体状况

①种子供应。2016—2017年，甘肃、新疆、宁夏、内蒙古4省份的向日葵种子生产面积累计约10万亩，2年累计产种约11 000吨，2017用种3 000吨，供应充足（甘肃同辉种业，2017）。

②种子需求。全国食葵种子每年的需求量3 000吨左右，峰值在4 000吨左右；年均营业额达10亿元左右。中国食葵商品产量年均达160万吨，农民种植的食葵商品销售额约150亿元，炒货行业的营业额达400亿~450亿元，中国已成为世界上最大的食葵消费国（吉林汇丰农业，2017）。

③品种结构。SH361（含各类"三仿"品种）播种面积大约300万亩，SH363（含"三仿"）播种面积160万亩，JK601（含"三仿"）50万亩，C3167（含"三仿"）25万亩，同辉31号（抗列当）15万亩，其余150万亩为其他品种，市场占有率分散（甘肃同辉种业，2017）。

（2）市场销售情况

①主要经营企业。食葵经营企业主要有：三瑞农科，品种有SH361、SH363、三瑞3号、三瑞5号、三瑞6号；北京天葵，品种有TK0409、TK9129；华夏农业，品种有JK601、JK103；新世纪农业，品种有3638C；北京金色谷雨，品种有X3939；北京凯福瑞，品种有LD5009；甘肃同辉，品种有C3167、同辉31号、同辉15号；酒泉同庆，品种有先瑞10号；河北双星，品种有双星1316、双星1314、双星6、双星8号；其他公司的品种有丰葵杂一号、HF309等。

②市场占有率。目前三瑞农科的SH361、SH363市场占有率稳居第一，两个品种的总市场占有率大约在65%。但三瑞农科品牌在这2个品种的销售量占比大约40%，其余占比被各种"三仿"品种分割了。所以，三瑞农科的国内市场占有率大约是26%，

JK601的品种市场占有率2018年将大幅度下滑，大约8%，但"三仿"泛滥，华夏农业的占比甚至不如某些"三仿"公司的占比。

C3167不到5%的市场占有率，各公司占比分散，其余品种市场占有率都在5%以及此比例之下，十分分散，涉及商业秘密原因，统计更加困难（高启卿，2018）。

二、向日葵科研进展情况

（一）向日葵育种研究

在向日葵遗传育种研究方面，刘胜利等发现食葵遗传多样性较油葵丰富。石必显等发现油葵中对列当表现出高抗水平的材料所占的比例显著高于食葵。在优异种质创制方面，相关科研单位通过远缘杂交、群体改良等途径，创制出抗病抗逆、优质高产、新型不育等优异向日葵新种质资源。

菌核病、霜霉病和黑斑病是向日葵的三大主要病害，是制约向日葵生产的重要因素之一。王春等通过对向日葵拮抗菌株的分离与筛选，已经筛选出对菌核病防治效果较理想的菌株，菌核萌发抑制效果和离体叶片防效均超过90%。近年来研究发现一些向日葵资源表现出对霜霉病的显著抗性。有研究资料称利用辐射诱变可能会筛选出抗黑斑病的资源，这个发现为向日葵黑斑病抗性研究带来希望。吉

林农业大学张美善等将菊芋和向日葵野生种DNA导入栽培种向日葵，其后代表现出对菌核病和向日葵螟较强的抗性。

在向日葵不同外植体组织培养及其再生的研究方面，刘海学等人取得了进展，确定了子叶和下胚轴作为组织培养的最佳外植体。在不同盐浓度培养基上分别诱导出向日葵耐盐愈伤组织，继代培养后得到不同耐盐程度的新株系，移栽后得到完整植株。吉林省向日葵研究所利用从塞尔维亚引进的抗除草剂油葵杂交种，筛选抗除草剂育种材料，保证在使用了广谱性化学除草剂的土地上，油葵能正常生长，给油葵生产带来更多发展空间。

（二）向日葵病、虫、草、渍害防控研究进展

在向日葵病、虫、草、渍害防控方面，重点开展了向日葵病虫草害发生规律、病原菌致病机理及绿色防控技术研究，筛选出对菌核病、黄萎病和黑斑病表现较抗的多抗性品种材料14份。筛选出了对向日葵菌核病防效较高的化学药剂3种、无公害药剂3种、生防制剂2种，对盘腐有较高防效的用药组合1个。发现向日葵列当防治的最佳时期是在列当种子萌发寄生阶段，明确了应用抗除草剂向日葵品种结合对应的内吸性除草剂是防治向日葵列当的有效途径。

（三）向日葵耕作栽培技术研究进展

通过对向日葵需水、需肥规律以及机械化种植技术的研究，明确了向日葵对钾吸收利用规律。研制出了向日葵节水减肥增效关键技术，机械化精量播种、中耕除草以及收获机等机械化作业装置。建立了病害和列当综合防控技术、控肥增效技术、机械化播种与收获技术等向日葵高产高效综合生产技术体系。

（四）向日葵加工技术研究进展

重点开展了特色油料高效加工技术、功能产品开发、生物活性物质功能评价等研发工作。开展了葵花籽热变性蛋白粉制备工艺、蛋白脱色技术、绿原酸分离纯化、总黄酮提取技术等研究，提升了饼粕蛋白综合加工能力。明确了向日葵油脂加工过程中多环芳烃、塑化剂等风险成分形成规律，开发对风险成分精准控制的适度加工技术。

三、向日葵品种推广

（一）向日葵品种登记情况

2017年登记向日葵品种共计335个，其中甘肃198个品种，内蒙古56个品种，北京23个品种，山西19个品种，新疆17个品种，河北15个品种，安徽5个品种，黑龙江2个品种。其中食用型264个，占比约79%，油用型71个，占比约21%。

申请单位类型：个人申请的3家，登记数量17个；公司申请的120家，登记数量779个；科研单位9家，登记数量17个；其他2家，登记数量7个。

申请品种类型：新选育品种40个，已审定55个，已销售725个。

品种保护申请状况：申请并受理27个，未申请品种保护790个，空白3个。

选育方式：自主选育745个，合作选育40个，法国引进11个，美国引进18个，其他6个。

品种类型：杂交种817个（油用型196个，食用型620个，观赏用1个），常规种3个。

各省份登记情况：安徽5个，北京46个，甘肃518个，河北27个，黑龙江12个，吉林8个，辽宁6个，内蒙古110个，宁夏16个，山西32个，新疆40个。

从登记品种的数量来看，油用型向日葵和食用型向日葵的比例相差悬殊。究其原因，一方面，进口油葵及葵花籽油替代效应明显。因进口产品价格优势明显，近年来从乌克兰等国进口油葵籽和葵花籽油规模较大，很大程度上对国产油葵市场形成替代，导致国产油葵价格长期低位运行，农户比较效益低，油葵种植面积逐年缩减。另一方面，我国食葵仍能保持一定规模出口，市场需求总体较旺盛，价格和比较收益高于油葵，农户种植积极性相对更高。

（二）向日葵主要优良品种推广应用情况

1. 推广面积

目前推广应用的优质高产食葵品种以SH361、SH363和JK601系列为主，主要分布在内蒙古、新疆、甘肃、东北地区等。其中，内蒙古是中国最大食葵的种植区，种植面积约844万亩，占全国种植总面积的75%。

油葵主要有S606、矮大头系列、S562和TO12244等，主要分布在新疆、河北和内蒙古的兴安盟（表11-3）（于海峰，2017）。

表11-3　2017年主要食葵品种主要省份种植情况　　　　单位：万亩

省份	SH363	仿SH361	仿363	SH361	JK601系列	其他品种	合计
新疆	22.90	18.40	47.10	16.00	19.00	6.20	129.60
甘肃	5.50		6.00		5.00	6.50	23.00
山西	2.00	0.25	2.00			2.75	7.00
吉林	1.00		2.00		1.00	1.00	5.00
黑龙江	9.75		20.00			20.50	50.25
内蒙古	34.00	16.00	132.00	150.00	200.00	59.00	591.00
合计	75.15	34.65	209.10	166.00	225.00	95.95	805.85

2. 品种特性

目前市场上主要推广的品种为来自于三瑞农业科技股份有限公司的美葵品种SH363、SH361以及安徽华夏农业科技股份有限公司的JK601两个系列食葵品种。

SH363：食葵杂交种，偏晚熟，生育期115天左右。该品种生育前期和中期表现出了较强的抗旱性能，田间生长条件下，表现对霜霉病、黄萎病高抗，零星感染叶斑病和菌核病。不同栽培条件下，有的田块表现出点片倒伏和茎折。籽粒长锥形，粒色黑底白边有不规则白色条纹，黑白鲜明，籽粒口感香甜，商品性好。此品种从2010年开始推广，表现出产量高、田间综合抗性好、少量倒伏、商品性好、价值高的特点。产品收购价比一般美葵品种高1.6～2.0元/千克，农民普遍收入在每亩2 500元以上。

SH361：食葵杂交种，属中晚熟，生育期108天左右。发芽出苗整齐，成苗率高。株高190～260厘米，叶片数量37片左右，叶片大小适中，叶片平展，植株清秀叶色绿，苗期生长整齐。花色黄，花盘凸型，花盘倾斜度4级。该品种生育前期和中期表现出了较强的抗旱性能，田间生长条件下，表现对霜霉病、黄萎病高抗，零星感染叶斑病和菌核病。不同栽培条件下，有的田块表现出点片倒伏和茎折。该品种平均盘径25～40厘米，开花整齐一致，授粉结实能力强，单盘结实粒数670～890粒，千粒重170～180克，单盘粒重126～134克，增产潜力大，比对照增产达显著水平。籽粒长2.1～2.3厘米，宽0.98厘米，长锥形，粒色灰黑底白边有不规则白色条纹，籽粒大，皮薄仁大。此品种从2012年开始推广，表现出产量高、田间综合抗性好、少量倒伏，商品性好、经济价值高的特点。产品收购价比一般美葵品种高0.4～1.0元/千克，农民普遍收入在每亩1 800～2 500元。

JK601：属于食用型向日葵杂交品种，生育期107天。高抗黄萎病，中抗根腐型菌核病、黑斑病、褐斑病，抗列当。适宜在内蒙古≥10℃活动积温2 300℃以上地区春、夏季种植；在新疆的北疆，甘肃酒泉、民勤、天水、白银及相同生态区春播种植。

（三）向日葵产业风险预警

1.气象灾害

如果在向日葵的开花期出现连续的阴雨、露水天气，加之锈病、收获迟等原因，影响到葵花籽花皮、色泽差，市场竞争力持续减弱，效益差。

2.出苗问题

品种的芽率不达标，芽势弱，造成部分苗不能出土，出苗不整齐，苗弱；缺苗补苗，造成大小苗，影响产量和品质。

3.病、虫、草害

新疆、甘肃部分区域出现锈病，造成产量下降，品质降低；吉林、黑龙江、内蒙古通辽、山西、新疆部分区域，均出现不同程度的盘腐；新疆、内蒙古部分区域的葵螟、棉铃虫危害，造成品质差；列当各地区均有不同程度发生，内蒙古乌兰察布市发生严重。

4.绿色发展及特色产业发展对向日葵品种提出的要求

（1）绿色发展对品种提出的要求

更加注重资源节约。绿色发展对向日葵产业提出了依靠科技创新和劳动者素质提升，提高土地产出率、资源利用率、劳动生产率，实现节本增效、增收的要求。

更加注重环境友好。向日葵是一种用肥较多的作物，化肥费、农药费和农膜费在农户向日葵种植直接费用中占比接近40%。农业绿色发展对向日葵产业提出大力推广绿色生产技术的要求。

更加注重生态保育。我国向日葵生产方式较为粗放，种植区域过于集中和固定，普遍存在着由多元种植结构向向日葵—玉米单一种植结构转变的现象，容易造成生态系统结构失衡和功能退化。绿色发展对向日葵产业提出了可持续、可循环的要求。

更加注重产品质量。当前，向日葵产品优质的、品牌的还不多，与城乡居民消费结构快速升级的要求不相适应。绿色发展对向日葵产业提出了由满足数量转向注重质量的要求。

（2）特色产业发展对品种提出的要求

一是加强良种繁育与优良品种鉴选，加快优质专用品种推广应用步伐；二是加强出口基地、加工原料基地建设，推广保优节本高产栽培技术，推进生产技术与产品的标准化；三是积极扶持龙头企业，推进产业化经营，开发优质向日葵产品，培育一批名牌产品；四是加强向日葵产品质量安全管理，建立健全向日葵相关的质量、技术和环境标准及全程质量安全控制体系。

四、国际向日葵产业发展现状

(一) 国际向日葵科研情况

1. 向日葵育种研究

2017年5月，英国《自然》杂志发表论文称，法国尼古拉斯·朗拉德及其同事测序获得了高质量的向日葵参考基因组，该研究团队还找到了新的候选基因，重构了花期和油脂代谢这两大育种性状的遗传网络，并发现花期的遗传网络是由最近的全基因组倍增塑造的。这一资源将为未来的研究提供帮助，有助于人们在考虑到农业限制因素和人类营养需求的前提下，利用遗传多样性改善向日葵的抗逆性和产油量。该研究有助于加快向日葵育种和改良农业种植问题。

2. 向日葵病虫害防控

向日葵菌核病是目前我国向日葵生产乃至世界向日葵生产的主要病害之一，对向日葵危害极其严重，重病年份个别品种产量损失高达90%以上，甚至绝产。育种者一直把抗或耐菌核病当做最重要的育种目标之一，近年来取得了一定的进展。Vear. F 等对一个向日葵恢复系群体进行了轮回选择。前3轮是在花盘背面接菌然后进行发病率的选择；第4轮进行自然发病选择，感染面积降低了80%。

3. 向日葵耕作栽培技术研究

向日葵耕作栽培以逆境生理、抗逆栽培、肥水高效利用等研究较多。主要进展包括：巴西学者发现使用海水灌溉，随灌溉量的增加向日葵叶绿素含量降低，开花延迟，但随着氮的增加而增加 (Dos-Santos, 2017)；向日葵在正常供水和水分亏缺时，使用1%的叶面钾肥可显著提高向日葵的产量 (Maqsood, 2017)；向日葵根部内生菌具有缓解镉毒性，利用向日葵根能吸收土壤中的镉并将其固定到根系中 (Saleh S, 2017)；外源抗坏血酸处理可以缓解盐胁迫所产生的影响 (Kaya A, 2017)。在覆膜技术模式与应用、环保型地膜的应用、覆膜与节水灌溉 (Zhang et al., 2017) 等方面也有大量研究。

4. 向日葵加工技术研究

加工技术研究主要集中在饼粕蛋白利用、功能物质提取以及保健食品开发等方面，研究了乙醇萃取葵花籽油过程中不同脂溶性物质提取速率 (Baümler ER et al., 2017)。明确了辐照对向日葵分离蛋白的结构、理化特性、抗氧化性的影响 (Malik MA et al., 2017)，探讨了以葵花油磷脂为乳化剂制备了胡麻籽油乳化液 (Liang L et al., 2017)。

(二) 国际葵花籽产业生产情况

近年来，全球葵花籽生产规模波动上升，生产区域主要集中在欧洲地区。从生产总量上看，自20世纪60年代以来，国际葵花籽生产规模虽有波动，但整体呈扩大趋势。美国农业部预测，2017年世界葵花籽种植面积约为2 544万公顷，总产量在4 577万吨左右。从生产结构上看，国际葵花籽生产区域分布相对集中，乌克兰、俄罗斯是两大主要生产国。美国农业部预测，2017年乌克兰葵花籽产量1 300万吨，俄罗斯葵花籽产量1 050万吨，两国葵花籽产量之和占世界葵花籽总产量的比例超过50%。欧盟排在第三位，2017年葵花籽产量930万吨。考虑到世界葵花籽种植面积的增加、生产技术的进步以及单产水平的提高对葵花籽产量增加的拉动作用，再加上近年来消费者对葵花籽油的营养功能认知度越来越高，葵花籽油消费需求快速增长，未来世界葵花籽生产规模势必会继续扩大（张雯丽，2017）。

（三）国际葵花籽贸易发展情况

世界葵花籽需求稳步增加，国际贸易市场较为活跃。根据美国农业部数据显示，世界葵花籽需求量从2015年的4 065.2万吨上升到2017年的4 608.6万吨，2017年葵花籽进出口贸易总量371.5万吨，其中进口贸易量187.2万吨，出口贸易量184.3万吨。进口贸易量主要来自于欧盟及土耳其、俄罗斯、乌克兰等国家和地区，其中欧盟年度进口量最大，有60万吨，占世界葵花籽总进口量的32.1%；其次是土耳其，葵花籽年进口量45万吨，占世界葵花籽总进口量的24.0%。出口贸易量主要来自于欧盟及阿根廷、俄罗斯、乌克兰和土耳其，其中欧盟年度出口量最大，为35万吨，占世界葵花籽总出口量的比例为19.0%，阿根廷年度出口量17万吨，占世界葵花籽总出口量的9.2%。总体来看，葵花籽进、出口贸易主要集中在欧洲地区，这与欧洲人喜欢食用葵花籽油、欧洲国家在葵花籽生产与贸易上的地理区位优势有关。随着中国、阿根廷等亚洲、美洲国家葵花籽贸易的快速发展，未来世界葵花籽贸易结构会更加多元化，传统优势市场的贸易规模占世界总贸易规模的比例会呈下降趋势，世界葵花籽贸易集中度也会随之降低（张雯丽，2017）。

五、问题及建议

1. 种子产业存在的问题

（1）产业分散，聚集程度不高

作为世界向日葵种子需求较大国之一，中国向日葵种子产业市场潜力巨大，但产业相对分散，绝大多数国内种子企业规模小、实力弱，科研投入不足，以产销为主，经营产品同质性强，相互模仿程度高，市场竞争力不强。

（2）品种问题

食用向日葵品种老化、退化、混杂、混乱。

（3）杂交种引种混乱，隐患较大

食葵杂交种多、散、乱、杂，良莠不齐，使产量、质量无法得到保证。杂交种阶段性、结构性供不应求以及高额利润，使各类的企业和个人纷纷从国外引种，导致一些危险病虫害传入我国，一年宣传一个品种的现象相当普遍，农民还未掌握栽培技术便又出现了新的品种，造成主产区没有优势主推品种，种子质量事故频发，产品质量下降。

（4）缺乏优质专用向日葵品种

我国食用向日葵品种多样，但缺乏优质专用的向日葵品种。现有向日葵籽在皮壳颜色、籽粒大小和形状上存在较大差异，企业在加工过程中，要去除大量不符合使用标准的原料，导致食葵原料出成率低，生产成本增加。

2. 种子产业发展政策措施及建议

（1）完善种业管理体系，规范种子产业发展

完善的管理体系和法制化、规范化的种业市场环境，公平、公正、宽松、有序的竞争机制，是我国种业健康、快速发展的重要保证。不断提高种子管理部门在品种审定、品种保护、质量检验、转基因检测、信息发布等方面的技术支持和服务能力。形成科学、完善、高效的执法管理体系，促进种子产业健康发展。

（2）加强企业自主创新和科技培训

增强种子产业竞争力，主体是企业，核心是品种，关键是创新。创新是企业发展的坚强后盾和潜

力所在，种子企业应当逐步建立自己的研发机构，走育种、繁育、推销一体化的道路。种子企业要加强科技培训，强化农民栽培技术的提升，提高商品的品质和质量；要打击仿冒品种，提升商品的口感和品质一致性。

（3）强化产权保护意识

（4）鼓励科企合作，提升企业核心竞争力

（编写人员：牛庆杰　孙　敏　刘胜利　于海峰　黄绪堂　张雯丽　李慧英　张　雷　刘　壮　等）

2017

第 3 篇

糖　料

登记作物品种发展报告

第12章　甘蔗

一、我国甘蔗产业发展

（一）甘蔗生产发展状况

1. 全国生产概述

（1）播种面积变化

中国糖业协会数据表明，2009年以来，受糖价先涨后跌影响，我国糖料（甘蔗与甜菜）播种面积经历连续3年上涨、持续4年下滑，2017年出现恢复性增长。其中，甘蔗播种面积变动态势与糖料完全相同，从2009年的2 202.22万亩增至2012年的2 499.78万亩；之后下降26.5%至2016年1 837.44万亩；2017年预计播种面积稳中略增9.56万亩（0.52%）至1 847万亩（图12-1）。

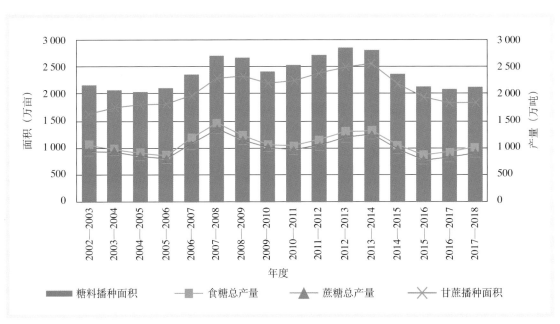

图12-1　我国蔗糖产量和甘蔗播种面积变动情况

资料来源：中国糖业协会。

从面积占比来看，2016年甘蔗播种面积占糖料作物的88%，因内蒙古甜菜面积增加较快，2017年甘蔗播种面积占比微降至87%。

（2）产量变化状况

甘蔗是多年生植物，在我国，种植一次后一般收获3～4次，一般分为新植蔗与宿根蔗。新植时按照植蔗时间可划分为秋植蔗、冬植蔗、春植蔗。

国家统计局数据表明，2010年以来，我国糖料产量经历先增、后降、再增的发展态势。2016年，甘蔗与甜菜产量分别为11 382.5万吨和956.7万吨，占糖料总产量的92.2%和7.8%。甘蔗产量波动与糖料完全一致，由2010年的11 078.9万吨至2013年的12 820.1万吨，增长了15.7%。后连续3年产量下滑至2016年的11 382.5万吨，下降11.2%。2017年稳中略增，产量预计较上年微增1.75%，预计20 177至11 582万吨。甘蔗产量先增后降与上一年甘蔗收购价紧密相关，而甘蔗收购价变动往往与糖价紧密挂钩。国内糖价自2009年3 400元/吨开始回升，2011年2月大涨到7 380元/吨的历史高位，推动了3年甘蔗播种面积和产量上升；之后，国内糖价快速下滑到2014年9月的3 970元/吨，种植意愿下滑，此后进入上涨周期，2016年11月上涨至7 040元/吨，带动生产的恢复性增长。

从甘蔗产成品蔗糖来看，蔗糖产量也经历了先增、后降、再增的波动运行态势。2009—2010年度以来，伴随糖料播种面积的变动，我国食糖与蔗糖产量经历了四年增长、两年下滑、两年恢复性增产阶段。蔗糖产量自2010—2011年度966.04万吨增长了27.39%，至2013—2014年度的1 257.17万吨；之后下降了34.66%，至2015—2016年度的785.21万吨；2016—2017年度出现恢复性增长，蔗糖产量较上年增加38.90万吨（4.95%）至824.11万吨，2017—2018年度增至916.04万吨，较上年增加91.93万吨（11.16%）。

2016—2017年度全国食糖（蔗糖和甜菜糖）总产量为928.82万吨，较上年度870.19万吨增加了6.74%。其中，产甘蔗糖824.11万吨，较上年度增加4.95%，占食糖产量的88.73%；产甜菜糖104.71万吨，较上年度增加23.22%，占食糖产量的11.27%。2017—2018年度全国食糖总产量为1 031.01万吨，比上年度增产11%。其中，产甘蔗糖916.04万吨，较上年度增加11.15%，占食糖产量的88.85%；产甜菜糖114.97万吨，较上年度增加9.8%，占食糖产量的11.15%。

（3）单产变化情况

国家统计局数据表明，2010年以来，甘蔗农业单产持续增长，由2010年65.7吨/公顷增长至2016年的74.55吨/公顷，增长了13.47%，2016年较上年增长1.95%。2017年甘蔗单产微增1.54%，达到75.70吨/公顷左右。

由于甘蔗种苗很多蔗农采取自留种，甘蔗入榨量与甘蔗农业产量之间往往存在明显偏差。从工业单产来看，近年甘蔗工业单产大多在60～61.80吨/公顷波动。

（4）栽培方式演变

广西蔗区逐渐开展了甘蔗高产高糖良种及地膜覆盖、蔗地机械深耕深松、智能化施肥、机械粉碎蔗叶还田、节水灌溉、脱毒健康种苗、酒精发酵液定量还田、甘蔗生产管理机械化、机械化收获、宿根蔗破垄松苑施肥盖膜一次性完成、深松培土一体化、病虫草鼠综合防治，尤其是赤眼蜂绿色防控等轻简增效技术。

云南蔗区栽培模式逐渐向甘蔗高产高糖良种及全膜覆盖、减施化肥农药、病虫害绿色精准防控的轻简增效技术转变，采用甘蔗控缓释肥和甘蔗除草地膜，将甘蔗生产的水肥管理和杂草防除等环节，在甘蔗栽培时一次性完成，实现了一次性栽培，不需要中耕管理的轻简化生产，且增产增糖显著。切实降低了甘蔗生产成本，支撑了甘蔗产业持续发展。并选择代表区域示范甘蔗全程机械化技术，逐渐探索糖料产业转型升级。

粤西甘蔗产区初步形成了全程机械化条件下，以早熟高糖品种选育，健康种苗体系应用为核心，以有机肥配施减量、蔗叶、酒精残液回田的化肥减施增效技术和低风险农药颗粒剂、药肥颗粒施用，赤眼蜂、性诱剂、诱集植物种植等虫害综合防控技术为配套的综合栽培方式。

2. 区域生产基本情况

（1）各优势产区的范围

我国甘蔗主产区分布在北纬24°以南的热带、亚热带地区。我国种植甘蔗的省份有广西、云南、广东、海南等17个省份。从生产发展趋势来看，随着甘蔗品种抗寒抗旱等抗性的改进，甘蔗产区出现"东蔗西移"，即由广东、海南地区逐渐向广西、云南等地转移，由平地为主的种植向坡地、丘陵山地等立地条件差的区域种植，逐渐形成了桂中南、滇西南、粤西琼北3个甘蔗优势产区。

广西的桂中南，云南的滇西南，广东、海南的粤西琼北作为全国三大甘蔗优势区域重点发展（该区域包括59个县、市、区）。桂中南蔗区包括南宁、崇左、来宾、柳州、百色、河池、钦州、北海、防城、贵港10个市的33个县（市、区）。滇西南蔗区包括临沧、德宏保山、普洱、玉溪、红河、版纳等7个地（州）的17个县（市、区）。粤西琼北蔗区包括遂溪、雷州、徐闻、廉江、湛江（麻章区）、化州等6县（市）和琼北蔗区的昌江、儋州、临高等3县（市）。

（2）自然资源及耕作制度情况

甘蔗生产分新植蔗和宿根蔗。新植蔗包括耕整地、开沟起垄、种植、田间管理、收获及装载运输等环节；宿根蔗需对收获完的蔗地进行破垄平茬、蔗叶粉碎还田及后期的管理和收获运输。甘蔗产业常规生产方式与现代生产方式并存，常规方式是以机械化耕整地、人工种植、人畜中耕培土及人工收获为主；随着农业人工成本激增，甘蔗生产机械化进程逐步加快，现代生产方式以机械化耕整地、机械化种植和田间管理、收获根据地块、天气等情况采取机械化收获或者人工收获。

甘蔗是一种一年生或多年生宿根植物，植株由茎、叶、根、花和果实组成。甘蔗茎粗壮多汁，甘蔗茎秆实心，呈节状，每节有一个芽，留种的蔗茎芽可发育成植株。成熟的茎秆可高达2～6米，直径0.02～0.075米。甘蔗为喜温、喜光的C4植物，要求年积温为5 500～8 500℃，日照时数在1 195小时以上，年需积温要求330天以上，年降水量800～1 200毫米，年均空气湿度在60%左右，黏壤土、壤土、沙壤土较适宜甘蔗生长。甘蔗按用途分果蔗和糖蔗两种：果蔗可用于鲜榨蔗汁，一般多用于鲜食；糖蔗（糖料甘蔗）含糖量为14%～16%，含糖量远高于果蔗，是食用糖的主要原料。

生产上，栽培甘蔗通常采用甘蔗茎节做种苗进行无性繁殖，种苗的萌发包括种芽和种根的萌发。由种苗萌发长成的当季甘蔗称为新植蔗；前植蔗砍收后由留在土壤中的蔗兜萌发成长的甘蔗称为宿根蔗。甘蔗为多年生植物，在我国一般是种植一次收获2～3茬。气温和品种是甘蔗生长期的主要影响条件。甘蔗从播种到收获需14～18个月，宿根蔗较新植蔗生长期短，为12个月左右，如甘蔗生长期不足，会影响甘蔗的含糖量。甘蔗有秋植蔗、冬植蔗和春植蔗，秋植蔗和春植蔗分别以8月、9月和翌年2月、3月为适宜种植期，一般榨季从第一年的11月份到第二年的4月份，所以秋植蔗成长期足够，而春植蔗稍有欠缺。我国甘蔗大多地处丘陵红壤旱地及坡地，土壤贫瘠，气候条件与世界主要产蔗国相近，但极端天气状况频发，春旱、秋旱现象普遍，时有冻灾、风灾的影响，雨量分布不均，水利基础设施条件差，有效灌溉率偏低，甘蔗生产在一定程度上"靠天吃饭"。随着糖料蔗主产区核心基地的推动，上述情况有所改善，良种良法化、规模化、机械化、水利化均有所改观，专业化、循环化生产的格局初步显现。2017年广西的糖料蔗良种覆盖率为89.31%，自主创新的优良糖料蔗品种种植面积占广西总种植面积比例为40.22%。2017年，云南高优良种蔗推广面积390.69万亩，良种覆盖率为90.14%。2016—2017年度，云南实现机耕面积110.27万亩、机种面积3.57万亩、机械化中耕管理面积33.78万亩、机收面积0.48万亩。

我国甘蔗生产中采用左右双行条植的种植模式，沟深30～35厘米（垄顶至垄底），沟底宽20～25厘米，种茎以品字形或双行窄幅排放，两种茎之间距离8～10厘米；种茎与土壤紧贴，种芽向两侧，人工种植行距一般为70～80厘米，机械种植行距则在110～150厘米，采用机械收获一般要求行距在110厘米以上。

（3）种植面积与糖产量

目前，甘蔗主产区主要集中在广西、云南、广东、海南。

种植面积：2016—2017年度，广西、云南、广东、海南4地甘蔗种植面积占全国甘蔗总面积的98.40%。具体来看，广西、云南、广东、海南甘蔗种植面积分别占全国糖料总面积的53.54%、22.07%、8.60%和2.15%。2017—2018年度，4地种植面积占全国甘蔗种植总面积的98.57%，占全国糖料总面积的88.85%。

糖产量：2016—2017年度，广西、云南、广东、海南甘蔗糖产量分别为529.5万吨、187.79万吨、77.18万吨、16.46万吨，分别占全国食糖总产量（含蔗糖和甜菜糖）的比例为57.01%、20.22%、8.31%、1.77%。4地蔗糖产量占全国蔗糖产量的98.4%，占全国食糖总产量的87.31%。2017—2018年度，广西、云南、广东、海南蔗糖产量分别为602.5万吨、206.86万吨、87.13万吨、17.22万吨，占全国蔗糖产量的99.75%，占全国食糖总产量（含蔗糖和甜菜糖）的88.62%（表12-1）。

表12-1　2016—2017年度和2017—2018年度主要产区甘蔗面积及食糖产量

	2016—2017年度				2017—2018年度			
	播种面积（万亩）	面积占比（%）	产量（万吨）	产量占比（%）	播种面积（万亩）	面积占比（%）	产量（万吨）	产量占比（%）
全国食糖合计	2 093.65	100.00	928.82	100.00	2 126.00	100.00	1 031.01	100.00
甘蔗糖小计	1 837.44	87.76	824.11	88.73	1 847.00	86.88	916.04	88.85
广　西	1 121.00	53.54	529.50	57.01	1 150.00	54.09	602.50	58.44
云　南	462.00	22.07	187.79	20.22	426.40	20.06	206.86	20.06
广　东	180.00	8.60	77.18	8.31	198.00	9.31	87.13	8.45
海　南	45.00	2.15	16.46	1.77	46.21	2.17	17.22	1.67
甜菜糖小计	256.21	12.24	104.71	11.27	279.00	13.12	114.97	11.15

资料来源：中国糖业协会。

（4）生产主要问题

一是糖料产业基础竞争力不足，制糖成本与世界主要食糖出口国差距较大。2017年12月1日，我国柳州糖价比巴西进口糖完税价（配额内）高出2 711元/吨，比泰国进口糖完税价（配额内）高出2 699元/吨。我国糖价与巴西、泰国进口糖的差异反映了制糖成本的差距，我国吨糖成本分别是巴西、泰国、印度的2倍、1.71倍、1.6倍。其中，原料成本约占78.78%，加工成本约占21.22%。居高不下的制糖成本受到糖料成本和加工成本两个环节的制约。生产规模小，基础竞争力先天不足导致糖料成本偏高（内蒙古甜菜因70%实行了机收，甜菜成本较甘蔗成本每亩低700元），这是我国糖业短期内的现实基础。我国甘蔗地块小且蔗区大多地处丘陵红壤旱地及坡地，土壤贫瘠，极端天气状况频发，春旱、秋旱现象普遍。生产组织化程度偏低，生产综合机械化普及率有所提高，但机收技术严重滞后，生产主要靠手工作业，人工成本构成甘蔗生产成本的一半。我国甘蔗土地整理难度大，投入高，适宜旱地和机种的甘蔗品种有限。机收推进往往需要以适度规模和土地平整为基础，还需品种、种植、砍收、运输以及糖厂压榨工艺与之配套，这直接制约了这些土地上新品种的推广、灌溉技术的运用和机械化的发展。

和巴西等世界甘蔗大国相比，广西存在产量低、全程机械化率低、效益低的"三低"问题，这导致广西食糖价格与国际到岸税后价之间存在40%的巨大价差。这其中一个重要原因就是广西甘蔗品种退化、脱毒健康种茎应用少。尽管优良品种使用率提高，但仍需加强。

二是尚未建立有效的生产扶持政策体系，产业链市场波动风险较大。全球食糖主产国，无论是食糖出口导向国、净进口国还是基本平衡国，均将食糖作为战略物资实行严格管理，并配套实施了一系列生产扶持政策，保障产业发展。从我国市场运行现状看，主要实行临储政策，产业链剧烈波动风险较大。一方面是糖价剧烈波动，很短时间经历"过山车"行情，食糖市场和食糖产业大起大落现象显著。另一方面是国内外食糖价格传导之间缺乏"风险闸"，两者高度联动。与国内形成对照的是，美国通过一系列生产扶持政策，使得国际原糖价格处于352.42美元/吨，此时美国国内糖价可大致稳定在460.34美元/吨的目标价格。这些结果间接表明中国糖料与食糖产业急需建立有效的生产扶持政策体系，目标是构建糖业可持续发展机制，避免"过山车"震荡对糖料产业的冲击。

三是原料不足引发产需缺口加大，产业保障能力有所下降。2016—2017年度，我国糖厂产能加大而糖料不足问题日益凸显，糖料产量增长缓慢且波动较大，制约发展的瓶颈难以突破，食糖需求较为平稳，形成了571万吨的产需缺口。受比较效益影响，全国糖料种植面积从2012—2013年度的190.23万公顷降到2016—2017年度的139.58万公顷，下降了26.63%，全国食糖产量从2012—2013年度的1 306.84万吨下降到2016—2017年度的928.82万吨，下降了28.93%，食糖产量占消费量的比率降到62%，食糖产业保障能力有所下降。

四是"蔗工荒"问题严重，制约我国糖料产业中期发展的硬性约束。主产区的生产监测结果表明，54.43%的蔗农认为"劳动力雇工短缺，种植砍收出现蔗工荒"是甘蔗生产过程中面临的突出问题。从行业总体来看，目前我国蔗农平均种蔗年龄为47岁，5年内若能有效实现全程机械化，则蔗农平均年龄将达52岁，甘蔗产业面临劳动力年龄偏大以及人工费用限制种植收益等问题，这将成为甘蔗产业发展的不稳定因素。

3. 生产成本与效益

各地生产成本、糖料与食糖价格存在明显差异，但总体趋势一致。以产量占全国60%以上的广西为例，分析甘蔗生产成本、农产品价格及其效益。

(1) 种植成本变动

据国家发展和改革委员会的农产品成本收益数据，广西甘蔗的种植成本呈现明显的上升趋势（表12-2），其中增速最快的为劳动力成本。2013—2014年度以来，广西甘蔗种植的单位面积成本已超过30 000元/公顷，2016—2017年度榨季达到35 937元/公顷左右（全部成本，未考虑政府、糖厂补贴所带来的成本减免），其中物质费用和人工成本合计占种植成本的89%～91%，土地成本的影响较弱，具体来看，劳动力成本（包括家庭用工折价成本）占总成本的比例已超过50%，且区域间差异明显，如崇左产区的永鑫雷平糖业有限公司和东亚宁明糖业有限公司蔗区的人工成本为100～110元/天，而英糖集团和凤糖集团所属蔗区的人工成本达120～130元/天，甚至更高；物质与服务费用则较平稳。在甘蔗种植替代品方面，桉树对于甘蔗替代的影响根深蒂固，相对于其他替代作物，种植桉树的单位面积净收益为8 700～9 450元/公顷，虽高于甘蔗种植，但远低于种植柑橘、百香果等的单位面积收益，且桉树种植的黏性较强，其对甘蔗的反替代作用较弱。在经济作物中，百香果的单位面积种植收益能够达到60 000元/公顷，种植面积有明显扩大趋势。因此，糖料的种植收益与种植意愿方面，尽管随着糖料收益回升，种植意愿增强迹象明显，新榨季种植面积稳中有升的可能性较大，但受种植黏性、替代作物的比较收益等影响，甘蔗种植面积大幅增加的可能性较小。

表12-2　广西甘蔗种植成本变化及构成　　　　　　单位：元/亩

| 年份 | 物质与服务费 | | 土地成本 | | 人工成本 | | 总成本 |
	金额	占比（%）	金额	占比（%）	金额	占比（%）	金额
2005	384.47	44.65	103.16	11.98	373.50	43.37	861.13
2010	631.49	44.11	154.07	10.76	645.91	45.12	1 431.47
2011	694.84	42.24	164.27	9.99	785.73	47.77	1 644.84

（续）

年份	物质与服务费		土地成本		人工成本		总成本
	金额	占比（%）	金额	占比（%）	金额	占比（%）	金额
2012	831.91	41.32	176.09	8.75	1 005.15	49.93	2 013.15
2013	884.12	39.26	218.65	9.71	1 149.11	51.03	2 251.88
2014	846.31	37.33	234.31	10.34	1 186.52	52.34	2 267.14
2015	855.81	37.04	262.87	11.38	1 192.13	51.59	2 310.81
2016	879.68	36.72	289.87	12.10	1 226.275	51.18	2 395.83

数据来源：《全国农产品成本收益资料汇编》。

（2）甘蔗产业效益变化

随着糖价2008年、2011年、2016年的几次大幅震荡，甘蔗收购价格变动较大，影响着广西甘蔗的种植意愿与收益变动，甘蔗与食糖产业随之大起大落。因甘蔗价格处于低位（400元/吨），在不计算农户自身劳动力成本的情况下，2014—2015年度甘蔗成本利润率出现负值（－12.29%）。2016—2017年度，甘蔗首付价为480元/吨，因不同良种加价幅度不同，二次结算后广西甘蔗收购价在500元/吨或以上，成本利润率为17.46%。2016—2017年度整个糖业有所好转，糖农增收38亿元，糖企盈利32亿元（利润较上年增加23亿元），行业收入增加，财政增税。由于产业链主体利益回升，新榨季糖农种植意愿有所恢复。2017—2018年度，甘蔗收购价500元/吨，甘蔗农户收益预计与上年大致持平，由于国内外糖价急剧下滑，2017—2018年度截至6月份成品白糖累计平均销售价格5 878元/吨，较上年同期6 737元/吨下降859元/吨，糖企收益下滑（图12-2）。

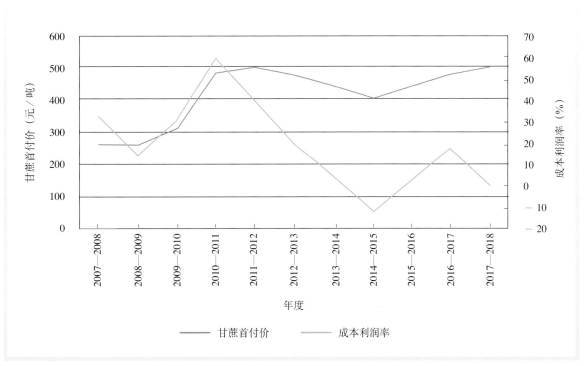

图12-2　广西甘蔗收购价和成本利润率变动

数据来源：《全国农产品成本收益资料汇编》和广西壮族自治区糖业办公室。

（二）全国食糖市场需求状况

1. 全国消费量及变化情况

糖料甘蔗与甜菜的最终产品为甘蔗糖与甜菜糖，因两者在用途上非常接近，因此，在产品需求方面以全国食糖（含甘蔗糖和甜菜糖）消费量及其变化进行反映。我国食糖消费现状如下：

第一，我国食糖消费量总体呈增长态势，期间略有波动。2002—2003年度榨季食糖消费量突破1 000万吨，2008—2009年度榨季食糖消费量快速增长到1 390万吨，较2002—2003年度榨季增长39%。2009—2010年度榨季后食糖消费量呈波动中增长态势，2013—2014年度至2015—2016年度基本在1 500万吨上下波动，2016—2017年度食糖消费量约为1 490万吨，同比下降20万吨，其中食品工业消费约980万吨左右，民用消费大约510万吨左右。但食糖消费量下降的原因较2015—2016年度榨季呈现明显的差异性，除了宏观经济对于食品制造行业的影响，高果糖浆替代和价格——消费弹性亦有明显的作用。总体上，2015—2016年度榨季我国食糖消费呈现"甜度需求锐减、中间库存显增、替代显著放缓"态势，但在2016—2017年度榨季食糖消费特点发生明显变化，呈现"甜度需求回升、中间库存降低、替代增量明显"的特点（图12-3）。

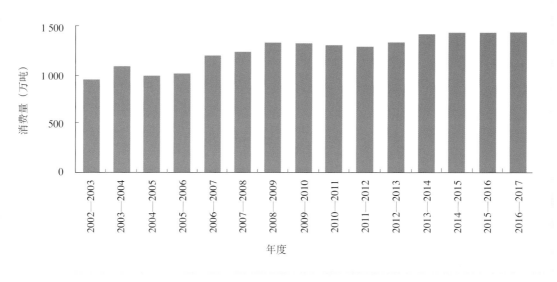

图12-3　我国食糖消费量波动状况

资料来源：中国糖业协会。

第二，我国食糖人均消费量总体刚性增长。中国人均食糖消费量总体呈走高态势，由2001—2002年度榨季的7.17千克增至2008—2009年度榨季的10.47千克，2009—2010年度榨季至2016—2017年度榨季基本稳定在10.02千克至11.04千克之间，2016—2017年度榨季食糖人均消费量约为10.85千克。自2001—2002年度榨季至2016—2017年度榨季，以2001—2002年度榨季为基期，人均消费以年均2.8%的增长率在增长（图12-4）。

第三，与全球食糖人均消费水平以及主要国家相比，我国人均食糖消费水平仍然较低。从人均食糖消费水平来看，2015—2016年度榨季我国人均食糖消费10.84千克，同期，美国、印度、印度尼西亚、泰国及澳大利亚的人均食糖消费量分别为31.41千克、19.86千克、24.02千克、42.66千克、46.24千克，我国是全球人均食糖消费量（23.16千克）的46.80%，约是亚洲国家平均食糖消费量（13千克）的

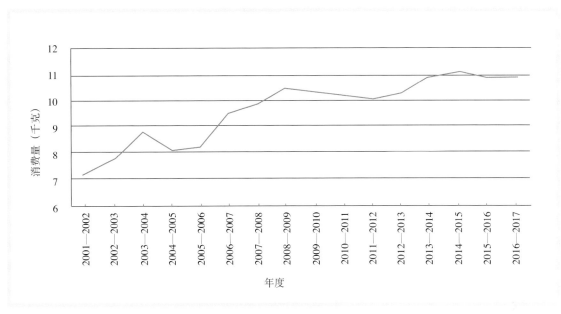

图 12-4　我国人均食糖消费量变动状况

资料来源：中国糖业协会。

83.00%，美国的34.51%，印度的54.58%，印度尼西亚的45.13%，泰国的25.41%，澳大利亚的23.44%。

从食糖消费未来发展趋势来看，随着西点屋、咖啡厅等新型消费模式的兴起，传统饮料消费有所下降，现代新型消费有所增加。从未来发展趋势看，产量稳中略升，消费总体趋增。和亚洲国家平均水平相比，我国人均食糖消费水平有一定的增加空间。随着城镇化进程加快（2027年中国城镇化率将达到65.4%），生育政策放宽、人口规模扩大，预计2027年中国人口规模将达到14.28亿人，比2017年增加3 841万人，带动食糖消费总量上涨。中国农业展望报告预测，2018年我国食糖消费量2020年将达到1 587万吨，2027年将达到1 832万吨，较2017年增加23%。因未来10年，中国糖料种植面积将保持基本稳定，单产水平有所提高，预计2027年中国食糖产量1 191万吨、消费量1 832万吨、进口量730万吨，分别比2017年增长28.2%、23.0%和218.8%。受供需状况、国际糖价等多种因素综合影响，未来10年，中国食糖价格预期将有较大波动。

2. 消费区域分布和区域差异

全国食糖消费的区域分布表明（司伟，2017），20世纪90年代，食糖主消费区在华北地区，消费相对分散，华北地区主要集中在京津冀区域。除了山西外，其他省份消费量占全国总消费量的份额在5%以下。食糖消费量前10位省份占总消费量的比重为57.99%。现在，经济发展水平和人口规模对食糖消费的影响越来越显著。2009年，广东、福建等经济发达的省份食糖消费量占食糖消费总量的比重明显提高。广东占中国食糖消费市场的份额最大，为14.64%；其次是河南、四川和山东等人口大省，分别为7.55%、7.27%、6.63%；其他省份的消费量占食糖消费总量的比重都在6%以下。前10位省份消费量占总消费量的比重为66.19%。即华北区域食糖消费的领先地位被广东、河南等经济发展水平较高或人口规模较大的省份取代，且区域间消费水平的差异有所发散。

食糖消费中，工业消费和民用消费分别占消费总量的66%和34%。食糖工业消费的91%用于下游含糖食品生产，7类含糖食品包括乳制品类、果蔬饮料类、碳酸饮料类、罐头、速冻米面、冷冻饮品、糖果。2017年1—12月份国内主要7类含糖食品累计产量均呈增长趋势，增幅为0.74%～7.24%。累计同比增长速度最快的是冷冻饮品类，其次是碳酸饮料类。

从累计产量来看，7类含糖食品按照累计产量由高到低排序如下：乳制品类（2 935.04万吨）＞果蔬汁饮料类（2 228.50万吨）＞碳酸饮料类（1 744.41万吨）＞罐头（1 239.56万吨）＞速冻米面（568.16万吨）＞冷冻饮品（378.33万吨）和糖果（331.37万吨）。

从增幅来看，7类主要含糖食品增幅由高到低排序如下：冷冻饮品（7.24%）＞碳酸饮料（6.07%）＞速冻米面食品（5.9%）＞乳制品（4.17%）＞果蔬汁饮料（4.06%）＞罐头（3.75%）＞糖果（0.74%）。

2017年，含糖食品主要分布区域为河南、广东、福建、河北、山东、四川、湖北等地（表12-3）。

表12-3 2017年主要含糖食品区域分布 单位：万吨

区域	冷冻饮品类	碳酸饮料类	速冻米面类	乳制品类	果蔬汁饮料类	罐头类	糖果类	合计
河南	59.69	197.86	378.62	351.37	355.13	44.51		1 387.18
广东	52.53	361.32			90.28	46.90	66.84	617.87
福建					104.17	328.93	80.81	513.91
河北			89.23	372.85		46.77		508.85
山东				251.11	89.99	113.41	18.81	473.32
四川				146.24	260.69			406.93
湖北	31.90			109.43	91.69	109.63		342.65
陕西				143.42	144.64			288.06
内蒙古				263.40				263.40
黑龙江				158.57	100.35			258.92
浙江					137.06	49.49		186.55
安徽				105.14		60.65		165.79
江苏				161.16				161.16
湖南						117.55	30.02	147.57
天津					140.58			140.58
总量	378.33	1 744.41	568.16	2 935.04	2 228.50	1 239.56	331.37	9 425.37

资料来源：国家统计局。

3.食糖进口变化

2011年以前，我国食糖进口多以调剂供求余缺为主，进口量在食糖进口配额（194.5万吨）以内，对食糖消费影响不大。2011年以来，中国食糖进口量急剧增长，食糖进口除了弥补国内供给不足之外，有一部分是在供求平衡乃至供给过剩下的"价差驱动"进口（由于进口糖价明显低于国内糖价，内外价差较大驱动进口增加）。随着进口糖数量激增，进口糖在食糖消费中占据重要作用，最高时可达当年食糖消费的1/3。

2011年食糖进口量快速增至达到292万吨，远高于2001—2009年度100万吨的平均水平，2015年食糖进口量增长至峰值485万吨；近两年食糖进口量受国内自动许可、配额外自律因素影响，呈现下降态势。2017年中国食糖进口量降至229万吨，是2010年以来的最低水平。这与2017年5月22日我国对配额外进口食糖实行保障措施紧密相关，即在原有50%关税的基础上征收"贸易保障关税"（第一年45%，第二年40%，第三年35%）。

以2017年为例，2017年配额内的巴西食糖到岸税后价（进口食糖配额内进口关税15%，配额外进口关税50%）与国内食糖价差急剧扩大，国外食糖比国内食糖月均价每吨低2 293元的情形多次出现，3—5月，配额外进口利润可高达1 400元/吨，食糖进口处于高位。随着5月22日后在50%的关税外加征45%的保障关税，自巴西等适用贸易保障措施的食糖进口有所下滑，但同时南美洲和东南亚的南非、菲律宾等一些较小国家和地区由于拥有新关税豁免权，2017年小型食糖生产国在中国打开了市场，进口量显著增加。由于泰国食糖增产，以及泰国和中国之间的区位优势，所以泰国出口至中国的食糖仍呈增加的趋势。2018年我国食糖进口来源国向豁免保障关税的国家转移特征将进一步加强。

（三）甘蔗种苗市场供应状况

1. 全国种苗市场供应总体情况

我国每年约有600万亩甘蔗要翻新种植，需种苗400万吨左右。由于蔗农自留种多，大户自繁自用，通过种苗公司营销的种苗仅占其中的少部分，估计在30万吨左右。比如，广西有70%～80%的面积还是农民自留种，甘蔗优良品种的使用率有待提升。

2. 区域种苗市场供应情况

甘蔗种苗生产经营以广西北海和广东湛江较为活跃，而且广西的政府相关部门投入较多的资金，截至2018年6月底，广西全区共批准建设52个甘蔗良种繁育推广基地，建设面积71 511亩，其中一级基地6个，二级基地15个，三级基地31个，在南宁、柳州、来宾、崇左、北海、钦州、贵港、百色等糖料蔗产区均分布有自治区政府批准建设的甘蔗良繁基地。每年约可提供良种30万吨种苗，按每亩用种0.8吨计，可供蔗农大田种植60万亩以上。而且广东湛江的种苗往往也是面向广西蔗区，因而广西的甘蔗种苗较充足，品种更新快。云南种苗公司相对较少，运输成本也高，可能会对云南良种更新速度产生一定影响。

3. 市场销售情况

近几年由于广西进行"双高"基地建设，各良繁基地生产的合格的良种种苗销路都很顺畅，常规品种800～900元/吨，个别时段达1 200～1 500元/吨，新出的品种可达2 500元/吨。广西也出现了拥有2 000亩以上的良种繁育基地的广西甘蔗生产服务有限公司、广西农垦国有金光农场、广西益兴现代农业科技发展有限公司、北海市沃盛现代农业开发有限公司、广西绿泰农业投资有限公司、桂平市联兴农业科技有限公司等甘蔗种苗生产服务公司。

二、甘蔗产业科技创新

（一）甘蔗种质资源

甘蔗在分类上属于禾本科黍亚科蜀黍族甘蔗亚族群蔗属。甘蔗是甘蔗亚族群10个属中的一种，它与蔗茅属、芒属、河八王属、硬穗属组成亲缘较近的且与甘蔗育种关系较大的甘蔗属复合体（Saccharum Complex）。广义上，甘蔗属复合体中的野生种、栽培原种和甘蔗杂交后代（包括育种中间材料和商业栽培品种）都是甘蔗的种质资源。目前，国家甘蔗种质资源圃保育的种质已经达到2 600多份，其中热带种36份，印度种8份，中国种25份，大茎野生种6份，割手密野生种690多份，地方品种（果蔗）90多份，商业品种1 300多份，斑茅280多份，蔗茅60份，滇蔗茅50份，河八王13份，金猫尾2份，芒属30份，白茅属20份。

（二）甘蔗种质基础研究

经几十年的基础杂交开发利用，甘蔗和蔗茅属中的斑茅的属间远缘杂交后代崖城06-61、崖城06-63、崖城07-71、崖城05-64、崖城05-164等已作为常用亲本。这些亲本都是经基因组原位杂交鉴定为真实的斑茅后代，现在广泛作为杂交亲本为育种杂交单位选配组合。利用它们为亲本选配组合，从中选育的材料现已完成品比圃试验，即将进入区试。斑茅后代普遍表现有较高的生物量和抗旱性，宿根性强。国家甘蔗工程技术研究中心利用荧光原位杂交技术研究发现，甘蔗与斑茅的BC1存在特殊的2n + n或超2n + n的染色体遗传方式（即母本的2n和超2n雌配子与父本的n雄配子相结合形成受精卵的产物）。并对其机制提出假设和论证研究。

同时，在云南省农业科学院甘蔗研究所的瑞丽育种场，利用具有中国内陆特色的新割手密后代创新开发的亲本也广泛作为杂交亲本。如云瑞05-282、云瑞05-770、云瑞05-679和云瑞05-649等，它们的后代已进入区试。

（三）育种技术及育种动向

澳大利亚开展了基因组分子标记选择技术研究，用各种基因组分子标记的方法，预测和选择甘蔗材料。基于以往数据，用蔗茎产量（TCH）和出糖率（CCS）选择效果的预测值（r值）大都在0.30 ~ 0.45，其中CCS选择的效果略高。而性状的无性系表型与育种值之间的相关系数都很低，如无性系出糖率表型值与育种值间的相关系数只有0.26，而无性系蔗茎产量表型值与产糖量育种值间的相关系数只有0.02。而通过全基因组的分子标记来选择材料，这两个相关系数则分别可达到0.68和0.35。由于具有好的预测效果，该方法能缩短品种选育的育种年限2 ~ 3年，但要有大量的检测与运算。

巴西通过了一个由巴西甘蔗技术中心研发的转基因甘蔗品种，该转基因甘蔗的最大特点是引入了来自苏云金芽孢杆菌的相关基因，从而对螟虫产生有效的抵抗力。螟虫是甘蔗种植中一种较为普遍并且危害严重的害虫，近几年，螟虫每年在巴西造成约50亿雷亚尔（约合104亿人民币）的损失。在我国也是最为重要的虫害。

（四）新育成品种

2017年7月，广东省品种委员会审定通过了以下4个甘蔗新品种。

1. 粤糖08-172

亲本组合为粤糖91-976×ROC23。早熟，出苗快且壮，分蘖较早、分蘖力较强，全生长期生长稳健，茎径均匀，易脱叶，有效茎数中等。11月至翌年1月平均蔗糖分为15.47%，比对照新台糖22高0.45%。人工接种表现高抗黑穗病、中抗花叶病。

2015—2016年度参加省区试，新植宿根蔗茎平均亩产量8 746.0千克，比对照品种新台糖22增产25%，增产达极显著水平；平均亩含糖量1 358.0千克，比对照品种新台糖22增糖29%，增糖达极显著水平。

栽培技术要点：冬植为宜，亩种2 900 ~ 3 000段双芽苗，下种时用0.2%的多菌灵药液浸种消毒3 ~ 5分钟，覆土后加盖地膜。

2. 粤糖08-196

亲本组合为Q208×（QC90-353 + QS72-1058）。广东省生物工程研究所（广州甘蔗糖业研究所）选育。较早熟。萌芽好、分蘖多，全生长期生长较快、植株较高，有效茎数多。11月至翌年1月平均蔗糖分为15.34%，比对照品种新台糖22高0.33%。人工接种表现中抗黑穗病、高抗花叶病，田间表现抗风折。

2015—2016年度参加省区试，新植宿根蔗茎平均亩产量8 435千克，比对照品种新台糖22增产21%；平均亩含糖量1 297千克，比对照品种新台糖22增糖23%。

栽培技术要点：冬植为宜，亩种2 900 ～ 3 000段双芽苗，下种时用0.2%的多菌灵药液浸种消毒3 ～ 5分钟，覆土后加盖地膜。

3. 粤糖09-13

亲本组合为粤糖93-159×ROC22。属于早熟品种。萌芽率高，分蘖力强，生长快，有效茎多，茎径均匀，中大茎至大茎。11月至翌年1月蔗糖分平均15.42%，比新台糖22高0.40%。人工接种表现抗黑穗病、中抗花叶病。

2015—2016年度参加省区试，新植宿根蔗茎平均亩产量8 333千克，比对照品种新台糖22增产19%，增产达极显著水平；平均亩含糖量1 288千克，比对照品种新台糖22增糖23%，增糖达极显著水平。

栽培技术要点：冬植为宜，亩种2 900 ～ 3 000段双芽苗，下种时用0.2%的多菌灵药液浸种消毒3 ～ 5分钟，覆土后加盖地膜。

4. 粤糖07-913

亲本组合为HOCP95-988×粤糖97-76。属于早熟品种。出苗快且壮，分蘖较早、分蘖力较强，全生长期生长快，尾力好不早衰，茎径均匀，极易脱叶，有效茎数多。11月至翌年1月蔗糖分平均15.43%，比对照品种新台糖22高0.41%。人工接种表现抗黑穗病、高抗花叶病。

2015—2016年度参加省区试，新植宿根蔗茎平均亩产量8 065千克，比对照品种新台糖22增产16%，增产达极显著水平；平均亩产含糖量1 248千克，比对照品种新台糖22增糖19%，增糖达极显著水平。

栽培技术要点：冬植为宜，亩种2 900 ～ 3 000段双芽苗，下种时用0.2%的多菌灵药液浸种消毒3 ～ 5分钟，覆土后加盖地膜。

三、甘蔗品种推广

（一）甘蔗品种登记情况

2017年只有一个甘蔗品种云蔗03-194通过品种登记，该品种为已通过国家鉴定的品种。登记品种少的原因主要是由于甘蔗是无性繁殖作物，品种权难以维护，品种繁育的经济利益不高，对已通过审（鉴）定的品种进行登记没有紧迫性。

（二）甘蔗主要品种推广应用情况

1. 种植面积

2017年全国甘蔗种植面积2 126万亩，其中广西1 140.00万亩，云南433.44万亩，广东198.00万亩，海南种植面积46.21万亩。

（1）全国主要品种推广面积变化

近几年来甘蔗品种在"双高"基地建设和产业技术体系推动下，品种更新比较快，新近选育的高产高糖品种得到了快速推广，如桂柳05136、桂糖42从2013年开始推广，到2017年分别达到了187.64

万亩和122.74万亩；福农41、粤糖55分别达到了17.50万亩和22.86万亩；桂糖44和桂糖46推广3年就达到了51.52万亩和8.48万亩；前些年推广的粤糖00-236和桂糖29和桂糖32则得到稳定的发展。

新台糖22虽然仍是种植面积最大的品种，但面积和比例都明显下降，由2014年在4个主产区（广西、云南、广东、海南）面积达1 232.20万亩，占51.08%左右，降为2017年的685.32万亩，占比降到36.40%左右。同样，台糖系列的新台糖16、新台糖25和台优的面积下降也很快，在4个主产区面积由2014年的69.68万亩、96.53万亩、71.57万亩，降为2017年的10.90万亩、48.30万亩、7.18万亩。新台糖16、新台糖25、台优这三个品种在广西的面积分别由2014年的56.92万亩、57.58万亩和70.65万亩，降为2017年的3.46万亩、7.96万亩、6.32万亩。而较难脱叶的桂糖21的面积下降也很快，由50万亩左右下降为16万亩左右（表12-4）。

表12-4　全国主要甘蔗品种的分布与种植面积变化　　　　　　单位：万亩

排名	品种	2017年种植面积				4个主产区品种种植情况			
		广西	云南	广东	海南	2017年	2016年	2015年	2014年
1	新台糖22	518.11	113.59	26.74	26.88	685.32	785.05	843.84	1 232.20
2	桂柳05136	163.91	2.45	21.28		187.64	131.73	45.45	1.24
3	粤糖93-159	53.34	71.48	0.14	17.58	142.54	152.23	144.14	158.24
4	桂糖42	122.74				122.74	57.73	5.72	0
5	粤糖00-23	34.33	10.65	11.03		56.01	51.26	50.52	68.86
6	桂糖44	51.52				51.52	0.60	0	0
7	新台糖25	7.96	37.07	3.27		48.30	51.38	58.94	96.53
8	粤糖86-368		35.18			35.18	38.56	40.71	44.06
9	粤糖94-128	23.41		10.06		33.47	40.16	19.12	15.24
10	桂柳二号	30.44				30.44	33.49	24.50	24.56
11	桂糖29	25.58				25.58	15.69	15.41	10.46
12	新台糖20		23.73			23.73	18.65	23	23.79
13	粤糖55			22.86		22.86	1.96	1.11	0.93
14	福农41	17.50				17.50	4.32	0.16	0.07
15	粤糖83-271			16.95		16.95	11.78	28.74	37.52
16	桂糖21	10.19	5.98			16.17	20.45	31.73	51.99
17	闽糖69-421		14.47			14.47	13.69	15.60	20.38
18	新台糖16	3.46	7.44			10.90	12.41	26.19	69.68
19	桂糖32	10.63				10.63	5.72	5.85	5.93
20	桂糖46	8.48				8.48	2.60	0	0
21	新台糖1号		8.75			8.75	3.85	0.12	0.25

（续）

排名	品种	2017年种植面积				4个主产区品种种植情况			
		广西	云南	广东	海南	2017年	2016年	2015年	2014年
22	桂柳一号	1.44	6.52			7.96	4.07	3.80	4.80
23	台糖89/1626			7.87		7.87	14.57	23.49	15.31
24	桂糖31	7.77				7.77	6.20	3.98	4.24
25	粤糖60	4.41	3.05	0		7.46	11.37	13.22	12.18
26	台优	6.32		0.86		7.18	10.38	34.55	71.57
27	福农91-4621	0.41	4.92			5.33	5.31	7.38	4.35
28	新台糖28	5.22				5.22	5.06	0	0
29	新台糖10号		4.77			4.77	8.20	11.44	11.50
30	桂辐98-296	3.99				3.99	5.71	6.20	7.74
31	台糖79-29			3.92		3.92	1.71	0.62	0.62
32	桂糖43	3.86				3.86	3.21	0	0
33	德蔗03-83		3.48			3.48	7.42	7.03	9.67
34	川糖61-408		2.77			2.77	4.94	1.64	4.51
35	新台糖27	2.53				2.53	1.36	0	0
36	福农39	1.30	0.89			2.19	10.34	2.78	5.14
37	桂糖37	2.08				2.08	2.08	0	0
38	云蔗05-51		2.07			2.07	0	0	0
39	台糖98/0432	1.78				1.78	1.87	0	0
40	柳糖2号	1.72				1.72	1.46	0.84	0
41	桂糖03/2287	1.63				1.63	1.04	0	0
42	桂糖36	1.47				1.47	1.70	1.93	0
43	桂糖40	1.31				1.31	0.08	0	0
44	粤糖79-177		1.29			1.29	4.92	2.27	3.68
45	桂糖11		0.99			0.99	1.78	4.35	6.55
46	云引10号		0.56			0.56	5.28	1.08	2.25
47	粤糖89-113			0		0	4.95	5.35	6.76

资料来源：广西糖业办公室、云南农业厅种植业管理处和云南农业科学院甘蔗研究所、广州甘蔗所全国甘蔗糖业信息中心、海南省糖业协会。海南省糖业协会重点统计了新台糖22号和粤糖93-159的面积状况，新品种没有统一的面积统计。

（2）各省份主要品种的推广面积

我国3个优势产区的甘蔗品种是有较大区别的，其中新台糖22是具有广泛适应性，在4个主产区都是主栽品种；另外桂柳05136也是适应性较好的品种，在4个主产区都有较快发展，粤糖93-159由于其早熟高糖特性，以及在水肥条件好田地的丰产性和强宿根性，因而在广西、云南、海南的水肥条件好的蔗地稳定扎根，面积也比较稳定。

除此外，其他品种在4个主产区的面积和比重则差异比较大，有些是因地方适应性差异，有些是因推广进度和推广能力所限。桂糖42、桂糖29和福农41的面积都较大，但仅在广西有面积登记。而粤糖86-368、新台糖20、闽糖69-421和福农91-4621仅在云南有较大面积种植，粤糖55号和粤糖83-271也仅在广东有较大面积，这些品种的种植范围小，但都具较大面积，且面积稳定，说明它们适应特殊的生态条件和栽培习惯。

2．主要品种表现

（1）主要品种群

2017年4个主产区推广面积在百万亩以上的品种有新台糖22、粤糖93-159、桂柳05136、桂糖42，分别为685.32万亩，142.54万亩、187.64万亩和122.74万亩。其中桂柳05136、桂糖42为近年选育出来的新品种，在"双高"基地建设的形势下推广迅速。

2017年4个主产区推广面积在20万亩到100万亩的品种有：粤糖00-236（56.01万亩）、桂糖44（51.52万亩），新台糖25（48.30万亩），粤糖86-368（35.18万亩），粤糖94-128（33.47万亩），桂柳二号（30.44万亩），桂糖29（25.58万亩），新台糖20（23.73万亩）和粤糖55（22.86万亩）。这些品种都推广应用较多年，其中较新的品种有粤糖55和桂糖29。

2017年4个主产区推广面积在10万亩到20万亩的品种有：福农41（17.50万亩），粤糖83-271（16.95万亩），桂糖21（16.17万亩），闽糖69-421（14.47万亩），新台糖16（10.90万亩）和桂糖32（10.63万亩）。其中福农41为近年选育出来的新品种，桂糖32也为较新的品种。

2017年4个主产区推广面积在5万亩到10万亩的品种有：桂糖46（8.48万亩），新台糖1号（8.75万亩），桂柳一号（7.96万亩），台糖89/1626（7.87万亩），桂糖31（7.77万亩），粤糖60（7.46万亩），台优（7.18万亩），福农91-4621（5.33万亩）和新台糖28（5.22万亩）。其中新选育的品种有桂糖46，桂柳一号、桂糖31、粤糖60也为较新的品种。

2017年4个主产区推广面积在2万亩到5万亩的品种有：新台糖10号（4.77万亩），桂辐98-296（3.99万亩），台糖79-29（3.92万亩），桂糖43（3.86万亩），德蔗03-83（3.48万亩），川糖61-408（2.77万亩），新台糖27（2.53万亩），福农39（2.19万亩），桂糖37（2.08万亩）和云蔗05-51（2.07万亩）。其中桂糖43、德蔗03-83、福农39、桂糖37和云蔗05-51为较新的品种。

（2）主栽品种（代表性品种）的特点

①新台糖22。台湾糖业研究所选育命名推广的高糖、高产的优良甘蔗新品种，亲本组合是ROC5×69-463。福建农林大学甘蔗综合研究所通过948项目从台湾糖业研究所引进。2001年年底福建农林大学甘蔗综合研究所、广西甘蔗研究所、广州甘蔗糖业研究所联合申报品种审定，2002年4月通过全国农作物品种审定委员会审定。

该品种中茎至中大茎，蔗茎均匀，57号毛群较发达，萌芽良好，分蘖力强，拔节早，中后期生长快速，原料蔗茎长，茎数中等，易脱叶。

该品种可作春、冬、秋植，适宜华南蔗区各种土壤类型，高产高糖，抗旱能力强，耐除草剂，但感黑穗病，宿根性一般。

②桂柳05136。由柳城县甘蔗研究中心和国家甘蔗工程技术研究中心从组合CP81-1254×ROC22选育而成。2014年通过国家鉴定和广西审定，是近年推广应用的新品种。

特征特性：植株高大直立，蔗茎均匀、实心，中到大茎，57号毛群多，易脱叶；萌芽快而整齐，出苗率中等，分蘖力强，前中期生长快，全生长期生长旺盛，有效茎数较多。宿根性强，抗旱性强，中抗黑穗病和花叶病。属中熟品种。

产量表现：2012—2013年度参加全国甘蔗品种区域试验，2年新植1年宿根平均蔗茎产量100.74吨/公顷，比对照ROC22增产0.87%；平均蔗糖产量15.16吨/公顷，比对照ROC22增产5.41%；11—12月平均甘蔗蔗糖分14.19%，1—3月平均甘蔗蔗糖分15.57%，全期平均甘蔗蔗糖分14.99%。

该品种用秋植蔗种或上半段种茎对确保全苗有利；降低下种部位，提高培土质量防止倒伏；注意施用芽前除草剂，芽后除草剂选用不含敌草隆成分的安全高效除草剂。

③桂糖42。由广西农业科学院甘蔗研究所从组合新台糖22×桂糖92-66经系谱选育而成。2014年通过广西审定，是近年推广应用应用的新品种。

特征特性：植株高大，株型直立、均匀、中大茎种，实心，叶鞘易脱落；57号毛群短、少或无。丰产稳产性强，宿根性好，适应性广，发芽出苗好，早生快发，分蘖率高，有效茎多，抗倒、抗旱能力强，高抗梢腐病。

产量表现：2011—2012年度参加广西区域试验，二年新植和一年宿根试验，6个试点平均甘蔗亩产量6 780千克，比对照新台糖22号增产9.26%；平均亩含糖量为1 001.7千克，比对照新台糖22增糖14.45%。11月至翌年2月平均甘蔗蔗糖分为14.77%，比对照高0.66%（绝对值）。2012年广西生产试验平均亩产蔗量5 908千克，比对照新台糖22增产7.90%。

该品种适宜在土壤疏松、中等以上肥力的旱地种植。播种时除应保持蔗种的新鲜度外，还应选择有蔗叶包住的上部芽做种，以提高萌芽率和蔗苗质量。宿根蔗要及时开垄松蔸，在中等以上管理水平的蔗区可以适当延长宿根年限。

④粤糖93-159。由广州甘蔗糖业研究所从组合粤农73-204×CP72-1210经系谱选育而成的特早熟高糖甘蔗品种。萌芽率高，分蘖力强，生长快，有效茎多，茎径均匀，中至中大茎，宿根性强，亩有效茎4 800株左右，11月蔗糖分达14.65%，成熟高峰期蔗糖分达17%以上。适宜广东中等肥力以上的旱坡地或水旱地种植。2002年通过广东省品种审定和国家品种审定。

⑤福农41。由国家甘蔗工程技术研究中心从组合ROC20×粤糖91-976经系谱选育而成。2014年通过国家鉴定和广西审定，是近年推广应用的新品种。

特征特性：植株高大直立，中大茎，叶鞘抱茎松，易脱叶，57号毛群不发达；萌芽快而整齐，出苗率较高，分蘖较早，分蘖力较强。前中期生长快、中后期生长稳健，有效茎数较多，宿根性强，抗旱性较强，抗倒，耐寒，抗风折。抗黑穗病、中抗花叶病。属中熟品种。

2012—2013年度参加全国甘蔗品种区域试验，二年新植一年宿根平均蔗茎产量102.20吨/公顷，比对照ROC22增产2.33%；平均蔗糖产量15.31吨/公顷，比对照ROC22增产6.43%；11—12月平均甘蔗蔗糖分14.0%，翌年1—3月平均甘蔗蔗糖分15.5%，全期平均甘蔗蔗糖分14.9%，比ROC22增加0.47个百分点。

栽培技术要点：当茎蘖数足够时应及时培土，以免蔗茎变细，公顷有效茎数控制在82 500条左右；忌偏施氮肥，施足基肥，早施肥，早管理，促进其早生快发。宿根发株早，应提早开畦松兜，早施肥。

⑥桂糖29。由广西农业科学院甘蔗研究所从组合崖城94-46×ROC22经系谱选育而成，植株直立紧凑，高度中等；中茎，节间圆筒形，蔗茎较均匀，易剥叶，57号毛群少；新植蔗萌芽好，分蘖力强。前期生长稍慢，生长势较好。宿根蔗发株早且多，成茎率高，有效茎数多，茎径比新植蔗粗，易脱叶。是一个具有优良的农艺性状，中茎、早熟高糖、丰产、宿根性特强、抗逆性好、适应性广的甘蔗优良新品种。

2007—2008年度广西区试，8个区域试验点二年新植一年宿根24次试验结果，桂糖29新植蔗平均产蔗量为97.4吨/公顷，略低于新台糖22（106.2吨/公顷）；宿根蔗平均产蔗量为94.0吨/公顷，比新台糖22（78.7吨/公顷）增产19.4%；新植和宿根平均产蔗量为95.7吨/公顷，与新台糖22（95.7吨/公顷）相若。桂糖29新植平均含糖量为15.2吨/公顷，与新台糖22（15.8吨/公顷）相若；宿根蔗平均含糖量为14.5吨/公顷，比新台糖22（11.6吨/公顷）增产25.5%；新植与宿根蔗平均含糖量为14.9吨/公顷，比新台糖22（12.3吨/公顷）增产14.7%。

（3）品种在2017年生产中出现的缺陷

桂糖42具有高产高糖抗旱抗倒等为蔗农所喜欢的优良特性，但随着该品种面积扩大，宿根比重增多，该品种的感黑穗病特性充分暴露，其黑穗病的感病率有超过新台糖22的趋势，这将影响该品种的推广应用。

桂糖46具有高产，大茎，生长快，有效茎多，易脱叶等优良特性，但该品种对病害的抗性较差，较易感锈病、黑穗病及白条病，推广时值得注意。

（三）甘蔗产业风险预警

对于甘蔗产业来说，需要重点关注以下几个方面。

1. 自留种对种苗的需求影响大

现有品种的宿根能力基本在2～3年，即3～4年要更新一次，甘蔗用种量大，正常情况需0.4～0.7吨/亩的种苗，甘蔗生产对种苗的需求量大，现有繁育基地还不能满足需求。但蔗农有自留种的习惯，需加以引导使用良繁基因生产的半年全茎种苗。

2. 病虫害、寒害等灾害对品种提出的挑战

一是在甘蔗生产过程中，有些品种对病害的抗性会发生变化，某品种病害发生突出时，会影响该品种种苗的销售，要及时更换品种。

2017年在广西北海、来宾、崇左等地都发生了白条病，该病是检疫性病害，对甘蔗产量影响大，可造成整株甚至连片死亡，且难以防治，必须对该病加以重视，加强品种对该病的抗性鉴定，选育抗病品种，慎重推广感病品种。

二是甘蔗种苗的供应还受冻害影响比较大。如冻害来得早，受害范围大，则蔗农可自留的种苗少，专用繁育苗圃的半年蔗种苗也可能受冻，会造成种苗紧张。我国蔗区常受霜雪冻害的威胁，不但造成产量和糖分损失，而且常造成种苗短缺，影响生产安全，因此也得加强抗寒品种的选育，在易遭冻害的蔗区推广应用耐寒品种。

三是有些品种可能带来种植损失。随着桂糖42面积的扩大，宿根比重增大，该品种的感黑穗病特性充分暴露，其黑穗病的感病率有超过新台糖22的趋势，这将可能会给蔗农带来种植损失影响，增加蔗区黑穗病的压力，必须密切关注。桂糖46对病害的抗性较差，特别较易感锈病和白条病，推广时值得注意。

3. 国外品种市场占有情况

甘蔗品种与地点的互作效应强，国外选育的品种引进后因各种问题大多无法在我国大面积生产应用，国外品种的竞争力低。另外，由于甘蔗是无性繁育作物，若不采取强制的品种权保护措施，向蔗农或制糖企业征收品种使用费，育种企业难以维持，因此，大多数国家的甘蔗育种都是公益性质的，现今尚无国外企业在我国进行甘蔗品种选育，只要没征收品种使用费，不会有独立企业来进行品种选育。

四、国际食糖及甘蔗产业发展现状

（一）国际食糖及甘蔗产业发展概况

1. 国际食糖及甘蔗产业生产状况

FAO数据表明，全球糖料总产量由2001年14.95亿吨波动增长至2015年的20.64亿吨；2016年糖料产量是在收获面积基本持平的基础上，糖料产量稳中略增（1.87%）。

2016—2017年度食糖市场供给短缺，2017—2018年度市场供给过剩。2016—2017年度全球食糖产量为1.659 28亿吨，较上年度略增50万吨，食糖消费量约为1.723 90亿吨，较上年度增长1.22%，市场供给短缺390万吨。受气候和政策影响。印度食糖产量大幅减少，澳大利亚产量和出口量双降，全球食糖在巴西丰产下维持增产，中国、巴基斯坦、欧盟增产，泰国在天气利好下复产。中国和墨西哥库存下降抵消了巴基斯坦库存增加的影响。2016—2017年度全球消耗掉681万吨库存糖，期末库存大约下降7.67%，库存消费比同比下降了4.57个百分点。ISO预估2017—2018年度，因泰国、印度、欧盟和中国食糖增产，尤其是泰国和印度大幅增产，全球食糖市场可能供给过剩1 051万吨。

2016—2017年度的数据表明，巴西、印度、欧盟27国、泰国、中国、美国、俄罗斯、墨西哥、巴基斯坦、澳大利亚是前十大进口国（区域），分别占全球食糖产量的23.08%、12.23%、9.55%、5.95%、5.60%、4.41%、3.68%、3.62%、3.53%、3.01%。前5个国家（区域）食量产量占全球食糖总产量的56.42%；前10个国家（区域）食糖产量占全球食糖总产量的74.67%。

2. 国际食糖产业贸易状况

全球食糖出口贸易微增，巴西是第一大出口国。2017年，全球食糖出口贸易约6 215万吨。泰国、欧盟、阿根廷、菲律宾、埃及食糖出口增加，印度、巴基斯坦、乌克兰、俄罗斯、马来西亚、摩洛哥、危地马拉、墨西哥食糖出口减少。从近年发展趋势来看，巴西、泰国、澳大利亚、危地马拉和墨西哥是主要食糖出口国，其出口量约占72%，巴西出口占47.34%；中国（含走私）、印度尼西亚、欧盟、美国、马来西亚和印度是主要食糖进口国（区域），其进口量约占全球的33.8%。世界食糖贸易量变化受到产量与政策变化影响。

2017年，欧盟、印度、泰国、中国等食糖主产国（区域）都处于政策多变期。

欧盟：2017年10月1日，随着欧盟糖生产配额制度的结束，生产和出口限制被取消。葡萄糖行业也不再受欧盟配额制的生产限制，对于欧盟炼糖业来说，新的市场机会可能会出现。

印度：随着印度由国内高库存鼓励本国食糖出口，转向因减产避免本国糖价增长，印度糖业政策经历了鼓励食糖出口、上调食糖进口关税、限制糖厂囤积食糖数量、增加30万吨原糖进口、上调甘蔗指导价等政策。

泰国：主要受糖业面临市场化改革取向、东盟经济共同体有利于泰国出口、澳大利亚与泰国在印度尼西亚享有相同进口关税不利于泰国出口、新的含糖饮料消费税不利于食糖消费4个方面的综合影响。市场化改革取向是指，2016年10月11日巴西就泰国糖补贴将其告到了WTO，巴西认为泰国糖补贴及价格支持政策有利于泰国糖出口。为此，泰国政府向公众征求了修改《蔗糖法》的意见，旨在取消甘蔗生产补贴、废除国内糖价控制和食糖销售管理政策，2017年12月4日内阁会议已通过了修改草案。因此，泰国放开糖价自由浮动，预计将有利于其出口，有利于消费者和企业用户，但不利于蔗农。

中国：2017年5月22日，中国实行贸易保障措施，自动进口许可和贸易保障措施对于我国有序进口发挥促进作用。

3. 国际食糖市场价格以下行震荡为主

国际糖价下行震荡，经历先下跌后低位震荡态势。2016年9月，印度和泰国因干旱导致甘蔗生产大幅减产超预期，国际糖价大幅上涨，28日涨到23.85美分/磅，创4年多来新高。2016年第四季度，国际糖市以震荡上涨为主。2017年上半年，国际糖价以震荡下行为主，市场普遍预期2017—2018年度食糖市场将供应过剩，关注焦点为巴西中南部甘蔗种植区的天气以及厄尔尼诺影响对印度作物有益降雨的可能性。受印度2017—2018年度食糖供给状况可能好于预期影响，食糖供应过剩预期加剧，国际原糖价格低位震荡到2017年6月28日的12.74美分/磅。7月份，受巴西霜冻、产量低于预期、雷亚尔升值、空头回补、技术买盘支撑等因素推动以及超跌反弹因素影响，美国洲际交易所（ICE）原糖止跌反弹，下半年在14～16美分/磅震荡为主，2017年12月份收盘于15.15美分/磅。

（二）主要国家甘蔗产业技术发展动态

甘蔗遗传改良创新方面：2017年国外50多篇研究论文涉及甘蔗种质利用和品种评价、抗病性遗传、分子标记筛选和开发、基因克隆与鉴定和转基因等。主要集中在：①甘蔗抗黄锈病连锁标记筛选和分子标记开发取得突破性进展，形成了成熟的辅助育种技术体系；②高通量SNP标记平台的建立和应用将极大提高育种效率、缩短育种周期；③转基因甘蔗商业化种植再次取得突破，巴西甘蔗育种技术公司CTC研发的转基因甘蔗CTC 20 BT已被批准商业化；④甘蔗全基因组测序进展顺利，有望推动全基因组选择育种技术体系建立和应用。

病虫防控技术方面：病害来看，印度、巴西和泰国等主要产蔗国，对甘蔗梢腐病、锈病、草苗病、黄叶病、白叶病开展研究，主要进展包括：建立梢腐病、宿根矮化病危害甘蔗的产量损失评估模型，设计并获得检测草苗病的特异性引物，建立基于RGAP分子标记的甘蔗品种材料抗赤腐病的鉴定技术，试验证实梢腐病病菌可导致甘蔗枯萎和梢腐两种表观症状，建立甘蔗黄叶病、白叶病、黄褐色锈病的分子检测技术体系，印度发现草苗病新的传播寄主。

虫害来看，巴西和印度等国针对甘蔗螟虫和甘蔗地下害，开展转基因甘蔗抗虫研究，并获得重要进展。印度还开展微生物制剂如绿僵菌和化学农药如氯虫苯甲酰胺等对金龟子防治试验，明确不同药剂的防治效果。法国的试验证实，合理施硅肥对防治甘蔗螟虫的效果显著。在生物防治方面，泰国开展了绒茧蜂防治甘蔗螟虫的示范，并评估其经济效益。

（三）主要国家蔗糖竞争力分析

在蔗糖贸易环节，运用贸易竞争力指数（TC，即一国进出口贸易的差额占其进出口总额的比重）来考察食糖贸易竞争力，形成贸易竞争力的根本原因是强大的研发竞争力和产业竞争力。TC值在－1和＋1之间变动，如果TC>0，意味着该国某产品具有较强的竞争力；如果TC<0，表明出口竞争力较弱；如果TC＝0，则意味着该国某产品的生产效率与国际水平相当。

2016—2017年度，巴西、泰国、澳大利亚、印度和中国食糖TC指数为：巴西>泰国>澳大利亚>印度>中国。这表明，巴西、泰国、澳大利亚和印度各国对于我国研发水平的提升均起到重要的借鉴作用，巴西的研发投入和稳定产业发展的调节机制、泰国机械化程度的提高、澳大利亚优质的食糖标准的经验尤为值得借鉴（表12-5）。

表12-5　2012—2013年度榨季至2017—2018年度榨季5国的TC指数变化

国别	2012—2013年度	2013—2014年度	2014—2015年度	2015—2016年度	2016—2017年度	2017—2018年度
中国	－0.97	－0.98	－0.98	－0.95	－0.93	－0.93
巴西	1	1	1	1	1	1
泰国	1	1	1	1	1	1

（续）

国别	2012—2013年度	2013—2014年度	2014—2015年度	2015—2016年度	2016—2017年度	2017—2018年度
印度	− 0.23	0.34	0.33	0.37	− 0.08	0.11
澳大利亚	0.94	0.91	0.93	0.95	0.95	0.91

数据来源：根据F.O. Licht数据库计算而成。

五、问题及建议

1. 种子产业存在的问题

种苗企业微利，育种单位无利，影响了育种单位的积极性和种苗企业的精益求精。

政府部门制定统一加价品种名单，对品种的选择有时造成不利影响，使企业不能按自己的需求选择适应的品种。

2. 对策建议

第一，踏踏实实开展甘蔗良种科研联合攻关，尝试构建新型种苗产业体系。要把"三低"转变为"三高"，在抓住国家甘蔗良种重大科研联合攻关机遇的同时，加强顶层设计，研究创设良种推广补贴政策，培育壮大甘蔗种业龙头企业，构建以品种创新为核心，以双高基地为依托，以效益反哺、利益联结为动力，供种企业、科研单位、糖厂和政府有机衔接的新型甘蔗种苗产业体系。

第二，加工企业提供一定金额，支持奖励育种单位，或按品种种植面积支付一定的品种使用费。

第三，放宽品种的准入门槛，加强品种和种苗监管，由制糖企业确定加价品种和加价金额，以达优种优价，鼓励实施原料蔗收购的优质优价。

（编写人员：刘晓雪 邓祖湖 等）

第13章 甜菜

概　述

　　食糖与粮、棉、油同属涉及国计民生的大宗农产品，既是人民生活的必需品，也是我国农产品加工业特别是食品和医药行业及下游产业的重要基础原料和国家重要的战略物资。我国是世界第三大食糖生产国和第二大食糖消费国。我国也是世界上为数不多既产甘蔗糖也产甜菜糖的国家之一，通常在热带或亚热带区域种植甘蔗，在相对冷凉的区域种植甜菜。

　　从近年全球食糖生产量看，自2008年9月到2015年6月8个榨季的全球食糖生产量基本维持在1.65亿～1.70亿吨。从全球食糖消费量看，在2008年9月至2015年6月8个榨季期间，食糖年消费量从1.52亿吨增长到1.71亿吨，年均增长率为1.76%，世界食糖消费量呈刚性增长态势，全球食糖供需基本处于紧平衡，即丰年略有余，灾年略不足。从近几年国内食糖供需看，我国年人均食糖消费量为11千克，相对偏低，不足全球的一半；我国食糖年消费量约为1 500万吨，年生产量为900万～1 000万吨，消大于产，年食糖缺口量在500万～600万吨。随着人民生活水平的提高，二孩生育政策的放开，人口数量的刚性增长，食品甜味剂的限用，我国食糖供需的总体趋势是，消费量将进一步增长，缺口将进一步增大。因此从国际国内分析看，要确保我国食糖有效供给，应立足本国解决，把糖罐子紧紧地端在自己的手里。

　　近几年全国甜菜制糖业稳步发展，特别是内蒙古甜菜种植由于向冷凉地区转移，研发、推广了机械化膜下滴灌和纸筒育苗移栽等丰产高糖栽培技术，解决了多年来春旱出全苗困难、生育期短的难题，保证了密度，促进了光、热、水的有效利用，甜菜平均单产由2吨提高到3.2吨，以及机械化作业大幅减轻了农民劳动强度，农民与企业得到了实惠，种植面积及食糖产量大幅提升。2017年我国甜菜种植面积已达283万亩，比2016年的253万亩增加30万亩，2018年播种面积预计达350万亩。甜菜糖产量2016—2017榨季达到104.71万吨，比2015—2016榨季的84.98万吨增加19.73万吨，2017—2018榨季预计达114.97万吨。目前甜菜制糖业已成为我国重要产业，另外以甜菜茎叶和榨糖后的菜丝等优质多汁饲料为原材料的种、养、加和一二三产融合产业，也是目前农民收益高、企业利润大、地方财政有税收以及脱贫攻坚多方受益的产业。同时，甜菜也是冷凉地区国家调减玉米种植最好的替代作物。

　　众所周知，种子作为最基本、不可替代、具有生命力的农业生产资料，在农业生产中具有极其重要的作用。只有健康的种子才能保证作物健康地生产。农业产业想要健康、稳定地发展，必须走集约化、节约化、机械化生产，这是可持续发展的必然趋势，否则这一产业必将走向衰落。

为了降低成本、提高甜菜种植效益、提高农民种植的积极性，目前我国甜菜生产从提高单产和含糖率、提高土地产出率、降低种植成本、减轻农民劳动强度入手，主要依靠机械化作业及与之配套的高产高效农艺技术来突破，在精量播种、纸筒育苗移栽、膜下滴灌、中耕、病虫草防控、采收等方面推进机械化作业程度，快速推进集约化、规模化、机械化生产。因此我国甜菜生产中急需丸粒化丰产、优质、抗病、抗除草剂、适宜机械化种植的甜菜单胚雄性不育杂交种。

近年来，我国的甜菜育种科研工作者围绕甜菜的产业发展开展了一系列的工作，均取得了突破性进展。目前我国已育成的甜菜品种中，有些品种既高产（与在我国种植的国外部分品种持平）也高糖（含糖量普遍高于国外品种），而且抗病性也较好，单胚雄性不育杂交种也已选育成功。然而有关甜菜种子的丸粒化、引发加工处理等方面的研究工作较少，因此国产品种虽然在产量和质量方面、抗性方面、单胚性方面均表现较好，但无法实现商品化，无法被推广应用，尤其无法应用于在机械化精量播种及纸筒育苗，从而造成了国外种子公司大量进入我国进而垄断国内甜菜种子市场的局面。目前我国甜菜生产95%的种子是国外进口的丸粒化包衣引发种子。一般情况下，国外品种在我国的种植表现为根产量高、含糖率偏低、抗病性较差，造成我国甜菜生产褐斑病、丛根病、根腐病等发病率高，从而导致甜菜含糖率下降。国内自育品种种植表现为根产量相对偏低、含糖率较高、抗病性较强，由于我国自育品种种子丸粒化加工技术落后，种子包衣、丸粒化加工技术不过关，严重影响了我国自育品种的推广种植。

尽快选育推广能与国外品种抗衡的自育丸粒化单胚雄性不育杂交品种，提高我国甜菜种业的话语权，保证我国甜菜产业的种子有效供给及种子质量和数量安全是今后我国甜菜产业健康持续发展的关键。

一、我国甜菜产业发展

（一）甜菜生产发展状况

1. 我国甜菜生产概述

（1）播种面积变化

2017年我国甜菜种植面积已达283万亩，其中黑龙江播种面积为28万亩，内蒙古播种面积为130万亩，新疆播种面积为110万亩，甘肃等其他地区播种面积为15万亩，比2016年的253万亩增加30万亩。2018年甜菜播种面积预计达350万亩。

我国甜菜种植区主要集中在新疆、内蒙古、黑龙江等地区，目前甜菜面积的增加主要是内蒙古产区面积的增加，新疆及黑龙江产区面积变化不大。

（2）食糖产量变化状况

2016—2017年度榨季甜菜糖产量为104.71万吨（甘蔗糖产量为824.11万吨），较2015—2016榨季的84.98万吨增加19.73万吨（甘蔗糖产量为785.21万吨），2017—2018榨季达到114.97万吨（甘蔗糖产量为915.66万吨）。

（3）单产变化情况

产业技术体系启动后，通过体系品种筛选及精准鉴定试验，不同甜菜产区推广应用最适宜的甜菜丸粒化国外单胚品种，提高了推广应用品种的含糖率及抗病性。结合机械化膜下滴灌和纸筒育苗移栽等丰产高糖栽培技术的推进，我国甜菜平均单产量均达到4.0吨／亩以上，扣除机械起收损耗及企业收购扣杂，以最终入制糖企业的甜菜收购量计，"十二五"期末甜菜平均单产量比"十一五"期末增加0.5吨／亩，全国甜菜平均单产量由2.7吨/亩提高到3.2吨/亩，2017年全国甜菜平均单产达到3.5吨/亩。

（4）栽培方式演变

目前我国甜菜种植区域逐渐向冷凉干旱地区转移，甜菜种植栽培方式主要采用机械化精量直播干播湿出及膜下滴灌种植模式，纸筒育苗移栽种植模式。这样的栽培方式解决了多年来春旱出全苗困难、生育期短的难题，保证了密度，促进了光、热、水的有效利用，推进了机械化作业，大幅减轻了农民劳动强度。

2.甜菜区域生产基本情况

（1）各优势产区的范围

我国甜菜产区主要集中在我国"三北"地区，包括黑龙江、吉林、内蒙古、河北、山西、甘肃、宁夏、新疆。目前优势产区主要是东北产区的黑龙江，华北产区的内蒙古，西北产区的新疆。

（2）自然资源及耕作制度情况

东北产区的黑龙江主要采用垄作机械化直播及垄作纸筒育苗移栽种植模式；华北产区的内蒙古主要采用平作机械化直播膜下滴灌及平作纸筒育苗移栽种植模式；西北产区的新疆主要采用平作机械化直播滴灌干播湿出种植模式。

（3）种植面积与产量

东北产区过去一直是我国甜菜种植面积最大的区域，但近几年黑龙江播种面积大量减少，2017年播种面积为28万亩，食糖产量为6万吨，占甜菜糖产量的5.77%。内蒙古近几年甜菜产业发展迅猛，2017年播种面积为130万亩，食糖产量为46万吨，占甜菜糖产量的44.23%。新疆近几年保持稳定，2017年播种面积为110万亩，食糖产量为48万吨，占甜菜糖产量的46.15%。甘肃等其他区域2017年度播种面积为15万亩，食糖产量为4万吨，占甜菜糖产量的3.85%。

（4）区域比较优势指数

黑龙江甜菜块根平均产量为3.5～4.0吨/亩，比较优势偏低，竞争作物主要有大豆、玉米、水稻等。内蒙古甜菜块根平均产量为4.0～4.5吨/亩，比较优势较高，竞争作物主要有马铃薯、玉米、向日葵等。新疆甜菜块根平均产量为4.5～5.0吨/亩，比较优势较高，竞争作物主要有棉花、玉米、瓜类等。

（5）资源限制因素

目前我国甜菜产区主要集中在我国"三北"冷凉干旱地区，水资源是主要的限制因素，土地流转、规模化机械化生产的推进程度也是甜菜生产的限制因素。

（6）生产主要问题

①自育品种推广困难。通过我国甜菜育种科研人员的共同努力，我国甜菜育种科研工作取得非常大的突破与进展，近年陆续育成单粒新品种。但由于种质资源匮乏，自育品种根型与整齐度、块根产量等指标与国外品种相比仍存在差距；另外受种子加工技术水平的制约，丸粒化加工无法实现，自育品种无法实现商品化，造成国产自育品种的推广应用困难，生产中使用的丸粒化品种均为国外引进品种的局面。

②甜菜种子加工分级与丸粒化包衣技术和种子加工设备落后。目前我国甜菜生产中，大面积推广应用的机械精量直播和纸筒育苗移栽所需种子均为丸粒化包衣种子。国内自育审定的遗传单胚种产量和质量表现不错，但由于我国甜菜种子加工分级与丸粒化包衣技术不过关、种子加工设备落后，丸粒化加工后种子发芽率不到95%，已严重限制了自育品种的推广应用。

③进口甜菜种子市场管理有待规范。目前我国甜菜生产中使用的丸粒化包衣种基本为国外引进品种，一些冒牌和有问题的种子经常在种子市场出现。这一问题若没有引起足够重视，将会影响到我国甜菜种子市场的数量安全和质量安全。

④除草剂使用管理。目前我国农业生产中使用化学除草剂除草已成为常态，甜菜生产中因前茬作

物使用除草剂而产生的药害问题时有发生。

⑤国际食糖市场周期性冲击，食糖价格不稳，甜菜生产成本增加。在我国食糖价格基本靠国际市场调节，国家宏观调控力度不足的情况下，国际食糖市场直接影响国内食糖价格。当国际食糖市场价格下降时，国内甜菜制糖产业就受国际食糖市场冲击，出现低迷甚至亏损；当国际食糖市场价格升高时，国内甜菜制糖产业形势好转。国内食糖产业始终处于受国际食糖市场控制之中，在国际食糖市场竞争中没有主动性和话语权，周期性受国际食糖市场冲击。同时随着农资价格的不断提高，人工成本的逐年提高，甜菜收购价格不断上涨，生产成本增加。

⑥糖企原料区有效供给的持续性存在潜在风险。从现实看，糖企原料区耕地不足，甜菜种植的重迎茬占比太高，无法保障科学轮作，病虫害逐年加重，糖企原料区有效供给的持续性存在潜在风险。

⑦糖企布局不合理，原料数量和质量存在风险。近年国家甜菜产业技术体系研发推广膜下滴灌、干播湿出、地膜覆盖、机械直播及机播、机栽、机管、机收等技术以及甜菜优良品种的更新换代，冷凉区域甜菜单产量、含糖率和比较效益得到大幅度提高。在冷凉区域，甜菜制糖业是农民收益高、糖企有效益、政府有税收、脱贫攻坚及种、养、加和一二三产业深度融合的好产业，社会资本纷纷投入建糖企，但目前所建糖企布局不科学，原料区持续产能不足，存在有效供给风险。

3. 生产成本与效益

(1) 甜菜生产成本与效益

目前甜菜种植生产的主要成本来源为甜菜种子、化肥、农药、地膜、滴灌带、纸筒、除草剂等农资，机播、机收费用，土地使用费用等。上述成本合计甜菜每亩种植成本为1 500～1 650元，东北产区及华北产区甜菜丸粒化种子价格为1 200元/单位，西北产区为1 400元/单位，每个单位10万粒，精量播种可播15亩。华北产区土地使用成本最低，为500～600元/亩，最低的只要300元/亩。东北产区甜菜块根产量最低，西北产区最高，东北产区的黑龙江甜菜块根平均产量为3.5～4.0吨/亩，华北产区的内蒙古甜菜块根平均产量为4.0～4.5吨/亩，西北产区的新疆甜菜块根平均产量为4.5～5.0吨/亩。目前甜菜收购价格为480～530元/吨，西北产区甜菜收购价格最低。种植甜菜平均亩产3.0吨可以保本，其中华北产区成本最低，基本甜菜平均亩产达2.5吨以上即可保本。甜菜种植收益为400～800元/亩。

(2) 食糖生产成本与效益

目前我国甜菜制糖企业食糖生产成本主要包括原料成本、加工成本、管理成本等，其中原料成本是最主要的成本来源。食糖加工成本为1 700元/吨左右，各制糖企业甜菜制糖工艺损失率为2.5%左右，华北产区最低。东北产区及华北产区甜菜含糖率较高，为16.0%左右，西北区偏低，在15.0%左右。华北产区食糖吨糖成本最低，为5 700元/吨左右。2017年我国食糖销售价格较高，为6 600元/吨左右，2017年末食糖销售价格开始下滑，目前已降到5 700元/吨左右。

(二) 甜菜种子市场需求状况

1. 我国甜菜种子消费量及变化情况

(1) 国内市场对种子的年度需求量

2017年我国甜菜种植面积已达283万亩，较2016年增加了30万亩，预计2018年播种面积达350万亩。2017年使用多胚包衣种子的种植面积近20万亩，其余均使用丸粒化单胚品种。多胚包衣种年需求量为100吨，单胚丸粒化品种年需求量为18万个单位。

(2) 市场发展趋势

根据目前我国甜菜产业发展趋势，尤其是华北产区甜菜产业的快速发展，预计2018年我国甜菜播种面积达350万亩，华北产区增长近80万亩，用种主要以单胚丸粒化品种为主，将占到播种面积的95%以上，单胚丸粒化品种年需求量将达到25万个单位。

2. 区域消费差异及特征变化

在保证块根产量的基础上，各种植区均注重含糖率及抗病性，推广使用的品种类型将以标准偏高糖型2倍体单胚抗丛根病雄性不育丸粒化醒芽杂交种为主。

（三）甜菜种子市场供应状况

1. 我国甜菜种子市场供应总体情况

目前我国三大甜菜产区生产用种约95%来源于以下国外种业公司：德国KWS公司、荷兰安地公司、瑞士先正达公司、丹麦麦瑞博公司、美国BETA公司、德国斯特儒伯公司、英国莱恩公司。国内品种推广主要依靠育种单位，目前包括黑龙江大学作物研究院（原中国农业科学院甜菜研究所）、内蒙古农牧业科学院特色作物研究所、新疆石河子甜菜研究所、新疆农业科学院经济作物研究所、甘肃张掖农业科学院。

2. 区域甜菜种子市场供应情况

（1）产业定位及发展思路

从近10年国际和国内食糖供需趋势看，国际食糖是丰年供大于需，灾年是供不应求；国内则是需大于供，年缺口量在500万吨左右。为了保障国内食糖有效供给，国家已确定了我国食糖供给应立足国内解决的政策。

食糖包含甘蔗糖和甜菜糖，二者都是蔗糖。我国甘蔗生产主要集中于广西云南丘陵山区，机械化推进困难，面积难以进一步扩大，因此甜菜糖将对我国食糖缺口的解决起到非常关键的作用。

我国三大甜菜产区的甜菜种植面积即使发展到1 500万亩，其种植面积也不到其总耕地面积的3%。目前我国甜菜种植区大部分在盐碱、贫瘠、管理条件相对落后的地区，与粮争地矛盾不突出。我国甜菜单产水平与国外相比存在较大差距，甜菜产量仅为世界平均产量的70%，我国甜菜的含糖率和单产量提高的空间较大。1991年我国甜菜播种面积达到历史最高，为1 175万亩。

通过强化科教企政协同，尊重科学、充分依靠科技进步提升甜菜产业综合竞争力，大力推进适度规模化种植、全程机械化作业和科学种田，走提高单产和含糖率、降低成本的路子，强化副产物综合利用，进而恢复与振兴我国甜菜制糖业。甜菜制糖产业的发展目标是年播种700万亩，产食糖300万吨。选育推广使用的品种目标类型应适宜机械化生产，主要以标准偏高糖型2倍体抗丛根病耐除草剂单胚雄性不育丸粒化醒芽杂交种为主。

（2）市场规模

根据我国甜菜生产现状、发展趋势及国内外甜菜品种的优缺点，为保障我国甜菜制糖产业健康稳定发展，保证我国甜菜种业数量与质量安全，应推进品种选育及丸粒化加工技术，加速国产自育品种的推广应用，使我国甜菜生产用种比例逐步调整为国外公司进口品种占我国播种面积的60%～70%，即每年进口量控制在15万～17万个单位（甜菜播种面积按400万亩计），国内自育品种占我国播种面积的30%～40%，即8万～10万个单位。

3. 甜菜市场销售情况

（1）主要经营企业

目前我国甜菜生产中使用的进口丸粒化单胚种主要依靠7家国外种业公司驻中国办事处及其代理

公司进行进口与销售，德国KWS公司、荷兰安地公司、德国斯特儒伯公司、英国莱恩公司由其驻中国办事处进口与销售，瑞士先正达公司、丹麦麦瑞博公司由北方种业代理进口与销售，美国BETA公司由北京金色谷雨公司代理进口与销售。国内自育品种均由各育成科研单位自行示范推广。

（2）经营量与经营额

2017年我国使用多胚包衣种的种植面积近20万亩，其余甜菜种植面积均使用丸粒化单胚品种。多胚包衣种年需求量为100吨，单胚丸粒化品种年需求量为18万个单位。多胚包衣种经营额为1 000万元，单胚丸粒化品种经营额为21 600万元。

（3）市场占有率

我国三大甜菜产区生产用种95%来源于国外种业公司，德国KWS公司市场占有率为10%左右，荷兰安地公司市场占有率为35%左右，瑞士先正达公司市场占有率为25%左右，丹麦麦瑞博公司市场占有率为15%左右，美国BETA公司、德国斯特儒伯公司、英国莱恩公司3个公司合计市场占有率为10%～12%。

国内品种推广主要依靠育种单位，国内育种单位合计市场占有率为3%～5%。

二、甜菜产业科技创新

（一）甜菜种质资源

我国不是甜菜起源国，种质资源匮乏，遗传基础狭窄。2000年之前通过审定的自育甜菜品种的亲本血缘基本为20世纪50—60年代引进的波兰、东德、苏联种质资源材料。2001年以后，通过国际合作交流，陆续又引进一批日本、美国、德国等国的亲本资源，亲本的遗传基础仍然以50—60年代引进的种质为主。

我国甜菜科研工作者通过几十年的不懈努力，改良选育出一批优良的甜菜种质资源。2倍体多胚授粉系材料的抗丛根病性、耐根腐病性、抗褐斑病性强，含糖率高，4倍体多胚授粉系材料数量领先于国外，但是缺乏丰产型2倍体多胚授粉系材料，尤其缺乏单胚雄性不育系及保持系亲本资源材料。我国甜菜育种工作者正在采用各种途径及技术方法进行资源材料的引进、改良、创新、选育。

我国自育甜菜品种与国外品种存在的差距主要表现在以下几点：第一，自育品种丰产性差；第二，自育品种出苗整齐度、植株生长整齐度差；第三，自育品种根型不好，植株偏高，根头偏大。

（二）甜菜种质基础研究

在甜菜种质资源创新及品种选育研究方面，创新选育出各类型种质资源材料，尤其在单胚雄性不育系、保持系及抗丛根病资源方面，育成了拥有全部自主知识产权的甜菜抗丛根病单胚雄性不育杂交种。同时重点开展了甜菜丸粒化种子加工技术研究，并取得部分技术突破。

利用分子标记技术对我国甜菜种质资源遗传多样性进行了研究，对促进甜菜种质资源的合理利用具有重要的理论指导意义；完善了甜菜组织培养技术，建立了甜菜遗传转化再生体系，促进了甜菜组培扩繁技术的应用，为甜菜转基因育种奠定了基础；确立了2种农杆菌介导外源基因转化甜菜的高效转基因方法，在国内首次用农杆菌介导法并结合真空辅助侵染，将沙冬青抗逆基因和抗除草剂基因转入甜菜基因组中；获得了4对小卫星分子标记引物，可快速准确地鉴定出甜菜细胞质类型，形成了一套快速有效的甜菜不育系保持系选育方法。

（三）甜菜育种技术及育种动向

从目前取得的成果及研究热点来看，农业生物技术研究主要集中在重要农艺性状相关功能基因挖掘、特优异基因发掘和克隆、转基因新品种培育、分子标记辅助选择新品种选育等方面。

甜菜育种工作的研究重点包括：甜菜CRISPR/CPF1技术体系研究与应用、甜菜高效转基因体系研究与应用、甜菜核心种质资源数据库构建与甜菜育种大数据体系建立、甜菜分子标记辅助育种及新品种选育等方面。最终实现双单倍体技术、转基因技术及基因组编辑等各项现代生物技术方法与常规育种的有效结合，逐步实现传统作物育种向精准育种的转变。目标是选育出适宜机械化生产，标准偏高糖型2倍体抗丛根病、耐除草剂单胚雄性不育丸粒化醒芽杂交种。

（四）甜菜新育成品种

2017年年底，已经登记的甜菜品种共计16个，其中1个为国产自育糖用甜菜品种，15个为国外种业公司在我国登记的品种。

德国KWS公司系列品种特点是芽势强，出苗整齐度高，苗期长势好；抗丛根病性较强；块根产量高，块根整齐度高。缺点是耐根腐病性、抗褐斑病性差，含糖率低。

荷兰安地公司系列品种特点是抗丛根病性、抗褐斑病性较强，对水肥、土壤适应性强，耐瘠薄。缺点是块根整齐度不高。

瑞士先正达公司系列品种特点是抗丛根病性较强，块根整齐度高，含糖率较高，根头小，非常适宜机械化生产。缺点是芽势弱，苗期长势弱。

丹麦麦瑞博公司系列品种特点是出苗整齐度较高，含糖率较高。缺点是抗病性一般。

美国BETA公司系列品种特点是出苗整齐度高，苗期长势好，抗丛根病性强，块根产量高。缺点是块根整齐度不高，植株偏大。

德国斯特儒伯公司系列品种特点是抗丛根病性较强，含糖率较高。缺点是芽势弱，苗期长势弱，耐根腐病性差。

英国莱恩公司品种刚进入我国，表现为块根产量较高，抗病性较差。

国产自育单胚品种特点是抗丛根病性、抗褐斑病性、耐根腐病性强，含糖率高；缺点是出苗整齐度不高，块根整齐度不高，植株偏大，块根产量偏低。

三、甜菜品种推广

（一）甜菜品种登记情况

目前甜菜登记的品种基本为国外德国KWS公司、荷兰安地公司、瑞士先正达公司、丹麦麦瑞博公司、美国BETA公司、德国斯特儒伯公司、英国莱恩公司品种。国内甜菜育种科研单位选育的品种刚开始登记。

（二）主要甜菜品种推广应用情况

2004年以后单胚雄性不育丸粒化品种成为我国甜菜生产的主导品种类型。由于当时我国自育甜菜品种基本为多胚型品种，虽然含糖率比国外进口品种高，抗病性显著优于国外进口品种，但无法适应当时甜菜生产种植模式的变革，国外进口单胚雄性不育丸粒化品种的推广应用成为必然。2017年使用多胚包衣种子种植面积近7%，其余均使用丸粒化单胚品种。

目前我国三大甜菜产区生产用种95%来自国外种业公司，国内品种推广主要依靠育种单位，主要集中在西北产区。

（三）甜菜产业风险预警

1. 进口甜菜品种垄断局面对我国甜菜产业的潜在风险

在目前的甜菜生产需求条件下，随着国产自育多胚品种的退出，对进口单胚雄性不育丸粒化品种的需求量逐年扩大，国外甜菜种业公司纷纷进入我国甜菜种子市场并快速占据主导地位。国外种子公司利用其技术优势对我国进行技术封锁和限制，确保其在种子销售价格上的话语权和种子处理技术垄断。甜菜种子价格持续上涨，造成种植成本持续上涨的局面，严重损害了中国甜菜种植户的效益和利益。同时导致我国甜菜生产褐斑病、丛根病、根腐病等发病率升高，含糖率下降。

随着国外甜菜种业公司对我国甜菜种子市场垄断局面的形成以及单胚雄性不育丸粒化品种的需求量逐年扩大，进口种子质量也出现下降问题，每年均会出现低等级种子、非当年种子倾销我国的情况，也存在一些冒牌和有问题的种子经常在种子市场出现的现象。

2. 对品种的要求

随着甜菜产业技术的快速发展，生产所需的甜菜种子必须满足发芽率在95%以上，为丸粒化醒芽种子的要求。而自然繁殖的甜菜种子籽粒小，表面特别粗糙，发芽率相对偏低（一般在80%以下）。要想达到生产对种子的要求就必须要对自然繁殖的甜菜种子进行丸粒化醒芽加工。

目前甜菜生产中需求的甜菜品种为适宜机械化生产、丰产高糖率、抗丛根病单胚雄性不育丸粒化杂交种。随着产业的发展，对品种的耐根腐病性，抗除草剂性状要求会越来越高。

四、国际甜菜产业发展现状

（一）国际甜菜产业发展情况概述

目前国际上有40多个国家种植甜菜，甜菜制糖产业主要集中在欧盟、俄罗斯、美国、乌克兰、中国，另外还有白俄罗斯、日本及西亚等国家和地区。每年全球食糖产量1.6亿吨左右，甜菜糖产量占1/3左右。

甜菜种业公司也主要包括德国KWS公司、荷兰安地公司、瑞士先正达公司、丹麦麦瑞博公司、美国BETA公司、德国斯特儒伯公司。这几家均为跨国公司，销售遍布全球甜菜种植区，为全球甜菜种子主要供应商。

（二）主要甜菜生产国家研发现状

德国的两家育种公司和4个研究所共同完成了一个带有600个标记的甜菜图谱并公布于世，在图谱绘制过程中，应用了RFLP、RAPD、SSR、AFLP等技术。其中几个重要的基因被定位，如抗线虫的$Hs1$、$Hs2$基因，抗丛根病的$Rr1$基因，修补位点X和Z，单胚种球基因M，红色下胚轴基因R，抽薹基因B及抗褐斑病和产量组分的QTLs。德国的GABI-BEET研究项目计划应用基于基因表达和无个性特征标记的SNP，结合高生产力体系进行标记分析，作为一项研究手段应用于分子育种。在获得cDNA克隆的序列信息和隐藏有无个性特征标记探针的基因克隆序列后，利用高密度功能图谱附加新的特征标记辅助育种。GABI-BEET的目标基因集中在根作物的特征基因所在的基因组区域，如根腐病、蔗糖贮藏和抽薹基因等。由于糖用甜菜基因组较小，可以成为块根作物的模式物种。

在研究方向上，构建传统育种和现代农业生物技术高度融合的甜菜生物技术育种体系，研究和开发实用性强的甜菜育种新技术与方法；注重表现型选育，甜菜种子发芽势强，根型整齐一致，地上部矮化；全部推广使用丸粒化醒芽遗传单胚雄性不育杂交种。

五、问题及建议

1. 加强进口单胚丸粒化品种监管

在我国甜菜种子丸粒化醒芽加工关键技术还没有完全解决，自育单胚雄性不育杂交种近几年仍不能进入种子市场的情况下，应加强对进口单胚丸粒化品种的市场监管力度。

第一，加强市场监管检查，严厉查处冒牌和有问题的进口单胚丸粒化种子。

第二，加强进口单胚丸粒化种子质量检测工作，有效控制低等级种子、非当年种子倾销我国情况的发生。

第三，加强竞争机制，多元化使用品种，避免形成个别种业公司垄断的局面。通过多家国外种业公司间的竞争，促使其引进最优良品种并提高种子质量，保证种子数量与质量安全。

第四，加强进口审批管理，严格控制未在我国登记的国外品种进入我国甜菜种子市场。

第五，推广进口单胚丸粒化醒芽种的使用。

2. 品种登记应加强的工作

第一，完善甜菜品种登记制度。根据甜菜产业用种特点（企业集中采购），品种登记完成后，其产量、质量及抗病性指标数据可适时开展符合性验证工作，建立统一的品种符合性验证指标体系，对表现出在生产使用中存在潜在风险的品种，应摸清底数，发出风险提示。

第二，加强已登记进口单胚甜菜种子的后期市场监管、跟踪评价力度，开展评价展示工作，为企业、农户选种提供参考依据。

第三，加快我国自育甜菜单胚品种的登记速度。

（编写人员：白　晨　张惠忠　郭圆圆　等）

2017

第 4 篇

蔬　　菜

登记作物品种发展报告

第14章 大白菜

一、我国大白菜产业发展

（一）大白菜生产发展状况

1. 全国大白菜生产情况

（1）播种面积变化

我国大白菜地方品种众多，集中分布在黄河中下游地区，山东、河北、河南是大白菜主要产区，在江苏、浙江、广东、福建等省份还有一些比较有特色的地方品种。近年来，我国白菜种植面积变化较小，基本保持稳定。大白菜种植面积2016年为183.34万公顷，2017年为184.79万公顷，占全国蔬菜播种面积的8%左右。

（2）产量变化状况

2016年，我国大白菜产量为11 281万吨，2017年为11 416万吨，同比增长1.20%，产量变化幅度较小。

（3）单产变化情况

2016年我国大白菜平均单产为43吨/公顷，2017年为43.3吨/公顷，与上一年度相比，略有提高，但不明显。

2. 区域大白菜生产基本情况

依托气候和区位优势，全国逐渐形成了5个大白菜集中产区，分别为东北秋大白菜优势区、黄淮流域秋大白菜优势区、长江上中游秋冬大白菜优势区、云贵高原湘鄂高山夏秋大白菜优势区、黄土高原夏秋大白菜优势区。

（1）东北秋大白菜优势区

区域范围：黑龙江、吉林、辽宁、内蒙古东部。

市场功能及产业定位：传统秋大白菜产区，除辽宁部分地区有北菜南运外，产品以当地消费为主，大部分作为冬贮或加工酸菜。

自然资源及耕作制度：该区域位于中国东北边陲，东西距离长，地形差异大，多山地和丘陵。冬季漫长，气候寒冷，无霜期短，属一季栽培地区。大白菜是城乡居民冬春食用的主要蔬菜。酸白菜是东北城乡居民冬季食用的主要加工蔬菜，约占冬贮白菜的20%～30%。供应期长达半年之久，栽培面积在蔬菜生产中占首位。该区气候适宜秋大白菜露地种植，夏末和秋季温、光、水条件优越，利于大白菜生长，由于该区域10月上中旬开始有霜冻，一般7月中下旬播种，10月上中旬收获。

全国种植占比情况：该区域的大白菜常年播种面积约为550万亩，占全国总面积的14%左右，总产量约为1 900万吨，占全国总产量的15%左右。

存在的不利气候因素和生产问题：前期高温，后期低温，某些年份病毒病、霜霉病发病较重，某些地区根肿病危害严重。

（2）黄淮流域秋大白菜优势区

区域范围：河北、北京、天津、山东、河南、山西中南部盆地及苏北、皖北。

市场功能及产业定位：传统秋大白菜产区，除当地消费外，大部分菜冬贮或北菜南运。11月上中旬收获后，另一部分产品直接销售，另一部分产品冬贮陆续上市至翌年3月。

自然资源及耕作制度：该区域由于气候条件适宜大白菜生长，因此是我国重要的大白菜产区。这一地区大白菜栽培历史悠久，其特点是栽培面积大，品种类型多，品质好，产量高，耐贮藏，供应时间长。最主要的茬口是秋季的露地栽培，一般于8月上中旬播种，11月初开始上市销售。其栽培方式有直播和育苗移栽等。

全国种植占比情况：该区域的大白菜播种面积约为1 500万亩，占全国总面积的35%左右，总产量约为5 300万吨，占全国总产量的45%左右。

存在的不利气候因素和生产问题：本区最适宜秋大白菜的种植，但也存在前期高温，某些年份病毒病、霜霉病、黑腐病发病较重，有些年份干旱少雨造成病毒病较重，某些年份雨多积水造成软腐病发生较重等问题。

（3）长江上中游秋冬大白菜优势区

区域范围：云南、贵州、四川、湖南、湖北、广西。

市场功能及产业定位：该区域为露地越冬的秋大白菜产区，除当地消费外，大部分菜在翌年2月开始南菜北运，可陆续采收至3月。

自然资源及耕作制度：该区域的气候特点是温和、湿润和多雨。地形以低山丘陵为主，也有较多的平原。土壤类型多，肥力中上等，自然条件对大白菜生产基本是有利的。因雨水偏多，一般深沟高畦种植。大白菜播种期一般在9月，主要供应期为11月至翌年3月。大白菜在霜冻来临之前完成结球，露地越冬。

全国种植占比情况：该区域的大白菜播种面积约为800万亩，占全国总面积的30%左右，总产量约为1 800万吨，占全国总产量的15%左右。

存在的不利气候因素和生产问题：雨量多，湿度大，昼夜温差小，日照时数少。

（4）云贵高原湘鄂高山夏秋大白菜优势区

区域范围：云南、贵州、重庆及湘西、鄂西高山。

市场功能及产业定位：6—9月上市的堵夏淡产品，主要供应华中、华南、西南地区。

自然资源及耕作制度：该区域位于我国的西南边陲，特点是地形条件复杂，气候差异极大。适宜大白菜生产的地区多在海拔800～2 200米的高原、平坝和丘陵山区，夏季凉爽，有"南方天然凉棚"之称，7月平均气温≤25 ℃，无需遮阳降温设施即可生产大白菜。海拔1 800米以上，播种期一般在5月中旬至7月中旬，上市期7月中旬至10月中旬，一般一年种植1茬。海拔1 200～1 800米，播种期在4月中旬至8月中旬，上市期6月中旬至10月下旬，一年可种植2茬大白菜；海拔800～1 200米，播种期在3月中旬至5月上旬，上市期6月上旬至7月下旬，一般一年种植1茬大白菜，后茬接种瓜类、豆类、红薯等作物。

全国种植占比情况：该区域的春夏大白菜播种面积约为400万亩，占全国总面积的10%左右，总产量约为1 000万吨，占全国总产量的10%左右。

存在的不利气候因素和生产问题：部分地区因光照不足或雨水过多，加之主产区多年连作造成大白菜病虫害加重，特别是根肿病、软腐病发生严重，造成减产。

（5）黄土高原夏秋大白菜优势区

区域范围：河北、内蒙古坝上、山西、陕西、甘肃、宁夏、青海。

市场功能及产业定位：6—9月上市的堵夏淡产品，主要供应东北、华北、华东、西北地区。

自然资源及耕作制度：该区域属典型的大陆性气候，四季分明，春季干燥，升温快，秋季晴朗，降温迅速，昼夜温差大，无酷暑炎夏。大白菜从5月下旬到6月下旬均有播种，7月下旬至9月下旬均有收获。

全国种植占比情况：该区域的春夏大白菜播种面积约为200万亩，占全国总面积的5%左右，总产量约为500万吨，占全国总产量的5%左右。

存在的不利气候因素和生产问题：高原春夏季适宜大白菜生长，前期低温和某些年份的干旱是生产的主要问题。

3. 生产主要问题

（1）北方大白菜冬贮数量大幅减少

随着南菜北运、设施蔬菜生产的发展，以及人们居住环境的改变和生活水平的提高，北方冬季无论是国储还是民储大白菜数量均大幅减少。以北京、天津为例，20世纪90年代中期以前，国家冬储大白菜的数量可以满足全市居民15～20天的消费，而目前包括萝卜、马铃薯在内的冬储蔬菜的数量仅能满足全市居民1～3天的消费。同时，城市居民大多由平房搬进了高楼，大白菜的搬运和贮藏保鲜变得困难，冬储大白菜极少；因大白菜贮藏保鲜费工费时，比较效益低，菜农贮藏的大白菜也大幅度减少。这些都加大了保障大、中城市蔬菜供应的风险和难度。

（2）市场价格波动加剧

大白菜冬储数量的大幅减少，导致前期大量集中上市，卖菜难，价格低，而后期（一般春节以后）上市数量大幅减少，价格大幅攀升，菜价高，季节性波动加剧。

（3）病虫为害加重

由于大白菜抗病育种和病虫害防控技术研究滞后，再加上基层蔬菜植保专业人才匮乏，病虫害防控不到位，不仅传统的病毒病、霜霉病和软腐病三大病害没有得到有效控制，而且大白菜根肿病、黄萎病等为害日益加重，蔓延扩散较快，严重威胁大白菜的生产和质量安全，防控形势十分严峻。

（4）传统栽培费工

随着人工费用大幅上涨，大白菜种植、贮藏保鲜的机械化、省力化操作技术需求迫切，但研究开发滞后，这些都应引起高度重视。

（二）大白菜市场需求状况

1. 国内市场对大白菜产品的年度需求变化

2017年国内市场对大白菜产品的年度需求量为271万吨，比2016年减少574万吨，同比下降17.52%。预估2018年国内市场对大白菜产品的年度需求量比2017年略有增加，但涨幅在3%以内。

2. 消费量及市场发展趋势

从进、出口来看，我国大白菜出口量小，多以国内消费为主。大白菜属于叶菜类蔬菜，营养丰富、含水量高，容易腐烂变坏。从生产到最终消费过程中，会有部分的损耗。损耗是指蔬菜从田头到最终购买阶段，因收获、分拣、贮藏、运输、销售环节形成的弃收、失水、腐烂等蔬菜特有损失。根据大白菜产品特性，损耗率约为30%。2016年，我国大白菜消费量8 122万吨，人均消费量59千克；2017年，我国大白菜消费量8 200万吨，人均消费量60千克，比2016年略有增加。

2017年以来，大白菜价格一直比较低。由于市场供应充足和10月份菜价提前进入上涨周期，大白菜价格同比降幅达30%。2017年入冬以来，华北、华中、华东地区气候条件良好，市场供应量充足稳定，对价格起到抑制作用。此外，由于10月上旬北方大白菜产区经历大范围降雨、降温，迫使秋冬季蔬菜供应量提前进入转换期，拉动菜价提前进入上涨周期，入冬后上涨空间有限。短期内，大白菜市场供应充足的局面仍将持续，预计在无异常天气影响情况下，大白菜价格仍有下降空间。

（三）大白菜种子市场供应状况

1.市场规模

白菜类蔬菜包括大白菜、小白菜、菜心和芜菁等，其中大白菜和小白菜是我国栽培面积和消费量较大的蔬菜作物。

根据中经先略数据中心发布的《2016—2022中国蔬菜种子市场专项调研及投资前景分析报告》，2014年我国白菜种子市场规模为8.16亿元，2015年产品规模增长至8.85亿元，较上年同期增长8.5%（图14-1）。

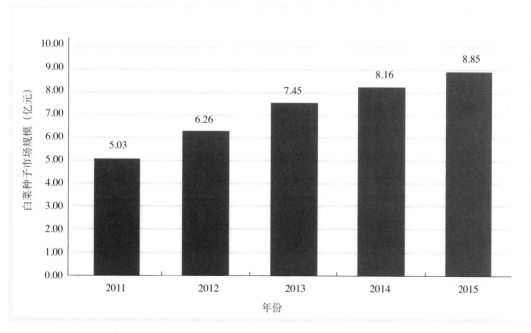

图14-1 2011—2015年我国白菜种子市场规模走势

二、大白菜产业科技创新

（一）大白菜种质资源

种质资源创新方面，主要借助胚挽救、游离小孢子培养和分子标记辅助育种等技术来创制白菜新种质。彭丽莎等（2016）通过胚挽救技术筛选到杂交效率较高的远缘杂交组合以及抗根肿病的甘蓝×

大白菜材料4份。王丽丽等（2016）以7个娃娃菜优良杂交种为试材进行小孢子培养，获得大量的小孢子胚状体和再生植株195株，筛选获得2个优异的双单倍体植株。毛清云等（2017）以大白菜—结球甘蓝9号单体异附加系（AC9）为试材，对其与大白菜亲本"85-1"回交后代植株进行游离小孢子培养，创建了大白菜—结球甘蓝易位系。单宏（2017）利用游离小孢子培养方法筛选出13个大白菜的优异DH系。其中，DBC02为黄心、抗根肿病、极耐抽薹的优良DH系，DBC01是兼具有黄心、抗根肿病、耐抽薹3种优异性状的DH系。张一卉等（2017）利用分子育种手段开展了优质橘红心大白菜种质创新与新品种选育研究，筛选得到4个早熟、优质、抗病的橘红心优异纯系种质08428、08460、08468、08469自交不亲和系，同时利用这些纯系配置组合，选育出了早熟优质抗病的特色大白菜新品种天正桔红65、天正桔红62。张德双等（2017）对新型紫色材料15NG28及其杂交F₁、回交一代BC₁F₁、自交后代等进行鉴定，发现15NG28及其后代可能为新的紫色大白菜资源，其紫色基因来源于芥菜。赵会财等（2017）通过分子标记辅助选择，将白菜型油菜黄籽沙逊的自交亲和基因和多心室基因与携带有抗根肿病基因的大白菜进行基因聚合，经过5个世代的选择，选育出聚合了自交亲和、多心室、抗根肿病基因的优异材料。

针对大白菜生产中流行的病害，龚振平等（2016）以203份来源广泛、类型丰富的大白菜高代自交系为试材，进行了耐抽薹性和5种主要病害抗病性的人工控制环境下的鉴定，获得高抗霜霉病、病毒病、黄萎病和根肿病的材料分别有7个、3个、28个和12个，兼抗2～4种病害的材料共计93个，并从中筛选到15个综合抗病性表现优异的自交系材料。任平平等（2016）对已发表的6个根肿病的CRb分子标记进行筛选，获得1个与CRb紧密连锁的共显性标记TCR05。利用该标记对24份育种材料进行筛选，均含CRb基因，得到8份纯合体材料，16份杂合体材料。

（二）大白菜种质基础研究

1. 抽薹开花机制研究

抽薹及开花对大白菜来说是非常重要的两个性状，对这两个性状的深入研究有着重要的理论及实际意义，近年已经取得一定的进展。李松洋等（2017）对春化处理组与非春化处理组进行转录组及全基因组DNA甲基化深度测序，得到106个重复基因，其中有56个基因的表达水平与甲基化程度表现出负相关的特点。在这56个关联基因中（其中有8个基因功能未知），46个基因在春化后表现为甲基化水平提高，转录水平下降，10个基因甲基化水平减少且转录水平提高。Wang et al.（2017）对大白菜花粉发育相关基因BrSKS13的克隆和表达模式分析得出，候选基因BrSKS13是一种特殊的抗坏血酸氧化酶基因，表达产物包含两个失去铜离子结合功能的保守结构域和一个正常的铜离子结合结构域，在大白菜大花蕾中的花粉粒上表达量较高，是花粉特异表达基因，参与花粉成熟发育。侯莉等（2017）以大白菜DH系"FT"为材料，利用EMS诱变与游离小孢子培养技术相结合的方法创制出一个早抽薹突变体ebm1，构建了突变基因ebm1的遗传连锁图谱，并预测出候选基因Bra03216。

2. 抗病基因的分子标记辅助育种

为了培育抗根肿病品种，根肿病抗性基因的发掘和抗病性遗传规律的研究至关重要。目前，根肿病的抗病性遗传研究已经取得了重要的进展。张红等（2017）利用大白菜根肿病抗性差异材料G57和G70构建的F₂分离群体，将抗病基因定位在分子标记KBRH129J18和TCR02-F之间，并开发了与抗病基因连锁的5对SSR分子标记。Pang等（2018）结合遗传作图，采用基于二代测序的批量分离分析法从大白菜近交系"85-74"（抗）和"BJN3-1"（感）杂交产生的分离群体中来检测F₂中的CR基因，将CR基因定位于染色体A03上的标记yau389和yau376之间的60kb（1cM）区域且CRd位于连锁标记

Crr3 的上游。Chen 等利用 RNA-seq 技术对不同接种时间的大白菜抗感材料进行转录组测序检测得到 3 812 个差异表达。Chen 等（2016）筛选出与抗根肿病密切相关的几丁质酶基因，对其家族成员进行了鉴定，并对其组织特异性表达和在根肿菌胁迫及几丁质处理后的表达模式进行了分析，为深入研究大白菜与根肿菌的互作及大白菜应对根肿菌侵染的分子机制奠定了基础。

芜菁花叶病毒（Turnip mosaic virus，TuMV）也是大白菜生产中的重要病害，其中 TuMV *VPg* 基因在 TuMV 侵染白菜类蔬菜的过程中起着至关重要的作用。李国亮等（2017）采用改良的重叠延伸 PCR（SOE-PCR）技术，以 TuMV *C4-VPg* 基因序列为模板，定点突变 TuMV *C4-VPg* 与 TuMV *CDN1-VPg* 基因间 5 个差异核苷酸位点，获得了 5 个单点突变体。此外，李国亮等（2017）还通过酵母双杂交试验和双分子荧光互补试验发现，*eIF(iso)4E.a* 和 *eIF(iso)4E.c* 可以 TuMV 的不同株系进行互作；蛋白结构分析表明，决定 *eIF(iso)4E* 与 TuMV *VPg* 互作的关键氨基酸位于帽结合蛋白和帽状蛋白上，且特定位点上的氨基酸具有选择偏好性，阐明白菜翻译起始因子异构体 *eIF(iso)4E* 的表达特性。刘栓桃等（2017）对大白菜 *eIF(iso)4E.c* 基因 hAT 超家族活性转座子插入突变体进行了鉴别，发现大白菜中的 BraD8 及类似结构属于 hAT 超家族的 Ac/Ds 转座系统。这些研究为白菜抗 TuMV 的性状改良提供了理论依据。

在大白菜中，Ca^{2+} 缺乏易造成干烧心的发生，研究学者在干烧心的遗传机制研究中取得了一定进展。刘栓桃等（2017）以极端抗/感干烧心大白菜自交系“He102”与“06-247”为试材，采用全基因组重测序的方法筛选到了 6 个编码 CNGCs 的结构变异基因，对其差异进行解析发现易感干烧心材料“06-247”中 4 个突变 CNGCs 的突变位点都在编码蛋白的 C- 端，这有可能影响 CNGCs 的功能。金秀卿等（2017）检测到 2 个与大白菜干烧心病抗性基因连锁的 InDel 分子标记 BrID10343 和 BrID10349，这 2 个标记均位于 Chr.7，其间的遗传距离为 1.031cM，遗传贡献率均达到 40% 以上。

此外，只升华等（2016）对 202 份大白菜自然群体材料进行简化基因组测序，通过全基因组关联分析在 A01 染色体上检测到一个新的与抗霜霉病关联的 SLAF 标记，研发出一个适用于 KASP 分型技术的 SNP 分子标记，在各亚群选择准确率均在 80% 以上，并找到抗霜霉病相关基因 13 个。

3. 雄性不育系相关基因的挖掘与鉴定

Zhou 等（2017）用 RNA-seq 技术对雄性不育两用系“AB01”的可育株与不育株花蕾进行高通量测序，获得了 4795 个 DEGs，699 个基因显著上调，4096 个基因下调，将 6 种转录因子基因 *BrAMS*、*BrMS1*、*BrbHLH089*、*BrbHLH091*、*BrAtMYB103* 和 *BrANAC025* 假定为不育相关基因，由 *BrABP1* 调节的弱生长素信号可能是导致花粉不育的关键因素之一。Zhang 等（2017）利用恢复系 92S105 和不育系 94C9 构建的 BC_1F_1 和 BC_1F_2 定位群体，图位克隆了 *BrRfp1* 基因。*BrRfp1* 基因是位于大白菜 A09 染色体上的一个编码 PPR 蛋白的基因，开发了与 *BrRfp1* 基因共分离的显性标记 SC718，该标记在不同群体中均可检测出 *BrRfp1* 基因是否存在，可用于分子标记辅助育种和大白菜种质资源中新恢复系的筛选。

4. 抗逆境胁迫相关基因的挖掘与鉴定

大白菜不耐高温、冷冻，对高盐、干旱等逆境胁迫也非常敏感。因此，挖掘与大白菜抗逆境胁迫相关的基因并用于大白菜分子设计育种，将有助于培育具有较强逆境胁迫抗性的大白菜新品种。杨翠翠等（2017）利用生物信息学方法从大白菜基因组中鉴定获得 4 个 *BraTILs* 基因，且不均匀分布在大白菜 2 号、3 号、10 号染色体上，对大白菜 *TILs* 基因的组成、表达模式以及功能等进行了系统分析，有助于全面了解大白菜 *TILs* 基因功能。此外，国外学者分析了在干旱条件下生长的大白菜的转录组谱，发现大白菜的干旱胁迫导致叶片和根中硫代葡萄糖苷代谢的不同驯化反应，干旱诱导叶片中硫代葡萄糖苷的积累直接或间接控制气孔关闭以防止水分流失，表明器官特异性反应对于干旱胁迫条件下的植物存活至关重要，为进一步研究大白菜耐旱分子机制提供了重要信息（Seung Hee Eom et al., 2018）。

通过种间杂交和芥菜的多次回交获得的大白菜hau CMS系和大白菜表现出明显的叶片黄化，黄化的分子机制仍未被阐明清楚。Xie利用RNA-Seq技术筛选到485个差异表达基因，其中包含189个上调基因和296个下调基因，研究发现叶片黄化受到叶绿体发育和色素生物合成的显著影响，为大白菜hau CMS系叶片黄化的分子机制研究提供了有效的基础（Xie et al., 2018）。

5. 转录组分析助力于叶色相关基因的研究

谢露露等（2016）对通过种间杂交渐渗育种得到的创新种质紫色白菜F_2群体进行转录组测序与分析，确定一个与组成花青素苷转录调控复合体的必需组分PAP1序列相似性非常高的编码R2R3-MYB类转录因子的关键候选基因c3563dli2，并认为导致紫色白菜叶片中花青素苷过量积累的直接原因是候选基因c3563dli2伴随芥菜基因组同源区段转移至白菜基因组，并延续了其在原基因组的高度表达特性。张德双等（2017）以新型紫色材料15NG28及其后代中的紫色与绿色植株转录组测序。结果表明：紫色植株的类黄酮、黄酮、黄酮醇和花青素合成途径的12个基因表达量均明显上调，其中2个结构基因无色花青素双加氧酶Bra013652（LDOX）和二氢黄酮醇还原酶Bra027457（DFR）表达量在紫色植株中最高，该结论不同于在紫色白菜中已报道的R2R3-MYB转录因子c3563gli2。

6. 叶球及其他性状的研究

基因组测序和重测序为规模化标记开发奠定了良好基础。王晓武团队完成了白菜和甘蓝类蔬菜作物代表材料的基因组重测序，构建了白菜和甘蓝类蔬菜的群体基因组变异图谱，分别确定了一大批白菜和甘蓝叶球形成与膨大根（茎）驯化选择的基因组信号与相关的基因（Cheng et al., 2016）。Liu等（2018）对大白菜叶片形成中TCP转录因子的全基因组鉴定与分析，将大白菜中的TCP基因命名为BrTCP1a～BrTCP24b，并确定其染色体位置，分析了基因结构和对蛋白质保守序列进行了比对。胡芳媛等（2016）通过利用无表皮毛大白菜DH系"FT"和有表皮毛DH系"PurDH"构建分离群体，克隆了1个控制大白菜表皮毛的候选基因Bra025311。赵会财等（2017）以白菜型油菜与大白菜材料经杂交和自交获得的F_1、F_2代群体，进行多心室和自交亲和性状的遗传分析，经多态性筛选获得一对与心室性状紧密连锁的分子标记Teo-1。

（三）大白菜栽培育种技术

1. 大白菜省工节水简约化栽培技术

大白菜属于叶菜类蔬菜，传统栽培模式费水费工，生产效率低。改变这一落后生产模式的途径之一是采用精量播种、黑色地膜覆盖加膜下滴灌的生产方式。但新的生产方式仍面临一系列问题：一是大白菜种子是小粒种子，不能满足机械化单粒精播的要求；二是目前国内种子质量还达不到单粒播种出齐苗的目标；三是缺乏配套的直播机械和栽培管理技术体系。

针对以上问题，北京市农林科学院蔬菜研究中心研发了秋大白菜节水省工简约化栽培技术体系，实现了机械起垄、铺设滴灌带、覆盖地膜、播种一次完成，无需进行除草、间苗或移栽等操作；与传统栽培模式相比，每亩用种量减少80%、节水30%、省工50%，节约成本500元左右（张凤兰，2018）。

同时，北京市农林科学院蔬菜研究中心还建立了大白菜杂交种制种从整地、起垄、定植、施肥、打药、浇水、收获、脱粒全程机械化生产模式，可规模化用于商品杂交种真实性和纯度鉴定的分子标记检测技术体系，以及大白菜种子丸粒化加工技术，引领了全国大白菜杂交制种和加工技术的变革，为白菜新品种产业化提供了技术支撑。

2. 多种病害的鉴定、评价与防治

抗病育种是大白菜育种工作的一项重要内容。由于气候的改变、土壤污染及连作，许多病害如根肿病、病毒病、霜霉病、黄萎病等随着生理小种的变化在某些地区和季节发生较严重。特别是根肿病的发生呈逐年加重趋势，危害面积不断扩大，不仅给菜农造成严重的经济损失，还严重威胁大白菜的周年生产和供应。

（1）黄萎病和根肿病精准抗性鉴定评价技术

针对大白菜生产中的土传病害黄萎病和根肿病，北京市农林科学院蔬菜研究中心在国内首次建立了黄萎病和根肿病精准抗性鉴定评价技术，并大规模用于抗源材料筛选，获得高抗黄萎病材料9份，兼抗根肿病4号和7号生理小种材料3份，为抗病品种的选育提供了材料保障（张凤兰等，2017）。徐立功等（2017）通过穴盘育苗接种法来鉴定根肿病，便于集约化操作，可同时筛选大量材料，加快了抗病品种选育进程。

（2）新型生物诱抗剂有效防治根肿病

为寻找防治大白菜根肿病的更好方法，云南农业大学植物保护学院等单位研究人员利用枯草芽孢杆菌XF-1和香菇菌丝体研发了新型生物诱抗剂香菇菌丝体裂解液EXF-1和EXF-1丙酮抽提物，发现施用EXF-1和EXF-1丙酮抽提物对大白菜根肿病的防效分别达65.07%和42.20%，防治效果较好（刘刚，2018）。

（3）3种大白菜病毒多重RT-PCR检测体系

刘欢等（2017）建立了能同时检测大白菜样品中3种大白菜病毒（TuMV、TMV和CMV）多重RT-PCR检测体系。该方法能对田间大白菜样品进行3种病毒的准确、快速、高效检测，为病毒病快速检测、白菜病毒病防治与抗病育种提供参考。

3. 超高效液相色谱—飞行时间—串联质谱法助力优质大白菜的选育

随着市场和消费需求的变化，在大白菜育种中，产量在众多育种目标中不再是唯一的追求目标，需要兼顾品质、抗病性和适应性等目标。徐东辉等（2017）建立了超高效液相色谱—飞行时间—串联质谱法（UPLC-TOF-MS/MS），用于分析大白菜叶片中脂质的种类、结构、脂肪酸组成并检测其相对含量。该方法具有灵敏度高、准确度高和高通量等优点，为植物脂质的代谢研究提供了可靠的分析技术平台，推动了白菜生长发育和抗逆机理的研究，为选育具有更好品质和抗性的白菜类蔬菜作物提供了新技术。

4. 大白菜再生和遗传转化体系的建立

大白菜携带不易再生的AA基因组型，在芸薹属作物中属于最难转化的种。由于受基因型影响，大白菜再生率低，导致其转化效率很低（张淑江等，2011），因此，寻找一种有效的方法建立大白菜的高频再生体系尤为迫切。李菲等（2017）初步建立了以小孢子为外植体的遗传转化体系，探讨基因枪法介导大白菜小孢子。结果表明：大白菜小孢子数量庞大，易收集，可耐受基因枪的多次轰击，并能继续保持胚胎发生的能力，作为新尝试的遗传转化受体，有可能是解决白菜类作物再生困难，提高转基因效率的有效手段。赵玉竹（2017）建立了农杆菌介导的大白菜"GT-24"遗传转化体系，经重复试验后，平均转化效率为2.49%。赵静等（2016）采用真空渗入法，将萝卜VPE1基因的干扰载体pRNAi-RsVPE1转入大白菜中，共收获2 414粒种子，在质量浓度为30毫克/升的卡那霉素筛选下获得抗性株297株，其中9株经PCR检测呈阳性，转化率为0.37%。这些方法均为大白菜开展转基因技术研究，突破再生困难瓶颈提供了新的选择途径。

5. 大白菜基因组DNA快速提取方法的研究

快速高效的DNA提取是蔬菜作物大规模分子育种的关键一步。王涛等（2017）以大白菜叶片为试验材料，比较了CTAB法、二步CTAB法以及4种碱裂解法提取DNA的质量。其中碱裂解法Ⅲ不仅提取质量好，而且提取过程简单、快速，能够满足大白菜高通量DNA提取的需要，显著提高了大白菜分子标记辅助筛选的效率，可广泛应用于大白菜分子标记辅助选择育种。

（四）新育成品种

为满足当前大白菜生产和多样化消费的需求，我国大白菜育种工作者培育出一大批优良新品种。据不完全统计，2016年以来，获植物新品种授权品种17个，登记品种共591个，特别是在早熟品种和秋季中晚熟品种方面，质优、抗病、耐贮等性状表现突出。例如，由北京市农林科学院蔬菜研究中心育成的京秋3号、京秋4号复合抗性强、优质、耐贮运，为华北和东北地区秋播大白菜的主栽品种，分别连续2年被农业部列为大白菜主导品种。近年主要有如下新育成品种。

早熟白菜品种：中国农业科学院蔬菜花卉研究所育成的早熟耐热大白菜绿珍、绿珠；金盛219（杨代金等，2018）、京翠60（张凤兰等，2017）、多抗55(牟金贵等，2017)、丽珍(付雅丽等，2016)、新早59（原让花等，2016）、晋春二号（李改珍等，2016）、新早59（原连庄等，2016）、赛绿70（苗相伟等，2016）。

中晚熟白菜品种：中国农业科学院蔬菜花卉研究所育成的中晚熟、抗病、高产"中白"系列大白菜、郑白75（张鹤等，2018）、潍白69（谭金霞等，2017）、晋青2号(赵军良等，2016)、晋白菜7号(赵美华等，2016)。

此外，还有许多满足市场多样化需求的特色新品种，例如：娃娃菜品种有华耐B1102（黄学森等，2016）、京秋娃娃菜（张凤兰等，2017）；苗用快菜有四季快菜1号（张凤兰等，2017）；抗病大白菜有秦白80（石庆娜等，2016）；极晚抽薹大白菜有冬春17（万文鹏等，2016）。

三、大白菜品种推广

（一）大白菜品种登记情况

到2017年底，共有492个大白菜品种通过品种登记，其中常规品种12个，杂交种480个，杂交种占97.6%。共有15个省份的70个单位或个人的大白菜品种完成了品种登记，山东通过登记的品种最多，共有22个单位的246个品种通过登记，占登记总数的50%；其次是天津市，有6个单位的106个品种通过登记，占登记总数的21.5%。

登记的492个品种，按种植季节、生育期、产品用途划分，可以粗分为以下几大类：快菜（苗用大白菜）品种56个，娃娃菜和小型白菜品种21个，春播晚抽薹大白菜品种28个，夏播耐热耐湿品种41个，秋播早熟品种101个，秋播中熟品种117个，秋播晚熟品种128个。

从登记品种的抗病性和抗逆性来看，21个娃娃菜和小型白菜、28个春播大白菜品种都是晚抽薹、耐寒的品种，适合在北方平原地区春季、高原和高山区夏季、西南和华南地区越冬栽培。41个夏播品种具有耐热耐湿的特性，可以在北方平原地区夏季栽培。大部分的秋播大白菜品种具有高抗TuMV和霜霉病的抗性，特别是京研益农（北京）种业科技有限公司登记的北京新三号、京秋3号、京秋4号，青岛国际种苗有限公司登记的改良青杂三号，天津科润农业科技股份有限公司蔬菜研究所登记的津秋78，北京世农种苗有限公司登记的秋宝等大白菜品种，因具有高商品性、广适应性和耐贮运性，分别为我国秋播大白菜不同生态区的主栽品种。另外，随着优势产区的集中连年种植，有些地区土传病害根肿病危害日益加重，抗根肿病品种的选育受到重视，登记品种中有11个品种抗或中抗根肿病，其中德州市德高蔬菜种苗研究所登记的德高CR117品种在云南、湖北、四川等地区大面积推广应用。

高营养品质的大白菜是满足消费者保健需求的一类品种，黄心（球内叶鲜黄色）和橘红心（球内叶橘红色）的大白菜品种由于类胡萝卜素的含量高，被认为是高品质大白菜的代表。登记品种中太乐之星、秋宝、春峰、今锦、德高黄冠等为黄心大白菜品种，贵族、胶研红冠、橘红66、北京桔红心及迷你黄1号、2号、3号、4号、6号等为橘红心大白菜品种。

（二）大白菜主要品种推广应用情况

1. 东北秋大白菜优势区

据不完全统计，该地区主要栽培的大白菜品种有以下几种。

(1) 北京新三号（品种来源：北京市农林科学院蔬菜研究中心）

中晚熟一代杂交品种，生长期80天。株型半直立，生长势较旺，株高50厘米左右，开展度75厘米，外叶色较深，叶面稍皱，叶柄绿色，叶球中桩叠抱；球高33厘米，球宽19.3厘米，球形指数1.7，结球速度快、紧实；单株净菜重4.2千克，每亩产量7 500～8 500千克，净菜率85%；抗病毒病、耐霜霉病和软腐病，品质好，耐贮存。

(2) 京秋4号（品种来源：北京市农林科学院蔬菜研究中心）

秋播晚熟大白菜一代杂交品种。播种后84天收获。植株半直立，外叶深绿，叶面稍皱，球色绿，筒形叠抱；株高46.9厘米，开展度67.6厘米，叶球高31.2厘米，球形指数2.0，净菜率75.0%，叶球重2.6千克；品种优点是口感佳，品质优，抗病毒病、黑腐病和霜霉病，耐储运。适宜北京、河北、山东、天津、吉林、黑龙江、内蒙古等地种植，行株距60厘米×46厘米，亩种植2 400株左右，高垄栽培。应注意整个生长过程尤其是莲座期和结球期的水分管理。

(3) 水师营91-12（品种来源：辽宁大连市旅顺口区水师营农业科技服务站）

株高约45厘米，株幅60厘米，矮直筒型；绿白帮，叶色深，叶面微皱有光泽，外叶直立；球叶叠抱、短筒型，叶球高35厘米，球粗16.8厘米；单株净菜重4.55千克，单株净球重3.54千克，净菜率78%。大连地区生长期75～80天，结球期抗霜冻、耐低温，耐贮藏。接种鉴定，高抗病毒病，雨水较多年份易发黑腐病；一般亩产8 500千克以上。7月20日至8月上旬播种，直播亩用种量200～250克，尽量避开十字花科蔬菜茬口。

(4) CR京秋新3号（品种来源：北京农林科学院蔬菜研究中心）

高抗根肿病大白菜品种。定植后60天左右收获。植株半直立，外叶浅绿色，球内叶金黄色；叶球合抱，炮弹形，球高25.7厘米，球直径14.3厘米，单球重4.0千克。品种优点是高抗根肿病4号、2号和7号小种，兼抗病毒病，耐抽薹，品质佳。适宜低海拔地区春、秋季，高海拔地区夏季种植。

(5) 秋宝（品种来源：北京世农种苗有限公司）

早熟，半叠抱，结球力强的秋季黄心品种。外叶较少，外叶浓绿色，内叶黄，叶肉薄，水分含量适中，口味佳。品种优点是中抗芜菁花叶病毒病、霜霉病，缺点是感软腐病，不耐抽薹。防范方法是结球初期每隔5天喷施1次钙剂可提高商品性，预防干烧心。适宜在黑龙江、山东秋季种植。

(6) 北京大牛心（品种来源：北京市农林科学院蔬菜研究中心）

杂交种。中熟，生育期70～75天。植株较直立，株高约46厘米，开展度约78厘米；外叶绿，叶柄白；叶球合抱，中桩，球顶部开口，球高26厘米，球宽18厘米，球形指数1.4，结球紧实，单株净菜重约3千克。品种优点是抗芜菁花叶病毒病，中抗霜霉病，缺点是对霜霉病抗性稍差。适宜在北京、黑龙江、江苏、云南秋播种植。行株距56厘米×43厘米。采用高垄栽培，选择排水良好、肥力较强的沙壤土栽培，施足底肥，注意水肥管理，避免使用未腐熟有机肥或过量使用化肥，生长期不可干旱缺水。

2. 黄淮流域秋大白菜优势区

栽培品种以北京新三号、丰抗78、精选中白81、改良青杂三号、京秋3号、油绿3号、中白76、秋绿75、津秋78、新乡小包23、秦白2号、豫新6号为主。

(1) 京秋3号（品种来源：北京农林科学院蔬菜研究中心）

秋播中熟大白菜一代杂交品种。播种后75天收获。叶球中桩叠抱，外叶深绿色，心叶白色；株高45厘米，开展度64厘米，叶球高32厘米，球形指数2.1，叶球重2.7千克，净菜率67.0%。苗期人工接种抗病性鉴定结果为高抗病毒病和黑腐病，抗霜霉病。北京地区可于8月1—12日播种。行株距56厘米×43厘米，每亩种植2 700株左右，高垄栽培，10月下旬可开始收获。其他同常规秋大白菜管理。

(2) 油绿3号（品种来源：河北定兴县蔬菜种子有限责任公司）

生长期75天左右。结球紧实，外叶叶色油绿，帮薄外叶少，叶面核桃纹中等，毛刺较少；株型半直立，株高45.3厘米，株展67.8厘米，球高31.7厘米，平均球粗16.1厘米，球形指数2.0，中桩叠抱，上下等粗均匀；商品性状好，冬储性强，单株平均净重2.7千克，净菜率72.1%。株行距40厘米×55厘米，亩种植密度2 800～3 000株。可据当地实时物候变化适当晚播，防止病毒病的发生。由于株型紧凑，叶球略小，建议适当密植。大白菜播期多高温时不宜过早播种。极端的高温、干燥、多雨等异常气候可能会导致不结球或结球不良等生理障碍及病虫害。延迟采收生理障碍及病虫害发生概率高，影响商品性状，应适时采收。

(3) 精选中白81（品种来源：中国农业科学院蔬菜花卉研究所）

中晚熟品种，生长期80～85天。植株半直立，外叶长倒卵形、深绿色，叶面较平而茸毛少；叶球中桩叠抱直筒形，叶球上部绿色，叶球内叶白色；叶球高40厘米，叶球宽19.3厘米，球形指数2.07，单株重5.4千克，净球重3.6千克，净菜率66.7%。一般在秋季旬均温稳定在26℃以下时开始播种，亩栽2 200～2 500株。本品种喜肥水（特别是有机肥），故应重视农家腐熟有机肥及磷钾肥的使用。优点是叶球大，产量高；缺陷是叶柄不是很绿，对肥水要求较高。过早或过迟播种、栽培管理不当等皆会造成减产或绝产。采取防范措施，适季适时播种，按照栽培技术要点加强肥水管理。

(4) 丰抗78（品种来源：山东莱州市农业科学院蔬菜种苗研究所）

晚熟秋杂交结球大白菜，生长期75～80天。株高51厘米，开展度70厘米；外叶深绿，叶柄绿白，柄宽7厘米；叶球合抱，心叶闭合，球叶白绿，球形指数1.9，结球紧实，叶球炮弹形；单株重5千克左右，净菜率80%，软叶率47%。品种优点是生长势强，高产稳产，品质优良，商品性好，耐贮。可生食、炒食，口感及风味极佳。高抗霜霉病、软腐病、病毒病。适于全国各地大白菜产区栽培。"立秋"前后起垄播种，每亩种植2 000～2 200株。由于单株生产潜力大，应加大肥水管理，充分发挥其增产潜力，并适时防治病虫害，一般每亩产净菜10 000千克左右。

(5) 中白76（品种来源：中国农业科学院蔬菜花卉研究所）

株型直立，外叶深绿色，叶面有细皱，叶柄浅绿，平且薄；叶球高桩直筒，球叶拧抱，结球紧实；球高53厘米，球径16厘米，毛重4.2千克，净重3.2千克。中晚熟品种，生育期75～80天；净菜率高，品质好，耐储运，球顶闭合，株型紧凑，适宜密植。高抗病毒病、霜霉病，兼抗黑斑病。京、津地区"立秋"前后播种，若作为冬储菜应适当晚播。喜高肥水。直播每亩用种量150～200克。种植密度为每亩2 500～3 000株。

(6) 秋绿75(津绿75)（品种来源：天津科润蔬菜研究所）

高桩直筒青麻叶类型，株高55厘米左右，球高50厘米左右，开展度约62厘米，单株重3.0～3.5千克；株型直立、紧凑，外叶少，叶片深绿色，中肋浅绿色，球顶花心，叶纹适中。中熟品种，生育期75天左右。抗霜霉病、软腐病和病毒病。商品品质和口感品质均好，粗纤维含量少，生食口感甜脆，熟食易烂。天津地区"立秋"播种，不可过早提前，作为冬贮菜适当晚播效果更好。直播亩用种量150～200克，定棵亩留苗2 400株左右。整个生长季节保证充足的肥水供应。

（7）津秋78（品种来源：天津科润蔬菜研究所）

秋播中熟直筒青麻叶类型品种。成熟期79天。株型直立，株高50厘米，开展度62厘米。叶色深绿，叶缘钝锯，外叶微皱，浅绿帮；叶球顶部疏心，叶球长筒形，绿色，内叶颜色黄；高44厘米，直径14厘米，球形指数3.3；外叶数10片，球叶数38片，叶球重2.8千克，净菜率76.2%，软叶率47%。高抗霜霉病和黑腐病，抗病毒病，不易发生干烧心现象。北京地区8月8—14日播种，高温年份适当晚播，以直播为宜，定棵密度行株距60厘米×45厘米（约2 400株/亩）。该品种适于用做冬贮菜，在收获前一周停止浇水，并要及时收获，以便于贮存。

（8）新乡小包23（品种来源：河南新乡市农业科学研究所）

该杂交种生长期70天。外叶深绿色、多皱，叶柄绿白色；株高36.5厘米，开展度73.3厘米；球高22.4厘米，球径21.8厘米，球形指数1.03。叶球叠抱、紧实，软叶率62.5%，净菜产量每亩7 000千克左右。

（9）秦白2号（品种来源：西北农林科技大学）

一代杂交种。生育期65天左右。株高45厘米，株幅55厘米，外叶碧绿；矮桩叠抱，倒卵圆形，球形指数1.2，帮叶比42.7%，单球重2.5～3.5千克，净菜率80%以上。抗芜菁花叶病毒病、霜霉病、黑腐病，耐黑斑病；抗逆性强，耐贫瘠，适应性广。缺点是耐热性一般，只能作为秋白菜种植，播期不宜过早。直播播期不宜过早，育苗移栽可以提早播期20天，注意栽培密度，肥力高的田块每亩留苗2 200株左右，肥力差的每亩留苗2 300株左右。

（10）豫新6号（品种来源：河南农业科学院生物技术研究所）

中晚熟叠包类杂交品种。生育期80～85天。生长势强，株型较平展，株高47.2厘米，开展度74.2厘米；外叶浅绿色，呈倒阔卵形，叶柄白色，外叶数9片；叶球矮桩叠包，倒锥形，黄白色，一叶盖顶，球顶平；球高27.8厘米，球横径23.3厘米，球形指数1.2；单球重3.5千克，净菜率70.4%，菜形整齐一致，紧实度86.31%。高抗病毒病、软腐病，抗霜霉病；耐贮藏。适合于秋、冬栽培。河南一般8月12—20日播种，其他省份参照当地播期。高垄或高畦直播，亩用种量150克。定植株行距为60厘米×60厘米，亩定植1 850株。河南10月底至11月中旬采收上市。作冬储，采收后根朝上，晾晒1～2天后入窖。

3. 长江上中游秋冬大白菜优势区

（1）改良青杂三号（品种来源：山东青岛国际种苗有限公司）

植株披张，开展度86.4厘米，株高44.8厘米；外叶绿色，叶面较皱，叶脉细，叶长45.3厘米，叶宽36.9厘米；叶柄薄而平，浅绿色，长19.3厘米，宽5.6厘米；叶球短圆筒形，浅黄绿色，球顶圆，叠抱，叶球高28.6厘米，叶球直径24.7厘米，球叶65片，单球重4.5～5千克。青岛地区播种后85天左右成熟。丰产，一致性高，一般亩产商品菜6 500～7 000千克。风味品质好，对三大病害抗性强，耐贮藏。青岛地区适合立秋后8～10天播种，每亩定植1 900～2 000株，11月中下旬收获。采用高垄穴播的直播方式或育苗定植两种栽培方式，播种株行距以50厘米×70厘米为宜；也可以在"立秋"后10～20天播种，避开高温干燥季节，减轻病毒病的发生程度，栽培密度可以适当加大，株行距以50厘米×60厘米为宜。

（2）傲雪迎春（品种来源：日本坂田种苗株式会社）

新型越冬品种。外叶深绿直立，黄色内芯，食味佳，耐寒性强，相对低温条件下。球内叶分化快，根系发达，植株长势盛，抗病性强，容易栽培，单球重可达4.0千克左右，商品性佳。长江流域可于8月中下旬至9月初播种，翌年1—3月收获。在排水不良或过干旱地区，干烧心现象有发生，防治方法是建议多施底肥过磷酸钙及硼肥，结球初期叶面喷施钙溶剂（0.3%氯化钙叶面肥）3～4次。

（3）鲁春白一号（品种来源：山东青岛市农业科学院）

株高约40厘米，开展度约60厘米。植株较披张，叶片长倒卵形，长32厘米，宽26厘米，深绿色，叶缘微波，叶面较皱，刺毛稍密，叶脉较粗，叶柄及中肋长约17厘米，叶柄宽6厘米，厚1厘米，白绿色，薄且平，球叶合抱，叶球直筒形，球顶较尖，舒心。球高约25厘米，横径约15厘米，叶形指数1.7左右；单球重2.5千克左右，净菜率70.4%。生长期65天左右。整齐度高，抗病性好，冬性较强。一般亩产5 000千克左右。适宜在山东各地作春结球白菜种植，也可在山东、江苏南部作为秋季早熟白菜种植。山东内陆地区3月底至4月初播种，沿海地区4月5日左右播种。播种后覆盖地膜，2片真叶破膜露苗，6月上旬可收获上市。平畦栽培，畦宽100厘米，每畦播2行，株距40厘米。分3次进行间苗、定苗。

（4）太原二青（品种来源：山西农业科学院蔬菜所）

丰产型一代杂交种。生长期90天。叶球为直筒拧心形，顶端略尖，球高60厘米，外叶深绿，菜帮浅绿色，叶球重4～5千克；一般亩产净菜7 500～10 000千克，品质佳，抗病毒病和霜霉病，耐贮藏。要求较充足的肥水条件。品种优点是高抗病毒病、霜霉病和腐烂病，品质极佳，最耐贮藏。纤维少、口味浓，绵软开锅烂，凉拌、烹炒、火锅皆宜。长势强，开展度小，适宜密植，行距50厘米左右，株距50厘米左右，亩留苗2 700株左右。

（5）秋利黄（育成单位：泷井种苗株式会社）

适时播种，定植后60天左右可收获的秋播早生种。叶球重2千克。球内叶色鲜艳，品质好。对根瘤病、病毒病、软腐病、霜霉病及生理缺钙等病害耐性强。适合盐渍加工。

（6）春喜获（品种来源：泷井种苗株式会社）

是具有耐寒性、晚抽性、低温结球非常好的黄心品种。长势旺盛，抗病性强，适合冬、春收获。田间采收期长。适期育苗，苗龄控制在25天左右，在包心前和包心期注意追肥，促进叶秋肥大，安全越冬。

（7）利春2号（育成单位：中国农业科学院蔬菜花卉研究所）

春黄心大白菜品种。定植后60天左右收获。株型半直立，外叶深绿，叶面稍皱且有茸毛，叶缘全缘，叶球合抱，筒形，叶球顶部稍圆，叶球上部绿色，叶球内叶鲜黄色。株高39厘米，开展度51厘米，球高30.8厘米、球直径19.7厘米，球形指数1.56，单株质量4.46千克、净球质量2.72千克，净菜率61%。品种优点是耐寒、耐抽薹性强，缺点是叶球偏矮，后期耐热性差。防范方法是适时播种，在保护地内育苗，苗床温度控制在15～25℃，露地定植应安排在旬均温稳定在13℃以上时进行；行距50厘米，株距40厘米。重视优质有机肥的使用。

4. 云贵高原高山夏秋大白菜优势区

（1）京春黄（育成单位：北京农林科学院蔬菜研究中心）

春黄心大白菜品种。定植后55～60天收获。株型半直立，株高约39厘米，开展度约54厘米。外叶深绿色，叶面皱，叶柄浅绿色；叶球合抱，筒形，球内叶黄色，叶球高约27厘米，球直径约15厘米，单球重2.0～2.5千克。耐抽薹性强，高抗霜霉病、抗黑腐病、病毒病、抗干烧心。适于全国平原地区春季露地种植及云南、甘肃等高冷地区（海拔800～1 800米）夏季露地种植。适宜行距50厘米，株距40厘米，每亩栽3 000株。

（2）京春绿（育成单位：北京农林科学院蔬菜研究中心）

株高40厘米，开展度60厘米，叶球中桩合抱，紧实。球内叶浅黄色，球高25.7厘米，球宽14.3厘米，球形指数1.8，单球质量2.2千克，净菜率72%。和国外春白菜品种相比的突出优点之一是抗病毒病能力强，且兼抗霜霉病和软腐病；耐抽薹性强。外叶深绿，球内叶浅黄色，球形好。纤维少，品质佳，商品性突出。适宜肥力条件较好，且喜欢单株产量高的地区种植，每亩产量为7 000～7 500千克。

（3）德高 CR 金帝（育成单位：山东德州市德高蔬菜种苗研究所）

春黄心娃娃菜品种。对大白菜根肿病具有较强的抗性，耐抽薹能力强，品质佳，外叶绿，叶球合抱，软叶率高。适宜条件下定植后 45 天即可收获。耐贮藏，耐运输，商品性突出。适宜华北、华东、东北、西北等区域种植，每亩栽8 000 ～ 12 000 株，选择中等肥力以上地块播种，多施有机肥，适时追肥浇水，苗期重点防治病虫害。

（4）德高 CR117（品种来源：山东德州市德高蔬菜种苗研究所）

合抱类型大白菜一代杂种。属早熟品种，生育期60 ～ 65天。株型较直立、紧凑，外叶少，叶色绿。球叶合抱，球顶舒心，球叶数63片，叶球高35厘米、横径19.2厘米，内叶淡黄色，单株质量4千克左右，一般每亩净菜产量6 500千克。品种优点是风味品质优良，耐贮藏，耐运输；对大白菜根肿病表现出较强的抗性。

（5）山东 19（品种来源：山东农业科学院蔬菜花卉研究所）

早熟一代杂种。生长期60天。叶球叠抱，近圆形，白帮，单球重2千克左右，净菜率70%，亩产净菜5 000 ～ 6 000千克。品种优点是耐热，抗霜霉病和软腐病，耐病毒病。日均温24℃左右为适播期，山东立秋前10天播种，每亩种植2 800 ～ 3 000株。

（6）申荣火箭（育成单位：山东青岛申荣农业发展有限公司）

该品种叶色绿，叶片肥大、厚嫩，叶帮宽，球内黄心，生长速度快，耐捆绑；耐热、耐湿，抗病性强；夏季栽培20天可以收获。收货时柔性好，一致性高，是商品菜基地首选品种。必须适期播种，正常气候条件下，日均气温20℃以上均可陆续种植。

（7）金丝白（育成单位：云南金宫种子有限公司）

该品种极早生，株型半直立，耐热、耐湿性强，抗软腐病和霜霉病。外叶绿，无茸毛，稍皱，球叶叠抱，球重0.6 ～ 1千克，品质嫩甜，食品极佳。一般平暖地春播2月下旬至4月播种，直播26天作快菜上市。秋播7—11月，育苗15 ～ 18天，移植38天收获，株行距26厘米×30厘米，可根据市场需求改变行距，适温16℃ ～ 30℃，低于12℃易出现早抽薹。

（8）早熟5号（品种来源：浙江农业科学院蔬菜研究所）

早熟大白菜品种。生长期为50 ～ 59天。株高31厘米，开展度40厘米×45厘米，最大叶长36.7厘米，宽25.5厘米；叶深绿色，中肋长20厘米，宽6厘米，白色。叶片厚，无毛，叶球高25厘米，横径15.5厘米，球形指数1.6，单球重1.3千克，球叶数23片，净菜率75%，叶球含水量95.67%。未结球时外观较好，且质嫩，风味佳，也是作小白菜栽培的良好品种。开展度小，适于密植，行距80厘米，株距30 ～ 38厘米为宜。防治方法主要是采用轮作，培育壮苗，及时治虫，合理施肥等农业综合防治措施。

（9）动力快菜（品种来源：浙江温州市神鹿种业有限公司）

该品种为杂交一代种，亦适合作速生小白菜栽培。株型较直立，生长速度快，播种后24 ～ 30天即可采收，适收期长。耐热耐湿，外叶嫩绿色，内叶淡黄色，叶柄宽而平，白色。适合我国南、北方种植，夏、秋均可栽培，春、冬两季要适当保护并及时收获。

（10）京研快菜（育成单位：北京农林科学院蔬菜研究中心）

苗用型大白菜一代杂交种，以幼苗或半成株为主要食用部分。生长速度快，播种后28 ～ 30天开始收获半成株上市。外叶绿色，叶面皱，有光泽，无毛，叶肉厚，质地柔软；帮白色，宽，厚，纤维少，品质极佳。维生素C含量466毫克/千克（FW），可溶性糖8.5克/千克（FW）。播种后35天株高约29.2厘米，单株质量约130克。耐热、耐湿，适应性广，高抗病毒病、黑斑病，抗霜霉病。株型较直立，适于密植，每亩可种植35 000 ～ 40 000株，产量4 000 ～ 4 500千克。已在北京、天津、河北、新疆、云南、贵州、四川、湖北、福建、广东、海南等地推广种植。

（11）夏娃408（品种来源：云南昆明市坤华种子有限公司引进）

早熟黄心娃娃菜品种，生长期50～60天，外叶深绿色，内叶嫩黄色，球重300～400克，叠抱紧实，口味佳，亩产量5 000千克以上，是高品质出口型代表品种。实行轮作，合理密植，株行距25厘米×35厘米，及时追肥，中耕除草，补施钙肥，预防干烧心，防治病虫害，适时采收。在云南地区播种时间为4月20日至9月25日。

（12）金尊宝（品种来源：由广东广州市兴田种子有限公司进口）

早熟、杂交一代新小型白菜，非常适合现代家庭消费。外叶深绿色，内心金黄，叶脉薄，水分含量低，口味佳，品质高。圆筒形，合抱。单球重500克以上，适合密植，总产量高。低温下球内叶分化快，耐抽薹和抗霜霉病能力较好。建议栽培密度7 000株/亩左右，1～1.5千克大小收获。选择排水性良好的肥沃土壤，底肥需多施有机肥、钾肥及钙肥，并加强水肥管理。

（13）春月黄（韩国引进）

春黄心娃娃菜品种。极早熟，生长期50天。外叶深绿，内叶嫩黄，叶球短筒形，叠抱，紧实，单球质量2千克，每亩产量5 000千克以上，耐抽薹，抗病性强，口味极佳。适于东北、西北、华东、华北、华中地区早春种植，西南、华南地区10月至翌年3月播种，高海拔山区夏季播种。

（14）德高 春娃（品种来源：山东德州市德高蔬菜种苗研究所）

一代杂种，也可做中、小型大白菜栽培种植。秋播生育期60天左右。球叶叠抱，球形小圆筒形，球内叶鲜黄，品质优秀，水分含量低，非常耐贮运。冬性较强、收获期高温高湿会影响产量。适宜西南、西北、华北、华南、华中等全国大部分地区种植，山东可春、秋播种。春季4月5日左右种植，气温需要稳定在13℃以上，覆盖地膜保湿，以免抽薹。做娃娃菜栽培每亩种植10 000株左右；做中、小型白菜，每亩种植5 000株左右。其他地区需根据当地气候确定播种期。

5.黄土高原夏秋大白菜优势区

（1）金峰（育成单位：韩国兴农种苗株式会社）

春黄心大白菜品种，定植后63天成熟。生长势旺，叶球为矮桩圆柱形，外叶深绿，内叶嫩黄；叶球合抱，结球紧实，单球质量可达3千克以上。抗寒性极强，早春种植不易抽薹，抗霜霉病、软腐病及病毒病。早春日最低温度高于10℃时即可定植于大田；在冬季温度高于10℃左右的地区可越冬栽培；在夏季气候凉爽的寒带地区，可于5—6月播种栽培。

（2）耐寒金黄后（品种来源：由广东金作农业科技有限公司从韩国进口）

该品种是早熟耐抽薹黄心娃娃菜新品种，定植后50天左右收获。外叶深绿，内叶嫩黄；耐寒性比较强，品质极佳，口感好，叠抱紧实，抗病力强。适宜密植，每亩定植8 000～12 000株，播种温度12～20℃，合理密植，株行距20厘米×35厘米。小型大白菜使用。

（3）京春娃4号（育成单位：北京农林科学院蔬菜研究中心）

春黄心中型白菜品种或大娃娃菜品种。较早熟，定植后50～55天收获。株型矮，外叶深绿色，球内叶切面均匀深黄色；叶球筒形，叠抱，球高约21厘米，球直径约13厘米，球形指数1.6，单球质量约1.4千克。中心柱长2厘米，心柱扁圆，耐抽薹性强；抗病毒病、霜霉病、软腐病、黄萎病，抗干烧心。适宜作大娃娃菜或中型白菜种植，每亩定植4 500～5 500株。

（4）华耐B1102（品种来源：北京华耐农业发展有限公司）

为春、秋种植娃娃菜一代杂种，生育期70天。外叶深绿，叶面稍皱，开展度小，叶球筒状叠抱，心叶鲜黄；叶球紧实，单球质量750克左右，每亩净菜产量6 000千克左右，口感佳，品质优。高抗病毒病、黑腐病，抗霜霉病。适合北京、甘肃、河北、云南等地种植。适宜春、秋两季栽培或高海拔地区夏季栽培，定植后气温应保持在12℃以上，以防抽薹。适合密植，每亩栽培密度可达10 000株。需及时采收，避免心叶颜色变淡影响商品性，定植后45～48天收获。

（5）玲珑黄012（品种来源：坂田种苗（苏州）有限公司）

新中型白菜，非常适合现代家庭消费。金黄色内芯，叶脉薄，水分含量低，口味极佳，品质很高；耐抽薹，春季栽培稳定，低温条件下球内叶分化快；单球重1.0～1.8千克，圆筒形，外叶深绿色、包合型，高抗霜霉病。可以密植、总产量高。对排水不良或过干旱地区，有发生干烧心现象，建议结球初期叶面喷施钙熔剂2～3次，氮肥用量过多会影响品种商品性。特别是春季，在天气不稳定的条件下过早播种也容易出现抽薹现象。本品种不抗根肿病。

（6）春小宝2号（育成单位：中国农业科学院蔬菜花卉研究所）

春黄心娃娃菜品种，定植后45天左右收获。植株半直立，外叶深绿，全缘，叶面稍皱有茸毛；叶球合抱，筒形，叶球顶部稍圆，叶球上部绿色，内叶鲜黄色。株高39厘米，开展度51厘米，球高23.8厘米，球直径14厘米，球形指数1.7，单株质量2.49千克、净球质量1.53千克，净菜率61.4%。品种优点是耐寒、耐抽薹性强，商品性好；缺点是熟性稍晚，后期耐热性差。应适时播种，在保护地内育苗，苗床温度控制在15～25℃，露地定植应安排在旬均温稳定在13℃以上时进行，行株距25厘米×25厘米。应重视优质有机肥的施用。

（7）京春娃2号（品种来源：北京农林科学院蔬菜研究中心）

春黄心娃娃菜品种。早熟性强，定植后45～50天收获。株型小，植株较直立，外叶深绿色；叶球合抱，筒形，球高23厘米，球直径10厘米，黄心，切面黄色均匀，中心柱长2厘米，耐抽薹性强；叶球质量约0.64千克，是名副其实的小株型品种，更适于密植，每亩种植8 000～10 000株。抗病毒病、霜霉病和黑腐病。

（8）京春娃3号（品种来源：北京农林科学院蔬菜研究中心）

深黄心小株型大白菜一代杂种。早熟，定植后55天收获。株型小，较直立，外叶深绿色，叶球筒形，叠抱，球内叶深黄色；球高21.9厘米，球直径10.2厘米，单球质量0.7千克，亩产净菜6 000～7 000千克。品种优点是抗病毒病、霜霉病和黑腐病，耐抽薹性较强，品质佳。适于密植，每亩可定植10 000～12 000株。已在北京、河北、甘肃、云南、湖北等地推广种植。

（三）大白菜产业风险预警

病虫害等灾害对大白菜品种提出新的挑战。影响大白菜产量和品质的病害主要有霜霉病、病毒病、软腐病、干烧心病、根肿病、黄萎病等病害。

霜霉病的发生与气候、大白菜品种和栽培技术关系非常大，降雨较多，相对湿度比较高的环境，或者白菜播种时间过早且种植密度过大，种植偏施氮肥等条件会加重霜霉病病害的发生。

病毒病与气候、生产管理技术等因素有密切关系，白菜遇到高温、干旱天气会阻碍根系的发育，植株的抗性下降，同时高温干旱的气候容易引起蚜虫的发生，病毒病随着蚜虫的迁徙而传播。

白菜软腐病的发生与气候、连作以及播种时间等密切相关。大白菜生长过程中降雨较多，土壤积水容易发生病害，播种时间较早、连作地块病害的发生比较严重。

干烧心病。栽培过程中增施有机肥，苗期、莲座期或包心前期用硫酸锰加绿芬威叶片喷施。

除了上述病害，还有一些较为严重的虫害，比如蚜虫、白粉虱、菜青虫、甜菜夜蛾和小菜蛾等虫害的发生。

此外，2016年和2017年多次重大自然灾害对大白菜的生产提出新的挑战。霜冻、雨雪、龙卷风、冰雹、洪涝、春夏旱灾等可能发生的自然灾害对白菜蔬菜作物的栽培都有十分严重的影响。

（四）大白菜品种发展趋势

在种植业结构调整、人民生活水平日益提高和蔬菜种类日益丰富的情况下，市场对大白菜产品提出新的要求：四季都要有大白菜供应，反季节需求逐年增加，要求产品质量营养保健，无公害；商品性状上要求小型化、彩色化；食用性状上要求生、熟食兼备。因此，需要提升选育能力，推广不同类型的品种，从而满足人民的生活需求。

（1）耐贮藏运输的品种

随着我国大白菜优势产区栽培规模的不断扩大，专业化大白菜生产基地的数量逐渐增加，需要通过调剂运输满足全国的市场需求，产品可运往全国各地，为丰富菜篮子和应对大面积灾害天气的市场调剂发挥重要作用。

（2）耐抽薹的品种

满足北方平原地区春季和高原、高山地区夏季及南方越冬栽培需求，解决大白菜周年供应的问题。

（3）抗高温高湿的夏季品种

夏季耐热大白菜具有一定的市场，由于生长期较短，上市时间有限，对品种的耐热性和抗病性要求严格，而对抱球性要求较低。

（4）适宜外销的品种

发展外销品种是大白菜产业发展的一个主要方向，根据不同国家的消费习惯和爱好，培育适宜的大白菜新品种，逐步将大白菜推广为国际化蔬菜。

（5）小型化的袖珍品种

生长期短、小型、优质的大白菜可以满足多茬栽培，分期供应，也能满足小型家庭消费的需要。

（6）加工型的品种

深加工是大白菜产业的一条出路，要求加工品种产量高、营养丰富、干物质含量高，但也要注意不同加工方法对大白菜品种的需求也不尽相同。

未来几年，大白菜育种将会朝着优质，抗根肿病、病毒病等多种病害，利用雄性不育系制种的方向发展。高品质全黄心类型以及大娃娃菜在市场的占有率将会越来越高；长江流域露地越冬类型更抗热、更耐湿、更耐抽薹品种，长货架寿命的快菜品种及薹用大白菜也将更加高频地出现在公众的视线里。

（编写人员：孙日飞　张凤兰　张淑江 等）

第15章 结球甘蓝

概　　述

结球甘蓝，简称甘蓝，是我国各地广泛种植的一种重要蔬菜作物，在我国蔬菜周年供应及出口贸易中占有重要地位。据FAO统计，2016年我国甘蓝种植面积97.9万公顷，约占世界甘蓝种植面积的40.0%；我国甘蓝产量3 332万吨，占世界甘蓝总产量的46.8%。甘蓝在我国的主要栽培茬口包括春甘蓝、越夏甘蓝、秋甘蓝、越冬甘蓝。总体而言，北方以圆球类型为主，南方以扁球类型为主，近年来南方的圆球型甘蓝呈逐年上升的态势。此外，北方还有一个重要茬口，即保护地甘蓝，采用温室或大棚进行生产，可实现冬季或早春上市，通常具有较好的经济效益。

一、我国甘蓝产业发展

（一）甘蓝生产发展状况

1. 全国甘蓝生产概述

（1）播种面积变化情况

根据FAO统计，我国甘蓝种植面积从2010年的91.0万公顷增加至2016年的97.9万公顷，增长了7.6%。2011—2013年种植面积基本稳定在94.0万公顷，2014年增加至96.1万公顷，2015年增加至97.5万公顷。对比2006年的种植面积（92.0万公顷）可以发现，2010—2016年甘蓝的种植面积呈现稳中有升的趋势（表15-1）。

（2）产量变化情况

根据FAO统计，2010年我国甘蓝总产量为3 065.0万吨，2011—2013年基本稳定在3 150.0万～3 175.0万吨，2014年增加至3 270.5万吨，2015—2016年增至3 300多万吨，2016年的单产比2010年增加了8.7%。2010—2016年甘蓝的总产量呈现稳中有升的趋势（表15-1）。

（3）单产变化情况

根据FAO统计，我国甘蓝的单产在2010—2016年相对稳定，2016年为34 035.3千克/公顷，较2010年只增加了1.1%。在这期间，2015年达到最高，为34 401.7千克/公顷。单产的增加幅度不大（表15-1）。

表15-1　2010—2016年我国甘蓝播种面积、产量、单产对比（FAO统计）

年份	播种面积（万公顷）	总产量（万吨）	单产（千克/公顷）
2010	91.0	3 065.0	33 681.3
2011	94.3	3 175.0	33 679.9
2012	94.0	3 150.0	33 510.6
2013	94.2	3 170.0	33 651.8
2014	96.1	3 270.5	34 045.6
2015	97.5	3 354.0	34 401.7
2016	97.9	3 332.3	34 035.3

（4）栽培方式演变

20世纪90年代以前，我国甘蓝生产主要分为春甘蓝、夏甘蓝、秋甘蓝，在内蒙古、黑龙江、宁夏等高寒地区一年一季栽培。近10年来，几种新的栽培方式得到快速推广，对于解决甘蓝的周年供应发挥了重要作用。

①北方冬、春季设施甘蓝栽培。主要利用小拱棚、大棚、日光温室等设施，品种以早熟圆球类型为主，可在冬季或早春蔬菜淡季上市。

②高纬度、高海拔地区越夏栽培。这些地区有夏季冷凉气候条件，主要包括河北北部、河西走廊、太行山区、秦岭北麓及湖北恩施和长阳等地。品种以早熟、中早熟圆球类型品种或中熟扁球类型品种为主，一般在7—9月供应市场。

③中原南部地区越冬栽培。包括河南南部、湖北、安徽、江苏中北部等地。主要利用这些区域冬季温度一般不低于−8℃的条件，进行越冬栽培。要求品种耐寒、耐裂球、耐贮运、耐抽薹，可在1—4月供应市场。

④华南地区的广东、福建、广西等地冬季栽培。利用这些区域冬季温暖的气候条件进行冬季甘蓝生产，对品种的耐寒性要求不高，但要求具有较好的耐抽薹性。产品除在冬季供应本省份需要外，还有部分供应香港、澳门市场或出口东南亚地区。

2.区域甘蓝生产基本情况

（1）甘蓝各优势产区的范围

根据各省份甘蓝生产面积、产量，综合考虑各地气候特点、耕作制度、栽培技术和市场需求，主要划分为4个优势产区：北方甘蓝优势区、长江中下游甘蓝优势区、西南甘蓝优势区、华南甘蓝优势区。

北方甘蓝优势区：主要包括北京、天津、山东、河北、河南、山西、内蒙古、陕西、甘肃、青海、宁夏、新疆、黑龙江、吉林、辽宁等省份。

长江中下游甘蓝优势区：主要包括湖北、湖南、江西、安徽、江苏、浙江、上海等省份。

西南甘蓝优势区：主要包括四川、重庆、贵州、云南、西藏等省份。

华南甘蓝优势区：包括广东、广西、福建、海南等省份。

（2）自然资源及耕作制度

4个甘蓝优势区的分布区域性强，基本是相邻的省份作为一个优势区，因此在不同优势区之间，自然资源及耕作制度各具特色。

北方甘蓝优势区：又细分为3个区域，即华北、西北、东北优势区。华北优势区的气候为温带季风气候，西北优势区的气候为温带大陆性气候，东北优势区气候为温带湿润、半湿润大陆性季风气候，夏季高温多雨，冬季寒冷干燥。在华北及西北优势区，平原地区生产的甘蓝收获期主要在春季（5—6月）、秋季（10—11月），在高海拔冷凉地区生产的甘蓝主要满足夏季需求，可填补7—9月蔬菜淡季的市场供应。在东北优势区，甘蓝收获期主要在6—10月。

此外，该优势区还发展了大面积的保护地甘蓝生产，主要以早熟圆球甘蓝栽培为主。根据设施条件及目标市场的不同，一般在11月底至12月育苗，收获期为翌年3—4月。该优势区也可利用设施进行秋延后栽培，8月播种，11—12月收获。保护地甘蓝生产在该优势区往往具有良好的经济与社会效益。在高海拔地区，利用夏季冷凉的气候特点进行反季节生产，一般在3—4月播种，7—9月收获上市。

长江中下游甘蓝优势区：该优势区的气候为亚热带季风气候。秋冬甘蓝一般是7—8月播种，12月至翌年4月收获。春甘蓝一般是10月播种，翌年4—5月收获。在高海拔地区，可利用夏季冷凉的气候特点进行反季节生产，一般在3—4月播种，7—9月收获上市。

西南甘蓝优势区：该优势区的气候为亚热带季风气候。秋冬甘蓝一般是7—8月播种，12月至翌年4月收获。春甘蓝一般是10月播种，翌年4—5月收获。在云南及贵州部分区域，利用当地四季如春的气候特点可基本实现周年生产，周年供应。也可利用夏季冷凉的气候特点进行反季节生产。

华南甘蓝优势区：该优势区的气候为亚热带季风气候，夏季高温多雨（雨热同期），冬季温和少雨。该优势区比长江中下游甘蓝优势区、西南甘蓝优势区的冬季温度要高，暖和的气候条件有利于冬春甘蓝的生产，一般是9—12月播种，翌年2—4月收获。

（3）种植面积与产量

为了对2017年各优势区的甘蓝种植面积及产量情况有个大概了解，采用各省份农业部门上报的2017年数据（不完全统计，海南、西藏数据缺失）进行分析，2016年FAO的数据稍有出入，推测是由于不同的统计渠道所致。

北方甘蓝优势区种植面积29.5万公顷，占全国甘蓝种植面积的35.6%；产量1378.6万吨，占全国甘蓝总产量的43.5%。

长江中下游甘蓝优势区种植面积24.9万公顷，占全国甘蓝种植面积的30.1%；产量916.7万吨，占全国甘蓝总产量的28.9%。

西南甘蓝优势区种植面积18.4万公顷，占全国甘蓝种植面积的22.2%；产量637.2万吨，占全国甘蓝总产量的20.1%。

华南甘蓝优势区种植面积10.0万公顷，占全国甘蓝种植面积的12.1%；产量239.4万吨，占全国甘蓝总产量的7.5%。

（4）区域比较优势指数变化

在北方甘蓝优势区的甘肃、内蒙古及河北的高海拔地区，在长江中下游甘蓝优势区的湖北、湖南等地的高山，在西南甘蓝优势区的重庆、贵州等地的高山，可利用夏季冷凉的气候特点进行反季节生产。该茬口的甘蓝因为气候适宜，病虫害相对较少。平原地区夏季高温，进行甘蓝生产的成本高，且品质不如高海拔冷凉地区。因此，利用这些夏季冷凉区域进行甘蓝生产具有较好的比较效益，也较好地解决了夏秋甘蓝供应较少的问题。

在北方甘蓝优势区的河北、山东、陕西、河南、江苏等地，利用小拱棚、大棚或日光温室进行早春保护地甘蓝生产，具有绿色、安全、优质等特点，往往也具有很好的经济效益。

在长江中下游甘蓝优势区的湖北、湖南、安徽、浙江、江苏等地，利用冬季天然的低温条件进行越冬甘蓝的生产，具有收获和供应期长、耐长途运输、安全绿色等特点，对于保障冬季及早春甘蓝供应发挥了重要作用。

（5）区域产业定位及发展思路

北方甘蓝优势区主要是满足当地及全国大、中城市的消费需求。品种主要是圆球类型，少数有扁球类型，用于脱水加工。茬口主要是春甘蓝、秋甘蓝，可利用高海拔地区冷凉气候发展夏季甘蓝，利用设施发展早春保护地甘蓝。

长江中下游甘蓝优势区主要是满足当地及全国大、中城市的消费需求。品种主要是扁球类型、牛心类型，也有一部分是圆球类型。茬口主要是利用冬季独特的条件发展露地越冬甘蓝，春季的耐抽薹甘蓝；也利用高山夏季冷凉条件发展夏季甘蓝。

西南甘蓝优势区主要是满足当地及其周边大、中城市的消费需求。品种以扁球类型为主，也有尖圆球类型、圆球类型，圆球类型主要在云南生产。茬口主要是冬季的越冬甘蓝、春季耐抽薹甘蓝及高山越夏甘蓝。

华南甘蓝优势区主要是满足当地及其周边其他大、中城市的消费需求。品种以扁球类型为主，也有一部分是圆球类型。茬口主要是冬春季的甘蓝生产。

（6）资源限制因素

在北方甘蓝优势区的春甘蓝生产或保护地春甘蓝生产中，由于倒春寒的发生，偶尔发生叶片冻伤、抽薹开花等现象，给甘蓝生产带来了很大的影响。

近年来，劳动力成本逐年上升，直接导致甘蓝生产成本的提高，而种植户的甘蓝销售价格又没有明显的提升，导致利润空间进一步压缩。今后要进一步提升机械化程度，节约劳动力成本。但在南方一些山区，由于地块小的问题，极大地限制了机械化生产技术的推广应用，导致劳动力投入较多，生产成本增加，生产效率不高。

（7）生产主要问题

随着这几年枯萎病、黑腐病、根肿病等病害在一些甘蓝生产区域的流行发生，使甘蓝生产遭受了不小的损失。随着抗枯萎病品种的推广，枯萎病的危害正逐步降低。而黑腐病因为这两年雨水的增多，抗黑腐病的品种又相对缺乏危害加重。根肿病的危害也有蔓延和逐步加重的趋势，抗根肿病的品种更是稀少。

随着育苗技术的提升，生产基地从外地购买基质进行育苗的比例逐步提高，为病害的异地传播提供了便利，这也是导致这些年病、虫害蔓延速度加快的重要原因之一。今后要加强基质生产环节的监管，降低通过基质传播病虫害的可能性。

此外，由于某个种植茬口过于集中，导致甘蓝上市过于集中，供大于求的问题突出，单价和产值受影响。要错开播期，根据品种特征特性合理安排茬口。

（二）甘蓝市场需求状况

1. 全国甘蓝消费量及变化情况

（1）国内市场对甘蓝产品的年度需求

通过分析2010—2016年我国甘蓝产量的变化可以看出（表15-1），甘蓝产量呈现稳中有升的趋势，增加幅度不大。2016年的产量与2006年进行对比，仅增长了7.5%，变化幅度很小。2006—2016年，甘蓝的年度需求变化不大，呈现稳中有升的趋势。

（2）预估市场发展趋势

通过分析近10年的甘蓝生产变化情况不难发现，甘蓝的生产、消费相对比较稳定。因此，从全国范围来看，推测未来甘蓝的需求也相对稳定。但随着人们生活水平的提高，以及健康理念的逐步提升和普及，人们对健康、安全、绿色、优质甘蓝的需求还会增加。此外，对不同类型甘蓝的需求也会增加，如紫色甘蓝富含花青素，符合民众对于健康理念的需求，市场需求可能会加大。

2. 区域甘蓝消费差异及特征

（1）区域甘蓝消费差异及特征

由于不同区域的饮食传统差异以及周边产区的局限性，不同区域的甘蓝消费存在较明显的差异。

近年来，北方地区普遍喜欢小型化的甘蓝（1.5千克左右），大扁球的甘蓝消费量已经很少。另外，北方的甘蓝普遍用于炝炒或爆炒，总体要求叶片相对薄一些，球叶皱褶多一些，容易入味。而在南方的大部分地区，尤其是很多山区，灌溉、肥力条件有限，因此喜欢种耐贫瘠、大球型的扁球甘蓝。南方对甘蓝的消费有炒食、泡菜等，而泡菜型甘蓝一般要求干物质含量稍高。

（2）消费量及市场发展趋势

根据FAO公布的数据，2016年我国甘蓝总产量为3 332.3万吨，人均甘蓝占有量为24.1千克。随着人们生活水平的提高，以及健康理念的逐步提升和普及，市场对健康、安全、绿色、优质甘蓝的需求还会进一步增加。

品种的需求会进一步细化，一方面是对品种的特征特性需求，如球的大小、球形（圆球、扁球）、球色（深绿、鲜绿）、优质、耐裂，要适合不同区域、不同栽培季节及模式等；另一方面是对品种的用途需求，比如鲜食、加工、泡菜等，需要专用型品种。

品种的多抗性要求将日益迫切。随着生产上流行病害的蔓延，要求品种不仅具有好的商品品质，而且要求抗性突出，由单一抗性向多种抗性转变。此外，近年来低温、干旱、多雨等灾害性天气频发，对品种的抗逆性也提出了更高的要求。

二、甘蓝的科技创新

（一）甘蓝种质资源

中国农业科学院蔬菜花卉研究所、北京农林科学院蔬菜研究中心和江苏农业科学院蔬菜研究所等国内科研单位均利用引进的性状优良的种质资源，进行分离纯化，获得优良自交系材料，涉及利用小孢子培养、分子标记、抗病鉴定等技术的综合利用。

在病原研究方面，Liu et al.（2017）对我国采集的甘蓝枯萎病菌株FGL03-6做了培养特性、致病力方面的研究，发现其致病力介于1号和2号小种之间。对枯萎病菌的进一步了解将有利于针对性地开展抗病育种工作。

在种质资源改良和创制方面，刘洁等（2017）利用前期克隆的甘蓝枯萎病抗性基因*FOC1*，以PBI121质粒为植物表达载体，采用同源重组法成功构建*FOC1*基因的过表达载体PBI121-35S-FOC1，通过遗传转化将该基因成功整合到受体甘蓝基因组中，为甘蓝抗枯萎病材料的创制奠定了基础。Liu et al.（2017）综合利用小孢子培养、枯萎病抗性基因特异标记和全基因组背景标记建立了抗性快速导入方法，实现了骨干亲本01-20的枯萎病抗性导入。李占省等（2017）以48份甘蓝和29份青花菜为试材进行HPLC分析，研究了不同材料中的莱菔硫烷含量。结果表明，不同甘蓝和青花菜基因型间莱菔硫烷含量差异显著，甘蓝中的平均莱菔硫烷含量显著低于青花菜。在抗性材料筛选鉴定方面，Robin等（2017）利用幼苗期人工接种鉴定的方法对韩国32份核心甘蓝种质资源进行黑胫病抗性鉴定，获得了2份高抗材料，并基于此开发了16个可用于辅助筛选的SSR标记。这些研究结果为进一步创制高抗、多抗、优良甘蓝种质材料奠定了基础。

国内外学者在利用远缘杂交创新甘蓝种质方面取得了新进展。Yu et al.（2017）利用标记辅助筛选和远缘杂交的方法将油菜（*Brassica napus*）恢复基因导入甘蓝中，目前已成功获得BC$_2$代植株，该恢复系的创制将为打破国外对种质资源的垄断发挥重要作用。Sharma et al.（2017）利用胚挽救和分子标记将埃塞俄比亚芥（*B. carinata*）的黑腐病抗性导入甘蓝，目前已获得BC$_1$代。Tan et al.（2017）获得了黑芥（*B. nigra*）和甘蓝的异附加系，为研究基因组结构和功能提供了材料。利用远缘杂交和胚挽救技术，Li et al.（2017）初步创制了白芥（*Sinapis alba*）和甘蓝的远缘杂种。这些远缘材料的获得为改良甘蓝性状、研究进化和基因组结构提供了良好素材。

（二）甘蓝种质基础研究

在群体研究方面，安光辉等（2017）探究甘蓝多亲本高级世代互交系（multiparent advanced generation inter-cross，MAGIC）亲本间的亲缘关系和遗传多样性，以便为 MAGIC 杂交亲本的选择提供依据，采用生物信息学的方法对单拷贝基因进行全基因组鉴定，并采用其内含子序列分析对7个甘蓝亚种共12个 MAGIC 亲本构建系统发育树，为此类群体的构建和性状研究提供了参考。

在甘蓝重要农艺性状基因挖掘方面，Liang et al.（2017）利用图位克隆方法，找到了甘蓝显性雄性不育性状的候选基因 *Bol357N3*，并根据定量结果推测该基因的过量表达导致不育。Ji et al.（2017）对甘蓝隐性雄性不育基因 *BoCYP704B1* 进行了克隆，通过序列比较分析发现在雄性不育的材料中有一个反转录转座子的插入，表达分析结果显示 *BoCYP704B1* 比野生型下调了30倍。Liu et al.（2017）将甘蓝无蜡粉亮绿性状的隐性基因 *Cgl1* 定位在C08染色体上188Kb区间内，通过分析表明，拟南芥蜡质合成相关基因 *CER1* 的同源基因 *Bol018504* 是可能的候选基因。Liu et al.（2017）将甘蓝无蜡粉亮绿性状的另一个基因 *Cgl2* 定位于170Kb区间内，并验证候选基因为拟南芥 *CER4* 的同源基因 *Bol013612*。Lv et al.（2017）利用多个姊妹系和衍生系解析了骨干亲本01-20的特异 DNA 区段。Kawamura et al.（2017）开发了用于甘蓝种子纯度检测的31个SSR标记，同时开发了一个可用于甘蓝枯萎病筛选的RFLP标记。

在利用生物信息技术分析甘蓝基因功能方面，郭慧等（2017）以拟南芥的AP2/ERF转录因子作为探针，运用电子克隆的方法，克隆出甘蓝两个AP2/ERF-B3亚族转录因子BoAP2/ERF1和BoAP2/ERF2，发现其定位于细胞核，可能具有信号转导和胁迫响应应答等功能。卫聪聪等（2017）以公布的甘蓝基因组数据库为基础，采用生物信息学方法鉴定出29个生长素响应因子（BoARFs），分析了其基因和编码蛋白的结构及染色体分布，并发现这类基因具有不同的组织表达模式，部分基因表现出组织特异性。周雯（2017）将甘蓝中WD40及TT8转录因子融合到EAR基序抑制域(SRDX)，获得转基因甘蓝植株，对其叶片中花青素代谢途径相关结构基因进行表达分析，发现甘蓝TT8及WD40转录因子及其复合物对花青素的积累具有正向调控作用，且TT8及WD40转录因子显性抑制后能促进甘蓝提前开花。以上获得的基因、标记序列将进一步促进它们在育种中的应用。

在利用组学手段解析重要农艺性状基因的分子机制方面，Xiao et al.（2017）利用精细定位和RNA-seq的方法对甘蓝杂交致死基因进行了分析，获得了可能的候选基因。蒲全明等（2017）以甘蓝品系519为材料，通过对莲座期叶片与茎尖、结球期叶片与茎尖的转录组比较分析，筛选出了2个差异表达的 *AUX/IAA* 基因。利用qPCR实验等推测出 *BoIAA2* 和 *BoIAA19* 与其结合蛋白的结合影响生长素信号转导，进而调控结球甘蓝叶片及茎尖的生长发育。曾静（2017）利用蛋白质双向电泳技术分离、鉴定了甘蓝自交不亲和系（SI）自花、异花授粉不同时间点柱头差异表达蛋白质，筛选出自花授粉特异表达和异花授粉上调表达蛋白；利用融合蛋白沉降技术和质谱技术分离、鉴定了甘蓝柱头与SI相关新基因 *CML27* 相互作用的蛋白质；利用酵母双杂交技术检测了SI新因子BoROH1与BoExo70A1之间的相互作用。Han et al.（2017）利用全基因组甲基化测序技术首次解析了甘蓝显性不育性状的表观遗传基础，并找到了与果胶降解有关的关键基因 *Bol039180*。Robin et al.（2017）研究了抗、感甘蓝对黑胫病菌的不同应答，发现抗性材料中的硫代等含量显著升高。

在甘蓝根肿病防控方面，周俐利（2017）采用荞麦根系分泌液灌根法，分析荞麦对甘蓝根肿病的抑制效果，研究发现荞麦根系分泌液灌溉处理能通过诱导植物 SA、JA 途径相关基因的提前表达，增加各基因mRNA积累量，诱导植株系统抗病反应；甘蓝根肿病发病早期促进甘蓝植株生长发育，提高抗病能力，降低发病后期生长素和细胞分裂素含量，延缓根肿的形成。这些研究从mRNA、蛋白、代谢物等层面对关键性状基因的分子机制进行了解析，进一步加深了对于这些农艺性状的理解。

（三）甘蓝育种技术

单倍体育种相较于传统育种有着高效、快捷等特点，因而成为了植物育种的技术热点之一。武延生等（2017）以8398甘蓝的子叶为外植体，在MS培养基中加入不同浓度组合的NAA、2,4-D和6-BA，根据胚状体的诱导率和生长状况，确定诱导甘蓝愈伤组织胚状体在0.1毫克/升2,4-D、1.5毫克/升6-BA组合的培养基中胚状体诱导率达到最高，为70%。贾思齐等（2017）通过对甘蓝未受精子房离体培养条件进行优化，确定了未受精子房斜切式接入培养基为最佳方式以及诱导愈伤组织分化的最佳培养基；利用形态学、根尖染色体计数和流式细胞仪鉴定法对获得的再生植株进行倍性鉴定，结果发现存在2倍体或双单倍体、单倍体和4倍体的植株。王改改（2017）为优化甘蓝小孢子培养的效果，对小孢子供体的整枝方式、诱导和分化培养条件进行了优化；为促进甘蓝胚状体再生DH植株的健壮生长，以甘蓝小孢子培养获得胚状体不定芽为试验材料，对不同浓度的激素影响DH植株的生长进行了研究。Min et al.（2017）优化了小孢子培养体系，并推荐最佳取蕾时期为初花期。

CRISPR/Cas9技术可在甘蓝基因组水平上对DNA序列进行有效改造，以此获得不含任何外源DNA序列的非转基因植株，本质上和传统育种方法获得的突变体材料没有区别。马存发（2017）利用CRISPR/Cas9技术对甘蓝*BoPDS*、*SRK*、*BoGA4*基因进行了精准敲除，针对*BoPDS*和*SRK*基因构建CRISPR/Cas9基因敲除载体后转化甘蓝，实现了*BoPDS*基因37.5%的敲除效率、*SRK*基因53.5%的敲除效率，获得了基因序列突变的植株；另外，对sgRNA序列以及基于内源tRNA加工的sgRNA表达系统进行了改造，针对甘蓝*PDS*、*SRK*以及*GA4*基因等构建敲除载体后分别导入甘蓝，通过对目标基因靶向位点的突变检测分析，发现HsgRNA/Cas9、tRNA-HsgRNA/Cas9系统能够在甘蓝中高效稳定地工作，导致目标基因敲除。

在杂种优势利用方面，王艳敏（2017）利用具有相同来源的3份甘蓝DH系（S4-10-37、S4-46-69、132m4）、两份自交系（SP144YYZ及SP146YYZ），分别与雄性不育系（CMSsp85、CMSsp75）配制10个杂交组合，并比较它们的杂种优势表现，结果发现CMS系与DH系获得的F$_1$性状表现比CMS与自交系获得的F$_1$性状更整齐，植株开展度和株高群体内差异较小。

三、甘蓝品种推广

（一）甘蓝品种登记情况

2017年6月以来，我国登记甘蓝品种共40个，主要来自天津、上海、北京、甘肃、四川、浙江、广东、河北、重庆等省份，登记的品种数分别18个、8个、4个、2个、2个、2个、2个、1个、1个。除牛心甘蓝为常规种外，其余39个均为杂交种。除科绿50、兰天55为新选育品种外，其余38个品种均为已销售的品种。39个品种的第一个申请者是企业。从登记品种的育种单位来看，个人育成品种4个，科研院所育成品种3个，其余33个均为企业育成品种。除先甘011、先甘097外，其余38个品种均未申请新品种保护权。

在抗黑腐病方面，感黑腐病品种有2个，中抗黑腐病的品种有22个，抗黑腐病的品种12个，高抗黑腐病的品种2个。抗枯萎病方面，感枯萎病品种3个，中抗的品种25个，抗枯萎病的品种6个，高抗枯萎病的品种2个。在其他病害抗性方面，值得关注的是根肿病抗性，有2个品种（先甘336、超级争春）为抗或高抗根肿病。在抗逆性方面，大多数适于春季种植品种的耐抽薹性都强，而适于秋季种植的品种大多具有较好的耐热性。

从品种特征特性来看，在球形方面，圆球品种23个，扁圆球品种10个，牛心或椭圆或胖尖形品种

7个。在熟性方面，最早熟的品种从定植到收获43～45天，晚熟品种及一些越冬品种从定植到收获达85天以上。熟性在50天以下的品种数有2个，50～60天的品种数有18个，60～70天的品种数有8个，70～85天的品种数有2个，大于85天的品种有10个。

（二）主要甘蓝品种推广应用情况

1. 推广面积

（1）全国主要品种推广面积变化分析

近年来，随着中国蔬菜产业的发展，甘蓝生产面积也迅速增加。据农业农村部统计，20世纪80年代末到90年代初，中国甘蓝种植面积约20万公顷（1989年20.93万公顷，1990年23.33万公顷，1991年24.13万公顷），经过十几年的迅速发展，到21世纪初已达90万公顷左右（2003年88.33万公顷，2004年87.77万公顷，2005年89.83万公顷，2006年93.74万公顷），增长了4倍多。2016年我国甘蓝种植面积97.9万公顷（FAO统计），2017年全国甘蓝栽培总面积与前几年相比，基本稳定。

目前，北京、重庆、江苏等地有关单位育成的甘蓝品种已历经3～4代更新，其中中国农业科学院蔬菜花卉研究所育成的早熟春甘蓝，已历经4代更新。第一代代表品种报春，表现为早熟、丰产，连同与北京市农林科学院合作育成的我国第一个甘蓝杂交种京丰1号等品种于1985年获国家发明一等奖；第二代代表品种中甘11，表现为耐抽薹、抗逆性强，于1991年获国家科技进步二等奖；第三代代表品种8398，表现为优质，保护地、露地兼用，于1998年获国家科技进步二等奖；第四代代表品种中甘21，以雄性不育作母本，表现为优质、较耐裂，2012年、2013年被列为农业部主推甘蓝品种，2014年连同其他5个新品种和雄性不育系育种技术获得国家科技进步二等奖。目前，以中甘628、中甘828、中甘588、中甘1305等品种为代表的第五代品种已开始规模化应用，这些品种既有较好的品质，又在抗性方面提升较大，表现出良好的潜力。另外，利用分子育种、单倍体育种、传统育种等多种手段相结合育成的多抗、优良品种已进入小范围试验阶段，有望于1～2年内进入市场。

（2）甘蓝优势区主要品种的推广面积分析

2017年全国甘蓝栽培总面积约为90万公顷，与前几年相比基本持平。

北方甘蓝优势区：河北、山西、甘肃等地前几年主栽品种为中甘21，近几年由于枯萎病加重，逐渐转向抗病品种，如中甘628、中甘828、中甘588、前途、先甘520等。在病害较轻的东北地区、内蒙古、河南北部、河北北部、陕西等地，仍倾向于种植品质优良的中甘21、中甘15等品种。该优势区河北、山东、陕西、河南、江苏北部等地的早春保护地品种以中甘56和8398为主。

长江中下游甘蓝优势区：河南南部、湖北、湖南、江苏南部等地以越冬茬口为主，主栽品种为争春、中甘1305、嘉丽、亚非丽丽等。

西南甘蓝优势区：四川、重庆、贵州等地主栽扁球品种，如京丰一号、西园四号等。云南地区以抗性较好的品种为主，如美味早生、奥奇娜等。

华南甘蓝优势区：病害较轻，主要种植品质优良的中甘21、中甘15、中甘828等品种。

2. 品种表现

（1）主要品种群

保护地甘蓝主栽品种：中甘56、中甘8398、金宝、美味早生等。

春甘蓝主栽品种：中甘21、中甘628、中甘828、邢甘23等。

夏秋甘蓝主栽品种：京丰一号、中甘588、西园四号、中甘590、中甘596、前途、希望、先甘520、奥奇娜等。

越冬甘蓝主栽品种：争春、中甘1305、嘉丽、寒将军、亚非丽丽等。

（2）主栽代表品种特点

①中甘56（保护地甘蓝主栽品种）。

选育单位：中国农业科学院蔬菜花卉研究所

品种来源：DGMS726-3×0445-1-1-2

特征特性：华北地区日光温室春季栽培，从定植到收获约46天。叶球圆球形，球色绿，单球质量1.0千克左右。叶球质地脆嫩，品质优良。耐低温弱光，耐未熟抽薹性强。

适宜种植区域及季节：适合在河北、陕西、山东、河南、江苏等地早春保护地种植。

②中甘8398（保护地甘蓝主栽品种）。

选育单位：中国农业科学院蔬菜花卉研究所

品种来源：01-20×8180-D

特征特性：早熟，生育期50天左右。株型半平展，开展度中等，外叶绿色，蜡粉少。叶球圆形，绿色，单球重约0.9千克。中心柱短，小于球高的一半。叶球内部黄色，结构细密，结球紧实，耐裂性中等。适应性强，耐先期抽薹。

适宜种植区域及季节：适宜在北京、天津、河北、河南、辽宁、甘肃、山西、陕西、山东、江苏、浙江、云南等地春季露地或保护地种植。

③中甘21（春甘蓝主栽品种）。

选育单位：中国农业科学院蔬菜花卉研究所

品种来源：DGMS01-216×87-534-2-3

特征特性：中甘21田间表现早熟，生育期55天左右。株型半直立，开展度中等，外叶绿色，蜡粉少。叶球圆形，绿色，叶球中等大小，单球重约1.0千克。中心柱短，小于球高一半。叶球内部结构细密，紧实度中等，不易裂球。叶球质地脆嫩，品质优良。

④中甘628（春甘蓝主栽品种）。

选育单位：中国农业科学院蔬菜花卉研究所

品种来源：CMSSG643-1-1×87-534-2-3

特征特性：早熟，生育期54天左右。外叶圆形，绿色，蜡粉少。叶球圆形，绿色，单球重约1.0千克。中心柱长度中等，约为球高的一半。叶球内部结构细密，结球紧实，耐裂性中等。耐先期抽薹，耐枯萎病。

适宜种植区域及季节：适宜在北京、天津、河北、河南、辽宁、内蒙古、甘肃、山西、陕西、山东、江苏、浙江、福建、云南、青海、新疆等地春季露地种植。

⑤中甘828（春甘蓝主栽品种）。

选育单位：中国农业科学院蔬菜花卉研究所

品种来源：CMS87-534-2-3×96-100-11

特征特性：中熟，生育期58天左右。外叶圆形，灰绿色，蜡粉中等。叶球圆形，绿色，单球重约1.0千克。中心柱短，小于球高的一半。叶球内部结构细密，结球紧实，不易裂球。耐先期抽薹，高抗枯萎病。

适宜种植区域及季节：适宜在浙江、河南、河北、北京等地春茬露地或夏季冷凉地夏季种植。

⑥中甘588（夏秋甘蓝主栽品种）。

选育单位：中国农业科学院蔬菜花卉研究所

品种来源：CMS96-100×w21-2-2-3

特征特性：中甘588田间表现中熟，生育期60天左右。株型开展，开展度中，外叶灰绿色，蜡粉多，单球重约1.2千克。叶球圆形，中心柱相对长度短，球内颜色浅黄色，紧实。口感脆嫩，商品性好。极耐裂球，高抗枯萎病。

⑦京丰一号（夏秋甘蓝主栽品种）。

选育单位：中国农业科学院蔬菜花卉研究所

品种来源：21-3×24-4-5

特征特性：晚熟，生育期85天左右。外叶圆形，绿色，蜡粉中等。叶球扁圆形，绿色，单球重约2.9千克。中心柱长度短，小于球高的一半。叶球内部白色，结构细密，结球紧实，不易裂球。耐未熟抽薹。

适宜种植区域及季节：适宜在北京、天津、河北、河南、黑龙江、辽宁、内蒙古、甘肃、山东、山西、陕西、宁夏、新疆、安徽、江苏、云南、湖南、浙江、四川等地春、秋季露地种植。

⑧西园四号（夏秋甘蓝主栽品种）。

选育单位：西南大学

品种来源：小楠木×二乌叶

特征特性：早中熟，株高28厘米，植株开展度65厘米左右。外叶16～18片，叶色绿色，蜡粉中等，叶脉较密，植株长势强，抗病毒病，性状相当整齐。叶球扁圆形，球高10～12厘米，横径20～25厘米。球内中心柱长5～6厘米，结球紧实，品质佳，单球重2.5～3.5千克，定植后60天收获，亩产4 500～5 000千克。

⑨中甘1305（越冬甘蓝主栽品种）。

选育单位：中国农业科学院蔬菜花卉研究所

品种来源：CMS708-1-1×1186-1-2-3

特征特性：在长江流域越冬种植表现中熟，从定植到收获约160天。株型半开展，开展度中，外叶横椭圆形，叶色绿，蜡粉少，单球重约1.15千克。叶球圆形，中心柱长小于球高的1/2，球色绿，叶球紧实度极紧，耐裂性强。耐寒性强。

⑩争春（越冬甘蓝主栽品种）。

选育单位：上海市农业科学院园艺研究所

品种来源：早春×牛心

特征特性：植株开展度60厘米左右，外叶8～11片，叶球圆球形，纵径17.4厘米，横径16.8厘米，球内中心柱长7.4厘米，中心柱宽2.8厘米，叶球紧实度0.57，单球重1.5千克。早熟，不易未熟抽薹，越冬栽培从定植到收获约150天。

（3）2017年生产中出现的品种缺陷

2017年度枯萎病、黑腐病危害总体较为严重，尤其是河北邯郸和秦皇岛的枯萎病和黑腐病、甘肃定西的枯萎病和黑腐病、云南通海的黑腐病等，对当地的主栽品种造成了危害。

在枯萎病危害地区（如河北秦皇岛和甘肃定西）主栽品种中甘828、中甘588、前途等表现良好；在枯萎病无危害或危害较轻地区，主栽品种中甘21、中甘628等表现良好。但需警惕枯萎病蔓延，如河北张北原本无枯萎病，近几年少部分地区也开始发现枯萎病。

在黑腐病危害地区，主栽品种中甘588等晚播表现良好，早播会表现感黑腐病。建议此类品种适当晚播，如华北地区可在7月下旬左右播种。

（4）主要种类品种推广情况

按茬口来分，主要品种推广情况如下。

保护地品种：保护地病虫害很少，主栽品种以国内品种为主，有中甘56、8398、金宝、中甘26等，总体占80%以上的市场份额；也有少量国外品种，如美味早生等。主栽地区有河北滦南和邯郸、河南郑州、山东潍坊、江苏徐州等地。其中中甘56在球形、颜色、产量、耐抽薹性等方面表现优秀，菜农反映较好，销量上升较快，在河北邯郸等地占到60%以上的市场份额。总体来看，保护地品种具有口感好、质地脆嫩、商品性好、销售价格高等优点，受到菜农和菜商的青睐。

露地春甘蓝品种：春季病害总体较轻，主栽品种以国内品种为主，有中甘21、中甘628、中甘828等，总体占70%以上的市场份额。在全国各地都有栽培，主产区有河北邯郸、秦皇岛、张家口，河南郑州，山东潍坊，陕西西安，甘肃定西，四川成都，云南通海等地。根据各地消费习惯、气候条件，主栽品种也不同。在枯萎病危害地区，如河北秦皇岛和甘肃定西等地，主栽品种以中甘828、中甘628等为主；在枯萎病无危害或危害较轻地区，如河北张家口、陕西西安等地，主栽品种中甘21、中甘628等表现良好；在黑腐病危害地区，如云南通海等地，主栽品种有美味早生、绿球55等。总体来看，春甘蓝品种要求熟性早、耐抽薹、球色绿、产量高、商品性好。

夏秋甘蓝品种：主栽品种来自国内和国外，圆球型主栽品种有国内的中甘588、中甘590、中甘596，国外的前途、希望、先甘520等。扁球型主栽品种有国内的京丰一号，国外的奥奇娜等。在全国各地都有栽培，主产区有河北邯郸、秦皇岛、张家口，河南郑州，山东潍坊，陕西西安，甘肃定西，四川成都，重庆，云南通海等地。根据各地消费习惯、气候条件，主栽品种也不同。在枯萎病危害地区，如河北秦皇岛和甘肃定西等地，主栽品种有中甘588、先甘520等。在黑腐病危害地区，如云南通海等地，主栽品种有前途、先甘520等。对加工专用型品种而言，要求干物质含量高、绿叶层数多等，如京丰一号。总体来看，夏秋甘蓝品种要求抗性强、产量高、耐裂性好等。

带球越冬甘蓝品种：主栽品种来自国内和国外，国内品种如中甘1305、中甘1266、苏甘27、苏甘603，国外品种如嘉丽、寒将军、冬升、奥奇娜等。前几年以国外品种为主，近几年国内品种占比逐渐上升。主要在长江中下游地区栽培，如湖北武汉和荆门、河南南阳、浙江杭州等地。耐寒品种要求抗寒性强、球色绿、品质好；由于生育期长，还要求对菌核病、软腐病、黑斑病等有一定抗性。耐寒品种可在春节或早春淡季上市，因而菜农收益较高。

苗期越冬甘蓝品种：主栽品种主要来自国内，如春丰、争春、春丰007、博春、苏甘20等，以牛心型为主。主要在长江流域及其以南的部分区域栽培，要求耐抽薹性强，品质好。一般是10月份播种，翌年4—5月收获。

（三）甘蓝产业风险预警

1. 与市场需求相比存在的差距

从发展趋势上看，市场需求有以下新的变化。

（1）病害的蔓延和加重急需高抗、兼抗品种

连作障碍和高密度栽培等使得病原菌不断累积，因而枯萎病、黑腐病总体呈现危害范围扩大，危害程度加重的趋势。另外，新病害根肿病等也在逐渐蔓延，从南方的云南、湖北等地蔓延到东北、华北地区。目前高抗枯萎病的品种较多，但高抗黑腐病或者兼抗多种病害的品种依然匮乏。

（2）市场急需耐热夏秋甘蓝品种

此类品种在5—6月播种，收获可赶上8—9月的市场淡季，价格较好。但目前主栽品种如前途等，品质不佳，且耐热性仍表现欠佳。因而急需培育耐热、抗病、优质品种。

（3）抗病、优质品种缺乏

已有的抗病品种如中甘588（抗枯萎病）、先甘520（抗黑腐病）、先甘336（抗根肿病）等抗性较好，但品质欠佳，因此急需培育抗病且优质的品种。

2. 各种灾害对品种提出的挑战

（1）警惕枯萎病的进一步蔓延

在枯萎病危害严重地区，如河北秦皇岛和甘肃定西，已有的抗性品种表现较好，但要警惕枯萎病蔓延，如河北张北原本无枯萎病，近几年少部分地区也开始发现枯萎病。

（2）警惕黑腐病的危害加重

连作障碍和高密度栽培等使得病原菌不断累积，因而黑腐病总体呈现逐年加重的趋势。病害严重

地区建议种植高抗、兼抗品种。

（3）警惕早春低温带来损失

早春低温主要造成两方面损失，一是造成成株冻伤甚至冻死；二是苗期、莲座期低温可能造成抽薹。因此建议种植耐寒性、耐抽薹性较好的品种等。

3. 绿色发展对品种的要求

绿色发展要求利用品种自身抗性、适应性、优质等特点，减少化肥、农药等的使用量，从而保证农产品的绿色安全和减少对环境的污染，因此要求品种抗多种病害（枯萎病、黑腐病、根肿病等）、抗逆（抗寒、抗旱、耐热等）、优质（口感好、营养丰富）。

4. 特色产业发展对品种的要求

对加工专用型甘蓝品种而言，要求干物质含量高，绿叶层数多等，如京丰一号。

对生食型甘蓝品种而言，要求叶质脆嫩、口感脆甜、风味物质含量高等，如中甘15。

四、国际甘蓝产业发展现状

（一）国际甘蓝产业发展概况

1. 生产情况

（1）世界甘蓝种植面积与分布

甘蓝是一种重要的十字花科蔬菜作物，在全世界范围内广泛栽培。据FAO统计，1961年世界甘蓝的栽培面积仅为135万公顷，随后种植面积逐年扩大，到2016年时已达到247万公顷。1970—1979年世界甘蓝种植面积年均为141万公顷，种植面积较大的国家主要有中国、印度、美国、韩国、波兰。1990—2000年是世界甘蓝栽培面积快速增长的10年，这期间全球种植面积扩大了64.2%，年均甘蓝种植面积达到197万公顷。2000年之后，世界甘蓝栽培面积有所波动，但基本保持220万公顷以上的栽培面积（表15-2）。截至2016年，从世界各大洲来看，亚洲甘蓝栽培面积最大，占全世界的70.92%，其次是欧洲、非洲、美洲，分别占15.21%、10.74%、2.99%，大洋洲最少，占比仅为0.14%（图15-1）。

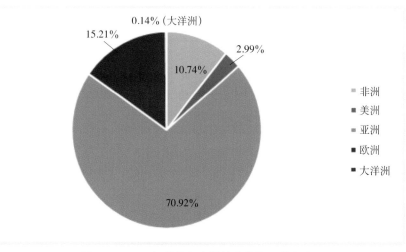

图15-1　2016年世界各大洲甘蓝种植面积占比

2016年，甘蓝生产面积排名世界前10名的国家依次为中国、印度、安哥拉、俄罗斯、印度尼西亚、乌克兰、罗马尼亚、埃塞俄比亚、越南和韩国，其栽培面积分别约为99.4万、38.8万、12.3万、11.3万、7.19万、6.64万、4.63万、4.23万、3.46万和3.43万公顷，分别占世界甘蓝种植面积的40.19%、15.69%、4.98%、4.56%、2.91%、2.68%、1.88%、1.71%、1.40%和1.39%。中国是全世界甘蓝种植面积最大的国家，从1961年开始栽培面积一直不断增长，尤其是2000—2009年栽培面积快速扩大，年均种植面积达到了100万公顷。2010年后种植面积有所波动，但均保持在94万公顷以上。印度的甘蓝栽培面积也快速扩大，成为世界第二大甘蓝种植国。进入21世纪以来，埃塞俄比亚的甘蓝种植面积不断增加，而俄罗斯、印度尼西亚、乌克兰、罗马尼亚和越南等国栽培面积变化不大。韩国在1961—2009年间甘蓝种植面积一直很大，但2010年种植面积有所回落，之后变化不大（表15-2）。

表15-2 1960—2016年世界甘蓝主要生产国年均种植面积情况　单位：公顷

国别	年份											
	1960's	1970's	1980's	1990's	2000's	2010	2011	2012	2013	2014	2015	2016
中国	249 191	226 347	319 021	607 713	100 7435	910 000	942 700	940 000	942 000	960 613	989 776	994 056
印度	28 333	83 500	145 576	215 711	261 720	300 500	369 000	390 000	372 000	400 140	386 000	388 000
安哥拉	—	—	—		39 702	71 217	84 702	79 646	81 828	109 988	145 838	123 156
俄罗斯	—	—	—	151 100	120 513	115 636	123 306	112 899	111 242	110 797	111 573	112 688
印度尼西亚	9 721	22 195	48 149	62 250	62 445	67 531	65 323	64 277	65 248	63 116	64 625	71 934
乌克兰				76 128	75 347	73 100	79 800	78 440	78 190	69 300	67 700	66 400
罗马尼亚	25 523	23 463	26 307	33 451	44 875	47 227	47 212	49 266	55 051	47 988	48 887	46 395
埃塞俄比亚	—	—	—	9 336	22 921	31 954	36 586	37 840	38 464	35 926	41 140	42 279
越南	1 567	2 185	3 560	12 430	33 491	35 119	33 102	34 527	35 316	36 020	32 528	34 632
韩国	43 502	59 314	47 740	50 414	47 389	32 794	42 280	31 443	34 317	39 369	32 604	34 267
世界	1 314 124	1 409 511	1 646 958	1 970 544	2 364 088	2 307 171	2 436 669	2 395 013	2 384 838	2 439 645	2 479 362	2 473 271

（2）世界甘蓝产量与分布

据FAO数据统计，1961—2016年，世界甘蓝产量持续增长，1961—1969年，世界年均甘蓝产量仅为2 487万吨，而到2016年，年均产量已经达到了7 126万吨，增长了186%。20世纪70年代和80年代世界年均甘蓝总产量分别为3 147万吨和3 864万吨。1990—1999年世界年均甘蓝总产量为4 484万吨，年均产量较高的国家主要包括中国、印度、韩国、俄罗斯、日本和波兰等国。2000—2009年世界甘蓝产量涨幅巨大，达到了6 717万吨，较上一个10年增长49.8%。而到了2010年之后，世界甘蓝产量增长速度放缓，但仍保持稳定增长的态势，平均每年为6 900万吨左右（表15-3）。2016年，从各大洲来看，亚洲是全世界甘蓝产量最大的洲，占全球产量的76.07%，其余依次是欧洲、非洲、美洲和大洋洲，分别占到了15.97%、4.58%、3.18%和0.20%（图15-2）。

世界甘蓝总产量较高的国家主要为中国、印度、俄罗斯、韩国、乌克兰、印度尼西亚、日本、波兰、乌兹别克斯坦和美国。其中中国是全世界甘蓝产量最高的国家，自1961年起，产量一直位居全球首位，2000—2009年中国甘蓝总产量快速增长，较上一个10年增长了149.58%，随后几年的产量一直保持在3 000万吨之上。印度的甘蓝产量位居世界第二，且一直稳步增长。俄罗斯、乌兹别克斯坦和印度尼西亚的甘蓝产量也保持着稳中有升的态势。进入21世纪以来，日本、韩国和美国的甘蓝总产量与20世纪相比出现了不同程度的降低。

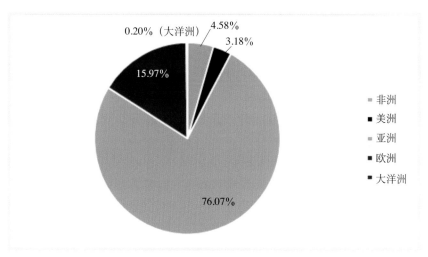

图15-2 2016年世界各大洲甘蓝产量分布比例

表15-3 1960—2016年世界甘蓝主要生产国的年均产量 单位：吨

国别	年份											
	1960's	1970's	1980's	1990's	2000's	2010	2011	2012	2013	2014	2015	2016
中国	4 171 097	4 679 239	6 655 056	13 520 720	33 746 056	30 650 000	31 750 000	31 500 000	31 700 000	32 704 631	33 539 633	33 323 058
印度	375333	1 150 000	2 065 335	4 181 211	5 819 510	7 281 400	7 949 000	8 412 000	8 534 000	9 039 220	8 585 000	8 755 000
俄罗斯	—	—	—	2 799 910	3 006 736	2 732 510	3 527 620	3 309 316	3 328 876	3 493 635	3 603 985	3 618 771
韩国	555365	2 030 579	3 142 069	3 077 479	2 943 167	2 035 695	3 049 333	2 118 930	2 434 415	2 918 510	2 377 992	2 501 953
乌克兰	—	—	—	1 050 323	1 416 575	1 523 000	2 026 100	1 922 360	2 082 510	1 853 560	1 651 760	1 656 440
印度尼西亚	86949	241502	632067	1 339 332	1 308 719	1 385 044	1 363 741	1 450 046	1 480 625	1 435 833	1 443 232	1 513 326
日本	2 665 856	3 167 190	3 106 500	2 668 120	2 336 010	2 248 700	2 272 400	1 443 000	1 440 000	1 480 000	1 469 000	1 446 000
波兰	1 504 911	1 511 781	1 584 243	1 770 509	1 417 333	1 047 000	1 288 735	1 198 726	1 022 434	1 218 511	874 964	1 091 653
乌兹别克斯坦	—	—	—	99 413	317 003	585 300	714 520	705 543	904 607	1 003 673	952 623	1 030 107
美国	1 188 767	1 245 288	1 410 860	1 913 807	1 544 312	1 052 800	913 300	895 930	986 560	958 930	915 210	1 027 740
世界	24 865 703	31 472 537	38 644 029	44 837 048	67 169 004	65 622 933	69 887 197	67 745 599	68 733 211	70 997 938	70 459 086	71 259 199

（二）国际甘蓝贸易发展情况

1. 出口情况

2006—2016年，世界平均每年出口甘蓝194万吨，年均出口额为12亿美元，其中2016年是出口额最高的一年，为15.48亿美元。中国、美国、荷兰、墨西哥、西班牙和波兰是世界上主要的甘蓝出口国。中国是世界上最大的甘蓝出口国，从2012年开始，中国的甘蓝出口快速增长并超越美国，成为全球甘蓝出口额最高的国家，2016年，中国的甘蓝出口量为60.51万吨，出口额达到了3.99亿美元，占世界甘蓝总出口额的25.76%。美国是全球第二大甘蓝出口国，自2012年开始，美国的甘蓝出口额增长迅速，2016年出口额达到了3.49亿美元，仅次于中国。荷兰、墨西哥、西班牙等国家的甘蓝出口也保持了稳中有升的发展趋势（图15-3）。

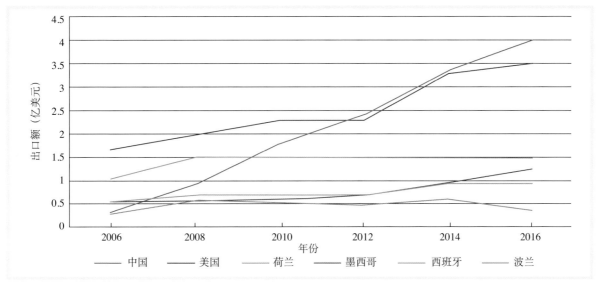

图15-3 2006—2016年主要国家甘蓝出口额变化趋势

2. 进口情况

2006—2016年，全球平均每年进口甘蓝194万吨，年均交易额为15.07亿美元，其中交易额最高的年份为2016年，交易额为19.93亿美元。美国、加拿大、德国、越南、日本、马来西亚、英国和荷兰是世界上甘蓝进口量较大的国家。美国是世界上进口甘蓝最多的国家，从2012年开始，其甘蓝进口快速增长，到2016年，甘蓝进口量为41.25万吨，进口额为3.75亿美元，占世界甘蓝进口总额的24.88%。加拿大在2006—2016年的甘蓝进口也保持了快速增长的态势，进口额排名全球第二。德国、英国、荷兰和马来西亚的甘蓝进口则较为稳定，2006—2016年的甘蓝进口额变化不大（图15-4）。

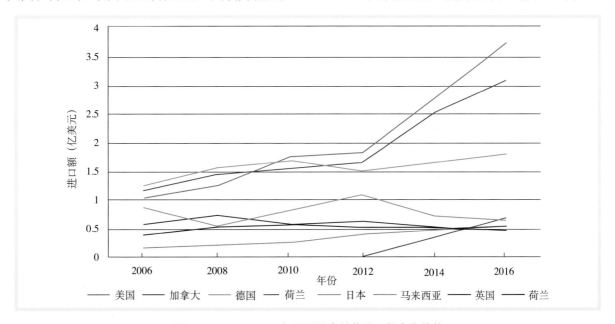

图15-4 2006—2016年主要国家甘蓝进口额变化趋势

（三）主要国家甘蓝种质研发现状

从事甘蓝育种工作的国家主要有中国、荷兰、美国、韩国、日本、印度和俄罗斯等。多数国家都将产量作为最重要的育种目标，并根据生产和消费需要，对甘蓝品种有不同的要求。如美国十分重视品种的抗病性，要求甘蓝抗根肿病、黑腐病、霜霉病及病毒病；日本对甘蓝品种的外观、品质有一定要求；中国将抗病、耐寒、耐抽薹和耐裂球等性状作为甘蓝育种的重要目标。

传统育种仍然是目前世界各国应用最广泛和最有效的甘蓝育种手段，但利用生物技术手段成为甘蓝育种的重要补充手段和新的发展趋势。中国定位和克隆了控制甘蓝抗枯萎病、亮绿叶色、隐性雄性不育、杂种致死等性状的基因，并开发出与性状紧密连锁的分子标记用于辅助育种。日本定位了甘蓝抗枯萎病、根肿病基因并通过分子标记将这些抗性集中在一个甘蓝品种上实现了聚合育种。美国、荷兰等国家则开发出SNP分型芯片并将其应用于抗病、优质基因的高通量检测，每天可完成数百万个样品检测，大大提高了选择、聚合育种效率。此外，中国、印度都通过农杆菌介导法将 Bt 基因转入甘蓝，获得了抗虫的转基因甘蓝材料。

（四）主要国家甘蓝产业竞争力分析

1. 各大洲甘蓝产业竞争力分析

亚洲是世界甘蓝生产第一大洲，无论是栽培面积还是产量均居全球首位；从单位面积产量上看，亚洲排名世界第二。欧洲是世界甘蓝生产第二大洲，作为甘蓝的起源地，欧洲具有丰富的甘蓝种质资源，孕育了比久、瑞克斯旺、纽内姆等一大批实力强大的育种公司，因此在甘蓝育种方面欧洲具备得天独厚的优势；然而，耕地面积少，劳动力成本高成为欧洲甘蓝产业发展的瓶颈。大洋洲甘蓝生产面积少，总产量低，然而其单位面积产量却远远高于亚洲和欧洲，排名世界第一；倘若大洋洲能重视甘蓝产业发展，不断扩大甘蓝生产面积，其发展前景十分可观。非洲甘蓝生产面积占全球的11%，而产量却仅占5%，单位面积产量低是非洲甘蓝产业发展亟待解决的问题，种植环境差、良种缺乏、栽培技术落后都导致了这一问题的形成。

2. 前10个主要甘蓝生产国家竞争力分析

近年来，中国成为世界上最大的甘蓝生产国，生产面积、总产量和出口额均为世界第一，且具有较强的研发实力。具有育种实力的科研机构主要包括中国农业科学院、江苏省农业科学院、西南大学、西北农林科技大学、北京市农林科学院、上海市农业科学院、东北农业大学；一些公司也具有一定的育种实力，如华耐、捷利亚等公司。印度的甘蓝种植面积和甘蓝产量均为世界第二。美国在甘蓝种植面积及产量方面虽然未排在世界前列，但也是全球第二大甘蓝出口国，年出口额达到了3.49亿美元。日本在扁球型耐寒甘蓝品种方面具有很强的实力，这些品种主要来自泷井、坂田等大公司。韩国在中早熟圆球型甘蓝育种方面具有一定的实力，品种来自如世农公司。荷兰在耐贮运、晚熟型圆球甘蓝育种方面具有较强的实力，品种来自如必久公司、荷兰皇家等。

（编写人员：张扬勇　吕红豪　王　勇　等）

第16章 黄瓜

概　述

黄瓜起源于喜马拉雅山南麓的热带雨林地区，为葫芦科黄瓜属一年蔓生草本植物，在我国已有2000多年的栽培历史。目前我国是世界上黄瓜栽培面积最大和总产量最高的国家，黄瓜栽培面积在我国保护地蔬菜种植中居第一位，在世界果菜栽培中仅次于番茄。黄瓜产业的高质量发展对满足蔬菜周年供应、提高城乡人民生活水平、促进农业结构调整具有重要的意义。

早在20世纪70年代，天津蔬菜研究所黄瓜课题组在全国率先开展抗病育种，先后育成津研系列黄瓜品种，解决了黄瓜种植难的问题，该系列品种在生产上迅速推广应用，并成为当时的主栽品种。80年代开始，育成津杂系列黄瓜，开启了我国黄瓜杂交育种新时代。90年代开始，先后育成津春、津优系列黄瓜品种，实现了我国黄瓜栽培品种的再一次更新换代。同时，中国农业科学院蔬菜花卉研究所育成的中农系列黄瓜、黑龙江农业科学院园艺所育成的龙杂黄系列黄瓜、广东省农业科学院育成的早青、夏青系列黄瓜品种以及山东农业科学院、西北农业大学等单位分别育成一批黄瓜新品种，分别成为部分地区主栽品种。随着我国设施栽培产业的迅猛发展，以及系列化、多样化黄瓜新品种的不断育成，我国黄瓜生产实现了周年供应，黄瓜种植面积和总产量大幅增加。

进入21世纪后，我国黄瓜科研产业进入新的发展阶段，黄瓜科研工作取得重大进展，选育出一大批优秀的黄瓜新品种，黄瓜生产取得巨大进展，生产条件和栽培水平明显提高，黄瓜单产大幅提高，保证了我国黄瓜育种和黄瓜产业的优势地位，使黄瓜成为少数未被国外品种占领的蔬菜作物之一。

2017年，我国黄瓜产业保持了稳定向好的发展势头，种植面积保持稳定，黄瓜总产量再创历史新高。黄瓜科研取得新成果，育种技术有了新突破，育成了一批优秀的黄瓜新品种并申报了品种权保护。黄瓜生产和消费市场向产业化、优质化转变，品种登记制度启动实施，种业市场逐步规范，黄瓜产业发展质量明显提升，推动了我国菜篮子工程的高质量发展。

本章通过对我国黄瓜科研创新及品种发展情况进行总结，希望能够全面反映当前我国黄瓜良种科技和产业进展，有利于指导我国黄瓜生产和品种推广，提升我国黄瓜良种化率。

一、我国黄瓜产业发展

（一）黄瓜生产发展概况

1. 全国生产概述

据统计，我国（未含台湾和港澳地区）黄瓜种植面积从20世纪60年代初的400千公顷左右，增长到2016年的1 237.3千公顷；总产量从1961年的460万吨左右，增长到2016年的5 803.8万吨，我国黄瓜生产取得巨大进展。

从20世纪60年代到90年代初，我国黄瓜种植面积保持平稳，其中70年代初种植面积下降，后逐步回升，1993年开始，黄瓜种植面积迅速扩大，2000年以后，种植面积增速放缓。从总产量变化来看，1992年以前，我国黄瓜总产量保持平稳上涨，从1993年开始，黄瓜总产量呈现直线上升趋势，2016年黄瓜总产量较1992年增加了6倍。从黄瓜单位面积产量来看，过去半个世纪，我国黄瓜单产平稳增加，进入21世纪后，黄瓜单产大幅增加，单位面积产量从2003年的379 41.3千克/公顷提高到2016年的46 905.6千克/公顷，体现了我国优良新品种大规模推广和设施生产技术进步对黄瓜生产起到显著推动作用（表16-1、图16-1、图16-2）。

表16-1 2003—2016年我国黄瓜种植面积与产量统计

年份	面积（千公顷）	产量（万吨）	亩产（千克／公顷）
2003	936.0	3 551.3	37 941.3
2004	930.1	3 655.5	39 300.9
2005	963.2	3 817.4	39 632.6
2006	984.0	4 041.0	41 067.0
2008	1 005.7	4 219.5	41 955.9
2009	1 035.0	4 420.4	42 709.2
2010	1 064.3	4 687.7	44 045.0
2011	1 112.2	4 919.3	44 229.0
2012	1 157.0	5 188.7	44 845.4
2013	1 164.4	5 431.6	46 648.4
2014	1 164.5	5 571.6	47 844.8
2015	1 258.0	5 938.4	47 204.7
2016	1 237.3	5 803.8	46 905.6

我国黄瓜在过去20年间总产量和单位面积产量取得重大进步，一方面是由于我国科研工作者育成了一批优质高产的黄瓜新品种并大面积推广应用，实现了我国黄瓜品种的多次更新换代；另一方面得益于我国以日光温室为代表的设施农业迅猛发展。传统的黄瓜生产以露地栽培为主，单位产量低，季节性供应特征明显。从20世纪70年代塑料大棚的出现，一定程度上延长了种植周期和收获期，但是仍然无法解决周年供应问题。80年代中期开始，随着日光温室的出现，在北方冬季不加温情况下生产黄瓜成为可能，从根本上改善了黄瓜的周年生产。90年代开始，我国日光温室迅猛发展，目前我国设施农业面积达到6 500万亩以上。设施农业的发展，提高了土地复种指数，单位面积产量明显提高，对我国黄瓜产业发展起到重要推动作用。

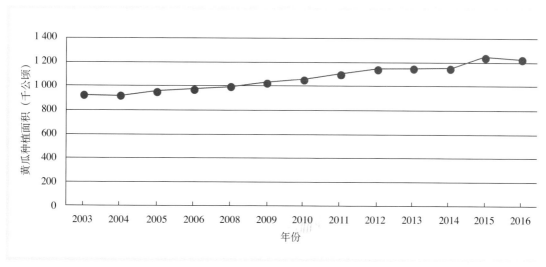

图 16-1 全国黄瓜种植面积变化图

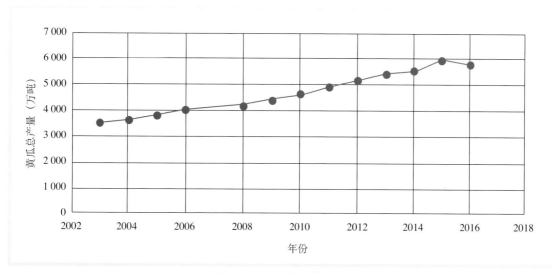

图 16-2 全国黄瓜总产量变化图

2. 区域生产情况

(1) 黄瓜主要栽培区

我国是大陆性季风气候国家，不同地域气候差异大，栽培模式多样，造成了我国黄瓜栽培茬口的多样性。目前我国黄瓜种植主要有以下几种茬口：春大棚、春露地、夏露地、秋露地、秋大棚、秋冬温室、越冬温室、早春温室、南方冬季露地等。随着我国设施产业的发展和生产技术的进步，部分地区（如山东寿光）已实现了周年播种和生产，茬口之间已无明确界限。不同地区不同栽培茬口，播种时间及适栽品种各不相同。根据不同的地理位置及栽培习惯，我国大体上可以分为以下6个黄瓜种植区。

东北类型种植区：主要包括黑龙江、吉林、辽宁北部、内蒙古、新疆北部等地区。该区主要以日光温室栽培为主，随着温室设施的发展和栽培技术的进步，越冬温室黄瓜种植面积呈逐年上升趋势，但栽培总面积仍然较小。

华北类型种植区：主要包括辽宁南部、京津冀地区、河南、山东、山西、陕西、江苏北部。这是我国栽培茬口最多的一个地区，是我国主要的温室大棚黄瓜种植区，也是我国最大的黄瓜生产区。

华中类型种植区：主要包括江西、湖南、湖北、浙江、上海、江苏南部、安徽。此区域主要为露地和大棚黄瓜栽培，近几年来也发展了一些日光温室，用作冬季黄瓜栽培。

华南类型种植区：主要包括广东、广西、海南、福建、云南。该区域一年四季均可露地种植黄瓜，冬季也有一些小拱棚及地膜覆盖栽培，夏季温度高，黄瓜种植面积小。

西南类型种植区：主要包括四川、重庆、贵州。该区域纬度低，海拔高，气候及地理环境复杂，栽培茬口多样，主要为露地及大棚黄瓜栽培。近年来四川、重庆的高山地区节能日光温室黄瓜生产发展较快。

西北类型种植区：主要包括甘肃、宁夏、新疆南部、青海。该区域黄瓜栽培总面积较小，近年来设施栽培发展较快，保护地黄瓜种植面积有了很大的增长。

（2）各地黄瓜种植情况

根据农业农村部统计数据，2016年全国共种植黄瓜面积1 237.32千公顷，约合1 856万亩，黄瓜产量5 803.82万吨，面积和产量与上年相比略有下降。种植面积位居全国前5位的分别是河南、河北、山东、辽宁和江苏，产量位居全国前5位的分别是河北、河南、山东、辽宁和江苏（表16-2、图16-3）。

表16-2　2016年全国黄瓜面积和产量统计

省份	本年面积（千公顷）	上年面积（千公顷）	本年产量（万吨）	上年产量（万吨）
全国总计	1 237.32	1 258.11	5 803.82	5 938.36
北京	4.02	4.70	17.72	21.43
天津	8.21	9.71	50.63	56.67
河北	135.43	135.24	1 010.30	1 001.97
山西	20.30	22.47	148.98	158.29
内蒙古	21.87	20.86	136.77	132.86
辽宁	75.85	87.19	484.02	617.71
吉林	23.34	22.89	103.98	100.40
黑龙江	15.99	15.57	69.54	68.37
上海	2.42	2.95	9.34	11.99
江苏	74.73	76.77	334.64	346.58
浙江	14.57	16.00	69.85	61.88
安徽	48.96	48.20	172.56	172.99
福建	31.28	30.50	85.54	83.36
江西	24.96	24.24	61.23	59.31
山东	120.58	119.04	786.47	777.29
河南	162.31	174.27	796.79	844.61
湖北	62.29	60.76	226.08	207.06
湖南	62.81	61.43	215.82	206.53
广东	55.29	54.47	142.41	141.90
广西	55.41	53.03	123.34	117.88
海南	8.04	11.53	20.36	31.70
重庆	24.89	23.65	63.35	59.45
四川	60.98	60.13	195.30	187.49
贵州	22.52	22.86	46.65	47.59
云南	20.36	19.58	41.69	39.87

（续）

省份	本年面积（千公顷）	上年面积（千公顷）	本年产量（万吨）	上年产量（万吨）
西藏		0.22		1.20
陕西	41.77	40.87	209.83	200.94
甘肃	24.20	24.71	105.57	108.13
青海	1.17	1.09	5.47	4.64
宁夏	6.63	6.93	31.14	32.13
新疆	6.16	6.23	38.44	36.13

注：数据来自农业农村部。

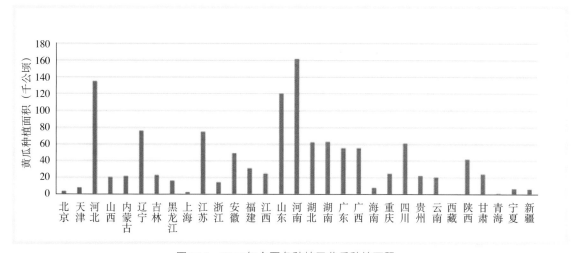

图16-3 2016年全国各种植区黄瓜种植面积

对各种植区2016年情况进行分析，结果如下（表16-3）：

华北类型种植区是我国黄瓜种植面积最大、总产量最高的地区，合计种植492.62千公顷（约合738.9万亩），占全国种植面积的39.81%；产量3 020.72万吨，占总产量的52.05%。其中主要栽培区域为河南、河北、山东，该区黄瓜种植以设施栽培为主，也包括露地等栽培模式。该区经过多年发展，产业规模大、产业体系基本成熟，实现了黄瓜的周年生产，黄瓜产品除满足本地区消费外，还向西北地区和南方地区供应，该区对黄瓜商品性要求高，基本实现优质优价，精品瓜率高，是我国重点发展的区域。

东北类型种植区也是我国重要的黄瓜栽培区域，2016年，种植面积137.05千公顷（约合205.58万亩），占全国总面积的11.08%；产量794.31万吨，占全国总产量的13.69%，种植方式以设施温室栽培为主，同时有部分大棚和露地种植。其中辽宁种植面积大，主要种植区域在盘锦、海城、沈阳、凌源等地，种植茬口主要为越冬和早春日光温室。另外新民、绥中、大连也是种植面积较大的区域，种植茬口以早春温室为主。该地区对黄瓜商品性要求较高，对适栽品种质量、产量和抗性都有较高要求，近年来生产面积稳定。

华中类型种植区是我国种植面积第二大区域，种植方式以大棚和露地栽培为主，另有少量温室，种植面积290.74千公顷（约合436.11万亩），占全国种植面积的23.50%；总产量1 089.52万吨，占全国总产量18.77%。

华南类型种植区黄瓜种植面积170.38千公顷（约合255.57万亩），占全国总面积的13.77%；产量413.34万吨，占全国总产量的7.12%。该地区以露地栽培为主，管理较为粗放，单产不高，主要满足南方地区市场需求，冬季是南菜北运的主要地区，随着北方设施黄瓜的发展，南菜北运逐步减少。该地区黄瓜鲜食消费量不及北方，近年来对黄瓜商品性要求逐步提高。

西南类型种植区黄瓜栽培面积108.39千公顷，约合162.59万亩，占全国总面积的8.76%；产量305.3万吨，占全国总产量的5.26%。该地区种植方式多样，以大棚和露地栽培为主，种植区集中度较低，单产不高。近年来四川、重庆的高山地区节能日光温室黄瓜生产发展较快。

西北类型种植区黄瓜种植面积38.16千公顷，约合57.2万亩，占全国总面积的3.08%；产量180.62万吨，占全国总产量的3.11%。种植方式包括温室大棚等设施栽培和露地栽培等方式。总体栽培面积小，栽培管理水平不高，单产较低，主要满足西北地区黄瓜消费需求。预计该区域设施栽培面积仍将进一步扩大，露地栽培面积会适当减少。

表16-3　2016年各黄瓜种植区黄瓜栽培面积和产量

地区	本年面积（千公顷）	本年产量（万吨）	上年产量（万吨）
华北类型种植区	492.62	3 020.72	3 061.20
东北类型种植区	137.05	794.31	919.34
华中类型种植区	290.74	1 089.52	1 066.34
华南类型种植区	170.38	413.34	414.71
西南类型种植区	108.39	305.30	295.73
西北类型种植区	38.16	180.62	181.03

3. 黄瓜生产存在问题和发展趋势

（1）存在问题

我国黄瓜生产历经了几十年的发展，设施条件和栽培水平明显提高，黄瓜栽培总面积和总产量大幅增长，满足了黄瓜产品的周年供应和消费者不断提高的质量需求。应该看到，与发达国家相比，我国黄瓜产业水平仍然较低，还不能满足现代化农业发展和参与国际竞争的需要，主要表现在以下几方面。

①栽培管理水平参差不齐，单产比较低。生产基本采取传统种植方式，菜农种植水平参差不齐，导致我国黄瓜的单位面积产量比较低。虽然近年来优良品种不断育成，生产条件不断改善，菜农种植水平也不断提高，黄瓜单位面积产量较过去大幅上升，但与世界发达国家相比，依然有很大差距，和邻国韩国、日本相比较也有非常大的差距。

②规模化程度低，市场发展不成熟。经过多年的发展，我国黄瓜生产逐步形成了山东寿光、临沂、聊城，河南扶沟、内黄，辽宁凌源、海城、盘锦，河北廊坊、邯郸，江苏徐州等重点黄瓜产区。主产区内设施集中、市场交易便利、栽培管理水平普遍较高，但多数地区仍然存在种植分散、管理粗放的问题，精品瓜率低，损耗大，缺乏品牌意识，产业水平不高。

③信息化程度低，价格波动大。种植户主要是根据个人的经验与有限的信息生产，缺乏必要的市场指导，信息化程度低。种植面积在不同年份和季节变化大，同时受气候因素影响大，造成黄瓜供应量年度和季节性不稳定，价格波动大，严重影响菜农收益。

④黄瓜加工率低，产业水平不高。受消费习惯的影响，我国生产的黄瓜绝大部分用作鲜食，加工量小。考虑到生产成本，往往只有在生产后期、品质下降时才会用于加工，而且加工技术水平低，附加值不高。而美国、荷兰等国家用于加工的黄瓜占栽培面积的60%以上，占总产量的50%以上，而且加工方法多样、附加值高。

⑤工厂化育苗规模小，苗种行业规范缺失，市场准入门槛低。黄瓜种苗场多为小规模经营，设施条件差、技术水平参差不齐，种苗质量得不到保证。苗场数量多，恶性竞争严重。假冒侵权现象时有发生，许多育苗场以低价品种冒充高价品种欺骗农户，良种企业和菜农权益得不到保护。许多苗场对

育苗设施和嫁接工具不进行消毒处理，易造成病害传播。嫁接砧木质量有待提高。部分厂家采用纯度不佳的砧木南瓜，嫁接后黄瓜出现灰条，或者黄瓜和砧木亲和性、共生性不佳，出现死苗问题。生产成本高，苗场大多利润低，难以实现高投入高产出的良性循环。

（2）发展趋势

①设施规模进一步扩大，管理水平不断提升。黄瓜设施栽培面积不断扩大，人工控制能力和抵御自然灾害的能力越来越强；种植模式和种植茬口不断发展，多茬口、多种生产模式并存，土地利用率和栽培效益进一步提高；生产技术水平不断提高，智能温室、温湿度自动调控设施及滴灌、微灌、水肥一体化管理模式大规模投入使用，减轻了劳动强度，提高了生产效率。

②消费市场逐步由数量型向质量型转变。随着黄瓜生产的产业化，消费市场对品种的要求也越来越严格，除了高产、抗病，果形、色泽及口感等也成为重要的选择指标。黄瓜消费由数量型向质量型转变，净菜上市、包装上市模式将成为城市消费主流。生产栽培从粗放生产产品向无公害和有机黄瓜产品发展。

③国际市场进一步拓展。我国蔬菜价格明显低于国际市场价格，竞争力强，生产和推广应瞄准国际市场，生产适应国际市场需求的黄瓜产品。

④加工率将进一步提高。通过深加工提升黄瓜产品附加值，进一步扩大国内外市场，提高黄瓜产业抵御市场风险的能力。

⑤产业发展模式向规模化过渡。工厂化育苗将进一步发展，育苗企业不断优化整合，种子、种苗生产和销售转向订单生产。信息化和物联网水平进一步提高，销售渠道由自产自销逐步转为公司或合作社经营。生产更加规范，产品质量进一步提升，黄瓜产业实现规模化和规范化。

（二）黄瓜市场需求状况

自2000年以来，我国黄瓜栽培面积进入相对稳定阶段，黄瓜总产量不断提高，黄瓜栽培收益稳步增加，显示出我国黄瓜消费需求仍然有进一步增加的空间。2015年是我国黄瓜种植面积和黄瓜价格双走高的一年，农户种植热情有很大提升；2016年黄瓜设施栽培面积增加，造成春茬和冬茬黄瓜单价偏低，2017年种植面积较2016年略有下降，上半年市场价格较2016年偏低，9月份以后价格回升。总体来看，2017年全年价格波动在正常区间内，居民消费稳中有增，市场供需总体平稳；农户生产效益稳定，种植积极性不减（图16-4）。

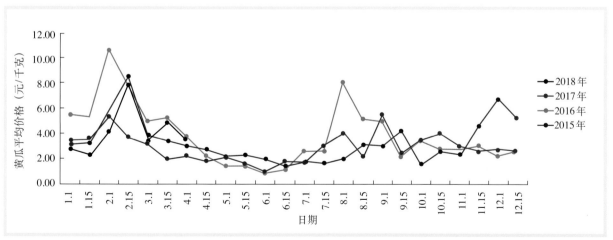

图16-4　北京新发地市场2015—2018年黄瓜平均价格走势对比图

随着劳动力成本增加和农村劳动力减少，黄瓜生产作为劳动力密集型行业，从长期来看，预计以后黄瓜生产面积会逐步减少，市场价格有望进一步提高，农户生产效益将稳步提升。

预计2018年黄瓜生产规模和总产量将保持相对稳定，黄瓜平均价格可能出现同比稳中有涨的变化态势，月度间价格波动依然较大。

（1）市场需求总量保持稳定增长

随着膳食结构的改善，居民消费黄瓜等蔬菜的总体增长趋势不会改变，黄瓜消费将呈持续增长趋势。预计2018黄瓜消费仍将以鲜食为主，腌渍、加工总量不大，消费总量稳中有增。

（2）种植面积稳定或微降，产量保持相对稳定

2016年黄瓜种植面积大，加上冬季雾霾严重，黄瓜产量偏低，影响了农户种植积极性。2017年黄瓜种植面积有所下降，上半年黄瓜价格稳中有增，菜农收益好；秋季由于气候条件好，黄瓜产量高，价格明显下降；冬季产量价格稳定，总体波动不算太大。预计2018年上半年市场价格较2016年偏低，9月份以后价格回升，冬季产量价格，黄瓜种植面积保持稳定或有适度下降。总体来看，种植效益相对较低的露地种植面积将进一步下降，华北种植区日光温室面积将有所扩大，塑料大棚种植面积进一步减少，南方露地种植面积将保持稳定。随着优良品种的推广和生产水平的提高，黄瓜单产有望再创新高，总产量将保持稳定。

（3）市场价格预计稳中有涨，季节性价格波动仍将持续存在

在种植成本、流通成本以及消费需求的拉动下，价格的总体上行趋势将进一步持续。2018年2—4月黄瓜价格较上年同期偏高。由于我国一家一户的种植模式和种植信息的缺失，年份之间的价格波动。同时由于气候因素，反季节栽培难度大，黄瓜供应量存在季节性变化，因此黄瓜价格依然会存在季节性波动。冬季和早春温度低，下瓜量少，设施栽培成本高，加上年节消费需求旺盛，因此年初和年末的价格往往较高，夏秋季黄瓜供应量大，价格较低。

（4）工厂化育苗进一步发展，种苗销售量进一步增加

随着育苗技术的进步和种苗市场的不断完善，菜农由买种子转变为买种苗的比例不断增加。2018年，将有更多农户购买育苗场生产的嫁接苗，苗场之间的竞争更加激烈。同时，种苗的使用减少了种子的浪费，种子的需求总量将有所减少，但对种子质量的要求进一步提高。

（5）出口有望反弹，损耗率下降

受商品进出口总体下滑的带动，2016—2017年黄瓜出口出现下滑。预计随着经济形势的整体回暖，2018年出口量有望反弹至8万吨左右的水平。根据历史数据和对主产区、流通市场调研的数据，2017年黄瓜损耗量占总产量的20%左右，仍处于较高水平。随着消费者对精品蔬菜的要求进一步提升，市场要求也同步提高。多数地区市场收购由大筐装运改为泡沫箱或纸箱装运；价格方面也实行优质优价，对黄瓜商品性要求不断提高；运输和销售过程中损耗率明显下降。

（三）种子市场供应状况

1. 商品种子供需量

目前一些地区仍种植常规品种和地方品种，如津研黄瓜、唐山秋瓜等，农民自给自足种植方式累计也有相当面积。据估算，当前我国商品黄瓜种植面积不足1 000万亩，商品种子每年需求量100万千克左右。由于黄瓜种植模式和茬口的多样性，市场推广品种多，种子市场无序现象仍然存在，部分无研发能力的种子经营企业假冒、侵权和套牌的种子。

2. 研发主体和经营情况

当前我国黄瓜新品种研发主体包括种业企业、科研机构等。开展黄瓜良种经营的企业多，但真正具有持续研发创新能力的企业并不多，重点研发单位包括天津德瑞特种业有限公司、天津科润黄瓜研究所、天津绿丰园艺新技术开发有限公司、中国农业科学院蔬菜花卉研究所、京研益农

（北京）种业有限公司等，其他种业公司大多品种市场占有率不高；各地农业科学院和大学等科研机构，这些机构多从事黄瓜相关基础研究，同时开展特色新品种选育研究，整体竞争力和品种推广能力不强。

据调查统计，2017年黄瓜主要经营企业和单位，产业规模排名前三甲的分别是：天津德瑞特种业有限公司、天津科润黄瓜研究所、天津绿丰园艺新技术开发有限公司。其他研发单位分别为中国农业科学院蔬菜花卉研究所、广东农业科学院、重庆市农业科学院、黑龙江省农业科学院、京研益农（北京）种业有限公司等。

从种子供应来看，京、津作为我国黄瓜最主要的品种创新和种源基地，面向全国市场，育成了系列化、多样化的优良黄瓜新品种，推动了我国黄瓜品种多次更新换代，是我国华北型黄瓜育种和推广的领导者。此外广东、山东、黑龙江、四川等地科研单位先后育成一批黄瓜新品种，并在全国多个地区推广，其中不乏一些优秀的华南型黄瓜品种。

二、黄瓜产业科技创新

（一）黄瓜种质资源

我国从20世纪50年代后期开始就重视黄瓜品种资源的调查和搜集整理工作，从"六五"期间开始在全国范围内组织30多个省、市级蔬菜研究所收集蔬菜种质资源。至2006年，我国收集及繁种入库的黄瓜种质资源1 928份，分别来源于17个国家，其中国内的黄瓜资源1 470份，占保存总份数的76%，分别为来源于全国29个省份（含台湾）的地方品种和常规品种。

对收集的黄瓜种质资源进行鉴定、评价是种质资源有效利用的前提。鉴定内容包括：植物学性状鉴定、农艺性状鉴定、生物学特性鉴定、经济性状评价、抗逆性鉴定和抗病虫性鉴定。种质资源创新是种质资源研究与品种选育的重要环节，在育种工作中有重要意义。黄瓜种质资源创新主要有两个途径：一是通过杂交手段实现性状的转育，从而获得新的资源材料；二是通过远缘杂交、细胞工程、基因工程等手段有目标地扩大遗传基础，形成易于育种工作者利用的新的种质资源。近年来，我国黄瓜育种工作者通过广泛收集国内外种质材料、开展资源筛选与性状转育，创制新的种质材料，育成了许多新的育种材料；用黄瓜单倍体技术、远缘杂交等途径创制新种质也取得了突破性成就，为黄瓜种质资源的开发利用和新品种选育奠定了良好的基础。

1. 我国黄瓜种质资源主要特点

（1）品种多样

我国地方品种资源搜集、调查结果表明，有适应不同日照条件、温度条件、光照条件等环境因素的地区生态型品种，也有适应不同栽培条件、不同消费方式（如鲜食、加工等）的品种，反映出我国黄瓜种质资源丰富，品种多样。

（2）抗病、抗逆性强

黄瓜的病害有霜霉病、白粉病、枯萎病、病毒病、疫病等。我国黄瓜资源中有一批抗病性极强的优良地方种，当前我国选育的诸多优良的抗病品种，其抗病基因基本都来源于我国黄瓜资源。多种种质资源分别具有耐低温、弱光，耐热等优良特性，为我国选育成系列化、多样化黄瓜新品种提供了良好的基因资源。

（3）单性结实品种丰富

我国黄瓜资源中大多华北型品种都具有单性结实能力强的特性，如北京小刺、北京大刺、汶上刺瓜、长春密刺等，这些品种同时具有很好的耐低温、弱光的能力，非常适合保护地种植。

(4）品质优良

我国黄瓜以鲜食为主，对品质性状要求高。华北型黄瓜以其优良的综合性状，成为我国黄瓜主栽品种类型。一些华南型旱黄瓜品种同样具有细腻、脆甜的口感，因其品质优良也逐步得到更多消费者喜爱。

2. 我国黄瓜种质资源的主要类型

（1）野生型黄瓜

该类型黄瓜分布在东南亚各国及我国云南。果实呈圆筒形，黑刺，瘤稀，皮色有白、绿、浓绿等，要求短日照，喜炎热。代表品种为西双版纳黄瓜。

（2）华北型黄瓜

该类型黄瓜从我国华北地区发展起来，并扩展到全国各地以及朝鲜、韩国、日本和中亚地区的国家。该品种群植株适应性强，对日照不敏感，能适应北方干燥、长日照气候，也能适应南方温暖潮湿的环境条件。植株发育快，节间和叶柄长，叶肉薄；果实呈棒状、长，表面多有刺瘤和棱，皮色绿色，刺白色；肉质脆嫩，品质好，老熟瓜无网纹。

（3）华南型黄瓜

该类群黄瓜分布在我国华南、华中、西南、东部沿海地区，以及东南亚和日本等地。多数品种对日照敏感，要求短日照。植株生长势强，茎蔓粗壮，根系发达，较耐旱；瓜条呈圆筒形，多为绿色，也有黄白瓜条；果皮光滑，刺瘤稀少，多黑刺，也有白刺品种；瓜皮厚，肉质较软，老熟瓜多有网纹。

（二）黄瓜育种新技术及相关基础研究

黄瓜育种技术的发展大致经历了由传统的常规育种到杂交育种的技术变革。在这两大育种技术实施的过程中，随着生产和市场需求的变化、科学技术的不断发展，新的育种技术逐渐融入并从各个方面促进了黄瓜育种技术的发展，使我国黄瓜育种水平达到了全新的高度。

1. 黄瓜单倍体育种技术

单倍体的获得有体内发生和离体培养两种途径。体内发生途径一般是由不正常的受精作用产生，育种工作中极少通过体内发生途径获得单倍体。离体培养是育种中获取单倍体的主要途径。在黄瓜上，离体培养途径主要有花药（花粉）培养和未受精子房（大孢子）培养两种方法。此外，辐射花粉授粉也被研究者认为是一个获得黄瓜单倍体的有效途径。

（1）花药培养获得黄瓜单倍体植株

花药培养这一单倍体诱导技术自建立以来，迅速在茄科植物中获得成功，并逐步应用于其他植物上。有关黄瓜花药培养的文献相对较少，总的来讲，通过雄核发生途径获得黄瓜单倍体较难成功，即便获得了再生植株，再生率的提高也是瓶颈。

Lazarte&Sasser（1982）首次报道了黄瓜花药培养，获得了愈伤组织，但未获得再生植株。随后，在黄瓜花药培养领域，我国南京农业大学陈劲枫教授的课题组对该方面的研究一直没有间断过。Kumar et al.（2003，2004）、詹艳等(2008)以几个黄瓜品种为研究试材，进行花药培养，诱导胚胎发生并获得了单倍体再生植株。Song et al.（2007）也通过黄瓜花药培养获得了加倍单倍体。在 Kumar et al.、Song et al.和詹艳等试验研究的基础上，Nguyen Thi Thanh Van et al.（2012）以3个不同基因型黄瓜品种为试材，分别探讨了低温预处理时间、培养基成分和基因型等因素对黄瓜花药培养的影响，并从2份试材中成功地诱导出胚状体并获得了黄瓜单倍体再生植株。

（2）未受精子房培养获得黄瓜单倍体植株

在黄瓜上，利用小孢子培养技术获得单倍体比较困难，所以很多研究人员把研究方向转向了大孢子，也就是利用未受精子房培养来获得黄瓜单倍体。天津科润黄瓜研究所最先成功应用未受精子房培养技术获得黄瓜单倍体植株，研制出一步培养的诱导培养基，单倍体胚胎发生率和植株再生率提高3倍以上，而且80%再生植株为可直接应用于黄瓜育种的自然加倍单倍体，从而建立了高效、稳定的黄瓜未受精子房培养技术体系，最高胚胎发生频率达25%～80%，植株再生频率15%。

由于该项技术在黄瓜种质材料的创新上具有无可比拟的优势，所以国内从事黄瓜研究的各家单位纷纷投入精力进行该项研究。主要是从影响离体雌核再生的各种因素进行研究，包括：供体材料的基因型、子房发育时期、预处理、诱导培养基种类及其激素种类和浓度等。经过不断研究，中国农业科学院蔬菜花卉研究所、南京农业大学等都成功诱导出了黄瓜再生植株，但是诱导频率仍然有待提高。

（3）辐射花粉授粉诱导黄瓜单倍体

辐射花粉授粉方法获得黄瓜单倍体，不需要经过体外培养，只需要将花粉经过射线处理后再授粉，并在授粉2～3周后采收果实，进行胚胎挽救，就可以获得单倍体植株，但单倍体产率比较低。

杜胜利等（1999）首次报道了通过辐射花粉授粉诱导获得黄瓜单倍体植株。随后，雷春等（2004）通过γ射线辐射花粉授粉并结合胚培养，获得了单倍体植株；2006年他们又系统探讨了授粉组合、雄花辐射时的发育时期和辐射剂量对黄瓜单倍体胚产生的影响，发现雄花辐射时的发育时期和辐射剂量对单倍体胚产率有影响，但辐射剂量效应不明显，授粉组合之间单倍体胚产率差异很大。阮黑显（2012）利用辐射花粉授粉结合胚拯救的方法进行黄瓜单倍体诱导，通过对不同基因型、不同辐射剂量的比较研究，认为：基因型及辐射剂量都对植株再生率有极显著影响，辐射花粉授粉结合胚拯救诱导黄瓜单倍体的方法可行。

2. 分子标记辅助选择技术

自2000年以来，分子标记辅助选择技术开始在黄瓜上逐步得到发展和应用。尤其是2009年黄瓜基因组测序的完成，为构建密度的黄瓜遗传连锁图谱及筛选与黄瓜重要经济性状紧密连锁的分子标记奠定了坚实的基础。

从所涉及的性状来看，在黄瓜基因组测序完成之后，黄瓜各种性状的分子标记如雨后春笋般相继被开发出来。这些性状主要包括抗病性状（霜霉病、白粉病、黑星病、枯萎病、褐斑病、蔓枯病、黑斑病、炭疽病、病毒病等）、抗逆性状（耐热、耐冷）、品质性状（苦味、果皮光泽、果皮颜色、果刺颜色、果实多刺、黄色果肉、果棱、果瘤、瓜长、瓜粗、果实表面蜡粉等）、产量相关性状（雌性、早花、单性结实、小叶）等。同时，黄瓜遗传连锁图谱上位点的密度不断被刷新，并且新的遗传连锁图谱大多将以往图谱上的位点整合进来。更为可喜的是，大多重要性状的分子标记也被准确定位在了染色体上的特定区域，在这个特定区域往往可以找到与目标性状连锁更为紧密的分子标记。这就使得新图谱能够在不同的实验室和不同的研究单位间被互相借鉴，互相印证，使得由单基因控制的质量性状位点的定位准确率达到90%以上，而一些由多基因控制的数量性状的定位的准确性也大大提高。以上这些研究工作为利用分子标记进行黄瓜辅助育种奠定了重要基础。

随着新技术的发展和研究的深入，研究的焦点转向基因克隆及基因功能的验证。何敏（2017）通过转录组测序，对黄瓜涩味相关基因的功能进行了分析。在黄瓜的果皮和果肉中有7个苯丙氨酸代谢途径相关基因和3个糖类物质调控运输相关基因被候选为涩味相关基因，进一步研究表明，果皮是黄瓜果实涩味相关基因的主要表达部位，也是产生涩味的主要部位。李铖等（2018）从黄瓜中同源克隆了拟南芥中具有调控蜡质合成与代谢功能的基因*WIN1/SHINE1*，命名为*CsWIN1*。荧光定量PCR结果表明：*CsWIN1*在黄瓜植株的叶片和幼果中高表达；通过在拟南芥中过表达*CsWIN1*，发现其与已报道的*WIN1/SHINE1*过表达株系表型相似。通过对*CsWIN1*转基因株系的基因表达分析发现，蜡质合成相关基因的表达受到了调控。根据以上研究结果，推测*CsWIN1*与拟南芥*WIN1/SHINE1*在表皮蜡质合成调控上的功能是保守的，通过调控下游蜡质合成相关基因的表达从而影响蜡质的合成与代谢。白龙强

（2018）研究了黄瓜中G蛋白C型γ亚基基因在逆境中的功能。黄瓜基因组中含有5个Gγ同源基因，在盐胁迫、低温诱导等不同逆境下，这些基因的表达水平发生改变，表明这些基因在盐胁迫和低温逆境下发挥作用。

从所采用的分子标记技术来看，从最初的以PCR为基础的RAPD、AFLP和SSR，发展到目前建立在测序基础上的第三代分子标记技术SNP、KASPA。

从分析方法上来看，最初配制一个分离群体一般只能研究一个性状的连锁标记，效率低；而全基因组关联分析方法的应用，使得一次分析可以同时对多个性状进行分析，并且对于由多基因控制的质量性状以及数量性状基因控制的QTLs的定位尤其高效。

3. 诱变技术

相对于传统育种，诱变育种具有改良单基因控制的性状、丰富原有的基因库、缩短营养系品种育种年限等优点。育种中常用的诱变技术主要分为物理诱变和化学诱变。

（1）物理诱变

物理诱变技术主要包括辐射诱变技术、离子束诱变技术和太空诱变技术。

李加旺等（1997）用γ射线处理自交系D-32-1干种子，在M_4代中，选出对低温和高温耐性好的株系辐M-8，并以其为亲本与另一自交系杂交培育出耐弱光、耐低温、抗病、早熟的保护地品种津优2号。崔兴华等（2012）将氮离子（能量为30 KeV，注入剂量为3×10^{16} N^+/cm^2）注入黄瓜种子，在M_3代中得到能够稳定遗传的刺瘤变异和瓜条变异植株。

1987年以来，我国开始开展航天育种工作，太空诱变技术在大田作物和花卉蔬菜育种中得到广泛的应用。我国黄瓜育种工作者通过航天育种技术获得许多突变材料，并从中选育出多个性状优良的黄瓜品系和品种。

（2）化学诱变

随着反向遗传学技术TILLING技术的发展，越来越多的育种工作者通过结合EMS诱变技术和TILLING技术来研究分析基因功能。

2012年，张兵研究了EMS诱变技术在黄瓜育种中的作用。通过用不同浓度的EMS处理黄瓜种子，确定了1% EMS处理22小时为半致死剂量，在M_2中出现几种典型的突变体，如卷须对生突变体、短粗果实突变体、细长果实突变体及簇生叶突变体。Syed Noor Muhammad Shah以9930为试材，研究了EMS处理的时长、温度以及终止反应液使用对种子诱变的影响，在M_2中获得了32个突变体材料。王晶等（2015）的研究确定了用EMS处理自交系长春密刺吸胀种子时的两个最佳浓度和时长组合，为1%的EMS处理10小时或者1.5%的EMS处理8小时，M_1植株结实率维持在50%且M_2出现较高的突变率（11.17%）。

4. 转基因与基因编辑技术

（1）转基因育种

不论在国外还是在国内，还没有转基因黄瓜商业化种植的报道。但作为技术储备，国内各个研究单位已经不满足于只是将选择性标记基因转入黄瓜，而是逐渐用目的基因进行转化，并对所转目的基因的功能进行研究。

王东旭（2013）从黄瓜中克隆出硅转运相关基因*CSiT-1*和*CSiT-2*，并将获得的*CSiT-1*和*CSiT-2*基因与含有35S启动子的pBI-121载体重组，构建正义表达载体，利用农杆菌介导法转化黄瓜，现已获得转基因植株，正在对其T_1代进行筛选及分析。魏爱民等（2014）首次以黄瓜未受精子房为外植体，建立了农杆菌介导的黄瓜遗传转化体系，为黄瓜转基因方法研究开辟了一种直接获得转基因纯系的新途径。

魏爱民等（2014）探索了一种简单高效的转基因技术体系，以携带抗除草剂*Bar*基因的农杆菌工程菌浸泡处理开花期的黄瓜嫩梢，进行了活体植株转基因方法研究。研究获得除草剂抗性植株1 320株，PCR阳性植株36株，其中30株经Southern blot杂交后有阳性信号，最高转化效率为9.5%。

王烨等（2014）以黄瓜子叶和子叶节为外植体，用农杆菌介导法，将南方根结线虫寄生相关基因的RNA干扰载体导入黄瓜，通过潮霉素浓度梯度筛选得到99株潮霉素抗性植株。经PCR和Southern blot检测，获得10株目的基因以单拷贝形式整合的转基因黄瓜，子叶和子叶节的Southern blot阳性率分别为13.9%和6.9%。

谭克等（2015）从山东5号黄瓜基因组DNA中扩增并克隆了冷诱导转录因子*CBF1*基因，将其与CaMV 35S启动子和Nos终止子融合后构建成植物表达载体pROK2-CBF1，通过花粉管通道法转化黄瓜植株，获得了具有卡那霉素抗性的黄瓜再生植株。转基因植株胁迫期间可溶性糖含量、幼苗含水量显著高于对照；MDA含量、叶片电解质渗透率显著低于对照，黄瓜已具备了较强抗冷性。

吴家媛等（2016）经农杆菌介导将变异链球菌表面蛋白A区与霍乱毒素B亚单位嵌合基因导入黄瓜，获得转基因黄瓜植株。卡那霉素抗性筛选、GUS基因染色、PCR及Southern blot杂交分析检测证实目的基因已整合至黄瓜基因组中，为转基因可食防龋疫苗的研究提供实验基础。

李艳华等（2016）以津优1号黄瓜子叶、子叶节作外植体，研究了外植体类型和不同激素组合和激素浓度对黄瓜离体分化的影响，建立了高频、稳定的黄瓜离体再生体系；同时研究了不同的卡那霉素浓度、侵染时间、预培养、共培养时间和乙酰丁香酮浓度对黄瓜遗传转化的影响，优化和建立了高效遗传转化体系；在此基础之上，通过基因工程技术，将扩张蛋白基因*CsEXP10*导入黄瓜，获得转基因植株。经过PCR检测，得到了12株阳性转基因苗；GUS染色检测，结果发现共有9株呈现出蓝色，初步证明这9株是转基因植株，阳性率为1.81%。

倪蕾等（2017）以津优1号黄瓜子叶节为外植体，优化和建立了高效遗传转化体系；在此基础之上，通过农杆菌介导方法，将扩张蛋白基因（*CsEXP10*）RNAi干扰载体成功导入黄瓜，获得了转基因植株。通过对转基因植株的生理生化指标测定，分析了干扰载体转化对黄瓜植株生长发育的影响；研究了NaCl胁迫对转基因黄瓜植株生长的影响，发现*CsEXP10*基因RNAi干扰载体的导入抑制了黄瓜植株的生长发育，降低了黄瓜的耐盐性。

(2) 基因编辑育种

目前已经有基因编辑技术在作物的育种中成功应用的报道，如利用基因编辑技术创制玉米超甜、糯性、高链淀粉等玉米淀粉代谢突变，通过基因编辑技术创制核不育系与定点融入创制保持系，通过基因编辑技术创制高频母体单倍体诱导系与双功能双荧光标记，通过基因编辑玉米株型提高耐密增长潜力等。在黄瓜上，杨丽（2018）建立了一套简单高效的黄瓜和甜瓜遗传转化体系。通过优化CRISPR/Cas9载体系统提高了黄瓜中基因编辑的效率，并最终通过基因编辑*CsWIP1*创制了黄瓜全雌系种质材料。随着基因编辑技术的不断成熟和完善，该项技术的应用将给新种质的创制与定向改良带来更多的便利。

5. 雄性不育技术

在黄瓜上，韩毅科等（2016，2017）在一个高代自交系里发现了黄瓜雄性不育突变体，经验证，该不育性状由细胞核隐性基因控制，并利用重测序与集群分离分析相结合的方法，筛选到了与黄瓜雄性不育基因紧密连锁的SNP位点，将该黄瓜雄性不育基因精细定位在了黄瓜第三染色体，为不育基因的克隆打下了良好的基础。

（三）黄瓜新育成品种

随着我国黄瓜科研创新能力的提升，黄瓜优良新品种不断育成，生产品种更新换代速度不断加快。近年来，我国最新育成的一批黄瓜新品种，品种质量显著提升，实现了品种的多样化、系列化和专用化，优质、多抗成为最重要的育种目标，品种创新能力进一步提升。

本章对近2年品种权申请情况和主要育种机构黄瓜育成品种进行了统计，基本能够体现我国黄瓜育种现状（表16-4）。

表16-4 2016—2017年我国黄瓜育成品种及品种权申请情况

品种名称	申请／品种权人	申请号	品种类型	栽培茬口
德瑞特65	天津德瑞特种业有限公司	20173248.3	华北型	春露地及夏季保护地
德瑞特2A	天津德瑞特种业有限公司	20173250.8	华北型	越冬及早春温室
德瑞特620	天津德瑞特种业有限公司	20173249.2	华北型	早春及秋冬茬日光温室
德瑞特76	天津德瑞特种业有限公司	20173251.7	华北型	越冬日光温室
中荷17	天津德瑞特种业有限公司	20171613.4	华北型	越冬日光温室
德瑞特5号	天津德瑞特种业有限公司	20171614.3	华北型	春秋及越冬日光温室
德瑞特111	天津德瑞特种业有限公司	20171615.2	华北型	秋大棚及秋延温室
博新91	天津德瑞特种业有限公司	20171616.1	华北型	露地及秋大棚
德瑞特30	天津德瑞特种业有限公司	20171617.0	华北型	早春及秋冬茬日光温室
力丰2号	广东省农业科学院蔬菜研究所	20171514.4	华南型	春秋露地
津优315	天津科润农业科技股份有限公司	20171485.9	华北型	温室及早春大棚
川绿11	四川省农业科学院园艺研究所	20171479.7	华南型	春大棚及春露地
乾德2号	上海乾德种业有限公司	20171445.8	华北型	秋延、早春栽培
乾德117	上海乾德种业有限公司	20171446.7	华北型	早春保护地
乾德777	上海乾德种业有限公司	20171447.6	华北型	春秋保护地
乾德1217	上海乾德种业有限公司	20171448.5	华北型	春秋保护地
秋美55	天津德瑞特种业有限公司	20171323.5	华北型	秋延后日光温室
绿优一号	山东省华盛农业股份有限公司	20170372.7	华北型	春秋保护地及露地
西艾欧	王建国	20162279.8		
田骄七号	毛乃伟	20162211.9	华南型	保护地
田骄八号	毛乃伟	20162213.7	华南型	保护地
硕丰八号	毛乃伟	20162214.6	华南型	保护地
四季丰	毛乃伟	20162215.5	华南型	保护地
中农37	中国农业科学院蔬菜花卉研究所	20161787.5	华北型	春秋温室和大棚
津优406	天津科润农业科技股份有限公司	20161323.6	华北型	春秋露地
科润99	天津科润农业科技股份有限公司	20161237.1	华北型	保护地
津优409	天津科润农业科技股份有限公司	20161238.0	华北型	春秋露地
津优315	天津科润农业科技股份有限公司	未申请	华北型	温室及春大棚
津盛103	天津科润农业科技股份有限公司	未申请	华北型	华北保护地
粤丰	广东省农业科学院蔬菜研究所	未申请	华北型	春秋露地
京研春秋绿3号	京研益农（北京）种业科技有限公司	未申请	华北型	春保护地
京研优胜	京研益农（北京）种业科技有限公司	未申请	华北型	冬春保护地
京研夏美5号	京研益农（北京）种业科技有限公司	未申请	华北型	露地及春秋保护地
龙绿2号	黑龙江省农业科学院园艺分院	未申请	华北型	北方保护地及露地
脆香009	重庆市农业科学院	未申请	华南型	早春露地大棚
脆佳048	重庆市农业科学院	未申请	华南型	早春露地、春秋大棚
龙早1号	黑龙江省农业科学院园艺分院	未申请	华南型	北方保护地
盛秋2号	黑龙江省农业科学院园艺分院	未申请	华南型	北方露地

2016—2017年，我国黄瓜主要种企和科研机构共育成黄瓜新品种38个，其中申请黄瓜品种权27项（其中个人申请5项），申请品种体现了我国黄瓜育种最新研发成果，代表了当前我国黄瓜育种水平。

新育成黄瓜品种中，华北型黄瓜27个，华南型黄瓜10个；适宜保护地栽培品种30个，适宜露地栽培品种13个。

我国新育成黄瓜品种在丰产性、优质多抗性等方面取得了明显进展。新品种产量分别较当前主栽品种增产5%～10%，同时表现了良好的商品性和抗病、抗逆特性，露地品种一般可抗3～5种主要病害，保护地品种一般可抗2～4种主要病害。良好的抗病、抗逆特性对减少农药使用量、节能、省工起到明显促进作用，有利于生态环境保护。

育成品种系列化、多样化特征明显。新品种包含了华北型、华南型及水果黄瓜等黄瓜类型，适合温室、大棚和露地等多种栽培茬口，满足了我国不同地区和不同市场的需求。

雌性系育种取得新进展，华北型黄瓜德瑞特30号、德瑞特620、秋美55、津盛103，华南型黄瓜脆香009、脆佳048、龙早1号为雌性系品种。华北型黄瓜由于果形大，连续结瓜容易造成生殖生长和营养生长失衡，导致畸形瓜率上升。因此华北型雌性系品种育种此前虽有研究，但大面积推广品种不多。黄瓜育种水平的提高和生产技术的进步使上述品种表现出优良的成瓜性能和良好的早熟及丰产优势，标志着我国在该类型育种及栽培技术方面取得显著进展。

三、黄瓜品种推广

（一）黄瓜品种更新换代情况

我国黄瓜品种的选育工作始于20世纪50年代末。60年代随着黄瓜种植面积的扩大，叶部病害霜霉病、白粉病和枯萎病发生日益严重，以津研4号、津研7号为代表的津研系列黄瓜品种的育成，标志着我国黄瓜抗病育种跨上了一个新台阶，实现了我国露地栽培黄瓜品种的大规模更新换代。70年代开始进行了黄瓜杂种一代优势利用与研究，80年代初育成了津杂系列黄瓜品种，新品种在抗病性、早熟性、丰产性等方面有了明显提高，实现了我国黄瓜的又一次更新换代。随着我国设施农业的发展和消费需求的提高，90年代初开始，育成了津春2号、津春4号、津春5号、中农8号、鲁黄瓜10号、龙杂黄6号等系列黄瓜新品种，品种抗性和商品性显著提高，并实现了我国黄瓜的周年生产。进入21世纪，我国黄瓜育种和黄瓜生产进入了新的发展阶段，育种技术和方法研究取得重要进展，先后育成多个优质专用的黄瓜新品种，满足了人们不断提高的市场需求。以津优、德瑞特、中农为代表的系列黄瓜新品种得到大面积推广应用，我国黄瓜产业进入新的发展阶段。代表品种如下所述。

津研1号至津研7号：20世纪70年代由天津农业科学院蔬菜研究所黄瓜课题组育成。该阶段，我国各地区黄瓜生产以地方品种为主，对霜霉病、白粉病等病害抗性差，产量低。津研系列品种的育成和大面积推广应用，标志着我国黄瓜抗病育种研究取得重要进展，黄瓜产量明显提高。到20世纪末，津研4号、津研7号在多地仍有大面积栽培。

津杂1号至津杂4号：20世纪80年代初，我国利用杂种优势成功育成的杂交一代黄瓜新品种。产量大幅度提高，成为80年代我国生产主栽品种。虽然产量高、抗病性强，但商品性略差，瓜条有明显黄线，随着市场要求的提高，该系列品种逐步被淘汰，其中津杂2号到20世纪末也有部分种植。

津春1号至津春5号：20世纪90年代初育成的杂交一代系列品种。该系列品种实现了黄瓜的周年栽培，商品性明显提高。代表品种津春2号、津春4号、津春5号在我国得到大面积推广应用，实现了我国黄瓜新品种的大规模换代，津春4号推广面积位居我国黄瓜各品种之首，目前在部分地区仍有栽培。

津优1号：该品种于1997年育成。以良好的商品性和丰产稳产性成为我国露地和秋大棚黄瓜主栽品种，累计推广面积600万亩以上，是90年代末到现在累计推广面积最大的品种，目前部分地区仍作为主栽品种。

津绿3号：该品种于1997年育成。适宜日光温室越冬茬和早春茬栽培。因其良好的商品性，成为我国"三北"地区日光温室主栽品种，是90年代末到21世纪初我国温室推广面积最大的品种。

津优35：该品种于2005年育成。适合日光温室各茬口栽培。该品种因其优良的适应性及早熟、丰产稳产特性迅速在全国各温室产区得到推广应用，实现了我国温室黄瓜品种的大规模更新。目前该品种仍作为华北、华东地区温室主栽品种之一。

燕白：该品种于2008年育成。适合保护地栽培。雌性型、绿白色，早熟丰产性好，在我国西南、华中、华南等地区得到大面积推广，是我国旱黄瓜类型代表品种。

除上述品种外，津优2号、津优36、冬美4号、德瑞特2号、中农8号、中农26等品种在2007—2017年间分别成为我国黄瓜生产主栽品种，对我国黄瓜产业发展产生重要影响。

近几年来，随着生产要求的进一步提高和品种选育工作的进步，我国育成了一大批优秀的黄瓜新品种，系列化、多样化、专业化成为新品种选育的重要方向，优质、多抗成为主要育种目标。不同地域不同栽培茬口适栽不同品种，主栽品种呈现多样化特征，种业市场空前繁荣。

（二）主要黄瓜品种推广应用情况

由于黄瓜种植区域广泛、栽培模式和茬口多样，且多为一家一户种植模式，推广品种数量众多，统计难度大。本章根据我国黄瓜主栽区现场考察、经销商统计和市场调查等方式，对我国主要集中栽培区黄瓜种植面积和主栽品种进行了不完全统计，可基本了解我国主产区黄瓜主要推广品种。

1. 当前我国黄瓜主产区主栽品种情况

（1）东北种植区

该区以保护地栽培为主，也有部分露地种植。

辽宁：辽宁是我国东北黄瓜种植区栽培面积最大的省份，主要种植区在凌源、盘锦、海城、沈阳及大连。种植茬口包含早春、秋冬及越冬温室、春秋大棚、露地等，栽培面积7万亩以上。凌源地区主要种植茬口为越冬一大茬，主要种植品种为中荷15、中荷16、中荷17，市场占有率65%左右，绿丰、新秀的市场占有率25%左右。大连、锦州地区越冬主栽品种为中农26，市场占有率90%左右。盘锦、海城、沈阳等大部分地区越冬温室主栽品种为博美80-5，市场占有率90%以上。鞍山、海城地区春大棚主栽品种为博美209、博美10-3等。朝阳、鞍山、沈阳地区露地和秋大棚主栽品种为博美60-1、博美60-2、中农16、中农26等。旱黄瓜栽培品种有唐山秋瓜、龙园秀春等。

吉林、黑龙江：集中栽培区种植面积为0.8万亩以上，主要栽培茬口为春秋大棚和露地。春大棚主要推广品种为博特207、津优35号，分别占种植面积的60%和30%以上。露地和秋大棚主要推广品种为博美60-2、津绿8号、中农20等。旱黄瓜栽培品种有龙园秀春、绿春、吉杂16等。

内蒙古：主要种植区为包头，种植面积0.3万亩以上，主要种植茬口为早春温室和春大棚及部分秋大棚和秋冬温室。早春温室和早春拱棚主要栽培品种有德瑞特721、德尔10、博耐E05、驰誉358、津绿606，秋温室有德尔80和博美68。

（2）华北种植区

该区是我国黄瓜种植面积最大的地区，种植茬口多样。

山东：是我国设施黄瓜栽培面积最大的省份，主要集中在潍坊、临沂、聊城等地，栽培面积集中、菜农种植水平较高。潍坊的主要种植区域在寿光，种植面积11万亩左右，并有增加趋势；以温室和大棚等设施栽培为主，栽培茬口包括早春、早夏、越夏、秋延、秋冬和越冬茬等。主要栽培品种包括德瑞特721、德瑞特D19、德瑞特79、德瑞特89、津优35、津早圆润、绿丰21-10等。其中德瑞特系列黄瓜品种市场占有率35%～40%，津优系列（包括津早圆润、津冬1958等）市场占有率20%左右，绿丰系列25%左右，其他品种15%左右。临沂的主要种植区在沂南、兰陵等地，种植面积6.5万亩左右，种植茬口包括早春保护地、越冬保护地、露地等茬口。沂南早春保护地种植面积约1.5万亩，主栽品种为德瑞特2号，约占该茬口种植面积的80%，其次爱农888和科润99分别占该茬口种植面积的8%左右。夏露地栽培面积约2万亩，主栽品种博新90、博新91两个品种，占种植面积的60%，这两个品种耐热、瓜色油亮、产量高，抗病性中等；绿亨206、207、新干线8号等品种，占种植面积的40%，抗病性好，但瓜条商品性一般。兰陵地区越冬茬种植面积约1.5万亩，主栽品种为博新1号、德瑞特998等品种，市场占有率80%左右。早春保护地主栽品种为博美791，占种植面积的60%，其次为津优35、希旺24-915、爱农888等，占栽培面积的40%。春露地主栽品种为德瑞特1510、德瑞特F7、博新L73等3个品种，占栽培面积的95%。秋冬温室种植面积较较小，主栽品种为德瑞特1701、721、津优35、希旺24-915等。聊城已经是北方蔬菜面积最大的种植区，黄瓜种植面积约占蔬菜种植面积的1/3，其中莘县黄瓜栽培面积约占聊城黄瓜栽培面积70%左右，种植面积5万亩，主要种植茬口为秋冬茬温室及夏秋大棚。董杜庄、妹冢镇、租店乡这3个乡（镇）黄瓜种植面积在2万亩左右，主栽品种有德瑞特111、秋美55等，约占该地区黄瓜种植面积的60%，绿丰6300约占15%，科润99、烁元16各占10%左右。燕店镇、魏庄镇种植面积2万亩左右，包括温室和大棚栽培模式，主栽品种为德瑞特27、德瑞特D81、烁元16、琪美9等。莘县其他区域包括王奉镇、十八里铺镇，种植茬口包括露地和秋温室，主栽品种包括德瑞特系列、科润99、绿丰系列品种。

河南：作为黄瓜种植大省，河南既有集中种植区也有大量分散种植区，包括温室、大棚、露地等多种栽培模式，栽培茬口多样，推广品种多。主产区包括扶沟、淮阳、中牟、鹿邑、夏邑、内黄、濮阳、洛阳等地区。不同地区、不同栽培茬口分别种植不同栽培品种。其中越冬温室主栽品种有博新318、德瑞特721、博新201等，早春大棚主栽品种博美8-5、博美716、津典208、津典209、博杰16-1、博杰301、津优35等，秋延大棚主栽品种津优35等，露地和小拱棚主栽品种津优1号、津优101、博杰18、津优406等。

河北：种植面积大，但相对比较分散，种植面积较大的地区包括沧州、廊坊、石家庄、邯郸、衡水等，包括温室、大棚、露地等多种栽培模式，近年来种植面积有减少趋势。温室主栽品种有津优35、博美170等，大棚主栽品种有博美223、博美608等，露地主栽品种有津优1号、津春4号、博美5032、博美603等。

山西：越冬主要栽培区在太谷县、曲沃县和运城市，面积约0.4万亩，主要栽培品种为德尔835、德尔12、华美99、密刺60、津美8-2、津优315等。其中德尔835约占40%，华美99约占25%，德尔12约占15%，其他分别占10%左右。早春温室和拱棚主要栽培区在阳高县、新绛县，大约有2 000亩，主要栽培品种为绿丰21-10、津典303、亿联特509、博耐E05等，其中津绿21-10约占50%。

（3）西北种植区

该区种植茬口多样，总体栽培水平不高，近年来保护地发展较快。

甘肃：主要种植区为白银市，种植面积0.4万亩以上，主要种植茬口为越冬温室和少量春拱棚。主要种植品种为德尔588、德尔599、驰誉302、津优35等。

宁夏：主要种植区为银川，种植面积0.35万亩以上，主要种植茬口为早春温室和春露地。早春温室主栽品种为博美626，露地品种为德尔LD-1。

（4）南方种植区

该区种植面积比较分散，以露地和大棚栽培方式为主，推广品种多，占主导地位的品种较少。总体管理比较粗放，单产不高，栽培面积有下降趋势。

江苏：种植茬口主要是露地、大棚和部分温室，主要种植品种为博新525、津优1号、津优35等。

浙江：种植茬口主要是露地和大棚，主要种植品种为津优1号、津优108、博美8号、博特30等。

湖北：种植茬口主要是露地和大棚，主要种植品种为博新53，其次为博新55、津优409、津优1号等。

湖南：种植茬口为露地，主要推广品种为津优1号、津优409等。

安徽：种植茬口为露地、大棚和部分温室，主要种植品种为津春4号、津优1号、津优35等。

广东：种植茬口为露地，主要种植品种为博美8号，博美9号、中农18、川翠3号等，以及华南型黄瓜粤秀3号、力丰等。

广西：种植茬口为露地，主要种植品种为园丰园6号、德尔LD-1等。

海南：种植茬口为露地，主要种植品种为博美603、驰誉505、青翠3号等。

福建：种植茬口为露地，主要种植品种为博美49、津优409、博美235、津翠6号、博新908等。

云南：种植茬口为露地，主要种植品种为中农106、驰誉505、德尔118等。

四川：种植茬口主要是露地和大棚，主要种植品种为津优409、津优35、博美9号、博美79等以及华南类型黄瓜品种燕白等。

贵州：种植茬口主要是露地，主要种植品种为德尔LD-1、中农8号、津优409等。

（三）黄瓜品种登记情况

截至2018年2月23日，共申请登记黄瓜品种306个。其中自主选育品种300个，占申报总数的98.04%，合作选育4个，占申报总数的1.31%，境外引进2个，占申报总数的0.65%。

已进行品种登记的省份共15个，天津、山东、黑龙江、上海、辽宁位居登记数量前五位。天津申报数量最多，占申报总数的35.6%（表16-5）。

表16-5　登记品种数量（2017年5月1日至2018年2月23日）

省份	登记数量	省份	登记数量
天津	109	广东	7
山东	48	内蒙古	7
黑龙江	40	河北	6
上海	23	湖北	6
辽宁	19	重庆	6
甘肃	12	四川	3
北京	11	浙江	1
河南	8		

按照品种申报主体来看，企业申请品种259个，占申报总数的84.64%；科研机构申请品种42个，占申报总数的13.73%；个人申请品种5个，占申报总数的1.63%。其中品种登记数量最多的前6家单位分别是天津科润农业科技股份有限公司黄瓜研究所、天津德瑞特种业有限公司、山东青岛硕丰源种业有限公司、山东青岛海诺瑞特农业科技有限公司、黑龙江农业科学院园艺分院、东北农业大学。

从登记品种申请品种权情况来看，已授权品种13个，占申报总数的4.25%；申请并受理品种19个，占申报总数的6.21%；未申请品种权274个，占申报总数的89.54%。

按品种类型划分，华北型黄瓜151个，占申报总数的49.35%；华南型黄瓜125个，占40.85%；水果型黄瓜29个，占申报总数的9.48%；腌渍加工型黄瓜1个，占申报总数的0.33%。

按种植模式划分，保护地品种205个，占申报总数的66.99%；露地品种101个，占申报总数的33.01%。

按品种抗病性划分，高抗白粉病品种36个，占申报总数的11.76%，抗白粉病品种130个，占申报总数的42.48%。高抗霜霉病品种29个，占申报总数的9.48%，抗霜霉病品种164个，占申报总数的

53.39%。高抗枯萎病品种9个，占申报总数的2.94%，抗枯萎病品种61个，占申报总数的19.93%。抗褐斑病品种15个，占申报总数的4.9%。抗角斑病品种12个，占申报总数的3.92%。高抗病毒病品种1个，占申报总数的0.33%，抗病毒病品种14个，占申报总数的4.58%。

（四）黄瓜产业风险挑战

1.产销对接不畅

在黄瓜生产中应密切关注种植信息和市场行情变化，避免出现某个茬口大量种植而导致收益下降的情况。一家一户的种植模式缺乏必要的市场引导，信息化程度低，容易造成黄瓜供应量大起大落，从而造成价格大幅波动。预计2018年我国黄瓜种植面积和平均价格将保持基本稳定，春季黄瓜价格较高，应避免夏秋茬黄瓜种植时一哄而上，造成种植面积大幅扩大。

黄瓜种子市场方面，由于大多数企业都是根据需要进行生产，库存压力不大，但由于黄瓜品种换代快，应准确判断品种表现和市场变化，避免过量生产的种子无法销售造成积压。

2.国外品种进入我国市场

由于我国民族种业企业在黄瓜育种领域的优势地位以及我国固有的消费习惯，当前我国黄瓜种子市场仍以国内品种为主。国外企业如瑞克斯旺、纽内姆等公司近年来一直研发中国类型品种，分别推出了各自品种并进行了小面积示范和推广，目前看品种优势不明显，市场占有率不高，但由于跨国公司在资金和技术等方面实力雄厚，并聘请中国科研人员开展材料收集和品种研发工作，后续实力不可小觑。进口黄瓜品种不多，主要来自以色列和荷兰，集中在水果黄瓜领域，国外品种占有优势。

3.部分病害加重发生

近年来，一些次要病害逐步上升为主要病害，在品种推广中应重点关注。目前生产中应重点关注的病害有黄瓜棒孢叶斑病（也称靶斑病、黄点病）、细菌性茎软腐病（也称流胶病）等，这两种病害往往发病迅速，造成损失大，应高度重视。黄瓜棒孢叶斑病，是由多主棒孢霉（*Corynespora cassiicola*）侵染引起，是近几年来在保护地栽培黄瓜中发生普遍且危害严重的叶部病害，严重影响黄瓜的品质和产量。黄瓜细菌性茎软腐病因病株的果实和茎蔓等受害部位会流出胶状物，故称黄瓜流胶病。该病在田间传播迅速并且难以防治，近两年在河南、山东、河北和辽宁等省份的黄瓜主产区大面积暴发，对生产造成严重影响。目前该病预防效果比较理想，早期防治有一定效果，严重发病后药剂很难控制，生产中尚无明显抗性的品种。

4.化学农药的不合理使用

当前黄瓜生产中部分地区有使用植物生长调节剂的习惯。生长调节剂可有效调节植株生长、改善商品瓜质量，合理使用对人体安全无害，但应避免过量使用。

四、问题及建议

1.存在的主要问题

历经了几十年的发展，黄瓜科研、产业取得重大进展，选育出一大批优秀的黄瓜新品种，设施条件和栽培水平明显提高，黄瓜栽培总面积和总产量大幅增长，满足了消费者不断提高的市场需求。但应该看到，与发达国家相比，我国黄瓜研发及生产水平还不能满足现代化农业发展和参与国际竞争的需要，产业水平仍然较低，主要表现在以下几方面。

（1）现代研发体系尚未建设完成

我国黄瓜研发体系包含了科研机构、种业企业等模式。不少品种研发与市场结合不紧密，一些科研机构课题制组织结构决定了研发规模小、推广能力差。许多种业企业资源创新和品种研发能力弱，缺乏持续创新能力。种业企业整体规模小，科研投入不能满足种业发展需要，科技创新和成果转化力量弱。

（2）品种创新能力不足

育种研究同质化严重，原始创新能力不强。部分单位在育种手段上，仍以常规育种手段为主，育种周期长、效率较低，分子育种技术虽有所研究，但研究深度和规模远不能满足现代种业发展和参与国际竞争的需要。

（3）种子生产加工及检测水平低

种业企业在种子生产和加工领域经费投入和重视度明显不足，对种子活力、种子真实性、健康度等研究缺乏，检测手段落后。种子生产工条件远不能满足现代种业发展要求，种子质量不高，附加值较低。

2. 政策措施建议

（1）加大良种研发创新力度，增强种子产业核心竞争力

创新是良种产业取得突破性进展的基础。要推动建立以企业为主体的商业化育种体系，加大研发投入力度，加强以分子育种技术和常规育种技术相结合的现代高效育种技术的研发和创新，通过技术创新和种质创新，培育一批突破性的黄瓜新种质和新品种，增强种子产业核心竞争力。政府主管部门和农业科研机构要重视种子工程和科研机构研究方向，注重对科研人才的培养和技术资源的互动，推动产、学、研一体化，促进种子产业的战略性发展。

（2）加强黄瓜种苗企业规范化建设，提高行业准入门槛

随着工厂化育苗行业的发展，黄瓜种子市场延伸到种苗市场，并将成为未来的发展方向，越来越多的种植者开始转向直接订购种苗。当前育苗行业存在的规模小、规范缺失、侵权严重等现象严重阻碍了行业发展。政府相关管理部门应该加强对苗场的管理，加强种苗企业规模化和规范化建设，保护育种企业和种植户利益。

（3）完善品种权交易平台，探索科研与生产有效结合新机制

搭建新品种权、种质资源、商品种子及种子创业投资权交易平台，通过品种中试评价、展示宣传、价值评估，探索种业企业、育种机构和育种家之间有效结合的新机制，进一步调动育种工作者研发新品种的积极性，促进种业科技成果高效转化。

（4）加强品种保护和市场监管力度，严格落实种业管理制度

健全并改进品种测试、品种保护和品种退出制度，加快品种权审查和授予速度，保护品种权人利益。依法打击侵犯品种权、商标权及经营环节假冒套牌、虚假宣传、以次充好等违法行为，加大侵权违法处罚力度，保护种业企业和生产者利益，保障市场规范有序健康发展。

（5）加强黄瓜生产规模化和信息化建设，提升产业水平

政府主管部门通过科学调研和合理规划，引导优势产区实现黄瓜生产的规模化和规范化，加大设施化建设和耕作机械化，完善蔬菜交易市场和物流条件，提高黄瓜精品化率，降低流通损耗。加强黄瓜种植和市场信息化建设，实现黄瓜产量和价格稳定发展，保障种植者收益。种业企业应运用物联网、大数据等技术，构建品种展示示范与跟踪评价数据共享体系，田间网上同步，线下线上联动，加快优良新品种推广步伐。引导企业扩大出口量，扶持黄瓜加工企业发展，扩大黄瓜消费渠道，提高黄瓜产品附加值，提高黄瓜产业水平和国际竞争力。

（编写人员：张文珠　庞金安　张桂华　等）

第17章 番茄

概 述

番茄是世界上重要的蔬菜作物，每年全球总产量1.7亿吨，在蔬菜作物中位居首位。番茄种子是全球销售额最大的蔬菜种子，也是国际上竞争最激烈的种子产业之一。我国是番茄生产大国，也是世界上最大的番茄种子市场。据估计，2017年我国番茄种子市场规模超过12亿元。近年来，我国番茄育种取得了较大的进步。我国科学家在完成了番茄变异组学研究之后，又连续在番茄果实品质形成和驯化改良的遗传机理方面获得重要发现。分子标记辅助选择技术不断进步，在越来越多的性状上，包括一些数量性状，实现了分子标记辅助选择。育成的新品种在复合抗病性和品质方面有显著的提高，国内番茄品种的市场占有率稳定增加。我国番茄种业存在的主要问题是原创能力不足，经营主体多而散。蔬菜产业转型升级，提质增效，实现绿色发展，对番茄种业提出了更高要求。

一、我国番茄产业发展

（一）番茄生产发展状况

1. 全国生产概况

2017年我国番茄栽培面积约1 600万亩，总产量超过6 000万吨，番茄已经超过黄瓜，成为我国第一大设施蔬菜作物，设施生产面积达到番茄种植总面积的56%。其中，大、中塑料棚栽培面积最大，约占设施面积的1/2，日光温室占44%，其余为小拱棚。我国露地番茄生产绝大多数区域为一年一季生产，日光温室和塑料大棚多为一年两茬栽培。日光温室也有全年一大茬长季节栽培的，但是面积较小。我国番茄出口量很小，2016年为20万吨，占全球780万吨贸易量的2.6%。

2. 区域生产基本情况

我国番茄生产分布较广，一年四季均有栽培。按照栽培方式和收获季节划分，主要优势产区有黄淮海及环渤海设施生产优势区域、北部高纬度夏秋生产优势区域、长江流域早春生产优势区域、西南冬季生产优势区域和华南番茄生产优势区域。

黄淮海及环渤海区域是我国日光温室和大棚番茄生产最集中的区域,日光温室番茄占全国日光温室番茄的60%,大棚番茄占全国的37%。该区域涵盖辽宁东部、南部,河北,河南,山东等地。日光温室番茄面积较大的县(市、区)有寿光市、北票市、唐山的丰南区、滦南县、禹城市、肃宁县、乐亭县、广饶县等。这些县(市、区)温室栽培一般以春提早和秋延后一年两季为主,多与黄瓜、西葫芦、辣椒、豆角等轮作。该区域的番茄总产量占全国总产量40%以上。

北部高纬度夏秋生产区域是我国夏秋季节番茄主产区,占这个季节生产的30%以上。该区域涵盖东北、华北、西北地区,面积较大的县(区、旗)有晋中市榆次区、太谷县、祁县、贺兰县、阿克苏县、武山县、泾阳县、喀喇沁旗等。主要栽培方式为塑料大棚和露地。

长江流域早春生产区域涵盖四川、重庆、湖南、湖北、江苏、安徽、浙江等地。该区域冬春比北方温度高,但是光照不如北方充足,所以日光温室面积不大,江苏北部的东海县、连云港市日光温室番茄生产相对多一些。夏秋季高温高湿,秋冬季光照不足,所以该区域重点是发展早春番茄生产,主要采用塑料大棚栽培。面积较大的县(市、区)有巢湖市、东海县、荆门市、徐州市铜山区、邳州市、丰县、米易县、剑南县、夹江县等。该区域的总产量占全国的17%。

西南冬季生产优势区域主要是云南的元谋。元谋的冬季温度很适合番茄生长,番茄面积约7万亩,大多是秋季定植冬季收获,收获季节可从11月开始到第二年3月结束。元谋番茄露地栽培为主,设施栽培很少。

华南番茄生产区域涵盖广东、广西、海南和福建。该区域番茄生产分为夏秋栽培和冬春栽培两种模式。夏秋栽培一般为春夏季节定植,夏秋季节收获。冬春栽培一般为夏秋季节定植,冬春季节收获。前者面积较集中的区域有广西的桂中、桂西、桂北番茄生产基地;后者面积较大的有陵水县、昌江县、东方市、茂名市等。华南生产区域主要是露地栽培,但是近年来塑料大棚以及避雨栽培开始增加。该区域产量占全国总产量的7%。

3. 生产成本与效益

(1) 番茄种植的收益水平高于蔬菜平均水平

相对于大宗农产品而言,蔬菜种植效益较高。同蔬菜总体相比,番茄种植效益高于蔬菜平均水平。从亩均净利润上,2005—2016年,露地蔬菜亩均净利润在2010年达到最高值(3 247元/亩);设施蔬菜亩均净利润在2013年达最高(5 075元/亩)。同黄瓜、菜椒、茄子相比,无论设施生产还是露地生产,番茄的亩均净利润均较高。其中露地番茄亩均净利润接近其他单个露地品种的2倍,设施番茄种植净利润也明显高于其他设施蔬菜品种。2016年设施番茄每亩净利润5 307.14元,露地番茄每亩净利润为2 657.86元,均远远高于蔬菜种植2 137.86元的亩平均收益(图17-1、图17-2)。

(2) 露地番茄的亩产值波动中下降,设施番茄亩产值波动中略有上涨

2011年以来,中国番茄亩产值成波动态势,其中露地番茄亩产值较低于设施番茄亩产值,且露地番茄的亩产值波动中下降,设施番茄亩产值波动中略上涨。2016年设施番茄亩产值13 495.25元,露地番茄亩产值为6 841.44元。设施番茄总成本近几年总体上涨,露地番茄总成本则于波动中有所下降,2016年设施番茄总成本为8 188.11元/亩,露地番茄总成本为4 183.58元/亩。由于设施番茄亩产值远高于露地番茄,即使设施番茄总成本较高,设施番茄每亩净利润仍高于露地番茄,2016年设施番茄每亩净利润5 307.14元,露地番茄每亩净利润为2 657.86元(图17-3)。

(3) 物质与服务费用占比下降,人工成本占比上升

从近几年中国番茄生产成本构成来看(图17-4、图17-5),不论是露地番茄还是设施番茄,土地成本占比变动不大,物质与服务费用占比呈下降趋势,人工成本则逐渐上升。2016年露地番茄人工成本为2 526.88元/亩,占总成本的60.4%;设施番茄成本为4 630.24元/亩,占总成本的56.55%。

图17-1　2005—2016年我国主要露地蔬菜净利润

（资料来源：《全国农产品成本收益资料汇编2006—2017》）

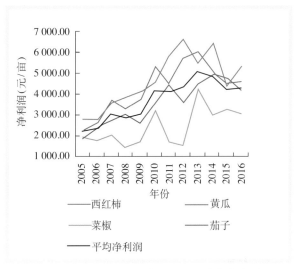

图17-2　2005—2016年我国主要设施蔬菜净利润

（资料来源：《全国农产品成本收益资料汇编2006—2017》）

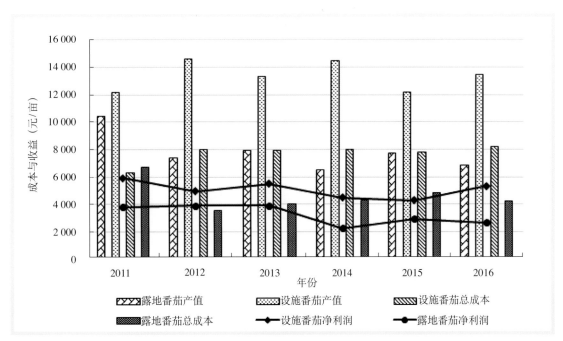

图17-3　中国番茄近几年成本与收益变化趋势

（数据来源：历年《全国农产品成本收益资料汇编》）

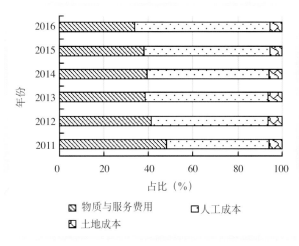

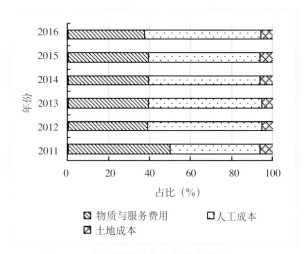

图17-4 中国露地番茄生产成本构成

（数据来源：历年《全国农产品成本收益资料汇编》）

图17-5 中国设施番茄生产成本构成

（数据来源：历年《全国农产品成本收益资料汇编》）

（二）番茄种子市场供应情况

1. 种子生产情况

目前我国番茄种子生产主要由商业育种公司、科研院所及农业院校完成，其中商业育种公司占有主要份额。国内生产的种子主要去向包括国内自销、出口以及部分损耗和库存。以农业部数据为基础进行估算，2015年我国番茄种子总产量约429.86吨，其中国内销售240.616吨，出口103.27吨，出口与内销比例约为0.43∶1；2016年总产量为441.43吨，其中内销247.20吨，出口103吨，出口与内销比例约为0.42∶1；2017年总产量为435.80吨，其中国内销售244.05吨，出口107.04吨，出口与内销比例约为0.44∶1。近3年（2015—2017年）产量水平基本持平，出口与内销比例变化不大，2017年略有下降（图17-6）。

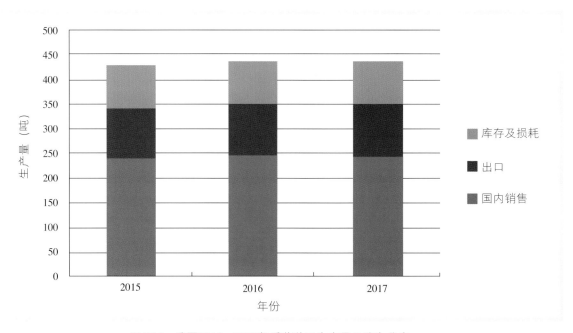

图17-6 我国2015—2017年番茄种子生产量及流向分布

2.市场需求情况

根据农业农村部数据进行计算分析，结果显示，2015—2017年我国番茄播种面积趋于平稳，番茄种子实际用量变化不大，2015年我国实际播种番茄种子300.77吨，2016年为309吨，2017年为305.06吨，种子用量产生变化的主因是实际播种面积的变化和播种番茄种类分配比例的变化（图17-7）。

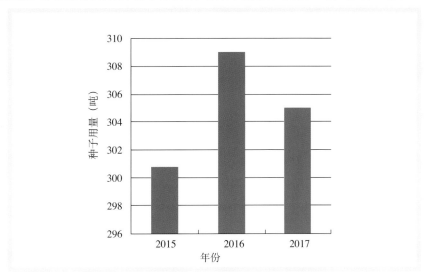

图 17-7　我国2015—2017年番茄种子实际用量

番茄种子进口情况在2015—2017年保持相对稳定，进口额略有增长。主要原因在于：对病害抗性升级的高端保护地品种进口需求增加；一些特殊性状品种如红果番茄，研发能力较国外有差距，缺乏替代品种，仍需大量进口；部分企业把制种生产从国内移到国外（成本和亲本保护因素），然后回运杂交种子，导致进口量和金额的增加。

根据2015—2017年番茄种子在国内的整体需求和销售情况，对2018—2022年我国番茄种子市场规模进行了分析预测，今后5年内我国番茄种子市场规模将呈持续稳定增长态势，每年较上年同期涨幅为5%～10%（表17-1）。

表17-1　2018—2022年我国番茄种子市场规模预测

年份	市场规模（亿元）
2018	16.37
2019	17.83
2020	19.75
2021	20.74
2022	22.10

二、番茄品种创新进展

（一）番茄种质资源创新

国家蔬菜中期资源库中现保存番茄资源材料3 349份。近年来，国内育种单位在资源创新方面做了大量工作，获得了许多宝贵的材料，进一步丰富了我国的番茄育种资源。野生番茄是抗病、抗逆、优质等优异性状的主要来源，栽培番茄基因组中仅包含野生番茄总遗传变异的5%，因此，持续、深入地挖掘野生资源中优异性状是番茄资源创新的重要途径。华中农业大学、中国农业科学院蔬菜花卉研究所等单位，构建了潘那利番茄、多毛番茄、契斯曼尼番茄、醋栗番茄等野生番茄的渐渗系，并利用这些渐渗系以及引进的国外构建的渐渗系，挖掘出了一批优异性状。例如，华中农业大学从潘那利番茄渐渗系中挖掘出了抗旱、耐盐和耐寒的性状，并发现了主效位点。中国农业科学院蔬菜花卉研究所在契斯曼尼番茄渐渗系、醋栗番茄渐渗系和多毛番茄渐渗系中挖掘出了高β-胡萝卜素、高可溶性固形物以及耐盐的性状，并进行了遗传定位分析。

利用基因编辑技术，北京蔬菜研究中心用红果材料创制出了粉果材料，将正常可育的材料变成了不育的材料；中国农业大学创制出了高γ-氨基丁酸的材料；新疆农业科学院园艺研究所创制出了长货架期的材料。

近年来，番茄植株在生长的中后期萎蔫死亡，俗称"死棵"的现象在生产上普遍发生，对产量和品种影响较大。这种萎蔫死亡的原因有多种，其中一种原因是颈腐根腐病。颈腐根腐病的抗病基因 *Frl* 来自于潘那利番茄，一些单位通过引进或分离获得了含有这个抗病基因的材料，并且育成了品种。番茄褪绿病毒病是近几年流行起来的新的病害，已经鉴定出野生种中存在抗性基因，转育工作正在进行中。番茄灰叶斑病对番茄生产的危害，近年来逐年加重，一些单位已经创制了田间对该病害抗病性良好的材料，并育成了品种。番茄斑萎病毒病在一些地区时有发生，并有流行趋势，含 *Sw-5* 抗病基因的材料对番茄斑萎病毒病有较好的抗病性，国内育种单位已经获得了含 *Sw-5* 的抗病育种材料。

（二）番茄种质基础研究进展

番茄作为重要的蔬菜作物，具有重要的经济价值，同时也是分子生物学研究的模式植物，尤其是果实发育、复叶的形成、合轴分枝等性状的模式植物。2015年—2017年，我国研究人员在番茄种质资源创新和重要农艺性状形成的分子机制方面开展了深入研究，取得一些重要的研究进展。

通过对3 026份加工番茄的种质资源采用5种不同方法(Mstrat、Random、REMC、SBS和SFS)构建了10份初始核心种质，并利用来自番茄野生资源潘那利（S.pennellii LA0716）构建了有关果实硬度的渐渗系(introgression line，IL)群体。发掘出能区分番茄栽培和野生番茄的形态特征和SSR标记，以及能够较好区分部分栽培番茄新的RAPD标记。

番茄风味代谢研究始终是一个热点，中国农业科学院及其合作者通过对上百种番茄风味的分析，鉴定到了具有更好番茄风味的化学物质的组合，解释了现在番茄风味变差的原因。在糖代谢方面，鉴定到一个影响番茄糖代谢和果实成熟的液泡转酶抑制因子SlVIF。在酸代谢方面，通过GWAS的方式克隆了调控番茄苹果酸积累的主效位点SlALMT9，进一步分析发现该基因启动子上3-bp indel的差异是导致番茄果实中苹果酸积累差异的原因。在番茄维生素C（VC）合成与代谢方面，鉴定到重要转录因子SlHZ24，该基因通过结合 *SlGMP3*、*SlGME2*、*SlGGP* 等VC合成基因的启动子，促进番茄体内VC的合成，提高抗氧化胁迫。利用DNA酶Ⅰ超敏位点的全基因组定位技术，鉴定了番茄果实发育中的DNA调控元件，发现了与特定发育基因相关的超敏位点，并在VC信号通路中进行了验证。在色泽形成与调控方面，精细定位了番茄中早期花青素缺失的基因SlGSTAA，并开发出分子标记；发现Ah，一个bHLH转录因子，参与花青素合成并受到低温诱导；发现番茄果实花色素苷着色位点处新的候选抑制基因SlMYBATV。在番茄果实硬度方面，沉默番茄果胶酶基因SlPL能提高果实硬度和对灰霉病的抗性，延长了商品货架期。

通过BSA混池测序对番茄抗斑萎病毒的基因进行了鉴定，利用重测序解析了Ty-2区域在栽培番茄和多毛番茄之间存在的倒位。在抗病机制研究方面，揭示了番茄中MYC2参与的对茉莉酸介导的抗性调控，揭示植物免疫受体蛋白Sw-5b发挥广谱抗性的新机制和S5H/DMR6维持植物体内水杨酸（SA）动态平衡的分子机理。

在非生物逆境胁迫研究方面，发现受体激酶ERECTA可以通过调控细胞死亡提高转基因番茄抗高温的能力；转录因子SlDREB1、质膜蛋白SlPIP2；1、SlPIP2；7和SlPIP2；5能提高番茄抗干旱能力；NAC11参与番茄的干旱和盐胁迫响应。

在生长发育研究方面，发现转录因子SlZFP2影响番茄产量和分枝，SlMBP21通过乙烯和生长素介导负调控番茄萼片大小，miR171的通过靶向SlGRAS24调控番茄赤霉素和生长素，最终影响番茄生长发育。阐明了SlORRM4通过RNA编辑，影响线粒体功能及番茄果实的成熟的分子机制。

（三）番茄育种新技术与方向

随着基因编辑和分子标记检测技术的发展，CRISPR/Cas9基因编辑技术和基因分型测序（GBS）技术已经在番茄分子育种上显示出较大的潜力。例如，利用基因编辑技术敲除SlMYB12，成功创造了粉果突变体。证明了CRISPR/Cas9技术在番茄基因组上能够产生稳定可遗传的修饰。利用CRISPR/Cas9基因编辑技术研究发现SlMAPK3参与番茄的干旱响应。开发了一个依靠病毒作为指导RNA（guid RNA，gRNA)的CRISPR/Cas9植物基因编辑系统。

在基因分型研究方面，华中农业大学利用GBS技术成功的对3 000多份番茄资源的50个位点进行了高通量、快速、准确的检测，其在分子标记辅助选择方面体现出较大的优势。

（四）最近新育成的部分番茄品种

根据现代农业产业技术体系不完全统计，将近些年育成的部分新品种列举如下。

1. 大果番茄

苏粉11：江苏农业科学院蔬菜研究所育成的一代杂交种。无限生长型，中熟；主茎第8～10节着生第一花序；每花序坐果4～5个；果实近圆形，幼果无绿色果肩，成熟果粉红色，果实圆整，着色均匀，畸形果和裂果率低，单果重220克左右，大小均匀，硬度高。可溶性固形物含量高，酸甜适中；每亩产量可达7 000千克，高抗番茄黄曲叶病毒（TYLCV）、叶霉病、番茄花叶病毒（ToMV），抗枯萎病。适宜TYLCV发生严重的地区种植。

苏粉14：江苏农业科学院蔬菜研究所育成的一代杂交种。无限生长型，长势强，中晚熟；首花序平均节位第8.1节；果实扁圆形，成熟果粉红色，果实圆整，果面光滑，棱沟轻；单果重200克左右，大小均匀，果实整齐度好；果实硬度硬，耐贮运；平均可溶性固形物含量为4.7%，酸甜适中，口感风味佳；抗TYLCV、ToMV、叶霉病、枯萎病、根结线虫病等病害。每亩产量6 500千克左右。适宜江苏及类似生态条件地区栽培。

苏粉16：江苏农业科学院蔬菜研究所育成的一代杂交种。无限生长型，中晚熟；果实近圆形，幼果无绿果肩，成熟果粉红色，着色均匀，畸形果和裂果率低，单果重240克左右，大小均匀，硬度高，耐贮运。可溶性固形物含量4.8%左右，酸甜适中，口感好；产量可达105 000千克/公顷左右，抗TYLCV、叶霉病、ToMV、枯萎病。适宜TYLCV发生严重的地区作大棚和日光温室栽培。

苏红11：江苏农业科学院蔬菜研究所育成的一代杂交种。无限生长型，中晚熟；果实近圆形，幼果无绿果肩，成熟果大红色，色泽鲜艳，极富光泽，果实圆整，着色均匀，畸形果和裂果率低，单果重180～200克，大小均匀，硬度高。可溶性固形物含量4.9%左右，酸甜适中，口感好；每亩产量可达7 300千克以上；抗TYLCV、叶霉病、ToMV、枯萎病。适宜TYLCV发生严重的地区进行大棚和日光温室栽培。

东农722：东北农业大学最新选育的杂交一代品种。无限生长型，生长势强，中晚熟。成熟果粉红色，果实圆形，单果重220～240克，果实整齐度高，商品性好，坐果率高，花序美观，果肉厚，硬度极大，耐储运，货架期25天。高抗烟草花叶病毒病、枯萎病和黄萎病，亩产9 000～14 000千克。

东农727：东北农业大学新选育的杂交一代品种。无限生长型，生长势强，中熟，节间短，成熟集中。成熟果实粉红色，颜色鲜艳，单果重240～280克，果实圆形，光滑，整齐度好，商品性高。萼片美观，品质优良。硬度大，果肉厚，耐贮藏，耐运输。高抗ToMV、叶霉病、枯萎病和黄萎病。适合于保护地栽培。

中杂301：中国农业科学院蔬菜花卉研究所育成。无限生长型，长势中等，早熟。果实成熟粉色，单果重220克。颜色美观，风味品质好。抗TYLCV。适宜设施栽培。

中杂302：中国农业科学院蔬菜花卉研究所育成。无限生长型，长势中等，中早熟。果实成熟为大红色，单果重220克。连续结果能力强，商品率高。抗TYLCV、根结线虫病。适于设施栽培。

华番12：华中农业大学育成的中熟品种。无限生长型，植株生长势较强。首花序着生节位第8～10节，花序间隔节位2～3节，平均每花序花数8个，连续结果能力强。红色、扁圆形、无绿果肩，果顶圆平，果肩微凹，果面光滑，有微棱，单果重200～230克。每亩产5 000～6 000千克。抗TYLCV、青枯病、枯萎病。2014年12月通过湖北农作物品种审定委员会认定。

华番13：华中农业大学育成的中熟品种。无限生长型，植株生长势较强，有花前枝现象。第一花序着生节位第8～10节，花序间隔节位3节左右，每花序花数5～6个，连续结果能力强，低温条件下易产生畸形果。圆形，无绿果肩，果面红色、光滑，单果重220克左右。对TYLCV、枯萎病的抗（耐）性较强。

浙粉706：浙江农业科学院蔬菜研究所育成的杂交一代种。无限生长型，长势强，叶片上扬，叶色浓绿，叶片长，肥厚，缺刻较浅，二回羽状复叶；中熟，连续坐果能力强，总商品果产量每亩达5 000千克；果实高圆形，幼果淡绿色，果表光滑；果洼小，果脐平，花痕小；成熟果粉红色，色泽鲜亮，着色一致；果实大小均匀，单果重200克左右；果皮果肉厚，果实硬度好，耐贮藏，耐运输，商品果率高；综合抗性好，对温度敏感度低，抗TYLCV和枯萎病，中抗ToMV。

浙粉708：浙江农业科学院蔬菜研究所育成。中早熟，无限生长型；抗TYLCV、根结线虫病、ToMV和枯萎病；成熟果粉红色，果实圆整，单果重250克左右，耐贮藏，耐运输，商品性好，适应性广，稳产高产。

浙杂503：浙江农业科学院蔬菜研究所育成。早熟，无限生长型；抗TYLCV、ToMV和枯萎病；成熟果大红色，果实圆整，大小均匀，单果重220克左右；商品性好，硬度高，耐贮藏，耐运输；适应性好，稳产高产，全国喜食大红果地区均可种植。

青农866：山东青岛农业大学新近育成的粉红色优质番茄新品种。无限生长型，生长势强，叶色浓绿。果实扁圆形，果面光滑，粉红色，青果时有青肩，成熟时青肩不明显。每穗果实成熟比较集中，果实大小中等，整齐均匀，单果重220～250克，果实硬度大。高抗根结线虫病，且对其他病害也具有良好的抗性。丰产潜力大，并且低温时畸形果率较低。

皖杂15：安徽农业科学院园艺研究所育成。无限生长型，植株生长势强。耐低温弱光，早熟性突出，易坐果，果实膨大速度快。果实高圆形，表面光滑，成熟时果实粉红色，无绿肩，大小均匀，单果重150～200克，可溶性固形物含量5.6%左右；糖酸比适中，较硬，口感好、风味纯正。货架期10天，耐贮藏，耐运输，抗叶霉病和ToMV。适宜日光温室、大棚长季节栽培。

满田2199：无限生长型，大红果，植株长势强，不早衰；果实苹果形，整体着色、艳丽有光泽，硬度极好，耐贮藏，耐运输，单果重250克左右；果穗整齐，萼片平展；高抗TYLCV、黄萎病，抗根结线虫病、ToMV、枯萎病，抗逆性强，易栽培、管理；产量高，采收期长，每亩商品果产量达10 000千克。

长丰10号：无限生长型，红果，生长势强，叶片较大，叶色绿，第6～7片真叶着生第一花序，以后每隔2～3片叶着生1个花序，中早熟。坐果率高，连续结果能力强，每株可连续坐果8序以上。萼片基平，果实高圆形，果柄短，无绿色果肩，果脐小，表面光滑，外形美观。果实硬度好，耐贮藏，耐运输，货架寿命长。单果重200克左右，大小均匀。每亩产量7 600千克左右，抗TYLCV，适宜在陕西及同等生态区日光温室和塑料大棚栽培。

汴粉20：无限生长型，中熟番茄一代杂种。植株生长势强，叶片中等偏上，普通花叶型；第7～8节着生第一花序，花序间隔3～4片叶，连续坐果能力强，果实膨大速度快；幼果无青果肩，成熟果粉红果、高圆形、果实较硬。耐贮藏，耐运输。畸裂果率4.5%，单果重150～200克，疏花疏果后单果重180～220克。抗TYLCV，高抗叶霉病。

星宇206：无限生长型，中熟，其生长旺盛，坐果率高，丰产性好，果实粉红色，正圆形，单果重230克左右。色泽鲜艳，口味佳，抗裂果，质地硬，耐贮藏，耐运输，是目前越夏栽培的理想品种。高抗TYLCV，兼抗烟草花叶病毒病、枯萎病、叶霉病、根结线虫病。耐热性强，适合于早秋、早春日光温室和大棚越夏栽培。

农1305：河北石家庄市农林科学研究院育成。无限生长型，中、早熟耐热品种，在夏季保护地中能正常生长发育。植株茎秆粗壮，不易徒长，田间长势整齐一致；叶色较深，叶片肥厚。始花节位为第8片叶左右，花穗间隔3片叶，单序花数5～8个，坐果能力强。果实粉红色，圆形，果实较大，一般单果重250克左右。果面光滑，果硬，耐贮藏，耐运输。花蒂小，畸裂果率低，果色艳丽。商品性好。每亩产量5 700千克左右。综合抗病能力强，含*Ty-1*、*Ty-3a*和*Sm*基因，抗TYLCV和番茄灰叶斑病。适于我国北方地区晚春及夏季保护地种植。

晋番茄11：山西农业科学院蔬菜研究所育成。无限生长型，中熟，植株生长势强，叶色深绿，主茎第7～8节着生第一花序，每花序坐果3～5个。幼果无绿色果肩，成熟果实深粉红，鲜艳有光泽，果形圆正，果脐小，果面光滑，不易产生畸裂果，风味好，甜酸适中，单果重200～300克，耐贮藏，耐运输。

烟粉207：山东烟台市农业科学研究院选育。无限生长类型，第六片叶着生第一花序，花序间隔2～3片叶，长势中等。成熟果粉红色，圆形，果形指数0.85，幼果无绿果肩，果实整齐度高，硬度大。平均货架期19.3天，平均单果重200克，可溶性固形物含量5.4%，口味酸甜，综合品质好。每亩产量6 500千克左右。

郑番1203：河南郑州市蔬菜研究所选育。粉果番茄一代杂种，无限生长型，晚熟，叶色深绿，生长势强，第7～8叶着生第一花序。幼果无绿果肩，果实成熟时粉红色，有光泽，硬度高，果实高圆形，整齐度好，口味酸甜，平均单果重198克。可溶性固形物含量4.2%，口感好，品质优良。抗TYLCV、叶霉病等。早春种植产量6 200千克/亩左右，秋延后种植产量4 100千克/亩左右，丰产性好。

金棚8号：陕西西安金鹏种苗有限公司育成。无限生长型，长势强，中熟，连续坐果能力强；叶量中大，果实高圆形，无绿果肩，成熟果粉红色，硬度高，单果重230克左右，整齐度好，抗TYLCV、枯萎病。适宜我国日光温室、大棚秋延和越冬栽培。

秋盛：陕西西安金鹏种苗有限公司育成。无限生长型，中早熟，植株长势强，耐高温能力好，高温下容易坐果；成熟果粉红色，果实高圆形，单果重220～250克，耐裂、耐贮藏、耐运输；抗TYLCV、南方根结线虫病、番茄叶霉病、ToMV。适宜秋延大棚和温室栽培，亦可春季晚茬栽培。

瑞星5号：无限生长型，中熟，抗逆性好，连续坐果能力强，是秋延、越冬温室及早春、越夏保护地栽培的品种。果粉红色，果实高圆形，无果肩五棱沟，精品果率高。果实大小一致，单果重260克左右。果实硬度高，常温下货架期可达20天，适合长途运输和贮藏，是边贸出口的优良品种，抗TYLCV、灰叶斑病。

谷雨天妃九号：辽宁沈阳谷雨种业有限公司育成。无限生长型，中早熟，植株长势强，连续坐果能力强；成熟果粉红色，果实高圆，单果重250～280克，果实硬度好，耐裂、耐贮藏、耐运输；抗TYLCV、番茄叶霉病。适应性强，适宜春秋温室栽培。

谷雨天赐595：辽宁沈阳谷雨种业有限公司育成。无限生长型，中早熟，植株长势强，坐果能力强；成熟果粉红色，果实圆形，单果重300～350克，果实硬度好，耐裂，耐贮藏，耐运输；综合抗病性强，抗TYLCV、番茄叶霉病、ToMV。适应性强，耐热性好，适宜冷棚栽培。

东方美二号：无限生长型，生长势强，中早熟。抗TYLCV、ToMV、叶霉病；成熟果粉红色、无绿果肩。果实高圆形，硬度高，耐运输，平均单果重250克左右。抗逆性强、适应性广，适合露地、保护地种植。

凯德6810：无限生长粉果番茄，长势强，连续坐果能力好，高产，单穗5～6个果，单果重300克左右。精品果率高，花量大，颜色亮丽，深粉红色，早熟，硬度高，耐运输。抗TYLCV、叶霉病、烟草花叶病毒、枯萎病、黄萎病，耐线虫，口感好，适合越冬一大茬栽培。

雪莉尔：山东青岛奥锦生物有限公司选育的杂交一代。无限生长型，粉红番茄，植株协调，早熟，连续坐果能力强。果实圆形略扁，大果型，单果重260～300克，硬度高，颜色靓丽。综合抗病性强，抗TYLCV、番茄枯萎病（1.2）、黄萎病，耐线虫等。适合北方保护地秋延种植。

2. 樱桃番茄

金陵靓玉：江苏农业科学院蔬菜研究所育成的一代杂交种。无限生长型，长势强，中早熟，叶量中等；连续坐果能力强。幼果无绿果肩，成熟果粉红色，色泽亮丽，果实短椭圆形，单果重20克左右，产量高；果实硬度较高，耐贮藏，耐运输；口感酸甜适中，且偏甜，风味极佳；综合抗病性强，抗TYLCV。适宜早春及秋延后设施栽培。

金陵梦玉：江苏农业科学院蔬菜研究所育成的一代杂交种。无限生长型，早中熟，长势旺盛；高温、低温条件下坐果良好，坐果率95%以上。果形指数1.02，果实圆形，单果重23克左右，果实大小一致，整齐度好；幼果有绿色果肩，成熟果粉红色，果色鲜艳，不易裂果，耐贮藏，耐运输。果实平均可溶性固形物含量8.0%左右，口感风味好。田间抗病性强，抗TYLCV、ToMV、叶霉病及枯萎病。亩产4 500千克。

阳光：江苏农业科学院蔬菜研究所育成的一代杂交种。无限生长型，中早熟，长势旺盛；高温、低温条件下坐果良好。果实短椭圆形，单果重18克左右，果实大小一致，整齐度好；幼果有绿色果肩，成熟果粉红色，果色鲜艳亮丽，耐裂性好，耐贮藏，耐运输。果实萼片长且厚硕。果实平均可溶性固形物含量8.5%，口感好。田间抗病性强，含抗根结线虫病（*Mi-1.2*）、黄萎病（*Ve-1*、*Ve-2*）、斑萎病（*Sw-5b*）、枯萎病（*I-2*）、TYLCV（*Ty-2*）基因。产量约为5 000千克/亩。

露比：江苏农业科学院蔬菜研究所育成的一代杂交种。无限生长型，长势较旺盛，早中熟，叶量中等；幼果无绿果肩，成熟果粉红色，色泽亮丽，果实圆形，单果重18克左右，大小均匀；果实硬度较高，耐贮藏，耐运输；平均可溶性固形物含量8.5%左右，口感极佳，偏甜，番茄风味浓郁；综合抗病性强，抗TYLCV、根结线虫病、叶霉病、黄萎病、斑萎病。适宜早春及秋延后设施栽培；亩产4 000千克左右。

浙樱粉1号：浙江农业科学院蔬菜研究所育成的一代杂交种。早熟，无限生长型；生长势强，单/复状花序，成熟果粉红色，色泽鲜亮，果实圆形，单果重18克左右，可溶性固形物含量达9%，风味品质佳，萼片舒展美观，商品性好；具单性结实特性，可不用激素蘸花。

浙樱粉2号：浙江农业科学院蔬菜研究所育成的一代杂交种。无限生长型，植株生长势强，普通叶，叶色浓绿，叶片缺刻较深；中早熟，始花节位为第8叶左右，花序间隔3片叶，复状花序，每花序花数为30朵以上；连续坐果能力强，产量约6 300千克/亩；果实高圆形，幼果淡绿色，有绿果肩，果表光滑；成熟果粉红色，色泽鲜亮，着色一致；可溶性固形物含量8%以上，风味品质佳；果实单果重24克左右，畸形果少；综合抗性好，抗TYLCV和根结线虫病。适宜全国各地保护地春、秋、越冬栽培，尤其适宜于TYLCV高发地区秋季栽培。

沪樱9号：上海农业科学院园艺研究所育成的一代杂交种。无限生长型，中早熟。幼果有青果肩，成熟果粉红色，果实椭圆形，单果重15克左右，可溶性固形物含量7.5%左右，番茄素含量0.029 64毫克/克，维生素C含量0.426 4毫克/克，口味酸甜，果实硬度好，耐裂果。抗TYLCV及根结线虫病，中抗叶霉病。

金美：无限生长型，果实高圆形，果形指数1.14，幼果无绿果肩，成熟果黄色，果实整齐度中等，果实硬度高，平均货架期16.2天，平均单果重17.6克。口味甜酸，综合品质好，商品果率高。产量3 000千克/亩左右。

美奇：有限生长型，早中熟，长势健壮，坐果能力强，果实高圆形。成熟果大红色，无绿果肩，果实整齐度中等，硬度高。平均货架期16.9天，耐贮藏，耐运输，平均单果重17.0克，可溶性固形物含量6.9%，口味甜酸，风味好，果实综合品质上等，商品果率高。产量3 000千克/亩左右。

西大樱粉1号：广西大学农学院选育。无限生长型，早熟，生长势强，节间中长，坐果率高，每穗坐果12 ~ 20个，椭圆形；粉红色，光滑美观，萼片展幅大，果蒂小。可溶性固形物含量10%左右，糖酸比13.87，口感甜酸，有番茄原始风味。单果重25克左右，耐热，果肉厚，硬度高，耐贮运。一般每亩产量4 400千克左右。适宜在全国各地推广栽培。

圣禧：黑龙江哈尔滨市农业科学院选育。无限生长型，中早熟，长势较强。花黄色，花序分化能力强，普通叶形。成熟果红色，长圆形，单果重15 ~ 20克，可溶性固形物含量8.97%，糖酸比6.71，果味酸甜，口感好。每亩产量3 600千克左右，果实硬度好，风味较佳，坐果能力较强，抗叶霉病。适合我国北方地区保护地栽培。

红珍珠：安徽农业科学院园艺研究所选育。圆形红色樱桃番茄。无限生长型，生长势强，中早熟。始花节位第7 ~ 8节，花序间隔2 ~ 3片叶。成熟果红色，无果肩，色泽光亮，着色一致。果实圆形，果形指数0.9，平均单果重20.6克，商品果率达92.2%，畸裂果率4.8%，果实整齐度好，可成串采收。果实酸甜适中，风味较浓，可溶性固形物含量6.6%，维生素C含量0.416毫克/克，糖酸比15.2。耐贮藏，耐运输，平均货架期16.7天。

杭杂5号：浙江杭州市农业科学研究院选育。无限生长型，生长势较强；中早熟，始花第8 ~ 9节位，花序间隔3片叶；以复式总状花序为主，连续结果能力强；幼果淡绿色，有绿果肩，成熟果橙黄色，色泽鲜亮，着色一致，果实椭圆形；单果重26.1克，果实硬度1.65千克/厘米^2，耐裂性和耐贮性较好；果实酸甜适中，风味较浓，可溶性固形物含量7.0%，糖酸比14.8。高抗叶霉病，抗根结线虫病。

八喜：无限生长型，中熟，长势旺盛，叶片中等，椭圆形，粉红色，单果重25 ~ 30克，硬度高，高低温适应性均好。中抗TYLCV、叶霉病，高抗根结线虫病，连续坐果能力强，产量极高。

圣桃6号：无限生长型，中熟，长势旺盛，单果重25克左右。果实短椭圆形，粉红色，萼片直翘，耐裂，口感品质优良。硬度好，耐贮藏，耐运输，可溶性固形物含量8.1%。抗TYLCV，抗ToMV、叶霉病、枯萎病，中抗根结线虫病。耐高温，抗逆性强。

3. 加工番茄

IVF1305：中国农业科学院蔬菜花卉研究所选育。加工番茄一代杂种，从定植到收获90天左右。植株有限生长类型，早熟，生长势中强，开展度中等略大，叶量中等略少。植株开花坐果集中，坐果率高，连续坐果能力强，幼果浅绿色，无绿色果肩，成熟果实呈鲜红色，着色均匀，果面光滑。果实方圆略长，单果重60 ~ 70克，可溶性固形物含量5.2%，番茄红素含量122.0毫克/千克（总重），单果耐压力8.0千克，肉质紧实，耐压耐裂。成熟集中，果柄无离层，具有较好的适应性和田间耐贮性（EFS），适合机械化采收，丰产稳产，每亩产量在7 500千克以上。

IVF3302：中国农业科学院蔬菜花卉研究所选育。加工番茄一代杂种，成熟期约100天。植株有限生长类型，中早熟，长势中强，开展度中大，支撑较好，叶微卷，覆盖较好。坐果率高，果柄无节。幼果无绿果肩，成熟果鲜红色，着色均匀。果实卵圆形，果面光滑，紧实，抗裂，耐压。单果重

70～80克，可溶性固形物含量5.3%，番茄红素含量110.0毫克/千克（总重）。单果耐压力7.1千克。田间耐贮性好。适应性较好，成熟集中，适合机械化采收，丰产，每亩产量可达8 000千克。

新番71：新疆生产建设兵团第七师农业科学研究所育成。全生育期92天左右，属早熟品种。有限生长型，植株匍匐，生长势中等，株型较紧凑。株高55厘米，分枝数5～6个，叶片中等大小，叶色深绿。主枝第4～5节着生第1花序，3～4穗花后封顶，平均每穗着生6～7朵花，花期集中，每穗坐果4～6个，单株果数63个。幼果淡绿色，成熟果深红色，着色均匀一致，无黄色果肩，果实椭圆形，2～3个心室，平均单果重66.2克，番茄红素含量150毫克/千克，可溶性固形物含量5.8%，总酸含量0.355%。果形整齐，大小均匀，果肉紧实，不裂果，果实成熟较一致。硬度较好，耐压、耐贮运；生长势稳健，适应性广，后期不早衰。田间对早疫病、细菌性斑点病、病毒病的抗性强于对照里格尔87-5。坐果率高，商品果每亩产量7 500～8 000千克。适宜在新疆南北疆加工番茄生产区域种植。

新番72：早熟，有限生长型，植株长势中等，普通叶形，叶色深绿，第6片叶开始着生第1花序，侧枝数6～8个，主茎果穗数3～4个，坐果率高，果实椭圆形，平均果形指数为1.20，平均单果重90克。幼果无绿色果肩，成熟果深红色，果肉较厚，果实耐压性好。果实可溶性固形物含量4.5%，番茄红素含量148毫克/千克，总酸含量3.8%，种子千粒重2.96克。每亩产量8 000千克左右。田间综合抗性较强，适宜新疆各地种植。

石红309：新疆石河子蔬菜研究所选育。极早熟的加工番茄品种，有限生长，在新疆北疆地区直播生育期83天，长势中等，株高70厘米，植株分枝为开展型，叶色深绿，平均6.5个分枝，果梗有节。第一花序节位第6～7节。果实椭圆形，果形指数1.23，果色深红，无青肩，2～3个心室，平均单果重75克。鲜果可溶性固形物含量4.62%，番茄红素含量127.3毫克/千克，总酸含量0.45%。丰产性好，一般平均产量8 000千克/亩。抗ToMV。适合在新疆、甘肃等地直播或育苗移栽。在无霜期较短的冷凉地区种植具有优势。

优立2号：甘肃张掖市农业科学研究院选育。中晚熟，从定植到始收90～95天。平均株高75厘米，株幅45厘米，分枝性强。叶深绿色，普通叶形。始花节位第6～8节，单株平均结果数38个，果实近圆形，成熟果红色，着色均匀一致。平均单果重87克。果肉厚0.5厘米，果实紧实，抗裂、耐压、耐贮藏、耐运输，品质及加工性状优良。

新番55：由新疆生产建设兵团第2师农业技术推广站运用航天育种技术选育，无支架栽培类型，平均生育期102天，株高67厘米，第一花序节位第7节，侧枝数7.0个，果柄有节；叶色深绿，果实椭圆形，深红色；平均心室数2.94个，果肉厚0.73厘米，单果重66.0克，耐压力52.9牛/果，果形指数1.15，耐贮藏、耐运输，适宜制酱。

三、番茄品种推广

（一）番茄品种登记情况

截至2018年2月，共有441个番茄品种通过品种登记，其中杂交种420个，常规种21个，杂交种占95.2%。登记的品种按照用途划分，鲜食用品种337个，加工用品种74个，鲜食、加工兼用的28个，其他用途的2个。在鲜食品种中，大果品种281个，中果4个，樱桃品种52个；红果112个，粉果215个，其他颜色的10个。粉果品种数量约为红果的两倍。

申报登记的品种来自22个省份。通过登记数量最多的前5个省份依次是甘肃、山东、辽宁、新疆、北京，登记数量分别为102个、76个、49个、48个、25个。前5个省份通过登记品种合计300个，占总数的68%。申报品种登记的单位有102个，其中，科研单位16个，大学2个，企业84个。来自国内企业申报登记的品种358个，占总数的81.2%，来自科研单位的有66个，占15%，来自大学的有2个，来自境外企业的有15个。

　　TYLCV是当前我国番茄生产上常年发生范围最广、危害最严重的病害。在我国华南、华东、华中、黄淮海及环渤海区域推广的番茄品种一定要抗TYLCV。因此，近年来国内番茄育种把抗黄化曲叶病毒病作为重要的目标，相继选育出了一大批优良的抗病品种。通过登记的品种中有294个注明抗黄化曲叶病毒，占总数的66.7%。抗叶霉病的品种有288个，占总数的65.3%。抗根结线虫的有212个，占总数的48%。

　　在抗逆性方面，通过登记的品种明确注明耐低温的有146个，注明耐热的有123个，耐旱的有14个。在品质方面，大果中可溶性固形物含量超过4.5%的有275个，超过5.0%的有113个。加工品种可溶性固形物含量超过5.5%的有27个。樱桃品种可溶性固形物含量超过8.0%的有24个。

（二）番茄主要品种应用情况

1. 设施品种情况

　　我国鲜食番茄生产基本实现了周年生产、周年供应，产业布局不断完善，面积增幅减小，生产规模趋于稳定，设施栽培持续增长。由于我国番茄生产分布区域广，栽培模式多样，南北地区气候差异大，气候反常时有发生，设施条件不一，以及人民生活水平的改善和消费习惯的改变，设施番茄品种类型多样化、地域特色鲜明，而一品多名的现象仍然普遍存在。

　　目前，长江流域、西南等南方地区设施栽培主要为大棚栽培，茬口主要有越冬、春提早、秋延迟等，但以冬春茬种植为主；黄淮海与环渤海、华北、西北、东北等北方地区设施栽培主要有日光温室（暖棚）栽培、大棚（冷棚）栽培，茬口主要有早春、越夏、秋延、越冬等。

　　设施番茄品种要求优质、高产、商品性好等优良性状，对其抗病性、抗逆性、适应性、耐贮藏、耐运输性和果实大小、颜色、形状等有特殊要求，专用型品种、特色型品种逐渐被市场认可。例如北方地区秋季大棚栽培的品种，要求早熟性好，对植株的生长势和连续坐果性要求不高；北方地区冬季一大茬日光温室栽培的品种，要求植株的生长势强、连续坐果性好；越夏、早秋栽培的品种要求耐热性必须好，综合抗病性强；越冬、早春栽培的品种，则要求耐低温、耐弱光性好，果实的硬度高。

　　全国的设施番茄生产，南方地区以红果为主，北方地区以粉果为主，其中，红果占40%左右、粉果占60%左右，樱桃番茄占5%左右；近年来，全国樱桃番茄的种植面积和南方地区的粉红果番茄种植面积发展较快。生产集中度高、面积大的设施番茄主要有如下品种。

　　南方越冬、春提早、秋延迟茬口种植的大红果番茄品种主要有先正达的倍盈、中国农业科学院的中杂302、北京农林科学院的京番501、浙江农业科学院的浙杂503、寿光南澳绿亨的巴菲特、广州亚蔬的超越2号、广州高丰的百泰等；粉红果番茄品种主要有沈阳谷雨的天赐595、寿光南澳绿亨的东风4号、沈阳爱绿士的KT3003、上海菲图的瑞星大宝、浙江农业科学院的浙粉202和浙粉712、西安金棚的金棚一号和金棚218等。

　　北方地区早春茬口种植的大红果番茄品种主要有先正达的齐达利等；粉红果番茄品种主要有北京孚瑞加的A8、沈阳谷雨的天妃9号、西安金棚的金棚M6、西安双飞的佳瑞、北京博纳东方的赛丽、寿光南澳绿亨的冠群6号、圣尼斯的欧盾等。越夏茬口种植的大红果番茄品种主要有先正达的瑞菲、沈阳谷雨的谷雨227等；粉红果番茄品种主要有西安金棚的秋盛、西安双飞的双飞6号、沈阳谷雨的天赐595、上海菲图的瑞星五号等。秋延茬口种植的大红果番茄品种主要有先正达的齐达利、山东的鑫研红三号等；粉红果番茄品种主要有西安金棚的秋盛和金棚8号、沈阳谷雨的天赐595、北京开心格林的凯德198、湖北楚天新科的吉诺比利、上海的菲图的瑞星大宝、石家庄冀新的阿里山、海泽拉的罗拉等。越冬、冬春茬口种植的大红果番茄品种主要有先正达的齐达利等，粉红果番茄品种主要有沈阳谷雨的天妃9号、西安金棚的金棚M6、湖北楚天新科的希唯美、北京开心格林的凯德6810、圣尼斯的普罗旺斯、海泽拉的3689等。

宁夏、内蒙古赤峰、吉林扶余等地，夏季几乎没有酷暑，凭借得天独厚的气候优势以及政府的大力扶持，越夏茬口番茄具有较强的市场竞争力，产品以外销为主，远销北京、上海、深圳、广州、武汉、长沙、四川、重庆、郑州、西安等地，大红果番茄品种主要有先正达的思贝德等；粉红果番茄品种主要有圣尼斯的欧盾、韩国世农的丰收128、北京博纳东方的赛丽、内蒙古赤峰的汉姆一号等。

樱桃番茄品种主要有广西大学的西大樱粉1号、浙江省农业科学院的浙樱粉1号、北京中农绿亨的粉贝贝和圣桃6号、江苏省农业科学院的金陵梦玉和金陵美玉、台湾农友种苗的千禧、日本坂田的粉娘等。

随着国家"事企脱钩"政策的进一步贯彻落实，由我国大专院校、科研单位自主育成的番茄品种，大部分通过国内外种业企业换名推广种植，因此这部分品种在生产上大面积集中推广的情况不易看到。

2. 露地品种情况

露地生产是我国番茄生产常用模式，种植面积大，种植区域广，全国各省份都有一定的种植面积，集中度较低，种子价格相对较低，分散种植地区生产上应用品种以国内品种为主。种植面积较大的地区有广东、广西、福建、云南、贵州、宁夏的银川、吉林的扶余等，海南主要种植樱桃番茄。主要栽培模式有长江流域的春季栽培和南方高山栽培、南方的春季栽培和秋季栽培、北方高纬度地区越夏栽培、宁夏等地的冷凉蔬菜栽培等。番茄生产集中度高、面积大的露地番茄主要有如下品种。

河南是我国种植露地番茄面积最大的省份，但种植地区十分分散，种植品种主要为西安的金棚系列品种和黑猫系列品种等。

宁夏、甘肃、吉林等地的越夏茬口，粉红果品种主要为韩国世农的丰收128、圣尼斯的欧盾、西安金棚的金棚8号、西安黑猫的夏强等。

云南元谋县、四川攀枝花等地秋延、冬春茬口，大红果品种主要为圣尼斯的4224和7845，以粉红果品种为主，主要有沈阳谷雨的天赐595、海泽拉的罗拉等。

广东、福建等地以大红果品种为主，主要有广州兴田的托美多、广州亚蔬的8707、广州市蔬菜所的金丰、海泽拉的硕丰等。

樱桃番茄品种主要有酒泉华美的粉泰、粉霸，台湾农友种苗的千禧、春桃等。

3. 区域品种情况

目前我国番茄生产区域全国分布广泛、优势区域明显，面积增幅减小，生产规模趋稳。但我国南北地区气候差异大，近年来气候反常现象时有发生，南方地区春季气温偏低，北方地区秋季气温偏高，而各地发挥区域优势明显，地域特色突出，气候区域优势越来越明显，因此，不同蔬菜生产基地所需要的品种类型有所不同，番茄品种的专用化程度越来越高。同时，随着生活水平的改善和消费习惯的改变，人们对自己消费的农产品质量越来越重视，要求越来越高，番茄已不仅仅是人们餐桌上价格较低的大众蔬菜，不同颜色、大小、形状的特色番茄越来越受到人们的欢迎。

黄淮海、环渤海等北方地区：设施栽培番茄品种要求果形好、转色快、转色一致性好。大红果品种主要为先正达的齐达利。越夏、早秋种植，设施栽培"黄头"发病严重，要求高温条件下的抗TYLCV能力较强，主要品种有西安金棚的秋盛、沈阳谷雨的谷雨天赐595、海泽拉的罗拉等；秋延、越冬一大茬种植，主要品种有沈阳谷雨的天妃9号、北京开心格林的凯德198、湖北楚天新科的吉诺比利等。

河南新乡、安阳等地：秋延茬口，主要品种有西安金棚的秋盛、沈阳谷雨的天赐595等。

宁夏、内蒙古赤峰、吉林扶余等地：越夏茬口，品种不要求抗TYLCV，粉红果品种主要品种有圣尼斯的欧盾、韩国世农的丰收128、北京博纳东方的赛丽、内蒙古赤峰的汉姆一号等。

云南元谋、四川攀枝花等南方地区：由于气温较高，光照强度较好，而土壤病害、细菌性病害等番茄病害较严重，要求番茄品种的抗病性、耐裂性好，主要品种有圣尼斯的7845和4224，沈阳谷雨的天赐595、海泽拉的罗拉等。

湖北长阳：气温变化大、雨水多，要求品种的果实稳定性好、耐裂，主要品种为先正达的瑞菲。

广东、广西、贵州、福建、浙江等地：主要种植国内公司的精品型红果品种，这些品种在国内其他喜食红果番茄的地区也广泛种植。

黄淮海、环渤海地区：设施栽培冬春茬口樱桃番茄品种，主要为北京中农绿亨的粉贝贝和圣桃6号、台湾农友种苗的千禧等；海南陵水的樱桃番茄品种不需要抗TYLCV，要求品质好，主要为台湾农友种苗的千禧；广西田阳、田东等地区的樱桃番茄品种必须抗TYLCV，主要品种有北京中农绿亨的圣桃T6，西安桑农的粉贝拉，酒泉市华美的粉泰、粉霸等。

4. 国外品种情况

目前，在我国番茄生产集中度高、面积大的区域，跨国种业企业的种子仍然有较大的市场，国内品种同质化程度较高，品牌相对不够突出。全国番茄生产面积红果约占40%，粉果约占60%，樱桃番茄占5%左右；大红果番茄品种中圣尼斯、先正达、瑞克斯旺等国外公司约占55%；粉红果番茄品种中圣尼斯、海泽拉、纽内姆、韩国世农等国外公司约占20%；樱桃番茄品种中台湾农友、海泽拉、日本泷井、日本坂田等公司约占35%。

近年来，新品种更新换代速度明显加快，高价位种子区块品种尤其突出，国内番茄育种进步较快，民族种业企业快速发展，我国自主育成的品种在生产中的地位越来越重要，国产种子市场占有率越来越高，国外品种所占市场份额越来越小。目前品种主要为国内自主育成品种。在山东寿光，国内品种已经占到70%。

（三）番茄种子供应问题与风险

1. 现有品种与生产需求相比存在的问题

目前生产上推广的品种与产业发展的需求相比，存在的主要问题，一是高品质的品种缺乏。近20年来，为了满足长距离运输的要求，番茄育种一直都把耐贮藏、耐运输性作为重要的选育目标，引进和利用国外耐贮藏、耐运输的资源材料，培育硬度高、耐裂果、长货架期的品种。有的品种果实硬度非常高，乃至于其名字中都带有"石头"二字。应该说耐贮藏、耐运输品种的育成促进了我国番茄产业的发展，使其形成了大基地、大流通的格局。但是在重视硬度和产量的同时，对感官品质重视不够，因此，吃起来口感好、风味浓郁的品种少，不能满足消费市场的需求。二是现有品种在抗病、抗逆方面还不能完全满足生产需求。近年来，褪绿病毒发生范围不断扩大，"死棵"情况依然普遍，低温寡照引起的落花、筋腐依然是设施生产中常遇到的问题。现在育成的品种对于解决这些问题还有差距。三是缺乏适宜轻简化生产的品种。例如少侧枝的品种、节间短直立型的品种基本上还是空白。

2. 灾害天气及生产上病虫害对品种的挑战

（1）低温弱光对番茄品种的挑战

番茄属于喜温蔬菜，不耐低温，对冷较为敏感。气温低于13℃，植株就不能正常开花结果。当10℃以下时，生育量降低，绝大多数品种会受冷害，低于6℃条件时间长，植株就会死亡。在我国南方冬季和北方春季经常遭受低温冷害，尤其是近年来，日光温室和大棚的发展，使得低温冷害问题变得日益突出。为了使番茄在低温下正常结果，就不得不采用生长激素来保花保果，而利用生长激素往往造成激素为害，造成果实畸形和产品的品质下降，影响番茄的生产。

研究低温对番茄生长的影响以及提高其抗寒性有重要的意义。温度低于5℃种子不能萌发，幼苗期低温，叶片发生缺绿、花青素增加等，严重时使叶片边缘逐渐干枯，根系停止生长，老根黄化，逐渐死亡。根系受害后，地上部分停止生长，不发新叶。花期低温会造成大量落花。光照强度影响植株叶片的光合速率，光合速率的变化直接影响植株的生长发育（Sato等，2010）。可见，低温弱光下光合速率下降幅度与植物产量减少程度不完全一致。

（2）高温干旱对番茄品种的挑战

植物的生长发育过程受内在因素和外界环境的共同制约，其中外界因素包括光照、温度、水分和营养等条件，影响着植物本身所具有的内在潜力的发挥程度。近年来，全球气候变暖引起的高温胁迫对蔬菜生产的影响日趋严重。在过去的100年里，全球平均气温上升了0.5℃，20年后全球平均气温将上升0.4℃，预计到2100年，全球平均气温将上升1.0～3.4℃（Lemke P et al.，2007）。降雨不足或土壤水分亏缺引起的干旱胁迫影响蔬菜生产。高温和干旱胁迫严重限制了蔬菜的产量，给农业经济带来巨大的损失。应引起注意的是，在自然条件下，高温和干旱常常同时发生（毛胜利等，2001），高温干旱复合胁迫往往比单一胁迫对蔬菜生产造成的危害更大。

高温是番茄栽培中最常见的逆境因子。番茄虽喜温，但对温度比较敏感，生长的最适温度为24～26℃，在高于30℃的温度下，番茄的呼吸将会导致同化作用上升，使同化作用与呼吸作用之间的均衡破坏，长时间处于35℃以上的昼温下，番茄植株的相对生长速率以及净同化率都呈现下降趋势，严重影响了同化产物在体内的运输和代谢，从而导致番茄果实变小，产量降低。多数品种在昼温34℃、夜温26℃以上或4小时以上处于40℃高温即可受严重损害，造成大量落花。同时高温干旱影响下，番茄的出叶率和出穗率下降，植株产生不可逆衰老，同时引起番茄病毒病的暴发流行，空洞果比例上升，裂果率增加，日灼果出现，导致番茄产量和品质下降，甚至绝收。

（3）病害对番茄品种的挑战

据调查，我国为害番茄的病害不下30种，其中严重发生、流行地区日趋扩大，且造成明显减产的病害有10多种，这些病害成为番茄高产稳产的一大障碍。实践证明，培育抗病品种，是防治番茄病害的一项经济有效的措施。近年来危害日趋严重、生产上依然缺少抗病品种的几种病害如下。

褪绿病毒：番茄褪绿病毒病（Tomato chlorosis virus，ToCV）最早于1989年在美国佛罗里达州温室栽培番茄上出现，其症状为黄叶紊乱，当时人们怀疑为植株营养生理失调、农药药害或者病毒侵染所致。1998年在美国佛罗里达州该病原首次被鉴定为番茄褪绿病毒病。我国番茄褪绿病毒病最早于2004年在台湾被报道，2011年在山东寿光被发现，2012年又在山东泰安、聊城等地发生，2013年在山东大面积暴发，部分温室发病株率20%～100%，造成番茄减产10%～40%。2012年在北京发现了感染该病的番茄和甜椒植株。自2014年以来，ToCV又陆续在山东青岛、烟台及天津、河北、河南、山西、陕西、浙江、内蒙古、吉林、辽宁、广东等地发生为害。ToCV近年来在我国扩散迅速，对我国蔬菜产业构成了严重威胁。目前国内外尚未见有关抗ToCV的番茄品种选育成功的报道，只是有研究表明，野生秘鲁番茄LA0444与野生契梅留斯基番茄LA1028对ToCV表现出较好的抗性。未来抗番茄褪绿病的育种将着重进行以下工作：第一，开展番茄抗ToCV鉴定方法研究，主要包括对当前烟粉虱接种方法和嫁接方法的标准化，另外，还需要开展ToCV侵染性克隆研究，以便提高抗ToCV的番茄育种资源的鉴定效率；第二，更为广泛收集和评价番茄种质中的抗性资源，特别是评价野生种质中的抗性资源，以鉴定和筛选出更多的抗性基因；第三，利用现有的包括LA1028和LA0444在内的番茄抗性资源进行分子育种，开发与抗性基因紧密连锁的分子标记，并将抗性基因快速高效地转育至栽培番茄骨干亲本中，加速番茄抗ToCV的育种进程。

斑萎病毒：番茄斑萎病毒（Tomato spotted wilt virus，TSWV）是侵染番茄并造成严重损失的重要病毒。该病毒广泛分布于世界各地的温带、亚热带及热带地区，可以侵染许多经济作物如番茄、辣椒、莴苣、马铃薯、花生、烟草及许多观赏植物和杂草。该病毒最早于1915年在澳大利亚发现，已在巴西、阿根廷、法国、西班牙、意大利、澳大利亚、美国等番茄生产中造成了严重损失。我国1984年在广州发现番茄斑萎病害危害花生的现象。随着西花蓟马危害范围逐年扩大，TSWV在四川、云南、广州等地多种园艺植物上被发现，在山东寿光，云南昆明，河北廊坊，北京的顺义、南口、海淀等地均发现该病害，部分大棚和温室番茄受损，严重时产量损失可超过80%甚至绝收。目前，该病毒的危害日趋严重。目前可在育种中应用的最好的抗病基因是*Sw-5*。该基因对TSWV不同小种具有高水平的广谱抗性，而且对其他斑萎病毒如TCSV和GRSV等也有抵抗作用。含有*Sw-5*的番茄可以限制病毒在体内的广泛传播，仅表现为轻微的过敏性反应。针对该基因已经开发了一个共显性SCAR标记Sw-5-2，其多态性来源于插入/删除突变，利用该标记筛选的结果与田间实际抗性鉴定的结果符合较好，因此可用于抗TSWV的分子标记辅助选择中。尽管*Sw-5*基因抗性水平很高，且在栽培番茄背景下表现也较稳定，但是其抗性水平并没有达到免疫的水平，在高接种压的情况下，尤其是蓟马介导的接种下，可以打破*Sw-5*基因抗性的、新的TSWV分离物在一些地区陆续被发现。这表明在自然条件下，该基因有被很快克服的风险。因此，应该继续寻找新的抗源。研究表明，来自秘鲁番茄的抗性基因*Sw-6*的抗性机制不同于*Sw-5*。因此应对现有抗性资源的抗性基因进行充分研究，明确其抗性机理，利用分子标记辅助育种技术，将不同抗性的基因聚合在一起，将可提供更稳定、更持久的抗性。

灰叶斑病：番茄灰叶斑病（Tomato gray leaf spot）在世界范围内均可发生，而温暖潮湿地区发生严重。该病病原为匍柄霉属（Stemphylium）真菌，是一类丝状暗色砖格孢真菌，为半知菌亚门丝孢纲成员。该属真菌常寄生于多种植物的叶、种子或果实上，可引起大蒜、苜蓿、莴苣、番茄、甘蓝、扁豆、辣椒等蔬菜和其他多种植物病害。近年来番茄灰叶斑病已经成为我国新流行的一种病害，给番茄生产造成严重为害。国内最初报道番茄灰叶斑病大面积暴发是2002年在山东鱼台种植的3万个番茄大棚中，当时病棚率为43%，2003年达到90%，防治不及时的，造成番茄减产20%左右，有的甚至减产80%，同时造成番茄果实质量下降。随后在贵州贵阳的高山地区，贵阳市息烽县、山东济宁、海南海口、山东寿光、山西襄汾、重庆市璧山县等地都发现了该病害的严重危害。尤其是自2005年TYLCVD在我国大面积发生后，随着抗TYLCV番茄品种在市场上的大面积推广，灰叶斑病呈现出暴发流行的趋势。目前抗病育种应用的主要抗病基因是来自醋栗番茄的基因*Sm*。中国农业科学院蔬菜花卉研究所和东北农业大学分别独立完成了该基因的遗传定位，并开发了分子标记。现在需要继续加快抗病品种选育，推出更多优良的抗病品种。

颈腐根腐病：番茄颈腐根腐病是由尖孢镰刀菌番茄颈腐根腐病专化型（FORL）侵染引起的且危害严重的土传病害。发病初期，番茄环绕茎基部和土壤交接处会出现明显的深褐色病斑，其后染病植株会于发病部位折倒而萎蔫死亡。近年来，随着番茄保护地面积增大及种植年限增加，颈腐根腐病已成为影响番茄收益的重要病害之一。颈腐根腐病菌首次发现于日本，已对加拿大、墨西哥、以色列、美国、日本、韩国、南非及欧洲多数国家的番茄生产造成极大威胁；该病害最早在2010年发现于我国山东寿光市，目前，在山东、河北、北京、黑龙江等地均有大面积发生。对颈腐根腐病具有显著抗性的种质材料中具有来源于秘鲁番茄的单基因*Frl*。目前已将抗病基因*Frl*定位到9号染色体的长臂上。目前，生产上尚没有综合农艺性状表现优良的抗性品种。因此，急需开展番茄颈腐根腐病抗病鉴定方法研究及抗病材料的筛选工作，尽快选育出抗病、优质、丰产的番茄新品种。

3.产业转型升级，绿色发展对品种的挑战

蔬菜产业进入了"提质增效、绿色发展的"为主要目标的新的发展阶段，这对番茄品种提出了更高的要求。一是品种的品质要好，不仅果实商品品质要好，大小整齐，着色均匀，没有畸形果和裂果，而且感官品质更要好，口感好，风味浓，同时营养品质也要提高。二是品种的多抗性突出，对多种病害具有较强的抗性，要抗新流行的病害。三是抗逆性要强，要对低温寡照的环境有较强的适应性；对于有些区域的越夏生产，要耐高温高湿；目前生产上最缺少的就是耐高温适宜夏季栽培的品种。四是适宜轻简化栽培，少侧枝，节间短，无花前枝，适宜机械化定植的品种。五是可满足农业旅游、农业康养产业发展需求的品种。

四、国际番茄产业发展状况

（一）国际番茄产业发展状况

2007—2016年番茄收获面积呈增长态势，年均增长1.42%，于2014年达到考察期内最高值489.41万公顷后连续2年下降；2014年之前年均增长2.15%，2015年较2014年下降2.21%。番茄总产量10年年均增长率略高于收获面积，年均增长2.92%，2010年产量较2009年下降1.29%后保持逐年增长态势，于2016年达到考察期内最高值17 704.24万吨（图17-8）。

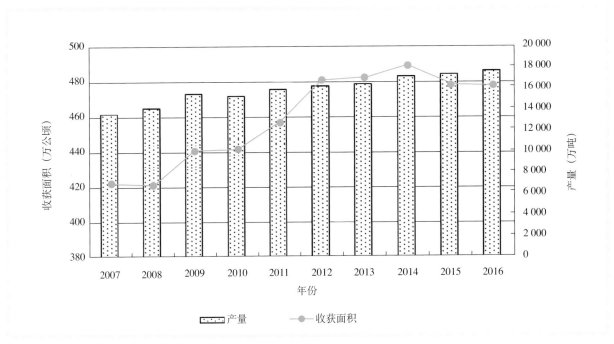

图17-8 2007—2016年世界番茄收获面积及产量变化趋势
（数据来源：http://www.fao.org/faostat/en/#data）

从2016年世界番茄收获面积和产量分布图中可以看出（图17-9、图17-10），中国番茄收获面积与产量均列世界第一，分别占比21%和32%。世界番茄收获面积排名前20国家的收获面积总量占世界收获面积的82%，其中排名前几位的国家为中国、印度（16%）、尼日利亚（12%）、埃及（4%）和土耳其（4%）。世界番茄产量排名前20国家的番茄产量占世界番茄产量的86%，其中排名前几位的国家为中国、印度（10%）、美国（7%）、土耳其（7%）和埃及（4%）。

2016年世界番茄单位面积产量为37.017吨/公顷，中国番茄单位面积产量为56.348吨/公顷。世界番茄单位面积产量及排名前20的国家中，超过100吨/公顷的国家有17个，排名前几位的国家为荷兰、比利时、英国、芬兰和瑞典，分别为507.042吨/公顷、506.904吨/公顷、416.190吨/公顷、365.955吨/公顷和365.500吨/公顷（表17-2）。

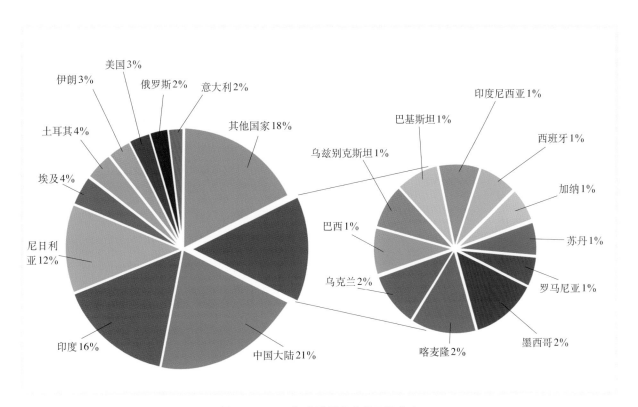

图17-9 2016年世界番茄收获面积分布
（数据来源：http://www.fao.org/faostat/en/#data）

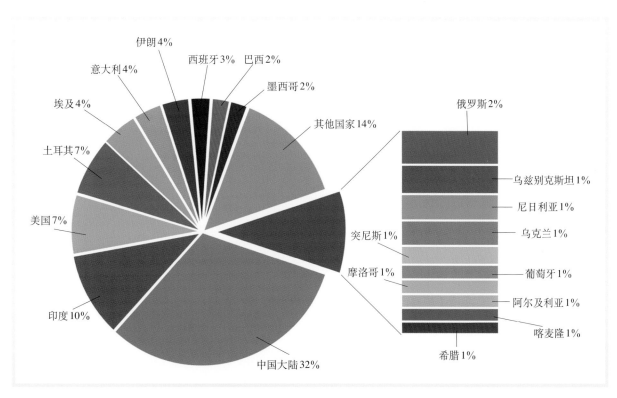

图17-10 2016年世界番茄产量分布
（数据来源：http://www.fao.org/faostat/en/#data）

表17-2 2016年世界番茄单位面积产量排名前20位的国家

国家	单位面积产量（吨／公顷）	较上年增长（％）
世界	37.017	1.748
荷兰	507.042	−0.016
比利时	506.904	2.162
英国	416.190	−0.663
芬兰	365.955	6.330
瑞典	365.500	−1.149
冰岛	359.000	6.607
丹麦	352.667	0.000
爱尔兰	333.333	−9.091
挪威	318.314	−8.753
奥地利	310.033	4.694
德国	253.077	2.552
瑞士	228.071	2.947
法国	186.103	−1.449
卢森堡	146.429	0.000
巴勒斯坦	125.452	−1.111
科威特	123.078	−11.102
新西兰	115.370	−0.216
匈牙利	92.933	4.969
美国	90.287	0.923
马来西亚	86.941	5.269

数据来源：http://www.fao.org/faostat/en/#data。

世界番茄贸易量2007—2017年总体呈增长态势，进口量年均增长2.01%，出口量年均增长2.40%。2016年世界番茄进口量为725.217万吨，较上年增长1.13%，较2007年增长18.77%；2016年世界番茄出口量为784.57万吨，较上年增长3.80%，较2007年增长24.03%（图17-11）。

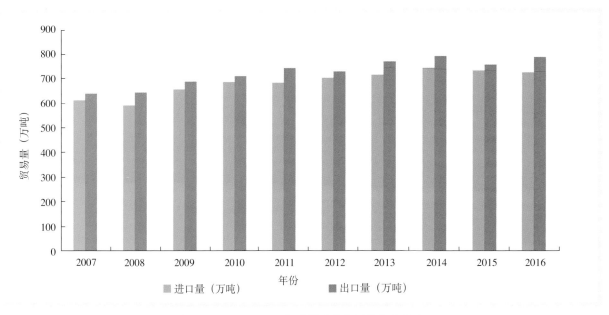

图17-11 2007—2017年世界番茄贸易量变化趋势

（数据来源：http://www.fao.org/faostat/en/#data）

2016年世界番茄进口总量为725.217万吨，进口总额为856 761.4万美元，美国进口量与进口额均为世界第一，进口量178.640万吨，进口额为236 294.4万美元。2016年世界番茄进口量排名前五位的国家为美国（占24.60%）、德国（占10.16%）、法国（占7.38%）、俄罗斯（占6.33%）、和英国（占5.21%），这5个国家番茄进口量占世界总进口量的53.67%，其进口额也居于世界前列，分别占27.58%、15.25%、7.40%、5.73%和6.81%（表17-3）。

表17-3　2016年各国番茄进口分布情况

国家	进口量（万吨）	占比（%）	进口额（万美元）	占比（%）
世界	725.217	100.00	856 761.4	100.00
美国	178.640	24.60	236 294.4	27.58
德国	73.855	10.16	130 685.3	15.25
法国	53.732	7.38	63 396.1	7.40
俄罗斯	46.152	6.33	49 058.2	5.73
英国	38.044	5.21	58 307.6	6.81
巴基斯坦	25.455	3.48	12 074.6	1.41
加拿大	21.765	2.97	35 057.7	4.09
白俄罗斯	18.722	2.55	21 845.8	2.55
美国	17.950	2.44	12 720.1	1.48
荷兰	17.254	2.35	22 963.1	2.68
沙特阿拉伯	16.034	2.18	11 355.3	1.33
西班牙	14.501	1.97	11 374.8	1.33
波兰	14.229	1.93	17 322.0	2.02
意大利	11.783	1.59	11 883.9	1.39
伊拉克	10.066	1.36	3 969.5	0.46
萨尔瓦多	9.913	1.34	1 360.0	0.16
捷克	9.880	1.33	11 442.6	1.34
瑞典	9.374	1.26	16 647.5	1.94
比利时	8.832	1.19	14 165.6	1.65
科威特	7.751	1.04	3 726.4	0.43

数据来源：http://www.fao.org/faostat/en/#data。

2016年世界番茄出口总量为784.570万吨，出口总额为847 225.4万美元，墨西哥出口量与出口额均为世界第一，分别为174.886万吨和210 526.5万美元。2016年世界番茄出口量排名前五位国家为墨西哥（占22.26%）、荷兰（占12.62%）、西班牙（占11.57%）、摩洛哥（占6.66%）与土耳其（占6.15%），这5个国家番茄出口量占世界出口总量的59.26%，其出口额占世界番茄出口总额的65.49%，分别占24.85%、19.13%、12.64%、6.04%和2.83%（表17-4）。

表17-4　2016年各国番茄出口分布情况

国家	出口量（万吨）	占比（%）	出口额（万美元）	占比（%）
世界	784.570	100.00	847 225.4	100.00
墨西哥	174.886	22.26	210 526.5	24.85
荷兰	99.260	12.62	162 056.0	19.13
西班牙	91.111	11.57	107 051.7	12.64
摩洛哥	52.491	6.66	51 200.7	6.04
土耳其	48.596	6.15	23 987.5	2.83
约旦	36.144	4.57	25 554.7	3.02
印度	24.799	3.13	7 608.0	0.90

（续）

国家	出口量（万吨）	占比（%）	出口额（万美元）	占比（%）
法国	24.705	3.12	35 279.0	4.16
比利时	22.230	2.80	28 779.3	3.40
美国	20.863	2.63	35 198.9	4.15
中国	20.631	2.59	17 025.4	2.01
加拿大	19.262	2.42	37 291.9	4.40
葡萄牙	12.573	1.58	4 891.1	0.58
意大利	10.494	1.31	19 142.6	2.26
阿塞拜疆	9.833	1.23	8 223.4	0.97
波兰	9.494	1.19	7 619.7	0.90
白俄罗斯	8.630	1.08	6 635.8	0.78
阿富汗	8.121	1.01	2 188.8	0.26
阿尔巴尼亚	6.370	0.79	2 642.9	0.31
埃及	6.262	0.78	6 599.9	0.78

数据来源：http://www.fao.org/faostat/en/#data。

　　我国是世界番茄生产面积与产量最大的国家，进口量非常小，是番茄出口国。从图17-12可以看出，中国番茄出口量与出口额在2008—2017年均呈增长态势，年均增长率分别为10.51%和20.92%。2017年番茄出口量与出口额均达到考察期内最高值26.53万吨和21 681.180万美元，较上年增长28.59%和27.35%。

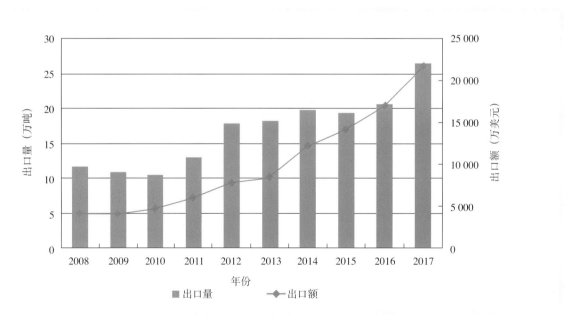

图17-12　2008—2017年中国番茄出口量与出口额变化趋势
（数据来源：https://comtrade.un.org/data/）

　　从2017年中国番茄出口、出境量及出口、出境额分布来看，其出口对象主要为俄罗斯、越南、哈萨克斯坦，另外有少量供我国特区香港、澳门，共占我国番茄总出口、出境量的96.3%，占番茄总出口、出境额的97.9%。俄罗斯是中国番茄最重要的贸易伙伴，2017年中国向俄罗斯出口番茄10.847万吨，占中国出口、出境总量的40.89%，出口额为10 090.592万美元，占总出口、出境额的46.54%（表17-5）。

表17-5　2017年我国番茄出口、出境量及出口、出境额分布

出口、出境对象	出口量（万吨）	较上年增长（%）	出口、出境额（万美元）	较上年增长（%）
合计	26.530	28.59	21 681.180	27.35
俄罗斯	10.847	24.15	10 090.592	16.51
中国香港	8.130	9.71	8 159.980	33.11
越南	5.508	121.49	2 178.918	119.06
哈萨克斯坦	1.064	25.61	804.736	19.15
蒙古国	0.367	− 13.74	86.812	− 13.68
中国澳门	0.342	0.15	72.909	− 2.65
吉尔吉斯斯坦	0.200	− 21.18	225.196	− 17.22

数据来源：https://comtrade.un.org/data/。

（二）先进国家番茄育种研发情况

1. 育种目标多样化

（1）高产多抗仍是育种重点

许多国外育种公司还是以满足番茄种植业者的需求为主要目标。要求番茄品种高产、抗多种当地流行病害，外观品质好，耐贮藏，耐运输等。

风味品质与营养品质日益得到重视。随着人们生活水平的提高，对番茄风味品质和营养品质的要求也越来越高。番茄消费市场分化也日益明显，优质高价的高端市场所占份额快速增大。针对该需求，美国佛罗里达大学番茄育种团队培育出了高番茄红素，风味好，可在植株上自然成熟后采收的品种Tasti-Lee；瑞克斯旺（Rijk Zwaan）培育出甘甜多汁的Silky Pink系列品种、番茄果实内部深红色系列品种；坂田（Sakata）在高品质番茄育种实力雄厚，粉太郎系列大果番茄在我国知名度非常高。花青素是目前所发现的清除人体内自由基最有效的天然抗氧化剂，具有抗衰老、抗辐射、抗过敏、增进视力、改善睡眠、预防癌症、预防心脑血管疾病等功效。普通栽培番茄果实通常不产生花青素，其果实与紫色茄子相似，因表皮能产生花青素而呈紫色。通过传统育种手段将上述遗传位点转育到普通栽培番茄中，美国俄勒冈州立大学首先培育出高花青素的紫果番茄品种Indigo Rose。目前，高花青素番茄品种选育发展迅速，大量品种推出，已经成为一种新颜色类别（花青素）的番茄。

（2）即食方便育种

番茄营养丰富，其消费量日益增加。然而，随着生活节奏加快，部分人在食用番茄前不愿意花时间去清洗、处理番茄，而是购买经过前处理的番茄或含经过前处理番茄的食品直接食用，如色拉、三明治等。纽内姆为此培育出了Intense番茄，该番茄果肉致密，切片或切丁后，外形完整漂亮，流出的汁液非常少，保鲜期长。

适合高效轻简化种植。欧美发达国家劳动力成本高，而搭架、拆架、收果等需要大量的劳动力，因此正在探索培育不需搭架、适合机械采收的鲜食番茄品种。这些品种将主要具有节间短、有限生长型、果实成熟期集中、果实耐裂性好等几个特点。

2. 育种技术发展迅速

（1）高通量基因型分析

分子标记辅助选择（Marker-assisted selection，MAS）已经广泛应用于番茄育种。单核苷酸多态性（SNP）是一种数量最多的多态性，约占基因组序列多态性的80%。美国SolCAP项目组通过番茄

基因组重测序，找到了大量的SNP。与Illumina公司合作，推出了商业化的SNP芯片Illumina Infinium SolCAP array，可以检测7720个SNP标记。该芯片已经成功应用于番茄进化分析、性状遗传定位和育种。竞争性等位基因特异性PCR（KASP）是一种检测SNP的新技术，具有灵活、经济、快速，适合高通量检测等特点。美国SolCAP项目与LGC公司合作，将上述SNP转化为KASP SNP分子标记，从中精心挑选了384个KASP SNP分子标记构成了核心标记验证板。

（2）全基因组选择育种

分子标记辅助选择育种（MAS）在辅助选择质量性状或数量性状主效位点中具有较好的效果。然而现在所用的标记多为连锁标记，经过多代选择，连锁标记与目标性状遗传位点之间可能发生重组，从而使该连锁标记失去了辅助选择效果。另外，育种目标性状大部分是数量性状，受多个基因调控，目前能检测微效基因的分子标记非常有限。Meuwissen et al.于2001年提出了基因组选择（Genomic selection, GS）概念，这是标记辅助选择思想在全基因组范围内的扩展，能够根据已知群体的标记信息和表型信息，建立标记与表型之间的关联，在全基因组范围内同时估计出所有标记的效应，进而对表型未知的群体基于其基因型而作出合理的预测，实现对品种更加全面、可靠的选择。

Yamamoto et al.最近介绍了番茄育种新方法，即全基因组选择和基于模拟的基因组辅助育种（Simulation-based genome-assisted approach）。第一种方法是利用96个大果番茄的F_1组合，分别进行表型分析和基因型分析，计算不同基因组片段不同等位形式的估计基因组育种值（Genomic estimated breeding values, GEBVs），从而建立全基因组选择模型。利用该模型可以提高选择亲本配制组合的效率，同时还可以提高从F_1的自交分离后代中选择优良单株的效率。第二种方法是利用番茄自然群体的表型和基因型，通过全基因组关联分析（GWAS）找到与目标性状紧密关联的分子标记，并计算这些分子标记对表型的遗传贡献率以及基因组片段育种效率值，建立全基因组预测模型（whole-genome prediction models）。利用与目标性状紧密关联的分子标记进行全基因组辅助选择，显著地提高了番茄产量和风味的育种效率。

（3）基因编辑创制育种材料

基因组编辑是利用序列特异核酸酶(Sequence-specific nucleases, SSNs)在基因组特定位点产生DNA双链断裂(Double-strand breaks, DSBs)，从而激活细胞自身修复机制——非同源末端连接(Non-homologous end joining, NHEJ)或同源重组(Homologous recombination, HR)，实现基因敲除、染色体重组以及基因定点插入或替换等。另外，还可以将SSNs的DNA结合域与其他功能蛋白融合，识别基因组特定位点，但是不产生DNA双链断裂，而是对特定碱基进行修饰，实现碱基替换。锌指核酸酶(Zinc finger nuclease, ZFN)、转录激活因子样效应物核酸酶(Transcription activator-like effector nuclease, TALEN)和CRISPR/Cas9(Clustered regularly interspaced short palindromic repeats/CRISPR-associated 9)系统是最主要的3类SSNs。ZFN和TALEN是利用蛋白与DNA结合方式靶向特定的基因组位点，而最新的CIRISPR/Cas9系统则是利用更简单的核苷酸互补配对方式结合在基因组靶位点，其构建简单，效率更高效，因而促进了基因组编辑在植物中的广泛应用。基因编辑技术可以快速、精准地实现一个或多个基因编辑，转基因后代经过自交分离，可以筛选出目标基因已被编辑且不存在任何转基因载体成分的植株。因此，基因编辑已经成为育种领域的颠覆性技术。

近几年，番茄基因编辑发展迅速，已经开发了3种基因编辑体系，即基因敲除体系、基因替换和插入体系、单碱基修饰体系。并对多种番茄性状进行了改良。果实重量是番茄产量构成因子之一，而果实心室数量与重量呈正相关。*lc*和*fasciated*是控制果实心室数量的两个主效数量性状基因座（QTL）。*lc*编码*SlWUS*转录因子，*lc*中调控*SlWUS*基因转录表达的顺式元件CArG中存在两个SNP，从而使果实心室数量增加。Rodri'guez-Leal等利用CRISPR/Cas9技术，快速得到了顺式元件CArG序列缺失的突变体，从而使果实心室数量增加。*fasciated*编码*SlCLV3*，*fasciated*因*SlCLV3*基因启动子中存在一个倒位，导致*SlCLV3*基因表达量下降，从而使果实心室数量增加。Rodri'guez-Leal等利用CRISPR/Cas9技术，

使 *SlCLV3* 基因启动子产生不同长度的缺失，从而得到了果实心室数量不同程度增加的系列植株。

花序分枝多少将影响果实数量，从而影响产量。*s*（复合花序）突变体的花序分枝非常多而呈簇状，但有效坐果少。Rodrı'guez-Leal 等利用 CRISPR/Cas9 技术，使 *s* 基因启动子产生不同长度的缺失，筛选到了一个花序分枝为 1 ~ 2 个株系，增加了坐果数量。单性结实可以在逆境条件下提高坐果率，从而提高产量。Ueta 等利用 CRISPR/Cas9 技术，使 *SlIAA9* 基因功能缺失，大大提高了单性结实坐果数量。

耐贮藏、耐运输、货架期长是番茄重要的商品品质性状。*rin*（*Ripening inhibitor*）、*nor*（*Non-ripening*）和 *alc*（*Alcobaca*）等自然突变能延长番茄果实货架期并已经用于番茄杂种优势育种。它们都已经被图位克隆，*RIN* 编码一个 MADS 转录因子，*nor* 和 *alc* 为等位突变，其基因编码一个 NAC 转录因子。利用 CRISPR/Cas9 技术，Ito 等得到了 *RIN* 基因的一系列功能缺失突变体，番茄果实不能完全成熟，该突变可以正常遗传。Yu 等利用 CRISPR/Cas9 技术，对 *alc* 基因进行了敲除和替换，在 T_1 代中获得了无 T-DNA 插入的与 *alc* 自然突变序列完全一样的纯合植株，其果实货架期显著延长。

Čermák 等利用 TALEN 或 CRISPR/Cas 定点切开 *ANT1* 基因的启动子，借助改造后双生病毒提供目的基因切割位点侧翼序列模板，通过 DNA 同源基因重组，成功地将 35s 启动子插入到番茄 *ANT1* 基因的启动子中，从而使植株和果实产生大量的花青素而呈紫色。

早熟性是番茄育种重要目标性状之一。Soyk 等发现在长日照条件下，某些野生番茄始花节位升高、开花推迟，*SP5G* 基因表达量较高；而普通栽培番茄开花时间影响不大，*SP5G* 基因表达量较低。利用 CRISPR/Cas9 体系使普通栽培番茄中的 *SP5G* 基因功能丧失，可以显著减低始花节位、缩短始花时间。

番茄可分为无限生长型、有限生长型和半有限生长型。有限生长型是基因 *SP*（*Self Pruning*）突变引起的。Rodrı'guez-Leal 等利用 CRISPR/Cas9 技术，使无限生长型番茄中的 *SP* 基因启动子产生不同长度的缺失，得到了有限生长型和半有限生长型植株。

番茄白粉病（Tomato powdery mildew）是一种世界范围内传播的真菌病害，对番茄的生产特别是温室生产造成了巨大危害。番茄 *slmlo1* 自然功能缺失突变体抗白粉病。Nekrasov et al. 利用 CRISPR/Cas9 技术对 *SlMlo1* 基因进行定点突变，仅用 10 个月的时间，就获得了不含转基因成分的抗白粉病番茄材料。

3. 主要国家番茄品种竞争力分析

番茄在我国作为商品蔬菜栽培历史较短，20 世纪 40—50 年代各大城市郊区才有少量种植，至 70 年代遍布全国。进入 90 年代，种植面积迅速扩大，为世界最大的番茄生产国。60 年代以前种植的品种基本全部来自国外。60 年代之后，我国才开始积极开展番茄品种的系统选育研究。80—90 年代，我国培育了一大批优良的杂交番茄品种，如中杂 9 号、L402、毛粉 802、佳粉 15 等，成为保护地栽培的优良品种。但是，随着市场的开放，适合长距离运输、耐贮藏的番茄成为了一个重要需求。而我国大部分番茄品种货架期相对较短，此外多数品种属于短季节品种、收获期短、产量较低，不符合"长距离运输、长收获期"的要求。因此进入 21 世纪后，我国番茄育种调整了育种方向，将增强果实硬度、改善耐贮藏、耐运输性和提高果实的商品品质作为重要的育种目标，各育种单位相继推出了适宜长距离运输的优良品种。如江苏农业科学院的苏粉系列、上海农业科学院的申粉系列、中国农业科学院的中杂系列、浙江农业科学院的浙粉系列、西安金鹏种苗的金鹏系列、上海菲图公司的瑞星系列等。近年来我国樱桃番茄育种进程加快，绿亨科技有限公司、酒泉华美种子有限公司、广西大学、浙江省农业科学院、上海市农业科学院等育成了一批优良的樱桃番茄品种在生产上推广应用。

欧美国家和以色列在番茄育种上一直非常重果实的商品品质和耐贮藏、耐运输性，这也是欧美和以色列品种能够迅速在我国番茄种子市场占有较大份额的主要原因。1996 年以色列海泽拉公司番茄品种 144 率先进入中国，开创了大红果、长货架期、耐贮藏、耐运输的国外番茄品种进入中国市场的先河；之后又推出了果色靓丽的 FA-189。2001 年，从以色列泽文公司引进高产大果的加茜亚（graziella）和果色漂亮的秀丽（Shirely），以色列海泽拉和泽文公司开创了中国番茄种植户选用长货架期番茄的先河，并且影响了中国番茄品种市场很多年。2003年前后，美国BHN公司推出的好韦斯特、2003，2005年前后先正达的倍盈、保罗塔、瑞菲，海泽拉的1420，泽文的多菲亚、哈特等品种大量进入我国市场。之后，荷兰瑞克斯旺公司的"百利"（Beril）和格雷等品种也相继进入。

粉果番茄方面，美国圣尼斯推出了兼具红果的硬度和果形的粉果品种欧盾，至今在中国的部分地区仍有种植。德国纽内姆公司先后推出了宝来、芬达等硬度很高的粉果番茄。荷兰德澳特公司则是推出了非常耐寒、高产、好吃的普罗旺斯。

在樱桃番茄方面，20世纪90年代中期以粉果樱桃番茄为主，初期主要是台湾农友公司的春桃系列，后来引进千禧、圣女等以及以色列的粉贝贝，在市场上占有很大份额。

2007年之后，TYLCV在我国大面积暴发流行，这使得国外抗TYLCV的番茄品种迅速在我国番茄生产上推广开来。最早有瑞士先正达公司的齐达利，圣尼斯的欧冠，到后来的先正达的拉比、奥诺等，还有荷兰德澳特的7728等。2014年之后先正达又推出了凯萨，以色列海泽拉推出了戴维森、沃特森等，荷兰德澳特则是推出了7845、4224等品种。抗TYLCV粉果番茄国外的优势也很强，因为该病害先在国外发生，较国内更早的开始收集抗TYLCV的育种材料，所以率先推出了抗TYLCV的粉果。2010前后先正达率先推出大果型的迪芬妮，之后圣尼斯推出欧官、欧贝等。海泽拉推出博雅、邦尼、罗拉等，其中罗拉在云南、山东、辽宁等地区均有很突出的表现。而纽内姆公司也推出了粉宴等精品抗TYLCV粉果，在山东、江苏、河北等省份占有一席之地。樱桃番茄主要还是农友公司的品种为主，如小霞、碧娇等。

当前来自国外公司的番茄品种尽管市场占有率已有所下降，但不可否认国外品种仍然在市场上占有较大的比例。不管跨国公司怎样兼并重组，番茄育种最强的国家依然是荷兰、美国、以色列和日本。荷兰、美国和以色列在传统的红果番茄育种上具有绝对优势，无论在持续结果能力、果实商品品质，还是在抗逆性方面，国内与之相比尚有明显的差距。荷兰、美国和以色列的公司尽管在粉果番茄育种方面起步较晚，但是进展迅速，已经形成了一定的优势。日本的公司在高品质粉果品种选育上具有绝对优势。我国的粉果番茄育种具有较好的基础，特别是早熟品种选育具有明显的优势。

五、问题与建议

我国番茄种业是改革开放以后最晚进入国际竞争的蔬菜种业，也是在国际竞争中进步最明显的蔬菜种业。目前我国番茄种业与世界先进国家相比，在诸多方面依然还有差距，其中最主要的问题是原始创新能力不足，原创性成果少。现在国内番茄育种利用的抗病基因、优质基因几乎全部来自国外品种的分离。因此，建议加强番茄育种原始创新能力的提升，重点加强优异种质资源的挖掘和育种材料的创新，使我国早日成为番茄资源创新强国。

（编写人员：杜永臣 叶志彪 周国治 赵统敏 许向阳 黄泽军 等）

第18章　辣椒

一、我国辣椒产业发展

（一）辣椒种植生产状况

1. 总体种植情况

辣椒是经济效益较高的蔬菜和调味品，是农业种植结构调整的重要作物之一。我国辣椒种植面积不断增加，2016年创历史新高。据国家大宗蔬菜产业技术体系2016年统计数据显示，我国辣椒种植面积为3 209.4万亩，占蔬菜种植总面积的10%以上，位居蔬菜种植面积第一位。其中保护地面积852.2万亩，占辣椒种植总面积的26.6%。由于种植面积扩大较快，种植基地年平均收购价格不高，仅在春季的5月1日前、冬季的"春节"前后鲜椒价格可达6.0～8.0元/千克，其他时期包括夏季北方冷凉地区露地种植和冬季南菜北运基地基本上处于亏本或保本种植状态。

2017年，无论是北方保护地，还是南菜北运基地，辣椒的种植面积都有所减少。尤其是广东、海南、云南、福建等南菜北运基地，辣椒种植面积骤降，同比减少1/3左右。当年进入冬季之后，华北（山东、河南）、长江流域（江苏、安徽）出现2～3次大雪灾害，尤其是塑料大棚及小拱棚秋延后辣椒灾害十分严重，多数大棚及小拱棚被大雪压塌，导致辣椒绝产。尽管温室和部分塑料大棚（包括拱棚）没有被压坏，但辣椒产量均受到不同程度的影响，致使2017年11月至2018年3月初，辣椒价格奇高不下，田间收购价格可达到7.0～13.0元/千克，进入市场后销售价可达16.0～30.0元/千克，其中红线椒、红美人椒田间收购价阶段性达到20.0元/千克。因此，2017年全国辣椒种植面积虽然相对减少，但亩产效益达到了最高。

据不完全统计，2017年，云南辣椒市场收购价普遍好于往年，且持续时间长，鲜椒走货量占云南全年的五至六成，干椒起步价高于往年。在文山稼依辣椒市场，艳红干椒起步价19.0～20.0元/千克，最低时在16.0元/千克，后期回升至18.0元/千克左右；丘北的辣椒价格连年基本稳定保持在18.0～20.0元/千克；魔鬼椒供应量明显增大，烘干带把货价格为30.0元/千克左右；小米辣的价格适当上升，鲜椒收购价在3.5～4.0元/千克。贵州地区价格上涨明显，灯笼椒、二荆条、牛心椒、艳椒等涨幅在2.0元/千克左右；满天星辣椒市场热度高于往年，特别是子弹头价格明显高于其他品种类型。遵义虾子市场，干椒带把满天星21.0～24.0元/千克，子弹头26.0～28.0元/千克，草莓椒15.0～21.0元/千克，艳椒16.0～18.0元/千克，二荆条16.0～18.0元/千克。成都批发市场，干椒带把满天星31.0元/

千克，子弹头29.5元/千克，艳椒28.0元/千克，二荆条16.0～18.0元/千克。

2. 区域种植情况

当前我国辣椒生产区域化、规模化特点明显，主要有七大产区。

（1）南菜北运基地（广东、广西、海南、福建）

该产区总面积在350万亩左右，以冬，春季自然光热资源丰富，少雨为优势。露地条件下11月至翌年5月种植，产品销往全国各地。以鲜食品种为主，品种类型有黄皮尖椒、青皮尖椒、青皮线椒、黄绿皮线椒、厚皮泡椒、薄皮泡椒、单生朝天椒、螺丝椒和少量甜椒。

广东的辣椒种植面积约140万亩，生产主要分布在4个区域：一是粤西地区，包括湛江、茂名、阳江等地；二是粤北地区，包括韶关、清远等地；三是粤东地区，包括惠州、龙门、陆丰、揭阳等地；四是珠江三角洲地区，包括广州、佛山、东莞、江门等地。粤西地区是最主要的辣椒生产基地，所占比重约为60%，生产的辣椒主要用于北运。

广西的辣椒种植面积在110万亩左右，产值约23亿元。主产区分布在南宁、桂林、钦州、百色、柳州，面积分别稳定在25万亩、20万亩、11万亩、10万亩、8万亩左右。从耕作制度看，水田采用的是水稻—辣椒轮作模式，旱、坡地采用的是辣椒一大茬模式。

海南的辣椒种植面积稳定在60万～70万亩，产量120万～140万吨。主要产区为文昌市、琼海市、澄迈县、万宁市、海口市、儋州市。尖椒集中在文昌市、澄迈县、屯昌县、昌江县、琼海市和万宁市；小红尖椒集中在文昌市、三亚市和昌江县；甜椒集中在文昌市、海口市和琼海市；泡椒集中在琼海市、海口市、临高县、万宁市、文昌市、儋州市、定安县；朝天椒集中在海口市、东方市、儋州市、乐东县；线椒和螺丝椒等集中在定安县、昌江县、文昌市。

福建辣椒种植面积30万亩。其中设施甜椒约5万亩，主栽品种布朗尼；设施辣椒10万亩左右，主栽品种是黄皮粗大牛角椒亮剑和迅驰等瑞克斯旺系列品种，以上设施栽培一般分布在从福州到漳州的闽东南沿海地区。露地栽培辣椒约15万亩，主产区在三明和南平市，品种较多，包括国内近期育成杂交品种和地方品种。福建设施辣椒九成以上外销，露地辣椒四成左右外销。

南菜北运基地辣椒产区存在的主要问题，一是农田基础设施建设薄弱，排灌条件不理想，大部分农田仍采用大水大肥漫灌，水资源和化肥利用率低，加上农田常年连作、农药使用不当，导致连作障碍、土壤肥力退化、生产成本不断提升，辣椒的质量和产量得不到保障，难以实现稳产增收。二是冬季冷害或部分地区霜冻会冻死露地幼苗，春季弱光照导致落花落果，夏季台风暴雨容易加剧炭疽病、病毒病、疫病等病害发生。三是生产技术水平有待提高。农民文化水平偏低，对高新技术接受能力不强，生产管理上仍然采用传统模式，现代农业生产模式没有形成，机械化生产程度与先进国家存在较大的差距。安全生产意识淡薄，对辣椒病、虫害防治缺乏科学的认识，过分依赖农药，过量使用农药，导致病、虫产生抗药性，影响药效的同时也降低农产品品质。四是订单农业生产缺失。目前企业参与少，缺少品牌引导，产业易转移。区域优势将逐步减弱，特别是随着全球气候逐渐变暖，山东、河北、安徽等北方日光温室将对南方冬季辣椒产业产生较大的冲击。五是秋冬种辣椒生产面积受价格波动影响大，加之采收期短，生产成本大幅上升而销售价格上升缓慢。六是营销网络不健全。生产处在分散状态，农民获取市场信息的渠道较少，生产有较大的盲目性。加上企业营销手段尚处于初级阶段，还未与全国大、中城市真正建立起横到边、纵到底的销售网络，产品依靠菜贩子上门收购或农户自己装运至外地瓜菜批发市场销售，因而普遍存在俏时抬价格、以次充好，滞时压价、拒收停收等现象，在市场中处于被动和从属地位，影响农户收入提高，制约农户对辣椒生产的投入。

（2）东北生产区（辽宁、吉林、黑龙江）

由于东北地区食辣人群较少，加上辣椒生长周期短，该产区辣椒种植面积相对较小，为136万亩。

辽宁2017年辣椒栽培面积80万亩，其中鲜辣椒55万亩，加工红辣椒25万亩，产量280万吨。加工红辣椒以露地栽培为主，主要在辽宁西北地区，品种以北京红、鲁红六及金塔系列小羊角椒为主，主要供应当地加工企业和吉林、青岛加工企业。鲜辣椒以保护地栽培为主，分春季栽培、越夏栽培和越冬栽培。全省各地都有栽培，以辽宁中部及西南部地区栽培为主，品种以灯笼型麻辣椒和牛角椒为主。越夏栽培以喜羊羊系列羊角椒为主，麻辣椒以沈椒系列为主，越冬牛角以荷兰37-74系列牛角椒为主，甜椒（彩椒）以荷兰的品种为主。种植主体以农民一家一户为主，交易以自然人经纪人为主的市场交易。2017—2018年春季，辣椒价格在食用菜价中价格较高，市场需求也在增加，一直没有出现滞销现象。春季和越冬栽培的辣椒主要以本地消费为主，少量运往黑龙江及南方城市。

吉林2017年种植辣椒10万亩，其中牛角椒约1万亩，厚皮甜椒约2万亩，加工辣椒约7万亩，总产量29万吨。以露地辣椒生产为主，保护地种植面积很少，主要种植品种为薄皮大辣椒和地方小辣椒。金塔种植面积为4.5万亩，占红、干辣椒的65%，主要分布在洮南市、白城市、松原市，该品种不抗辣椒晚疫病和脐腐病。北京红种植面积1万亩，主要分布在洮南市、松原市。吉塔种植面积为1.5万亩，主要分布在洮南市、松原市。牛角椒主要代表品种有荷兰牛角、绿箭、绿亨1号、金易牛角等，种植面积为1万亩，主要分布在农安县、德惠市。甜椒主要代表品种方田1号、方田2号等，种植面积为1.5万～2万亩，主要分布在农安县、德惠市。

黑龙江2017年辣椒种植总面积约46万亩，总产量188万吨，总产值26.64亿元。主要以露地生产为主，少量棚室栽培，主要采取地膜覆盖大垄双行栽培。其中北菜南运菜用辣椒种植面积约29万亩（甜椒14万亩，牛角椒14万亩，麻椒1万亩），品种主要为厚皮甜椒类型的龙椒11号、龙椒13、椒霸、中椒系列、海花系列和沈椒系列，以及荷兰、以色列的甜椒；牛角椒类型的有韩国的神剑、金剑系列、沈椒系列、开封、美国大牛角，荷兰、以色列大牛角椒；麻椒类型的有沈阳欣悦、麻婆椒、布郎、麻椒2号等。当地早熟菜用辣椒8万亩（甜椒2万亩，辣椒6万亩），品种主要是早熟薄皮甜椒类型的宇椒系列、龙椒6号、龙椒14、哈椒1号，以及小辣椒类型的龙椒9号、龙椒10号、辣妹子、天辣2号。加工红辣椒种植面积约9万亩（金塔系列辣椒约5万亩，酱用当地辣椒为3万亩，朝天椒1万亩左右），品种为酱用加工型的龙椒12、龙椒10号、辣妹子、线椒、高辣819，以及速冻加工型的龙椒15、金塔系列、辛迪、千金红等。露地厚皮甜椒及部分麻椒主要销往山东寿光、京津塘地区、上海、广州及深圳，部分甜椒用作速冻加工。加工辣椒金塔系列主要速冻出口，少部分打鲜酱；当地酱用辣椒少部分干制，大部分打鲜酱，朝天椒全部干制。其他辣、甜椒主要在省内销售。

（3）西北生产区（甘肃、宁夏、青海、山西、新疆、陕西、内蒙古）

该生产区种植面积425万亩，生产期光照资源丰富、昼夜温差大，辣椒产量高、干物质含量高、品质好，但无霜期短、生产周期短，以夏季露地生产为主。主要的加工品种类型有线椒、朝天椒，做干制或加工打酱、提炼辣椒素或辣椒红素；鲜食品种主要有甜椒、螺丝尖椒、黄皮尖椒。

甘肃辣椒播种面积为50万亩左右，其中鲜食辣椒33万亩左右，包括羊角椒、牛角椒。栽培方式有日光温室、塑料大棚和中棚及露地栽培。日光温室越冬茬和早春茬辣椒栽培以陇椒系列辣椒品种为主，河西地区有瑞克斯旺（中国）种子有限公司的牛角椒，白银市有日本长剑等类型。塑料大棚和中棚早春辣椒栽培：酒泉市、张掖市、定西市以陇椒系列品种为主，白银市以长剑类型品种为主，兰州市以航椒5号为主，天水市以航椒5号、天椒5号、七寸红等品种为主，平凉市以航椒3号、航椒5号为主，庆阳市以亨椒3号、超级2313、陇椒5号等为主，武威市、定西市有一定的秋延后栽培面积，主要栽培品种为陇椒2号和陇椒5号。干制线椒和加工类型羊角椒13万亩左右，露地种植。干制线椒分布在天水市、庆阳市、陇南市徽县、张掖市高台县，品种主要有七寸红、九寸红、长虹、甘谷线椒，产品主要有辣椒面、辣椒丝、辣椒丁、辣椒片、辣椒酱等；加工类型的羊角椒分布在金昌市永昌县、武威市民勤县和酒泉市金塔县，品种主要是美国红，用于生产辣椒酱和提取辣椒红素。脱水甜椒4万亩左右，品种主要有茄门、陇椒5号、天线3号，产品主要是红椒片和青椒片。从产业发展情况看，天水地区干制辣椒发展较早，现有大小加工企业几十家，有一定规模和知名度的企业有近10家，产品主要是辣椒面、辣椒丝、辣椒丁、辣椒片、辣椒酱、辣椒油等，产品销往甘肃各市及全国20多个省份；主要出口东南亚的一些国家和地区。河西地区干制辣椒发展较晚，但发展速度较快，加工企业较少，加工产品也仅限于粗加工，产品附加值低。产品有辣椒干（多为自然晾晒）、辣椒粉、粗制辣椒酱（将辣椒和盐混合粉碎）、辣红椒素等，产品主要销往山东、四川。销售的辣椒干和辣椒粉产品，主要用其提取辣椒红素。

宁夏辣椒种植面积约25万亩，其中较大的生产地有彭阳县15万亩、青铜峡市3万亩。采用高垄栽培、春提早栽培，合理灌水，测土配方施肥和秸秆反应堆等栽培技术措施。主要品种类型是牛角椒，以外销为主，品种七成来自国外，国内品种仅占三成。

青海辣椒种植面积5万亩左右。其中循化撒拉族自治县线辣椒3万亩、乐都长辣椒1万多亩。适宜青海地区种植的品种有乐都长辣椒、陇椒、航椒、甘椒和杭椒等品种。辣椒种植以露地种植为主，少量的是设施种植。

山西辣椒种植面积80万亩，尖椒和青椒面积基本相当。晋中市尖椒面积最大，达12万亩。朔州市应县、长治市长子县青椒的面积最大，达15万亩。晋北应县、山阴县、怀仁县为露地青椒生产基地，忻府区、原平市、代县、定襄县为干辣椒和辣椒种子生产基地。晋东南长子县以露地青椒、塑料大棚青椒为主。晋中祁县、平遥县、太谷县、榆次区以干椒种植为主。晋南新绛县、夏县、垣曲县以露地辣椒和塑料大棚辣椒为主。品种上，鲜食辣椒以晋实椒1号、良椒2313为主，青椒以中椒系列辣椒为主，干椒主要是北京红、益都红、油椒、L3、金塔、二荆条等。

新疆辣椒种植面积约100万亩，主要分布在天山以南的巴州及天山以北的昌吉回族自治州、伊犁哈萨克自治州和塔城地区。巴州环焉耆盆地形成了以博湖县、焉耆县为主的鲜食、制干及色素辣椒种植区，面积接近30万亩。昌吉回族自治州形成了以玛纳斯县、呼图壁县为主的色素辣椒种植区，以昌吉市、阜康市为主的鲜食辣椒种植区，以奇台县、吉木萨尔县为主的加工辣椒种植区，面积18万亩。塔城地区以沙湾县的安集海镇为主，干椒面积达5.1万亩，占全镇耕地面积的54%。伊犁哈萨克自治州形成了以伊宁市、察布查尔县为主的鲜食辣椒种植区，面积稳定在1.95万亩。新疆制干辣椒具有产量高、品质好、色价高、供期长的特点，已成为辣椒食品生产厂家和色素加工企业的首选原料。新疆的辣椒品种类型丰富，除以往种植的线椒、板椒（韩国羊角形干椒）、铁皮椒（制干甜椒）外，簇生朝天椒在沙湾县的安集海镇、农十师182团种植成功，干椒亩产300多千克。目前生产上的主栽品种分为3类，第一类是线椒，红安六号、红安八号，在新疆的种植比较广泛；第二类是板椒（韩国羊角形干椒）、大将、红海、雅坪、火鹤3号、海丰35等品种，表现优良；第三类是牛角椒（铁皮椒），多为农民自留品种，无主栽品种。红安6号、新椒14、新椒17和新椒18等"两高一优"加工专用种和适于机械采收辣椒新品种，亩均干椒产量达到450千克，色价均高于12。新疆辣椒的栽培技术以精量机器直播、宽膜覆盖或者穴盘育苗、膜下滴灌、高垄双行、平铺一膜4行、测土配方施肥、综合防治病虫害、机械采收等为主。精量播种在新疆加工型辣椒种植上的应用使得用种量由600～700克/亩降至120～150克/亩。一膜4行辣椒移栽机实现秧苗移栽深度固定，避免了人工移栽深浅不一的缺点，成活率高，一台辣椒移栽机可以顶20个人工，一天就能移栽40亩左右，其移栽质量和效率得到了提高。栽完后迅速用节水滴灌技术滴水，秧苗一见水，就能迅速扎根，缓苗期短。在机械采收方面，引进美国全自动化辣椒采收机和辣椒采收技术，每小时采收8～12亩，采净率达90%以上，采收成本400元/亩，该辣椒采收机的功效相当于500个劳力的工作量，亩节约采摘费300元以上。

陕西辣椒常年保有种植面积在90万亩左右。主要集中在宝鸡、咸阳、渭南等地（宝鸡约30万亩，凤翔县辣椒种植面积常年在12万亩左右），终端产品以绿鲜椒、红鲜椒、辣椒干、辣椒面、辣椒酱为主。从种植方式看，越夏露地以线辣椒为主，种植模式为小麦、辣椒套种，品种以8819类型常规品种为主，平均亩产量在2 000千克左右，终端产品全部为辣椒酱。此类种植户每户平均种植在3亩左右，多的有10亩左右。近年也在推广杂交品种，以辣丰4号、辛香8号为代表，亩产在2 500～3 000千克。

该类品种主要优点是高产、商品性好、抗性较好，主要以销售青、红鲜辣椒为主，因皮厚、含水量高，加工辣椒酱使用较少；秋延大拱棚集中在渭南地区，牛角椒、线椒品种都有种植，种植面积在5万亩左右，全部以青鲜椒销售为主。代表品种为郑研315及湘研系列品种。

生产中存在的问题，一是栽培技术落后，除了保护地辣椒栽培采用育苗移栽外，露地栽培仍然以直播为主，如干制辣椒大部分采用直播，种子是农户自留或者辣椒产品加工后的"副产品"，品种退化，病害严重。栽培密度过大，需用种量也大，管理粗放。二是品种单一、杂种化水平低，日光温室及塑料大棚辣椒生产以杂交种为主。而露地栽培的干制辣椒和脱水甜椒基本使用的是常规品种，这些常规品种抗病性差、产量低，影响加工品质。三是企业加工能力不足，加工体系不健全，受市场波动影响大。

内蒙古2017年辣椒种植辣椒面积80万亩左右。加工红辣椒约50万亩，脱水加工青椒约17万亩，菜用辣椒种植面积约13万亩。鲜辣椒总产量163万吨，干辣椒14万吨。加工红辣椒约50万亩，其中通辽市开鲁县红干椒种植面积40万亩，其60%种植面积采用膜下滴灌、水肥一体化种植模式。科尔沁区3万亩，科左中旗、奈曼旗7万亩，干椒品种占70%，鲜椒品种占30%，干椒产量14万吨，鲜红辣椒产量30万吨。脱水加工青椒约17万亩，以露地栽培为主，主要分布在巴彦淖尔市临河区、杭锦后旗、磴口县等地，鲜椒产量68万吨，甜椒全部脱水干燥，产品全部出口。菜用辣椒种植面积约13万亩，保护地栽培约占54%，露地栽培约占46%，露地栽培中80%为甜椒。赤峰市的宁城县、松山区、元宝山区、翁牛特旗、红山区等南部旗（县）保护地秋冬茬、早春茬温室栽培和越夏茬大棚栽培辣椒栽培面积7万亩。西部区主要种植牛角椒、羊角椒、螺丝椒和甜椒，以露地栽培为主。呼和浩特市、包头露地栽培辣椒约1万亩，产品以当地消费为主，鄂尔多斯市达拉特旗、鄂托克前旗露地栽培北菜南运辣椒约有5万亩。

（4）西南生产区（贵州、云南、四川、重庆、西藏）

该生产区是全国主要辣椒产区，以加工型辣椒和干椒为主，辣椒种植总面积946.5万亩。

贵州种植面积为485.8万亩，遵义种植面积最大，为97.96万亩，其后依次为毕节、黔南州、铜仁、黔西南州、安顺，贵阳和六盘水种植面积较小，均不足10万亩。品种类型主要是朝天椒、线椒、草莓椒等，以加工型辣椒和干椒为主，占总面积的90%左右，其中用于鲜加工和干制的数量分别占总量的30%和70%左右。

云南种植面积为275.4万亩，以外销（占70%）为主，主要是干制和加工类型。干椒90万亩，主要是文山壮族苗族自治州的丘北辣干椒；云南小米辣35万亩，主要用于泡制；朝天椒60万亩，60%鲜食，20%用于干制，20%用于泡制；魔鬼椒10万亩，主要用于提炼辣椒素；美人椒8万亩，主要用于泡制。文山壮族苗族自治州种植面积占云南辣椒面积的50%左右，其他还有曲靖市、红河州、楚雄州等地。

四川种植面积为148万亩，菜椒、线椒、朝天椒为主栽种类。其中菜椒面积占30%～40%，主要分布于城镇周围，多为就地生产，就地销售。线椒占总面积的50%左右，其中80%用于加工辣椒豆瓣酱，部分作泡菜。线椒主产区分布于四川盆地内的丘陵地区，如南充市的西充县、南部县，资阳市的雁江区、简阳县、乐至县、安岳县，绵阳市的三台县、盐亭县、梓潼县，德阳市的中江县、旌阳区，内江市的资中县，遂宁市的市中区、射洪县，广元市的剑阁县，凉山州的盐源县，成都市的双流县等。朝天椒约占总面积10%，主产于川南地区，如内江市的威远县、东兴区，自贡市，宜宾市的宜宾县、珙县等，多为就地生产，就地消费。

重庆种植面积32.3万亩，西藏种植面积5万亩。高辣度型辣椒消费群体大、消费量大。以露地生产为主，近年来早春设施栽培和秋延设施栽培呈现增长趋势。产品主要为本地鲜食消费、制干、酱制等。品种类型有薄皮泡椒、青皮线椒、浅绿皮线椒、浅绿皮尖椒、朝天椒。

西南生产区的单产水平低于全国平均水平，其原因主要在于西南地区缺水问题严重，农户种植技术薄弱，土质较差，夏季高温多雨，病虫害较重，大面积种植的品种多数是地方品种等。种植上，产业发展缺乏统筹规划，总体种植管理较为粗放，种植技术落后。加工上，除少数几个有一定规模的企业外，加工企业总体来说规模都较小，品牌知名度不高。加工产品同质化现象严重，企业技术力量薄弱，产品创新能力不强。市场建设不完善，服务能力弱，基础设施不健全，科技研发和技术推广总体投入不足。

(5) 华北生产区（北京、天津、山东、河北、河南）

该生产区种植面积477万亩，其中200万亩是以种植簇生朝天椒干椒为主，包括河南的临颍、柘城、内黄，河北冀州、望都，山东菏泽东明及济宁的金乡等地。出口型干椒金塔类和益都红干椒在山东菏泽、济宁、胶州、德州等地仍有一定的种植面积。剩下的近300万亩以种植鲜食辣椒为主，北京，天津，山东潍坊和临沂，河南周口、驻马店和杞县，河北坝上、张家口、唐山等地主要是以种植鲜食辣椒为主，大多数是保护地及冷凉地区露地种植，主要品种类型有黄皮牛角、黄皮羊角、甜椒、彩椒、泡椒、线椒、单生鲜食朝天椒。

北京辣椒种植面积大约7万亩，主要是保护地种植，品种类型有黄皮牛角、黄皮羊角椒、甜椒、彩椒等。

天津辣椒种植面积大约10万亩，主要是露地种植的腌制加工羊角椒、簇生朝天椒，保护地种植的品种类型有黄皮牛角、黄皮羊角椒、甜椒等。

山东辣椒种植面积大约150万亩。山东保护地辣椒主要分布在青岛、寿光、青州、聊城、泰安、烟台、威海、沂南等地。寿光、莘县是山东传统蔬菜区，其他地区如济阳、高河、济南以北、平度、兰陵、临沂（沂南）等地近几年也发展较快。菏泽、济宁、胶州、德州等地为出口型干椒基地，以金塔类和益都红干椒为主，鲁南地区如兰陵、临沂等地以豫艺301、巨无霸、大果苏椒五等薄皮泡椒为主，寿光、青州、昌乐、聊城、烟台等地，以保护地（温室和塑料棚）栽培为主，品种主要有黄皮牛角、黄皮羊角、甜椒、彩椒、黑线、黄线、麻辣椒、螺丝椒和陇椒、辣妹子等。

河北辣椒种植面积大约120万亩。衡水冀州、保定望都、邯郸鸡泽、唐山乐亭等地以露地种植簇生朝天椒、腌制加工干椒羊角椒为主。保护地辣椒主要分布在如永年、乐亭、肃宁、定州、永清、饶阳、青县等地。保护地有日光温室、塑料大棚、中小拱棚，品种类型主要有甜椒、黄皮牛角、黄皮羊角、彩椒、螺丝椒、陇椒和线椒等。唐山、秦皇岛，承德山区和张家口坝下山间盆地以日光温室为主。露地辣椒仍有一定面积，但正逐步转向保护地生产。廊坊、沧州、保定以及石家庄、衡水等地日光温室与塑料拱棚平分秋色，邢台和邯郸地区以塑料中小拱棚种植辣椒为主。

河南辣椒种植面积大约200万亩。漯河临颍、南阳邓县、商丘柘城、安阳内黄、濮阳等地以露地种植簇生朝天椒为主，面积120万亩左右，其中大部分采用小麦套种朝天椒，该类型朝天椒以天鹰椒、子弹头等常规种为主。近两年来开始引进单生干椒型朝天椒如艳椒425、石辣5号等高辣型新品种，以及泰国类型单生朝天椒（艳红、艳美类型）、川椒种业的簇生朝地椒。因为近几年夏季雨水偏多，果面细菌性病害（炭疽病）普遍发生，所以采收的红鲜椒采用机器烘干。周口扶沟、安阳内黄、南阳新野、郑州中牟和荥阳、商丘民权、焦作济源等地，以保护地种植为主，品种主要包括薄皮泡椒、黄皮牛角、黄皮羊角、甜椒、螺丝椒、陇椒等类型。商丘、南阳、开封等地区仍采用露地种植泡椒、线椒、绿皮羊角椒，但近年来由于夏季高温多雨天数增加明显，毁灭性病害普遍发生，再加上夏季辣椒价格普遍很低，露地辣椒种植面积正在不断减少。

(6) 华东生产区（江苏、浙江、上海）

该生产区以微辣辣椒和甜椒消费为主，种植面积157万亩。

江苏辣椒种植面积126万亩，90%为日光温室、连栋大棚、大中小棚保护地栽培，10%为露地栽培。保护地栽培以越冬茬、春提早和秋延后为主，露地栽培以油菜—辣椒、麦—辣椒为主。主要种植地区为徐州、连云港、宿迁、淮安、盐城、南通、泰州。种植品种主要有苏椒5号博士王、苏椒14、苏椒15、苏椒16、苏椒17、苏椒1614、巨无霸、苏椒103甜椒、江蔬4号、先红1号、好农11等。淮安红椒常年种植面积30万亩左右，从12月至翌年4月采收红椒销往全国各大市场，2010年获国家地理标志证明商标，2014年被认定为中国驰名商标。淮安红椒种植面积与上市量对秋冬季我国红椒市场的价格走向影响较大。

浙江2017年辣椒栽培面积为29万亩左右，其中设施栽培面积20万亩左右，以大棚设施栽培为主，占设施蔬菜面积的13%左右。2017年浙江辣椒总产量约47.6万吨。辣椒栽培基本为分散栽培，主要种植区域有杭州市临安、建德，宁波市余姚、慈溪，温州市永嘉、楠溪江两岸，台州市路桥、三门，金华市婺城区、兰溪、磐安，衢州市开化、龙游等地。主要栽培模式为早春栽培、山地栽培等。

上海有近2万亩的辣椒种植区域，设施栽培占80%左右，其中崇明区辣椒种植面积达8 900多亩，其次分别为奉贤区4 800余亩和浦东新区3 200余亩的种植面积。其余区（县）也有种植但都不超过1 000亩，且种植区域较分散。品种以微辣型辣椒居多，其中苏椒5号的种植面积最广，达到2 700多亩，仅崇明区的种植面积就有2 200余亩。甜椒仅奉贤区就有1 000多亩的种植面积。

（7）华中生产区（湖南、湖北、江西、安徽）

该生产区是我国辣椒的重要生产区，辣椒种植总面积445万亩。

湖南辣椒种植面积170万亩，大型基地分布在洞庭湖区和武陵山区，其他地区种植较分散，每家每户均有种植，且品种较杂乱，以尖椒和线椒为主。主要品种有博辣1号、博辣2号、博辣3号、博辣5号、博辣红东帅、湘辣17、辛香8号、王者等浅绿皮线椒和兴蔬215、湘研15等尖椒。

湖北辣椒种植面积95万亩，大型基地分布在武陵山区的长阳、利川、武汉的东西湖、麻城、荆州等地。品种有苏椒5号、福湘新秀、大果99、中椒6号、辛香8号、辛香2号、辣丰3号、博辣5号、长辣7号等。

江西辣椒种植面积100万亩，基地主要分布在宜春、萍乡、赣州的赣县区、信丰县、吉安的永丰县，总的来说基地较分散。线椒品种有博辣1号、博辣2号、博辣3号、博辣5号、博辣6号、博辣15、辛香8号、2号、湘辣17、文初8号，尖椒有兴蔬19、兴蔬215、萧新3号、湘研15等。

安徽辣椒种植面积80万亩，基地分布在和县、阜阳、亳州等地。主要品种有改良苏椒5号、好农11、豫艺818、辛香8号、博辣5号等。

（二）辣椒市场需求状况

我国辣椒产品市场正在发生一些变化，比如南方地区由于抗病性等因素，甜椒、泡椒、黄皮辣椒播种面积逐年减少，线椒、绿皮尖椒及黄绿皮尖椒播种面积较大，螺丝椒、指天椒播种面积逐年增多。湖南、四川、江西、云南等省份原本对辣味要求较高，现以中辣型的青皮尖椒、小红尖椒和线椒为主；湖北、河南、安徽、江苏、浙江等省份以微辣型的薄皮泡椒或甜椒为主；河北、东北地区及内蒙古、新疆、宁夏等省份以大果黄皮尖椒和甜椒为主；广东、广西及港、澳地区主要消费微辣或甜辣型的高品质黄皮尖椒、薄皮泡椒、螺丝椒和圆椒。本章综合国内外辣椒市场需求，分析我国辣椒市场发展现状及趋势。

1. 不同栽培条件下专用型辣椒品种需求增加

不同栽培条件要求不同的专用辣椒品种，对品种的综合抗病性、抗逆性、适应性、品质、丰产性、商品性等提出了较高要求。目前，设施长季节栽培专用型辣椒基本上被国外品种垄断，仅在春大棚及拱棚秋延后早熟类型中国产品种占主导市场，但形势不容乐观。露地专用分为北方冷凉地区露地和南方露地。北方露地中，甜椒市场被国外垄断，金塔类干椒由韩国品种占主导市场，牛角形辣椒为国产品种占一定市场。南方露地中早熟甜椒、黄皮和绿皮羊角椒、泡椒、线椒等国产品种占主导市场，单生朝天椒鲜食类型由泰国、韩国品种占主导市场。云南及周边高海拔地区拱棚种植的锥形甜椒由北京京研益农公司品种占主导市场。设施栽培高附加值品种被国外公司垄断，种子价格很高，而拱棚及露地栽培的国产品种仍处于恶性竞争阶段，种子价格低位运行。

2. 品质优良、耐贮、耐运辣椒品种具有良好的市场发展前景

当前辣椒品种选育一味地追求丰产性、耐贮、耐运性，结果育成的品种肉厚、蜡质层厚，虽然达到了耐贮、耐运指标，但无论生食还是炒菜，口感都很差。品种育种忽视了辣椒的口感、色泽度、质脆等外在品质，忽视了风味、维生素C含量等内在营养品质，育种目标偏离了消费需求。随着人们生活水平的不断提高，对产品的商品性要求越来越高的同时，对品质也有了更高的要求。商品性好、口感品质好、风味品质佳、耐贮耐运的优良品种将受到消费者的欢迎，具有良好的市场发展前景。以陇椒系列品种为代表，螺丝椒、猪大肠辣椒以及带有纵褶的辣椒品种，过去仅局限于华东市场和东北市场，近两年在全国各地均有销售，而且价格明显高于同期其他厚皮椒。从华南冬季南菜北运基地、北方冷凉地区夏秋露地生产基地、华中及长江流域春季或秋延后拱棚生产基地来看，该类型品种已经具有一定的生产规模，并具有面积扩大的趋势。

3. 抗逆性强、适应性广的优良品种市场占有率将提高

区域气候差异大，特别是近几年气候反常现象时有发生，南方地区冬季、春季气温普遍偏低，北方地区秋季气温反而偏高，给南方露地及拱棚以及北方设施的辣椒生产带来了很大影响，坐果率低、畸形果率高、病害发生普遍等现象严重，给种植户带来较大的经济损失，并时常出现因品种抗逆性差造成的种子纠纷。北方温室一年一大茬栽培的牛角椒或甜椒，前期要求耐热，春节前后要求耐低温弱光，后期又要耐热。抗逆性强、持续坐果能力强、畸形果率很低、每亩产量能达到6 500千克以上的品种，已被国外垄断。国产品种的耐低温弱光能力、持续坐果能力、中后期生长势等指标，与国外品种有一定差距，原因是过去育种工作只重视早熟性、坐果集中、开展性等指标，忽视了耐低温性、直立性、持续坐果性等指标，使得国产品种在设施长季节栽培中普遍出现易早衰、坐果易断层等问题。同时，近年来，长江流域及北方秋延后大棚或拱棚种植基地规模不断扩大，如安徽阜阳、山东潍坊、辽宁北镇等年种植面积均在10万亩以上，均属于反季节栽培，对品种的抗逆性要求高，前期要耐高温，中后期要耐低温，安徽、江苏秋延后多为红椒上市，对品种的抗逆性要求更高。华南、西南北运基地以露地栽培辣椒为主，多为春节前后上市，主供北方寒冷冬春季节市场。这些种植变化和特殊需求，迫切需要抗逆性强、适应性广的品种。

4. 市场对辣椒的综合抗病水平要求高

市场对辣椒综合抗病性提出了较高的要求，一是当前我国规模化辣椒生产基地呈现专业化、精品化和高端化的发展势态，急需培育抗多种病害、适宜不同栽培条件专用品种，以满足市场需求。二是受全球气候变暖的影响，我国南北地区气候差异很大，近几年反常气候频繁发生，导致辣椒新病害时常出现，逐渐成为主要病害，给生产带来较大损失。温度变化剧烈和水分忽大忽小条件下，果实常发生生理性斑点病、疮痂病和炭疽病，也会发生缺素症状，如缺钙引起的脐腐病、缺锌缺铁引起的黄果病，主要是由于高温下果实里养分转移到叶片，植物自我保护现象造成的。果实病害对红椒或彩椒生产的影响是毁灭性的。三是北方保护地栽培，不论温室长季节和常规栽培，还是大棚春季和秋延后栽培，推广品种基本要求是抗烟草花叶病毒（TMV）、中抗（耐）黄瓜花叶病毒（CMV），但由于土壤盐碱化、土壤酸化等问题日趋严重，在高温条件下植株常发生番茄斑萎病毒病、青枯病、枯萎病、根腐病、疫病、根结线虫等病害。四是冬季、早春季节保护地栽培，在早晨棚内常出现雾气、低温寡照、湿度大的条件下，常发生细菌性软腐病和菌核病，造成烂秆或坏生长点，根部病害茎基腐病、根腐病等也常出现。南方露地栽培在高温条件下，易发生TMV病、青枯病、根腐病、枯萎病、疫病和根结线虫；在持续低温条件下，露水和雨水易引起CMV花叶病、叶斑病、角斑病、软腐病、菌核病、青枯

病、根腐病和疫病等病害。果实易发生疮痂病、炭疽病和缺素引起的黄果病、脐腐病等病害，尤其是华南种植的绿皮椒极容易发生黄果病。总之，只有抗两种以上病害（细菌性、病毒性和真菌性）的保护地或露地专用辣椒品种，才能满足生产和市场需求。

5. 优质、抗病、适宜机械化采收的干椒品种有市场空间

我国干椒种植面积较大，产品主要为加工专用和出口专用。随着市场需求增大，急需选育高辣、抗病性强、优质、丰产，并且保持地方常规品种特有的香味、易风干等特点的干椒品种，用于初加工产业；急需育成高辣椒红色素、高辣椒素（辣度高）、抗病的优良品种，用于深加工产业。此外，随着我国干椒基地发展规模化、专业化，新疆部分基地目前已开始应用机械化采收，对品种要求更为严格，要求品种具有直立型、半自封顶、易脱水、椒皮有韧性、果柄不易脱落等特性，今后适宜机械化采收的干椒专用品种将是我国干椒主要育种方向之一。

二、辣椒科技创新

（一）辣椒种质资源

辣椒种质资源是辣椒育种工作的物质基础。我国辣椒育种始于20世纪70年代，通过国家"六五""七五""八五"攻关，开展了地方品种资源收集、保存、评价、鉴定工作，收集纯化了一大批辣椒育种材料。湖南省蔬菜研究所创建了我国辣椒种质资源保存最齐全的种质库，现保存5个变种在内的来自全球各地的辣椒资源3 219份。一些科研单位通过辐射育种、组织培养法、太空诱变、EMS诱变、杂交聚合分离等方法育成了一批优良自交系和雄性不育系。

但总体来说，我国辣椒种质资源有限，种质资源遗传背景狭窄，抗病基因较为单一，优异资源贫乏，很大程度上制约了我国辣椒品种的更新换代。我国资源库的辣椒品种资源有3 000多份，其中必定蕴含着大量的优质抗病基因，如何通过有效的方法进行鉴别和加以利用是亟须解决的问题。因此，应加强新种质资源的搜集、引进、鉴定、评价等育种基础研究；对现有资源进行表型和基因型精准鉴定，利用近缘或远缘杂交、多材料复合杂交、双单倍体（DH）育种、优异性状聚合、现代分子技术等手段，发掘辣椒种质材料的抗性、特异性和优异基因资源，创新优异种质；加强辣椒新型胞质雄性不育系CMS转育和恢复系筛选。

（二）辣椒种质基础研究

1. 雄性不育研究

目前辣椒品种选育方法有传统常规杂交F_1、胞质雄性不育系CMS"三系"配套F_1和核雄性不育系MS（50%不育）做母本配制F_1。

辣椒杂种优势非常明显，一代杂交品种已大规模应用于我国生产，取得了巨大的经济效益和社会效益。目前我国辣椒杂交种在生产上仍多采用人工去雄、人工授粉配制一代杂种，制种成本高，种子纯度难以保证。利用辣椒核雄性不育系MS（50%不育）做母本配制F_1的种子生产中，尽管可以省去人工去雄环节，但母本的不育株和可育株分辨必须到开花期才能进行，拔掉可育株后造成制种田母本株稀疏不一，浪费田地且不易管理栽培，并且果实容易出现日灼现象，种子单产较低。在我国劳动力十分缺乏和劳动力成本逐年增高的状况下，利用辣椒胞质雄性不育CMS生产一代杂交种子可节省50%以上人工成本，可以明显降低杂交种子的生产成本，而且可以保证F_1杂交种的纯度达到100%，因此，利用胞质雄性不育系CMS配制一代杂种种子，是降低制种成本和提高杂交纯度的有效途径，在与国外

品种抗衡中具有很大的市场竞争优势。利用CMS雄性不育系制种是先进的育种技术方法，我国辣椒杂交种每年制种面积约为4万亩，如果50%的品种实现雄性不育化制种，将节省去雄成本1.2亿元，同时可为农民提供高质量的杂交种子，具有巨大的经济效益和社会效益。但我国雄性不育技术制种仅占杂交制种的10%左右，目前韩国辣椒品种的杂交种制种90%以上是利用辣椒胞质雄性不育系CMS，我国目前实现CMS雄性不育制种的杂交种比例太低。大面积利用CMS生产杂交种子之前，需要将雄性不育化配制的杂交品种的种子进行多点生产试验，鉴定新品种的稳定性和适应性。因此，我国需要加强辣椒CMS雄性不育制种技术研究，提高良种繁育效率，以防止亲本丢失，保护自主知识产权，缩短与世界种业强国的差距。

2.抗病性、抗逆性与适应性有效鉴定方法研究

抗病育种在辣椒育种中至关重要，综合抗病性是衡量一个品种好坏的重要指标。北方保护地品种选育，在保持抗TMV、中抗（耐）CMV前提下，应加强土传病害根腐病、枯萎病、疫病和根结线虫等发病规律及抗病机理研究。南方露地品种选育，在保持抗TMV、中抗（耐）CMV前提下，应加强因雨水、露水引起的叶斑病、角斑病、青枯病、疮痂病等发病规律及抗病机理研究。从发病严重地区分离、鉴定病原菌，筛选获得高致病力菌株；经过人工接种鉴定筛选出高抗病材料；利用抗、感材料构建分离群体，进行抗性遗传分析和基因定位，获得抗病连锁分子标记；应用分子标记辅助选择育种，培育高抗病种中间材料，并选育辣椒抗病品种。

辣椒抗逆性、适应性涉及植物和环境（包括生物与非生物）的互作，其抗逆性状较为复杂，多数性状为多基因控制的数量性状。我国设施种类多、环境差异大，拟评价性状多样，确定与目标性状紧密关联的关键指标难度较大。目前国内外抗逆相关基础理论和种质创新技术研究基础薄弱，因此建立高效、准确、可操作性强的抗逆性评价筛选指标体系难度较大。在抗逆性评价技术方面，目前国内对适应我国设施条件的专用品种的研究才刚刚开始，虽然已经有一些研究人员开展了辣椒相应的耐低温弱光评价和鉴定以及QTL等工作，但是尚未形成系统的可大规模应用的种质资源抗逆性快速评价和筛选体系。因此，应在冬季设施大量种植育种材料，测定材料在低温下冷害生理生化指标变化，结合田间调查生长势、坐果性等性状，筛选耐低温育种材料。耐热品种也是目前辣椒抗逆育种的一个重要指标，鉴定辣椒耐热性最可靠的方法是调查在高温下的坐果情况，但费时费力。因此，从长远看，建立辣椒抗逆种质资源的筛选和有效评价方法十分重要，可以通过构建高效、可操作性强的辣椒种质资源耐低温（或耐高温）、抗早衰持续结果能力、抗土壤连作障碍能力等重要性状抗逆性评价技术平台，筛选出具有良好的抗逆性与适应性的优良自交系有。

3.传统育种与现代分子生物学技术相结合育种研究

制约我国辣椒种业进步和产业发展的主要瓶颈在于育种技术手段落后，育种难以实现规模化、精准化、流程化。世界种业已从传统的农业产业演化成高科技行业。随着辣椒基因组测序的完成和标记检测技术的发展，高通量分子辅助育种技术将成为辣椒商业育种的重要手段。我国育种工作者在辣椒素、育性、抗病性等相关基因进行了开发，但与应用还有一定的距离。作为育种技术的"黑马"，DH育种呈现规模化、流程化发展趋势，国内育种工作者已有涉足，但技术还不够成熟稳定，诱导率和加倍率有待提高。在远缘杂交利用方面，云南农业科学院利用基因桥法成功克服*C.annuum*和*C.baccatum*种间杂交种子完全无发芽率的问题，远缘三交育种技术已初步应用于高辣素品种的选育。建立专业化分工，规模化应用，集约化运行的高通量、自动化分子标记辅助育种和规模化双单倍体的育种技术平台是提高育种效率有效方法。国外蔬菜种业巨头如孟山都、瑞克斯旺、安莎公司等已经实现了育种材料大规模、高通量、全自动的基因型分析鉴定和筛选，其规模之大、装备水平之高，是我国任何一个种业公司或国家级专业研究院所都无法比拟的。高通量分子检测技术的发展使得跨国公司的育种技术

发生了质的飞跃，但却是目前我国种业研发技术与跨国公司相比最大的短板。

三、辣椒品种推广

（一）干椒品种

干椒分为朝天椒干椒和线椒干椒两种类型。线椒干椒主要集中在新疆、云南文山壮族苗族自治州、曲靖市的会泽县，陕西宝鸡、河北鸡泽。新疆的主要品种为8819常规品种、红龙13、博辣红牛、二荆条、珠子椒；云南的主要品种有丘北辣；此外，在湖南、江西等地也有农家分散种植，面积总量也较大，品种为农户自留或川椒5号、博辣红牛等。朝天椒干椒主要在山东曹县，新疆，云南文山、曲靖，贵州遵义县、绥阳县、眉潭县，重庆石柱，四川自贡，河南柘城、内黄等地，以山樱椒常规种为主，另有杂交种天问1号、天问3号。山东曹县主要是山樱椒、天问1号、天问3号；云南以艳红为主；贵州以虾子椒（珠子椒）、极品泡椒、飞艳、红红艳、艳椒425为主；重庆以艳椒425为主；四川以天宇3号为主。综上所述，线椒干椒品种以传统地方品种丘北辣、8819、二金条为主，有少部分杂交品种，朝天椒干椒以传统常规品种山樱椒和珠子椒为主，有部分杂交品种。

（二）加工制酱品种

加工制酱品种主要分布在山西忻州，河北鸡泽，贵州黔南州的瓮安、福泉、望谟以及遵义、眉潭、绥阳，山东菏泽，河南商丘，安徽阜阳，湖南武冈等地，重庆石柱、酉阳，四川绵阳、西昌。贵州以辣丰3号、博辣5号、长辣7号为主；山东、河南、安徽、湖南、山西、河北主要品种有博辣15、辣丰3号线椒和艳红、艳美朝天椒；重庆以辣丰3号、博辣5号、长辣7号、湘辣7号为主；云南红河、文山、宝山以小米辣做泡辣椒；江西赣州信丰县以当地小辣椒做泡椒，吉安的永丰县以津红2号做酱；四川以二金条、博辣5号、长辣7号、湘辣7号为主。综上，加工制酱辣椒主要有线椒博辣5号、辣丰3号、长辣7号、湘辣7号和朝天椒艳红、艳美。

（三）鲜椒品种

1. 泡椒

薄皮泡椒：主要分布在海南、四川、重庆、湖北、江苏、河南、云南，辽宁。江苏的苏北和苏中、山东的兰陵以新苏椒5号、苏椒17、苏椒1614为主；河南的商丘和安徽的阜阳，以豫艺818为主；湖北的荆州以福湘2号、新秀、大果99为主；湖北的武陵山区以中椒6号为主；安徽的和县以好龙11为主；广西南宁附近以大果99、福湘碧秀、新秀为主；海南的澄迈以改良苏椒5号为主，陵水万宁以基地酷优为主。

中厚皮和厚皮泡椒：海南琼海、万宁以厚皮的福湘秀丽、湘研美玉及中厚皮的巨霸、超前大椒为主；重庆武隆、潼南以福湘碧秀、大果99、苏椒5号、改良苏椒5号、种都5号、福湘新秀为主；四川攀枝花、广元以新秀、苏椒5号、种都5号为主；云南西以厚皮的苏椒5号、中厚皮的品种甜杂1号为主；辽宁沈阳以沈椒4号、5号为主。

从以上看，薄皮泡椒品种主要有苏椒5号类型、福湘新秀、大果99，中厚皮泡椒主要有中椒6号、墨豫大椒、甜杂1号，厚皮泡椒主要有福湘秀丽、湘研美玉。

2. 线椒

海南、广东以辣丰3号、博辣红箭、博辣5号、博辣艳丽、加长辣丰3号为主；广西以辣丰3号、博辣5号、博辣15、辛香8号、辛香2号、辣旋为主；贵州以辣丰3号、娇丽、博辣中5号为主；湖南以王者、博辣红帅、兴蔬绿燕、湘辛28为主；安徽的阜阳、亳州以辣丰3号、博辣7号、辛香8号为主；江苏东台、大丰以辣丰3号、博辣15为主；河南商丘以辛香8号为主；湖北长阳山区以博辣15、艳丽、娇丽为主；山东临沂以兴蔬301、博辣7号、博辣15为主；湖南线椒品种较为丰富，有博辣皱线1号、皱线2号、湘研黄妃、博辣瑞美、湘辣17、王者、辛香8号、博辣2号、川椒系列品种；陕西西安周边以辛香8号为主，汉中以兴蔬301、博辣6号为主，渭南以辛香8号为主；山西长治、榆次以辛香8号为主，运城以博辣红艳为主，平遥以红丰404为主；江西宜春、萍乡、赣州以博辣1号、博辣2号、博辣3号、博辣6号、博辣5号、博辣15、湘辣17、辛香8号、辛香18、文初8号、文初9号、王者为主；四川以辛香8号、王者系列、博辣5号、红帅、红艳、兴蔬绿燕为主；云南以辛香8号、博辣5号、长辣7号为主；重庆以长辣7号、辛香8号、王者为主。综上，鲜食线椒品种主要有辣丰3号、博辣5号、长辣7号、辛香8号、王者、湘辣7号。

3.朝天椒

海南、广东、广西以艳红、艳美、广良5号为主；河南商丘、山东曹县、安徽阜阳以艳红、艳美、博辣天玉为主；湖北长阳山区以艳红、博辣极品泡椒为主；贵州遵义、绥阳、眉潭以极品泡椒、飞艳、红红艳、艳椒425为主。综上所述，鲜食朝天椒主导品种有艳红、艳美、博辣天玉、飞艳、艳椒425。

4.尖椒

四川西昌、乐山以兴蔬201、农望19为主；江西以兴蔬19、兴蔬215、湘研15、潇新15为主；广东、海南的黄皮尖椒以长研209、国福208、奥运大椒、茂椒5号为主；广西钦州以安徽品种为主，但未形成主导品种；山东的青皮尖椒以喜洋洋为主；河南商丘，广东韶关、乐昌、惠州以超级16、兴蔬16、青翠为主；海南、广东、广西螺丝椒以辣八和安徽品种为主；湖南的洞庭湖区主要种植兴蔬201、兴蔬208、丰抗21，其他地方种植兴蔬215、湘研15、春椒5号、兴蔬皱皮辣；山西运城种植22号尖椒螺丝椒；甘肃种植陇椒。综上所述，尖椒品种主要有兴蔬16、超级16、兴蔬215、湘研15、陇椒系列、潇新15、奥运大椒、辣八螺丝椒、22号尖椒。

四、国际辣椒产业发展现状

随着辣椒产品用途的不断拓展、食辣地域和人群的不断扩大，国际辣椒市场总体上保持了较旺盛的增长势头。目前，全球辣椒出口量大的国家有中国、印度、西班牙、马来西亚、秘鲁、墨西哥、津巴布韦等，而进口量大的国家有美国、德国等。总体上，辣椒市场价格保持了一个较高的水平。

我国国内辣椒的主要消费仍然以鲜食为主，用于国际贸易的主要是辣椒干、辣椒粉、辣椒酱、辣椒油、腌制辣椒以及深加工产品辣椒碱、辣椒精、辣椒红色素等。干辣椒进出口量虽然占干、鲜辣椒产量的比重并不突出，但国际贸易额却大大高于鲜辣椒。

中国是全球辣椒生产大国，在辣椒种植面积及产量上居世界第一位，出口量常年保持世界第一位，主要出口目的地为韩国、日本、墨西哥、澳大利亚、美国等国家和地区，主要出口产品为冷藏鲜食辣椒、辣椒干、辣椒粉、辣椒酱、辣椒罐头等。由于国际市场上辣椒红色素、辣椒碱等辣椒深加工产品的需求缺口较大，在国际需求的刺激下，中国依托丰富的原料优势，将进一步增加辣椒深加工出口数量。

在未来的辣椒初级产品市场中，鲜食辣椒数量会随着食辣人群的增加而增加。同时随着辣椒制品加工特别是辣椒深加工的不断发展以及辣椒用途的进一步拓展，干制辣椒的市场需求量将保持较快的增长。另外，近年来由于发达国家种植成本过高，作为辣椒素和辣椒红色素加工原料的种植基地已开始向发展中国家转移，南部非洲国家及一些其他地区在这个转移过程中开始明显受益，印度已成为世界上最大的辣椒素生产加工基地。

　　总之，随着世界经济一体化步伐的加快，人们的社会联系、经济往来和文化交流日益频繁，食辣习惯也在这样的交往中互相传播、渗透和交融，食辣地域和人群不断扩大。加之科技的不断进步、人们对辣椒开发价值认识的不断加深、育种和栽培技术的不断突破、产业化经营水平的不断提高，辣椒产品用途日益拓展。除作为传统食用外，辣椒已成为加工提取辣椒素和辣椒红色素的重要工业原料。全球辣椒市场需求量仍将保持较快的发展势头，辣椒深加工产品也具有广阔的开发前景。

（编写人员：马艳青　王述彬　龙洪进　李　颖　陈贻诵　王日升　王兰兰　耿三省　焦彦生　等）

第19章　茎瘤芥

概　述

茎瘤芥，也称榨菜，俗称青菜头，是闻名中外的"涪陵榨菜"原料作物，属十字花科芸薹属芥菜种的一个变种，喜冷凉湿润的环境，18世纪中叶以前，由叶芥在川东长江流域河谷地带分化形成。

1898年，"荣生园"酱菜园邱寿安的雇工邓炳成仿大头菜的腌制方法，用其瘤茎（即青菜头）做成腌菜，后不断改进加工工艺，形成了商品化生产，因用榨压除卤水，故名"榨菜"。至20世纪20年代，逐渐形成了茎瘤芥种植生产及榨菜加工产业，其后历久不衰，至今已逾百年。浙江榨菜于20世纪30年代初从四川引种，形成了不同生态类型的品种和栽培技术以及浙式榨菜的加工工艺。我国改革开放以后，四川盆地邻近的贵州、湖南、湖北、陕西、云南等省份的部分区域，也相继引种种植并获得成功，正在逐步扩大规模并进行现代化青菜头生产及榨菜产品加工销售。

榨菜为我国特产，也是我国的副食珍品，长期以来受到国内外消费者的普遍欢迎。尤其是涪陵榨菜，因其"鲜、香、嫩、脆"的独特品质以及营养丰富、方便可口和耐储存、耐烹调等许多优点，在国内外享有盛誉，与法国的酸黄瓜、德国的甜酸甘蓝并誉为"世界三大名腌菜"；涪陵榨菜也是我国对外出口的三大名菜（榨菜、薇菜、竹笋）之一，其传统制作工艺亦被列入第二批国家级非物质文化遗产名录。

一、我国茎瘤芥产业发展

（一）作物生产发展状况

中国是世界上唯一生产榨菜的国家。全国约有15个省份栽培茎瘤芥，主要分布在重庆、浙江、四川、湖南、湖北、贵州、安徽、山东、江苏、江西、福建等地，其中，以长江流域的重庆、浙江两地集中种植生产及加工规模最大。据不完全统计，2017年全国茎瘤芥总栽培面积在300万亩以上，总产量在580万吨左右，其中100万吨供作新鲜蔬菜食用（鲜销），480万吨用于加工，250万吨生产成品榨菜，销售收入200亿元以上，出口约10万吨，产品主要出口日本及东南亚和欧美共50多个国家和地区（表19-1）。

表19-1 2017年全国茎瘤芥主要种植生产及榨菜加工情况

区域	种植面积（万亩）	茎瘤芥总产量（万吨）	茎瘤芥鲜销量（万吨）	茎瘤芥加工量（万吨）	加工成品榨菜量（万吨）	出口量（万吨）	创汇（万美元）
全国	300.0	580.0	100.0	480.0	250.0	10.0	8 000.0
重庆	160.0	300.0	60.0	240.0	95.5	3.0	4 500.0
浙江	35.0	100.0	5.0	95.0	80.0	5.0	2 000.0
四川	30.0	60.0	8.0	52.0	30.0	1.5	1 000.0
湖南	10.0	15.0	2.0	13.0	1.4	0.5	500.0
其他	65.0	105.0	25.0	80.0	—	—	—

资料来源：系相关省份的统计汇总并保留小数点后一位数。

（二）茎瘤芥及榨菜加工优势生产区域基本情况

在我国茎瘤芥种植及榨菜加工区域中，重庆、浙江、四川3地的种植和加工规模较大。2017年，3地累计种植茎瘤芥225万亩，收获青菜头460余万吨，分别占全国总量的75%和79.3%（图19-1）。可以说，这几个地区的茎瘤芥种植特别是青菜头收获的丰歉，直接决定了我国榨菜产业发展的规模和质量。同时，我国茎瘤芥种植生产及榨菜产业还呈现出东、西部分布差异明显、长江上、下游带状差异较大的特点，且重庆涪陵、丰都、万州等地区，以及浙江余姚、海宁、桐乡等地区呈现集中化分布。在茎瘤芥种植生产方面，西部为主、东部为辅，重庆主产、浙江次产、四川辅产，涪陵盛产、余姚生产、眉山配产。在榨菜加工方面，东部以中低端产品为主，而西部是高、中、低档产品相结合；东部全部为盐脱水加工工艺，西部则是盐脱水、风脱水加工工艺并存，其中风脱水加工主要集中在重庆市涪陵区。在市场方面，东部长三角、珠三角等沿海地区青菜头作鲜食蔬菜的市场较大，腌制榨菜的市场也大；西部地区的青菜头、腌制榨菜市场主要集中在国内各大中城市；青菜头及榨菜附属产品，如菜叶、菜尖、酱油等，在当地的农村市场也占有较大份额。

1. 重庆优势区

重庆是我国最大的也是最具特色的茎瘤芥集中种植生产及榨菜加工区，茎瘤芥在该市主要分布在长江沿岸的江津、合川、渝北、巴南、长寿、涪陵、丰都、垫江、忠县、万州、开州、云阳、奉节等区县。受土壤、气候、交通等环境要素制约，离长江沿岸越近的地区，越适合茎瘤芥生长，种植面积越大，茎瘤芥产量越高；离长江沿岸越远的地区，越不适合茎瘤芥生长，种植面积越小，茎瘤芥产量越低；老区种植面积最大，茎瘤芥产量最高。以涪陵为核心并向四周辐射是重庆茎瘤芥种植及榨菜加工的区域性典型特征。

茎瘤芥在重庆多采用"轮作（稻—菜、玉米—菜）""净作"和"套作（桑—菜、果—菜、麻—菜）"等方式进行种植生产。重庆茎瘤芥种植及榨菜加工产业，主要集中分布在三峡库区的涪陵、丰都、垫江、万州等19个区（县），分别占重庆各区（县）总数及辖区面积的47.5%和67.8%，其他区（县）的茎瘤芥种植面积均不大，青菜头单产也不高。据调查统计，2017年，重庆茎瘤芥种植生产面积累计达160万亩，青菜头产量在300万吨，分别占全国的53.3%和51.7%。进一步突显了重庆是我国茎瘤芥种植生产及名特优榨菜产品精深发展的优势农产品区。

涪陵是重庆的一个行政区，位于长江和乌江的汇合处，是中国茎瘤芥种植生产和榨菜加工的发源地、原产地和目前最大、最为集中化的生产基地。茎瘤芥种植及榨菜产业的发展，已经成为当地农业及农村经济发展的支柱产业，也是农业供给侧结构性改革和扶贫攻坚的骨干项目，是重庆农业农村经济发展中产销规模最大、品牌知名度最高、辐射带动力最强、单个作物产业链最完善的区域特色优势农业产业。2017年，重庆涪陵区茎瘤芥种植面积达72.58万亩（超辖区可耕地面积2/3），分别占重庆和全国总种植总面积的45.4%和24.2%；青菜头产量160.03万吨，分别占重庆和全国总量的53.3%、27.6%。保证和延续了涪陵作为我国茎瘤芥和榨菜产业的"宗祖"地位。

2.浙江优势区

浙江是我国茎瘤芥种植生产及榨菜加工的第二大优势区，主要分布在余姚、海宁、桐乡、椒江、萧山、慈溪、乐清、奉化、瑞安、温州等40余个县（市）。受土壤和气候条件的限制，形成了与重庆茎瘤芥种植及榨菜加工不同的区域性典型特征，即以余姚为核心的春榨菜栽培季节（10月上旬播种，大苗越冬，翌年4月上旬收获）和以温州为主的冬榨菜栽培季节（8月下旬至9月上旬播种，当年12月中下旬收获）。该优势区茎瘤芥种植的密度大（一般为10 000株/亩以上），单位面积茎瘤芥产量较高，但品质差，特别是瘤茎芥的空心率较高（超50%以上）；成品榨菜加工基本采用盐脱水工艺，产品脆度难以保证。

浙江茎瘤芥主要有3种栽培类型：浙北桑地套种；浙东海涂棉地、葡萄果园等间套作；浙南地区晚稻套作。其中浙北、浙东为春茎瘤芥生产区，浙南为冬茎瘤芥生产区。近年来，种植面积出现下滑态势。据对浙江茎瘤芥几个重点产区调查，2009年种植面积达48.0万亩，至2015年基本稳定在45.0万亩左右；从2016年起，种植面积下降，2017年种植面积仅为35.0万亩左右，生产青菜头100.0万吨，分别占全国总产量的11.7%和17.2%。

余姚是宁波的一个县级市，坐落于宁绍平原，地处长江三角洲南翼，系浙江茎瘤芥种植生产及榨菜加工的主产区。2017年，余姚茎瘤芥种植面积和产量相对稳定，涉及全市4个乡（镇），种植面积达10万亩，分别占浙江和全国种植总面积的28.6%和3.3%；青菜头总产量35万吨左右，分别占浙江和全国总产量的35.0%和6.0%，产销成品榨菜10.0万吨以上，实现产业总产值16亿元，已成为宁波市的农业主导产业之一。

3.四川优势区

四川是我国茎瘤芥种植生产及榨菜加工的第三大优势区。茎瘤芥种植及榨菜加工，主要分布在眉山、资阳、内江、宜宾、遂宁、成都、德阳、绵阳、南充、射洪等10个市（区、县）。受特殊的气候、土壤、人文和市场消费的影响，茎瘤芥的种植生产，近年来有逐步扩大的趋势，如郫州、彭州的早市鲜食青菜头，射洪县主供重庆榨菜加工的原料，绵阳、阿坝高山反季节蔬菜生产等；同时，由于土壤肥沃、冬季温暖且昼夜温差大，青菜头的单位面积产量虽然较低，但收获期较早、品质较好，很受榨菜精深加工企业的欢迎。

四川茎瘤芥多采用"轮作（稻—菜）""净作"和"套作（桑—菜、果—菜）"等方式进行种植生产，并取得了良好的经济效益和社会效益。2017年，四川茎瘤芥种植生产面积累计达30万亩，青菜头产量60万吨左右，分别占全国的10.0%和10.3%。

遂宁的射洪县地处四川盆地中部，涪江上游，遂宁以北，东靠南充，西邻成都，南接重庆，北抵绵阳，位于成渝经济区北弧中心，是目前四川茎瘤芥及榨菜加工的主产区。青菜头有加工和鲜食两种用途，用于加工的部分主要运往重庆和眉山的榨菜加工厂。2017年，射洪县茎瘤芥种植面积5万亩左右，分别占四川和全国种植总面积的16.7%和1.7%；青菜头产量近10万吨左右，分别占四川和全国总产量的16.7%和1.7%。茎瘤芥种植生产及榨菜加工已纳入射洪县重点发展并培育的优势农业产业。

此外，邻近中国榨菜之乡——重庆涪陵的其他地区，如贵州遵义、湖南常德、湖北荆州等相关县

（市），正在依据各地的自然条件及优势，大力发展茎瘤种植及榨菜加工产业，特别是遵义汇川区、常德安乡县、荆州沙市区等，不但种植面积逐年扩大，引进了一些具有一定实力的榨菜精深加工企业，为保证该地茎瘤芥种植规模的扩大及榨菜产业的健康发展，创造了条件，奠定了基础。

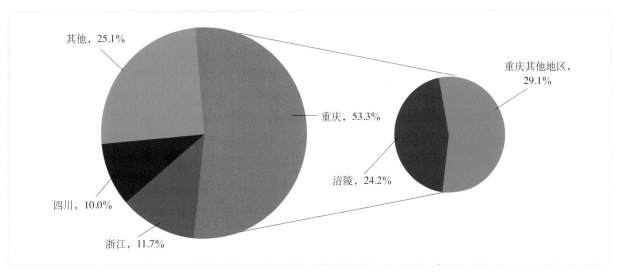

图19-1　2017年茎瘤芥及榨菜产业地域分布

（三）茎瘤芥种植、青菜头生产及榨菜产业发展的主要问题

1.青菜头数量年度间供给不平衡且部分青菜头质量较差

优质青菜头生产稳定增长是榨菜产业持续发展的前提。目前，我国青菜头生产，总体数量能基本满足榨菜加工业需要，但年度间供给不平衡，波动性大，特别是东部地区已出现严重的缺口，如浙江海宁、桐乡缺口高达30%～50%。就青菜头质量而言，普遍存在老产区好于新产区，但与榨菜加工企业对青菜头质量标准要求的差距仍然较大，如"剥皮去筋"，基本上已经省略，加工企业不得不安排大量劳动力从事剥皮去筋工作，主要有以下原因造成。

（1）生产基础条件较差

我国青菜头生产规模仍然处于较小，受自然条件影响大，绝大部分生产基地仍处于靠天吃饭状态。若遇到风调雨顺，产量、质量都比较有保障，若遇到自然灾害，产量、质量都将大幅度下降。

（2）劳动力资源短缺

目前留守农村的只有半劳动力（妇女、老人和未成年人），在青菜头的采收季节，雇工较困难，导致一些青菜头因不能及时采收而抽薹，空心或长筋，有的因收砍下来堆在田间地头难以外运而烂掉，极大地损害了菜农的经济利益和种植积极性。

（3）茎瘤芥种植的比较效益较低

据统计，茎瘤芥从育苗到收获，1亩地需要15～17个劳动力，种子、化肥、农药等农资开支每亩至少在250元以上。以2017年涪陵青菜头的行情为例，青菜头产量一般为2吨/亩左右，最低保护收购价600元/吨，收入在1 200元/亩左右，除去直接开支，劳动力价格50元/（天·人），种植纯效益仅为200元/亩，而进城打工的最低工资也在100元/（天·人）以上。

（4）茎瘤芥种植产业化经营程度偏低

我国茎瘤芥种植，无论是主产区还是次产区，主要是靠千家万户的农户自发种植，订单率不高，价格波动大，抵御市场风险能力弱。目前全国各类榨菜产业化组织与农户的连接方式中，"合同""合作""股份合作"等3种利益连接方式所占的比例较低,但即使有合约的约束,也会有企业在市场滑坡时,违背合约,以各种借口减少农产品的收购数量、压低收购价格或减少对产业化项目的投入来减少自己的损失。而农户往往在市场看好时产生"惜售"心理,将产品卖给出价高的收购商,而在合约价格较高时从市场买入农产品销售给龙头企业,从而增加了榨菜加工企业的成本,有时甚至因为质量原因给榨菜企业造成更大的损失。

(5)缺乏科技支撑

在我国茎瘤芥及榨菜主产和加工区中,涪陵青菜头的质量最好,信誉度最高,一个重要的原因是涪陵有全国唯一的榨菜研究所(重庆市渝东南农业科学院),长期进行茎瘤芥种质资源创新及新品种培育、栽培、病虫防控,以及土壤农化与良种开发等方面的研发。而一些新区,如湖南常德市、湖北荆州市等,虽然榨菜加工企业发展较快,但青菜头的质量却有待提高。重要原因是本地种子有待提纯复壮,外地种子有待本土驯化,良种覆盖率较低,高产栽培技术到位率不高。

(6)产业扶持政策不完善

茎瘤芥种植及榨菜生产和其他农副产品生产一样,属于弱势产业,需要有政府的扶持。但是除部分地区对茎瘤芥种植和龙头企业发展有一定的扶持政策外,大部分的主产地,从茎瘤芥种植到榨菜加工、销售等环节,在土地、财政、工商、税收、金融、科研等方面的配套扶持政策不完善,特别是针对茎瘤芥的生产企业发展壮大的扶持政策更是缺乏。

2.生产加工产品单一且附加值不高,经济效益低,抗市场风险弱

当前,我国茎瘤芥种植及榨菜产业发展中最突出问题是,榨菜产品附加值低,价格上不去,销路受限,投入产出的效益不高。这不仅直接制约了榨菜加工企业的发展,而且影响到青菜头的价格提升,制约了榨菜生产的发展。主要有以下原因。

(1)经营者思想不够解放,榨菜新功能开发严重滞后

企业经营者将自己的经营理念局限于咸菜的功能之内。尽管我国传统医药学、现代医药学和现代营养学等,都对榨菜的营养保健功能有论述,并且直接接种乳酸菌发酵等新技术已经通过成果评审,但并没有在榨菜生产加工领域中得到广泛应用。四川泡菜从一碟小菜到一大产业的嬗变,只不过短短10年的时间,乳酸菌泡菜就已经研究成功,并投产问世。相比之下,榨菜经营者就显得落后多了。

(2)榨菜科研力量薄弱,产品的科技含量较低

我国榨菜虽然位列世界三大名腌菜之一,但全国只有重庆涪陵建立了榨菜研究所,且其研究力量、研究重点主要是放在种质创新、新品种培育、栽培、病虫防控以及土壤农化与良种开发等方面,对于榨菜加工虽也曾做过一些研究,取得过一些成绩,但由于研究力量较薄弱,人才流失严重,设施简陋,远远适应不了榨菜产业发展的要求。榨菜企业因靠近茎瘤芥生产基地布局,基本上都在乡镇或农村,不仅科技人才缺乏,而且,即使一些曾做出过成绩的科技人员,也因为种种社会问题难以解决而不得不离开企业。因此,一些大型龙头企业的科研实力尚不强,众多中小企业就更无科研实力可谈。虽然有关大专院校、科研院所也有一些从事茎瘤芥及榨菜基础理论研究的力量,但因过于分散,难以组团攻关,即使出了一些成果,也会因为体制等问题难以应用于榨菜生产实践。因此,榨菜生产实践中提出的一系列新课题得不到解决,榨菜科技含量低,榨菜提质增效较困难。

(3)榨菜生产技术、加工工艺落后,产品质量参差不齐

少数品牌企业基本实现了生产机械化、自动化或智能化,并用现代腌制、生物发酵技术与传统榨菜的腌、榨工艺相结合,建立了"三清三洗、三腌三榨"的核心工艺,用萃取、高压均质乳化和真空滚揉吸附式拌料等方式革新调味技术,用填充氮气置换氧气和喷淋式巴氏灭菌技术保证榨菜的无菌保鲜等,产品质量、食品安全标准都略高于国家、国际标准,一些专家、学者、媒体现场参观后都赞叹不已。然而,众多的中小企业却是设施简陋、经营管理落后,完全不符合现代化生产的要求,导致产品质量上不去、产品

雷同、技术含量低，产品的附加值不断降低。再加上经营者的素质良莠不齐，以至于无照经营、假冒伪劣、滥用盗用别人商标等一系列不正当行为不断出现，影响了榨菜行业的整体声誉及价值提升。

3. 企业品牌多而杂，形不成"合力"，出口创汇少

纵观国际酱腌菜的发展历程，无论是韩国泡菜的宗家府，还是欧洲酸黄瓜的冠列，每一品类都是通过品牌的领军，让整个品类为世界所知晓。而中国榨菜行业虽然发展极为迅速，陆续有新的品牌涌现，但整体来看，品牌多而杂，知名品牌较少，大部分品牌的知名度仅局限于国内市场。据统计，浙江余姚市仅有10万亩的种植面积，就有230多个榨菜品牌，16个中国驰名商标；重庆涪陵区在190个榨菜产品品牌中，拥有中国驰名商标4个、重庆著名商标21个、涪陵知名商标37个。然而，在众多的品牌中，只有"乌江""辣妹子"品牌，在全国或部分区域市场有较高知名度和影响力，其余企业品牌知名度普遍不高，市场拓展乏力，销量受限，效益不好。造成企业品牌多而杂的原因主要有以下两点。

(1) 产业标准弹性大，门槛低

据有关资料显示，全国供销合作总社先后在1998年9月、2006年12月，将原国家榨菜标准GH/T 1011—1998审定修改为GH/T 1011—2007，GH/T 1012—2007取代GH/T 1012—1998，并于2008年1月1日起在全国实施，标志着中国榨菜管理从此步入规范化、法制化轨道。然而，中国食品安全评估中心2011年10月13日才成立，全国各省份至今没有一家权威的榨菜食品风险评估机构，国家榨菜行业标准技术支持难度大、死角多，弹性标准空间十分突出，不利于榨菜食品生产、监测、监管、交流、消费等工作的开展。

(2) 管理体制不科学

目前，国家质检总局、国家工商行政管理局共同管理农产品的地理标志、地域名保护、商标标记等非物质文化遗产，形成了管理体制上的"双轨制"，其内涵、标准、要求差异较大，导致非物质文化遗产保护体制、机制缺位，增加了农产品非物质文化遗产保护难度。

4. 废水处理难度大，榨菜加工企业压力大

浙江余姚茎瘤芥种植比较集中，主要在泗门、临山、小曹娥、黄家埠等乡（镇），附近的榨菜加工企业废水通过镇域内专管单独收集，由主干管网输送到城市污水处理厂水解处理，再进入城市污水处理厂，深度处理后达标排放，效果较好。重庆茎瘤芥种植主要集中于三峡库区，山高坡陡、榨菜企业布局分散，虽然几户龙头企业都修有自用的榨菜污水处理厂，市区也采取了多项措施推进榨菜废水污染治理，但仍存在很多困难和问题。一是治污设施安装费用高，一个年产万吨成品榨菜的企业安装一套治污设施，一般在300万元以上。二是治污设施运行成本较高，按照目前的治污技术，每生产1吨榨菜需废水处理费用3～5元，部分企业达到10元。三是榨菜废水处理利用率低。从量上看，已安装的榨菜废水治污设施可年处理20万吨，占涪陵区总量的66.7%；但从布局看，只有治污设施周围的企业和加工户将盐废水接入了治污管网，其余大部分企业都没有进行盐废水处理利用。一些新兴产区，忙于扶持产业发展，废水处理尚未引起足够重视，一般都是使用沉淀直排方式。

5. 青菜头及榨菜产品营销体系落后

(1) 从营销观念看

大多数的榨菜生产加工企业还处于产品营销阶段，而其他行业早已进入社会营销、文化营销、健康营销阶段。在与经销商的关系上，榨菜企业认为，企业、经销商和终端是一种竞争的关系。而其他许多行业早已普遍认同企业、经销商和终端是一种利益的共同体，是一种伙伴关系。

(2) 从市场体系看

榨菜销售市场基本上还是由自销市场、批发市场、大型超市、农贸市场等组成，全国还没有一个

区域性专业批发市场，更不用说全国性专业批发市场。

（3）从营销渠道看

目前榨菜企业中，除了"乌江"品牌外，行业内大部分企业的渠道操作基本还停留在"厂家→发货给经销商→收款"等简单操作上，极少有企业采用深入市场协销的方式帮助经销商进行销售。

（4）从营销管理看

绝大部分榨菜企业实力较弱，缺乏系统的营销能力，渠道竞争手段单一，仅局限于价格竞争，对市场的应变能力差。这些企业在面对复杂的市场竞争时往往不知道如何制定整体营销战略，或整体营销战略失误；不懂得如何科学地制定销售政策，或销售政策不得力；不知道如何建设营销网络；不知道采取什么样的竞争策略，对竞争格局不清楚；对科学的市场调研缺乏认识，或从不做调研；对企业的定位模糊，不知道自己企业的定位该是什么；对价格定位失误，阻碍销售提升。

（四）茎瘤芥种植生产及榨菜加工主要成本与经济效益

1. 茎瘤芥生产成本与经济效益比较

总体上，我国茎瘤芥种植生产除四川郫州、重庆涪陵近年发展的早市鲜食青菜头每亩产值平均可达3 000元、纯利润可达2 000元外，绝大部分供作榨菜加工原料的青菜头种植生产的经济效益较低，亩经济效益仅为265.0～1 810.0元（表19-2）。其中，浙江由于茎瘤芥种植密度和产量高，经济效益较好；而西部地区虽然青菜头质量好，但由于单位面积青菜头产量低，经济效益就相对低一些。据传统茎瘤芥栽培地区的调查统计，从播种育苗到收获，1亩地茎瘤芥需要15～17个劳动力。按劳动力平均价格50元/（天·人）的标准计算，需600～1 020元，种子、化肥、农药等农资开支至少在250元以上。因此，目前，种植茎瘤芥，除去直接开支，每亩生产的纯效益仅为300元/亩左右，而农民进城打工，最低工资也在每人每天100元以上。这也是当前优势茎瘤芥产区种植量逐步缩减的主要原因。

表19-2　2017年茎瘤芥主产区生产成本与经济效益比较

| 产地 | 茎瘤芥平均产量（千克/亩） | 茎瘤芥平均价格（元/千克） | 单位面积产值（元/亩） | 单位面积生产成本（元/亩） | | | | | 单位面积利润（元/亩） |
				种子	肥料	农药	劳动力	合计	
重庆涪陵	2 205.0	0.68	1 499.4	10.0	250.0	15.0	750.0	1 025.0	474.5
浙江余姚	3 500.0	0.93	3 255.0	5.0	400.0	20.0	1 020.0	1 445.0	1 810.0
四川射洪	2 100.0	0.50	1 050.0	10.0	160.0	15.0	600.0	785.0	265.0

注：表中数字系各地调查统计的平均值。

2. 重庆涪陵区近5年茎瘤芥种植及榨菜加工经济效益比较

根据重庆涪陵区榨菜管理办公室资料（表19-3），从2013年开始，连续5年，该区茎瘤芥年种植均在72万亩以上，其种植生产的经济效益除2016年平均每亩超过1 000元外，其他4年均在500元/亩以下，甚至2014年仅为172.5元/亩。这说明，茎瘤芥种植生产不但经济效益较低，而且受市场影响较大，农民丰产不一定能够丰收。

从涪陵区37家榨菜加工企业的整体情况来看（表19-4），榨菜精深加工企业近5年的经济效益基本保持在6 000元/吨左右。一方面说明37家榨菜企业的市场比较稳定，利润较高；另一方面也说明工业相对于农业来说，回报率要高。这也是我国工农之间长期保持"剪刀差"的根本原因。

表19-3　2013—2017年重庆涪陵区茎瘤芥种植生产经济效益

年份	种植生产面积（万亩）	茎瘤芥总产量（万吨）	单位面积产量（千克／亩）	茎瘤芥平均价格（元／千克）	产值（元／亩）	生产成本（元／亩）	亩平纯收益（元）
2013	72.67	150.62	2 073.0	0.70	1 451.1	1 009.1	442.0
2014	72.47	150.29	2 074.0	0.57	1 182.2	1 009.3	172.5
2015	72.16	150.63	2 087.0	0.67	1 398.3	1 010.9	387.4
2016	72.43	159.62	2 204.0	0.92	2 027.7	1 025.5	1 002.2
2017	72.58	160.03	2 205.0	0.68	1 499.4	1 025.6	473.6

表19-4　2013—2017年重庆涪陵区榨菜加工生产经济效益

年份	加工原料收购量（万吨）	青菜头收购加工价格（元／千克）	半成品（盐菜块）加工量（万吨）	成品榨菜销售量（万吨）	销售总收入（亿元）	利税（元／吨）
2013	91.96	0.64	64	45	23.8	5 288.9
2014	96.80	0.70	66	47	27.2	5 787.2
2015	97.80	0.57	66	47	28.2	6 000.0
2016	97.10	0.67	62	47	28.7	6 106.4
2017	104.85	0.92	68	47.5	29.0	6 105.3

（五）茎瘤芥种植生产及榨菜产品市场需求状况

1. 全国消费量及变化情况

茎瘤芥的产品——青菜头及榨菜，作为特殊的大宗蔬菜产品，通过百余年的传承与创新发展，在我国特定的区域经济中发挥了重要作用，已经成为我国东西南北中各地人民生活中不可缺少的上乘鲜食蔬菜产品和佐餐调味品。

（1）青菜头外运鲜销

茎瘤芥的瘤茎——青菜头，不但是加工成品"涪陵榨菜"的优质原料，同时因其营养丰富，富含人体所必需的多种蛋白质、氨基酸、糖类、维生素以及钙、磷、钾、铁等微量元素，也是一种口味极佳的时鲜特色蔬菜，很适合凉拌、腌渍、煸炒、烧烩、炖煮等。长期以来，青菜头一直是南方特别是川、渝地区，各大、中、小城市居民的重要鲜食蔬菜来源，也是全国各地备受重视的绿色蔬菜输出源。以茎瘤芥主产区——重庆涪陵区近以2013—2017年6年间的青菜头外运销售情况（表19-5）为例，涪陵区产的青菜头除供本地榨菜加工企业需要外，每年均有30%以上外销，且销售价格稳定在1 100元/吨左右，促进了该地茎瘤芥产业的持续健康发展。这主要得益于2008年以来，中共涪陵区委、区人民政府按照青菜头鲜销和榨菜加工两轮驱动的发展思路，做大做强榨菜产业，把青菜头鲜销作为加快榨菜产业发展、促进农民增收的一项重要工作来抓，着力从扶持"鲜销青菜头生产基地建设、青菜头鲜销市场拓展、涪陵青菜头品牌宣传"等方面强化工作。目前，"涪陵青菜头"已经成为重庆第一蔬菜品牌，重庆也已成为全国冬末春初特别是"三北"地区重要的"南菜北运"基地。随着人们生活水平的提高以及市场对绿色蔬菜的迫切需求，加之近年来各鲜食青菜头生产区，如重庆涪陵、四川郫州、陕西汉中、湖北恩施等地，对外交通条件的有效改善，青菜头鲜销市场将进一步扩大，未来发展前景将更为广阔。

表19-5　2013—2017年重庆涪陵区青菜头种植生产经济效益

年份	青菜头总量（万吨）	外销青菜头量（万吨）	外销总量（%）	外销均价（元／吨）	外销产值（万元）
2012	140.85	46.25	32.8	1 100.0	50 870.1
2013	150.62	51.95	34.5	1 100.0	57 144.7
2014	150.29	50.61	33.7	1 100.0	55 677.5
2015	150.63	52.17	34.6	1 100.0	57 390.3
2016	159.62	53.50	33.5		
2017	160.03	53.66	33.5	1 120.0	60 102.1

（2）榨菜产品加工

榨菜是以青菜头为原料腌制而成的一种酱腌菜，1898年始于重庆涪陵，是最具有中国特色的食物，与法国酸黄瓜、德国甜酸甘蓝并称为世界三大名腌菜。经过了一百多年的发展，榨菜凭借其独特的味道和方便快捷的食用特点，已成为广大市民生活中不可缺少的佐餐调味品。

首先，2003—2017年，全国榨菜精深加工行业的收入规模由19.62亿元增长至49.72亿元，年化复合增速约6.9%，除2009年以外其余年份均实现增长（图19-2）。同时，通过榨菜行业收入的量价表现，过去15年间榨菜行业整体的销量增速基本保持在3%～5%，极为稳健。剔除宏观经济周期波动导致的影响，特别是2010年以来吨价提升速度明显加快，龙头企业顺应消费升级趋势，主动引领行业走精品路线，也侧面反映了消费者需求的变化，即对于榨菜消费价格敏感度不高，更加注重品质消费（图19-3）。在经历了长期的发展及整合以后，目前榨菜行业发展已经较为成熟，集中度也达到较高水平，在2008—2017年保持稳步提升，CR5之和从2008年的50.5%提升到2017年的69.1%，截至2017年末，乌江榨菜市场份额达到29.7%，较第二名的12.6%高出一倍以上（图19-4）。

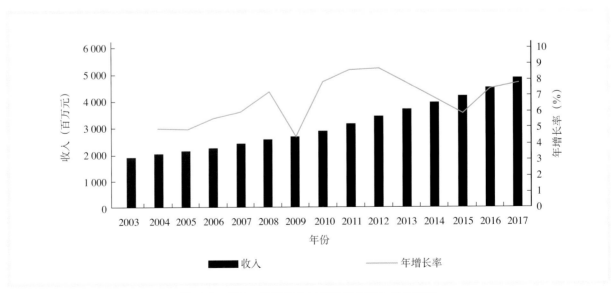

图19-2　2003—2017年全国榨菜产业收入增长状况

（数据来源：公开资料整理）

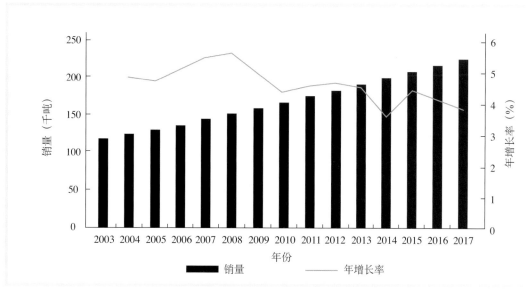

图 19-3 2003—2017年全国榨菜销量增长状况
（数据来源：公开资料整理）

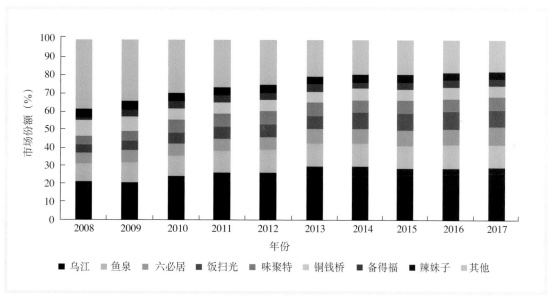

图 19-4 2008—2017年全国榨菜行业集中度状况
（数据来源：公开资料整理）

2. 茎瘤芥及榨菜的区域消费差异及特征变化

（1）川渝产区

该产区主要包括重庆、四川、贵州遵义、湖南常德、湖北恩施和荆州、陕西汉中和安康等地。该产区系我国茎瘤芥种植生产的主产区，也是青菜头及榨菜生产加工集中区。常年种植面积在220万亩左右，青菜头年总产量在410万吨以上，分别占全国的74.6%和71.39%。其中，青菜头供作鲜食蔬菜在当地及长途运输至全国各地的市场消费的量在80万吨左右，供作榨菜加工的为330万吨左右；常年加工成品榨菜消费140万吨以上。该产区最典型的消费特征是青菜头鲜食和榨菜加工销售并存。其中，重庆涪陵和四川郫州的早市青菜头于11月上中旬开始收获，并运输到成都、重庆、武汉、西安、北京、天津、沈阳等国内大、中城市，作为鲜食蔬菜进行销售；而次年1—2月收获的青菜头则主要供作当地榨菜精深加工企业作原料，极少部分供应江、浙地区作出口榨菜的优质加工原料。

（2）江浙产区

该产区主要包括浙江、江苏、安徽、江西、福建等地。该产区系我国茎瘤芥种植生产的次产区或近年发展的新区。常年种植面积在75万亩左右，青菜头年总产量在165万吨以上，分别占全国的25.4%和28.7%，该产区青菜头除极少农民自食外，绝大部分供作榨菜加工。该产区最典型的消费特征是青菜头主作榨菜加工原料进行销售，特别是浙江余姚、海宁等地，近年来由于茎瘤芥种植面积的缩减，产生很大一部分榨菜原料缺口，需要从川渝产区买入，出现了"西菜东运"的现象。

总之，茎瘤芥的青菜头和榨菜有着非常大的消费群体，并且随着经济的发展，拥有众多特点的青菜头及榨菜食品的需求将会持续增长，可以预见，青菜头和榨菜的消费需求市场依然巨大。主要原因一是"三北"地区冬末初春，气候寒冷，基本无绿色鲜销蔬菜，而青菜头正在此时上市，可弥补此缺口；随着北方市民对鲜食青菜头天然苦味的逐步接受，这一市场规模将不可估量；二是随着人民生活水平的提高、生产活节奏的加快、城市化的推进和流动人口的增加、旅游业的发展，榨菜的需求将逐年增加；三是青菜头及榨菜新产品研制速度加快，产品质量提高，品种增多，档次提升，促进了消费升级需求的增长；四是榨菜加工企业营销范围的拓展，从国内市场向国际市场，从城市市场向农村市场拓展，扩大了产品覆盖面；五是榨菜新的消费领域不断拓宽，如许多航空食品、方便食品中都配置了榨菜，青菜头及榨菜新的功能被人们开发出来（如煮粥、拌面条等）。另外，随着消费者收入水平的提高，对青菜头及榨菜食品的品质和品牌的重视程度日益增加，高品质高附加值的产品将成为消费发展的重点方向，口味佳、有档次的产品更受消费者青睐，各种特色产品如礼品榨菜等，将会大范围地走入人们的视野。由此可见，消费升级是青菜头及榨菜产业长期发展的推动力。

（六）茎瘤芥种子生产及市场供应状况

1. 全国茎瘤芥种子市场供应概况

茎瘤芥为原生于我国的特色蔬菜作物，在长期的自然演变和人为选择下，目前已经形成了两大不同生态类型和适应两种不同生态气候环境的品种，即川渝生态品种和江浙生态品种。从全国来看，目前茎瘤芥生产大面积用种除重庆产区推广应用"涪杂系列"杂交种外，其他地区基本上还是在使用当地表现较好或通过一定提纯的地方良种。从种子供应渠道上看，少数地区有一定数量的种子生产经营企业，在专业从事茎瘤芥种子的繁殖、生产和销售，而绝大部分地区要么是农民自繁自留自用，要么采取蔬菜种子公司兼营茎瘤芥种子或菜农自由串换等方式。除特殊年份外，基本能够保证既定规模的用种需要，但存在生产规模难以扩大、种子质量无法保证和生产风险与隐患逐年增多等问题。

目前我国茎瘤芥的种植面积在300万亩左右，按照每亩用种60～80克的标准计算，全年需茎瘤芥种子18万～24万千克。按照种子平均商品化率80%计算，年需质优价廉的茎瘤芥种子14.4万～19.2万千克，其中，川渝产区需种10.6万～14.1万千克，江浙产区需种3.5万～4.6万千克，其他产区需种0.1万～0.7万千克。预计未来5年我国茎瘤芥的种植面积将会达500万亩左右，同时将推广应用机械直播和机械移栽等新技术，不但整体用种规模扩大，而且单位面积的用种量也将会增加。预计总用种规模为50万～75万千克，按照种子平均商品化率90%计算，年需质优价廉的茎瘤芥种子45万～67.5万千克，其中，川渝产区需种31.5万～47.3万千克，江浙产区需种9.0万～13.5万千克；其他产区需种4.5万～6.7万千克。

（1）川渝产区

该产区生产用种为广义的"四川类型品种"。其主要特点是：8月下旬至9月中旬播种，翌年1月中下旬至2月收获；青菜头品质好、空心率低，但不抗长时间霜冻和严寒。该产区茎瘤芥大面积生产的良种率基本稳定在90%左右，种子商品化率在70%左右，主要由重庆、四川的部分种子企业提供，也有少数个体户生产经营。

（2）江浙产区

该产区生产用种为广义的"浙江类型品种"。其主要特点是：10月上中旬播种，翌年4月上中旬收获；青菜头产量高，抗霜冻和严寒，但空心率较高，品质差。该产区茎瘤芥大面积生产的良种率基本在60%左右，种子商品化率在50%左右，主要由浙江余姚、萧山、杭州和江苏南京的部分种子生产经营企业和个体户提供，也有一部分是当地菜农自繁自用。

2. 各主要生产区域茎瘤芥种子生产经营方向

茎瘤芥属特色蔬菜作物，且在我国种植的区域性很强。由于各地的自然生态条件及主要栽培目的不同，不可能一家茎瘤芥种子生产经营企业包揽全国各地的种子供应，也不可能一个品种"勇闯天下"。因此，针对茎瘤芥种子产业来说，目前当务之急是要解决"生产品种多、杂、乱，质量难保证""种子企业数量多、规模普遍偏小""经营范围较窄、市场化程度不高""新品种研发能力弱、市场拓展后劲不足"等突出问题。各种子生产经营企业应该按照"区域化、规模化、标准化、优良化"的目标来统领本企业的发展。所谓"区域化"，就是要根据本企业所掌握的核心优势品种的最适范围，结合自己的服务对象，科学界定自己种子的经营市场，并利用现代技术手段，巩固和发展自己在本区域的领导地位；所谓"规模化"，就是要根据当地茎瘤芥大面积生产的用种需求，在有关技术部门的指导或直接参与下，科学制订本企业的种子生产计划，并认真搞好诸如亲本繁育或提纯及杂交种或常规良种的生产全程技术指导与监督检查等，并以"规模低单价"方式种子进入市场，切实降低菜农的用种成本，扩大市场范围；所谓"标准化"，就是相关种子生产经营企业一定要按照相关的技术标准和各品种的生物学特性，切实抓好种子繁殖生产过程中各项技术的落实到位，保证所生产特别是投放到市场的每一粒种子都质量合格；所谓"优良化"，一是所生产经营种子的优良，要求品种一定是通过国家登记并质量达标，二是种子售后技术服务的优良，要求种子生产经营企业，在种子售出后，一定要配合相关的技术推广或榨菜原料收购厂家，依据与品种相配套的标准化技术，全程搞好技术服务与指导，解决生产关键点及难点，提高菜农的经济效益。

3. 茎瘤芥种子市场销售情况

我国成规模有资质的茎瘤芥种子生产经营企业较少，绝大部分种子都是通过个体经营户或少数的蔬菜种子企业进行生产销售，也有部分榨菜加工企业以"订单方式"对菜农发放种子，回收榨菜原料；同时也存在菜农特别是传统种植生产区的农户自繁自留自用和相互串换的现象。故目前茎瘤芥种子市场销售情况复杂，难于进行企业的经营量、经营额和各企业的市场占有率等精准分析。

（1）重庆产区

该产区有一定影响且具生产经营资质的茎瘤芥种子生产经营企业主要有重庆绿满源农业科技发展有限公司（依托单位：重庆市渝东南农业科学院）、重庆涪陵禾广种子公司、重庆三千种业有限公司、重庆科光种苗有限公司等，其他的种子生产经营企业不但规模较小，而且基本上是代繁代销。重庆绿满源农业科技发展有限公司年度销售种子量最大，在重庆市场的占有率在30%以上。

（2）四川产区

该产区的生产用种绝大部分来自重庆的种子生产企业或个体户进行的销售，近年来也有少数榨菜加工企业从重庆购种，发放给菜农种植，再回收青菜头。本产区有一定影响且具生产经营资质的茎瘤芥种子生产经营企业主要有四川蜀兴种业有限公司、四川种都高科种业有限公司、四川成都牧马山种子公司等。重庆种子企业在四川市场占有率超过50%，而四川本地茎瘤芥种子企业市场占有率不足20%。

（3）浙江产区

该产区生产用种绝大部分来自当地个体户或小的蔬菜种子企业进行的代销，也有传统种植区的菜农自繁自留自用或自由串换。近年来还有榨菜加工企业从杭州萧山购种，发放给菜农种植，再回收青菜头。本产区内有一定影响且具生产经营资质的茎瘤芥种子生产经营企业主要有浙江勿忘农集团和宁波丰登种业有限公司，但两家公司年度种子销售量不大，市场占有率也较低。

二、茎瘤芥科技创新

目前，国内从事茎瘤芥及榨菜加工科技创新的单位主要有重庆渝东南农业科学院（原涪陵区农业科学研究所）、宁波市农业科学研究院、浙江大学、四川农业科学院、西南大学、华中农业大学、重庆农业科学院等。其中，重庆渝东南农业科学院的研究领域最广、涉及面最宽，在业内的影响也最大。各单位依托各自的地域及学科优势，先后开展了大量的茎瘤芥种质资源、基础理论、遗传育种、栽培、病虫防控和榨菜新产品开发等科技创新研究和技术开发工作，获得各级科技成果奖30多项，国家授权专利10个，发表论文400余篇，编写专著6部，编写有关芥菜的农村及企业精深加工实用培训教材10册。为中国茎瘤芥及榨菜产业的持续、健康发展提供了良好的技术支撑。

（一）茎瘤芥种质资源

完成了茎瘤芥起源分类研究，明确了茎瘤芥为十字花科芸薹属芥菜种的16个变种之一。对120余份茎瘤芥品种资源的农艺及经济性状进行了初步鉴定观察，编写了《中国芥菜品种资源目录》。国家蔬菜种质资源库保存资源100余份，重庆渝东南农业科学院现存种质150余份，宁波市农业科学研究院现存种质120份。近年来，各相关单位都强化了种质资源的鉴定、发掘与创制。

（二）茎瘤芥育种研究

我国茎瘤芥种质资源遗传基础狭窄，有用的变异性状较少，特异种质奇缺，给大面积生产急需的抗抽薹、丰产、抗逆（冻）、抗病、适应性强和适宜机械栽培的品种选育带来很大困难。针对以上问题，近年来相关高等院校、科研院所都积极进行了利用远缘杂交创制新种质、探索分子标记辅助育种、组织培养快繁、重要基因的克隆与定位等育种新技术的研究，均取得明显进展，部分已在育种实践中应用。主要如下：

浙江大学克隆了6个茎瘤芥瘤茎膨大相关基因 *BjXTH1*、*BjXTH2*、*BjuB.RBR.b*、*BjuA.RBR.b*、*BjAPY2* 和 *orf451*；构建了第一张包含17个连锁群的榨菜SSR遗传图谱，并检测到4个控制茎瘤芥茎重的QTL位点；发现了一系列在瘤状茎发育过程中差异表达的基因；明确了瘤状茎膨大主要归因于皮层、髓部细胞数目的增加及相应部位薄壁细胞的体积增大的解剖机制；发现了高效榨菜和紫甘蓝原生质体培养和体细胞杂交体系关键因子等。

重庆市渝东南农业科学院利用远缘杂交技术，将榨菜与白菜、油菜、萝卜等进行远缘杂交，通过定向筛选获得具有利用价值的育种材料300份；获得1个SSR标记O112-D09在早抽薹基因池中扩增出特征条带，其连锁距离为10.9cM，并构建了46份芥菜种质的SCoT指纹图谱；利用离体培养技术，以榨菜3个主栽品种的子叶、带柄子叶和下胚轴为外植体，对影响榨菜植株再生的关键因素进行了优化，初步探索了愈伤组织诱导、分化及再生植株生根培养等。

三、茎瘤芥品种推广

（一）主要品种推广应用情况

1. 推广应用面积

（1）重庆产区

重庆改直辖市以前（1997年），包括涪陵、万州、黔江等，均是四川所辖地（市），当时的"涪陵榨菜"，也统称"四川榨菜"。本产区茎瘤芥种植生产的主要品种应用，大致经历了3个阶段，即"品种的3次更新换代"。第一次，1992年以前，茎瘤芥大面积生产用种主要为地方常规种，如蔺市草腰子、三转子、柿饼菜，其中蔺市草腰子约占总面积的60%以上；第二次，1992—2000年，重庆茎瘤芥大面积生产用种改变为丰产、优质的常规良种永安小叶和涪丰14，其中永安小叶约占总面积的80%以上；第三次，2000年以后，随着茎瘤芥杂交种涪杂系列品种的问世，重庆茎瘤芥大面积生产用种进一步改变为杂交种与常规良种并存，截至2017年，常规良种永安小叶约占总面积45%左右，涪杂系列杂交种（涪杂2号、涪杂5号、涪杂8号）约占总面积50%，其中，涪杂2号自2009年以来就被区人民政府列为定额采购品种，每年采购达1.5万千克以上，涪杂系列杂交种累计在全产区推广应用面积达35万亩以上。其他地方品种、老茎瘤芥品种目前在重庆市的应用面积不足5%。

（2）四川产区

本产区在1992年以前，该产区主要是涪陵的地方品种蔺市草腰子、三转子和本区域的地方种羊角菜、奶奶菜并存，基本上无主导品种可言；1992年以后，原涪陵区农业科学研究所培育出的常规良种永安小叶、涪丰14开始在大面积生产上推广，初步形成了以永安小叶为主的茎瘤芥生产用种；2010年以后，随着重庆涪陵区人民政府对涪杂系列品种推广应用的放开，涪杂2号、涪杂5号也开始在四川部分茎瘤芥产区逐步进行示范推广。截至2017年，四川茎瘤芥产区的茎瘤芥品种仍以永安小叶为主，约占总面积的80%左右，涪杂系列杂交种仅占10%左右，其他地方品种、老茎瘤芥品种占10%。

（3）湖南、贵州、湖北产区

这是20世纪90年代以后才逐步发展起来的新种植生产区。由于成规模种植的历史较晚，加上本身的种植规模不大，截至目前，其茎瘤芥品种主要是从涪陵购买的常规种永安小叶和少量的杂交种。其中，永安小叶约占当地种植面积的70%以上，当地的地方品种约占20%左右。

（4）浙江产区

浙江是不同于涪陵的茎瘤芥种植生态区，其品种的主要特性为耐低温、抗抽薹性较强等。1990年以前，该产区的茎瘤芥所使用的品种主要为半碎叶、全碎叶和浙桐1号；1990年以后，浙江大学培育的常规良种浙桐2号、浙桐3号开始在大面积生产上应用；2008年以后，宁波市农业科学研究院培育的甬榨系列品种逐步在大面积生产上进行推广。截至2017年，甬榨系列品种已占总种植总面积的50%以上，其中，甬榨2号已被列为浙江主导品种，年推广面积9.8万亩；甬榨5号年推广面积1.2万亩。

（5）江苏、福建、安徽、江西产区

这些产区一是生态气候条件与浙江基本一致，二是本身的集中种植规模不大，大面积生产上所用的茎瘤芥品种基本上是从浙江购进。经初步统计，浙江品种特别是浙桐系列和甬榨系列占该产区总种植面积的80%左右，其他均为当地地方品种。

2. 主要品种表现

(1) 主要品种群

①杂交种涪杂系列（涪杂1~8号）。其中涪杂2号年推广应用面积在60万亩以上；涪杂5号年推广应用面积在20万亩以上；涪杂8号年推广应用面积在2万亩左右。

②常规良种永安小叶、涪丰14、华榨1号。其中永安小叶年推广应用面积在80万亩以上；涪丰14年推广应用面积在5万亩以上；华榨1号年推广应用面积在2万亩左右。

③常规种浙桐1~3号。其中，浙桐2号和浙桐3号年推广应用面积均在2万亩左右。

④甬榨1~5号。其中甬榨2号年推广应用面积近10万亩；甬榨5号年推广应用面积1万余亩。

(2) 主栽品种（代表性品种）的特点

①永安小叶。原重庆涪陵区农业科学研究所于1986年在永安乡发掘的地方品种，1992年通过四川农作物品种审定委员会鉴定通过并命名。株高40~45厘米，开展度55~60厘米。叶椭圆形，叶色深绿、叶面微皱、无蜡粉、无刺毛，叶缘细齿状，裂片4~5对，叶柄长4~5厘米。瘤茎近圆球形，单茎鲜重350~400克，皮色浅绿，瘤茎上每一叶基外侧着生肉瘤3个，中瘤稍大于侧瘤，肉瘤钝圆，间沟浅。瘤茎含水量低、皮薄、脱水速度快，加工成菜率与蔺市草腰子相当。在四川及重庆各榨菜产区均能适应，主作榨菜加工原料栽培。优点是产量高、加工性能好、品质优良等；缺点是抗病性较弱，易感病毒病和霜霉病，生态适应性差，早播极易出现先期抽薹。

②涪杂2号。原重庆涪陵区农业科学研究所继涪杂1号后又培育的一个杂一代新品种(96154-5A×9201450)，于2006年1月通过重庆市农作物品种审定委员会审定并命名为涪杂2号。株高46.0~52.0厘米，开展度63.0~66.0厘米；叶长椭圆形，叶色深绿，叶面微皱、无蜡粉、少刺毛，叶缘有不规则的细锯齿，裂片4~5对；瘤茎近圆球形，皮色浅绿，瘤茎上每一叶基外侧着生肉瘤3个，中瘤稍大于侧瘤，内瘤钝圆，间沟浅。一般亩产2 500千克，高产栽培可达3 000千克以上。8月下旬播种（比正常播期提前10~15天），翌年1月上中旬收获（比正常收获期提早30~45天）优点是早熟丰产，不先期抽薹，播期弹性大，抗逆性强，产量高，菜形美观，品质好，成菜率高，鲜食加工均可。缺点是田间抗(耐)霜霉病能力稍次于涪杂1号。

③涪杂5号。原重庆涪陵区农业科学研究所选育的丰产型茎瘤芥杂交种（96154-5A×92118），于2009年2月通过重庆市农作物品种审定委员会审定并命名。该品种株高45.0~50.0厘米，开展度80.0~85.0厘米，属中晚熟品种。叶长椭圆形，叶色绿，叶面中皱，无蜡粉，叶背中肋被少量刺毛，叶缘近全缘，裂片2~3对。瘤茎圆球形，皮色浅绿，无刺毛蜡粉，瘤茎上每一叶基外侧着生肉瘤3个，中瘤稍大于侧瘤，肉瘤钝圆，间沟浅。一般亩产3 000~3 500千克，高产栽培可达4 000千克以上。优点是株型较涪杂1号紧凑，茎叶比较高，丰产性强，瘤茎(青菜头)产量高、含水量较低、脱水速度快、皮薄筋少、品质好，较耐病毒病和霜霉病，加工成菜率和品质与涪杂2号、永安小叶相当，鲜食加工均可；缺点是田间抗(耐)霜霉病能力稍次于涪杂1号，但显著优于涪杂2号和永安小叶。

④涪杂8号。原重庆涪陵区农业科学研究所利用自育不育系和优良父本系培育出的晚熟丰产茎瘤芥杂交种（96145-1A×203），于2013年5月通过重庆市农作物品种审定委员会审定并命名。该品种株高30~35厘米，开展度50~65厘米。叶长椭圆形，绿色，叶面微皱，叶背具少量刺毛但无蜡粉，叶缘浅裂细锯齿，裂片3~4对。瘤茎近圆球形，皮色浅绿，无蜡粉刺毛，瘤茎上每一叶基外侧着生肉瘤3个，中瘤稍大于侧瘤，肉瘤钝圆，间沟浅。其最显著的特点是晚熟丰产，特别是抗抽薹力能力较强，播期弹性大，叶片较直立，株型较紧凑，耐肥，瘤茎产量高，丰产性好。在10月上中旬播种，翌年3月下旬收获，一般亩产3 500~4 000千克，高产栽培可达4 500千克以上。瘤茎皮薄筋少，含水量低，脱水速度快，加工成菜率和品质与永安小叶和涪

杂2号相当，鲜食加工均可。优点是株型紧凑，晚熟抗抽薹力强，瘤茎产量高；缺点是收获期偏晚，皮筋含量较高。

⑤华榨1号。重庆三千种业有限公司经系统选育（永安少叶变异株）的丰产晚熟茎瘤芥常规良种，于2018年5月通过重庆市非主要农作物品种鉴定委员会的鉴定并命名。株高52.0～55.0厘米，开展度55.0～60.0厘米；叶长椭圆形，叶色绿，叶面微皱、无蜡粉、无刺毛，叶缘不规则粗锯齿，裂片3～4对；瘤茎扁圆形、皮色浅绿，瘤茎上每一叶基外侧着生肉瘤2～3个，间沟浅。丰产性好，一般亩产3 000千克左右，高产栽培可达4 000千克以上；耐肥，较耐病毒病和霜霉病，叶片狭长，株型较紧凑。9月中旬播种，翌年2月上中旬收获，丰产性较好，适宜作加工及鲜食榨菜栽培。优点是晚熟、瘤茎丰产，菜形较好，空心率低，叶片较少，株型较紧凑；缺点是播期弹性较小，田间抗霜霉病能力弱。

⑥浙桐2号。浙江大学园艺系（原浙江农业大学园艺系）与桐乡榨菜课题组联合选育的一个优良茎瘤芥常规品种，于1993年和1996年分别通过浙江省科学技术厅鉴定和验收。植株中等大小，较直立，株高45厘米，开展度55～63厘米，叶色绿，板叶。瘤状茎圆球形，纵横径分别为11.5厘米和10.8厘米，茎形指数1.06，单个瘤状茎鲜重200克左右，瘤圆浑，瘤沟浅。在浙江栽培从播种到采收160天左右，亩产2 500～3 000千克。早熟，质地柔嫩，皮薄，加工性状优良，并适合鲜食。适合在浙江冬榨菜产区栽培，也适合春榨菜产区栽培。

⑦甬榨2号。宁波市农业科学研究院和浙江大学农业与生物技术学院联合选育而成，于2009年通过浙江非主要农作物品种审定委员会审定。半碎叶型，中熟茎瘤芥常规品种，生育期175～180天，株型较紧凑，生长势较强，株高55厘米，开展度39～56厘米；叶片淡绿色，叶缘细锯齿状，最大叶60厘米×20厘米；瘤状茎近圆球形，茎形指数约1.05，单茎重250克左右，膨大茎上肉瘤钝圆，瘤沟较浅，基部不贴地，加工性好。适合在浙江春榨菜产区栽培。

⑧甬榨5号。宁波市农业科学研究院和浙江大学农业与生物技术学院联合选育而成的茎瘤芥杂交种，于2013年通过浙江非主要农作物品种审定委员会审定。半碎叶型，早中熟，播种至瘤状茎采收170天左右。植株较直立，株型紧凑，株高60厘米左右，开展度42～61厘米；最大叶长和宽分别为67厘米和35厘米，叶色较深。瘤状茎高圆球形，顶端不凹陷，基部不贴地，瘤状凸起圆浑；瘤沟浅；茎形指数约1.1，平均瘤状茎重300克。商品率较高，加工品质好。较耐寒，抗TuMV。适合在浙江春榨菜产区栽培。

（3）2017年生产中出现的品种缺陷

2017年全国茎瘤芥大面积生产上所推广应用的品种基本正常，没有出现大的灾害。仅个别品种在个别地区由于气候和栽培技术的不当，导致品种的固有缺陷有些表现。在四川眉山、成都、内江和重庆涪陵、万州以及浙江海宁、萧山等根肿病常发重病区，由于目前的茎瘤芥品种均不抗十字花科作物根肿病，所应用品种均不同程度受到感染，给榨菜原料生产带来了一定损失。

（4）主要品种推广情况

目前我国培育和在大面积生产上推广应用的主要品种，绝大部分都是为榨菜精深加工提供原料，唯有涪杂2号，由于抗先期抽薹性较强，瘤茎早期膨大速度较快，自2009年开始，就被作为重庆涪陵区发展早市鲜食青菜头的主栽品种，目前，在重庆其他区（县）的中高海拔（600米以上）地区正在效仿涪陵，进行示范推广。就茎瘤芥作物来说，其产品（青菜头）既可作蔬菜鲜食，也可供作榨菜加工原料，基本不可能截然区分出哪个品种的专用栽培用途。

长期以来，我国茎瘤芥作物的种植生产都属劳动密集型产业，诸如播种、移栽、收获都需要大量且强壮劳动力作支撑，然而农作物的轻简高效栽培才是现代化农业发展的必由之路。就目前而言，所有大面积生产上所推广应用的茎瘤芥品种，与"轻简栽培"和"优质、丰产、高效"还有不小的差距，这也是摆在茎瘤芥育种家面前所必须及时攻克的难点和疑点。

(二) 风险预警

1. 育种种质亟待突破

我国的茎瘤芥种质资源不仅量小，而且可供有效利用的育种种质不多，加上茎瘤芥起源历史较晚、部分类型及地理生态区域性特强、遗传基础较狭窄、同类型之间有质的自然变异不多，给有突破性的新品种培育带来遗传性障碍。若优良育种种质不突破，基本无法实现有实用价值品种的培育创新。

2. 品种乱象危及产业发展

我国的茎瘤芥大面积生产特别是一些具有一定规模的商品化生产基地，仍然以使用常规种或以农户自留种和自由串换种为主，不但直接导致生产上品种的"多、杂、乱"现象十分严重，而且种子质量和数量得不到足够的保证；同时，茎瘤芥属常异花作物，长期自交必将导致种性退化，生产力降低；更为重要的是，茎瘤芥在我国具有很强的区域性，不同的地理生态环境和不同的栽培目的客观上需要不同类型及特性的茎瘤芥优良品种，以保证该产业的持续健康发展。建议在这方面需要统一政策和地方性法规。

3. 生产与需求脱节造成较大损失

我国茎瘤芥种子的生产经营市场，无论是川渝还是江浙等主产区，基本上处于"无政府、无法规、无秩序"的自由发展阶段，种子生产经营与农产品收获加工及需要，存在严重脱节。在部分地区，当地政府倡导发展早市鲜食青菜头来带动贫困农户的增收致富，而所辖的种子生产经营企业包括无资质的个体户，拿不出质优价廉可供大面积应用的种子；同时，在许多榨菜精深加工企业需要优质青菜头原料，而无资质的个体户则滥竽充数，把本不符合质量要求的种子供给生产基地，给生产农户及榨菜企业带来较大损失。

4. 对种植品种的新要求

农业生产绿色发展及特色产业发展对种植生产所用品种提出的新要求，茎瘤芥品种的"丰产"不是主要目的，关键是该品种能不能使茎瘤芥在其主要生产区实现"绿色生产""绿色产品"和"优质高效"的目标。就目前情况而言，我国现阶段大面积生产上所推广应用的茎瘤芥品种基本还不能满足此项要求，必须在兼顾青菜头丰产的同时，下大力气培育出抗病（特别是抗根肿病）、优质（特别是具特殊营养及保健功能）、广适（高低海拔、中高经纬度）和适应机械化栽培的新品种，以保证茎瘤芥种植生产及榨菜原料产业的持续健康发展。

四、国际茎瘤芥及榨菜产业发展现状

根据相关资料显示，茎瘤芥种植生产及榨菜加工属于我国的区域特色优势农业产业，国外由于资源缺乏，基本上没有相关研究及产业发展的报道。即使是目前有极少量的榨菜加工产品销售的韩国、日本，其原料种植及榨菜半成品（盐渍青菜头），也均是从中国购买后进行再次加工进行产品销售的。因此，仅从这点就可看出，中国茎瘤芥的种植及榨菜加工虽然目前产业不大、经济总量较小、利润很薄，但确属"中国特色"的优势农业产品，在全世界具有不可替代的地位。

五、问题及建议

（一）存在的主要问题

一是现有的茎瘤芥品种及榨菜综合加工品质难以满足生产发展及人们生活消费提档升级的需要。目前我国的茎瘤芥大面积生产上特别是在近年来发展的新区，仍然主要使用地方常规品种，品种单一或"多杂乱"现象较为突出。同时，由于缺乏优质高产且适合鲜食和产品加工的专用优良品种（适合腌制加工的品种常因味"苦"而难作鲜食，而适合鲜食的品种不一定适合腌渍加工），给茎瘤芥种植生产及榨菜产业向多元化方向发展带来了品种障碍。

二是现有大面积生产上所推广应用的品种，总体抗病性均较差，特别是在抗病毒病、根肿病等方面甚至出现部分或个别茎瘤芥主产区或主要生产基地的产品大幅度减产或绝收，商品质量也大幅度降低。此外，大面积生产上特别是近年发展的新区，常发生未熟抽薹和腋芽抽生等现象，造成茎瘤芥单位面积产量大幅度下降。

三是适应不同生态地区、不同熟性、不同栽培季节的品种类型很少。各主要生产区均缺乏合理的品种选择及搭配，致使在同一基地的种植及产品收获期都很集中，影响了茎瘤芥产品的周年供应，也无法满足市民对产品的多元化消费要求，特别是不能解决榨菜精深加工企业周年生产对加工原料的平衡需要。

四是茎瘤芥种子质量缺乏硬性的统一质量标准，绝大部分种子生产基地"散、乱、杂"现象普遍存在。我国的茎瘤芥种子生产经营目前既无门槛，也没有较强的技术要求，基本上还处于自由发展阶段，农民、个体户甚至是无资质的种子公司，均可进行茎瘤芥种子的生产经营。良种生产基地建立、种子生产过程管理和种子售后的监督检查等基本上还为空白，相关的行业管理部门由于"无据可管"或"无法可依"，基本上都是既不管理，也不监督。

五是茎瘤芥高效安全生产技术配套还不完善。生产上急需轻简、高效、安全、标准化的实用技术，以减少青菜头种植生产的成本，减轻劳动强度，提高劳动生产的效率。

六是整个茎瘤芥产业除少数公司依托科研院校的技术力量建立了较小规模的茎瘤芥繁（制）种基地外，大多数公司都缺乏规模化、标准化的茎瘤芥种子生产基地及技术，导致供作茎瘤芥商品化生产基地的种子质量难以保证，也常因良种种子的数量不足，限制了种植生产规模的扩大。

（二）建议

总体上，针对我国茎瘤芥产业当前发展中存在的主要关键技术瓶颈问题，重点开展茎瘤芥种质资源创新、遗传改良及新品种选育、规模化繁（制）种、种子安全生产监控与执法、茎瘤芥轻简高效绿色栽培、青菜头采后贮藏加工及新产品开发与应用等，并切实在大面积生产上进行新品种、新技术的示范推广。

一是依托国家农业行政管理及业务技术推广体系，由主管部门牵头，组织国内有关茎瘤芥研究的主要科研单位和企业，组建专门的项目攻关组，重点开展优异种质资源发掘创制和新品种选育，特别是抗抽薹、抗病（逆）、丰产和适应机械化栽培的新品种培育；同时尽快依据各地不同的生态气候条件，研究集成并熟化适合各地大面积推广应用的茎瘤芥丰产、安全、轻简、高效栽培技术；适当开展茎瘤芥产品采后贮藏保鲜及加工，加大新品种、新技术的示范推广应用等。通过项目的实施，切实解决我国当前茎瘤芥产业发展的重大技术瓶颈制约问题，也为我国、特别是南方诸多地区茎瘤芥产业的持续健康发展，为农村特色产业生产结构调整及扶贫攻坚提供强有力的技术支撑。

二是由国家主管部门组织相关技术单位及专家，尽快制定并完善茎瘤芥种子生产经营的法律法规，特别是茎瘤芥种子质量标准、茎瘤芥种子质量监督检验规程、茎瘤芥异地引种示范种植管理办法和茎瘤芥品种质量认证管理制度等，把具有中国特色的蔬菜作物——茎瘤芥纳入国家统一的种子质量管理范围，需要特别强化各地大面积生产品种来源、种子生产过程及售后技术服务的监督管理，以保证各榨菜优质原料生产基地及广大菜农用种的绝对安全。

三是根据各地茎瘤芥大面积生产用种及生态气候条件的异同，科学指导各地根据来年生产的需要，分区建立茎瘤芥良种繁（制）种制度和繁（制）种技术体系，包括繁（制）种基地选择及规模确定，常规良种原原种、原种及大田用种生产，杂交种亲本原原种、原种繁育及大田用种生产等，以保证我国茎瘤芥生产区，特别是榨菜原料集中生产区所用品种都是在科学技术指导下生产完成的。同时，各地农业行政主管部门每年都要在当地、当年种子生产计划内安排一定数量的应急救灾储备种子，以适应"丰年可调、灾年可济"。

四是各地各种子执法单位在国家制定并完善相关种子生产经营法律法规的条件下，认真履行职责，进一步加大茎瘤芥种子生产经营的执法力度，严厉打击"假冒伪劣种子""茎瘤芥品种张冠李戴""一个品种多名多表述"等违法行为，净化并规范种子生产经营市场。

五是根据自身的生态环境和气候条件，根据自身的对外交通条件，在做大做强榨菜加工产业的同时，适时适地，特别是适度发展鲜食青菜头产业。制定适应当地的产业扶持发展政策，一方面鼓励或激励当地的合作社、专业大户及企业根据市场需要做大做强，更要用"无形之手"指导相关榨菜加工企业，调整产品结构，实现产业提档升级，拓展企业及产品市场的发展空间，保障农民收入。

（编写人员：范永红　彭丽莎　沈进娟　林合清　冷　容　胡代文　王　彬　饶　玲
杨仕伟　管中荣　等）

第20章　西瓜甜瓜

一、我国西瓜甜瓜产业发展

（一）生产发展现状

1. 全国西瓜甜瓜生产概述

（1）播种面积变化

根据《中国农业统计资料》，2016年全国西瓜播种面积189.08万公顷，比上年增加3.01万公顷，增幅为1.62%；2016年全国甜瓜播种面积48.19万公顷，比上年增加2.1万公顷，增幅为5.56%。从种植面积变化趋势来看，2009—2016年我国西瓜和甜瓜种植面积总体呈现稳定的增长态势，西瓜种植面积增加了12.6万公顷，年均增长速度为0.87%；甜瓜总种植面积增加了9.2万公顷，年均增长速度为2.68%。从现代农业产业技术体系调查与产区反馈的信息来看，近两年西瓜生产面积趋于稳定，2017年西瓜种植面积与2016年基本持平；受土地价格等因素影响，未来甜瓜面积增长潜力不大，2017年甜瓜种植面积较2016年小幅增加（图20-1）。

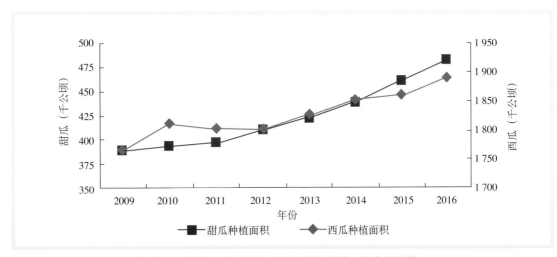

图20-1　2009—2016年全国西瓜甜瓜种植面积变化趋势

（数据来源：《中国农业统计资料》）

（2）产量变化状况

根据《中国农业统计资料》，2016年全国西瓜总产量为7 940万吨，比上年增加226万吨，增幅为2.93%；2016年全国甜瓜总产量为1 635万吨，比上年增加107.9万吨，增幅为7.07%。从产量变化趋势来看，2009—2016年我国西瓜甜瓜生产产量总体呈现稳定增长态势，西瓜总产量增加了1 461.5万吨，年均增长速度为2.58%；甜瓜总产量增加了419.7万吨，年均增长速度为3.78%。西瓜和甜瓜产量增长速度均快于面积增长速度，可见我国西瓜甜瓜生产效率有所提升（图20-2）。

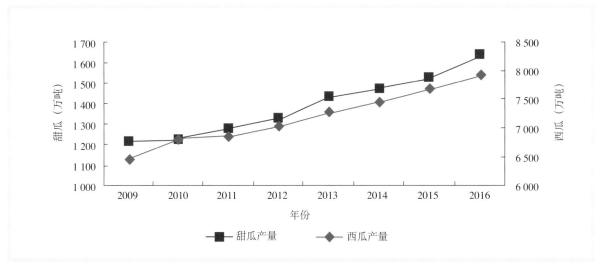

图20-2　2009—2016年全国西瓜甜瓜总产量变化趋势

（数据来源：《中国农业统计资料》）

（3）单产变化情况

根据《中国农业统计资料》，2016年全国西瓜每公顷产量为41 994千克，比上年增加537千克，增幅为1.30%；2016年全国甜瓜每公顷产量为33 929千克，比上年增加797千克，增幅为2.41%。从产量变化趋势来看，2009—2016年我国西瓜每公顷产量总体呈现稳定增长态势，每公顷产量增加了5 284千克，年均增长速度为1.70%；2009—2016年我国甜瓜每公顷产量总体呈波动式增长，每公顷产量增加了2 760千克，年均增长速度为1.07%（图20-3）。

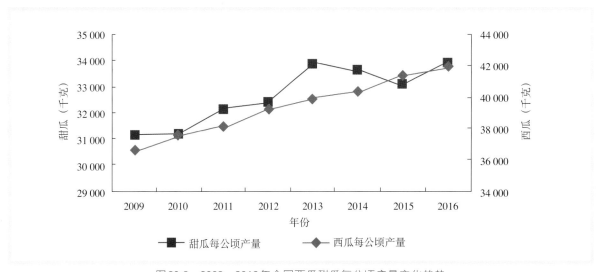

图20-3　2009—2016年全国西瓜甜瓜每公顷产量变化趋势

（数据来源：《中国农业统计资料》）

（4）栽培方式演变

露地西瓜甜瓜栽培从以家庭为单位小面积栽培向种植专业户大规模栽培转变，由西瓜甜瓜单一作物栽培向多种作物间、套作栽培转变。各地结合当地气候特点开发出一系列简约化、省时省工的露地栽培模式，具有代表性的地区有湖北、湖南、河南等地；设施西瓜甜瓜栽培模式在早春精品西瓜甜瓜生产中的应用进一步扩大，尤其在早春小果型西瓜和厚皮甜瓜生产中应用比例较高，具有代表性的地区有江苏、浙江、上海等地。根据现代农业产业技术体系生产调查数据，西瓜甜瓜优势产区均呈现出设施栽培面积增加、露地栽培面积减少的趋势。2017年西瓜设施栽培面积占西瓜种植总面积的57.76%，比2016年提高了11.24%，其中大中拱棚面积增加明显；2017年甜瓜设施栽培面积占甜瓜种植总面积的65.87%，比2016年提高了1.15%，其中小拱棚面积增加明显。

2.区域生产基本情况

（1）西瓜甜瓜优势产区

我国具有适宜西瓜甜瓜生长发育的地理、土壤及气候条件是理想的西瓜甜瓜生产地。从全国范围来看，西瓜甜瓜生产区域主要有华东、中南、西北、华北、东北和西南六大区域，其中全国3/4的西瓜来自华东和中南两大产区，而甜瓜以华东、中南、西北三大产区为主。

多年来华东产区一直是我国最主要的西瓜甜瓜产区，包括上海、江苏、浙江、安徽、福建、江西、山东，主要以夏季西瓜甜瓜生产为主。中南产区主要包括河南、湖北、湖南、广东、广西、海南，是我国西瓜甜瓜的第二大主产区，其中河南、湖北和湖南主要以生产夏季西瓜甜瓜为主，广东、广西和海南主要以生产冬春西瓜甜瓜为主。西北产区主要包括陕西、甘肃、青海、宁夏和新疆，该区域气候优势明显，西瓜甜瓜产业发展源远流长，西北压砂西瓜甜瓜种植有近百年的历史，目前已成为西北干旱地区带动农民脱贫致富、增收减灾的新兴绿色产业，主要为夏秋西瓜甜瓜生产区。华北产区包括北京、天津、河北、陕西和内蒙古，该产区主要以生产春夏西瓜甜瓜为主。东北产区包括黑龙江、辽宁和吉林，主要以生产夏秋西瓜甜瓜为主。西南产区包括四川、云南、贵州和重庆，该区域气候湿度大、云雾多、日照不足、气温低，不利于西瓜甜瓜的高产稳产，其产量在六大区域中较低。

（2）种植面积与产量及占比

①西瓜。全国3/4的西瓜来自华东和中南两大产区，根据《中国农业统计资料》，2016年华东产区的西瓜播种面积为63.47万公顷，产量2 716万吨，分别占全国总量的33.57%和34.21%；中南产区的西瓜播种面积为66.79万公顷，产量为2 894万吨，分别占全国总量的35.32%和36.45%。

从各省份来看，2016年西瓜产量排名前10位的省份种植总面积为129.5万公顷，总产量为6 019万吨，分别占全国的68.51%和75.79%。其中，河南2016年西瓜产量位列第一且增幅最大，西瓜种植面积为29.11万公顷，产量为1 716万吨，分别占全国的15.40%和21.61%，产量较上年增长9.61%。十大主产省份的西瓜生产情况如表20-1所示。

表20-1　2016年我国西瓜十大主产省份生产情况

省份	种植面积（万公顷）	种植面积占全国比重（%）	产量（万吨）	产量占全国比重（%）
河南	29.11	15.40	1 716	21.61
山东	21.19	11.21	1 179	14.85
安徽	14.76	7.81	607	7.64
江苏	10.31	5.45	445	5.60
河北	7.65	4.05	437	5.50

（续）

省份	种植面积（万公顷）	种植面积占全国比重（%）	产量（万吨）	产量占全国比重（%）
湖南	12.99	6.87	399	5.03
新疆	8.22	4.35	394	4.96
广西	11.47	6.07	324	4.08
湖北	8.06	4.26	301	3.79
陕西	5.74	3.04	217	2.73

数据来源：《中国农业统计资料》。

②甜瓜。全国甜瓜生产优势区主要集中在华东、中南、西北三大产区。根据《中国农业统计资料》，2016年三大产区甜瓜播种面积为36.81万公顷，比上年增长了2.97%，占全国总播种面积的76.38%；三大产区甜瓜产量为1 235万吨，比上年增长了7.20%，优势区产量增长速度大于播种面积增长速度，生产效率显著提高。具体来看，2016年华东产区的甜瓜播种面积为12.53万公顷，产量441万吨，分别占全国的26.00%和26.97%。中南产区甜瓜播种面积为11.63万公顷，产量为359万吨，分别占全国的24.13%和21.96%。西北产区甜瓜播种面积扩大到12.65万公顷，产量增长到435万吨。

从各省份来看，2016年甜瓜产量排前10名的省份种植面积为34.10万公顷，产量为1 268万吨，分别占全国的70.75%和77.41%。其中，新疆甜瓜产量最高，为292万吨，占全国总产量的17.83%；河南产量增幅最大，由2015年的165.7万吨增加到2016年的211万吨。十大主产省份甜瓜生产情况如表20-2所示。

表20-2　2016年我国甜瓜十大主产省份生产情况

省份	种植面积（万公顷）	种植面积占全国比重（%）	产量（万吨）	产量占全国比重（%）
新疆	8.22	17.06	292	17.83
山东	4.91	10.18	230	14.04
河南	5.24	10.88	211	12.88
河北	2.21	4.58	122	7.45
内蒙古	2.39	4.97	80	4.88
江苏	2.70	5.59	76	4.64
陕西	2.14	4.44	73	4.46
黑龙江	2.38	4.93	69	4.21
安徽	1.97	4.10	63	3.85
吉林	1.94	4.02	52	3.17

数据来源：《中国农业统计资料》。

（3）区域比较优势指数变化

在市场经济中，西瓜甜瓜播种面积大和产量高的区域一般是具有较强比较优势的区域，而且面积能够表征生产的规模经济和集聚效应，产量可以有效地反映生产效率。因此本章选择西瓜甜瓜的播种面积和产量作为评价各地西瓜甜瓜产业比较优势的指标。

由各地西瓜比较优势计算结果来看（表20-3），在2009—2016年西瓜生产规模比较优势排名前几位的省份是重庆（1.22）、宁夏（1.20）、广西（1.18）、北京（1.16）、江西（1.16）、湖南（1.13）、河南（1.12）和四川（1.09）、湖北（1.09），这些省份的西瓜专业化程度较高，资源禀赋状况较好。从效率优势指数来看，在2009—2016年西瓜效率比较优势排名前8位的省份是青海（1.42）、辽宁（1.12）、黑龙江（1.10）、吉林（1.09）、贵州（1.07）、江苏（1.06）、新疆（1.05）和上海（1.05）。可见，西瓜生产的效率优势和规模优势分布有较大差异，我国传统的西瓜种植大省河南具有规模优势但不具有效率优势，而青海、辽宁等不具有规模优势但具有较好的效率优势。综合来看，2009—2016年西瓜综合优势指数排名前8位的省份是重庆（1.11）、宁夏（1.09）、青海（1.09）、北京（1.08）、广西（1.08）、湖南（1.06）、河南（1.06）和四川（1.05），这些省份位于华东、中南、西北三大优势产区。

由各省份甜瓜比较优势计算结果来看（表20-3），在2009—2016年甜瓜规模比较优势排名前8位的省份是新疆（2.96）、吉林（2.16）、黑龙江（2.03）、内蒙古（1.95）、辽宁（1.51）、陕西（1.18）、山西（1.17）和上海（1.16），这些省份的甜瓜专业化程度较高，资源禀赋状况较好，特别是甜瓜第一大生产省份新疆，规模优势十分明显。从效率优势指数来看，在2009—2016年甜瓜效率比较优势排名前8位的省份是重庆（1.18）、甘肃（1.13）、河北（1.08）、陕西（1.08）、福建（1.07）、辽宁（1.04）、北京（1.03）和新疆（1.02）。综合来看，2009—2016年甜瓜综合优势指数排名前8位的省份是新疆（1.74）、吉林（1.40）、内蒙古（1.39）、黑龙江（1.39）、辽宁（1.25）、陕西（1.13）、上海（1.07）和河北（1.03）。新疆甜瓜生产的优势较为明显。

表20-3 2009—2016年中国西瓜甜瓜平均生产比较优势指数

产区	省份	西瓜			甜瓜		
		规模优势指数	效率优势指数	综合优势指数	规模优势指数	效率优势指数	综合优势指数
华北产区	北京	1.16	1.01	1.08	0.24	1.03	0.49
	天津	1.00	1.04	1.02	0.80	0.84	0.82
	河北	0.93	1.01	0.97	0.98	1.08	1.03
	山西	1.04	0.99	1.01	1.17	0.86	1.00
	内蒙古	0.84	1.03	0.93	1.95	0.99	1.39
东北产区	辽宁	0.60	1.12	0.82	1.51	1.04	1.25
	吉林	0.80	1.09	0.94	2.16	0.91	1.40
	黑龙江	0.72	1.10	0.89	2.03	0.95	1.39
华东产区	上海	0.94	1.05	0.99	1.16	0.99	1.07
	江苏	0.91	1.06	0.98	0.92	0.89	0.90
	浙江	1.02	1.02	1.02	0.61	0.98	0.77
	安徽	1.06	1.01	1.03	0.54	0.97	0.73
	福建	1.08	0.97	1.02	0.68	1.07	0.86
	江西	1.16	0.94	1.04	0.49	0.93	0.68
	山东	1.00	0.98	0.99	0.98	0.99	0.98
中南产区	河南	1.12	1.00	1.06	0.87	0.85	0.86
	湖北	1.09	0.99	1.04	0.83	0.98	0.90
	湖南	1.13	1.00	1.06	0.74	0.89	0.82
	广东	0.97	0.98	0.97	0.64	0.99	0.80
	广西	1.18	0.98	1.08	0.65	0.85	0.74
	海南	0.77	0.97	0.87	0.50	0.82	0.64
西南产区	重庆	1.22	1.01	1.11	0.11	1.18	0.34
	四川	1.09	1.01	1.05	0.13	0.75	0.31

（续）

产区	省份	西瓜			甜瓜		
		规模优势指数	效率优势指数	综合优势指数	规模优势指数	效率优势指数	综合优势指数
西南产区	贵州	1.00	1.07	1.03	0.49	0.58	0.53
	云南	1.07	0.99	1.03	0.19	0.96	0.42
西北产区	陕西	0.96	0.95	0.96	1.18	1.08	1.13
	甘肃	0.92	1.01	0.96	0.83	1.13	0.93
	青海	0.83	1.42	1.09			
	宁夏	1.20	0.99	1.09	0.60	0.99	0.76
	新疆	0.65	1.05	0.83	2.96	1.02	1.74

数据来源：根据《中国农业统计资料》历年数据计算所得。

注：综合优势指数（规模优势指数或效率优势指数）＞1，表明与全国平均水平相比，该地区某作物生产具有比较优势；综合优势指数（规模优势指数或效率优势指数）＜1，表明该地区某种作物与全国平均水平相比无优势可言；综合优势指数（规模优势指数或效率优势指数）越大，优势越明显。

（4）主要生产问题

①土地资源的约束更加明显。随着工业化和城镇化进程加快，人增地减的矛盾将更加突出。在耕地资源约束趋紧的情况下，西瓜甜瓜种植与粮食作物、棉油糖作物及其他园艺作物种植之间争地的矛盾将长期存在。在城乡居民对农产品多样性需求日趋增大的背景下，单靠扩大面积增产将难以为继。

②极端天气及病虫害影响更加严重。随着全球气候变暖，我国极端天气事件发生的几率增加，对西瓜甜瓜生产造成明显影响。冬春季持续低温阴雨寡照和夏季高温多雨天气，影响西瓜甜瓜生产，导致"空心瓜""脱水瓜"等事件发生，加之病虫危害严重，对西瓜甜瓜生产构成极大威胁。

③产业比较效益下降趋势更加突出。近年来，化肥、农药、农膜等农业生产资料价格呈上涨态势，农业人工费用不断增加，推动了农业生产成本逐年提高。从今后趋势看，农资价格上行压力加大、生产用工成本上升，西瓜甜瓜生产正进入一个高成本时代。

④农业劳动力结构变化更加紧迫。农村青壮年劳动力大多外出务工，生产一线的瓜农趋于老龄化，生产技术水平仅凭多年生产经验积累，科技成果转化较慢。西瓜甜瓜生产劳动效率不高，产业比较效益下滑，特别是在经济发达的主产区存在许多瓜农转产现象，从业人员队伍不稳定。

⑤质量安全事件等外部因素冲击更加剧烈。西瓜甜瓜种子质量事件、生瓜上市、膨大剂的不当使用、西瓜"爆裂"事件等质量安全事件的发生，对国内西瓜甜瓜市场价格产生较大影响，不利于西瓜甜瓜产业健康稳定发展。

（二）市场需求状况

1. 市场价格及变化情况

根据农业农村部信息中心数据测算，2017年全国西瓜加权平均价格为3.09元/千克，比去年同期加权平均价格水平（2.90元/千克）上涨了6.55%；2017年全国甜瓜加权平均价格为5.98元/千克，比上年同期加权平均价格水平（5.66元/千克）上涨了5.65%。

2. 市场消费量及变化情况

西瓜甜瓜市场交易量存在着明显的季节性特点，7—8月西瓜交易量最大，5—8月为甜瓜交易量的高峰段。根据农业农村部信息中心数据测算，2017年西瓜交易总量为252.89万吨，比2016年减少

9.6%；2017年甜瓜交易总量11.42万吨，比2016年同期减少23.4%。

（三）种子市场供需状况

目前，大中城市郊区对优质小果型西瓜种子需求旺盛，年需种量86.68吨左右，种子供应存在一定缺口。中大果型有籽西瓜种子供需基本平衡，每年维持在1 284.82吨左右。小果型无籽西瓜由于采种量较低，市场需求大，缺口也较大，年需种量在85.37吨左右。大果型无籽西瓜年制种量在89.98吨左右，除满足国内市场外，部分种子出口到马来西亚、泰国、澳大利亚、印度尼西亚等国家。

我国在西瓜种子生产上有一定实力和影响力，拥有育、繁、推一体化资质的企业20家左右。据不完全统计，2016年全国西瓜甜瓜种子繁育面积约7.1万亩，比2015年有所增加。2016年，在我国大西北制种区，制种气候比2015年较好，西瓜甜瓜种子单产比2015年有所提高，总产量在650吨左右，其中无籽西瓜比例继续下降，杂交有籽西瓜和甜瓜种子比例相比上年进一步上升。

二、西瓜甜瓜科技创新

（一）西瓜甜瓜种质资源

1.种质资源保护

目前我国已经建立起西瓜甜瓜中长期保存体系，主要由国家种质库负责种质资源的收集、鉴定评价、繁殖更新和中长期保存。为加强我国农作物种质资源的保护和利用工作，强化农作物种质资源对现代种业发展的支撑作用，2015年农业部于编制了《全国农作物种质资源保护与利用中长期发展规划（2015—2030年）》，对包括西瓜、甜瓜作物在内的种质资源保护和利用工作进行了中长期规划。根据这个规划，2017年我国继续开展第三次全国农作物种质资源普查与收集行动，对包括西瓜、甜瓜在内的各种作物种质资源进行普查和收集。开展了农作物种质资源保护专项"西瓜甜瓜种质资源收集编目与繁种入库"（子项）工作，收集、编目和繁殖35份西瓜种质资源，提交国家种质库（长期库）保存。

2.种质资源的总量及类型

2017年我国西瓜甜瓜种质资源入长期库保存超过2 000份，入中期库保存近4 000份，种质总量居世界第二位，仅次于美国。种质类型主要以地方品种、历史育成品种、野生种质和特殊遗传材料为主，涵盖了西瓜属植物全部的5个种，即栽培西瓜、药西瓜、缺须西瓜、热迷西瓜、诺丹西瓜；甜瓜属植物的14个种，即栽培甜瓜、非洲瓜、西印度瓜、迪普沙瓜、无花果叶瓜、角瓜、普拉菲瓜、泡状瓜、箭头瓜、吉赫瓜、赞比亚瓜、七裂瓜、艾斯波瓜和酸黄瓜。

3.种质资源的分发利用

我国西瓜甜瓜种质资源分发利用工作主要由国家西瓜甜瓜中期库负责进行，引种者提供引种需求后，国家西瓜甜瓜中期库提供相应的种质，这项工作已经持续多年。2017年国家西瓜甜瓜中期库对17个单位和个人提供种质分发利用510份次，主要用于新品种选育、科学研究和生产栽培等，为我国西瓜甜瓜科研、教学和产业发展提供了重要的支撑作用。

（二）西瓜甜瓜种质基础研究与育种技术

近年来，育种行业的总趋势是基础研究与育种实践结合越来越紧密，越来越多的育种工作者关注基础研究成果的转化和新技术的应用。从科研投入、从业人员规模、论文产出数量和质量来看，在西瓜甜瓜育种技术研究领域我国均为世界第一大国，且该领域科研工作者形成了良好的合作模式，同时也在不断摸索同国际一流科研团队的合作交流，并取得了良好的科研成果。现阶段，基础研究对育种推动力越来越大，基础研究成果转化为实用育种技术手段的周期不断缩短。

1. 功能基因组学及转录组学领域

随着二代测序技术等高通量基因分型手段的成熟及成本的降低，GWAS（Genome-wide association study，即全基因组关联分析）技术逐渐在西瓜甜瓜功能基因组学上得到应用，国内众多学者都开始采用这一策略进行一些功能基因的定位，并且已经取得了一些研究成果。国外利用GWAS方法进行研究也比较广泛，但由于国外的人力成本比较高，分子育种工作者比较喜欢用基因分型测序（GBS，Genotyping-by-Sequencing），即手段进行基因分型，既节省人力，也节省费用。目前，GWAS手段获得的关联位点在初期阶段，尚不能应用于分子育种，需要进一步实验验证。

GBS技术虽不能直接用于育种，但该技术不但为明确基因作用奠定了基础，而且能为确定基因功能提供证据。该技术已经应用于西瓜甜瓜果肉成熟机制的探讨、西瓜甜瓜抗病反应以及渗透胁迫和嫁接对西瓜甜瓜生产的影响。此外，有些学者已经开始利用蛋白质组学及代谢组学手段研究基因功能，这将成为今后深入研究西瓜甜瓜品质性状及基因机理的重要手段。西瓜甜瓜细胞器基因组的拼接完成，为今后细胞器基因的研究奠定了基础。值得一提的是，这其中有些研究应用到了三代测序技术，该技术测序读长很长，现阶段其经济性和准确性还存在不足，但若这两方面问题得到改善，该技术必将极大促进基因定位及分子育种进程。

2. 功能基因定位领域

2017年西瓜甜瓜抗病基因定位方面取得了一些进展，精细定位了一些抗性基因，包括甜瓜的黄瓜花叶病毒抗性相关基因，甜瓜的白粉病及蔓枯病主效抗病基因。针对西瓜枯萎病的新位点，这些抗病相关基因位点很多是主效基因并且标记距离比较近，可以直接用于分子标记辅助选择。一个西瓜裂叶决定基因也得到精细定位，该基因可以作为一种表型标记在育种上应用。在基因分型领域，随着LGC等先进高通量基因分型平台的成熟，分子育种中大规模快速筛选特定基因型重组株的经济性和可操作性得到大大加强，极大地扩展了分子设计育种和分子聚合育种在育种工作中的应用。

3. 基因工程与生物技术领域

以CRISPR-Cas9系统为代表的基因编辑技术对于生物技术育种和基因功能分析具有重大意义，国内已经有学者进行该领域研究。在甜瓜上，王雪等研究了构建CRISPR-Cas9系统敲除甜瓜ACC合成酶基因表达载体的方法，以期获得高效敲除甜瓜基因的基因组编辑技术；在西瓜上，北京农林科学院许勇团队成功利用CRISPR-Cas9系统在西瓜上实现了基因敲除，并首次通过基因编辑实现碱基置换，获得了抗除草剂的籽用西瓜，该研究居于国际领先水平。基因编辑的理论与方法现已比较成熟，制约其在西瓜甜瓜上广泛应用的瓶颈是西瓜甜瓜还缺乏高效、稳定的遗传转化体系，需要开展大量试验与研究工作。

（三）西瓜甜瓜新育成品种

近几年我国西瓜甜瓜品种选育能力不断增强，新选育品种不断增多。根据市场调查，市场上推广、销售的优秀新品种介绍如下。

1. 西瓜主要育成品种

(1) 早中熟品种

该类型西瓜品种具有早熟、皮色好、不易起棱空心、提早上市价格高、瓜农效益好等特点，适合早春保护地种植，这一类型西瓜以花皮圆瓜为主（表20-4）。

表20-4　西瓜主要早中熟品种特性

序号	品种名称	选育单位	主要优点
1	华欣	北京市农林科学院蔬菜研究中心	植株生长势稳健，坐果性好。外观漂亮，果皮绿底覆盖窄齿条，有果霜。果实瓤色大红，肉质脆，口感好，中心可溶性固形物含量10.9%，品质佳。单果重7～8千克，丰产性强，果皮硬，皮厚1.0厘米，耐裂性好
2	京嘉	北京市农林科学院蔬菜研究中心	早熟，植株生长势稳健，果实发育期28天左右，全生育期70天左右。膨瓜快，果实圆形，浅绿底覆盖墨绿窄条纹，条纹整齐稍细，外形周正美观，有蜡粉。单果重6～8千克，红肉，剖面均匀，肉质酥脆，多汁爽口，口感佳
3	凤光	农友种苗(中国)有限公司	中熟种。生长势强，结果力强，全生育期春季95天左右，主蔓第9～11节着生第一朵雌花。果形圆形，果纵径约24厘米，果横径约23厘米，单果重7.0千克左右。瓜皮绿色底覆有墨绿色锐齿条纹，果肉红色，瓜皮厚约1.0厘米。耐贮耐运
4	新优62	新疆生产建设兵团第六师农业科学研究所	生育期75天，果实发育期28天，生长势中等。第一朵雌花出现在主蔓第8～10节，坐果节位一般在主蔓第13～15节。果实圆形，果形指数1.0，果皮墨绿覆黑绿隐条，平均皮厚0.9厘米，肉色桃红，质地细脆多汁，风味上乘。种子中等偏小，长椭圆形，种壳底色褐色，复色麻点。保护地栽培平均单果重2.5千克，露地栽培平均单果重4.5千克。耐低温和高湿
5	浙蜜6号	浙江勿忘农种业股份有限公司和浙江大学农业与生物技术学院	中早熟，两年省区试果实平均发育期32.8天。第一雌花节位第8.2节，雌花节位间隔5.8节，对照分别为第8.7节和第6.3节。单果重4.1千克，对照为4.4千克，商品果率89.1%。果形高圆，果形指数1.0，果面墨绿色，覆深绿色狭齿带
6	申抗988	上海市农业科学院园艺研究所	中早熟品种，开花后33～35天成熟。叶片中大，浓绿，长势强健。抗枯萎病、兼抗蔓枯病和炭疽病（与西农八号相当），且综合抗逆性强（耐低温、较耐高温、耐潮湿，易坐果，果实膨大快）。果实高圆形，果皮浅绿底覆绿色锐齿条带，单瓜重5～7千克。果肉粉红色，口感松脆，中心可溶性固形物含量13%左右，边可溶性固形物含量8.5%以上，在夏、秋高温条件下品质稳定，不倒瓤。果皮薄而韧，耐贮耐运。栽培适应性广，适合各地春、夏、秋露地或大、中棚覆盖栽培
7	龙盛8号	黑龙江省农业科学院园艺分院	生育期75天左右，植株生长势中等。果实发育期26天左右，果实花皮椭圆形，单果重3千克左右，果肉红色。耐运输。果实可食率高，肉质沙脆，口感甜，风味佳
8	甬蜜2号	浙江宁波市农业科学研究院和宁波丰登种业科技有限公司	单果重4.0千克，整齐度好，平均果形指数1.0，果实圆形，果面绿，光滑有蜡粉，覆墨绿色齿条带。果实剖面好，瓤色粉红，汁液多，瓤质脆，纤维少，口感好，耐贮耐运中等
9	华盛极品	山东省华盛农业股份有限公司	生育期75天左右，植株生长势中等，果实发育期26天左右。果实花皮，椭圆形，单果重3千克左右，果肉红色。耐运输。果实可食率高，肉质沙脆，口感甜，风味佳
10	双色冰淇淋	上海市农业科学院园艺研究所	早中熟品种，耐低温耐弱光性强，全生育期约90天，常温下开花至果实成熟约30天。单果重4～5千克，亩产2200千克以上。果实高圆形，果皮绿色，上覆绿色锐齿条，有蜡粉。果肉红黄镶嵌，中心可溶性固形物含量12%以上，肉质细嫩松脆多汁，风味极佳。果皮脆，不耐运

(2) 中晚熟品种

该类型西瓜品种具有耐裂、高产、抗病、耐贮耐运等特点，适合全国露地种植与长距离运输，主要供应全国8—10月的消费（表20-5）。

表20-5　西瓜主要中晚熟品种特性

序号	品种名称	选育单位	主要优点
1	红与黑	安徽合肥丰乐种业股份有限公司	全生育期105～110天，果实发育期33天左右。植株生长势稳健。第一雌花节位第7节左右，雌花间隔6节左右，易坐瓜。果实椭圆形，果形指数1.3左右。黑皮覆暗网纹、有蜡粉；皮厚1.1厘米，硬韧。耐贮耐运。红瓤质脆沙，剖面均匀
2	丰抗八号	安徽合肥丰乐种业股份有限公司	全生育期110天左右，果实发育期35天。植株生长势强，主蔓第一雌花节位第10～12节，雌花间隔4～6节。果实椭圆形，外观光滑丰满，浅绿底覆深绿齿条，皮厚1.1厘米，硬度好。耐贮耐运。果肉红色，纤维少，中心可溶性固形物含量12%左右。抗枯萎病。单果重6～7千克，单产4000千克/亩左右。
3	龙盛佳美	黑龙江省农业科学院园艺分院	生育期85天左右，植株生长势中等，果实发育期28天左右，果实圆形，单果重7千克左右，果肉红色。果皮硬韧，肉质酥脆，口感甜，风味佳
4	早秀	天津科润农业科技股份有限公司蔬菜研究所	早春大棚栽培从雌花开花到果实成熟需40天左右。果实花皮，短椭圆果，表面覆浓蜡粉。单果平均重8千克，大红瓤，肉致密，剖面好，果皮韧。耐贮耐运。植株生长中等，易坐果
5	庆红888	黑龙江大庆市金盛丰农业科技有限公司	出苗至成熟生育期90天左右，从开花至采收33天左右。第一雌花出现在第8节位，果皮表面覆有不规则墨绿色条带，蜡粉适中。剖面好，品质佳；皮厚1.0厘米左右，外皮硬韧。耐贮耐运

（3）小型西瓜品种

该类型西瓜品种具有糖度高、口感好、一般单瓜重1.5～2.5千克，皮薄、耐贮运性差的特点，主要供应上海、北京、武汉等大中城市高档消费，适合城市周边郊区种植（表20-6）。

表20-6　主要小型西瓜品种特性

序号	品种名称	选育单位	主要优点
1	苏蜜7号	江苏省农业科学院蔬菜研究所	生育期95天，果实发育期28～32天。植株长势中等，第一雌花节位为第5～7节，以后每隔5～6节出现1朵雌花，极易坐果且坐果节位较一致。果实短椭圆形，果形指数1.2，果皮绿色，覆深绿色齿状条纹，皮厚约0.5厘米，较韧。耐贮耐运。单果质量1.8～2.5千克。瓜瓤橙黄色，剖面均匀，色泽艳丽，瓤质酥脆，纤维较少，水分足，口感佳
2	苏蜜8号	江苏省农业科学院蔬菜研究所	早春大棚栽培，全生育期约102天，果实成熟期约30天。植株生长势中等，分枝性中等，叶片中等大小，叶色绿。第一雌花节位为第6～7节，雌花间隔5～6节。耐低温弱光，易坐果。果实高圆形，果形指数1.1，单果质量1.8～2.3千克。果皮底色浅绿，覆深绿色窄条带，果皮厚0.4～0.5厘米，硬度中等。果肉黄色，质地酥嫩，纤维含量少，汁液多，口感风味佳
3	京颖	北京市农林科学院蔬菜研究中心	植株生长势中，果实椭圆形，果形指数1.20，底色绿，锯齿形窄条带，果实周整美观，平均单果重1.62千克。果皮厚0.6厘米。果肉红色，剖面均匀，无空心、白筋等
4	众天红	中国农业科学院郑州果树研究所	第一雌花节位第8.3节，果实发育期33.8天。单果重1.66千克，果实高圆形，果形指数1.08。果皮浅绿色，覆细齿条，蜡粉轻，果皮厚度0.45厘米，较脆。红瓤，中心可溶性固形物含量11.4%，边可溶性固形物含量9.1%

（续）

序号	品种名称	选育单位	主要优点
5	金玉玲珑	中国农业科学院郑州果树研究所	全生育期85天左右，果实发育天数约28天。植株生长势中、稳健。叶色绿、卵圆形、缺刻深。第一雌花出现在第6～8节，以后每隔4～6片叶又出现一雌花。果实高圆形，果形指数1.1，浅绿果皮上覆深绿色齿状条带，中心可溶性固形物含量11.0%～12.0%、边可溶性固形物含量9.0%，果肉橙黄色。种子卵圆形、黄褐色、千粒重32克。最大单果重2.2千克，单果重1.5～2.0千克
6	小兰	农友种苗(中国)有限公司	早熟种，植株生长势强，全生育期90天左右。第一雌花着生节位为第8～9节，果实发育天数为28天左右。果近圆球，单果重2千克左右，果皮淡绿色覆深绿色锐齿条带，果皮薄。肉色鲜黄晶亮，肉质细爽多汁，中心可溶性固形物含量约10%，边可溶性固形物含量约8.1%左右，风味浓，口感佳。每亩产量1900千克左右
7	锦霞八号	河南豫艺种业科技发展有限公司	果实成熟天数35～40天，全生育期98～105天。植株分枝性一般，叶色浓绿，叶形掌状；第1雌花着生节位第6～8节，雌花间隔节位5～6节。果实椭圆形，果形指数1.37。果皮绿色，覆深绿色细条带，单果重2.8千克左右。果皮厚0.5厘米，耐贮运。果肉黄红色，肉质硬脆。种子长椭圆形，褐麻色，千粒重52克

（4）无籽西瓜品种类型

海南、广西等南方省份的西瓜主导品种，主要供应全国冬季的市场消费，并有向全国其他地区扩展的趋势，成为当地夏季和全国冬季消费的主导品种（表20-7）。

表20-7　主要无籽西瓜品种特性

序号	品种名称	选育单位	主要优点
1	金玉玲珑无籽一号	中国农业科学院郑州果树研究所	全生育期85～90天，果实发育天数约30天。绿色果皮上覆绿色齿状条带。单果重1.5～2.8千克，皮厚0.3～0.5厘米。中心可溶性固形物含量11.0%～13.0%，中边糖梯度小。瓤色黄，质脆，无籽性好，口感脆嫩无渣。适于保护地早熟栽培，坐果性好，可一株多果
2	新一号	农友种苗(中国)有限公司	中早熟无籽西瓜，植株生长势强，宜稀植，结果力强，产量高。全生育期85～100天，果实发育期33～37天。果高球形，果皮绿色，披墨绿色中粗条纹。单果重8千克左右（大的可达12千克以上）。肉色深红，均匀艳丽，白瘪籽小而少，肉质细嫩爽口，汁水特别多，不易空心崩裂，且不易沙软走味。果皮韧，耐贮耐运
3	农康丽丰无籽	新疆农人种子科技有限责任公司	果实发育期33天左右，中熟品种。种子短椭圆形，千粒重62克，黄褐籽；种子发芽率90%以上。植株生长稳健，茎蔓粗壮，叶片较大且厚，易坐果。果实圆形，果皮浅绿底覆狭齿条带，外形美观。瓜瓤大红，无籽性好。皮厚1.1厘米，耐贮耐运。单果重5千克左右，主蔓第7～9节着生第1朵雌花。以后间隔4～5片叶着生一朵雌花。抗病耐湿，适应性强，中抗枯萎病
4	黛妃	纽内姆（北京）种子有限公司	植株形态紧凑，长势中等。果实授粉至成熟需45～50天。果皮黑色，无条纹，有较多蜡粉，近圆形；果实横径25～28厘米。单果重7～8千克，果皮厚1.1～1.3厘米，果肉为红色
5	正佳无籽	新疆昌农禾山种业有限责任公司	中晚熟，易坐果，果实一致性好。全生育期110天，果实发育期40天左右，植株生长势较强，主蔓第一雌花第7～9节位。果实圆形，果皮深绿覆墨墨绿色平顺条带，果皮厚1厘米，单果重7～9千克，风味好，品质优良，口感极佳

2. 甜瓜主要育成品种

(1) 薄皮甜瓜

主要集中在东北地区及内蒙古东部，露地栽培；河北、河南、山东、安徽等地，设施栽培；长江流域、江浙一带，拱棚栽培。具有早熟特性，上市时间早，效益较好，栽培面积逐年上升。已由杂交品种替代传统农家品种（表20-8）。

表20-8　主要薄皮甜瓜品种特性

序号	品种名称	选育单位	主要优点
1	星甜十八号	河北双星种业股份有限公司	早熟，5月播种，地爬栽培，生育期平均60天；早春栽培生育期平均110天，坐瓜后最短23天成熟。长势偏弱。叶片深绿色，绒毛多而密，果实短椭圆形。白皮白肉，肉质细腻，香味浓，中心可溶性固形物含量16%，边可溶性固形物含量13%，平均单果重450克。抗白粉病、霜霉病
2	雪娃	黑龙江省农业科学院园艺分院	早熟，播种到采收60天左右。植株生长势强，子蔓结瓜为主，孙蔓结瓜为辅，雌花着生早，易坐果。单株结瓜5～7个。果实倒卵形，大小整齐一致。平均单果重0.38千克，果皮乳白色，尾部有黄晕。中心可溶性固形物含量11.8%，边可溶性固形物含量10.13%。甜脆，风味浓郁多汁。抗白粉病、霜霉病、病毒病
3	金妃	大庆市萨中种子有限公司	早熟，播种到采收60天左右。植株生长势强，子蔓结瓜为主，孙蔓结瓜为辅，雌花着生早，易坐果。单株结瓜5～7个。果实倒卵形，大小整齐一致。平均单果重0.38千克，果皮乳白色，尾部有黄晕。中心可溶性固形物含量11.8%，边可溶性固形物含量10.13%，甜脆，风味浓郁多汁。抗白粉病、霜霉病、病毒病
4	地依	大庆市萨中种子有限公司	早熟，抗病，薄皮，杂交品种。生育期65～68天。果短椭圆形，乳黄皮，尾有绿晕，转色快，橘黄瓤，白肉，甜脆。平均单果重0.40千克，单株结瓜5～7个，整齐一致，商品性极佳。长势强健，叶片肥大，生长速度快，采收期集中。抗枯萎病、白粉病、霜霉病。耐贮耐运，亩产2 750千克左右
5	唯蜜	中国农业科学院蔬菜花卉研究所	早熟，易坐果。果实梨形，果皮淡青黄色，有纵线浅痕，果肉白色，香甜多汁。中心可溶性固形物含量12.0%左右，单果重400克左右，感白粉病、霜霉病
6	津甜100	天津科润农业科技股份有限公司蔬菜研究所	早熟，果实矮梨形。果皮白色，成熟后微有黄晕，果面光洁，果肉白色。中心可溶性固形物含量16.6%，边可溶性固形物含量6.8%，肉质脆，香味浓郁
7	秀甜1号	齐齐哈尔市园艺研究所	全生育期68天左右，果实发育期28天。植株生长势强，子蔓结果为主，坐果率高，膨瓜速度快，易转色。幼果绿色，成熟果淡黄色。果形椭圆。白肉白瓤，肉质甜脆，味清香。脐小，不易裂瓜，果皮光滑。韧性好，耐贮运。中心可溶性固形物含量13.7%，边可溶性固形物含量12.1%。中抗白粉病、霜霉病
8	白玉满堂	中国农业科学院郑州果树研究所	早熟。果实倒卵形，果形指数1.0～1.1。果皮白色，成熟时有黄晕，光皮，脆。中心可溶性固形物含量13.0%～17.0%，边可溶性固形物含量8.0%～12.0%，感白粉病、霜霉病
9	甘露7号	辽宁省农业科学院蔬菜研究所	成熟瓜黄色底覆绿色斑纹，果肉绿色，果实卵圆形。中心可溶性固形物含量15.1%，边可溶性固形物含量14.5%。肉质脆，品质好。平均单果质量290克。中抗霜霉病
10	陕甜9号	西北农林科技大学园艺学院	薄皮型，杂交种。植株长势中强，叶色绿，叶心脏形，叶片中等大小，节间较短，茎粗壮，子蔓雌花发育良好，坐果性强，果实发育期30～32天，果实高圆形，果形指数1.1，果面光滑，乳黄色，果肉白色，肉厚2.2厘米。耐贮耐运性好。单株留果5～6个，平均单果重0.45千克，果实商品率97%左右。中心可溶性固形物含量14.2%，边可溶性固形物含量11.4%，肉质脆甜，浓香爽口。感白粉病，抗霜霉病，耐低温弱光

（续）

序号	品种名称	选育单位	主要优点
11	博洋6	天津德瑞特种业有限公司	果形为较均匀的长棒状，不易畸形。果面较光整，果皮灰白色，充分成熟时亦无绿肩，商品整齐度好。中心可溶性固形物含量12.5%～14%，边可溶性固形物含量11.5%。果肉口感脆酥、风味清香。中抗白粉病、霜霉病
12	博洋8	天津德瑞特种业有限公司	杂交种。薄皮型。果皮墨绿色稳定，果形整齐匀称、坐果性极好。中心可溶性固形物含量14.5%～16%，边可溶性固形物含量12.5%，果肉脆酥，清香。中抗白粉病、霜霉病
13	博洋9	天津德瑞特种业有限公司	果形匀称，果皮花条纹清晰，坐果性极好。中心可溶性固形物含量12%～13.5%，边可溶性固形物含量10.5%，果肉脆酥，清香
14	鄂甜瓜6号	湖北省农业科学院经济作物研究所、湖北鄂蔬农业科技有限公司	早熟，薄皮，杂交品种，成熟期24～26天。果实长圆筒形或长椭圆形，成熟果金黄色，果面有银色棱沟。果形指数1.5，极易坐果，单株可坐3～4果，平均单果重1.2千克，亩产3 000千克以上

（2）光皮类厚皮甜瓜

中早熟厚皮甜瓜品种。主要集中在华北、华中的河北、河南、山东等地。设施栽培和西北露地栽培。果实发育期30～45天，果实圆形或高圆形，果皮颜色有黄、白、青绿等颜色，表皮光滑无网纹或偶有稀纹，果肉含糖量在15.0%以上（表20-9）。

表20-9　主要光皮类厚皮甜瓜品种特性

序号	品种名称	选育单位	主要优点
1	西薄洛托	上海惠和种业有限公司	早熟，厚皮甜瓜品种。植株叶片小，主枝粗壮，节间短，侧枝着花性好，坐果率极高。果实球形，单果重约1.1千克，果皮纯白有透明感。成熟期约40天。果肉厚，糖度稳定在15.0%～16.0%，口味极佳，耐贮藏
2	甬甜7号	宁波市农业科学研究院	植株生长势较强，株型开展，子蔓结果，春季果实发育期41天左右果实椭圆形。白皮，细密网纹。浅橙色果。中心可溶性固形物含量16.0%，边可溶性固形物含量11.7%，肉质松脆、香味浓郁，中抗白粉病、霜霉病，耐高温。单果重1.6千克左右
3	苏甜4号	江苏省农业科学院蔬菜研究所	果实高圆形，果皮白色、光滑。果肉橙红色，肉质酥松，中心可溶性固形物含量15.0%左右
4	玉姑	农友种苗(中国)有限公司	光皮类厚皮甜瓜。植株生长势强，适合单蔓或双蔓式栽培。全生育期80～100天，果实发育期38～45天。高球至短椭球形，单果重1.5千克左右。瓜皮白色，表面光滑或偶有少量稀网纹。肉色淡绿色，肉厚，肉质柔软细腻。中心可溶性固形物含量16.1%，边可溶性固形物含量11.7%。中抗白粉病、霜霉病
5	IVF117	中蔬种业科技（北京）有限公司	中熟厚皮甜瓜品种，果实发育期40～45天。植株生长势健壮，抗性强。果实高圆形，果皮黄色，偶有密细纹。果肉浅橘红色，果肉厚4厘米左右，种腔4.8～5.6厘米。肉质紧密、稍脆，果味清香。中心折光糖含量达16%左右，糖梯度小，单果重1.5千克左右
6	金红甜宝	民勤县茂源农业科技发展有限公司	厚皮型杂交种。早熟，生育期86天。植株长势强健，株型紧凑，节间短，叶片圆形、全缘，叶色深绿，叶背叶脉有刺毛。坐果能力较强，从开花到成熟需33～35天。果实高圆形，果皮黄色，肉厚3～5厘米，肉橘红色，果清甜多汁。单果重2千克左右。中心可溶性固形物含量16.8%，边可溶性固形物含量11.6%。中抗白粉病、霜霉病

（续）

序号	品种名称	选育单位	主要优点
7	玉如意	合肥丰乐种业股份有限公司选育	厚皮型杂交种。早熟，光皮，早春栽培，平均果实发育期35天。植株生长势较强。叶片中等大小，近圆形，叶色深绿。雄花、两性花同株，易坐果，子蔓坐果，坐果整齐一致。平均单果重约3千克。果实椭圆形，果皮浅绿白色，果面光滑。果肉绿色，肉质脆松，肉厚4.9厘米左右，可食率高。中心可溶性固形物含量17.15%，边可溶性固形物含量9.5%。中抗白粉病，抗霜霉病，抗逆性强

（3）网纹甜瓜品种

中晚熟甜瓜品种，果实发育期在45天以上。果实圆形或高圆形，果皮灰绿或深绿色，果皮表面覆盖精美网纹，果肉通常为绿色或橘红色。适宜设施栽培。作为甜瓜品种中的精品，近年来栽培效益较好，栽培面积有所增加（表20-10）。

表20-10　主要网纹甜瓜品种特性

序号	品种名称	选育单位	主要优点
1	众云18	河南省农业科学院园艺研究所	厚皮网纹甜瓜品种。全生育期110～115天，果实成熟期38～42天，长势中等，易坐果。果实短椭圆形，果皮灰绿底，表面覆细密网纹，果肉橙红色，肉厚约3.6厘米。香味浓郁，果实成熟后不落蒂，单果重1.2～2.2千克，中心可溶性固形物含量17.0%左右，边可溶性固形物含量12.0%左右
2	帅果5号	中国农业科学院蔬菜花卉研究所	杂交一代厚皮网纹甜瓜品种。植株生长势中等，中抗白粉病，果实发育期50天左右。果实圆形，果皮灰绿色，覆盖细密网纹。果肉绿白色，果肉厚3.0厘米左右，肉质细软、多汁、醇香，中心可溶性固形物含量16.5%左右，边可溶性固形物含量10.5%左右。单果重1.5～2.0千克
3	江淮蜜三号	安徽江淮园艺种业股份有限公司	全生育期110天左右，植株生长势强。果实椭圆形，成熟果灰绿色，果面覆密网，易坐果。果肉橙红色，肉厚3.0厘米，肉质脆，耐贮耐运性强，中心可溶性固形物含量15%左右。中抗白粉病、霜霉病，低温下上网性好，耐热性较强。平均单果重2.5千克，平均亩产2 200千克
4	网络时代	中国农业科学院郑州果树研究所	果实高圆形，果皮深灰绿色，网纹细密美观，果肉绿色。中心可溶性固形物含量15.0%～16.0%，边可溶性固形物含量10.0%～12.0%。肉质脆。中抗白粉病，感霜霉病。单果重1.5～2.3千克
5	翠甜	农友种苗(中国)有限公司	厚皮网纹品种。植株生长强健，雌花发生稳定，坐果率高。全生育期75～85天，果实发育期35～40天，适于温暖期栽培，低温期果较小。果高球形，单果重1.5千克左右。果皮灰绿色，中粗密网纹布满全瓜。果肉绿白色，肉质细腻，汁水多。中心可溶性固形物含量16.8%，边可溶性固形物含量11.5%。中抗白粉病、霜霉病
6	长香玉	农友种苗(中国)有限公司	网纹厚皮甜瓜。植株生长势强，全生育期90～100天，果实发育期45～55天。果长椭圆形，单果重2.5千克左右，果皮灰绿色，稀疏细网纹布满全果。肉色橙红色，肉质细脆，香味纯正。中心可溶性固形物含量16.4%，边可溶性固形物含量10.8%。中抗白粉病、霜霉病、枯萎病

（4）哈密瓜类型品种

主要集中种植于新疆、内蒙古西部及甘肃北部地区，露地种植。近年来，随哈密瓜的"东移"与"南进"，我国东部与南部地区设施内也大量种植早熟哈密瓜品种，其耐湿性好，早熟，肉质脆甜、品质佳，深受东部地区消费市场喜爱（表20-11）。

表 20-11　主要哈密瓜类型品种特性

序号	品种名称	选育单位	主要优点
1	黄梦脆	新疆农业科学院哈密瓜研究中心	中早熟品种。果实短椭圆形，果皮黄色，网纹紧密。果肉橙色，肉质脆、多汁、味甜，口感好。单果重2.2千克，抗蔓枯病
2	新蜜58	新疆农业科学院哈密瓜研究中心	晚熟品种。果实长椭圆形，墨绿色果皮，全网纹。果肉橙色，肉质细，汁多，松脆爽口，可溶性固形物含量15.0%左右。单果重4～5千克。高抗白粉病
3	西州密25	新疆维吾尔自治区葡萄瓜果研究所	厚皮型杂交种。果实发育期40～45天。果实椭圆形，果皮浅麻绿底覆绿条，网纹细密全。果肉橘红，肉质细、松脆，肉厚3.1～4.8厘米；平均单果重2.0千克。植株生长势较强，茎蔓粗壮，易坐果。耐热耐湿，高抗枯萎病，抗蚜虫，综合抗性强。中心可溶性固形物含量15.6%～18.0%，边可溶性固形物含量12.0%。较抗白粉病，霜霉病抗性一般，高抗枯萎病，抗蚜虫
4	西州密17	新疆维吾尔自治区葡萄瓜果研究所	果实发育期50～57天。果实椭圆形，果皮黑麻绿底，网纹中密全，果肉橘红，肉厚3.2～4.7厘米。中心可溶性固形物含量15.2%～17.0%，边可溶性固形物含量12.0%。肉质细、松、脆，风味甜蜜、爽口。平均单果重2.5千克。植株生长势较强，茎蔓粗壮，易坐果。耐热耐湿，抗枯萎病、抗蚜虫，中抗白粉病、霜霉病
5	东方蜜一号	上海市农业科学院	适于设施栽培的哈密瓜型甜瓜新品种。属早中熟品种，春季栽培全生育期约110天，夏秋季栽培约80天，果实发育期40天左右。植株长势健旺，综合抗性较好，容易坐果。果实椭圆形，白皮带细纹，平均单果重1.5千克。果肉橙红色，肉厚4厘米左右，肉质松脆、细腻、多汁爽口。中心折光糖含量16度左右，口感风味极佳
6	甬甜5号	宁波市农业科学研究院	植株生长势较强，春季果实发育期38天左右。果实椭圆形，果皮为白色，幼果面有皱褶，成熟后平整，网纹稀细，橙色。中心可溶性固形物含量15.2%，边可溶性固形物含量13.2%。脆肉型，口感松脆、细腻。单果重为1.6千克左右，较抗蔓枯病、白粉病和霜霉病
7	新密杂6号（8501）	新疆农业科学院园艺作物研究所	中早熟杂交品种，生长势强，全生育期80～90天，单果发育35～45天。果实短椭圆，皮姜黄，覆有墨绿色条带斑，网纹细密。单果重1.8～2.5千克。果肉质地松脆细，边硬脆。肉色橘红，中心可溶性固形物含量17.0%～11.0%。较耐储运。抗病性强，适时采收商品瓜率高
8	墨玉十七	新疆宝丰种业有限公司	中晚熟品种，植株生长势较强，全生育期98天左右，果实发育期46天左右。果实椭圆形，灰绿色皮，中粗密网布满全瓜，果肉橙红色，近果皮处青肉。肉质松脆少纤维，蜜香味较浓。平均单果重3.5千克。较耐贮运。中心可溶性固形物含量18.0%，边可溶性固形物含量13.5%。高抗白粉病，中抗霜霉病、蔓枯病

三、西瓜甜瓜品种推广

（一）西瓜甜瓜品种登记情况

1. 西瓜品种登记情况

2017年登记西瓜品种226个，其中有籽西瓜品种222个，无籽西瓜品种4个；境外引进品种4个，引进地均为日本；登记品种基本为杂交种鲜食类型，只有1个为常规种籽用类型；早熟小果型礼品西瓜品种44个，约占登记品种的1/5；全国有21个省份的科研单位和企业进行了登记，登记品种较多的省份有安徽（73个）、河南（29个）、新疆（25个）、甘肃（18个）、上海（12个）、山西（11个）、辽宁（10个）。登记品种申请者以企业为主，其中200个品种申请者为企业，25个品种申请者为科研机构（含大学1个），1个品种由个人申请。登记品种较多的企业有新疆安农种子有限公司

（18个）、安徽合肥丰乐种业股份有限公司（15个）、安徽创研种业有限责任公司（11个）、沈阳市万清种子有限公司（10个）、安徽江淮园艺种业股份有限公司（10个）。登记品种较多的科研机构有上海市农业科学院（8个）、中国农业科学院郑州果树研究所（5个）、山西省农业科学院农业资源与经济研究所（3个）。

2. 甜瓜品种登记情况

2017年共有74个甜瓜品种进行了登记，其中新疆27个、河南10个、甘肃8个、上海6个、浙江5个、黑龙江4个、北京3个、安徽3个、山东2个、福建2个、辽宁1个、河北1个、内蒙古1个、广东1个。申报单位共23家，其中农业科研机构仅为3家，其余均为种业公司进行申报，显示了种业公司对品种登记的重视。申报单位自主选育品种69个、合作选育2个、引进2个、其他选育途径1个。74个登记品种中，常规地方种6个，68个杂交品种；13个薄皮甜瓜品种，61个为非薄皮甜瓜品种。新疆的公司登记的品种均为厚皮哈密瓜类型，黑龙江与辽宁申报的品种均为薄皮甜瓜品种，表明了我国甜瓜典型的生产区域特点。在登记品种中，仅有2个进行了新品种保护申请，说明我国甜瓜品种保护还没有得到足够的重视。

（二）主要西瓜甜瓜品种推广应用情况

1. 总体情况

当前，西瓜甜瓜生产主要有三大特点。一是优势产区集中度进一步提高，全国3/4的西瓜来自华东和中南两大产区。二是西瓜甜瓜品种结构得到不断优化，优新品种推广应用比例达80%。2017年全国共选育西瓜品种33个，甜瓜品种11个（2017年度西瓜甜瓜产业技术体系统计数据），西瓜甜瓜新品种的品质和商品性都有了较大的提升。三是全国西瓜甜瓜栽培模式不断优化，优势产区均呈现出设施栽培面积增加、露地栽培面积减少的趋势。2017年西瓜设施栽培面积占西瓜种植总面积的57.76%，比2016年提高了11.24%，其中大、中拱棚面积增加明显；2017年甜瓜设施栽培面积占甜瓜种植总面积的65.87%，比2016年提高了1.15%，其中小拱棚面积增加明显。

西瓜品种结构正在发生变化。一是高糖度、耐裂、挂果期长等优质品种逐渐代替传统品种，正向中熟、含糖量高、大红瓤色、硬脆质地、耐裂的椭圆形西瓜过渡。二是有籽西瓜的面积呈逐步上升趋势，无籽西瓜面积总体下降，大果型西瓜种植面积逐步变少，中小型瓜种植面积增大。三是露地栽培逐年减少，以中早熟品种为主，主要栽培品种仍以京欣1号、京欣2号等京欣系列及甜王系列、久甜二号和早佳8424为主。据调查，因部分大产区的中晚熟西瓜集中涌入种植面积相对较小的省份，且设施栽培西瓜收益相对较高，导致部分小产区露地中晚熟栽培面积呈现出快速下降的趋势。

全国甜瓜种植面积一直稳步上升，并呈现明显的区域特色。东北地区以薄皮甜瓜为主要类型，以日光温室和塑料大棚等设施生产为主要栽培模式。山东、河南作为甜瓜大产区，种植总面积逐年上升，但露地栽培面积逐年减少，设施栽培的薄皮甜瓜面积增加显著。

2. 主要品种类型

根据现代农业产业技术体系市场调查，选育的西瓜新品种京美、华欣、京嘉、众天红、朝霞、众天1293及无籽西瓜新品种神龙1号和冰花无籽等；IVF119、众天5号、众天7号、众天9号、七彩脆蜜、长江蜜魁和黄皮9818、1605等甜瓜品种，2017年度在河南、山东、安徽、黑龙江、海南、浙江、上海、江苏等多个省份累计推广面积超过64万亩，经济效益超过20亿元。

育成特色、高营养的小型西瓜新品种京彩1号，优质、耐裂、丰产中小型有籽西瓜新品种京美

4K，大果早佳类型的有籽西瓜新品种京嘉202；优质抗病厚皮甜瓜1605，特色甜瓜风味8号等，市场反应良好，具有较大发展潜力。选育的新品种通过与企业合作，利用推广体系在西瓜甜瓜主产区进行推广，促进了品种的更新换代。

（1）按用途种类分

鲜食瓜品种主要为8424、京欣系列、麒麟瓜、黑美人、早春红玉等西瓜品种。

籽瓜品种主要为信丰红瓜子、抚州打籽瓜、黑瓜子、吴城大板瓜子等西瓜品种。

鲜食厚皮甜瓜主要以西州密17、西周密25、86-1及伽师瓜及类似品种为代表，其中西州密系列和86-1型甜瓜占据主要市场。

（2）按轻简化栽培分

各中小果型及无籽西瓜嫁接栽培品种常用作轻简化栽培，例如早佳、京欣、早春红玉、黑美人等西瓜品种。

甜瓜主要以西州密17、西周密25、86-1及类似品种为主，普遍采用轻简化栽培模式。设施厚皮甜瓜栽培基本实现了肥水一体化膜下滴灌栽培。

（3）按节肥、节水、节药分

西瓜主要以8424、京欣系列等品种为代表，品种在大棚保护地栽培，通过设施栽培实现节水、节肥、节药。

甜瓜主要以西州密17、西州密25、86-1及类似品种为主，以普遍采用水肥一体化栽培模式。

（4）按优质、高产、高效分

优质西瓜品种有京美、京玲、早佳等品种。

高产西瓜品种有京欣系列、华新、西农8号、丰乐5号等品种。

甜瓜主要以西州密17、西州密25、伽师瓜及类似品种为主。

（5）按耐贮耐运分

耐贮耐运西瓜品种有京美、华新、京欣系列、美都、蜜童等品种。

耐贮耐运甜瓜主要为西州密17、西州密25、伽师瓜及类似品种，基本是常温运输。

3. 推广品种的主要缺陷

一是品种因素。部分西瓜品种抗逆、抗病性不能完全满足生产需求，普遍存在的问题是缺乏真正集优质、抗病、抗逆性为一体的品种，集中表现在抗病性、抗逆性相对较差，较易裂果；嫁接砧木品种抗性不强。部分西瓜品种虽含糖量高、品质好，但耐贮耐运能力较差，对采收和销售的灵活性带来较大挑战。甜瓜反季节栽培坐瓜能力和含糖量有待提高，部分品种缺少薄皮甜瓜特有的香味物质，裂瓜率较高，成熟期较晚，成熟后易老化，因此许多农户在果实没有成熟时就开始销售。

二是环境因素。西瓜甜瓜生产受环境因素影响较大，在冬季低温阴雨寡照、夏季高温多雨天气坐果不理想，病害严重；南方经常出现连续低温、阴雨、寡照天气，极不利于西瓜甜瓜的正常生长发育。2017年南方部分地区由于受后期阴雨天气影响，中晚熟西瓜和无籽西瓜品质比往年差，销售价格也低于往年；设施栽培的早熟西瓜总体表现较好。

（三）风险预警

1. 与市场需求相比存在的差距

（1）同种异名现象严重

西瓜甜瓜品种存在同种异名甚至假冒伪劣等质量问题，对瓜农正确选种用种造成很大困难，严重挫伤种植户的积极性。

（2）抗逆能力差

多数品种以丰产为主要目标，抗病性较为单一，缺乏抗多种病害的多基因聚合品种。同时，耐低温弱光、耐热、耐盐的品种缺乏，栽培过程中受气候环境条件影响较大，在春季栽培常出现畸形瓜和不易坐瓜等情况。亟须选育抗病耐逆性强的西瓜甜瓜品种，如兼抗枯萎病、炭疽病及耐裂果的西瓜品种；兼抗白粉病、蔓枯病的甜瓜品种；兼抗枯萎病、黄瓜绿斑驳花叶病毒病的砧木品种。

（3）耐贮耐运性差

多数品种的耐贮耐运和抗挤压能力相对较差，影响了运输半径，限制了市场的销售区域。同时，造成上市时间短、上市过于集中，使丰产不丰收现象时有发生。

（4）销售问题

5月以前上市的西瓜品种主要来自海南、广西、山东，或从缅甸等国进口，西瓜销售价格较高。6月下旬至7月上旬，国内西瓜集中上市，呈现阶段性的卖瓜难问题。今后，西瓜应采取差异化生产，通过错峰上市与外来流通的西瓜果品形成互补，满足多样性市场需求。

2.病虫害对品种提出的挑战

（1）主要病害

西瓜甜瓜病害种类繁多，主要病害发生普遍、危害严重，次要病害的发生呈加重趋势。枯萎病、白粉病、霜霉病、蔓枯病、炭疽病、果斑病等在我国西瓜甜瓜主要产区常年发生，造成危害，甚至在个别产区发生严重，造成较大损失，尤其是果斑病在东北地区发病严重。大面积推广大棚或保护地西瓜甜瓜栽培后，枯萎病、蔓枯病、炭疽病、霜霉病、疫病、菌核病、猝倒病、立枯病等土传病害造成的病理性连作障碍问题突出，成为西瓜甜瓜产业的一个瓶颈。叶枯病、菌核病等一些次要病害在云南、陕西等产区发生加重，也引起较大损失。果斑病在东北地区发病严重，有的地块病果达42%。黄瓜绿斑驳花叶病毒基本得到遏制，但个别地区仍然有发生。

西瓜甜瓜嫁接育苗与嫁接栽培技术的规模化推广应用，有效控制了枯萎病的发生危害，但是在采用自根苗（实生苗）栽培，特别是在连作田块露地栽培模式的产区，枯萎病发生严重。商业化基质的集约化育苗技术已经成为西瓜甜瓜产区的主要模式，极大地遏制了猝倒病、立枯病、炭疽病、疫病、果斑病等常见苗期病害的发生危害，也显著减轻了移栽定植后大棚和田间上述病害的发生危害。中东部地区基本采用大棚嫁接栽培模式，蔓枯病、后期白粉病发生普遍；东北地区（辽宁、吉林、黑龙江）、西南地区（四川、广西）的各个产区受西瓜甜瓜生长后期雨水和湿度影响，蔓枯病、炭疽病、疫病是主要问题；新疆产区白粉病、霜霉病发生严重，且复合发生，为害加重；宁夏压砂瓜产区以枯萎病为主的土壤连作障碍问题越发严重。黄瓜绿斑驳花叶病毒在推广嫁接西瓜的种植区域比较容易发生。秋季大棚种植的甜瓜容易发生褪绿黄化病毒。

对于病害对西瓜甜瓜品种的挑战，近年来，我国培育出遗传稳定、具有不同优异农艺性状的抗枯萎病新种质，育成一批抗枯萎病的新品种，在生产上推广应用。但是，在生产上比较缺乏针对蔓枯病、白粉病、炭疽病、霜霉病等病害的优良抗病品种。目前，生产上尚无果斑病、病毒病的抗病品种。因此，需要利用国内外抗性种质资源，选育针对白粉病、霜霉病、蔓枯病、炭疽病、果斑病、病毒病等病害的西瓜甜瓜新品种，选育高抗枯萎病、果斑病、黄瓜绿斑驳花叶病毒的西瓜甜瓜品种和嫁接用砧木品种，选育针对2个以上病害的多抗品种。同时，根据主产区重要病原菌群体结构与生理小种分布等特征，合理搭配、布局西瓜甜瓜抗性品种，利用抗性品种多样性控制主要病害的发生。

（2）主要虫害

对于西瓜甜瓜不同品种，常年普遍发生的虫害包括蚜虫、螨类、蓟马、粉虱、瓜绢螟等，南方地区除了这些害虫外，还有甜菜夜蛾、斜纹夜蛾、瓜实蝇、守瓜类害虫的发生。值得注意的是，西瓜甜瓜作物上发生危害的害虫种类及其区域性分布也存在差异，有区域性分布特点。另外，春季气温上升较快时，害虫发生为害期提前，需要注重早期预防。

烟粉虱和瓜实蝇是海南三亚地区棚室西瓜甜瓜上的重要害虫，浙江宁波部分田块中曾出现二斑叶螨为害严重情况，可能与当地棚室内低湿高温的环境适合于该螨的危害发生条件所致，与历史发生情况一致。湖南长沙地区的棚室甜瓜主要发生截形叶螨和蚜虫，截形叶螨的田间单株螨量超过200头，会造成明显的叶片及整株发黄症状，受害严重的植株上吐丝结网现象严重，部分植株枯死；而当地瓜蚜的化学药剂防控困难，蚜虫分泌蜜露造成的叶片煤污病等较重；进入6月以后，由于气温升高，植株逐渐长高，蚜虫会迁飞到其他幼嫩作物上进行危害，此时瓜田蚜虫数量降低。北京地区春季气温高、湿度小，因此叶螨发生严重，北京地区棚室内瓜类作物上发生的叶螨为截形叶螨和二斑叶螨，田间会出现吐丝结网的严重为害状。

除了常见害虫，近年来还会有一些以往不常见的、新的有害生物的发生与危害。例如黑龙江哈尔滨试验基地，在甜瓜苗期早期就出现较多问题，未定植苗房内出现跳虫取食为害叶片现象，发生危害率高，可能与棚室内湿度高有关；定植田间后出现二斑叶螨为害，由于二斑叶螨的隐蔽为害和高抗药性，田间叶片萎蔫、枯黄等受害风险高，已释放天敌昆虫进行早期预防处理。

需要注意的是，所有品种在种植前都应关注棚室周边杂草的彻底清理，杂草与棚室内瓜苗上害虫发生时期和种类关系密切，因此播种前要彻底清除育苗房的残株、败叶、杂草及自生苗等，必要时进行育苗房药剂消毒灭虫，或进行熏烟处理。同时注意棚室内应避免混栽育苗，防止害虫侵染瓜苗，以降低定植后瓜苗生长过程中的虫害发生风险。瓜田种植周围环境不洁净也会带来虫害发生风险，例如瓜田四周有果树、茄果类蔬菜种植也会增大所有种植品种的虫害发生风险。此外，对特殊寄生性杂草如瓜列当的抗性品种选育也应引起重视。瓜列当造成瓜类（新疆地区发生严重）生长、发育迟缓，单果重降低，使果实肉硬、水分少、含糖量降低、适口性变差，一般减产20%～70%。培育自身抗瓜列当寄生的甜瓜品种，可有效缓解瓜列当造成的危害。

四、国际西瓜甜瓜产业发展现状

（一）国际西瓜甜瓜产业发展情况

1. 种植生产情况

（1）西瓜生产情况

西瓜在世界水果生产中占有十分重要的地位。自21世纪以来，西瓜产业进入快速增长阶段，西瓜种植面积和产量不断增加，世界西瓜总产量从2001年的8 346.51万吨增加到2016年的11 702.26万吨，是世界上产量最高的水果。从世界西瓜收获面积来看，世界西瓜的收获面积占世界水果总收获面积的比例较为稳定，基本保持在5.5%左右，2016年西瓜收获面积为350.72万公顷，占水果总收获面积的5.38%（表20-12）。

表20-12 世界西瓜产量和收获面积情况

年份	西瓜产量（万吨）	占水果总产量的比重（%）	西瓜收获面积（万公顷）	占水果收获面积的比重（%）
2001	8 346.51	14.12	326.15	6.00
2002	9 045.93	14.86	334.78	6.07
2003	8 856.72	14.25	344.47	6.14
2004	8 820.96	13.67	323.94	5.68
2005	9 116.89	13.79	325.16	5.62

（续）

年份	西瓜产量（万吨）	占水果总产量的比重（%）	西瓜收获面积（万公顷）	占水果收获面积的比重（%）
2006	9 441.12	13.74	337.09	5.72
2007	9 399.82	13.39	334.03	5.58
2008	9 457.91	13.18	328.20	5.55
2009	9 858.50	13.41	335.53	5.58
2010	10 121.07	13.44	337.71	5.52
2011	10 240.22	13.13	336.21	5.42
2012	10 525.72	13.35	332.77	5.33
2013	10 807.82	13.12	335.88	5.28
2014	11 150.71	13.38	343.27	5.39
2015	11 370.80	13.32	343.24	5.34
2016	11 702.26	13.51	350.72	5.38

数据来源：FAO数据库。

（2）甜瓜生产情况

甜瓜作为重要的水果作物之一，在世界五大洲均有种植，主要分布范围从北纬65°左右到南纬23°左右。随着居民收入水平的不断提高，人们对于水果的消费量也呈现不断增长的趋势，从而推动了世界甜瓜产业的稳步发展。2016年世界甜瓜收获面积为124.58万公顷，总产量为3 116.69万吨，和2001年相比，年均增长速度分别为0.53%和1.65%，产量增速高于面积增长速度，可见生产效率的提高是甜瓜产量增加的重要因素（表20-13）。

表20-13　世界甜瓜产量和收获面积情况

年份	甜瓜产量（万吨）	占水果总产量的比重（%）	甜瓜收获面积（万公顷）	占水果总收获面积的比重（%）
2001	2 436.94	4.12	115.02	2.12
2002	2 583.28	4.24	118.36	2.15
2003	2 515.47	4.05	124.61	2.22
2004	2 568.80	3.98	120.86	2.12
2005	2 745.72	4.15	127.39	2.20
2006	2 844.09	4.14	128.66	2.18
2007	2 928.86	4.17	129.09	2.16
2008	3 072.68	4.28	128.92	2.18
2009	2 723.16	3.70	115.19	1.91
2010	3 229.26	4.29	134.32	2.20
2011	3 235.04	4.15	134.49	2.17
2012	2 862.84	3.63	116.16	1.86
2013	2 972.36	3.61	117.01	1.84
2014	3 014.63	3.62	118.17	1.85
2015	2 997.46	3.51	117.58	1.83
2016	3 116.69	3.60	124.58	1.91

数据来源：FAO数据库。

2. 国际西瓜甜瓜贸易发展情况

（1）西瓜贸易情况

从世界西瓜进口贸易来看（表20-14）（以2013年的数据为例），世界西瓜进口总量为259.65万吨，总进口金额为13.12亿美元，而世界排名前10位的西瓜进口国的进口总量为192.84万吨，占世界进口总量的74.27%。其中美国西瓜进口量最多为59.10万吨，占世界进口总量的22.76%；其次为德国，进口量为31.49万吨，占世界进口总量的12.13%。从进口西瓜的单价来看，各国进口西瓜的价格差异较大，其中荷兰进口价格最高为721.47美元/吨，是世界平均水平（505.21美元/吨）的1.43倍；中国进口西瓜价格最低为241.71美元/吨，仅为世界平均水平的47.84%。

表20-14　世界西瓜主要进口国家贸易情况（2013年）

主要进口国家	进口量（万吨）	进口比重（%）	进口金额（亿美元）	进口单价（美元／吨）
美国	59.10	22.76	3.24	548.70
德国	31.49	12.13	2.01	637.73
中国	28.06	10.81	0.68	241.71
加拿大	21.58	8.31	1.19	551.58
波兰	10.93	4.21	0.40	366.33
法国	10.84	4.18	0.75	687.49
荷兰	8.90	3.43	0.64	721.47
捷克	8.54	3.29	0.30	351.60
英国	7.52	2.89	0.53	705.26
科威特	5.88	2.26	0.22	371.43

数据来源：FAO数据库。

从世界西瓜出口贸易来看（表20-15）（以2013年的数据为例），世界西瓜进口总量为281.54万吨，总进口金额为13.64亿美元，而世界排名前10位的西瓜出口国的出口总量为223.30万吨，占世界出口总量的79.31%。其中墨西哥西瓜出口量最多，为63.27万吨，占世界总出口量的22.47%；其次为西班牙，出口量为54.23万吨，占世界出口总量的19.26%。从出口西瓜的单价来看，各国出口西瓜的价格差异较大，其中荷兰出口价格最高为1 486.32美元/吨，是世界平均水平484.62美元/吨的3.07倍；危地马拉出口西瓜价格最低为242.82美元/吨，仅为世界平均水平的50.11%。

表20-15　世界西瓜主要出口国家贸易情况（2013年）

主要出口国家	出口量（万吨）	出口比重（%）	出口金额（亿美元）	出口单价（美元／吨）
墨西哥	63.27	22.47	3.19	503.39
西班牙	54.23	19.26	3.53	650.17
美国	21.55	7.65	1.29	599.86
意大利	19.93	7.08	0.88	441.46
越南	19.90	7.07	0.88	442.03
希腊	18.38	6.53	0.64	345.94
危地马拉	7.29	2.59	0.18	242.82
匈牙利	6.73	2.39	0.20	296.57
中国	6.10	2.17	0.32	523.09
荷兰	5.92	2.10	0.88	1 486.32

数据来源：FAO数据库。

从我国西瓜进出口贸易来看，根据2016年农业部信息中心数据测算，2017年我国西瓜出口金额同上年相比有所增加，进口金额较上年有所减少。2017年西瓜出口量为4.25万吨，比2016年（2.99万吨）增加42.14%，出口金额3 140.52万美元，比2016年（2 609.45万美元）增加20.35%；进口量18.83万吨，比2016年（20.42万吨）减少7.79%，进口金额3 186.38万美元，比2016年（3 278.52万美元）减少2.81%。

（2）甜瓜贸易情况

从2013年世界甜瓜进口贸易数据来看（表20-16），世界甜瓜总进口量为199.41万吨，总进口金额为17.41亿美元，主要进口国为美国、法国、荷兰、加拿大和英国。其中美国甜瓜进口量最多为63.44万吨，占世界总进口量的31.81%；其次为法国，进口量为17.28万吨，占世界进口总量的8.66%。从甜瓜进口的单位价值来看，各国进口西瓜的价格差异较大，其中比利时进口价格最高，为1 612.04美元/吨，比世界平均进口单价水平（873.26美元/吨）高出84.60%；美国进口甜瓜价格最低，为539.48美元/吨，比世界平均进口单价水平低38.22%。

表20-16 世界甜瓜主要进口国家贸易情况（2013年）

主要进口国家	进口量（万吨）	进口比重（%）	进口金额（亿美元）	进口单价（美元／吨）
美国	63.44	31.81	3.42	539.48
法国	17.28	8.66	2.21	1 280.46
荷兰	16.98	8.51	1.74	1 024.77
加拿大	14.82	7.43	1.06	717.30
英国	14.63	7.34	1.58	1 079.74
德国	12.03	6.03	1.45	1 206.48
西班牙	6.62	3.32	0.58	882.76
葡萄牙	5.64	2.83	0.42	748.70
比利时	4.20	2.11	0.68	1 612.04
哈萨克斯坦	4.16	2.09	0.25	597.38

数据来源：FAO数据库。

从2013年世界甜瓜出口贸易数据来看（表20-17），世界甜瓜总出口量为214.32万吨，总出口金额为16.04亿美元，主要出口国为西班牙、危地马拉、洪都拉斯、美国和巴西。其中西班牙甜瓜出口量最多为41.07万吨，占世界总出口量的19.16%；其次为危地马拉，出口量为38.21万吨，占世界出口总量的17.83%。从甜瓜出口的单位价值来看，各国出口甜瓜的价格差异较大，其中荷兰出口价格最高，为1 234.83美元/吨，比世界平均出口单价水平（748.22美元/吨）高出65.04%；危地马拉出口甜瓜价格最低，为351.15美元/吨，仅为世界平均出口单价水平的46.93%。

表20-17 世界甜瓜主要出口国家贸易情况（2013年）

主要出口国家	出口量（万吨）	出口比重（%）	出口金额（亿美元）	出口单价（美元／吨）
西班牙	41.07	19.16	3.86	940.03
危地马拉	38.21	17.83	1.34	351.15
洪都拉斯	22.67	10.58	1.14	502.74
美国	19.67	9.18	1.33	675.05
巴西	19.14	8.93	1.48	771.00
墨西哥	14.57	6.80	0.99	680.77
哥斯达黎加	11.66	5.44	0.62	528.14
荷兰	11.41	5.32	1.41	1 234.83
中国	5.92	2.76	0.70	1 187.51

（续）

主要出口国家	出口量（万吨）	出口比重（%）	出口金额（亿美元）	出口单价（美元／吨）
摩洛哥	4.76	2.22	0.51	1 076.03

数据来源：FAO数据库。

从我国甜瓜进出口贸易来看，根据农业部信息中心数据，2017年甜瓜出口量及金额均比2016年有所减少，2017年甜瓜出口量为6.42万吨，比2016年（7.67万吨）减少16.30%；出口金额10 056.43万美元，比2016年（14 955.97万美元）减少32.76%；2014—2017年，甜瓜进口量极少。

（二）主要国家西瓜甜瓜研发现状

目前世界上对西瓜甜瓜分子育种与功能基因组学研究比较先进的国家是美国（西瓜为优势）和西班牙（甜瓜为优势），其他研究较多的国家有土耳其、以色列和韩国。

1. 主要国家西瓜研发情况

日本、美国等国的育种家重视选育抗病性强、商品性好、品质高的品种，先后选育了全美4K、全美8K、甜王等新品种。同时，由于三倍体无籽西瓜有杂种优势和多倍体优势，具有优质、高产、抗病、抗逆、耐贮耐运、功能性成分含量高等特点，在美国、西班牙、南美洲等国家和地区，占西瓜总种植面积的85%以上。AU Mashilo等（2017）研究利用简单重复标记（SSR）来评估南非西瓜地方品种的遗传多样性。通过10对SSR标记对34份不同的西瓜地方品种进行基因分型。研究结果发现，通过聚类分析，这些基因型被分成了3个具有一定差异的遗传群体，表明西瓜地方品种的基因型存在广泛的变异。研究鉴定了5个Ⅰ组基因型，7个Ⅱ组基因型，5个Ⅲ组基因型。四倍体种质创新是选育三倍体西瓜品种的关键，选育优质多样化的无籽西瓜新品种将是今后国内西瓜育种主要目标之一。

在品种选育技术方面，建立一个完善高效率的西瓜花药和小孢子再生体系，该技术不仅可直接应用于西瓜遗传和育种实践中，也是应用于其他生物技术的桥梁。先正达公司通过西瓜大孢子培养获得单倍体植株，并在无籽西瓜授粉品种选育上得到应用，但再生率与基因型偏性尚待提高。我国尽管有些探索性研究，但尚未形成完整的技术体系，还不能在育种上应用。

2. 主要国家甜瓜研发情况

（1）甜瓜种质资源

国外学者Ali-Shtayeh et al.（2017）对从巴基斯坦收集的50份蛇甜瓜材料进行遗传多样性分析，50份材料属于4类地方品种：Green 'Baladi'（GB）、White Baladi（WB）、Green Sahouri（GS）和White Sahouri（WS）。通过对植株、果实、花的17种表型特点进行统计，并进行PCA分析，发现果皮覆纹（斑点）颜色、肉色、果皮底色以及果皮覆纹（斑点）类型是区分不同材料的主要表型。通过系统发育树分析发现，4种类型的材料可聚为3类，其中GB和WB与各自单独聚为一类，GS和WS的亲缘关系较近，聚为一类。

Lakshmi et al.（2017）利用25对RAPD引物对来源于印度南部的15份甜瓜品种进行了遗传多样性分析，15份材料的遗传相似性在0.691和0.948之间。聚类分析显示，其中11份材料可被分成3类，4份材料各自单独分布。

Maleki et al.（2017）为了研究27个甜瓜品种的遗传多样性，基于Nei无偏遗传距离的UPGMA树将27个种群分为两大类。ISSR标记可以从甜瓜组中分离出非甜瓜组（dudaim），并将来自同一区域同一地区的收集品种归类到同一组中。

Celin et al.（2017）为了选择甜瓜种质资源的抗性资源，使用52个甜瓜地方品种和4个商业杂交种作为控制对照。多种质间的遗传变异最终使得有可能选择出4个新的抗性来源：CNPH 11-1072和CNPH 11-1077表现出较低水平的昆虫侵染（排趋性），CNPH 00-915（R）和BAGMEL 56（R）在害虫幼虫开始吃叶肉后不久就死掉了（抗生性）。

Pavan et al.(2017)从次生多样性中心收集种质资源，利用基因分型测序（GBS）技术进行了甜瓜的分型研究，分析在意大利南部多样性中心Apulia收集的72份材料，发现了25 422个SNPs，并进行遗传结构、主成分和等级聚类分析，参考chate分类群，分为3个不同的亚群，其中之一就包括以"carosello"的民俗名称而知名的亚群，研究了不同基因库的遗传变异和基因组特征，基因分型测序（GBS）技术也是首次在甜瓜中的成功应用。

Lazaro et al.（2017）研究了西班牙传统甜瓜Agromorphological的遗传多样性，通过分析其39个形态特征和8个SSR制造商，描述了62个西班牙地方品种（以及两个杂交品种作为参考）的变异性。结果显示81%的基因库属于inodorus型，其研究确认需要保留这些不可替代的遗传资源，并继续研究和评估有助于农民的甜瓜产品进入新市场的有价值特征。

Saez et al.（2017）研究报道了抗番茄叶卷曲新德里病毒（*ToLCNDV*）是由一个位于11号染色体上的主要QTL控制。研究评估了4个甜瓜种质以及与其相应的杂交品种，结果选择到具有高水平抗性的一种野生基因型（*WM-7*），经QTL分析，发现3个控制*ToLCNDV*抗性的基因组区域。

Macedo et al.（2017）研究了马拉尼昂州家庭农场的甜瓜植物学特征及遗传多样性，其目的是对来马拉尼昂州自传统农业的甜瓜种质的2个连续近亲世代（S-1和S-2）进行植物学鉴定和估计遗传多样性，生成有用的信息，以服务瓜类商业育种。结果表明，除马拉尼昂州家庭农业甜瓜品种之间和之内的大量遗传多样性之外，由于这些品种的生殖系统和种子管理，其后代表现出对亚种及其植物品种性状的大量渗入。

Szamosi et al.（2017）利用SSR标记分析了匈牙利和土耳其两地间甜瓜品种具有高度的遗传变异。Lázaro等认为西班牙传统甜瓜果实的果形、外皮纹理、外皮颜色具有一定的生物多样性，可作为重要的遗传资源。Escribano et al.（2017）研究评估，西班牙甜瓜Piel de Sapo和Rochet地方品种与所有商业品种相比，抗坏血酸值增加了一倍，地方品种表现出高酸度和高水平的糖分积累。

Monforte et al.（2017）发现甜瓜品种在果形上表现出高度多态性，指出第1、2、3、8和11号染色体的数量性状位点是控制果形变异的重要部分。Maleki et al.研究了27个甜瓜品种之间和之内的遗传多样性，并用GenAlex软件来评估遗传群体结构，将27个种群分为两大类。Dastranji et al.（2017）通过简单序列重复标记带的变异评估了16份蛇形甜瓜材料间的遗传多样性，并将这16份蛇形甜瓜分为5类。

Lebeda et al.（2017）鉴定出甜瓜资源PI 315410（VIR 5682）对8个瓜霜霉病（*Pseudoperonospora cubensis*)8个小种中的7个有抗性。Santos et al.（2017）发现甜瓜种质AC-29、C160、Charentais Fom 1、PI 420145、PI 482398和PI 532830对蔓枯病（*Didymella bryoniae*）具有抗性。Nunes EWLP et al.（2017）报道了巴西甜瓜地方品种是抗白粉病的独特种质资源。Oliveira et al.（2017）和Celin et al.（2017）研究表明，甜瓜品种CNPH11-282、CNPH11-1072和CNPH11-1077、GMEL 56-R具有很好的美洲斑潜蝇抗性，并命名了一个美洲斑潜蝇抗性的基因 *Ls*。

（2）甜瓜功能基因组学及抗病基因定位

2017年GWAS方法在国外广泛利用，该领域的研究很多（Padma Nimmakayala et al.，2017；Amit Gur et al.，2017），已发现一系列与甜瓜果实硬度、果肉颜色等品质相关位点。但是由于国外人力成本比较高，因此分子育种工作者倾向用GBS（Genotyping-by-Sequencing）手段进行基因分型（Stefano Pavan et al.，2017），既节省人力，费用也越来越低，值得国内学者借鉴。Ramamurthy et al.（2017）使用两个F_2作图群体将*FeFe*基因定位并鉴定为bHLH38，研究分析了控制甜瓜铁摄取的*FeFe*基因作用机制，证实bHLH38是来自拟南芥的亚群*Ib* bHLH基因的同源物，其与*FIT*基因共同参与*Feuptake*基因的转录调控。转录组学手段被国外学者广泛应用，M. Silvia Sebastiani et al.（2017）& Ah-Young Shin et al.（2017）研究发现了一系列甜瓜抗病及果实发育相关基因，并初步探明了其作用途径。Rios P. et al.（2017）研究甜瓜果实成熟机制，发现NAC域转录因子编码ETHQV6.3参与果实成熟路径，通过鉴定保守的NAC结构域中携带非同义突变的两个TILLING系，验证了CmNAC-NOR的功能。CmNAC-NOR在发育期和成熟期的果实中表达，表明果实成熟突变可能不在转录水平上起作用。在具有发育期和成熟期的物种中使用传统遗传方法是解析调节果实成熟开始的复杂机制的有力策略。

Shin AhYoun et al.（2017）通过转录组测序，得到东方甜瓜果实发育过程中的转录组信息，分析了在果实发育过程中的表达基因，提供了与东方甜瓜果实发育和成熟不同阶段相关基因的表达模式，这些表达模式为东方甜瓜果实发育，特别是涉及淀粉、糖和类胡萝卜素生物合成的重要调控机制的揭示提供了线索，奠定决定果实大小、颜色和糖含量等发育变化的遗传和分子基础。Ana Giner et al.（2017）克隆了一个甜瓜中的黄瓜花叶病毒抗性相关基因 *cmv1*，该位点可用于甜瓜抗病毒分子育种。

（3）表观遗传学

有学者发现甜瓜单性花发育和表观遗传学调控相关（David Latrasse et al., 2017）。Portnoy, V. et al.（2017）研究了下一代基于序列的QTL定位，用于破解与瓜果品质相关的基因，在这两项研究中，新一代测序（NGS）与独特的遗传群体相结合，构建高密度遗传图谱。第一个项目是基于来自PI414723和"Dulce"杂交的重组近交系（RIL）群体的成熟果实的RNA-seq；第二个项目是基于"Noy Amid"和"Dulce"之间杂交的F_3群体GBS测序分析。

（4）砧木资源研究

Singh et al.（2017）对印度瓜类形态和基因遗传多样性进行分析，将38个地方品种与不同来源的种质（包括栽培品种、地方品种和野生品种）进行比较，结合形态学和分子生物学分析，发现美国、中国、日本、韩国的现代栽培品种在遗传学上相似，可以利用地方品种和外来品种之间的杂交来扩大遗传变异性，并在育种计划中引入新的性状。

AU Mashilo et al.（2017）利用简单重复标记（SSR）来评估南非西瓜地方品种的遗传多样性。通过10对SSR标记对34份不同的西瓜地方品种进行基因型分型，通过聚类分析，这些基因型被分成了3个具有一定差异的遗传群体，鉴定了5个Ⅰ组基因型，7个Ⅱ组基因型，5个Ⅲ组基因型。结果表明，西瓜地方品种的基因型存在广泛的变异。

（三）主要国家西瓜甜瓜生产情况

1. 五大洲生产情况

世界西瓜产区分布比较广泛，在世界范围几乎都有种植。全世界生产西瓜的地区和国家约有119个，其中亚洲一直是西瓜最重要的产地，2001年以来其收获面积一直维持在全球75%左右，产量保持在全球83%左右（图20-4、图20-5）。2016年亚洲西瓜收获面积为267.72万公顷，占世界总收获面积的76.33%；欧洲西瓜收获面积位居世界第二，2016年为30.24万公顷，占世界总收获面积的8.62%；排在后面的依次为美洲、非洲和大洋洲，收获面积分别为26.50万公顷、25.78万公顷和0.48万公顷，分别占世界总收获面积的7.56%、7.35%和0.14%。从产量上来看，亚洲的产量最大，2016年亚洲西瓜产量为9 844.98万吨，占全世界总产量的84.13%，是世界上最重要的西瓜生产区；其次为美洲，2016年美洲西瓜产量为650.69万吨，占全世界西瓜总产量的5.56%。

由于受地缘和气候条件因素影响，甜瓜产区分布相对集中。亚洲是全世界最重要的甜瓜主产区，甜瓜产量和种植面积一直在世界甜瓜生产中位列第一（图20-6、图20-7）。2016年，亚洲、美洲、非洲、欧洲、大洋洲的甜瓜产量分别为2 352.82万吨、361.97万吨、188.72万吨、188.70万吨、24.48万吨，占世界甜瓜总产量的比重分别为75.49%、11.61%、6.06%、6.05%、0.79%。从各大洲甜瓜收获面积来看，2016年亚洲甜瓜收获面积最大，为911.22千公顷，占世界甜瓜收获面积的73.14%；其次为美洲，收获面积为157.20千公顷，占比为12.62%。

2. 世界排名前10位国家西瓜甜瓜生产情况

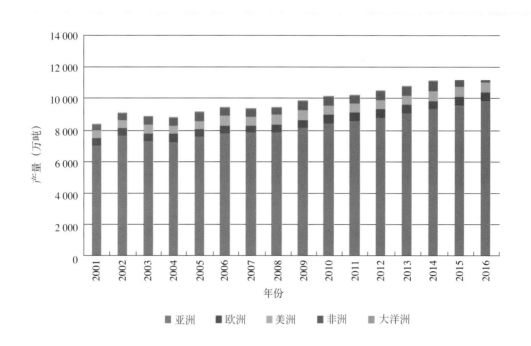

图20-4 2001—2016年世界各大洲西瓜产量变化趋势（FAO数据）

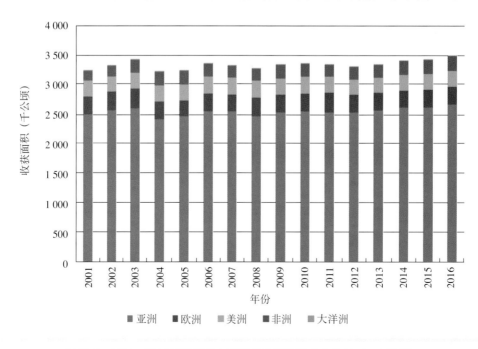

图20-5 2001—2016年世界各大洲西瓜收获面积变化趋势（FAO数据）

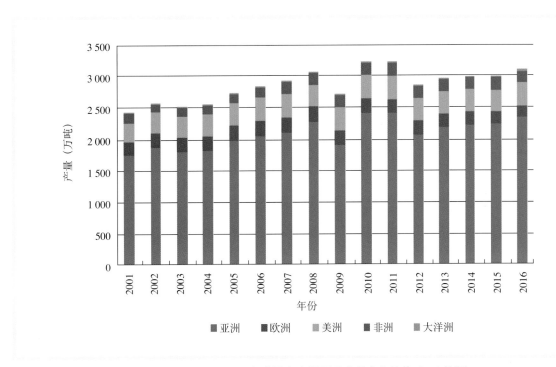

图20-6　2001—2016年世界各大洲甜瓜产量变化趋势（FAO数据）

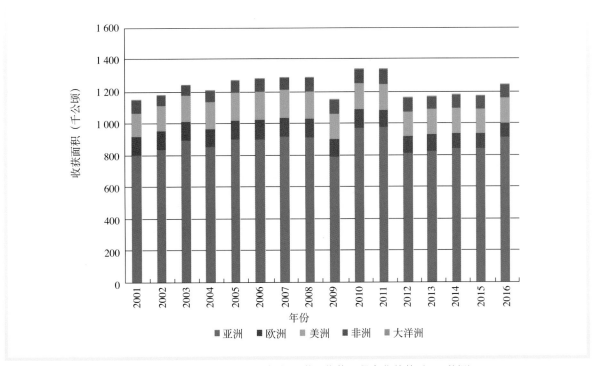

图20-7　2001—2016年世界各大洲甜瓜收获面积变化趋势（FAO数据）

从2016年世界西瓜主要生产国家来看（表20-18），世界五大西瓜生产国为中国、土耳其、伊朗、巴西和乌兹别克斯坦，5国西瓜总产量为9 105.39万吨，占世界西瓜总产量的77.82%，其中中国西瓜产量最高，为7 924.43万吨，占全世界西瓜总产量的67.72%，土耳其、伊朗、巴西和乌兹别克斯坦西瓜产量分别为392.89万吨、381.39万吨、209.04万吨和197.64万吨，分别占全世界西瓜总产量的3.36%、3.26%、1.79%和1.69%。

从2016年世界甜瓜主要生产国家来看（表20-18），世界五大甜瓜生产国为中国、土耳其、伊朗、埃及和印度，占全世界甜瓜总产量的69.20%。其中，中国甜瓜产量最高，为1 600.96万吨，占世界甜瓜总产量的51.37%，土耳其、伊朗、埃及和印度甜瓜产量分别为185.44万吨、161.56万吨、106.06万吨和102.87万吨，分别占世界甜瓜总产量的5.95%、5.18%、3.40%和3.30%。

表20-18　2016年世界十大西瓜甜瓜生产国产量及占比

西瓜			甜瓜		
国家	产量（万吨）	占全世界总产量比重（%）	国家	产量（万吨）	占全世界总产量比重（%）
中国	7 924.43	67.72	中国	1 600.96	51.37
土耳其	392.89	3.36	土耳其	185.44	5.95
伊朗	381.39	3.26	伊朗	161.56	5.18
巴西	209.04	1.79	埃及	106.06	3.40
乌兹别克斯坦	197.64	1.69	印度	102.87	3.30
阿尔及利亚	187.71	1.60	哈萨克斯坦	89.80	2.88
美国	182.32	1.56	美国	78.40	2.52
俄罗斯	175.80	1.50	西班牙	66.19	2.12
埃及	168.10	1.44	意大利	63.23	2.03
墨西哥	119.94	1.02	危地马拉	62.37	2.00

数据来源：FAO数据库。

（编写人员：许　勇　夏　阳　等）

2017

第 5 篇

果　　树

登记作物品种发展报告

第21章　苹果

一、我国苹果产业发展

（一）苹果种植生产

近年来，随着我国对苹果产业发展的重视，苹果栽培面积趋于稳定，产量稳步增长，栽培区域逐步集中，品种结构有所改善，产业化水平不断提高。从分布来看，我国苹果生产主要集中在环渤海湾产区（辽宁、山东、河北等地）、黄土高原产区（山西、甘肃、陕西、河南等地）、黄河故道产区（豫东、鲁西南、苏北和皖北）、西南冷凉高地产区（四川、云南、贵州等地）、东北寒地产区（黑龙江、吉林、内蒙古东部、辽宁北部）以及新疆产区，其中，渤海湾产区、黄土高原产区、黄河故道产区、西南冷凉高地产区为2008年农业部规划的四大苹果优势主产区（表21-1）。

表21-1　我国苹果分布区域统计

推广面积分级（万亩）	分布区域
50	内蒙古、江苏、四川、宁夏、云南
100	新疆
200	山西、辽宁、河南
300	河北
400	山东、甘肃
1 000	陕西

1. 各主产区苹果品种发展

（1）黄土高原产区

通过对黄土高原苹果主产区的陕西、甘肃、山西及豫西地区的初步调查，本区域近年生产示范推广的新品种有20余个，小面积试栽的新品种约在70个以上，新品种发展逐步趋于多样化，并有较明显的地域性特征。

从品种来源看，以富士、嘎拉、元帅系等生产主栽品种的优良芽变新品种（系）为主，约有50余个，杂交选育的新品种约40余个。

从成熟期看，以晚熟和中晚熟品种为主，早、中熟品种较少。

从果实色泽类型看，以红色品种为主，非红色品种（黄色、绿色）较少。

从栽培用途看，以鲜食品种为主，加工用或鲜食加工兼用品种较少。

（2）渤海湾产区

渤海湾产区苹果主栽品种（系）有60多个，主要品种（系）有10多个，其中富士系占80%（晚熟富士系占70%）、嘎拉系8%、红星系4%、国光4%、其他4%。

富士系的主要品种（系）有：烟富3、长富2、长富12、岩富10、2001富士、秋富1、红将军、新红将军、早熟富士王、烟富6号、礼泉短枝、惠民短枝、宫崎短枝、福岛短枝等。

嘎拉系的主要品种（系）有：皇家嘎拉、帝国嘎拉、太平洋嘎拉、烟嘎1、烟嘎2、烟嘎3和丽嘎拉等。

元帅系的主要品种（系）有：新红星、首红、阿斯矮红、俄矮2号等。

除此之外还有寒富、国光、金冠、新乔纳金、新世界、华冠、王林、藤木1号、美国8号等。

（3）黄河古道产区

黄河故道苹果产区主要包括河南开封以东、江苏徐州以西的黄河故道及分布在故道两岸的河南、山东、安徽、江苏的10多个县（市、区），整个产区现有苹果面积140万亩。目前富士系、元帅系和嘎拉系品种为该区主要栽培的品种。近年来该区引进试栽新品种主要以早、中熟品种和部分富士类的早熟类型芽变居多。

（4）西南冷凉高地产区

通过对四川、云南和西藏各主要苹果产区的调查，本区域近年生产示范推广的新品种有25个，小面积试栽的新品种约在20个以上，新品种发展逐步趋于多样化，并有较明显的区域特征。

从品种来源看，主要以富士系和嘎拉系等生产主栽品种的优良芽变新品种（系）为主。

从成熟期看，主要以7月中下旬至10月上旬成熟的品种最为集中。

从果实色泽类型看，以红色品种为主，非红色品种（黄色、绿色）逐年下降。

从栽培用途看，以鲜食品种为主，鲜食加工兼用品种较少，加工专用品种没有。

（5）东北寒地产区

东北寒地苹果产区地处寒温带，是我国抗寒果树的生产区。本地生产的多是伏秋果，8—9月成熟，所生产的水果不仅抗逆性强，而且汁多味浓，酸甜可口，与水果主产区形成熟期互补，能够实现北果南运。东北地区靠近俄罗斯，在此建立水果出口基地，在出口创汇方面具有不可替代的地缘优势。

在东北寒地100万亩苹果生产中，栽培的主要品种有1949年前从苏联引入的黄太平；1949年后从吉林、辽宁引入的金红、K9；近年新选育的龙秋、秋露、紫香、塞北红、龙红、米鲁亚（俄罗斯引入）等在部分地区示范，气候条件较好的区域引入寒富、新苹、新帅、新冠。

按果实质量寒地苹果分为3类，小苹果（50克以下）黄太平、大秋、铃铛、花红；中小型（51～100克）金红、K9、龙冠、龙丰、龙秋、秋露、紫香、塞北红、龙红；中大型（101克以上）寒富、新苹、新帅、新冠。

在寒地苹果生产中，8月下旬成熟的苹果有黄太平、铃铛、花红、K9、龙冠、龙红；9月上旬成熟金红、大秋、紫香、米鲁亚；9月下旬成熟有龙丰、龙秋、秋露、塞北红、新苹、新帅、新冠；寒富苹果10月上旬成熟。

龙丰、龙秋、秋露、寒富耐贮藏。

寒地苹果品质酸甜，主要鲜食，适宜加工果汁和罐头。

（6）新疆产区

苹果生产作为新疆林果产业经济发展的重要组成部分，在新疆经济快速发展过程中占据着重要地位。新疆苹果面积稳中有升，产量持续增长，优势区域更加明显，以烟富6号、长富2号等为代表的富士系列品种已成为新疆南疆苹果的主栽品种；而作为北疆的伊犁河谷苹果主要栽培品种有：富士系占80%，首红、寒富、嘎啦、金冠、乔纳金等占20%。乔化果树占总面积的99.1%，矮化果树占0.9%。

近年来，伊犁哈萨克自治州林业科学研究院通过国家苹果产业技术体系开展苹果新品种的选育技术研究，引进苹果新品种、砧木170余份，开展了品种（系）区域比较试验，进行综合评价；选育出适合伊犁河谷并予以推广的优良新品种：工藤富士、宫崎短枝富士、西施红、寒富、长富2号、华硕、蜜脆、红盖露等。

2. 存在的问题

长期以来，我国对苹果新品种的引种试栽缺乏科学、完善的指导与评价体系，新品种示范推广中"各自为政"的现象也较为突出。苹果产业技术体系成立以来，各单位加强了在新品种区域适应性试验及示范推广方面的合作与协作，但与国外发达国家相比，仍存在较大差距。

一是缺乏统一、规范、客观、有序的新品种（系）区试评价技术体系，新品种（系）系统化区试评价技术体系不完善，缺乏统一的评价标准和指标体系。不同区域的区试评价相互配合不够，各自为政，评价效率低，可比性差。

二是良种良法良砧不配套，品种（砧木）不同，特性各异，砧穗组合又会产生新的差异。新品种试栽推广时栽培技术不配套，砧穗组合不理想，导致品种（砧木）本色不能充分表现，产生试栽推广的局限性。

三是区试评价时间过短、范围过小，每个苹果栽培区域不同年份的气候条件不一致，短时间内很难对苹果的果实品质、贮藏性、抗病性和抗寒能力进行综合评价，应适当延长新品种区试评价的时间，扩大新品种区试评价的范围。

四是知识产权保护力度不够，新品种苗木繁育及交易市场混乱，夸大宣传、品种炒作、剽窃改名等问题时有发生，亟待进行新品种产权保护和有序开发，以提高苗木繁育质量，增强品种区试的代表性和可信度。

五是新品种示范推广规模化程度不高，目前新品种示范及应用形式主要依托试验站示范基地以及小范围的农户生产试栽，示范规模有限，在一定程度上限制了新品种在短期内转化为经济效益。应该提高品种示范推广规模化和规范化程度，增强示范作用。

六是品种多样化程度不够，在成熟期上，晚熟品种比例过大，早熟品种比例过小。在果实色泽上，红色品种比例过大，绿色品种和其他花色品种比例过小。在果实用途上，鲜食品种比例过大，加工或加工鲜食兼用品种比例过小，致使苹果加工业没有稳定的优质原料，加工产品质量难以适应市场需要。应该根据市场需求，加大品种多样化，满足消费者及市场对苹果成熟期、色泽、用途的更多需求。

（二）苹果市场需求状况

1. 各区域市场需求

（1）黄土高原产区

目前在黄土高原苹果产区可选择发展的新优品种主要有以下几种。

①早中熟及中熟品种。为供应7—8月市场，早中熟品种以秦阳、华硕为主，中熟品种以嘎拉优系品种为主，在北部产区可积极发展红盖露等条红型品种，在南部产区可扩大金世纪、丽嘎拉、烟富3号等片红型品种发展。

②中晚熟及晚熟品种。中晚熟品种以早熟富士优系、凉香（含新凉香）、蜜脆、晋霞、秦红、中秋王等为主，适度发展千秋、新世界、澳洲青苹等品种。在北部产区，早熟富士优系、蜜脆、晋霞、凉

香、千秋、中秋王等品种发展潜力较大。在南部产区，秦红、新世界、澳洲青苹等品种发展优势更为明显。晚熟品种除富士优系外，以粉红女士、瑞阳、瑞雪等品种为主，适度发展寒富、华红等抗寒品种。粉红女士在南部产区海拔800米左右区域发展优势更为明显，其他品种在北部产区发展优势更大。

③晚熟富士系。可立足当地生态条件和栽培水平，选择适宜本区域的优良品种（系）。

④元帅系品种。因集中产区仅限于甘肃天水（含陇南）和晋中（榆次）地区，可结合当地生态和栽培条件自主选择。

（2）渤海湾产区

根据山东、河北、北京、辽宁各试验站多年品种评价试验经验，未来5年，在渤海湾地区可重点推广以下品种。

①早熟品种。华硕、岳艳、秦阳、丽嘎拉、金都红嘎拉、太平洋嘎拉、烟嘎3号、双阳红等。

②中晚熟品种。凉香、蜜脆、岳阳红、新世界、太平洋玫瑰、首富1号、新红将军、天汪一号、王林、红露、寒富等。

③晚熟品种。烟富3号、烟富10号、烟富8号、美乐富士、2001富士、望山红、宫腾富士、天红2号、福丽、粉红女士、岳冠、瑞阳、瑞雪、澳洲青苹等。

（3）黄河故道产区

通过区试观察、生产试栽调查，目前在黄河故道苹果产区可选择发展的主要有以下新优品种。

①早中熟品种。供应7月初市场的品种，在维持现有藤木一号品种的基础上适当发展华佳等大果型红色早熟品种；供应7月中下旬市场的品种，以华瑞为主；8月初的品种以华硕品种为主。由于炭疽叶枯病的严重危害，该地区发展嘎拉类的品种应慎重。

②中晚熟品种。目前该地区中晚熟品种仍主要以元帅系五代着色较好的品系为主；除此之外，蜜脆完善栽培技术后可适当发展。作为富士早类型的弘前富士，可用中晚熟品种的主栽品种在该地区批量推广。

③晚熟品种。晚熟品种目前仍以富士为主，在当地用作矮化栽培的重点发展烟富3，乔化栽培的仍以烟富6为主，建议在现有栽培的富士园选择适宜的优良品系。

（4）西南冷凉高地产区

由于冷凉高原区气候区域较多，选择发展品种时，在搞清品种特性的前提下，综合分析市场供需变化和当地立地条件，因地制宜，突出品种的区域特色优势。一般情况下，每个局部区域（市级或县区级）的主推新品种数量不宜超过2～3个，同时要重点考虑7月中旬至9月上旬市场供应的品种选择。结合近几年市场和栽培实践，可优先发展华硕、嘎啦优系、2001、红将军等品种，金冠、王林等一些绿黄色品种可继续保留一定的面积，但需要解决果锈问题。斯维塔、樱桃嘎啦、皮诺瓦等其他国外引进的品种虽然有较好的品质、丰产性和良好的市场前景，但由于涉及知识产权保护等因素的影响，发展时要慎重。9月中下旬至10月上旬，中高端市场供应的品种是未来品种选育的重点，目前虽然有一些品种，但由于需要套袋栽培且果型不太周正，需要进一步引进和筛选。系统开展群众性芽变选种工作，扩大选育种范围，在现有已种植多年的晚熟品种中筛选鉴定出适宜目前产业结构调整的区域性品种。

进一步开展砧穗组合的优化研究，针对冷凉高原区海拔高、紫外光强、昼夜温差大、干湿季节分明的气候特点，开展适宜高原气候特征砧穗组合的优化研究，进一步挖掘现有品种的生产潜力，保持市场竞争力，延长其经济寿命。围绕现代栽培模式的发展需要和低纬度高原的生态条件，重点解决高原地区春旱夏涝，生长季节降雨集中对苹果外观品质的影响，以利于高原苹果产业的优势发挥。

新品种的配套栽培技术体系构建，品种不同，特性各异。一个新品种要在生产中发挥其最大潜能，必须针对冷凉高原区独特生态气候条件，研究其相配套的栽培技术体系。因此，新品种推广过程中，加强配套栽培技术的研究与示范推广至关重要。

（5）东北寒地产区

东北寒地苹果近年提出部分新品种，其早熟品种龙红苹果宜在吉林的吉林市以南、黑龙江东南部的牡丹江、鸡西等地栽培；中熟品种紫香、晚熟品种秋露适宜黑龙江省中东部的佳木斯、绥化、哈尔滨等地栽培；晚熟品种塞北红适宜内蒙古的东部地区、吉林南部、黑龙江南部气候条件好的地方栽培。

①树立品牌，发展地方优良品种。吉林市南部、黑龙江南部重点发展龙丰和金红苹果，创建品牌，以出口为目的地发展龙冠苹果；黑龙江东宁县、吉林珲春市局部可以发展新苹、寒富等大型苹果；内蒙古东部和黑龙江齐齐哈尔地区在保持黄太平生产优势同时，内蒙古东部扩大塞外红苹果的栽培示范，以建立本产区品牌。

②加强新品种的选育和示范。寒地苹果发展关键是选育出了抗寒新品种，途径一是有目的的人工选育，筛选抗寒优质苹果品种；二是生产调研，将国内外引入的和农家原有的好品种尽快整理、示范、推广。东北寒地苹果栽培区幅员大，气候差异大，在新品种试验示范过程中要考虑不同条件，确定新品种栽培区域。近期选出的龙红、塞外红及预审品种不应局限本省，要扩大生产示范。

③扩大适宜加工品种面积。寒地苹果酸度高，非常适宜加工，小苹果果汁在国内价格一直较高。发展秋露等高酸品种，对促进果品加工业发展非常有利。

（6）新疆产区

通过区试观察和生产调研，目前在新疆苹果产区可选择发展的新优品种主要有：早中熟及中熟品种，为供应7—8月市场，早中熟品种以华硕为主；中熟品种以红盖露、美国8号品种为主。

中晚熟及晚熟品种：中晚熟品种以蜜脆、早熟富士优系、首红、西施红、晋霞、中秋王等为主，适度发展新世界等品种；晚熟品种除富士优系烟富六号、宫崎短枝富士、晋18短枝富士等为主，适度发展寒富、华红等抗寒品种。

发展建议：

①立足现状，稳步推进。目前新品种的推广以新建果园为主，应立足当地生产实际和主栽品种现状，选准主推品种，本着"先试验、再示范、后推广"的原则，稳步推进，切不可盲目发展，以免造成不必要的损失。

②加快自育新品种发展。随着苹果产业全球化进程加快和国外对品种知识产权保护力度不断加大，我国对外引新优品种的推广发展将面临新挑战。加快自育新品种的示范推广将成为我国品种更新的主要方式。为此，加强我国苹果新品种区试网点建设势在必行。

③注重区域特色，实现差异化发展。选择发展品种时，各地在搞清品种特性的前提下，还应综合分析市场供需变化和当地立地条件，因地制宜，突出品种的区域特色优势。一般情况下，每个局部区域（市级或县区级）的主推新品种数量不宜超过2～3个。

④重视新品种的配套栽培技术研究，品种不同，特性各异。一个新品种要在生产中发挥其最大潜能，必须以相配套的栽培技术体系作保证。因此，新品种推广过程中，加强配套栽培技术的研究与示范推广至关重要，这需要栽培研究者和育种研究者的通力合作。

2. 全国范围市场需求

（1）消费情况

①苹果消费总量。根据布瑞克农业数据，2007—2017年，我国苹果表观消费量（即产量＋进口量－出口量）从2 687万吨增长到3 395万吨，10年的增长幅度达28％。消费总量已经达到全球消费总量的一半以上，成为世界最大的苹果消费国。其中2007—2016年我国鲜苹果的消费总量为正增长，2017年呈负增长，这主要是由于2017年受风雹、旱灾、高温等自然灾害影响，区域苹果略有波动（图21-1）。

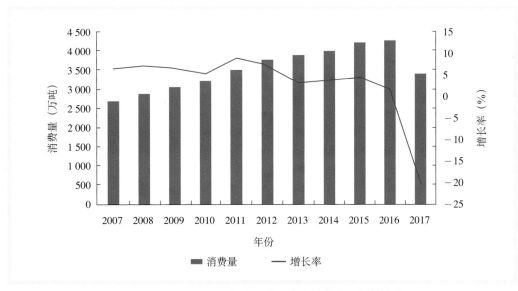

图21-1　2005—2016年我国苹果表观消费量及增长情况
（数据来源：布瑞克农业数据）

②人均消费水平。随着国民消费水平的提高，中国、俄罗斯、美国及欧盟各国的人均苹果消费水平整体上不断提高。2007—2008年中国人均消费量大幅度增加，2008年人均苹果消费量超过欧盟位居世界第二位。自2008年以后，中国人均苹果消费量呈不断上升趋势，2017年人均消费量达27.75千克/人。俄罗斯、美国及欧盟等国由于消费结构的变换，以及经济危机等原因，导致苹果的人均消费量波动比较大，俄罗斯2009年到2011年人均苹果消费量持续下降，2011—2013年逐渐上升而后又出现下降趋势（图21-2）。

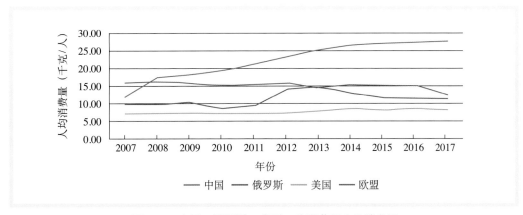

图21-2　中国、俄罗斯、美国、欧盟苹果人均消费量
（数据来源：根据美国农业部海外农业服务局2017年12月发布数据整理）

（2）消费特点

①鲜食消费为主。我国苹果加工产业随着国内市场的不断发展，基本形成以浓缩果汁为主，苹果醋、苹果酒以及苹果脆片等为辅的多元化加工体系（由于未能获得苹果醋、苹果酒消费量数据，因此本章用浓缩苹果汁消费量的数据来代表苹果加工消费量，因此在一定程度上低估了苹果加工消费量的数值，但偏差不会太大）。由图21-3可知，自2007年以来，我国苹果鲜食消费量一直呈现出不断增长的态势，2016年开始回落；而加工消费量则表现出2007以来平稳下降，近几年开始平稳上升的趋势。可以预期，未来一定时期鲜食消费仍将是我国苹果消费的主要形式。

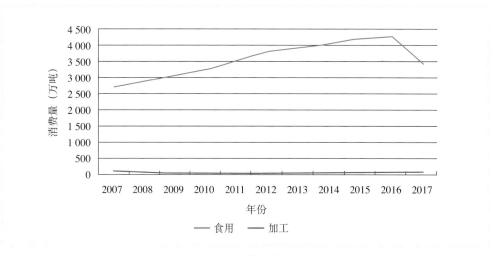

图21-3 2007—2017年我国苹果消费结构及变化趋势

（数据来源：布瑞克农业数据）

②季节特征明显。苹果生产的季节性特性决定了苹果消费具有明显的季节性特征，具体表现为秋冬季苹果消费相对较多。我国苹果主要为晚熟品种，因而苹果主要在秋季集中上市，苹果消费也主要集中在秋季和冬季。由于早熟苹果严重短缺，加之苹果贮存并不便利，因此春夏季节特别是夏季苹果供给量比较短缺，是苹果消费的淡季。

③地域存在差异。受消费习惯、气候条件和区位环境等因素的影响，我国苹果消费地域差异明显，其中北方地区及苹果主产区苹果消费量大，南方地区相对较少。

我国地域宽广，北方地区集中了我国苹果的主要产区，苹果供应量比较充足，品种丰富多彩，质量上乘，苹果已经成为我国北方地区广大消费者的当家水果，在水果消费中占主导地位，尤其是陕西、甘肃、山东、河南、山西等地苹果消费量较高。而我国南方地区基本没有大的苹果产区，这是由于南方地区气候条件适宜，水果种类繁多，苹果的替代选择比较多，导致南方地区的苹果消费量相对较少。随着苹果保鲜技术的不断提高，商品运输越发快捷，苹果消费的地域特征正在逐渐淡化。

（三）苹果市场供应状况

1.总量定位

中国是全球苹果生产大国，鲜苹果产量和种植面积持续增长。据苹果产业经济研究室测算，2017年全国苹果总产量为3 522.37万吨，比2016年增产3.44%。其中，86.00%苹果以国内鲜食为主，10.00%左右的深加工、3.00%左右出口，基本上处于供大于求的格局。

分区域看，黄土高原优势区产量为2 027.66万吨，较2016年增产5.12%；环渤海湾优势区产量为1 266.16万吨，较2016年减产1.02%。各苹果主产区中，2017年甘肃苹果种植面积增长最快，增长率为16.29%；其次为辽宁、云南和四川，苹果种植面积增长率分别为11.64%、7.50%和7.50%。2017年全国苹果种植面积为250.96万公顷，比2016年增长1.73%。其中，黄土高原优势区苹果种植面积为134.53万公顷，比2016年增长4.16%；环渤海湾优势区苹果种植面积为93.86万公顷，比2016年减少1.99%。各苹果主产区中，四川苹果产量增长最快，达到25.00%；其次为云南和甘肃，分别增产17.96%和10.50%。河北和山东分别减产2.65%和5.00%。

2017年受风雹、旱灾、高温等自然灾害影响，区域苹果产量略有波动。其中，黄土高原优势区的部分地区遭遇雹灾和高温，但由于挂果园面积增加，苹果产量较2016年有所增加。环渤海湾优势区的山东和河北的部分产区减产，主要原因是苹果整个生长周期的气温较常年偏高，膨果期雨量不充分，加之部分地区遭遇雹灾等（如栖霞地区由于旱情严重，果园出现减产）苹果品质也受到影响。2017年山西、河南产区苹果产量总体上与2016年持平。

苹果加工业发展迅速，产业规模、产能居世界首位。随着国内市场的不断发展，我国已基本形成以浓缩果汁为主，苹果醋、苹果酒以及苹果脆片等为辅的多元化加工体系。因具有原料果资源优势和低成本价格优势，苹果汁加工业被认为是中国具有竞争优势和发展潜力的产业之一。中国浓缩苹果汁出口数量与金额均出现回升。

2.品种定位

富士、嘎啦和秦冠是大部分苹果生产基地的主栽培品种。我国苹果70%以上是晚熟品种红富士，中、早熟品种比例偏低。按省份来看，山东苹果栽培品种以富士和嘎啦为主，陕西苹果栽培品种以富士、嘎啦和秦冠为主，两省种植面积占总栽培面积的90%以上；与之类似，甘肃苹果栽培品种以富士、嘎啦和秦冠为主，而元帅系的花牛苹果是区域特色品种；山西苹果栽培品种以富士、元帅和嘎啦为主，其种植面积占总栽培面积的80%以上，是市场主流品种。

3.市场销售情况

鲜苹果主要是通过传统渠道进行销售，但随着农产品电商发展的加速，在线上销售的比例逐步上升。2017年全国苹果通过传统渠道销售比例依然超过90%，与2016年基本持平，大部分产区果农苹果销售主要依赖于果商，将合作社销售、自销作为次要销售渠道。在传统销售渠道中，通过果商销售的苹果占比62.27%，通过合作社销售占比17.38%，自销比例为16.24%。2017年线上销售占比为9%，比上年增加1%。主产区中，甘肃、山东、河北线上销售比例均超过10%，其中甘肃线上销售比例达到15%。

浓缩苹果汁产量呈持续增长趋势。中国是世界上主要的苹果汁生产国、出口国，浓缩苹果汁出口量维持在60万~80万吨，国内生产的浓缩果汁90%以上出口国外。2017年榨季浓缩苹果汁产量在72.60万吨左右，比上榨季增长10%。中国苹果汁企业在50家以上，前十大生产企业占全国苹果汁产能的70%左右，其中海升集团、国投中鲁果汁股份有限公司、汇源集团、烟台北方安德利果汁股份有限公司处于行业领先地位。

二、苹果科技创新

（一）苹果种质资源

苹果种质资源是育种的重要基础，世界各国均非常重视资源的收集和利用。目前，苹果种质资源收集和保存数量较多的国家有瑞士、美国、俄罗斯、乌克兰、英国、澳大利亚、意大利、德国、西班牙、罗马尼亚、捷克等国家。

截至2017年11月，国家果树种质苹果圃（兴城）收集、保存苹果属植物1 500份资源，公主岭保存寒地苹果资源430份，新疆轮台保存当地特色苹果资源218份，云南昆明保存苹果属砧木资源134份，伊犁野苹果种质资源圃保存苹果资源102份，合计1 945份。材料保存主要采取田间保存。

（二）苹果种质基础研究

在果树资源育种方面，我国近年更加重视自有资源的开发利用。国家果树种质苹果圃（兴城）王大江利用扫描电镜观察了苹果属植物25个地方品种、10个野生种类型、3个栽培品种、2个杂交种共40个不同类型的花粉形态特征，结果发现所观察花粉类型均为N3P4C5类型。林冰冰等用8个种20份苹果资源的2年生实生苗和16个种81份苹果资源当年实生苗，筛选出草原海棠、小金海棠和楸子为耐缺铁黄化、耐盐、耐碱优异实生砧木资源。van de通过6份资源重测序数据分析了苹果易感白粉病资源，获得67个SNPs，其中对5份资源进行了分型调查，为选育抗白粉病品种提供了新的基因参考。在苹果上，Patel利用细胞穿透肽传递PNA进行了火疫病菌的抑制，这一研究为苹果火疫病防治乃至其他病防治提供了新的途径。Legay对苹果果锈产生的分子机制进行了研究，苹果果锈主要是由于软木脂沉积果实表皮形成的，通过转录组分析，生锈的苹果果实角质层以及蜡质层和五环三萜生物代谢途径上的基因表达显著降低，从基因角度加深了我们对锈病的认识。

新西兰科学家解析了苹果果实大小的分子遗传机制，一个转座子插入的等位基因*miRNA172*表达减少表型显示大果，而超表达*miRNA172*果实变小，可进行分子标记进行大小果选育。Biancol et al.利用13个品种和1个野生种的重测序数据，开发了高密度20KSNP阵列芯片，将成为苹果育种辅助选择的重要工具。日本科学家利用植物病毒载体ALSV抑制*MdTFL1-1*基因表达，开花周期大约缩短到2个月，建立了一套利用早花特性缩短苹果育种周期的技术体系。日本科学家利用CRISPR/Cas9基因编辑技术在苹果上成功实施了基因编辑。我国西北农林科学技术大学以杂合基因型金冠为材料，使用二代加PacBio三代技术测序策略，进行了基因组组装，相对2010年的组装结果有约7倍的提升。

（三）苹果育种技术

苹果育种方法上，仍以杂交育种为主，而将实生选种、芽变选种等与生物技术相结合以提高育种效率已成必然趋势。随着苹果基因组学研究的发展，遗传谱系分析法、生物化学检测法、基因连锁图谱法、全基因组关联分析法等得到了广泛应用。随着高通量测序的发展，基因组学的研究逐步从基因组学发展到功能基因组学（也称后基因组学）的阶段，特别是利用最新的高通量测序技术诠释苹果生物学问题的研究成果显著。法国的研究机构利用金冠自交过程中产生的双单倍体GDDH13为研究材料，利用最新的三代测序技术结合辅助组装，产生了高质量的苹果参考基因组。同时，该研究团队还利用全基因组甲基化测序的手段分析了苹果果实的甲基化修饰，筛选了可能调控果实大小的候选基因。另外，基因编辑技术的发展及其在苹果基因组编辑领域的成功应用，为苹果育种研究提供了更为广阔的前景。

目前，苹果育种技术的研究进展仍然集中在分子标记、基因定位、图谱构建转基因等及分子标记、基因定位和图谱构建方面，美国的Nicholas利用8K的SNP芯片，构建了遗传图谱来鉴定蜜脆的亲本系谱。加拿大的Kendra利用QTL和GWAS研究了3个群体的贮藏病害、抗病性和果实品质等性状，找到了2个贮藏期果实变软的QTL。意大利的Brian检测了162个苹果品种的挥发性物质，分析了果实质地。加拿大的Beatrice将人工感官评价融合到基因组关联分析中，希望将人工评价的香气和质地指标标记到苹果基因组上，这种感官关联构建图谱的方法也能被用于其他植物。另外，基因编辑技术的发展及其在苹果基因组编辑领域的成功应用，为苹果育种研究提供了更为广阔的前景。而西班牙的研究者对其种质资源库中8份栽培苹果品种的离体再生体系进行了研究，确立了适合的离体再生条件，为该技术在苹果育种中的广泛应用提供了基础。

（四）苹果新育成品种

放眼全球，随着栽培技术体系日臻完善，发达国家苹果生产已将发展新优品种、提高果实品质作为增强市场竞争力、推动产业持续发展的重要手段，新品种的选育与开发越来越受到重视。据Belrose公司2011年度出版的《世界苹果研究报告》分析，近10余年来，世界苹果品种更新步伐呈现明显加快趋势。其中，栽培面积扩大最快的品种是富士、嘎拉，增幅比例最大的品种是粉红女士、布瑞本等，太平洋系列、爵士、蜜脆、卡密欧等一批新品种也有较快发展。综合分析相关资料来看，世界苹果新品种发展有三大显著特征。一是主栽品种选择发展芽变新优系。除中国外，世界位居前10位的苹果品种（依次是金冠系、元帅系、嘎拉系、富士系、澳洲青苹、艾达红、乔纳金、布瑞本、粉红女士和红玉），其产量之和约占总产的67.02%。在这些主栽品种中，各国都十分重视选育、开发新的芽变新品种（系），包括布瑞本、粉红女士等也有芽变新品种推出。这样，在保持原品种基本特性不变的同时，可有效提高该品种的果实商品质量和市场竞争力。二是市场需求引导品种结构向优质化、多样化方向转变。苹果消费市场向全球化方向发展的大趋势，使金冠、元帅、澳洲青苹等传统品种面临挑战，栽培比例呈下降趋势，嘎拉、富士成为近年发展最快的世界性品种，布瑞本、粉红女士、太平洋玫瑰、爵士、蜜脆、卡密欧等一批品质特色明显的新品种栽培比重逐年增长，这在欧美苹果主产国表现得尤为明显。三是新品种产权保护更加受到重视。为保持明显的竞争优势或取得市场垄断地位，各国越来越重视新育品种的知识产权保护。随"粉红女士"品牌的成功开发，近年新推出的一批苹果新品种，如蜜脆、卡密欧、爵士、爱妃、魔笛、Ariaen、Kanzi等，均以俱乐部品种形式进行商业开发，生产栽培受到严格保护。我国今后在新品种引进时必须重视这一问题，以避免可能发生的知识产权纠纷。

世界上栽培的苹果品种（系）超过一千多个，但生产中主要栽培品种（系）只有几十个。

在世界范围内，产量份额超过1%的苹果品种（系）有12个。按照产量由大到小顺序，世界主栽品种依次为：富士、金冠、元帅、澳洲青苹、乔纳金、嘎拉、红伊达、红玉、瑞光、旭、伊思达、布瑞本等。

欧洲：苹果主要生产国家有西欧的法国、意大利、德国、西班牙、荷兰；东欧的波兰、俄罗斯、乌克兰、罗马尼亚、匈牙利等。金冠仍是欧洲第一大主栽品种，是世界上金冠苹果栽培最大的区域，产量占其总产量的40%；其次是嘎拉、乔纳金、元帅和澳洲青苹等。

亚洲：苹果主要生产国家有中国、土耳其、伊朗、印度、日本、韩国、朝鲜、巴基斯坦等。日本的主栽品种是富士、津轻、王林、乔纳金，约占87.4%。在中国富士总面积和总产量均占全国的50%，近年来富士系占的比例有所下降，中熟新品种比例有所上升。韩国的主栽品种是富士、津轻，二者比例占到近90%，其中富士占到75%以上，其他品种占10%。

北美洲：苹果主要生产国家有美国、加拿大和墨西哥。加拿大目前仍以旭、元帅、斯巴坦等作为主栽品种，美国以元帅、金冠、富士作为主栽品种，约占总产的一半以上。

南美洲：苹果主要生产国家有阿根廷、智利、巴西、秘鲁等。阿根廷、智利的苹果生产趋势与美国华盛顿州相似，元帅系苹果约占90%，其他品种占10%，金冠苹果栽植很少。新建园主要以富士和嘎拉为主，布瑞本和乔纳金也有栽培。

大洋洲：苹果主要生产国家为新西兰和澳大利亚。新西兰苹果总产中的60%以上用于外销，主栽培品种是嘎拉、布瑞本、富士、乔纳金、太平洋玫瑰、南方脆等。澳大利亚以澳洲青萍、元帅、嘎拉、金冠、粉红女士等品种为主。

三、苹果品种推广

（一）苹果品种登记情况

全国各地登记情况、企业为第一申请单位与育种单位的登记品种情况见表21-2。

表21-2　全国各地审定（登记）苹果品种情况

品种名	品种选育单位	品种审定（登记）时间	审定级别（省级、国家级）
2001富士	日本引进	正在登记中	省级
昌红	河北省农林科学院昌黎果树研究所	2002年	省级
昌苹8号	河北省农林科学院昌黎果树研究所	2014年	省级

（续）

品种名	品种选育单位	品种审定（登记）时间	审定级别（省级、国家级）
超红星	甘肃省天水市果树研究所	2012年	省级
成纪1号	甘肃省静宁县园艺站	2006年	省级
短枝华冠	中国农业科学院郑州果树研究所	2003年	省级
丰帅	江苏省徐州市果树研究所	2011年	省级
福丽	山东青岛农业大学	2014年	省级
富华	河南三门峡二仙坡绿色果业有限公司	2014年	省级
甘红	山东省烟台市农业科学研究院	正在登记中	省级
国庆红	河南商丘市农林科学院	2017年	省级
寒富	沈阳农业大学	1994年	省级
红凤	吉林省农业科学院果树研究所	2010年	省级
红盖露	西北农林科技大学园艺学院	2006年	省级
红光2号	河北省林业科学研究院	2014年	省级
红将军	山东省威海市农业科学技术中心	2000年	省级
红满堂	山西省农业科学院果树研究所	2014年	省级
华脆	中国农业科学院果树研究所	2010年	省级
华富	中国农业科学院果树研究所	2004年	省级
华冠	中国农业科学院郑州果树研究所	1994年	省级
华红	中国农业科学院果树研究所	1998年	省级
华金	中国农业科学院果树研究所	2004年	省级
华美	中国农业科学院郑州果树研究所	2005年	省级
华苹	中国农业科学院果树研究所	2013年	省级
华庆	中国农业科学院果树研究所	2017年	省级
华瑞	中国农业科学院郑州果树研究所	2014年	省级
华帅	中国农业科学院郑州果树研究所	1996年	省级
华硕	中国农业科学院郑州果树研究所	2009年	省级
华玉	中国农业科学院郑州果树研究所	2008年	省级
华月	中国农业科学院果树研究所	2010年	省级
吉早红	中国农业科学院特产研究所、吉林省吉林市左家镇、吉林省舒兰市科委	1995年	省级
冀红	河北省农林科学院石家庄果树研究所	2013年	省级
冀苹1号	河北省农林科学院石家庄果树研究所	2013年	省级
冀苹3号	河北省农林科学院石家庄果树研究所	2016年	省级
金都红	山东省招远市果业总站	2012年	省级
金富	甘肃省农业科学院林果花卉研究所	2004年	国家级
金红	吉林省农业科学院果树研究所	1960年	省级
金苹	辽宁职业学院（原铁岭农校）	2011年	省级
金世纪	西北农林科技大学园艺学院	2009年	省级
锦秀红	中国农业科学院郑州果树研究所	2009年	省级
晋霞	山西省农业科学院果树研究所	2009年	省级
静宁1号	甘肃省静宁县果树研究所	2013年	省级
丽嘎拉	辽宁省果树科学研究所、大连市甘井子区小辛寨子村	2012年	省级
龙丰	黑龙江省农业科学院牡丹江分院	2016年	国家级
龙富	山东农业大学	2012年	省级
龙冠	黑龙江省农业科学院牡丹江分院	1987年	省级
龙红	黑龙江省农业科学院牡丹江分院	2002年	省级
龙红蜜	山东龙口市农业技术推广中心、龙口市果树研究所	2008年	省级

（续）

品种名	品种选育单位	品种审定（登记）时间	审定级别（省级、国家级）
龙秋	黑龙江省农业科学院园艺研究所	1993年	省级
龙帅	黑龙江省农业科学院牡丹江分院	2016年	省级
鲁加2号	青岛农业大学	2009年	省级
鲁加4号	青岛农业大学	2009年	省级
美乐富士	山东省烟台市农业科学研究院	正在登记中	省级
宁金富	宁夏农林科学院园艺研究所	2008年	省级
苹光	河北省农林科学院昌黎果树研究所	2017年	国家级
苹光	河北省农林科学院昌黎果树研究所	2013年	省级
苹锦	河北省农林科学院昌黎果树研究所	2017年	国家级
苹锦	河北省农林科学院昌黎果树研究所	2013年	省级
苹帅	河北省农林科学院昌黎果树研究所	2009年	省级
苹艳	河北省农林科学院昌黎果树研究所	2009年	省级
七月鲜	辽宁省果树科学研究所	2006年	省级
齐早红	黑龙江省齐齐哈尔市园艺研究所	2011年	省级
秦脆	西北农林科技大学	2016年	省级
秦红	西北农林科技大学园艺学院	2011年	省级
秦蜜	西北农林科技大学	2016年	省级
秦阳	西北农林科技大学园艺学院果树所	2005年	省级
青研红	青岛市农业科学研究院	2012年	省级
秋富红	辽宁省果树科学研究所	2010年	省级
秋口红	山东省果树科学研究所	2009年	省级
秋露	黑龙江省农业科学院园艺分院	2009年	省级
瑞雪	西北农林科技大学园艺学院	2015年	省级
瑞阳	西北农林科技大学园艺学院	2015年	省级
润太一号	西安润太苹果良种发展有限公司	2004年	省级
塞外红	内蒙古自治区通辽市林业科学研究院	2013年	省级
山农红	山东农业大学园艺科学与工程学院	2013年	省级
神富2号	山东省烟台市现代果业科学研究院	2017年	省级
神富3号	山东省烟台市现代果业科学研究院	2017年	省级
神富6号	山东省烟台市现代果业科学研究院	2017年	省级
沈红	沈阳农业大学园艺学院	2010年	省级
石富短枝	河北省农林科学院石家庄果树研究所	2009年	省级
首富1号	山东省莱州市小草沟园艺场	正在登记中	省级
首富3号	山东省小草沟园艺场	2011年	省级
双阳红	青岛农业大学	2014年	省级
苏帅	江苏南京农业大学园艺学院	2011年	省级
太红嘎拉	山东省莱州市果树站	2009年	省级
泰山嘎拉	山东省果树研究所	2010年	省级
泰山早霞	山东农业大学	2007年	省级
天红1号	河北农业大学园艺学院	2005年	省级
天红2号	河北农业大学园艺学院，	2005年	省级
天汪1号	甘肃省天水市果树研究所	1995年	省级
天汪一号	甘肃省天水市果树研究所	2003年	国家级
望山红	辽宁省果树科学研究所	2005年	省级
望香红	辽宁省果树科学研究所	2012年	省级

（续）

品种名	品种选育单位	品种审定（登记）时间	审定级别（省级、国家级）
夏红	山西省农业科学院现代农业研究中心、临猗县双赢果业科技有限公司	2013年	省级
夏佳	山东省淄博市果树站	2011年	省级
响富	山东烟台大山果业开发有限公司	2017年	省级
新红1号	新疆农业大学林学与园艺学院	2009年	省级
新凉香	山西省农业科学院果树所、山西省现代农业研究中心合作选育	2008年	省级
新首红	甘肃省天水市果树研究所	2012年	省级
烟富10	山东省烟台市果茶工作站	2012年	省级
烟富3号	山东省烟台市果茶工作站	正在登记中	省级
烟富4	山东省龙口市果树研究所	2002年	省级
烟富6	山东省烟台市果树工作站	1991年	省级
烟富7号	山东省蓬莱市果树工作总站	2014年	省级
烟富8	山东烟台现代果树研究所	2013年	省级
烟嘎1号	山东省烟台市果树工作站	1998年	省级
烟嘎2号	山东省烟台市果树工作站	1998年	省级
烟砧一号	山东省烟台市农业科学研究院	正在登记中	省级
延长红	西北农林科技大学园艺学院	2014年	省级
燕山红	河北省昌黎果树研究所	1993年	省级
沂水红	山东省果树研究所	2012年	省级
玉华早富	陕西省果树良种苗木繁育中心	2005年	省级
岳丰	辽宁省果树科学研究所	2009年	省级
岳冠	辽宁省果树科学所研究所	2014年	省级
岳华	辽宁省果树科学研究所	2012年	省级
岳苹	辽宁省果树科学研究所	2009年	省级
岳帅	辽宁省果树科学研究所	1995年	省级
岳香	山东省新泰市唯特果树研究所	2010年	省级
岳艳	辽宁省果树科学所研究所	2014年	省级
岳阳红	辽宁省果树科学研究所	2009年	省级
昭富1号	云南省农业科学院园艺作物研究所	2013年	省级
昭富2号	云南省农业科学院园艺作物研究所	2013年	省级
紫香	黑龙江省农业科学院牡丹江分院	2012年	省级

（二）苹果主要品种推广应用情况

1.面积

根据统计或掌握的情况，我国各地主要品种的推广面积及占比见表21-3～表21-5。

表21-3 全国自育苹果品种统计

自育品种推广情况	推广面积（万亩）	全国占比（%）
含富士、嘎拉芽变及砧木品种	1 802	48.64
自育品种（不含砧木）	1 480	39.95
自育品种（不含芽变、砧木）	956	25.80

表21-4　全国自育苹果品种推广情况

自育品种	推广面积（万亩）
华红	7.0
寒富	248.0
望山红、望香红、岳冠、岳阳红、岳华、岳艳、岳苹、绿帅等	10.0
华硕等	8.0
福丽等	1.0
华冠	78.0
龙丰	50.0
龙冠2号、龙帅3号、龙红1号	6.0
昌红	40.0
河北天红1号、河北天红2号	11.0
SH系列（砧木）	160.0
烟富	498.0
烟嘎	26.0
秦冠	100.0
秦阳、秦红、秦星、秦艳、瑞阳、瑞雪	35.0
青砧1号、青砧2号（砧木）	7.0
石家庄果树所（国红）	3.0
Y-1（砧木）	5.0
山西丹霞	6.0
商丘国庆红	2.0
吉林金红	200.0
塞外红	50.0
七月鲜	50.0
GM256（砧木）	150.0
云南（自育所有品种）	2.0
天汪一号	31.0
天富一号、天富二号	2.5
成记1号	13.0
金富	2.5

表21-5　我国苹果品种发展结构

发展品种	推广面积（万亩）	全国占比（%）
富士系	2 500	69.6
元帅系	330	9.0
嘎拉	240	6.5
金红	200	5.4

（续）

发展品种	推广面积（万亩）	全国占比（%）
秦冠	100	2.7
国光	75	2.0
华冠	78	2.1
其他	100	2.7

2. 表现（分区域）

（1）主要品种群（推广面积在10万亩以上）、主栽品种（代表性品种）的特点，包括选育单位、亲本血缘、类型、产量、抗性、优缺点等综合表现

①片红品种群。代表品种烟富3号、天富一号、天富二号、天汪一号、超红星、烟富8号、神富2号、响富、美乐富士、元富红、烟富10号、红将军。

②条纹品种群。代表品种2001富士、神富3号、长富2号、首富1号、新首红、秋富1号、烟富6号。

③短枝品种群。代表品种烟富6号、烟富7号、神富6号、成纪1号、天红2号。

④早熟品种群。代表品种首富3号、嘎啦系、红将军、甘红、华硕、藤木一号、红露。

⑤中熟品种群。代表品种红王将、红星系、金冠、新红星、乔纳金、华冠和蜜脆。

⑥晚熟品种群。代表品种长富2号、烟富6号、秋富1号、富士、秦冠、粉红女士等。

（2）部分主栽品种介绍

①SH1苹果矮化砧木。国光×河南海棠进行种间杂交。于2010年12月通过山西省林木品种委员会的品种审定。几十年的区域试验和生产实践已证实SH1苹果矮化砧木抗性（耐旱、耐寒、抗抽条、抗倒伏）明显强于M26，非常适宜我国苹果主产区黄土高原和华北平原发展，目前全国推广100万亩矮砧苹果园。SH1苹果矮化砧木做中间砧嫁接苹果品种，具体表现为：

ⓐ树体矮化，一般树高为2.5～3.5米，生长势中庸健壮，树体结构紧凑，具有较强的矮化、控冠能力，可实施矮密栽培，每亩栽植80～110株；

ⓑ开花结果早，易成花，一般定植当年即可成花，3年生开花结果株率可达100%，且花量大，具有腋花芽结果习性；

ⓒ早期丰产性能强，一般定植3年即有经济产量，亩产500千克左右，5～6年进入盛果期，亩产可达2 500～3 000千克；

ⓓ果实品质优异，果实着色成熟早，色泽艳丽，含糖量高，硬度大，风味浓郁，耐贮藏；

ⓔ砧穗亲和，与富士、元帅、金冠系等优良品种和山定子、八棱海棠等基砧嫁接表现了良好的亲和能力，基本无大小脚现象；

ⓕ抗逆性强、适应性广，具有较强的耐寒、耐旱、抗抽条和抗倒伏能力。可在我国大部分苹果主产区栽植，尤其适宜华北地区和西北黄土高原地区栽培发展。

②丹霞苹果。由山西省农业科学院果树研究所从金冠实生苗中选育出来，1986年12月通过专家组鉴定，具有早果、结果能力强、成花容易、抗逆性强、管理粗放等特点。在我国适宜发展苹果的地区均可栽植。目前在山西发展10万亩。

③晋富1号苹果。为红王将的红色早熟芽变。由山西省农业科学院果树研究所选育，2004年通过了山西省果树新品种审定。树势健旺，树姿半开张，萌芽成枝力较强；定植后3～4年结果，以短果枝结果为主，盛果期平均亩产2 520千克左右。山西推广5万亩。

④新凉香苹果。为凉香苹果的条红芽变品种。由山西省农业科学院现代农业研究中心与果树所合作选育，2007年通过山西省果树新品种审定。在山西南部地区8月中下旬成熟，中部地区9月初果实

成熟。栽培范围在运城盆地边缘海拔丘陵台地，临汾市东部丘陵地区，晋中市盆地周边地区。山西已推广5万亩。

⑤2001富士。从日本引进，果实圆形或近圆形，果实大，单果重300～350克，果形指数0.88～0.90，条红。在山东地区推广种植面积约45万亩。

⑥昌红。岩富10的芽变品种。河北省农林科学院昌黎果树研究所育成。具有适采期长（40天）、果实着色度好（着色率85%以上）、着色适宜的温度范围广（比红富士宽10℃）、品质优（含糖量17.5%）、耐贮耐运、经济效益高等突出优点，品种适应性强，对轮纹病、腐烂病、早期落叶病的抗性强于普通富士。

⑦超红星。甘肃省天水市果树研究所选育，2012年通过甘肃省林木良种审定委员会审定；浓片红元帅系品种。果个大，单果重239～268克，果实圆锥形，五棱突起明显，果形指数0.90～0.96；果面底色绿黄，表面为鲜红色，晚采为浓红色，色相片红，全面着色；果肉黄白色，汁液多，细脆、致密，风味酸甜可口，香气浓，含可溶性固形物含量12.2～13.6%，去皮果肉硬度为7.1～7.7千克/厘米^2。在天水地区9月上中旬成熟。

⑧成纪1号。甘肃静宁县园艺站从长富2号质变中选出短枝新品种，2006年11月通过甘肃省林木良种审定委员会审定。果实圆形，平均单果重245.0克，果实鲜红色、片红；果肉白色，汁液多，风味品质好；可溶性固形物含量15.80%～16.20%，去皮果肉硬度为8.3～8.5千克/厘米^2，果实极耐贮藏。在平凉地区10月中旬成熟。在甘肃平凉地区推广应用面积约12.6万亩；在陕西、宁夏、山西等多地已有引种试栽。

⑨粉红女士。是澳大利亚以威廉女士与金冠杂交培育而成的晚熟苹果新品种。2004年1月通过陕西省果树品种审定委员会审定并命名，准予推广。果实近圆柱形，平均单果质量200克，最大306克。果形端正，高桩，果形指数为0.94。果实底色绿黄，着全面粉红色或鲜红色，色泽艳丽，果面洁净，无果锈。果肉乳白色，脆硬，硬度9.16千克/厘米^2，汁中多，有香气，可溶性固形物含量16.65%，总糖12.34%，可滴定酸0.65%，维生素C含量84.6微克/克。耐贮，室温可贮藏至翌年4—5月份。10月下旬至11月上旬果实成熟，果实生育期200天左右。抗病、抗虫性强，高抗褐斑病，抗白粉病，较抗金纹细蛾。在全国各苹果适栽区推广种植11万亩。

⑩嘎啦。新西兰引进品种，亲本为Kiddy's Orange Red × 金冠，果实近圆形，果形指数0.83，平均单果重195克，果实大小基本一致，片红着色，浓红艳丽，着色指数80%以上，果面洁净光亮，可溶性固形物含量13%～14%，硬度7.2～8.3千克/厘米^2，果肉乳白色，肉质细脆，香味较浓，品质佳。易感染炭疽叶枯病。豫西区域果实8月中旬成熟。易于管理，干旱年份着色困难，高温多雨年份低海拔区域易感染炭疽叶枯病。

⑪甘红。山东省烟台市农业科学院从韩国引进的中晚熟苹果品种，2010年通过山东省林木品种审定，亲本为早艳×金矮生。果实长圆形、匀称，果形指数高达1.04，极为高桩，呈直筒状；果实大型，平均单果重254克。果面底色黄绿色，全面着条纹鲜红色，外观十分艳丽美观；果肉乳白色，汁液多，脆甜，含可溶性固形物含量14.8%，香味浓郁；果实去皮硬度9.0千克/厘米^2。在烟台地区果实9月下旬成熟。高抗轮纹病、腐烂病病，较抗花期晚霜冻害，抗寒能力中等。在全国各苹果适栽区推广种植1.5万亩左右。

⑫宫崎短枝。由日本宫崎县1974年选育成，属富士半短枝型芽变，结果早（较普通富士早1～2年），短枝结果为主（短枝率高70%），坐果率高（比普通富士高10%），果实着色鲜艳，果个大，口感酸甜多汁，亩产应控制在4 000千克以内，抗寒性强，对腐烂病、黄化病、早期落叶病等有较强抗性。

⑬寒富。亲本为东光×富士，由沈阳农业大学育成。成熟早（9月下旬），果个大（最大单果重510克），品质优（与普通富士接近），耐贮性强（半地下式自然通风条件下贮藏180天），耐寒、抗旱，

对腐烂病、粗皮病和早期落叶病有较强抗性。缺点是果肉较粗，与SH系砧木嫁接亲和性差。全国推广面积248万亩。

⑭红将军。日本山形县东根市矢秋良藏式在自家园内高接的早生富士中发现的着色系芽变。1996年由山东省威海市农业科学技术中心引进，栽植到威海市农业高新技术试验场（环翠区桥头镇董家夼），鲁种审字第307号。果实近圆形，个大，平均纵径7.14厘米，横径8.3厘米，平均单果重307.2克，果形指数0.86，果梗、梗洼与早生富士同，果实底色黄绿，被鲜红色彩霞或全面鲜红色。果肉黄白色；肉质细脆，果肉去皮硬度9.6千克/厘米^2，汁液多，可溶性固形物含量15.91%，果实含糖总量21.32%，含酸量0.32%，果实风味酸甜浓郁，稍有香气，品质上等。

⑮惠民短富。山东省惠民县林业局选育，树势紧凑。1989年10月通过山东省省级鉴定。果实大，单果重270～298克，果形指数0.82，易着色，果实鲜红片状，全红果率85%以上，果肉淡黄色，肉质致密、硬脆、汁液多，果实硬度8.5～9.1千克/厘米^2，可溶性固形物含量13.7%～15.3%，豫西区域10月上中旬果实成熟，栽培面积3.5万亩左右。

（3）2017年生产中出现的品种缺陷

红富士系列品种表现特点包括：品种较杂，性状变异较大，地区间品质表现差异明显；总体海拔高的地区表现比平原好，尤其是外观品质和口感表现突出；平原地区生长量大，"三大病害"发生较重，果实套纸袋易出现皱皮裂纹，膜袋优质果率低；近年发展的矮化砧栽植SH砧木矮化性一般，叶片黄化现象普遍，T337砧木苗矮性表现不错，各地区均有不同程度的冻害发生。

片红富士类品种的主要缺陷是部分品种果面颜色暗红，水裂纹较多，轮纹病发生较重，2017年果实出现苦痘病、黑点、红点较多。条纹富士品种主要缺陷是上色较慢，全红果比例小。嘎啦系品种、秦冠等，炭疽叶枯病发生较为严重，并且秦冠果肉稍粗，逐渐被富士代替，现有种植面积的产量主要作青苹出口。富士品种在2017年生产中出现的缺陷包括：在平原果园果实可溶性固形物含量偏低；在新发展的矮砧密植园中个别果园锈果病发生严重，锈果率可高达30%以上；新品种中，苹锦对炭疽叶枯病抗性较差，落叶80%以上；长富2号、宫崎富士、烟富3、烟富6果形不周正、裂果、皱果；美八成熟期不一致，需分批采收；元帅系的天汪1号、超红星、新首红销售速率和价格与前3年比较较差；富士系的成纪1号、天富1号、天富2号销售速率和价格与前3年比较速度加快、价格略有上升；金富大多数果园作为授粉品种搭配，售价高于元帅系苹果。2017年采摘期连阴天气多，光照不良，果实普遍着色较差。

（4）主要种类的品种推广情况

用于轻简化栽培（矮砧密植）的品种主要有宫崎短枝、寒富、昌红、王林、天红2号、维纳斯黄金、礼泉短枝、蜜脆、富士、嘎啦、秦阳等，其中富士系约占轻简化栽培总面积的85%。

按早、中、晚熟分，早熟品种主要有嘎啦、秦阳、莫里斯、信浓红、藤木一号、美八、华硕；中熟品种主要有玉华早富、金冠、红盖露、乔纳金、苹帅、苹艳、苹光、苹锦、中秋王、红将军；晚熟品种以富士、国光、天红2号、王林为主。

近年来烟台地区新发展的苹果品种以晚熟红富士为主，约占新发展果园的90%，主要是脱毒烟富3、烟富8、烟富10、2001富士等；中熟和早熟品种约占总量的10%。在晚熟富士中，脱毒烟富3、烟富8、烟富10等片红品种又占总量的85%，15%为条纹红的富士品种。中早熟品种主要红将军、皮诺娃、红露、太平洋嘎啦、金都红嘎啦等。

砧木类型和建园方式方面：目前新发展果园仍以乔化栽培为主，约占新发展果园的75%，矮化中间砧和矮化自根砧果园占25%。实生砧木主要是八棱海棠、平邑甜茶和烟台沙果等；矮化砧木有M26中间砧、SH中间砧、M9自根砧和M9T337自根砧。

（三）风险预警

1. 与市场需求相比存在的差距

随着城乡居民收入增加与生活改善，消费者日益注重农产品质量安全、健康营养、品种多样，使苹果市场需求结构升级加快。但中国苹果市场面临销售滞缓压力，苹果产业发展也面临供给总量与质量结构失衡问题，主要表现在：较为单一的品种结构难以满足多样化消费需求；中低档苹果供过于求与高品质苹果供不应求并存；部分苹果产区"果贱伤农"问题频发；苹果出口受制于进口国食品检验检疫标准等。苹果产业供给侧结构性改革压力加大，进一步凸显了坚持苹果产业绿色发展的必要性与紧迫性。

我国苹果品种发展中存在的问题：一是不同熟期品种比例与结构不合理。各苹果主产区主要栽培品种集中在富士系、嘎拉系和元帅系，而其他品种比例较少，区域特色不明显。在我国苹果生产的两个大省——山东和陕西，富士苹果的栽培面积均超过70%。在山东烟台，富士的产量和面积都超过80%。品种单一决定了苹果品种结构不合理、晚熟品种过多、早中熟品种偏少。二是主栽的富士苹果品种品系混杂严重，目前，我国已经引进和选育的红富士苹果品系和品种多达70余个，主要引进的富士系品种为长富2、长富6、岩富10、宫崎短枝、青富3、秋富1、秋富10、早生富士、红将军、2001富士、乐乐富士、福岛短枝等。我国选育的富士芽变有礼泉短富、惠民短枝、玉华早富、烟富3号、烟富6号、晋富1号、望山红等。由于红富士苹果引种渠道混乱，育种单位多，繁育体系不健全，造成现有果园中各类富士品系混栽严重。三是自育苹果品种推广力度不够。目前，我国各苹果主产区主栽品种85%以上引自国外，如富士系，元帅系、嘎拉系、乔纳金系、津轻系等。我国自育苹果品种虽数量多，但在生产中所占比例在15%以下。寒富、秦冠和华冠成为自育品种中栽培面积最大的3个品种。四是品种区域化栽培有待加强。由于品种选育成功后缺乏对其栽培生理特性和适宜栽培区域的系统研究，品种的适地适栽仍存在一定问题。如富士苹果分布在除黑龙江、上海、浙江、福建、江西、湖北、湖南、广东、广西、海南外的21个省份，虽然是第一大栽培品种，其合理栽培区划依然没有明确。

2. 国外品种进口及市场占有情况

品种开发与改良是苹果产业绿色发展的重点任务，也是提高果品品质的重要前提。当前，我国苹果生产存在品种老化、品系杂乱、良种缺少，苹果品种缺乏区域化规划，品种选择盲目性较大，未形成地方特色品种，竞争力不强，品种多样性差等品种结构失衡问题，严重影响果园效益，降低果农积极性。以陕西为例，从种植模式来看，陕西苹果种植模式仍然以乔化栽植为主，面积占比90%以上，乔化栽植时间周期长、成花能力差，有些乔化栽植品种还出现大小年，导致苹果产量呈周期性波动。从品种结构来看，苹果种植品种结构严重失衡，主要种植品种为富士系（不同系号、长枝或短枝型）、金冠系（金冠、王林）、元帅系（红星、新红星短枝型）、乔纳金系列和传统国光系列。陕西红富士栽植规模占苹果种植面积的70%以上；早、中、晚熟品种搭配不合理，苹果主栽品种以红富士、元帅系、金冠、秦冠和乔纳金等晚熟品种为主，70%的面积和80%的产量为晚熟品种，中、早熟品种很少，致使成熟期过于集中，苹果采摘后市场销售压力大。同时，鲜食与加工品种比例不协调，9成以上品种以鲜食为主，适合加工的品种很少，目前只有国光、红玉和金冠等少量兼用品种，致使苹果加工企业没有稳定的优质原料基地，加工专用型基地建设滞后。

另一方面，国内种苗培育以家庭育苗为主，主要从"未经品种认定、纯度低、病虫害严重"的果园采穗，没有考虑到砧木接穗间的亲和性、抗逆性与适应性，果苗培育质量较差。虽然我国年产果树苗木量超过1亿株，但大量优质苗木还是需要从国外进口。可见，我国苗木培育发展严重滞后，难以满足绿色发展的需要。

针对我国苹果产业发展过程中面临的重大科技需求，农业部先后印发《老果园改造技术示范项目实施方案》《老果园改造技术示范项目实施方案》，分别启动园艺作物"品种改良、品质改进、品牌创建""三品"提升行动和老龄低效果园"改品种、改树形、改土壤、减密度、减化肥、减农药""三改三减"改造技术推广行动，将品种改良作为老果园改造技术的首要任务，这也为苹果品种开发与改良提供政策支持。

在全产业链、全业态、大体系、大服务的发展趋势下，苹果产业应以满足消费需求为目标，调优、调高、调精产业结构、品种结构和品质结构，创新融合发展模式，培育融合发展多元化经营主体，提高优质、安全、绿色、有机农产品生产供给能力，提升产业效益和竞争力。同时，不断改良品种，发展优质苹果、专用苹果和特色苹果以满足市场对多元品种、上市时间连续性的需求，坚持数量质量并重、效益生态优先，围绕生态保护可持续发展，从而改善现代果业绿色融合发展能力（数据来源：经济参考报《苹果产业发展现状有五大问题，必须从四个方面转型突破》https：//www.tuliu.com/read-59313.html；搜狐网《一位种植十年苹果果农对当前苹果产业的见解》，https：//www.sohu.com/a/216777962_663885?qq-pf-to = pcqq.c2c；关于苹果产业发展情况调研报告，http：//www.govyi.com/fanwen/diaoyanbaogao/201508/fanwen_20150829113609_303464.shtml）。

3.病虫害等灾害对品种提出的挑战

苹果病虫为害程度不仅取决于苹果品种对病虫的抗感与否，还深受气候、环境、人为等因素的影响。一方面适宜的气候、环境等因素会影响病虫数量从而影响侵染率和危害程度，另一方面极端的气候和不同的栽培方式也会造成树体的伤害或敏感从而利于病虫的发生与为害，因此需要针对生产中的主要病虫进行具体的分析和测报。

①苹果腐烂病。对国家苹果品种资源圃500多份资源的鉴定证明，资源间存在抗病性的差异，但没有绝对的抗病性，在较长冬季低温（−20℃以下年份）情况下基本都会感病，原因是腐烂病菌的弱寄生特性，使得"基因对基因"的抗病性特点不明显，主要取决于树体的强弱，所有影响苹果树体健壮的因素都会促进腐烂病的发生，如低温冻害、过度和不合理修剪造成的伤口、多年生树体的老化、过度旺长和负载过度造成的树体营养积累不充分等。生产实践中，乔砧密植的老龄苹果园、水肥条件不充足的矮砧密植园容易遭受腐烂病为害。富士苹果抗寒性相对较差，冬季寒冷地区栽植富士会由于冻害严重导致腐烂病的爆发为害，另外，M9等抗寒性相对较差的矮化中间砧在寒冷地区向阳面容易发生冻害（昼夜温差较大和向阳面清早辐射导致的温度上升较快造成连续的冻融伤害）从而导致矮化中间砧部位的腐烂病爆发为害。

②苹果轮纹病和干腐病。病原菌相较苹果腐烂病菌活体寄生性比较强，但仍然受树体营养状况的影响较大，虚弱树发病较重，因此果园管理水平也影响病害的轻重。在抗感特性方面，富士苹果枝干相对较为感病，因此水肥条件较差的富士（尤其是长枝品种）栽培区域，富士苹果枝干轮纹病将相对较重。干旱气候条件有利于干腐病的发生，尤其是矮化中间砧部位，在水肥条件较差的山地果园，尤其是沙性土壤的山地果园（同时受沙性地表夏季高温辐射炙烤）容易导致干腐病的爆发为害，需要对矮化中间砧部位采取涂白，结合果园生草创造温和果园环境等防护措施。

③苹果斑点落叶病。斑点落叶病主要侵染嫩梢，红星苹果最易感斑点落叶病，其次为金冠等品种，其他品种的感病性差异不大。苹果斑点落叶病的爆发为害主要受气温和雨水的影响，温度达23℃且空气湿度达70%以上天气持续4～5天以上容易诱发苹果斑点落叶病的爆发。

苹果褐斑病 主栽品种中富士、乔纳金相对较易感病。褐斑病的爆发主要受气温和雨水的影响，温度达25℃且空气湿度达70%以上天气持续4～5天以上容易诱发苹果褐斑病。苹果褐斑病孢子传播主要靠雨水飞溅，不同于斑点落叶病气流传播为主的特性，在果园发病的空间规律为自树体下部（湿度较高）向树体上部逐渐蔓延。因此，褐斑病主要在雨季发生，尤其是乔砧密植的郁闭果园较易发生。

④苹果炭疽叶枯病。嘎啦、金冠、乔纳金为极易感品种，富士等其他品种高抗。炭疽叶枯病爆发也主要受温湿度影响。

以上病害为我国苹果主产区普遍且持续发生为害的病害种类，枝干类病害主要受树体健壮程度影响。实践中，也出现因加强果园和树体管理而免受苹果腐烂病和轮纹病为害的果园，因此，加强水肥管理，促进树体健壮，采取措施避免冬季低温伤害等有利于降低枝干病害的为害。叶部病害主要受气候环境的影响，采取合理的栽培模式，如提高干高、合理疏除交叉枝干、采用矮砧宽行密植新型栽培模式等，创造通风透光的果园环境可有效延迟上述叶部病害的爆发时间，降低为害程度。

⑤苹果锈病。局部苹果产区可能发生苹果锈病。没有发现有效的抗性资源，主栽品种均易感苹果锈病。苹果锈病具有转主寄生特点，即冬季于桧柏越冬，春季雨后释放冬孢子随气流传播到苹果进行侵染为害，传播距离可达5千米，且主要在春季侵染，不存在再次侵染。苹果锈病的爆发与否，一是取决于果园周边5千米范围内是否有桧柏及其数量；二是取决于春季雨水多少，干旱春季不利于冬孢子的释放和传播，因此，春季干旱地区一般不需要防控。

⑥苹果苦痘病。国光、元帅、金冠、寒富等品种较易感病，尤其在辽宁产区的寒富苹果，采用山定子砧木易于缺钙，加之寒富苹果个过大，近些年苦痘病发生较为严重。对于寒富苹果苦痘病，根本措施需要加强辽宁产区瘠薄土壤的改造，增加菌肥和有机肥用量，降低化肥用量，适当多留果，降低果个大小。

我国苹果产区普遍且持续为害的主要害虫为害螨类（包括苹果红蜘蛛、山楂叶螨和二斑叶螨）、蚜虫类（包括绣线菊蚜和苹果瘤蚜）、食心虫类（包括桃小食心虫和梨小食心虫）、苹果卷叶蛾。部分苹果害虫对苹果品种的取食选择稍有差异，但不明显，且随着种群的扩大，取食选择性会更小。

⑦害螨类。近几年，辽宁产区主要发生苹果红蜘蛛；山东和河北产区的山楂叶螨为害情况也正逐步被苹果红蜘蛛取代，其原因有可能是苹果红蜘蛛以卵越冬，相较于山楂叶螨以雌成螨越冬更具生存优势，个体上苹果红蜘蛛也相对较小，生长季节可能也更利于隐藏从而躲过药剂伤害。二斑叶螨在历史上曾一度猖獗，但渤海湾产区目前种群数量极低。二斑叶螨食性较杂，较喜食叶片肥厚多汁的阔叶草类。禾本科杂草叶片因营养贫乏而吸引力较差，随着我国果园生草体系的建立，禾本科杂草因生长势强从而掩盖阔叶草，可能更不利于二斑叶螨种群数量的上升。但西北产区二斑叶螨仍为主要种群。干旱利于害螨类的繁殖和扩散，花前、花后是害螨的重要防控期。

⑧蚜虫类。绣线菊蚜主要为害幼嫩枝梢。元帅系苹果由于生长势较强，春秋梢生长期嫩梢较多，故而相对较易吸引绣线菊蚜。绣线菊蚜实质为害较弱，生产中一般不采取药剂防治，但苹果瘤蚜一旦发生，易造成大量叶片的严重卷曲而影响光合作用，需要及时防控。干旱利于蚜虫发生，但同时可导致春梢提早封顶停长，一旦嫩梢停止生长，绣线菊蚜便停止为害，所以对绣线菊蚜的防控与否需要综合考虑蚜虫数量、发生早晚和气候预测等多方面因素。

⑨桃小食心虫。对品种趋性没有明显的差异，可能会稍喜欢在幼果期果面稍具表皮毛的品种产卵。在我国苹果产区一般发生2～3代，由于套袋栽培，第二代和第三代不能为害果实，关键在于越冬代的监测和防控，可监测套袋前越冬代成虫羽化情况决定是否需要药剂防治。春季干旱不利于越冬代羽化。

⑩梨小食心虫。1、2代主要钻蛀桃、杏嫩梢，自第三代开始为害苹果，因此，桃和苹果混栽果园发生较重。防控关键在于测报的准确性，桃梢一旦发现个别虫梢即需防控，否则一旦蛀入即难以高效防治。

⑪苹小卷叶蛾。品种间趋性没有明显差异。防控与否主要根据虫梢数量。

综上所述，由于2017年冬季低温，部分地区还存在冬春长期干旱，这有利于苹果腐烂病的发生，尤其是2017年定植的幼树和采用不太抗寒中间砧的幼树，需要加强防控。由于干旱，斑点落叶病可能会相对较轻，雨季苹果褐斑病和炭疽叶枯病仍需加强关注。前期干旱利于苹果害螨发生，需加强花前花后（套袋前）防控；由于极端气候的频发，冰雹为害果园后需要及时防控病害，尤其在树体遭受严重雹灾时需要关注腐烂病等枝干病害的防控。另外，长期干旱可能导致苹果生理性障碍影响对钙、硼等元素的吸收，需要加强肥水管理。

4. 绿色发展或特色产业发展对品种提出的要求

"绿色发展"是以生态文明为价值取向，以实现经济社会的可持续发展为目标，以绿色经济为基本发展形态的一种经济发展方式。在苹果生产领域，坚持绿色发展，就是要着力促进果业转型升级提质增效。以"绿色发展"推动果业技术创新，通过创新驱动和科技进步，推广绿色防控、配方施肥，改善果园生态环境，着力提高单位面积产量、提高果品质量和产业竞争力，增加果农收入；加快构建现代果品产业体系、生产体系和经营体系，以优化布局、调整结构、提高品质、产业融合为重点，以消费者为中心、以市场为导向，走产出高效、产品安全、资源节约、环境友好的现代果业发展之路。

要适应绿色发展对苹果品种的新要求，就要做好以下几个方面的工作：

一是因地制宜地优化区域品种结构。苹果品种是提高苹果产量与质量的关键因素，没有好的品种，栽培技术再好也难以生产出优质高产的苹果。因此，应基于区域农业资源禀赋、苹果产业发展基础和环境适宜性原则，严格鉴定适宜栽植区域，因地制宜地确定与发展区域适宜的优势品种；优化品种特性及配置，注重提高苹果品质和生产效率，统筹规划区域苹果品种搭配结构，避免因产量过大而造成丰产不丰收。扩大早、中熟品种种植规模，以缓解集中采摘后的市场销售压力，延长苹果的市场供应时间，形成早、中、晚熟各具特色而又相互协调的鲜苹果消费市场，逐步降低红富士"一果独大"的潜在市场风险。同时，苹果鲜加工产品的市场空间与市场潜力很大，应加大专用加工品种的栽培，进一步拓展苹果鲜加工产品的品种，提升质量；注重发挥市场配置资源的基础性作用，抑制地方政府违背自然生态规律、过度干预果农生产等行为，深入推进苹果产业供给侧改革。此外，要加强对辽宁寒富、陕西秦阳、瑞阳、瑞雪、河南华冠、华硕、山东烟富优系、鲁丽等国产优良新品种的知识产权保护力度，保护本土的优势品种。

二是根据目标市场需求制订"以销定产"的品种创新与种植结构规划战略。高度重视和持续研究市场需求动态，以目标市场需求为导向加快苹果适用型、实用型技术创新和应用，以适宜性品种创新为动力推动苹果产业结构调整，引进与培育适销对路的优良品种，研发与推广针对不同目标市场需求的苹果品种，使每一类品种都能充分发挥其商品价值。同时，建立符合国际市场要求和出口市场需求的安全生产标准和技术规范，通过生产、管理和产品的标准化规范建设提升果品质量和产业附加值，积极推进苹果产业绿色发展与供给侧结构性改革。

三是健全优质大苗繁育体系，持续推进产业栽培制度转型。大力推进区域适宜性优质大苗的专业化、标准化、规模化、产业化、品牌化栽培模式，健全优质大苗繁育体系。完善栽培制度建设，实施品种资源创新和砧木选育工程，探索与总结适合区域特征的栽培技术综合管理规范，实现品种区域化以及区域化品种和品牌的创建，变革传统栽培制度，推广节本增效的矮化密植果树栽培制度，注重栽培制度转型的持续性、连贯性和稳定性。

四、苹果种质国际现状

目前，在美国申请品种保护的共有30个品种，申请者分布在9个国家，其中美国8个，法国5个，意大利4个，新西兰3个，日本3个，比利时2个，荷兰2个，瑞士2个，德国1个。品种类型包含早中晚、抗黑星病、红肉、砧木。早中熟品种7个，其中嘎拉芽变5个，其他早熟品种2个，晚熟品种

10个，Cripps Pink 的实生或芽变2个，柱形苹果品种1个，普通抗黑星病品种5个，其他普通杂交品种2个。红肉品种11个，抗黑星病的红肉品种有4个，砧木品种2个。

　　近年来，国际上苹果育种目标仍以优质和抗性为主。在抗性方面，日本以提高果树抗茎腐病、腐烂病等为主要育种目标，而欧美各国更加侧重于抗黑星病、火疫病、白粉病等新品种的选育。近年来，美国致力于选育优质和抗病性（火疫病、黑星病、白粉病等）强的品种。意大利、法国、新西兰、澳大利亚等国以高产稳产、风味好、香气佳、抗黑星病为主要的育种目标，并大多通过俱乐部来申请植物新品种保护、转让新品种专营权及注册经营商标等法律程序，进行苹果新品种的商业化运作。近几年，新西兰的植物和食品研究所在选育优质和红肉新品种方面取得较大成就，尤其是加入Prevar公司后，几乎每年都会推出Prevar品系。2017年，新西兰苹果联盟Fruitcraf（由Mr Apple、Bostock New Zealand 和 Freshmax 三大苹果种植公司组成）将PremA 129以Dazzle®品牌面向世界进行销售，而Golden Bay Fruit公司将PremA 34以Cherish®品牌进行销售。此外，瑞士在Agriscope苹果育种项目的支持下，相继培育出红肉苹果红色之爱、Luresweet、Luregust 和 Lurechild。

（编写人员：丛佩华　张彩霞　霍学喜　周宗山　姜中武　马　明　付　友　冯建忠　张莲英
　　　　　　刘利民　张满让　畅文选　杨廷桢　郭玉蓉　曹洪建　韩立新　等）

第22章 柑橘

概　述

柑橘在世界各地广泛分布，主要种植区域为南北纬35°之间，适宜于热带、亚热带及中间型的气候，主产国有中国、巴西、印度、墨西哥、美国和西班牙等。根据FAO数据，2017年全球柑橘种植面积965.2万公顷，产量达到1.47亿吨。柑橘资源丰富，种类繁多，生产上栽培的主要类型有甜橙、宽皮柑橘、柚、柠檬和金柑等。柑橘果实颜色鲜艳，果形美观，酸甜可口，营养价值高，富含类黄酮、类胡萝卜素和维生素C等多种营养成分。在我国以及东南亚其他国家和地区，柑橘还被作为药材造福人类，例如化橘红。在广东，陈皮也是柑橘的加工品，受到广大消费者的喜爱。近年，柑橘与茶叶结合形成的柑普茶也深受市场的欢迎。除了鲜食与加工外，柑橘有些品种也可作为观赏植物种植在庭院或制作成盆栽，如金柑、金豆等。总之，柑橘在满足人们生活健康需求、增加劳动就业、提高农民收入等方面起着重要的作用。

我国柑橘栽培历史悠久，早在4 000年前便有史书记载。自新中国成立以来，我国柑橘产业经历了4个发展阶段。初级阶段（1949—1984年）：1984年以前，在当时政策背景下，柑橘面积增长缓慢，总体产量较低。自发发展阶段（1984—1997年）：1984年后，由于国家政策的放开，柑橘面积和产量均快速增长，盲目发展和无规划的种植导致1997年柑橘产量过剩，价格跌落。大调整阶段（1997—2000年）：这期间通过国家的宏观调控与项目支持，引进一批国外优良品种，提高橙类品种种植比例，减少宽皮柑橘种植比例，同时发展砂糖橘、柠檬等特色品种，全面调整了我国柑橘品种结构。稳步发展阶段（2000年至今）：2000年以后，我国柑橘种植面积和产量稳步增长，逐步发展为世界柑橘生产大国。据统计，2017年，我国柑橘种植面积达268.88万公顷（4 033.26万亩），产量为3 904.51万吨，均位居全球之首。

目前我国柑橘种植主要分布于广西、湖南、广东、湖北、江西、四川、福建、重庆、浙江等南方省份，栽培类型以宽皮柑橘为主。我国市场上销售的主要品种有温州蜜柑、纽荷尔脐橙、南丰蜜橘、椪柑、琯溪蜜柚、冰糖橙、尤力克柠檬、金柑等。近年来，沃柑、不知火等杂柑因成熟期与其他品种错开，且容易剥皮，成为我国柑橘市场上的新类型。这些杂柑的出现增加了市场的多样性，有效延伸了柑橘鲜果供应期。柑橘是我国种植面积最大的水果类型，经过二十余年的快速发展，我国柑橘品种布局得到优化，在品种和技术层面基本实现了鲜果周年供应，品质得到较大幅度提升，已成为我国南方丘陵山区、库区和革命老区的支柱产业，在我国国民经济、产业扶贫和乡村振兴中占有非常重要的地位。

一、我国柑橘产业发展

（一）柑橘生产发展状况

1. 全国柑橘生产概述

我国是世界柑橘生产与消费大国之一，2008年种植面积和产量均跃居世界首位，第一次超过巴西成为世界第一大柑橘生产国。在此之后，我国柑橘的种植面积、总产量和单位面积产量均呈现逐年稳步增长的趋势。产业现状特点主要表现为：区域布局更加向优势区集中，向西部转移趋势更加凸显；鲜果周年供应取得长足进展，晚熟柑橘成为产业发展的新增长点；生产技术水平上优势产区提升较快，非优势区提升缓慢；柑橘价格向好发展，精品果价格行情好；生产过程中出现专业合作社、工商资本建园与农户家庭经营等多形式并举的经营状态。

（1）播种面积变化

根据《中国农业统计资料》数据，2012—2016年，中国柑橘种植面积从237.47万公顷增长至256.08万公顷，年均增长率为1.90%。国家柑橘产业技术体系产业经济研究室调研数据显示，2017年我国柑橘的种植面积达到268.88万公顷（4 033.26万亩），与2016年同比增长了2.24%。其中，优势区域柑橘种植面积占全国的82%。

（2）产量变化状况

根据《中国农业统计资料》数据，2012—2016年，我国柑橘生产总产量从3 167.8万吨增长至3 764.87万吨，年均增长率为4.41%。根据国家柑橘产业技术体系产业经济研究室调研数据，2017年我国柑橘总产量达到3 904.51万吨，与2016年相比增长了3.71%。其中，优势区域柑橘种植产量占全国的86%。

（3）单产变化情况

根据《中国农业统计资料》数据，2012—2016年，我国柑橘单位面积产量从13.34吨/公顷增长至14.70吨/公顷，年均增长率为2.46%（图22-1）。根据国家柑橘产业技术体系产业经济研究室调研数据，2017年我国柑橘平均单产达到14.33吨/公顷，与2016年相比下降了2.52%，原因主要在于柑橘种植面积增长的幅度高于柑橘产量增长的幅度。

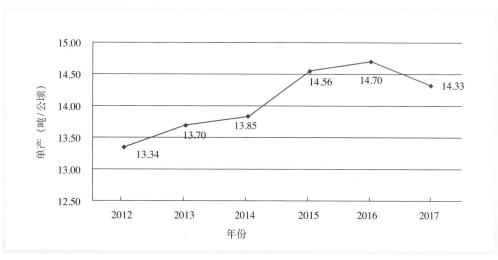

图22-1　2012—2017年中国柑橘单位面积产量

（数据来源：2013—2017年《中国农业统计资料》数据及国家柑橘产业技术体系产业经济研究室预测数据）

进一步考察发现，与同期世界柑橘生产发达国家的单位面积产量相比较，我国仍处于相对偏低的水平。例如，根据FAO数据统计，2016年我国柑橘单位面积产量为14.58吨/公顷，低于同期世界柑橘单位面积产量（15.49吨/公顷）的平均水平。

（4）栽培方式演变

从历史上看，中国柑橘的种植模式已从20世纪70年代的房前屋后种植，转变为规模化种植，再发展到现在的大规模种植。种植方式朝着省力高效方向发展，从密植到适度稀植，从强调修剪到适度修剪再到简化修剪和机械修剪。果园肥、水、药管理正向一体化和智能化管理方向发展，柑橘园机械化生产的配套装置和设备如开沟机、旋耕机、割草机、喷药机等在生产中应用普遍。

最近几年，柑橘栽培方式已从传统栽培模式转向多种栽培模式同步发展，绿色生态栽培模式、设施栽培模式、有机栽培和休闲旅游观光高效栽培等多种新模式不断涌现。这些新模式在防治病害、节约成本、提高品质、保护生态环境、延长产业链条、提高经济效益等方面取得了明显成效。同时，随着工商资本进入农业，各地也涌现出一些规模化新型农业经营主体，通过"互联网思维"和先进的技术管理，提升了当地柑橘种植的效益和果实品质。

2. 区域生产基本情况

（1）各优势产区的范围

长江上中游柑橘带：位于湖北秭归以西、四川宜宾以东，以重庆三峡库区为核心的长江上中游沿江区域。该区域范围主要涉及四川的邻水县、渠县、武胜县、江阳区、合江县、泸县、富顺县、纳溪区、江安县、翠屏区、宜宾县、古蔺县、叙永县、雷波县、宁南县等地；重庆的江津区、奉节县、长寿区、忠县、万州区、梁平县、开县、垫江县、丰都县、石柱县、渝北区、涪陵区、永川市、云阳县、巫山县等地；湖北的秭归县、兴山县、巴东县等地；云南的宾川县等地。

赣南—湘南柑橘带：位于北纬25°～26°，东经110°～115°。该区域范围主要涉及江西赣州，湖南郴州、永州、邵阳等地。具体有江西的安远县、寻乌县、信丰县、会昌县、瑞金市、于都县、宁都县、大余县、崇义县、南康区、赣县、兴国县、上犹县、定南县、龙南县、全南县、石城县、章贡区等地；湖南的宜章县、临武县、蓝山县、永兴县、资兴市、宁远县、江永县、道县、武冈市、新宁县等地。

浙—闽—粤柑橘带：位于北纬21°～30°，东经110°～122°的东南沿海地区。该区域范围主要涉及浙江的临海市、象山县、黄岩区、建德市、三门县、金东区、淳安县、温岭市、龙游县、宁海市、兰溪市、莲都区、常山县、柯城区、衢江区等地；福建的平和县、建瓯县、永春县、尤溪县、南靖县、顺昌县、沙县、永安市、三明辖区、延平区、漳平市、德化县、新罗区、大田县、将乐县、上杭县、闽清县、长泰县、龙海市、永定县、仙游县、南安市、连城县、长汀县等地；广东的梅县、普宁市、平远县、五华县、梅江区、大埔县、普宁市、博罗县、揭西县、揭东县、惠来县等地。

鄂西—湘西柑橘带：位于东经111°左右，北纬27°～31°，该区域范围主要涉及湖北的当阳市、宜都市、枝江市、荆门市东宝区、宜昌市夷陵区、点军区、松滋市、长阳县、恩施市、宣恩县等地；湖南的石门县、慈利县、安化县、保靖县、花垣县、泸溪县、吉首市、麻阳县、溆浦县、洪江市、邵阳市、隆回县、洞口县、永州市芝山区、东安县等地。

西江柑橘带：位于北纬20°～29°，涉及粤、桂、黔、滇4个省份。该区域范围主要包括云南的华宁县、新平县、石屏县、建水县等地；贵州的榕江县、从江县、荔波县等地；广西桂北的恭城县、富川县、钟山县、阳朔县、临桂区、全州县、灵川县、兴安县、永福县、平乐县、柳城县、鹿寨县、藤县、扶绥县、荔浦县、融安县，以及桂林市其他县（区）的钟山县、融安县、武鸣县、岑溪市、蒙山县、苍梧县、象州县、武宣县、西林县、靖西县、德保县、兴业县等地；广东的郁南县、云安区、四会市、德庆市、广宁县、封开县、怀集县、英德市、清新区等地。

特色柑橘生产基地：南丰蜜橘基地、岭南晚熟宽皮橘基地、云南特早熟柑橘基地、丹江口库区北缘柑橘基地和四川柠檬基地是我国五大柑橘特色生产基地。由于上述特色柑橘生产基地所在地理位置分布较为分散，故其产区的相关范围不再列出。

（2）自然资源及耕作制度情况

长江上中游柑橘带年均气温17.5～18.5℃，最冷月均温度5.5℃，年降水1 300毫米左右。赣南—湘南柑橘带属亚热带气候，气候温和，光照充足，雨量充沛，年均气温18℃，最低温度－5℃，基本上没有大冻。浙—闽—粤柑橘带属亚热带季风气候，年均气温17～21℃，年降水量1 200～2 000毫米，年平均日照时数1 800-2 100小时。鄂西—湘西柑橘带海拔60～300米，有效积温5 000-5 600℃，年均气温16.8℃，1月均温5～8℃，绝对最低温度在－3℃～－8℃。西江柑橘带内云南年均气温13～20℃，年降水量500～1 500毫米，无霜期200～250天；贵州年均气温10～20℃，年降水量900～1 500毫米，无霜期210～300天；广东气温较高，年均气温19～23℃，年降水量1 500～2 000毫米；广西年均气温17～23℃，年降水量1 000～2 000毫米，无霜期300天以上。特色柑橘生产基地气温10～25℃，年降水量1 000～2 000毫米。

（3）种植面积与年产量

长江上中游柑橘带柑橘年种植面积763万亩，年总产量716万吨，分别占全国的18.9%和18.6%；赣南—湘南柑橘带柑橘年种植面积585万亩，年产量610万吨，分别占全国的14.5%和15.8%；浙—闽—粤柑橘带柑橘年种植面积676万亩，年产量796万吨，分别占全国的16.8%和20.7%；鄂西—湘西柑橘带柑橘年种植面积420万亩，年产量410万吨，分别占全国的10.4%和10.6%；西江柑橘带柑橘年种植面积650万亩，年产量580万吨，分别占全国的16.1%和15.1%；特色柑橘生产基地柑橘年种植面积210万亩，年产量200万吨，分别占全国的5.2%和5.1%。

（4）区域比较优势指数变化

资源禀赋系数（EF）通常被用来作为区域比较优势的测度指标，表示一个国家或地区某种资源相对丰富的程度。资源禀赋系数为某一国家或地区某种资源在世界或全国的份额与该国家或该地区国内生产总值在全世界或全国国内生产总值中的份额之比。其计算公式为：$EF = (V_i/V_{ti})(Y/Y_t)$ 其中，V_i为某一国家或某一区域拥有的资源i的数量；V_{ti}为世界或全国拥有的该种资源的数量；Y为该国或该区国内生产总值；Y_t为世界或全国国内生产总值。用资源禀赋系数法对我国柑橘区域比较优势进行分析，需对前述公式中变量的含义做一些适当调整，即将公式$EF = (V_i/V_{ti})(Y/Y_t)$中的变量具体定义为：V_i为某区域某一时期的柑橘产量；V_{ti}为我国同一时期的柑橘产量；Y为某区域某一时期水果产量；Y_t为我国同一时期的水果总产量。根据前述定义，如果EF＞1，则该区域柑橘在H-O模型的意义上是丰富的，具有比较优势；如果EF＜1，则该区域柑橘在H-O模型意义上是短缺的，不具有比较优势（表22-1）。

表22-1　我国柑橘生产区域资源禀赋系数

柑橘生产区域	部分年份		
	2007	2012	2017
长江上中游柑橘带	2.8	3.1	3.3
赣南—湘南柑橘带	2.1	2.2	2.4
浙—闽—粤柑橘带	2.6	2.7	2.8
鄂西—湘西柑橘带	1.7	2.2	2.3
西江柑橘带	1.9	2.3	2.7
特色柑橘生产基地	1.8	2.0	2.2

数据来源：根据《中国农业统计资料》数据及国家柑橘产业技术体系产业经济研究室调研统计资料整理。

注：根据目前柑橘产业发展实际情况及发展趋势，增加了"西江柑橘带"，桂北产区划归西江柑橘带。

通过对表22-1结果的分析发现，上述各优势产区的资源禀赋系数均大于1，且呈现逐年上升的趋势，具有明显的柑橘种植区域优势。其中，西江柑橘带的资源禀赋系数增长幅度最大，2017年的资源禀赋系数相比2007年增长了42.11%；浙—闽—粤柑橘带的资源禀赋系数增长幅度最小，2017年的资源禀赋系数相比2007年增长了7.69%。各优势区域资源禀赋系数的变化，一方面契合了我国柑橘种植区域逐步由东部向西部转移的动态发展变化，另一方面也是各柑橘优势产区因地制宜结合自身资源禀赋条件调整柑橘种植的必然结果。

(5) 资源限制因素与生产主要问题

长江上中游柑橘带：属于自然灾害相对较多发地区，农业生产一定程度上受到影响；部分地区土地不够肥沃，土壤呈碱性，存在季节性干旱，不利于果实生长；人多地少，农民对土地期望值较高；加工品种难以获得预期收益；部分地区光照不足。这些均对柑橘产业发展造成不利影响。

赣南—湘南柑橘带：黄龙病危害严重，防控任务艰巨。病后复种的优质无病毒苗木供应不足。柑橘品种较单一，缺乏适合当地的、市场前景好的替代品种；单产有待提高，产品附加价值较低，精深加工不足。

浙—闽—粤柑橘带：品种结构需要进一步更新优化，存在柑橘黄龙病等检疫性病虫害的严重威胁；机械化与国际先进水平相比仍然较低，劳动力成本较高。该区域经济发展和城市化迅速，土地资源越来越少且大部分土地资源供应其他产业，已经缺乏进一步发展柑橘产业的潜力和优势。

鄂西—湘西柑橘带：山地果园较多，品种主要集中于中熟，优质无病毒苗木繁育体系不健全；产后商品化处理能力较低；部分地区存在冻害威胁；机械化也不够普遍。

西江柑橘带：柑橘黄龙病威胁依然存在，优质无病毒苗木繁育体系不健全；技术及管理水平较低；产后商品化处理能力较弱。机械化水平低；种植面积扩张迅速，其市场前景堪忧。

特色柑橘生产基地：分布相对分散，而且发展条件各不相同，因此既有柑橘优势种植区域的共性问题，也有自身的个性问题。如部分特色基地比较偏远、交通条件比较差；部分地区冻害严重；无病毒苗木繁育建设跟不上、病虫害管理技术水平较低；柑橘产品精深加工不足，产品附加值比较低等。

从全国总体上看，当前柑橘产业发展面临的重大问题主要表现如下：第一，黄龙病对南部产区危害很大，并且有蔓延趋势，黄龙病绿色防控与栽培新模式亟待研究解决；第二，柑橘果品周年供应的均衡度不高，熟期比较集中的问题依旧突出，如何实现柑橘果品周年供应仍然是"十三五"期间重点解决的技术问题；第三，劳动成本快速上升，劳动力短缺也很普遍，种果的比较利益下降，研发和推广省力化栽培技术已迫在眉睫；第四，宽皮柑橘占国内柑橘总产量比重很高，其加工技术相对落后，影响了产业的整体效益；第五，小规模生产与大市场对接的矛盾仍然突出，科学规范标准化生产与有效的组织方式相结合势在必行。

3. 生产成本与效益

(1) 生产成本

生产总成本是指直接生产过程中为生产某种产品而投入的各项资金和劳动力的成本，反映了为生产某种产品而发生的除土地外各种资源的耗费，由物质与服务费用和人工成本组成。2006—2016年我国柑橘、小麦、棉花、油菜、玉米的生产总成本如表22-2所示。

表22-2　2006—2016年我国柑橘与部分大田作物的生产总成本　　　　单位：元/亩

年份	柑	橘	小麦	棉花	油菜	玉米
2006	1 459.50	2 050.92	350.17	765.64	267.76	338.32
2007	1 545.00	1 545.00	369.73	836.89	292.23	358.52

（续）

年份	柑	橘	小麦	棉花	油菜	玉米
2008	2 064.22	1 492.62	411.88	930.47	331.49	420.29
2009	1 869.82	1 440.99	463.12	961.82	365.22	433.66
2010	1 968.25	1 771.08	497.18	1 148.14	419.67	495.64
2011	2 581.20	2 098.89	583.01	1 380.34	501.00	603.94
2012	2 694.24	1 638.69	688.09	1 712.26	642.51	742.98
2013	2 827.18	2 178.51	760.86	1 925.19	744.54	815.08
2014	3 010.57	2 513.71	783.80	2 003.67	762.86	839.48
2015	3 485.72	3 301.55	784.62	2 008.15	790.65	844.94
2016	3 262.54	2 838.31	805.59	2 004.43	801.35	827.65

资料来源：2007—2017年《全国农产品成本与收益资料汇编》；国家柑橘产业技术体系产业经济研究室预测数据。

从整体上对所选所有农产品进行比较，可以发现，11年间柑橘和大田作物的生产总成本在总体上均呈上升趋势，柑和橘的成本在部分年份略有波动；除2012年外，每亩柑和橘的生产成本均高于研究中所选取的几种大田作物，尤其是小麦、油菜和玉米，在生产成本上与柑橘相差甚远。从每亩土地生产的各种农产品来看，柑的生产成本由2006年的1 459.50元上升到2016年的3 262.54元，在绝对数值上增加了1 803.04元，涨幅为123.50%，2006—2010年，成本略有起伏，2011—2015年成本逐年上升，2016年有所下降；橘的生产成本在所比较的农产品中波动最大，2006—2009年呈下降趋势，从每亩2 050.92元下降到1 440.99元，2010年和2011年成本有所提高，而在2012年每亩成本较2011年降低460.20元，随后2012—2015年又呈上升趋势，2015年比2007年增长了113.69%；在所研究的时间范围内，小麦生产成本逐年上升，从2006年的350.17元上升到2016年的805.59元，增长了130.06%，其中2011—2013年上升幅度大于其他年份，分别较上一年增加85.83元、105.08元和72.77元；棉花的生产成本除2016年略有下降外，2006—2015年一直呈上升趋势，2015年的成本达到2 008.15元，约为2006年的2.6倍，涨幅为162.28%，2009—2013年，生产成本增加较快；油菜的生产成本从267.76元增加到801.35元，上涨了199.28%，2010—2013年增长较快；玉米的生产成本由338.32元上升至827.65元，增长了144.64%。由此来看，所比较的大田作物中，油菜、棉花、玉米、小麦的生产成本上升幅度均高于柑、橘，其中油菜的生产成本上升幅度最高，分别比柑、橘高出75.88和85.59个百分点。

（2）生产效益

用产值、产量、单价、净利润以及成本利润率等指标，分别对我国柑橘、小麦、棉花、油菜、玉米等农产品2006年和2016年的生产收益进行比较分析（表22-3、表22-4）。

表22-3　2006年我国柑橘与部分大田作物的生产收益情况

项目	柑	橘	小麦	棉花	油菜	玉米
产值（元/亩）	2 762.85	3 932.60	522.46	1 206.07	314.11	556.53
产量（千克/亩）	1 964.50	1 585.50	351.80	85.10	131.10	423.50
单价（元/亩）	1.41	2.48	1.49	14.17	2.40	1.31
净利润（元/亩）	1 187.70	1 767.88	117.69	335.72	2.76	144.76
成本利润率（%）	75.40	81.67	29.08	38.57	0.89	35.16

资料来源：《全国农产品成本与收益资料汇编2007》；国家柑橘产业技术体系产业经济研究室预测数据。

表22-4　2016年我国柑橘与部分大田作物的生产收益情况

项目	柑	橘	小麦	棉花	油菜	玉米
产值（元/亩）	5 626.13	4 528.18	930.36	1 818.31	590.22	765.89
产量（千克/亩）	1 644.45	1 462.91	406.34	98.55	128.14	480.29
单价（元/亩）	3.42	3.10	2.29	18.45	4.61	1.59
净利润（元/亩）	2 232.96	1 416.23	−82.15	−488.30	−330.98	−299.70
成本利润率（%）	65.81	45.51	−8.11	−21.17	−35.93	−28.13

资料来源：《全国农产品成本与收益资料汇编2017》；国家柑橘产业技术体系产业经济研究室预测数据。

从表22-3和表22-4可以看出，在产值上，所有农产品都有所提升，尤其是柑、油菜和小麦的上升幅度明显。从产量来看，在绝对数量上，柑橘的产量远大于大田作物；在增长幅度上，棉花、小麦和玉米的增长率超过13%，产量提升较多，柑、橘、油菜的产量反而有所下降。在单价上，棉花的价格远高于其他农产品，2006年和2016年的价格相差4.28元，油菜和柑的单价变化分别为每亩2.21元和2.01元，价格变化较为明显，玉米的单价变化最小，2016年比2006年每亩仅提高0.28元。从净利润和成本利润率来看，2006—2016年，除2008年外，柑和橘的净利润均远高于大田作物，柑的净利润在总体上呈上升趋势，尽管橘的波动较大，但除2008年外，净利润始终维持在每亩1 100元以上，大田作物近几年的利润明显下降，由此可以看出，与小麦、棉花、油菜、玉米这些大田作物相比，柑橘在生产中具有很强的比较优势，近年来我国南方许多适宜柑橘生长的地区都扩大了种植面积，以追求更高的利润，同时也应看到，尽管产量、单价和产值都有所提升，但成本也在增加。在市场开放条件下，国际贸易的开展给我国农产品带来机遇的同时也使之面临挑战。

（二）柑橘市场需求状况

1. 全国消费量及变化情况

（1）国内市场对产品的年度需求变化

2017年国内柑橘市场需求情况呈现出两方面的特点。一是从国内市场总体来看，柑橘鲜果总量过剩，供给出现结构性过剩。国内橙汁市场供不应求，如橘罐头等柑橘加工产品消费比较稳定，使柑橘鲜果的消费需求有所增加，二是从供求关系来看，优质优价、名特优稀品种供不应求。由于部分地区种植规模大幅度扩张，品质下降，价格不稳定，农户心里预期价格高等原因，造成部分柑橘市场的供求关系出现了"买方市场"情况，果农的柑橘销售面临一定的"卖难"压力。晚熟脐橙和杂柑等品种由于目前产量较少，需求比较旺盛，价格仍将处于高位。近年来我国柑橘消费发展动态呈现以下特征：

第一，我国柑橘消费量呈逐年增长趋势。2006—2017年我国柑橘总消费量由1 667.98万吨增加至3 212.48万吨，年平均增长量为128.7万吨，年平均增长率达9.2%。

第二，我国柑橘鲜果人均消费水平明显高于世界平均消费水平。2001—2017年我国柑橘人均消费量从2001年的8.33千克增加到2017年的23.23千克。

第三，柑橘消费量一般占水果总消费量的20%左右，以鲜果消费为主，占总产量的83.36%。主要是国内销售，其出口比重很小。

第四，我国对柑橘的进口需求仍然保持稳定增长。根据中国海关总署统计，2017年我国柑橘进口23.16万吨，比2016年同期增长2.29%。根据UN COMTRADE数据，2017年我国进口冷冻橙汁5.5万吨，其中巴西是最主要的进口来源地（表22-5）。

表22-5　2006—2017年中国柑橘产销平衡分析表　　　　　　　　　单位：万吨

年份	供给量		需求量			
	产量	进口量	加工原料用量	损耗量	出口量	消费量
2006	1 789.8	7.89	86.2	179	43.51	1 667.98
2007	2 058.3	7.64	98.6	206	56.45	1 910.69
2008	2 331.3	10.60	92.0	230	54.20	1 965.70
2009	2 521.1	9.16	111.0	252	111.18	2 055.98
2010	2 645.2	10.53	76.0	264	93.31	2 222.03
2011	2 944.0	13.17	127.0	294	90.16	2 446.01
2012	3 167.8	12.62	142.0	317	108.22	2 613.20
2013	3 320.9	12.86	149.5	332	104.14	2 748.12
2014	3 492.7	16.18	147.0	349	97.99	2 914.89
2015	3 660.1	21.49	157.0	379	92.05	3 053.54
2016	3 764.9	22.64	156.0	385	85.30	3 161.24
2017	3 853.3	23.16	163.0	391	109.98	3 212.48

数据来源：根据各年《中国农业统计资料》整理数据；国家柑橘产业技术体系产业经济研究室预测数据。

（2）预估市场发展趋势

①柑橘鲜果。随着我国居民生活水平的逐步提高，国内消费者对高品质和反季节果品的需求持续增加，对柑橘鲜果的消费已步入个性化与品牌化的新消费时代。与此同时，全国范围内农村电子商务蓬勃发展以及物流冷藏基础设施日益完善，都将更加有利于促进国内柑橘供应商与消费者之间的有机衔接。

全国柑橘的整体流通情况表现出节奏较快、销售期短、价格相对较高的特点，但不同产区、不同品种情况不尽相同。以湖北为例，柑橘错峰上市，品种结构合理、品种好、品质高、价格高、销售进度快，基本没有滞销现象；而浙江、湖南部分产区如溆浦县、麻阳县出现了滞销现象，销售进度缓慢，柑橘增产不增收的问题明显；江西受柑橘黄龙病的影响，产量有所降低，但柑橘销售进度快，价格优势凸显；广东、广西地区砂糖橘上市期短、销售期短、销售进度快，价格高；还有一些新品种如不知火、沃柑、爱媛、春见等后起之秀颇受消费者喜爱。

②柑橘加工品。橙汁：我国橙汁消费量总体呈现上升趋势。国内饮料企业对进口橙汁的依赖程度很高，75%的原料来自国外，部分品牌60%的鲜橙汁从巴西进口。当前我国对天然、营养丰富的橙汁消费需求每年以20%以上的速度增长，市场潜力巨大。

柑橘罐头：我国是世界柑橘罐头出口第一大国。2013—2016年我国柑橘罐头的出口总量分别为32.92万吨、31.70万吨、32.06万吨、31.24万吨。根据UN COMTRADE数据，2017年我国柑橘罐头出口总量和出口金额分别为32.16万吨和3.18亿美元，分别占世界柑橘罐头出口总量和出口金额的58.16%和45.81%。目前，美国是我国柑橘罐头出口的最大市场，其市场占比每年稳定在50%以上。柑橘罐头国内外市场状况较为稳定。

2.区域消费差异及特征变化

（1）区域消费差异

我国幅员辽阔，不同的资源禀赋、文化背景造就了不同的消费和饮食习惯，加之不同地域经济发展水平的差异，使得我国的柑橘类水果消费存在地域差异。柑橘区域消费差异既包含区域购买力的差距，也包含非经济因素的区域消费文化差别，其差异的影响因素也可以分为经济因素和非经济因素。具体来看，我国柑橘区域消费呈现出以下差异。

从区域购买力看，各地区间购买力差异相对较大，华东、华中和华南地区柑橘购买力较强，东北和西北地区柑橘购买力相对较弱。华东、华中、华南地区自改革开放以来地区经济取得了高速发展，人均消费水平得到了显著提高，3个区域人均消费水平分别达到了32 925.25元、15 468.5元和15 472.5元。随着居民食物营养和健康意识的提高，柑橘类水果消费在华东、华中、华南地区食物消费中的比重呈稳步上升的趋势。相比较而言，东北和西北地区发展速度较慢，人均消费水平也相对较低，柑橘类水果的消费购买能力受居民可支配收入制约。

从区域消费文化看，各地区间消费偏好差异相对较大，华东、华南、西南和华中地区偏好柑橘类水果，而西北、东北、华北地区食用柑橘水果的替代品较多。柑橘主要生长于华东、华中、西南、华南等南方部分区域，自古以来柑橘类水果被南方地区居民所钟爱，而西北、东北、华北地区主要栽培梨和苹果等温带水果，这些地区的消费者多选择其习惯食用的梨和苹果，对于柑橘的需求相对较弱。

（2）区域消费特征

近年来，我国柑橘产量和品种结构不断地提高与优化，各区域柑橘消费市场容量和消费水平呈现出上升趋势，但不同区域消费市场容量和消费水平情况不尽相同。具体而言，东北和西北地区人口数量和人均消费水平相近，人口密度低，城市群分散，对柑橘鲜果及其加工品消费能力较弱，市场潜力较大，而华北、华中、华东、华南、西南地区经济相对发达，人口众多，城市群集聚，消费能力巨大。总体来说，无论是城镇居民还是农村居民，南方地区的柑橘消费市场容量和消费水平都明显多或高于北方地区的柑橘消费市场容量和消费水平，而东部地区的柑橘消费市场容量和消费水平也明显高于西部地区，我国柑橘区域消费呈现南多北少、东多西少的特征。

（3）消费量及市场发展趋势

①区域消费量情况。由于缺乏各区域柑橘鲜果及其加工品消费量的统计数据，根据已有的相关统计数据，本章对各区域柑橘消费品进行了简单的估算。2017年我国各地区柑橘市场消费情况如表22-6及图22-2所示。

从区域消费量看，柑橘消费呈现出区域不平衡态势。华南地区的消费总量和人均消费量最高，分别达到680.20万吨和32.13千克，消费总量占全国的21.0%。华东和华中地区柑橘消费位居其后。

从净消费区情况来看，华北地区消费总量和人均消费量最高，分别为460.90万吨、18.23千克，消费总量占全国的14.3%。而西北地区消费总量和人均消费量最低，这主要与西北地区消费水平和饮食习惯相关。

表22-6　2017年全国及区域市场柑橘鲜果消费情况

区域		人口情况		人均消费水平	总消费情况		人均消费量
		人口数量（万）	占比（%）	元／（人·年）	消费总量（万吨）	占比（%）	千克／（人·年）
净消费区	东北地区	10 947	7.92	18 283	143.54	4.5	14.31
	华北地区	27 165	19.65	27 114	460.90	14.3	18.23
	西北地区	10 009	7.24	16 062	101.61	3.2	12.18
主产区	华中地区	26 681	19.30	17 241	631.95	19.7	28.06
	华东地区	22 074	15.96	32 925	647.87	20.2	31.25
	华南地区	20 395	14.75	21 323	680.20	21.2	32.13
	西南地区	19 817	14.33	15 197	546.41	17.0	26.43
全国	合计	138 271	100.00	21 164	3 212.48	100.0	23.23

数据来源：根据《中国统计年鉴》《中国农业统计资料》数据整理推算。

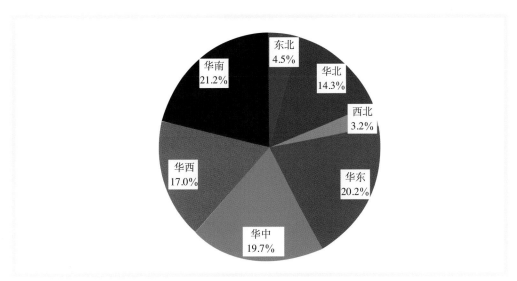

图22-2　2017年柑橘鲜果区域消费量占全国消费量百分比
（数据来源：根据《中国统计年鉴》《中国农业统计资料》数据整理推算）

②区域市场发展趋势。预计未来几年我国水果消费市场在总量上升的基础上将向多需求、多层次、多样性的质量安全型消费结构发展，柑橘鲜果及其加工品的消费量在各区域均有所增长。

从柑橘鲜果的消费发展趋势看，东北和西北地区尚有很大消费空间，柑橘消费增长将更快一些。预计华东和华南等地区由于柑橘产量较上年出现了较大幅度的回升，柑橘销售可能会面临一定的压力，柑橘消费将更加注重柑橘类水果的品质、营养和安全性，名优特新及高质量的品种也将日益受到消费者青睐。

从柑橘加工品看，近年来，我国南方部分主产区陆续新建了多条浓缩橙汁的加工线，根据国际橙汁市场发展趋势判断，随着加工技术和能力的提升及各地柑橘鲜果原料供应量的增长，可以预计未来以橙汁为代表的柑橘汁加工量将会有较大幅度的增长。伴随着华东和华南等地区居民收入水平的提高和柑橘消费支出的增加，柑橘汁在柑橘总消费中的比重将在这些区域逐步上升。柑橘罐头在全国各地的市场上比较稳定。

二、柑橘科技创新

（一）柑橘种质资源

我国为世界柑橘的原产地之一，栽培历史悠久，种质资源丰富，现保存资源有1 200余份。依据柑橘种质资源特性及其应用，分为以下5类：野生柑橘资源、适宜作新品种培育的优良变异品种资源、适宜鲜食或加工用的地方品种资源、可供砧木选择的资源、适宜作育种材料的特异种质资源。野生柑橘具有较强的适应性、抗逆性和抗病性，且遗传多样性更丰富，因此在柑橘品种改良和新砧木开发利用中具有巨大的应用潜力。目前，发掘与评价柑橘种质资源，利用野生资源筛选抗病（尤其是黄龙病）、抗逆和砧木种质资源逐渐成为研究热点和重点。近10余年，华中农业大学一直坚持收集、评价和发掘柑橘野生资源，系统收集和整理了起源于我国的包括枳、宜昌橙、枸橼、山金柑等在内的野生柑橘。其中，开展了野生橘的香味研究，首次系统评价了宜昌橙的分布和遗传多样性；发掘到一些具有特殊研究价值和生产价值的资源，例如播种当年可以结果的单胚柑橘类型。其他机构也开展了相关研究，如四川农业大学从实生野生香橙中选育的柑橘砧木新品种蒲江香橙，接穗品种早结、丰产、稳产，果实品质优良，遗传性状稳定，抗寒、抗涝、耐碱性土壤。目前，在大果、早熟冰糖橙及晚熟砂糖橘资源选育上也取得进展。在三峡库区、赣南地区等地，从脐橙中发掘到了早熟、色泽变异资源，并逐步应用于生产。

（二）柑橘种质基础研究

近年来，世界柑橘基础研究进展十分迅速，主要研究国家包括美国、中国、西班牙、日本和巴西等国。同时，与品种资源遗传改良相关的基础研究在近几年也取得了快速进展。随着测序技术的发展，相继完成了柑橘的多个种类的核基因组和叶绿体基因组测序，对柑橘的起源以及进化关系进行了系统的研究，这些研究结果为创制全新的柑橘种类提供了理论基础，并且成功鉴定出了控制柑橘多胚性状的基因，为简化杂交育种提供了解决方案。采用基于基因组测序开发的新型、高密度的分子标记（SNP、SSR和CAPS等），构建了更加精细的遗传图谱，为解析数量性状提供了基础，比如果实品质和抗病性等数量性状。继甜橙基因组测序之后，柑橘功能基因组研究发展迅速，近年来，柑橘色泽、果实成熟、童期与开花调控、自交不亲、体细胞胚胎发育以及抗逆等方面的分子调控机制得到了更加深入的解析，一批关键基因被挖掘到，比如色泽调控基因（*CsMADS6*、*CrMYB68*）、自交不亲和调控基因（*CgRNS3*）、体细胞胚胎发育调控基因（*csi-miR156*）、花发育相关基因（*csi-miR3954*）以及抗逆相关基因（*FcWRKY40/70*）等，这为柑橘分子育种定向改良柑橘品种提供了宝贵的基因资源。随着代谢组学的发展，柑橘中的功能性成分越来越多地得到了解析，包括香气物质、类黄酮类物质、柠檬苦素等，这些功能性成分代谢通路的解析为柑橘富含功能性成分新品种的选育和评价提供了技术和理论基础。基础研究的深入，为柑橘育种提供了更多的理论基础，同时为分子精准育种的应用打下了扎实的基础。

（三）柑橘育种技术及育种动向

我国柑橘以鲜食为主，目前接穗品种的选育目标是富含有益健康物质、无籽、高品质、稳产，此外，选育具有抗黄龙病和抗溃疡病的新品种也是重要目标之一；砧木品种的目标则是选育土壤适应性强、树势控制好（比如矮化）、耐寒和抗病性强的品种。

柑橘具有童期长、多数品种有多胚性和无籽的特点，因此，柑橘育种是一项需要长期投入的工作，通常选育一个新品种需要15～20年。柑橘育种的技术主要有杂交育种、芽变育种、实生选种、诱变育种、细胞工程育种以及分子育种。目前柑橘品种选育最主要的两条途径是芽变育种和杂交育种，少量的来自细胞工程。芽变主要来自温州蜜柑、椪柑、琯溪蜜柚、脐橙、冰糖橙、锦橙等柑橘主栽品种类型，这些品种类型由于种植数量大，能获得较多的自然芽变个体。杂交育种是非常重要的一种育种方式，日本、美国、西班牙等都有长期进行杂交育种的计划，大部分优良的杂柑品种都是通过这种方式获得的，比如沃柑、不知火、Garbí、Safor和爱媛28等。杂交育种的方式包括2x×2x、2x×4x和4x×2x等，通常杂交育种需要经历初选（树形、果实品质和抗病性评价，需9～10年）和复选（分种于不同气候区域评价果实品质、栽培特性和稳产性等，需7～8年）的过程。为了缩短育种年限及克服多胚性，胚抢救技术和嫩枝嫁接技术被应用于杂交育种，同时分子标记技术在早期性状筛选中的应用进一步加快了杂交育种的速度。但是受限于柑橘童期长的桎梏，杂交育种依然是一个漫长的过程，随着柑橘分子生物学的发展这个限制将有望被突破。细胞工程育种主要应用于多倍体种质创制、远缘杂交、体细胞杂交等，例如华中农业大学利用胞质融合技术创制了雄性不育的华柚2号以及多种类型的砧木品种和多倍体种质等。分子育种是未来的发展方向，随着生物技术的发展，柑橘功能基因组的研究获得了大量优良基因资源，利用这些基因资源可进行精准的性状调控，尤其在抗病育种方面潜力巨大。但是由于柑橘遗传转化效率较低且童期长，目前分子育种还没有在柑橘育种中得到很好的应用。

（四）柑橘新育成品种

世界柑橘品种选育目前可以分为两条主要的途径，一条是以美国、日本、以色列为主采用的杂交育种途径，他们起步早，培育的品种（特别是杂柑）多。例如，近年我国大面积种植的不知火、沃柑，分别为日本和以色列于20世纪杂交培育的品种；另一条是以中国、西班牙、澳大利亚、南非等国为主采用的芽变选种途径。据不完全统计，每年世界新培育品种（品系）有3～4个，在过去的10多年中，我国培育的新品种大约占世界总数的一半，主要来自芽变选育。例如"早红"脐橙、"赣南早"脐橙、无核椪柑、无籽红橘、无籽冰糖橙等。近年，我国杂交途径培育的品种也开始在产业中试种，如金秋砂糖橘、金煌杂柑、大雅柑等。通过研究发现，国际上培育一个柑橘新品种需要近20年的时间，日本平均为24.5年，而一个品种从登记注册到大面积产业应用，需要20多年甚至更长的时间。值得指出的是，全世界培育的杂柑目前大约有100个品种，追踪其来源发现，这些品种的遗传背景很窄，主要来自红橘、庙宇柑、王柑、葡萄柚、椪柑以及温州蜜柑这几个品种间的杂交和再杂交。杂柑品种中，日本以温州蜜柑为主要亲本培育而成的杂柑基本上无籽；美国、以色列的品种多采用红橘、葡萄柚做亲本，培育的杂柑品种有籽、色泽较红。

1. 植物新品种授权情况

自2004年以来，除杂交种外，我国柑橘授权的植物新品种共计39个，包括橙类11个，柚类10个，橘类7个。其中，生产上应用的主要品种有红肉蜜柚、早红脐橙、三红蜜柚、金水橘、金秋砂糖橘、赣南早脐橙（表22-7）。

表22-7　我国柑橘属植物新品种授权名单（杂交种除外）

序号	申请号	品种暂定名称	属种	申请人	来源	目前应用情况
1	20040261.7	浙玉1号	柑橘属	浙江省农业科学院	玉环柚×异缘四倍体（粗柠檬＋甜橙）的三倍体后代	未应用
2	20050515.7	红肉蜜柚	柑橘属	福建省农业科学院果树研究所、陆修闽、卢新坤、林金山	琯溪蜜柚的芽变	大面积
3	20050938.1	矮晚柚	柑橘属	彭永红	柚子实生变异，地方良种	小范围
4	20060194.6	早红	柑橘属	华中农业大学、湖北省秭归县柑橘良种繁育示范场	脐橙与温州蜜柑的周缘嵌合体，芽变类型	大面积
5	20060342.6	千指百态	柑橘属	浙江锦林佛手有限公司	枸橼芽变	小范围
6	20060440.6	锦球	柑橘属	浙江锦林佛手有限公司	枸橼芽变	小范围
7	20070700.0	渝红橙	柑橘属	重庆市农业科学院	普通甜橙变异	小范围
8	20080551.7	脆红	柑橘属	浙江省常山县农业局、浙江省柑桔研究所	胡柚与酸橙的天然杂交种	小范围
9	20080769.2	浙柚1号	柑橘属	浙江省柑桔研究所，浙江省丽水市农作物站，浙江省青田县农业技术推广中心	青田红心柚子实生少籽变异	小范围
10	20090308.6	招财	柑橘属	浙江锦林佛手有限公司	佛手（枸橼类）芽变	小范围
11	20090309.5	金玉满堂	柑橘属	浙江锦林佛手有限公司、郭卫东	佛手（枸橼类）芽变	小范围
12	20090677.9	三红蜜柚	柑橘属	蔡新光	琯溪蜜柚芽变	大面积
13	20100065.6	渝早橙	柑橘属	重庆市农业科学院	甜橙实生变异	小范围
14	20101021.7	金水橘	柑橘属	湖北省农业科学院果树茶叶研究所	椪柑实生变异，老品种	较大面积

（续）

序号	申请号	品种暂定名称	属种	申请人	来源	目前应用情况
15	20101034.2	华柚2号	柑橘属	华中农业大学	细胞融合胞质杂种（HB柚的核＋温州蜜柑的细胞质）	中试阶段
16	20110422.3	黔阳冰糖脐橙	柑橘属	湖南农业大学、湖南洪江市农业技术推广站	冰糖橙芽变	小面积
17	20110652.4	浙农无核橙柚	柑橘属	浙江省柑橘研究所、浙江省温岭市农业林业局、浙江省玉环县林业特产局	温岭高橙×异缘四倍体（粗柠檬＋甜橙）的三倍体后代	未应用
18	20120402.6	牛肉红朱橘	柑橘属	贵州省果树科学研究所	地方良种朱红橘无核变异	小面积
19	20120490.9	赣脐3号	柑橘属	江西农业大学、江西省信丰县福源果业专业合作社	纽荷尔脐橙芽变	尚未大面积推广
20	20120653.2	阳光	柑橘属	浙江省金华市农业科学研究院	不详	不详
21	20130122.4	赣南1号	柑橘属	华中农业大学、江西省赣州市柑桔科学研究所、江西省安远县脐橙种植技术研究中心	纽荷尔脐橙芽变	尚未大面积推广
22	20130281.1	红袖书生	柑橘属	浙江森禾种业股份有限公司	估计是枸橼变异	小范围
23	20130475.7	中柑所5号	柑橘属	中国农业科学院柑桔研究所	又名金秋砂糖橘，为红美人杂柑与砂糖橘的杂种	较大面积
24	20130500.6	赣南早脐橙	柑橘属	江西省脐橙工程技术研究中心、江西省于都县果茶局	纽荷尔脐橙芽变	较大面积
25	20130508.8	金吉蜜柚	柑橘属	福建省农业科学院果树研究所、李金勇	琯溪蜜柚芽变	有一定面积
26	20130829.0	Q桔	柑橘属	江东、李伟	清见×椪柑杂交后代选育	小范围
27	20131106.2	龙回红脐橙	柑橘属	江西省南康市俊萍果业发展有限公司	脐橙芽变	小范围
28	20140782.4	永红矮晚柚	柑橘属	彭松林	柚子实生变异	小范围
29	20140918.1	黄宝蜜柚	柑橘属	赖智松	不详	不详
30	20140998.4	龟井2501	柑橘属	湖北省农业科学院果树茶叶研究所	温州蜜柑芽变	小范围
31	20141518.3	金春	柑橘属	四川省农业科学院园艺研究所	杂交品种（橘橙×椪柑）	小范围
32	20141519.2	金煌	柑橘属	四川省农业科学院园艺研究所	杂交品种（橘橙×椪柑）	小范围
33	20141520.9	红锦	柑橘属	四川省农业科学院园艺研究所	三倍体杂交品种（橘橙×椪柑）	小范围
34	20150497.9	脆蜜金柑	柑橘属	广西柳州市水果生产办公室，广西大学、广西融安县水果生产技术指导站	金柑芽变	小范围
35	20150900.0	如意桔	柑橘属	刘仁清	柑橘花果花叶变异（观赏用）	很小范围
36	20150901.9	金镶玉	柑橘属	刘仁清	柑橘花叶变异（观赏用）	很小范围
37	20151383.4	金汕1号橙	柑橘属	广西龙州金汕农业科技发展有限公司	脐橙变异	小范围
38	20151765.2	金汕2号桔	柑橘属	广西龙州金汕农业科技发展有限公司	不详	不详
39	20160088.3	赣脐4号	柑橘属	国家脐橙工程技术研究中心、江西省龙南县秋芬家庭农场、江西省龙南县果业局	纽荷尔脐橙芽变	小范围

2. 审（认）定品种情况

2017年，我国审定、认定柑橘新品种共6个。

①红棉蜜柚。从福建引进的彩色蜜柚系列中筛选育成，2017通过四川省农作物品种审定委员会审定。品种果实外观光洁，化渣，汁液丰富，果实品质较优。耐贮藏。丰产；在四川多地11—12月成熟。

②津香橙。从梨橙和强德勒红心柚常规杂交实生后代中选育而成，2017年通过重庆市农作物品种审定委员会审定。树势强健，果实高扁圆形，大小整齐，色泽橙色到橙红，无核，果肉细嫩化渣，早结、丰产、抗病、抗逆性强，易栽培。果实采收期为11月下旬至12月下旬。鲜食与加工兼宜。只适合在重庆海拔400米以下的柑橘栽培区推广发展。

③青秋橙。眉红脐橙的早熟芽变新品种，2017年通过重庆市农作物品种审定委员会审定。该品种果实大，显著早熟、丰产、自然坐果率高，抗逆性和抗病性中等。在重庆柑橘产区于10月上中旬成熟，熟期比纽荷尔脐橙早45～60天。

④桂野生山金柑。广西东兴市发现的金柑属柑橘新品系，2017年通过广西农作物品种审定委员会审定。该品种果实光滑，种子数较多，风味偏酸。抗逆性和抗病性中等，适合广西地区栽培。

⑤由良。从日本引进的宫川芽变品种，已通过浙江省林木良种审（认）定。该品种树势中等，树姿开张，进入结果期较早。物候期基本上与早熟温州蜜柑宫川相同或早1～2天。果实高圆形，果形指数0.86，平均单果重87.6克，成熟果实可溶性固形物含量14.4%，总酸含量0.89克/100毫升，可食率78.9%。9月上旬开始着色，9月下旬成熟，10月上旬着色可达80%以上。着色比宫川早20天，成熟期比宫川早18天。7年生树平均单株产量22.5千克，亩产1 500千克。果实可用于鲜食。浙江宁波的宁海县、象山县、台州的临海市、黄岩区，衢州的柯城区、衢江区，以及江西上饶等地有推广种植。总推广面积约3万亩。

⑥早玉。玉环柚中选出的芽变品种，已通过浙江省林木良种审（认）定。该品种树形高大，树冠圆头形，主枝分生角度较玉环柚小，直立性略强。夏、秋叶叶背叶脉突出明显，同时叶面叶肉突起也较为明显。总状花序，花形大，花瓣白色，长圆形，花瓣与萼片4～5片，雄蕊25～30个，雌蕊柱头较大，花清香，完全花。果实为扁圆锥形，单果重1 250～2 000克。成熟期早，在9月10日前后，比对照品种普通玉环柚早40天左右。现主要在浙江台州的玉环市种植。总推广面积约2 000亩。

三、柑橘品种推广

（一）柑橘品种登记情况

2017年登记的柑橘新品种共6个，登记情况如下。

①金葵蜜橘。广东省农业科学院果树研究所自主选育的柑橘新品种，于2017年8月25日完成品种登记，但未申请品种保护。该品种为砂糖橘芽变选种，属宽皮橘类型，用作鲜食。平均单果重39.7克，肉质脆嫩、多汁，风味浓甜。耐溃疡病和衰退病，抗寒性较砂糖橘稍强，适宜广东砂糖橘适栽区种植。

②橘湘早。湖南农业大学、湖南常德市橘丰果业专业合作社、湖南常德市农林科学研究院和湘西州柑橘科学研究所合作选育的宽皮橘新品种，于2017年8月29日完成品种登记，但未申请品种保护。橘湘早是从大分早生温州蜜柑中选育的优株，鲜食和加工两用品种。树势强，结果早，丰产稳产。平均单果重115克，可溶性固形物含量12.2%左右，含糖量10.5%左右，含酸量0.55%左右，味浓化渣。耐溃疡病和衰退病，抗性强。适宜湖南宽皮柑橘产区栽培，9月上中旬成熟，采收期长。

③橘湘珑。湖南农业大学、湖南洪江市柑橘研究所和湖南橘湘果业科技有限公司合作选育的甜橙新品种，于2017年10月12日完成品种登记，已申请品种保护并受理。该品种从普通冰糖橙胚芽嫁接

子代中发现并经嫁接繁殖选育而成，可鲜食和加工。果实大小均匀一致，平均单果重140克。可溶性固形物含量14.5%，可滴定酸含量0.38%，维生素C含量46.96毫克/100毫升，比冰糖橙更化渣。对溃疡病和衰退病敏感，但抗性强，适宜湖南甜橙产区栽培。

④黔阳冰糖脐橙。湖南农业大学、湖南省洪江市农业局、湖南橘湘果业科技有限公司和湖南省洪江市柑橘研究所合作选育的柑橘新品种，于2017年10月12日完成品种登记，已申请品种保护并授权。该品种为冰糖橙的有脐变异优株，其果实可鲜食和加工。单果重达200克以上，整齐度较好。可溶性固形物含量11.24%，可滴定酸含量0.83%，维生素C含量61.6毫克/100毫升，果皮色泽和光滑度优于普通冰糖橙，无核。对溃疡病和衰退病敏感，抗旱性和抗寒性中等，适宜湖南甜橙产区栽培。

⑤杂柑金瓜。湖南省农产品加工研究所、湖南省张家界市农业技术推广站和湖南省张家界市永定区经济作物管理站从天然杂交种中选育的优系，于2017年10月12日完成品种登记，但未申请品种保护。该品种树势较强健、树姿开张。平均单果重216克，风味浓酸甜。总含糖量7%左右，总含酸量2.3%左右，固形物含量11%左右，维生素C含量63%左右，类黄酮柚皮苷含量4.998克/千克。耐溃疡病和衰退病，抗寒性强，抗旱性较强。适宜湖南省温州蜜柑产区栽培，成熟采收期11月下旬至12月上旬。

⑥雅冠。湖南省农产品加工研究所、湖南果秀食品有限公司和湖南岳阳西岭果业开发有限公司从湖南岳阳引进的常山胡柚中筛选的加工鲜食兼优杂柑新品种，于2017年10月12日完成品种登记，但未申请品种保护。该品种树势强健，抗逆性较强，耐溃疡病和抗衰退病。平均单果重284克。可溶性固形物含量11.5%，可滴定酸含量0.88%，风味甜酸、清爽略苦，无核。适宜在东经110°北纬29°的湖南地域栽培，果实成熟采收期11月上中旬。

（二）柑橘主要品种推广应用情况

1. 面积

2017年全国柑橘种植面积在调整中渐趋平稳，产量也在稳步增长，但增速继续放缓。全国柑橘种植面积超过268万公顷，占全国水果种植面积的近20%；产量达3 800万吨，占全国水果总产量的20%。

从全国各地柑橘的生产情况看，全国柑橘主产区中，2017年产量比过去有一定增加，如表22-8所示。

表22-8 2017年全国各地柑橘生产情况

省份	面积（公顷）	产量（吨）
广西	370 400	5 782 189
湖南	380 200	4 969 500
广东	291 700	4 943 300
湖北	242 300	4 573 900
四川	282 300	4 016 900
福建	191 400	3 789 000
江西	330 700	3 601 000
重庆	202 600	2 425 800
浙江	93 500	1 786 900
云南	47 100	612 700

（续）

省份	面积（公顷）	产量（吨）
陕西	37 400	510 600
贵州	62 600	349 000
上海	4 200	124 400
海南	6 200	58 700
河南	11 600	47 900
江苏	2 500	32 700
安徽	3 900	22 000
甘肃	200	1 560
西藏	200	670

　　从各类柑橘的产量变化看，2017年全国各类柑橘产量大都继续保持了稳中有增的态势，除橘类产量因冻害等因素影响略有减少外，柑、橙和柚的产量均有不同幅度增加。其中，柑类产量增加最多，达1 213.4万吨，占全国柑橘总产量的32.2%；橘类产量为1 304.4万吨，占全国柑橘总产量的34.6%；橙类产量为702.7万吨，占全国柑橘总产量的18.7%；柚类产量为460.9万吨，占全国柑橘总产量的12.2%。

　　从全国各地的各类柑橘生产情况看，2017年柑类产量超过100万吨的产区有广西、湖北、湖南、四川和广东；橘类产量超过100万吨的产区有广东、湖南、江西、湖北和福建；重庆、广西、四川和江西则为产量上百万吨的四大橙类产区，福建、广东、广西和四川等四大柚产区的柚类产量均保持了增长态势，具体情况如表22-9所示。

表22-9　2017年全国各地各类柑橘生产情况

省份	产量（吨）				占全国同类柑橘总产量比重（%）			
	柑	橘	橙	柚	柑	橘	橙	柚
全国	12 133 600	13 043 700	7 026 700	4 609 200	100.00	100.00	100.00	100.00
广东	1 023 000	2 604 400	335 000	980 900	8.40	20.00	4.80	21.30
湖南	1 788 300	2 301 000	713 900	166 200	14.70	17.60	10.20	3.60
江西	357 000	2 012 800	1 140 000	91 100	2.90	15.40	16.20	2.00
湖北	1 864 500	2 004 600	539 600	165 100	15.40	15.40	7.70	3.60
福建	675 500	1 070 000	310 600	1 685 400	5.60	8.20	4.40	36.60
浙江	728 400	833 800	24 500	200 000	6.00	6.40	0.30	4.30
四川	1 384 500	612 600	1 191 000	400 000	11.40	4.70	17.00	8.70
广西	3 443 200	473 200	1 240 200	619 100	28.40	3.60	17.70	13.40
云南	131 900	354 400	68 900	16 000	1.10	2.70	1.00	0.30
重庆	272 800	282 400	1 365 200	218 100	2.20	2.20	19.40	4.70
陕西	324 900	184 400	340	980	2.70	1.40	0.00	0.02

（续）

省份	产量（吨）				占全国同类柑橘总产量比重（%）			
	柑	橘	橙	柚	柑	橘	橙	柚
上海		124 400				1.00		
贵州	129 200	95 800	56 700	53 400	1.10	0.70	0.80	1.20
河南		47 900				0.40		
安徽	950	19 320			0.01	0.10		
江苏	8 100	18 300			0.07	0.10		
海南	1 340	4 160	40 400	12 800	0.01	0.03	0.60	0.30
甘肃		1 560				0.01		
西藏		655				0.01		

注：按橘类产量从大到小排列。

2. 品种表现

（1）主要品种群

我国主要推广的品种群有：温州蜜柑类，推广面积超过1 000万亩；其次是脐橙类，面积超过500万亩；第三是椪柑类，面积接近200万亩；第四是来自福建漳州的红心蜜柚与白肉蜜柚，约200万亩；第五和第六是南丰蜜橘和砂糖橘类，面积均为150万亩左右；第七是沃柑，约120万亩；前六位的均为传统品种。沃柑是坦普尔橘橙与丹西红橘的杂交后代。

（2）2017年生产中出现的品种缺陷

温州蜜柑在长江流域正常成熟期采收出现风味变淡现象，主要与熟期多雨有关。伦晚脐橙风味浓，主要与2016年是暖冬有关。沃柑由于丰产性较好，这几年发展太快，有些地方盲目发展；但沃柑有籽，而且对积温要求较高，一些积温较低的地方引种表现12月份含酸量较高或很高，挂在树上越冬受冻；沃柑抗真菌病害的能力也较弱，此外，少部分果园出现白皮层变蓝现象，原因目前尚不明确，但果园排水不良、土壤酸化以及树势弱等原因都会导致发生率偏高。爱媛28在一些地方表现早衰；不同产区品质及树形、树势差别大，与各产区没有把握好品种本身的特性有关。近几年，随着各地劳动力逐渐缺少，过去传统的冬季清园措施没有到位，导致黑点病在一些主产区发生，几乎危害所有的品种。

（三）风险预警

1. 与市场需求相比存在的差距

目前，我国柑橘果品市场上国产果基本上可达到鲜果周年供应的目标，品种多样性也比较明显。但柚果的供应周期较短，集中在10月1日前后，此后再没有优质的柚品种上市，像稍晚熟（11月上旬）的马家柚品质参差不齐，品牌尚未形成。因此应加强柚品种改良工作。晚熟宽皮橘品种特别是2月以后上市的无籽宽皮橘品种严重短缺，需要研发和培育。

2. 国外品种进口及市场占有情况

目前我国栽培的品种如果按最初的来源分，约有50%的品种类型来自国外，如沃柑、伦晚脐橙等。按类别分，柚类、金柑、橘类为我国自主选育的品种，橙类中如冰糖橙、红江橙等约有一半是我国自主选育的品种。柑类和杂柑有较大比例为引进的品种，脐橙、柠檬引进品种的比例也较大。值得指出的是，引进的品种均不是专利保护品种，属于公开的品种，世界各国栽培的柑橘品种均存在引进品种。历史上，世界栽培柑橘的主要品种来自中国，如澳大利亚的Imperial就是我国的皇帝柑。

目前我国柑橘年进口量约30万吨，其中甜橙22.2万吨、柚类3.5万吨、宽皮柑橘类2.7万吨、柠檬莱檬类1.2万吨，约占我国柑橘消费总量的0.8%。进口水果主要进入中高端市场。

3.病虫害等灾害对品种提出的挑战

影响柑橘产业的病害主要是黄龙病。近几年，广西、云南柑橘产业快速扩张，无病毒苗木跟不上，黄龙病在这些产区有潜在爆发的危险；广东、福建等部分产区由于失管而存在黄龙病为害严重的现象；江西抚州、浙江丽水由于柑橘比较效益下滑，也存在黄龙病加重的危险。

4.绿色发展及特色产业发展对品种和种苗提出的要求

抗性品种选育是今后柑橘品种选育的主要目标之一，但也是育种的难点。另外，品种需适地适栽。在我国，优良品种的滥栽现象十分明显。此外，种苗的有序健康供应也是我国柑橘产业需要加强、完善的环节。我国柑橘种苗生产还缺乏监管，无序育苗、散户育苗及育苗广告乱象明显，这对我国柑橘产业的健康发展都是潜在的威胁。

四、国际柑橘产业发展现状

（一）国际柑橘产业发展概况

1.国际柑橘产业生产

柑橘作为全球最重要的经济作物之一，从20世纪60年代开始，尤其在进入21世纪后，在各国政府的大力支持下，其种植面积和产量均呈现稳步增长的态势。2001年以来，全球柑橘种植面积和产量除个别年份有小幅回落外，总体上保持了持续增长的趋势（图22-3）。根据FAO统计数据显示，世界

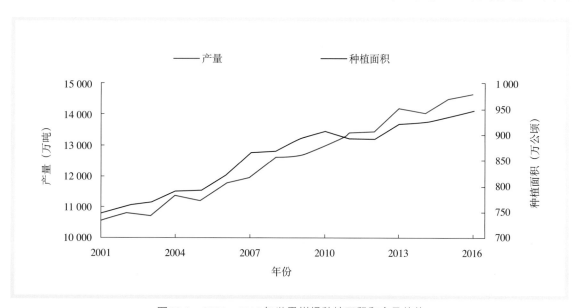

图22-3　2001—2016年世界柑橘种植面积和产量趋势
（数据来源：FAO数据库及柑橘产业技术体系产业经济研究室预测数据）

柑橘种植面积由2001年的746.96万公顷增加至2016年的945.35万公顷，年均增长率为1.58%；世界柑橘产量由2001年的10 553.25万吨增加至2016年的14 642.90万吨，年均增长率为2.21%。2016年世界柑橘单位面积产量为15.49吨/公顷，比2001年单位面积产量14.13吨/公顷增长了9.62%。

据UN COMTRADE统计，2016年世界柑橘产量品种结构相比2001年的情况发生了相关变化：即甜橙的占比下降7.01%，宽皮橘的占比上升2.56%，葡萄柚及柚小幅上升1.02%，柠檬和酸橙小幅上升0.92%，其他柑橘品种小幅上升2.51%（表22-10）。

表22-10　2001年、2016年世界柑橘品种产量占比　　　　　　　　单位：%

柑橘品种	2001年	2016年
甜橙	56.99	49.98
宽皮柑橘	19.83	22.39
葡萄柚及柚	5.18	6.20
柠檬和酸橙	10.93	11.85
其他	7.07	9.58

数据来源：UN COMTRADE数据库及柑橘产业技术体系产业经济研究室预测数据。

2.国际贸易发展情况

根据UN COMTRADE统计数据，世界柑橘出口贸易额由2001年的47.07亿美元增加至2017年135.97亿美元，年均增长率为6.85%；世界柑橘出口贸易量由2001年的1 019.93万吨增加至2017年1 636.46万吨，年均增长率为2.99%。世界柑橘进口贸易额由2001年的52.95亿美元增加至2017年137.91亿美元，年均增长率为6.17%；世界柑橘进口贸易量由2001年的937.87吨增加至2017年1 449.70万吨，年均增长率为2.76%。

根据UN COMTRADE统计数据，2017年柑橘出口贸易额排名前4位的国家分别是西班牙、中国、南非和美国，4国出口额分别占世界总出口额的27.61%、10.35%、9.26%和8.25%，其出口量分别占世界柑橘总出口量的23.60%、6.08%、11.08%和6.45%。2017年世界柑橘进口贸易额排名前4位的国家分别是法国、德国、俄罗斯和美国，4国进口额分别占世界柑橘总进口额的16.89%、10.19%、9.89%和9.04%，进口量分别占世界总进口量的8.97%、9.15%、12.40%和8.52%。

（二）国际柑橘种质研发现状

国际上的柑橘生产大国，会根据各自的需求制定长期育种计划并进行相关技术的研发，从而解决柑橘生产中遇到的问题。日本以鲜食宽皮柑橘的选育为主，其中柑橘功能性成分含量成为其育种的重要目标之一，自1902年以来，通过杂交育种、芽变选种、多倍体育种、体细胞杂交、嫁接嵌合体育种等方法选育了200多个品种，其中有90个是温州蜜柑品种，目前依然保持每个育种期创制30～40个杂交组合；为了解决柑橘育种中的技术问题，还开展了深入的基础研究，包括新型分子标记开发、构建精细遗传图谱、糖酸、香气和类黄酮类物质合成代谢机理以及童期调控机制等。美国的育种则以甜橙品种的创制为主，目前甜橙新品种的选育目标是为满足非浓缩（NFC）果汁的生产需求，以果汁品质和扩大成熟期为主要目标；鲜果市场以葡萄柚和多籽宽皮橘品种为主，主要选育目标是延长成熟期、耐溃疡病、无籽易剥皮的宽皮橘和香豆素含量低的葡萄柚品种。西班牙以克里曼丁橘的育种为主，无籽育种是其重要目标，因此三倍体育种是其非常重要的育种方式，创制了330多个三倍体的杂交组合，超过1.5万棵杂交苗，并从中选育出了一些优良无籽晚熟宽皮橘新品种，比如Garbí和Safor；另外，为了缩短柑橘实生苗童期，西班牙科学家采用柑橘叶斑病毒（*Citrus leaf blotch*）介导拟南芥或柑橘FT基因在柑橘幼苗中表达，从而使其在 4～6 个月开花，这项技术的成熟将为柑橘育种带来突破性的进展。近几年，柑橘黄龙病对世界柑橘生产造成了极大的影响，因此目前主要柑橘生产国（包括美国、西班牙和中国等）都投入了大量的科研力量进行黄龙病的研究，包括抗黄龙病种质资源挖掘、抗黄龙病砧木和接穗品种选育以及黄龙病致病机制研究、抗黄龙病基因挖掘、功能验证等。由此可见，各柑橘生产大国都以本国柑橘产业问题为导向，为解决和将来可能需要解决的问题进行了系统和长期的研究。

（三）国外品牌企业

美国加利福尼亚州新奇士品牌公司是世界最大的柑橘合作社，公司对加入成员的柑橘产品进行严格的质量监控及流水化包装，以保证产品质量的一致性。公司发展以消费者需求为导向，对全球市场进行了有效的细分。近几年有机柑橘市场需求持续增长，其中包括季节性的易剥皮柑橘品种。据IRI全球数据显示，有机易剥皮柑橘的销售额较 2016 年增长了 70%，销售量增长了 60%。

五、问题及建议

1. 加强品种与砧木的研究

近些年来，我国柑橘产业快速发展，一些品种如沃柑、爱媛28、春见等呈爆发式发展态势。这既给产业带来了新的发展点，也给产业发展带来了隐患，一哄而上、盲目发展不可持久。另外，我国柑橘产业品种、土壤及气候多样性非常明显，需要多样性的砧木进行配套。但我国目前主要使用枳与香橙，特别是香橙近些年被人为炒作，价格离谱，滥用现象突出。为科学、合理进行品种布局及选用适宜的砧木，建议选择几个有代表性的点进行品种与砧木比较试验，为品种、砧木合理布局提供基础。

2. 加强对杂交育种与芽变选种工作的支持

常态化、规范化杂交种与芽变选种是柑橘育种的一种常见方式，也是选育具有自主知识产权、特色品种的主要方式。现在全国柑橘产区涉及柑橘研究的科研、教学机构均在从事这项工作，人力、资金及资源重复使用明显。为规范工作、提高效率，建议进行全国统筹，针对重点目标攻关，合理分工，不断提升我国柑橘育种水平。

（编写人员：伊华林　邓子牛　徐建国　等）

第23章 香蕉

概 述

香蕉是热带、亚热带地区最重要的水果之一。目前，全球共有约130个国家（地区）种植香蕉。2016年全球香蕉产量为11 328.03万吨，为全世界约4亿人提供食物和收入来源。我国是世界香蕉生产和消费大国，据FAO数据，2016年香蕉收获面积41.64万公顷（不包括台湾省的1.36万公顷），位居世界第五位；总产量1306.68万吨（不包括台湾省的25.75万吨），位居世界第二位。国家香蕉产业技术体系经济岗位和综合试验站抽样调查结果显示，我国2017年香蕉种植面积、收获面积和产量分别为590万亩、495万亩和1 250万吨（《中国农业统计资料2015》数据）。

香蕉在我国热带水果中占有重要地位，随着香蕉产业的快速发展，相关配套产业也得到了大力发展，其类型有：生产综合体（包括香蕉产品加工业），生产前综合体（包括能源、基础建设、灌溉、种苗、化肥农药等），销售综合体（香蕉果实的采收包装，包装材料的生产、运输业、香蕉代办业务和服务业等）和国际贸易综合体。这些不同类型综合体的形成和发展构成了我国比较完善而庞大的香蕉产业链。据不完全统计，我国直接或间接从事香蕉产业的人员在200万人以上。

优良品种是农业生产的基础，是高产、优质、高效农业的重要保证，在香蕉生产中，有90%以上的品种为香牙蕉及其突变品种，且种苗繁育以组培繁育方式居多，种苗的好坏直接影响香蕉的生产和效益。

一、我国香蕉产业发展

(一) 香蕉生产发展状况

1. 全国生产概述

(1) 收获面积变化状况

我国香蕉产业迅速发展始于1986年，当时国务院作出了"大规模开发南亚热带作物"的决定，自此香蕉产业进入快速发展轨道。在香蕉消费的不断拉动下，我国香蕉种植面积增长明显，2017年香蕉种植面积为41万公顷，是1991年13.3万公顷的3.08倍（FAO统计数据）（图23-1）。

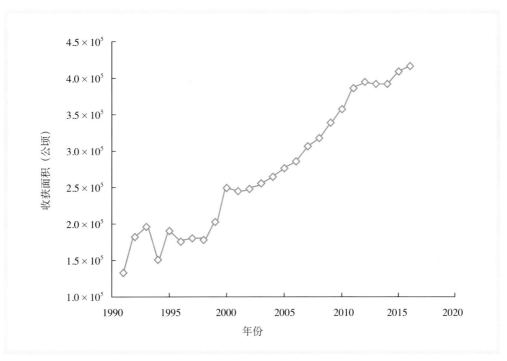

图23-1　1990—2016年中国香蕉收获面积

（2）产量变化状况

我国是世界香蕉生产和消费大国，2017年我国香蕉产量约为1 250万吨，是1991年（198万吨）的6.31倍（图23-2）。

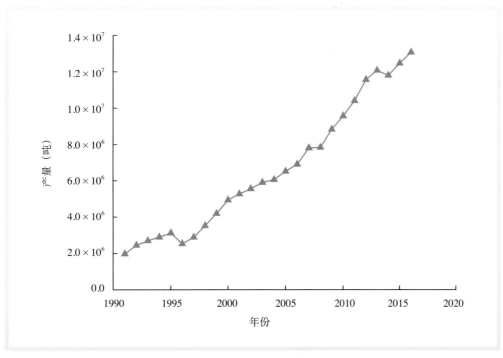

图23-2　1990—2016年中国香蕉产量

(3) 单产变化状况

近十多年来，随着科学技术地平均提高，我国香蕉的单产水平稳步提高。2017年我国香蕉单产约为31.3吨/公顷，是1991年（单产14.9吨/公顷）的2.1倍（图23-3）。

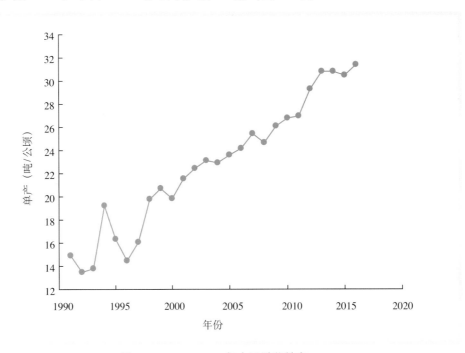

图23-3　1990—2016年中国香蕉单产

(4) 土地经营方式演变

种植香蕉土地经营方式主要有3种：租赁经营、家庭承包户直接经营和土地承包权入股分成制经营。目前各产区种植面积在50亩以上的主要以土地租赁经营为主，这种经营方式的水平较高，对当地香蕉产业经营管理水平的提高具有较大的推动作用；家庭承包户直接经营主要以各产区农户为主，这种经营方式投入较低，生产水平相对落后；以土地承包权入股分成制经营方式在香蕉产业开发初期较多见，经营者出资，承包户出地，按不同比例收益，或者投资者为土地所有者开荒土地，土地免费给开荒者使用2～3年，由于可开垦荒地越来越少及国家相关政策的实施，目前这种经营方式已越来越少见了。

2. 区域生产基本状况

(1) 优势产区的范围

香蕉主要分布在南北纬度30°之间的热带、亚热带地区。我国香蕉主要分布在广东、广西、福建、云南、海南和台湾，贵州、四川、重庆也有少量栽培。广东以湛江、茂名、中山、东莞、广州、潮州为主产区。广西以灵山、浦北、玉林、南宁、钦州为主产区。福建主要集中在漳浦、平和、南靖、长泰、诏安、华安、云霄、龙海、厦门、南安、莆田和仙游等地。云南主要包括红河州的金平县、河口县、屏边县、元阳县、个旧市（蛮耗镇和贾沙乡等）、红河县、绿春县，西双版纳州的勐腊县、景洪市、勐海县，普洱市的江城县、澜沧县、孟连县、景谷县和景东县，德宏州的瑞丽市、盈江县、芒市和陇川县，文山壮族苗族自治州的马关县、富宁县和麻栗坡县，临沧市的耿马县、永德县、沧源县、双江县和镇康县，保山市的隆阳区（潞江坝）、施甸县，玉溪市的元江县、新平县等地。海南全省皆可种植香蕉，但不同地域之间的种植条件、气候类型、基础建设、地方政策扶持等都有所差异，形成了各具特色的香蕉分布特征。

(2) 耕作制度

由于耕作制度的改革及栽培技术的提高，香蕉在我国一年四季都可以种植，全年均有香蕉上市。生产周期根据区域和品种有所不同，一般为10～14个月。各产区香蕉种植以劳动力承包为主。香蕉种植经营主体与承包户签订承包合同，将产量与劳动收入挂钩，每个月发放基本生活费，到香蕉收获时，根据各承包户所承包面积的总产量按承包单价结算。同时，香蕉种植经营主体与劳动力承包户还会签订一份风险协议。此外，一些小面积的种植园（如50亩以下）多以家庭劳动力为主。

(3) 主要产区生产状况

我国香蕉生产主要分布在广东、广西、云南、海南和福建等地，2017年种植面积及产量情况见图23-4，其中广东、广西和云南产区占了我国香蕉生产的大部分。2017年，广东香蕉种植面积和产量分别占全国的32.3％和37.2％；广西分别占全国的26.1％和24.7％；云南分别占全国的25.2％和20.9％；海南分别占全国的9.6％和9.7％；福建分别占全国的6.8％和7.5％（数据来源于国家统计局数据）。

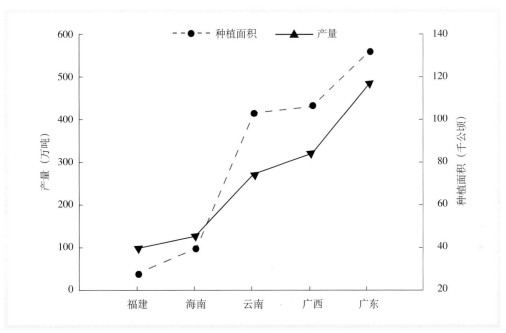

图23-4　2017年中国各主要香蕉产区生产情况

(4) 区域比较优势指数变化

广东、海南、福建等光热充足的香蕉优势区域，由于近年来香蕉枯萎病的发展和蔓延，种植面积和产量均呈逐年下降趋势；而光热资源相对较差的广西、云南等区域，由于香蕉产业开发较晚，近年来也成为香蕉投资商的热点区域。

国家香蕉产业技术体系的研究显示，在效率比较优势方面，广东＞四川＞福建＞广西＞海南＞云南＞贵州＞重庆，其中广东、四川、广西和福建的效率比较优势指数大于全国平均水平，尤其以广东的效率比较优势最为明显。在规模比较优势方面，海南＞云南＞广东＞广西＞福建＞贵州＞四川＞重庆，其中重庆、四川和贵州的规模比较优势指数小于1。在综合比较优势方面，海南＞云南＞广东＞广西＞福建＞贵州＞四川＞重庆，其中海南、云南、广东、广西、福建的综合比较优势指数均大于1。

中国在香蕉的种植和生产上仍然以海南、云南、广东、广西、福建等传统香蕉种植和生产地为主，四川虽然效率比较优势较明显，但是规模比较优势较弱，导致其综合比较优势也较弱，在8个省份中位于倒数第二；贵州和重庆既没有效率比较优势，也没有规模比较优势，因此其综合比较优势也很弱；海南和云南虽然效率比较优势低于全国平均水平，但是其规模比较优势最明显，因此其综合比较优势仍然位居全国第一和第二；广东、广西和福建等省份无论在规模比较优势、效率比较优势还是在综合比较优势上都高于全国平均水平。

(5) 资源限制因素

香蕉是高投入、高风险产业，各个产区自然灾害不尽相同，如海南、广东较易受南海台风的影响；广西、福建及广东北部地区较易受低温寒流影响；云南部分产区5~9月份雨水较多，病虫害难以控制。各产区种植面积以50~1 000亩居多或是小面积连片管理，中、小农场占香蕉种植面积的很大比例。

(6) 生产中的主要问题

目前各香蕉产区存在的最大共性问题是香蕉枯萎病的危害。海南、广东等沿海产区面临台风威胁；广西产区偶会受低温霜冻的影响；云南产区局部地区香蕉跳甲危害较严重等。

3. 生产成本与效益

土地成本、人工成本和化肥农药成本是香蕉生产的主要成本，近年来上涨过快。由于气象灾害、病虫害的影响，进一步推动香蕉生产成本快速上涨。国家香蕉产业技术体系调查研究结果显示，2008—2017年我国香蕉生产成本年均增速达12.3%。2017年全国香蕉平均生产成本为7 355元/亩。香蕉价格总体上呈增长趋势，但在不同的年份间也有较大波动，尤其是在当年不同月份间变化更大。我国香蕉产值也是上升趋势，2016年是1991年香蕉产值的5.95倍，香蕉产值年均增长23.8%（图23-5）。

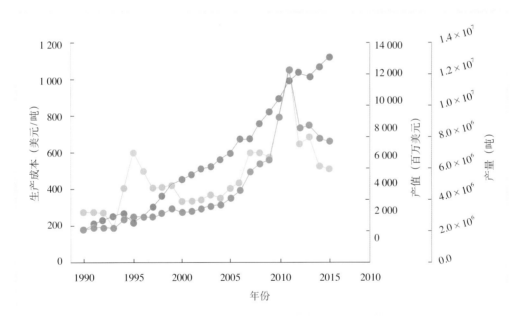

图23-5　1990—2016年中国香蕉生产成本与效益

（二）市场需求状况

1. 全国消费量及变化情况

(1) 国内市场对香蕉的年度需求变化

1997年世界人均香蕉消费量为10.62千克，2016年达15.17千克，年均增长率为1.89%；1997年中国人均香蕉消费量为2.82千克，2016年为9.90千克，年均增长率为6.83%。可见，虽然近些年中国香蕉平均消费量增速远远高于世界水平，但与世界平均水平相比仍然存在较大差距，2016年中国香蕉平均消费水平仅为世界平均水平的65.26%，中国香蕉消费市场还有很大潜力（图23-6）。

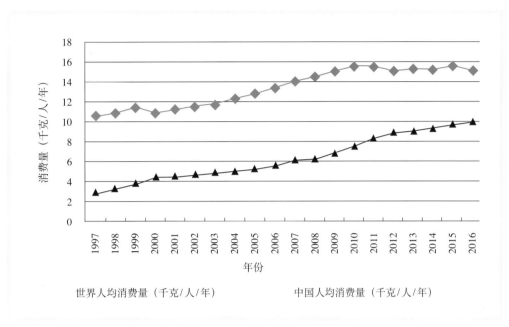

世界人均消费量（千克/人/年）　　　中国人均消费量（千克/人/年）

图23-6　1997—2016年世界和中国香蕉人均消费量变化趋势

（2）预估市场发展趋势

受2015—2017年3年行情偏弱、霜冻和枯萎病等影响，预计2018年我国香蕉种植面积、收获面积和产量较2017年将进一步减少。由于香蕉供给有所减少，则预计2018年香蕉市场价格总体会好于前3年。

2018年1—2月：云南红河、文山的香蕉将大量上市，云南其他区域的香蕉也零星上市。老挝、缅甸会有少量香蕉上市。由于2017年春节前后云南香蕉大量集中上市，导致行情跌幅较大，2018年云南西双版纳、普洱、德宏、临沧等地的蕉芽基本都将留在3、4月份；红河、文山也将有30%的香蕉推迟到3、4月份收获。因此，2018年1—2月香蕉价格比往年会相对较好，优质蕉价格预计在2.5～3.5元/千克。

2018年3—4月：每年3—4月是其他水果上市淡季，香蕉会成为水果市场的主力军，此时云南、老挝、缅甸香蕉大量上市，由于2018年云南各地香蕉种植区域普遍留芽至3～4月收获，而4月份海南香蕉也陆续上市，优质蕉价格预计在2.5～3.5元/千克。

2018年5月：海南香蕉大量上市，而云南、老挝、缅甸香蕉出货高峰期已过，各地水果市场虽有新鲜季节水果上市，但香蕉仍占价格优势，预计优质蕉价格将在3～4元/千克。

2018年6—8月：主要是海南及雷州半岛的香蕉上市，受近年台风、枯萎病的多重打击，海南及雷州半岛香蕉种植面积下降幅度大，因此行情上涨幅度会比较大，预计蕉价在4～5元/千克。

2018年9—11月：此时广西香蕉大量集中上市，但由于受2015—2017年3年香蕉行情偏弱影响，很多小规模种植户已被淘汰出局，规模大幅下降。因此，9—11月价格会好于前三年，预计在2.0～3.0元/千克。

2018年12月：云南香蕉开始上市，广西还有部分香蕉，但两个主产区的香蕉产业规模都有所下降。因此，12月份的香蕉价格同样会好于前3年，预计在3.0～3.5元/千克。

2. 区域消费差异及特征

2016年全国香蕉消费总量为1 420.32万吨。根据香蕉批发市场和消费市场的特点，将我国主要香蕉消费市场分为六大市场：华北市场、东北市场、华东市场、中南市场、西南市场和西北市场。各市场消费情况分析如下。

(1) 西南、西北消费市场

西南消费市场包括四川、重庆、贵州、云南和西藏，西北消费市场包括新疆、甘肃、宁夏、陕西和内蒙古西部地区。目前西南、西北地区如成都、乌鲁木齐、兰州等重点消费城市的香蕉市场，消费者普遍认可国产香蕉。前些年，进口香蕉路途相对遥远，加上运销中国市场的进口香蕉大部分是二、三级香蕉，因此到西南、西北市场后，质量普遍不是很好，而国产香蕉运营商一般把国内品质最好的香蕉运来销售，故消费者最终普遍认可国产香蕉。

例如，目前国产香蕉在新疆占主体地位，但在2005年以前，进口香蕉如地盟、香蕉王等品牌曾一度占领新疆市场的40%。近些年，国产香蕉异军突起，特别是新疆四方果品公司入股广西金穗公司后，按市场要求，狠抓产品质量，并且把公司品质最好的绿水江品牌香蕉全部销往新疆，与进口香蕉大战，最终进口香蕉市场份额逐渐减少，现已基本归零。

再如，四川乃至整个西南消费市场也主要销售国产香蕉，特别是成都市场要求供应高档国产香蕉。成都国产香蕉质量不亚于在超市、水果专卖店中的香蕉（包括进口香蕉）。进口香蕉主要来源于都乐公司，由于都乐是沃尔玛全球合作伙伴，因此都乐主要采取直供熟蕉的方式供应沃尔玛、伊藤和好又多等少数几家超市。

(2) 东北消费市场

东北消费市场包括辽宁、吉林、黑龙江和内蒙古东部地区。目前，东北是国内最大的香蕉消费市场之一。据不完全统计，全年香蕉市场消费量在230万吨以上，占全国市场份额的16%，而人口却只占全国的10%。所以，东北消费市场历来是国产香蕉、进口香蕉相互厮杀的最重要的市场之一。大连曾经是中国最大的香蕉进口码头，目前位居第二。经大连口岸进口的香蕉占全国总进口量的40%左右，辐射了全东北市场和部分华北市场。进口香蕉已成功占领了东北地区各大中城市的高端市场，全年销售量20万吨左右。大连、沈阳、哈尔滨等中心城市的中高端大型超市（如沃尔玛、家乐福、好又多、世纪联华、麦客隆等）已是进口香蕉的天下，销售的品牌主要有都乐、小树、G牌、金牌等；而国产香蕉只在中低端中小超市、农贸市场和县城以下市场销售。从价格上来看，进口蕉一般为国产蕉的2倍左右。

东北消费市场经营香蕉的一级批发商，无论是销售进口香蕉还是国产香蕉，直接卖青蕉的比例在逐渐减少，一般是催熟后再批发、零售，或直接供应超市、水果专卖场等。经营进口香蕉的大经销商通常直接到大连码头找进口商（如驻友、金德、金土等香蕉进口商）进货，然后雇车拉到销售驻地自行催熟，再批发、零售或供应超市、水果卖场等。经营国产香蕉的大经销商则是派人到产地（海南、云南、广西等地）直接采购往东北市场发货，有些一级批发商在云南和广西等地还建有自己的香蕉园，货到东北市场后再催熟销售。

(3) 华北消费市场

华北消费市场包括北京、天津、河北、河南、山东、山西和内蒙古中部地区。华北地区是中国的心脏地带，也可以说是中国最大的香蕉消费市场。据不完全统计，以北京为中心，包括天津、内蒙古、河北、山西、山东等地区全年香蕉消费量在360万吨以上，占全国的1/4强。

北京市场全年香蕉需求量为80万吨左右，其中8%～10%由进口香蕉供应。北京国产香蕉一级批发商大部分在河北廊坊。廊坊市场是华北地区主要的国产香蕉集散地，市场主要卖青香蕉。北京新发地农产品批发市场的经销商到廊坊拿货后，一般自行催熟后再批发、零售，或直接供应超市、水果专卖场等。北京西红门农产品批发市场等地的经销商较少在廊坊拿货，一般直接到产地（海南、广西等地）采购发货，甚至在海南、云南等地还建有自己的香蕉园，货到北京后再催熟批发。

(4) 华东消费市场

华东消费市场包括上海、江苏、浙江、安徽、江西等省份。华东地区是中国主要的香蕉消费市场。目前上海是进口香蕉的最大口岸，全年进口量占全国的45%，大约47万吨。据不完全统计，以上海为中心包括江苏、浙江、安徽等省份全年香蕉消费量在150万吨以上。

(5) 中南消费市场

中南消费市场包括湖北、湖南、广东、福建、广西、海南等省份。中南市场由于距离香蕉产区较近，因此除重点城市如广州、深圳等之外，大部分是国产香蕉的天下。在广州、深圳等城市，进口香蕉也主要是由都乐供应沃尔玛、家乐福等超市，占据了部分高端市场。

（三）香蕉种苗市场状况

1. 全国种苗市场供应情况

我国香蕉种苗市场经过20余年的洗礼，已逐步趋于成熟，各大种苗供应企业基本上形成了相对固定的客户群。

2. 区域供应情况

2017年，我国香蕉的新垦植区主要集中在广西、云南产区及周边国家，大致供应量如下。

云南及周边国家（缅甸、老挝、柬埔寨）：6 000万株。

广西：2 000万株。

广东：1 500万株。

海南：1 500万株。

福建及其他地区：500万株。

3. 市场需求状况

我国香蕉种植面积近年来基本维持在40万公顷左右。由于病虫害的威胁、香蕉生产效益的驱动、地方政策等多重影响，每年香蕉更新及新开垦面积约在5万～10万公顷，即香蕉种苗需求量在1亿～2亿株，而每年我国香蕉种苗生产也基本维持在这个水平。

4. 市场销售情况——主要经营企业生产情况

广西美泉新农业科技有限公司：4 000万株；

广西植物组培有限公司：3 000万株

广西香丰种苗有限公司：3 000万株；

南宁泰丰植物组培繁育基地：1 000万株；

湛江科星种苗有限公司：1 200万株；

热作两院种苗组培中心：800万株；

海南蓝翔联农科技开发有限公司：400万株；

其他种苗企业生产约2 000万株。

二、香蕉科技创新

（一）香蕉种质资源

我国热带本地香蕉资源相对较少（全世界约有50个香蕉品种，我国约有10个），遗传基础狭窄，虽然我国各香蕉研究单位开展了从境外引进或收集香蕉种质资源的工作，可以扩大香蕉资源遗传多样性，但仍存在一定的局限。

1. 收集数量少

目前，设在比利时的国际香大蕉网络（INIBAP）保存了包括栽培种在内的约1 300份香蕉种质资源。此外，在印度、洪都拉斯、尼日利亚等国的香蕉研究机构，也保存了数量不等的香蕉种质资源。我国引进的仅200～300份，远远不能满足香蕉育种的需求。

2. 收集香蕉种质类型单一

以往收集的对象主要集中在产业发展急需和生产上已大面积推广应用的育成品种，而对野生种、近缘野生种、农家品种及其他优异种质资源的考察和收集不足，因此造成了所收集的种质资源遗传背景狭窄，多样性不足。

3. 收集种质的生态区域狭窄

以往收集的生态区域主要集中在东南亚和我国台湾地区，而非洲、美洲和南亚等生态区的资源收集量不够。

纵观我国香蕉产业发展历史可以清楚地看出，香蕉产业的发展在很大程度上得益于大量境外种质资源的引进，这是我国香蕉产业发展的一条成功经验，值得认真总结。

（二）香蕉种质基础研究

Akhilesh 等从两个不同开花习性的香蕉品种中分离了12个FT基因和2个TSF基因，并对其发育过程中的表达模式进行了分析，表明其中至少4个基因（MaFT1，MaFT2，MaFT5和MaFT7）在开花前上调表达，在不同的营养器官和生殖器官中存在不同表达方式，为合理调节香蕉花期及减少生产损失提供了依据（Akhilesh et al.，2017）。Guillaume 等提出了在香蕉的进化过程中，染色体的易位重排机制在形成三倍体香蕉品种中发挥着重要作用（Guillaume et al.，2017）。Kariuki et al.则研究了着丝粒特定组蛋白（CENH3）在二倍体和三倍体香蕉中的表达变异分析，认为CENH3的稳定性是影响香蕉杂交育种成功的因素之一（Kariuki et al.，2017）。针对香蕉枯萎病的威胁，Lucheng Zhang et al.通过诱导系统抗性来增强香蕉抗枯萎病能力的方法，研究了巴西蕉和粉蕉中7个基因在接种镰刀菌和芽孢杆菌后的超表达分析，结果L2和TUB在粉蕉中表现出最大的稳定性，而在巴西蕉中，ACT1和TUB稳定性最好（Lucheng Zhang et al.，2017）。Yunxie Wei et al.认为MaATG8s在高过敏性细胞死亡和免疫反应及其自噬功能对抗香蕉枯萎病中起着重要作用（Yunxie Wei et al.，2017）。Yunli Wu et al.从蛋白水平研究了香蕉细胞壁中伸展蛋白和阿拉伯半乳糖蛋白（AGPs）在受到外界伤害及枯萎病侵袭时的响应，伸展蛋白主要出现在根尖和分生细胞，而AGPs则主要位于根毛、木质部等（Yunli Wu et al.，2017）。

（三）香蕉育种技术及育种动向

2017年，国内外在探索应用并具有一定发展前景地用在香蕉上的育种新技术有以下四个方面。

1. 香蕉体胚诱导及繁育技术方面

Zahra et al.通过组织化学和细胞遗传学的方法对香蕉体胚再生变异进行了分析。对再生芽的组织学研究表明，有许多维管组织，但体积小；同时，维管束又大且较分散。从体细胞中再生的植株倍性发生不同程度的变异，其中60%为三倍体、10%为二倍体、30%为非整倍体（Zahra et al.，2017）。Shivani et al.对影响香蕉体胚发育的9个转录因子家族中的18个基因进行了结构特征、亚细胞和染色体定位分析，发现胚性悬浮细胞（ESC）中MaBBM2和MaWUS2的表达量比非胚性悬浮细胞（NESC）高，MaVP1在ESC和NESC中表达量均较高，而MaLEC2在NESC中表达量较高（Shivani et al.，

2017）。林妃等对香蕉人工种子包埋技术及再生的影响因素进行了分析（林妃等，2017）。

2. 香蕉杂交育种方面

Hui-Lung CHIU et al.通过人工杂交方法，以 *Musa itinerans* var. *formosana* 和 *M. balbisiana* Colla 为亲本，获得了 *Musa* × formobisiana H.-L. Chiu，C.-T. Shii & T.-Y.A. Yang hybrid nov 杂交后代（Hui-Lung CHIU et al.，2017）。Moses Nyine 等比较了东非高原香蕉杂交后代农艺性状的变异情况（Moses Nyine et al.，2017）。

3. 香蕉资源利用与开发方面

Max et al.概述了目前世界上最大的香蕉资源库（International Transit Centre，Bioversity International）分类、保存以及使用方法（Max et al.，2017）。Luciana et al.对香蕉种质资源的超低温保存方法进行了改进，将香蕉球茎在玻璃化液中冰冻预处理3小时，然后转入加有1%的间苯三酚的MS培养基中，再放入液氮罐中长期保存，再生恢复率可达100%（Luciana et al.，2017）。此外，利用多样性的芭蕉属资源既可以用于香（大）蕉的杂交育种，也可开发芭蕉属资源的其他用途，如香蕉观赏、药用等（Nimisha et al.，2017）。

4. 香蕉分子育种方面

胡春华等运用基因编辑技术进行了获得香蕉突变植株的尝试（胡春华等，2017）。James Dale et al.利用一种不受TR4影响的野生香蕉克隆出名为 *RGA2* 的抗病基因并将其转入栽培种香蕉中，创建了6个拥有不同数量 *RGA2* 拷贝的抗香蕉枯萎病品系（James Dale et al.，2017），但Erik认为，其进入大田至少还要5年时间，而且从世界范围来看，转基因香蕉进入大田还受到很多因素的限制（Erik Stokstad，2017；Siddhesh and Thumballi，2017）。

（四）香蕉新育成品种

我国香蕉新品种选育也不断推陈出新，一些已经在产业中进行推广，如抗枯萎病品种（系）的南天黄、中蕉4号和9号、桂蕉9号、红研系列、宝岛系列品种等（韦绍龙等，2016；陈伟强等，2017；解华云等，2017）；粉蕉品种（系）的热粉1号、中粉1号、广粉1号、金粉1号、粉杂1号、矮粉1号等（许林兵等，2016；李敬阳等，2017；柯月华，2017）。

三、香蕉品种推广

（一）品种登记情况

主要包括全国各省份香蕉品种登记情况、企业为第一申请单位与育种单位的品种登记情况。目前我国主栽香蕉品种见表23-1。

表23-1　我国主栽香蕉品种情况

品种名称	育种（引进）者	审定和保护情况	育种机构
巴西蕉	张锡炎等引进创新	琼认香蕉2012001	中国热带农业科学院热带生物技术研究所
威廉斯	引进		澳大利亚昆士兰大学园艺系
宝岛蕉			台湾香蕉研究所

（续）

品种名称	育种（引进）者	审定和保护情况	育种机构
南天黄	许林兵等	CNA20130622.9	广东省农业科学院果树研究所
桂蕉1号	邹瑜等	桂审果2016004	广西植物组培苗有限公司
桂蕉6号	林贵美等	桂审果2012001	广西植物组培苗有限公司
广粉1号	黄秉智等	GDP香蕉（2017）440001	广东省农业科学院果树研究所
热粉1号	李敬阳等	热品审2015002	中国热带农业科学院海口实验站
金粉1号	邹瑜等	桂审果2010005	广西农业科学院生物技术研究所
红研3号	陈伟强等	CNA20150000.7	云南省红河热带农业科学研究所
中蕉9号	易干军等	粤审果20170001	广东省农业科学院果树研究所
粤科1号	蔡时可等		广东省农业科学院作物研究所

（二）主要品种推广应用情况

1. 推广面积

（1）我国主要品种推广面积

当前，香芽蕉种植面积约占90%，粉蕉约占8%，贡蕉和大蕉为2%。香芽蕉种类繁多，包括巴西蕉、威廉斯、8818、桂蕉系列、南天黄、宝岛蕉系列等，是世界香蕉出口市场的主力军。2010年以前，巴西蕉、威廉斯等香蕉品种占据了绝大部分香蕉市场。但之后由于香蕉枯萎病的爆发和蔓延，一些抗病品种如宝岛蕉、南天黄等的市场占比逐步上升。2017年，香芽蕉中桂蕉6号（威廉斯B6）占比41%、巴西蕉占29%、桂蕉1号（特威）占19%、天宝高蕉占5%、南天黄占3%、宝岛蕉占1%、其他（农科1号、漳蕉8号、威廉斯8818、红研1号、红研2号、中蕉系列等）占2%（国家香蕉产业技术体系研发中心，2017）。总体来看，抗病香蕉品种的农艺性状（如品质、催熟技术等）与巴西蕉等品种有一定差异，在一些地方推广速度较慢。2018年，抗枯萎病品种种植面积占总面积的9%。随着抗病品种的配套栽培管理技术、采收催熟技术和保鲜技术等的成熟和完善，未来抗病品种的种植面积还会进一步提高。

（2）各地抗枯萎病品种和特色蕉的推广

为抵抗枯萎病，南天黄、宝岛蕉、中蕉系列、桂蕉9号和农科1号等抗枯萎病品种先后被培育出，同时在各产地得到推广种植。海南地区以种植南天黄和宝岛蕉为主；广西地区以种植桂蕉系列为主，其中桂蕉9号是桂蕉系列中抗病性较好的品种；广东省内的抗枯萎病品种较多，其中南天黄和中蕉9号的种植区域较广；云南种植的抗枯萎病品种主要是南天黄。

特色蕉是相对于传统香芽蕉而言的，主要有粉蕉、贡蕉（皇帝蕉）、大蕉、过山香等，占蕉类总种植面积的10%左右。近几年，大众品类的香芽蕉市场价格低迷，亏损严重，而小品类的特色蕉基本保持盈利，甚至成为我国高档水果市场的热销品。随着经济发展和国民收入增长，我国消费者的消费格局已经发生了变化，以往满足消费者最基本需求的产品，越来越难以满足其日益变化的多样化的消费需求，价格已经不是购买决策的主要因素，更具营养价值和更有特色的产品才能满足消费的需求。为适应供给侧结构性改革，有效满足消费者多样化的消费需求，增加收益，种植户将会适当提高特色蕉种植比重。

2.品种表现

（1）主要品种群

根据国家香蕉产业技术体系研发中心2017年的统计，我国的各推广品种应调整如下。

巴西品种：主要种植区域为海南、广东、云南等产区，种植面积（含宿根苗）在160万亩以上。

威廉斯品种（包括8818、桂蕉等）：主要种植区域为广西、云南等地，种植面积（含宿根苗）在230万亩以上。

抗病品种（包括宝岛、南天黄等）：主要种植区域为海南、广东、云南等产区，此类品种近年增长较快，种植面积在50万亩左右。

其他品种（如粉蕉、皇帝蕉等）：主要种植区域为海南、广东、云南、广西、福建、贵州等产区，种植面积在60万亩左右。

（2）主栽品种（代表性品种）的特点

①巴西品种。

选育单位：中国热带农业科学院热带生物技术研究所等，1989年从澳大利亚引进，再进行创新选育。

亲本血缘、类型：属香芽蕉，基因型为AAA。

产量、抗性、优缺点等综合表现：假茎高250～330厘米，秆较粗，叶片较细长直立，果轴果穗较长，梳距大，梳形果形较好。果指长19.5～23厘米，果数中等，株产18.5～34.5千克。果实总糖量18.0%～21.0%，香味浓，品质中上。该品种株产较高，果指较整齐长大。耐瘠瘦、抗寒性较好。经济性状优良，收购价较高。主要缺陷是对香蕉枯萎病4号小种高感、抗风力较弱。

②威廉斯品种。

选育单位：1985年我国从澳大利亚引入中秆香蕉品种。

亲本血缘、类型：属香芽蕉，基因型为AAA。

产量、抗性、优缺点等综合表现：假茎高235～300厘米，秆较细，茎形比4.7，青绿色，叶较直立，叶形比2.5。果穗果轴较长，梳距大，果数较少，梳形整齐，果指长19.0～22.5厘米，指形较直，排列紧贴。株产17.0～32.5千克，果实总糖量18.0%～21.0%，香味较浓。抗风力较差，易感花叶心腐病、叶斑病、香蕉枯萎病等，抗寒力中等。

③南天黄品种。

选育单位：广东省农业科学院果树研究所。

亲本血缘、类型：属香芽蕉，基因型为AAA。

产量、抗性、优缺点等综合表现：生育期，海南南部300天，广东和云南有时达400天，宿根期250～320天。假茎黄绿色、黑褐斑少、粗壮，上下均一；假茎内色为黄绿或淡粉红。株高250～300厘米。株产20～35千克，最高可达40千克以上。果皮厚0.23厘米，较巴西蕉催熟期长1/2～1天，货架期长1～2天，较不易脱把，不易裂果。果实总糖量24%，果肉质结实细滑，香甜。在枯萎病4号小种重病区发病率4%～18%。

④桂蕉6号。

选育单位：广西植物组培苗有限公司。

亲本血缘、类型：属香芽蕉，基因型为AAA。

产量、抗性、优缺点等综合表现：桂蕉6号采用无病毒组培苗进行种植，生育期为300～420天，每亩种植120～130株，单株果穗重20～38千克，每亩产量2 400～4 500千克，全生育期约12个月，9—12月收获。该品种春植、夏植、秋植、冬植生育期分别为300～420天、360～400天、360～400天、330～390天。组培苗第一代假茎高2.2～2.6米，假茎基部围径75～95厘米，假茎中部围径48～65

厘米，茎形比为3.7 ～ 4.3。每穗果7 ～ 14梳，每梳果指16 ～ 32个，每穗果实重20 ～ 30千克。果穗梳形整齐美观，稳产高产，品质优良，适应性强。该品种抗风力中等，不耐霜冻，易感香蕉花叶心腐病、香蕉束顶病及由4号小种引起的香蕉枯萎病。

（3）2017年生产中出现的品种缺陷

巴西、威廉斯等品种在老产区易感香蕉枯萎病；南天黄、宝岛蕉等抗病品种在一些地方某一段时间内易出现香蕉果指"跳把"及催熟等问题。

（4）主要品种推广情况

①按用途种类分。香蕉主要分为鲜食蕉和煮食两大类，我国基本上仅生产鲜食类香蕉。

②按耐贮耐运分。需要保鲜包装的香蕉品种主要是香芽蕉类（如巴西蕉、威廉斯、南天黄等）及皇帝蕉等品种；不需要包装处理品种主要是粉蕉类品种，采取成串运输等方式。

（三）风险预警

第一，在香蕉种苗市场中，订单种苗占种苗生产的比例相对较少，部分香蕉种植者是在来年香蕉价格的基础上决定种植规模。因此，香蕉种苗市场与香蕉果实的产地价格密切相关，香蕉价格好，投资者的信心就足，种植的热情高。相反，香蕉价格差，香蕉投资者就更愿意继续管理宿根苗或者收缩种植面积，便会出现香蕉种苗需求量低、价格低的结局。

第二，我国大陆香蕉产区引进的品种主要包括巴西蕉、威廉斯、宝岛蕉等，这些品种引进时间已近30年，对促进我国香蕉产业的发展发挥了重要作用。我国香蕉种苗市场基本上由大陆种苗企业提供，仅有少数台商种植的香蕉品种由其自身从台湾带来，而且仅限于自用，不外售。

第三，要注意病虫害及气候灾害对品种的影响。2018年，香蕉枯萎病对中国整个香蕉产区仍然是主要危害，此外，香蕉叶斑病、跳甲等在一些产区会对产量造成一定损失；在广西等产区，需要预防低温霜冻气象的出现；在海南等沿海香蕉产区，热带暴风雨会对当地香蕉产业造成致命危害，需要提前预防。

巴西蕉、按威廉斯等传统香蕉品种在老植蕉区依然面临香蕉枯萎病的威胁；抗病新品种在保鲜技术、栽培技术上还有待进一步优化，这些影响因素需要引起香蕉投资商的注意，以免造成种植损失。

第四，按绿色发展及特色产业发展对品种的要求，做好防范。

首先要选育抗逆性强、品质优的品种，同时大力加强对香蕉品种的标准化生产建设，推广节水节肥技术、废弃物资源化利用技术、土壤修复治理技术等。同时要加快选育具有抗病性强、熟期配套、耐贮耐运等特性的香蕉品种；强化资源保护；加强香蕉健康种苗繁育基地建设。

四、国际香蕉产业发展现状

（一）国际香蕉产业发展现状

1. 生产状况

当前，世界主要香蕉生产国包括：印度、中国、印度尼西亚、巴西、厄瓜多尔、菲律宾、安哥拉、危地马拉、坦桑尼亚、卢旺达等，这些国家的香蕉产量总和占世界香蕉总产量的73.1%。2016年，全世界香蕉（含大蕉）总产量在1.13亿吨左右，其中印度香蕉年产量约2 912.40万吨，占世界香蕉总产量的25.8%；中国的香蕉产量约为1 332.43万吨，占世界香蕉产量的11.8%。总的来看，亚洲是全球最大的香蕉产地，2000—2016年亚洲生产的香蕉约占全球的54.1%；美洲产量占28.9%；非洲产量占15.1%（FAO统计数据）（图23-7）。

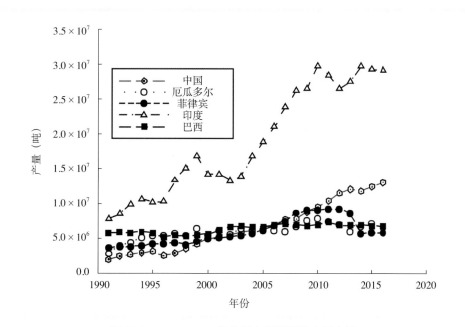

图23-7　1991—2016年世界主要香蕉生产国产量

2.贸易状况

近年来，国际香蕉进出口贸易基本上都维持在230亿美元的水平。根据联合国贸易统计数据库（UN comtrade）数据显示，2016年世界香蕉总贸易量达4 085.28万吨，进出口贸易额达238.84亿美元，在农产品贸易中仅次于小麦、玉米和大豆（图23-8）。香蕉出口表现出高度的区域集中性，美洲及亚洲、非洲地区的发展中国家出口量占世界出口总量的绝大部分。2016年，世界香蕉出口排名前10位的国家出口量和出口额总和分别占世界的85.35%和80.92%。厄瓜多尔、危地马拉、哥斯达黎加、哥伦比亚、菲律宾位居全球香蕉出口的前5名（图23-9）。

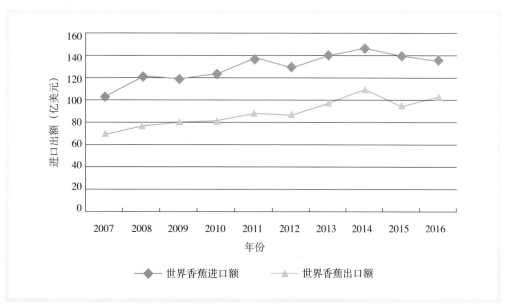

图23-8　2007—2016年世界香蕉进出口额

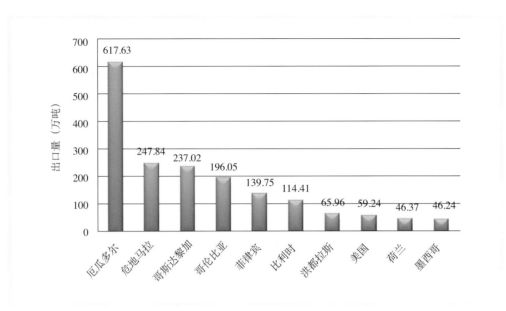

图23-9　2016年世界排名前10位的国家香蕉出口量

3.研发现状

香蕉传统杂交育种难度较大，仅有少数几个国家（如洪都拉斯、乌干达等）开展了香蕉杂交育种研究，育成了几个品种，主要供应当地市场，很少被用于出口贸易。目前用于商业化种植的香蕉品种绝大多数仍然为体细胞突变选育而来。通过现代生物技术如组织培养、组学及遗传转化等理论方法来改良香蕉，在一些国家也发展比较迅速，如比利时、中国、澳大利亚、法国、印度、肯尼亚、马来西亚、尼日利亚、南非、乌干达、英国及美国等。现代生物育种技术发展非常迅速，我国香蕉生物技术育种水平也几乎与世界水平同步。

（二）世界主要香蕉生产国竞争力分析

从贸易方面来看，目前香蕉出口贸易量最大的两大生产地分别为厄瓜多尔和菲律宾，其生产成本相对稳定，基本上维持在200美元/吨的水平。我国香蕉生产成本呈逐年递增趋势，而且波动较大，在300～600美元/吨的水平，是厄瓜多尔和菲律宾平均水平的1.5～3倍，竞争态势较弱（图23-10）。

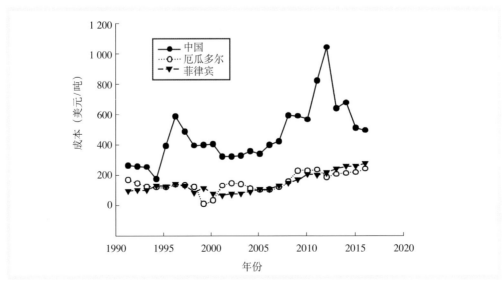

图23-10　1991—2016年世界主要香蕉生产国成本对比

根据国家香蕉产业技术体系的测算，1997—2016年，从香蕉的国际市场占有率、贸易竞争力指数、显示性比较优势指数和出口价格比来看，中国香蕉产业国际竞争力还有较大提升空间。国际市场占有率、显示性比较优势指数呈下降趋势，与1997年相比，2016年下降幅度分别为42%和76%；出口价格比总体呈上升趋势，2016年比1997年上涨100%。2016年中国香蕉的国际市场占有率、贸易竞争力指数、显示性比较优势指数和出口价格比分别位居世界第43位、第73位、第77位和第33位。厄瓜多尔除出口价格比外，其余3项指标都位居世界第一位，其香蕉产业国际竞争力最强。菲律宾的4项指标分别位居世界第六位、第十三位、第九位和第二十位以后。

在香蕉种苗生产研发方面，中国走在了世界的前列。以香蕉组织培养技术为代表的现代种苗生产技术，以及在质量控制体系、成本控制、规模化生产、商业化运营等方面，中国都具有较强的优势，并且近年来，形成了技术输出效应。

五、问题及建议

（一）香蕉种苗产业存在的优缺点

20世纪60年代，国外就开始了香蕉快繁技术的研究，70年代利用香蕉茎尖培养获得成功。我国香蕉快繁技术的实际应用是在80年代中后期。香蕉快繁技术对香蕉生产尤其是对国内近30年香蕉生产发展的突飞猛进起了十分关键的作用，香蕉快繁技术的应用使短时间内以良种大面积替换淘汰品种得以实现，使大规模商品化香蕉生产成为可能。

1. 香蕉组培苗的主要优点

第一，种苗整齐，繁育速度快，供苗量大。确定选用的香蕉良种，就可以应用组培技术进行大规模生产，短期内提供大量高度、叶片、粗细一致的优质种苗，形成商品市场。

第二，生长快，长势齐，成熟一致，蕉果品质好，采收期短，便于管理，商品化程度高。

第三，品种纯正，能保持亲本的优良性状。

第四，组培苗经过脱毒处理和严格的检测鉴定，因而培育出来的是无病毒的种苗。

第五，便于远距离运输和优良新品种的迅速推广。

2. 香蕉组培苗的缺点

第一，苗期较嫩弱，抗性差，易感花叶心腐病及受其他病虫危害，遇不良天气种植易伤苗或死苗。

第二，组培过程易产生变异，而且大部分变异在定植时仍难辨认出来。

第三，易通过二级育苗传播流行性病虫害。

（二）发展政策与措施建议

第一，由于香蕉微繁殖所用的外植体常为香蕉吸芽的顶端分生组织，它具有不带病菌、害虫、线虫等特点，但它仍然可能带有病毒。病毒病对香蕉产量和质量有严重影响，如CMV、BBTV、BBMV、BSV等都对香蕉产业造成过不同程度的危害。因此，建立一种准确、快速的病毒诊断技术，对扩大香蕉微繁殖的应用是非常必要的。

第二，严格控制香蕉组培苗增殖代数，科学调整植物生长调节剂的使用浓度，把变异率控制在最小范围之内。

第三，控制病虫害通过种苗传播是遏制一些严重病虫害蔓延的一个重要手段，因此，加强香蕉二级苗圃管理，建立严格、科学、规范的二级苗圃管理规定，使出圃香蕉苗达到相关管理规定的要求；

建立严格的香蕉组培苗准入标准，严防香蕉种苗从疫区调入。

第四，建立规范的香蕉田间综合管理技术规程，最大可能地减少、延缓香蕉病虫害的发生及流行。

第五，目前种植的香蕉面临着香蕉枯萎病的流行，大大减小了我国香蕉主产区的种植面积，增加了香蕉管理成本。加强香蕉的抗性育种，包括抗虫、抗病、抗寒育种的研究，是目前香蕉生产最直接、最紧迫的任务。从目前生物技术的研究水平来看，可从诱变育种、体细胞杂交、基因工程等途径开展工作。

第六，加强香蕉品种引进及改良，培育优良品种。加强与国内外从事香蕉生产、科研、管理的单位组织沟通协作，如Bioversity International（ITC）、FHIA、IITA、CIRAD-HLHOR、CIAT等；引进或收集国内外香蕉种质资源，建立香蕉种质资源库；有针对性地引进香蕉新品种，使其能够适应本地生长，满足消费者的需求。

（编写人员：谢江辉　李敬阳　王　芳　等）

第24章 梨

概　述

梨是世界性的果树，全球共有76个国家和地区从事梨树的商业生产（FAO数据，2017），主要集中在亚洲、欧洲、美洲、非洲等地。欧洲、亚洲是世界梨栽培历史最悠久、产量最多的区域。梨的种类繁多，主要可以分为东方梨（亚洲梨）和西洋梨（西方梨）两大类，东方梨主要产于中国、日本、韩国等亚洲国家。

欧洲是西洋梨的起源中心和主要产区，有34个国家从事梨树生产。法国的梨栽培在欧洲梨栽培史上具有重要地位，历史上育成了许多品种，有的至今仍在生产上应用。美洲的梨树栽培起步较晚，有13个国家从事梨树生产。美国的梨规模化商业生产始于19世纪早期。发展速度最快的国家是阿根廷和智利。非洲有10个国家从事梨树生产。大洋洲有澳大利亚和新西兰两个国家生产梨。中国是世界第一大梨生产国。在亚洲，日本也是砂梨的主要产地，明治时期（1867—1911年）选育出的长十郎和二十世纪等优良品种促进了梨树生产大发展。韩国后来者居上，目前栽培面积已超过日本。

我国由南到北，从东到西，除海南和港澳地区外均有梨树栽培，是分布最广的果树树种，栽培品种涵盖了白梨、砂梨、秋子梨、新疆梨和西洋梨5个品种。回顾梨生产主要发展历程，我国梨树生产快速发展始于我国社会主义经济建设的"第一个五年计划"，1957年的梨果产量较1952年增长35%。到1958年，全国梨树栽培面积已达22万公顷，梨的总产量79万吨。

改革开放后，梨产业发展又可大致分为两个阶段。第一个阶段是1978—1996年，为种植面积快速扩张阶段，梨树种植面积从1979年的28.02万公顷增加到93.27万公顷，产量从151.67万吨增加到580.66万吨。表现为以扩大种植面积来提高总产量，属于粗放式外延性扩张。第二个阶段是1996年至今，为种植面积稳定阶段。梨树种植面积从1996年的93.27万公顷增加到111.61万公顷，梨产量从1996年的580.66万吨增加到195 000万吨。20年来，栽培面积增长缓慢，但梨果产量保持增长快速，主要得益于新品种应用、新的栽培技术与模式推广和贮藏保鲜技术水平的提升与设施的完善。

自1950年起，在品种选育方面，我国开始了有计划、系统、科学的梨品种选育工作。尽管育种工作起步较晚，但凭借丰富的梨种质资源优势，新品种选育工作取得了骄人业绩。相继育成了早酥、黄花、翠冠、黄冠、中梨1号、玉露香等为代表的优良品种180余个。由于早熟、中熟品种的育成与大面积推广，早、中、晚熟品种结构趋向合理，形成了以优良地方品种和自主育成的梨新品种为主，引进品种为辅的良好品种结构。梨鲜果采收期延长了近两个月，结合贮藏保鲜，梨鲜果已实现了周年供应。

经过长期的自然选择和生产发展，形成了四大产区，即环渤海（辽宁、河北、北京、天津、山东）秋子梨、白梨产区；西部地区（新疆、甘肃、陕西、云南）白梨产区，黄河故道（河南、安徽、江苏）白梨、砂梨产区；长江流域（四川、重庆、湖北、浙江）砂梨产区。河北是我国产梨第一大省，山东、安徽、四川、辽宁、河南、陕西、江苏、湖北、新疆等省份也大量种植。

一、我国梨产业发展

（一）梨生产发展状况

1. 全国生产概述

我国是世界第一产梨大国，面积与产量仅次于苹果、柑橘。我国梨产量为1950万吨，约占世界总产量的2/3，出口量41万吨，约占世界总出口量的1/6，在世界梨产业发展中有举足轻重的位置（FAO数据，2016）。

我国梨树资源丰富，加之梨树对气候和土壤的适应性强，是南北各地区栽培最为普遍的水果，在长期的自然选择和生产发展过程中，逐渐形成了四大产区，即环渤海秋子梨、白梨产区，西部地区白梨产区，黄河故道白梨、砂梨产区，长江流域砂梨产区。河北是我国产梨第一大省，山东、安徽、四川、辽宁、河南、陕西、江苏、湖北、新疆等省份也大量种植。

（1）栽培面积变化

2017年我国梨种植总面积与2016年的111.61万公顷（FAO数据，2016），相比基本稳定，大部分梨产区种植面积没有显著变化。少部分地区如河北昌黎、山东滕州等地，由于省力化栽培技术的推广、新品种的替换、政府对品牌的宣传等促使当地梨树种植面积增加。2017年梨产业技术体系扶贫工作的进一步推进，对部分贫困县（区）梨产业的整体规划、转型升级起到了积极的促进作用。

梨树种植面积变化较大的县（区）有：河北昌黎，由于省力化栽培技术的广泛实施，兴隆县梨树种植面积增加约1万亩，较去年增加31.93%；新疆库尔勒，由于其香梨近年来品牌优势明显，销售价格稳定，梨树种植面积由上年的58.99万亩增长到2017年的76.60万亩，增长比例达29.84%；河北魏县，新增种植面积近10万亩，增长比例达98.29%；河北隰县，新增面积2万亩，增长比例达10%；山东滕州地区，新增0.43万亩，涨幅达25%以上，但其他地区基于产业调整和销售下降，种植面积有所减少；山东滨州阳新县，减少种植面积2.65万亩，减少比例为19.49%；山东泰安，减少0.30万亩；减少比例10.71%；山东聊城冠县，减少0.70万亩，减少比例为7.81%。

（2）产量变化状况

2017年全国梨产量总体保持增长的发展态势，全年总产量达到1930万吨，占世界梨总产量的76.15%，较上一年增长了3.21%。局部地区受到自然灾害和病虫灾害影响，产量有所降低，如北京市平谷区受到雹灾和旱灾以及种植面积的影响，产量下降比例达到50.21%；顺义区受到风灾的影响，产量下降2.45千吨，比例达到9.76%。江西产区中，高安市遭受较大范围的旱灾，减产70%以上；上饶县梨树种植区遭到冰雹和大风环境破坏，受灾面积达到1.2万余亩，占种植面积比例69.36%。湖北产区受到灾害较为严重，其中钟祥市由于病虫害防治不够及时，造成减产25.85%；宣恩县受到旱灾影响，产量减少8.5千吨，减少比例达到40.48%；利川市受到旱灾影响，减产比例达到39.84%。陕西受到大风冰雹天气影响，彬县、乾县等产区下降比例超过50%。

整体来看，产量波动与生态环境密不可分。种植过程中要加强对自然灾害的抵御和病虫害的防治工作，提升科技创新和成果转化能力，通过技术升级尽可能地降低自然灾害所带来的损失，保证梨果产量的稳定增长。

(3) 单产变化情况

2017年全国梨单产总体保持稳定，栽培技术的不断改进促使单产水平略有上升。各地情况增减不一，具体来看：北京市房山区2016年受到暴雨影响产量直接下降，但2017年并无直接自然灾害，所以单产增长幅度明显，达到140%左右；平谷区受到雹灾和旱灾的影响，较2016年单产有了明显降低，减少32.36%。黑龙江宾县、林口县由于2016年受到早春冻害影响产量，2017年雨热分布较均，温度稳定，所以单产有了明显增幅，增长幅度相比上一年超过100%。湖北宣恩县、利川市两地受到旱灾影响，单产分别下降40.68%和22.63%。江苏徐州丰县在梨树花期受到暴雨影响，单产下降8.05%。河南民权县主要受到风灾和雹害的威胁，单产比例下降1.79%。甘肃地区由于2017年无恶劣天气影响并且雨量充沛，单产量均有了一定幅度的提高，平均增长比例达到15%左右。

(4) 栽培方式演变

2017年度国家梨产业技术体系在省力化栽培技术研究方面有了新的进展，明确了翠冠梨3＋1形、倒个形、平棚架形在综合品质和光合特性上优于Y形、开心形、篱壁形树形。将省力化栽培技术应用于梨园后，梨树见果快、产量高，缩短了上市时间，而且增产效应显著，同时新的树形的采用以及授粉技术的改进等也大大节省了劳动力成本，经济效益显著。

2.区域生产基本情况

(1) 各优势产区的范围

各地以生态条件、产业基础和市场需求作为梨树优势发展区域的划分依据。根据国内外市场需求预期，结合我国梨果生产能力，本着不影响粮食安全的基本原则，将我国梨产区划分为四大优势产区及4个特色产区：华北白梨区、西北白梨区、黄河故道白梨砂梨区、长江流域砂梨区；东北特色梨区、渤海湾特色梨区、新疆特色梨区、西南特色梨区。

(2) 自然资源

从气候资源看，我国绝大多数地区处于温带，适宜梨的生长。华北平原和黄土高原的温度、降水与欧洲、美国、南美洲梨产区气候大体相当，特别是西北黄土高原雨热同期、光照充足、昼夜温差大，有利于梨品质的提高。长江中下游地区温度、湿度与日本、韩国气候相当，适于砂梨生长。

全国栽培的梨品种在1 500个以上。由于气候环境不同，在长期的栽培过程中各地形成了不同特色的地方优良品种，如北京的京白梨，河北的鸭梨、雪花梨、秋白梨，山东的莱阳茌梨、栖霞大香水梨，辽宁的南果梨，安徽的砀山酥梨，新疆的库尔勒香梨，吉林的延边苹果梨，四川的金川金花梨、崇化大梨、苍溪雪梨，甘肃兰州的小冬果梨、大冬果梨，贵州威宁的大黄梨。这些品种中，以河北鸭梨、雪花梨，安徽砀山酥梨，四川金花梨，新疆库尔勒香梨等栽培面积最大，产量最多，声誉最高。目前，我国自主育成的早酥、黄花、翠冠、黄冠、中梨1号、玉露香、翠玉等为代表的优良品种已在全国大面积推广应用，促成了品种的更新换代。

(3) 种植面积与产量及占比

主产区的生产变化对于梨产业集中度的影响重大，本章选择2000年、2005年、2010年和2015年4年的主产区数据进行分析，并选择占比在2%以上的省份作为梨产业的主产区（表24-1）。

表24-1　1985—2015年我国各省份梨产业主产区数据

| 省份 | 2000年 | | 省份 | 2005年 | | 省份 | 2010年 | | 省份 | 2015年 | |
	占比（%）	累计百分比（%）		占比%	累计百分比（%）		占比（%）	累计百分比（%）		占比%	累计百分比（%）
河北	30.33	30.33	河北	28.67	28.67	河北	24.96	24.96	河北	27.06	27.06
山东	10.83	41.16	山东	9.37	38.04	山东	7.39	32.35	山东	7.24	34.30
湖北	7.53	48.69	湖北	4.43	42.47	湖北	3.19	35.54	湖北	2.72	37.03

（续）

	2000年			2005年			2010年			2015年	
省份	占比(%)	累计百分比(%)	省份	占比%	累计百分比(%)	省份	占比(%)	累计百分比(%)	省份	占比%	累计百分比(%)
安徽	7.32	56.02	安徽	5.64	48.11	安徽	6.42	41.95	安徽	5.98	43.00
陕西	5.45	61.4	陕西	5.49	53.59	陕西	5.31	47.27	陕西	5.57	48.57
辽宁	5.41	66.88	辽宁	6.10	59.69	辽宁	8.38	55.64	辽宁	7.51	56.08
江苏	4.64	71.52	江苏	4.91	64.60	江苏	4.44	60.09	江苏	4.17	60.25
四川	4.10	75.61	四川	6.05	70.65	四川	5.80	65.89	四川	5.22	65.48
河南	3.93	79.54	河南	5.78	76.43	河南	6.29	72.18	河南	6.14	71.62
甘肃	2.92	82.46	甘肃	2.50	78.93	甘肃	2.22	74.40	甘肃	2.21	73.83
新疆	2.32	84.78	新疆	3.25	82.18	新疆	6.99	81.39	新疆	6.10	79.93
			浙江	2.74	84.92	云南	2.20	83.59	云南	2.72	82.65
			山西	2.17	87.09	浙江	2.52	86.11	浙江	2.06	84.70
						山西	2.27	88.38	山西	3.92	88.63
									重庆	2.05	90.68

主产区在2000—2015年期间，占比在2%以上的省份逐渐增多，由最初的11个到2015年的15个，主产区的累计百分比由2000年的84.78%上升到2015年的90.68%。其中，河北一直是我国梨主产区占比重最大的省份；山东占比逐渐下降，已被辽宁超越；河南和新疆所占比重逐年上升。总体来看，虽然主产区的产量所占比重在不断增加，但是主产区的数量也在逐渐增加，梨产量在主要产区的产量所占比重仍在下降（表24-1）。

从2000—2015年的主要产区变化数据来看，正向变化中，新疆、山西、河南、辽宁的变化量较大，占比增长3.78%、2.79%、2.21%和2.10%；而负向变化中，湖北、山东、河北变化最大，占比下降均超过了3.00%。湖北下降比例最为明显，下降了4.80%（图24-1）。

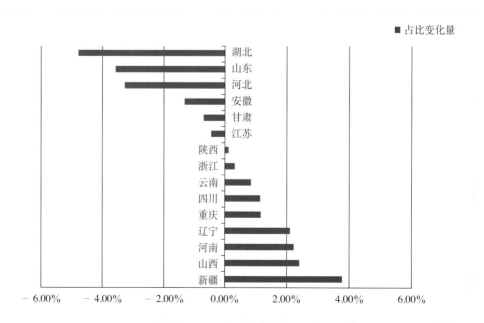

图24-1 2000—2015年主产区产量变化

（数据来源：国家统计局各省、市年度报表）

(4) 资源限制因素

我国梨种植生产作为劳动力密集型产业，在种植收获过程中需要大量的劳动力投入。当前城镇化、工业化促使大量优质劳动力向非农产业转移，农业中的青壮年不断减少，老龄化问题的出现，使从事梨种植的劳动力综合素质不高。加之经济发展水平的不断提升，货币发行量不断增多，通货膨胀率一直居高不下，诸多的现实条件造成我国农业劳动力成本不断上升，农民的务农机会成本不断提高，这在短期提升了梨果种植生产成本，而如果梨种植经济效益不能有效提升，长期可能导致梨果生产后继乏人。

(6) 生产主要问题

尽管我国已初步形成了具有特色的四大传统梨产区，但种植分散，跨区盲目引种问题仍很突出，造成部分产区产量低、产品质量不高、销路不畅。此外还存在着机械化程度低、产业化水平较低等问题。要解决以上问题需充分利用梨不同产区的品种资源优势、气候优势和技术优势，引导梨生产格局由分散走向集中，由梨栽培次适宜区和非适宜区向最佳适宜区和优势区域集中，提升梨优势区域的规模化、专业化、市场化和产业化水平，形成区域特色鲜明、产业体系完备的梨生产新格局。

3. 生产成本与效益

(1) 不同地区成本

根据示范县数据，2017年梨种植平均成本为3 137元/亩，比2016年上涨14%。北京、山东、新疆、河北、河南、陕西的种植成本超过3 500元/亩，云南、吉林、贵州、黑龙江的种植成本低于2 000元/亩。2017年成本上涨幅度较大的地区有山西、陕西、江苏、贵州，涨幅超过20%（表24-2）。

表24-2　2016—2017年我国不同地区梨生产成本　　　　单位：元/亩

省份	2016年	2017年	变化率（%）
北京	4 260	4 876	14.5
福建	2 176	2 093	−3.8
甘肃	3 236	3 473	7.3
贵州	913	1 540	68.7
河北	3 239	3 528	9.0
河南	3 812	3 860	1.3
黑龙江	1 349	1 358	0.7
湖北	2 565	2 955	15.2
吉林	1 905	1 242	−34.8
江苏	2 575	3 155	22.5
江西	2 247	2 033	−9.5
辽宁	1 669	1 823	9.2
山东	3 778	3 738	−1.1
山西	2 093	3 151	50.5
陕西	3 908	5 806	48.6
四川	3 480	3 055	−12.2
新疆	3 320	3 950	19.0
云南	2 320	1 957	−15.6
重庆	2 532	2 350	−7.2
全国平均	2 748	3 137	14.2

从单位产出成本看，北京、陕西、江西的梨果生产成本较高，超过3元/千克。贵州、云南、湖北、黑龙江、河北的梨果生产成本较低，小于1.5元/千克（表24-3）。

综合考虑亩均成本和单产，河南、河北、山东是高投入、高产出型，如河北、山东的亩均成本超过全国平均水平10%，而单产高于全国平均水平20%，河南的亩均成本超过全国平均水平20%，而单产高于全国平均水平30%。北京、陕西、新疆属于高投入低产出型，梨果种植成本超过全国平均水平20%～30%，但单产只有全国平均水平的60%～80%。湖北是低投入高产出型，亩均成本略低于全国平均水平，而单产超过全国平均水平10%。

表24-3　2017年我国梨生产单位产出成本

省份	亩均成本（元／亩）	单产（千克／亩）	单位产出成本（元／千克）
北京	4 876.33	1 249.78	3.90
福建	2 093.33	774.27	2.70
甘肃	3 472.67	2 310.27	1.50
贵州	1 540.00	1 636.25	0.94
河北	3 528.47	2 372.24	1.49
河南	3 859.93	2 561.04	1.51
黑龙江	1 358.40	925.32	1.47
湖北	2 955.20	2 189.50	1.35
吉林	1 242.20	772.31	1.61
江苏	3 155.00	1 678.77	1.88
江西	2 033.00	605.19	3.36
辽宁	1 823.33	724.09	2.52
山东	3 738.00	2 394.38	1.56
山西	3 151.33	1 359.11	2.32
陕西	5 806.33	1 613.29	3.60
四川	3 055.00	1 025.64	2.98
新疆	3 950.00	1 584.16	2.49
云南	1 956.67	1 640.70	1.19
重庆	2 350.00	866.03	2.71
全国平均	3 137.20	1 940.00	1.62

（2）成本结构

人力成本比重稳定在40%，超过物质费用比重，土地租金比重呈上升趋势。继2016年人力成本比重第一次超过物质费用比重，成为梨生产中最大的一项成本后，2017年人力成本比重仍超过物质费用比重。2017年人力成本比重超过50%的地区有：陕西、重庆、江西、吉林、贵州、福建、甘肃（表24-4）。

表24-4　2017年我国不同地区梨生产成本比重　　　　　　　　　　　　单位：%

省份	2016年			2017年		
	土地租金比重	人力成本比重	物质及服务成本比重	土地租金比重	人力成本比重	物质及服务成本比重
全国平均	16.88	42.88	40.24	19.70	40.17	40.13
北京	33.65	40.69	25.67	34.97	42.72	22.31
福建	7.59	32.15	60.27	0.41	50.69	48.91
甘肃	23.60	44.38	32.02	19.98	50.33	29.70
贵州	0.00	59.91	40.09	25.97	50.65	23.38
河北	14.61	36.38	49.01	19.30	33.03	47.67
河南	27.55	30.72	41.74	26.07	35.44	38.49
黑龙江	24.93	48.17	26.90	22.87	40.66	36.47

（续）

省份	2016年			2017年		
	土地租金比重	人力成本比重	物质及服务成本比重	土地租金比重	人力成本比重	物质及服务成本比重
湖北	9.39	45.39	45.22	18.73	33.98	47.28
吉林	14.47	53.31	32.22	17.39	50.72	31.89
江苏	7.77	56.31	35.92	30.32	17.19	52.49
江西	22.26	35.91	41.84	4.41	50.78	44.81
辽宁	23.18	43.28	33.54	21.14	46.55	32.31
山东	17.38	24.72	57.90	10.86	42.32	46.82
山西	5.73	53.30	40.97	18.28	49.93	31.79
陕西	6.97	54.85	38.19	4.05	55.61	40.34
四川	25.86	28.74	45.40	26.85	43.62	29.53
新疆	11.26	37.79	50.95	2.53	37.97	59.49
云南	37.72	25.49	36.79	43.99	20.72	35.29
重庆	13.39	51.43	35.18	13.04	52.17	34.78

（3）不同品种出园价格变化

梨果价格与品种密切相关，不同品种的出园价格差异较大。2017年平均出园价格超过4元/千克的品种有翠冠、玉露香梨，平均出园价格低于2.00元/千克的品种有苹果梨和雪梨。2017年出园价格下跌较大的品种有玉露香梨和雪梨，跌幅超过40%，金秋梨、圆黄出园价格跌幅超过30%；出园价格上涨较大的品种有早酥、雪花梨，涨幅超过40%，丰水出园价格涨幅超过20%，鸭梨、龙园洋梨出园价格涨幅超过10%。

同一品种在不同地区的出园价格及价格变化也有较大差异。如雪花梨在北京地区的出园价格为3.50元/千克，在河北为1.94元/千克，而在山西仅为1.45元/千克。黄冠在河南的出园价格最高，为3.50元/千克，江苏的出园价格最低，为1.60元/千克，湖北、甘肃、北京、河北的出园价格在2.00～2.60元/千克。从分地区的价格变化看，2017年除北京地区的黄冠出园价格上涨外，江苏、河北、湖北、甘肃、河南地区黄冠出园价格均下降（表24-5）。

表24-5　2017年各地区不同梨品种出园价格　　　　　　　　　单位：元/千克

省份	库尔勒香梨	酥梨	鸭梨	翠冠	黄花	苹果梨	南果梨	雪花梨	黄金	黄冠	早酥	金秋梨	丰水	巴梨	龙园洋梨	圆黄	清香	雪梨	玉露香梨	红梨
新疆	3.20																			
甘肃						1.06				2.30	1.97			2.30						
四川				1.00																
重庆					3.00											4.00				
云南				2.20								1.00								2.60
河南		2.25		1.60					2.31	3.50			1.38			1.71				
湖北				5.50	3.17				6.00	2.60			3.40			4.82				
福建				7.50																
河北			1.55			2.13	3.00	1.94		2.02	3.35							1.00		
北京		2.00	3.50					3.50	3.50	2.00			3.00							
山西		2.23	1.55					1.45											4.05	
陕西		2.10									1.60									
江苏		1.50		15.00							1.60			6.87		1.70				

（续）

省份	库尔勒香梨	酥梨	鸭梨	翠冠	黄花	苹果梨	南果梨	雪花梨	黄金	黄冠	早酥	金秋梨	丰水	巴梨	龙园洋梨	圆黄	清香	雪梨	玉露香梨	红梨
山东		2.00	1.58						2.63		2.20		2.63							
辽宁						2.20	3.43													
黑龙江						1.60	1.60								2.50					
吉林						2.01														
贵州												4.00								
江西				3.70	2.53												3.00			
安徽		3.00		4.95																
全国平均	3.20	2.15	2.05	5.61	2.72	1.80	2.68	2.30	3.61	2.34	2.02	4.00	3.46	2.30	2.50	3.06	3.00	1.00	4.05	2.60

（4）效益分析

近年来由于劳动力成本和物质费用的增加，梨果种植成本不断攀升，单位产出的平均成本达到1.62元/千克。如果梨果出园价格低于单位产出成本，则梨农承受经济亏损。2017年苹果梨、鸭梨、雪梨、翠冠、酥梨等品种在部分地区的出园价格低于单位产出成本。梨果出园价格偏低，不仅对梨农近年的收入产生影响，也极大地影响了下一季的生产投入意愿。

（二）梨果市场需求状况

中国的鲜梨产量在2018年估计会稳定在1 900万吨左右，其中，中西部地区梨将会丰收，而东部地区会由于高温和干旱而减产。中国的梨出口主要是在对价格敏感的亚洲市场，由于印度继续实行2017年5月以来对中国梨进口的制裁，以及梨品质提高带来的高价，引起需求下降，2018年梨出口将稳定在51.5万吨的水平。

1. 全国消费量及变化情况

根据美国农业部外国农业服务局统计，以市场年份为统计周期（例如，2014年指2013年7月至2014年6月），2018年我国国内市场对梨产品的年度需求预测将增加，鲜梨消费量将由2017年的16 478万吨，增加到2018年的16 743万吨，增幅为1.6%。图24-2为2014—2018年我国鲜梨国内总消费量的变化情况。从2014年以来的变化趋势看，预计2018年梨国内总消费量在2017年小幅下降的基础有所上涨。

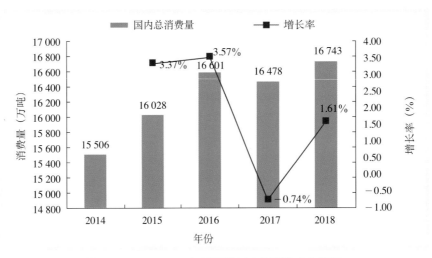

图24-2　2014—2018年我国梨国内总消费变化情况

2. 区域消费差异及特征变化

根据对北京、上海、深圳、南京4个城市梨消费调查，得到以下梨消费特征。

第一，北京居民平均梨消费在各类水果消费中的比例最高。南京、上海、深圳居民梨消费占整个水果消费比重的30%以下，而北京居民梨消费比重在10%～50%。

第二，北京居民平均梨消费数量最大，上海最少，南京和深圳相近。结合家庭规模，通过对有效样本进行分析，可以计算出南京市居民人均梨消费量为每周2.304个，北京市居民人均梨消费量为每周2.756个，深圳市居民人均梨消费量（删除家庭人均梨消费量大于10的样本2个）为每周2.376个，上海市居民人均梨消费量为每周1.861个。

第三，不同地区对不同梨品种消费存在较大差异。通过对比可以看出，南京和北京居民对砀山酥梨的消费比重明显高于深圳居民，而南京、深圳和上海居民消费鸭梨的比重明显高于北京地区居民，黄金梨在深圳地区的消费比重较其他3地相对较低，库尔勒香梨在上海地区占的比重最高，为15.20%，而在其他地区消费比重都在6.00%～7.00%基本保持不变，丰水梨消费比重普遍不高，但在深圳地区所占比例高于其他地区。

3. 预估市场发展趋势

（1）我国水果消费市场总量发展趋势

改革开放以来，我国经历了巨大的经济飞跃和居民收入水平的提高，中国消费者的可支配收入不断增长。根据郑志浩等（2015）的计算，按1990年的不变价格计算，我国城镇居民人均实际可支配收入从1990年的1 510元增加到2010年的7 361元，年均增长率达到7.8%。人们对生活质量的要求更加强大，从追求"吃饱"向"吃好"转变。这也反映在食物支出的持续增长，人们的食物消费模式包括生活方式、健康需求以及饮食习惯等都随着收入的提高而发生了重大变化。

中国居民对于水果需求的收入弹性为0.681，即随着收入增加1.000%，水果消费增加0.681%，远高于谷物类食品消费弹性，也高于肉类的消费弹性（Chen，Abler，Zhou，Yu and Thompson，2016）。

2013—2016年水果人均消费量年均增长5.8%，并且农村居民高于城镇居民消费增长速度。从人们对鲜果类产品的消费趋势可见，居民更加注重食物多样和享受（表24-6）。

表24-6　1990—2016年我国城乡居民年均水果消费总量情况　　单位：千克

年份	全国	城镇瓜果	农村瓜果
1990		41.11	5.89
1995		44.96	13.01
2000		57.48	18.31
2005		56.69	17.18
2010		54.23	19.64
2011		52.02	21.30
2012		56.05	22.81
2013	37.80	47.60	27.10
2014	38.60	48.10	28.00
2015	40.50	49.90	29.70
2016	43.90	52.60	33.80

资料来源：历年《中国住户调查年鉴》。

（2）梨果进出口发展趋势及变化

梨果的进口及出口与国内的消费市场规模相比，比例较小。总体而言，梨果作为我国的主要水果之一，相对具有优势，出口大于进口。进口规模在2009年及以后整体缩小但单价呈现上升趋势，由此，梨果的进口主要为丰富市场品种，起到消费调剂的作用。另一方面，我国梨果的出口近年来呈现逐年增加的趋势。随着我国居民的收入增长、消费观念转变以及消费环境改善，水果消费将会持续增长。总体而言由于水果市场规模的持续扩大，我国梨果消费市场也呈现持续扩大的趋势（表24-7、表24-8）。

表24-7　2001—2017年我国梨进口量及进口额情况

年份	进口量（吨）				进口额（千美元）			
	鲜雪梨及鸭梨	鲜香梨	其他鲜梨	合计	鲜雪梨及鸭梨	鲜香梨	其他鲜梨	合计
2001	3.60	0.00	2 434.34	2 437.94	11.97	0.00	4 368.84	4 380.81
2002	11.55	0.00	7 522.71	7 534.26	21.45	0.00	12 275.82	12 297.27
2003	0.00	0.00	8 223.51	8 223.51	0.00	0.00	13 278.31	13 278.31
2004	5.43	0.00	7 924.74	7 930.17	23.81	0.00	12 881.33	12 905.14
2005	23.37	0.00	7 355.25	7 378.62	100.61	0.00	10 047.75	10 148.36
2006	12.55	0.00	3 753.08	3 765.62	55.15	0.00	6 858.45	6 913.60
2007	8.42	0.00	2 470.36	2 478.77	42.82	0.00	3 747.24	3 790.07
2008	17.75	0.00	508.87	526.62	89.24	0.00	954.10	1 043.34
2009	0.17	0.00	13.24	13.41	0.18	0.00	73.01	73.18
2010	0.00	0.00	12.72	12.72	0.00	0.00	22.78	22.78
2011	0.00	0.00	9.23	9.23	0.00	0.00	27.08	27.08
2012	0.00	0.00	13.80	13.80	0.00	0.00	16.07	16.07
2013	0.07	2.50	13.09	15.67	0.15	7.96	15.02	23.13
2014	0.08	3.15	77.63	80.86	0.09	10.03	42.18	52.30
2015	0.00	0.00	500.33	500.33	0.00	0.00	233.89	233.89
2016	0.00	0.06	689.21	689.27	0.00	0.46	238.59	239.05
2017	0.00	0.00	746.02	746.02	0.00	0.00	258.20	258.20

数据来源：中国海关数据库。

表24-8　2001—2017年我国梨出口量及出口额情况

年份	出口量（吨）				出口额（千美元）			
	鲜雪梨及鸭梨	鲜香梨	其他鲜梨	合计	鲜雪梨及鸭梨	鲜香梨	其他鲜梨	合计
2001	9 769	3 357	110 440	123 566	6 603	7 643	130 682	144 928
2002	36 863	13 559	468 809	519 231	23 063	31 025	489 096	543 185
2003	27 204	14 987	410 970	453 161	19 471	35 291	432 466	487 229
2004	22 567	15 159	336 632	374 358	19 509	41 477	384 576	445 562
2005	27 241	12 865	257 154	297 260	23 649	30 090	296 928	350 667
2006	38 190	14 522	328 560	381 272	23 349	33 453	304 948	361 750
2007	51 243	5 659	352 682	409 584	27 855	12 025	285 263	325 143
2008	61 379	9 095	332 404	402 878	34 744	17 205	233 647	285 596
2009	73 649	11 537	352 439	437 625	33 102	15 328	194 732	243 162
2010	96 521	11 629	354 621	462 772	39 075	13 918	167 475	220 468

（续）

年份	出口量（吨）				出口额（千美元）			
	鲜雪梨及鸭梨	鲜香梨	其他鲜梨	合计	鲜雪梨及鸭梨	鲜香梨	其他鲜梨	合计
2011	126 986	11 733	307 983	446 703	49 017	14 841	151 310	215 168
2012	153 314	22 819	228 794	404 926	44 294	22 517	94 899	161 710
2013	131 763	11 595	231 941	375 298	43 274	12 000	92 439	147 713
2014	170 502	18 387	179 444	368 333	41 949	15 759	64 468	122 177
2015	155 070	17 250	145 710	318 030	35 599	14 110	40 908	90 617
2016	158 751	12 602	125 624	296 976	39 190	5 239	35 555	79 984
2017	140 122	11 122	92 193	243 436	31 099	3 628	24 689	59 415

数据来源：中国海关数据库。

（三）梨种苗市场供应

1. 全国梨种苗供应总体情况

（1）总体供应情况

我国梨种苗（包括品种接穗）均由国内生产商提供。各大梨产区都有规模不等的育苗企业及育苗农户。但专业梨育苗企业的生产规模均较小，年产10万株以上的企业不足10家，且没有知名育苗企业，育苗的主力军还是个体育苗户。除此之外，还是原有果园自繁自用的。据估算，全年苗木供应量在1 800万株以上。高接换种接穗5 000万芽左右。存在的主要问题是，大多数育苗主体没有自己的母本园，接穗来源不稳定且不可靠。

（2）区域供应情况

我国梨种苗生产企业及育苗农户分布不均匀。目前育苗能力较强的企业主要分布在四川、重庆、安徽、山东、河北、浙江等地。四川、浙江等地有专业育果苗的村落，育苗基地很集中，成为全国梨苗的重要产地。由于梨树种苗没有强制性质量标准，各地种苗质量参差不齐。部分科研单位也进入了种苗供应市场。

2. 市场销售情况

由于梨育苗企业生产规模均较小，年产量一般不足10万株，个体育苗户年出圃苗量在5万株以下。2017年苗木销售情况较好。由于苗木价格在品种之间差异很大，原有主栽品种的苗木价格低，现有品种价格一般是老品种的2倍以上，但不同地区苗价差异很大。湖北、浙江、安徽的苗价较低，上海、江苏等地苗价较高。

二、梨科技创新

（一）梨种质资源

资源收集是种质资源研究的基础内容，国家果树种质资源圃兴城梨圃、武昌砂梨圃以及全国多家梨研究和生产单位开展了资源的收集工作。近年来，梨的起源进化和系统发育也备受关注，浙江大学滕元文等对梨属植物系统发育及东方梨品种起源研究进行了综述，并为梨属植物起源演化研究提出了建议。青岛农业大学王然课题组对山东长岛梨属植物资源进行了实地调查和遗传分析，发现了一种特异资源，并推定鸟类在梨属植物资源传播中可能充当一定的角色，这为进一步了解我国梨属植物的资源分布及演化提供了新的研究思路。张小双、曹玉芬等通过对脆肉型梨品种早酥和软肉型梨品种南果梨16个部位的多酚物质种类和含量的分析，揭示了梨品种不同器官或组织内多酚物质组成及含量，以期找到提取多酚物质的最佳部位，为梨资源多酚物质的利用提供了依据。在种质资源多样性研究方面，朱杨帆、吴俊等对南京地区梨种质资源叶片特性及生长习性调查分析；欧巧明、李红旭等开展了甘肃省梨地方品种资源遗传多样性及亲缘关系SSR分析。此外，桂腾琴等基于ISSR技术对贵州省地方梨品种资源遗传多样性进行了分析。

Ferradini et al.的研究支持了东、西方梨物种独立分化的观点，为梨各物种间的系统进化关系提供了新的依据。Xue et al.发现了一些适应性极强的梨的地方种，统称为藏梨。此研究用微卫星标记分析了29个藏梨、30个分布在云贵川交界处的砂梨和8个秋子梨的遗传多样性，28个SSR标记共扩增得到202个条带，聚类分析显示藏梨和砂梨的亲缘关系较近，群体结构分析揭示了位于金沙江东西两侧的藏梨由于地理隔离而限制了基因交流。5个地理组群的多样性数据表明，云贵川交界区的藏梨是由四川和云南地区的砂梨传播而来的。另外，藏梨的6个特有位点可能与其特殊的环境适应性相关。此项研究揭示了藏梨和砂梨的亲缘关系及藏梨在云贵川交界处分布的起源。Saba et al.利用19对RAPD引物对31个欧洲、伊朗和亚洲梨的遗传关系进行了研究。在这19对引物中，有15对引物共扩增出3 373个条带，可关联到150个多态位点。基于加权对群法聚类分析构建的系统树图，将31份资源划分成8个组，系数矩阵与相似矩阵的相关性达到0.82。综合考虑到这些资源的地理起源以及伊朗所处在欧洲和亚洲之间的位置，群体间的基因型确实存在极大的差异，显示出了RAPD分析适用于梨遗传多样性的研究。Bao et al.通过高通量Illumina测序获得了完整的叶绿体基因组。叶绿体环状基因组长160 153bp，由4个典型结构组成：大（LSC，88 129bp）、小（SSC，19 252bp）2个单一复制区域，二者由一对反向重复区域（IRs，每个26 386bp）间隔开。包含了78个编码蛋白、30个tRNA和4个rRNA基因，共112种基因。与其他同源家族类似，P. pashia叶绿体基因组具有碱基组成偏好性（31.35% A，18.63% C，17.93% G和32.09% T），A + T含量达63.44%。进化分析表明，P. pashia的叶绿体基因组与同属物种的亲缘关系更近。Reim et al.在德国萨克森州的7个野生梨集居地采集了278份野生资源，与35个栽培品种一起进行了遗传分析。该分析所用标记包括了9核心ncSSR标记和2个父系遗传的叶绿体标记（位于基因间区的trnQ-rps16和位于内含子中的rps16）。NcSSR数据的STRUCTURE分析显示出80%的野生个体均属于真型（true type）的野生梨。CpDNA分析结果显示该野生梨和栽培梨均拥有该单元型，但分布频率不等。方差分析显示：ncSSR标记的分析结果显示出野生梨和栽培梨间存在中等的遗传差异，而cpDNA分析结果显示出了极大的遗传差异。野生梨群体的高遗传多样性和低遗传结构表明群体内存在遗传交换。野生梨和栽培梨的鉴定结果确定了真型野生梨个体的存在，这些野生梨群体的遗传完整性和高遗传多样性说明很有必要对该野生梨资源的实施相关的保护措施。

最近，Wu et al.利用不同国家和地域来源的113代表性梨品种资源的重测序研究，揭示了梨的起源、传播、分化与驯化历程，明确了梨家族内的亲属关系。证实了梨起源于中国的西南部，经过亚欧大陆传播到中亚地区，最后到达亚洲西部和欧洲，并经过独立驯化而形成了现在的亚洲梨和西洋梨两大种群，两者的分化时间发生在660万～330万年以前，也就是说，在成为栽培种之前，野生的亚洲梨与西洋梨就分化了，由于东、西方人的不同驯化方向，而形成了差异较大的栽培种群。研究发现，在亚洲梨和西洋梨基因组的选择驯化区间，存在与生长发育、抗性等重要性状相关的候选基因，例如，果实大小、糖酸、石细胞、香味形成等。其中，糖合成代谢相关的基因最多，表明梨果实的甜度提高是人工驯化的重要方向。研究还发现，在2000多年前，亚洲梨和西洋梨曾经发生过"通婚"，从而形成了一个新的种间杂交种——新疆梨（以库尔勒香梨为代表），从发生年代来看，该种间杂交事件的发生很可能与丝绸之路的文化物资交流有关。同时，研究还指出，梨通过花柱S-RNase基因快速进化和平衡选择，来保持自交不亲和性，从而促进了梨的异交和高度遗传多样性。该论文系统研究了全球范围分布的梨野生和栽培资源，丰富了基因组遗传变异信息，进一步结合驯化选择区域以及数量性状遗传定位，将推动梨的遗传研究和分子育种进程。

（二）梨种质基础研究

基础研究作为科技创新的源头和产业发展的理论基础，在梨产业的发展中发挥着不可估量的巨大作用，对梨产业科技创新具有深远影响。2017年我国在梨分子生物学研究技术创新、功能基因的发掘及遗传规律解析等诸多方面取得了进展。

高质量DNA的提取是开展分子生物学研究的重要基础。但由于不同植物及不同组织，甚至是同一植物及同一组织的结构和内含物等内在存在一定差异，导致其DNA提取难易程度差异明显。南京农业大学梨工程技术研究中心开发了一种提取梨组织高质量基因组DNA的新方法——N-月桂酰肌氨酸钠法。此方法不需水浴加热，步骤少，操作简单，提取的DNA纯度、浓度均有较大提高，并且适用于大片段DNA的提取。基因芯片技术在基因表达检测、突变检测、基因组多态性分析和基因文库作图以及杂交测序等方面具有广泛的应用，具有操作技术简单、自动化程度高、获得的信息量大、效率高成本低等特点。谭晓风等首先将基因芯片技术应用于梨品种S基因型的鉴定，并优化了梨S基因cDNA芯片杂交条件，对部分梨品的基因型进行了鉴定。赵瑞娟、李秀根等筛选出的25对梨SSR引物，带型清晰、稳定，多态性信息含量均在0.70以上，可作为核心引物用于梨种质资源鉴定和遗传多样性分析等研究。青岛农业大学肖玉雄等开发了一种利用2b-RAD测序结合HRM分析技术开发与梨矮生性状相关的DNA分子标记技术，并用实验证明了此方法进行果树重要农艺性状分子标记行之有效，可成为目标性状标记辅助选择的有力工具。RAPD分析技术已经广泛应用于梨的遗传多样性研究，尹明华等利用RAPD分子标记对上饶早梨3个主栽品种离体保存后再生苗的遗传稳定性进行分析，并对其品种进行鉴定。

在功能基因发掘及克隆方面，福建农林大学园艺学院刘杭、吴少华等对砂梨*PpGAI3*基因进行了分离和原核表达，所得砂梨DELLA蛋白编码基因*PpGAI3*为植物DELLA蛋白家族中的成员，在梨花芽休眠过程中具有特异表达，且表达产物大部分以不溶性包涵体形式存在。冀志蕊、周宗山等对砀山酥梨*TCP*基因家族全基因组进行了鉴定和分析，为今后揭示梨*TCP*基因的功能提供了重要的理论基础。郝宁宁、姜淑苓等以梨优良矮化砧木中矮1号新梢嫩茎为试材，克隆获得了与矮化相关的基因*PcLUE1*并对其功能进行了分析。在砧木资源的抗性基因发掘研究方面，南京农业大学资源与环境科学学院金昕等克隆了杜梨*PbIRT1*基因的cDNA全长序列，为进一步研究*IRT1*基因的功能及杜梨缺铁胁迫机制提供了理论依据。山东果树研究所冉昆、王少敏等对杜梨转录因子基因*Pb4RMYB*的分离、表达及亚细胞定位分析，为阐明*Pb4RMYB*基因的功能及未来利用基因工程手段进一步提高梨砧木的抗逆性奠定基础。此外，青岛农业大学的研究人员对杜梨不定根形成相关基因*PbARRO-1*进行了克隆及定量表达分析。南京农业大学阚家亮、常有宏等对豆梨NAC转录因子基因*PcNAC1*进行了克隆、亚细胞定位，并对其功能进行了初步探索。以上研究涉及梨休眠、矮化、抗性等多个重要性状相关的基因克隆和功能发掘，对产业的发展具有重要意义。

在遗传规律探索方面，舒莎珊等对翠冠梨大果型芽变的细胞学及相关基因表达进行研究，确定潘庄大翠冠是翠冠梨大果型芽变果实增大的机制并非染色体加倍，而是由在果实发育过程中细胞分裂期细胞的活跃增殖引起的。在此过程中，多个细胞周期相关的基因可能参与了果肉细胞的分裂，尤其D型周期蛋白CYCD3在潘庄大翠冠中的表达量显著高于翠冠，可能促进了细胞分裂过程，是导致潘庄大翠冠果实细胞数量较多的原因之一。钱敏杰以绿皮梨早酥及其芽变红早酥，红色砂梨品种满天红和美人酥，红色西洋梨品种凯斯凯德为主要试材，探讨了DNA甲基化和miRNA对红梨着色调控的相关机制，同时筛选了光敏感型红梨材料。白牡丹等以玉露香梨与黄冠梨及其杂交后代群体为试材，通过调查后代果实主要经济性状，对其遗传分布进行了研究，分析了杂种后代亲本性状的遗传倾向。在生长发育机理研究中，王斐等阐释了不同果肉类型梨发育过程中果实性状的变化。苏艳丽等分析了两个红色梨生长期矿质元素的变化及相关性。徐文清等研究了砧木对丰水梨果实有机酸组分和含量变化的影响。以上遗传规律研究，为梨新品种选育及性状的遗传机理研究提供了丰富的理论依据。Tuan et al.研究发现*PpDAM1*上调表达了一个与脱落酸合成相关的限速基因*9-cis-epoxycarotenoid dioxygenase*（*PpNCED3*）。*PpDAM1*通过结合位于*PpNCED3*启动子区域的CArG结构域激活了*PpNCED3*基因的表达，从而促进了幸水梨侧花芽的脱休眠，这个结果与ABA诱导的分解代谢和信号转导基因水平下降的现象是一致的。*PpDAM1*与ABA代谢和信号通路在梨休眠过程中存在着反馈调节机制。在离体条件下DAM和ABA生物合成之间的相互作用的首次发现，将进一步加深对落叶树种，包括梨在内的芽自然休眠调节机制的认识。

Wang et al.将东方梨最初的68个*S-RNase*等位基因整合成48个重新命名的具有特异性功能的*S-RNase*等位基因。Wang et al.找到了15个*PbCOLs*梨（Pyrus×bretschneideri），这些*PbCOLs*利用蛋白质序列生成进化树，能够分成3组。多序列比对分析显示，所有的*PbCOLs*都含有保守的B-box和CCT（CO，CO，TOC1）结构域。结果表明，*PbCOLs*可能功能较为保守。有6个*PbCOLs*被认为参与生物钟信号和光周期。Wang et al.认为*PbCOL8*是Group2家族中的一员，可以抑制开花时间。这个发现有助于阐明梨的花芽分化。Li et al.在梨中发现了18个SWEET转运蛋白并将其分为4簇，数量上几乎是林地草莓和日本杏的2倍。

Xue et al.明确了*PbrmiR397a*通过转录后调控3个*LAC*基因抑制了漆酶合成，从而调控梨果实石细胞主要组分木质素的合成过程。He et al.研究了雪花梨果实中和绿原酸合成相关的基因的表达模式，发现雪花梨果皮中绿原酸含量高于果实；随着果实发育果实和果皮中绿原酸含量降低，果实中*PbPAL1*、*PbPAL2*、*PbC3H*、*PbC4H*、*Pb4CL1*、*Pb4CL2*、*Pb4CL6*、*PbHCT1*和*PbHCT3*的表达水平下降。上述基因的表达水平与绿原酸含量的变化模式一致，表明它们可能是影响雪花梨果实中绿原酸合成的关键基因。*Pb4CL7*的表达水平和绿原酸含量的变化模式不一致，推测它可能不是参与绿原酸合成的关键基因。Yuan et al.鉴定了一个参与该过程的肌动蛋白相关蛋白——PuARP4。在果实发育和成熟过程中，花、果、茎、幼叶、根中PuARP4基因的表达量降低，乙烯利和1-MCP（1-甲基环丙烯）能够分别抑制、促进该基因表达。

Yuan et al.以PuARP4为饵蛋白对南果梨果实的cDNA文库进行了筛选，认为PuPME1（pectin methylesterase 1）（可降解细胞壁中的果胶）是PuARP4的候选互作因子。认为PuARP4参与乙烯介导的果实成熟过程，与PuPME1互作共同调控果实的成熟。本研究在果实成熟和细胞骨架之间建立了新的联系，为乙烯介导的果实成熟研究提供新的平台。

（三）梨育种技术

国际上梨新品种选育技术，仍以杂交育种为主要技术手段。近年来，以转基因育种及分子辅助育种等主要内容的现代生物技术育种已成为研究热点，美国在梨的转基因育种方面走在世界前列，日本在分子标记领域的研究处在世界领先地位，而韩国、新西兰等国育种技术的发展也备受世界关注。2017年，Wang et al.用SLAF-seq技术开发出了4 797个SNPs标记，并用其中的4 664个SNPs标记，结合201个SSRs标记构建了Red Clapp's Favorite（Pyruscommunis L.）×Mansoo（PyruspyrifoliaNakai）的F₁代高密度连锁图谱。整合的连锁图谱包含17个连锁群，跨越2 703.61cM，相邻标记间的距离为0.56cM，每个连锁群锚定6～18个SSR标记。此外，确定了母本和父本图谱的详细信息，同时还鉴定了SNPs标记在Bartlett（P. communis L.）基因组上的物理位置，研究结果有助于重要经济性状相关候选基因的鉴定。Sharma et al.通过将梨的白根腐病病菌侵染晚休眠期（2月）的梨苗根际，7月新梢即会生长，伴随着菌株大量繁殖并开始攻击植物根际，最后观察植物枯萎率、落叶率等指标，从而筛选抗病砧木，该方法是一种容易、快速、可靠的筛选抗白根腐病梨苗砧木方法。

（四）梨新育成品种

国际上，Semeikina V. M.所在西伯利亚园艺研究所已培育出14个梨品种，其中7个已列入国家育种成果登记册，并获准使用，包括Lel、Sibiryachka、晚熟Kuyumskaya、早秋Karatayevskaya、Kupava、Svarog、晚秋Perun等夏季品种。品种主要抗寒性、产量、果实保质性高。这些品种均通过了国家品种试验。在生产中引进新品种将有助于改进现有品种。Dagoberto育成新品种SCS421 CAROLINA，该品种属于亚洲梨，更确切地说是日本梨。它是在Epagri / Cacador试验站通过Kousui×Osanijisseiki杂交而来，其花期从9月下半月至10月中旬，与丰水相似。根据初步结果，鸭梨和丰水可以为该品种授粉。收获季节在2月上旬，产量超过20吨/公顷。与丰水相比，果实更圆更对称。果皮金黄，果肉酥脆，香甜，多汁，略带芳香。果实可在传统的冷藏库中保存4个月。未有疥疮和干性分支疾病的发病记录。推荐在巴西南部寒冷地区种植。

高抗、红皮、矮化自疏、自花结实、加工专用、观光果业需求等特色梨品种选育受到重视，也是当前育种的重要目标与研究内容。2017年我国育成梨新品种10个，其中杂交育成7个，芽变选育1个，实生选育2个（表24-9）。

表24-9　2017年我国梨新品种育成概况

品种	选育单位	成熟期	育种途径	品种特性及审定年份
翠雪梨	四川省苍溪梨研究所、苍溪县农业局	7月10日左右	二宫白梨和苍溪雪梨杂交选育	果实短圆形，果面光洁，果肉乳白色，肉质较细嫩，石细胞少，汁液多，香气浓郁，风味酸甜，品质极上，可溶性固形物含量12%～13%。2015年审定
新梨10号	新疆生产建设兵团第二师农业科学研究所	9月上中旬	库尔勒香梨和鸭梨杂交选育	果实卵圆形，果形端正，脱萼，单果质量174.8克，果实底色浅绿色，着鲜红色条纹或晕，果面光亮。果肉乳白色，肉质松脆，汁液多，石细胞少。2014年审定
甜香梨	黑龙江省农业科学院园艺分院	9月下旬	南国梨与苹果梨杂交选育	果皮黄色，有鲜红晕，果肉乳白色，肉质细软，汁液多，风味甜，有香气。2014年审定
大巴梨	山东省烟台市农业科学研究院	8月中下旬	巴梨大果芽变	大巴梨葫芦形，与巴梨同。平均单果质量356克，比巴梨（217克）大60%以上。果面黄绿色，光洁，贮藏后变黄色，阳面有红晕。果肉乳白色，质地细腻、柔软多汁，石细胞极少，味浓香甜，品质极上
中加1号	中国农业科学院果树研究所	9月中下旬	锦香梨实生优系	果实近纺锤形，平均单果质量232克，底色黄绿，阳面淡红色。果肉乳白色，肉质细腻，汁液多，石细胞少，风味甜酸，适于做冻梨、制汁、制罐。2016年备案
滨香	大连市农业科学研究院	8月中旬	三季梨与李克特杂交选育	短颈葫芦形，果面颜色为绿色，光照好的条件下，果实阳面有淡红色晕；果皮薄，果面平滑，无果锈，外观极好。经后熟，果面颜色变为鲜黄色，肉质变软，果肉呈淡黄色，肉质细腻、易溶于口，汁液丰富，石细胞极少，风味酸甜适度，并具有浓郁果香，品质极上。2017年登记
鲁秀	青岛农业大学	8月中旬	丰水梨实生后代	果实圆形，端正，中大，平均单果重317克；果皮褐色；果肉白色，肉细，酥脆多汁，石细胞少，酸甜适口，风味浓；果心小；果实可溶性固形物含量15.6%，果肉硬度6.1千克/厘米²，品质上；果实发育期120天左右，在青岛地区8月中旬成熟；高接树第5年平均单株产量21.0千克，折合亩产3 717千克，丰产性好。2017年鉴定
琴岛红	青岛农业大学	8月中下旬	新梨7号×中香梨	果实卵圆形，中大，平均单果重278克；果皮黄绿色，果实阳面有粉红色片状红晕，外表美观，果肉乳白色，肉细，酥脆多汁，酸甜适口；果心较小；果实可溶性固形物含量13.6%，品质上；果实发育期130天左右，在青岛地区8月中下旬成熟；高接树第5年平均单株产量17.4千克，折合亩产3 079千克，丰产性好。2017年鉴定

（续）

品种	选育单位	成熟期	育种途径	品种特性及审定年份
青砧 D-1	青岛农业大学			该砧木与我国常用杜梨和豆梨砧木，砂梨和白梨品种表现亲和，未出现大小脚现象；作为中间砧，与对照树相比，树形结构紧凑，花芽形成率高，较对照树矮化25%左右，整形修剪简便，降低了栽培管理难度，且嫁接后品种生长发育良好，结果早、丰产、果品优质
夏清	南京农业大学	8月上旬		

三、梨品种推广

（一）品种登记情况

梨是2017年列入国家品种登记名录的，在此之前，仅有辽宁等少数几个省份开展品种登记工作，其他的省份均还是作为非主要农作物开展品种审认定工作。2017年尚处于申报阶段，没有通过国家品种登记的梨品种。

（二）主要品种推广应用情况

我国梨栽培历史悠久，地方品种丰富。在20世纪70—80年代以前，生产上使用的品种主要是砀山酥梨、鸭梨、库尔勒香梨、南果梨、苹果梨、金花梨、雪花梨、苍溪雪梨、京白梨、义乌三花梨等晚熟地方品种。我国梨品种选育工作起步于20世纪50年代。1969年，中国农业科学院果树研究所育成了第一个梨新品种早酥，1974年，浙江农业大学育成了黄花，这两个新品种的大面积推广应用加快了品种更新换代。20世纪末至21世纪初，我国又相继育成了翠冠、黄冠、中梨1号、玉露香、翠玉等为代表的优良品种130余个。这些新品种的大面积推广，使得早、中、晚熟品种结构趋向合理，形成了以优良地方品种和自主育成的梨新品种为主，引进品种为辅的良好品种结构。梨鲜果采收期延长了近2个月，结合贮藏保鲜，梨鲜果已实现了周年供应。

1. 推广面积

（1）全国主要梨品种推广面积变化分析

变化最为明显的是早熟品种的面积，近10年来在逐年增加，从占面积不足7.0%上升到现在的20.0%左右。主要栽培品种有：翠冠梨（约占7.0%）、早酥（占4.0%）、中梨1号（绿宝石）（约占3.0%）、翠玉（占1.5%）、若光（占1.0%）、其他品种（约占3.5%）。黄冠梨的育成与推广促成了中熟品种的结构调整，中熟梨品种比例由10年前的23.0%上升到现在的27.0%。其主要品种有：黄冠梨（占8.0%）、黄金梨（占4.0%）、圆黄梨（占4.0%）、丰水梨（占3.0%）、黄花梨（占2.5%）、新梨7号（占1.0%）、其他品种（约占4.5%）。早、中熟品种的大幅增加，压缩了晚熟梨的比例，晚熟品种主要有：砀山酥梨（占16.0%）、鸭梨（占12.0%）、库尔勒香梨（占5.0%）、南果梨（占5.0%），苹果梨（占4.0%）、玉露香（占2.0%）、红香酥（占2.0%）、金花梨（占2.0%）、雪花梨（占1.0%）、苍溪雪梨（占1.0%）、其他品种（占2.0%）。

（2）各省份主要品种的推广面积占比分析

南方地区推广种植以早熟梨品种为主，北方及西部产区以中晚熟品种为主。早熟梨翠冠主要分布在长江流域及以南地区。黄冠、砀山酥梨、鸭梨、库尔勒香梨、南果梨、苹果梨等主要分布在黄河流域及以北地区。如浙江的翠冠占65%左右，福建的翠冠占45%以上，黄冠已占河北的35%以上，库尔勒香梨在新疆占70%以上，南果梨在辽宁占75%左右。

2. 品种表现

（1）主要品种群（推广面积在10万亩以上）

目前生产上推广面积在10万亩以上品种有21个，分别是砀山酥梨、鸭梨、黄冠、翠冠、南果梨、库尔勒香梨、苹果梨、早酥、玉露香、中梨1号、翠玉、黄金、圆黄、丰水、黄花、新梨7号、红香酥、金花梨、雪花梨、若光、苍溪雪梨。

（2）主栽（代表性）品种的特点

黄冠：河北省农林科学院石家庄果树研究所以雪花梨为母本，新世纪为父本育成。主要特点：属于中熟品种，果实外观美、品质中上、丰产、稳产、耐贮耐运。

翠冠：浙江省农业科学院园艺研究所以幸水×（杭青×新世纪）杂交选育而成。主要特点：属于早熟品种，品质上等，丰产、稳产。

（3）2017年生产中出现的品种缺陷

目前，玉露香梨以其良好的品质受到了市场追捧，在山西、陕西、河北、河南等地推广面积较大，但是僵芽（死花芽）现象严重，产量受到很大影响。一年生枝条上的花芽大量松散枯死，造成枝条光秃，产量受损。尤其在生长势强旺的树上表现更为明显。部分地区黄冠出现果面花斑病，库尔勒香梨出现顶腐病。

（三）风险预警

1. 种子市场和农产品市场需求方面

种苗市场规模小，不规范。跨地区调运易造成病虫害的传播。

2. 国外品种市场

我国梨品种自给率是主要树种中最高的，我国自主育成的品种综合性状已达到世界先进水平，不易受国外品种的冲击。但是在西洋梨育种与生产方面，我国处于相对落后局面。我国已开放梨果品市场，主要进口软肉型西洋梨品种，而我国主要生产和消费的是脆肉型亚洲梨品种，所以目前来看风险不是很大。不过，近年来，新西兰开始向我国出口脆肉型的红皮梨新品种，品质和外观都不错，将来有可能对我国梨果产业造成较大的影响。

3. 病虫害及自然灾害方面

中国梨栽培区域广阔，有害生物发生种类繁多，根据国家梨产业技术体系2010—2012年系统调查及查阅多年记录资料，我国梨的病虫害共有112种。异常气候条件的频频出现，也使得梨病虫害的发生有进一步加重的趋势。随着我国苹果和梨种植区域的扩大，梨病虫害已成为制约梨产业发展的一大障碍。

4. 可能会带来种植损失的品种

梨腐烂病发病轻重与梨树的品种及其抗寒性密切相关。秋子梨系统基本不发病，白梨、中国砂梨系统发病很轻，日本砂梨系统发病较重，西洋梨系统的品种发病最重。在白梨系的品种中，雪花梨易发病。砂梨系统中的苍溪梨易发病，其次为西昌后山梨。日本砂梨中，幸水品种发病最重。梨轮纹病的发病程度与品种也有密切关系。西洋梨最感病，砂梨系统品种居中，中国梨较抗病。在中国梨系统中，白梨、京白梨、鸭梨、酥梨、南果梨等品种发病较重。梨炭疽病原是我国梨区的次要病害。但近些年来，该病的发生危害显著加重，南方多雨地区的密植栽培的翠冠易发病，造成提早落叶、开秋花，可能会带来次年的种植损失。

5. 绿色发展及特色产业发展方面

病虫的发生流行和危害，是影响梨生产的重大问题，一直为世界各国普遍关注和高度重视。而且，农产品农药残留超标等质量安全问题，越来越引起社会广泛关注，绿色发展方面，需要选育抗性强、易栽培的品种类型。

近年来，观光果园发展迅速，对品种的多样性提出了要求，主要关注品种的花期、花色、果实皮色、果形等方面的显著差异性。

四、国际梨产业发展现状

（一）国际产业发展概况

1. 国际产业生产

近年来，世界上梨的总产量稳步增长，而几乎所有的增长均来自中国。1995—2016年，我国的梨产量增加了2倍多，从550万吨增长到1 870.4万吨（数据来源：农业农村部种植业司）。但与此同时，世界其他地区的梨产量增加缓慢，从1995年约700万吨上升到2009年的约800万吨，并始终徘徊在800万吨左右（Pear industry review，2016）。近20年，一方面我国梨种植面积增加了逾56%；另一方面，平均单产增加了近2倍，进而使我国梨产量不断快速增长。相比之下，欧盟15国的梨种植面积减少了约37.5%，欧洲其他国家减少了41.4%，北美洲减少了26.4%，俄罗斯减少了55%。而阿根廷、智利等主要的南半球梨生产国加在一起，种植面积仅增加了3.8%（表24-10、图24-3）。

但就平均收益率而言，欧盟15国的收益率在近20年增长了25.0%，其他欧洲国家仅上升了1.4%，北美洲国家上升了19.0%，俄罗斯上升43.0%，南半球主要生产国平均增长率为64.0%，这对多数国家来说均是重大成就，但均远远低于我国梨平均收益率的增长。由此可见，目前世界梨产业的内部平衡已严重偏向我国和亚洲梨。

表24-10　2009—2016年世界前10名梨生产国生产情况　　　　　单位：万吨

国家	2009年	2010年	2011年	2012年	2013年	2014年	2015年	2016年
中国	1 426.30	1 505.70	1 579.50	1 707.30	1 730.08	1 800.00	1 900.00	1 950.00
美国	86.84	73.81	87.61	77.21	79.56	75.40	66.50	73.90
意大利	87.24	73.66	92.65	64.55	74.30	73.60	72.30	70.20
阿根廷	70.00	70.42	81.86	82.51	72.23	58.00	65.00	90.60
土耳其	38.42	38.00	38.64	43.97	46.28	30.50	41.50	47.20
西班牙	46.40	47.67	50.24	40.72	42.57	40.00	37.70	36.60
南非	34.01	36.85	35.05	33.86	34.32	40.41	41.01	43.30
印度	30.85	33.60	33.47	34.00	34.00	34.00	34.00	34.00
荷兰	29.50	27.40	33.60	19.90	32.70	34.90	32.70	37.40
比利时	28.06	30.73	28.48	23.64	30.50	37.40	34.70	33.20
总产量	1 877.62	1 937.84	2 061.10	2 127.66	2 176.54	2 224.21	2 325.41	2 416.40

注：数据来源FAO；印度2016年数据缺失，沿用了2015年数据。

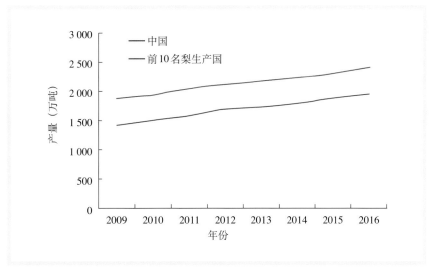

图24-3　2009—2016年中国梨产量与世界前10名梨生产国总产量年变化曲线

2. 国际贸易发展情况

整体来看，目前世界梨贸易量仍相对缓慢，2011年世界鲜梨出口量达到高峰，然后在2012年下降了约2%，在2013年又下降了4%。不完全数据表明，2014年、2015年全球鲜梨出口量仍未达到2011年的水平。其中一个重要原因是，尽管我国鲜梨产量一直不断增长，但我国鲜梨出口量却在不断下降；另一方面，世界梨产业发展缓慢，减少了对扩大出口的需求。

2009—2015年，中国和阿根廷在主要的鲜梨出口国中轮流排名第一或第二，荷兰和比利时一直名列第三或第四，但由于这两个国家都是第三国出口到德国和其他欧洲市场的新鲜梨的主要渠道，因此很难区分出口是来自本国的货物，还是正在运输的货物。在其余7个鲜梨主要出口国中，只有南非、意大利和葡萄牙出口量在2009年和2015年间大幅增长。阿根廷、中国、荷兰、美国、意大利2015年的出口量低于2009年（表24-11、图24-4）。

表24-11　2009—2016年世界前10名梨生产国出口情况　　　　　　　　　　单位：万吨

国家	2009年	2010年	2011年	2012年	2013年	2014年	2015年	2016年
阿根廷	45.40	41.96	47.24	39.39	43.87	43.85	30.50	31.00
中国	46.28	43.87	40.28	40.96	38.13	29.73	37.44	46.13
荷兰	31.45	34.93	35.03	33.00	26.68	27.48	30.40	31.60
比利时	21.03	29.54	28.84	28.10	24.46	29.36	33.72	32.76
南非	18.04	18.66	18.16	18.19	20.24	20.73	20.52	25.03
美国	16.62	15.93	17.82	19.14	18.89	18.94	16.50	16.50
智利	13.00	11.68	13.47	13.40	13.56	11.68	13.59	12.88
意大利	16.34	13.40	16.28	17.79	12.27	17.39	14.92	15.29
西班牙	10.57	12.97	13.31	12.48	12.15	13.15	10.81	10.28
葡萄牙	6.62	8.84	9.86	9.44	8.22	14.06	12.21	7.11
出口总量	225.35	231.78	240.29	231.89	218.47	226.37	220.61	228.58

注：FAO数据；美国2016年数据缺失，沿用了2015年数据。

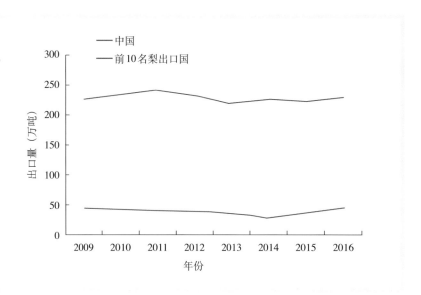

图24-4　2009—2016年中国梨出口量与世界前10名梨出口国出口总量年变化曲线

（二）主要梨生产国研发现状

1. 栽培模式

日本近年来推广的单干式联合棚架有了新的改进。形成了单向连枝式的树干，结果枝成Y形。在此基础上又发展成双向先连枝式的树干，结果枝成Y形。西洋梨栽培模式没有显著变化，90%以上的梨园实现了矮化密植。美国和南美洲国家还是传统的乔化树形。一种叫做Bi-axis的树形在意大利得到了越来越多的应用。比利时发现纺锤形成本最高，而长梢修剪和Tienen篱壁最节约成本。

2. 土肥水管理

Shen et al.发现，低钾胁迫显著降低叶片和果实的钾营养和碳水化合物代谢；果实成熟时，低钾诱导3个SDH和2个参与山梨醇代谢的S6PDH基因上调，促进果糖积累，而高钾能增强叶片光合作用，促进叶片中养分和碳水化合物向果实的分配。Muzafferipek et al.发现接菌处理对梨叶片有机酸含量和铁含量有显著影响，这些菌种具有可代替铁肥作为生物肥料使用的重要潜力。Sorrenti et al.发现在微量营养元素中，梨树对硼的吸收量变化范围为1.2 ~ 2.4千克/公顷，铁为3千克/公顷，锰、铜和锌则为每公顷几百克。

3. 花果管理

在10.0℃时，欧洲梨花粉萌发率能达到50%以上，在此温度下，用欧洲梨进行授粉的日本梨金二十世纪和丰水坐果率也可达到50%，同时其果实品质和种子数不受影响，但是对于长十郎来说，采用同样的授粉品种，其坐果率低于20%。

4. 种质资源研究

Brahem et al.明确了梨栽培品种果皮或果肉中主要的酚类化合物是原花青素，其基本组成单元基是(-)表儿茶素。Kishor et al.明确了类型间的性状差异与基因型和植株生长环境紧密相关。Ferradini et al.的研究支持了东、西方梨品种独立分化的观点，为梨各品种间的系统进化关系提供了新的依据。

5.群体遗传研究

Gabay et al.确定了需冷量诱导的植物萌芽QTL位点在8号和9号染色体上，进一步明确了需冷量的遗传机制。Knabel et al.明确了硬枝扦插根系发育QTL位点共同定位在两个亲本的7号染色体上，并且展现出了双亲本的超亲效应。

6.功能基因研究及分子标记开发

有研究认为MADS-box（PpDAM1 = PpMADS13-1）基因对幸水花芽自然休眠过程具有重要作用。Tuan et al.研究发现PpDAM1与ABA代谢和信号通路在梨休眠过程中存在着反馈调节机制。Wang et al.将东方梨最初的68个 *S-RNase* 等位基因整合成48个重新命名的具有特异性功能的 *S-RNase* 等位基因。Li et al.在梨中发现了18个 *SWEET* 转运蛋白并将其分为4簇，数量上几乎是林地草莓和日本杏的2倍。Xue et al.发现了一些适应性极强的梨地方种，统称为藏梨。研究揭示了藏梨和砂梨的亲缘关系及藏梨在云贵川交界处分布的起源。Wang et al.用SLAF-seq技术开发出了SNPs标记，结合SSRs标记构建了Red Clapp's Favorite（*Pyrus communis* L.）×Mansoo（*Pyruspyrifolia*Nakai）的 F_1 高密度连锁图谱。

7.贮藏保鲜

围绕梨果采后品质控制及生理病害防控等核心问题，国际上重点围绕果实品质无损检测、气调、1-MCP、果实成熟度预测及生理病害预警等技术开展研究，整体来看，目前国际上梨采后品质控制及生理病害防控仍主要依赖气调和1-MCP技术，但与国内相比，技术参数与控制水平更加精准，以意大利、荷兰等国家目前重点开展果实动态气调、超低氧气调等先进技术研究不断完善并进行了产业化示范；另外，无损检测与生理病害预警监测研究不断拓展，通过跨学科协同创新，构建了精准高效、品质无损检测和生理病害预警监测模型，以美国、新西兰等为主的国家基于高通量测序、GC-MS及现代组学等技术，深入分析挖掘果实采后品质变化过程中所有代谢产物（挥发性、水溶性等），构建代谢产物与调控基因大数据库，利用生物信息学分析影响果实采后品质劣变的核心物质及调控因子，深入研究其分子结构，分析其生物学功能，建立梨果采后关键风险因子预测调控模型，制定果品采后主要因子防控技术方案，开发关键风险因子控制及现场快速检测装备，创建颠覆性的新型水果贮藏技术及方案等均是目前采后领域研究的重要热点。

（三）主要梨生产国家竞争力分析

西方梨的25个主要生产国在2016年将总体以及3个主要子类别进行排名，并与2015年的总体排名进行了对比。通过对比可以看出，智利从2015年的第二名上升到2016年的第一名，而美国则从第一名下滑至第五名。荷兰从第六名上升到第四名。2015年排名前10位的其他国家，在2016年仍然保持在前10名，仅在排名顺序上有轻微变化。而其余国家中，澳大利亚在整体排名中的进步最为显著，从第十五位上升至第十一位。阿根廷和俄罗斯是仅有2个排名下滑的国家。奥地利、法国、意大利3个欧洲国家进入了前10名，其他分类考核项中，这3个国家也都进入了前10名，可见其综合竞争力水平很高。

智利、新西兰和南非是南半球排名最高的3个国家；墨西哥、希腊、保加利亚、匈牙利、塞尔维亚、罗马尼亚和俄罗斯都排在最后10名。在生产效率排名的前10名中，有5个在西欧，5个在南半球，总的来说这些国家有非常有力的植物生长条件，而且园艺理论和管理技术更加先进。基础设施和投入方面，西欧国家投入相对较少，法国最高，排名第六。但在金融和市场因素方面欧洲国家排名很高，而阿根廷等南半球国家经济和市场方面得分较低，拉低了整体排名（表24-12）。

我国和日本未被列入与西方产梨国的竞争排名。然而日本整体得分降低于南非的第9名，我国的排名将和排名第18的土耳其持平。在生产效率方面，我国和日本均处于领先地位。基础设施和投入方面，日本排名第十一位，中国第十七位，仅次于英国。在金融和市场因素方面日本排在第三位，中国排在中间。

表24-12 主要西洋梨生产国2015年、2016年竞争力排名

排名顺序	2015年总排名	2016年			
		总排名	生产效率排名	基础设施和投入排名	经济和市场排名
1	2	智利	奥地利	智利	荷兰
2	4	奥地利	智利	美国	比利时
3	3	新西兰	荷兰	新西兰	奥地利
4	6	荷兰	南非	加拿大	法国
5	1	美国	比利时	南非	意大利
6	5	比利时	法国	法国	西班牙
7	8	法国	阿根廷	奥地利	波兰
8	7	意大利	澳大利亚	意大利	德国
9	10	南非	新西兰	土耳其	葡萄牙
10	9	德国	意大利	阿根廷	英国
11	15	澳大利亚	德国	比利时	智利
12	12	加拿大	美国	荷兰	新西兰
13	11	英国	英国	德国	美国
14	14	西班牙	土耳其	澳大利亚	加拿大
15	13	阿根廷	葡萄牙	西班牙	澳大利亚
16	16	葡萄牙	保加利亚	英国	墨西哥
17	18	波兰	希腊	波兰	保加利亚
18	17	土耳其	西班牙	葡萄牙	南非
19	19	墨西哥	俄罗斯	墨西哥	塞尔维亚
20	20	希腊	塞尔维亚	希腊	希腊
21	22	保加利亚	墨西哥	匈牙利	罗马尼亚
22	21	匈牙利	匈牙利	塞尔维亚	匈牙利
23	24	塞尔维亚	波兰	保加利亚	阿根廷
24	25	罗马尼亚	加拿大	罗马尼亚	俄罗斯
25	23	俄罗斯	罗马尼亚	俄罗斯	土耳其

注：参考World pear review，2016。

（编写人员：张绍铃　施泽彬　周应恒　曹玉芬　吴　俊　王文辉　王国平　谢智华　陶书田　等）

第25章 葡萄

概　　述

    葡萄是世界上分布范围最广、产业链最长和产品贸易额最大的果树之一，在世界水果生产中占有重要地位。葡萄在我国的栽培历史悠久，据史料记载，汉代张骞出使西域，从大宛（今塔什干地区）带回葡萄栽种，至今已有2 000多年的历史。此后，葡萄通过"丝绸之路"从南疆进玉门关，过河西走廊传入内地，在漫长的历史年代中，在我国流传很广，在大江南北遍地开花结果。

    2015年，世界葡萄种植面积为712.45万公顷，总产量为7 449.99万吨。其中产量最大的前5个国家依次为中国、美国、意大利、西班牙和法国，面积最大的前5个国家依次为西班牙、中国、法国、意大利和土耳其。葡萄用途多样，既可生食，也可酿酒、制干、制汁，同时可提取酒食酸，根和藤还具有安胎、止吐的药用价值，果皮和种子中所含的白藜芦醇及其葡萄糖苷具有抗血栓、抗动脉硬化和抑制肿瘤的作用。2015年农业部统计资料显示，我国葡萄栽培总面积为79.92万公顷，居世界第二位；自2010年以来一直居世界葡萄产量的第一位，2015年产量达1 366.9万吨。葡萄栽培总面积仅次于柑橘、苹果、梨和桃，占全国果树栽培总面积（12 816.7千公顷）的6.24%，居于第五位。从总产量上看，仅次于苹果、柑橘、梨，占全国果品总产量（17 479.57万吨）的7.82%，居于全国水果产量第四位。葡萄生产在我国农业产业结构调整，促进区域经济发展和增加农民收入等方面发挥着重大作用。

    我国与世界多数葡萄种植国家不同，发达国家生产的葡萄大约80%用于酿酒或加工，20%用于鲜食；而我国的葡萄生产以鲜食为主，占80%以上，其余用于酿酒或其他加工。我国的鲜食葡萄产业一直处于增长的趋势，其中历经了3次快速发展阶段：第一次快速发展是1949年后，从东欧各国引入大量的葡萄品种和苗木；第二次是在20世纪50年代末，掀起了发展高潮，原北京农业大学从日本引入了巨峰品种，后在全国各地的引种试种；第三次是在80年代末期，全国进入了快速发展和广泛栽培时期。沈阳农业大学和中国农业科学院郑州果树研究所等单位相继从美国引入一批优质的欧亚种葡萄品种。到90年代后期，在我国掀起了以红地球为代表的晚熟品种的发展高潮。可以说每一次快速发展时期都伴随着新品种的引进、选育与推广，新品种对促进葡萄生产的发展正发挥着越来越重要的作用。

    近年来，引入的日本品种夏黑和阳光玫瑰由于品质佳、效益好，发展势头迅猛，进一步推动了我国葡萄产业的发展。

一、我国葡萄产业发展

（一）葡萄生产发展状况

1. 全国生产概述

（1）栽培面积变化

我国葡萄栽培面积、产量和单产总体呈稳定上升趋势。葡萄种植面积由1980年的31.6千公顷增长到2015年的799.16千公顷，年平均增长率为9.67%。近几年葡萄栽培面积增速放缓。

（2）产量变化状况

葡萄产量由1980年的11万吨增长到2015年的1 366.9万吨，产量增长幅度大于面积增长幅度，年平均增长率为14.77%。2000年以来，产量由328.2万吨增长到2015年的1 366.9万吨，年平均增长率为4.16%，增长幅度变缓。

（3）单产变化情况

葡萄单产由1980年的3.48吨/公顷增长到2015年的17.10吨/公顷，年平均增长率为4.65%，优新品种的引进推广和新的栽培技术普及，促进了葡萄产量的增长。

（4）栽培方式演变

栽培方式从传统的露地栽培模式，到设施栽培、休闲观光高效栽培等多种模式不断涌现。设施避雨和设施延迟栽培改变了我国葡萄生产的原有布局，使原来不能生产葡萄的南方地区和西北寒冷荒漠地区成为新兴的葡萄生产地区。南方简易避雨栽培发展速度最快，栽培面积最大。广西开展的"一年两收"模式，延长了葡萄的供货期，提高了经济效益。设施促早主要集中分布在环渤海湾产区及东北地区，延迟栽培主要分布在西北高海拔产区。新的栽培模式比传统露地栽培经济效益高，因此，各种设施栽培、一年两收、休闲观光高效栽培和机械化生产等现代栽培面积将进一步增加。

2. 区域生产基本情况

（1）各优势产区的范围

除香港、澳门外，我国几乎各个省份（含台湾省）均有葡萄栽培，但葡萄主要产区分布相对集中于若干优势产区。主要有新疆及西北黄土高原产区（鲜食、酿酒、制干），辽宁北部、吉林、黑龙江产区（鲜食、酿酒），华北、环渤海湾产区（鲜食、酿酒），南方及云贵高原地区（鲜食）等。目前，新疆及西北黄土高原产区、环渤海湾产区的葡萄面积和产量占绝对优势。由于设施避雨栽培技术的推广，南方产区葡萄栽培面积迅速增加，到2015年，南方13个省份葡萄栽培面积达28.7万公顷，总产量458.3万吨，分别占全国面积的35.91%和产量的33.53%，南方葡萄已成为我国现代葡萄产业发展的一个重要特点。

（2）自然资源及耕作制度情况

葡萄在我国种植历史悠久，形成了传统的葡萄生态区和耕作管理模式。在北方地区，由于葡萄不耐寒冷冬季，需要埋土防寒，每年入冬前需要将葡萄修剪后覆土，翌年春季再出土，耗费大量的劳动力。随着劳动力成本不断提高，葡萄园用工问题日益凸显。由于葡萄园多为一家一户种植，受传统小农思想的影响，多数果园以清耕和清耕结合作物覆盖为主，认为清耕易操作，生草法有悖于传统，不易管理。我国南方地区雨热同季，葡萄成熟时病虫害严重，被认为不适合葡萄种植。随着避雨栽培技术的推广，这一问题得到了很好的解决，产业发展迅猛，同时种植者也精细管理，限根栽培、果园生草、起垄栽培等技术在当地均有使用。

（3）种植面积与产量及占比

我国葡萄的主要种植区集中在新疆、河北、陕西、山东和辽宁等省份。新疆一直是我国葡萄主要种植区，种植面积居全国首位，2015年占全国葡萄种植面积的18.8%，比重略有所下降，产量持续增长；山东、河北等环渤海地区葡萄产量仅次于新疆，2015年山东、河北分别占全国葡萄种植面积的5.42%和10.82%。全国葡萄种植集中在新疆、河北、山东，但种植面积和产量所占比重逐渐降低；重庆、陕西等中部地区以及湖南、浙江、广西等南方省份葡萄种植面积增长迅速。云南2012年以来葡萄种植面积有大幅度增长，居全国第九位，2015年居全国第五位，由此看出，我国葡萄生产规模有明显的"西迁"和"南移"趋势。

新疆、湖南、辽宁、陕西、广西、云南、山东共占全国鲜食葡萄总面积的70%左右。近年来鲜食葡萄栽培区域正逐渐向西南各地（如云南、广西、四川）扩展。酿酒葡萄栽培面积较多的省份主要有河北、甘肃、宁夏、山东、新疆，这5个省份占全国酿酒葡萄栽培面积的60%以上。广西、湖南、吉林等地区是毛葡萄、刺葡萄、山葡萄及山欧杂种葡萄的主要种植区，毛葡萄、刺葡萄、山葡萄及山欧杂种的栽培面积占全国酿酒葡萄栽培总面积的20.0%左右。

制干葡萄主要集中在新疆栽培，占全国葡萄栽培总面积的5%左右。

（4）区域比较优势指数变化

受限于生产环境要求，葡萄种植传统上主要集中于新疆、河北、山东、辽宁、河南等地，随着育种水平的提高和设施栽培技术的应用，在过去的30多年里，中国的葡萄区域生产布局发生了一些变化。区域作物的比较优势指数是基于农业资源禀赋、社会经济条件、区位条件、科学技术、种植制度以及市场需求整合作用的结果，对于衡量作物在该地区的可持续发展具有重要的参考意义。目前有关葡萄区域比较优势的研究还未见报道，但穆维松等研究表明，历年来新疆葡萄种植面积与年产量均居全国首位，山东、河北、辽宁及河南等地葡萄生产规模仅次于新疆，这5个省份的葡萄生产总量占全国的50%以上。避雨、温室等设施栽培模式在南方、东北地区的逐渐广泛应用削弱了新疆、山东等五大主产区的种植优势，市场集中度在逐年降低，五大主产区的种植面积比例由1980年的79%下降为2012年50%，年产量比例由1980年的78%降低为2012年的71%，我国葡萄生产规模的地区集聚性逐步减弱。

1980年我国葡萄生产主要集中于西北葡萄种植区与黄土高原葡萄种植区，年产量占全国总量的53.75%；其次是山东、河北等华北葡萄种植区与渤海湾葡萄种植区，葡萄生产规模占全国30%以上。随着葡萄育种技术与栽培技术的发展与应用，扩大了葡萄种植区域，提高了东南、西南部高温多雨地区农户生产葡萄的热情。到1994年，华北与渤海湾葡萄种植区比西北与黄土高原葡萄种植区种植面积多出0.317万公顷，在占总面积的比例中高出4.71%。2004—2012年，华北与渤海湾葡萄种植区，江苏、浙江的秦岭、淮河以南亚热带葡萄种植区，云贵高原及川西部分高海拔葡萄种植区的种植面积与年产量继续增长。

（5）资源限制因素

①生产成本增加。统计显示，果园管理成本中有一半以上是人工支出，包括夏剪、打药、疏花疏果、套袋、埋土、出土、施肥、冬剪等，因年龄偏大造成劳动效率降低的相对成本升高，在农忙季节，即使提高劳动报酬，也没有足够的劳动力。同时，由于原料价格上涨，农药、化肥、果袋和架材等农资价格攀升，葡萄生产成本增加，绝大部分为农户分户经营，集中连片规模化基地少，种植零散，无法开展统一的机械化、集约化、规模化经营管理，生产成本日益增加。

②自然灾害频发。在葡萄生产时，适宜的气象条件是葡萄生长的重要因素，气象灾害会对葡萄生产带来相当大的损失。部分地区的葡萄比较容易受低温及霜冻的影响。葡萄春季萌芽比较早，常遇到晚霜的危害，造成减产甚至绝收，故低温霜冻危害是葡萄生产的限制因子之一。同时，冰雹和连阴雨等自然灾害发生日趋频繁，给果实和树体造成严重伤害，给当地葡萄产业造成严重损失。随着全球气

候变暖，极端气候成为新常态，掌握其发生规律，制定相应的对策势在必行。

③鸟类危害严重。葡萄生产上鸟类危害的报道越来越多，不仅露地栽培的鲜食、酿酒品种遭受鸟害，而且温室、大棚葡萄和葡萄干晾房也常受鸟的侵袭。鸟害对葡萄危害加重的原因，主要是随着我国全民环境保护意识的增强，鸟的种类、种群数目急剧增加。研究鸟害的发生规律，推广经济实用、有效的防御方法已成为葡萄生产上的紧迫问题。

(6) 生产上的主要问题

①品种种植区划滞后、结构不合理和优势特色不明显。在葡萄品种种植区划方面未系统开展过全国性的研究，缺乏产业规划和布局，各地葡萄发展上存在一定盲目性，存在葡萄种植品种单一，结构不合理等问题。同时，具有自主知识产权品种种植比例低，生产主栽品种以国外育成品种为主，如巨峰、红地球、克瑞森无核、赤霞珠等，据统计，近10年来国内育成葡萄新品种100余个，但大面积推广不多。

②良种苗木繁育体系建设滞后，不适于现代葡萄产业发展的需求。无病毒优质良种苗木繁育体系建设滞后和苗木生产管理不规范，是我国当前葡萄产业发展中的突出问题。主要表现为葡萄苗木繁育和经营以个体繁育户为主，现代化、专业化和规范化苗木生产企业少，出圃苗木质量参差不齐，品种纯度难以保证，标准化低；国家及地方果树苗木管理法规缺失，致使生产流通缺乏有效管理与监督；脱毒苗和高标准嫁接苗等优质新品种苗木难于有效保障，不适于现代葡萄产业发展的需求。

③葡萄栽培管理机械化水平低，成本增加，效益下降。葡萄栽培管理机械化水平低，加上近年来葡萄生产劳动力成本大幅增加，致使葡萄生产效益大幅下降。如新疆葡萄采摘季节劳动力成本高达160元/天，浙江有些地方150多元/天雇不到人，可见葡萄栽培管理对适宜的机械化设备的需求越来越迫切。研发推广适合我国葡萄种植发展的各种配套机械设备，实行农机农艺融合，减少劳动用工，降低生产成本已迫在眉睫。

④果品采后商品化处理与深加工落后。我国鲜食葡萄采后商品化处理的比例和冷链流通数量近几年虽有所提高，但发展的步伐还比较慢，与先进国家相比仍存在较大差距，特别在我国葡萄栽培的新产区，缺乏必要的冷藏设施与冷链流通工具，采后物流保鲜产业底子薄，影响到果实的大流通。葡萄加工的产业链短，产品类型不丰富，附加值较低。葡萄皮渣、种子等研究开发不够，大部分葡萄酒厂的皮渣利用率低。

⑤产业化、组织化程度有待提高，品牌意识薄弱。我国葡萄产业的组织化和现代化生产程度低，平均种植规模小，投入不足，缺乏组织性，小生产与大市场矛盾突出。龙头企业或专业合作社规模小，数量少，发挥作用小，品牌意识薄弱，市场竞争能力不足，龙头企业和农户尚未形成真正的利益共同体，对产业的带动能力不够。

3. 生产成本与效益

葡萄生产中的各项成本投入包括：土地租金、苗木、肥料、架材、水电、农药、生长调节剂、果袋、塑料薄膜、人工等。

通过对主要葡萄产区调研表明，不同地区葡萄投入产出差异与当地的自然条件、生产规模及用途等密切相关，其次与该地区的经济发展水平、劳动力等因素密不可分。上海、江苏和浙江投入总成本和总收益居全国前列，投入总成本平均高于5 000元/亩，获得的收益也高于全国其他地区，达到15 000元/亩。北京葡萄生产以观光采摘和高端市场定位为主，葡萄销售价格相对较高。近年来，云贵高原及川西部分高海拔地区葡萄生产水平显著提高，尤其是云南干热河谷地区较为突出。

投入成本最低的是内蒙古，每年投入葡萄生产成本低于全国平均水平，每亩不足1 000元，葡萄生产效益最低的是内蒙古和宁夏地区，平均收益低于4 000元/亩。

目前，葡萄种植效益较好的地区主要分布在云南、上海、浙江、北京、山东和江苏等地，平均整体收益每亩超过万元，西北地区葡萄种植效益较差，每亩收益低于5 000元，全国大多数地区的葡萄产业带来的收益还是可观的。

（二）葡萄市场需求状况

1. 全国消费量及变化情况

（1）国内市场对产品的年度需求变化

我国鲜食葡萄市场供给的主体是国内生产，葡萄市场消费总量表现出持续增长的态势。2016—2017年度，我国鲜食葡萄市场消费总量达到1 015万吨，比2015—2016年度（962.17万吨）增长了52.83万吨。我国鲜食葡萄市场消费量增幅比较大。2013年，我国为世界第五大葡萄酒消费国，2016年我国生产葡萄酒约11.4亿升，国内消费葡萄酒共17.3亿升。葡萄酒产量大大少于葡萄酒消费量，二者相差6亿升。因此，我国的葡萄酒市场消费中，进口葡萄酒占据了非常重要的地位。葡萄干是一种重要的葡萄加工品，葡萄干出口量大于进口量。2009年，我国葡萄干市场供给量和消费量都处于最高值，2010年和2011年市场供给量和消费量均有所下降，但2012—2016年葡萄干的市场供给量又恢复了增长。2016年，我国葡萄干国内产量为18.5万吨，市场总的供给量为22.5万吨，而国内的消费量为20.0万吨，出口量为2.5万吨。

（2）预估市场发展趋势

①鲜食葡萄价格两极分化明显，产能过剩成为新态。总体看，我国水果全面过剩，农业部规划的我国葡萄园面积是800万亩，但现在已超过1 200万亩。从局部看，一个县或一个区域葡萄栽培面积几十万亩，亩产2 500千克以上，成熟期集中在一个月左右，生产过剩就成为葡萄产业的新常态。同时，早熟、设施、观光和品牌优质葡萄销售火爆，价格高，优质葡萄供给不足成为突出矛盾。

②葡萄酒产业挑战和机遇并存。中国是目前世界葡萄酒消费增长最快的国家，人均葡萄酒消费量排名已跻身全球20强。随着国家经济发展和人民生活水平的提高，葡萄酒正在日渐深入普通消费者的生活，葡萄酒占饮料酒比例不断上升，质量稳步提高，产品向高端化、多样化方向发展，经济效益不断增长；法国、智利等国葡萄酒成本低，正在大量进入中国市场，国内的葡萄酒产业面临着巨大的挑战。

2. 区域消费差异及特征变化

（1）区域消费差异

发达地区鲜食葡萄销售形式灵活，一些规模化种植企业主要以直销方式销售（包括采摘、配送、电商），少部分进入批发市场，而散户和露地栽培的葡萄是批发销售，现采现销，没有入库贮藏。市场上7—9月以当地葡萄为主，其他时间销售的葡萄来自外省份和进口。同时，反季节葡萄消费量提升。而北方的老葡萄产区多以批发零售为主。

（2）区域消费特征

发达地区葡萄销售模式日趋多元化，在采用传统销售模式的基础上，部分企业或个人逐步尝试新的销售模式，如打品牌、进超市；自主开办水果超市和果品专卖店，开展葡萄平价直销；发展休闲农业，进行观光采摘；设立代销批发点，开拓外地销售市场等。越来越多的葡萄种植企业和种植大户开始采用网上预订、快递上门的销售模式。

（3）消费量及市场发展趋势

东部沿海地区的优势在于葡萄产业资金和技术状况比较好，人才储备充足，企业运作、宣传和对外交流方面比较成熟。另外，由于物流发达，尤其是渤海湾产区还有着优良的港口，这对将来葡萄酒大量外销奠定了基础。张裕、长城、王朝三大葡萄酒品牌占据了国内葡萄酒市场的大部分份额，利润总额占全行业的67%。西部的竞争优势在于自然资源丰富，气候、地理环境优异，种植面积大，是我国的资源富集区，在未来有开发潜力。西部产区的面积已经占到了全国葡萄种植面积的一半左右，葡萄酒产量也大幅提高。另外，西部地区的劳动力成本比东部地区低，随着劳动力成本和土地使用成本的增加，葡萄酒产业呈现"西移"态势，东部地区的一些酒厂纷纷在西部地区建立了自己的葡萄基地。

（三）葡萄种苗市场供应状况

1. 全国种苗市场

（1）总体供应情况

2000年以来，全国葡萄栽培面积平均年增长2.7万公顷，以200株/亩的用苗量计算，每年的苗木需求量为8 200万株。以每亩出圃苗木数量8 000株计算，每年大约有680公顷的葡萄育苗规模，有5 000多人从事葡萄苗木生产。所以，葡萄苗木培育成为我国葡萄产业的重要组成部分。葡萄产业的大发展，给苗木市场带来了繁荣，山东、辽宁、浙江、江苏等地成为我国重要的葡萄苗木培育基地，很多葡萄苗木繁育户也因此走上了富裕的道路，部分葡萄育苗户也因此逐步发展为苗木企业。

（2）区域供应情况

我国葡萄苗木产地主要集中在山东、辽宁、浙江、河北。另外陕西、江苏、山西、云南、安徽、四川、湖南、广西、江西、宁夏、内蒙古等地都有零星繁育。在老葡萄产区很多葡萄苗木生产者已有几十年的育苗经验，并且已经将其作为发家致富的主导产业，部分逐步发展为国内较大的葡萄苗木企业，但与国外葡萄苗木公司相比，在技术水平与生产规模上还有很大的差距。

2. 区域种苗市场

（1）产业定位及发展思路

苗木对于保障葡萄生产有重要作用，其质量的好坏直接影响种植者的经济效益，同时也是推进农村经济发展，增加农民收入的重要途径。因此对葡萄苗木市场进行监管，以保证葡萄产业健康可持续的发展，满足人民生活水平多元化需求，为促进经济发展和社会稳定做贡献。需要对国内葡萄苗木市场加强经营管理，重视葡萄苗木检疫，保障农业生态安全；通过信息引导，保持苗木供需总量的基本平衡，保障农民增产增收；重视优良品种，保障育种者的合法权益。

（2）市场需求

近5年来，全国葡萄栽培面积增长近370.8万亩，平均年增长近75万亩，以每亩200株的用苗量计算，每年的苗木需求量为1.5亿株。

3. 市场销售情况

（1）主要经营企业

为了加快果树良种的快速发展，在过去的几十年里，提倡果树苗木自繁自销，任何人和单位都可以生产和经营葡萄苗木，这为产业的迅速发展保障了苗木供应。但是苗木生产总体科技水平较低，新技术、新品种和新生产管理模式得不到有效利用和推广，管理一直停留在小农、小作坊式生产水平。我国在苗木生产技术的研发上一直努力和世界接轨，但经研发或引进的新技术不能很好地应用在生产中。葡萄苗木公司主要分布在我国传统葡萄产区的各个省份，其中山东和河北2个省份最多，分别为39.66%和29.31%，占全国总数的一半以上。此外，由于新疆和云南等地光照充足，适宜葡萄生长发育，也有少数葡萄苗木繁育公司或个体农户。由于设施栽培技术的不断完善，南方非传统葡萄产区的葡萄产业得到了大力发展，上海、江苏、浙江等地的葡萄育苗产业也有所发展。此外还有部分葡萄研究所、农业合作社和未登记注册的农户也在从事葡萄苗木繁育工作。

（2）经营量与经营额

近5年来，我国每年葡萄苗木市场需求总量在0.7亿～1.5亿株，产值1亿～2亿元；葡萄苗木生产企业约有2 000～3 000家，每年有80%左右的育苗户盈利，有约20%的育苗户利润不高甚至亏损，但也有年利润在几百万元的大户。

（3）市场占有率

由于葡萄苗木进口手续繁琐、难度大，国内育苗成本低、销售方式灵活，目前国产市场占有率达到95%以上。进口苗木数量极少，以酒庄进口少量酿酒品种为主。

二、葡萄科技创新

（一）葡萄种质资源

种质资源是品种选育的基础，我国是葡萄属植物的重要原产地之一，也是种质资源最丰富的国家。但我国重要的葡萄栽培品种为舶来品种群，培育属于我国自己的葡萄新品种显得更加重要，这就需要更加系统地开展资源研究工作，对种质资源进行集中收集、保存与管理，充分有效地利用我国独特的资源优势。

随着近年来我国葡萄产业的快速发展，目前国内已建立了3个国家级葡萄种质资源圃，即中国农业科学院郑州果树研究所国家果树种质郑州葡萄圃、山西农业科学院果树研究所国家果树种质太谷葡萄圃和中国农业科学院特产研究所吉林左家山葡萄圃；此外，还有部分综合圃和地方圃，保存各类葡萄种质2 300余份。郑州葡萄圃是国内保存葡萄种质最多的资源圃，也是世界上保存葡萄品种资源最为丰富的圃地之一，截至2014年，共保存来自美国、法国等33个国家和地区的1 400余份种质，利用鉴定出的优良材料，选育出了我国首个多抗砧木新品种抗砧3号和抗砧5号。太谷葡萄圃保存各类种质近500份，同时还培育了如早黑宝、秋黑宝、秋红宝、早康宝、丽红宝等一大批鲜食葡萄新品种，进一步丰富了我国的葡萄品种结构。左家的山葡萄圃是当前世界上保存山葡萄种质资源份数最多、面积最大的种质资源圃，共有山葡萄365份。山葡萄是抗寒、抗病的宝贵种质资源，在山葡萄抗寒品种、酿造品种培育和性状遗传方面取得了一系列的研究成果，极大地促进了我国本地山葡萄的产业发展。

利用国际通用的SSR引物，对原产我国的68个葡萄地方品种的遗传多样性进行了研究。研究表明，我国地方品种中存在同物异名现象，一些地方品种与国外品种亲缘关系较近。基于该研究，建立了38对引物适合我国品种鉴定的葡萄SSR分子鉴定规程，为有效管理葡萄种质资源以及保护育种者权利提供了科学依据。通过比较不同序列的鉴定能力，从5条DNA片段中筛选出可用于山葡萄种质资源鉴定的DNA条形码通用序列，认为ITS2和psb A-trn H序列是较适合鉴别山葡萄资源的DNA条形码序列组合，可为山葡萄种质资源的准确鉴定提供科学依据。同时国内在葡萄抗旱、耐热、抗寒、耐盐碱、抗石灰质、抗葡萄根瘤蚜、抗病、抗根结线虫等抗性生理，和含糖量、果肉质地、果肉颜色等品质性状方面开展了一系列的研究，取得了良好的结果。

（二）葡萄种质基础研究

1.葡萄种质资源遗传多样性

Cunha et al.利用48个SNP标记对葡萄牙288个葡萄种质进行分析，得到263个基因型，通过比对数据库，发现了14个同物异名品种。该研究确定了48个SNP标记可以用于葡萄品种鉴定，研究结果有助于葡萄种质资源管理。Gavazzi et al.利用TBP方法对37个葡萄品种进行了基因分型，每个品种获得了独特的DNA条形码。在亲缘关系上，TBP方法与SSR标记得到的结果也一致，表明该技术可以作为品种鉴定的一种简单有效方法。

2. 葡萄抗病机理

Andreia Figueiredo et al.利用转录组学、代谢组学、蛋白质组学研究了抗病品种Regent和感病品种Trincadeira在与霜霉菌互作中的差异，抗病品种中肌醇、丙氨酸、谷氨酸/谷氨酸盐、咖啡酸等次级代谢产物要高于感病品种，说明抗病品种对病原菌的感知以及信号的传导要比感病品种更为敏感和快速。Mercedes Dabauza et al.将二苯乙烯合成酶基因 *Stilbene synthase gene*（*Vst1*）在葡萄中过表达后发现，转基因葡萄中白藜芦醇的含量相对于对照组有明显提高，而且转基因葡萄的对灰霉菌的抗性也显著增强。Ren3是从抗病品种Regent中发现的抗白粉菌基因，它定位在LG15染色上约4M的位置；最近Schneider et al.发现在这4M中有3个RGA，而且都有抗病功能，进一步的图位克隆和功能研究正在进行。

3. 葡萄功能基因研究

Vincenzo et al.研究表明葡萄中VvPMEI1基因编码的蛋白可作为果胶甲酯酶（pectin methylesterases，PMEs）的抑制子从而影响葡萄果实的发育。酶动力学研究表明，抑制子通过提高非原生质体的pH来抑制果胶甲基酶。Jiao利用Illumina链RNA特异性测序技术对3个中国野生葡萄品种进行了转录组测序，VvNAC26参与果实最终大小有直接联系。不同VvNAC26多态性及其组合表明其与浆果的不同特征相关联。在Vv NAC26单倍型和相关结果之间的关系表明，该核苷酸变异可能是导致鲜食葡萄和酿酒葡萄之间的区别的主要原因。

4. 葡萄转基因研究

Merz et al.（2015）将VvWRKY33通过农杆菌侵染瞬时转化到葡萄Shiraz叶片中进行表达，转基因叶片可以使病原菌孢子数显著下降50%～70%，说明VvWRKY33参与葡萄抗病原菌反应。Rubio等通过内切几丁质酶基因（*ech42*和*ech33*）和N-乙酰-β-D-己糖胺酶基因（*nag70*）的Thompson葡萄转基因种子，含有*ech42-nag70*双基因的转基因植株和含有来源于绿色木霉的*ech33*的转基因植株抗灰霉病和白粉病的效果最好（Rubio，et al.，2015）。

5. 葡萄重要性状分子遗传机制研究

Ban et al.利用98个种间杂交后代，对8个果实性状进行了QTL分析，确定了2个与裂果相关的QTLs，1个与果粒重相关的QTL，2个与果实硬度相关的QTLs，1个与果实采收期相关的QTL，一个与TSS相关的QTL和一个与果实可滴定酸相关的QTL。通过4年的数据分析，果粒重相关的QTL均位于11号连锁群，说明可以用这个QTL开发分子标记用于辅助育种。Correa et al.以Ruby Seedless和Sultanina杂交后代137个植株作为试材，构建遗传图谱，结合连续2年的果实硬度评价数据，进行了QTL分析。结果显示果实硬度相关QTL位于8号和18号连锁群，这是首次在8号连锁群发现与鲜食葡萄果实硬度相关的QTL。

（三）葡萄育种技术及育种动向

国内外的葡萄育种方法主要包括杂交育种、实生选种、无性系选种和诱变育种等方式，其中杂交育种是葡萄育种的常规途径，也是目前国内外应用最多、最广泛和有效的育种方法之一，国内外选育的大多数新品种均采用该方法育成。近年来，无核葡萄品种备受消费者青睐，采用传统的育种技术，无核品种的培育通常是以有核品种作母本、无核品种作父本进行杂交，然后再进一步回交或轮交，选育一个新品种通常需要10年以上的时间，后代无核率也只有10%～15%（Ramming，et al.，1990）。1982年，美国葡萄育种家Ramming首次报道用改良的White培养基培养无核葡萄胚珠，获得了2株实生苗，无核葡萄挽救技术开始引起全世界葡萄育种者的关注，各国相继把这项技术应用到无核葡萄育种。利用无核葡萄品种间杂交，后代无核百分率可提高到80%以上，是无核葡萄育种技术的一次巨大飞跃。

实生选种，即在自然授粉产生的种子播种后形成的实生植株群体中，在后代中进行选择，世界上许多著名葡萄品种都来自实生育种，如早巨选、康能玫瑰、莎加蜜、5BB、高尾、高墨等。20世纪国内利用实生选种在巨峰的后代中选育出甜峰、峰后、京超和申秀，在黑奥林实生苗中选育出优良品种京优和京亚。

无性系选种又名芽变选种。芽变在葡萄中普遍存在，国内外许多国家都非常重视葡萄芽变选种，如法国从黑比诺的芽变中选出了灰比诺、早比诺和比诺努阿里安等多个品种；日本从先锋葡萄中分别选育出无核芽变日光无核和早熟的宫岛无核。芽变选种比杂交育种和实生选种简便易行，而且选育周期短，见效快，一旦发现新的优良性状变异立即就可加强繁育和推广栽培。近些年我国利用该技术培育出十多个品种，有些品种在生产中已经推广应用。

自然突变尤其是优良变异毕竟很少，为了获得更多的变异类型，人们采用物理和化学等因素诱导植物发生变异，从中选择新的变异类型。如河北农业大学利用秋水仙素溶液处理玫瑰香葡萄的生长点45小时后获得了玫瑰香的同源四倍体，该四倍体在保持原二倍体色、香、味等优点的同时，果粒显著增大，成熟期也提前了7～10天。近些年，山西农业科学院利用秋水仙素对杂交后的种子进行诱变处理，选育出优良品种早黑宝和秋黑宝。利用该方法诱变出有价值部分少，但利用四倍体来培育新品种将是十分有前途。

常规杂交育种主要依赖于表型选择，其成本高、耗时长、选择效果不高。利用与目标性状紧密连锁的分子标记技术，可以不受环境、发育阶段的影响，对后代进行早期选择，从而缩短育种周期，提高育种效率。利用细菌质粒M13克隆葡萄无核基因的RAPD标记UBC269-480，其5′端第40～57的核苷酸序列（约18bp）具有检测葡萄无核基因存在与否的功能，用其作引物，凡是可以扩增出约590bp的DNA片段者即为葡萄无核基因携带者和无核性状表现者，从而在葡萄杂交后代的幼苗期即可进行无核筛选与鉴定，加速无核葡萄育种进程和提高育种效果。

葡萄育种的主要目标是提高品质和抗性，但这两个指标的基因常常连锁难以打破，采用传统的杂交育种方式，在导入野生种抗性基因的同时，也将其低劣的果实品质性状遗传给后代。转基因技术可以避免这一点，将某个优良基因直接转化到一个选择好的栽培品种中而不降低其商品特性。果树上应用较多的有根癌农杆菌-Ti质粒法、PEG（聚乙二醇）法和基因枪法3种转导方法。陈力耕等采用葡萄茎段为外植体，利用农杆菌介导法成功将拟南芥菜LEAFY基因整合到葡萄染色体DNA上，获得了转基因植株。周长梅等也通过农杆菌介导法获得了转导不同基因的葡萄实生苗。葡萄转基因植株的转导成功，为葡萄基因遗传改良奠定了基础。目前，葡萄基因组测序工作已经完成，随着生物技术的快速发展，越来越多的有益基因会被导入，但在转化技术以及方法的优化、转基因植株的生态安全性评价、果品安全等方面还需要进一步的研究。

基因编辑是近年来发展起来的对基因组进行精确修饰的一种技术，可实现特定DNA碱基或片段的敲除、外源DNA片段的敲入等，是农作物基因功能研究和遗传改良的重要辅助工具。近年来，CRISPR/Cas9系统已成功用于水稻、小麦、大豆、玉米等农作物基因敲除，在柑橘、苹果等果树中也有成功应用。然而，该技术在葡萄中鲜有报道。相信随着CRISPR/Cas9等新型基因编辑技术的迅猛发展，在葡萄学研究领域，可以实现定向育种，培育出高产、抗逆的葡萄新品种将会成为现实。

（四）葡萄新育成品种

培育适合本国自然气候条件的优质品种一直是各国葡萄育种的目标，各国均加大了葡萄品种的选育工作，培育出了大量的新品种。目前全世界登记在册的葡萄品种有16 000多个，其中大粒、优质、抗病、无核、适应不同生态区等代表了当今世界鲜食葡萄品种选育的共同目标。

美国、加拿大、以色列、阿根廷、日本是葡萄新品种培育的主要国家。美国东北部和加拿大葡萄育种目标是无核、大粒、玫瑰香味、质优、抗寒等，培育的Kandiyohi、Petite Jewel、Trollhaugen、Jupiter、Neptune、Somerset Seedless、Blanc Seedless等品种为无核，可抗－38℃～－20℃的低温。美国葡萄主产区加利福尼亚州的育种目标主要为无核、大粒、玫瑰香味、对GA敏感等，IFG公司培育的长形无核品种甜蜜蓝宝石受到葡萄种植者的普遍关注。美国东南部培育圆叶葡萄品种，近年培育的品种主要有Southern Jewel、Delicious、Majesty等。日本培育的品种主要为欧美杂种，三倍体或四倍体，果粒大，具有草莓香味，抗性强。以色列和阿根廷葡萄育种目标为欧亚种无核品种。

国内从事葡萄育种的单位主要有：北京市农林科学院、山西省农业科学院、河北省农林科学院、辽宁省农业科学院、广西壮族自治区农业科学院、上海市农业科学院、甘肃省农业科学院、浙江省农业科学院、江苏省农业科学院、中国科学院植物研究所、新疆维吾尔自治区葡萄瓜果开发研究中心、新疆维吾尔自治区石河子葡萄研究所、沈阳市林业果树科学研究所、大连市农业科学院、中国农业科学院郑州果树研究所、中国农业科学院果树研究所、中国农业科学院特产研究所、河北科技师范学院、张家港市神园葡萄科技有限公司、湖南农业大学、南京农业大学、西北农林科技大学、沈阳农业大学等。育种目标主要为大粒、无核、玫瑰香味等。近年来，我国在葡萄新品种的培育上取得了可喜的成绩，培育出了许多品种和品系，2000年以来，育成品种有162个，但育成新品种的生产利用率较低，推广发展速度较慢。

三、葡萄品种推广

（一）品种登记情况

对于葡萄新品种的确定，各个省份规定不一。2000年《中华人民共和国种子法》正式实施，规定对小麦、玉米、水稻、大豆、棉花等主要农作物品种实行国家和省两级审定，但对非主要农作物品种的管理未作规定。此后，多个省份在制定的省级农作物种子条例中，明确了主要农作物品种实行审定，非主要农作物品种管理实行审定、认定、登记、鉴定和备案等。长期以来，国内对非主要农作物品种关注不够，在实践中存在一品多名、一名多品等现象，严重扰乱了国内种子市场秩序，加之没有品种标准样品，进一步加大了市场监管难度，育种者权益和农民的利益难以得到有效保护，坑农害农事件时有发生。针对以上问题，2016年1月1日起施行的我国新修订的《种子法》明确规定：国家对部分非主要农作物实行品种登记制度。

《非主要农作物品种登记办法》由农业部于2017年3月30日公布，并自2017年5月1日起正式实施。这是贯彻落实我国《种子法》的重要措施之一，标志着我国农作物品种管理向市场化方向迈出重要一步。葡萄作为非主要农作物，新的品种登记管理办法对于规范葡萄品种管理，加快新品种的选育、试验和推广，规范种苗生产经营行为，维护品种选育者和生产者、经营者、使用者的合法权益，确保农业生产安全都具有重要意义。

2017年9月3日，农业部公布了第一批非主要农作物品种登记公告，目前已有16个葡萄新品种通过了农业部登记，其中，河南10个、辽宁4个、山东和江苏各1个，鲜食品种占多数14个，砧木品种2个，缺乏酿酒和制汁品种的申请。申请者多为科研院所。随着国家对登记品种执法力度的不断加大，以及育种家对品种登记意识的增强，将会有越来越多的果树品种进行登记。

（二）主要品种推广应用情况

1. 栽培面积

（1）鲜食品种

巨峰：在我国各地均有栽培，是鲜食品种的主栽品种，占鲜食葡萄栽培面积的40%以上。其中甘肃天水市麦积区，河南郑州二七区、偃师市、三门峡市、漯河市，陕西西安市灞桥区、鄠邑区，四川成都市龙泉驿区、双流区、绵阳市涪城区，湖北随州市随县，江苏句容市，浙江金华市浦江县、慈溪市、上虞市、吴兴县，山东龙口市、蓬莱市、淄博市沂源县、平度市，辽宁瓦房店市、海城市、辽阳市、灯塔市、沈阳市法库县、铁岭市、开原市、昌图县、北镇市、凌海市、凌源市、盖州市、营口市鲅鱼圈区，山西晋中市太谷县，广西桂林市兴安县、柳州市柳江区等都是巨峰葡萄的主产区，栽培面积均在1万亩以上，主要以露地栽培为主。

红地球：占鲜食葡萄栽培面积的20%以上。其中天津蓟县，河北怀来县，甘肃敦煌市、兰州市永登县、武威市、张掖市，宁夏吴忠市红寺堡区、银川市永宁县、青铜峡市，陕西渭南市合阳县、大荔县、临渭区，河南长垣市、灵宝市，山西运城市万荣县、临猗县、稷山县及临汾市，四川西昌市、双流区，山东海阳市、淄博市沂源县、平度市，辽宁盖州市、营口市鲅鱼圈区，广西桂林市资源县等地栽培面积超过1万亩。黄土高原、河南、河北、山东、新疆等地以露地栽培为主，甘肃和东北地区以设施栽培为主，南方产区以避雨栽培为主。

夏黑：引入我国仅有十几年时间，其发展之快是其他品种无法企及的，归因于其早熟、优质、高抗等优势特征，同时也是中国经济飞速发展，农业结构调整，新模式、新技术的研发与推广等因素综合作用的结果。抗逆性强，易栽培、丰产，在我国的栽培地域分布较广。据不完全统计，夏黑在我国的栽培面积已超过6万公顷，全国主要省份均有夏黑葡萄栽培的相关记录与报道。

阳光玫瑰：自2007年从日本引入以来，全国各葡萄产区也普遍引种。该品种果实含糖量较高，玫瑰香味较浓，是目前综合评价品质最好的品种之一。至2016年全国各地阳光玫瑰种植面积已超过1万亩，其中，江苏2 000亩，安徽2 000亩，广西1 000亩，河南1 000亩，其他为零星栽培。

藤稔：在各地均有栽培，其中，以浙江金华市金东区、温岭市、湖州市长兴县、嘉兴市南湖区等地的栽培规模最大。

京亚：在辽宁有较大面积的促成栽培，其中北镇市有1 300公顷，凌海市有400公顷。其他地区多为露地栽培为主。

巨玫瑰：主要在江苏栽培。

醉金香：主要在长江三角洲地区栽培。栽培方式既有露地栽培，也有避雨栽培。

无核白：在新疆各地的栽培面积很大。

户太8号：在陕西西安市鄠邑区、灞桥区等地栽培面积较大。

红富士：在浙江栽培面积较大，其他各地零星栽培。栽培方式以露地栽培为主。

无核白鸡心：在辽宁沈阳市苏家屯区和新疆石河子市栽培面积较大。东北产区以设施促成栽培为主，南方地区以避雨栽培为主，西北和华北地区以露地栽培为主。

玫瑰香：在天津的栽培面积最大，仅汉沽区就有2 000公顷，其次是辽宁，其他地区零星栽培。

维多利亚：在各地均有栽培，以河南偃师市、山西运城市稷山县和广西桂林市兴安县、资源县、全州县的栽培规模较大，既有露地栽培，也有设施栽培。

（2）酿酒品种

赤霞珠：占酿酒葡萄栽培总面积的60%左右。其中甘肃武威市威龙基地，宁夏吴忠市红寺堡区、青铜峡市、银川市永宁县、宁夏农垦局玉泉营农场，河北怀来县及秦皇岛市的昌黎县、卢龙县、抚宁县，山东蓬莱市，天津蓟县，新疆石河子市等地的栽培面积较大，都在670公顷以上。

蛇龙珠：占酿酒葡萄栽培总面积的8%左右。主要分布于宁夏银川市永宁县黄羊滩农场、玉泉营农场、农垦暖泉农场、青铜峡市、银广夏公司基地，甘肃武威市皇台基地、张掖市国风基地，山东蓬莱市、龙口市、海阳市等地，但栽培面积没有超过670公顷的县（市、区）。

梅鹿辄：占酿酒葡萄栽培总面积的7%左右。主要分布在河北怀来县，新疆石河子市，甘肃威武市莫高基地和皇台基地及石羊河林场、张掖市祁连基地、嘉峪关市，宁夏银川市、青铜峡市、银川永宁县，山西晋中市太谷县、汾阳市、忻州市定襄县、临汾市乡宁县。除新疆石河市子外，其他县（市）栽培面积均未超过670公顷。

山葡萄系（公酿1号、双优、双红、左优红、北冰红）：占酿酒葡萄栽培总面积的5.6%左右。在吉林集安市、通化市柳河县、梅河口市、蛟河市、白城市、松原市、四平市伊通县、公主岭市、吉林市、延吉市，辽宁本溪市本溪县、朝阳市、辽阳市、铁岭市、阜新市，黑龙江双鸭山市宝清县、哈尔滨市呼兰县，内蒙古喀喇沁旗、奈曼旗、敖汉旗等地均有栽培。其中在吉林集安市、通化市柳河县、梅河口市、蛟河市栽培面积较大。

品丽珠：在甘肃武威市、张掖市，宁夏银川市永宁县等地有较大规模的栽培。

贵人香：主要分布在甘肃张掖市祁连基地、新疆石河子市、宁夏银广夏葡萄基地，山东莱西市，山西汾阳市等地，除张掖祁连基地和石河子外，其他地区的栽培规模均不是很大。

烟73：在山东莱西市有较大规模的栽培。

西拉：在甘肃张掖市祁连基地，宁夏青铜峡市、通化市永宁县，山西晋中市太谷县、临汾市乡宁县等地有栽培。除张掖祁连基地外，其他地区的栽培规模不是很大。

其他品种如神索、歌海娜、佳美、白诗南、白玉霓、黑比诺、白比诺、灰比诺、长相思、赛美容、琼瑶浆和红玫瑰等在生产中有少量栽培。

各省份品种分布情况如下。

黑龙江和吉林以中、早熟品种和抗寒品种为主，设施栽培主要有茉莉香、夏黑、碧香无核、寒香蜜、无核白鸡心及晚熟品种红地球等，露地鲜食主栽品种为蜜汁、着色香、京亚、布朗无核、火星无核、金星无核、87-1等，其中，蜜汁、着色香和京亚等早熟、抗逆性强品种为主栽鲜食品种。酿酒主栽品种主要有为威戴尔、双红、双庆、双优、左优红、雪兰红、北冰红、公酿一号等。

辽宁葡萄栽培以鲜食为主，在鲜食品种中巨峰约占66%，红地球约占5%左右，无核白鸡心、京亚、玫瑰香等共占15%，其他鲜食品种占14%左右。威代尔占酿酒葡萄面积的60%以上。山葡萄品种中双红、双优面积减小，左优红、北冰红品种面积增加。

北京的红地球约为2万亩，巨峰近1万亩，玫瑰香几千亩。受观光采摘园区面积扩大的影响，品种出现多样化趋势，巨峰葡萄栽培面积逐年降低，酿酒葡萄以赤霞珠、霞多丽为主。

天津的玫瑰香占总栽培面积的一半左右，巨峰占总面积的10.5%，红地球占9.3%，乍娜占5.6%，赤霞珠占4.2%，夏黑占1.7%。

河北鲜食品种主要有：巨峰（50.28万亩）、白牛奶（15.00万亩）、龙眼（10.20万亩）、红地球（9.00万亩）、藤稔（4.20万亩）、维多利亚（3.70万亩）、夏黑（1.70万亩）、玫瑰香（1.00万亩）、京亚（0.16万亩）等。加工品种主要有赤霞珠（20.90万亩）、蛇龙珠（6.20万亩）。

山西产区鲜食葡萄主栽品种为巨峰、红地球、维多利亚、克瑞森无核、龙眼、夏黑、户太8号、玫瑰香、无核白鸡心、早黑宝等，酿酒葡萄主栽品种为赤霞珠、品丽珠、梅露辄、霞多丽等，其他品种如京亚、黑奥林、摩尔多瓦、里扎马特、黑巴拉多、巨星、秋红、红巴拉多、秋红宝、巨玫瑰、金星无核、西拉、蛇龙珠、贵人香、威代尔等均有少量栽培。巨峰、红地球、维多利亚等葡萄品种栽培面积占葡萄栽培总面积的60%以上。2016年新增面积较多的品种有户太8号、克瑞森无核、夏黑、早黑宝等，红地球葡萄栽培面积逐年减少，巨峰葡萄栽培面积稳中有增，红巴拉多等着色不佳的红色品种快速淘汰，城市周边无核翠宝、玫瑰香等品种有加快发展的趋势。酿酒葡萄以赤霞珠、梅露辄、品丽珠、霞多丽等品种为主，其中以赤霞珠面积最大，约占酿酒葡萄总面积的40%。

山东的巨峰面积为11万亩，红地球面积约为6.5万亩，玫瑰香面积约为6.5万亩，泽香、宝石无核、藤稔、克瑞森无核等有少量栽培；赤霞珠面积约为7万亩，蛇龙珠、霞多丽、贵人香等有少量栽培。

河南的红地球、巨峰和夏黑的种植面积约占全省葡萄种植面积的80%，而8611在商丘的种植面积约占当地面积的一半，主要采用温棚模式栽培。

陕西主要栽培品种有巨峰、户太8号、红地球、京亚、夏黑、赤霞珠、蛇龙珠、佳丽酿、贵人香等。

宁夏露地鲜食品种以晚熟红地球为主栽品种，占鲜食葡萄的70%以上。鲜食葡萄栽培品种有红地球、乍娜、大青、里扎马特、奥古斯特、维多利亚、无核白鸡心、玫瑰香等。

贺兰山东麓葡萄产业发展以酿酒葡萄种植为主，酿酒葡萄种植面积约占葡萄总面积的87%以上，主要栽培品种为赤霞珠、蛇龙珠、品丽珠、美乐、西拉、黑比诺、霞多丽、贵人香，其中红色酿酒品种占酿酒葡萄面积的90%以上，红色品种中又以赤霞珠占酿酒葡萄面积的75%以上。

甘肃鲜食葡萄主栽品种为红地球、巨峰和无核白，占鲜食葡萄栽培总面积的95%上；酿酒葡萄主栽品种为赤霞珠、梅麓辄、黑比诺等，占栽培总面积的85%。

新疆的无核白约有53.9万亩，红地球约有33.2万亩，木纳格约有25.1万亩，无核白鸡心约有10.8万亩，和田红约有7.3万亩，酿酒葡萄约有56.0万亩。

四川的巨峰、夏黑栽培面积分别为31.0万亩和2.5万亩；红地球主栽培面积约2.0万亩。

湖北巨峰和藤稔仍占全省总面积的70%以上，夏黑近年发展很快，有少量红地球、尼加拉、京亚、阳光玫瑰、无核白鸡心、维多利亚等。

湖南主栽品种为巨峰（14.8万亩）、红地球（29.7万亩）、维多利亚（2.0万亩）、红宝石无核（0.6万亩）、温可（0.5万亩）、夏黑（1.2万亩）。

安徽鲜食葡萄主要栽培品种有巨峰、夏黑、藤稔、醉金香、巨玫瑰、京亚等，部分为阳光玫瑰、金手指、美人指、红地球、无核白鸡心等，2015年全省新增近4万亩，主要为夏黑和阳光玫瑰，其次为巨玫瑰、醉金香等具有香味的品种。

江苏葡萄早熟品种是夏黑，中熟品种有巨峰、巨玫瑰、醉金香、金手指、甬优1号，晚熟品种有白罗莎里奥、美人指、魏可、阳光玫瑰。欧美杂种作为主栽品种的格局没有改变，藤稔面积持续萎缩，美人指和巨峰面积保持不变，夏黑、巨玫瑰、醉金香、甬优1号、阳光玫瑰等发展较快，白罗莎里奥、魏可等栽培面积在也在增加，阳光玫瑰葡萄的种植扩大最为显著。

浙江巨峰栽培面积13.00万亩，藤稔8.00万亩，红地球4.90万亩左右，醉金香3.11万亩，鄞红2.90万亩，夏黑2.66万亩，红富士1.72万亩，美人指1.40万亩，阳光玫瑰的面积增加较快，现已有3 000亩面积。

上海以巨峰、夏黑、醉金香、巨玫瑰等欧美杂种品种为主，一些省工型品种申丰、申玉、申华、阳光玫瑰等栽培面积有所上升，巨峰、藤稔、红富士逐年减少。

福建巨峰面积约占全省葡萄栽培面积的79.0%，红地球约0.57万亩，夏黑葡萄栽培面积继续增加（0.63万亩），京亚2 830.00亩，较上年保持稳定，刺葡萄3 000.00亩。

云南主要品种为红地球、夏黑、阳光玫瑰、无核白鸡心、克伦生、水晶。红地球为56%，较上年有所下降；夏黑为36%，面积增加较快；其他品种为8%，其中阳光玫瑰发展面积逐步增加，面积达到5 000亩以上。酿酒品种为赤霞珠、蛇龙珠、白羽、梅麓辄、烟73等品种。

广西主要栽培品种有巨峰、夏黑、阳光玫瑰、温克、美人指、红地球、维多利亚和野生毛葡萄。全区巨峰等欧美杂种占总种植面积的45%左右，红地球、温克等欧亚种葡萄占总种植面积的30%左右，毛葡萄占总面积的25%左右。

2. 品种表现

(1) 欧美杂种品种群

主栽品种主要包括巨峰、夏黑、阳光玫瑰、巨玫瑰等。

巨峰：欧美杂种，原产地日本。原名Kyohō。由大井上康育成，亲本为石原早生×森田尼。在我国各地均有大面积栽培。果穗圆锥形，带副穗，平均穗重400.0克。果粒着生中等紧密。果粒椭圆形，紫黑色，平均粒重8.3克。果粉厚；果皮较厚。果肉软，有肉囊，汁多，绿黄色，味酸甜，具草莓香味。可溶性固形物含量16.0%以上，可滴定酸含量0.66%～0.71%，品质中上等。每果粒含种子多为1粒。两性花。四倍体。生长势强。早果性强。浆果中熟。在我国南北各地均可栽培。棚、篱架栽培均可，宜中、长梢修剪。落花落果严重，栽培上应控制花前肥水，并及时摘心，控制产量。抗病性较强，在多雨地区和年份，应注意病害的防治。该品种完全成熟后容易落果，储藏性能较差。

夏黑：欧美杂种，原产地日本。原名サマーブラック，它是1968年由日本山梨县果树试验场利用四倍体巨峰与二倍体的无核白杂交选育而成的优良无核葡萄品种，1997年获得新品种登录，1999年后陆续引入我国。夏黑的果穗大多为圆锥形，部分果穗有副穗。自然果果粒较小，单穗重仅有415克左右，生产中可用赤霉素增大果粒，增大后穗重能达到600克以上。果粒着生紧密，果穗大小整齐；其果粒近圆形，紫黑色至蓝黑色，基本无核。果粉厚，果肉硬脆。浆果软化后，即出现快速着色，且着色均匀。自然果成熟后可溶性固形物含量在20%以上，膨大处理后果实可溶性固形物含量也在17%以上，且带有草莓香。属于早熟品种。具有抗逆性强、适应范围广的特点。该品种需要多次进行激素处理，比较费工。

阳光玫瑰：欧美杂种，原产地日本。日本植原葡萄研究所1988年杂交培育，亲本为（スチューベン×アレキサンドリア）×（カッタクルガン×甲斐路），2006年品种登录。张家港市神园葡萄科技有限公司2009年由日本引进。果粒重12～14克，绿黄色，坐果好，成熟期与巨峰相近，易栽培。肉质硬脆，有玫瑰香味，可溶性固形物含量在20%左右，鲜食品质优良。不裂果，盛花期和盛花后用25毫克/升赤霉素处理可以使果粒无核化并使果粒增重1克，耐贮耐运，无脱粒现象。抗病，可短梢修剪。外形美观，可进行大面积推广。易感病毒病，完全成熟后容易感果锈，需要一定的栽培技术。

巨玫瑰：欧美杂种。辽宁大连市农业科学研究院育成，亲本为沈阳玫瑰×巨峰。在全国各地均有栽培。果穗圆锥形，带副穗，平均穗重675.0克。果粒着生中等紧密。果粒椭圆形，紫红色，平均粒重10.1克。果粉中等，果皮中等厚。果肉较软，汁中等多，白色，味酸甜，具浓郁玫瑰香味。可溶性固形物含量为19.0%～25.0%，可滴定酸含量为0.43%，鲜食品质上等。每果粒含种子1～2粒。两性花，四倍体。生长势强。浆果晚熟，从萌芽至浆果成熟需142天。粒大，外观美，成熟期一致，品质优良。抗逆性强。适宜在干旱和半干旱地区栽培，宜棚架栽培，单株单蔓或双株双蔓龙干形整枝均可，以短梢修剪为主。完全成熟后容易落粒，不耐贮耐运。在高温地区果实着色受影响。

(2) 欧亚种品种群：主要品种包括红地球、无核白、赤霞珠、品丽珠等

红地球：欧亚种，原产地美国。原名为Red Globe。由美国加利福尼亚大学奥尔姆（H.P.Olmo）育成，亲本为C12-80×S45-48。我国各地均有栽培。果穗圆锥形，平均穗重880.0克。穗梗细长。果粒着生松紧适度，整齐均匀。果粒近圆形或卵圆形，红色或紫红色，平均粒重12.0克。果粉中等厚。果皮薄、韧，与果肉较易分离。果肉硬脆，汁多，味甜，无香味。可溶性固形物含量为16.3%，可滴定酸含量为0.50%～0.60%，鲜食品质上等。每果含种子多为4粒。两性花，二倍体。生长势较强，丰产。浆果晚熟，从萌芽到果实完全成熟需150天左右。果刷粗大，耐拉力极强，不易脱粒，非常耐贮耐运，适合远郊地区种植。抗寒力、抗病性较差，品质一般。

无核白：欧亚种，原产地小亚细亚。原名ThompsonSeedless，别名阿克基什米什（维语名）、基什米什、吐尔封、汤姆逊无核、阿克喀什米什、无籽露、土尔封、汤姆松、Sultanina。我国主要产地为新疆吐鲁番、鄯善、和阗、喀什等地，在甘肃敦煌、宁夏、内蒙古乌海等地有栽培。果穗长圆锥形或

圆柱形，有歧肩，平均穗重227.0克。果穗大小不整齐，果粒着生紧密或中等密。果粒椭圆形，黄白色，粒重1.2～1.8克。果粉薄，果皮薄，脆。果肉淡绿色，脆，汁少，白色，半透明，味甜。可溶性固形物含量为15.0%～21.0%，可滴定酸含量为0.3%。无种子。晚熟，易裂果，抗寒性中等、抗病力较弱，不耐贮耐运。

赤霞珠：欧亚种，原产地为法国波尔多。原名Cabernet Sauvignon，别名Petit-Cabernet、Vidure、Petit-Vidure、Bouchet、Bouche、Petit-Bouchet、Sauvignon Rouge。是栽培历史最悠久的欧亚种葡萄之一。果穗圆柱或圆锥形，带副穗，小或中等大，穗长14.0～20.0厘米，穗宽8.0～11.5厘米，平均穗重175克。果粒圆形，着生较紧密，紫黑色，小，纵径、横径均为1.4厘米，平均粒重1.3克。果皮厚，色素丰富。果肉多汁，有悦人的淡青草味。每果粒含种子2～3粒。含糖量19.37%，含酸量0.71%，出汁率62%。用其酿制的酒深宝石红色，醇厚，具浓郁的黑加仑果香，滋味和谐，回味极佳。浆果晚熟。适应性强，抗病性较强。抗寒性较弱，在我国北方广大地区需要埋土防寒栽培。

品丽珠：欧亚种，原产地为法国波尔多。原名Cabernet Franc，别名卡门耐特。亲本不详。我国各地有大面积栽培。酿造红葡萄酒的主要品种之一，常与梅鹿辄品种混栽。果穗歧肩短圆锥形或圆柱形，带大副穗，中等大或大，穗长9.0～12.5厘米，穗宽8.5～10.0厘米，穗重200～450克。果粒近圆形，着生紧密，紫黑色，小，纵、横经均为1.4厘米，平均粒重1.4克。果粉厚，果皮厚。果肉多汁，味酸甜，具解百纳香型和欧洲木莓独特的香味。每果粒含种子2～3粒。含糖量19%～21%，含酸量0.7%～0.8%，出汁率73%。用其酿制的酒宝石红色，果香与酒香和谐，解百纳香味适当，低酸，低单宁，柔和，滋味醇正，酒体完美。易成熟，抗逆性较强，耐盐碱，耐瘠薄。较抗白腐病、炭疽病。

3.2017年生产中品种出现的缺陷

形形色色的品种满足了人们生活多样化的需求，但目前还没有一个完美的葡萄品种，每个品种都有或多或少的缺陷。如，夏黑由于需要多次激素处理，管理费工，随着国内劳动力成本的不断提高，夏黑的用工问题日益显现，已成为影响该品种推广的因素之一；阳光玫瑰处理后商品性好，但该品种容易感染病毒病，同时完全成熟时果面易生果锈，影响其商品价值；巨玫瑰抗性强，口感好，但不耐贮耐运，同时在高温地区不易着色；红地球非常耐贮耐运，适合远郊长距离运输，但该品种晚熟，不抗病，需要多次打药，尤其是在生长后期，雨水较多，非常容易生病影响其产量。因此，需要种植者了解其品种特性，通过栽培措施，使品种的优点充分表现，缺点尽量弥补，良种良法配套。

4.主要种类品种推广情况

目前，国内推广的鲜食葡萄品种主要有阳光玫瑰、夏黑、早夏无核（夏黑芽变）、巨玫瑰、碧香无核、金手指、红地球等。其他品种少量推广。酿酒品种比较稳定，以赤霞珠、品丽珠、蛇龙珠、梅鹿辄、霞多丽、雷司令等占推广面积的绝大多数，其他品种有少量推广。砧木品种以常见的SO4、5BB、贝达嫁接苗为主，国内选育的多抗砧木新品种抗砧3号和抗砧5号有少量推广。制干品种主要集中在新疆范围内，基本上以无核白为主，其他有少量的新疆当地的农家品种推广。

阳光玫瑰葡萄经过处理后，品质好、耐贮耐运，近年来在国内推广势头猛进；红地球葡萄耐贮耐运，货架期长，也有一定的推广面积。其他耐贮耐运性能一般的品种多在当地区域内种植和销售，推广面积相对小些。目前，随着国内葡萄等水果面积的不断增长，市场达到饱和，部分地区出现卖果难现象，优质耐贮耐运葡萄新品种的选育和推广显得尤为重要。

（三）风险预警

由于葡萄种植效益好，加上地方政府的支持和推动，近年来，产业发展迅速。2016年，我国葡萄产量1 374.51万吨，平均每人每年10千克，部分地区已经出现葡萄过饱和现象，由于品种单一，成熟期集中上市，卖果难现象屡见不鲜。

在南方新兴产区，葡萄效益显著，许多企业开始跟风大规模投资葡萄产业，规模上百甚至上千亩，却由于土地租金、人工管理、栽培技术等环节跟不上，最后赔的一塌糊涂，教训惨痛。因此需要了解葡萄市场趋势和生产中的问题，做好风险预警。

1. 国外品种市场占有情况

目前，我国主要推广的鲜食葡萄品种巨峰、夏黑、阳光玫瑰、红地球均为国外选育，鲜食葡萄市场占有率80%以上，尤其是近年来，阳光玫瑰发展势头猛进。国内品种巨玫瑰、户太8号等品种也有一定的市场。酿酒品种基本上以欧洲古老品种为主，如赤霞珠、品丽珠、梅鹿辄、霞多丽等，市场占有率95%以上。此外，我国原产的山葡萄、刺葡萄和毛葡萄在当地也有一定的栽培面积。

随着我国对知识产权保护力度的增强，国外对新品种权的重视程度也日益加大，已经有一些国外的葡萄苗木大公司开始在中国进行葡萄新品种生产布局，寻找国内合作者，申报品种权保护，合作育苗、开展品种登记推广。国外企业进入国内市场的主要方式是寻求国内代理商，由国内合作者联合推广。

2. 病虫等灾害对品种的挑战

根瘤蚜原产北美洲东部，现已经分布于世界40多个国家和地区。葡萄园一旦发生根瘤蚜，危害极其严重，甚至全园毁灭，曾经给欧洲的葡萄产业带来了毁灭性的打击，已列为国内外主要检验检疫对象。我国自2005年在上海发现根瘤蚜危害以来，目前在陕西、广西、湖南、辽宁等地均发现根瘤蚜危害，并有进一步蔓延的趋势。使用抗性砧木嫁接栽培品种是经济有效地抵抗葡萄根瘤蚜的方法之一，目前世界上部分国家已开始选育葡萄抗逆性强的砧木，法国、德国的砧木嫁接葡萄已超过其他葡萄95%，欧洲及美洲各国的葡萄生产上基本都采用无病毒砧木。我国多数葡萄苗木使用扦插苗，自身不抗根瘤蚜，一旦发生根瘤蚜危害，很容易扩散，因此根瘤蚜防控形势严峻。需尽快执行植物检疫措施，严禁疫区带根苗外运，同时加快葡萄根瘤蚜的防控技术研发，引进抗根瘤蚜砧木品种，结合我国主栽品种特点，观察筛选最适宜我国发展的砧木品种。

3. 绿色发展或特色产业发展对品种的要求

（1）绿色发展对品种的要求

回顾农业发展历程，品种上每一次突破都推动了农业跨越式的发展。随着生活水平的不断提高，人们对优质安全鲜食葡萄的需求更为迫切，国内葡萄产业已从数量转入质量竞争阶段，市场竞争更趋激烈。目前各地葡萄露天种植规模较大，夏季高温多雨，病害严重，使用农药频繁，安全隐患风险大；葡萄园长期大量使用化肥，土壤酸化和盐渍化等加剧，品质不良等问题已经出现，相当部分葡萄产区出现葡萄种植效益下降。葡萄产业面临严峻挑战，迫切需要提升葡萄品种竞争力，开展葡萄抗性优质葡萄新品种的选育与配套技术研究，创新葡萄绿色发展新技术，促进葡萄健康、高效、可持续发展。

（2）特色产业发展对品种的要求

特色农业作为现代农业发展的重要内容，可以最大限度发挥区域优势，优化农业结构，提高农产品竞争力，增加农民收入，促进区域经济发展。葡萄既可鲜食又可加工酿酒，产业链长，带动一、二、三产业融合发展，葡萄产业已经成为许多地方的特色名片，新疆吐鲁番、山东蓬莱、吉林通化等都是特色名品。葡萄品种繁多，国内不同的区域在长期的引种栽培过程中，逐渐形成了当地的特色和优势品种，尤其是鲜食和制干品种。而酿酒品种目前基本上都以欧洲品种赤霞珠和霞多丽等为主，造成了国内很多酒厂酿出的葡萄酒同质化，缺乏特色。我国是葡萄属植物的原产地之一，如何利用我国特色的葡萄野生资源选育出适合酿造我国本土风味的酿酒葡萄品种也是今后研究的方向之一。

四、国际葡萄产业发展现状

（一）国际葡萄产业发展概况

1. 国际产业生产状况

葡萄一直是全世界最重要的水果之一，其产量和面积在世界水果中均居于前列。例如：2014年，世界葡萄园收获面积为712.45万公顷，葡萄总产量为7 449.99万吨，单产为10 456.8千克/公顷。葡萄总产量、收获面积和单产均比2013年有所下降。从葡萄种植的区域性分布来看，欧洲是葡萄种植面积和产量最大的地区。2014年，欧洲的葡萄产量占世界总产量的35.75%，比2013年有所下降1.91%，而葡萄园收获面积占世界葡萄园收获面积49.11%，比2013年略有下降；其次是亚洲，产量约占世界总产量的35.41%，比2013年上升3.05%；收获面积占世界收获面积的29.48%，比2013年增加了0.88%；其余为美洲、非洲和大洋洲。2014年世界葡萄产量最大的前5个国家依次为中国、美国、意大利、西班牙和法国，而葡萄园收获面积最大的前5个国家依次为西班牙、中国、法国、意大利和土耳其；葡萄园单产最高的国家是越南，达到28 353.9千克/公顷，其次是埃及、印度、秘鲁和阿尔巴尼亚。

国际葡萄与葡萄酒组织（OIV）公布的重要报告显示，2016年，全球葡萄园面积共750万公顷，和2015年基本持平，但相比2014年的面积减少了1.8万公顷。但一些国家却有所增长。中国的葡萄园面积增长了1.7万公顷，成为了全球葡萄园面积第二大国。该报告中提到，西班牙的葡萄园面积虽然有所减少，却依然保持绝对的领先位置，其面积为97.5万公顷；中国的葡萄园面积增至84.7万公顷，增幅最大；而法国的葡萄园面积为78.5万公顷。整体上，欧洲的葡萄种植面积继续呈缓慢递减趋势，在中国、印度、智利和新西兰的葡萄园面积处于逐年攀升的状态。

葡萄产量方面，中国的产量飞速发展，2016年总产量达到了1 460万吨，并且增幅最大。另外，较上一年显著提高的还包括印度、乌兹别克斯坦和智利，而呈下降趋势的包括意大利、法国、西班牙和伊朗。

2. 国际贸易发展情况

2015年，全球鲜食葡萄贸易进口量有所增加，出口量及进、出口额均有所下降。2015年，世界贸易进口量为399.0万吨，比2014年增加了1.76%；进口额793 288万美元，比2014年下降了6.0%。出口量404.9万吨，比2014年下降了0.64%；出口额759 686万美元，比2014年下降了4.3%。鲜食葡萄主要进口国家有美国、德国、英国、荷兰和中国等，中国的进口额居世界第五位，进口量居世界第六位；主要出口国有智利、美国、中国、意大利和秘鲁等。

全球葡萄酒进口量保持增长态势；出口量、进出口额降低。2015年，葡萄酒进口量为988 319.6万升，比2014年增加6.94%，出口量为978 010.6万升，比2014年降低0.14%；进、出口额分别为265 2493.8万美元和258 7487.1万美元，分别比2014年降低7.18%和8.53%。美国、英国、德国、加拿大和中国为较大的葡萄酒进口国，而法国、意大利、西班牙、智利和澳大利亚是较大的出口国。

2015年，世界葡萄干贸易呈现降低趋势。其中，进、出口总量分别为80.1万吨和62.5万吨，分别比2014年增加了3.9%和降低了0.34%；进、出口额分别为16.07亿美元和13.21亿美元，分别比2013

年降低了8.27%和12.26%。英国、德国、荷兰和日本是主要的葡萄干进口国，土耳其、美国、智利、中国和南非为主要的葡萄干出口国。

2015年，世界葡萄汁的贸易量出现下降趋势。其中，葡萄汁进、出口量分别为66.91万吨和68.84万吨，分别比2013年下降了5.95%和8.90%；进、出口额分别为6.99亿美元和6.56亿美元，比2014年降低23.14%和25.78%。主要葡萄汁的进口国为美国、日本、德国、意大利和加拿大，而西班牙、意大利和阿根廷是较大的出口国。

（二）主要葡萄生产国家研发现状

美国是世界上最重要的葡萄与葡萄酒生产国之一，由于境内复杂多样的气候及环境条件，成就了美国世界一流的葡萄及葡萄酒产业，无论在鲜食葡萄、葡萄干、葡萄酒及葡萄汁产业，均在国际市场上占有一席之地。鲜食葡萄育种更注重培育具有无核、香气、大粒及其耐贮特性的品种；加工品种分为酿酒专用品种、制汁专用品种、制干专用品种及功能性成分提取专用品种；酿酒品种的育种更注重色泽、糖酸比、香气特质的品种。葡萄抗病育种在美国研究的比较深入而系统，尤其是抗根瘤蚜、皮尔斯病及几大主要病害（如白粉病、霜霉病、白腐病等）的品种是重点研究目标，一些生产上新出现的病害，如红斑病相关病毒（RBaV）也受到关注。

日本培育的巨峰和巨峰系葡萄品种的引进，曾显著推进了我国葡萄产业的发展，而且多年来对日本葡萄栽培管理方式的借鉴和新品种的引进，也一直保持了良好的势头。近年来选育出的夏黑、阳光玫瑰在我国相关葡萄产区发展势头猛进，日本的避雨栽培技术、限根栽培技术、无核膨大技术的引进，对我国，尤其是南方地区葡萄产业的发展有积极的促进作用。

法国是世界上种植和酿造葡萄酒历史比较悠久的国家之一。法国葡萄酒的产地主要集中在波尔多、勃垦第等地区，也就是沿着法国几大河流流域的山谷和丘陵地带。法国的葡萄种植业和酿酒业是密不可分的，法国实行区域化种植，是法国葡萄产业最鲜明的特色，产地是种植葡萄和酿酒葡萄的地区、著名的产地是自然和历史赋予的。法国有十大世界著名葡萄产地，最著名的有波尔多和勃垦第，这是经过几百年乃至上千年才形成的。在葡萄产业发展中，法国葡萄界最为重视的是产地品牌，并以产地命名葡萄酒即AOC酒。同时，在法国对葡萄进行限产栽培，并以法律形式确定下来。为了保证优质的生产，法国除限制产量外，对葡萄园管理的一些技术措施都进行法定。如修剪方式，每株果穗留量，施肥标准，就连采摘期都做了明确规定，不得提前采摘。这些法规种植户都已普遍认同和遵守。

葡萄是澳大利亚的重要水果之一，主要产品分3种，鲜食葡萄、制酒葡萄和葡萄干。鲜食葡萄是出口的主要种类，每年超过一半以上的鲜食葡萄出口。澳大利亚非常重视新技术的开发和应用，政府年投入农业科技经费占总科技支出的10%以上，这些科研经费应用于葡萄品种的选育、新型的耕作管理方式、综合治理、农业灌溉技术、信息化网络技术等，对提高农业生产率起到重要的促进作用。澳大利亚的农业推广体系非常发达，政府、科研和教育机构、行业协会或企业均参与农业推广，各司其职，在农业技术水平提升上起了重要作用。农业技术推广人员以及部分农民，大多具有专业教育水平，但都需接受专门的培训，他们是科研和教育机构与生产企业和农场主间的桥梁，起到成果的推广和问题征集反馈的作用。

（三）主要葡萄生产国家竞争力分析

根据世界葡萄种植面积和葡萄产品贸易情况选取了阿根廷、澳大利亚、法国、美国、南非、葡萄牙、土耳其、西班牙、希腊、伊朗、意大利、智利和中国13个主要国家进行分析，这些国家可以有效代表世界葡萄主产国情况，通过比较多个评价指标，为提出我国葡萄产业竞争力提升策略政策提供数据支撑。

首先是生产要素指标评价。中国处于第一位，这与中国的葡萄种植面积、劳动力人口较多，资源丰富有关，同时说明中国发展葡萄产业有自己的优势。美国位列第二位，其次为伊朗、土耳其、意大利、西班牙、智利等国家。

其次是生产水平指标评价。意大利排名第一位，法国、中国、智利和南非位列2～5位。中国的葡萄产业发展整体呈现上升趋势，可以预测，中国的葡萄产业的生产水平在未来还是会不断向前发展，竞争力不断提高。

最后是贸易水平指标评价。包括鲜食葡萄、葡萄酒、葡萄干和葡萄汁4种产品的国际市场占有率情况，综合结果表明：法国综合排名第一位，其鲜食葡萄、葡萄酒、葡萄干和葡萄汁分别排名在第11、第1、第9、第7位；意大利综合排名第二位，4种产品的市场排名分别在第3、第2、第12、第2位；智利综合排名第三位；中国综合排名第七位，4种产品的市场排名在第4、第10、第4、第9位。我国的鲜食葡萄和葡萄干的排名靠前，葡萄酒和葡萄汁排名均靠后，说明我国虽然是葡萄种植大国，但是葡萄产品的国际市场占有率并没有达到相对应的水平。

五、问题及建议

（一）存在的问题

葡萄苗木市场的繁荣和商机，也暴露了葡萄苗木市场的诸多问题。

1. 群众性苗木生产，致使总体科技水平较低

为了加快果树良种的快速发展，在过去的几十年时间里，我国实行果树苗木自繁自销，任何人和单位都可以生产和经营葡萄苗木，为产业的迅速发展保障了苗木供应，同时也使苗木生产总体科技水平较低，许多苗木生产者培训不到位，对新技术、新品种和新生产管理模式等都难以快速和高效地吸收消化，管理水平还停留在小农、小作坊式生产。我国在苗木生产技术的研发上一直努力和世界接轨，但经研究或引进的新技术不能很好地应用在现有的生产上。

2. 苗木产业化程度偏低，标准化程度不够

我国现有苗木生产面积的90%以上在一家一户的责任田内，规模化经营占很小比例。农户往往缺乏对市场、对信息的研究，导致了生产的盲目性。缺乏集约管理，生产模式粗放，苗木符合标准、上规模更是无从谈起。品种纯度和种苗质量是种苗的基本要求，虽然我国已制定部分葡萄种苗质量标准，但葡萄生产和经营企业很少执行相关葡萄种苗标准，出售假冒、劣等种苗现象时有发生，造成葡萄定植成活率低、葡萄园貌不整齐，严重影响葡萄的标准化管理和生产效益。

3. 苗木市场混乱无序，品种命名混乱

每年秋冬季节，都可以在各种果树广告中看到有大量葡萄苗木销售的信息，然而其中很多经销商都没有合法手续。尤其是一些苗木商投机经营，根本不了解葡萄品种特性和栽培技术措施，随心所欲，从当地或外地大量贩运获取苗木，再到各地兜售，往往会出现同一品种按多个品种来卖或几个品种按同一品种销售的现象，以次充好，坑害农民，造成极坏影响。品种命名是严肃和科学的工作，对国内新育成品种和国外引入品种的命名需要通过品种审定委员会认可。目前葡萄种苗的命名极为混乱和无序。有的葡萄种苗经营者为了迎合葡萄生产者对葡萄品种新、奇、特的需求，国内育成的或从国外引入的葡萄品种可以不经过任何程序，随意更改品种名称、胡乱命名、炒作品种，造成品种混乱（如矢富罗莎，销售中又称罗莎、粉红亚都蜜、亚都蜜、兴华1号；无核白鸡心又称世纪无核、森田尼无核、无核青提、青提等）。这些都为葡萄产业的健康发展留下了隐患。

4.危险性病虫害随苗木传播

苗木检疫是病虫害防治的一项十分重要的措施，世界各国对之都十分重视，对控制检疫性病虫的传播和危害起到了关键性的作用。但多年来，在葡萄种条采集、苗木调入等方面，检疫把关并不严格，很少要求调入苗木具备产地检疫证明，苗木中是否带有检疫病虫害往往知之甚少，对检疫对象未采取有效措施，及时处理解决；对于当地繁育的苗木更是没有检疫措施，葡萄育苗户任意在带病生产园采取种条繁育，造成检疫性病虫害进一步的扩展蔓延。

葡萄苗木的国内检疫性虫害是葡萄根瘤蚜，检疫性病害是葡萄根癌病。葡萄根瘤蚜主要通过苗木传播。由于葡萄根瘤蚜可在深层土壤生存，危害葡萄根部，隐蔽性强，难以发现，到目前为止尚不能有效防除，一旦发现只能刨树毁园。我国一直将葡萄根瘤蚜作为高危检疫对象，严格控制传入我国。但根据中国植保总站通报，我国山东、陕西、辽宁和浙江一些地方已发现葡萄根瘤蚜。该虫曾毁灭了欧洲大部分葡萄园，造成过巨大的经济损失，这一沉痛教训应引起我们高度重视。尽早规范葡萄苗木繁育体系，杜绝检疫性病虫害发生，确保农民利益不受损害。

葡萄在长期无性繁殖过程中，感染并积累了多种病害。其中最为致命的是葡萄病毒病。葡萄为多年生植物，病毒主要随砧木和接穗广泛传播，一旦侵染，即终生带毒，持久危害，无法通过化学药剂进行有效控制，只能通过严格的检疫技术措施，避免带毒葡萄繁育、定植来解决。葡萄病毒种类已发展到25个属55种。迄今为止，我国鉴定明确的葡萄病毒有葡萄扇叶病毒、葡萄卷叶病毒（1，2，3，4，7）、葡萄病毒A、葡萄病毒B、葡萄斑点病毒和沙地葡萄茎痘病毒。其中，葡萄扇叶病毒、葡萄卷叶病毒1和3、葡萄斑点病毒、葡萄病毒A分布广、危害重。1986年，郑州果树研究所在全国范围内进行了葡萄病毒病的发生和流行病学的调查，发现我国葡萄园90%以上普遍发生病毒病，造成了产量损失，有的葡萄园甚至颗粒无收，更为严重的是整片葡萄园中植株死亡，给生产者造成了无法估量的损失。感染病毒的植株，平均萌芽率、生产量和株产均明显低于正常植株，植株长势变弱、穗重减少、株产减少、粒重减少、可溶性固形物含量下降、果皮色素下降等。有的感染病毒病的葡萄园面临着是否彻底毁园，重新定植的艰难抉择。因为如不采取果断措施，还会感染其他葡萄品种。

缺乏有效的检测手段和健全的苗木繁育体系，是导致部分葡萄病虫害进一步蔓延的重要因素。在葡萄产业发展进入大发展、急需大量优质葡萄苗木之际，必须高度的重视规范苗木繁育。

5.品种侵权问题严重

育种家培育一个新的葡萄品种需要十几年或更长的时间，但由于果树多采用无性繁殖，在市场混乱，失于监控情况下，部分育苗户在未经育种者同意的情况下大量繁殖和销售已获得品种权的品种。更有甚者，更换品种名称，大肆炒作宣传，谋取利益，侵害了育种者和育种单位的权益，导致育种单位不愿意拿出好的品种，限制育苗等，制约了葡萄产业的健康发展，给葡萄的生产带了隐患。

6.缺乏葡萄苗木行业的基础信息

由于我国葡萄苗木生产基础信息的缺失，培育的品种不一定适销对路，苗木数量有时供过于求，有时又出现供不应求的现象；同时，苗木价格预测还很不靠谱，供求关系经常变动。如果苗木价格波动过大，往往会对生产造成严重的破坏，给农户造成惨重的损失。造成苗木价格大起大落的主要原因，是由于生产者没有充足、准确的信息，无法根据未来供需状况来确定种植计划。在考虑种什么品种时，生产者一般是按照前一段时期和当前的价格来做决定，卖得好的、获利高的品种常常种得较多。但当苗木上市时，往往发现产品已是供大于求，不得不忍痛甩卖。接下来，多数生产者又会根据市场情况，减少滞销品种的生产，这又会造成一个种植周期后此类苗木产品的短缺。与其他很多农产品一样，基础信息工作好说不好做，原因有二：一是生产分散，信息收集成本高、难度大；从事葡萄苗木生产的苗圃多，分布区域广，生产中的变数也大，收集全面准确的生产信息难上加难。二是生产规模普遍小，对信息的利用习惯没有养成。目前，我国的葡萄苗木生产已有相当规模，加之品种多，种植苗木能否盈利、能有多高收益，很大程度上取决于获得的信息的质量。

7. 没有重视苗木的品种特色与适应性

传统的苗木种植观念跟传统农业种植观念的一个相同之处就是"什么品种赚钱，我就种什么"。殊不知这样一哄而上的结果是某些品种苗木数量的急剧增加，供大于求。高成本育出的苗木低价格售出，甚至有些地方实在没有销路，竟把苗木当作烧柴处理。这种状况还表现在新品种"一窝蜂"，一听说是新品种，就蜂拥而上，繁殖材料价格高得惊人；但这种新品种还没等出圃，就被另一个新品种冲击，变成了老品种，其价格跟引进时的价格天地之差。尽管我国苗圃规模有大有小，品种却很雷同，并且不分主次，忽视品种的适应性和区域性特点，在不适宜种植的地区销售，与葡萄品种区域化和优质生产产生冲突。

8. 对葡萄抗性砧木苗的利用重视不够

我国葡萄生产中主要采用自根苗栽培，但葡萄根系浅，抗寒抗旱性差，特别是易受葡萄根瘤蚜危害。葡萄嫁接栽培具有很多优势，不同的葡萄砧木具有不同的抗性，如抗葡萄根瘤蚜、抗旱性、抗寒性、耐涝性、耐盐碱性、耐酸性土壤及耐瘠性等特点。葡萄栽植者可根据各地的立地条件和生态环境，选择合适的砧木，扩大栽植区域，促进葡萄栽培面积的发展。同时还可充分发挥砧木优势，减少施肥量和浇水打药次数，管理省工，可大大降低种植成本。利用适宜的砧木嫁接苗还可增强生长势，改善果实外观和内在品质，提高经济效益。

9. 没有生产许可审批制度，缺乏有效监督机制

通常，果树苗木的繁育单位应具备三园一圃（母本园、品种园、采穗园，繁育圃）、植物检疫手段、种条消毒和科学合理的繁育技术等条件。在过去的几十年时间里，为了保证新品种的推广力度，我国的果树苗木未实行认证制度，未获得国家相关资格认证就可以从事苗木的繁育和销售。

受利益驱使，育苗户随意采集接穗，自行繁育，导致苗木品种纯度低，品种混杂，病虫害突出，甚至带入检疫性病虫害，苗木定植后长势弱，成活率低，长期影响葡萄生产，这主要是缺乏有效的质量监控体系和严格的生产许可审批制度造成的。苗木生产经营缺乏科学规范的管理，苗木"三证"（苗木生产许可证、植物检疫证、苗木质量合格证）的管理体制不健全，同时苗木生产标准意识和质量意识薄弱，售后服务得不到保障。还有一个重要的原因，就是缺乏非政府服务机构的参与，由于政府管理部门精力所限，非政府组织（行业协会）的参与就显得尤为重要。

（二）发展政策及措施建议

苗木生产的产业化是苗木产业发展的必然趋势。苗木生产的产业化即按照市场经济体制的基本要求，以科技为依托，对全国苗木生产进行全面规划，合理布局，扶持龙头企业，建立起比较完备和发达的苗木生产产业化体系。

1. 科学调整育苗结构

压缩常规小苗木生产，增加大规格苗木扩繁是当前调整苗木结构的一个主要措施。特别是现代葡萄产业要发展高质量的葡萄苗木，需要尽快培育适合葡萄产业发展的高质量、高规格的苗木，这是当

前葡萄苗木生产的一项重要任务。

2. 实行苗木准入制度

葡萄产业正进入新的发展时期，为减少以往葡萄种苗繁育所带来的不利影响，建议管理部门依照有关法规对现有育苗经营户进行清查整顿，对不符合育苗或经营条件的单位和个人，应坚决取缔。从事苗木生产的单位和个人，应向果树主管部门申报登记，经审查批准领取"果树种苗生产许可证"后，方可从事果树种苗的生产。对提出申请从事葡萄苗木繁育的单位，要认真审核，要求必须具备基本条件和先进的繁育技术，严把审批程序。质量是苗木的根本，质量标准体系是监督苗木质量的法律依据和保障，所以要制定完善的质量认证体系，并严格按照国家标准，加强生产经营全过程的质量监督和管理。生产果树种苗的单位和个人，在其种苗出圃前必须报经当地县（市、区）果树主管部门进行规格、质量检查，并按规定履行检疫手续。经检查、检疫合格取得"果树种苗质量合格证""果树种苗检疫合格证"后，方可出圃和调运。对无合格证的果树种苗，铁路、公路、海港、邮政、民航等部门不得承运。

3. 加强苗木经营单位管理

各级政府主管部门或行业协会要建立葡萄苗木繁育管理档案，对育苗企业的名称、地址、联系方式、生产地点、检疫隔离情况，生产品种、数量及质量标准，繁殖材料的来源及其检疫情况，生产保护措施等进行登记跟踪管理。同时监督育苗企业建立自己的繁育管理档案，特别是对接穗砧木来源、购买合同、检疫证明、苗木去向进行登记，严把苗木繁育关。经营苗木的单位和个人，须持有果树主管部门核发的"果树种苗经营许可证"和工商行政管理部门核发的"营业执照"。经营葡萄种苗，应严格执行国家、省规定的种苗检验、检疫制度和质量标准，并对所经营的种苗承担质量责任。对于苗木经营单位，除要求具备经营许可证外，要求对所售苗木具有育苗企业的出圃证和检疫证等手续，分类挂好标签，注明产地、品种、规格和出圃日期。

4. 重视葡萄苗木检疫

在苗木大量繁育、贩运和销售期间，植物检疫部门应组织人力物力，严格按照《植物检疫条例》及其实施细则，加强葡萄苗木生产、运输、销售和定植各个环节的检疫力度。本着"为农民着想，为政府分忧、为产业服务"的指导思想，将该项工作作为葡萄苗木繁育重中之重的工作来抓，将检疫病虫害消灭在摇篮之中。未经检验、检疫的果树种苗，任何单位和个人不得销售。苗木出苗圃、种植前，必须有消毒措施。

5. 加快脱毒葡萄苗木的繁育速度

病毒病是当前世界上传播最广、危害最大的病害。葡萄感染病毒病后，重者通过影响树体的新陈代谢造成树体死亡，轻者破坏果实表皮，影响果实外观，降低产量和商品性。病毒病传播途径多，速度快，长期以来无有效防治的办法，对我国葡萄生产造成了严重的威胁。经过国内外专家多年的潜心研究，得出通过脱毒、检测、再鉴定技术，繁育不带病毒病苗木用于生产，是从根本上解决病毒病危害葡萄生产的有效途径。为此，农业部在中国农业科学院果树研究所和中国农业科学院郑州果树研究所分别成立了落叶果树脱毒苗木繁育中心，有计划地开展葡萄脱毒苗木繁育工作。

6. 通过信息引导，保持苗木供需总量的基本平衡

做好基础信息的整理发布，应是保持苗木市场稳定健康发展的根本。做好基础信息工作是政府机构和协会对苗农最切实的帮助，同时也可解决业内长期存在的供需脱节问题。

7. 重视优良品种，保障育种者的合法权益

凡引进和推广的果树良种（包括砧木），必须是国家和省级农作物品种审定委员会审定通过的品种或品系。

8. 加强葡萄品种命名的管理

加强葡萄品种命名的管理，认真执行《果树种子苗木管理暂行办法（试行）》（农业部1990—02—06发布，1997—12—25修订）。对我国选育或引进的葡萄品种（包括砧木），在省内推广须经省级果树品种审定委员会审定认可，报省农业行政部门批准；跨省推广的，须经全国果树品种审定委员会审定认可，报农业农村部批准。未经审定通过的品种，不得推广。任何个人和单位，不得私自更改经审定认可的品种名称，违者应予处罚；未经审定认可的品种名称，不得进行商业宣传、刊登广告。广告经营单位有对品种名称审查的义务，不得发布未经审定品种的种苗广告，违者应予处罚。杜绝私自随意改名，蒙骗葡萄种植者的现象发生，确保葡萄种植品种的准确、规范。

9. 加强葡萄砧木嫁接苗的研究和利用

我国土地辽阔，各地的土壤、气候条件各不相同。北方的寒冷、南方的湿热、西部的干旱、黄河流域的盐碱等都不利于葡萄的栽培。选择适宜的、针对某一方面逆境抗性的葡萄砧木进行嫁接栽培，可以在不利的栽培环境条件下获得葡萄的优质丰产。实践已经证明，葡萄的嫁接栽培比葡萄的自根栽培有明显的优势。这是因为葡萄砧木除了具有多种抗逆性（抗旱、抗寒、抗线虫、抗根癌病、抗根瘤蚜、抗缺铁失绿、耐湿、耐酸、耐盐碱、耐石灰质土壤等）之外，还具有肥水需求量少、能提高果实品质及减少施肥量和浇水打药次数，管理省工等特点，可大大降低种植成本。还可充分发挥砧木优势，利用嫁接苗以提高生长势，改善果实外观和内在品质，提高经济效益。

可根据各地的立地条件和生态环境，研究砧木的适应性，与主栽品种的亲和性及对接穗品种生长、结果、品质等综合影响，筛选出适合我国不同地区的砧木和接穗品种组合，为砧木嫁接种苗的示范推广提供依据。

10. 加强国外进口和引种葡萄繁殖材料的监管

加强从国外引入葡萄繁殖材料的监管，一般不得大批量引入。严格按照国家标准《进口葡萄苗木疫情监测规程》（GB/T 20496—2006）执行。

（编写人员：刘崇怀　姜建福　等）

第26章 桃

概　述

桃在中国有4 000多年的栽培历史，形成了丰富的地方品种资源。20世纪50年代末，中国开始以早上海水蜜和百花水蜜桃等为亲本材料，进行新品种培育，奠定了中国现代桃育种的基础。我国是世界上最大的桃生产国，除气候严寒的黑龙江外，其他各省（自治区、直辖市）都有桃的栽培，主产区集中在山东、河北、河南、湖北等省份，主要品种有蟠桃、毛桃、油桃、普通鲜食桃、鲜食黄肉桃等。根据农业农村部种植业管理司数据统计，2016年我国桃种植面积为85.17万公顷（约1 277.55万亩），桃产量为1 429万吨。从品种分布上看，普通鲜食桃分布最广，各省（自治区、直辖市）均有种植；其次是黄桃，主要种植在山东、河南、辽宁、宁夏、陕西、新疆、安徽、江西、四川、重庆和云南；油桃主要分布在天津、北京、河北、山东、河南、甘肃和新疆；蟠桃主要分布在天津、北京、辽宁、甘肃、新疆、江苏和上海。

中国是桃的生产大国，但不是贸易大国，根据国际贸易中心（ITC：TNTERNATIONAL TRADE CENTRE数据库）数据显示，2016年全球鲜食桃总出口量为214万吨，出口额为220.2千万美元。中国在2016年的桃出口量为7.34万吨，占世界出口总量的3.43%，居第八位；桃出口额为10.99千万美元，占世界出口总额的4.99%，居第五位。

中国的桃以鲜销为主，产业结构不合理，并且加工产品种类少，加工转化率低。中国目前的鲜食桃品种占80%～90%，主要为中晚熟品种，成熟期集中（7—8月），不耐贮耐运，鲜销压力大，采后损失较严重。桃加工品以罐头为主，其次为浓缩桃浆（汁）、速冻桃、桃蜜饯、脱水桃干等，年均加工消耗原料70万吨［罐头45万吨、桃浆（汁）12万～15万吨、桃脯蜜饯等10万～13万吨］，转化率不到6%（数据来源：中国罐头协会）。

2017年我国桃产业发展有如下几个特点。

第一，传统产区栽培较为稳定，新兴产区规模增幅较大。总体来看，2017年全国桃主产区种植面积大、总产量高，规模化桃园的数量在逐渐增加，区域布局更加科学有序，种植结构也趋于合理，种植水平与管理能力显著提高。各地政府将果树产业作为产业扶贫抓手，安徽、贵州等省份的桃产业发展较快。

第二，全国种植结构优化，极早熟、晚熟桃以及设施桃呈扩大态势。局部地区早中熟桃发展过快，价格下滑，早熟桃种植比例在下降，晚熟桃种植比例在上升。随着极早熟、极晚熟品种的推出，传统的应市期大大延长，品种更新换代步伐不断加快，老品种的淘汰和新品种的推广周期逐渐缩短。设施桃种植规模有所扩大，特别是河西走廊非耕地设施桃栽培面积在增加，"长三角"产区设施桃栽培也在稳步增长。

第三，桃产区销售模式主要以批发零售为主，新兴渠道日益受到政府部门和新型经营主体的重视。从全国范围来看，主产区销售渠道以批发和零售为主，电商销售增幅虽然较大但比例仍偏低，观光采摘销售比重较小。如江苏的苏州、无锡、常州地区零售占比达70%以上，而同为江苏的苏北地区则以批发为主，占比达60%以上。电商发展较好的地区桃品质普遍较好，如云南开远的鹰嘴蜜桃、江苏无锡的阳山水蜜桃、上海南汇产区40%的一级果通过网络渠道销售。

第四，防控主要病虫害、预防新型病虫害仍是桃产业提产增效的重要手段。在虫害方面，2017年除了常见的虫害外，桔小食蝇发生较为严重，多发生在中晚熟品种上，发生比较严重的省份有北京、贵州、福建等地。在病害方面，褐腐病、炭疽病、疮痂病等主要病害在各产区均有发生。"长三角"地区持续高温少雨天气不利于枝枯病的发生和发展，本地区水蜜桃产区枝枯病发生较轻。

第五，桃新品种选育方向更加明确，种质资源收集难度增大。新品种选育方向主要体现在：一是果实硬度在提高，硬溶质、硬脆品种比例提高，增强了品种的耐贮运性；二是品种类型更加多样化，黄肉鲜食桃呈现增加的趋势，红肉桃品种时有发表。而砧木品种中，设施专用的短低温、耐弱光品种及适宜南缘地区种植的短低温品种等类型依然缺乏。随着城市化扩张，野生桃多样性和分布区域受到影响，桃种质资源收集几乎到了"无处可收、收了不一定有价值"的地步，客观上增大了种质资源收集工作的难度。

第六，品种登记和推广方面，据不完全统计，自2001年以来通过审定、认定和鉴定的桃品种287个，大部分品种在我国的不同桃产区得到了应用；通过杂交手段选育的品种167个。另外，根据国家桃产业体系各岗位和试验站统计的数据情况，在统计到的桃品种中，推广面积在20万亩以上的品种群主要有"锦"系列、"中油"系列、"春"系列、"美"系列和中农金辉、中油蟠桃等。

一、我国桃产业发展

（一）桃产业种植生产概况

2016年我国桃种植面积为85.17万公顷（约1 277.55万亩），桃产量为1 429万吨。自2001年起，我国桃种植面积和桃总产量均呈上升趋势，其中2001年桃种植面积45.23万公顷（约678.37万亩），2001—2016年，桃种植面积增加了88.30%，年均增长率为5.52%；2001年桃总产量为456.19万吨，2001—2016年，桃总产量增加了213.25%，年均增长率为13.33%（图26-1）。由此可以看出我国桃产量的增加不仅来源于种植面积的增加，还表现在桃单位面积产量的增加。

从品种分布上看，普通鲜食桃种植分布最广，各省份均有种植；其次是黄桃，主要种植在山东、河南、辽宁、宁夏、陕西、新疆、安徽、江西、四川、重庆和云南；油桃主要分布在天津、北京、河北、山东、河南、甘肃和新疆；蟠桃主要分布在天津、北京、辽宁、甘肃、新疆、江苏和上海。

1. 桃产区分布及品种分布

（1）桃主产区分布

桃是我国分布最广的落叶果树之一。目前，在我国有数据统计的省级行政区域中，有29个从事桃的商业化生产，其他省份中，海南因缺乏桃休眠所需的低温而不能生产，内蒙古和黑龙江因冬季严寒而不能露地生产，但也有少量的温室栽培。桃产量居前10位的省份有山东、河北、河南、湖北、辽宁、陕西、江苏、北京、四川、浙江。近几年随着种植业结构调整，安徽和湖南等地也呈迅猛发展之势。

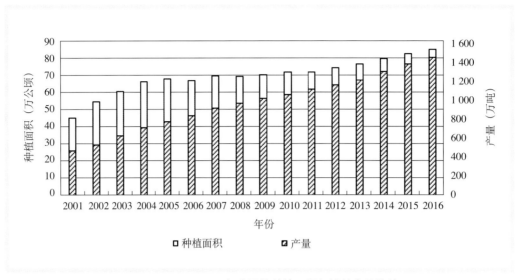

图26-1 2001—2016年我国桃种植面积与桃总产量统计

（数据来源：根据农业农村部种植业管理司数据整理）

依据生态条件、产业基础和发展潜力，我国桃产业可划分为"四带三区"，即华北中晚熟桃、油桃产业带，黄河流域早中熟桃、油桃产业带，长江流域水蜜桃产业带，华南亚热带桃产业带，云贵高原特色桃产区，新疆特色桃产区，东北、西北设施桃产区（温棚桃产区）。

①华北中晚熟桃、油桃产业带。这一区域主要涵盖北京、天津、河北大部、辽宁南部、鲁西北和西北黄土高原。该区域年平均气温10～15℃，无霜期200天左右，年降水量600～900毫米，冬春干燥寒冷，夏秋雨水充沛，光热资源丰富，昼夜温差较大，是我国中晚熟桃、油桃的主要产区。本区域科研、推广力量雄厚，整体栽培和管理水平较高，品种以中晚熟桃较多，近几年油桃和蟠桃发展较快，果品销往全国各地，部分销往海外。

②黄河流域早中熟桃、油桃产业带。本区域包括黄河中下游及其支流流域的关中、晋南、河南大部、鲁中南、皖北、苏北一线，东西跨度较大，交通发达，区位优势明显。气候特点相对温和，雨水多集中在夏季，光热资源比较丰富，春季时有晚霜低温侵袭。该产业带是伴随着国家改革开放和种植业结构调整而迅速发展起来的，主要特点是以早熟桃、油桃为主，规模大，产量高，果品销往全国各地。栽植密度一般较大，管理相对粗放，优质商品果率较低，提升空间较大。

③长江流域水蜜桃产业带。本区域位于长江及其支流沿岸地区，包括江苏南部、上海、浙江、安徽南部、江西、湖南北部、湖北大部、成都平原和汉中盆地。该区域年降水量达1 000毫米以上，地下水位高，春季梅雨，夏季湿热，桃树生长期长，多数地区流胶病发生严重，花期和果实成熟期遇雨常造成经济损失。本区域是我国水蜜桃的发祥地和传统名优桃产区。多数产区管理精细，技术水平较高，注重控产提质，产品面向中高端市场。

④华南亚热带桃产业带。该区域位于长江流域以南，包括福建、江西大部、湘南、粤北、桂北，地域广大，桃的栽培相对零散，主要受制于夏季湿热多雨，病虫发生严重，冬季温暖，低温不足，影响桃正常休眠。但随着短低温品种、抗性强品种的育成和推广，该区域桃仍有发展空间。

⑤云贵高原特色桃产区。本区包括云南、贵州和四川西南部，纬度低，海拔高低错落，形成立体垂直气候，夏季冷凉多雨，冬季温暖干燥，年降水量1 000毫米左右。桃树多栽培于海拔1 500米左右的山地。该地区原来多有地方桃品种的分布，近年来又陆续引进一些新育成品种。由于地势复杂，小气候多样，早、中、晚熟品种均可栽培，一些区域可成为桃的特色、优势产区（如特早熟、特晚熟）。

⑥新疆特色桃产区。新疆地域辽阔，但适宜发展桃产业的主要是南疆的和田、阿克苏、喀什和北疆的伊犁河谷地区。由于该地区降水少、光照充足、昼夜温差大，一般桃园病虫害发生较轻，果实品质优异。传统上，以地方品种为主，果实小，不耐贮耐运。近年来陆续引入一些新育成品种，扩大了种植规模，实现了果品外销。

⑦东北、西北设施桃产区（温棚桃产区）。本区域主要包括辽南、冀东北、宁夏和甘肃的部分地区。气候特点是秋冬冷凉资源丰富，雨雪少，光照充足，适合设施农业发展。20世纪90年代以后，在效益驱动下，这些区域温棚桃生产迅速发展并形成产业，果实3—5月份成熟，有效延长了鲜桃的市场供应期，也成为中国桃产业的一大特色。

（2）桃种植品种及产地分布

我国桃种植主要集中于天津、北京、河北、山东、河南、辽宁、宁夏、陕西、甘肃、新疆、江苏、上海、安徽、浙江、江西、福建、湖南、四川、重庆、贵州、云南这些省份。从种植种类来看，普通鲜食桃在我国种植分布最广，这些省份均有种植；其次是黄桃品种，主要种植在山东、河南、辽宁、宁夏、陕西、新疆、安徽、江西、四川、重庆和云南；油桃品种主要分布在天津、北京、河北、山东、河南、甘肃和新疆；蟠桃品种主要分布在天津、北京、辽宁、甘肃、新疆、江苏和上海。从地区种植种类来看，新疆种植品种较多，黄桃、普通鲜食桃、油桃和蟠桃均有种植，天津、北京、山东、河南、辽宁、陕西、甘肃种植3个不同种类桃，其他地区均种植1～2个种类桃（表26-1）。

表26-1　桃种类分布统计

产地	普通鲜食桃	黄桃品种	油桃品种	蟠桃品种
新疆	✓	✓	✓	✓
山东	✓	✓	✓	
河南	✓	✓	✓	
辽宁	✓	✓		✓
陕西	✓	✓		✓
甘肃	✓		✓	✓
天津	✓		✓	✓
北京	✓		✓	✓
宁夏	✓	✓		
河北	✓		✓	
安徽	✓	✓		
江西	✓	✓		
四川	✓	✓		
重庆	✓	✓		
云南	✓	✓		
江苏	✓			✓
上海	✓			✓
浙江	✓			
福建	✓			
湖南	✓			
贵州	✓			
台湾	✓			

2. 桃主产省份生产分布

（1）种植面积和产量排名前10位的省份生产概况

总体上我国桃种植面积和桃总产量呈上升趋势，但桃种植面积和桃产量在各个主产省份间的种植分布和调整具有差异性。2016年我国桃种植面积排名前10位的省份分别是山东、河北、河南、湖北、四川、江苏、陕西、贵州、安徽和云南，总种植面积为60.04万公顷，占全国桃种植总面积的70%。与2001年相比，河南、四川、陕西、贵州、安徽和山西种植面积排名上升，其中陕西、贵州和安徽进入全国前10名；湖北、江苏、云南、浙江、福建和北京桃种植面积排名下降，且其中福建、浙江和北京已在全国前10位之外。2001年种植面积前10位省份的桃种植总面积为34.71万公顷，占全国总种植面积的76.8%（表26-2）。

表26-2　2001年与2016年桃种植面积前10位省份统计

	2001年			2016年	
省份	种植面积（万公顷）	占比（%）	省份	种植面积（万公顷）	占比（%）
山东	8.38	18.5	山东	11.31	13.3
河北	7.36	16.3	河北	8.75	10.3
湖北	3.85	8.5	河南	7.86	9.2
河南	3.04	6.7	湖北	6.84	8.0
江苏	2.50	5.5	四川	5.00	5.9
福建	2.47	5.5	江苏	4.87	5.7
四川	1.92	4.2	陕西	3.86	4.5
浙江	1.83	4.1	贵州	3.87	4.5
云南	1.72	3.8	安徽	3.87	4.5
北京	1.64	3.6	云南	3.81	4.5
合计	34.71	76.8	合计	60.04	70.5

数据来源：根据农业农村部种植业管理司数据整理。

2016年我国桃总产量排名前10位的省份分别是山东、河北、河南、山西、湖北、陕西、安徽、江苏、辽宁和四川，桃总产量为1 148.22万吨，占全国桃总产量的80.4%。与2001年相比，河南、山西、陕西和安徽桃产量排名上升，湖北、江苏、四川、浙江、北京和福建桃总产量排名均下降，其中北京、浙江和福建排出前10位，被山西、陕西和安徽所取代。2001年全国产量前10位省份总产量为375.31万吨，占全国桃总产量的82.3%（表26-3）。

表26-3　2001年与2016年桃产量前10位省份统计

	2001年			2016年	
省份	产量（万吨）	占比（%）	省份	产量（万吨）	占比（%）
山东	105.33	23.1	山东	293.58	20.5
河北	86.81	19.0	河北	202.07	14.1
湖北	34.43	7.5	河南	127.80	8.9
江苏	31.00	6.8	山西	102.77	7.2
河南	29.57	6.5	湖北	97.36	6.8

（续）

	2001 年			2016 年	
省份	产量（万吨）	占比（％）	省份	产量（万吨）	占比（％）
四川	21.01	4.6	陕西	78.78	5.5
北京	20.63	4.5	安徽	67.22	4.7
浙江	16.87	3.7	江苏	63.47	4.4
福建	16.56	3.6	辽宁	57.97	4.1
辽宁	13.09	2.9	四川	57.21	4.0
合计	375.31	82.3	合计	1 148.22	80.4

数据来源：根据农业农村部种植业管理司数据整理。

（2）桃主产省份种植面积变动分析

表26-4以2001年为基期（山西以2002年为基期），分别列出了2006年、2011年和2016年我国桃主产省份种植面积变化。从表中可以看出，2001—2016年我国桃种植总面积共增加了39.95万公顷，增加比例达88.33％，各主产省份桃的种植面积均有增加，从种植面积增加绝对值来看，增加最高的6个份省分别是河南、贵州、四川、湖北、山东和安徽，与基期相比分别增加了4.82、3.39、3.08、2.99、2.93和2.91万公顷；从面积增长率来看，增长率最高的6个省份分别是贵州、山西、广西、安徽、重庆和陕西，与基期相比分别增加了707.93％、465.00％、346.78％、303.97％、193.74％、175.32％（表26-4）。

表26-4　2001—2016年桃主产省份种植面积变化统计

产地	2001 年	2006 年			2011 年			2016 年		
	面积（万公顷）	面积（万公顷）	增加面积（万公顷）	增长率（％）	面积（万公顷）	增加面积（万公顷）	增长率（％）	面积（万公顷）	增加面积（万公顷）	增长率（％）
全国	45.23	66.95	21.73	48.04	72.03	26.81	59.27	85.17	39.95	88.33
山东	8.38	11.43	3.05	36.35	9.64	1.26	14.99	11.31	2.93	34.92
河北	7.36	9.40	2.04	27.77	8.26	0.90	12.27	8.75	1.39	18.93
河南	3.04	6.44	3.40	111.56	7.55	4.51	148.03	7.86	4.82	158.21
湖北	3.85	3.93	0.08	2.10	5.66	1.81	47.05	6.84	2.99	77.71
四川	1.92	3.65	1.73	90.10	4.7	2.78	144.79	5.00	3.08	160.42
江苏	2.50	3.13	0.64	25.45	3.78	1.29	51.50	4.87	2.38	95.19
陕西	1.40	2.69	1.29	91.87	3.04	1.64	116.83	3.86	2.46	175.32
贵州	0.48	1.61	1.13	236.12	2.2	1.72	359.29	3.87	3.39	707.93
安徽	0.96	2.01	1.05	109.81	2.7	1.74	181.84	3.87	2.91	303.97
云南	1.72	2.06	0.35	20.12	2.57	0.86	49.85	3.81	2.10	122.16
山西	0.60	1.09	0.49	81.67	1.76	1.16	193.33	3.39	2.79	465.00
浙江	1.84	2.45	0.61	33.44	2.59	0.75	41.07	3.07	1.23	67.21
广西	0.67	1.59	0.92	138.38	2.13	1.46	219.34	2.98	2.31	346.78
湖南	1.48	2.17	0.69	46.52	3.01	1.53	103.24	2.75	1.27	85.69
福建	2.47	2.56	0.09	3.48	2.58	0.11	4.28	2.56	0.09	3.48

（续）

产地	2001年	2006年			2011年			2016年		
	面积（万公顷）	面积（万公顷）	增加面积（万公顷）	增长率（%）	面积（万公顷）	增加面积（万公顷）	增长率（%）	面积（万公顷）	增加面积（万公顷）	增长率（%）
辽宁	1.53	2.12	0.59	38.47	0.03	-1.50	-98.04	2.52	0.99	64.60
北京	1.64	1.79	0.15	9.21	2.04	0.40	24.47	1.63	-0.01	-0.55
重庆	0.46	1.04	0.58	124.62	1.03	0.57	122.46	1.36	0.90	193.74

数据来源：根据农业农村部种植业管理司数据整理。

（3）桃主产省份产量变动分析

表26-5以2001年为基期（山西以2002年为基期），分别列出了2006年、2011年和2016年我国桃主产省份总产量变化。从表中可以看出，2001—2016年我国桃总产量共增加了972.7万吨，增加比例达213.2%，各主产省份总产量均有增加，从总产量增加绝对值来看，总产量增加最高的6个省份分别是山东、河北、河南、山西、陕西和湖北，与基期相比分别增加了188.3、115.3、98.2、96.1、69.0、62.9万吨；从总产量增长率来看，产量增长率最高的6个省份分别是山西、陕西、安徽、广西、辽宁和河南，与基期相比分别增加了1448.2%、708.1%、615.4%、546.7%、342.9%、332.2%。

2011年安徽出台了水果产业发展第十二个5年规划，在规划中提出稳定梨、苹果、桃、葡萄等水果总面积，适度发展设施促成栽培，继续促进黄桃加工业发展，建立加工黄桃基地10万亩。安徽的桃种植中，白桃和黄桃约各占一半，白肉桃主要在产地附近销售；黄桃主要集中在砀山，用于加工；油桃集中在砀山，90%产品销往上海等省外市场。此外，种植方式的转变，经济效益提高也是安徽桃种植快速发展的重要原因，安徽改变了主要靠人工的传统种植方式，加强品种更新和新品种推广，让果园实现了机械化，种植效益提升，刺激了规模种植，从而促进桃产业迅速发展。

表26-5　2001—2016年桃主产省份产量变化统计

产地	2001年	2006年			2011年			2016年		
	产量（万吨）	产量（万吨）	产量增长（万吨）	增长率（%）	产量（万吨）	产量增长（万吨）	增长率（%）	产量（万吨）	产量增长（万吨）	增长率（%）
全国	456.2	821.5	365.3	80.1	1 098.3	642.1	140.8	1 428.9	972.7	213.2
山东	105.3	215.6	110.3	104.7	240.1	134.8	128.0	293.6	188.3	178.7
河北	86.8	131.7	44.9	51.7	152.7	65.9	75.9	202.1	115.3	132.8
河南	29.6	65.0	35.4	119.8	108.6	79.0	267.1	127.8	98.2	332.2
湖北	34.4	48.4	13.9	40.4	69.0	34.6	100.5	97.4	62.9	182.8
四川	21.0	33.0	12.0	57.2	44.9	23.9	113.8	57.2	36.2	172.2
江苏	31.0	35.0	4.0	12.9	50.1	19.1	61.6	63.5	32.5	104.7
陕西	9.7	32.6	22.9	234.8	56.7	47.0	482.1	78.8	69.0	708.1
贵州	4.2	7.1	2.8	66.9	10.0	5.8	137.4	20.5	16.3	384.9
安徽	9.4	22.7	13.3	141.3	42.4	33.0	351.4	67.2	57.8	615.4
云南	8.1	11.9	3.8	47.4	19.4	11.3	140.0	32.0	24.0	296.9
山西	6.6	16.2	9.5	143.7	44.1	37.5	564.9	102.8	96.1	1 448.2
浙江	16.9	31.2	14.3	84.7	38.3	21.5	127.2	41.7	24.8	147.1
广西	4.6	12.6	8.0	173.1	19.0	14.4	312.6	29.8	25.2	546.7

（续）

产地	2001年	2006年			2011年			2016年		
	产量（万吨）	产量（万吨）	产量增长（万吨）	增长率（%）	产量（万吨）	产量增长（万吨）	增长率（%）	产量（万吨）	产量增长（万吨）	增长率（%）
湖南	6.4	10.2	3.8	60.0	12.4	6.1	94.7	16.3	9.9	154.7
福建	16.6	19.8	3.3	19.8	23.7	7.1	42.8	29.4	12.8	77.2
辽宁	13.1	41.8	28.7	219.2	56.8	43.7	334.2	58.0	44.9	342.9
北京	20.6	30.0	9.3	45.3	40.4	19.8	95.9	32.6	11.9	57.8
重庆	4.1	5.3	1.2	28.2	8.7	4.6	113.0	14.3	10.2	248.4

数据来源：根据农业农村部种植业管理司数据整理。

3. 我国地理标志桃分布情况

我国是产桃大国，栽培面积和产量均居世界首位，均占50%左右。除气候严寒的黑龙江外，我国其他各省份都有桃的栽培，各地都建有相应的地区品牌，其中获得国家认证的地理标志桃品牌如表26-6所示。

表26-6　我国地理标志桃分布情况

序号	获认证年份	产品名称	规定的地域保护范围
1	2008	黄河口蜜桃	山东垦利县，地理坐标为东经118°15′～119°10′，北纬37°24′～37°59′。海拔6米
2	2008	蒙阴蜜桃	山东蒙阴，蜜桃的地域保护范围为山东省蒙阴县境内。地理坐标为东经117°15′～117°45′，北纬35°27′～36°02′
3	2008	四井岗油桃	湖北枣阳市平林镇四井岗油桃，产于枣阳市平林镇平林村、余咀村、方湾村、新庄村、杜湾村、台子湾村、高冲村、北棚村、宋集村、柴家湾村、清水店村、范湾村、吴集村、包贩村、胡湾村、新集村、雷山村、杨集村等18个村。平林镇位于湖北西北部，地理坐标为东经112°42′～112°43′，北纬31°40′～32°40′
4	2009	开远蜜桃	开远蜜桃的地域保护范围为云南省开远市境内，主要涉及开远市的乐白道、灵泉、小龙潭、羊街、大庄、中和营等乡（镇），共计25个行政村，地理坐标为东经103°04′～103°43′，北纬23°30′～23°59′
5	2010	广水胭脂红鲜桃	湖北广水市杨寨镇、太平乡、李店乡、十里办事处、陈巷镇、骆店乡、长岭镇、马坪镇、关庙镇、余店镇、蔡河镇、郝店镇、昊店镇、城郊乡等14个乡（镇）现辖行政区域。地理坐标为东经113°32′～114°08′，北纬31°32′～32°06′
6	2010	北梁蜜桃	山东胶州市西北部，胶北镇全境，包括北梁、店子、柏兰、北辛屯等46个行政村。地理坐标为东经119°89′～119°99′，北纬36°31′～36°43′
7	2010	王家庄油桃	山东莱西市武备镇王家庄为中心，周围辐射孟家庄、徐丰庄、岚埠、武备六村、杨柳屯、张家屯、孙贾城、兴隆寨、隋坊、山口、徐家屯、仇家庄等共计36个行政村。地理坐标为东经120°15′～120°21′，北纬36°45′～36°52′
8	2010	简阳晚白桃	四川简阳市周家乡、灵仙乡、丹景乡、简镇、草范镇、石钟镇、养马镇、石板凳镇、禾丰镇、三岔慎、玉成乡、坛乡、高明乡、武庙乡、五指乡、贾家、老君井乡、石盘镇、新民乡、东溪镇等20个乡（镇）。地理坐标为东经104°11′34″～104°47′32″，北纬30°14′29″～30°35′05″
9	2010	奉化水蜜桃	浙江宁波奉化区境内6镇5街道，即溪口镇、尚田镇、莼湖镇、裘村镇、松岙镇、大堰镇、锦屏街道、岳林街道、萧王庙街道、江口街道、西坞街道。地理坐标为东经121°03′00″～121°46′00″，北纬29°25′00″～29°47′00″
10	2011	王莽鲜桃	陕西西安市长安区王莽、太乙宫、引镇等3个乡（街办）共16个自然村。地理坐标为东经108°45′00″～109°10′00″，北纬33°55′00″～34°10′00″
11	2011	阜康蟠桃	新疆阜康市城关镇、九运街镇、滋泥泉子镇、水磨沟乡、三工乡、上户沟乡6个乡（镇），涉及23个中心村。地理坐标为东经87°46′～88°44′，北纬43°45′～45°30′

（续）

序号	获认证年份	产品名称	规定的地域保护范围
12	2012	充国香桃	四川南充市西充县古楼镇、太平镇、金泉乡、晋城镇、多扶镇、永清乡。地理坐标为东经105°36′04″～106°04′07″，北纬30°52′04″～31°15′04″
13	2012	蓬溪仙桃	四川遂宁市蓬溪县罗戈乡、文井镇、新星乡、新胜乡、槐花乡、板桥乡、赤城镇、新会镇、下东乡、鸣凤镇、宝梵镇、明月镇、常乐镇、天福镇、回水乡、红江镇、群力乡、吉祥镇、大石镇、吉星乡、高升乡、任隆镇、黄泥乡、金龙乡、三凤镇、金桥乡、高坪镇、荷叶乡、蓬南镇、农兴乡、群利镇。地理坐标为东经105°03′26″～105°59′49″，北纬30°22′11″～30°56′30″
14	2012	永乐艳红桃	贵州贵阳市永乐乡水塘村、石塘村、羊角村、柏杨村、罗吏村、永乐村、干井村7个行政村。地理坐标为东经106°45′00″～106°56′00″，北纬26°32′00″～26°40′00″
15	2012	贺家庄鲜桃	山西临汾市尧都区大阳镇、县底镇、贾得乡的丘陵区域和贺家庄乡的14个行政村32个自然村。东到贺家庄乡浮峄河村，南到苏寨村，西到贾得乡大苏村，北到大阳镇李庄村。地理坐标为东经111°34′52″～111°43′58″，北纬35°54′29″～36°01′53″
16	2013	金山蟠桃	上海金山区吕巷镇所辖10个村，廊下镇光明村、南塘村，金山卫镇塔港村、星火村、横召村，张堰镇秦望村，朱泾镇五龙村、慧农村，亭林镇周栅村、后岗村和驳岸村等21个行政村。地理坐标为东经121°07′00″～121°17′00″，北纬30°45′00″～30°53′00″
17	2013	穆阳水蜜桃	福建福安市行政区域内的穆阳溪流域的5个乡（镇），即穆阳镇、穆云畲族乡、康厝畲族乡、溪潭镇、坂中畲族乡。地理坐标为东经119°27′00″～119°41′50″，北纬26°57′57″～27°06′11″
18	2013	里口山蟠桃	山东威海市环翠区张村镇里口山姜家疃、王家疃、刘家疃、福德庄、姜南庄以及周边的东夼、西莱海和后双岛等11个村，地域范围东至王家疃村，西至后双岛村，南至西莱海村，北至东夼村。地理坐标为东经122°00′00″～122°08′00″，北纬37°47′00″～37°50′00″
19	2013	松林桃	四川广汉市境内松林镇、三水镇、新丰镇、和兴镇、北外乡、连山镇、金鱼镇、小汉镇、兴隆镇、金轮镇、高坪镇、西高镇、新平镇、南丰镇、南兴镇、向阳镇、西外镇等17个乡（镇）的182个行政村。地理坐标为东经104°29′45″～104°31′43″，北纬30°53′41″～31°08′38″
20	2013	喀拉布拉桃子	新疆伊犁哈萨克自治州新源县喀拉布拉镇喀拉布拉村、昆托别村、开买阿吾孜村、克孜勒塔勒村、阿克托干村、阿克奥依村、吉也克村、阿克其村。地理坐标为东经82°28′00″～84°56′00″，北纬43°03′00″～43°40′00″
21	2013	桐柏朱砂红桃	河南桐柏县全境16个乡（镇）214个行政村。地理坐标为东经113°00′00″～113°49′00″，北纬32°17′00″～32°42′00″
22	2014	盖州桃	辽宁盖州市二台农场、归州镇、九寨镇、陈屯镇、九垄地办事处、沙岗镇、榜式堡镇、高屯镇、团甸镇、徐屯镇、东城办事处、太阳升办事处、西海办事处、团山办事处、杨运镇、卧龙泉镇、什字街镇、万福镇、梁屯镇、青石岭镇、西城办事处、双台镇、矿洞沟镇，共计23个乡场镇（办事处），含203个村。地理坐标为东经121°56′44″～122°53′26″，北纬39°55′12″～40°33′55″
23	2014	阳山水蜜桃	江苏无锡市惠山区阳山镇阳山村、桃源村、鸿桥村、普照村、桃园村、尹城村、陆区村、安阳山村、冬青村、住基村、光明村、高潮村、新渎村、火炬村，洛社镇润杨村、镇北村、福山村、保健村、华圻村、张镇桥、红明村、绿化村和杨市社区，钱桥镇盛峰村、南塘村、稍塘村、东风村、洋溪村等3个乡（镇）的27个行政村及1个社区。地理坐标为东经120°03′07″～120°11′34″，北纬31°33′16″～31°40′58″
24	2014	荣成蜜桃	山东荣成市境内埠柳、崖西、夏庄、俚岛、成山、港西、荫子、滕家、上庄、王连10个镇（街道）共158个行政村。西至荫子镇于家泊村，东至成山镇南泊子村，南至王连街道南桥头村，北至港西镇墩后村。地理坐标为东经122°15′47″～122°31′58″，北纬36°57′30″～37°22′29″
25	2014	高碑店黄桃	河北高碑店市所辖北城办事处、新城镇、辛立庄镇、张六庄乡、泗庄镇及白沟新城等6个乡（镇、办事处），含16个自然村，东至张六庄乡，西至北城陈各庄，南至高桥农场，北至辛立庄小韩村。地理坐标为东经115°47′24″～116°12′04″，北纬39°05′53″～39°23′17″
26	2015	奉贤黄桃	上海奉贤区青村镇所辖解放村、湾张村、工农村、张弄村、石海村、花角村、新张村、吴房村、金王村、元通村、桃园村、南星村、钱忠村、申隆一村、申隆二村、陶宅村、和中村、西吴村、李窑村、姚家村、朱店村、岳和村、北唐村、钟家村，共24个行政村。地理坐标为东经121°31′～121°36′，北纬30°51′～30°57′
27	2017	石河子一四三团蟠桃	新疆生产建设兵团第八师一四三团19个农业连队，包括4连、7连、8连、9连、10连、11连、12连、13连、14连、15连、16连、17连、18连、19连、20连、21连、23连、农一连、良繁连。地理坐标为东经85°30′58″～85°58′18″，北纬44°12′36″～44°21′65″

4．存在的限制性因素和生产问题

(1) 生产环节劳动力趋于老龄化，组织化程度和机械化程度低，人工成本比例上升

桃园主要劳动力为妇女和中老年人，青壮年劳动力缺乏。种植者受教育水平较低，多为初中水平，对新品种、新技术的认可、学习较慢。根据2017年国家桃产业技术体系产业经济课题组对桃主产区调研数据统计，桃主产区农户的平均年龄为50.4岁，老龄化程度较高的是大连（54.6岁），农户平均年龄较小的是云南（43.5岁）。从平均受教育程度看，安徽、郑州、武汉、南京、北京5个地区农户的受教育程度较高（高中），其余地区平均为初中文化程度。

桃产区种桃大户、果业合作社等新型经营主体较少。现有的合作社组织结构较松散，提供的有效技术较少，功能发挥不良。根据2017年对桃主产区调研数据统计，桃农参与合作社的最多，占比达53.4%，其次是参与桃农协会（7.4%），与企业签订合同的最少（0.5%），其中也有部分农民参与了2种或3种组织形式，但总体来说数量较少。除此之外，没有参加任何组织形式的农民较多（35.7%）。目前更多的是为一家一户种植模式，企业规模种植极少，部分地区有果农自发组织的合作社，但结构松散，功能为提供栽培管理技术、代销化肥、农药等。在桃主产区，有少量种植规模较大的经营型农户，但数量较低，种植总面积少，且尚无冷链设备。规模大的种植企业经济效益普遍不好，大多处于亏损状态。

果园的机械化程度低。据了解，除草、打药、施肥、疏花疏果、修剪、采收等仍主要以人工为主。应大力研发小型果园机械，以适应我国多数果园个体经营、面积较小、山坡地较多、大型农业机械难以使用的特点。

人工成本上升，多集中在修剪、疏果、套袋、采摘等环节。在投入成本中，人工成本占比最高，成为主要的支出部分。降低劳动力成本是降低桃生产成本的关键，也是桃产业快速发展的动力所在。根据2017年泰安试验站报告显示，人工成本达总成本的53.9%，北京地区的人工成本占比65.48%，其中花果管理占工时60%以上，套、解袋近30%。根据西安试验站反映，桃园的修剪、疏果、套袋、采摘等主要靠雇工，3项合计10～12个工/亩，2017年一亩地雇用工成本增加100～120元；而郑州试验站的数据指出人工费每人每天50～150元，冬季修剪最高150元，用工最多的是冬季修剪、采摘和套袋。物质成本主要包括农药、化肥、有机肥、套袋、主要农机具、水电燃油。观察各个试验站提供的数据，有机肥成本增加10%～15%，农药和化肥均有不同程度的上升或者下降，但与2016年相比整体变化不大。

(2) 桃种植区域结构有待调整，新品种培育有待加强

我国栽培品种熟期集中，品种结构不合理，出现阶段性过剩现象：种植比例严重失调，早熟品种过多，造成同类型的桃果在成熟期大量累积，且价低难销。在桃品质性状育种方面已经取得显著成绩，但仍存在果实软，甜度低，外观不够美，管理费工等问题，培育适合现代化规模生产的品种成为亟待研发的重要课题。

(3) 果品品质有待提高

经过对市场上样品的抽样测定结果分析，发现大多数桃子徒有漂亮的外观，内在品质欠缺，具体表现为果个大，外观漂亮，固形物含量低，果实发涩，口味淡，纤维含量高等，这是由于部分果农过分追求外观品质与产量，进行大肥大水的栽培管理，氮肥施用过量的原因。造成这个结果的另一个原因是市场缺乏有效的分级标准，无法与果实内在品质挂钩。

(4) 缺乏统一分级标准

市场上已经有分级的意识，但无统一的分级标准，使得果品的价格往往不能反映果实的口感等内在品质。对桃果实的外部及内部品质进行检测，并根据检测结果进行分级，是桃果实商品化处理中的重要环节。我国各个桃主产区仍以手工分级为主，只有个别条件较好的基地采用了重量分级机械。

综合全国桃主产地的分级现状，果实大小仍然是分级的主要参考指标，极少数高端基地考虑到不同成熟期品种的果实内部品质（以果实可溶性固形物含量为主）。根据普通桃单果重大致可以分为4级，特级果单果重250克以上，一级果单果重200～250克，二级果为175～200克，三级果150～175克。由于单果大小与内在品质不存在正相关性，300克以上大果在各地市场上受欢迎程度有所降低，250克左右果子具有明显的价格优势，销路宽，跑量快。

科学的分级方式应该是果实大小、硬度和内在品质的有机结合，期待着桃果专用分级机械的开发与示范应用。

（二）桃产品市场发展动态及需求分析

纵观全球桃产业发展情况，中国是最大的桃生产国，2017年度我国桃树种植面积增加至88万公顷左右，桃产量上升至1 500万吨左右，较2016年度稍有增加，弥补了欧盟、美国等国的减产。西班牙、希腊两国桃产量在增长，美国、意大利两国在减少，4国桃产量占世界总产量的比重整体在下降（数据来源：美国农业部海外农业服务局）。

全球桃进出口贸易较平稳。由于白俄罗斯的进口量减少，2017年度全球桃进口量减少至65万吨，较2016年度下降5.1万吨。主要进口国包含俄罗斯、白俄罗斯，以及德国、法国等欧盟国家，其中俄罗斯和白俄罗斯分别占全球进口总量的29%和24%。此外，西班牙、意大利、希腊等国是最大的桃出口国（数据来源：美国农业部海外农业服务局）。

总体来看，全球桃生产量稳中有升，消费量逐年缓慢上升；全球桃贸易总量虽有一定年际变动，但基本保持稳定。

1. 世界主要国家的鲜食桃生产、消费、加工及贸易情况

根据美国农业部海外农业服务局2017年发布的报告，世界桃的产量预计会适度上升至2 120万吨，中国和欧盟的收益超过了美国的亏损。根据全球贸易预测，中国和欧盟可能会扩大供应量。

预计中国的产量将继续增长。随着新一轮生产，中国产量将小幅上升至1 430万吨。预计出口量将从1.6万吨增至9万吨，尤其是出口到哈萨克斯坦和越南。预计进口量将从400吨猛增至9 000吨，主要是由于智利的供应量变化，以及2016年11月与我国签署的双边贸易协议所致。

美国的产量预计将下降7.2万吨，变为78.7万吨，原因是佐治亚州和南卡罗来纳州（继加利福尼亚州之后的最大生产州）发生了低温、早开花、晚春冻结，摧毁了大量作物。由于产量下降，预计出口量将大幅下降2.1万吨，减少到6万吨。2017年前后，智利的桃供应减少，预计进口量将小幅下滑至4万吨。

土耳其的产量预计将大幅减至50.5万吨，原因是马尔马拉地区遭受冰雹破坏。预计2017年出口量将增加9 000吨，增至6万吨，原因是2016年10月俄罗斯解除对土耳其的桃的禁令，恢复了其对俄罗斯的出口。

欧盟的产量预计将增加23.8万吨，达到410万吨，主要是在多数成员国的主产区，新的高产树木投入生产，开花坐果率高。预计出口量将增加6.9万吨，达到29.5万吨，原因是更高的供应量提高了出货量，特别是出口至白俄罗斯和乌克兰。

智利的桃产量预计将小幅下滑，下降3 000吨，变为14.6万吨，原因是桃种植面积持续下滑。尽管由于与中国签署了双边协议，对中国的出口大幅度增长，但是预计出口总量将与产量一致下降，下降8.5万吨。

日本的产量预计将继续呈下滑趋势，产量减少2 000吨，变为12.5万吨。原因是农业种植人口下降，特别是人口老龄化、缺少年轻人及劳动力供应不稳定等因素造成了种植面积继续缩减。

澳大利亚的产量预计将略升9.2万吨，原因是良好的生长条件和较低的水资源成本。预计出口量将上调3 000吨，达到1.2万吨，尤其是2016年进入中国市场之后。由于国内价格低迷，主要从美国进口

为主的进口量预计将持平在3 000吨。这对关键供应商扩大市场份额几乎没有动力。

通过对世界主要桃生产国（地区）和消费国（地区）的桃产量、消费量、加工量、进出口量等信息的研究发现，中国、欧盟、美国、土耳其、阿根廷、巴西和南非等是世界主要的桃产品生产和贸易地区；从各个国家的生产及消费信息来看，气候环境因素和种植面积波动是影响世界桃产量的重要因素；经济发展水平、距离生产或消费国距离、对外贸易政策是影响世界桃产品贸易格局的重要因素（表26-7）。

表26-7　2007—2017年世界桃产量、消费和贸易汇总　　　　单位：万吨

	国家或地区	2007年	2008年	2009年	2010年	2011年	2012年	2013年	2014年	2015年	2016年	2017年
产量	中国	901.5	954.9	1 004.0	1 047.5	1 150.0	1 143.0	1 190.0	1 278.4	1 320.0	1 350.0	1 430.0
	欧盟	408.0	400.5	411.6	399.4	425.0	383.2	373.1	405.5	395.3	373.6	408.6
	美国	126.9	128.5	118.2	123.7	115.0	103.9	95.3	94.6	89.8	86.3	78.7
	土耳其	55.3	54.0	54.7	54.0	52.0	55.0	55.0	50.0	56.0	51.0	50.5
	阿根廷	27.0	30.9	29.1	31.8	28.5	29.0	29.2	29.0	29.0	29.0	29.0
	巴西	18.6	23.9	21.6	22.0	22.2	23.3	21.8	22.0	22.0	22.0	21.1
	南非	17.0	18.3	15.9	15.2	15.7	17.6	17.4	17.0	17.0	17.0	16.5
	墨西哥	19.2	20.2	20.0	20.5	16.7	16.3	16.1	16.0	16.0	16.0	17.4
	智利	17.5	17.7	15.1	16.1	15.3	14.9	9.1	13.7	14.0	13.0	14.6
	日本	15.7	15.7	15.1	13.7	14.0	13.5	12.5	13.7	12.2	13.0	缺
	其他	30.1	29.4	28.7	32.0	34.7	32.7	31.5	28.9	28.7	28.7	52.6
	总计	1 636.8	1 694	1 734.0	1 775.9	1 889.1	1 832.3	1 850.9	1 968.8	2 000.0	1 999.6	2 119.0
国内鲜食量	中国	785.5	825.1	865.0	914.7	986.1	973.3	1 018.3	1 071.9	1 091.4	1 090.0	1 181.9
	欧盟	325.1	307.4	304.5	298.6	326.5	270.4	287.7	273.3	281.7	271.9	296.6
	美国	61.1	70.2	61.5	66.5	63.2	55.1	43.2	47.2	43.3	43.0	39.1
	土耳其	42.4	38.5	39.5	37.9	36.7	38.7	39.6	34.1	39.0	33.5	44.5
	巴西	20.3	25.6	23.8	24.8	24.9	25.7	23.7	24.3	24.0	24.0	23.1
	俄罗斯	17.6	19.3	18.8	25.6	28.2	29.5	28.1	25.5	22.9	21.0	25.0
	墨西哥	22.0	23.9	22.4	23.4	20.2	19.4	19.4	18.6	18.6	19.0	缺
	其他	81.0	88.6	81.6	84.2	90.7	95.3	92.2	90.0	85.7	88.7	140.7
	总计	1 353.1	1 396.8	1 415.1	1 473.8	1 576.5	1 507.3	1 552.2	1 584.9	1 606.7	1 591.0	1 750.9
加工量	中国	113.6	127.2	135.0	130.0	160.0	165.0	168.0	200.0	220.0	250.0	240.0
	欧盟	65.3	77.7	88.2	73.8	68.9	77.4	55.8	97.2	82.8	76.2	82.3
	美国	61.2	53.0	52.6	51.1	46.4	43.1	45.9	41.2	43.0	40.0	37.6
	阿根廷	17.8	20.4	19.2	21.0	21.1	21.1	21.1	21.1	21.1	21.1	0.0
	土耳其	11.0	11.2	12.0	12.0	12.0	12.0	12.0	12.0	12.0	12.0	缺
	澳大利亚	5.4	4.9	4.8	3.5	3.7	3.7	2.0	1.0	1.0	1.0	1.0
	智利	—			0.3	0.3	0.3	0.5	0.5	0.5	0.5	0.5
	其他	2.1	2.3	2.3	0.3	2.1	1.8	1.5	1.6	0.1	0.4	1.4
	总计	276.3	296.7	314.0	293.5	314.2	324.4	306.5	374.6	380.6	401.3	362.8
进口量	俄罗斯	13.3	16.2	15.6	22.4	25.0	26.5	24.8	22.5	20.0	18.0	21.5
	白俄罗斯	1.0	0.9	0.89	1.35	1.1	2.2	3.7	8.2	17.0	12.0	11.5
	加拿大	6.0	6.2	4.9	5.3	5.1	4.6	4.8	4.0	4.1	4.5	4.0
	美国	6.0	6.7	5.1	5.0	4.7	4.0	3.7	2.3	3.8	4.2	4.0
	哈萨克斯坦	0.0	0.33	0.38	1.0	2.5	3.1	3.1	4.6	3.7	3.5	4.5
	墨西哥	2.9	3.8	2.5	3.1	3.5	3.2	3.3	2.6	2.6	3.0	2.5
	欧盟	4.2	4.3	3.6	2.7	3.1	3.2	3.2	2.6	2.8	3.0	2.8

(续)

	国家或地区	2007年	2008年	2009年	2010年	2011年	2012年	2013年	2014年	2015年	2016年	2017年
进口量	瑞士	2.8	3.0	3.3	3.2	3.1	3.3	3.2	3.1	3.4	3.0	3.6
	乌克兰	0.9	4.2	3.3	3.8	4.0	6.9	3.6	4.2	1.7	2.5	4.0
	越南	1.0	0.6	1.9	1.3	2.1	2.2	1.0	1.6	2.2	2.5	2.5
	其他	5.6	5.2	5.0	5.0	12.4	12.3	13.6	10.7	8.9	8.8	10.1
	总计	43.7	51.5	46.4	54.1	66.6	71.3	68.1	66.6	70.1	65.0	71.0
出口量	欧盟	19.4	19.6	20.8	27.9	30.9	36.6	30.8	35.7	29.7	26.5	29.5
	中国	2.4	2.6	4.0	2.8	3.9	4.7	3.7	6.5	8.6	10.0	9.0
	智利	10.7	10.2	9.0	10.0	9.6	9.3	4.3	8.4	8.6	8.0	8.5
	白俄罗斯	0.0	0.0	0.0	0.0	0.0	0.3	1.9	5.5	15.0	7.5	9.0
	美国	10.5	12.0	9.1	11.1	10.1	9.7	10.0	8.6	7.3	7.5	6.0
	土耳其	1.9	4.3	3.2	4.1	3.3	4.4	3.4	3.9	5.1	5.5	6.0
	南非	0.9	0.8	1.0	1.1	1.3	1.4	1.6	1.9	2.0	2.0	1.8
	澳大利亚	0.6	0.61	0.66	0.6	0.6	0.8	0.7	0.9	1.0	1.5	1.2
	乌兹别克斯坦	0.6	0.7	0.6	1.8	2.8	2.1	1.5	2.0	1.2	1.5	2.0
	阿根廷	1.6	1.3	0.9	1.0	0.6	0.7	0.2	0.4	0.1	0.2	缺
	其他	0.1	0.1	0.2	0.5	0.1	0.2	0.2	0.2	0.2	0.2	0.3
	总计	48.7	52.1	49.5	60.9	63.2	69.9	58.3	73.9	78.8	70.4	73.3

数据来源：美国农业部海外农业服务局。

注：桃的市场时间，北半球按照公历年区分，南半球为11月至翌年10月。

2. 桃产品市场消费需求分析

(1) 国际水果消费及市场分析

2013年世界水果的供应总量为54 487.7万吨，人均消费量为77.9千克，消费总量和人均消费量呈不断上升趋势（表26-8）。从世界水果的消费结构来看，柑橘、香蕉和苹果的消费量最大，占世界水果消费总量的比值分别为16%、16%和13%，其次是菠萝占4%，桃占世界水果消费总量的3%（表26-9）。对世界水果消费研究表明，世界上主要国家和地区的水果消费演变具有两个明显的趋势：一是一国水果的人均消费量与该国经济发展水平高度相关；二是人均水果消费量达到一定水平之后便趋于稳定，只随收入增长而缓慢增长。目前发展中国家的人口仍占世界的大多数，随着未来经济发展和技术进步，世界水果消费总量和人均消费量仍有较大的增长空间。

表26-8　2006—2013年世界居民水果消费总量及人均消费量变化

	2006年	2007年	2008年	2009年	2010年	2011年	2012年	2013年
消费总量（万吨）	44 783.6	46 110.4	47 793.9	48 830.4	49 755.4	51 708.7	53 143.3	54 487.7
人均消费（千克/年）	69.3	70.5	72.2	73.0	73.5	75.5	76.8	77.9

数据来源：FAO数据库。

表26-9　2013年世界主要国家水果消费量及消费结构

	苹果（万吨）	柑橘（万吨）	香蕉（万吨）	桃（万吨）	葡萄（万吨）	柠檬（万吨）	菠萝（万吨）	总消费（万吨）	人均年消费（千克/年）
中国	2 960.30	2 169.80	1 039.00	1 018.00	331.70	176.28	172.30	13 343.80	94.19
占比（%）	22	16	8	8	2	1	1	58	
欧盟	938.80	1 546.30	440.85	287.70	110.50	135.22	146.45	5 285.67	103.70
占比（%）	18	29	8	5	2	3	3	68	

（续）

	苹果 （万吨）	柑橘 （万吨）	香蕉 （万吨）	桃（万吨）	葡萄 （万吨）	柠檬 （万吨）	菠萝 （万吨）	总消费 （万吨）	人均年消费 （千克／年）
美国	590.52	765.94	375.46	43.20	54.80	300.45	203.20	3 345.45	104.53
占比（%）	18	23	11	1	2	9	6	70	
日本	205.62	152.91	80.94	12.50	26.31	5.62	23.10	671.97	52.85
占比（%）	31	23	12	2	4	1	3	75	
韩国	15.50	99.09	29.79	19.32	2.33	1.51	9.19	329.36	66.86
占比（%）	5	30	9	6	1	1	3	54	
世界	7 066.70	8 669.40	8 594.80	1 552.00	828.70	1 419.30	2 076.90	54 487.70	77.87
占比（%）	13	16	16	3	2	3	4	57	

数据来源：FAO数据库。

（2）我国水果消费与市场分析

近年来，中国水果市场的需求量与供给量都表现出上涨的态势，居民对鲜食水果及水果制品有了更加多元化的需求，水果种植业、加工业与运输业的快速发展也极大地提升了鲜食水果及制品的供给质量。2013—2015年，全国人均消费量由37.8千克提升至40.5千克，增长率为7.1%。2008—2012年，中国城镇居民鲜瓜果人均消费量平均增长率为0.842%，城镇家庭与农村家庭人均购买量的差距在逐年缩小（表26-10）。不同收入水平下，居民鲜瓜果人均消费量上存在明显的差异，以2012年为例，7个收入等级中，由最低收入变化至最高收入，人均消费量总的增长率为95.5%，平均增长率为12.0%（表26-11）。

表26-10　2008—2015年中国居民鲜瓜果人均消费量变化　　　　单位：千克

	2015年	2014年	2013年	2012年	2011年	2010年	2009年	2008年
全国人均消费量	40.50	38.60	37.80					
城镇人均消费量	49.90	48.10	47.60					
农村人均消费量	29.70	28.00	27.10					
城镇家庭人均购买量				56.05	52.02	54.23	56.55	54.48
农村家庭人均购买量				22.81	21.3	19.64	20.54	19.37

数据来源：中国统计年鉴。

表26-11　2012年中国城镇居民按收入等级划分鲜瓜果人均消费量　　　　单位：千克

最低收入	较低收入	中等偏下	中等收入	中等偏上	较高收入	最高收入
36.74	44.64	52.05	58.51	64.60	69.47	71.83

数据来源：《中国统计年鉴》。

结合前文分析，我国是世界上最大的桃生产国家，桃水果消费在我国的水果消费中占有较高比例（8%）（表26-9），消费量远高于世界平均水平。我国是桃的生产大国，但由于桃子不耐贮藏，远距离运输困难，我国的桃出口量很低，只占总产量的2%，没有发挥出我国桃的生产优势。未来应加大对桃运输和加工的技术设备投入，促进我国的桃水果进入世界市场。

（3）桃产品市场消费偏好概况

我国的桃消费主要分布在每年的4—10月，其中，设施栽培桃集中于5月上市，以需冷量较短的品种为主；露地栽培桃集中于6月、7月、8月上市，品种非常丰富，根据国家桃产业技术体系对主产区的调查，仅市场常见的主栽品种就有200多个。

在市场配置方面，传统上，由于多数桃品种肉软多汁，不耐运输，我国桃的生产和消费多以就近供应为主。但是改革开放以后，随着市场经济的发展、品种的改良和运输、保鲜条件的改善，鲜桃销售已进入大市场、大循环，基本实现了桃的规模化生产和果品的全国市场配置。

在消费方式方面，长期以来我国均以鲜桃消费为主，加工产品主要是罐头，占比不足10%，桃汁、桃酒、桃醋、速冻桃片等加工品亟待开发。关于鲜桃消费偏好，一般南方消费者喜欢外观白里透红、果肉柔软多汁的水蜜桃，而北方消费者多喜欢离核蜜桃或脆肉桃，但近年来也呈现出消费兴趣多元化和个性化的发展趋势。随着桃产业由传统的小农方式向现代化生产、流通方式过渡，近几年我国桃的生产和流通领域对果肉硬度和耐贮耐运性提出了越来越高的要求，硬肉型、慢软型桃品种成为发展新宠。

根据2017年国家桃产业技术体系产业经济研究室对上海、浙江以及苏南地区区域市场消费者调查的数据统计，有84.53%的消费者表示喜欢吃桃，可见其在水果品类消费中深得喜爱；在风味选择上，喜欢甜味和酸甜适口的消费者占比88.54%；在口感上，柔软多汁相比肉质硬脆的桃子更受消费者喜爱，比例达49.03%；在形状外观上，消费者更偏好于圆和椭圆形且大小为150～250克的桃子，两者分别占59.4%和62.43%，大或者极大的桃子共占样本总量的23.34%，说明并不是个头越大越受市场欢迎；果皮色泽上白里透红的最受消费者喜爱，乳白色的仅占7.04%；果实表面有无茸毛对消费者来说影响不大，比例均衡。

3. 桃加工品的市场表现

桃也是水果加工业的重要原料，我国的桃加工产品主要以桃罐头、桃汁、桃干、速冻桃等产品为主。近年来，桃加工业的发展速度较快，但我国的桃加工转化率仍较低。据中国罐头协会统计，平均每年用于桃加工用的原料约为70万吨，加工转化率不到6%，其中用于罐头加工桃原料约45万吨/年，用于桃汁（浆）加工的桃原料12万～15万吨/年，其余10万～12万吨/年的桃原料用于桃果脯、蜜饯、桃干、速冻桃等产品加工。

桃罐头是我国出口的优势桃加工产品，主要出口到欧盟、美国等国家和地区，但近年来其出口也受到国际市场波动的影响，因此需提高桃罐头品质以及尽量降低其生产成本，以稳固我国桃罐头产品在国际市场的竞争力。制汁加工方面以桃浆、浓缩桃浆、桃汁、桃汁饮料为主，产品以内销为主。国内外市场上均比较欢迎桃浓缩汁（清汁、浊汁）、100%桃汁（清汁、浊汁）、桃浆等果汁类产品。由于我国缺乏加工专用品种，生产中多采用混杂品种，加大了桃汁（浆）生产过程中色泽、风味保持及产品标准化的难度，进而造成生产成本居高不下。此外，桃脯、蜜饯、桃脆片等桃干产品因其贮藏期长、易于携带等特点，成为近年来备受青睐的休闲产品。目前桃干产品以凉果和果脯类为主，非油炸桃脆片也是近年来兴起的桃干产品形式。

为摸清目前市场上的桃加工产品情况，国家桃产业技术体系加工岗位在2017年开展了北京桃加工产品市场调研和产品评价活动。调研地点涉及北京各大商圈、超市、便利店、农贸批发市场等。获得调研产品191种，市场上的桃产品以果汁、饮料和罐头为主，其中饮料有61种，占桃产品种类的32%，其中国产产品31种；其次为桃罐头，共有39种，占桃产品种类的20%，其中国产产品2种；其他主要为糖果、果冻、桃脯、奶制品、干制品、果泥、果酱等，分别占桃产品种类的4%～7%。市场上的桃罐头原料以黄桃为主，少数产品添加了白桃和椰果，包装形式包括玻璃罐、塑料杯、软包装等。总体来看，市场上国外的桃产品类型丰富，有桃果酒、水果麦片、泡腾片等，相比之下国内桃产品种类较单一。

综合来看，具有营养品质高、包装形式新颖、原料来源新鲜等特点的桃产品，是消费者重点关注和喜爱的产品类型。感官评价前三名的产品类型均为黄桃罐头。黄桃罐头是罐头产业的主要产品，在我国罐头市场上占有较大的份额。罐头加工企业需紧紧抓住这一优势，根据消费者喜好和需求，推陈出新，加大产品创新力度。目前，包装精致、规格小、方便携带和食用的桃罐头成为罐头产业发展的重要方向。

4.市场与流通发展趋势

由于改革开放以来的持续、快速发展，目前我国桃的面积和产量已达到相当规模，人均鲜桃占有量已超过欧盟和美国，达到人均8千克。从近几年国内市场销售看，丰年则量大价跌，灾年却减产增效，也说明桃的产量已趋于饱和。未来5～10年，除非大规模开拓国际市场，我国桃产业将不可避免地进入稳定面积、提质增效的调整阶段。另外，虽然目前我国桃产业规模很大，但果品质量、产品结构和市场供应还远不能满足消费者需求。因此，我国桃产业正在进入一个调整、提高的战略机遇期。

未来桃的市场需求将体现以下特点：一是高品质、风味浓、多样化的鲜桃产品；二是富含营养、方便食用甚至功能性的桃加工品；三是差别化、个性化需求（如低糖品种、高酸品种）；四是产品的周年供应。在生产领域，优质、多样化、耐贮耐运、抗逆性强的桃品种，绿色、安全、提质、增效的栽培技术，是实现上述目标的重要支撑和保障。

(1) 市场规模继续扩大

由于近几年价格行情较好，农户生产积极性提高，以及新品种、新技术不断更新，市场比较活跃，需求量较大。另外，随着桃种植技术的持续推广与产业化经营组织的发展壮大，各桃产区涌现出一大批种植能手、种植大户及种植企业，并出现更多的农业合作组织或公司，结合桃产区的发展特色出现了许多地方品牌，品牌化经营发展战略在主要桃产区得到推广和使用。因此，桃销售市场规模会继续扩大。

(2) 市场结构更加合理

以批发市场为主导的市场流通格局将更加完善，出现更多的经纪人角色连接农户与市场，农业合作社将进一步发展，成为不仅联系生产，而且联系市场的完善的农业合作社。

(3) 适度发展优质加工桃专用品种，延伸产业链

目前除了桃罐头加工有一部分加工专用品种外，桃汁（浆）、桃干等加工尚无专用品种，主要以残、次、落果、混合品种原料为主，桃汁产品多以桃浆、浓缩汁等进行调配加工，易出现产品色泽不稳定、产品标准化控制难度大等问题，影响了桃加工产品品质提升和生产成本控制，进而导致我国桃加工品的市场竞争力不稳定，受市场波动影响较大。例如，不溶质黄肉桃类加工后酸甜适口，风味浓郁，色泽金黄，块型美观，适合用于罐头加工。除普通即食桃罐头外，对食品工业用桃罐头专用原料品种特性及新品种选育也是产业的一大需求。因此，大力发展优质加工类桃，早、中、晚熟品种的选育与合理发展，延长加工时间，走产业化发展的道路，形成区域效应，可产生规模效益，从而提高农民收入，带动农村经济发展。

(4) 市场对高品质桃需求增加

第一，高档反季节无污染的桃包括油桃，多在3—5月上市，正值水果淡季，售价极高，可作为高层次宾馆、饭店及高收入家庭的消费。露地大个、色艳、味美、无公害、精包装的品牌桃也会在高消费中占相当大的比例。

第二，城镇居民的消费以白肉水蜜桃为主，已基本处于饱和状态，今后应以提高品质、增加花色为主。油桃、蟠桃和鲜食黄肉桃将成为城镇居民消费的新热点。

第三，农村市场。随着农民生活水平的不断提高，广大农村将成为果品的消费大户，其消费将主要以个大、味美的水蜜桃为主。

(5) 创立品牌，开拓国际市场

我国桃的总产量居世界第一位，除了20世纪80年代的桃糖水罐头有外销外，桃基本是内销。美国、澳大利亚、新西兰的油桃频频在我国各大城市的高档果品柜台出现，售价是国内桃的几十倍，但风味并不好。从生态角度看，我国有绝好的油桃生产基地，生产出的果实可以和进口的油桃媲美，争创名牌，开拓国际市场也是有希望的。桃果属生产密集型产品，按价格比较优势，我国的桃果应在国际市场上有竞争力。但应该在品种的耐贮耐运性、采后商品处理上下工夫，采后清洗、杀菌、分级、包装也是提高果实商品质量、增加市场竞争力的重要手段。在果品生产时，要强化生产与贸易一体化，提高果农的组织化程度，发展农民购销组织和果农协会，改变分散经营、小生产的格局，生产出高标准、高质量的桃果，有质才有价，有质才有力竞争。基于国家"一带一路"发展战略，抓住机遇，积极打开沿线国家的市场，使我国的桃走出国门。

（三）桃产品市场供应情况

1. 全国市场供应情况

如前所述，2017年我国桃产量为1 430万吨，占世界总产量的67.48%，但出口量不到1%；有82.65%的比例用于鲜食，16.78%的比例用于加工（美国农业部统计数据）。

近几年，我国桃市场发展日趋完善，基本形成了从生产、批发到零售或加工的完整产业链体系。但整个供应链以批发市场为主，其运作流程是：根据市场信息的传播与反馈，桃种植户、合作社或生产企业通过田间地头或近距离销售市场直接进入批发市场，通过水果批发市场的渠道进入零售或深加工领域，少部分进入国际市场，最终到消费者手中。目前，我国90%以上鲜桃通过批发市场进行交易。但我国现有的桃批发市场主要以交易功能为主，管理、服务手段落后，加上桃不耐贮耐运的特点，运输和销售过程中损耗较大。目前桃销售市场实际是"大市场，小业户"的格局。千家万户的分散经营，难以形成合力，市场流通无序。

我国桃市场供应链结构以批发市场为界分为两个部分：一是"生产——流通"环节，即从桃生产者到批发市场；二是"流通——消费"环节，即从批发市场到消费者。这种当日现货交易机制决定了只能存在单纯的竞争关系，不可能存在合作与协调的关系，供应链的运行效率较低，市场竞价力量集中于批发商。农户是价格的被动接受者（图26-2）。

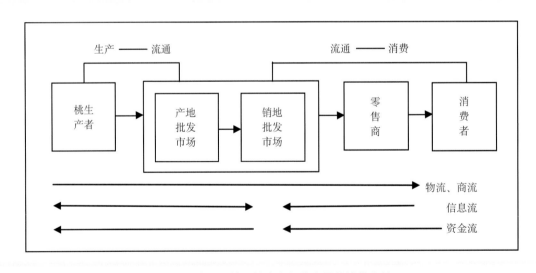

图26-2　我国目前以批发市场为主导的桃供应链

因此，根据我国的国情，如果能对批发市场进行改造升级，提升和完善批发市场功能，主要包括集散功能、价格形成功能、信息功能、增值服务功能，尤其是信息功能和增值服务功能，这样就能使批发市场从传统的交易中介转变为供应链的组织者与管理者，批发市场就成为名副其实的供应链的核心企业。通过批发市场作为供应链中的核心企业来整合桃供应链，就可以有效促进农户小生产与流通大市场的对接，以适应我国大量鲜桃通过批发市场流通到消费者的流通机制。

2. 区域市场品种与市场销售

根据2017年国家桃产业技术体系产业经济研究室对全国主产区的数据统计，从桃早、中、晚熟品种在各地区的分布来看，以早熟和中熟品种为主，各占40%左右，晚熟品种相对较少，占20%左右。其中，早熟品种占比较高的地区主要有：河南（67%）、安徽（51.9%）、湖北（50.6%）；中熟品种占比较高的地区有：陕西（67.7）%、四川（47.7%）、甘肃（45.6%）、福建（45.4%）、浙江（45.2%）、山西（44.7%）；晚熟品种占比较高的地区有：山东（54.2%）、河北（28.1%）、陕西（26.8%）。

从桃销售单价来看，总体而言，早熟品种和中熟品种销售单价差别不大，晚熟品种销售单价相对较高。早、中、晚熟品种销售单价均值分别为1.9元、2.10和2.77元。早熟品种销售单价最高的地区是山东，达到3.5元；中熟品种销售单价最高的地区是福建，达到4.33元；晚熟品种销售单价最高的地区是广西，达到4.12元[*]。

根据调查数据显示，批发商是目前桃农选择的主要销售渠道，超过50%的桃农通过与批发商交易。其次是摆摊零售，作为最原始、最早产生的商业形式，摆摊零售交易方式简单、环节较少，因此有33.01%的桃农仍然选择这一销售方式。作为新兴渠道，电商和微商渠道的比率分别为8.66%和5.31%，使用率较低。而桃农使用最少的销售渠道是与企业交易，使用率仅为5.11%。

从桃产品各大产区来看，华北地区以批发商为主要销售渠道，整体使用率约达72%。同时与经纪人交易的渠道也较多地为桃农使用，使用率超过50%（表26-12）。

表26-12　各产区销售渠道使用状况　　　　　　　　　　　　　　　　单位：%

地区	摆摊零售	流动商贩	经纪人	批发商	合作社	电商	微商	企业
华北产业带	26.00	22.00	54.00	72.00	11.00	8.00	2.00	1.00
黄河流域产业带	23.79	19.10	25.24	45.73	13.67	5.31	5.63	3.22
长江流域产业带	39.70	25.28	29.40	49.63	15.36	12.73	8.61	8.43
云贵高原产区	68.21	29.48	4.05	60.69	3.47	13.29	6.94	1.16
华南亚热带产区	21.57	9.80	9.31	67.16	4.41	15.20	2.45	0.00
东西北产区	29.08	26.47	35.62	28.76	2.61	2.29	1.96	5.23

二、桃产业科技创新

（一）桃种质资源

桃种质资源的收集、保存、鉴定、评价以及共享的最终目的是为桃育种和生产提供可利用种质，并保持生物的多样性。

我国于20世纪80年代在郑州、南京、北京建立了国家级种质资源圃，使桃种质资源得到了有效的保护，目前保存桃各类种质和野生、近缘种1 000余份。2002—2003年国家对3个国家桃种质资源圃进行了国债项目投资，对改善种质资源圃基本设施建设起到了雪中送炭的作用。种质资源的长期保存需要消耗巨大的人力物力。为了尽可能降低消耗，育种家们提出了核心种质的概念。利用核心种质（利用最小的群体来保存最完整的遗传信息）理论来长期保存种质资源，要求不但对种质的农艺性状进行研究，还要研究它们的遗传变异，以避免重复，减少缺失。核心种质的提出可解决丰富的遗传资源材料的保存、评价、鉴定及利用带来的困难，并有利于管理、收集、种质创新及资源的深层次研究。分子标记是检测种质资源遗传多样性、筛选核心种质的有效工具。

---

[*]　此处的销售单价是指农户进行售卖桃的价格。对全国主产区早、中、晚熟品种求的是销售均价。

中国桃种质资源的鉴定评价主要依据《桃种质资源描述规范和数据标准》（中国农业出版社，2005年），共151项，其中基本信息30项，形态特征和生物学特性91项，品质特性17项，抗逆性4项，抗病虫性5项，其他特征特性4项。性状评价分为3个层次：必选性状（M）、可选性状（O）、条件性状（C）。

中国制定了桃对外种质交换目录，使得种质资源对外共享有法可依，建立了包括桃在内的国家农作物种质资源平台。平台提供以下共享服务：

第一，通过中国科技资源共享网提供信息导航和共享服务。

第二，通过中国作物种质资源信息网提供信息共享、数据分析、决策支持和科学普及服务。

第三，通过中国作物种质资源信息网提供实物共享和获取服务。

第四，通过优异种质资源田间展示提供实物共享服务。

第五，通过管理中心提供用户所需的其他服务。平台管理中心负责平台的信息网络建设，提供信息共享服务，郑州、北京、南京3个国家桃种质资源圃提供种质资源的实物共享。平台信息和实物共享实行无偿共享方式。信息共享提供24小时×365天服务，实物共享在10个工作日内提供种质。从平台获取种质资源的单位和个人有及时反馈种质资源利用信息的义务。

在桃种质资源的利用方面，自"六五"以来，中国主要育种单位成立协作组，联合攻关，利用筛选出的地方优良品种和国外引进的优异种质，进行桃新品种选育和种质创新工作。据不完全统计，1949年以来中国培育了300余个桃新品种，是育种成效最大的果树树种，极大地推动了中国桃产业的发展，栽培面积和产量均居世界第一。

（二）桃种质资源研究概况

1. 优异资源挖掘

国家桃产业技术体系鲜食桃品种改良岗位课题组在"十三五"期间负责开展C8桃育种数据库的数据收集。根据总数据收集情况显示，2017年比2016年增加了79份桃种质，目前数据库共录入桃种质资源1 924份。其中，鲜食桃品种改良岗位课题组收集桃种质资源6份，重点围绕砧木资源的收集，包括：龙泉山毛桃5号、龙泉山毛桃9号、住龙毛桃1号、东阳毛桃2号、金华毛桃11、丽水毛桃5号。对10份桃种质资源进行了补充鉴定，包括：Flordaglo、巴6、玛丽维拉、泰国毛桃、四川毛桃、Montclar、MZ4、蓓蕾实生、云台山毛桃3号、洛格红叶。

2. 国内外种质资源鉴定评价

（1）国外种质资源鉴定评价

塞尔维亚学者（Bakić I V，2017）对该国实生繁殖或来源地不同的75份桃种质的39个农艺性状进行了3年的鉴定评价，发现多样性丰富，在培育鲜食和砧木品种方面均有较高的利用价值。

美国佐治亚大学（Belisle C，2017）制定了29个指标的描述标准和数据规范，包括：果肉颜色（1个指标）、果肉质地（7个指标）、芳香类型和风味（18个指标）、口感（3个指标），旨在细化鉴定评价栽培品种的品质性状。

西班牙学者（Bianchi T，2017）对43个品种的芳香物质和口感风味进行了测定评价，发现蟠桃和加工桃具有独特的芳香物质，且芳香化合物组分与口感风味评价相关。

西班牙和法国桃研究人员（Saidani F，2017），对9个品种的果皮和果肉中抗氧化组分、糖、有机酸、多酚和矿物质组分进行了测定评价，筛选出Calanda Tardio、Venus等优异资源。

印度学者（Arun K，2017）对11个桃品种的15个理化指标进行了测评，筛选出综合性状良好的Red June和Flordasun。

巴西学者（Keli C，2017）通过8个生化指标的测定比较，筛选出5份优异种质Cascata 967、Conserva 985、Kampai、Tropic Snow和Cascata 1055。

（2）国内种质资源鉴定评价

山东省果树研究所（刘伟，2017）采用扫描电镜观察了绿化9号、福岛桃王、刘台肥桃3个桃品种及其各自的芽变的花粉粒形态结构。

河南郑州果树研究所（朱更瑞，2017）对118份桃地方品种的糖酸组分进行了全面测定，分析了不同桃区果实糖酸组分特性。

山西省农业科学院果树研究所（黄丽萍，2017）对不同类型、不同成熟期的16个桃品种果实的糖、酸和Vc组分进行测定，研究比较了不同种间的差异和特点。

利用SSR标记，福建农业科学院等单位（周平，2017）对收集保存的50份桃种质进行DNA水平的遗传多样性评估和亲缘关系分析。

河南郑州果树研究所（Cai Z，2017）利用20份典型种质筛选了18个SSR标记用于桃近缘种和杂种的分子鉴定。

浙江大学（Ding M，2017）从49个EST-SSR标记中筛选出14个多态性高的标记，其中9个可较好地区分18个桃杂种试材。

四川农业大学（叶宇芸，2017）利用NCBI-EST数据库筛选到20对SSR引物，对成都平原40个主栽桃品种的遗传多样性进行了分析。

浙江大学（Zhu N，2017）发现高光谱成像在生成果胶分布图方面具有潜在的应用价值，原果胶可被很好预测，且分布图定量可视化，生成的原果胶分布图可作为桃果实成熟度预测的指标。

（三）基础研究

1. 国外技术研究进展

（1）病害防控技术进展

桃褐腐病：随着全基因组测序的完成，目前鉴定出了核果褐腐菌（*Monilinia fructigena*）新的标记mrr1、DHFR和MfCYP01（Dowling et al.，2017）。在西班牙（Bernat et al.，2017）也有类似的研究，发现美澳型核果褐腐菌（*M. fructicola*）更加适应高温，而仁果褐腐菌（*Monilinia laxa*）更加适应低温。此外，研究发现生物防治剂（BCA）、解淀粉芽孢杆菌CPA-8能够替代化学试剂（Vila et al.，2017）。

桃缩叶病：Goldy et al.（2017）发现抗性桃树的叶片并没有检测到病原菌。桃缩叶病叶含有很少的叶绿素（Moscatello et al.，2017）。Svetaz et al.（2017）发现了桃缩叶病原菌的发病机制。

桃锈病：桃锈病由异色疣双胞锈菌属（*Tranzschelia discolor*）引起，目前通过标准面积图（SAD）方法了解发病机理被认为是效果较好。Dolinski et al.（2017）比较了普通的计算方法和SAD法，发现使用SAD评估后，效果更好，精确度和准确度都大大提高。

桃采摘后腐烂病害：研究发现，解淀粉芽孢杆菌菌株BUZ-14被检测出能够抑制多种核果类果实的采后病害，尤其在低温保存过程中，减少采后褐腐病害的发生率。此外，采前喷药能有效降低采后褐腐病的发生率，但是喷药时机需要进一步研究确定（Lalancette et al.，2017）

桃酸腐病：在巴基斯坦发现了一种能致桃果实酸腐的病原菌，该致病菌株为白地霉属，该病原菌在早桃果实上致病属于首次报道（Alam et al.，2017）。

桃根腐病：南美洲近来出现了桃根腐病害（Casamali et al.，2017），已经引起了大量的桃树死亡。同时他们发现北美洲本土的杂交李具有较高抗性，抗性李也被大量用来和桃树杂交以便优化砧木抗性。

桃的新病害：2016年夏季，印度有桃树、杏树的叶片出现大量深褐色斑点，通过测序确定该病原菌是小点霉属。2015年的桃生长季节，在阿根廷中西部地区的门多萨省有植原体侵染桃树并发病。在贝卡谷地，桃树上出现黄萎病症状，由大丽轮枝菌属侵染所致。2016年6月在意大利发现9年生的桃树上有茎腐病的症状，并被确认为典型的间坐壳属真菌的特征。

（2）虫害防治技术

梨小食心虫：有研究发现，植物挥发物不能提高梨小食心虫雄虫对高剂量信息素的反应（Ammagarahalli et al., 2017）。

桃蚜：通过评估水和氮耗竭情况下对感染了桃蚜的桃园的影响，建立一个生态综合的害虫管理策略（Laghfiri et al., 2017）。

桃实蝇：利用性诱剂对伊拉克巴格达地区柑橘及果园的害虫调查中，首次监测到桃实蝇（Khlaywi et al., 2017）。发现桃实蝇存在多个寄主，其在梨上的寄生率最高，在甜橙上的寄生率最低。

茶翅蝽：茶翅蝽作为主要入侵害虫对北美洲桃园造成危害。通过实验室内评价了10种捕食性或杂食性天敌昆虫对茶翅蝽卵和若虫的取食能力（Pote et al., 2017）。

（3）无损检测技术进展

利用无损检测技术判断果实成熟度，并据此确定采收期，是近年来的研究热点。前人很多研究认为，可用果皮叶绿素含量直接表征桃果实成熟度，但近期研究表明，基于叶绿素检测仪对果皮叶绿素含量的无损测定，不能够用来判断桃果实成熟度，桃的成熟度的判断指标应该综合考虑果实糖度及硬度等信息。

（4）桃加工技术进展

阿根廷学者研究了贮藏时间对冷冻干燥桃干休闲食品品质的影响，发现桃子贮藏12天是个时间临界点。Sánchez et al.（2017）发现臭氧处理12分钟后，桃汁中的POD与PPO活力均显著下降。希腊学者发现Aurelia与Crest 2个品种的桃制成桃酱后，酚类含量较高。在桃加工副产物利用方面，阿根廷学者研究了不同因素对桃渣中提取膳食纤维的影响。

2. 国内技术研究进展

相比苹果、梨等产业，我国对桃树病虫害研究深度和广度都有待加强。已有研究以应用推广和科普类型居多（65.84%），学术等基础性研究较少（34.16%）。通过查阅近3年（2015—2017年）中国学术期刊全文数据库（CNKI）（截至2017年12月10日），共有相关文献161篇，其中病害文献68篇，病、虫共同文献19篇。

（1）主要病害防治技术

桃褐腐病：落花后喷施1～2次腐霉利或嘧霉胺（嘧菌环胺）1 000～2 000倍液、多菌灵或甲基硫菌灵1 000～1 500倍液等，每次间隔10天左右。果实中后期，根据降雨情况，继续使用上述药剂。关键是果实套袋前用药1～2次，将药液尽可能喷到果面。

桃疮痂病：果实膨大期至成熟前20天喷施咪鲜胺2 000～3 000倍液、苯醚甲环唑5 000～6 000倍液、多菌灵或甲基硫菌灵1 000～1 500倍液等，每次间隔10天左右。如果实套袋，必须提前20天施药2次。

桃炭疽病：在花前、花后和幼果期及时喷药2～3次，使用百菌清或炭疽福美500～1 000倍液（发病前用）、多菌灵或甲基硫菌灵1 000～1 500倍液等，每次间隔10天左右。果实套袋前喷药1～2次，将药液尽可能喷到果面。

桃细菌性穿孔病：展叶后喷药3～4次。可用72%农用硫酸链霉素2 000～3 000倍液、3%中生菌素400～600倍液、33.5%喹啉铜800倍液等，每次间隔10天左右。

桃缩叶病：在叶芽吐绿和花芽露红但未展开前喷药1～2次，间隔7～10天。一般芽后不需要再用药。可喷石硫合剂、咪鲜胺2 000～3 000倍液、多菌灵或甲基硫菌灵1 000～1 500倍液、苯醚甲环唑5 000～6 000倍液等。

桃流胶病：冬季修剪后和萌芽前各喷施一次波美3～5度石硫合剂进行树体消毒。注意主干、主侧枝上充分喷药；刮治流胶点，并涂抹波美5度石硫合剂或150倍多菌灵，再涂抹桐油或清漆等保护剂；花后喷药2～3次，每次间隔15天。施用多菌灵或甲基硫菌灵1 000倍液、丙环唑2 000倍液，其中可加代森锰锌500倍。春后喷药可减轻病害程度。尽量少用或不用化学除草剂，特别注意不要在雨前使用化学除草剂，不要将除草剂喷洒到桃树枝叶上，不使用草甘膦。

桃枝枯病：春初露芽后连续施药3次，每次间隔10天左右。施用咪鲜胺2 000倍液、多菌灵或甲基硫菌灵1 000～1 500倍液、苯醚甲环唑5 000～6 000倍液等。如果5、6月份遇多雨潮湿天气，用上述药剂防治1～2次，以控制再次侵染。另外，在病害严重地区，冬前（落叶后）施药，可减少病菌经叶痕等自然伤口侵入，减轻来年发病程度。

（2）主要虫害防治技术

梨小食心虫：防治关键时期为幼虫孵化蛀梢和蛀果前。在每一代成虫发生高峰期后4～6天内进行化学防治，可连续喷药2次，间隔5～7天。建议使用氯虫苯甲酰胺、甲维盐、氟铃脲等低毒农药。当梨小食心虫发生量大、发生期不整齐时需多次用药，并轮换、交替使用农药，每种农药每个生长季节使用不超过2次。在成虫高峰期及时喷施25%灭幼脲3号1 500倍、1%苦参碱1 000倍液、白僵菌（高温高湿季节）等。

桃蚜：芽萌动、越冬卵孵化盛期用药效果较好。建议使用吡虫啉、啶虫脒、甲维盐等低毒农药。对吡虫啉等药剂产生抗性时，可选择艾美乐70%水分散粒剂、50%吡蚜酮水分散粒剂、22.4%螺虫乙酯（悬浮剂）等药剂。但后3种药剂杀虫速度慢，宜提早使用。

桑白蚧：花芽萌动期、出蛰为害期、若虫孵化盛期为最佳防治时期。花芽萌动期喷45%晶体石硫合剂15倍；出蛰为害期、若虫孵化盛期喷40%速扑杀乳油1 000～1 500倍液。常用的药剂还有48%乐斯本乳油1 000～1 200倍液、52%农地乐乳油1 200～1 500倍液等。

桃蛀螟：在成虫发生高峰3～5天喷药防治，可连续喷药2次，间隔5～7天。建议使用氯虫苯甲酰胺、灭幼脲、甲维盐、氟铃脲等低毒农药。推荐使用25%灭幼脲3号600倍、5%杀铃脲1 000倍液、2%甲维盐微乳剂及吡虫啉、虫酰肼等农药。

桃潜叶蛾：在成虫发生高峰期3～7天内喷药防治，可连续喷药2次，间隔5～7天。建议使用灭幼脲、氟铃脲、杀蛉脲、甲维盐、高渗烟碱水剂等低毒农药，要求喷药细致均匀。

叶螨：防治适期为叶螨出蛰期，缓慢增殖期。建议使用螺螨酯、唑螨酯、四螨嗪、哒螨灵、甲氨基阿维菌素苯甲酸盐、甲维盐。需多次用药时，应轮换、交替使用，每种农药每个生长季节使用不超过2次。

桃一点叶蝉：对桃树及田间生草进行药剂喷雾，利用阴天或晴天下午喷药效果较理想。可选药剂，10%吡虫啉可湿性粉剂2 000倍液、20%氰戊菊酯乳油2 000倍液、1.8%阿维菌素乳油2 000倍液、40%毒死蜱乳油1 500倍液、10%天王星3 000倍液、20%氰戊菊酯乳油2 000倍液、20%叶蝉散乳油800倍液、20%甲氰菊酯2 500倍液等。高温季节也可选用噻虫嗪等内吸性强的药剂。

红颈天牛：在成虫发生前，用25%西维因可湿性粉剂200倍液或高效氯氰菊酯类农药500倍液加适量黏泥涂刷主干和大枝基部（距地面1.2米内），毒杀卵和初孵幼虫。成虫出洞前，用三合土或水泥封闭羽化孔，将其闷死蛀道内。

幼虫蛀入木质部时剔除排出蛀孔外的新鲜虫粪，然后可使用磷化铝片、磷化铝丸、磷化锌毒签、新型熏杀棒、棉球蘸50%敌敌畏或40%乐果塞虫孔，或用甲胺磷、乙酰甲胺磷、氧乐果、杀螟松、敌敌畏等药剂20～40倍用注射器注入蛀孔，并取黏泥团压紧压实虫孔。

包扎熏蒸。清理蛀孔处的新鲜粪渣，并用小刀撬开排粪孔周围皮层，随即塞入磷化铝片剂毒杀幼虫；或用50%敌敌畏乳油40倍，搅拌后和黏土混合成药泥涂干。再用塑料薄膜粘贴在稀泥表面并环绕缠紧，上下扎紧。

局部点涂。用80%敌敌畏EC40倍液或加10%煤油点涂在排粪处，隔7天再涂1次。

喷干防治。成虫发生盛期和幼虫初孵期，在树体上喷洒77.5%敌敌畏800倍液或40%氧化乐果800～1 000倍液。

3. 我国桃栽培模式发展——高优省模式

这里所说的栽培模式，是指定植方式（株行距、栽植密度）、整形修剪方式、花果管理方式和土肥水管理方式的统称，反映了果园管理的基本面。在国家桃产业技术体系综合试验站的大力支持下，2012年对我国陕西、山西、河北、河南、北京、安徽、江苏、浙江、上海、湖北、四川等主要桃产区的栽培模式进行了较系统的调查，内容包括果园立地条件、株行距、栽植密度、整形修剪方式、树体结构、产量、效益、行间管理、病虫害发生情况、存在的问题等，目的是对我国主要桃产区现有栽培管理模式有一个系统的了解，为栽培模式的创新和变革提供依据。

调查发现，我国桃园的地形地貌涵盖了平原、丘陵、山地等各种立地条件，栽植密度从每亩22株（株行距5米×6米）至每亩333株（株行距1米×2米），整形方式有三主枝自然开心性、两主枝自然开心形、小冠多主枝杯状形、主干形等，树冠有高有低、树形有直立有开张，可谓千姿百态。但是概括来讲，可以分为3大类，即稀植大冠型，中密杯状型和中密V字形，高密主干型。

当前，我国正处于快速工业化、城镇化进程中，果树产业也正在由传统的小农经济生产方式，向现代、商业化大生产过渡。传统的栽培模式正面临一系列挑战：生产资料、劳动力价格逐年大幅攀升正在挤压桃产业的效益空间；化肥等化学投入品的过量，盲目使用不仅增加了生产成本，而且造成严重土壤和环境污染，威胁产业的可持续发展；产量与品质的矛盾突出；果园劳作环境差，等等。因此，我国桃栽培模式必须适应经济、社会和市场变化，及时变革和创新。未来桃栽培技术发展的总趋势是高效、优质、省工、省力（高优省模式）。高优省模式就是以优质高效、简化省力为原则，组装集成国内外桃栽培技术研究的最新成果和被生产实践已经证明行之有效的单项技术，如生草覆盖、管道灌溉、长梢修剪、简化高光效树形等，提出的栽培技术模式。这里的高优省模式，既是一个概念，也是桃栽培管理应把握的原则，具体技术细节各地可因地制宜，但应把握好技术关键。

（1）大行距、小株距

变传统的正方形为长方形定植。大行距目的是方便后期管理、便于机械化耕作和行间生草；小株距是为了提高早期产量，早投产、早见效。这种定植方式的优点是兼顾了早投产和后期管理方便，光照好，方便果园机械化，也改善了果园劳作环境。株行距可选用1.5米×5米，2米×5米，1.5米×6米，2米×6米。

（2）小角度、高冠整形

要改变传统的开张角度大、树冠很低的弊病，减小开张角度，主枝开张角度（与垂直方向夹角）小于30°，每棵树根据株距留2～4个主枝，主枝上不再培养侧枝，而是直接着生结果枝或小型结果枝组，长梢修剪，单枝更新。这种整形修剪方式的优点是：①主枝小角度整形顺应了桃的生长结果习性，减少了徒长枝和夏季修剪量；②不培养多级侧枝，简化了修剪技术，防止了结果枝外移；③高冠整形有效地扩大了树冠体积，实现了立体化结果，较好地协调了产量和品质的矛盾，既高产又优质；④宽行距、小角度整形，使行间不易郁闭，光照好；⑤极大改善了果园劳作环境，果园管理胜似闲庭信步。

（3）行间生草，行内覆盖

传统上，我国多数果园实施清耕，清耕除草不仅耗费大量劳动力，而且导致土壤有机质匮乏，只有大量依赖化肥，不仅降低了肥效，增加了成本，而且污染了环境。行间生草可以增加土壤有机质，培肥果园土壤，减少化肥和有机肥施用量，而且免除草可大幅减少管理用工。除此之外，果园生草还能改善果园生态环境，有利于天敌繁衍和病、虫防控；减少果园微环境温度波动，降低早春低温危害；改善果园劳作环境，雨天无泥；改善果园冬季景观；覆盖有利于保墒，减少灌溉用水，等等。

生草有自然生草和人工种草两种，自然生草要定期修剪，将草的高度控制在20厘米以下。人工生草各地可因地制宜选择草种，黄河流域及其以南桃产区可选用冬性一年生的毛叶苕子；华北桃产区可选用苜蓿或其他适宜草种。苜蓿为多年生豆科草本植物。每年可刈割1～2次，覆盖在行内树盘下。

（4）管道灌溉

变传统的漫灌、沟灌为管道灌溉，具有以下优点：第一，方便，无论山地、丘陵、平原，无需整地，即可灌溉，特别是行内覆盖的果园也可很方便地灌溉；第二，节水；第三，可以合理选择灌溉区域，减少杂草滋生；第四，可以水肥一体化，增加肥效，减少施肥用工。

4. 桃采后处理与保鲜储运新进展

近红外短波（SW-NIR）高光谱成像结合改进的转折点分割算法可能是发现桃果实早期淤伤的一种有潜力的方法（Li et al., 2018）。热空气（HA，38℃ 3小时）和热水（HW，48℃ 10分钟）处理，有利于维持果实4℃贮藏的品质。低密度聚乙烯（LDPE）和纳米-ZnO基低密度聚乙烯（NZLDPE）两种包装，可缓解桃果实2℃贮藏的冷害发生。0.1毫摩/升褪黑素处理（MT）的桃果实各项指标均较好。5微升/升的1-甲基环丙烯（1-MCP）、间歇升温（IW）及1-MCP + IW组合3个处理均显著抑止了桃果实2℃冷藏 + 20℃ 3天的果肉褐变程度。1-MCP + IW组合具有最低的冷害指数（CI）和最好的果实品质。

此外，通过高光谱成像技术可实现对黄桃碰伤和可溶性固形物同时检测，可为实际在线分选提供理论依据和参考。0.6%丁香精油涂布的纸箱可抑制16℃贮藏水蜜桃的灰霉、交链孢霉、黑曲霉等霉菌生长，延长4～5天的货架期（黄巍等，2017）。

50℃热水浸泡桃果实1分钟，能提高25℃贮藏桃果实的APX、POD和PAL活性（$p < 0.05$），抑制LOX活性，有效控制褐腐菌的发病率（周文娟等，2017）。10克/升壳寡糖水溶液能够显著增强采后桃果实的抗病能力（覃童等，2017）。15毫摩/升蛋氨酸抑制了常温贮藏桃果实扩展青霉病斑的生长（葛永红等，2017）。用6℃预冷处理5天或乙烯吸收剂处理的蟠桃果实效果较好（宋方圆等，2017）。机械气调（3% O_2 + 5% CO_2）、自发气调（PVC袋 + 吸氧剂）处理能有效缓解桃果实2℃贮藏期间营养成分的降低（赵杰等，2017）。在包装技术的研发方面，张倩等（2017）自制了一种含有牛至精油和1-MCP的复合保鲜纸，将其用于秦光油桃的包装，保鲜期延长至13天。

5. 桃加工技术的进展

国内桃加工技术的研发主要集中在桃罐头、桃酒、桃干、桃饮料和桃加工设备等5类。"黄桃罐头的生产方法（CN 201110411012.X）"对传统的黄桃碱液去皮工艺进行了改进；"一种糖水黄桃罐头的制备方法（CN 201510928948.8）"采用缓慢匀速加压的方式，提高了黄桃果肉的完整性；另外有6项涉及桃酒的专利申请，其中3项专利为桃汁与白酒的复配与勾兑，3项专利属于桃子的发酵果酒，均使用酵母发酵。"一种黄桃NFC果汁及其制备方法（CN 201710227278.6）"使用抗坏血酸护色，使用葡萄糖和麦芽低聚糖进行调配，而后采用巴氏杀菌法进行灭菌，但技术上并没有突破。桃汁方面的专利有3项，分别是桃汁香蕉复合饮料、油桃果蔬复合饮料和黄桃复合酸奶。

在桃加工设备方面，包括"水蜜桃软罐头食品的加工设备及其加工方法（CN 201710335473.0）""一种桃干加工用快速自动分桃肉及桃核装置（CN 201710502462.7）"，其中自动分离设备能实现批量桃子的自动剖肉和剖核，大大提高桃干的生产效率。

（四）桃育种技术研究

纵观1950年以来桃育种过程中采用的育种方法，民间主要采用实生选种、芽变选种等形式，很多地方桃品种都是实生选种而来的，如肥城桃、深州蜜桃、白花水蜜等，日川白凤、红博桃和安农水蜜则分别是白凤和砂子早生的芽变选出的品种。杂交育种是选育我国桃良种的主要来源，因此科研单位主要用这种方法进行育种，实生选种和芽变选种是杂交育种的重要补充。此外，还有辐照育种和转基因育种。由于转基因育种在技术上存在困难，因此我国目前还没有用这种方法培育出的新品种。江苏省农业科学院园艺研究所、北京市农林科学院、中国农业科学院郑州果树研究所等单位是我国桃育种工作开展最早、成绩卓著、影响较大的科研单位,在整个桃育种过程中起到了关键的作用。对国内外育种技术研究具体进展展开分析如下。

1. 国外育种技术研发进展

在农艺性状和抗性方面,法国农业科学院(Pascal T,2017)利用 Weeping Flower Peach × Pamirskij 5 的 F_2 群体,构建遗传连锁图谱,完成抗白粉病(*Vr2*)、抗蚜虫(*Rm1*)、重瓣(*Di2*)、垂枝(*pl*)4 个性状的图谱定位。西班牙学者(Bretó M P,2017)利用 Sanguı'd'Arbeca 的自交群体,构建遗传图谱,并将果面红色(*H*)定位于第 3 连锁群,区间内含有 3 个 *MYB10* 转录因子,并发现 *PpMYB10.1* 基因与果面红色性状共分离。欧盟 FruitBreedomics 项目(Mora J R H,2017)利用 9K-SNP 芯片,对 18 个杂交群体的 7 个农艺性状进行了分析,定位了 47 个 QTL 位点,其中 25 个为新位点。

果实肉质性状仍然是研究的热点。西班牙学者(Serra O,2017)利用 Big Top 的两个杂交组合,构建高密度 SNP 图谱,发现果实成熟期和硬度降低相关的 QTL 位于第四和第五连锁群。意大利学者(Morgutti S,2017)对包含不溶质、溶质、慢软、Stony Hard 等肉质类型的 85 份品种(系)进行了鉴定,发现 InDel 标记能够鉴别不溶质类型,慢软型桃 Big Top 表现出 *Pp-endoPG* 等位基因的缺失,CAPS 标记能够区分出慢软型和 Stony Hard 类型。标记之间的组合应用,能够区分不同的肉质类型。

美国 RosBREED 项目(Sandefur P,2017)利用果皮着色主效基因位点(R_f)区域的 SNP 位点,设计了一套 SSR 标记,开发了果皮预测的方法 Ppe-Rf-SSR,在一些育种群体或特定的资源群体中适用,尤其是鲜食用途的品种资源。

欧盟 FruitBreedomics 项目(Biscarini F,2017),采用 9K-IPSC 芯片,对 1 147 个单株进行了分析,建立了预测果实重量、含糖量和可滴定酸含量的全基因组分析模型,具有一定的可靠性。

2. 国内育种技术研发进展

全基因组序列的公布为基因和蛋白结构等分析提供了基本数据库。北京市农林科学院(张杰伟,2017)分析了桃全基因组 CBL(钙调磷酸酶 B 类似蛋白)信息,发现桃基因组中含有 8 个 CBL 家族基因,分布于桃的 5 条染色体上。江苏省农业科学院等(Guo S,2017)分析了全基因组编码脂氧合酶相关的 12 个基因,其中 *PpaLOX2.1*、*PpaLOX7.1* 和 *PpaLOX7.2*,特别是 *PpaLOX2.2* 可能是桃后熟的关键基因。南京农业大学(Zeng J,2017)鉴定了 23 个参与生长和逆境响应的 ARR-B 基因。上海海洋大学等(卞坤,2017)从桃基因组数据库筛选出了 12 个假定的成束状阿拉伯半乳糖蛋白(FLA)基因序列,并进行了生物信息学分析。

山东农业大学(Chen M,2017)分析了 25 个 *Dof* 基因,其中 5 个基因可能和桃花芽休眠相关,1 个基因可能在花芽萌动阶段起作用。郑州果树研究所(曾文芳,2017)鉴定了全基因组生长素/吲哚乙酸(Aux/IAA)基因家族,表达分析显示 *ppa010303m*、*ppa010871m* 和 *ppa020369m* 等可能参与调控桃果实的成熟。浙江大学(Wu B,2017)鉴定出可能参与桃调节二次代谢产物的 168 个 *UGT* 基因,发现在桃果实发育过程中,糖基化挥发性化合物的含量变化与桃 *UGT* 基因转录水平相关。

天津农业大学(Feng T,2017)对小白桃及其早熟芽变品种津柳早红进行了重测序,并初步分析了差异位点及其所在的通路。

郑州果树研究所(鲁振华,2017)利用 05-2-144(97 矮 × 鸳鸯垂枝)的自交群体,开展了桃矮化基因的精细定位,开发了鉴定矮化性状的标记,并在其他群体中验证。

郑州果树研究所(王力荣,2017)以不同桃品种组合配置 F_1 和 F_2,研究了 6 个性状的遗传规律,结论为:菊花花形由 2 对隐性基因(*chchch2ch2*)控制;窄叶可能由 2 对隐性基因(*nlnlnl2nl2*)控制;叶片白化由 1 对隐性基因(*wlwl*)控制;叶片黄化可能由 2 对等位基因(*Yl_yl2yl2* 或 *Yl2_ylyl*)控制;

盘龙形与直立形由1对等位基因（*Br2/br2*）控制，其中盘龙形基因型为*br2br2*；垂枝形由1对隐性基因（*wewe*）控制。

（五）桃新育成品种

1. 桃新品种选育概况

在桃新品种选育方面，目前我国共有江苏省农业科学院园艺研究所、中国农业科学院郑州果树研究所、北京市农林科学院林业果树研究所等21个科研教学单位从事桃育种研究。我国桃新品种育种民间主要采用实生选种、芽变选种等形式，很多地方桃品种都是实生选种而来的，如肥城桃、深州蜜桃、白花水蜜等，日川白凤、红博桃和安农水蜜则分别是白凤和砂子早生的芽变选出的品种。杂交育种是目前获得桃新品种的重要方法，因此科研单位主要用这种方法进行育种。此外，还有辐照育种和转基因育种。

国家桃产业技术体系鲜食桃品种改良岗位课题组在2017年工作报告中指出，根据查阅2017年相关资料、有关试验站以及育种者提供的信息，查阅到2017年的国内品种40个，其中鲜食桃品种37个，观赏桃品种3个。2001年以来，国内育成品种共录入了360个品种的数据信息。

37个鲜食品种中，从选育方式分，通过杂交育成品种20个（以科研单位和大学为主），实生选种2个，偶然发现2个，芽变品种6个，7个品种来源不详或暂时没有查到；从果实类型分，普通桃23个，油桃7个，蟠桃3个，油蟠桃4个；从果肉颜色分，白肉21个，黄肉14个，红肉1个，1个品种不详；从肉质看，2个早熟品种为软溶质，3个品种肉质脆，5个品种为不溶质，其余均为硬溶质（占67.6%）；从成熟期看，极早熟品种1个，早熟品种14个，中熟品种8个，晚熟品种9个，极晚熟品种5个；从核黏离性分，半离核1个，离核12个，黏核20个，4个不详；从育成单位看，由科研单位选育的品种18个，大学选育6个品种，政府管理部门和农技推广站选育品种9个，公司和个人选育品种4个（表26-13）。

3个观赏桃品种均通过杂交育种途径获得，乔化树，花瓣颜色分别为淡粉色、白色和玫瑰红色，花瓣数量20～23瓣，花径4.1～5.2厘米；其中一个观赏桃品种的果实虽小（65克），但风味甜，能食用。

表26-13　我国2017年录入的37个食用桃品种信息

类型	数量	果肉颜色				成熟期				
		白	黄	红	不详	极早	早	中	晚	极晚
桃	23	18	4	1			7	5	8	3
油桃	7	3	4				4	1		2
蟠桃	3	1	3				1	1	1	
油蟠桃	4		3		1	1	2	1		
合计	37	21	14	1	1	1	14	8	9	5

类型	数量	肉质						核黏离			
		软溶	硬溶	硬脆	硬质	不溶	不详	离	半离	黏	不详
桃	23	2	13	5		3		9	1	10	3
油桃	7		6	1				2		5	
蟠桃	3		3					1		2	
油蟠桃	4		3			1				3	1
合计	37	2	25	5	1	3	1	12	1	20	4

2. 桃砧木、短需冷量新品种选育

以短需冷量、抗涝、红肉为主要目标，开展新品种选育研究。利用台湾短低温品种春蜜（Spring Honey）等、前期获得的短低温优系XNN6-6与C26-7-12等以及优良品种为亲本，2017年配置短低温杂交组合12个，采收杂交果实1 614个，其中早熟亲本组合6个，培养种胚957个；抗涝砧木组合5个，收到4个组合的杂交果实1 502个，处理种子1 470粒；红肉桃组合4个，采收杂交果实1 665个，其中早熟亲本组合3个，接种种胚1 230个。杂种苗现正在温室培育。

3. 国内加工品种选育概况

根据国家桃产业技术体系加工型品种改良岗位课题组2017年工作总结报告，在新品种选育方面，从20世纪80年代以来，国内自主育成的加工桃有15个品种，成熟期从6月到9月均有。自主选育的品种目前栽培面积较大的有菊黄、桂黄、金露、秋露等品种。

总体来看，加工桃由于市场不稳定等因素，近年来国内外新品种一直很少，且在相关的分子研究方面的报道也不多，因此加大这方面的研究较为迫切。

三、桃品种推广

（一）桃品种登记情况

1. 国内自主选育的品种情况

桃原产于中国，是品种自主化率较高的果树树种之一。根据现有情况分析，国内自主选育的品种的种植面积占总种植面积的比例估计为80%左右。据不完全统计，自2001年以来通过审定、认定和鉴定的桃品种287个，其中食用桃品种270个，砧木品种1个，观赏桃品种16个。270个食用桃品种中，油桃品种68个，蟠桃品种22个，油蟠桃品种11个，黄肉桃品种23个，其余为白肉桃品种。大部分品种在我国的不同桃产区得到了应用。通过杂交手段选育的品种167个，实生选种46个，芽变选种26个，其他为偶然发现或不详。

2. 未利用国外亲本或资源选育的品种

向前追溯，所有桃品种亲本的根源均来源于中国，但育种过程中也有利用国外亲本，如日本品种大久保、白凤等，美国品种NJN76、幻想、五月火、丽格兰特、早红2号等。按照国家桃产业体系岗位和试验站所在地区的统计，未利用国外亲本或资源选育的桃品种的种植面积253万亩，占总种植面积19.5%。未利用国外亲本的品种148个，其中观赏桃15个。未利用国外亲本或资源选育的桃品种中，食用品种目前在生产应用的并不多，穆阳水蜜桃、新玉、玉妃、天仙红等品种具有较强的区域特征，在福建、浙江、山东、湖北种植，其余的品种如黄中皇、锦花、锦绣等逐渐扩大；加工制罐头的品种金露、秋露、橙露等在辽宁大连具有一定的面积。

（二）主要品种推广应用情况

根据各岗位和试验站统计的数据情况，在统计到的桃品种中，推广面积在20万亩以上的主要有"锦"系列、"中油"系列、"春"系列、"美"系列和中农金辉、中油蟠桃等品种，这些种类适应性强，经济效益好，推广种植面积普遍较高。其中，"锦"系列鲜食黄肉桃（锦绣、锦香、锦园、锦花和锦春）推广面积为100多万亩，主要分布在长江流域、西南、华中、华东等地区，该品种在统计到的品种中，推广面积占比达到15.5%；如晚熟锦绣黄桃糖度高、口感好，有较大的消费群体，种植效益好，有

一定的发展空间，零售和批发均比较畅销。"中油"系列（中油4号、5号、7号、8号、13、16、17、18）推广面积为107万亩，主要种植于山东、山西、河南、安徽、江苏、河南、辽宁、陕西、河北等桃产区。中农金辉推广面积达到57万亩，种植于安徽、河南、山东、山西、辽宁桃产地。金辉、中油16等成熟早，果个大，品质好，填补了曙光油桃的市场空缺，拉长了市场供应期。"春"系列（春美、春蜜等）推广面积超过90万亩，分布于各桃产区；该类品种果实硬度大，耐贮耐运，丰产稳产，产量高，经济效益佳，种植面积高。"中油蟠桃"系列推广种植面积接近20万亩，分布在山东、安徽、江苏、陕西、新疆、河南、河北等地，该品种单果重140 ~ 200克，风味浓甜，早熟，产量高，易运输，在多雨季节有细菌性穿孔病发生，抗逆性一般。"美"系列（美博、美婷、美锦、美帅等）推广面积为26万亩，主要分布在河北、安徽、江苏、北京等桃产区，该类品种果实硬度大，耐贮耐运，产量高，收益好。

另外，北京及周边地区种植品种主要有燕红，种植6万亩；京玉，7万亩；京艳，4万亩；以及"瑞光"系列和"瑞蟠"系列，分别种植2.5万亩和2.6万亩。江苏桃产区主要种植品种为霞脆、霞晖以及"紫金"系列，推广种植面积分别达到了3万亩、8.7万亩和1万亩。上海周边桃产区以"沪油"系列为主，推广种植面积为2万亩。山东泰安及周边桃产区除种植"锦""中油"系列桃品种，还种植了7.4万亩春美、6.4万亩寒露蜜、3.8万亩莱山蜜等品种。陕西桃产区主要推广种植的品种为秦王和秦光，分别种植10万亩和6万亩，该品种果个大，果形圆整，色泽艳丽，肉质致密，硬溶质或不溶质，味甜浓，可溶性固形物含量12%以上，耐贮耐运，常温下可贮放7 ~ 15天，冷藏条件下可存放30天以上。

（三）风险预警

1. 桃树害虫

2017年，主要害虫种类变化不大，依然是蚜虫、梨小食心虫、桃蛀螟、潜叶蛾、桑白蚧和红颈天牛等，但发生危害程度在各地和与往年相比有所变化。如北方产区（北京、昌黎等）的梨小食心虫由于控制有效，其种群明显下降；但桃潜蛾和桃蛀螟的种群数量上升较快，且覆盖整个生长季节，另外桃小食心虫的种群数量也有增加趋势。在兰州产区，桃卷叶蛾发生期提前，对花、芽造成较大危害。桃蚜在各产区均有发生，仍然是各产区普遍发生的春季桃树最重要的害虫，使用螺虫乙酯等农药防治效果较好；叶蝉和绿盲蝽、山楂叶螨等小型害虫危害也仍然较重；另外，由于桃园绿色植保技术的应用推广，茶翅蝽、麻皮蝽等害虫在桃园发生量增加，对幼果的危害严重。监测到桃园橘小实蝇的产区有所扩大，如大连、昌黎等有所发现，其危害在南方产区严重，如福建和四川等。因此，需要持续加强桃树害虫防治工作，积极培育抗虫、病品种。

2. 梅雨、极端天气等自然灾害

3—4月份各地容易出现大风低温天气，此时正值花期，造成许多花未开便凋谢，坐果率低。5—6月份的梅雨季节，导致早熟桃大量落果、腐烂，果实品质下降、市场销量减少。春、秋旱灾对桃生产也造成较大的影响。难以预测的极端灾害天气，如暴雪、冰雹等，对露天桃和设施桃的生产均会产生重大损失，由于该类灾害难预测，往往造成的损失十分严重。因此，针对不同生产时间的桃，需要培育不同特性，并需要实时掌控自然灾害状况，减少损失。

四、国际桃产业发展现状

（一）全球桃生产概况

本章主要采用FAO数据重点对世界桃的生产情况予以分析。

1. 主产国产量

2014年桃的世界总产量为2 280万吨，受栽培条件、生长气候及消费习惯的影响，桃的生产区域主要集中在亚洲和欧洲。我国是世界上最大的桃生产国，2014年桃产量为1 245.24万吨，占世界总产量的比例为54.63%；欧美的桃产量为549.89万吨，占世界总产量的24.12%，主要生产国为西班牙、意大利、希腊和美国（图26-3，图26-4），其2014年桃产量分别为157.36万吨、137.94万吨、96.26万吨和96.00万吨，分别占世界总产量的6.90%、6.05%、4.22%和4.21%，分别排在世界桃生产国的第2～5位（表26-14）。

表26-14　2005—2014年世界鲜桃主产国产量　　　　　　　　　　　　单位：万吨

国别	2005年	2006年	2007年	2008年	2009年	2010年	2011年	2012年	2013年	2014年
中国	764.97	824.33	908.02	956.37	1 017.00	1 059.71	1 101.27	1 145.95	1 195.12	1 245.24
西班牙	126.09	124.55	122.11	124.43	123.49	128.65	133.64	117.19	132.99	157.36
意大利	169.32	166.48	163.04	158.91	169.18	159.07	163.68	133.16	140.18	137.94
希腊	86.44	76.79	81.60	85.52	82.19	73.84	82.10	82.59	44.95	96.26
美国	130.19	113.25	127.93	130.44	120.08	125.48	117.66	104.96	96.71	96.00
土耳其	51.00	55.28	53.94	55.19	54.72	53.49	54.59	57.57	63.75	60.85
伊朗	46.07	49.08	54.73	57.50	49.61	49.61	47.64	51.90	54.59	57.55
智利	31.10	34.50	37.00	37.20	38.80	35.67	36.24	36.73	37.13	35.56
阿根廷	27.25	26.00	27.00	27.24	30.00	28.00	28.13	28.50	28.80	29.10
埃及	36.00	42.76	42.53	39.94	36.32	27.33	33.25	28.52	28.11	29.00
澳大利亚	13.00	13.96	13.09	12.80	11.72	10.77	9.75	10.05	9.23	7.03

数据来源：FAO数据库。

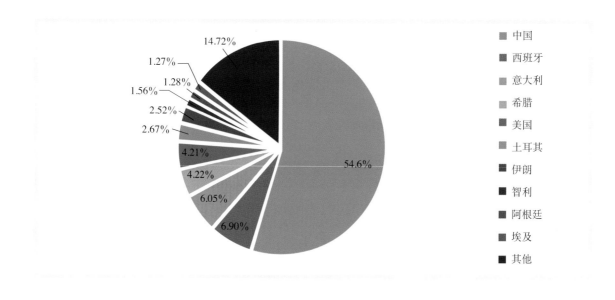

图26-3　2014年世界桃主产国产量占比

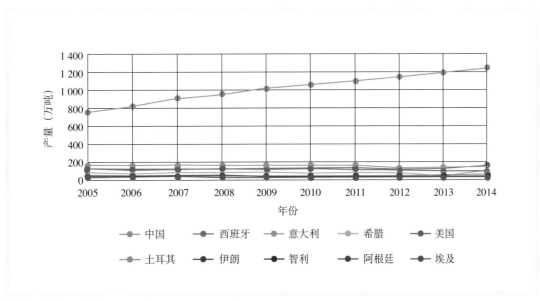

图26-4　2005—2014年世界鲜桃主产国产量变化

2. 收获面积

从桃的收获面积来看，2014年世界桃的收获面积为149.48万公顷，除我国桃的收获面积（72.84万公顷，占世界桃收获面积的48.73%）较大外，其他主要桃生产国的收获面积均不超过10万公顷（表26-15）。各国的产量排序与种植面积排序基本一致（图26-5，图26-6）。

表26-15　2005—2014年世界鲜桃主产国种植面积　　　　　　　　　　　　单位：万公顷

国别	2005年	2006年	2007年	2008年	2009年	2010年	2011年	2012年	2013年	2014年
中国	67.98	67.22	69.96	69.78	70.58	71.23	71.70	72.04	72.44	72.84
西班牙	7.91	8.03	8.06	7.54	7.67	8.27	8.14	8.40	8.44	8.61
意大利	8.71	8.58	8.60	8.61	9.31	9.03	8.86	7.10	7.58	7.45
希腊	4.33	4.31	4.33	4.26	4.18	4.36	4.38	4.36	4.54	5.03
美国	7.18	6.93	6.38	6.33	6.04	5.95	5.68	5.21	5.08	5.06
土耳其	2.78	2.77	2.94	2.82	2.79	2.88	2.69	2.84	4.38	4.41
伊朗	3.44	3.81	8.55	5.13	3.00	2.08	1.71	1.59	2.36	2.44
智利	1.97	1.97	2.00	2.01	2.10	1.93	1.92	1.92	1.92	1.81
阿根廷	2.62	2.50	2.60	2.55	2.74	2.58	2.56	2.57	2.57	2.57
埃及	3.20	3.29	3.34	3.36	3.39	3.30	3.13	2.66	2.49	2.56

数据来源：FAO数据库。

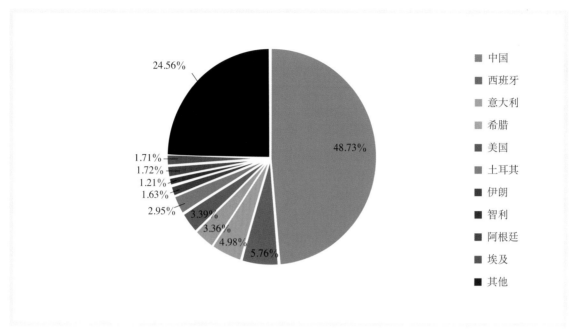

图26-5　2014年世界桃主产国种植面积占比

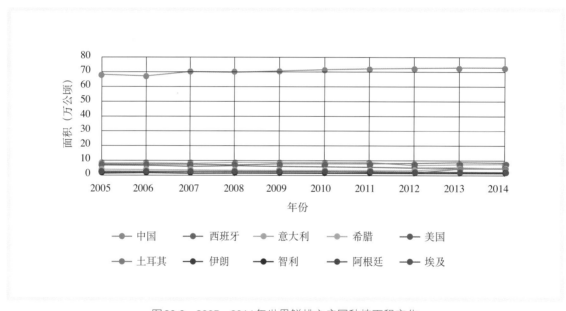

图26-6　2005—2014年世界鲜桃主产国种植面积变化

3. 单产

从单产考察，2014年我国桃的产量仅为17.1吨/公顷，远低于伊朗（23.58吨/公顷）、希腊（19.15吨/公顷）和美国（18.97吨/公顷）等国家，说明我国桃的生产没有发挥出规模优势（表26-16）。从2005—2014年的10年间单产变化分析，除中国的产量在不断增加，其他生产国家的产量增长均较慢（图26-7）。

表26-16　2005—2014年世界鲜桃主产国单产　　　　　　　　　　　单位：吨/公顷

国别	2005年	2006年	2007年	2008年	2009年	2010年	2011年	2012年	2013年	2014年
中国	11.25	12.26	12.98	13.71	14.41	14.88	15.36	15.91	16.50	17.10
西班牙	15.94	15.52	15.15	16.50	16.09	15.55	16.42	13.95	15.76	18.27
意大利	19.43	19.40	18.95	18.46	18.18	17.62	18.48	18.75	18.49	18.52
希腊	19.98	17.80	18.84	20.08	19.66	16.94	18.74	18.95	9.90	19.15
美国	18.12	16.33	20.04	20.62	19.90	21.10	20.71	20.16	19.04	18.97
土耳其	18.35	19.96	18.35	19.57	19.61	18.59	20.30	20.30	14.55	13.81
伊朗	13.38	12.89	6.40	11.21	16.54	23.87	27.93	32.69	23.10	23.58
智利	15.79	17.51	18.50	18.51	18.48	18.48	18.84	19.10	19.36	19.61
阿根廷	10.40	10.40	10.38	10.67	10.94	10.86	10.97	11.08	11.19	11.30
埃及	11.25	12.99	12.75	11.89	10.71	8.28	10.64	10.72	11.27	11.31

数据来源：FAO数据库。

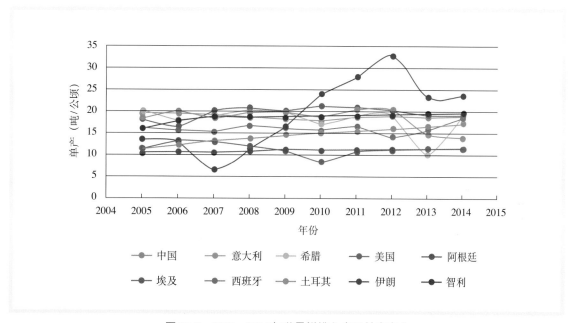

图26-7　2005—2014年世界鲜桃主产国单产变化

4. 各主要桃生产国品种情况

根据已有的相关文献，主要选取亚洲的日本，欧洲的西班牙和意大利，北美洲的美国、大洋洲的澳大利亚等国家为代表，对桃各主产国的桃成熟期、主要的栽培品种、种植技术和种植模式进行介绍。

桃引入欧洲后，形成了以黄肉桃和油桃为主的欧洲系品种群，欧洲也成为世界桃和油桃的主要产区和消费区。欧洲市场偏向喜欢果个稍小、略酸、肉脆的果实。此处主要对西班牙和意大利的桃产业进行介绍。

（1）西班牙

西班牙桃的成熟期为4—11月。当前西班牙主栽品种中，除了西班牙黄桃，大多为美国、法国、意大利品种。西班牙不同类型桃均有栽培，不溶质桃主栽品种有Sudanell、Catherina、金童（Babygold）系列、Miraflores、Andross、Carson、Tardios de Calanda、Jeronimo；溶质桃品种均引自北美洲国家，主栽品种有春冠（Springcrest）、Maycrest、Florida系列、RoyalGlory、Sunred、SpringLady，均为来自北美洲的黄肉品种；白肉品种有 Alexandra；黄肉油桃主栽品种有 BigTop、范太西亚（Fantasia）和法林（Fairlane）；白肉油桃主栽品种有 Snow Queen、Caldesi 2000、Flavor Giant，除了 Caldesi 来自意大利，其他品种均从北美洲引进。西班牙的蟠桃类型正逐年增长，主要分布在穆尔西亚（Murcia）、阿拉贡（Aragón）和加泰罗尼亚（Cataluía），主栽品种为 SweetCap、UFO 3 和 UFO 4。

西班牙桃产业发展得益于引进和推广桃新品种和砧木资源，并进行了品种结构的调整，同时农业基础设施投入的增大，广泛使用滴灌系统也是重要因素。西班牙桃主要分布于6个自治区，南北产区气候差异显著，因为气候和栽培传统的不同，各产区栽培的桃类型有所侧重。南方产区的 Andalucia、Valencia 和 Extremadura 主要栽培油桃和低需冷量的溶质桃；同样是南方产区的 Murcia 主要栽培不溶质桃，因为该地区具有很长时间的罐藏桃栽培传统，不溶质桃除了用于制罐以外，还用于鲜食；北方产区的 Aragon，因春季晚霜危害严重而不宜栽培早熟品种，主栽的不溶质晚熟桃品种大多是西班牙黄桃地方品种，能适应当地气候条件，且果实品质良好；东北产区的 Cataluna（与 Aragon 同属于埃布罗河流域，低温时数类似）不溶质地方品种正在减少，主产油桃、中熟溶质桃以及蟠桃、油蟠桃。

西班牙桃生产主要包括4个环节：苗圃、生产、包装和销售。在正规生产模式下，由品种拥有者授权苗圃或由育种人转让品种权给苗圃进行苗木生产和销售。生产单位（农场）购买苗木时支付苗木费用，另需支付品种权益费，主要反馈给品种权所有者。果品分级包装由地方果农协会承办，或由农场（较大规模的农场）自行运作，不但按照标准负责果品的分级包装，还制定生产技术规程，从栽培过程控制果实品质。销售也由分级包装厂在国内外市场寻找销售渠道。农场收益相对较低，一般不愿支付品种权益费，购得少量苗木后自行繁殖扩大栽培面积的现象比较普遍。

栽培模式方面，西班牙桃产区均使用滴灌系统。灌溉水取自国家投资修建的水库和灌溉渠道，远离灌溉网的产区可使用地下水，所有农业灌溉用水均免费。西班牙桃生产大多使用三主枝开心形（Vas）或双Y形（DoubleY，类似于国内的杯状形），这两种树形具有苗木投入少、立体结果性能佳、树势容易控制、单位面积产量高、果实品质均匀等特点。近年来也开始使用主干形（CentralAxis）、扇形（Palmette）、两主枝Y形（Y psilon）和架式V字形（Tatura），这些树形具有通风透光性好、结果早、便于机械化操作等优势，但需投入架材，仅在部分新农场使用。桃树种植机械化程度较高，从土壤翻耕、定植、农药喷施、除草（淋施除草剂）、清园等均可进行机械化操作。其中劳动力投入主要是疏果、果实采收、整形修剪所涉及的操作，当前西班牙从事果树生产的劳动力价格相比其他欧盟国家低。虽然欧盟在桃生产中限制生长调节剂的使用，但为了控制树势，西班牙在实际生产中仍会使用多效唑（PP333）；施用方法根据树势而异，但大多结合滴灌，施于根部。此外，因为 Cataluna 和 Aragon 地区夏季易发生冰雹灾害，少部分农场使用防冰雹网，但因投入成本太大而无法大面积推广。

（2）意大利

意大利桃的成熟期主要在5—9月。意大利桃产业栽培的品种约有30多个，主要品种有：鲜食桃黄肉品种早冠（EarlyCrest）、春冠（SpringCrest）、红港（RedHaven）、球冠（Glohaven）、日冠（Suncrest）、Fayette、冠港（Crest haven）、亨利（O'Henry）；白肉品种 Starlite、Grczzano、Iris Rosso、Botto、Eden、Paola Cavicch；油桃品种 Armking、May Grand、Weinberger、Independence、美味（Flavortop）、夏光（Summer Grand）、Stark Red Gold、范太西亚（Fantasia）；罐藏用品种（黏核品种）有 Maria Serena、Tebana、Carson、金童5号（Baby gold 5）、金童6号（Baby gold 6）、金童7号（Baby gold 7）、Everts。

意大利的桃产业发展迅速，主要以鲜食为主，消费者多倾向于个大、味甜、肉软的果实。意大利的油桃主要出口国为德国，主要进口国为西班牙及法国。近30年，意大利桃栽培区域及栽培模式都发生了巨大的变化，过去意大利的桃主要以北部和中部地区为主，主要分布于 Emilia-Romagna、Campania、Piemonte 及 Veneto 四大产区。近20余年来，意大利的桃产业逐渐从传统的北部和中部栽培区域转移到南部区域。这种产业转移主要是由于南方地区土地成本较低，劳动力充足且价格低廉，可

以很好地降低生产成本。由于意大利南部的特定气候条件，光照强，空气干燥，相比北方地区，这些区域比较适宜采用高密度栽培，

意大利北部地区的传统栽培模式有palmetta和fusetto（约700株/公顷）两种，种植密度均较低，两种树形均保留主干，该树形冠层的光截获率较低为入射光量的60%～70%，树体高度一般大于4米以补偿光损失，前期投资及管理成本较高。南部地区的气候条件有所不同，光照强而空气湿度低，为适应这种气候条件，在这些地区提出了两种不同于北方的栽培模式：中密度的延迟V字形模式（500～600株/公顷）以及高密度的SibariY字形模式（900～1 100株/公顷）。SibariY树形与延迟V字形冠层结构差别明显。与Taturatrellis模式相比，SibariY两主枝间的开张角度更大，邻行冠层顶部没有间隔，增加了树冠的覆盖面积，但同时也降低了行间的光照利用率。由于SibariY模式需要搭建棚架，早期投入较高，多数桃种植户无法负担，选择用延迟V字形模式代替，该栽培模式的投资成本和后期管理费用均较低，但结果较晚，产量较低。SibariY模式是现有的高密度栽培模式中经济效益较好的一种，具有较高的光能利用率，可以促进果树早期丰产，且果实品质较好，但其前期投入和管理所需费用较高，为降低成本，研究人员和生产者提出了3种新的栽培模式，对树体结构、修剪方式及管理技术都进行了改进。V-Double树形种植密度是SibariY模式的1.5～2倍（1 700～2 200株/公顷），早期负载量较高，但由于需要搭建棚架支撑树形，前期投入较大。延迟Y字形及FreeStandingY树形可脱离棚架支撑，独立生长，前期投入较小，但其树体冠层的光截获率较低，亩产量相对低。

（3）美国

美国是北美洲主要的产桃国，桃子的成熟期为5—9月。在商业性果树生产中，通常保持有400余个品种，在美国加利福尼亚州商业性栽培的品种就有150个，绝大多数品种都是通过有计划地育种育成的。美国在生产上栽培的品种很多，而且每年都有不少新品种发表。栽培的大桃品种为亨利（O'Henry）、贵妇人（Elegant Lady）、春冠（SPringcrest）、Flavorcrest、June Lady、Redtop、Maycrest、Flamecrest；主要的油桃品种依次为范太西亚（Fantasia）、红科斯特（Flamekist）、五月光（May Grand）、巨皇（RoyalGiant）、法林（Fairlane）、夏光（Summer Grand）、春红（Springred）、美味（Flavortop）、红宝石（Red diamond）、法宝太（Firebrite）。

美国的栽培技术主要体现在区域化栽培和适宜的栽培技术。

美国桃生产主要集中在东、西海岸，或者在大的湖泊附近。早在20世纪60年代，美国就根据不同的桃品种的需冷量等重要生态因素提出了品种的区域范围，有效地指导了生产。在20世纪50年代以前，加利福尼亚州绝大多数油桃品种和部分桃品种都是白肉的，其货架期很短，也不耐储运。进入20世纪50年代以后，新育成的品种多数是黄肉的，质地脆，硬度大，果面着色度高。目前，加利福尼亚州的栽培品种很少适应美国其他产区，而美国东部地区栽培的品种，在加利福尼亚州多数表现不良，形成了明显的区域性特点。加利福尼亚州的桃产量占美国产量的近50%，主要栽培品种为早中熟、中熟、中晚熟品种，加利福尼亚州桃和油桃果品生产的突出特点是高度良种化、集约化、商品化和机械化。果树良种化，是导致果品商品化生产持续发展的重要因素，集中体现在新品种育成途径多、效率高、推广利用速度快、更新换代周期短、果品商品价值高等方面。美国农业部、加利福尼亚州大学以及一些私人育种项目，甚至个体栽培者，在育成或推广新品种方面都积极活跃。加利福尼亚州桃、油桃品种成熟期都是从5月至9月，连续不断，互相衔接。这些品种在不同时期采收，其他管理，诸如环剥、疏果、灌溉、施肥，以及喷药等，也必须在不同时期进行。为了更有效地利用人工和包装、贮藏设施，栽培者通常同时种植好几个品种。这些品种成熟期拉开并且互相衔接。生产中最佳品种组合的搭配，都是选择那些商品性好、适销对路的系列化优良品种，以延长鲜果供应期，增强市场竞争力。

适宜的栽培体系是丰产优质的保证。美国加利福尼亚州桃、油桃栽培模式是大冠稀植，行距为6～8米，株距2～3米，行间生草，便于机械化管理。树形为二主枝，在主枝上直接培养结果枝，不再培养结果枝组，其产量在每公顷10吨。加利福尼亚州桃每年仅喷施2～3次农药，即使在夏季温度

很高的得克萨斯州也仅喷布5次农药。生长调节剂多效唑是被禁用的，为生产无公害果品奠定了良好的基础。美国加利福尼亚州桃收获后立即在冷库中利用0℃的流动水冲洗1小时预冷处理，然后进行低温条件下的分级、包装，在果实的运输，直至销售过程都是处于低温状态，即冷链，确保果品品质。

（4）澳大利亚

澳大利亚的桃（含油桃）主要栽培于澳大利亚东部。11月上市，成熟期主要集中在11月至次年3月。桃的主要品种为加红（CalRed）、贵夫人（ElegantLady）、富婆（RichLady）、王室公主（CrownPrincess）和亨利（O'Henry）。油桃的主要品种是范太西亚（Fantasia）、五月美（MayGrand）、法林（Fairlane）、红宝石（RedDiamond）、春红（SpringRed）、玫瑰宝石（RoseDiamond）和八月红（AugustRed）。

澳大利亚的栽培模式主要采用集约化生产和标准化管理。澳大利亚的果树生产规模较大，其树种布局体现了区域化与专业化的生产特点，即每一树种或者品种，通常安排在气候与土壤的适宜栽培区集中栽培，不仅使产地的生态环境与自然资源得到充分的利用，并能生产优质果品。澳大利亚主要采用机械化作业的山地果树栽培形式。澳大利亚大部分是丘陵山地，平均海拔300米。一般选择坡度≤15°的地块建园，随坡栽植，既有利于通风透光，又有利于排水。定植前，先植防风林（或防风篱）或安装防风网，铺设排水系统，并挖行沟，然后回填，改良土壤。多数果园为南北行向。栽植前确定所采用的树形，并据此确定行株距。新建果园通常株距较小，行距较大，适宜机械化管理。果树随坡栽植，无梯田等水土保持工程。树定植于山坡自上而下成行排列，目的是有利于机械、车辆在果树行间行驶。果树采用依靠支撑物篱架式栽培，果树逐步向高密度篱架方向发展。一般设2～3条与地面水平的铁丝，将枝条、果实固定在铁丝上，使枝条摆布均匀。普遍采用Y字形双篱架。在主干高45厘米处分生两侧主枝，分别引缚在两臂上。主枝分生的小侧枝，水平状拉引、间距保持25厘米，其上着生果枝结果。小侧枝均匀分布在架面上，Y字形篱架有利于树下管理和通风，树体着光充足，果面着色均匀，抗风力强，果实不受枝叶磨损，可获高质量商品果。又由于架面扁平，便于喷洒药剂、采收、疏果、修剪以及树下管理等作业。虽然篱架的支架一次性投资较大，但可以用多年节省工时和果品优质低耗的增产增值来抵消。

澳大利亚果园普遍采用生草和节水滴灌，果树行间都是生草栽培，树下用碎木屑覆盖1平方米，覆盖厚度10厘米。对土壤保墒、防止水土流失、免生杂草以及增加土壤有机质、提高地力等都有显著作用。木屑来源于果树修剪的枝干，不足时外购，粉碎后投入树下。在果园普遍生草基础上，采用滴灌和微喷节水灌溉技术，设备先进，多是定时定量控制系统。输水管按树的行列固定在距地面45厘米的树干上，按树的大小每株设滴头或微喷1～2个，生长期一般间隔半月滴水一次。

果园的机械化与人工操作。为适应果园操作，机械小型化。除果园的喷药、施肥、割草全部使用机械操作外，冬剪、夏剪、疏果、采收等采用人工与机具相结合进行。用网遮盖防止鸟害，盖网用自动升降机，该机下有3个车轮，能自动控制向前后、左右、上下运行，机身体积小，灵活方便。

果实采收、贮藏、加工、销售一体化。一般果园都有选果机、冷藏库、果品加工设备。果实采收后，将筛选剔除的次品加工成果汁、果酱；选出的优等果分级送到冷库保存，待机出售。有的在园中设有销售店，直接销售果品和加工品。采、贮、加一体化的经营，减少了果品损耗。有些果园刊登广告，欢迎到果园的树上选果自采（自采果者多为来自城市的旅游者），一方面为游客提供了自选采摘乐趣，另一方面也减轻了园主采收工作量。

（5）日本

日本主要产桃区域为冈山县、山梨县（甲府等地）、爱知县、长野县和福岛县等，成熟期集中在5—9月。品种方面，白凤桃为全日本栽培面积最大的桃品种，经过多年的栽培，白凤桃已产生了许多变异。在日本栽培面积居第二位的桃品种是拂晓，第三位的是川中岛白桃。此外还有大和白桃、大久保、清水白桃、浅间白桃、红清水、武井白凤、川中岛白桃以及新品种白丽、日川白凤、黄金桃、爱知白桃等。油桃主要品种为秀峰及大分引进品种。

日本桃栽培仍以露地栽培为主，设施栽培量少。设施栽培桃园采用连栋塑料大棚大冠Y型整形，将植株定植在棚与棚的连接线（天沟）下，两大主枝分别向两边的棚顶延伸。品种上则多选用果大、质优、丰产的品种。日本是个多山国家，桃园立地条件多为丘陵岗坡地，土壤沙性较重，坡度较我国江苏省低山丘陵岗坡地大。定植采用计划密植，根据土壤瘠薄或肥沃和树势的强弱分为以下几种类型：4.5米×4.5米（成年后间伐成6.3米×6.3米），5.4米×5.4米（成年后间伐成7.6米×7.6米），6.4米×6.4米（成年后间伐成9.0米×9.0米）。多采用低定干（或无主干）、大树冠、自然形整形修剪（在日本亦称作大藤式修剪）。定植后留数芽即短截，任其生长，仅删除内膛部分直立枝，结果后树冠自然开张。多数果园树干的附近立有一金属支柱，比树冠略高。从支柱的顶部垂下数根金属拉绳，用来调节骨干枝的角度。设施栽培亦采用相同树形，棚高4～5米。操作均需用人字梯上下。施肥以有机肥为主，大多采用农协生产的有机堆肥（颗粒肥），施用少量速效性化肥作追肥。

日本桃的基本生产单位是农户，平均户栽培面积约0.3公顷。日本桃园多分布在山地的缓坡地带。大部分农户参加农民协会，农户生产的桃果采摘后经初步筛选送到农协的选果场。这些农协大都具有较完善的管理机构，较先进的机械设备，如激光选果机，具有很高的自动化性能和工作效率，一次性完成单果重分级、激光测糖和果实包装。同时，测定的数据还可从电脑中得到反映，例如按糖度和单果重进行分级，一级品多少，二级品多少，并可打印出数据给农户查看。农协解决了日本桃生产中规模小而分散的农户生产如何参与大市场的问题。另外，也有一些农户自发组织起来，在非常简陋的车间和小巧的设备条件下经营。农户与桃果销售店对桃果的分级和包装都十分重视。凡是准装箱的果实都必须是果形端正，成熟适度（成熟度一般在八成半至九成），无任何碰伤的。在日本，桃果的外形往往体现出某一个地方的特色，从桃果的外形人们往往就能十分容易地分辨出其主产地。例如，冈山桃由于其套袋为橘黄色，其果皮多为浅黄色，俗称冈山白桃；而山梨县产的桃则多呈鲜红色。包装的材料依果实等级有所不同，秀级品的包装缓冲性能很好，外表高档；而普通等级包装则经济实惠。

（二）新品种选育的趋势

1. 选育主体的转移

在19世纪，美国的桃育种在经历了一段时期的繁荣之后，许多国立育种课题因经费问题削减或萎缩而不得不中止了研究。但在一些适宜桃发展的州，国立的或大学支持的课题还在发挥作用，但私人育种公司的崛起并迅速壮大是当前美国桃育种的典型特征。在美国，加利福尼亚州现在是桃生产的第一大州，也是桃出口最多的州，4个著名的私人公司培育的品种主导了该州的大部分桃栽培的品种，在密歇根州，Flamin Fury公司培育的品种也获得了当地的广泛种植。

2. 育种目标多样化

在果实类型方面，桃育种目标的多样化表现在果实类型的多样化，例如以美国为代表的西方国家，传统以高糖、高酸黄肉桃为主，而近年来白肉桃，尤其是高糖、低酸白肉油桃育种发展迅速；蟠桃在意大利、西班牙和法国的育种项目中发展迅速。

在功能性品种选育方面，富含花青素的红肉桃品种和富含类胡萝卜素的黄肉桃品种成为育种家的目标之一。

在安全方面，提倡培育对生产者、消费者和环境均安全的品种，因此抗性品种培育成为未来的主要育种目标，抗白粉病、细菌性穿孔病、桃蚜、根结线虫以及PPV病毒新品种的选育均取得一定进展。

在果实品质方面，美国启动了高糖育种技术，耐贮耐运性品种的培育成为育种家的共识。目前耐储运最好的商业品种为Rich Lady，低温贮藏期30天。而智利正在试图培育低温贮藏期45天的品种。

此外，桃树树形的研究、高光效种质的利用等均成为果树育种者和栽培者的重要研究内容。省力化栽培是降低生产成本的重要手段，柱型种质、半矮化种质、狭叶桃种质资源的研究和利用是提高单产和品质、简化修剪方式的希望所在。

3. 更加商业化

私人公司培育的品种均有专利保护，一个品种的专利保护期为20年左右，一些公司在国外设有分支机构，并与其他公司组成品种俱乐部，加大了其品种保护的力度。

（三）国外企业进入中国市场的方式

1. 国外企业进入中国市场的途径

中国是世界上桃的生产大国，也是桃的贸易小国。我国鲜桃在国际贸易中所占份额较小，但桃加工品的对外贸易却非常活跃。近年来，来自澳大利亚、西班牙、智利的桃产品不断涌入国内市场。国外的水果能够在中国占有一席之地的主要原因如下。

（1）国外水果协会的支持

国外水果协会在水果产业化发展过程中起着非常重要的作用。他们参与生产前生产资料的供应，生产中技术服务，生产后加工、贮藏、运输、销售等环节，大大提高了水果的市场竞争力。

在生产的过程中，这些协会按标准化生产规范向果农提供技术经营指导等产前、产中、产后服务，确保了经协会上市的水果具有统一的规格和质量要求。同时，建立区域性乃至全球的水果产销信息网络体系和水果质量档案管理，建立可追溯机制。这种制度不仅对稳定水果质量，而且对提高协会的信誉度和树立水果品牌都起到了积极的作用。

而在销往国外的环节中，协会通常能借助政府之力开拓全球性市场。在澳大利亚夏季水果协会（Summerfruit Australia）的推动下，澳洲水果业向中国递交了核果出口的申请，并于2017年1月成功实现了澳洲油桃的出口。协会帮助果农、水果企业进行广告促销、介入全球运输体系、培植多方位的研究能力，为果农会员获得最佳售价回报。

智利的水果出口商协会（ASOEX）也为其国内油桃出口提供了不少支持。

此外，发达国家的果农协会大都树立起了自己的果品品牌，使本国企业在市场竞争中处于有利地位。

（2）自由贸易协定的推动

国外水果进入我国的程序繁复，检验检疫环节较多，不易获得批准，所以大多数可进口水果都是在自贸协定的批准下进入的。而自贸协定中对于关税减免的政策，也催生出水果贸易的市场。

中国和澳大利亚是自由贸易伙伴。已经签署了降低油桃进口关税至4%的协议，协议从2017年1月1日起生效。计划到2019年1月1日，油桃进口将实现零关税（相比之下，标准的油桃最惠国关税为10%）。这也为澳洲油桃进入中国市场后的定价带来了一定的优势。

随着《中国—智利自由贸易协定》的签署，双方关税大幅度降低，智利也能够轻易出口油桃到中国，而且智利油桃价格相比澳大利亚和西班牙更便宜，这也是近些年来市场上智利油桃不断增加的原因。

（3）大型果品企业间的合作

国外水果企业的进入有间接进入、直接进入、特许经营等途径，国外企业在中国市场上所要达到的目的不同，进入的途径也就不同。

一般来说，国外企业的进入途径有合资、收购和授权经营。针对水果产业而言，授权经营无疑是最普遍的方式。

与国内水果企业合作的好处在于：大型的进口水果经营单位不但有完善的销售渠道，在国外都有直接的水果种植基地，更有水果进口多年的经验，国外企业通过与其合作，能得到港口服务和资金支持。通过与上游果品企业的合作，搭建进口水果交易平台，就可以帮助合作方完成上游货品及进口所需的各项条件。

澳大利亚油桃产业通过与中国的一些零售商合作，在中国不少商场、超市进行了店铺推广。这也是许多澳大利亚的油桃供应商及澳大利亚最大的油桃批发商采取的产品推广方式。

（4）大型展会的宣传

进入中国市场的途径除了企业间的合作，国外有些水果品牌还通过参与我国的大型展会，接近中国消费者，向消费者展示其实力，从而达到进入中国市场的目的。

例如，澳大利亚塔州樱桃种植户就是通过参加位于香港的亚洲国际水果蔬菜展览会来推销他们的产品，实现了澳大利亚樱桃在中国市场的推广。

2. 国外水果商的营销策略

国外水果在进入我国市场后，其产品表现能力强劲，这是因为，国外水果商普遍采用了营销策略。

（1）巨大的宣传投入

国外的水果要进入中国市场，除了电视广告外，还会制作大量路牌、灯箱、车身广告，产品大量上市时，又有一系列促销行动。

20世纪90年代初期华盛顿蛇果进入中国时，美国果商就"从娃娃抓起"，在上海举办"美丽的果园——美国华盛顿儿童绘画大赛"，提供的各类彩色照片都是景色迷人的华盛顿果园，而庞大的广告费用得益于政府的法律支持和财政补贴。1937年，华盛顿州州长曾签署法案，组织苹果协会监督收取每箱苹果1美分的推广税（现在每箱苹果需支付25美分）。因此，仅1993年美国苹果协会2500万美元的财政预算中就有440万美元是广告费用，政府另外补贴500万美元广告费用。由于广告的推动，美国蛇果迅速占领世界市场，1995年美国蛇果十大外销市场中，中国的台湾、香港名列第二、第三名。

（2）价格和供应期优势

目前在我国上市的进口水果价格最少在国产同类果的2倍以上。然而，目前进口水果基本上是从中国香港转口进入内地的，运输费、转口费是成本的主要来源。最重要的一点是，国产水果价格随意性太大，丰年降价，但供应期仅短短两三个月，而国外水果商不仅能做到全年供货，而且规定全球统一价或东南亚统一价，避开了内部恶性竞争。

如美国新奇士橙通过技术推广，形成一年四季收获期，4—10月夏橙，10—4月脐橙，一年四季不断货。

（3）重视质量和分级包装

国外水果商都十分重视商品质量。

在德国产地的每个镇上，都有果品批发市场，这些批发市场是由果品协会筹资建成的。果农将水果运至批发市场，经过高级选果机挑选、分级、打蜡、包装再销售。而原料的采收，则是以采果机为主，工人戴上手套辅助程序操作。因此，其登陆中国的产品不仅外包装漂亮，而且大小一致、晶莹剔透、卖相很好。由于采摘加工极少碰伤，再加上打蜡防腐处理，因此国外水果耐贮藏、少腐烂，降低了贮藏销售成本。

（4）注重改善品质，迎合消费者口味

国外水果商还注重水果品质改善，他们通过市场调查不断选育出适合消费者口味的新品种。

北京四道口批发市场1999年销售的新西兰的吉娜果口味、外观都不受消费者 欢迎，外商立即进行品种改良，改良后的吉娜果有了较好的销售业绩。

(5) 国内市场极力垄断经营

发达国家的国内市场大都由果菜集团实行直销和连锁经营。

如埃迪康批发市场是全欧洲最大的果菜集团，在汉堡、慕尼黑、鹿特丹等地拥有46座冷库、6 000多家连锁店和10 000多家小店，垄断着德国同类商品21%的销量，外来新客几乎无法与之抗衡。在德国不莱梅水果直销市场，更是以电子商务营销形式，随时展现世界各地的水果货源、价格等情况，产地直接调运到零售店，完全无中间商的立足之地。

(6) 水果协会在生产和销售中的作用

国外的水果商十分重视协会的作用，协会不仅在贸易中发挥重要作用，而且在生产中举足轻重。

如新奇士橙协会成员几乎涵盖了美国加利福尼亚、亚利桑那两个州果农的60%～70%，协会每一周都对果树成熟情况进行电脑统计，确保产量均匀分布在各个时期，而且协会的全球代表每天都将订单传到总部，总部再分散到60多家包装厂，由包装厂将订单按周向果农收购，从总部订单到装集装货柜仅需3天。协会驻在每个包装厂的质检员竟有15人，每箱水果都有个人标记，一旦出问题，立即能查清责任。

（编写人员：姜　全　俞明亮　陈　超　等）

2017

第 6 篇

茶　　树

登记作物品种发展报告

第27章 茶树

概　　述

茶树属于山茶科山茶属茶亚属物种，为多年生常绿经济作物，集中分布在南纬16°至北纬30°之间，适宜于温带、亚热带及热带的温暖湿润气候，平均气温10℃以上时开始萌芽，最适生长温度为20～25℃，年降水量要在1 000毫米以上。茶树喜光耐阴，适于生长在漫射光下。树龄可达200年，但经济年龄一般为40～50年。在长期栽培和利用过程中，经过自然和人工选择，茶树的种质资源丰富多彩、种类繁多。依据树型，分为乔木型、小乔木型和灌木型。现代生产茶园中多为灌木型茶树品种，在某些地区也有乔木型茶树高达30米，基部树围在1.5米以上。茶树是叶用作物，但是也会开花结果，因此茶树既可以进行有性繁殖，也可以进行无性繁殖。随着社会发展和生产需求的变化，芽叶长势等相对一致的无性系应用和推广的越来越多。2017年中国茶树的无性系推广率达到60.9%，肯尼亚的无性系推广率最高为100%。

我国是茶树原产地，也是最早发现和利用茶树的国家，至今已有数千年的历史。目前，茶叶已经发展成为全球最重要的天然无酒精饮料，全球有50多个国家和地区种茶，主产国有中国、印度、肯尼亚、斯里兰卡、越南、印度尼西亚等。2017年全球茶叶产量568.6万吨。中国有20个省份产茶，2017年茶园面积达到305.48公顷，产量258万吨，均为世界第一位。茶叶含有丰富的茶多酚、咖啡因和茶氨酸，以及茶多糖、茶皂素等多种活性成分，具有抗氧化、预防癌症、抗辐射、增强记忆力等多种生理功效。此外，茶树芽叶色泽除了常规的绿色芽叶品种外，还有各种新梢白化、紫化和红化品种，分别具有氨基酸、茶氨酸和花青素含量高的特点，除了具有多种保健功效外，还可以作为绿化或观赏植物。总之，茶树已成为我国南方地区的重要经济作物，茶业也成为茶区农民脱贫致富的支柱产业，是精准扶贫、乡村振兴的重要载体，是一带一路的重要纽带。

一、我国茶产业发展

（一）茶叶生产

1. 全国生产概述

中国是世界茶叶生产与消费大国之一，目前茶园面积和茶叶产量均居于世界第一位。面积、产量的急增起始于2003年前后，而且是同步急增，这个直线增加的势头一直延续到目前才有所缓和。2006年茶园种植面积145万公顷，采摘面积111.2万公顷，产量102万吨。产业现状特点主要表现为：区域布局更加向优势区集中，向西部转移趋势更加明显；茶叶供应取得长足进展，早生种茶叶仍为产业发展的新增长点；生产技术水平上优势产区提升较快，非优势产区提升缓慢；茶叶价格向好方向发展，精品茶叶价格行情好；生产过程出现专业合作社、工商资本建园与农户家庭经营等多种形式并举的状态。

(1) 茶园面积的变化情况

2012—2016年，我国茶叶种植面积急速增加，2017年新增面积开始回落。根据国家茶叶产业技术体系研究室调研数据，2017年我国茶叶的种植面积达到305.48万公顷，与2016年同比增长近9万公顷，其中采摘面积约266.69万公顷，同比增长4.32%。其中，茶园面积最大的5个省份依次是贵州、云南、湖北、四川和福建，占全国59.95%。面积增加最快的省份依次是江西、重庆、陕西和湖南。茶园结构继续优化，无性系良种率达60.94%，有机茶园比例7.52%。

(2) 产量的变化

2012—2016年，我国茶叶产量持续增加。根据国家茶叶产业技术体系研究室调研数据，2017年我国茶叶总产量达到267.86万吨，比2016年增加17.26万吨，增幅6.89%。其中，福建、云南、贵州、四川和湖北茶叶年产量超过20万吨，湖南、浙江、安徽3个省份的产量在10万吨以上。

(3) 单产量的变化

随着无性系良种等的推广，我国茶叶采摘亩产量逐年增加。根据国家茶叶产业技术体系研究室调研数据，2017年我国茶叶采摘亩产量72.99千克/亩，比2016年增加1.75千克/亩。其中，福建和湖南亩产量超过100千克。但是我国茶叶单产量达不到世界平均单产量的一半，应该说生产上的潜力还很大。

(4) 产值的变化

根据国家茶叶产业技术体系研究室调研数据，全国茶叶总产值达到2021.20亿元，比2016年增加240.33亿元，增幅达13.50%。产值超百亿元的有9个省份，其中位居前4位的贵州、福建、四川、浙江的产值分别为361.90亿元、235.00亿元、210.00亿元和193.80亿元。而产值增加最快的则是安徽、江西、贵州、重庆、云南、陕西、浙江，增幅均在10%以上。

名优茶的产量和产值进一步提升，2017年的产量和产值分别为130.84万吨和1512.81亿元，比2016年分别增加6.77%和10.50%。大宗茶量减价增，开发利用空间大，2017年产量和产值分别为133.5万吨和479.8亿元，相比2016年增幅分别为7.0%和23.3%。名优茶产量和产值占全国茶叶的比例分别是48.84%和74.85%，比2016年稍有下降。

(5) 茶类结构持续优化

根据国家茶叶产业技术体系研究室调研数据，绿茶和乌龙茶的产量占茶叶总产量的比例继续下降，分别从2016年的63.89%和11.31%降为63.11%和10.87%，而红茶、黑茶、白茶和黄茶的比重继续上升，各茶类占比更加均衡。同时，柑普茶、柑红茶和花草茶等特色茶产品以及超微茶粉、抹茶、茶饮料和茶保健品等精深加工产品持续增加。

(6) 栽培方式的演变

中国茶叶种植模式基本为条栽密植，为了适应现代化生产，以及劳动力日渐匮乏、生产成本增加等情况，种植方式正朝着省力高效方向发展，从手工采摘和加工，到机械耕作、修剪、采摘，手工＋机械制茶至自动化、清洁化生产线推广。茶园肥、水、药管理正向滴灌、喷灌等一体化、智能化管理方向发展。

最近几年，茶栽培方式已从传统纯茶园栽培模式发展到多种栽培模式同步发展，立体采摘茶园、各种套和作间种等绿色生态栽培模式、设施栽培模式、有机栽培和休闲旅游观光高效栽培等多种新模式不断涌现。这些新模式在病虫害防治、成本节约、品质提高、生态环境保护、产业链条延长、经济效益提高等方面取得了明显成效。同时，随着工商资本进入农业，通过"互联网＋思维"和先进的技术管理，提升了当地茶叶种植的效益。

2.区域生产基本情况

(1)中国茶叶产区的范围

我国茶区辽阔，基本分布在东经94°～122°，北纬18°～37°的广阔范围内，有浙江、江苏、福建、湖南、湖北、安徽、四川、重庆、贵州、云南、西藏、广东、广西、江西、海南、台湾、陕西、河南、山东、甘肃等省份的上千个县（市）。在不同的地区，生长着不同类型和不同品种的茶树，基本上可以划分为四大茶叶产区：华南茶区、西南茶区、江南茶区和江北茶区，但从生产的代表性茶类上，可以分为长江流域的绿茶产区、东南部的乌龙茶产区和西南部的黑茶产区。

华南茶区：位于中国南部，包括福建、台湾、广东、海南、广西等省份，是中国最适宜茶树生长的地区。华南茶区水热资源丰富，除福建北部、广东北部、广西北部等少数地区外，年平均气温在19～22℃，茶生长期10个月以上，年降水量为1 200～2 000毫米。茶区大多为砖红壤，部分为红壤和黄壤，土壤肥沃，有机物质含量高。全区茶资源丰富，生长着中国的许多大叶种（乔木型和小乔木型）茶树，多适宜制红茶、黑茶、乌龙茶等，也生产白茶和花茶。

西南茶区：位于中国西南部，地形复杂，大部分地区为盆地、高原，包括云南、贵州、四川以及西藏的东南部，是中国最古老的产茶区。大部分地区属于亚热带季风气候，夏天不炎热，冬天不寒冷。土壤类型多，适合茶树生长，在云南中部和北部多为砖红壤、山地红壤和棕壤；在川、黔及藏东南则以黄壤为主。西南茶区栽培茶树的种类也多，有灌木型、小乔木型和乔木型茶树，主要生产绿茶、普洱茶、紧压茶和边销茶等，是中国发展大叶种红碎茶的主要基地之一。

江南茶区：位于长江以南，包括浙江、湖南、江西和鄂南、皖南、苏南等地，是中国的主要茶叶产区，年产量占全国茶叶总产量的60%以上。江南茶区大多处于低丘低山地区，也有海拔在1 000米的高山，如浙江的天目山、福建的武夷山、江西的庐山、安徽的黄山等。这些地区气候四季分明，年平均气温在15～18℃，冬季气温一般在－8℃，年降水量1 400～1 600毫米，春夏雨水占全年降水量的60%～80%，秋季干旱。江南茶区基本上为红壤，部分为黄壤，种植的茶树大多为灌木型中小叶种，以及少部分小乔木型中叶种和大叶种。该茶区适宜生产茶类有绿茶、红茶、黑茶、花茶等。

江北茶区：位于长江中、下游北岸，包括甘肃、陕西、河南、山东和鄂北、皖北、苏北等地，是我国最北部的茶区。此区域处在北亚热带北边缘，气候寒冷，年平均气温为15～16℃，冬季最低气温一般为－10℃左右。年降水量少，为700～1 000毫米，但分布不均匀。茶树生长周期短，从3月中旬发芽以后到4月上中旬，采茶生长期180～210天。入冬后，茶树易受寒流袭击。茶区多为黄棕壤或棕壤。少数山区气候良好。茶树品种多为灌木型中小叶种，多适宜制绿茶。

从生产茶类上来看，绿茶是我国最大的茶类，产区多、生产企业众多，全国大部分地区都有生产。

乌龙茶生产地区比较集中，主要位于福建、广东和台湾，虽然生产企业比较多，但是多为中、小型企业，部分地区培育了一些区域性龙头企业，如天福、安溪铁观音集团等。

黑茶包括普洱茶、六堡茶、湖南黑茶等，普洱茶产区主要在云南，而消费集中在港、澳、台，广东沿海地区，马来西亚六堡茶产区主要在广西。

(2)种植面积与产量

华南茶区：根据国家茶叶产业技术体系研究室调研数据，2017年，该区的茶园面积为577.56万亩，占全国茶园面积的12.60%，比2016年增加12.37万亩，增幅为2.19%。无性系茶树品种推广率为76.96%，高于全国平均值（60.94%）。茶叶总产量和总产值分别为60.56万吨和321.80亿元，分别占全国的22.61%和15.92%，比2016年分别增加2.48万吨和22.30亿元，增幅分别为4.27%和7.45%。其中，名优茶产量为40.51万吨，占该区茶叶总量的66.89%，高于全国平均值（48.84%）。采摘亩产量不均匀，高低相差近1倍，平均为108.62千克/亩，与2016年持平，远高于全国平均亩产量（72.99千克/亩）。

西南茶区：根据国家茶叶产业技术体系研究室调研数据，2017年，该区的茶园面积为1915.49万亩，占全国茶园面积的41.80%，比2016年增加39.57万亩，增幅为2.11%。无性系茶树品种推广率为68.92%，远高于全国平均值。茶叶总产量和总产值分别为103.17万吨和736.58亿元，分别占全国的38.52%和36.44%，比2016年分别增加7.44万吨和104.64亿元，增幅分别为7.47%和16.56%。其中，名优茶产量为52.70万吨，占该区总量的51.08%，稍高于全国平均值。采摘亩产量比较均匀，平均为66.98千克/亩，比2016年增加2.93千克/亩。

江南茶区：根据国家茶叶产业技术体系研究室调研数据，2017年，该区的茶园面积为1 519.28万亩（含鄂北、皖北和苏北等地），占全国茶园面积的33.16%，比2016年增加56.31万亩，增幅为3.85%。无性系茶树品种推广率为55.42%，远高于全国平均值。茶叶总产量和总产值分别为85.58万吨和654.26亿元，分别占全国平均值的31.95%和32.37%，比2016年分别增加5.95万吨和89.16亿元，增幅分别为7.47%和15.78%。其中名优茶产量为27.73万吨，占该区茶叶总量的32.41%，远低于全国平均值。采摘亩产量不均匀，最高的高于100千克/亩，最低的仅32千克/亩，多为60千克/亩，平均为67.75千克/亩，比2016年稍有增加。

江北茶区：根据国家茶叶产业技术体系研究室调研数据，2017年，该区的茶园面积为569.92万亩（不含鄂北、皖北、苏北等地），占全国茶园面积的12.44%，比2016年增加25.33万亩，增幅为4.65%。无性系茶树品种推广率仅为32.62%，远远低于全国平均值，归因于气温比较低等。茶叶总产量和总产值分别为18.56万吨和308.57亿元，分别占全国平均值的6.93%和15.27%，比2016年分别增加1.39万吨和24.22亿元，增幅分别为8.07%（增幅居全国首位）和8.52%。其中名优茶产量为9.90万吨，占该区茶叶总产量的53.32%。采摘亩产量不均匀，最高的为57.84千克/亩，最低的仅11.93千克/亩，平均为46.87千克/亩，比2016年稍有增加，远低于全国平均水平。

（3）资源限制因素与生产主要问题

江南茶区多为早芽茶树品种，春茶易遭遇"倒春寒"，导致减产。夏天气温高，夏秋茶品质较低，许多地方只采春茶，导致夏秋茶资源浪费。

江北茶区主要是降水量不足以及冬天温度过低，导致生产成本提高，也是无性系品种推广率低的原因之一。

从全国总体上看，当前茶叶产业发展面临的重大问题主要表现在：第一，劳动成本快速上升，劳动力短缺也很普遍，研发和推广省力化栽培技术已迫在眉睫；第二，夏秋茶资源利用率低，研发改善夏秋茶品质及开发夏秋茶新的利用途径势在必行；第三，茶叶产销失衡压力大，如何改善茶叶产量与销售或消费的平衡急需解决；第四，优质茶树新品种尚不能满足生产需求，在高产优质的基础上培育高抗、适宜机采的品种以及特异、适宜深加工的品种是新时代的迫切要求；第五，小规模生产与大市场对接的矛盾仍然突出，科学规范标准化生产与有效的组织方式相结合势在必行。

（二）茶叶产品的市场需求

1. 全国茶叶消费量及变化情况

（1）国内市场对茶叶产品的年度需求变化

2017年，国内茶叶市场需求情况呈现出两方面的特点。一是市场供需结构矛盾凸显。从国内市场总体来看，茶叶产量的大幅度增加导致了茶叶过剩；另外，生产端的同质现象使市场热点集中于几种产品，从而引发行业整体模仿行为，导致热门产品的短期积压，引发市场混乱。二是消费内生增长动力不足。茶叶内需增长机制不完善，致使扩大茶叶消费的能力和意愿不强；同时，优质优价的名特优稀产品供不应求。近年来国内茶叶消费发展动态呈现出以下特征。

第一，我国茶叶消费量呈逐年增长趋势。2011—2017年，我国茶叶总消费量由118万吨增加至190万吨，年平均增长量为12万吨，年平均增长率达10.17%。市场销售额达到2 353亿元，增幅9.54%。销售均价为123.84元/千克，比2016年增长4.93%。其中高档茶价格平稳、销量稍减，中低档茶的价格差距缩小，价格略升、销量稳增。

第二，我国茶叶消费总量居世界第一位，但人均消费低于世界平均消费水平。按照总人口来看，2017年我国人均茶叶消费量达到1.36千克；按就业人口来算，人均达到2.45千克；按户均计算则高达4.2千克。据国家统计局统计，中高收入人群占40%，约消费80%的名优茶，这一部分人的人均茶叶消费量为1.82千克，户均5.61千克。而中低收入人群则消费余下的名优茶与80%的大宗茶，人均茶叶消费量为1.59千克，户均4.88千克。

第三，茶叶消费多元化，茶叶产品结构微调，趋势不变。2017年各茶类消费局面更趋平衡，仍以绿茶为消费主导茶类，占53%；黑茶、红茶、白茶增速较快，其中黑茶占消费量的16%。茶叶深加工开发技术含量高、茶消耗量小、附加值高，因此茶叶衍生产品市场成为茶叶行业的新增长点，其中以调饮茶和茶糕点为主。同时茶馆业发展、茶叶包装的改进等服务的延伸也成为茶行业的新增长点。

第四，消费者更加注重品质与品牌内涵。随着国内消费水平提高，消费者对茶叶的品质、安全日益重视，转向购买品牌茶叶，品牌内涵变得更加重要。"品牌"成为消费者选购茶叶时的首要关注因素，消费者对于知名茶企的品牌溢价接受度远远超过想象。

(2) 市场发展趋势预估

渠道出现分化，冷热不均。电商渠道发展进入自我调整期；批发市场亟待随着消费水平的更新升级，成为提供更优质服务、更健康环境的交易平台；连锁门店转型新零售模式，品牌门店遍地开花；商超零售继续保持稳定，量、价、额等数据指标与上年持平；数字经济时代大背景下，新旧融合、跨界融合、时空融合的三产服务业正在蓬勃发展，从＋互联网、＋旅游、众商模式、私人订制等新的业务模式和跨界融合不断出现。

新群体年轻化，消费升级。2017年，我国茶叶消费群体继续保持增长，预计将达到4.9亿人，主要消费人群也从"中老年男性为主"向新市民、新世代、中产群等各类人群扩散，其消费结构转向高端化、个性化、服务化及体验式。

营销模式异化，核心唯一。市场竞争由产品和服务竞争转变为体验竞争，重构人与茶的关系，以消费者为核心构建商业模式，其内核是体验与分享。2017年，网红经济催动新式茶饮异军突起；线上线下整合渠道是未来大势所趋，优化渠道与精准定位市场催生极简主义，运用现代营销理念重构茶业资源；"工匠精神"成为消费者心目中高品质的直观象征；移动互联时代，社交电商的兴起，提升了消费者的融入度，形成"一对一"互动式服务。

内销市场存在的问题：一是"去产能"任务艰巨，产大于销的局面急需调整；二是"去库存"应以重视，黑茶销量的快速增长多为储存收藏，而非消费；三是茶叶消费市场发展不均衡，茶叶供销多集中在城市，而在非产茶区的一线城市外和农村，消费需求与供给方面不平衡；四是进口茶叶快速抢占国内市场。

2. 区域消费差异及特征变化

我国幅员辽阔，不同的资源分布、文化背景、经济发展水平等造就了不同的茶叶消费习惯，使得我国的茶叶及其衍生品消费存在地域差异。茶叶区域消费差异包括区域购买力差异和区域消费文化差异，即受经济因素和非经济因素两方面的影响。

区域不同，茶类销售增长有所不同。其中，中部、西南及临海地区茶叶销售的增长速度较快，尤其以中部地区为主，增幅超过6%。而下线城市作为销售增长的新群体，贡献了近70%的市场销量。

从调研数据看，92%的产区销售量有所上升或持平，8%的产区有所下滑。高端礼品茶销售方面48%的产区与上年同期持平，24%的产区销量下滑。我国南方茶叶市场较稳定，因此北方茶叶市场成为决定全年茶叶产销的关键。

从区域消费文化看，各地区间消费偏好差异相对较大。普遍来讲，北方地区喜好花茶，西北地区喜欢相对粗老原料制作的砖茶或酥油茶，江南茶区大部分偏好绿茶，而福建、广东喜欢乌龙茶，其中广州为以普洱茶为代表的黑茶类的最大消费和收藏区域。福建、广东、西藏等地相对更喜黑茶。

在茶文化热、有机茶热、保健茶热、名优茶热等因素下，茶叶的传统区域性消费习惯逐步转型为现代的、多元化的消费。传统的消费主要集中在茶叶的冲泡、品赏，现在却呈多元立体的发展趋势。中国已经进入了全民喝茶的时代，尤其是分化出中老年茶客对茶叶保健功能的高要求与年轻茶客对茶叶时尚的需要，直接刺激了茶产业链的纵深延伸，从而促进中国茶叶市场在未来几年内必然进入新一轮的跳跃式发展。

二、茶产业科技创新

（一）茶树种质资源

茶树种质资源是开展茶树种质创新、育种和新产品开发的重要基础，茶叶科技创新和茶产业可持续发展离不开丰富多样的种质资源。近年来，我国在茶树种质资源的收集、保存、鉴定及开发利用等方面都取得了一些进展，尤其是茶树栽培驯化起源和重要功能基因等方面发掘的研究。目前，比较有效、安全的方法是通过建立种质资源圃的方式保存茶树种质资源。我国除了在杭州及勐海两地建立了国家种质茶树资源圃和分圃外，在浙江、福建、贵州、重庆、湖南、江苏、江西、广东、广西等地也建有地方茶树种质资源圃。

1.国家种质杭州茶树圃

杭州茶树圃在资源鉴定评价方面已深入到分子学水平，资源管理信息化，构建了资源共享平台。到2016年共保存资源2 214份，包括山茶科山茶属茶组植物的茶、大理茶、厚轴茶、大厂茶和秃房茶5个种及阿萨姆茶和白毛茶2个变种，此外还保存了24份山茶属近缘植物。已编目2 280份（包含勐海分圃部分资源），按种质类型有野生种159份，地方品种1 277份，选育品种119份，品系340份，各类遗传材料41份，其他资源344份。

2.国家种质勐海茶树分圃

勐海茶树分圃主要保存了云南省15个州（市）、60多个县的大叶茶资源，同时保存了贵州、广西、四川等7份省外茶树资源，以及日本、越南、缅甸、肯尼亚等5份国外茶树资源。目前共收集保存了茶组植物1 199份茶树资源（包括已定名865份，待定名334份），其中栽培资源953份，野生资源244份，过渡型资源2份。资源圃还保存有山茶科山茶属金花茶（*Camellia. nitidissima*）、红花油茶（*C. chekiangoleosa*）等近缘植物27份，肋果茶属（*Sladenia*）、核果茶属（*Pyrenaria*）、柃木属（*Eurya*）和大头茶属（*Gordonia*）的部分远缘植物资源。

3.原生境保护

中国除了丰富的栽培茶树资源外，还有很多野生资源，它们在长期生长过程中已与周边的生存环境形成紧密依存关系，原生境保护对于保护当地的茶树资源多样性具有重要意义。各级地方政府开始关注茶树原生境保护，云南和贵州先后出台古茶树保护条例，浙江启动了龙井群体种和鸠坑种的原生境保护项目，福建启动了茶树优异种质资源保护与利用工程项目。在2013年农业部以农计函〔2013〕158号文批准了在广西融水县元宝山的野生茶种质原生境保护点建设项目。

4. 茶树种质资源核心种质构建

中国茶树资源丰富，表型多样，在种质资源收集、鉴定、利用中的取样策略、所需的分子标记引物数量等至关重要。中国农业科学院茶叶研究所利用SSR分子标记对414份资源进行鉴定和筛选验证，初步构建了含有360份资源的中国茶树核心种质库。茶树种质资源的核心种质建立，有利于提高茶树新品种的育种效率，更好地为科研和生产服务。

（二）茶树种质基础研究

近年来，世界茶叶基础研究进展十分迅速，主要研究的国家有中国、印度、日本、韩国等。同时，与品种资源改良相关的基础研究近几年也取得了快速进展。

1. 种质资源收集与保存

中国茶树种质资源的地理分布比较广泛，而且种类较多，数量较大，保存的茶树资源数量多，类型丰富。目前研究主要集中在种质资源收集、遗传多样性分析、亲缘关系鉴定及表型性状及生理生化成分、对茶叶的起源以及进化关系的系统研究。如利用ISSR分子标记技术分析汝城白毛茶群体的遗传多样性和亲缘关系，发现其多态性比较高，为91.05%，112个株系的有效等位基因数(Ne)介于1.02～2.00之间，平均为1.42；Shannon信息指数(I)介于0.05～0.69之间，平均为0.40；Nei's基因多样性指数(H)介于0.02～0.50之间，平均为0.26；Jaccard相似系数介于0.37～0.83之间，平均为0.60。利用SSR技术构建黔南茶树种质资源DNA指纹图谱，可作为各资源特定图谱，用于种质资源保护和品种创新利用。而不同的分子标记技术检测有所侧重，平均等位位点、MI、EMR和Rp值SCoT都表现为最高，其次为SRAP，再次为EST-SSR，而EST-SSR的PPB和PIC值最高，然后依次为SCoT、SRAP。此外，SCoT具有较高的标记效率，而EST-SSR标记具有丰富的位点多态信息。

cpDNA序列分析被大量用于系统进化研究，利用3对cpDNA引物可以成功将32份江华苦茶资源分为4大类，这对于该资源的开发利用和保护具有重要意义。MFLP分子标记技术是AFLP和SSR的结合体，利用它建立了适合茶树的PCR反应体系，并证明同一地理位置，不同的有性繁殖群体具有不同的基因组。

韩国育种学者利用RAPD、AFLP、SSR分子标记技术，对杂交F_1后代群体进行随机多态性和简单序列重复分析，成功开发1800个潜在多态性SSR标记，其中的29个在父本或母本中杂合，且在F_1幼苗中显示出分离的基因型。利用所获得的688个标记，包括143个RAPD、11个SSR，495个AFLP和29个新开发的SSR，构建了茶树的组合连锁图谱。该图谱共有79个RAPD、5个SSR，214个AFLP和11个新的SSR位点。

2. 分子辅助育种及转基因技术

随着测序技术的发展，相继完成了茶树大叶种云抗十号的基因组测序以及多个品种的叶绿体基因组测序，这些研究结果为创制全新的茶树品种提供了理论基础，并且还成功鉴定了控制茶树茶氨酸、儿茶素、咖啡因等相关性状的基因，为分子育种等提供了理论依据。采用转录组测序、蛋白质组、代谢组分析等开发了高密度的分子标记（SNP、SSR和CAPS等），构建了更加精细的遗传连锁图谱，为解析数量性状提供了基础，比如儿茶素类含量等数量性状。近年来在茶叶活性成分合成与积累、萌芽期与休眠、自交不亲和、新梢白化和紫化以及抗逆性等方面的分子调控机制得到了更加深入的解析，挖掘了一批相关基因，比如茶氨酸合成基因（*CsTS2*、*CsGS1*和*CsGDH2*）、儿茶素和黄酮醇类合成基因（*CsF3'H1*、*F5H*、*CsUGT73A20*）、香气形成调控基因（*CsGH1BG1*、*CsGH3BG1*、*CsTPs*）、花叶等发育相关基因（*CsARGOS*、*CsTCP*、*CsGRF*和*CsGIF*）、矿物质转运基因（*CsPT4*）、抗寒性基因（*CsbZIP6*）、抗热性基因（*CsHSP17.2*）、抗旱性基因（*CsChi*）、金属耐受基因（*CsMTP11*、*CsMSD*、*CaAPX*）、抗盐性基因（*CsENO*）等，这为茶树分子育种定向改良茶树品种提供了宝贵的基因资源。随着代谢组的应用，茶叶中的类黄酮类物质、香气物质、儿茶素类物质等功能性成分及其代谢通路得到更广泛的解析，为茶叶功能育种提供了技术支撑和理论基础。

以上基础研究的深入，为茶树育种提供了更好的理论基础，并为分子精准育种奠定了良好的基础。

（三）茶树育种动向及育种技术

当前，茶树育种目标除了早芽、优质、高产外，适宜机采、适合深加工（茶饮料、功能产品等）、多抗，特异的品种更是选育热点。茶树育种技术包括育种材料、鉴定及种苗繁育等方面。

1. 茶树育种材料创新技术

茶树是多年生异花授粉植物，生育周期长且高度杂交，因此茶树育种是一项需要长期投入的工作，通常选育一个新品种需要20年以上。茶树育种材料创新技术包括系统选种、杂交育种、诱变育种以及分子育种等，其中系统选种是无性系育种的基本程序。

（1）杂交育种

杂交仍然是当今茶树育种材料创新的主要手段，通过不同杂交亲本组合产生杂交优势，获得产量、品质、抗逆性等方面超越亲本的育种材料，供进一步的育种筛选利用。我国茶树育种专家提出了双无性系茶树人工杂交体系，选用优势互补明显的无性系建立亲本园，采用"品字形"修剪，开双沟、单沟轮施磷钾肥，铺设80目的防虫网进行母本园隔离以及人工授粉等亲本园管理措施，以保障获得优质的杂种F$_1$代。研究表明，不同品种的花粉活力和结实力差异很大，花粉生活力变异范围为31.80%～74.24%，而不同亲本组合杂交结实率最低为5.0%，最高可达50.6%。

杂交后代虽然有较强母本遗传效应，但仍不乏杂种优势F$_1$单株，如抗寒性特强的单株0708-1104和0708-2501、高产单株0314C和0314D、高香优质丰产品种云茶红1号、云茶春毫、萌芽早品种黄玫瑰、高抗性品种春雪2号和曙雪2号等均是从杂交F$_1$代中选育而出。此外，在不同亲本组合的杂交F$_1$代中还获得了EGCG和咖啡因含量显著高于或者显著低于双亲本的单株。

（2）诱变育种

^{60}Co-γ射线是茶树育种最常用的物理诱变技术，如中茶108即是辐射育种所得。辐射剂量是诱变育种成败的关键因素，以黄金茶和福鼎大白茶插穗进行不同剂量的^{60}Co-γ射线诱变处理表明，半致死剂量（LD$_{50}$）为4～8 Gy，致死剂量（LD$_{100}$）为10Gy或更高，最适宜的辐射剂量为2～4Gy。

太空育种是诱变育种新技术，我国茶树太空育种又有新进展。云南农业科学院茶叶研究所将茶树品种紫鹃的种子搭载神舟十号航天飞船进入太空；中国农业科学院茶叶研究所则已将由太空返回的中茶108种子播种并获得变异植株。

（3）分子育种

分子标记开发是分子育种的关键技术，近年来已开发多种DNA分子标记应用到茶树育种领域的研究。如应用EST-SSR、ISSR、RAPD、SRAP等分子标记鉴定古茶树资源的遗传多样性和亲缘关系、茶树新品种的亲本来源、亲本真实性或者茶树品种的真实性等。然而，与茶树重要经济性状关联并可用于育种鉴定的分子标记仍然缺乏，是今后分子育种研究的重要方向。

（4）转基因技术的应用

转基因是创造新遗传变异的重要手段，迄今转基因手段主要用于创造抗虫、抗病、抗寒、抗盐、低咖啡因等茶树性状改良上。茶树是多年生的木本植物，多酚类含量高，转化率低和植株再生困难是茶树转基因的重大障碍。许多研究都围绕着这些目标开展。研究表明，在农杆菌遗传转化中，添加浓度为100μmol/L的乙酰丁香酮(AS)可以提高转化率；借助体细胞胚途径或者发根农杆菌诱导根毛有助于提高植株的再生率；选择适宜的农杆菌种类可以改善儿茶素类对遗传转化的抑制作用，在共培养阶段添加PVPP和L-谷氨酰胺有助于促进根毛的发生。

2. 茶树育种鉴定技术

(1) 品质鉴定

茶树品种的遗传多样性与适制性有关，适制红茶品种（系）的遗传多样性水平最高，其次是红绿茶兼制型品种，绿茶品种最低。芳樟醇、二甲苯、β-紫罗兰酮、右旋萜二烯、萘、2-异丙基-5-甲基茴香醚和十四烷对香气类型起到关键作用。决定四川工夫红茶甜花香和果香的重要组分是芳樟醇及其氧化物、香叶醇、苯乙醇、橙花叔醇、苯甲醇、水杨酸甲酯、3,7-二甲基-1,5,7-辛三烯-3-醇、癸酸乙酯、苯乙醛、顺-3-己烯醇己酸酯、柠檬醛。ECG与绿茶收敛性因子（AF）高度相关，而茶黄素双没食子酸酯（TFDG）与红茶AF关联，可以作为育种筛选指标。

(2) 抗性鉴定

研究发现，茶树受到昆虫侵害后可散发一些挥发性物质，这些挥发性物质一有驱避剂作用，驱赶害虫，以避免进一步的危害；二能诱导害虫天敌前来消灭害虫；不同品种的挥发性物质具有特异性。茶树叶片化学成分含量与其抗虫力有关，如茶多酚、天冬氨酸、γ-氨基丁酸、绿原酸和茶氨酸含量与茶树品种对假眼小绿叶蝉的抗性有关，其中γ-氨基丁酸可能是茶树抗虫物质之一，可用于茶树抗虫育种筛选。

根据离体叶片测定的超氧化物歧化酶（SOD）活力、过氧化氢酶（CAT）活力、可溶性糖含量、脯氨酸和游离氨基酸含量、可溶性蛋白质含量及−10℃冷胁迫条件下电解质外渗率等指标，以及叶片的光合参数和荧光参数，可以鉴定茶树品种的抗寒力。低温驯化过程CBF（C-repeat Binding Factor）途径容易被激活，进而诱导CBFs和CBF下游基因的表达，提高植物对低温的耐受能力；植物生长素应答因子（ARF）在植物激素和非生物胁迫响应途径发挥重要作用；WRKY基因家族涉及逆境防卫、发育和代谢等生物过程，如极端温度胁迫，在茶树抗寒分子育种中，可以作为参考鉴定依据。茶树在受到干旱胁迫时，淀粉生物合成相关基因下调，而淀粉水解相关基因表达上调，可用于茶树抗旱育种筛选。

(3) 产量鉴定

茶树是叶用作物，光合作用能力强弱与茶叶产量相关性较强。研究表明，光合色素与干物质含量之间显著相关；净光合速率与茶树生物产量（即干物质含量）之间显著正相关。光合色素含量高的茶树品种具有更强的光合作用能力和生物产量积累能力。

利用SSR分子标记对金牡丹及其后代单株进行遗传多样性分析，并结合早期单株品质与农艺性状快速鉴定与筛选，可有效缩短育种周期，并避免新选育茶树品种遗传背景狭窄。

(4) 品种鉴定

采用扫描仪测色器、ColorPix和RGB颜色系统构建茶树叶片精准测试装置，发现其中的环向中环位叶色测定技术可以精准教案别特异叶色。

DNA条形码有助于鉴定茶树品种，而最适合建立DNA条码数据库的序列是内部转录间隔区2（IST2）片段。

3. 茶树良种繁育

茶树既可以有性繁殖，也可以无性繁殖。为了提高单产量及发芽整齐，近年来主要以无性繁殖为主，因此茶树良种的繁育技术对于茶树新品种的应用和推广具有重要作用。迄今为止，茶树繁育技术已经有了很大进步，缩短了育苗周期，加速了珍稀良种种苗繁育，为无性系良种普及提供了种苗保证。

覆膜扦插技术和地膜配套保温棚技术可以减少初期浇水、后期除草工作，并能保温，利于茶苗越冬，提高成活率和出圃率；无纺布育苗袋的应用和全光照喷雾育苗技术替代遮阴，建立了"夏季繁苗、秋季出圃"的半年育苗模式，而浙江大学研究团队的无性系快速育苗技术使育苗周期缩短到3个月内；茶树胚培养技术、组培苗增殖技术以及组培苗温室直接生根技术的综合应用，加速了杂交 F_1 代的群体构建和新品种育成进程。

（四）新育成品种

我国2010—2017年共培育139个无性系茶树新品种，其中国家级37个，省级59个，植物新品种权43个（表27-1）。

表27-1　我国无性系茶树新品种名单（2010—2017年）

品种名	编号	育成单位	审（鉴、认）定年份	适制性
		国家鉴定品种		
霞浦春波绿	国品鉴茶2010001	福建省宁德市霞浦县茶业局	2010	红茶、绿茶
春雨1号	国品鉴茶2010002	浙江省金华市武义县农业局	2010	绿茶
春雨2号	国品鉴茶2010003	浙江省金华市武义县农业局	2010	绿茶
茂绿	国品鉴茶2010004	浙江杭州市农业科学研究院茶叶研究所	2010	绿茶
南江1号	国品鉴茶2010005	重庆市农业科学院茶叶研究所	2010	绿茶
石佛翠	国品鉴茶2010006	安徽省安庆市种植业管理局、安徽省农业科学院茶叶研究所	2010	绿茶
皖茶91	国品鉴茶2010007	安徽农业大学	2010	红茶、绿茶
尧山秀绿	国品鉴茶2010008	广西桂林茶叶科学研究所	2010	绿茶
桂香18	国品鉴茶2010009	广西桂林茶叶科学研究所	2010	红茶、绿茶、乌龙茶
玉绿	国品鉴茶2010010	湖南省农业科学院茶叶研究所	2010	绿茶
浙农139	国品鉴茶2010011	浙江大学茶叶研究所	2010	绿茶
浙农117	国品鉴茶2010012	浙江大学茶叶研究所	2010	红茶、绿茶
中茶108	国品鉴茶2010013	中国农业科学院茶叶研究所	2010	绿茶
中茶302	国品鉴茶2010014	中国农业科学院茶叶研究所	2010	绿茶
丹桂	国品鉴茶2010015	福建省农业科学院茶叶研究所	2010	红茶、绿茶、乌龙茶
春兰	国品鉴茶2010016	福建省农业科学院茶叶研究所	2010	红茶、绿茶、乌龙茶
瑞香	国品鉴茶2010017	福建省农业科学院茶叶研究所	2010	红茶、绿茶、乌龙茶
鄂茶5号	国品鉴茶2010018	湖北省农业科学院果树茶叶研究所	2010	绿茶
鸿雁9号	国品鉴茶2010019	广东省农业科学院茶叶研究所	2010	绿茶、乌龙茶
鸿雁12	国品鉴茶2010020	广东省农业科学院茶叶研究所	2010	绿茶、乌龙茶
鸿雁7号	国品鉴茶2010021	广东省农业科学院茶叶研究所	2010	绿茶、乌龙茶
鸿雁1号	国品鉴茶2010022	广东省农业科学院茶叶研究所	2010	绿茶、乌龙茶
白毛2号	国品鉴茶2010023	广东省农业科学院茶叶研究所	2010	红茶、绿茶、乌龙茶
金牡丹	国品鉴茶2010024	福建省农业科学院茶叶研究所	2010	红茶、绿茶、乌龙茶
黄玫瑰	国品鉴茶2010025	福建省农业科学院茶叶研究所	2010	红茶、绿茶、乌龙茶
紫牡丹	国品鉴茶2010026	福建省农业科学院茶叶研究所	2010	乌龙茶
特早213	国品鉴茶2013001	四川省名山县农业局茶技站、四川省农业科学院茶叶研究所、四川省优农中心	2013	绿茶
梦茗（安庆8902）	国品鉴茶2014001	安徽省安庆市茶业学会	2014	绿茶
山坡绿	国品鉴茶2014002	安徽省舒城县茶叶产业协会、舒城县舒茶九一六茶场	2014	绿茶

（续）

品种名	编号	育成单位	审（鉴、认）定年份	适制性
		国家鉴定品种		
鸿雁13	国品鉴茶2014003	广东省农业科学院饮用植物研究所	2014	乌龙茶
黔茶8号	国品鉴茶2014004	贵州省茶叶研究所	2014	绿茶
湘妃翠	国品鉴茶2014005	湖南农业大学	2014	红茶、绿茶
苏茶120	国品鉴茶2014006	江苏省无锡市茶叶品种研究所有限公司	2014	红茶、绿茶
花秋1号	国品鉴茶2014007	四川省花秋茶业有限公司	2014	红茶、绿茶
天府28	国品鉴茶2014008	四川省农业科学院茶叶研究所	2014	绿茶
中茶111	国品鉴茶2014009	中国农业科学院茶叶研究所	2014	绿茶
巴渝特早	国品鉴茶2014010	重庆市农业技术推广总站、重庆巴南区农业委员会	2014	绿茶
		省级审（认、鉴）定品种		
歌乐茶	闽审茶2011001	福建省福鼎市茶业局	2011	红茶、绿茶、白茶
榕春早	闽审茶2012001	福建省福州市经济作物技术站、福建农林大学园艺学院、福建罗源县茶叶技术指导站	2012	红茶、绿茶
大红袍	闽审茶2012002	福建省武夷山市茶业局	2012	乌龙茶
春闱	闽审茶2015001	福建省农业科学院茶叶研究所	2015	绿茶、乌龙茶
乌叶单丛	粤审茶2013001	广东省农业科学院茶叶研究所、凤凰镇人民政府	2012	红茶、乌龙茶
丹霞1号	粤审茶2011001	广东省农业科学院茶叶研究所	2011	红茶、白茶
丹霞2号	粤审茶2011002	广东省农业科学院茶叶研究所、仁化县红山镇人民政府	2011	红茶、白茶
桂香22	（桂）登（茶）2010004	广西桂林茶叶科学研究所	2010	红茶、绿茶
石阡苔茶	黔审茶2014001	贵州省茶叶研究所、石阡县茶叶管理局	2014	红茶、绿茶
贵定鸟王种	黔审茶2014002	贵州省茶叶研究所	2014	红茶、绿茶
鄂茶11	鄂审茶2011001	湖北省农业科学院果树茶叶研究所	2011	绿茶
鄂茶12	鄂审茶2011002	湖北省农业科学院果树茶叶研究所	2011	绿茶
鄂茶13	鄂审茶2012001	湖北省长阳隆惠农业科技开发有限公司、长阳土家族自治县农业技术推广中心	2012	绿茶
鄂茶14	鄂审茶2012002	湖北恩施州茶叶工程技术研究中心、恩施自治州经济作物技术推广站	2012	绿茶
金茗1号	鄂审茶2013001	湖北省农业科学院果树茶叶研究所	2013	绿茶
保靖黄金茶1号	XPD005-2010	湖南省农业科学院茶叶研究所、湖南省保靖县农业局	2010	绿茶
湘波绿2号	XPD028-2011	湖南省农业科学院茶叶研究所	2011	绿茶
潇湘红21-3	XPD008-2012	湖南省农业科学院茶叶研究所	2012	红茶
黄金茶2号	XPD019-2013	湖南省农业科学院茶叶研究所、湖南省保靖县农业局	2013	绿茶
黄金茶168	XPD006-2016	湖南省农业科学院茶叶研究所、湖南省保靖县农业局	2016	绿茶
潇湘1号	XPD007-2016	湖南省农业科学院茶叶研究所	2016	红茶
洞庭春	苏鉴茶201002	江苏省无锡市茶叶研究所	2010	绿茶
苏茶早	苏鉴茶201101	江苏省南京农业大学、江苏溧阳市李家园同新茶场、溧阳天目湖茶叶研究所、溧阳市农林局	2011	红茶、绿茶
苏玉黄	苏鉴茶201102	江苏省无锡市茶叶研究所	2011	绿茶
槎湾3号	苏鉴茶201103	江苏省苏州东山多种经营服务公司、南京农业大学、江苏苏州洞庭福岗科技有限公司	2011	绿茶
瑞雪	S-SV-CS-018-2011	青岛农业大学	2011	绿茶

（续）

品种名	编号	育成单位	审（鉴、认）定年份	适制性
		省级审（认、鉴）定品种		
鲁茶1号	S-SV-CS-026-2012	山东省日照市茶叶科学研究所	2012	绿茶
鲁茶2号	S-SV-CS-027-2012	山东省日照市茶叶科学研究所	2012	绿茶
烟茶1号		山东省烟台市林业技术指导站	2013	红茶、绿茶
烟茶2号		山东省烟台市林业技术指导站	2013	红茶、绿茶
烟茶3号		山东省烟台市林业技术指导站	2013	红茶、绿茶
乌蒙早	川审茶2011001	四川省高县四川早白尖茶业公司、四川省农业科学院茶叶研究所	2011	绿茶
云顶早	川审茶2012001	四川省南江县农业局、四川省农业科学院茶叶研究所	2012	绿茶
宜早1号	川审茶2012003	四川省高县四川峰顶寺茶业公司、四川省农业科学院茶叶研究所	2012	绿茶
云顶绿	川审茶2012004	四川省南江县农业局、四川省农业科学院茶叶研究所	2012	绿茶
川茶2号	川审茶2013001	四川农业大学、四川省名山茶树良种繁育场、四川一枝春茶业有限公司、四川雅安国家农业科技园区管理委员会	2013	绿茶
川茶3号	川审茶2013002	四川农业大学、四川省名山茶树良种繁育场、四川一枝春茶业有限公司、四川雅安国家农业科技园区管理委员会	2013	绿茶
三花1951	川审茶2015001	四川省农业科学院茶叶研究所、四川三花茶业有限公司、蒲江县农业和林业局、四川农业大学	2016	红茶、绿茶、白茶
天府1号	川审茶2015004	四川省农业科学院茶叶研究所	2016	绿茶、白茶
天府2号	川审茶2015005	四川省农业科学院茶叶研究所	2016	绿茶
天府3号	川审茶2015006	四川省农业科学院茶叶研究所、四川雅安市名山区农发苗木繁育农民专业合作社	2016	绿茶
云茶春韵	滇登记茶树2012001号	云南省农业科学院茶叶研究所	2013	绿茶
云茶春毫	滇登记茶树2012002号	云南省农业科学院茶叶研究所	2013	绿茶
普茶1号	滇登记茶树2014001号	云南省普洱（思茅）茶树良种场	2014	红茶、绿茶、白茶、普洱茶
普茶2号	滇登记茶树2014002号	云南省普洱（思茅）茶树良种场	2014	红茶、普洱茶
云抗12	滇登记茶树2014003号	云南省农业科学院茶叶研究所	2014	红茶、绿茶
云抗15	滇登记茶树2014004号	云南省农业科学院茶叶研究所	2014	红茶、普洱茶
云抗47	滇登记茶树2014005号	云南省农业科学院茶叶研究所	2014	红茶、普洱茶
云茶红1号	滇登记茶树2014006号	云南省农业科学院茶叶研究所	2014	红茶
云茶红2号	滇登记茶树2014007号	云南省农业科学院茶叶研究所	2014	红茶
云茶红3号	滇登记茶树2014008号	云南省农业科学院茶叶研究所	2014	红茶
紫娟	滇登记茶树2014009号	云南省农业科学院茶叶研究所	2014	红茶、普洱茶
东山皇	浙R-SV-CS-011-2012		2012	
中黄1号	浙R-SV-Cs-008-2013	中国农业科学院茶叶研究所、浙江天台九遮茶业有限公司、天台县特产技术推广站	2013	绿茶
景白1号	浙（非）审茶2014001	浙江省景宁畲族自治县经济作物总站	2014	绿茶
景白2号	浙（非）审茶2014002	浙江省景宁畲族自治县经济作物总站	2014	绿茶
中黄2号	浙（非）审茶2015001	中国农业科学院茶叶研究所、浙江缙云县农业局、缙云县上湖茶叶合作社	2015	绿茶
渝茶3号	渝品审鉴2017014	重庆市农业科学院	2017	绿茶
渝茶4号	渝品审鉴201701	重庆市农业科学院	2017	红茶、绿茶

（续）

品种名	编号	育成单位	审（鉴、认）定年份	适制性
		植物新品种权		
御金香	20130038	浙江宁波黄金韵茶业科技有限公司、余姚市瀑布仙茗绿化有限公司、浙江宁波市白化茶叶专业合作社	2013	红茶、绿茶、黄茶、白茶、乌龙茶
黄金斑	20130039	浙江宁波黄金韵茶业科技有限公司、余姚市瀑布仙茗绿化有限公司、浙江宁波市白化茶叶专业合作社	2013	绿茶
金玉缘	20130040	浙江宁波黄金韵茶业科技有限公司、宁波市白化茶叶专业合作社	2013	绿茶
瑞雪1号	20140084	浙江宁波黄金韵茶业科技有限公司、浙江大学	2014	绿茶
醉金红	20140085	浙江宁波黄金韵茶业科技有限公司、浙江大学	2014	红茶、绿茶、黄茶
黄金甲	20140086	浙江宁波黄金韵茶业科技有限公司、浙江大学	2014	红茶、绿茶、黄茶
陕茶1号	20140088	陕西省安康市汉水韵茶业有限公司	2014	绿茶
黄金蝉	20150072	浙江宁波黄金韵茶业科技有限公司、余姚市上王园艺场	2015	红茶、绿茶、黄茶
金玉满堂	20150073	浙江宁波黄金韵茶业科技有限公司、余姚市上王园艺场	2015	绿茶
黄金毫	20150074	浙江宁波黄金韵茶业科技有限公司、余姚市上王园艺场	2015	绿茶、黄茶
瑞雪2号	20150075	浙江宁波黄金韵茶业科技有限公司、余姚市上王园艺场	2015	绿茶
福农39	CNA20100684.7	福建农林大学	2015	绿茶
云茶普蕊	CNA20090203.2	云南省农业科学院	2015	绿茶
云茶香1号	CNA20090204.1	云南省农业科学院	2015	绿茶
中茶125	CNA20100657.0	中国农业科学院茶叶研究所	2015	绿茶
中茶251	CNA20100659.8	中国农业科学院茶叶研究所	2015	绿茶
黔湄809	CNA20080569.X	贵州省茶叶研究所	2015	红茶、绿茶
黔茶7号	CNA20080568.1	贵州省茶叶研究所	2016	绿茶、乌龙茶
黔茶8号	CNA20080572.X	贵州省茶叶研究所	2016	绿茶
贵茶育8号	CNA20080573.8	贵州省茶叶研究所	2016	绿茶
黔辐4号	CNA20080574.6	贵州省茶叶研究所	2016	绿茶
苔选0310	CAN20080570.3	贵州省茶叶研究所	2016	红茶
黔茶1号	CNA007224G	贵州省茶叶研究所	2016	绿茶
酸茶	CNA20090403.0	杨煜炜、泉州市丰山生态旅游开发有限公司	2016	酸茶
中茶211	CNA20100658.9	中国农业科学院茶叶研究所	2016	绿茶
黄叶宝	CNA20130589.0	吕才宝、戚国荣、中国农业科学院茶叶研究所	2016	绿茶
云茶奇蕊	CNA20100447.5	云南省农业科学院	2016	绿茶
云茶银剑	CNA20100448.4	云南省农业科学院	2016	绿茶
中茶126	CNA20130586.3	中国农业科学院茶叶研究所	2016	绿茶
中茶127	CNA20130587.2	中国农业科学院茶叶研究所	2016	绿茶
中茶128	CNA20130588.1	中国农业科学院茶叶研究所	2016	绿茶
花欲容	CNA20110151.0	吴宣东（缙云）	2016	绿茶
栗峰	CNA20130064.4	浙江杭州市农业科学研究院	2017	绿茶
中茶131	CNA20140551.3	中国农业科学院茶叶研究所	2017	绿茶
中茶132	CNA20140552.2	中国农业科学院茶叶研究所	2017	绿茶
中茶133	CNA20140553.1	中国农业科学院茶叶研究所	2017	绿茶

（续）

品种名	编号	育成单位	审（鉴、认）定年份	适制性
		植物新品种权		
中茶134	CNA20140554.0	中国农业科学院茶叶研究所	2017	绿茶
中茶135	CNA20140555.9	中国农业科学院茶叶研究所	2017	绿茶
中茶136	CNA20141126.7	中国农业科学院茶叶研究所	2017	绿茶
中茶137	CNA20141127.6	中国农业科学院茶叶研究所	2017	绿茶
中茶138	CNA20141128.5	中国农业科学院茶叶研究所	2017	绿茶
中茶139	CNA20141129.4	中国农业科学院茶叶研究所	2017	绿茶
中黄3号	CNA20151367.4	中国农业科学院茶叶研究所、浙江龙游圣堂茶业专业合作社	2018	绿茶

三、茶树品种推广

（一）茶树品种登记情况

2017年为止，国内尚未有茶树通过品种登记，仅有6个品种申请登记。

（二）主要品种推广应用情况

1. 面积

2017年，全国茶树种植面积渐趋平稳，产量也在稳步增长，但增速逐渐放缓。全国茶树种植面积超过4 500万亩，产量近270万吨。各省份的茶树种植面积和茶叶产量都有不同幅度增加（表27-2）。

表27-2 2016—2017年全国各省份茶叶生产情况

省份	面积（万亩）		产量（吨）	
	2016年	2017年	2016年	2017年
江苏	51.00	51.00	14 272	14 299
浙江	298.00	299.50	165 000	179 000
安徽	266.00	270.00	123 759	134 300
福建	377.00	380.00	427 000	440 000
江西	135.00	150.00	56 865	63 800
山东	58.19	61.30	24 971	27 386
河南	237.60	239.82	66 388	67 451
湖北	506.37	529.98	251 164	266 910
湖南	206.60	218.80	185 231	197 478
广东	79.91	85.26	86 700	94 500
广西	106.00	110.00	66 000	70 000
海南	2.28	2.30	1 060	1 075
重庆	72.30	78.40	32 931	36 950
四川	497.55	500.00	264 700	280 000
贵州	696.07	717.59	284 800	327 170
云南	610.00	619.50	374 853	387 560
陕西	231.70	251.00	79 025	89 387
甘肃	17.10	17.80	1 335	1 348

不同省份所种植的茶树品种不同，从各品种的种植面积变化来看，总体变化不是很大，2012—2017年新种植的品种多为2010年或之后审、鉴定的品种，如巴渝特早、中茶108、浙农117、黄金芽等，传统的白叶1号由于近几年白化茶产品的紧俏，新种植的也比较多。

截至2017年，国家茶叶产业技术体系9个综合试验站所辖示范县范围内种植面积在10万亩以上的有27个品种，分布在14个省份（表27-3）。其中，福鼎大白茶种植面积最大，为351.08万亩，白叶1号（75.59万亩）和嘉茗一号（45.62万亩）种植面积分别排第四和第九，但其分布最广，分别在12个和11个省份有种植，原因在于白叶1号作为新梢白化品种，其产品近两年极为畅销；而嘉茗一号则由于其萌芽期早，在早期种植较多。中茶108与浙农117则是因为2010年刚刚通过国家鉴定，因其高产优质而推广力度大。有些品种虽然种植面积大，但仅局限在该品种选育的省份，如云抗十号和雪芽100号在云南，黔湄601和石阡苔茶在贵州，鄂茶1号和鄂茶10号在湖北等。

表27-3　2017年累计种植面积10万亩以上茶树品种分布　　　　单位：万亩

品种	总面积	分布省份（个）	湖北	江西	贵州	广西	浙江	湖南	陕西	重庆	江苏	四川	安徽	福建	河南	云南
福鼎大白茶	351.08	8	49.06	9.35	207.02			6.38	6.50		7.55	59.22			5.00	
巴渝特早	118.34	3	1.80							9.15		107.39				
龙井43	94.76	9	19.15	3.20	41.44	0.44	22.14	0.10	5.40		1.38		1.04			
白叶1号	75.59	12	17.94	1.44	30.84	0.39	11.44	0.60	2.00	0.76	3.57	4.68	1.92		0.01	
福云6号	67.57	6	7.29	1.66		28.14		4.83		1.06				24.59		
铁观音	54.04	3	0.03	0.06										53.95		
名山131	46.75	4	6.62		0.60			0.30				39.23				
云抗10号	46.36	1														46.36
嘉茗一号	45.62	11	7.88	2.87	2.37	1.06	16.00		2.00	0.36	0.20	8.25	4.50		0.13	
楮叶齐	30.46	3	9.42	3.30				17.74								
中茶108	26.16	9	13.71	1.80	0.26	0.05	4.68	0.30	1.21		0.49	3.30				
黔湄601	25.23	1			25.23											
鄂茶10号	24.14	1	24.14													
迎霜	23.88	6	0.03	9.69			12.38	1.30			0.48				0.003	
龙井长叶	23.74	8	4.05	0.11	0.78	0.97	0.08		15.08		2.00		0.68			
白芽奇兰	22.34	1												22.34		
碧香早	18.72	4	0.02			0.34		18.35	0.01							
石阡苔茶	18.50	1			18.50											
雪芽100	18.03	1														18.03
鄂茶1号	15.37		15.37													
天府红一号	14.86	1										14.86				
平阳特早	14.37	3		1.03				10.34					0.09			
浙农117	13.43	8	3.37	2.29		0.61	5.41		1.50	0.002	0.12		0.14			
金观音	11.97	8	1.11	0.21	6.35	0.10	1.60	1.60		0.41				0.60		
舒茶早	11.79	1											11.79			
凌云白毫	11.20	2				11.20					0.003					

（续）

品种	总面积	分布省份（个）	湖北	江西	贵州	广西	浙江	湖南	陕西	重庆	江苏	四川	安徽	福建	河南	云南
福安大白茶	10.85	2	0.11							10.74						
各省份总面积	1 235.16		181.09	37.01	333.39	43.30	73.73	51.20	44.32	22.48	15.77	236.93	20.16	101.48	5.14	64.39
各省份总品种数			18	13	10	10	9	9	9	9	9	7	7	4	4	2

（三）风险预警

1. 与市场需求相比存在的差距

现在，我国茶叶产品基本上可达到全年供应，种类呈现多样化。但茶叶属于多年生作物，幼年期和经济年龄长，一旦种植，轻易不会更换，而每个品种具有一定的适制性，加上育种周期长，品种的选育和新品种的更换会远远滞后于市场产品的需求。如市场需求红茶，但目前种植的品种只适制绿茶，若更换适制红茶的品种，则需3年以上才可以有产品生产。而3年后，可能红茶市场已经饱或者已经不再需求。同样，目前市场上需要某个性状的茶树品种，育种专家开始选育，等20年后选育成功，可能这个品种已经不再需要。因此，应缩短茶树品种改良工作的周期，茶树种植适当选择早、中、晚或适制性不同的品种搭配。

2. 病、虫等灾害对品种的挑战

茶树虫害对茶树的正常生长影响较大，可降低茶叶的品质，减少茶叶产量。茶树的害虫主要有假眼小绿叶蝉、茶蚜、绿盲蝽、茶尺蠖、茶毛虫等。茶树病害会影响茶树的正常生长，主要有炭疽病、茶饼病、茶树日灼病等40余种。

3. 天气灾害对品种的影响

茶树在生育期间遇到反常低温时容易受冻，3月最低气温5℃以下时可能有霜或暗霜，地势平坦或山凹地带容易受到霜害，即"倒春寒"。近几年茶树品种多为早生种，在春季萌芽时，最怕遭遇"倒春寒"，严重时可造成茶叶绝收。如2017年，因天气原因，浙江西湖龙井减产，茶价上涨两成，春茶推迟10天左右上市；贵州黎平全县16万亩茶园减产40%。

茶树喜温耐阴怕旱，生存临界温度是45℃。如果气温持续超过35℃，降水又少，茶树会出现热旱害，严重时可导致死亡。近几年南方茶区夏天雨水少而持续高温，甚至高达40℃，造成茶园大面积灼伤。如江西婺源县茶园16万亩茶园中4万亩遭受旱害，其中许村镇2 000多亩茶园，有一半遭遇不同程度的旱害，茶园出现枯枝焦叶，当年夏茶减产70%。

4. 绿色发展或特色产业发展对品种和种苗的要求

抗性品种选育是今后茶树品种选育的主要目标之一，难点是育种。品种需适地适栽。在我国，优良品种的滥栽现象十分明显。此外，种苗的有序健康供应也是我国茶叶产业需要加强、完善的环节。目前茶树种苗繁育一般需要10个月以上，因此快速育苗技术的研发迫在眉睫。

四、国际茶产业发展现状

（一）国际茶产业发展概况

1. 国际茶叶产业生产

茶树作为全球最重要的经济作物之一，21世纪以来，茶园种植面积和茶叶产量大幅增加。根据国际茶叶委员会统计，2014年全球茶园面积为437万公顷，比2000年（265万公顷）增长64.9%；茶叶总产量517.3万吨，比2000年（292.9万吨）增长76.6%。其中中国是世界上茶园面积最大的国家，也是茶园面积增速最快的国家。其次是印度，由于茶园面积的增加以及科学技术的提高，单位茶叶产量提高，茶叶总产量稳步增长。2014年茶叶总产量排名前10位的国家依次为中国、印度、肯尼亚、斯里兰卡、土耳其、越南、印度尼西亚、阿根廷、日本、孟加拉国。在世界茶叶主产国中，只有中国和日本以绿茶为主，其他国家均主要生产红茶。

根据国际茶叶委员会的统计数据，2017年全球茶叶总产量为568.6万吨，比2016年增加12.5万吨，增幅2.2%。其中产量占第一位的是中国，产量为258万吨，比2016年上升6.0%，占全球茶叶产量的44.8%。第二位是印度，茶叶产量为127.8万吨，比2016年上升0.9%。第三位是肯尼亚，茶叶产量为44万吨，比2017年下降7%。其他主要的产茶国及其茶叶产量分别为斯里兰卡30.7万吨、越南17.2万吨、印度尼西亚12.5万吨、土耳其10.2万吨、阿根廷8.2万吨、孟加拉国7.9万吨、日本7.7万吨。

世界茶叶的主产区集中在亚洲，其次是非洲。2017年的茶叶产量亚洲493万吨，非洲64.5万吨，分别占全球茶叶产量的86.7%和11.3%。

2. 国际贸易发展情况

2017年全球茶叶出口总量为177.8万吨，比2016年下降1.1%。其中肯尼亚是世界上最大的茶叶出口国，2017年出口量41.6万吨，比2016年下降13.4%，出口茶叶为红碎茶。中国茶叶出口量稳居世界第二，为25.5万吨，比2016年增加8.1%。出口量排名第三的是斯里兰卡，2017年出口量为27.8万吨，主要出口红碎茶。其他重要的茶叶出口国为印度（24.1万吨）、越南（13.4万吨）、阿根廷（7.7万吨）、印度尼西亚（5.5万吨）、乌干达（4.5万吨）、马拉维（2.9万吨）、坦桑尼亚（2.8万吨）。

2017年全球茶叶进口总量小幅下降，为169.3万吨，比2016年下降2.2%。其中茶叶进口量最大的国家是巴基斯坦，2017年进口茶叶17.5万吨，比2016年上升0.7%；进口的茶叶中有73.7%来自肯尼亚，其他分别来自印度和卢旺达。进口量第二大的国家是俄罗斯，2017年进口茶叶16.0万吨，与2016年持平。进口量居于第三位的是美国，2017年为12.6万吨，比2016年下降3.8%，其中40.1%的茶叶由阿根廷进口，其次是印度，而中国是美国最大的绿茶供应国。其他的主要茶叶进口国为英国（10.9万吨）、独联体国家（除俄罗斯）（8.8万吨）、埃及（7.8万吨）、摩洛哥（7.3万吨）、伊朗（7.3万吨）、迪拜（5.8万吨）、伊拉克（4.1万吨）。

（二）国际茶叶研发现状

国际上的茶叶生产大国，会根据各自的需求进行育种及相关技术的研发，从而解决茶叶生产中遇到的问题。日本在茶树抗病力相关基因挖掘和育种分子标记开发方面取得了较大突破。印度利用根癌农杆菌LBA4404成功将马铃薯几丁质酶I转入到茶树体细胞胚，并获得抗茶饼病转基因茶树，而渗透蛋白转基因茶苗具有一定的抗旱性和水分快速恢复能力。印度利用基因枪将外源*nptII*基因导入到茶树中，成功获得抗虫转基因植株，但表现为生长缓慢、结实率和种子萌发率低；用RNAi技术构建载体

pFGC1008-CS，然后借助基因枪获得低咖啡因转基因茶树，咖啡因含量降低44%～61%，可可碱含量降低46%～67%。

为了精准鉴定在试的育种材料，提高育种效率并缩短育种周期，印度提出了茶树品种产量预测模型（CUPPA，Cranfield University Plantation Productivity Analysis Tea Model），根据幼年期的性状表现预测成年期茶叶产量，适用于不同土壤、不同遗传类型以及不同气候条件。有的国家开发了一种UPLC/QqQ-MS/MS分析技术，一次性可以检测鉴定茶树样品132种不同化合物，使鉴定效率明显提高。韩国与美国学者合作开发了近红外反射光谱（NIRS）技术，可快速鉴定茶叶中儿茶素类化合物和咖啡因。日本学者用吸附柱结合溶剂辅助香气蒸发（SAFE）技术，研究不同茶树品种和不同茶类的香气，鉴定出58个挥发性成分峰，香气稀释（FD）因子在41～47之间，其中4-羟基-2,5-二甲基-3(2H)-呋喃酮等7种物质的FD因子很高。斯里兰卡研究者认为鲜叶的发酵速率、总多酚类、总儿茶素类和色素含量与品种的品质特性相关，可以作为杂交亲本选配的依据。新西兰用多目标代谢组学技术和电子计算机模型分别预测茶叶在试育种材料的品质和产量潜力，收到良好效果。

日本培育出甲基化EGCG含量高的品种Benifuuki，用其原料加工出具有抗过敏效果的功能茶饮料。斯里兰卡和印度等国在培育高EGCG茶树品系方面收到明显效果。

（三）国外茶品牌企业

1. Whittard of Chelsea

英国百年的国民茶品牌，注重产品的精益求精，更新频率很快，其产品主要面向中高档消费者。一群专业的品茶师（Tea Buyers）专门采购全球的优质茶叶，挖掘茶叶背后的故事和营养价值，可以说，Whittard的茶叶是汇聚了世界各地名品中的名品。目前，Whittard公司拥有独特口味的30多种家居茶、80多种特色茶、40多种无咖啡因水果茶，并且还从世界各地持续引进各种异国情调的茶，是目前世界上唯一一家可以提供600款不同口感的茶叶产品制作公司。

2. 立顿

中国茶叶消费者较为熟悉的一个国际茶品牌，有汤姆斯·立顿创立。立顿坚持以消费者为本的品牌策略，是仅次于可口可乐的全球第二大软饮料品牌。立顿着眼于现代都市年轻人群，针对他们繁忙、缺少朋友联系、沉迷网络等特点，开展送茶、线上互动等活动。迎合消费者对于美好形体和健康的需求，研发相应的立雅茶、丽颜茶、纤扬茶。同时，采用锁味的透明立体三角茶包、大众化的价格、标准化生产、进入现代零售链的渠道等各种营销推广方式。

3. 茶叶共和国

创办于美国加利福尼亚州，以饮茶改变生活方式为理念，聚焦高档茶品类，品牌定位为——全球顶级茶品的领先供应商。目前，在北美洲茶叶市场上，茶叶共和国茶品销量为第一，其美食级瓶装冰茶与新系列瓶装绿茶被美国白宫、加拿大国府特许为"国会茶"。公司的经营目标是"透过好茶和细啜慢饮（Sip by Sip）的体验，丰富人们的生活———一种健康、和谐与幸福的生活"。同时，公司注重从小培养饮茶礼节。

4. Teavana

美国的茶叶零售品牌，以高品质茶叶创造现代茶文化为目标，打造"品质茶生活"，其品牌价值达到了10亿美元。公司认为茶不仅仅是可以饮用的茶品，更是衍生为一种品质茶生活，因此茶品除了茶本身外，还有与茶有关的一切。公司的5个基本品牌概念是"最好的叶最好的茶""纯净传统的茶""享乐混合茶""茶生活""分享茶"。Teavana本身不拥有或者运营任何茶园以及生产设施,公司建立了一个专业采购团队,负责从全球范围内的茶园和茶商采购茶叶,同时注重对多种茶叶的混合配制,在混合茶叶的外观、气味和口味上进行不断改善,以保证Teavana出售的每一种茶叶在外观、气味、口味、咖啡因含量以及益于健康的特质等方面做到独一无二。

5. 塔塔全球饮料公司(原塔塔茶叶集团)

印度公司,是世界上第二大茶叶品牌供应商,业务涉及品牌茶、散装茶、咖啡和其他饮料,销售市场遍布全球,在60多个国家有业务往来。年销售额高达7.13亿美元,居于世界市场第二位,归因于公司的全球化视野的品牌运营策略。公司拥有从茶到饮料一应俱全的产品线,其产品可满足全球不同市场和人群的需要。印度的50多个茶叶种植园和斯里兰卡的多个种植园为其品牌提供原料。在印度,塔塔茶叶的销售网络囊括了120多万个零售网点,在全球更是有为数众多的代理商和经销商。

五、问题及建议

常态化、规范化杂交育种是茶树育种的常用方式,也是选育具有自主知识产权、特色品种的主要方式。现在全国茶叶产区涉及茶树研究的科研、教学机构均在从事这项工作,且亲本多为小区域内品种,遗传背景相对较窄,后代变异较小,造成人力、资金及资源重复使用明显。为规范工作、提高效率,建议进行全国统筹,资源收集,不断提升我国茶树育种水平。

定向靶标的转基因技术是缩短茶树育种周期的好方法,但茶树再生体系的不完善限制了该技术的应用,应加强该方面的研究,以突破茶树现有育种技术。

此外,茶树品种选育是一项长期工作,投入大、产出少,相关部门应给予长期稳定的政策和资金支持。

(编写人员:郑新强 杨亚军 陈富桥 陈常颂 陈 亮 成 浩 吴华玲 杨 阳 王新超 等)

2017

第 7 篇

热带作物

登记作物品种发展报告

第28章　橡胶树

概　　述

天然橡胶（cis-1, 4-polyisoprene）具有优良的回弹性、绝缘性、隔水性及可塑性等特性，并且，经过适当处理后还具有耐油、耐酸、耐碱、耐热、耐寒、耐压、耐磨等宝贵性质，被广泛用于工业、国防、交通、民生、医药、卫生等领域，是一种重要的工业原料和战略资源。天然橡胶能够在杜仲、银胶菊、印度榕等2 000多种植物中合成。目前只有巴西橡胶树（*Hevea brasiliensis*）具有商业价值，其单产高、橡胶质量好、容易采收且经济寿命长达30年。

1839年，美国人固特异发明了硫化法，解决了生胶变黏发脆问题，使橡胶具有较高的弹性和韧性，天然橡胶自此成为重要的工业原料，需求量亦随之急剧上升。巴西橡胶树原产于亚马孙河流域，英国政府考虑到野生橡胶树的生产难以满足工业的需要，决定在远东建立人工栽培基地。1876年，英国人H. A. Wickham将橡胶树的种子从巴西引种到英国邱园（Kew Garden），并将培育的苗木运往斯里兰卡、马来西亚、印度尼西亚等地种植，均获得成功。1887年，新加坡植物园主任芮德勒（H. N. Ridley）发明了不伤橡胶树形成层组织，在原割口上复割的连续割胶法，使橡胶树能几十年连续割胶，纠正了原产地用斧头砍树取胶因而伤树，不能持久产胶的旧方法。1915年，印度尼西亚爪哇茂物植物园的荷兰人Van Hetten发明芽接法，使优良的橡胶树无性系得到繁殖推广。技术的进步推动了东南亚橡胶树种植业的迅速发展，此后受南美叶疫病影响，南美洲橡胶树种植业走向衰弱，东南亚成为种植业的中心，总产量占目前世界天然橡胶总产量的90%以上。

目前，全世界植胶面积已达1 440多万公顷，年产天然橡胶1 230多万吨。橡胶树种植业已成为热带地区许多国家经济的重要组成部分。我国最早于1904年由云南省德宏傣族景颇族自治州的土司刀印生从新加坡引入橡胶树，种植于北纬24° 50′，海拔960米的盈江县新城凤凰山东南坡，至今已有百余年历史。但是橡胶树属于热带雨林植物，对地理环境、土壤、气候、湿度等自然条件要求极严，国际专家历来把北纬15°以北地区划为"植胶禁区"。到1949年前，我国的橡胶树种植一直处于零星分散的状况，共有各种类型的小胶园0.28万公顷，橡胶树106万株，年产干胶198吨。20世纪50年代，面对十分严峻的国际国内形势，为满足国防和经济建设需要，党中央做出了"一定要建立自己的橡胶基地"的战略决策。在党中央亲切关怀下，几代植胶人艰苦努力，正确认识我国植胶环境，探索抗性高产植胶技术，使橡胶树在我国大面积北移种植成功。我国天然橡胶的生产经历了从无到有、从小到大、从弱到强、从国营到国营民营并举、从国内生产到国外跨国经营的发展过程，形成了以海南、云南和广东省为主的现代天然橡胶生产基地。2017年，全国橡胶树种植面积达到115.6万公顷，开割面积73.6万公顷。植胶面积和投产面积仅次于印度尼西亚和泰国，世界排名第三。2017年，我国天然橡胶产量82万吨，仅次于泰国、印度尼西亚、越南，世界排名第四，跻身为世界植胶大国，创造了世界植胶史上引人注目的奇迹。

我国的橡胶树选育种研究与植胶业的发展基本同步进行，20世纪50年代初期开始进行优良母树的选择，选出的初生代无性系海垦1年公顷干胶产量达到945千克，比未经选择实生树的产量提高了近2倍；50年代后期开始大量引进国外优良无性系，通过适应性试种筛选出RRIM600、PR107、GT1等品种，使我国植胶业和橡胶树选育种研究实现了跨越式发展。到1995年，按照选育种程序选育出了第一批具有自主知识产权的优良品种在生产中推广应用，其中的热研7-33-97年公顷干胶产量接近2 000千克，达到世界先进水平，新近培育出的热研8-79等无性系年公顷干胶产量达到2 500千克。在品种选育上取得的巨大成就，为我国天然橡胶种植提供了强大的后盾。

一、我国橡胶产业发展

（一）生产发展状况

1．全国生产概述

橡胶树对气候条件比较敏感，一般要求年日照时数在2 000小时以上；生长期对温度较敏感，要求最高温度在29～34℃，最低温度在20℃左右；同时橡胶树耗水较多，一般要求年降雨量在2 000毫米以上，平均相对湿度在80%；怕强风，年平均风速≥2.0米/秒的地区橡胶树不能正常生长。我国部分地区地处热带及南亚热带地区，具有发展橡胶树种植的一定条件。

（1）种植面积

受2000年以后天然橡胶价格上涨的刺激，我国天然橡胶种植面积不断增长。2002年种植面积63.1万公顷，2013年达到114.4万公顷，面积增加了约80%；开割面积也呈现持续上升趋势。2012年天然橡胶价格进入拐点，种植面积增速放缓。2017年种植面积115.6万公顷，开割面积达到73.6万公顷（图28-1）。

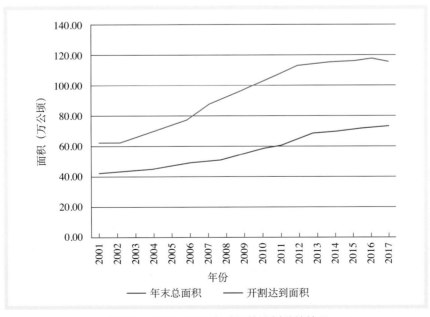

图28-1　2001—2017年我国橡胶树种植情况

（2）产量

除受2005年"达维"台风和2008年南方低温灾害影响产量减少外，我国橡胶产量一直呈现逐年增长，2013年产量突破86万吨。此后受价格低迷和胶工短缺等影响，部分胶园弃割，产量维持在82吨左右（图28-2）。

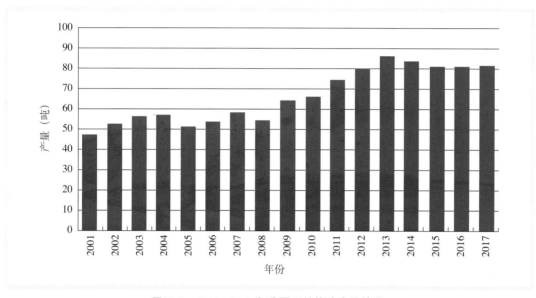

图28-2　2001—2017年我国天然橡胶产量情况

（3）单产

2001—2017年我国天然橡胶平均单产为1 174千克/公顷，2013年达到最高，为1 260千克/公顷。我国单产略高于印度尼西亚，远低于泰国、印度、越南、马来西亚等国，印度、越南的单产高达1 660千克/公顷。我国单产较低的原因主要是我国植胶区属于非适宜区，有长达4个月的非生产期，且常年遭受台风、寒潮等为害，单产的提高受到较大限制（图28-3）。

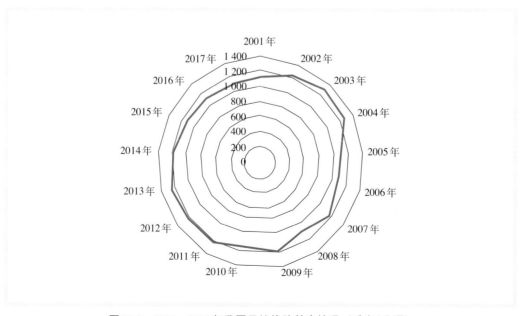

图28-3　2001—2017年我国天然橡胶单产情况（千克/公顷）

（4）栽培方式

我国的植胶条件较其他植胶国恶劣，常受风、寒、旱的影响，栽培难度较大。我国通过自主研发，从育苗、定植到幼树抚管，形成了自己独特的一套橡胶树北缘栽培技术体系，成功地在我国实现了北纬17°以北地区大面积植胶。胶园更新一般采取更新前强割—倒树—清芭—挖穴—定植的模式。胶园开垦基本上采用等高开垦方式，即开环山行、沟埂梯田或小梯田。苗木培育一般采用褐色芽接、绿色芽接、籽苗芽接技术进行培育。采用芽接桩装袋苗（2～3蓬叶）作定植材料，高截干苗、大袋苗（5～6蓬叶）、小筒苗等也可作为定植材料。植后抚管主要的工作是抹芽、控制杂草、土壤管理工作等。在割胶技术方面，通过多年试验与技术集成，完成了从实生树和国内低产芽接树到高产芽接树，从中、老龄割胶树到幼龄割胶树，从较耐刺激品种到中等耐刺激品种的橡胶树割胶技术体系改进及应用，研究创建了减刀、浅割、增肥、产胶动态分析、全程连续递进、低浓度短周期、复方乙烯利刺激割胶等具有中国特色的割胶技术体系。

（5）天然橡胶加工

天然橡胶初加工品种主要有标准胶和浓缩胶乳，还生产少量的烟胶片和胶清胶。其中标准胶又分为胶乳级标准胶和凝胶级标准胶。我国胶乳级标准胶以5#标准橡胶为主（SCR5），占我国天然橡胶总产量的70%～80%。近年来各种具有特殊性能的胶乳级标准橡胶也已在市场销售，如颜色浅、清洁度高的浅色标准橡胶（SCR3L、SCR5L）、门尼黏度恒定的恒黏标准橡胶（SCR-CV），具有良好物理机械性能的子午线轮胎标准橡胶（SCR-RT5），航空轮胎标准橡胶（SCR-AT）等。凝胶级橡胶主要用于生产10#标准胶（SCR10）和20#标准胶（SCR20）。我国研发的杂胶"三级造粒清洗"关键技术，解决了杂胶清洗难题，创造了我国独特的杂胶标准胶加工技术，并在子午线轮胎专用橡胶的生产中推广应用。浓缩胶乳在我国全部使用离心法制备，年产浓缩胶乳5万～7万吨，产量约占干胶总产量的10%。胶乳制品由原来的通用胶转向专用胶多品种方向发展，如低氨浓缩胶乳、纯化胶乳、硫化胶乳、输血胶管专用胶乳等。

2. 区域生产情况

（1）优势产区

目前我国橡胶树种植覆盖海南全岛，云南的西双版纳州、普洱市、临沧市、红河州、德宏州、文山州，广东的茂名市、阳江市、湛江市、汕头市，广西东兴等地区。其中云南西双版纳和海南岛常年基本无霜，年均日照时数达到1 700～2 400小时，年均温在19.5～23.0℃，最冷月均温在15℃以上，年降水量1 200～2 500毫米。干湿季节明显，11月至翌年4月为旱季，5—10月为雨季（降水占全年的60%～90%），相对湿度在80%以上，属于我国植胶的优势产区。

（2）主要植胶区自然条件

①云南植胶区。云南植胶区气候类型具有大陆性兼海洋性气候交错影响的特点，年平均气温在20～22.6℃，年降水量1 200～1 700毫米，海拔100～1 000米。由于云南植胶区处于内陆云南高原横断的脉尾阁区，地形和小气候环境复杂，年平均气温等值线不与纬度、经度平行，也不与等高线相叠，冬季低温寒害是该植胶区发展橡胶生产的最主要限制因素。其中，西双版纳位于东经99°57′～101°51′，北纬21°08′～22°34′，气候温暖湿润，光能充足，热量丰富，干湿季分明，静风少寒，土层深厚肥沃，物理性能良好，生物循环旺盛，日温差高达18℃左右，有利于橡胶树光合产物积累和产胶，单位面积橡胶产量居世界前列。目前云南已成为我国种植面积最大、产胶最多、单产最高的优质天然橡胶生产基地。

②海南岛植胶区。海南岛位于东经108°21′～111°03′，北纬18°20′～20°05′，四面临海，中部高、四周低，具有典型的热带季风气候特征。光能充足，热量丰富，雨量充沛，绝大多数地区年平均日照时数在2 000小时以上，年平均气温24℃左右，年平均积温达8 000℃以上，年降水量达2 000毫

米左右，但年内降水量分配不均，有明显的干湿季，土壤肥力中等至中等以上，海拔350米以下，是我国光照和热量条件最好的天然橡胶生产基地。全岛东湿西干，南暖北凉，中部有五指山相隔，形成植胶大环境中的地域性和中、小环境的多样化。但夏、秋季间有台风，冬季偶有低温影响。海南植胶区土壤类型多为砖红壤，主要由玄武岩、花岗岩、安山岩、变质岩及海相沉积物等母岩发育而来。

③广东植胶区。广东植胶区位于广东省西南部和东南部，属北热带、南亚热带季风气候，主要包括粤西和粤东植胶区。其中粤西植胶区主要位于东经109°35′~112°19′，北纬20°15′~22°44′，包括徐闻、雷州、遂溪、廉江、电白、化州、高州、信宜、阳西、阳东、阳春等县（市），年太阳辐射为494千焦/厘米²，年平均温度21~23℃，最冷月均温14.4~16.1℃，年降水量1 400~2 500毫米。该地区地势北高南低，地貌类型较为复杂，南部土壤属于玄武岩风华的铁质砖红壤，土层深厚，北部丘陵地区多为片麻岩、花岗岩、砂岩风化的砖红壤性红壤，土壤肥力较差。粤西植胶区的热量比海南岛稍差，强寒潮年份低温绝对值较低，且低温延续期也较长。粤东植胶区位于北纬20°27′~23°28′、东经114°54′~116°13′，主要包括揭阳、汕尾等局部地区；该地区气候温和清凉、雨水充沛、阳光充足，年平均气温21~23℃，最高气温37.4℃，极端低温达0℃左右，年降水量1 500~2 300毫米，土壤类型主要为砂页岩、花岗岩风化发育而成的赤红壤，土层较深厚。总的来说，广东植胶区光照、温度、水分和土壤等条件基本符合橡胶树生长所需要的环境气候条件。

④广西植胶区。广西南部的植胶区属于南亚热带地区，热量资源比较丰富，年平均气温21.4~22.5℃（包括东兴、龙州一带），最冷月均温13~14.9℃，降水量1 349.8~2 784.4毫米。适宜橡胶树生长的月份大致从4月开始，9—10月结束。虽然适宜橡胶树生长，但越冬条件较差，冬季（12月至翌年2月）常有寒潮和冷空气入侵，气温突然降至5℃，甚至0℃以下，或者是长期低温阴雨，使橡胶树遭受严重寒害。

（3）种植面积与产量

2016年全国橡胶树种植面积达到117.77万公顷，开割面积72.53万公顷。其中云南植胶区59.17万公顷，占全国的50.2%，开割面积32.19万公顷，开割率54.4%；海南植胶区54.09万公顷，占全国的45.9%，开割面积37.94万公顷，开割率70.1%；广东植胶区4.25万公顷，占全国的3.6%，开割面积2.31万公顷，开割率54.4%。

2016年我国天然橡胶产量81.6万吨，其中云南植胶区44.9万吨，占总产量的55.0%；海南植胶区35.1万吨，占43.0%；广东植胶区1.6万吨，占2.0%。胶园平均单产为1 125.00千克/公顷，其中云南胶园单产最高，为1 395.00千克/公顷；海南植胶区的单产为925.14千克/公顷，广东植胶区单产较低，仅为691.64千克/公顷（图28-4）。

（4）区域比较优势变化

我国天然橡胶种植主要集中在云南、海南和广东三大植胶区。2001年海南植胶区占全国植胶面积的59%。随着产业进程的发展和胶价的持续拉动，云南植胶区的面积迅速拓展，2009—2010年云南植胶区和海南植胶区面积持平，此后虽然受到价格影响，但植胶面积仍不断上升，达到全国植胶面积的50.2%，产量占全国总产量的55.0%，跃升为第一植胶大省。广东植胶区受自然条件约束，面积和产量一直保持平稳的态势（图28-5）。

（5）资源限制因素

我国植胶区位于赤道以北18°~24°，大大超过了世界公认的植胶地区（赤道以南10°至赤道以北15°）的界限，主要问题是低温和台风两大自然灾害，干旱是仅次于前两者的限制因素。

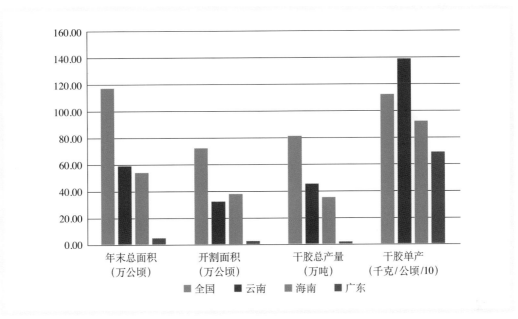

图28-4　2016年我国各植胶区生产情况

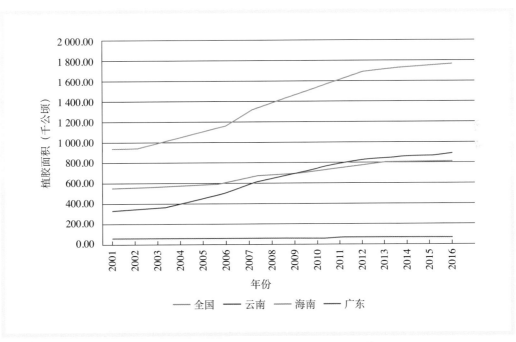

图28-5　2001—2016年我国植胶面积变化趋势

（6）生产主要问题

①采胶劳动完全倚赖手工作业。目前割胶生产仍属于技术性的纯手工作业，割胶生产条件艰苦、劳动强度大。割胶劳动力成本占整个植胶生产成本的60%～70%，属严重依赖劳动力的产业。受劳动力成本上升和天然橡胶价格低迷的双重影响，植胶企业和民营胶园胶工普遍短缺。随着未来经济的不断发展，劳动力缺乏将成为常态。迫切需要加快采胶轻简技术研究，研发替代人工割胶的机械化、智能化采胶装备和技术，转变生产发展模式，适应社会发展对技术发展的要求。

②天然橡胶初产品质量一致性不佳。我国天然橡胶质量一致性不佳，胶种也无法满足国内需求，

产品合规不合用现象突出。目前高端和特殊用途高性能用胶市场几乎被进口天然橡胶抢占，超薄乳胶制品大部分使用进口浓缩胶乳生产，航空轮胎专用胶及高端工程用胶长期依赖进口。迫切需要明晰种植品种、生产管理、割胶制度、初加工工艺等对产品质量的影响，提升产品质量，研发特种高端工程胶，满足军工及其他特殊领域对天然橡胶产品的质量要求，摆脱高端工程胶长期依赖进口的局面。

③产业综合效益需要进一步提升。受天然橡胶价格持续低迷的影响，胶农种植橡胶的积极性受挫，弃割弃管现象普遍，毁胶也时有发生。橡胶树投产要经历7～8年的非生产期，毁胶后再植难度增加。为维持产业的可持续和稳定发展，有必要研发在现有胶园基础上增加收益的间作、养殖生产模式和技术，形成胶园土地资源高效化、集约化和友好化利用技术，提高单位土地收益和产业综合效益。

3. 生产成本与效益

(1) 生产成本

根据橡胶整个生命周期（租赁土地→开垦→种植→管理→开割→更新），开展成本核算分析。橡胶非生产期抚管成本主要包括租赁土地、开垦种植、人工管理、肥料等投入。橡胶生产期扶管成本分为三大部分：一是种植成本包括农药、化肥、工具材料、冬春管费用；二是人工成本，为割胶工成本；三是运输成本，从胶林到收胶点。以生产周期30年计，按照上述分析的投入情况进行估算。橡胶树整个生命周期内生产要素投入产出情况见表28-1。

表28-1 云南、海南民营橡胶园一个生产周期内各要素投入产出情况　　单位：元/亩

项目	云南				海南			
	非生产期			生产期	非生产期			生产期
	1	2	3～7	8～30	1	2	3～7	8～30
一、年投入								
地租	−1 500.00				−1 800.00			
开垦	−556.00				−713.00			
种植（回穴、苗木和定植）	−367.00				−391.00			
人工管理成本（除草、覆盖、施肥）	−563.00	−563.00	−365.00		−563.00	−563.00	−365.00	
肥料成本	−374.02	−97.02	−97.02		−374.02	−97.02	−97.02	
其他费用（基础设施建设、补换植）	−178.00				−178.00			
割胶人工成本				−580.00				−452.00
肥料费用				−204.60				−165.00
农药费用				−99.00				−66.00
工具用具				−33.00				−25.00
冬春管成本				−49.50				−66.00
运输成本				−33.00				−36.00
小计	−3 538.02	−660.02	−462.02	−999.10	−4 019.02	−660.02	−462.02	−810.00
二、年产出								
产量（千克/亩）				116.16				90.42
收入				1 161.60				904.20
三、净现金流量								
	−3 538.02	−660.02	−462.02	162.50	−4 019.02	−660.02	−462.02	94.20

资料来源：天然橡胶产业技术体系产业经济岗位调查数据。

（2）效益分析

根据天然橡胶产业技术体系产业经济岗位调研数据测算，海南植胶户平均株产干胶2.74千克/株，折合亩产约为90.42千克；云南植胶户平均株产干胶3.52千克/株，折合亩产约为116.16千克。平均每生产1吨天然橡胶的成本＝生产周期内投入的总成本÷生产周期内的总产量。云南2016年平均每吨天然橡胶的生产成本为11 037.04元/吨；海南2016年平均每吨天然橡胶的生产成本为12 318.91元/吨。

对民营橡胶生产成本收益进行盈亏平衡点分析，有利于帮助植胶户做出经营决策。盈亏平衡点也就是保本点，即利润为零。使用静态评价法的结果为：云南2016年民营橡胶静态盈亏平衡点销售价格为12 086.13元/吨；海南2016年民营橡胶静态盈亏平衡点销售价格为14 640.03元/吨。使用动态评价法的结果为：在30年期间内，折现率统一以投资回报率10%为基准，云南2016年民营橡胶动态盈亏平衡点销售价格为18 665.95元/吨；海南2016年民营橡胶动态盈亏平衡点销售价格为23 849.31元/吨。

（二）天然橡胶贸易情况

天然橡胶是一种不可或缺的工业原料，近些年来，随着我国国民经济的持续快速增长，对天然橡胶的需求也相应呈现持续快速增长势头。我国橡胶工业自1915年起步至今，经过百年的发展，已形成由轮胎、力车胎、胶管、胶带、乳胶、橡胶材料、炭黑、橡胶助剂、骨架材料和仪器装备等产品构成的完整橡胶工业体系，与国民经济发展息息相关。

1. 进口

20世纪50年代初期，西方国家对我国实行经济封锁，因此早期我国天然橡胶贸易规模很小。随着我国的改革开放，邓小平提出了"走出去引进来"政策，天然橡胶作为重要工业原料，我国也逐步实现与东南亚各国的天然橡胶贸易进口。

我国天然橡胶进口量，在50年代最高的是1959年，达17.92万吨；60年代，以1969年进口量最高，达28.60万吨；70年代，则以1973年最高，达25.7万吨；80年代以1989年最高，达38.08万吨。90年代初我国的天然橡胶市场已基本与国际市场接轨。2001年，中国加入世界贸易组织，全球跨国公司轮胎制造业橡胶制品开始向中国转移，带动天然橡胶消费量的大幅增加，进口量也开始巨幅增长。2002年我国成为世界天然橡胶第一大进口国。2003年实现了高于1.5倍的增速，突破了百万吨的大关，2004年回调后保持良好的增长趋势，2011年突破了200万吨的大关。

据海关统计，2016年我国进口各种橡胶共416万吨（折算为干胶，含复合橡胶和混合橡胶），其中天然橡胶进口量稳定。受复合橡胶新标准影响，进口目标转向混合橡胶（海关编码400280），复合橡胶的进口量仅有16万吨，混合橡胶进口量达188万吨，较上一年度增长71.3%。我国的天然橡胶进口仍然主要来源于泰国、印度尼西亚和马来西亚这3个产胶大国，从这3个国家进口的天然橡胶量占到总进口量的90%。

2. 消费

从1993年开始，我国天然橡胶年消费量首次超过日本，仅次于美国，成为世界上第二大天然橡胶消费国。进入21世纪以来，随着我国加入WTO、中国－东盟自由贸易区的建立、我国西部大开发战略的实施以及城镇化进程的加快，我国对天然橡胶的消费呈现加速增长的势头。2001年我国天然橡胶消费量达到122万吨，首次超过美国，成为世界第一大消费国，达到世界总消耗量的21%。2001—2012年，我国天然橡胶消费量的年均增长率为11.30%，达到历史以来的最高值。2016年，我国天然橡胶消费量已达到486万吨，天然橡胶的自给率从20世纪90年代的50%左右，快速下降到2016的16.8%，低于安全供给线。至今，在世界天然橡胶市场上，我国一直保持着第一大进口国和消费国地位（图28-6）。

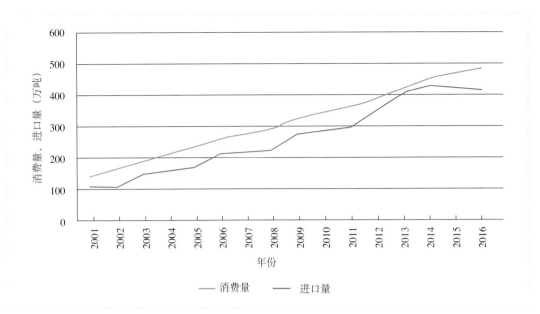

图28-6 2001—2016年我国天然橡胶消费量和进口量

3. 价格走势

价格是影响天然橡胶生产的重要因素。2003年随着国际橡胶三国联盟的成立，使胶价不断回升，2008年下半年受金融危机影响，价格稍有下降，2009年又开始回升，2010年下半年上涨更快，2011年2月达历史最高水平，突破42 000元/吨(全乳胶)，之后处于回落期。2012年的价格一直在21 000 ~ 29 000元/吨浮动，2012年进口天然橡胶和国产天然橡胶的均价都同比下跌26% ~ 28%。2013年价格持续下跌，波动幅度在16 700 ~ 24 500元/吨。2014年整体延续了上一年价格下降的趋势，波动幅度在11 300 ~ 17 000元/吨。2015年不仅在成本价以下运行，而且年底跌破1万元/吨。2016年下半年价格又开始复苏走高，出现缓慢上涨态势。2017年第一季度价格突破20 000元/吨，但之后价格下行，2017年度一直在12 000元/吨徘徊。由于受美元加息、大幅度减税等因素的影响，价格复苏过程会有所反复，但总体趋势上行（图28-7）。

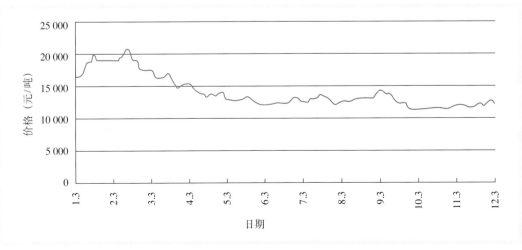

图28-7 2017年国内天然橡胶价格的变化（以全乳胶为例）

4. 贸易手段

我国天然橡胶市场发展快速，目前已经建成了包括传统的现货交易、电子现货交易、期货市场、现代化物流配送等相结合的市场体系。

2001年由海南农垦牵头，率先进行橡胶产品电子交易改革，随后云南、广东两个垦区相继加盟，全国70%以上自产橡胶在一个电子平台上交易。期货市场作为现货销售的补充，在期货价格理想时，直接通过期货交割实现部分销售。多种贸易手段为国内外生产者、经营者、消费者以及投机交易者提供了方便快捷的交易方式，实现了产品网上公开竞价和交易，起到了传递信息、发现价格、规避风险的作用，显著降低了交易成本，提高了流通效率和经济效益，为产业的健康发展提供了良好的营销环境。

（三）橡胶种子市场供应和销售

1. 种子市场供应

橡胶树杂交子代会产生分离，保持橡胶树单株优良特性最适宜的方法就是通过无性繁殖，即芽接的方式，因此市场销售供应以种苗为主。种子的销售仅供应培育砧木所用。

橡胶树种业涉及品种选择、种子生产、芽条增殖、芽接（组培）育苗生产、种苗质量控制、苗木销售及售后服务等环节。经过多年努力，目前我国橡胶树种业初具雏形，但远未形成产业。

（1）品种选择

我国种植的橡胶树品种主要有RRIM600、PR107、GT1、热研7-33-97、云研77-4等10余个。因橡胶树经济寿命较长，前3个老品种仍占总植胶面积的55%以上；新品种的推广呈现逐年上升的趋势，新植胶园大多选择热研7-33-97、云研77-4等新品种。各地的气候等环境条件各异，主栽品种也有所不同，海南以RRIM600、PR107为主，逐步由热研7-33-97替代；云南以GT1为主，RRIM600次之，逐步由云研77-2、云研77-4替代；广东基地由于气候环境复杂，需要根据不同的类型中区确定主栽品种，主要有热研7-33-97、93-114、IAN873、PR107、GT1、湛试327-13等。

（2）芽条供应

除品种特性外，芽条的质量与效率是影响种苗的重要因素。由于芽条品种甄别技术要求较高等原因，芽条生产专业性很强，需要具有相关资质才能开展芽条生产。但实际上芽条供应市场主体很多，其生产缺乏明确要求，数量和时间等生产计划比较随意，芽条接穗品种还存在一定的混杂，出圃芽条大小和长度等也不规范。

多数育苗圃的芽条自产自用，小部分外卖，销售多以现场交易的形式进行。芽条价格根据市场有一定浮动，一般每米5～10元。

（3）砧木供应

砧木是橡胶树芽接的重要组成。以往的研究表明，芽接在优良砧木上的芽接树比在劣质砧木上的芽接树高产，且明显改善了抗性。多无性系（如RRIM600×PR107等）种子园和PB5/51、RRIM623、GT1等单无性系胶园生产的种子适宜培育砧木。

橡胶树种子没有商业化生产，主要以原始产品进行现场交易，价格以千克计算，一般每千克5～10元。

（4）苗木生产

橡胶树苗木生产一般在苗圃中进行，所需基础设施主要有催芽床、苗床、荫棚、水肥池和给排水设施等。大型苗圃多属于三大农垦、科研机构或农业公司经营，年生产能力十几万株到100万株。由于橡胶树的芽接技术难度较低，还有零星散落的几百家小型苗圃经营，多由农场工人操作，年生产能力几千至几万株。

目前国内芽接育苗技术主要分为3类：一是采用褐色或绿色芽片的传统育苗技术，一般12～23个月培育裸根芽接苗或袋装芽接苗；二是采用籽苗芽接的育苗技术，一般6～8个月培育小型袋装芽接苗；三是6～8蓬叶的大袋苗、高截干苗等大型种植材料，这种材料可用做前两种材料的后期补苗，作为种植材料直接定植，可缩短大田非生产期6～18个月。

2. 种子市场销售

（1）苗木销售

由于缺乏统筹和统计手段，全国的橡胶树芽接苗生产能力、实际苗木生产量等无法获得。根据公布的新建胶园面积和更新胶园面积进行推算，我国年生产橡胶树芽接苗约2 000万株，其中袋装苗约1 500万株，裸根苗约500万株。

除原国家橡胶良种补贴专项和海胶集团有特定销售方法外，橡胶树苗木一般采用现场交易的形式，即一般由买方到育苗圃自主采购。

（2）主要经营企业

海南经过良种补贴认证的有18个生产基地，其中海胶集团种苗分公司的规模最大，负责海胶集团各基地分公司及周边的橡胶苗及防风林种苗的培育、生产和经营。海胶集团种苗分公司拥有红光、西联、阳江、邦溪、龙江、保国、东兴共8个种苗繁育基地，面积3 000余亩，每年能够满足大约12万亩胶园的更新定植需要。公司对种苗基地建设与生产品种、布局、供应、技术规程和质量标准等方面实施统一管理。

云南建设有11个橡胶树良种苗木基地，除在西双版纳景洪、勐腊两个植胶大县的景洪、东风、勐腊、勐捧、勐满等6个生产基地外，在普洱市建立了江城、孟连橡胶分公司基地，在临沧市建立了孟定分公司基地，在红河州建立了红河热带农业科学研究所和河口橡胶分公司基地，在德宏州建立了德宏热带农业科学研究所和德宏分公司基地，满足农垦、周边胶农及境外对橡胶树优良种苗的要求。

广东经过认证的有2个生产基地，其中广东农垦热带作物科学研究所橡胶种苗繁育中心规模最大。该种苗繁育中心位于广东化州市石湾镇，面积1 300多亩，玻璃温室和防寒大棚8.2万米^2，是经农业部认定的橡胶良种补贴项目种苗定点生产基地之一，生产橡胶种苗能力200万株/年。

二、橡胶产业科技创新

（一）橡胶种质资源

橡胶树为大戟科（Euphorbiaceae）橡胶属（Hevea）植物，属内共有10个种和4个变种，分别为巴西橡胶（H.brasiliensis）、光亮橡胶（H.nitida）、少花橡胶（H. pauciflora）、色宝橡胶（H. Spruceana）、边沁橡胶（H. benthamiana）、坎普橡胶（H.camporum）、小叶橡胶（H.microphylla）、硬叶橡胶（H.rigidifolia）、圭亚那橡胶（H.guianensis）、小叶矮生橡胶（H.comargoana）、圭亚那橡胶两个变种（H.guianensis var. luter和H.guianensis var. marginata）、少花橡胶变种（H.pauciflora var.coriacea）、和光亮橡胶变种（H. nitida Mart var. toxicadendroides）。其中巴西橡胶为唯一栽培种。

1. 资源的收集与保存

种质资源是作物新品种培育及育种研究最重要的物质基础。1876年，Wickham的引种行动拉开了东南亚大规模植胶的序幕。1951—1954年，马来西亚在南美洲地区收集到橡胶属6个种的种质，并与巴西交换抗南美叶疫病的品系。此后东南亚各植胶国纷纷以品种交换形式不断丰富本国的种质资源。1974—1976年，法国与巴西联合对亚马孙河种质进行采集，从Acre和Rondonia州共收集40份种质，并从秘鲁的Madre de Dios盆地收集了18份种质。1981年，国际橡胶研究与发展委员会（IRRDB）组织多国联合考察队（包括我国在内，有8个国家参加）深入巴西亚马孙河流域的热带雨林采集巴西橡胶树野生种质。此次国际联合考察行动共采集获得野生巴西橡胶树种子642 560粒（共培育成实生苗17 900株）以及294株优良母树的芽条（芽接成活162个无性系）。这些材料（统称为1981'IRRDB种质）被分发至玛瑙斯、马来西亚及科特迪瓦3个为其专门建立的国际种质中心加以保存。法国CIRAD在欧洲STD1基金的资助下，1987年通过与巴西双边交换获得24个CNSAM的品系，1987—1988年又由R.E.Schultes教授从哥伦比亚的Calima和Palmira两个地点引进341个橡胶树品系。1995年，马来西亚橡胶研究院又从巴西引进橡胶属8个种的种质材料，共获苗木5万株。目前除巴西等亚马孙流域国家作为橡胶树原产地具有丰富的种质资源外，其他国家如马来西亚、印度尼西亚、印度、法国和我国也保存有较丰富的资源，除Wickham栽培种质及橡胶属其他种的种质外，大部分是IRRDB 1981年收集的野生巴西橡胶树种质。

橡胶树以无性繁殖保存其种性，国内外基本以大田种植为保存方式。但大田保存常因病害、风害、锯干后不抽芽或生长差发生数量损失的情况，因此一般每份资源应进行3个以上的备份（即每份种质材料种植3株以上）。

2. 资源的评价与利用

对橡胶树种质资源的鉴定评价主要围绕产量及与产量有关的性状、抗病性、抗逆性等进行，采取苗圃观测、大田调查、解剖学鉴定等方法。自1981年IRRDB引入种质后，对橡胶树生长、木材特性的评价也被列为被重要的指标。

马来西亚采取大田种质保存结合鉴定的方法，对保存的1981'IRRDB所有种质材料进行了生长（茎围）、产量及抗逆性等鉴定，认为这些种质材料因为干胶产量很低，没有直接商业开发利用价值，但从中筛选出了20份非常速生的种质（14龄树立木材积在1.0米^{3}以上）。从1986年起，陆续将鉴定出的优良种质作为育种材料与现有高产优品品种进行杂交，目前杂交后代已在苗圃及大田进行鉴定，从中鉴定出来的优良后代再与高产品系杂交，以加强优良商业性状。

印度尼西亚于1984—1989年从马来西亚引进7 788份1981'IRRDB种质，全部种植于大田保存（株行距为4米×4米或3米×3米），每份种质种植5株；通过对产量、生长及木材蓄积量等性状的鉴定，也筛选出了10份速生种质（14～16龄树平均单株立木材积量大于1.13米^3，其中2份种质16龄树平均单株立木材积量分别为2.01米^{3}和2.56米^3）、24份产量较好的种质（每割次每株年平均干胶产量大于40克，其中4份种质每割次每株年平均干胶产量分别为106.9克、102.6克、92.98克、90.95克），并从中选择了部分优良种质纳入其杂交育种计划。目前这些种质与Wickham高产种质杂交的F$_1$代无性系已在评比试验中初步显示出了速生和抗病能力较强的优良特性。

法国通过形态学参数、同工酶标记等对1981'IRRDB种质进行遗传多样性分析，发现种质可以其采集地点分为4组，为种质正确合理的保存和利用提供依据。对1981'IRRDB种质的茎围、生长及分枝习性调查，发现50份可用于木材用途的种质。对各采集地点产量分析结果表明，产量变异主要存在于相同采集地内的种质之间（81%），而采集地间的变异只有13%。对1981'IRRDB种质抗病性研究结果表明，这些种质存在很广泛的抗性，其与Wickham种质的杂交后代的抗病性也有着连续的变异，可期望从中选择出具有优良抗病性的杂交后代。

我国对1981'IRRDB种质主要以苗圃形式进行保存（株行距1米×1米）。对5 889份种质材料进行了农艺性状鉴定评价，筛选出生长较优的种质309份，矮生种质15份，多倍体种质1份，乳管数多于高产品系RRIM600的种质52份。利用产量苗期预测方法发现小叶柄胶较优的119份，侧脉胶较高的157份；利用抗寒性苗期预测方法，鉴定选出抗寒力优于高抗寒品种93-114的种质50份，兼抗平流和辐射两类寒害类型的种质2份；利用抗风性苗期预测方法，筛选出抗风力相当于高抗风品系PR107的3份。对500份种质的抗病性进行鉴定，发现抗白粉病种质20份；形态鉴定发现黑皮类型种质3份，红皮类型种质2份，其余均为白皮类型。2008年将筛选的野生优异种质和所有收集的Wickham种质按照生产形式（株行距3米×6米）种植于大田进行深入鉴定评价，其中15%的种质表现出生长和产量上的优势。利用1981' IRRDB种质与Wickham优良种质杂交，经试割已初选出个别高产单株。

（二）橡胶种质基础研究

组学（基因组、转录组、蛋白质组）技术广泛应用于橡胶树乳管分化、胶乳代谢、阶段发育和死皮发生的研究，取得了明显进展。一大批橡胶树功能基因相继被克隆，如HMG-CoA、FDP、REF、Hevein等，其中一些基因的功能得到较深入阐释。如发现了REF/SRPP在基因组上成簇排列，这对于解析橡胶树产胶机制有重要的意义。在转录组研究方面也有大量研究工作进展，对于理解橡胶生物合成的反馈调控机制有重要意义。结合二代、三代测序技术，马来西亚、泰国及我国相继开展了橡胶树基因组测序工作。我国利用Hi-C基因组组装技术，得到7 000多个scaffolds，建立了高质量橡胶树基因组图谱，该草图优于其他国家发布的版本。橡胶树全基因组测序完成不仅为以家族为单元克隆基因和鉴定其功能提供了便利，而且使得应用全基因组关联分析技术开发性状相关的分子标记成为可能。

（三）橡胶育种技术及育种动向

1. 母树选择

橡胶树从原产地引种至东南亚的材料均为种子苗，性状有较大分离，正确选择母树是选育种工作重要的一环。对母树的选择主要从产胶量、抗性和副性状3个方面进行。

（1）产胶量

以母树附近同树龄、同环境、同割线高度、同一割胶制度和割胶技术相似的10株正常的普通树为比较树，对胶乳产量和干胶含量进行测定。干胶含量每月中旬测定一次。如母树和比较树的割线长度差异较大，则采用以单位割线的产量来表示产量的方法，转换割面时观测高低割线产量的差异。分析日产量、旬产量、月产量和年度间产量的变幅，变幅小、产量恒定的母树说明其产量不易受环境的影响，产胶性能可能会遗传。

（2）抗性鉴定

主要以观察的方式进行，如母树周围橡胶树风害严重，它本身不受害或受害很轻者，可视为抗风母树；在历年寒潮中，不受寒害或受害比同环境橡胶树轻者，可视为抗寒母树；周围树病害严重，母树本身不受害，为抗病母树；干旱条件下，周围普通树减产，而它表现高产或不减产者，为抗旱母树。

（3）副性状鉴定

每年测原生皮和再生皮厚度，观察乳管列数和分布情况，看胶乳有没有早凝、长流，观察生势、树干条沟、死皮以及物候期、花器发育等。

在以上观测的基础上，根据树龄、生势、健康、割胶制度、割线高低和当地环境等进行综合评判。我国结合经验，创造出"报、看、打、割、评"的"五步选种法"。

2. 杂交育种

橡胶树为常异花授粉植物，杂交后产生遗传分离。大量前期研究表明，有性后代个体间产胶量差异大，平均产胶量有正向和负向超亲趋势；抗性也是如此，抗性能力比较强的双亲进行杂交，其后代的抗性能力也比较强，有利于选育种工作的有效进行。杂交育种主要工作为亲本组配和人工授粉。

（1）亲本选配

亲本选配上应把握3个原则：一是按性状互补原则选配杂交组合；二是剖析目标性状，扩大亲本来源；三是合理选用高配合力的杂交组合。根据多单位多年杂交资料分析表明，PB86×PR107在不同地区均表现平均产量水平高，并且出现高产株的比例较高，如我国大规模推广级无性系大丰95和海垦2，其亲本均为该杂交组合。RRIM600×PR107、RRIM600×PB5/51等在产量方面都是特殊配合力高的组合。此外，特殊配合力高的耐寒亲本组合有GT1×PR107、天任31-45×PR107，抗风亲本组合有海垦1×PR107、PB5/51×PR107等。

（2）人工授粉

芽接树一般3～4龄开花，每年开花2次，3—4月为春花，5—6月为夏花，若有3次则第3次在8—9月，称为秋花；春花为主花期，开花结果最多。春花与叶蓬的抽生同时进行，一般抽芽后约2周现蕾，新叶蓬稳定时，花序生长定型，进入初花期。从新梢萌生至第一朵花开放30～35天，第一花开放后4～5天进入盛花期。在海南，雌花期一般15～20天，雄花期12～27天；在云南，雌花期一般10～15天，雄花期15～25天。一般雄花于下午1：30～2：00初开，2：00～3：00全开；雌花3：00～3：30初开，4：00～6：00全开。花粉囊破裂后，花粉在40小时内均有发芽能力，尔后发芽率迅速下降，至48小时几乎完全丧失生命力。自受精至胶果成熟历时18～20周，成熟时果皮干枯开裂。

人工授粉之前要做好准备工作，如搭授粉架，在幼树林段及矮化授粉园授粉可用活动授粉梯，准备好授粉用具以及观察花期等。授粉当天10：00前，在父本树向阳枝条采摘发育健壮已近成熟而未开放的雄花，将其按亲本分开，置于事先准备好的竹筒内，长途运输宜做好保存。授粉时采用"雄蕊塞入法"，每小圆锥花序授粉5朵雌花为宜，用胶乳黏合花萼，防止其他花粉混入。授粉完毕做好标记。

3.倍性育种

培育三倍体的方法是先诱导培育出四倍体，然后与二倍体杂交产生三倍体。这种方法无需多次无性分离，而且父本的性状只经当代杂交就可以得到加强，如将RRIC52的花粉染色体加倍后与GT1杂交获得三倍体PG1，其抗白病能力超过RRIC52。多倍体方面也有，但嵌合体出现几率较高。单倍体的形成可以自然发生，也可以人工诱变。人工诱变一般可分为生物学方法、物理因素诱发和化学因素诱发。

4.分子育种

在分子辅助育种方面，据报道，马来西亚、泰国已应用QTL定位技术开展了橡胶树速生、高产性状的早期选择工作，但是我国目前仍未开发出可供实际应用的有效分子标记。在转基因育种方面，1991年，Arokiaraj首次报道获得橡胶树转基因植株，相继马来西亚、法国及我国建立了转基因体系，但目前还未建立高效的橡胶树遗传转化体系，转基因育种技术、导入基因受体表达仍然存在较大限制。

（四）橡胶育成新品种

我国橡胶产业发展的初始阶段，是从优良母树中择优建立系比试验，选出较良好的初生代无性系，主要有海垦1、天任31-45、合口3-11、五星3、红山Ⅱ26、南强1-97、广西6-68、南林甲16-1等。其中海垦1表现尤为突出，抗风性强，抗寒能力也较强，具有一定产量，一直作为海南和粤西南部重风区选育抗风高产优良品种的抗风对照种。天任31-45、五星I3的抗寒能力强，但产量低，直接在生产中使用价值低，但它们是良好的杂交亲本。

1960年后，大规模引进国外优良无性系并在不同地区建立适应性系比试验，了解其在不同植胶区产胶量、抗风性、抗寒性和副性状等各方面的表现，根据提供资料系比区的类别、系统鉴定的年限，评定为相应的推广等级，在生产中直接推广应用。经长期的科学实验和生产实践，选出的抗风高产优良无性系PR107、高产抗风无性系RRIM600、RRIM712和高产抗寒无性系GT1继续大规模推广使用。IAN873的抗寒性比GT1稍强，生长快、产量高，但抗风性较弱，在粤西植胶区有一定种植面积。

1952年开始在优良母树间人工授粉，但成效甚微。1963年开始在国外优良无性系及国内具有特殊性状无性系的基础上选配杂交组合，选育优良无性系的效果显著，选育出了一批抗性强、产量高的大、中、小规模推广级品种，在生产中使用。1965年中国热带农业科学院南亚热带作物研究所（南亚所）以天任31-45与合口3-11杂交，1967年选出无性系93-114，抗寒（尤其是抗平流型寒害）能力强，而且也有一定产量，以后便代替了天任31-45等抗寒无性系，在生产中推广使用，并一直作为选育抗寒品种的抗寒对照种。大规模推广级的自育品种有抗风高产无性系文昌217、文昌11，抗风性超过对照海垦1，风害断倒率分别比海垦1轻24.1%和26.3%；在第1～11割年平均产量比RRIM600高25.5%和30.3%。高产抗风无性系热研7-33-97、大丰95和海垦2在第1～13（或第1～12）割年产量为1 251～1 983千克/公顷，比RRIM600高22.3%～71.5%，抗风性比RRIM600强，风害累计断倒率比RRIM600轻3.6%～35.6%。高产无性系云研277-5，头11割年平均产量2 036千克/公顷，比RRIM600高22.5%，抗性与RRIM600相当。高产抗寒无性系云研77-2、云研77-4，产量和抗寒能力都超过GT1。

三、橡胶品种推广

（一）品种登记情况

我国当前已开展品种登记的橡胶品种较少，目前仅有以中国热带农业科学院橡胶研究所为第一申请人申报的7个橡胶树品种。目前已完成申报工作的品种有热研7-33-97、热研917、热研8-79；正在进行申报的品种有热垦525、热垦628、热垦523、热研106。

云南和广东目前暂未开展橡胶树的品种登记工作。其中云南林业厅进行园艺注册登记的有5个，分别为云研76398、云研751、云研1983、云研76325、云研78768。

（二）主要品种推广应用情况

1.面积和推广情况

我国的橡胶树种植全部集中在云南、海南和广东地区。当前全国性的主要品种包括RRIM600、PR107、GT1、热研7-33-97、云研77-4等。其中，云南主要的品种包括PR107、GT1、云研77-2、云研77-4、云研73-46、IAN873，主导品种是云研77-4、RRIM600、GT1等；海南主要的品种包括PR107、热研7-33-97、RRIM600、海垦1、海垦2、大丰95、文昌217、文昌11等，主导品种是PR107、热研7-33-97、RRIM600等；广东主要的品种包括热研7-33-97、93-114、PR107、GT1、南华1、IAN873、化59-2，主导品种是热研7-33-97、IAN873、93-114等。不同品种在全国和各省份的具体占比详见表28-2。

表28-2　全国橡胶树品种推广情况

品种	全国		广东		海南		云南	
	面积（万亩）	比重（%）	面积（万亩）	比重（%）	面积（万亩）	比重（%）	面积（万亩）	比重（%）
RRIM600	379.35	22.32	0.15	0.25	144.00	18.00	235.20	28.00
PB86	0.27	0.03	0.27	0.45	0.00			
PR107	350.38	20.81	5.18	8.64	320.00	40.00	25.20	3.00
GT1	262.85	15.59	3.25	5.42	16.00	2.00	243.60	29.00
云研77-4	179.28	10.66	2.88	4.80			176.40	21.00

（续）

品种	全国		广东		海南		云南	
	面积（万亩）	比重（%）	面积（万亩）	比重（%）	面积（万亩）	比重（%）	面积（万亩）	比重（%）
热研7-33-97	234.37	14.51	18.37	30.62	216.00	27.00		
IAN873	7.12	0.70	7.12	11.86				
热垦525	1.98	0.19	1.98	3.30				
93114	6.64	0.65	6.64	11.06				
南华1	2.25	0.22	2.25	3.75				
云研77-2	42.00	2.47					42.00	5.00
大丰95	8.00	0.47			8.00	1.00		
其他品系	225.50	13.73	11.90	19.84	96.00	12.00	117.60	14.00

2. 表现

（1）主要品种群

我国植胶区种植超过10万亩的橡胶品种主要有6个，分别是RRIM600、PR107、GT1、热研7-33-97、云研77-4、云研77-2，比重分别为22.3%、20.8%、15.6%、14.5%、10.7%、2.5%，占到全国植胶面积的86%。此外，按照品种特点主要有以下品种群。

高产品种：RRIM600、PB86。

抗风品种：PR107、海垦1。

抗风高产品种：文昌11、文昌217。

高产抗风品种：热研7-33-97、热研7-20-59、大丰95、海垦2、RRIM712。

抗寒品种：93-114。

抗寒高产品种：GT1、云研77-4、化59-2。

高产抗寒品种：云研77-2、IAN873、云研277-5。

早熟高产：热研8-79、热研87-4-26。

抗旱高产品种：GT1。

速生高产品种：热垦628、热垦525、热垦523。

（2）主栽品种的特点

①RRIM600。

选育单位：马来西亚橡胶研究院育成。1955年引进我国，由海南南田农场、保亭热带作物研究所、热带作物科学院橡胶科学研究所、云南省热带作物科学研究所、海垦大岭育种站、大丰育种站和红明农场选出。

亲本：Tjir1×PB86。杂交选育。

产量：在海南岛头5个割年平均年产干胶930千克/公顷，比PR107高58%；第6～10割年平均为1 583千克/公顷，比PR107高产18%。在云南省热带作物科学研究所1965年生比区，第1～25割年平均年产干胶4.58千克/株，1 583千克/公顷。

抗风性：树冠呈扇形，偏重，抗风力差。据历年风害调查资料，RRIM600的平均断倒率为32.9%，PR107则仅为13.9%。但RRIM600修枝后抗风力即明显提高，且修枝后复生力强，因此这个品种在海南岛得以得以迅速大面积推广。

副性状：RRIM600死皮率较高，且胶乳的机稳度低。物候较早而齐整，白粉病较轻。易感染条溃疡和炭疽病。抗旱力比GT1和RRIM513差。幼龄期生势中等，开割后树围增长较快，原生皮厚度中等，再生皮厚度中上等。皮软好割。胶乳白色。

②PR107。

选育单位：印度尼西亚育成。1955年引进我国，由海南南俸育种站、保亭热带作物研究所、热带作物科学院橡胶研究所、大岭育种站、大丰育种站和海垦橡胶研究所选出。

亲本：初生代无性系。母株选择。

产量：在海南岛头5割年平均年产干胶590千克/公顷；第6～10割年平均1341千克/公顷。在云南热作所1963年生比区，第1～24割年平均年产干胶5.04千克/株，1838千克/公顷。PR107是一个迟熟品种，头3个割年的产量很低，但以后持续快速增产，与RRIM600产量的差距缩小。在海南岛西部地区单位面积产量比RRIM600高。PR107适宜乙烯利刺激割胶。

抗风性：PR107与海垦1同属抗风类型。据历年多点风害调查资料，PR107的断倒率为29.7%，海垦1为28.9%，但PR107的倒伏率比海垦1低。在红黏壤土地区，在最大风力大于12级时，PR107主干2米以下断干率很高。在沙壤土地区，特别是低地、洼地，PR107易风倒。

副性状：PR107胶乳的机稳性较差或接近规定值边缘，用制浓缩胶乳也不大理想。PR107较易感染条溃疡病，白粉病历年比RRIM600重。抗旱力弱。PR107幼龄期生长较慢，由于叶片较薄，在常风较大地区，生长特别慢，但以后生势壮旺。树冠偏重，开割后树围增长较快，原生皮较厚，再生皮复生较慢。树皮较硬、韧，乳管集中在树皮内侧，浅割低产。PR107物候不整齐。

③GT1。

选育单位：印度尼西亚育成。1960年由我国热带作物科学院橡胶研究所和大丰农场同时引进，南亚所和化州橡胶研究所发现它具有一定的抗寒力，很快得到大面积推广。

亲本：初生代无性系。母株选择。

产量：在粤西植胶区，头5个割年平均年产干胶798千克/公顷，第1～10割年平均年产干胶972千克/公顷。在海南植胶区，头5个割年平均年产干胶987千克/公顷，第1～10割年平均年产干胶1226千克/公顷。在云南省热带作物科学研究所1965年生比区，第1～25割年平均年产干胶5.79千克/株，2322千克/公顷。受特大寒潮或强台风影响的地区，寒害和风害也重，单位面积可割株数下降。随着树龄的增长，产量有下降趋势，在海南岛，第2～5割年平均GT1比PRI07高产48%，6～10割年平均高产4%。GT1适宜乙烯利刺激割胶。

抗寒性：根据1983—1984年和1984—1985年两个强寒流年度大面积调查资料，重寒区的苗圃小苗，GT1寒害为4.5级，4～6级寒害株占81%，比93-114重1级；大田中小苗，GT1寒害为3.6级，4～6级寒害株占59%，比93-114重1.3级；开割树树冠寒害，GT1为2.5级，4～6级寒害株占16.4%，比93-114重1.1级；割面寒害，1983/1984年度资料，GT1为0.7级，93-114为1.0级，差异不明显。

抗风性：GT1木质坚脆，茎干和主枝容易折断，倒伏树很少，因此这个品种在海南岛重风区的推广受到限制。据10个农场历年的调查资料，GT1的平均断倒率为41.1%，PR107为22.4%。

副性状：GT1苗期生长较慢，生势一般，但肥沃地生势壮旺。树冠小，适当密植可获得高产。原生皮和再生皮中等，皮质较硬。落叶期短但不整齐。较耐旱，1967/1968年度旱季，大岭农场发现PR107顶枯，而GT1生长正常。对白粉病抗性中至中上等，遇倒春寒天气，白粉病为害也较重。胶乳白色，机稳性良好，适用制浓缩胶乳。雄花退化，在海南岛结果多，在粤西地区北部结果少。

④热研7-33-97。

选育单位：中国热带农业科学院橡胶研究所。

亲本：RRIM600×PR107。杂交选育。

产量：海南儋州高系，第1～11割年平均年产干胶1977.0千克/公顷，为对照RRIM600的169.6%。在广东垦区初产期年单株产量为2.0～3.0千克，明显高于IAN873等品种。

生长：生长较快，林相整齐，开割率较高，开割前年均茎围增长7.5厘米，开割后年均茎围增长1.9厘米，均明显高于对照RRIM600。

抗性：抗风能力较强，明显优于RRIM600。抗寒能力较强，高于RRIM600和PR107。

副性状：较抗白粉病，对炭疽病较敏感。死皮率较低，低于RRIM600。

⑤云研77-2。

选育单位：云南省热带作物科学研究所。

亲本：GT1×PR107。杂交选育。

产量：云南省热带作物科学研究所1984年适应性系比区，第1～6割年平均干胶含量为33.4%，平均年产干胶3.46千克/株，1 475千克/公顷，分别为对照GT1的164.0%和179.7%。勐醒农场一分场八队阴坡试验区，第1～9割年平均干胶含量32.9%，平均年产干胶5.8千克/株，2 185.5千克/公顷，分别为GT1的135.8%和137.7%。勐醒农场，在6割年采用s/2.d/3 + ET 2%刺激割胶，平均年产干胶1 869千克/公顷，比GT1高39.7%，比刺激前净增产12.2%。

抗性：耐寒力比GT1稍强。1983—1984年冬，基诺山示范区最低气温3℃，云研77-2寒害均级为0.31级，对照GT1为0.35级；1999—2000年强冷冬，勐醒农场1～3年生幼林平均受害0.3级，而GT1为0.75级；勐醒、勐满、黎明农场3个试验点割胶林地，平均寒害级别为1.73级，而GT1为1.84级。

副性状：对白粉病敏感，抗条溃疡中等，尚未发生风害。较速生，7龄投产，开割头3年平均树围年增长2～3厘米。树干粗壮直立，分枝习性好，耐割不长流，胶乳白色，干胶含量高。雌雄花发育不全，结实率低。

⑥云研77-4。

选育单位：云南省热带作物科学研究所。

亲本：GT1×PR107。杂交选育。

产量：云南省热带作物科学研究所1984年适应性系比，第1～6割年平均干胶含量33.6%，平均年产干胶2.65千克/株，1 119千克/公顷，分别为对照GT1的128.0%和136.6%。勐醒农场一分场八队阴坡试验区，第1～9割年平均干胶含量32.5%，平均年产干胶6.14千克/株，2 371.5千克/公顷，分别为对照GT1的143.8%和149.4%。勐醒农场在第6割年采用s/2.d/3 + ET 2%刺激割胶，平均产干胶2 057千克/公顷，比GT1高53.6%，比刺激前净增产11.7%。

抗性：耐寒力稍强于GT1。思茅前哨点1977—1983年冬，平均寒害比GT1轻0.9级，在海拔1 000米的基诺山试种点，寒害比GT1轻0.3～1.2级；1999/2000年强冷冬，勐醒农场1～3年生幼林平均受害0.15级，而GT1为0.75级，比GT1轻0.6级；勐醒、勐满、黎明农场3个试验点割胶林地，平均寒害级别为1.5级，而GT1为1.84级。

副性状：该品种抽叶较晚，感白粉病较轻，抗条溃疡病，尚未发生风害。较速生，比GT1生长快16%～19%。树干粗壮、直立、分枝习性良好，耐割不长流，胶乳白色，干胶含量高。雌雄花发育不全，结实率低。

(3) 2017年生产中出现的品种缺陷

2017年，海南和广东未发生台风、寒害、旱害等自然灾害，各橡胶品种均表现正常，基本都无损害。

（三）风险预警

1. 与市场需求的差距

我国橡胶树良种选育与推广历经60余年，中间走了一些弯路，但通过长时期的实践，摸索出坚持以常规育种为主，自育与引进相结合的选育种方针，在每个环境类型中区建立育种站，对口环境开展品种的推荐和种植，走出了一条符合我国实际情况的道路。目前选育出适合我国云南、海南植胶特点的系列新品种，且新品种的应用面积基本达到全覆盖。在对应市场需求方面，还有一些差距。

（1）抗性高产品种偏少

我国自然资源约束明显，抗性品种数量不足，质量不高。我国植胶区处于世界非传统优势植胶区域，与其他主要植胶国相比，纬度偏高、光热资源不足、易受冬春低温和夏秋台风影响，尤其是随着全球气候变化，台风、寒害、旱害等极端天气明显增多，天然橡胶产业依然面临较大的自然风险。近5年来登陆植胶区的强台风多达7个，其中2个是超强台风，每年因自然灾害造成的产量损失超过5万吨，受灾胶园平均需要5年以上时间才能恢复正常生产水平。从品种的分布来看，海南、云南品种的集中度较高，多样性较低，海南的RRIM600、PR107、热研7-33-97 3个品种占比达85%，云南的RRIM600、GT1、云研77-4、云研77-4共4个品种占比达83%。广东的植胶条件更为复杂，不仅受台风威胁，另外时有寒潮侵袭，对品种的抗性要求更高，不仅需要较好的抗风性，还需要较好的抗寒性。目前广东使用品种的多样性较高，主栽品种达到8个，其中热研7-33-97推广面积达到30%左右，其他品种占比仅约为10%及以下。目前生产上兼具抗风、抗寒和高产特性的优良品种偏少，不足以显著降低上述自然危害所造成的损失。因此亟待加强抗性（抗寒、抗风、抗旱、抗病）品种的选育，为产业发展提供进一步的支撑。

（2）特性品种的选育滞后

近几年天然橡胶价格持续低迷，处于产业低谷期。天然橡胶生产是劳动密集型产业，种植和采收成本居高不下，其中的采收环节——割胶完全倚赖手工作业，其成本占整个生产成本的60%～70%。随着我国经济的发展，劳动力价格快速上升，天然橡胶生产成本已明显高于印度尼西亚、泰国、越南等橡胶主产国，产业竞争力下降。随着我国劳动力数量进入拐点，人工成本仍将上涨，"谁来割胶"的问题将更加严重。为应对天然橡胶产业困境和劳动力成本上涨压力，在割胶技术方面发展了低频刺激割胶和气刺割胶等新技术，大大提高了割胶劳动生产率。但割胶方式的改变急需要配套的专用优良新品种。当前我国尚无适合新型割胶模式的优良新品种，相关技术储备薄弱，并且选育模式、选育路线上也没有针对上述需求进行调整和布局。

对于天然橡胶质量与品种间关系的研究还比较缺乏，高性能、高品质干胶和胶乳品种的需求不尽明确，无法满足军事工业、高端制造所需的军工胶、特种胶制备需求。目前我国在这方面刚进行了技术预研储备和前期工作，距离育成专用型品种尚需较长时间。此外，植胶过程中病虫害频发，种类和数量不断发生变化，抗病专用品种的进度也不能满足生产的需求。在材积型品种培育方面，我国在本世纪初启动了胶木兼优选育工作，并选育了热垦525等3个品种，但整体上数量仍旧不足，性能不够突出。

2. 国外品种占国内市场主流

当前国内橡胶市场的主导品种还是以国外引进的品种为主，国外引进品种种植比例接近60%，包括海南的PR107（引自印度尼西亚）、RRIM600（引自印度尼西亚），云南的GT1（引自印度尼西亚），广东的IAN873（引自巴西）等。究其原因，一是因为橡胶树为长周期作物，从定植到更新，民营需20～30年，国有农场普遍30～40年甚至更久，因此我国橡胶树品种从20世纪的70～80年代实现引种无性系规模种植后，近一二十年陆续进入更新阶段，中间需要较长一段时间才能实现最终的品种更新替代工作。二是因为橡胶树栽培周期长，良种配套的抚管、割胶等制度的建立需要长时间实践，而相关管理规范一旦建立，生产单位及人员在品种更新时具有较强的思维惯性，这导致生产管理模式化的生产单位/个人，尤其是国有农场对知之不多的新品种抱有怀疑情绪，更倾向采用熟悉的老品种。三是橡胶树品种选育工作在基础理论未取得重大突破的情况下，新品种的产量、生长等综合特性方面较老品种提升有限。我国橡胶树的品种选育目前仍以常规杂交育种为主，当前制约橡胶树品种选育工作的授粉稳实率、杂交组配理论、品种早期选择等科学技术因素均未取得大的突破，导致育种周期长，效率低，成本高，品种综合性能提升的幅度越来越低，这也是生产单位倾向于熟悉的老品种的一个原因。

我国植胶区位于非传统植胶区的热带北缘，这和东南亚植胶区有非常大的不同，这导致国外育成的品种直接引入我国后抗性普遍不能满足要求，仅极少几个品种可大面积推广。目前我国自育的品种无论在产量还是抗性方面具有明显优势，更适合我国植胶区的生态自然环境，因此自主选育优良品种今后在生产的应用比例将逐步提升。

3. 病、虫等灾害对品种的挑战

全世界记载的橡胶树病害有117种，其中可造成严重经济损失的病害9种，包括白粉病、炭疽病、南美叶疫病、根病、季风性落叶病、死皮病（褐皮病）、棒孢霉落叶病、割面条溃疡病、寄生性植物。有记录的害虫（螨）315种，其中可造成严重经济损失的害虫3种，包括六点始叶螨、介壳虫和小蠹虫。我国有记载的橡胶树病害有99种，约占全世界记录总数的85%。其中可造成严重经济损失的病害7种，包括白粉病、炭疽病、根病、寄生性植物、死皮病（褐皮病）、棒孢霉落叶病和割面条溃疡病。害虫185种，约占全世界记录总数的59%。其中可造成严重经济损失的害虫（螨）3种，包括六点始叶螨、介壳虫和小蠹虫。

我国橡胶树病虫害种类和危害性与世界其他植胶国家相比存在较大差异。白粉病、炭疽病、根病，黄蜘蛛、介壳虫和小蠹虫是我国橡胶树的主要病虫害，而在世界其他植胶国家，这些病虫害却只有零星发生。南美叶疫病在南美洲地区严重危害，而我国和东南亚植胶国家还未发现该病为害。根病虽然是世界普遍分布的橡胶树病害，但我国主要为害的根病是红、褐根病，而东南亚国家主要为害的根病是白根病。季风性落叶病和割面条溃疡病在十几年前曾经在我国橡胶树上严重为害，但目前已经不是主要病害，而在东南亚国家却仍然是主要病害。

近年来我国通过预测预报指导病虫害的防治，使喷药时间、次数和用药量科学合理，在提高防治效果、节省用药、节省成本、降低劳动强度和减少药剂的环境污染等方面收到良好的效果。开发出一些对多种病虫害有效的复方药剂和实用技术（即"一药多治"等综合防治技术），使多种病虫害的防治工作能同时进行，如兼治橡胶树白粉病、炭疽病的"百·咪鲜·酮"，能大大提高防效和节省劳力。

4. 绿色发展或特色产业发展对品种的要求

2000年开始，世界天然橡胶市场价格高位运行，受其影响，自2003年起，我国天然橡胶面积迅速扩大，从2003年的991万亩扩大到2012年的1 696万亩。其中云南省一些地方出现了盲目扩大橡胶树种植的倾向，不遵循技术规程和自然规律，超规划、超海拔、超坡度植胶，甚至毁林植胶，从2003年的363万亩扩大到2012年的835万亩，10年间扩大了130%。有人认为，植胶会造成原始森林植被面积锐减，水土流失，生物多样性减少及区域干旱等问题。不合理种植橡胶树确实在一定程度上对环境产生一些不利影响。2012年中国科学院西双版纳热带植物园提出了建设环境友好型生态胶园的构想，目前从品种角度还未提出有相关策略，主要通过近自然管理、增加胶园生态多样性等方法实现。

四、国际橡胶产业发展现状

（一）国际橡胶产业发展概况

1. 国际橡胶产业生产

全球天然橡胶生产可分为亚洲、拉丁美洲和非洲三大区。亚洲是全球最大的橡胶树商业化种植区，约占全球产量的93.1%。天然橡胶生产国协会（ANRPC）成员国总产量达1 143万吨，约占全球产量的90.6%。其中泰国、印度尼西亚、马来西亚（国际三方理事会成员国，ITRC）的产量分别为438万吨、323万吨、70万吨，占全球产量的67.1%。越南产量为112万吨，成为世界第四大产胶国。中国产量为82万吨，是第五大产胶国。印度是第六大产胶国，产量为80万吨。

非洲是全球第二大天然橡胶产区，多年来，其生产份额在全球保持稳定，占世界天然橡胶产量的4%～5%。非洲商业化种植橡胶树比亚洲晚了近50年，20世纪40年代才开始大规模种植橡胶树，50年代种植面积占世界的6%，60年代开始大力发展，种植面积超过30万公顷，90年代超过50万公顷。但进入21世纪后，受战乱和不稳定政局的影响，橡胶种植业发展减缓，目前种植面积约56万公顷。主要生产国有科特迪瓦、尼日利亚、利比里亚、喀麦隆、刚果民主共和国、加纳、加蓬等国家。2016年非洲天然橡胶产量约为65.8万吨。其中科特迪瓦、尼日利亚、喀麦隆、利比里亚的天然橡胶产量分别为35.6万吨、6.7万吨、7.6万吨和7.7万吨。

拉丁美洲是世界天然橡胶的发源地，但受南美叶疫病影响，天然橡胶产业发展处于半停滞状态。2016年，拉丁美洲全年天然橡胶产量约为29.1万吨，其中巴西和危地马拉产量分别为19.3万吨和7.9万吨。

2. 国际贸易发展情况

世界天然橡胶贸易主要在生产国和消费国之间进行，主要集中在亚洲、欧洲和美洲，三大洲的贸易量占据世界天然橡胶贸易的90%以上，而亚洲在天然橡胶进出口贸易中又居主导地位。据IRSG的统计数据，2001年全球天然橡胶消费量为733万吨，到2015年全球天然橡胶的消费量达到了1 185万吨，年均消费增长率为3.7%。

世界天然橡胶主要出口国有泰国、印尼、马来西亚、越南、科特迪瓦、利比里亚等国家。其中，泰国、印度尼西亚和马来西亚的天然橡胶年平均出口量占世界的80%以上。泰国从1991年起就成为世界最大的天然橡胶出口国，目前该国有600多万人从事橡胶的生产、加工和贸易，占全国人口近1/10。泰国的天然橡胶产品主要有烟片胶、标准胶和浓缩胶乳等，80%以上供出口。印度尼西亚是全球第二大天然橡胶出口国，生产的天然橡胶中，标准胶是其主要的出口产品，其天然橡胶出口的主要国家和地区包括美国、日本、中国、新加坡、韩国等，近几年随着中国市场消费量的攀升，对中国的天然橡胶出口份额也在迅速提升。

全球天然橡胶消费份额最大的国家和地区有中国、美国、印度、日本、巴西、印度尼西亚、马来西亚、欧盟等。全球天然橡胶主要进口国有中国、美国、日本、马来西亚、德国、法国、荷兰、西班牙等国。1993年，中国天然橡胶进口量超过日本成为第二大天然橡胶进口国，2001年又超过美国，成为世界第一大天然橡胶进口国。2001—2007年，中国的天然橡胶进口量由87.9万吨增长到192.5万吨，年均增长14.0%；同期，全球进口量从528万吨增至650万吨，年均增长3.5%。中国的天然橡胶进口增长率远高于全球的进口增长率，因此，在全球进口贸易中的份额也在逐年提高，由2001年的16.6%增长至2012年的29.6%。从中国天然橡胶进口的来源看，中国天然橡胶进口几乎全部来自东南亚地区，其中90%以上来自泰国、印度尼西亚、马来西亚和越南。

（二）主要国家竞争力分析

随着天然橡胶生产国的工业化进程加快，各国的国内消费也不断增加。有些国家既是天然橡胶生产大国也是消费大国。印度尼西亚由于国内工业发展，2001—2017年天然橡胶消费量由14.2万吨增至63.3万吨，增长了近3.5倍；印度天然橡胶消费量由2001年的63.1万吨增至2017年的107.0万吨，增长近70%；2001—2017年间，马来西亚天然橡胶消费量由40.1万吨增至51.7万吨，增长了近1/3。此外，巴西的天然橡胶消费量也在不断增加，目前其消费量在40多万吨。

目前尚未有国外企业进入国内市场，一是国内北缘栽培的环境劣势、人力资源成本相对较高，导致国内橡胶生产成本高、产值低，企业无利可图；二是国内在本土化的科研，包括育种、加工、割胶等方面有着明显的优势；三是橡胶树主产区的东南亚国家产业整体发展水平有限，资本和消费市场不足。作为世界第一大天然橡胶消费国和进口国，我国天然橡胶自给不超过20%，走出去发展获得天然橡胶资源成为必由之路。早在2000年我国的广东农垦集团、海胶集团、中化集团等企业就开始实施发展战略专题研究，并将战略转变为具体行动，走向国际化道路，熟悉国外市场，从收购天然橡胶加工厂起步，逐步打造品牌，提高影响力，完善产业结构，提升竞争力。目前，我国境外天然橡胶产业已分布到亚洲的泰国、马来西亚、印度尼西亚、缅甸、老挝、柬埔寨、菲律宾和非洲的科特迪瓦、尼日利亚、喀麦隆等10多个国家。据不完全统计，我国境外投资建设或控股的天然橡胶加工厂16家，加工能力达到90万吨；我国境外投资或控股的境外橡胶园达到11万公顷。

五、问题及建议

（一）存在的问题

1.品种选育慢

橡胶树有着多年生作物的固有特点，种性的好坏直接影响其长达30年的经济寿命，加之我国植胶区存在低温、台风和干旱等自然灾害的侵扰，不同地域植胶生产效益高低，甚至植胶成败与品种的使用密切相关。经过半个多世纪的努力，我国橡胶树选育种工作取得了较大成就，累计育成大规模推广级品种13个，中规模推广级品种26个，小规模推广级品种31个，试种级品种78个。然而，由于植胶环境复杂，对品种要求苛刻，选育一个新品种需要依次经过苗圃系比、初级系比、高级系比和生产系比等一系列品种试验，往往需要至少30年的时间。再加上品种区域试验示范用地规模大、费时、费力，新品种应用于生产的难度更大，至今，育成品种中真正在生产上获得认可并不同规模推广的品种仅有约10个，相对于生产实际需求，我国橡胶树品种数量较为匮乏。此外，砧木是芽接苗中的重要组成部分，目前主要以GT1种子作为砧木，但随着GT1胶园更新，GT1种子来源将越来越少，而多年来对砧木材料改良研究很少，难以提供有力的理论和实践支撑。将橡胶品种纳入登记管理，有助于加快育成品种的速度，提高育种人员的积极性。

2.种业缺龙头

现有育苗企业多，但规模小，大多是低水平重复，无品牌或技术优势，种苗生产、营销、售后服务整体水平较低。多数育苗场仅有简陋生产设施，只能从事传统技术育苗生产，不具备新技术研发能力。育苗企业和利益分割导致橡胶苗木生产经营市场割据，缺乏竞争机制。农垦和良种补贴的橡胶树苗木，生产、销售采用专供方式，市场没有开放，资源得不到共享。即使是目前的大、中型育苗企事业单位，也没有一家的种苗产品市场占有率达到全国种苗销售总量15%（约300万株）以上。

3.市场难监管

相对于其他农作物，橡胶树是小作物，且无性繁殖的特性使得品种权的保护很难。长期以来，由于监管无力和产业自律不足，加之种苗检验检测技术和手段的限制，种苗市场比较混乱，种苗质量问题时有发生，进而影响未来胶园的产胶潜力和生产效益。

（二）对策建议

未来我国橡胶树进一步扩种的土地面积已很小，种植将以胶园更新为主。据统计，我国热作区每年更新（含少量新种）胶园面积约50万亩，以每亩需要橡胶树苗40株（含补换植）计，每年需橡胶树苗木约2 000万株。砧木种子利用率按30%计算，每年需要种子约270吨。

1. 加强种业技术研发

构建适应生产实际需要的种业基础性公益性研究平台，创新联合攻关技术研发机制，加大橡胶树种质资源收集与创新利用方面的工作力度；加快高产、高抗等新品种研发；加快种子贮存技术、砧穗互作机理研究，进一步突破无性快繁技术和砧木选择技术，创新砧木材料。此外，橡胶树种植主要向边远地区聚集，要适应社会和产业发展需求，加快研发新型种植材料，便于运输和易于定植操作，缩短大田非生产期，可适应粗放管理或适应机械化管理。

2. 打造"育繁推一体化"种业集团

打破条块分割，扶植市场占有率较高、经营规模较大、掌握先进技术的橡胶树种苗企业，规范和加强企业管理，加强基础设施建设，扩大种苗生产、服务范围，提升生产和服务能力，同时鼓励相关科研机构加盟企业种苗技术研发；快速提升企业科技研发能力，提升种苗质量，创建品牌；快速提升行业竞争力，"走出去"开发国际市场，建成跨国种业集团。

3. 提升种苗监管和服务能力

开展橡胶树砧木种子采种区认定，扩大砧木种子来源，解决我国目前橡胶树砧木种子日渐短缺的问题；严格种苗生产经营准入条件，强化种子、芽条和苗木质量抽检等市场监管和企业质量内控体系建设；橡胶树种子、苗木生产、销售信息透明化，促进种苗市场规范化、法治化运行，切实维护胶农利益，促进种业健康快速发展。

（编写人员：曾 霞 高新生 等）